Mathématiques et Applications

Volume 91

Le but de cette collection, créée par la Société de Mathématiques Appliquées et Industrielles (SMAI), est d'éditer des cours avancés de Master et d'école doctorale ou de dernière année d'école d'ingénieurs. Les lecteurs concernés sont donc des étudiants, mais également des chercheurs et ingénieurs qui veulent s'initier aux méthodes et aux résultats des mathématiques appliquées. Certains ouvrages auront ainsi une vocation purement pédagogique alors que d'autres pourront constituer des textes de référence. La principale source des manuscrits réside dans les très nombreux cours qui sont enseignés en France, compte tenu de la variété des diplômes de fin d'études ou des options de mathématiques appliquées dans les écoles d'ingénieurs. Mais ce n'est pas l'unique source: certains textes pourront avoir une autre origine.

This series was founded by the "Société de Mathématiques Appliquées et Industrielles" (SMAI) with the purpose of publishing graduate-level textbooks in applied mathematics. It is mainly addressed to graduate students, but researchers and engineers will often find here advanced introductions to current research and to recent results in various branches of applied mathematics. The books arise, in the main, from the numerous graduate courses given in French universities and engineering schools ("grandes écoles d'ingénieurs"). While some are simple textbooks, others can also serve as references.

J. A. Bondy • U. S. R. Murty • F. Havet

Théorie des graphes

Springer

J. A. Bondy
Paris, France

U. S. R. Murty
Waterloo, Canada

F. Havet
Laboratoire I3S
CNRS
Sophia Antipolis, France

ISSN 1154-483X ISSN 2198-3275 (electronic)
Mathématiques et Applications
ISBN 978-1-4471-7620-6 ISBN 978-1-4471-7621-3 (eBook)
https://doi.org/10.1007/978-1-4471-7621-3

Mathematics Subject Classification: 05-01, 05C85, 05-02, 05Cxx

Translation from the English language edition: "Graph Theory" by J.A. Bondy et al., © Springer-Verlag London 2008. Published by Springer London. All Rights Reserved.

This Springer imprint is published by the registered company Springer-Verlag London Ltd., part of Springer Nature.
The registered company address is: The Campus, 4 Crinan Street, London, N1 9XW, United Kingdom

Dédicace

A la mémoire de nos chers amis et mentors

Claude Berge

Paul Erdős

Bill Tutte

Dédicace

Mon coauteur, collègue et cher ami Rama Murty est décédé en mai de cette année. Cet événement est d'autant plus triste qu'il aurait été certainement ravi d'assister à la publication de la traduction française de notre livre par Frédéric Havet. Il aimait les langues et en parlait plusieurs, dont le français. Il était animé d'un profond désir de transmettre la beauté et la puissance des mathématiques et en particulier de la théorie des graphes. Ses nombreux ouvrages en témoignent ; le dernier en date, publié en 2024 chez Springer avec Cláudio Lucchesi, est *Perfect Matchings*, une étude approfondie sur la théorie des couplages parfaits, une notion centrale en théorie des graphes.
Nous dédions ce livre à sa mémoire.

J. A. Bondy

Juillet 2025

Rama Murty

Avant-propos

Pendant plus d'un siècle, l'essor de la théorie des graphes a été largement inspiré et guidé par la Conjecture des Quatre Couleurs. La résolution de cette conjecture par K. Appel et W. Haken en 1976, l'année de la publication de notre premier livre *Graph Theory with Applications*, a marqué un tournant dans son histoire. Depuis lors, le sujet a connu une croissance exponentielle, due pour une large part à son rôle de structure essentielle dans les mathématiques appliquées modernes. L'informatique et l'optimisation combinatoire, en particulier, s'appuient sur la théorie des graphes et contribuent à son développement. De plus, dans un monde où les communications sont d'une importance capitale, la grande adaptabilité des graphes les rend indispensables à la conception et à l'analyse des réseaux de communication.

S'appuyant sur les fondations laissées par Claude Berge, Paul Erdős, Bill Tutte, et d'autres, une nouvelle génération de théoriciens des graphes a enrichi et transformé le sujet en développant des nouvelles techniques puissantes, beaucoup étant empruntées à d'autres domaines des mathématiques. Celles-ci ont conduit, en particulier, à la résolution de plusieurs anciennes conjectures, notamment la Conjecture Forte des Graphes Parfaits de Berge et la Conjecture de Kneser, toutes deux sur les colorations, et la Conjecture de Gallai sur les couvertures par cycles.

Un des développements les plus spectaculaires de ces trente dernières années est la création de la théorie des mineurs de graphes par G. N. Robertson et P. D. Seymour. Dans une longue série d'articles profonds, ils ont révolutionné la théorie des graphes en introduisant une manière originale et lumineuse de voir la structure de graphe. Conçue pour attaquer une célèbre conjecture de K. Wagner, leur théorie donne une importance accrue aux plongements de graphes dans les surfaces. Elle a également conduit à des algorithmes en temps polynomial pour résoudre quantité de problèmes jusqu'alors insolubles, comme celui de trouver une collection de chemins deux à deux disjoints entre des paires de sommets données.

Une technique qui a connu un succès spectaculaire est la méthode probabiliste. Introduite dans les années 1940 par Erdős, en collaboration avec ses compatriotes hongrois A. Rényi et P. Turán, cette technique puissante et d'une grande souplesse est employée de plus en plus fréquemment et de façon de plus en plus sophistiquée pour établir l'existence ou la non-existence de graphes, ou d'autres structures combinatoires, ayant des propriétés particulières.

Ainsi que noté précédemment, la croissance de la théorie des graphes est largement due à son rôle fondamental pour les sciences appliquées. En particulier, la recherche d'algorithmes efficaces a alimenté beaucoup de recherches sur la structure des graphes. L'importance des arbres couvrants de différents types, tels que les arbres en largeur et en profondeur, est désormais évidente, et les décompositions arborescentes de graphes sont un élément central dans la théorie des mineurs de graphes. La théorie algorithmique des graphes emprunte des outils d'un certain nombre de disciplines, notamment la géometrie et la théorie des probabilités. La découverte par S. Cook, dans les années 1970, de l'existence de la vaste classe des problèmes apparemment insolubles $\mathcal{NP}$-complets a conduit à la recherche d'algorithmes d'approximation efficaces, l'objectif étant d'obtenir une bonne approximation de la véritable valeur. Là encore, les méthodes probabilistes s'avèrent indispensables.

Les liens entre la théorie des graphes et les autres branches des mathématiques deviennent de plus en plus étroits, ce qui est une indication de la maturité croissante du sujet. Nous avons déjà évoqué certaines relations avec la topologie, la géometrie, et les probabilités. Des outils d'algèbre, d'analyse, et de théorie des nombres sont également employés avec des résultats considérables. À l'inverse, des méthodes de théorie des graphes sont de plus en plus utilisées dans d'autres domaines des mathématiques. Un exemple notable est le Lemme de Régularité de Szemerédi. Conçu pour résoudre une conjecture d'Erdős et Turán, il est devenu un outil essentiel en théorie additive des nombres, ainsi qu'en combinatoire extrémale. Une description détaillée de cette interaction se trouve dans le livre en deux volumes *Handbook of Combinatorics*.

Il devrait être évident au vu des remarques ci-dessus que la théorie des graphes est une discipline en plein essor. Elle contient un ensemble de théorèmes beaux et puissants qui s'appliquent largement. La croissance remarquable du sujet se reflète dans la richesse des livres et monographies qui sont maintenant disponibles. En plus du *Handbook of Combinatorics*, dont la plus grande partie est dédiée à la théorie des graphes, et du traité d'optimisation combinatoire en trois volumes de Schrijver (2003), destiné à devenir un classique, on trouve des livres sur la coloration par Jensen et Toft (1995), les flots par Zhang (1997), les couplages par Lovász et Plummer (1986), la théorie extrémale des graphes par Bollobás (1978), les graphes aléatoires par Bollobás (2001) et Janson et al. (2000), les méthodes probabilistes par Alon et Spencer (2000) et Molloy et Reed (1998), la théorie topologique des graphes par Mohar et Thomassen (2001), la théorie algébrique des graphes par Biggs (1993), et les graphes dirigés par Bang-Jensen et Gutin (2001), ainsi qu'un grand choix de manuels. Un autre signe est le nombre important de nouvelles revues dédiées à la théorie des graphes.

Le présent projet a commencé avec pour seule intention de faire des révisions mineures à notre précédent livre. Cependant, nous avons vite pris conscience que l'évolution de la discipline réclamait une réorganisation totale et une augmentation de son contenu. De même que pour *Graph Theory with Applications*, notre but premier est de présenter une introduction cohérente du sujet, qui puisse servir de manuel pour des étudiants de premier cycle ou deuxième cycle en mathématique et informatique. Pour des raisons pédagogiques, nous avons mis l'accent sur des sujets qui peuvent être abordés de manière satisfaisante dans un cours. L'omission la plus visible est la théorie des mineurs de graphes, que nous ne faisons qu'effleurer ; elle est trop complexe pour recevoir un traitement adéquat. Nous avons gardé autant que possible la terminologie et la notation de notre livre précédent, qui sont maintenant largement adoptées.

Nous avons pris un soin particulier à fournir un traitement systématique de la théorie des graphes sans pour autant sacrifier son attrait intuitif et esthétique. Les techniques de preuve couramment utilisées sont décrites et illustrées. Nombre d'entre elles se trouvent dans des encarts, alors que d'autres, tels que les parcours, les flots dans les réseaux, le Lemme de Régularité et le Lemme Local, sont les sujets de parties ou de chapitres entiers. Les exercices, de différents niveaux de difficulté, ont été conçus pour aider le lecteur à maitriser ces techniques et à renforcer sa compréhension du sujet. Les exercices qui sont nécessaires à la bonne compréhension du texte sont indiqués par une étoile. Les exercices les plus difficiles sont séparés des plus faciles par une ligne de démarcation.

Le second objectif de ce livre est de servir d'introduction à la recherche en théorie des graphes. À cette fin, nous avons inclus des parties sur des sujets plus avancés, et un certain nombre de problèmes ouverts intéressants et difficiles sont mis en exergue et détaillés. Ceux-ci ainsi que beaucoup d'autres sont réunis dans une liste en appendice.

Malgré ce contenu plus avancé, le livre est organisé de telle sorte qu'un cours d'introduction à la théorie des graphes puisse se baser sur les premières parties de chapitres bien choisis. Comme la théorie des nombres, la théorie des graphes est conceptuellement simple, mais contient des problèmes ouverts très difficiles. Comme la géométrie, elle se visualise agréablement. Ces deux aspects, ainsi que ses nombreuses applications, font de la théorie des graphes un sujet idéal à inclure dans les programmes mathématiques.

Nous avons cherché à transmettre le charme esthétique de la théorie des graphes en illustrant le texte de nombreux graphes intéressants — une liste complète se trouve en index. Le dessin de la couverture, tiré du Chapitre 10, représente des plongements simultanés de K_6 et de son dual, le graphe de Petersen, dans le plan projectif.

Nous sommes redevables à de nombreux amis et collègues de leur intérêt et leur contribution à ce projet. Tommy Jensen mérite des remerciements spéciaux. Il a lu intégralement le manuscrit, a émis de nombreux commentaires infailliblement pertinents, a simplifié et clarifié plusieurs démonstrations, a corrigé de nombreuses erreurs techniques et des maladresses linguistiques, et a fait de précieuses suggestions. D'autres ont parcouru le livre et ont commenté certaines parties du livre dont Noga Alon, Roland Assous, Xavier Buchwalder, Genghua Fan, Frédéric Havet, Bill Jackson, Stephen Locke, Zsolt Tuza, et deux rapporteurs anonymes. Nous avons eu ainsi la chance de bénéficier de leur excellente connaissance et de leur goût sûr.

Des collègues nous ont donné des conseils ou nous ont fourni des exercices, des problèmes, et d'autres éléments utiles, notamment Michael Albertson, Marcelo de Carvalho, Joseph Cheriyan, Roger Entringer, Herbert Fleischner, Richard Gibbs, Luis Goddyn, Alexander Kelmans, Henry Kierstead, László Lovász, Cláudio Lucchesi, George Purdy, Dieter Rautenbach, Bruce Reed, Bruce Richmond, Neil Robertson, Alexander Schrijver, Paul Seymour, Miklós Simonovits, Balázs Szegedy, Robin Thomas, Stéphan Thomassé, Carsten Thomassen, et Jacques Verstraëte. Nous les remercions tous chaleureusement pour leurs diverses contributions. Nous sommes aussi reconnaissants à Martin Crossley pour nous permettre d'utiliser (Figure 10.24) les dessins du ruban de Möbius et du tore tirés de son livre Crossley (2005).

Matériel et soutien nous ont gentiment été apportés par Maurice Pouzet à l'Université Lyon 1 et Jean Fonlupt à l'Université Paris 6. Le glossaire a été préparé en utilisant le logiciel conçu par Nicola Talbot de l'University of East Anglia. Les conseils qu'ils nous a diligemment offerts ont été très appréciés. Enfin, nous avons bénéficié de relations productives avec Karen Borthwick à Springer, et de l'aide technique fournie par ses collègues Brian Bishop et Frank Ganz.

Nous dédions ce livre à la mémoire de nos amis Claude Berge, Paul Erdős, et Bill Tutte. Il doit son existence à leurs réalisations, leurs exemples inspirants et leur gentillesse personnelle.

J. A. Bondy et U. S. R. Murty

Septembre 2007

Préface à la traduction française

Nous sommes ravis d'accueillir cette édition française de notre manuel Springer, Graph Theory.

La combinatoire et la théorie des graphes ont joué un rôle de plus en plus important en mathématiques au cours des dernières décennies, comme en témoignent l'attribution de médailles Fields à Tim Gowers en 1998, qui a utilisé des techniques combinatoires en théorie des nombres, et à June Huh en 2022, qui a appliqué des méthodes de géométrie algébrique pour démontrer une conjecture de Read sur les polynômes chromatiques des graphes, ainsi qu'une généralisation de celle-ci aux matroïdes. D'autres lauréats récents de la médaille Fields ont été motivés par des problèmes issus de la physique statistique, qui forment une branche de la combinatoire.

Le prix Abel, équivalent mathématique du prix Nobel, a été décerné en 2021 à László Lovász et Avi Wigderson pour "leurs contributions fondamentales à l'informatique théorique et aux mathématiques discrètes, ainsi que leur rôle majeur dans leur développement en tant que domaines centraux des mathématiques modernes." Cela en dit long sur l'influence croissante de la théorie des graphes et de la combinatoire en mathématiques. Et, en 2012, Endre Szemerédi a reçu le prix Abel pour avoir développé de puissants outils issus de la théorie des graphes et les avoir appliqués à la théorie des nombres et à l'informatique.

Puissent ces réalisations encourager et inspirer les lecteurs de notre ouvrage à faire progresser encore la théorie des graphes. L'un des attraits de ce domaine réside dans la multitude de problèmes ouverts et de conjectures stimulants. Une sélection de ceux-ci se trouve en Annexe A.

Nous espérons que notre livre amènera ses lecteurs à apprécier le monde fascinant et séduisant de la théorie des graphes.

J. A. Bondy et U. S. R. Murty

Mars 2025

Préface du traducteur

Depuis un demi-siècle, la théorie des graphes a connu des développements spectaculaires. Domaine désormais bien établi, elle a de nombreux liens avec d'autres branches des mathématiques, et de nombreuses applications en d'autres sciences telles que l'informatique, la physique, la biologie et les sciences humaines et sociales. Elle est donc largement enseignée dans de nombreux cursus universitaires. Quelques éléments de théorie des graphes sont également au programme de certaines séries de lycée. Malheureusement, depuis le livre *Graphes et Hypergraphes* écrit par Claude Berge en 1969, aucun livre en langue française n'a traité de ce sujet de manière approfondie. Il me semblait donc nécessaire de réparer ce manque, d'autant que très régulièrement des collègues, qu'ils soient universitaires ou enseignants en lycée, me demandaient de leur conseiller un ouvrage en français sur la théorie des graphes, pour leur usage ou celui de leurs étudiants.

Une possibilité aurait été d'écrire un nouveau livre moi-même, mais cela ne m'aurait conduit qu'à accoucher d'une pâle copie du *Graph Theory* de Bondy et Murty. En effet, ce livre, référence indiscutable du domaine, présente un panorama complet de la théorie des graphes d'aujourd'hui. Plus important, ce livre s'adresse à un public très large : il donne au néophyte une excellente introduction à la théorie des graphes ; le lecteur plus confirmé peut s'y perfectionner et y trouver des pointeurs vers des sujets de recherches ; les enseignants peuvent s'en servir pour construire de nombreux cours s'adressant à des auditoires très variés. Enfin, sa rédaction est communément saluée pour son intelligence et sa clarté. Il m'est donc très rapidement apparu que le plus judicieux était de traduire ce livre. J'espère que toutes les qualités de celui-ci auront été restituées dans la présente traduction.

Très peu de modifications ont été apportées lors de la traduction (à partir de la seconde édition). En accord avec les auteurs, j'ai cependant décidé de dédier un chapitre au Lemme de Régularité afin, d'une part, de mettre plus l'accent sur cet outil très important et, d'autre part, de le présenter après la méthode probabiliste. Ce nouvel ordre me semble plus naturel car le Lemme de Régularité découpe le graphe en parties telles que la répartition des arêtes entre deux parties a des propriétés semblables à une répartition aléatoire. La partie du Chapitre 12 de la version originale qui concerne le Lemme de Régularité a donc été ôtée de celui-ci et remaniée afin d'en faire le nouveau Chapitre 14. Les chapitres qui suivent ont donc une numérotation décalée de 1 par rapport au livre original.

La présente traduction bénéficie du travail des traducteurs japonais, les professeurs Shuya Chiba et Tomoki Yamashita, qui lors de leur lecture méticuleuse de l'ouvrage, ont découvert de nombreuses erreurs, allant de simples erreurs de notation ou de typographie à des erreurs mathématiques substantielles, dont une preuve manifestement fausse. Celles-ci ont été corrigées dans la présente traduction, améliorant ainsi le texte original.

Avec Adrian Bondy et Rama Murty, nous avons mis à jour la liste de problèmes ouverts. En effet, depuis la parution de la version anglaise, sept conjectures ont été montrées ou infirmées ; elles ont donc été retirées. Afin de maintenir une liste de 100 problèmes ouverts, nous en avons donc ajouté autant.

Je suis reconnaissant à certains collègues pour m'avoir soutenu dans ma tâche. Une mention spéciale revient à Eric Sopena qui a relu l'intégralité de ce livre, y traquant scrupuleusement les fautes d'orthographes et les tournures malheureuses. Les avis de Jean-Claude Bermond et de Stéphane Pérennes m'ont également été précieux dans le choix de la terminologie. Je tiens également à remercier Jean-Claude Bermond, Olivier Delmas, Nicolas Nisse et Valentin Weber pour avoir relu une partie du manuscrit. Enfin, un grand merci à Marie Pelleau pour m'avoir tiré d'affaire face à mes problèmes en LaTeX.

F. Havet

Juillet 2025

Table des matières

1

Graphes

Sommaire

1.1 Graphes et leur représentation

Définitions et exemples

De nombreuses situations peuvent se décrire commodément au moyen d'un diagramme fait de points et de lignes reliant certaines paires de ces points. Par

J. Bondy et al., *Théorie des graphes*, Mathématiques et Applications 91,
https://doi.org/10.1007/978-1-4471-7621-3_1

exemple, les points peuvent représenter des personnes, et les lignes des paires d'amis ; ou bien les points peuvent être des centres de communication et les lignes représenter des liaisons entre les centres. Il faut noter que dans de tels diagrammes on s'intéresse principalement au fait que deux points sont reliés ou non par une ligne ; la façon de relier ces deux points est sans importance. Une abstraction mathématique des situations de ce type a engendré le concept de graphe.

Un *graphe* G est un couple $(V(G), E(G))$ composé d'un ensemble $V(G)$ de *sommets* et d'un ensemble $E(G)$, disjoint de $V(G)$, d'*arêtes*, accompagné d'une *fonction d'incidence* ψ_G qui associe à chaque arête de G une paire de sommets (pas nécessairement distincts) de sommets de G. Si e est une arête et u et v les sommets tels que $\psi_G(e) = \{u, v\}$, alors on dit que e *relie* u et v, et les sommets u et v sont appelés les *extrémités* de e. Les nombres de sommets et d'arêtes de G sont notés $v(G)$ et $e(G)$; ces deux paramètres fondamentaux sont appelés l'*ordre* et la *taille* de G, respectivement.

Donnons deux exemples de graphes pour aider à la compréhension des définitions. Pour alléger les notations, nous écrivons uv pour la paire $\{u, v\}$.

Exemple 1.

$$G = (V(G), E(G))$$

avec

$$V(G) = \{u, v, w, x, y\}$$
$$E(G) = \{a, b, c, d, e, f, g, h\}$$

et ψ_G définie par

$$\begin{array}{llll} \psi_G(a) = uv & \psi_G(b) = uu & \psi_G(c) = vw & \psi_G(d) = wx \\ \psi_G(e) = vx & \psi_G(f) = wx & \psi_G(g) = ux & \psi_G(h) = xy \end{array}$$

Exemple 2.

$$H = (V(H), E(H))$$

avec

$$V(H) = \{v_0, v_1, v_2, v_3, v_4, v_5\}$$
$$E(H) = \{e_1, e_2, e_3, e_4, e_5, e_6, e_7, e_8, e_9, e_{10}\}$$

et ψ_H définie par

$$\begin{array}{lllll} \psi_H(e_1) = v_1v_2 & \psi_H(e_2) = v_2v_3 & \psi_H(e_3) = v_3v_4 & \psi_H(e_4) = v_4v_5 & \psi_H(e_5) = v_5v_1 \\ \psi_H(e_6) = v_0v_1 & \psi_H(e_7) = v_0v_2 & \psi_H(e_8) = v_0v_3 & \psi_H(e_9) = v_0v_4 & \psi_H(e_{10}) = v_0v_5 \end{array}$$

Dessins de graphes

Les graphes sont ainsi nommés parce qu'ils peuvent être représentés graphiquement, et c'est leur représentation graphique qui nous aide à comprendre beaucoup de leurs propriétés. Chaque sommet est matérialisé par un point, et chaque arête par une ligne reliant les points représentant ses extrémités. Les diagrammes de G et H sont dessinés Figure 1.1. (Par souci de clarté, les sommets sont représentés par des petits cercles.)

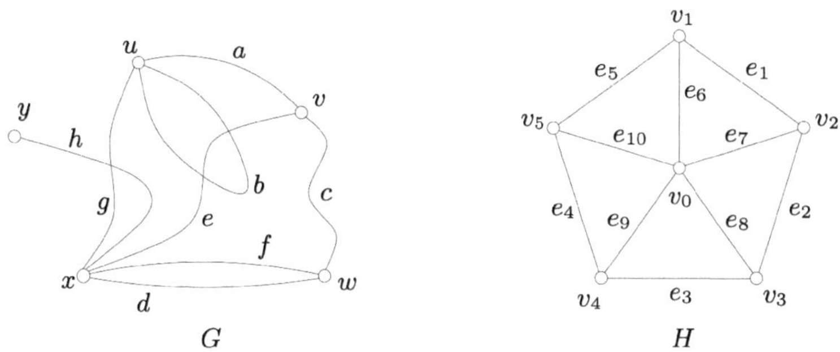

Fig. 1.1. Diagrammes des graphes G et H

Il n'y pas une unique façon de dessiner correctement un graphe ; les positions relatives des points représentant les sommets et les formes des lignes représentant les arêtes n'ont habituellement aucune importance. Dans la Figure 1.1, les arêtes de G sont représentées par des courbes, et celles de H par des segments de droites. Un diagramme de graphe représente uniquement la relation d'incidence entre ses sommets et ses arêtes. Cependant, le plus souvent, nous dessinons un diagramme de graphe et en référons comme au graphe lui-même ; de même, nous appelons ses points 'sommets' et ses lignes 'arêtes'.

La plupart des définitions et concepts en théorie des graphes sont suggérés par cette représentation graphique. Les extrémités d'une arête sont dites *incidentes* à cette arête, et *vice versa*. Deux sommets incidents à une même arête sont *adjacents*, tout comme deux arêtes qui sont incidentes à un même sommet, et deux sommets distincts et adjacents sont *voisins*. L'ensemble des voisins d'un sommet v dans un graphe G est noté $N_G(v)$.

Une arête dont les extrémités sont identiques est appelée une *boucle*, et une arête dont les extrémités sont distinctes un *lien*. Deux liens ou plus ayant la même paire d'extrémités sont appelés des *arêtes parallèles*. Dans le graphe G de la Figure 1.1, l'arête b est une boucle, et toutes les autres arêtes sont des liens ; les arêtes d et f sont des arêtes parallèles.

Tout au long de ce livre, la lettre G désigne un graphe. De plus, lorsqu'il n'y a aucun risque d'ambiguité, nous oublions la lettre G des symboles et écrivons, par exemple, V et E à la place de $V(G)$ de $E(G)$. Dans de tels cas, nous notons le nombre de sommets et le nombre d'arêtes de G par n et m, respectivement.

Un graphe est *fini* si son ensemble de sommets et son ensemble d'arêtes sont tous deux finis. Dans ce livre, nous étudions principalement les graphes finis, et le terme 'graphe' veut toujours dire 'graphe fini'. Un graphe sans sommet (et donc sans arête) est le *graphe nul*. Un graphe avec uniquement un sommet est dit *trivial*. Tous les autres graphes sont *non-triviaux*. Nous admettons le graphe nul uniquement par convention mathématique. Ainsi, à moins que le contraire soit spécifié, tous les graphes considérés sont non-nuls.

Un graphe est *simple* s'il n'a ni boucle ni arêtes parallèles. Le graphe H dans l'Exemple 2 est simple, alors que le graphe G dans l'Exemple 1 ne l'est pas. La plupart de la théorie des graphes concerne l'étude des graphes simples.

Un ensemble V et un ensemble E de sous-ensembles à deux éléments de V définissent un graphe simple (V, E), où les extrémités d'une arête uv sont précisément les sommets u et v. Ainsi, pour un graphe simple, on peut se passer de la fonction d'incidence ψ en renommant chaque arête par la paire de ses extrémités. Dans le diagramme d'un tel graphe, les noms des arêtes peuvent alors être omis.

Familles particulières de graphes

Certains types de graphes jouent un rôle prépondérant en théorie des graphes. Un *graphe complet* est un graphe simple dans lequel deux sommets quelconques sont toujours adjacents. Un *graphe vide* est un graphe dans lequel il n'y a pas de sommets adjacents (c'est-à-dire, un graphe dont l'ensemble d'arêtes est vide). Un graphe est *biparti* si son ensemble de sommets peut être partitionné en deux sous-ensembles X et Y de façon à ce que toute arête ait une extrémité dans X et une extrémité dans Y; une telle partition (X, Y) est appelée *bipartition* du graphe, et X et Y ses *parties*. Nous désignons un graphe biparti G de bipartition (X, Y) par $G[X, Y]$. Si $G[X, Y]$ est simple et tout sommet de X est relié à tout sommet de Y, alors G est dit être un *graphe biparti complet*. Une *étoile* est un graphe biparti complet $G[X, Y]$ avec $|X| = 1$ ou $|Y| = 1$. La Figure 1.2 montre les diagrammes d'un graphe complet, d'un graphe biparti complet et d'une étoile.

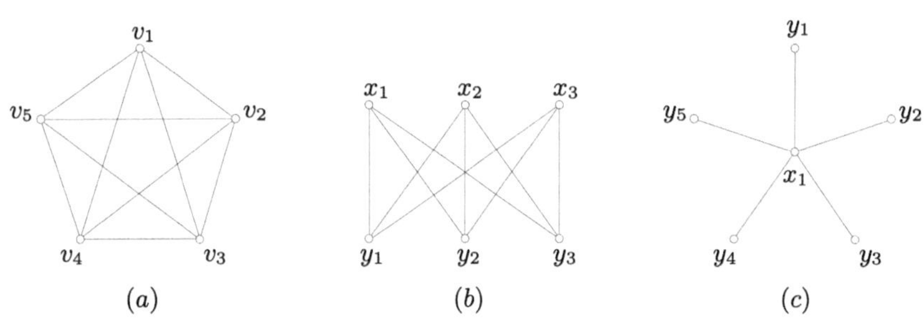

Fig. 1.2. (a) Un graphe complet, (b) un graphe biparti complet, et (c) une étoile

Un *chemin* est un graphe simple dont les sommets peuvent être rangés suivant un ordre linéaire de telle manière que deux sommets sont adjacents s'ils sont consécutifs dans l'ordre, et non adjacents sinon. De même, un *cycle* sur trois sommets ou plus est un graphe simple dont les sommets peuvent être rangés suivant un ordre cyclique de telle manière que deux sommets sont adjacents s'ils sont consécutifs dans l'ordre, et non-adjacents sinon ; un cycle sur un sommet consiste en un unique sommet muni d'une boucle, et un cycle à deux sommets consiste en deux sommets reliés par une paire d'arêtes parallèles. La *longueur* d'un chemin ou d'un cycle est son nombre d'arêtes. Un chemin ou cycle de longueur k est appelé k-*chemin* ou k-*cycle*, respectivement ; un chemin ou un cycle est *impair* ou *pair* suivant la parité de k. Un 3-cycle est souvent appelé *triangle*, un 4-cycle *quadrilatère*, un 5-cycle *pentagone*, un 6-cycle *hexagone*, et ainsi de suite. Un 3-chemin et un 5-cycle sont représentés Figure 1.3.

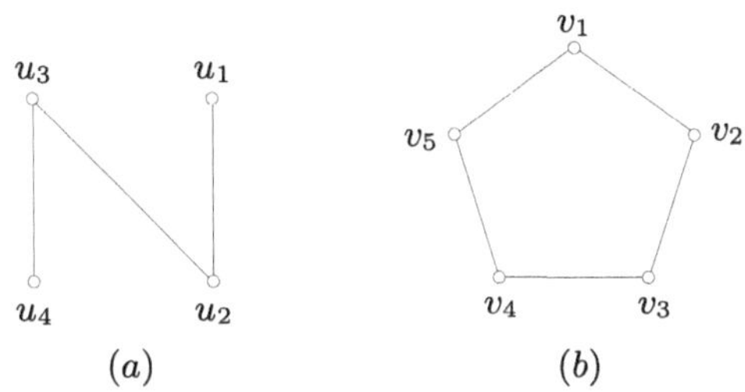

Fig. 1.3. (a) Un chemin de longueur trois, et (b) un cycle de longueur cinq

Un graphe est *connexe* si, pour toute partition de son ensemble de sommets en deux sous-ensembles non-vides X et Y, il y a une arête avec une extrémité dans X et une extrémité dans Y ; dans le cas contraire, le graphe est *séparé*. Autrement dit, un graphe est séparé si son ensemble de sommets peut être partitionné en deux sous-ensembles non-vides X et Y de façon à ce qu'aucune arête n'ait une extrémité dans X et l'autre dans Y. (Il est instructif de comparer cette définition avec celle d'un graphe biparti.) Des exemples de graphes connexes et séparés sont donnés Figure 1.4.

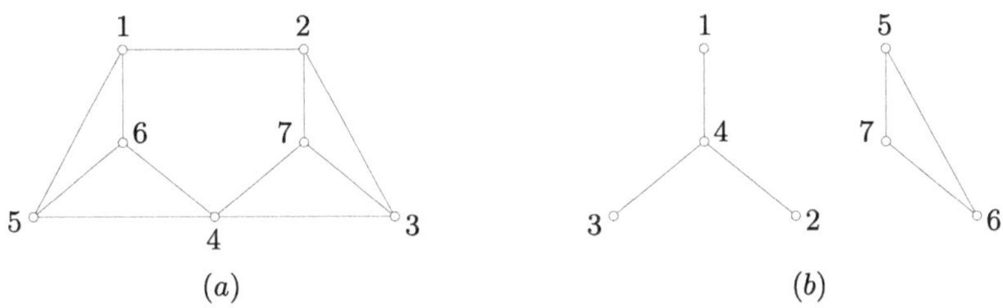

Fig. 1.4. (a) Un graphe connexe, et (b) un graphe séparé

Comme nous l'avons mentionné précédemment, des exemples de graphes abondent dans le monde réel. Des graphes apparaissent aussi naturellement dans l'étude d'autres structures mathématiques telles que les polyèdres, les treillis, et les groupes. Ces graphes sont généralement définis à l'aide d'une règle d'adjacence, qui prescrit quelles paires de sommets sont des arêtes et quelles paires ne le sont pas. De nombreux exemples de la sorte sont donnés dans les exercices à la fin de cette partie ainsi que dans la Partie 1.3.

Par souci de clarté, nous suivons certaines conventions pour la représentation de graphes en diagrammes : nous n'autorisons pas une arête à s'intersecter elle-même, ni une arête à passer par un sommet autre que ses extrémités ; clairement, cela est toujours possible. Cependant, deux arêtes peuvent s'intersecter en un point qui n'est pas un sommet, comme dans les dessins des deux premiers graphes de la Figure 1.2. Un graphe qui peut être dessiné dans le plan de telle manière que les arêtes s'intersectent uniquement en des points correspondant à leurs extrémités communes est un *graphe planaire*, et un tel dessin est un *plongement planaire* du graphe. Par exemple, les graphes G et H des Exemples 1 et 2 sont tous deux planaires, même s'il y a des arêtes qui se croisent dans le dessin de G de la Figure 1.1. Les deux premiers graphes de la Figure 1.2, à l'inverse, ne sont pas planaires, comme nous le prouverons plus tard.

Bien que tous les graphes ne soient pas planaires, tout graphe peut être dessiné sur une surface de façon à ce que ses arêtes ne s'intersectent qu'en leur extrémités. Un tel dessin est appelé un *plongement* du graphe sur la surface. La Figure 1.21 donne un exemple d'un plongement de graphe sur le tore. Les plongements de graphes sur les surfaces sont abordés au Chapitre 3 et, plus en détail, au Chapitre 10.

Matrices d'incidence et d'adjacence

Bien que le dessin soit un moyen pratique pour définir un graphe, il n'est clairement adapté ni au stockage des graphes dans la mémoire d'un ordinateur, ni à l'application de méthodes mathématiques pour étudier leurs propriétés. Pour ces usages, nous considérons deux matrices associées à un graphe : sa matrice d'incidence et sa matrice d'adjacence.

Soit G un graphe d'ensemble de sommets V et d'ensemble d'arêtes E. La *matrice d'incidence* de G est la matrice $n \times m$ $\mathbf{M}_G := (m_{ve})$, où m_{ve} est le nombre de fois (0, 1, ou 2) où le sommet v et l'arête e sont incidents. Clairement, la matrice d'incidence est simplement une autre manière de spécifier le graphe.

La *matrice d'adjacence* de G est la matrice $n \times n$ $\mathbf{A}_G := (a_{uv})$, où a_{uv} est le nombre d'arêtes reliant les sommets u et v, chaque boucle comptant comme deux arêtes. Les matrices d'incidence et d'adjacence du graphe G de la Figure 1.1 sont données Figure 1.5.

Comme la plupart des graphes ont beaucoup plus d'arêtes que de sommets, la matrice d'adjacence d'un graphe est généralement bien plus petite que sa matrice d'incidence et donc nécessite moins d'espace de stockage. Quand il s'agit de graphes simples, une représentation encore plus compacte est possible. Pour chaque sommet v, les voisins de v sont listés selon un ordre quelconque. Une liste $(N(v) : v \in V)$ de ces listes est appelée *liste d'adjacence* du graphe. Les graphes simples sont généralement enregistrés en mémoire sous forme de liste d'adjacence.

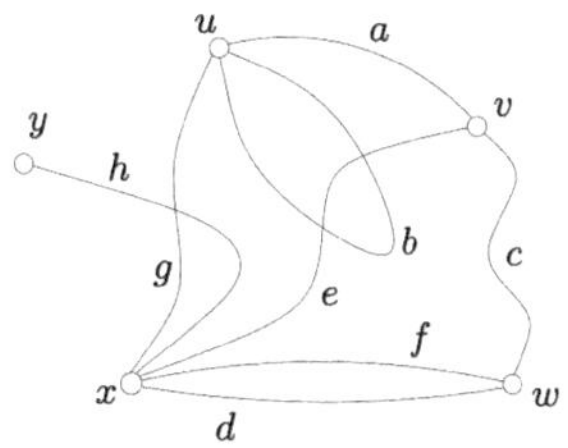

G

	a	b	c	d	e	f	g	h
u	1	2	0	0	0	0	1	0
v	1	0	1	0	1	0	0	0
w	0	0	1	1	0	1	0	0
x	0	0	0	1	1	1	1	1
y	0	0	0	0	0	0	0	1

M

	u	v	w	x	y
u	2	1	0	1	0
v	1	0	1	1	0
w	0	1	0	2	0
x	1	1	2	0	1
y	0	0	0	1	0

A

Fig. 1.5. Matrices d'incidence et d'adjacence d'un graphe

Lorsque G est un graphe biparti, puisqu'il n'y a aucune arête reliant deux sommets d'une même partie de la bipartition, une matrice plus petite que la matrice d'adjacence peut être utilisée pour retenir le nombre d'arêtes reliant les paires de sommets. Supposons que $G[X,Y]$ soit un graphe biparti, avec $X := \{x_1, x_2, \ldots, x_r\}$ et $Y := \{y_1, y_2, \ldots, y_s\}$. Nous définissons la *matrice d'adjacence bipartie* de G comme la matrice $r \times s$ $\mathbf{B}_G = (b_{ij})$, où b_{ij} est le nombre d'arêtes reliant x_i et y_j.

Degrés des sommets

Le *degré* d'un sommet v dans un graphe G, noté $d_G(v)$, est le nombre d'arêtes de G incidentes avec v, chaque boucle comptant comme deux arêtes. En particulier, si G est un graphe simple, $d_G(v)$ est le nombre de voisins de v dans G. Un sommet de degré zéro est appelé *sommet isolé.* On désigne par $\delta(G)$ et $\Delta(G)$ les degrés minimum et maximum des sommets de G, et par $d(G)$ leur *degré moyen,* $\frac{1}{n}\sum_{v\in V} d(v)$. Le théorème suivant établit une relation fondamentale entre les degrés des sommets d'un graphe et son nombre d'arêtes.

Théorème 1.1 *Pour tout graphe G,*

$$\sum_{v\in V} d(v) = 2m \tag{1.1}$$

Démonstration Considérons la matrice d'incidence $\mathbf{M}$ de G. La somme des entrées dans la ligne correspondant au sommet v est exactement $d(v)$. Par conséquent $\sum_{v\in V} d(v)$ est la somme de toutes les entrées de $\mathbf{M}$. Mais cette somme vaut également $2m$, car la somme des entrées de chacune des m colonnes de $\mathbf{M}$ vaut 2, une arête ayant deux extrémités. □

Corollaire 1.2 *Dans tout graphe, le nombre de sommets de degré impair est pair.*

Démonstration Considérons l'Equation (1.1) modulo 2. Nous avons

$$d(v) \equiv \begin{cases} 1 \pmod 2 & \text{si } d(v) \text{ est impair,} \\ 0 \pmod 2 & \text{si } d(v) \text{ est pair.} \end{cases}$$

Ainsi, modulo 2, le membre gauche de l'égalité est congru au nombre de sommets de degré impair, et le membre droit vaut zéro modulo 2. □

Technique de preuve : Double comptage

En prouvant le Théorème 1.1, nous avons utilisé une technique de preuve usuelle en combinatoire, connue comme le *double comptage*. Elle consiste à considérer une matrice idoine et à calculer la somme de ses entrées de deux manières différentes : premièrement comme la somme des sommes sur ses lignes et deuxièmement comme la somme des sommes sur ses colonnes. On écrit ensuite que ces deux quantités sont égales pour obtenir une identité. Dans le cas du Théorème 1.1, la matrice que nous avons considérée était la matrice d'incidence de G. Afin de prouver l'identité de l'Exercice 1.1.9a, la matrice à considérer est la matrice d'adjacence bipartie du graphe biparti $G[X, Y]$. Dans ces deux cas, le choix de la matrice appropriée est assez évident. Cependant, dans certains cas, faire le bon choix peut s'avérer astucieux.

Remarquons qu'une borne supérieure pour la somme des sommes sur les colonnes d'une matrice est également une borne supérieure pour la somme des sommes sur ses lignes (et *vice versa*). Par conséquent, la méthode du double comptage peut être adaptée pour établir des inégalités. En guise d'illustration, nous prouvons la proposition suivante.

Proposition 1.3 *Soit $G[X,Y]$ un graphe biparti sans sommets isolés tel que $d(x) \geq d(y)$ pour toute arête $xy \in E$ telle que $x \in X$ et $y \in Y$. Alors $|X| \leq |Y|$, avec égalité si et seulement si $d(x) = d(y)$ pour tout $xy \in E$.*

Démonstration La première assertion suivra si nous pouvons trouver une matrice avec $|X|$ lignes et $|Y|$ colonnes pour laquelle la somme sur chaque ligne vaut un et la somme sur chaque colonne est au plus un. Une telle matrice peut être obtenue à partir de la matrice d'adjacence bipartie $\mathbf{B}$ de $G[X, Y]$ en divisant la ligne correspondant au sommet x par $d(x)$, pour tout $x \in X$. (Ceci est possible car $d(x) \neq 0$.) Puisque la somme des entrées de $\mathbf{B}$ sur la ligne correspondant à x est $d(x)$, toutes les sommes sur les lignes de la matrice obtenue $\widetilde{\mathbf{B}}$ sont égales à un. D'autre part, la somme des entrées de la colonne de $\widetilde{\mathbf{B}}$ correspondant au sommet y est $\sum 1/d(x)$, la somme étant prise sur toutes les arêtes xy incidentes à y, et cette somme vaut au plus 1 parce que, par hypothèse, $1/d(x) \leq 1/d(y)$ pour toute arête xy, et parce qu'il y a $d(y)$ arêtes incidentes à y.

L'argument précédent peut s'exprimer de manière plus concise comme suit.

$$|X| = \sum_{x \in X} \sum_{\substack{y \in Y \\ xy \in E}} \frac{1}{d(x)} = \sum_{\substack{x \in X \\ y \in Y}} \sum_{xy \in E} \frac{1}{d(x)} \leq \sum_{\substack{x \in X \\ y \in Y}} \sum_{xy \in E} \frac{1}{d(y)} = \sum_{y \in Y} \sum_{\substack{x \in X \\ xy \in E}} \frac{1}{d(y)} = |Y|$$

De plus, si $|X| = |Y|$, l'inégalité centrale doit être une égalité. Ceci implique que $d(x) = d(y)$ pour tout $xy \in E$. □

Une application de cette méthode de preuve à un problème de configurations géométriques est donnée dans l'Exercise 1.3.15.

Un graphe G est *k-régulier* si $d(v) = k$ pour tout $v \in V$; un *graphe régulier* est un graphe k-régulier pour un certain k. Par exemple, le graphe complet à n sommets est $(n-1)$-régulier, et le graphe biparti complet avec k sommets dans chaque partie est k-régulier. Pour $k = 0, 1$ et 2, les graphes k-réguliers ont des structures très simples et sont facilement caractérisés (Exercice 1.1.5). En revanche, les graphes 3-réguliers peuvent être remarquablement complexes. Ces graphes, également appelés graphes *cubiques*, jouent un rôle prépondérant en théorie des graphes. Nous présentons un certain nombre d'exemples intéressants de tels graphes dans la prochaine partie.

Exercices

1.1.1 Soit G un graphe simple. Montrer que $m \leq \binom{n}{2}$, et déterminer quand il y a égalité.

1.1.2 Soit $G[X, Y]$ un graphe simple biparti avec $|X| = r$ et $|Y| = s$.

a) Montrer que $m \leq rs$.
b) En déduire que $m \leq n^2/4$.
c) Décrire les graphes simples bipartis G pour lesquels il y a égalité en (b).

$\star$**1.1.3** Montrer que :

a) tout chemin est biparti,
b) un cycle est biparti si et seulement si sa longueur est paire.

1.1.4 Montrer, que pour tout graphe G, $\delta(G) \leq d(G) \leq \Delta(G)$.

1.1.5 Pour $k = 0, 1, 2$, caractériser les graphes k-réguliers.

1.1.6

a) Montrer que, dans n'importe quel groupe d'au moins deux personnes, il y en a toujours deux qui ont le même nombre d'amis dans ce groupe.
b) Décrire un groupe de cinq personnes tel que, quelles que soient deux personnes, elles aient toujours exactement un ami en commun. Pouvez-vous trouver un groupe de quatre personnes avec la même propriété ?

1.1.7 n-CUBE
Le *n-cube* Q_n $(n \geq 1)$ est le graphe dont l'ensemble de sommets est $\{0, 1\}^n$, l'ensemble de tous les n-uplets de 0 ou 1, et dans lequel deux n-uplets sont adjacents s'ils diffèrent d'exactement une coordonnée.

a) Dessiner Q_1, Q_2, Q_3, et Q_4.
b) Déterminer $v(Q_n)$ et $e(Q_n)$.
c) Montrer que Q_n est biparti pour tout $n \geq 1$.

1.1.8 Le *treillis booléen* BL_n ($n \geq 1$) est le graphe dont l'ensemble de sommets est l'ensemble de tous les sous-ensembles de $\{1, 2, \ldots, n\}$, et dans lequel deux sous-ensembles X et Y sont adjacents si leur différence symétrique contient exactement un élément.

a) Dessiner BL_1, BL_2, BL_3, et BL_4.
b) Déterminer $v(BL_n)$ et $e(BL_n)$.
c) Montrer que BL_n est biparti pour tout $n \geq 1$.

$\star$**1.1.9** Soit $G[X, Y]$ un graphe biparti.

a) Montrer que $\sum_{v \in X} d(v) = \sum_{v \in Y} d(v)$.
b) En déduire que si G est k-régulier, avec $k \geq 1$, alors $|X| = |Y|$.

$\star$**1.1.10** Graphe k-parti
Un *graphe k-parti* est un graphe dont l'ensemble des sommets peut être partitionné en k sous-ensembles, ou *parties*, de telle façon qu'aucune arête n'ait ses extrémités dans la même partie. (De manière équivalente, on peut imaginer que l'on colore les sommets avec k couleurs de façon à ce qu'aucune arête ne relie des sommets de même couleur.) Soit G un graphe simple k-parti avec des parties de tailles $a_1, a_2, \ldots, a_k$. Montrer que $m \leq \frac{1}{2} \sum_{i=1}^{k} a_i(n - a_i)$.

$\star$**1.1.11** Graphe de Turán
Un graphe k-parti est *complet* si, quels que soient deux sommets dans des parties différentes, ils sont reliés par une arête. Un graphe simple k-parti complet à n sommets dont les parties sont de tailles égales ou presque égales (c'est-à-dire, $\lfloor n/k \rfloor$ ou $\lceil n/k \rceil$) est appelé *graphe deTurán* et est noté $T_{k,n}$.

a) Montrer que $T_{k,n}$ a plus d'arêtes que tout autre graphe simple k-parti complet à n sommets.
b) Déterminer $e(T_{k,n})$.

1.1.12

a) Montrer que si G est simple et $m > \binom{n-1}{2}$, alors G est connexe.
b) Pour $n > 1$, trouver un graphe simple séparé G avec $m = \binom{n-1}{2}$.

1.1.13

a) Montrer que si G est simple et $\delta > \frac{1}{2}(n-2)$, alors G est connexe.
b) Pour n pair, trouver un graphe simple séparé et $\frac{1}{2}(n-2)$-régulier.

1.1.14 Soit G un graphe simple. Montrer que les entrées diagonales de $\mathbf{A}^2$ et $\mathbf{MM}^t$ (où $\mathbf{M}^t$ désigne la transposée de $\mathbf{M}$) sont les degrés des sommets de G.

1.1.15 Montrer que la matrice d'incidence d'un graphe G est de rang au moins $n - 1$, avec égalité si et seulement si G est connexe.

1.1.16 Suite des degrés
Si G a pour sommets $v_1, v_2, \ldots, v_n$, la suite $(d(v_1), d(v_2), \ldots, d(v_n))$ est appelée *suite des degrés* de G. Soit $\mathbf{d} := (d_1, d_2, \ldots, d_n)$ une suite décroissante d'entiers positifs, c'est-à-dire $d_1 \geq d_2 \geq \cdots \geq d_n \geq 0$. Montrer que :

a) il existe un graphe ayant $\mathbf{d}$ comme suite des degrés si et seulement si $\sum_{i=1}^{n} d_i$ est pair,
b) il existe un graphe sans boucle ayant $\mathbf{d}$ comme suite des degrés si et seulement si $\sum_{i=1}^{n} d_i$ est pair et $d_1 \leq \sum_{i=2}^{n} d_i$.

1.1.17 Complémentaire d'un graphe
Soit G un graphe simple. Le *complémentaire* $\overline{G}$ de G est le graphe simple ayant pour ensemble de sommets V et pour arêtes les paires de sommets non-adjacents dans G.

a) Exprimer la suite des degrés de $\overline{G}$ en fonction de la suite des degrés de G.
b) Montrer que si G est séparé, alors $\overline{G}$ est connexe. La réciproque est-elle vraie ?

1.1.18 Suite graphique
Une suite $\mathbf{d} = (d_1, d_2, \ldots, d_n)$ est *graphique* s'il existe un graphe simple de suite des degrés $\mathbf{d}$. Montrer que :

a) les suites $(7, 6, 5, 4, 3, 3, 2)$ et $(6, 6, 5, 4, 3, 3, 1)$ ne sont pas graphiques,
b) si $\mathbf{d} = (d_1, d_2, \ldots, d_n)$ est graphique et $d_1 \geq d_2 \geq \cdots \geq d_n$, alors $\sum_{i=1}^{n} d_i$ est pair et

$$\sum_{i=1}^{k} d_i \leq k(k-1) + \sum_{i=k+1}^{n} \min\{k, d_i\}, \quad 1 \leq k \leq n$$

(Erdős et Gallai (1960) ont montré que ces conditions nécessaires pour être graphique sont aussi suffisantes.)

1.1.19 Soit $\mathbf{d} = (d_1, d_2, \ldots, d_n)$ une suite décroissante d'entiers positifs. Posons $\mathbf{d}' := (d_2 - 1, d_3 - 1, \ldots, d_{d_1+1} - 1, d_{d_1+2}, \ldots, d_n)$.

a) Montrer que $\mathbf{d}$ est graphique si et seulement si $\mathbf{d}'$ est graphique.
b) A l'aide de (a), décrire un algorithme qui prend en entrée une suite décroissante $\mathbf{d}$ d'entiers positifs, et renvoie un graphe simple de suite des degrés $\mathbf{d}$, si un tel graphe existe, et un certificat que $\mathbf{d}$ n'est pas graphique sinon.

(V. Havel et S.L. Hakimi)

1.1.20 Soit S un ensemble de n points dans le plan, tel que la distance entre deux quelconques de ces points est au moins un. Montrer qu'il y a au moins $3n$ paires de points de S à distance exactement un.

1.1.21 Valeurs propres d'un graphe
On rappelle que les valeurs propres d'une matrice carrée $\mathbf{A}$ sont les racines du polynôme caractéristique $\det(\mathbf{A} - x\mathbf{I})$. Une *valeur propre* d'un graphe est une

valeur propre de sa matrice d'adjacence. De même, le *polynôme caractéristique* d'un graphe est le polynôme caractéristique de sa matrice d'adjacence. Montrer que :

a) toute valeur propre d'un graphe est réelle,
b) toute valeur propre rationelle d'un graphe est entière.

1.1.22

a) Soit G un graphe k-régulier. Montrer que :
   i) $\mathbf{MM}^t = \mathbf{A} + k\mathbf{I}$, avec $\mathbf{I}$ la matrice identité $n \times n$,
   ii) k est une valeur propre de G de vecteur propre $\mathbf{1}$, le n-vecteur ayant toutes ses entrées égales à 1.
b) Soit G un graphe complet d'ordre n. Notons $\mathbf{J}$ la matrice $n \times n$ dont toutes les entrées valent 1. Montrer que :
   i) $\mathbf{A} = \mathbf{J} - \mathbf{I}$,
   ii) les valeurs propres de $\mathbf{J}$ sont 0 (avec multiplicité $n - 1$) et n.
c) A l'aide de (b), déterminer les valeurs propres d'un graphe complet, leur multiplicité ainsi que les sous-espaces propres associés.

1.1.23 Soit G un graphe simple.

a) Montrer que $\overline{G}$ a $\mathbf{J} - \mathbf{I} - \mathbf{A}$ pour matrice d'adjacence.
b) On suppose maintenant que G est k-régulier.
   i) Déduire de l'Exercise 1.1.22 que $n - k - 1$ est une valeur propre de $\overline{G}$ de vecteur propre $\mathbf{1}$.
   ii) Montrer que si λ est une valeur propre de G différente de k, alors $-1 - \lambda$ est une valeur propre de $\overline{G}$, avec la même multiplicité. (On rappelle que les vecteurs propres correspondant à des valeurs propres distinctes d'une matrice réelle symétrique sont orthogonaux.)

1.1.24 Montrer que :

a) aucune valeur propre d'un graphe G n'est de valeur absolue strictement supérieure à Δ,
b) si G est un graphe connexe et Δ est une valeur propre de G, alors G est régulier,
c) si G est un graphe connexe et $-\Delta$ est une valeur propre de G, alors G est à la fois régulier et biparti.

1.1.25 Graphe fortement régulier
Un graphe simple G qui n'est ni vide ni complet est dit *fortement régulier* de paramètres (v, k, λ, μ) si :

▷ $v(G) = v$,
▷ G est k-régulier,
▷ deux sommets adjacents de G ont toujours λ voisins communs,
▷ deux sommets non-adjacents de G ont toujours μ voisins communs.

Soit G un graphe fortement régulier de paramètres (v, k, λ, μ). Montrer que :

a) $\overline{G}$ est fortement régulier,
b) $k(k-\lambda-1) = (v-k-1)\mu$,
c) $\mathbf{A}^2 = k\,\mathbf{I} + \lambda\,\mathbf{A} + \mu\,(\mathbf{J} - \mathbf{I} - \mathbf{A})$.

1.2 Isomorphismes et automorphismes

Isomorphismes

Deux graphes G et H sont *identiques*, ce qui se note $G = H$, si $V(G) = V(H)$, $E(G) = E(H)$, et $\psi_G = \psi_H$. Si deux graphes sont identiques, ils sont clairement représentés par le même diagramme. Néanmoins, il est aussi possible que des graphes non-identiques aient essentiellement le même diagramme. Par exemple, les graphes G et H de la Figure 1.6 peuvent être représentés par des diagrammes qui ont exactement la même apparence, comme le second dessin de H le montre ; la seule différence réside dans les noms des sommets et des arêtes. Bien que les graphes G et H ne soient pas identiques, ils ont des structures identiques, et sont dits isomorphes.

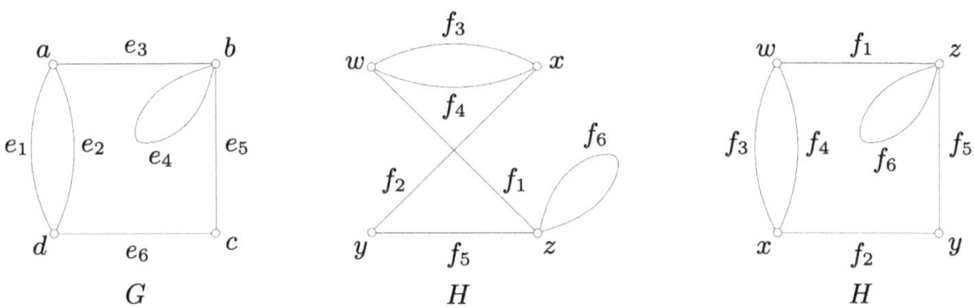

Fig. 1.6. Graphes isomorphes

En général, deux graphes G et H sont *isomorphes*, ce qui se note $G \cong H$, s'il y a des bijections $\theta : V(G) \to V(H)$ et $\phi : E(G) \to E(H)$ telles que $\psi_G(e) = uv$ si et seulement si $\psi_H(\phi(e)) = \theta(u)\theta(v)$; un tel couple d'applications est appelé un *isomorphisme* entre G et H.

Afin de montrer que deux graphes sont isomorphes, on doit fournir un isomorphisme entre eux. Le couple d'applications (θ, ϕ) défini par

$$\theta := \begin{pmatrix} a & b & c & d \\ w & z & y & x \end{pmatrix} \qquad \phi := \begin{pmatrix} e_1 & e_2 & e_3 & e_4 & e_5 & e_6 \\ f_3 & f_4 & f_1 & f_6 & f_5 & f_2 \end{pmatrix}$$

est un isomorphisme entre les graphes G et H de la Figure 1.6.

Dans le cas de graphes simples, la définition d'isomorphisme peut être réduite, car si (θ, ϕ) est un isomorphisme entre deux graphes simples G et H, alors l'application ϕ est entièrement déterminée par θ ; en effet, $\phi(e) = \theta(u)\theta(v)$ pour toute arête $e = uv$ de G. Ainsi on peut définir un isomorphisme entre deux graphes simples G et H comme une bijection $\theta : V(G) \to V(H)$ qui préserve l'adjacence (c'est-à-dire, les sommets u et v sont adjacents dans G si et seulement si leurs images $\theta(u)$ et $\theta(v)$ sont adjacentes dans H).

Considérons, par exemple, les graphes G et H de la Figure 1.7.

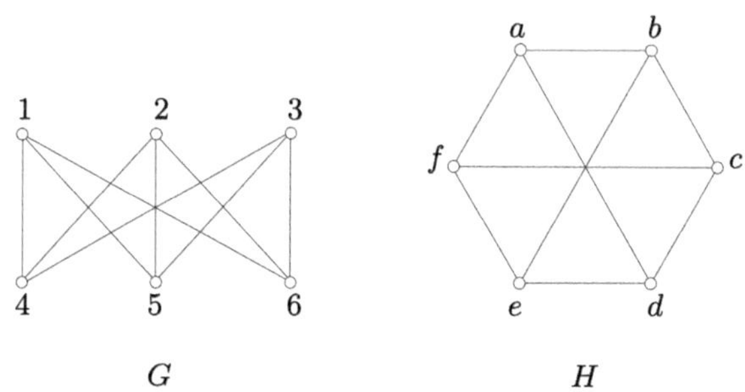

Fig. 1.7. Graphes simples isomorphes

L'application

$$\theta := \begin{pmatrix} 1 & 2 & 3 & 4 & 5 & 6 \\ b & d & f & c & e & a \end{pmatrix}$$

est un isomorphisme entre G et H, tout comme

$$\theta' := \begin{pmatrix} 1 & 2 & 3 & 4 & 5 & 6 \\ a & c & e & d & f & b \end{pmatrix}$$

Des graphes isomorphes ont clairement le même nombre de sommets et le même nombre d'arêtes. A l'inverse, l'égalité entre ces deux paramètres ne garantit pas l'isomorphisme. Par exemple, les deux graphes dessinés Figure 1.8 ont tous les deux huit sommets et douze arêtes, mais ne sont pas isomorphes. Pour s'en persuader, observons que le graphe G a quatre sommets deux à deux non-adjacents, v_1, v_3, v_6, et v_8. S'il y avait un isomorphisme θ entre G et H, les sommets $\theta(v_1)$, $\theta(v_3)$, $\theta(v_6)$, et $\theta(v_8)$ de H seraient également deux à deux non-adjacents. Mais on peut facilement vérifier que H ne possède pas quatre sommets deux à deux non-adjacents. Nous en déduisons que G et H ne sont pas isomorphes.

Il ressort clairement des paragraphes précédents que si deux graphes sont isomorphes, alors soit ils sont identiques, soit ils diffèrent seulement par les noms des sommets et des arêtes, et donc ont la même structure. Comme nous sommes principalement intéressés par les propriétés structurelles, nous omettrons souvent les noms dans les dessins de graphes ; formellement, nous pouvons définir un *graphe*

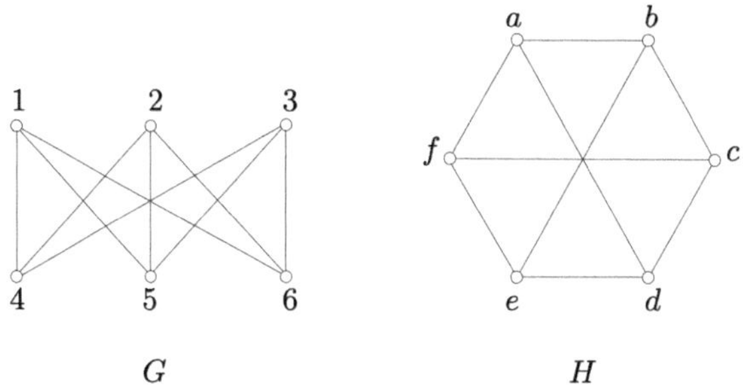

Fig. 1.8. Graphes non-isomorphes

non-étiqueté comme un représentant d'une classe d'équivalence de graphes isomorphes. Nous donnerons des noms aux sommets et aux arêtes d'un graphe principalement pour pouvoir s'y référer (dans les preuves, par exemple).

A isomorphisme près, il n'y a qu'un seul graphe complet à n sommets, noté K_n. De même, étant donnés deux entiers strictement positifs m et n, il y a un unique graphe biparti complet avec des parties de taille m et n (là encore, à isomorphisme près), noté $K_{m,n}$. Avec ces notations, les graphes de la Figure 1.2 sont K_5, $K_{3,3}$, et $K_{1,5}$, respectivement. De la même manière, pour tout entier positif n, il y a un unique chemin à n sommets et un unique cycle à n sommets. Ces graphes sont notés P_n et C_n, respectivement. Les graphes représentés sur la Figure 1.3 sont P_4 et C_5.

Tester l'isomorphisme

Etant donnés deux graphes à n sommets, il est évidemment possible en principe de déterminer s'ils sont isomorphes. Par exemple, si G et H sont simples, on peut tout simplement considérer l'une après l'autre les $n!$ bijections entre $V(G)$ et $V(H)$, et vérifier si l'une d'entre elles est un isomorphisme entre les deux graphes. S'il se trouve que les graphes sont isomorphes, un isomorphisme pourrait (avec chance) être trouvé rapidement. A l'inverse, s'ils ne sont pas isomorphes, on devra tester les $n!$ bijections pour en être sûr. Malheureusement, même pour des valeurs relativement faibles de n (comme $n = 100$), le nombre $n!$ est trop grand pour être géré (en effet, il est plus grand que le nombre d'atomes dans l'univers !), et donc cette approche de type 'force brute' ne peut être utilisée en pratique. Bien sûr, si les graphes ne sont pas réguliers, le nombre de bijections à tester sera plus petit, puisqu'un isomorphisme doit envoyer chaque sommet sur un sommet de même degré (Exercice 1.2.1a). Toutefois, à part dans certains cas particuliers, cette restriction ne permet pas de réduire suffisamment leur nombre. Effectivement, aucune méthode générale applicable n'est connue pour tester l'isomorphisme. Cependant, en utilisant de puissantes méthodes de théorie des groupes, Luks (1982) a conçu un algorithme efficace pour tester l'isomorphisme des graphes cubiques, et plus généralement des graphes de degré maximum borné.

Il y a un autre problème important lié aux questions algorithmiques telles que l'isomorphisme de graphes. Supposons que deux graphes simples G et H soient isomorphes. Il est possible qu'il ne soit pas facile de trouver un tel isomorphisme, mais une fois que l'isomorphisme θ a été trouvé, il est très facile de vérifier que θ est effectivement un isomorphisme : on doit simplement vérifier que, pour chacune des $\binom{n}{2}$ paires uv de sommets de G, $uv \in E(G)$ si et seulement si $\theta(u)\theta(v) \in E(H)$. En revanche, si G et H ne sont pas isomorphes, comment peut-on vérifier cela, sans pour autant vérifier toutes les bijections entre $V(G)$ et $V(H)$? Dans certains cas, il se peut que l'on puisse montrer que G et H ne sont pas isomorphes en pointant une propriété structurelle de G qui n'est pas partagée par H, comme nous l'avons fait pour les graphes G et H de la Figure 1.8. Cependant, en général, vérifier que deux graphes ne sont pas isomorphes semble être aussi difficile que de déterminer s'ils sont isomorphes ou non.

Automorphismes

Un *automorphisme* d'un graphe est un isomorphisme du graphe dans lui-même. Dans le cas d'un graphe simple, un automorphisme est simplement une permutation α de son ensemble de sommets qui préserve l'adjacence : si uv est une arête alors $\alpha(u)\alpha(v)$ en est une aussi.

Les automorphismes d'un graphe reflètent ses symétries. Par exemple, si u et v sont deux sommets d'un graphe simple, et s'il y a un automorphisme α qui envoie u sur v, alors u et v sont semblables dans le graphe et sont dits *similaires*. Les graphes dans lesquels tous les sommets sont similaires, tels que le graphe complet K_n, le graphe biparti complet $K_{n,n}$ ou le n-cube Q_n, sont appelés *sommet-transitifs*. Les graphes dans lesquels il n'y a aucune paire de sommets similaires sont dits *asymétrique* ; ce sont les graphes dont le seul automorphisme est la permutation identité (voir Exercice 1.2.14).

Des dessins particuliers d'un graphe sont souvent utilisés pour visualiser ses symétries. En guise d'exemple, considérons les trois dessins de la Figure 1.9 du *graphe de Petersen*, qui est un graphe ayant de nombreuses propriétés remarquables. (Nous laissons en exercice (1.2.5) le fait que ce soit bien des dessins d'un même graphe.) Le premier dessin montre que les cinq sommets du pentagone externe sont similaires (par rotation), tout comme les cinq sommets du pentagone interne. Le troisième dessin met en évidence six sommets similaires (par rotation et symétrie), à savoir les sommets de l'hexagone externe. En combinant ces deux observations, nous en concluons que les dix sommets du graphe de Petersen sont tous similaires, et donc que le graphe est sommet-transitif.

L'ensemble des automorphismes d'un graphe G est noté $\mathrm{Aut}(G)$, et son cardinal $\mathrm{aut}(G)$. On peut vérifier que $\mathrm{Aut}(G)$ muni de l'opération de composition est un groupe (Exercice 1.2.9). Ce groupe est appelé *groupe d'automorphismes* de G. Le groupe d'automorphismes de K_n est le groupe symétrique S_n, qui contient toutes les permutations de son ensemble de sommets. En général, pour tout graphe simple G à n sommets, $\mathrm{Aut}(G)$ est un sous-groupe de S_n. Par exemple, le groupe d'automorphismes de C_n est D_n, le groupe diédral à n éléments (Exercice 1.2.10).

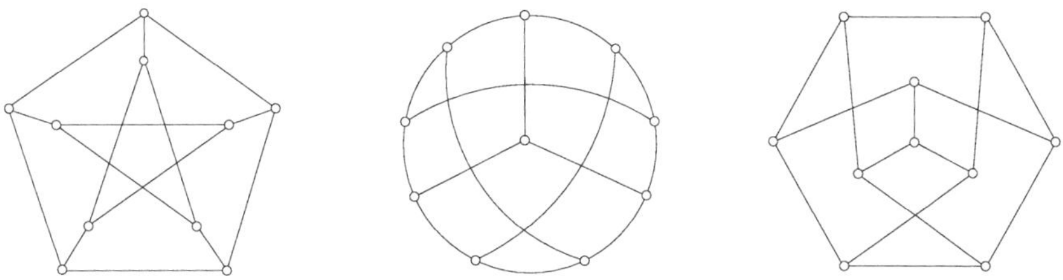

Fig. 1.9. Trois dessins du graphe de Petersen

GRAPHES ÉTIQUETÉS

Comme nous l'avons vu, l'ensemble d'arêtes E d'un graphe simple $G = (V, E)$ est habituellement considéré comme un sous-ensemble de $\binom{V}{2}$, l'ensemble de tous les sous-ensembles de taille 2 de V; les noms des arêtes peuvent ainsi être omis du dessin de tels graphes. Un graphe simple dont les sommets sont *étiquetés* (i.e. ont un nom), mais les arêtes non, est appelé *graphe simple étiqueté*. Si $|V| = n$, il y a $2^{\binom{n}{2}}$ sous-ensembles distincts de $\binom{V}{2}$, donc $2^{\binom{n}{2}}$ graphes simples étiquetés ayant V pour ensemble de sommets. Nous notons $\mathcal{G}_n$ l'ensemble des graphes simples étiquetés sur l'ensemble de sommets $V := \{v_1, v_2, \ldots, v_n\}$. L'ensemble $\mathcal{G}_3$ apparaît sur la Figure 1.10.

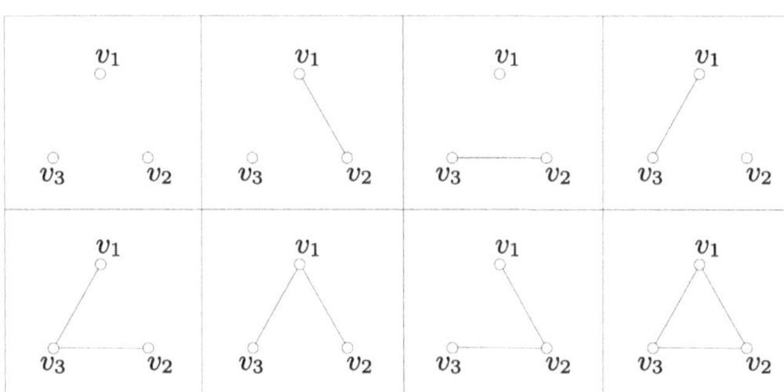

Fig. 1.10. Les huit graphes simples étiquetés à trois sommets

A priori, il y a $n!$ manières d'attribuer les noms $v_1, v_2, \ldots, v_n$ aux sommets d'un graphe simple non-étiqueté à n sommets. Mais deux d'entre elles peuvent rendre le même graphe étiqueté s'il y a un automorphisme du graphe envoyant un étiquetage sur l'autre. Par exemple, les six étiquetages de K_3 produisent le même élément de $\mathcal{G}_3$, alors que les six étiquetages de P_3 donnent trois graphes étiquetés distincts comme montré sur la Figure 1.10. Le nombre d'étiquetages distincts d'un graphe simple non-étiqueté G à n sommets est en fait $n!/\text{aut}(G)$ (Exercice 1.2.15). Par conséquent,

$$\sum_G \frac{n!}{\mathrm{aut}(G)} = 2^{\binom{n}{2}}$$

avec la somme prise sur les graphes simples non-étiquetés à n sommets. En particulier, le nombre de graphes simples non-étiquetés à n sommets est au moins

$$\left\lceil \frac{2^{\binom{n}{2}}}{n!} \right\rceil \tag{1.2}$$

Pour de petites valeurs de n, cette borne n'est pas particulièrement bonne. Par exemple, il y a quatre graphes simples non-étiquetés à trois sommets, mais la borne (1.2) vaut seulement deux. De même, le nombre de graphes simples non-étiquetés à quatre sommets est onze (Exercise 1.2.6), alors que la borne donnée par (1.2) vaut trois. Néanmoins, quand n est grand, cette borne se trouve être une bonne approximation du nombre exact de graphes simples non-étiquetés à n sommets car la très grande majorité des graphes sont asymétriques (voir Exercise 1.2.15d).

Exercices

1.2.1

a) Montrer que tout isomorphisme entre deux graphes envoie tout sommet sur un sommet de même degré.
b) En déduire que deux graphes isomorphes ont nécessairement la même suite (décroissante) des degrés.

1.2.2 Montrer que les graphes de la Figure 1.11 ne sont pas isomorphes (même s'ils ont la même suite de degrés).

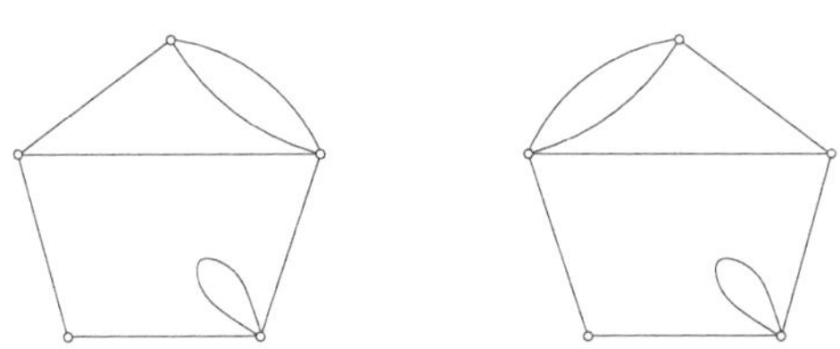

Fig. 1.11. Graphes non-isomorphes

1.2.3 Soit G un graphe connexe G. Montrer que tout graphe qui est isomorphe à G est connexe.

1.2.4 Déterminer :

a) le nombre d'isomorphismes entre les graphes G et H de la Figure 1.7,
b) le nombre d'automorphismes de chacun de ces graphes.

⋆**1.2.5** Montrer que les trois graphes de la Figure 1.9 sont isomorphes.

1.2.6 Dessiner :

a) tous les graphes simples étiquetés à quatre sommets,
b) tous les graphes simples non-étiquetés à quatre sommets,
c) tous les graphes simples non-étiquetés cubiques à huit sommets ou moins.

1.2.7 Montrer que le n-cube Q_n et le treillis booléen (définis aux Exercices 1.1.7 et 1.1.8) sont isomorphes.

1.2.8 Montrer que deux graphes simples G et H sont isomorphes si et seulement s'il existe une matrice de permutation $\mathbf{P}$ telle que $\mathbf{A}_H = \mathbf{P}\mathbf{A}_G\mathbf{P}^t$.

1.2.9 Montrer que $\mathrm{Aut}(G)$ muni de l'opération de composition est un groupe.

1.2.10

a) Montrer que, pour $n \geq 2$, $\mathrm{Aut}(P_n) \cong S_2$ et $\mathrm{Aut}(C_n) = D_n$, le groupe diédral à n éléments (où $\cong$ désigne l'isomorphisme de groupes ; voir, par exemple, Herstein (1996)).
b) Déterminer le groupe d'automorphismes du graphe biparti complet $K_{m,n}$.

1.2.11 Montrer que, pour tout graphe simple G, $\mathrm{Aut}(G) = \mathrm{Aut}(\overline{G})$.

1.2.12 On considère le sous-groupe Γ de S_3 avec les éléments (1)(2)(3), (123), et (132).

a) Montrer qu'il n'y a pas de graphe simple dont le groupe d'automorphismes est Γ.
b) Trouver un graphe simple dont le groupe d'automorphismes est isomorphe à Γ.
(Frucht (1938) a montré que tout groupe abstrait est isomorphe au groupe d'automorphismes d'un graphe simple.)

1.2.13 Orbites d'un graphe

a) Montrer que la similarité est une relation d'équivalence sur l'ensemble des sommets d'un graphe.
b) Les classes d'équivalence pour la similarité sont appelées les *orbites* du graphe. Déterminer les orbites des graphes dessinés Figure 1.12.

1.2.14

a) Montrer qu'il n'y a pas de graphe simple asymétrique à 5 sommets ou moins.
b) Pour tout $n \geq 6$, trouver un graphe simple asymétrique à n sommets.

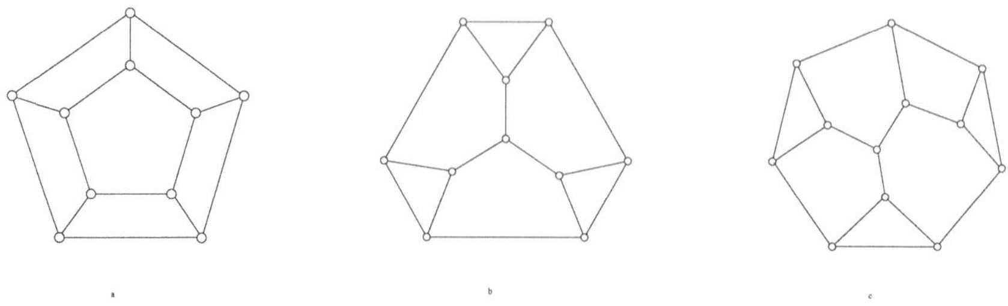

Fig. 1.12. Déterminer les orbites de ces graphes (Exercice 1.2.13)

1.2.15 Soient G et H deux éléments isomorphes de $\mathcal{G}_n$, θ un isomorphisme entre G et H, et α un automorphisme de G.

a) Montrer que $\theta\alpha$ est un isomorphisme entre G et H.
b) Déduire que l'ensemble de tous les isomorphismes entre G et H est l'ensemble $\theta\mathrm{Aut}(G)$ de $\mathrm{Aut}(G)$.
c) Déduire que le nombre de graphes étiquetés isomorphes à G est égal à $n!/\mathrm{aut}(G)$.
d) Erdős et Rényi (1963) ont montré que presque tous les graphes simples sont asymétriques (c'est-à-dire que la proportion de graphes simples à n sommets qui sont asymétriques tend vers 1 quand n tend vers l'infini). A l'aide de ce résultat, déduire de (c) que le nombre de graphes non-étiquetés à n sommets est asymptotiquement égal à $2^{\binom{n}{2}}/n!$. (G. Pólya)

1.2.16 Graphe autocomplémentaire
Un graphe simple est *autocomplémentaire* s'il est isomorphe à son complémentaire. Montrer que :

a) les deux graphes P_4 et C_5 (représentés Figure 1.3) sont autocomplémentaires,
b) tout graphe autocomplémentaire est connexe,
c) si G est autocomplémentaire, alors $n \equiv 0, 1 \pmod 4$,
d) tout graphe autocomplémentaire à $4k + 1$ sommets possède un sommet de degré $2k$.

1.2.17 Graphe arête-transitif
Un graphe simple est *arête-transitif* si, quelles que soient deux arêtes uv et xy, il existe un automorphisme α tel que $\alpha(u)\alpha(v) = xy$.

a) Montrer que le graphe de Petersen est arête-transitif.
b) Trouver un graphe sommet-transitif qui n'est pas arête-transitif.
c) Montrer que tout graphe sans sommet isolé qui est arête-transitif mais pas sommet-transitif est biparti. (E. Dauber)

1.2.18 Le graphe de Folkman

a) Montrer que le graphe dessiné Figure 1.13a est arête-transitif mais pas sommet-transitif.

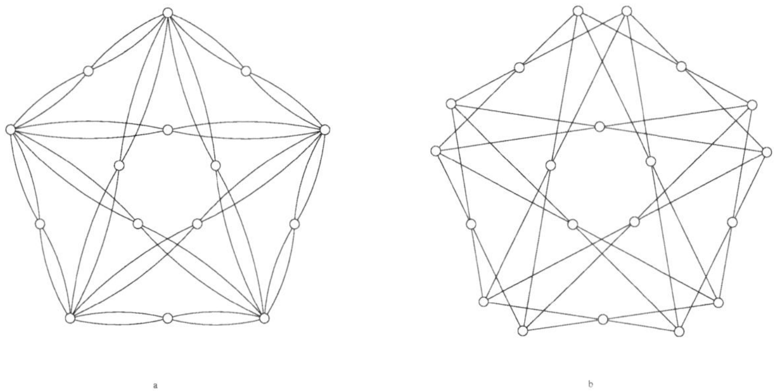

Fig. 1.13. Construction du graphe de Folkman

b) Le *graphe de Folkman*, représenté Figure 1.13b, est le graphe 4-régulier obtenu à partir du graphe de la Figure 1.13a en remplaçant chaque sommet v de degré huit par deux sommets de degré quatre, ayant tous deux les quatre mêmes voisins que v. Montrer que le graphe de Folkman est arête-transitif mais pas sommet-transitif.

(J. Folkman)

1.2.19 Graphe de Petersen généralisé
Soient k et n deux entiers strictement positifs tels que $n > 2k$. Le *graphe de Petersen généralisé* $P_{k,n}$ est le graphe simple de sommets $x_1, x_2, \ldots, x_n, y_1, y_2, \ldots, y_n$, et d'arêtes $x_i x_{i+1}, y_i y_{i+k}, x_i y_i$, $1 \leq i \leq n$, les indices étant pris modulo n. (Observez que $P_{2,5}$ est le graphe de Petersen.)

a) Dessiner les graphes $P_{2,7}$ et $P_{3,8}$.
b) Lesquels de ces deux graphes sont sommet-transitifs, et lesquels sont arête-transitifs ?

1.2.20 Montrer que si G est simple et que les valeurs propres de $\mathbf{A}$ sont distinctes, alors tout automorphisme de G est d'ordre 1 ou 2. (A. Mowshowitz)

1.3 Graphes issus d'autres structures

Comme nous l'avons écrit plus haut, des graphes intéressants peuvent souvent se construire à partir d'objets géométriques ou algébriques. De telles constructions sont souvent plutôt simples, mais dans certains cas, elles nécessitent expérience et intuition.

Graphes polyédraux

Un *graphe polyédral* est le 1-squelette d'un polyèdre, c'est-à-dire, le graphe dont les sommets et les arêtes sont simplement les sommets et les arêtes du polyèdre, avec la même relation d'incidence. En particulier, les cinq solides platoniques (le tétraèdre, le cube, l'octaèdre, le dodécaèdre, et l'icosaèdre) engendrent les cinq *graphes platoniques* dessinés Figure 1.14. Pour des polyèdres classiques comme ceux-ci, nous donnons le même nom au graphe qu'au polyèdre dont il est dérivé.

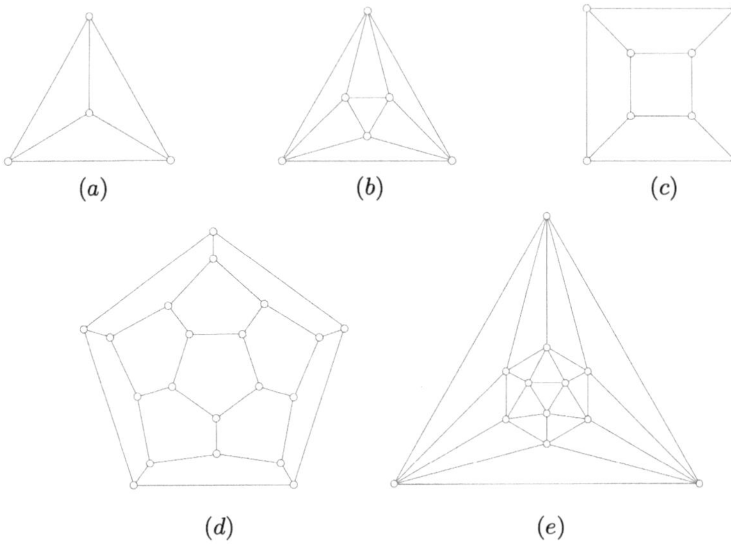

Fig. 1.14. Les cinq graphes platoniques: (a) le tétraèdre, (b) l'octaèdre, (c) le cube, (d) le dodécaèdre, (e) l'icosaèdre

Systèmes d'ensembles et hypergraphes

Un *système d'ensembles* est un couple $(V, \mathcal{F})$, où V est l'ensemble des éléments et $\mathcal{F}$ une famille de sous-ensembles de V. Notons que lorsque $\mathcal{F}$ est formé de paires d'éléments de V, alors un système d'ensembles $(V, \mathcal{F})$ est un graphe sans boucle. Ainsi, les systèmes d'ensembles peuvent être vus comme une généralisation des graphes, et sont habituellement appelés *hypergraphes*, particulièrement lorsque l'on cherche à étendre des propriétés de graphes aux systèmes d'ensembles (voir Berge (1973)). Les éléments de V sont alors appelés les *sommets* de l'hypergraphe, et les éléments de $\mathcal{F}$ ses *arêtes* ou *hyperarêtes*. Un hypergraphe est k*-uniforme* si toute arête est un k-ensemble (un ensemble à k éléments). Comme nous le verrons plus loin, les systèmes d'ensembles génèrent principalement deux types de graphes : les graphes d'incidence et les graphes d'intersection.

De nombreux exemples intéressants d'hypergraphes sont fournis par les configurations géométriques. Une *configuration géométrique* $(P, \mathcal{L})$ est un ensemble fini P d'éléments appelés *points*, et une famille finie $\mathcal{L}$ de sous-ensembles de P appelés *droites*, avec la propriété que toute paire de points est contenue dans au plus une droite. Deux exemples classiques de configurations géométriques sont le *plan de Fano* et la *configuration de Desargues*. Ces deux configurations sont représentées Figure 1.15. Dans les deux cas, chaque droite contient trois points. Ces configurations engendrent des hypergraphes 3-uniformes ; l'*hypergraphe de Fano* a sept sommets et sept arêtes, l'*hypergraphe de Desargues* dix sommets et dix arêtes.

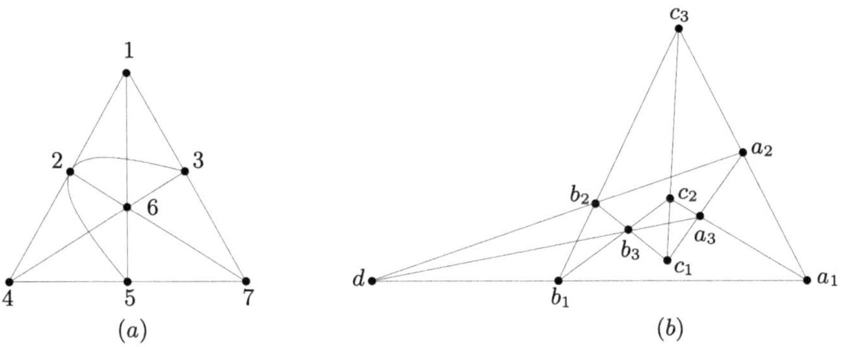

Fig. 1.15. (a) Le plan de Fano, et (b) la configuration de Desargues

Le plan de Fano est la plus simple des configurations géométriques d'une famille importante, les *plans projectifs* (voir Exercice 1.3.13). La configuration de Desargues provient d'un célèbre théorème en géométrie projective. D'autres exemples de configurations géométriques intéressantes sont donnés dans Coxeter (1950) et Godsil et Royle (2001).

Graphes d'incidence

Un graphe naturellement associé à un système d'ensembles $H = (V, \mathcal{F})$ est le graphe biparti $G[V, \mathcal{F}]$, dans lequel $v \in V$ et $F \in \mathcal{F}$ sont adjacents si $v \in F$. Ce graphe biparti G est appelé le *graphe d'incidence* du système d'ensembles H, et la matrice d'adjacence bipartie de G est la *matrice d'incidence* de H; ce sont des alternatives simples pour représenter un système d'ensembles. Les graphes d'incidence de configurations géométriques sont souvent des graphes bipartis intéressants ; dans ce contexte, le graphe d'incidence est parfois appelé le *graphe de Levi* de la configuration. Le graphe d'incidence du plan de Fano est représenté Figure 1.16. Ce graphe est connu sous le nom de *graphe de Heawood.*

Graphes d'intersection

A tout système d'ensembles $(V, \mathcal{F})$, on peut associer son *graphe d'intersection.* C'est le graphe dont l'ensemble de sommets est $\mathcal{F}$, deux ensembles de $\mathcal{F}$ étant

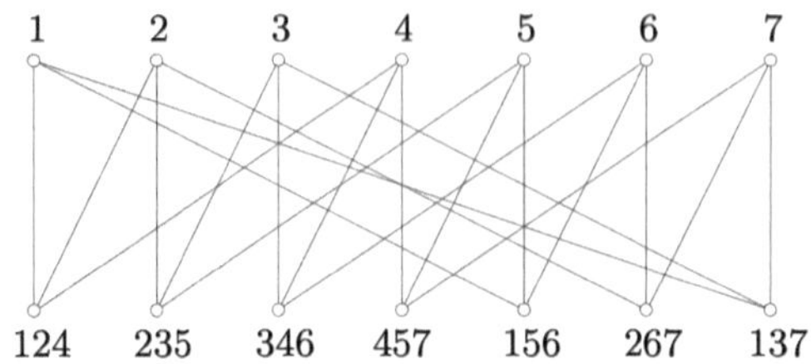

Fig. 1.16. Le graphe d'incidence du plan de Fano : le graphe de Heawood

adjacents si leur intersection est non-vide. Par exemple, quand V est l'ensemble de sommets d'un graphe simple G et $\mathcal{F} := E$, l'ensemble d'arêtes de G, le graphe d'intersection de $(V, \mathcal{F})$ a pour sommets les arêtes de G, deux arêtes étant adjacentes si elles ont une extrémité en commun. Pour des raisons historiques, ce graphe est connu comme le *graphe des lignes* de G et noté $L(G)$. La Figure 1.17 montre un graphe et son graphe des lignes.

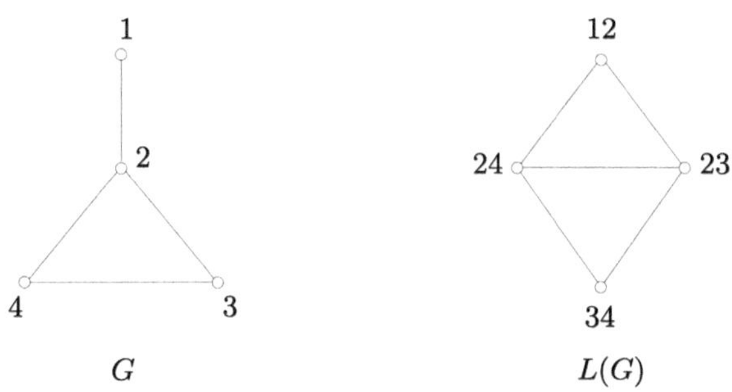

Fig. 1.17. Un graphe et son graphe des lignes

On peut montrer que le graphe d'intersection de la configuration de Desargues est isomorphe au graphe des lignes de K_5, qui à son tour est isomorphe au graphe de Petersen (Exercice 1.3.2). Quant au plan de Fano, son graphe d'intersection est isomorphe à K_7 car, quelles que soient deux de ses sept lignes, elles ont un point en commun.

La définition du graphe des lignes $L(G)$ peut être étendue à tous les graphes sans boucle comme étant le graphe d'ensemble de sommets E dans lequel deux sommets sont reliés par exactement autant d'arêtes qu'ils ont d'extrémités en commun dans G.

Si $V = \mathbb{R}$ et $\mathcal{F}$ est un ensemble d'intervalles fermés de $\mathbb{R}$, le graphe d'intersection de $(V, \mathcal{F})$ est appelé un *graphe d'intervalles*. Des exemples de situations faisant apparaître des graphes d'intervalles se trouvent dans le livre de Berge (1973). Berge a même écrit un roman policier dont la solution de l'énigme est basée sur la théorie des graphes d'intervalles ; voir Berge (1995).

Il semble clair au vu des exemples précédents que les graphes apparaissent de manière implicite dans une grande variété de structures. Beaucoup de graphes de ce type non seulement sont intéressants pour eux-mêmes, mais permettent également d'avoir une meilleure compréhension des structures dont ils découlent.

Exercices

1.3.1

a) Montrer que le graphe de la Figure 1.18 est isomorphe au graphe de Heawood (Figure 1.16).

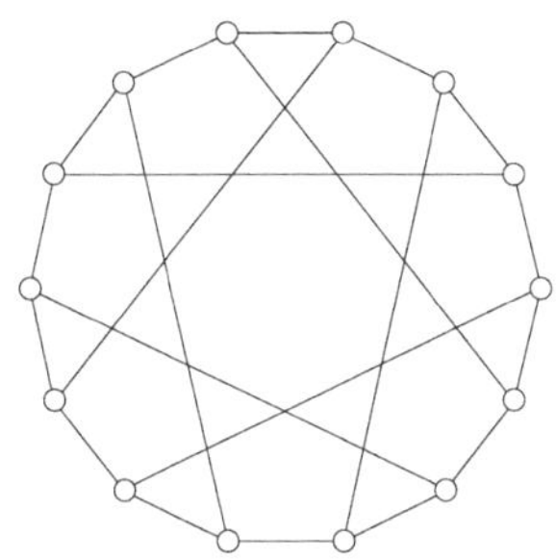

Fig. 1.18. Un autre dessin du graphe de Heawood

b) En déduire que le graphe de Heawood est sommet-transitif.

1.3.2 Montrer que les trois graphes suivants sont isomorphes :

▷ le graphe d'intersection de la configuration de Desargues,
▷ le graphe des lignes de K_5,
▷ le complémentaire du graphe de Petersen.

1.3.3 Montrer que le graphe des lignes de $K_{3,3}$ est autocomplémentaire.

1.3.4 Montrer qu'aucun des graphes figurant sur la Figure 1.19 n'est un graphe des lignes.

1.3.5 Soit $H := (V, \mathcal{F})$ un hypergraphe. Le nombre d'arêtes incidentes à un sommet v de H est son *degré*, noté $d(v)$. Une *suite des degrés* de H est un vecteur $\mathbf{d} := (d(v) : v \in V)$. Soit $\mathbf{M}$ une matrice d'incidence de H et $\mathbf{d}$ la suite des degrés de H correspondante. Montrer que la somme des colonnes de $\mathbf{M}$ est égale à $\mathbf{d}$.

1.3.6 Soit $H := (V, \mathcal{F})$ un hypergraphe. Pour $v \in V$, on désigne par $\mathcal{F}_v$ l'ensemble des arêtes de H incidentes à v. Le *dual* de H est l'hypergraphe H^* ayant pour ensemble de sommets $\mathcal{F}$ et pour arêtes les ensembles $\mathcal{F}_v$, $v \in V$.

a) Quelle est la relation entre les graphes d'incidence de H et H^* ?
b) Montrer que le dual de H^* est isomorphe à H.
c) Un hypergraphe est *autodual* s'il est isomorphe à son dual. Montrer que les hypergraphes de Fano et de Desargues sont autoduaux.

1.3.7 PROPRIÉTÉ DE HELLY
Une famille d'ensembles a la *Propriété de Helly* si les membres de toute sous-famille d'ensembles s'intersectant deux à deux ont un élément en commun.

a) Montrer que la famille des intervalles de la droite réelle possède la Propriété de Helly. (E. HELLY)
b) En déduire que le graphe de la Figure 1.20 n'est pas un graphe d'intervalles.

1.3.8 GRAPHES DE KNESER
Soit m et n des entiers strictement positifs tels que $n > 2m$. Le *graphe de Kneser* $KG_{m,n}$ est le graphe dont les sommets sont les m-sous-ensembles d'un n-ensemble S, deux tels sommets étant adjacents si et seulement si leur intersection est vide. Montrer que :

a) $KG_{1,n} \cong K_n$, $n \geq 3$,
b) $KG_{2,n}$ est isomorphe au complémentaire de $L(K_n)$, $n \geq 5$.

1.3.9 Soit G un graphe simple de matrice d'incidence $\mathbf{M}$.

a) Montrer que la matrice d'adjacence de son graphe des lignes $L(G)$ est $\mathbf{M}^t\mathbf{M} - 2\mathbf{I}$, avec $\mathbf{I}$ la matrice identité $m \times m$.
b) En utilisant le fait que $\mathbf{M}^t\mathbf{M}$ est semi-définie positive, déduire que :
   i) chaque valeur propre de $L(G)$ est supérieure ou égale à -2,
   ii) si le rang de $\mathbf{M}$ est inférieur à m, alors -2 est une valeur propre de $L(G)$.

Fig. 1.19. Deux graphes qui ne sont pas des graphes des lignes

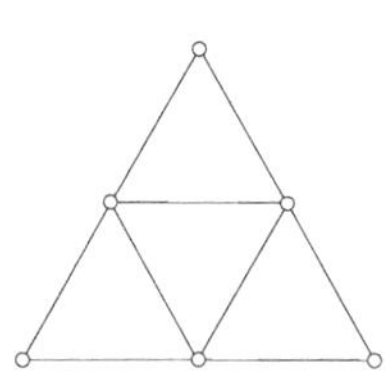

Fig. 1.20. Un graphe qui n'est pas un graphe d'intervalles

1.3.10

a) On considère les deux matrices suivantes $\mathbf{B}$ et $\mathbf{C}$, où x est une variable, $\mathbf{M}$ est une matrice $n \times m$ quelconque, et $\mathbf{I}$ est la matrice identité de la dimension adéquate.

$$\mathbf{B} := \begin{bmatrix} \mathbf{I} & \mathbf{M} \\ \mathbf{M}^t & x\mathbf{I} \end{bmatrix} \qquad \mathbf{C} := \begin{bmatrix} x\mathbf{I} & -\mathbf{M} \\ \mathbf{0} & \mathbf{I} \end{bmatrix}$$

En posant l'égalité entre les déterminants de $\mathbf{BC}$ et $\mathbf{CB}$, obtenir l'identité

$$\det(x\mathbf{I} - \mathbf{M}^t\mathbf{M}) = x^{m-n} \det(x\mathbf{I} - \mathbf{M}\mathbf{M}^t)$$

b) Soit G un graphe simple k-régulier avec $k \geq 2$. A l'aide de l'Exercice 1.3.9 et de l'identité précédente, établir la relation suivante entre les polynômes caractéristiques de $L(G)$ et G.

$$\det(\mathbf{A}_{L(G)} - x\mathbf{I}) = (-1)^{m-n}(x+2)^{m-n} \det(\mathbf{A}_G - (x+2-k)\mathbf{I})$$

c) Déduire que :

i) à chaque valeur propre $\lambda \neq -k$ de G correspond une valeur propre $\lambda + k - 2$ de $L(G)$ de même multiplicité,

ii) -2 est une valeur propre de $L(G)$ de multiplicité $m - n + r$, avec r la multiplicité de la valeur propre $-k$ de G. (Si $-k$ n'est pas une valeur propre, alors $r = 0$.) (H. Sachs)

1.3.11

a) A l'aide des Exercices 1.1.22 et 1.3.10, montrer que les valeurs propres de $L(K_5)$ sont

$$(6, 1, 1, 1, 1, -2, -2, -2, -2, -2)$$

b) En appliquant l'Exercice 1.1.23, déduire que le graphe de Petersen a pour valeurs propres

$$(3, 1, 1, 1, 1, 1, -2, -2, -2, -2)$$

1.3.12 Lemme de Sperner

Soit T un triangle dans le plan. Une subdivision de T en triangles est *simpliciale* si, quels que soient deux triangles qui s'intersectent, ils ont un sommet ou une arête en commun. On considère une subdivision simpliciale quelconque de T en triangles. On attribue les couleurs rouge, bleu et vert aux sommets de ces triangles de telle manière que chaque couleur est absente d'un des côtés de T mais apparaît sur les deux autres. (Donc, en particulier, les sommets de T se voient attribuer les couleurs rouge, bleu et vert dans un certain ordre.)

a) Montrer que le nombre de triangles dans la subdivision dont les sommets reçoivent les trois couleurs est impair. (E. Sperner)

b) En déduire qu'il y a toujours un tel triangle.

(Le Lemme de Sperner, généralisé aux simplexes de dimension n, est un élément essentiel dans la preuve du Théorème de Point Fixe de Brouwer : *toute application continue d'un disque fermé de dimension n dans lui-même admet un point fixe* ; voir Bondy et Murty (1976).)

1.3.13 Plan projectif fini
Un *plan projectif fini* est une configuration géométrique $(P, \mathcal{L})$ dans laquelle :

i) deux points quelconques sont sur une et une seule droite,
ii) deux droites quelconques ont un et un seul point en commun,
iii) il y a quatre points dont aucune ligne n'en contient plus de deux.

(La condition (iii) sert uniquement à exclure deux configurations triviales — le *pinceau*, dans lequel tous les points sont colinéaires, et le *quasi-pinceau*, dans lequel tous les points sauf un sont colinéaires.)

a) Soit $(P, \mathcal{L})$ un plan projectif fini. Montrer qu'il existe un entier $n \geq 2$ tel que $|P| = |\mathcal{L}| = n^2 + n + 1$, chaque point soit sur $n + 1$ lignes, et chaque ligne contienne $n + 1$ points (le cas $n = 2$ étant le plan de Fano). Cet entier n est appelé l'*ordre* du plan projectif.
b) Combien de sommets le graphe d'incidence d'un plan projectif fini d'ordre n a-t-il, et quels sont leurs degrés ?

1.3.14 On considère les vecteurs non-nuls de $\mathbb{F}^3$, avec $\mathbb{F} = GF(q)$ et q une puissance d'un nombre premier. On dit que deux de ces vecteurs sont *équivalents* si l'un est multiple de l'autre. On peut former un plan projectif fini $(P, \mathcal{L})$ d'ordre q en prenant comme points et lignes les $(q^3 - 1)/(q - 1) = q^2 + q + 1$ classes d'équivalence définies par cette relation d'équivalence et en définissant un point (a, b, c) et une ligne (x, y, z) comme incidents si $ax + by + cz = 0$ (dans $GF(q)$). Ce plan est noté $PG_{2,q}$.

a) Montrer que $PG_{2,2}$ est isomorphe au plan de Fano.
b) Construire $PG_{2,3}$.

1.3.15 Le Théorème de de Bruijn–Erdős

a) Soit $G[X, Y]$ un graphe biparti dont chaque sommet est relié à au moins un sommet, mais pas tous, de l'autre partie. On suppose que $d(x) \geq d(y)$ pour tout $xy \notin E$. Montrer que $|Y| \geq |X|$, avec égalité si et seulement si $d(x) = d(y)$ pour tout $xy \notin E$ avec $x \in X$ et $y \in Y$.
b) En déduire le théorème suivant.
Soit $(P, \mathcal{L})$ une configuration géométrique telle que deux points quelconques sont sur une et une seule droite et que tous les points ne sont pas sur une seule droite. Alors $|\mathcal{L}| \geq |P|$. De plus, si $|\mathcal{L}| = |P|$, alors $(P, \mathcal{L})$ est soit un plan projectif fini soit un quasi-pinceau.

(N.G. de Bruijn et P. Erdős)

1.3.16 Montrer que :

a) les graphes des lignes $L(K_n)$, $n \geq 4$, et $L(K_{n,n})$, $n \geq 2$, sont fortement réguliers,
b) le *graphe de Shrikhande*, représenté Figure 1.21 (où les sommets de même nom doivent être identifiés), est fortement régulier, avec les mêmes paramètres que ceux de $L(K_{4,4})$, mais n'est pas isomorphe à $L(K_{4,4})$.

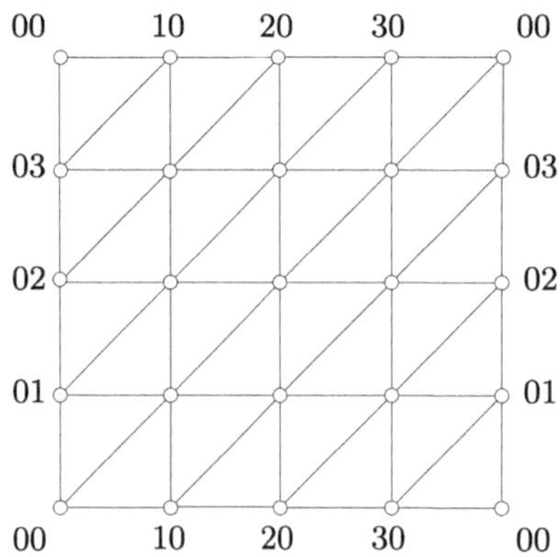

Fig. 1.21. Un plongement du graphe de Shrikhande sur le tore

1.3.17

a) Montrer que :
   i) $\mathrm{Aut}(L(K_n)) \ncong \mathrm{Aut}(K_n)$ pour $n = 2$ et $n = 4$,
   ii) $\mathrm{Aut}(L(K_n)) \cong \mathrm{Aut}(K_n)$ pour $n = 3$ et $n \geq 5$.
b) A l'aide des Exercices 1.2.11 et 1.3.2, déduire que le groupe d'automorphismes du graphe de Petersen est isomorphe au groupe symétrique S_5.

1.3.18 Graphe de Cayley
Soit Γ un groupe et S un ensemble d'éléments de Γ ne contenant pas l'élément neutre. On suppose, de plus, que l'inverse de chaque élément de S est également dans S. Le *graphe de Cayley* de Γ suivant S est le graphe $\mathrm{CG}(\Gamma, S)$ d'ensemble de sommets Γ dans lequel deux sommets x et y sont adjacents si et seulement si $xy^{-1} \in S$. (Notons que, comme S est clos par inverse, si $xy^{-1} \in S$, alors $yx^{-1} \in S$.)

a) Montrer que le n-cube est un graphe de Cayley.
b) Soit G un graphe de Cayley $\mathrm{CG}(\Gamma, S)$ et x un élément de Γ.
   i) Montrer que l'application α_x définie par $\alpha_x(y) := yx$ est un automorphisme de G.
   ii) En déduire que tout graphe de Cayley est sommet-transitif.
c) En considérant le graphe de Petersen, montrer qu'un graphe sommet-transitif n'est pas forcément un graphe de Cayley.

1.3.19 CIRCULANT
Un *circulant* est un graphe de Cayley $\mathrm{CG}(\mathbb{Z}_n, S)$, où $\mathbb{Z}_n$ est le groupe additif des entiers modulo n. Soient p un nombre premier et i et j deux éléments non-nuls de $\mathbb{Z}_p$.

a) Montrer que $\mathrm{CG}(\mathbb{Z}_p, \{i, -i\}) \cong \mathrm{CG}(\mathbb{Z}_p, \{j, -j\})$.
b) Déterminer quand $\mathrm{CG}(\mathbb{Z}_p, \{1, -1, i, -i\}) \cong \mathrm{CG}(\mathbb{Z}_p, \{1, -1, j, -j\})$.

1.3.20 GRAPHE DE PALEY
Soit q une puissance d'un premier, $q \equiv 1 \pmod 4$. Le *graphe de Paley* PG_q est le graphe dont l'ensemble de sommets est l'ensemble des éléments du corps $GF(q)$, deux sommets étant adjacents si leur différence est un carré non-nul de $GF(q)$.

a) Dessiner PG_5, PG_9, et PG_{13}.
b) Montrer que ces trois graphes sont autocomplémentaires.
c) Soit a un élément de $GF(q)$ qui n'est pas un carré. En considérant l'application $\theta : GF(q) \to GF(q)$ définie par $\theta(x) := ax$, montrer que PG_q est autocomplémentaire pour tout q.

1.4 Construction de graphes à partir d'autres graphes

Nous avons déjà vu deux manières d'associer à chaque graphe un autre graphe : le complémentaire (dans le cas des graphes simples) et le graphe des lignes. Si nous partons de deux graphes G et H plutôt que d'un seul, un nouveau graphe peut être défini de plusieurs manières. Pour simplifier les notations, nous supposons que G et H sont simples, de telle sorte que chaque arête soit une paire de sommets ; les concepts décrits ici peuvent être étendus sans difficulté au cas général.

UNION ET INTERSECTION

Deux graphes sont *disjoints* s'ils n'ont aucun sommet en commun, et *arête-disjoints* s'ils n'ont aucune arête en commun. La manière la plus simple de combiner des graphes sont l'union et l'intersection. L'*union* des graphes simples G et H est le graphe $G \cup H$ d'ensemble de sommets $V(G) \cup V(H)$ et d'ensemble d'arêtes $E(G) \cup E(H)$. Si G et H sont disjoints, on dit que leur union est *disjointe*, et on la note généralement par $G + H$. Ces opérations sont associatives et commutatives, et peuvent être étendues à un nombre arbitraire de graphes. On peut voir qu'un graphe est séparé si et seulement si c'est l'union disjointe de deux graphes (non-nuls). Plus généralement, tout graphe G peut s'exprimer de manière unique (à l'ordre près) comme l'union disjointe de graphes connexes (Exercice 1.4.1). Ces graphes sont appelés les *composantes connexes*, ou simplement *composantes*, de G. Le nombre de composantes de G est noté $c(G)$. (Le graphe nul a la propriété anormale d'être le seul graphe sans composantes.)

L'*intersection* $G \cap H$ de G et H est définie de manière analogue. (Notons que si G et H sont disjoints, leur intersection est le graphe nul.) La Figure 1.22 illustre ces concepts. Le graphe $G \cup H$ représenté Figure 1.22 a une seule composante, alors que le graphe $G \cap H$ a deux composantes.

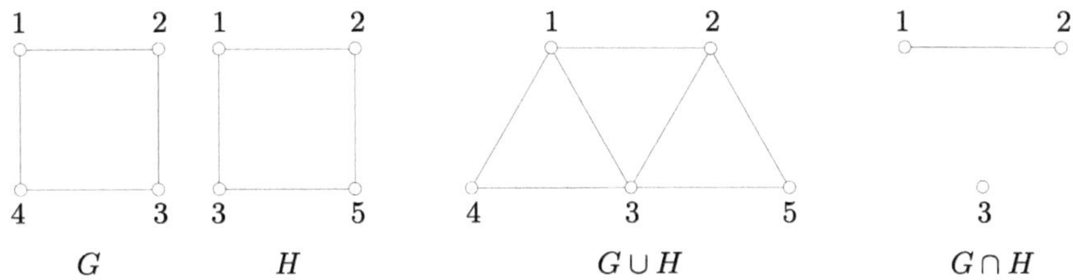

Fig. 1.22. L'union et l' intersection de deux graphes

Produit cartésien

Il y a également plusieurs manières de construire à partir de deux graphes un nouveau graphe dont l'ensemble de sommets est le produit cartésien de leurs ensembles de sommets. Ces constructions sont de ce fait appelées 'produits'. Nous décrivons maintenant l'un d'entre eux.

Le *produit cartésien* des graphes simples G et H est le graphe $G \,\Box\, H$ dont l'ensemble de sommets est $V(G) \times V(H)$ et dont l'ensemble d'arêtes est l'ensemble des paires $(u_1, v_1)(u_2, v_2)$ telle que, ou bien $u_1u_2 \in E(G)$ et $v_1 = v_2$, ou $v_1v_2 \in E(H)$ et $u_1 = u_2$. Donc, pour toute arête u_1u_2 de G et toute arête v_1v_2 de H, il y a quatre arêtes dans $G \,\Box\, H$, à savoir $(u_1, v_1)(u_2, v_1)$, $(u_1, v_2)(u_2, v_2)$, $(u_1, v_1)(u_1, v_2)$, et $(u_2, v_1)(u_2, v_2)$ (voir Figure 1.23a) ; la notation utilisée pour le produit cartésien reflète ce fait. Plus généralement, le produit cartésien $P_m \,\Box\, P_n$ de deux chemins est la $(m \times n)$-*grille*. Un exemple est donné dans la Figure 1.23b.

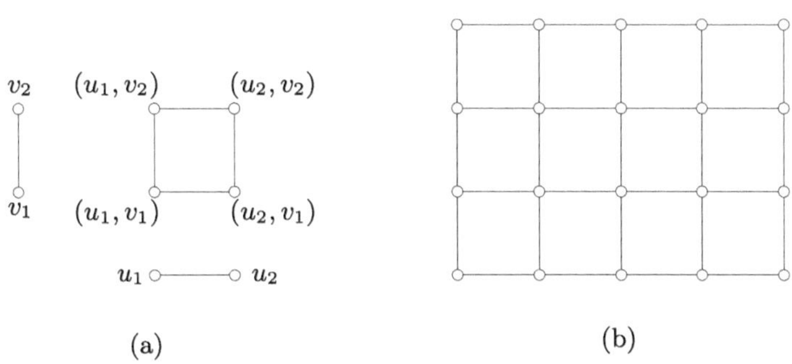

Fig. 1.23. (a) Le produit cartésien $K_2 \,\Box\, K_2$, et (b) la (5×4)-grille

Pour $n \geq 3$, le produit cartésien $C_n \,\Box\, K_2$ est un graphe polyédral, le n-*prisme* ; les 3-prisme, 4-prisme, et 5-prisme sont communément appelés le *prisme triangulaire*, le *cube*, et le *prisme pentagonal* (voir Figure 1.24). Le produit cartésien est sans doute le plus simple des produits de graphes. Il en existe un certain nombre d'autres, apparaissant chacun naturellement dans différents contextes. Nous rencontrerons plusieurs d'entre eux dans des chapitres ultérieurs.

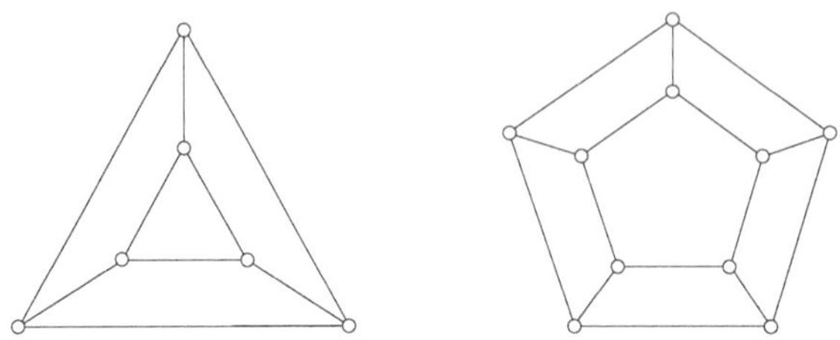

Fig. 1.24. Les prismes triangulaire et pentagonal

Exercices

1.4.1 Montrer que tout graphe peut s'exprimer de manière unique (à l'ordre près) comme l'union disjointe de graphes connexes.

1.4.2 Montrer que le rang sur $GF(2)$ d'une matrice d'incidence d'un graphe G est $n - c$.

1.4.3 Montrer que le produit cartésien est à la fois associatif et commutatif.

1.4.4 Trouver un plongement du produit cartésien $C_m \,\square\, C_n$ sur le tore.

1.4.5

a) Montrer que le produit cartésien de deux graphes sommet-transitifs est sommet-transitif.
b) Donner un exemple montrant que le produit cartésien de deux graphes arête-transitifs n'est pas nécessairement arête-transitif.

1.4.6

a) Soient G un graphe autocomplémentaire et P un chemin de longueur trois disjoint de G. On forme un nouveau graphe H à partir de $G \cup P$ en reliant les premier et troisième sommets de P à chaque sommet de G. Montrer que H est autocomplémentaire.
b) Déduire (à l'aide de l'Exercice 1.2.16) qu'il existe un graphe autocomplémentaire à n sommets si et seulement si $n \equiv 0, 1 \pmod 4$.

1.5 Graphes dirigés

Bien que de nombreux problèmes se prêtent à une formulation en termes de graphes, le concept de graphe n'est parfois pas tout à fait approprié. Quand il s'agit de problèmes de flux de trafic, par exemple, il est nécessaire de connaître quelles routes dans le réseau sont à sens unique, et dans quelle direction le trafic est permis. Clairement, un graphe du réseau n'est pas très utile dans une telle situation. Ce dont nous avons besoin, c'est d'un graphe dans lequel chaque lien possède une direction, autrement dit d'un graphe dirigé. [1]

Formellement, un *graphe dirigé* D est un couple $(V(D), A(D))$ formé d'un ensemble $V := V(D)$ de *sommets* et d'un ensemble $A := A(D)$, disjoint de $V(D)$, d'*arcs*, accompagné d'une *fonction d'incidence* ψ_D qui associe à chaque arc de D un couple de sommets (pas nécessairement distincts) de D. Si a est un arc et $\psi_D(a) = (u, v)$, alors *a relie u à v* ; on dit aussi que *u domine v*. Le sommet u est la *queue* de a, et le sommet sommet v sa *tête* ; ce sont les deux *extrémités* de a. Occasionnellement, la direction d'un arc est sans importance pour la discussion. Dans de tels cas, nous appellerons l'arc une *arête* du graphe dirigé. Le nombre d'arcs dans D est noté $a(D)$. Les sommets qui dominent un sommet v sont ses *voisins entrants*, et ceux qui sont dominés par le sommet ses *voisins sortants*. Ces ensembles sont notés $N_D^-(v)$ et $N_D^+(v)$, respectivement.

Par commodité, nous utilisons le terme *digraphe* [2] plutôt que 'graphe dirigé'. Un digraphe *strict* est un digraphe sans boucle ni arcs parallèles (arcs avec la même queue et la même tête).

A tout digraphe D, nous pouvons associer un graphe G avec le même ensemble de sommets en remplaçant chaque arc par une arête avec les mêmes extrémités. Ce graphe est le *graphe sous-jacent* de D, noté $G(D)$. A l'inverse, tout graphe G peut être vu comme un digraphe, en remplaçant chaque arête par deux arcs de directions opposées avec les mêmes extrémités ; ce digraphe est le *digraphe associé* à G, noté $D(G)$. On peut aussi obtenir un digraphe à partir d'un graphe G en remplaçant chaque arête par un seul des deux arcs possibles avec les mêmes extrémités. Un tel digraphe est appelé une *orientation* de G. Nous utilisons occasionnellement le symbole $\overrightarrow{G}$ pour indiquer une orientation de G (même si un graphe a en général beaucoup d'orientations). Une orientation d'un graphe simple est appelée un *graphe orienté simple*. Un cas particulièrement intéressant est celui d'une orientation d'un graphe complet. Un tel graphe orienté simple est appelé un *tournoi*, parce qu'il peut-être vu comme la représentation des résultats d'un

---

[1] En français, il est relativement courant d'utiliser le terme 'graphe orienté' pour désigner un graphe dirigé. Mais ce terme est également utilisé pour désigner les graphes dirigés sans arcs opposés (un arc allant de u à v et un allant de v à u) ce qui génère de l'ambiguité. Afin d'éviter cette ambiguité, il nous a paru préférable d'utiliser un vocabulaire similaire au vocabulaire anglais et d'utiliser 'graphe dirigé' ('directed graph' en anglais) quand il peut y avoir des arcs opposés, et 'graphe orienté' ('oriented graph' en anglais) quand ils ne sont pas admis.

[2] En anglais '*digraph*', abbréviation de 'directed graph'.

tournoi en simple ronde dans lequel chaque participant rencontre une fois tous les autres participants (et il n'y a pas de match nul).

Les digraphes, comme les graphes, ont une représentation picturale simple. Un digraphe est représenté par le diagramme de son graphe sous-jacent augmenté de flèches sur ses arêtes, chaque flèche pointant vers la tête de l'arc correspondant. Les quatre tournois non-étiquetés à quatre sommets sont représentés Figure 1.25 (vour Exercice 1.5.3a).

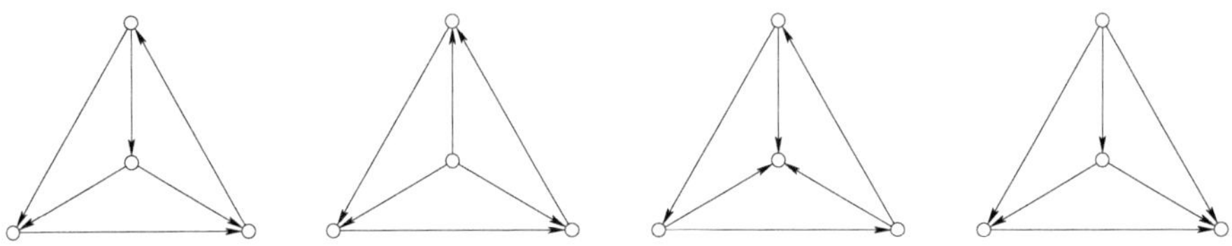

Fig. 1.25. Les quatre tournois non-étiquetés à quatre sommets

Tout concept valide pour les graphes s'applique automatiquement aussi aux digraphes. Par exemple, le *degré* d'un sommet v dans un digraphe D est simplement le degré de v dans $G(D)$, le graphe sous-jacent de D.[3] De même, un digraphe est dit *connexe* si son graphe sous-jacent est connexe[4]. Mais il y a des concepts pour lesquels la direction joue un rôle essentiel. Par exemple, le *degré entrant* $d_D^-(v)$ d'un sommet v dans D est le nombre d'arcs de tête v, et le *degré sortant* $d_D^+(v)$ de v est le nombre d'arcs de queue v. Le degré entrant minimum et le degré sortant minimum de D sont notés $\delta^-(D)$ et $\delta^+(D)$, respectivement ; de même, le degré entrant maximum et le degré sortant maximum de D sont notés $\Delta^-(D)$ et $\Delta^+(D)$, respectivement. Un digraphe est *k-dirégulier* si chaque degré entrant et chaque degré sortant est égal à k. Un sommet de degré entrant zéro est appelé une *source*, et un sommet de degré sortant zéro un *puits*. Un *chemin dirigé* ou *cycle dirigé* est une orientation d'un chemin ou cycle dans lequel chaque sommet domine son successeur dans la suite. Il existe également une notion de connexité dans les digraphes, qui tient compte des directions comme nous le verrons au Chapitre 2.

Deux digraphes particuliers sont représentés Figure 1.26. Le premier des deux est un digraphe 2-dirégulier, et le second un digraphe 3-dirégulier (voir Bondy (1978)) ; nous adoptons ici la convention consistant à représenter deux arcs de directions opposées par une arête. Ces digraphes peuvent tous deux être construits à partir du plan de Fano. (Exercice 1.5.8). Ils possèdent également des propriétés remarquables qui seront exposées au Chapitre 2.

[3] *Dans ce cas, nous employons la même notation que pour les graphes (avec G remplacé par D). Ainsi le degré de v dans D est noté $d_D(v)$. Ces cas de notations identiques ne sont répertoriés qu'une seule fois dans le glossaire, pour les graphes.*

[4] *L'index contient uniquement les définitions pour les digraphes qui diffèrent substantiellement de leurs analogues pour les graphes. Ainsi le terme 'digraphe connexe' n'y apparait pas, mais seulement 'graphe connexe'.*

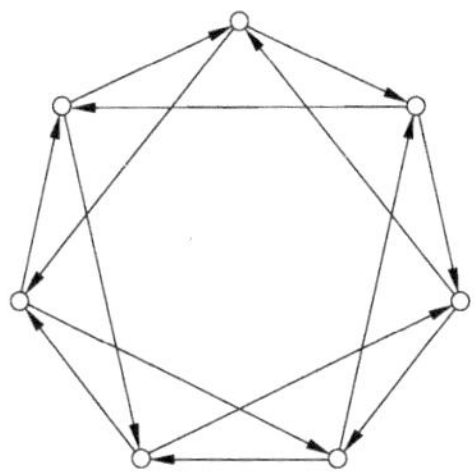

(a)

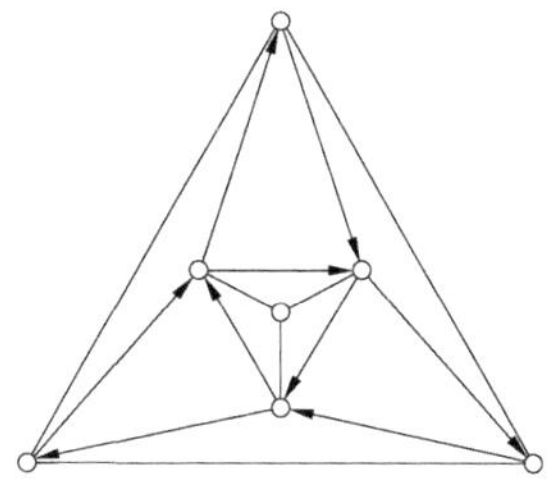

(b)

Fig. 1.26. (a) le digraphe de Koh–Tindell, et (b) un analogue dirigé du graphe de Petersen

D'autres exemples de digraphes intéressants peuvent être obtenus à partir d'autres structures mathématiques, telles que les groupes. Par exemple, il y a un analogue dirgé au graphe de Cayley. Si Γ est un groupe, et S un sous-ensemble Γ ne contenant pas l'élément neutre, le *digraphe de Cayley* de Γ suivant S est le digraphe, noté $\mathrm{CD}(\Gamma, S)$, dont l'ensemble de sommets est Γ et dans lequel un sommet x domine un sommet y si et seulement si $xy^{-1} \in S$. Un *circulant dirigé* est un digraphe de Cayley $\mathrm{CD}(\mathbb{Z}_n, S)$, où $\mathbb{Z}_n$ est le groupe des entiers modulo n. Le *digraphe de Koh–Tindell* de la Figure 1.26 est un circulant dirigé de $\mathbb{Z}_7$.

A tout digraphe D, on peut associer un autre digraphe, $\overleftarrow{D}$, obtenu en renversant tous les arcs de D. Le digraphe $\overleftarrow{D}$ est appelé *inverse* de D. Comme l'inverse de l'inverse est le digraphe original, l'inverse d'un digraphe peut se voir comme un 'dual directionnel'. De ce point de vue découle un principe aussi utile que simple.

Principe de Dualité Directionnelle
Tout énoncé sur un digraphe possède un énoncé 'dual', obtenu en appliquant l'énoncé à l'inverse du digraphe et en le réinterprétant en fonction du digraphe original.

Par exemple, la somme des degrés entrants des sommets d'un digraphe est égale au nombre total d'arcs. (Exercice 1.5.2). En appliquant le Principle de Dualité Directionnelle, nous en déduisons immédiatement que la somme des degrés sortants est elle aussi égale au nombre total d'arcs.

Au delà des motivations pratiques évoquées précédemment, donner des directions appropriées aux arêtes d'un graphe est une manière pratique pour explorer les propriétés de ce graphe, comme nous le verrons au Chapitre 6.

Exercices

1.5.1 Combien y-a-t-il d'orientations pour un graphe étiqueté G ?

$\star$**1.5.2** Soit D un digraphe.

a) Montrer que $\sum_{v \in V} d^-(v) = m$.
b) A l'aide du Principe de Dualité Directionnelle, déduire que $\sum_{v \in V} d^+(v) = m$.

1.5.3 Deux digraphes D et D' sont *isomorphes*, noté $D \cong D'$, s'il y a des bijections $\theta : V(D) \to V(D')$ et $\phi : A(D) \to A(D')$ telles que $\psi_D(a) = (u, v)$ si et seulement si $\psi_{D'}(\phi(a)) = (\theta(u), \theta(v))$. Un tel couple d'applications est appelé un *isomorphisme* entre D et D'.

a) Montrer que les quatre tournois de la Figure 1.25 sont deux à deux non-isomorphes, et, qu'à isomorphisme près, ce sont les seuls tournois à quatre sommets.
b) A isomorphisme près, combien y-a-t-il de tournois à cinq sommets ?

1.5.4

a) Définir les notions de sommet-transitivité et arc-transitivité pour les digraphes.
b) Montrer que :
   i) tout digraphe sommet-transitif est dirégulier,
   ii) le digraphe de Koh–Tindell (Figure 1.26a) est sommet-transitif mais pas arc-transitif.

1.5.5 Un digraphe est *auto-inverse* s'il est isomorphe à son inverse. Montrer que les deux digraphes de la Figure 1.26 sont auto-inverses.

1.5.6 Matrice d'incidence d'un digraphe
Soit D un digraphe sans boucle d'ensemble de sommets V et d'ensemble d'arcs A. La *matrice d'incidence* de D (selon des ordres donnés de ses sommets et arcs) est la matrice $n \times m$ matrix $\mathbf{M}_D := (m_{va})$, où

$$m_{va} = \begin{cases} 1 & \text{si l'arc } a \text{ est un lien et } v \text{ est la queue de } a \\ -1 & \text{si l'arc } a \text{ est un lien et } v \text{ est la tête de } a \\ 0 & \text{sinon} \end{cases}$$

Soit $\mathbf{M}$ la matrice d'incidence d'un digraphe connexe D. Montrer que le rang de $\mathbf{M}$ est $n - 1$.

$\star$**1.5.7** Matrice totalement unimodulaire
Une matrice est *totalement unimodulaire* si chacune de ses sous-matrices carrées a son déterminant égal à 0, +1, ou −1. Soit $\mathbf{M}$ la matrice d'incidence d'un digraphe.

a) Montrer que $\mathbf{M}$ est totalement unimodulaire. (H. Poincaré)
b) En déduire que l'équation matricielle $\mathbf{Mx} = \mathbf{b}$ a une solution entière si elle est cohérente et que le vecteur $\mathbf{b}$ est entier.

———— ≀≀ ————

1.5.8 Décrire comment les deux digraphes de la Figure 1.26 peuvent être construits à partir du plan de Fano.

1.5.9 Tournoi de Paley
Soit q une puissance d'un premier, $q \equiv 3 \pmod 4$. Le *tournoi de Paley* PT_q est le tournoi dont l'ensemble de sommets est l'ensemble des éléments du corps $GF(q)$, un sommet i dominant un sommet j si et seulement si $j - i$ est un carré non-nul de $GF(q)$.

a) Dessiner PT_3, PT_7, et PT_{11}.
b) Montrer que ces trois digraphes sont auto-inverses.

1.5.10 Tournoi de Stockmeyer
Pour un entier non-nul k, on note $\mathrm{pow}(k)$ le plus grand entier p tel que 2^p divise k, et on pose $\mathrm{odd}(k) := k/2^p$. (Par exemple, $\mathrm{pow}(12) = 2$ et $\mathrm{odd}(12) = 3$, alors que $\mathrm{pow}(-1) = 0$ et $\mathrm{odd}(-1) = -1$.) Le *tournoi de Stockmeyer* ST_n, pour $n \geq 1$, est le tournoi dont l'ensemble de sommets est $\{1, 2, 3, \ldots, 2^n\}$ et dans lequel le sommet i domine le sommet j si $\mathrm{odd}(j - i) \equiv 1 \pmod 4$.

a) Dessiner ST_2 et ST_3.
b) Montrer que ST_n est à la fois auto-inverse et asymétrique (c'est-à-dire qu'il n'a pas d'automorphisme autre que le trivial).

(P.K. Stockmeyer)

1.5.11 Graphe arc-transitif
Un graphe non-dirigé G est *arc-transitif* si son digraphe associé $D(G)$ est arc-transitif. (De façon équivalente, G est arc-transitif si, quels que soient deux couples (x, y) et (u, v) de sommets adjacents, il existe un automorphisme de G qui envoie (x, y) sur (u, v).)

a) Montrer que tout graphe arc-transitif sans sommet isolé est également sommet-transitif et arête-transitif.
b) Soit G un graphe k-régulier qui est sommet-transitif et arête-transitif, mais pas arc-transitif. Montrer que k est pair. (Un exemple d'un tel graphe pour $k = 4$ se trouve dans Godsil et Royle (2001).)

1.5.12 Matrice d'adjacence d'un digraphe
La *matrice d'adjacence* d'un digraphe D est la matrice $n \times n$ $\mathbf{A}_D = (a_{uv})$, où a_{uv} est le nombre d'arcs de D de queue u et de tête v. Soit $\mathbf{A}$ la matrice d'adjacence d'un tournoi à n sommets. Posons $\mathbf{B} := \mathbf{A} - \mathbf{A}^T$. Montrer que $\mathrm{rang}\,\mathbf{B} = n - 1$ si n est impair et $\mathrm{rang}\,\mathbf{B} = n$ si n est pair.

1.6 Graphes infinis

Comme mentionné précédemment, les graphes que nous étudions dans ce livre sont supposés être finis. Il existe cependant une ample théorie des graphes définis sur des ensembles infinis de sommets et/ou d'arêtes. De tels graphes sont appelés *graphes infinis*. Un graphe infini est *dénombrable* si ses ensembles de sommets et d'arêtes sont tous deux dénombrables. La Figure 1.27 représente trois célèbres graphes dénombrables, la *grille infinie*, le *réseau triangulaire*, et le *réseau hexagonal*.

La plupart des notions valides pour les graphes finis sont directement transposables aux graphes infinis, ou, à défaut, requièrent de simples modifications. Alors que la définition du degré d'un sommet est essentiellement la même que pour les graphes finis (avec 'nombre' remplacé par 'cardinal'), il y a deux types de chemins infinis, l'un ayant une extrémité initiale mais pas de sommet terminal (appelé

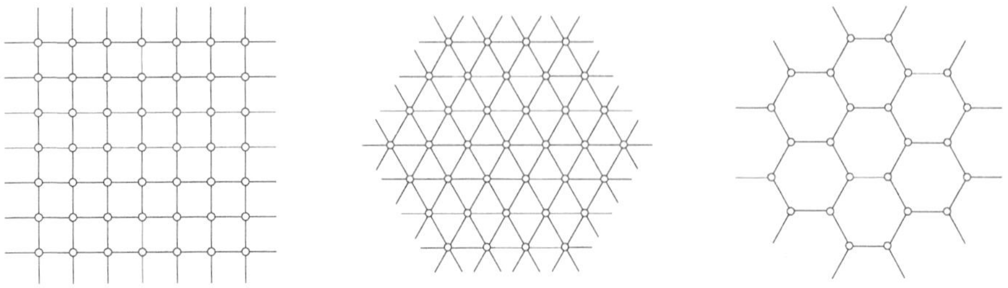

Fig. 1.27. La grille infinie et les réseaux triangulaire et hexagonal

un demi-rayon), et un n'ayant ni sommet initial ni sommet terminal (appelé un *rayon*) ; la grille infinie est le produit cartésien de deux rayons. Cependant, certains concepts pour les graphes finis n'ont pas d'analogue 'infini' naturel, le cycle par exemple (bien que, dans certaines circonstances, un rayon puisse être vu comme un cycle infini).

Même si ce livre se concentre sur les graphes finis, nous donnons occasionnellement des remarques ou des exercices sur les graphes infinis, principalement pour illustrer les différences entre graphes finis et infinis. Les lecteurs désireux de poursuivre sur le sujet sont renvoyés vers l'article de synthèse de Thomassen (1983a) ou le livre de Diestel (2005), qui inclut un chapitre sur les graphes infinis.

Exercices

1.6.1 GRAPHE LOCALEMENT FINI
Un graphe infini est *localement fini* si tout sommet est de degré fini. Donner un exemple de graphe localement fini dans lequel il n'y a pas deux sommets de même degré.

1.6.2 Pour tout entier strictement positif d, décrire un graphe infini simple et planaire de degré minimum d. (Nous verrons, au Chapitre 10, que tout graphe fini simple planaire a un sommet de degré au plus cinq.)

———— ≀≀ ————

1.6.3 Donner un exemple de graphe infini autocomplémentaire.

1.6.4 GRAPHE DE DISTANCE UNITÉ
Le *graphe de distance unité* sur un sous-ensemble V de $\mathbb{R}^2$ est le graphe d'ensemble de sommets V dans lequel deux sommets (x_1, y_1) et (x_2, y_2) sont adjacents si la distance euclidienne entre eux vaut 1, c'est-à-dire si $(x_1 - x_2)^2 + (y_1 - y_2)^2 = 1$. Lorsque $V = \mathbb{Q}^2$, ce graphe est appelé *graphe de distance unité rationnel* et lorsque $V = \mathbb{R}^2$, le *graphe de distance unité réel*. (Notons que ces deux graphes sont infinis.)

a) Soient V un sous-ensemble fini de l'ensemble de sommets de la grille infinie (voir Figure 1.27) et d un entier impair. On désigne par G le graphe d'ensemble de sommets V dans lequel deux sommets (x_1, y_1) et (x_2, y_2) sont adjacents s'ils sont à distance euclidienne égale à d. Montrer que G est biparti.
b) En déduire que le graphe de distance unité rationnel est biparti.
c) Montrer qu'à l'inverse le graphe de distance unité réel n'est pas biparti.

1.7 En savoir plus

Histoire de la théorie des graphes

Un captivant historique de la théorie des graphes jusqu'en 1936, agrémenté d'extraits des publications cruciales, a été écrit par Biggs et al. (1986). Le premier livre de théorie des graphes a été publié par König (1936). Il a contribué à l'essor d'une éminente école de théorie des graphes en Hongrie qui comptait dans ses rangs P. Erdős et T. Gallai. Egalement dans les années 30, H. Whitney a publié une série d'articles influents (voir Whitney (1992)).

Comme pour toute branche des mathématiques, la meilleure façon d'apprendre la théorie des graphes est de la pratiquer. Le livre *Combinatorial Problems and Exercises* de Lovász (1993) est fortement recommandé comme source de problèmes attrayants et de techniques de preuve. Un guide général pour la résolution de problèmes en mathématiques est le très lisible et classique *How to Solve It* de Pólya (2004). Le délicieux *Proofs from the Book* de Aigner et Ziegler (2004) est une compilation de magnifiques preuves mathématiques, dont beaucoup traitent de problèmes combinatoires.

2

Sous-graphes

Sommaire

J. Bondy et al., *Théorie des graphes*, Mathématiques et Applications 91,
https://doi.org/10.1007/978-1-4471-7621-3_2

2.1 Sous-graphes et sur-graphes

Suppression d'arête et de sommet

Etant donné un graphe G, il y a deux manières naturelles d'obtenir des graphes plus petits à partir de G. Si e est une arête of G, on peut obtenir un graphe à $m-1$ arêtes en supprimant e de G mais en laissant les sommets et les autres arêtes intacts. Le graphe ainsi obtenu est noté $G \setminus e$. De manière similaire, si v est un sommet de G, on peut obtenir un graphe à $n-1$ sommets en supprimant de G le sommet v ainsi que toutes les arêtes incidentes à v. Le graphe ainsi obtenu est noté $G - v$. Ces opérations de *suppression d'arête* et *suppression de sommet* sont illustrées Figure 2.1.

Fig. 2.1. Sous-graphes obtenus à partir du graphe de Petersen en supprimant une arête et un sommet

Les graphes $G \setminus e$ et $G - v$ que nous venons de définir sont des exemples de sous-graphes de G. Nous appelons $G \setminus e$ un *sous-graphe à arête supprimée*, et $G - v$ un *sous-grapheà sommet supprimé*. Plus généralement, un graphe F est appelé un *sous-graphe* d'un graphe G si $V(F) \subseteq V(G)$, $E(F) \subseteq E(G)$, et ψ_F est la restriction de ψ_G à $E(F)$. Nous disons alors que G *contient* F ou que F est *contenu dans* G, et nous écrivons $G \supseteq F$ ou $F \subseteq G$, respectivement. Tout sous-graphe F de G peut être obtenu par application successive des opérations élémentaires de suppression d'arête ou de sommet ; par exemple, en supprimant d'abord les arêtes de G qui ne sont pas dans F et ensuite les sommets de G qui ne sont pas dans F. Notons que le graphe nul est un sous-graphe de tout graphe.

Nous remarquons au passage que dans le cas particulier où G est sommet-transitif, tous les sous-graphes à sommet supprimé de G sont isomorphes. Dans ce cas, la notation $G - v$ est utilisée pour désigner n'importe quel sous-graphe à sommet supprimé. De même, nous écrivons $G \setminus e$ pour désigner n'importe quel sous-graphe à arête supprimée d'un graphe arête-transitif G.

Une *copie* d'un graphe F dans un graphe G est un sous-graphe de G qui est isomorphe à F. Un tel sous-graphe est aussi appelé un F-*sous-graphe* de G ; par exemple, un K_3-sous-graphe est un triangle dans le graphe. Un *plongement* d'un graphe F dans un graphe G est un isomorphisme entre F et un sous-graphe de G. Pour chaque copie de F dans G, il y a aut(F) plongements de F dans G.

Un *sur-graphe* d'un graphe G est un graphe H qui contient G en tant que sous-graphe, c'est-à-dire, $H \supseteq G$. Notons que tout graphe est à la fois un sous-graphe et un sur-graphe de lui-même. Tous les autres sous-graphes F et sur-graphes H sont dits *propres* ; nous écrivons alors $F \subset G$ ou $H \supset G$, respectivement.

Les définitions ci-dessus s'appliquent également aux graphes dirigés, avec les modifications évidentes.

Dans de nombreuses applications de théorie des graphes, on cherche à déterminer si un graphe donné a un sous-graphe ou sur-graphe avec certaines propriétés voulues. Le théorème ci-dessous donne une condition suffisante pour qu'un graphe contienne un cycle. Dans des chapitres ultérieurs, nous étudions des conditions pour qu'un graphe contienne un long chemin ou un long cycle, ou bien un sous-graphe complet d'ordre donné. Bien que des sur-graphes avec des propriétés données se rencontrent moins souvent, ils apparaissent naturellement dans le contexte de certaines applications. Nous étudions l'une d'entre elles au Chapitre 17 (voir également les Exercices 2.2.17 et 2.2.26).

Théorème 2.1 *Soit G un graphe dans lequel tous les sommets sont de degré au moins 2. Alors G contient un cycle.*

Démonstration Si G a une boucle, il contient un cycle de longueur 1, et si G a des arêtes parallèles, il contient un cycle de longueur 2. Nous pouvons donc supposer que G est simple.

Soit $P := v_0v_1 \dots v_{k-1}v_k$ un plus long chemin dans G. Puisque v_k est de degré au moins 2, il a un voisin v différent de v_{k-1}. Si v n'est pas dans P, le chemin $v_0v_1 \dots v_{k-1}v_kv$ contredit le choix de P comme plus long chemin. Par conséquent, $v = v_i$, pour un certain i, $0 \leq i \leq k-2$, et $v_iv_{i+1} \dots v_kv_i$ est un cycle dans G. □

Maximalité et minimalité

La preuve du Théorème 2.1 consiste à tout d'abord choisir un plus long chemin dans le graphe, puis à trouver un cycle à partir de ce chemin. Evidemment, d'un point de vue purement mathématique, c'est une approche tout à fait correcte. Le graphe étant fini, il a nécessairement un plus long chemin. Cependant, si l'on désirait trouver un cycle dans le graphe en suivant la preuve pas à pas, nous devrions trouver un tel chemin, et ceci est en général très difficile à faire (dans un sens qui sera précisé au Chapitre 8). Heureusement, la même preuve reste valide, si 'plus long chemin' est remplacé par 'chemin maximal', un chemin maximal étant un chemin qui ne peut être étendu en un chemin plus long en aucune de ses deux extrémités. En outre, un chemin maximal peut être facilement trouvé : on commence tout simplement d'un sommet et on fait grandir le chemin jusqu'à ce que ce ne soit plus possible, ni d'un côté ni de l'autre. C'est pour ce genre de raisons que les concepts de maximalité et minimalité (des sous-graphes) sont relativement importants.

Technique de preuve : Le Principe des Tiroirs

Si $n+1$ chaussettes sont réparties dans n tiroirs, au moins deux d'entre elles sont dans le même tiroir. Ceci est connu comme le *Principe des Tiroirs*, et est un cas particulier d'un énoncé simple concernant les multi-ensembles (ensembles avec répétitions autorisées) des nombres réels.
Soit $S = (a_1, a_2, \ldots, a_n)$ un multi-ensemble de nombres réels et notons a leur moyenne. Clairement, le minimum des a_i est inférieur ou égal à a, et le maximum des a_i est supérieur ou égal à a. Ainsi, si tous les éléments de S sont des entiers, il y a un élément qui est inférieur ou égal à $\lfloor a \rfloor$, et un qui est supérieur ou égal à $\lceil a \rceil$. Le Principe des Tiroirs revient simplement à dire que si la somme de n entiers vaut $n+1$ ou plus, alors l'un des entiers vaut au moins $\lceil (n+1)/n \rceil = 2$.
L'Exercice 1.1.6 est un exemple simple d'énoncé qui peut être prouvé en appliquant ce principe. Comme deuxième application, nous établissons une condition suffisante pour l'existence d'un quadrilatère dans un graphe, due à Reiman (1958).
Théorème 2.2 *Tout graphe simple G avec $\sum_{v \in V} \binom{d(v)}{2} > \binom{n}{2}$ contient un quadrilatère.*

Démonstration Notons p_2 le nombre de chemins de longueur 2 dans G, et par $p_2(v)$ le nombre de tels chemins dont le milieu est v. Clairement, $p_2(v) = \binom{d(v)}{2}$. Comme chaque chemin de longueur 2 a un unique milieu, $p_2 = \sum_{v \in V} p_2(v) = \sum_{v \in V} \binom{d(v)}{2}$. D'autre part, chacun de ces chemins a également une unique paire d'extrémités. Par conséquent, l'ensemble de tous les chemins de longueur 2 peut se partitionner en $\binom{n}{2}$ sous-ensembles selon leurs extrémités. L'hypothèse $\sum_{v \in V} \binom{d(v)}{2} > \binom{n}{2}$ implique, en vertu du Principe des Tiroirs, qu'un de ces sous-ensembles contient au moins deux chemins ; en d'autres termes, il existe deux chemins de longueur 2 avec les mêmes extrémités. L'union de ces chemins est un quadrilatère. □

Soit $\mathcal{F}$ une famille de sous-graphes d'un graphe G. Un membre F de $\mathcal{F}$ est *maximal* dans $\mathcal{F}$ si aucun membre de $\mathcal{F}$ ne contient proprement F; de même, F est *minimal* dans $\mathcal{F}$ si aucun membre de $\mathcal{F}$ n'est proprement contenu dans F. Quand $\mathcal{F}$ est l'ensemble de tous les chemins de G, on appelle simplement un membre maximal de $\mathcal{F}$ un *chemin maximal* de G. Nous utilisons une terminologie similaire pour décrire les membres maximaux et minimaux d'autres familles particulières de sous-graphes. Par exemple, lorsque $\mathcal{F}$ est l'ensemble des sous-graphes connexes de G, les membres maximaux de $\mathcal{F}$ sont tout simplement les composantes de G. (Exercice 2.1.1). De la même manière, puisque qu'un cycle impair n'est pas biparti, mais que tous ses sous-graphes propres le sont (Exercice 1.1.3), les cycles impairs d'un graphe sont des sous-graphes non-bipartis minimaux (voir Figure 2.2b). En fait, comme nous le verrons, les cycles impairs sont les seuls sous-graphes non-bipartis minimaux.

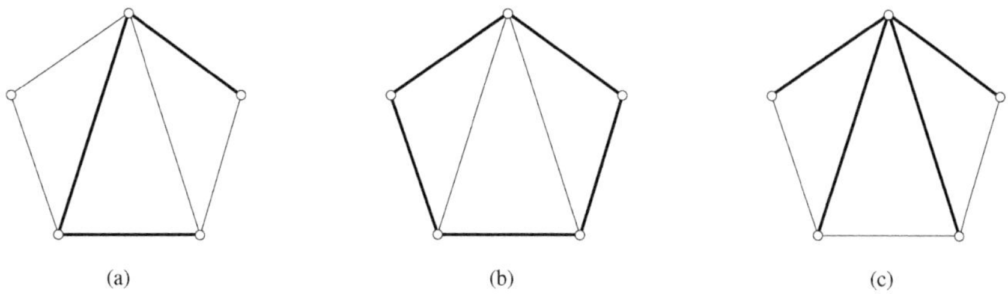

Fig. 2.2. (a) Un chemin maximal, (b) un sous-graphe non-biparti minimal, et (c) un sous-graphe biparti maximal

Les notions de maximalité et minimalité ne doivent pas être confondues avec celles de cardinal maximum et minimum. Tout cycle d'un graphe est un cycle maximal, car aucun cycle n'est contenu dans un autre ; pour la même raison, tout cycle est un cycle minimal. En revanche, par cycle maximum d'un graphe nous entendons un cycle de longueur maximum, c'est-à-dire un plus long cycle. De même, par cycle minimum nous entendons un cycle de longueur minimum. Dans un graphe G qui a au moins un cycle, la longueur d'un plus long cycle est appelée la *circonférence* et la longueur d'un plus petit cycle la *maille*.

Graphes acycliques et digraphes

Un graphe est *acyclique* s'il ne contient pas de cycle. Le Théorème 2.1 implique qu'un graphe acyclique doit avoir un sommet de degré inférieur à 2. En fait, tout graphe acyclique non-trivial possède au moins deux sommets de degré inférieur à 2. (Exercice 2.1.2).

De manière analogue, un digraphe est *acyclique* s'il n'a pas de cycle dirigé. Une classe de digraphes acycliques particulièrement intéressante est celle des digraphes associés aux ordres partiels. Un *ensemble partiellement ordonné* est un couple $P = (X, \prec)$, où X est un ensemble et $\prec$ est un *ordre partiel* sur X, c'est-à-dire, une relation binaire irréflexive, antisymétrique et transitive. Deux éléments u et v de X sont *comparables* si $u \prec v$ ou $v \prec u$, et *incomparables* dans le cas contraire. Un ensemble d'éléments deux à deux comparables de P est une *chaîne*, et un ensemble d'éléments deux à deux incomparables une *antichaîne*.

On peut former un digraphe $D := D(P)$ à partir d'un ensemble partiellement ordonné $P = (X, \prec)$ en prenant X comme ensemble de sommets, et en mettant un arc (u, v) dans D si et seulement si $u \prec v$. Ce digraphe est acyclique et transitif, avec *transitif* voulant dire que (u, w) est un arc à chaque fois que (u, v) et (v, w) sont des arcs. (Soulignons que, malgré son nom, la notion de transitivité de digraphes n'a aucun rapport que ce soit avec les notions de sommet-transitivité et arête-transitivité définies précédemment.) Réciproquement, à tout digraphe strict acyclique et transitif D correspond un ensemble partiellement ordonné P sur l'ensemble de sommets de D. Un tournoi acyclique est fréquemment appelé un *tournoi transitif*. On peut voir que les chaînes dans P correspondent aux sous-tournois transitifs de D.

Exercices

$\star$**2.1.1** Montrer que les sous-graphes connexes maximaux d'un graphe sont ses composantes.

$\star$**2.1.2**

a) Montrer que tout graphe acyclique non-trivial a au moins deux sommets de degré inférieur à 2.
b) En déduire que tout graphe non-trivial acyclique et connexe a au moins deux sommets de degré un. Quand y-a-t-il égalité ?

2.1.3

a) Montrer que si $m \geq n$, alors G contient un cycle.
b) Pour tout entier strictement positif n, trouver un graphe acyclique avec n sommets et $n-1$ arêtes.

2.1.4

a) Montrer que tout graphe simple G contient un chemin de longueur δ.
b) Pour tout $k \geq 0$, trouver un graphe simple G avec $\delta = k$ qui ne contient aucun chemin de longueur supérieure à k.

2.1.5

a) Montrer que tout graphe simple G avec $\delta \geq 2$ contient un cycle de longueur au moins $\delta + 1$.
b) Pour tout $k \geq 2$, trouver un graphe simple G avec $\delta = k$ qui ne contient aucun cycle de longueur supérieure à $k + 1$.

2.1.6 Montrer que tout graphe simple possède un sommet x et une famille de $\lfloor \frac{1}{2} d(x) \rfloor$ cycles qui s'intersectent deux à deux uniquement en x.

2.1.7

a) Montrer que le graphe de Petersen est de maille 5 et de circonférence 9.
b) Combien de cycles de longueur k y a-t-il dans ce graphe, pour $5 \leq k \leq 9$?

2.1.8

a) Montrer qu'un graphe k-régulier de maille 4 a au moins $2k$ sommets.
b) Pour $k \geq 2$, déterminer tous les graphes k-réguliers de maille 4 ayant exactement $2k$ sommets.

2.1.9

a) Montrer qu'un graphe k-régulier de maille 5 a au moins $k^2 + 1$ sommets.
b) Déterminer tous les graphes k-réguliers de maille 5 ayant exactement $k^2 + 1$ sommets, $k = 2, 3$.

2.1.10 Montrer que le graphe d'incidence d'un plan projectif fini est de maille 6.

$\star$**2.1.11** Un *tri topologique* d'un digraphe D est un ordre total sur ses sommets tel que, pour tout arc a de D, la queue de a précède sa tête dans l'ordre.

a) Montrer que tout digraphe acyclique a au moins une source et au moins un puits.
b) En déduire qu'un digraphe admet un tri topologique si et seulement s'il est acyclique.

2.1.12 Montrer que tout digraphe strict acyclique contient un arc après retournement duquel le digraphe reste acyclique.

2.1.13 Soit D un digraphe strict. Posons $k := \max\{\delta^-, \delta^+\}$, Montrer que :

a) D contient un chemin dirigé de longueur au moins k,
b) si $k > 0$, alors D contient un cycle dirigé de longueur au moins $k + 1$.

2.1.14

a) Soit G un graphe dont tous les sous-graphes à sommet supprimé sont isomorphes. Montrer que G est sommet-transitif.
b) Soit G un graphe dont tous les sous-graphes à arête supprimée sont isomorphes. G est-il nécessairement arête-transitif ?

2.1.15 En utilisant le Théoreme 2.2 et l'Inégalité de Cauchy–Schwarz[1], montrer qu'un graphe simple G contient un quadrilatère si $m > \frac{1}{4}n(\sqrt{4n-3} + 1)$.

(I. Reiman)

—————≀≀—————

2.1.16 Graphe sans triangle

Un graphe *sans triangle* est un graphe qui ne contient pas de triangle. Soit G un graphe simple sans triangle.

a) Montrer que $d(x) + d(y) \leq n$ pour tout $xy \in E$.
b) En déduire que $\sum_{v \in V} d(v)^2 \leq mn$.

[1] $\sum_{i=1}^n a_i^2 \sum_{i=1}^n b_i^2 \geq \left(\sum_{i=1}^n a_i b_i\right)^2$ pour des réels a_i, b_i, $1 \leq i \leq n$.

c) Appliquer l'Inégalité de Cauchy–Schwarz[1] et déduire que $m \le n^2/4$.
(W. MANTEL)

d) Pour tout entier n strictement positif, trouver un graphe simple sans triangle G tel que $m = \lfloor n^2/4 \rfloor$.

2.1.17

a) Soit G un graphe sans triangle avec $\delta > 2n/5$. Montrer que G est biparti.
b) Pour $n \equiv 0 \pmod 5$, trouver un graphe sans triangle non-biparti tel que $\delta = 2n/5$.

(B. ANDRÁSFAI, P. ERDŐS, ET V.T. SÓS)

2.1.18 Soit G un graphe simple tel que $v(G) = kp$ et $\delta(G) \ge kq$. Montrer que G a un sous-graphe F tel que $v(F) = p$ et $\delta(F) \ge q$. (C.ST.J.A. NASH-WILLIAMS)

2.1.19 Montrer que le graphe de Kneser $KG_{m,n}$ n'a pas de cycle impair de longueur inférieure à $n/(n-2m)$.

$\star$**2.1.20** Soit K_n un graphe complet dont les arêtes sont colorées rouge et bleu. Un sous-graphe de ce graphe est dit *monochromatique* si toutes ses arêtes ont la même couleur, et *bichromatique* s'il a au moins une arête de chacune des deux couleurs.

a) Soit v un sommet de K_n. Montrer que le nombre de 2-chemins bichromatiques dans K_n dont le milieu est v est au plus $(n-1)^2/4$. Quand y a-t-il égalité ?
b) En déduire que le nombre total de 2-chemins bichromatiques dans K_n est au plus $n(n-1)^2/4$.
c) En observant que tout triangle bichromatique contient exactement deux 2-chemins bichromatiques, déduire que le nombre de triangles monochromatiques dans K_n est au moins $n(n-1)(n-5)/24$. Quand y a-t-il égalité ?
(A.W. GOODMAN)
d) Combien de triangles monochromatiques y a-t-il, au moins, quand $n = 5$ et quand $n = 6$?

2.1.21 Soit T un tournoi à n sommets, et soit v un sommet de T.

a) Montrer que le nombre de 2-chemins dirigés dans T dont le milieu est v est au plus $(n-1)^2/4$. Quand y a-t-il égalité ?
b) En déduire que le nombre total de 2-chemins dirigés dans T est au plus $n(n-1)^2/4$.
c) En observant que tout triangle transitif contient exactement un 2-chemin dirigé et que chaque triangle dirigé contient exactement trois 2-chemins dirigés, déduire que le nombre de triangles dirigés dans T est au plus $\frac{1}{4}\binom{n+1}{3}$. Quand y a-t-il égalité ?

$\star$**2.1.22** Soit $P = (X, \prec)$ un ensemble partiellement ordonné. Montrer que le nombre maximum d'éléments dans une chaîne de P est égal au nombre minimum d'antichaînes en lesquelles on peut partitionner X. (L. MIRSKY)

2.1.23 GRAPHE GÉOMÉTRIQUE
Un *graphe géométrique* est un graphe plongé dans le plan de telle façon que chaque arête soit un segment de droite. Soit G un graphe géométrique dans lequel les arêtes s'intersectent deux à deux (éventuellement en une extrémité).

a) Montrer que G a au plus n arêtes.
b) Pour tout $n \geq 3$, trouver un exemple d'un tel graphe géométrique G ayant n arêtes. (H. HOPF ET E. PANNWITZ)

2.2 Sous-graphes couvrants et sous-graphes induits

SOUS-GRAPHES COUVRANTS

Un *sous-graphe couvrant* d'un graphe G est un sous-graphe obtenu par suppressions d'arêtes uniquement. Autrement dit, c'est un sous-graphe dont l'ensemble de sommets est l'ensemble de sommets de G dans son entier. Si S est l'ensemble des arêtes supprimées, ce sous-graphe de G est noté $G \setminus S$. Observons que tout graphe simple est le sous-graphe couvrant d'un graphe complet.

Les sur-graphes couvrants sont définis de manière analogue. L'opération inverse à la suppression d'arête est l'*ajout d'arête*. Ajouter un ensemble S d'arêtes à un graphe G donne un *sur-graphe couvrant* de G, noté $G + S$. En partant de l'union disjointe de deux graphes G et H et en ajoutant les arêtes reliant tout sommet de G à tout sommet de H, on obtient le *joint* de G et H, denoté $G \vee H$. Le joint $C_n \vee K_1$ d'un cycle C_n et d'un sommet isolé est appelé une *roue* à n *rayons* et est noté W_n. (Le graphe H de la Figure 1.1 est la roue W_5.) On peut aussi ajouter un ensemble X de sommets à un graphe, et obtenir un sur-graphe de G noté $G + X$.

Certains types de sous-graphes couvrants apparaissent fréquemment dans les applications de théorie des graphes et, pour des raisons historiques, possèdent des noms spéciaux. Par exemple, les chemins et cycles couvrants sont appelés *chemins hamiltoniens* et *cycles hamiltoniens*, respectivement, et les sous-graphes k-réguliers couvrants sont appelés *k-facteurs*. Le Théorème de Rédei (Théorème 2.3, voir encadré) nous dit que tout tournoi a un chemin dirigé hamiltonien. Les tournois (à trois sommets ou plus) n'ont cependant pas tous un cycle hamiltonien dirigé. En effet, le tournoi transitif n'a pas de cycles dirigés du tout.

Néanmoins, Camion (1959) a prouvé que tout tournoi dans lequel chaque sommet peut être atteint depuis tout autre à l'aide d'un chemin dirigé possède un cycle dirigé hamiltonien (Exercice 3.4.12a).

En supprimant d'un graphe G toutes ses boucles et en ne laissant entre toute paire de sommets adjacents qu'un seul lien, on obtient un sous-graphe simple couvrant appelé le *graphe simple sous-jacent* de G. A isomorphisme près, chaque graphe a un unique graphe simple sous-jacent. La Figure 2.3 montre un graphe et son graphe simple sous-jacent.

TECHNIQUE DE PREUVE : RÉCURRENCE

Une des techniques de preuve les plus utilisées en mathématiques est le *Principe de Récurrence Mathématique.* Supposons que, pour tout entier positif i, nous ayons un énoncé mathématique S_i. On peut prouver que toutes les assertions de la suite $(S_0, S_1, \ldots)$ sont vraies en :

- ▷ vérifiant directement S_0 (la *base* de la récurrence),
- ▷ déduisant pour tout $n \geq 1$, que S_n est vraie (le *pas de la récurrence*) de la supposition que S_{n-1} est vraie (l'*hypothèse de récurrence*).

La justification de cette technique est fournie par le principe qui affirme que tout sous-ensemble non-vide de $\mathbb{N}$ a un plus petit élément : si les S_i n'étaient pas tous vrais, l'ensemble $\{i \in \mathbb{N} : S_i \text{ est faux}\}$ serait un sous-ensemble non-vide de $\mathbb{N}$, et par conséquent aurait un plus petit élément n. Donc S_{n-1} serait vrai et S_n faux.

Nous verrons de nombreux exemples de preuve par récurrence tout au long de ce livre. Nous donnons ici une illustration simple de cette technique, en prouvant un résultat élémentaire sur les tournois du à Rédei (1934).

Théorème 2.3 THÉORÈME DE RÉDEI
Tout tournoi a un chemin dirigé hamiltonien.

Démonstration Clairement, le tournoi trivial (à un sommet) a un chemin dirigé hamiltonien. Supposons que, pour tout entier $n \geq 2$, tout tournoi à $n-1$ sommets ait un chemin dirigé hamiltonien. Soit T un tournoi à n sommets et soit $v \in V(T)$. Le digraphe $T' := T - v$ est un tournoi à $n - 1$ sommets. Par hypothèse de récurrence, T' a un chemin dirigé hamiltonien $P' := (v_1, v_2, \ldots, v_{n-1})$. Si (v, v_1) est un arc de T, le chemin $(v, v_1, v_2, \ldots, v_{n-1})$ est un chemin dirigé hamiltonien de T. De même, si (v_{n-1}, v) est un arc de T, le chemin $(v_1, v_2, \ldots, v_{n-1}, v)$ est un chemin dirigé hamiltonien de T. Comme T est un tournoi, v est adjacent à tous les sommets de P', donc on peut supposer que (v_1, v) et (v, v_{n-1}) sont tous deux des arcs de T. Il s'ensuit qu'il existe un entier i, $1 \leq i < n - 1$, tel que (v_i, v) et (v, v_{i+1}) soient tous deux des arcs de T. Mais alors $P := (v_1, \ldots, v_i, v, v_{i+1}, \ldots, v_{n-1})$ est un chemin dirigé hamiltonien de T. □

Les preuves par récurrence peuvent être présentées de quantité de façons. La preuve ci-dessus, par exemple, peut être refondue en une preuve par 'plus long chemin'. On prend un plus long chemin dirigé P dans le tournoi T. Supposant que P n'est pas un chemin dirigé hamiltonien, on obtient alors une contradiction en montrant que T a un chemin dirigé plus long que P (Exercice 2.2.4).

Les énoncés de théorie des graphes affirment généralement que tous les graphes appartenant à une classe bien précise possèdent une certaine propriété. Toute 'preuve' qui ne couvre pas tous les cas est fausse. C'est une erreur commune lorsque l'on essaie de prouver de tels énoncés par récurrence. Une autre erreur classique est de négliger de vérifier la base de la récurrence. Un exemple sur comment ne pas utiliser la récurrence est donné en Exercice 2.2.21.

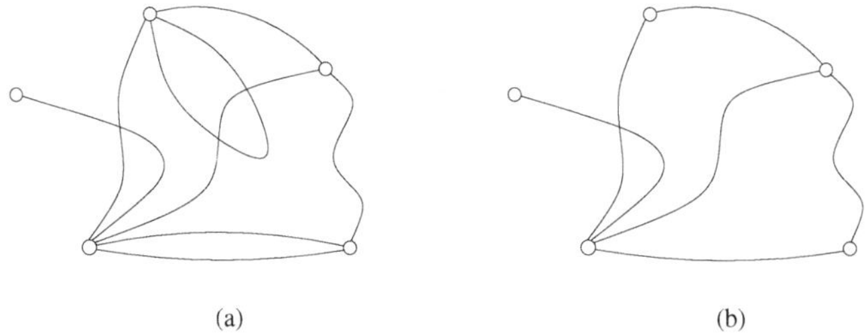

Fig. 2.3. (a) Un graphe et (b) son graphe simple sous-jacent

Étant donnés deux sous-graphes couvrants $F_1 = (V, E_1)$ et $F_2 = (V, E_2)$ d'un graphe $G = (V, E)$, on peut former le sous-graphe couvrant de G dont l'ensemble d'arêtes est la différence symétrique $E_1 \triangle E_2$ de E_1 et E_2. Ce graphe est appelé la *différence symétrique* de F_1 et F_2, et est noté $F_1 \triangle F_2$. La Figure 2.4 montre la différence symétrique de deux sous-graphes couvrants d'un graphe à cinq sommets.

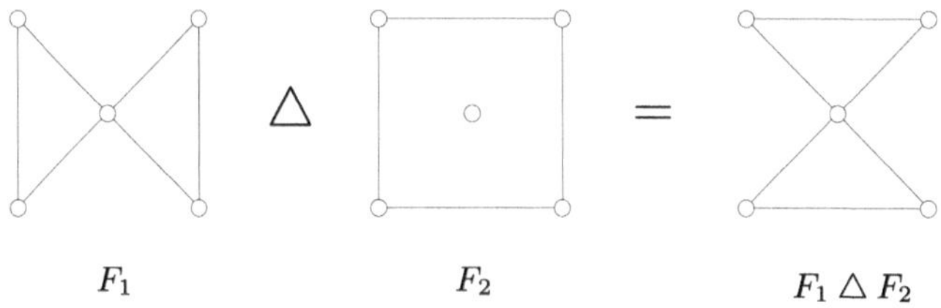

Fig. 2.4. La différence symétrique de deux graphes

Sous-graphes induits

Un sous-graphe obtenu par suppressions de sommets uniquement est appelé un *sous-graphe induit.* Si X est l'ensemble des sommets supprimés, le sous-graphe obtenu est noté $G - X$. Très souvent, c'est l'ensemble $Y := V \setminus X$ de sommets restants qui nous intérese. Dans ce cas, le sous-graphe est noté $G[Y]$ et est appelé le sous-graphe de G *induit par* Y. Ainsi $G[Y]$ est le sous-graphe de G dont l'ensemble de sommets est Y et dont l'ensemble d'arêtes est constitué de toutes les arêtes de G qui ont leur deux extrémités dans Y.

Le théorème suivant, du à Erdős (1964/1965), nous dit que tout graphe a un sous-graphe induit dont le degré minimum est relativement grand.

Théorème 2.4 *Tout graphe de degré moyen au moins $2k$, où k est un entier strictement positif, a un sous-graphe induit de degré minimum au moins $k + 1$.*

Démonstration Soit G un graphe de degré moyen $d(G) \geq 2k$, et soit F un sous-graphe induit de G de degré moyen le plus grand possible et, sous cette condition, ayant le plus petit nombre de sommets. Nous montrons que $\delta(F) \geq k+1$. Ceci est clairement vrai si $v(F) = 1$, puisqu'alors $\delta(F) = d(F) \geq d(G)$, d'après le choix de F. Par conséquent, nous pouvons supposer que $v(F) > 1$.

Supposons, par contradiction, que $d_F(v) \leq k$ pour un sommet v de F. Considérons le sous-graphe à sommet supprimé $F' := F - v$. Notons que F' est aussi un sous-graphe induit de G. De plus,

$$d(F') = \frac{2e(F')}{v(F')} \geq \frac{2(e(F) - k)}{v(F) - 1} \geq \frac{2e(F) - d(G)}{v(F) - 1} \geq \frac{2e(F) - d(F)}{v(F) - 1} = d(F)$$

Comme $v(F') < v(F)$, cela contredit le choix de F. Par conséquent $\delta(F) \geq k+1$. □

La borne sur le degré minimum donnée au Théorème 2.4 est atteinte (Exercice 3.1.6).

Des sous-graphes peuvent également être induits par des ensembles d'arêtes. Si S est un ensemble d'arêtes, le *sous-graphe arête-induit* $G[S]$ est le sous-graphe de G dont l'ensemble d'arêtes est S et dont l'ensemble de sommets est constitué de toutes les extrémités des arêtes de S. Tout sous-graphe arête-induit $G[S]$ peut être obtenu en supprimant tout d'abord les arêtes de $E \setminus S$ et en supprimant ensuite les sommets isolés ; ainsi, un sous-graphe arête-induit est simplement un sous-graphe sans sommets isolés.

Graphes et sous-graphes valués

Quand les graphes proviennent de modélisations de problèmes pratiques, on a souvent besoin de prendre en compte des paramètres supplémentaires, tels que des coûts associés aux arêtes. Dans un réseau de communication, par exemple, les paramètres pertinents peuvent être le coût de la transmission d'une donnée à travers un lien, ou bien de la construction d'un nouveau lien entre deux centres de communication. De telles situations sont modélisées par des graphes valués.

À chaque arête e de G, est associé un réel $w(e)$, appelé *coût*. Le graphe G ainsi muni de poids sur ses arêtes, est appelé un *graphe valué*, et noté (G, w). On peut voir la valuation $w : E \to \mathbb{R}$ comme un vecteur dont les coordonnées sont indexées par l'ensemble d'arêtes E de G ; l'ensemble de tels vecteurs est noté $\mathbb{R}^E$ ou, lorsque les coûts sont rationnels, $\mathbb{Q}^E$.

Si F est un sous-graphe d'un graphe valué, le *coût* $w(F)$ de F est la somme des coûts de ses arêtes, $\sum_{e \in E(F)} w(e)$. De nombreux problèmes d'optimisation consistent à trouver, dans un graphe valué, un sous-graphe d'un certain type de coût minimum ou maximum. Le plus connu des problèmes de ce type est probablement le suivant.

Technique de preuve : Contradiction

Une approche classique pour prouver un énoncé consiste à supposer que celui-ci est faux et arriver à une contradiction. Pour illustrer cette méthode, nous montrons un résultat intéressant et très utile du à Erdős (1965).

Théorème 2.5 *Tout graphe sans boucle G contient un sous-graphe biparti couvrant F tel que $d_F(v) \geq \frac{1}{2}d_G(v)$ pour tout $v \in V$.*

Démonstration Soit G un graphe sans boucle. Évidemment G a des sous-graphes couvrants bipartis, l'un d'entre eux étant le sous-graphe couvrant vide. Soit $F := F[X, Y]$ un sous-graphe biparti couvrant de G avec le plus grand nombre possible d'arêtes. Nous affirmons que F a la propriété voulue. Supposons le contraire. Alors il existe un sommet v pour lequel

$$d_F(v) < \frac{1}{2}d_G(v) \tag{2.1}$$

Sans perte de généralité, nous pouvons supposer que $v \in X$. Considérons le sous-graphe biparti couvrant F' dont l'ensemble d'arêtes est constitué de toutes les arêtes de G ayant une extrémité dans $X \setminus \{v\}$ et l'autre dans $Y \cup \{v\}$. L'ensemble d'arêtes de F' est le même que celui de F à l'exception des arêtes de G incidentes à v ; celles qui dans F ne sont pas dans F', et celles qui n'étaient pas dans F sont dans F'. Nous avons donc :

$$e(F') = e(F) - d_F(v) + (d_G(v) - d_F(v)) = e(F) + (d_G(v) - 2d_F(v)) > e(F)$$

l'inégalité découlant de (2.1). Mais ceci contredit le choix de F. Il vient que F possède bien la propriété désirée. □

La méthode de contradiction est simplement une manière pratique de présenter l'idée sur laquelle repose la preuve. De manière implicite, la preuve contient un algorithme qui, dans tout graphe, trouve un sous-graphe biparti couvrant avec la propriété donnée : on commence avec n'importe quel sous-graphe biparti couvrant et on change simplement des sommets de parties afin d'atteindre l'objectif fixé (voir également les Exercices 2.2.2 et 2.2.20).

Un voyageur de commerce désire visiter un certain nombre de villes et retourner ensuite à son point de départ. Étant donnés les temps de parcours entre les villes, comment doit-il établir son itinéraire afin qu'il puisse visiter toutes les villes tout en minimisant son temps de parcours total ? Ceci est connu comme le *Problème du Voyageur de Commerce*. En termes de graphes, cela se formule de la manière suivante.

Problème 2.6 PROBLÈME DU VOYAGEUR DE COMMERCE (TSP [2])
ÉTANT DONNÉ : *un graphe complet valué* (G, w),
TROUVER : *un cycle hamiltonien de* G *de coût minimum.*

Notons qu'il suffit de considérer le TSP pour des graphes complets car les sommets non-adjacents peuvent être reliés par des arêtes dont les coûts sont prohibitifs. Nous abordons ce problème, et d'autres d'un genre similaire, dans les Chapitres 6 et 8, ainsi que dans des chapitres ultérieurs.

Exercices

2.2.1 Soit G un graphe à n sommets, m arêtes et c composantes.

a) Combien de sous-graphes couvrants possède G ?
b) Combien d'arêtes doivent être ajoutées à G pour obtenir un sur-graphe couvrant connexe ?

$\star$**2.2.2**

a) Déduire du Théorème 2.5 que tout graphe sans boucle G contient un sous-graphe couvrant biparti F tel que $e(F) \geq \frac{1}{2}e(G)$.
b) Décrire un algorithme qui trouve un tel sous-graphe en rangeant tout d'abord les sommets suivant un ordre total et en les plaçant ensuite, un par un, soit dans X soit dans Y, à l'aide d'une règle simple.

2.2.3 Déterminer le nombre de 1-facteurs dans chacun des graphes suivants : (a) le graphe de Petersen, (b) le prisme pentagonal, (c) K_{2n}, (d) $K_{n,n}$.

2.2.4 Donner une preuve du Théorème 2.3 utilisant un argument de plus long chemin. (D. KÖNIG ET P. VERESS)

2.2.5

a) Montrer que tout cycle hamiltonien du k-prisme utilise soit exactement deux arêtes consécutives reliant les deux k-cycles ou bien toutes ces arêtes.
b) Combien de cycles hamiltoniens y a-t-il dans le prisme pentagonal ?

2.2.6 Montrer qu'il y a un chemin hamiltonien entre deux sommets dans le graphe de Petersen si et seulement si ces sommets ne sont pas adjacents.

2.2.7
Quelles grilles ont des chemins hamiltoniens, et lesquelles ont des cycles hamiltoniens ?

---

[2] Pour '*Travelling Salesman Problem*' en anglais

2.2.8 Donner un exemple montrant que la procédure simple décrite ci-dessous, connue sous le nom d'*heuristique gloutonne*, ne résoud pas nécessairement le Problème du Voyageur de Commerce.

- ▷ Choisir un sommet quelconque v.
- ▷ Commencer avec le chemin trivial v ; faire grandir un chemin hamiltonien arête après arête, en choisissant à chaque itération une arête de coût minimum entre le sommet terminal du chemin courant et un sommet hors de ce chemin.
- ▷ Former un cycle hamiltonien en ajoutant une arête reliant les deux extrémités du chemin hamiltonien.

2.2.9 Soit G un graphe à n sommets et m arêtes.

a) Combien de sous-graphes induits possède G ?
b) Combien de sous-graphes arête-induits possède G ?

2.2.10 Montrer que tout plus court cycle d'un graphe simple est un sous-graphe induit.

$\star$**2.2.11** Montrer que si G est simple et connexe, mais pas complet, alors G contient un chemin induit de longueur 2.

$\star$**2.2.12** Soient P et Q deux chemins distincts dans un graphe G avec les mêmes sommets initiaux et les mêmes sommets terminaux. Montrer que $P \cup Q$ contient un cycle en considérant le sous-graphe $G[E(P) \triangle E(Q)]$ et en utilisant le Théorème 2.1.

2.2.13

a) Montrer que, dans un graphe connexe, deux plus longs chemins quelconques ont un sommet en commun.
b) En déduire que si P est un plus long chemin dans un graphe connexe G, alors aucun chemin de $G - V(P)$ n'est aussi long que P.

2.2.14 Donner une preuve constructive du Théorème 2.4.

2.2.15

a) Montrer qu'un sous-graphe induit d'un graphe des lignes est lui-même un graphe des lignes.
b) En déduire qu'aucun graphe des lignes ne contient un des graphes de la Figure 1.19 comme sous-graphe induit.
c) Montrer que ces deux graphes sont minimaux pour la propriété ci-dessus. Pouvez vous trouver d'autres graphes minimaux pour cette propriété ? (Il y en a neuf en tout.)

2.2.16

a) Montrer qu'un sous-graphe induit d'un graphe d'intervalles est lui-même un graphe d'intervalles.

b) En déduire qu'aucun graphe d'intervalles ne contient le graphe de la Figure 1.20 comme sous-graphe induit.
c) Montrer que ce graphe est minimal pour la propriété ci-dessus.

2.2.17 Soit G un graphe biparti de degré maximum k.

a) Montrer qu'il existe un graphe biparti k-régulier H qui contient G comme sous-graphe induit.
b) Montrer, de plus, que si G est simple, alors il existe un tel graphe H qui est simple.

———— ≀ ————

2.2.18

a) Montrer que si $m \geq n+4$, alors G contient deux cycles arête-disjoints. (L. Pósa)
b) Pour tout entier $n \geq 6$, trouver un graphe à n sommets et $n+3$ arêtes qui ne contient pas deux cycles arête-disjoints.

2.2.19 Corde d'un cycle
Une *corde* d'un cycle C dans un graphe G est une arête de $E(G) \setminus E(C)$ dont les deux extrémités sont dans C. Soit G un graphe simple avec $m \geq 2n-3$ et $n \geq 4$. Montrer que G contient un cycle ayant au moins une corde. (L. Pósa)

2.2.20 Soit G un graphe simple connexe.

a) Montrer qu'il existe un ordre $v_1, v_2, \ldots, v_n$ de V tel qu'au moins $\frac{1}{2}(n-1)$ sommets v_j sont adjacents à un nombre impair de sommets v_i avec $i < j$.
b) En partant d'un tel ordre et en adoptant l'approche décrite à l'Exercice 2.2.2b, déduire que G a un sous-graphe biparti ayant au moins $\frac{1}{2}m + \frac{1}{4}(n-1)$ arêtes. (C. Edwards ; P. Erdős)

2.2.21 Lire le 'théorème' et la 'démonstration' ci-dessous et répondre ensuite aux questions.

'Théorème'. Soit G un graphe simple tel que $\delta \geq n/2$ avec $n \geq 3$. Alors G a un cycle hamiltonien.

'Démonstration'. Par récurrence sur n. Le 'Théorème' est vrai pour $n = 3$, car alors $G = K_3$. Supposons qu'il soit vrai pour $n = k$, où $k \geq 3$. Soit G' un graphe simple à k sommets dans lequel $\delta \geq k/2$, et C' un cycle hamiltonien de G'. Formons un graphe G à $k+1$ sommets pour lequel $\delta \geq (k+1)/2$ en ajoutant un nouveau sommet v et en reliant ce sommet à au moins $(k+1)/2$ sommets de G'. Notons que v doit être adjacent à deux sommets consécutifs, u et w, de C'. En remplaçant l'arête uw de C' par le chemin uvw, nous obtenons un cycle hamiltonien C de G. Ainsi le 'Théorème' est vrai pour $n = k+1$. Par le Principe de Récurrence Mathématique, il est donc vrai pour tout $n \geq 3$. □

a) La 'démonstration' est-elle correcte ?

b) Si vous affirmez que la démonstration est incorrecte, jusitifiez votre affirmation.
c) Pouvez-vous trouver un graphe pour lequel le 'théorème' soit faux ? L'existence ou la non-existence de tels graphes est-elle reliée à la justesse ou non-justesse de la 'démonstration' ? (D.R. Woodall)

2.2.22

a) Soit D un graphe orienté simple de degré sortant minimum k, avec $k \geq 1$.
   i) Montrer que D a un sommet x dont les degrés entrant et sortant valent tous deux au moins k.
   ii) Soit D' le digraphe obtenu à partir de D en supprimant $N^-(x) \cup \{x\}$ et ajoutant un arc (u, v) de tout sommet u de l'ensemble $N^{--}(x)$ des voisins entrants de $N^-(x)$ vers tout sommet v de $N^+(x)$, si un tel arc n'existe pas déjà dans D. Montrer que D' est un digraphe strict de degré sortant minimum k.
b) Par récurrence sur n, en déduire que tout digraphe strict D de degré sortant minimum k, où $k \geq 1$, contient un cycle dirigé de longueur au plus $2n/k$.
(V. Chvátal et E. Szemerédi)

2.2.23 Le *complémentaire* $\overline{D}$ d'un digraphe strict D est son complémentaire dans $D(K_n)$. Soit $D = (V, A)$ un digraphe strict et soit P un chemin dirigé hamiltonien de D. On forme le graphe biparti $B[\mathcal{F}, S_n]$, avec $\mathcal{F}$ la famille des sous-digraphes couvrants de D dont chaque composante est un chemin dirigé et S_n l'ensemble des permutations de V, en reliant un sous-graphe $F \in \mathcal{F}$ à une permutation $\sigma \in S_n$ si et seulement si $\sigma(F) \subseteq \sigma(D) \cap P$.

a) Quels sommets $F \in \mathcal{F}$ ont un degré impair dans B ?
b) Décrire une bijection entre les sommets $\sigma \in S_n$ de degré impair dans B et les chemins dirigés hamiltoniens de $\overline{D}$.
c) En déduire que $h(D) \equiv h(\overline{D}) \pmod 2$, où $h(D)$ désigne le nombre de chemins dirigés hamiltoniens dans D.

2.2.24 Soient D un tournoi et (x, y) un arc de D. Posons $D^- := D \setminus (x, y)$ et $D^+ := D + (y, x)$.

a) Décrire une bijection entre les chemins dirigés hamiltoniens de D^- et ceux de $\overline{D^+}$.
b) Déduire de l'Exercice 2.2.23 que $h(D^-) \equiv h(D^+) \pmod 2$.
c) On considère le tournoi D' obtenu à partir de D en renversant l'arc (x, y). Montrer que $h(D') = h(D^+) - h(D) + h(D^-)$.
d) En déduire que $h(D') \equiv h(D) \pmod 2$.
e) Conclure que tout tournoi a un nombre impair de chemins dirigés hamiltoniens. (L. Rédei)

2.2.25

a) Soit S un ensemble de n points dans le plan, tel que la distance entre deux points quelconques de cet ensemble soit toujours au plus 1. Montrer qu'il y a au plus n paires de points de S à distance exactement 1. (P. Erdős)

b) Pout tout $n \geq 3$, décrire un tel ensemble S pour lequel le nombre de paires de points à distance exactement 1 est n.

2.2.26 Soit G un graphe simple à n sommets et m arêtes, de degré minimum δ et de degré maximum Δ.

a) Montrer qu'il y a un graphe simple Δ-régulier H qui contient G comme sous-graphe induit.
b) Soit H un tel graphe, avec $v(H) = n + r$. Montrer que :
  i) $r \geq \Delta - \delta$,
  ii) $r\Delta \equiv n\Delta \pmod 2$,
  iii) $r\Delta \geq n\Delta - 2m \geq r\Delta - r(r-1)$.

(Erdős et Kelly (1967) ont montré que si r est le plus petit entier strictement positif qui satisfait les trois conditions ci-dessus, alors il existe un graphe simple Δ-régulier H à $n + r$ sommets qui contient G comme sous-graphe induit.)

2.2.27 Soit G un graphe simple à n sommets, avec $n \geq 4$, et soit k un entier tel que $2 \leq k \leq n-2$. Supposons que tous les sous-graphes induits de G à k sommets aient le même nombre d'arêtes. Montrer que G est soit vide soit complet.

2.3 Modifications de graphes

Nous avons déjà vu des manières simples pour modifier des graphes, à savoir la suppression et l'ajout de sommets ou d'arêtes. Ici, nous décrivons plusieurs autres opérations de graphes. Bien qu'elles ne génèrent ni des sous-graphes ni des sur-graphes, il est naturel et commode de les présenter ici.

Identification de sommets et contraction d'arête

Identifier des sommets non-adjacents x et y d'un graphe G consiste à remplacer ces sommets par un unique sommet incident à toutes les arêtes qui étaient incidentes dans G à x ou à y. Nous notons le graphe ainsi obtenu $G / \{x, y\}$ (voir Figure 2.5a). *Contracter* une arête e d'un graphe G consiste à supprimer l'arête et à ensuite (si l'arête est un lien) identifier ses extrémités. Le graphe obtenu est noté G / e (voir Figure 2.5b).

Éclatement d'un sommet et subdivision d'arête

L'opération inverse à la contraction d'arête est l'éclatement d'un sommet. *Éclater* un sommet v consiste à remplacer v par deux sommets adjacents, v' et v'' et à remplacer chaque arête incidente à v par une arête incidente soit à v' soit à v'' (mais pas les deux, sauf si c'est une boucle en v), l'autre extrémité de l'arête restant inchangée (voir Figure 2.6a). Notons qu'un sommet de degré non-nul peut être éclaté de plusieurs manières, donc le graphe obtenu n'est pas unique en général.

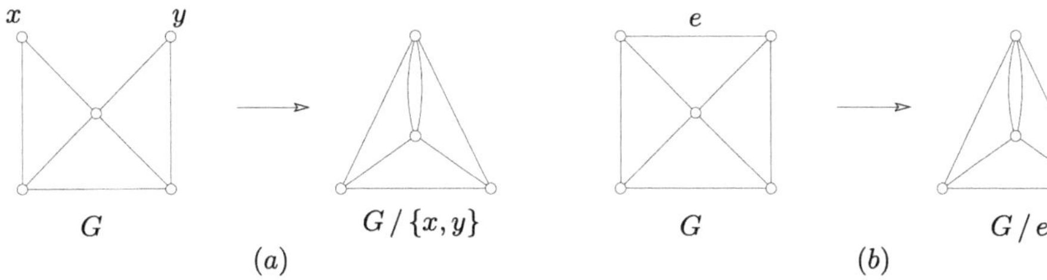

Fig. 2.5. (a) Identification de deux sommets, et (b) contraction d'une arête

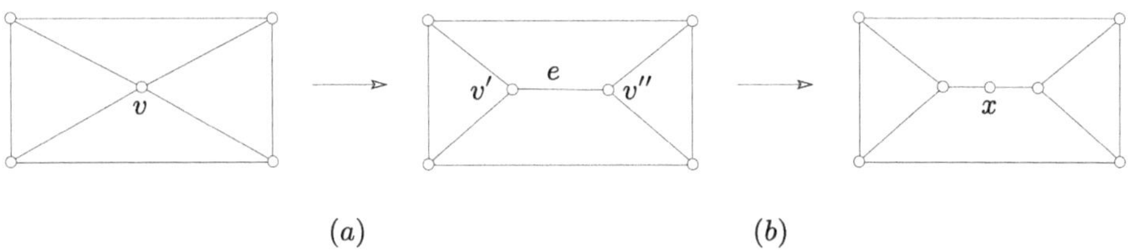

Fig. 2.6. (a) Éclatement d'un sommet, et (b) subdivision d'une arête

Un cas particulier d'éclatement d'un sommet se produit quand exactement un lien, ou exactement une extrémité d'une boucle, est affectée à l'un des deux sommets v' et v''. Le graphe qui en résulte peut être vu comme ayant été obtenu en subdivisant une arête du graphe original, où *subdiviser* une arête e consiste à supprimer e, ajouter un nouveau sommet x, et relier x aux deux extrémités de e (lorsque e est un lien, cela revient à remplacer e par un chemin de longueur deux, comme dans la Figure 2.6b).

Exercices

2.3.1

a) Montrer que $c(G / e) = c(G)$ pour toute arête e d'un graphe G.
b) Soit G un graphe acyclique et $e \in E$.
  i) Montrer que G / e est acyclique.
  ii) En déduire que $m = n - c$.

2.4 Décompositions et couvertures

Décompositions

Une *décomposition* d'un graphe G est une famille $\mathcal{F}$ de sous-graphes arête-disjoints de G telle que

$$\cup_{F \in \mathcal{F}} E(F) = E(G) \tag{2.2}$$

Si la famille $\mathcal{F}$ contient uniquement des chemins ou uniquement des cycles, nous disons que $\mathcal{F}$ est une *décomposition en chemins* ou une *décomposition en cycles* de G.

Tout graphe sans boucle a trivialement une décomposition en chemins : la famille de tous les chemins de longueur 1. En revanche, tous les graphes n'admettent pas une décomposition en cycles. Observons que si un graphe a une décomposition en cycles $\mathcal{C}$, le degré de chaque sommet est deux fois le nombre de cycles de $\mathcal{C}$ auquel il appartient, et donc est pair. Un graphe dans lequel tous les sommets sont de degré pair est appelé un *graphe pair*. Ainsi, un graphe qui admet une décomposition en cycles est nécessairement pair. Réciproquement, tout graphe pair admet une décomposition en cycles ainsi que Veblen (1912/13) l'a montré.

Théorème 2.7 Théorème de Veblen
Un graphe admet un décomposition en cycles si et seulement s'il est pair.

Démonstration Nous avons déjá montré qu'être pair est une condition nécessaire. Nous montrons maintenant qu'elle est suffisante par récurrence sur $e(G)$.

Supposons que G soit pair. Si G est vide, alors $E(G)$ est décomposé en la famille vide de cycles. Dans le cas contraire, considérons le sous-graphe F de G induit par ses sommets de degré strictement positif. Puisque G est pair, F est également pair, donc tout sommet de F est de degré deux ou plus. D'après le Théorème 2.1, F contient un cycle C. Le sous-graphe $G' := G \setminus E(C)$ est pair, et a strictement moins d'arêtes que G. Par récurrence, G' a une décomposition en cycles $\mathcal{C}'$. Par conséquent G admet pour décomposition en cycles $\mathcal{C} := \mathcal{C}' \cup \{C\}$. □

Il existe un théorème pour les digraphes correspondant au Théorème de Veblen (voir Exercice 2.4.2).

Couvertures

Nous définissons maintenant le concept voisin de couverture. Une *couverture* d'un graphe G est une famille $\mathcal{F}$ de sous-graphes de G, non nécessairement arête-disjoints, satisfaisant (2.2). Une couverture est *uniforme* si elle couvre toute arête de G le même nombre de fois ; quand ce nombre vaut k, la couverture est appelée une *k-couverture*. Une 1-couverture est donc tout simplement une décomposition. Une 2-couverture est habituellement appelée une *couverture double*. Si la famille $\mathcal{F}$ est entièrement constituée de chemins ou entièrement constituée de cycles, on dit que la couverture est une *couverture par chemins* ou *couverture par cycles*. Tout graphe qui admet une couverture par cycles admet également une couverture par cycles uniforme (Exercice 3.5.7).

Les notions de décomposition et couverture surviennent fréquemment dans l'étude des graphes. Dans la Partie 3.5, nous présentons un problème ouvert célèbre concernant les couvertures par cycles, la Conjecture de Couverture Double par Cycles. Le concept de couverture est aussi utile dans l'étude d'un autre fameux problème ouvert, la Conjecture de Reconstruction (voir Section 2.7, en particulier l'Exercice 2.7.11).

Technique de preuve : Indépendance linéaire

Des techniques algébriques peuvent parfois être utilisées pour résoudre des problèmes où les méthodes combinatoires font défaut. Des arguments faisant appel aux rangs de matrices bien choisies sont particulièrement efficaces. Nous illustrons ici cette technique par une preuve simple, due à Tverberg (1982), d'un théorème de Graham et Pollak (1971) sur les décompositions de graphes complets en graphes bipartis complets.

Il y a plusieurs façons de décomposer un graphe complet en graphes bipartis complets. Par exemple, K_4 peut se décomposer en six copies de K_2, en trois copies de $K_{1,2}$, en étoiles $K_{1,1}$, $K_{1,2}$, et $K_{1,3}$, ou bien en $K_{2,2}$ et deux copies de K_2. Ce que Graham et Pollak ont montré est que, quelle que soit la manière dont K_n est décomposé en graphes bipartis complets, il doit y avoir au moins $n-1$ de ces graphes dans la décomposition. Observons que cette borne peut toujours être atteinte, par exemple en décomposant K_n en les étoiles $K_{1,k}$, $1 \leq k \leq n-1$.

Théorème 2.8 *Soit $\mathcal{F} := \{F_1, F_2, \ldots, F_k\}$ une décomposition de K_n en graphes bipartis complets. Alors $k \geq n-1$.*

Démonstration Posons $V := V(K_n)$ et (X_i, Y_i) la bipartition de F_i $1 \leq i \leq k$. Considérons le système suivant de $k+1$ équations linéaires homogènes dans les variables x_v, $v \in V$:

$$\sum_{v \in V} x_v = 0, \qquad \sum_{v \in X_i} x_v = 0, \quad 1 \leq i \leq k$$

Supposons que $k < n-1$. Alors ce système, qui contient moins de n équations en n variables, admet une solution $x_v = c_v$, $v \in V$, avec $c_v \neq 0$ pour au moins un $v \in V$. Ainsi

$$\sum_{v \in V} c_v = 0 \text{ et } \sum_{v \in X_i} c_v = 0, \quad 1 \leq i \leq k$$

Comme $\mathcal{F}$ est une décomposition de K_n,

$$\sum_{vw \in E} c_v c_w = \sum_{i=1}^{k} \left(\sum_{v \in X_i} c_v \right) \left(\sum_{w \in Y_i} c_w \right)$$

Par conséquent

$$0 = \left(\sum_{v \in V} c_v \right)^2 = \sum_{v \in V} c_v^2 + 2 \sum_{i=1}^{k} \left(\sum_{v \in X_i} c_v \right) \left(\sum_{w \in Y_i} c_w \right) = \sum_{v \in V} c_v^2 > 0$$

une contradiction. Nous en concluons que $k \geq n-1$. □

D'autres preuves basées sur des arguments d'indépendance linéaire sont données dans leurs grandes lignes dans les Exercices 2.4.10 et 15.2.14.

Exercices

2.4.1 Soit e une arête d'un graphe pair G. Montrer que $G\,/\,e$ est pair.

⋆**2.4.2** Digraphe équilibré
Un digraphe D est *équilibré* si $d^-(v) = d^+(v)$ pour tout sommet $v \in V$. Prouver la version dirig'ee du Théorème de Veblen (2.7) : *un digraphe admet une décomposition en cycles dirigés si et seulement s'il est équilibré.*

2.4.3 Trouver une décomposition de K_{13} en trois copies du circulant $\mathrm{CG}(\mathbb{Z}_{13}, \{1, -1, 5, -5\})$.

2.4.4 Soit $\mathcal{C}$ une décomposition en cycles d'un graphe pair connexe G, qui n'est pas un cycle. Montrer que $G[E(G) \setminus E(C)]$ est connexe pour un cycle C de $\mathcal{C}$.

2.4.5

a) Montrer que K_n peut se décomposer en copies de K_p seulement si $n - 1$ est divisible par $p - 1$ et $n(n - 1)$ est divisible par $p(p - 1)$. Pour quels entiers n ces deux conditions sont-elles vérifées lorsque p est premier ?
b) Pour une puissance d'un nombre premier k, décrire une décomposition de K_{k^2+k+1} en copies de K_{k+1}, basée sur un plan projectif fini d'ordre k.

2.4.6 Soit n un entier strictement positif.

a) Donner une décomposition de K_{2n+1} en cycles hamiltoniens.
b) En déduire que K_{2n} admet une décomposition en chemins hamiltoniens.

⋆**2.4.7** On considère le graphe obtenu à partir du graphe de Petersen en remplaçant chacune des cinq arêtes d'un 1-facteur par deux arêtes parallèles (voir Figure 2.7). Montrer que toute décomposition en cycles de ce graphe 4-régulier comprend un 2-cycle.

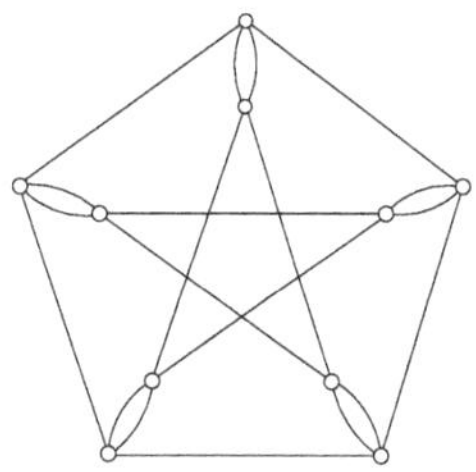

Fig. 2.7. Le graphe de Petersen avec un 1-facteur doublé

2.4.8 Soit G un graphe connexe avec un nombre pair d'arêtes.

a) Montrer que G peut être orienté de telle sorte que le degré sortant de chaque sommet soit pair.
b) En déduire que G admet une décomposition en chemins de longueur 2.

2.4.9 Montrer que tout digraphe sans boucle admet une décomposition en deux digraphes acycliques.

2.4.10 Donner une preuve alternative du Théorème de de Bruijn–Erdős (voir Exercice 1.3.15b) en procédant comme suit. Soit $\mathbf{M}$ la matrice d'incidence d'une configuration géométrique $(P, \mathcal{L})$ qui a au moins deux lignes et dans laquelle deux points quelconques sont sur exactement une ligne.

a) Montrer que les colonnes de $\mathbf{M}$ engendrent $\mathbb{R}^n$, avec $n := |P|$.
b) En déduire que $\mathbf{M}$ est de rang n.
c) Conclure que $|\mathcal{L}| \geq |P|$.

2.5 Coupes et attaches

COUPES

Soient X et Y des sous-ensembles de sommets (pas nécessairement disjoints) d'un graphe $G = (V, E)$. On désigne par $E[X, Y]$ l'ensemble des arêtes de G avec une extrémité dans X et l'autre extrémité dans Y, et par $e(X, Y)$ leur nombre. Si $Y = X$, nous écrivons simplement $E(X)$ et $e(X)$ pour $E[X, X]$ et $e(X, X)$, respectivement. Quand $Y = V \setminus X$, l'ensemble $E[X, Y]$ est appelé la *coupe* de G associée à X, ou la *frontière* de X, et est notée $\partial(X)$; notons que dans ce cas $\partial(X) = \partial(Y)$, et que $\partial(V) = \emptyset$. Avec cette notation, un graphe $G = (V, E)$ est biparti si $\partial(X) = E$ pour un sous-ensemble X de V, et est connexe si $\partial(X) \neq \emptyset$ pour tout sous-ensemble propre non-vide X de V. Les coupes d'un graphe sont illustrées Figure 2.8.

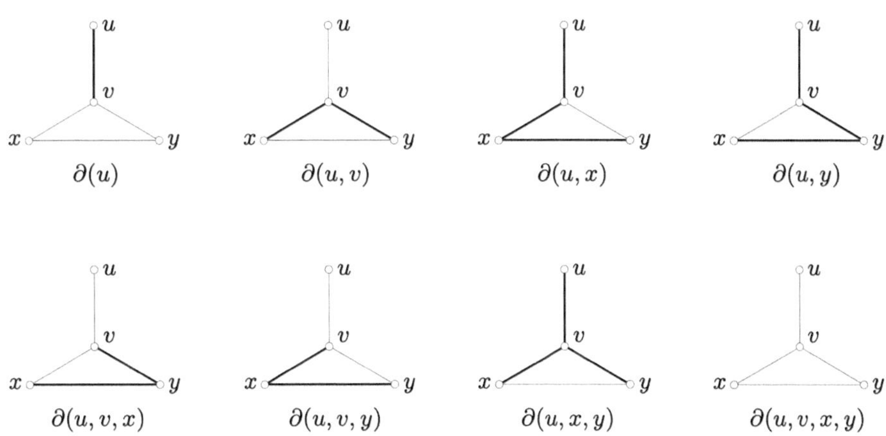

Fig. 2.8. Les coupes d'un graphe

Une coupe $\partial(v)$ associée à un unique sommet v est une coupe *triviale* ; c'est simplement l'ensemble des liens incident à v. S'il n'y a pas de boucles incidentes à v, il vient que $|\partial(v)| = d(v)$. En conséquence, dans le cas des graphes sans boucle, $|\partial(X)|$ est appelé *degré* de X et est noté $d(X)$.

Le théorème suivant est une généralisation naturelle du Théorème 1.1, ce dernier en étant le cas particulier pour $X = V$. Sa preuve est basée sur la technique du double comptage et est laissée en exercice (2.5.1a).

Théorème 2.9 *Pour tout graphe G et tout sous-ensemble X de V,*

$$|\partial(X)| = \sum_{v \in X} d(v) - 2e(X) \qquad \square$$

Le Théorème de Veblen (2.7) caractérise les graphes pairs en termes de cycles. Les graphes pairs peuvent aussi être caractérisés en termes de coupes comme suit.

Théorème 2.10 *Un graphe G est pair si et seulement si $|\partial(X)|$ est pair pour tout sous-ensemble X de V.*

Démonstration Supposons que $|\partial(X)|$ soit pair pour tout sous-ensemble X de V. Alors, en particulier, $|\partial(v)|$ est pair pour tout sommet v. Mais, comme nous l'avons remarqué précédemment, $\partial(v)$ est l'ensemble des liens incidents à v. Comme les boucles ont une contribution de deux au degré, il vient que tous les degrés sont pairs. Réciproquement, si G est pair, alors le Théorème 2.9 implique que toutes les coupes sont de cardinal pair. $\square$

La différence symétrique de sous-graphes couvrants a été introduite dans la Partie 2.2. Les propositions suivantes montrent comment les coupes se comportent vis-à-vis de la différence symétrique.

Proposition 2.11 *Soit G un graphe, et soient X et Y des sous-ensembles de V. Alors*

$$\partial(X) \triangle \partial(Y) = \partial(X \triangle Y)$$

Démonstration Considérons le diagramme de Venn, représenté Figure 2.9, de la partition de V

$$(X \cap Y,\ \ X \setminus Y,\ \ Y \setminus X,\ \ \overline{X} \cap \overline{Y})$$

déterminée par les partitions $(X, \overline{X})$ et $(Y, \overline{Y})$, avec $\overline{X} := V \setminus X$ et $\overline{Y} := V \setminus Y$. Les arêtes de $\partial(X)$, $\partial(Y)$, et $\partial(X \triangle Y)$ entre ces quatre sous-ensembles de V sont indiquées schématiquement sur la Figure 2.10. On peut voir que $\partial(X) \triangle \partial(Y) = \partial(X \triangle Y)$. $\square$

Corollaire 2.12 *La différence symétrique de deux coupes est une coupe.* $\square$

Nous laissons la preuve de la proposition qui suit au lecteur (Exercice 2.5.1b).

Proposition 2.13 *Soient F_1 et F_2 des sous-graphes couvrants d'un graphe G, et X un sous-ensemble de V. Alors*

$$\partial_{F_1 \triangle F_2}(X) = \partial_{F_1}(X) \triangle \partial_{F_2}(X) \qquad \square$$

	Y	$\overline{Y}$
X	$X \cap Y$	$X \setminus Y$
$\overline{X}$	$Y \setminus X$	$\overline{X} \cap \overline{Y}$

Fig. 2.9. Partition de V déterminée par les partitions $(X, \overline{X})$ et $(Y, \overline{Y})$

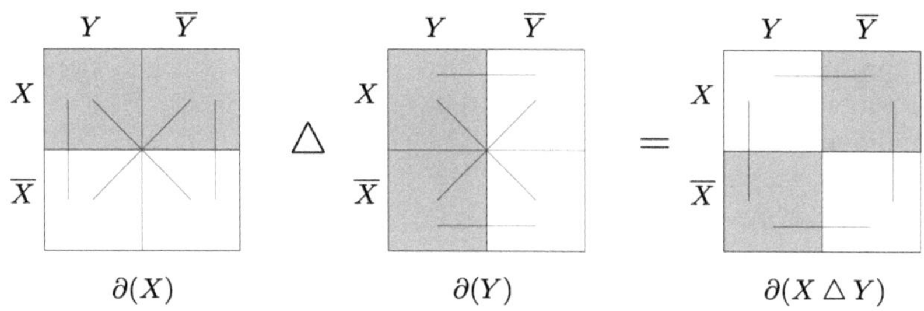

Fig. 2.10. La différence symétrique de deux coupes

Attaches

Une *attache* d'un graphe est une coupe non-vide minimale, c'est-à-dire, une coupe non-vide dont aucun des sous-ensembles propres et non-vides n'est une coupe. Les attaches du graphe dont les coupes sont dessinées Figure 2.8 sont représentées Figure 2.11.

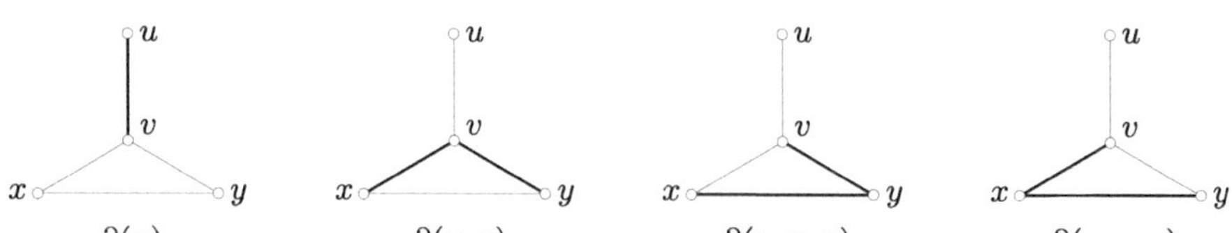

Fig. 2.11. Les attaches d'un graphe

Les deux théorèmes suivants mettent en lumière la relation entre coupes et attaches. Le premier peut se déduire de la Proposition 2.11 (Exercice 2.5.1c). Le second fournit une manière pratique de vérifier si une coupe est en fait une attache.

Théorème 2.14 *Un ensemble d'arêtes d'un graphe est une coupe si et seulement si c'est une union disjointe d'attaches.* □

Théorème 2.15 *Dans un graphe connexe G, une coupe non-vide $\partial(X)$ est une attache si et seulement si $G[X]$ et $G[V \setminus X]$ sont tous deux connexes.*

Démonstration Supposons, tout d'abord, que $\partial(X)$ soit une attache. Soit Y un sous-ensemble propre non-vide de X. Comme G est connexe, $\partial(Y)$ et $\partial(X \setminus Y)$ sont tous deux non-vides. Donc $E[Y, X \setminus Y]$ est non-vide, car sinon $\partial(Y)$ serait un sous-ensemble propre non-vide de $\partial(X)$, ce qui contredirait la supposition que $\partial(X)$ est une attache. Nous en concluons que $G[X]$ est connexe. De même, $G[V \setminus X]$ est connexe.

Réciproquement, supposons que $\partial(X)$ ne soit pas une attache. Alors il y a un sous-ensemble propre non-vide Y de V telle que $X \cap Y \neq \emptyset$ et $\partial(Y) \subset \partial(X)$. Mais ceci implique (voir Figure 2.10) que $E[X \cap Y, X \setminus Y] = E[Y \setminus X, \overline{X} \cap \overline{Y}] = \emptyset$. Donc $G[X]$ n'est pas connexe si $X \setminus Y \neq \emptyset$. D'autre part, si $X \setminus Y = \emptyset$, alors $\emptyset \subset Y \setminus X \subset V \setminus X$, et $G[V \setminus X]$ n'est pas connexe. □

Coupes dans les graphes dirigés

Si X et Y sont des ensembles de sommets (non nécessairement disjoints) d'un digraphe $D = (V, A)$, on désigne l'ensemble des arcs de D ayant leur queues dans X et leurs têtes dans Y par $A(X, Y)$, et son cardinal par $a(X, Y)$. Cet ensemble d'arcs est noté $A(X)$ lorsque $Y = X$, et son cardinal $a(X)$. Quand $Y = V \setminus X$, l'ensemble $A(X, Y)$ est appelé la *coupe sortante* de D associée à X, et est noté $\partial^+(X)$. De manière analogue, l'ensemble $A(Y, X)$ est appelé la *coupe entrante* de D associée à X, et est noté $\partial^-(X)$. Observons que $\partial^+(X) = \partial^-(V \setminus X)$. Notons également que $\partial(X) = \partial^+(X) \cup \partial^-(X)$. Dans le cas de digraphes sans boucle, $|\partial^+(X)|$ et $|\partial^-(X)|$ sont appelés *degré sortant* et *degré entrant* de X, et sont notés $d^+(X)$ and $d^-(X)$, respectivement.

Un digraphe D est dit *fortement connexe* si $\partial^+(X) \neq \emptyset$ pour tout sous-ensemble propre non-vide X de V (et donc $\partial^-(X) \neq \emptyset$ pour tout sous-ensemble propre non-vide X de V).

Exercices

⋆2.5.1

a) Prouver le Théorème 2.9.
b) Prouver la Proposition 2.13.
c) Déduire le Théorème 2.14 de la Proposition 2.11.

⋆2.5.2 Soient D un digraphe et X un sous-ensemble de V.

a) Montrer que $|\partial^+(X)| = \sum_{v \in X} d^+(v) - a(X)$.
b) On suppose que D est pair. À l'aide du Principe de Dualité Directionnelle, déduire que $|\partial^+(X)| = |\partial^-(X)|$.
c) Déduire de (b) que tout digraphe pair connexe est fortement connexe.

2.5.3 Soit G un graphe, et soient X et Y des sous-ensembles de V. Montrer que $\partial(X \cup Y) \bigtriangleup \partial(X \cap Y) = \partial(X \bigtriangleup Y)$.

⋆2.5.4 Soit G un graphe sans boucle, et soient X et Y des sous-ensembles de V.

a) Montrer que :

$$d(X) + d(Y) = d(X \cup Y) + d(X \cap Y) + 2e(X \setminus Y, Y \setminus X)$$

b) En déduire l'*inégalité sous-modulaire* pour les degrés des ensembles de sommets :

$$d(X) + d(Y) \geq d(X \cup Y) + d(X \cap Y)$$

c) Énoncer et prouver un analogue dirigé de cette inégalité sous-modulaire.

⋆2.5.5 Un *graphe impair* est un graphe dans lequel tout sommet est de degré impair. Montrer qu'un graphe G est impair si et seulement si $|\partial(X)| \equiv |X| \pmod 2$ pour tout sous-ensemble X de V.

⋆2.5.6 Montrer que tout arc d'un digraphe fortement connexe est contenu dans un cycle dirigé.

2.5.7 ATTACHE DIRIGÉE
Une *attache dirigée* d'un digraphe est une attache $\partial(X)$ telle que $\partial^-(X) = \emptyset$ (autrement dit, $\partial(X)$ est la coupe dirigée $\partial^+(X)$).

a) Montrer qu'un arc d'un digraphe est contenu soit dans un cycle dirigé, soit dans une attache dirigée, mais pas les deux. (G.J. MINTY)
b) En déduire que :
   i) un digraphe est acyclique si et seulement si tout arc est dans une attache dirigée,
   ii) un digraphe est fortement connexe si et seulement si aucune attache n'est une attache dirigée.

⋆**2.5.8** Ensemble d'arcs transverse
Un ensemble d'arcs S d'un digraphe D est *tranverse* si $D \setminus S$ est acyclique. Soit S un ensemble d'arcs transverse minimal d'un digraphe D. Montrer qu'il existe un ordre total sur les sommets de D tel que les arcs S sont précisément les arcs dont les têtes précèdent les queues dans l'ordre.

2.5.9 Soit (D, w) un graphe dirigé valué. Pour $v \in V$, on pose $w^+(v) := \sum\{w(a) : a \in \partial^+(v)\}$. On suppose que $w^+(v) \geq 1$ pour tout $v \in V \setminus \{y\}$, avec $y \in V$. Montrer que D contient un chemin dirigé de coût au moins 1, de la manière suivante.

a) On considère un arc $(x, y) \in \partial^-(y)$ de coût maximum. On contracte cet arc en un sommet y', on efface tous les arcs de queue y', et on remplace tout couple $\{a, a'\}$ d'arcs multiples (de tête y') par un unique arc de coût $w(a)+w(a')$, tous les autres arcs gardant leur coût original. On désigne le graphe valué obtenu par (D', w'). Montrer que si D' contient un chemin dirigé de coût au moins 1, alors D aussi.
b) Déduire, par récurrence sur $|V|$, que D contient un chemin dirigé de coût au moins 1. (B. Bollobás et A.D. Scott)

2.6 Sous-graphes pairs

Par *sous-graphe pair* d'un graphe G, nous entendons un sous-graphe pair *couvrant* de G, ou même très souvent l'ensemble d'arêtes d'un tel sous-graphe. Observons que les deux premiers sous-graphes de la Figure 2.4 sont pairs, ainsi que leur différence symétrique. En effet, la Proposition 2.13 a comme conséquence immédiate que la différence symétrique de deux sous-graphes pairs est toujours paire.

Corollaire 2.16 *La différence symétrique de deux sous-graphes pairs est un sous-graphe pair.*

Démonstration Soient F_1 et F_2 deux sous-graphes pairs d'un graphe G, et soit X un sous-ensemble de V. D'après la Proposition 2.13,

$$\partial_{F_1 \triangle F_2}(X) = \partial_{F_1}(X) \triangle \partial_{F_2}(X)$$

Par le Théorème 2.10, $\partial_{F_1}(X)$ et $\partial_{F_2}(X)$ sont tous deux de cardinal pair, donc leur différence symétrique l'est aussi. De nouveau par le Théorème 2.10, nous déduisons que $F_1 \triangle F_2$ est pair. □

Comme nous le montrons aux Chapitres 4 et 22, les sous-graphes pairs d'un graphe jouent un rôle structurel important. Lorsque nous parlons de sous-graphes pairs (et uniquement dans ce contexte), par un *cycle* nous entendons l'ensemble des arêtes d'un cycle. De même, nous utilisons le terme *cycles disjoints* pour désigner des cycles arête-disjoints. Avec cette convention, les cycles d'un graphe sont ses sous-graphes pairs non-vides minimaux, et le Théorème 2.7 peut être reformulé comme suit.

Théorème 2.17 *Un ensemble d'arêtes d'un graphe est un sous-graphe pair si et seulement si c'est une union disjointe de cycles.* □

Espace des cycles et espace des attaches

Les sous-graphes pairs et les coupes sont reliés de la manière suivante.

Proposition 2.18 *Dans tout graphe, chaque sous-graphe pair intersecte toute coupe en un nombre pair d'arêtes.*

Démonstration Nous montrons tout d'abord qu'un cycle intersecte une coupe en un nombre pair d'arêtes. Soient C un cycle et $\partial(X)$ une coupe. Tout sommet de C est soit dans X soit dans $V \setminus X$. Si C traverse la coupe, le nombre de fois qu'il le fait de X vers $V \setminus X$ doit être égal au nombre de fois qu'il le fait de $V \setminus X$ vers X. Ainsi $|E(C) \cap \partial(X)|$ est pair.

D'après le Théorème 2.17, tout sous-graphe pair est une union disjointe de cycles. Il suit que tout sous-graphe pair rencontre toute coupe en un nombre pair d'arêtes. □

On désigne l'ensemble de tous les sous-ensembles de l'ensemble d'arêtes E d'un graphe G par $\mathcal{E}(G)$. Cet ensemble forme un espace vectoriel de dimension m sur $GF(2)$ pour l'opération de différence symétrique. Nous appelons $\mathcal{E}(G)$ l'*espace des arêtes* de G. À chaque sous-ensemble X de E, nous pouvons associer son *vecteur caractéristique* $\mathbf{f}_X$, avec $f_X(e) = 1$ si $e \in X$ et $f_X(e) = 0$ si $e \notin X$. La fonction qui envoie X sur $\mathbf{f}_X$ pour tout $X \subseteq E$ est un isomorphisme de $\mathcal{E}$ dans $(GF(2))^E$ (Exercice 2.6.2).

D'après le Corollaire 2.16, l'ensemble de tous les sous-graphes pairs d'un graphe G forme un sous-espace $\mathcal{C}(G)$ de l'espace des arêtes de G. Nous appelons ce sous-espace l'*espace des cycles* de G, parce qu'il est engendré par les cycles de G. De même, d'après le Corollaire 2.12, l'ensemble de toutes les coupes de G forme un sous-espace $\mathcal{B}(G)$ de $\mathcal{E}(G)$, appelé l'*espace des attaches* (Exercice 2.6.4a,b). La Proposition 2.18 implique que ces deux sous-espaces sont orthogonaux. Ils sont, en fait, supplémentaires orthogonaux (Exercice 2.6.4c).

Au Chapitre 21, nous étendons les concepts susdécrits aux corps arbitraires, en particulier au corps des réels.

Exercices

2.6.1 Montrer que :

a) un graphe G est pair si et seulement si E est un sous-graphe pair de G,
b) un graphe G est biparti si et seulement si E est une coupe de G.

$\star$**2.6.2** Montrer que l'espace des arêtes $\mathcal{E}(G)$ muni de l'opération de différence symétrique est un espace vectoriel sur $GF(2)$, et qu'il est isomorphe à $(GF(2))^E$.

2.6.3

a) Dessiner tous les éléments des espaces des cycles et des attaches de la roue W_4.
b) Combien d'éléments y a-t-il dans chacun de ces deux espaces vectoriels ?

$\star$**2.6.4** Montrer que :

a) les cycles d'un graphe engendrent l'espace des cycles,
b) les attaches d'un graphe engendrent l'espace des attaches,
c) l'espace des attaches d'un graphe G est l'espace des lignes de sa matrice d'incidence $\mathbf{M}$ sur $GF(2)$, et que l'espace des cycles de G est son supplémentaire orthogonal.

2.6.5 Combien d'éléments y a-t-il dans l'espace des cycles et l'espace des attaches d'un graphe G ?

2.6.6 Montrer que tout graphe G a une coupe $[X, Y]$ telle que $G[X]$ et $G[Y]$ sont pairs.

2.7 Reconstruction de graphe

Deux graphes G et H sur le même ensemble de sommets V sont dits *hypomorphes* si, pour tout $v \in V$, leurs sous-graphes à sommet supprimé $G - v$ et $H - v$ sont isomorphes. Cela implique-t-il que G et H soient eux-mêmes isomorphes ? Pas nécessairement : les graphes $2K_1$ et K_2, bien que non-isomorphes, sont clairement hypomorphes. Cependant, ces deux graphes forment la seule paire connue de graphes simples non-isomorphes et hypomorphes. Il a de ce fait été conjecturé en 1941 par Kelly (1942) (voir aussi Ulam (1960)) qu'il n'existe pas d'autre paire de tels graphes. Cette conjecture a été reformulée par Harary (1964) dans le langage plus intuitif de la reconstruction. Une *reconstruction* d'un graphe G est n'importe

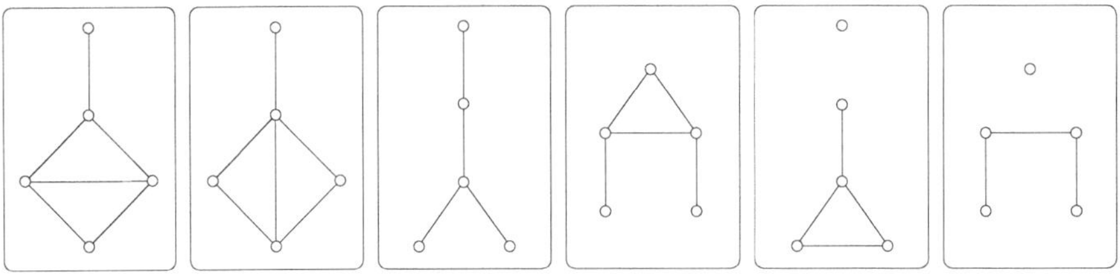

Fig. 2.12. Le jeu d'un graphe à six sommets

quel graphe qui est hypomorphe à G. On dit qu'un graphe G est *reconstructible* si toute reconstruction de G est isomorphe à G, autrement dit, si G peut être 'reconstruit' à isomorphisme près à partir de ses sous-graphes à sommet supprimé. De manière informelle, on peut penser aux sous-graphes (non-étiquetés) à sommet supprimé comme étant présentés sur des cartes, un par carte. Le problème de reconstruction d'un graphe consiste alors à déterminer le graphe à partir de son *jeu* de cartes. Le lecteur est invité à trouver le graphe dont le jeu de six cartes est représenté Figure 2.12.

Conjecture de Reconstruction

Conjecture 2.19 *Tout graphe simple d'ordre au moins 3 est reconstructible.*

La Conjecture de Reconstruction a été vérifiée par ordinateur pour tous les graphes ayant jusqu'à dix sommets par McKay (1977). Lorsque nous parlons de cette conjecture, nous supposons implicitement que tous les graphes ont au moins trois sommets.

Une approche de la Conjecture de Reconstruction consiste à montrer qu'elle est vraie pour différentes classes de graphes. Une classe de graphes est *reconstructible* si tout membre de la classe est reconstructible. Par exemple, on montre facilement que les graphes réguliers sont reconstructibles (Exercice 2.7.5). On peut aussi prouver que les graphes séparés sont reconstructibles (Exercice 2.7.11). Une autre approche consiste à prouver que certains paramètres sont reconstructibles. Un paramètre de graphe est dit *reconstructible* s'il prend les mêmes valeurs sur toutes les reconstructions de G. Un résultat fondamental de ce type a été obtenu par Kelly (1957). Pour deux graphes F et G, nous adoptons la notation de Lauri et Scapellato (2003) et utilisons $\binom{G}{F}$ pour désigner le nombre de copies de F dans G. Par exemple, si $F = K_2$, alors $\binom{G}{F} = e(G)$, si $F = G$, alors $\binom{G}{F} = 1$, et si $v(F) > v(G)$, alors $\binom{G}{F} = 0$.

Lemme 2.20 Lemme de Kelly
Quels que soient deux graphes F et G tels que $v(F) < v(G)$, le paramètre $\binom{G}{F}$ est reconstructible.

Démonstration Toute copie de F dans G apparaît dans exactement $v(G)-v(F)$ des sous-graphes à sommet supprimé $G - v$ (à savoir, à chaque fois que le sommet v n'est pas dans la copie). Par conséquent,

$$\binom{G}{F} = \frac{1}{v(G) - v(F)} \sum_{v \in V} \binom{G-v}{F}$$

Comme le membre droit de cette égalité est reconstructible, le membre gauche doit l'être aussi. □

Corollaire 2.21 *Quels que soient deux graphes F et G tels que $v(F) < v(G)$, le nombre de sous-graphes de G qui sont isomorphes à F et contiennent un sommet donné v est reconstructible.*

Démonstration Ce nombre est $\binom{G}{F} - \binom{G-v}{F}$, qui est reconstructible d'après le Lemme de Kelly. □

Corollaire 2.22 *La taille et la suite des degrés sont des paramètres reconstructibles.*

Démonstration Prendre $F = K_2$ dans le Lemme de Kelly et le Corollaire 2.21, respectivement. □

Un analogue pour les arêtes de la Conjecture de Reconstruction a été proposé par Harary (1964). Un graphe est *arête-reconstructible* s'il peut être reconstruit à isomorphisme près à partir de ses sous-graphes à arête supprimée.

CONJECTURE D'ARÊTE-RECONSTRUCTION

Conjecture 2.23 *Tout graphe simple à au moins quatre arêtes est arête-reconstructible.*

Notons que la borne sur le nombre d'arêtes est nécessaire à cause de certains petits contre-exemples (voir Exercice 2.7.2). La notion d'*arête-reconstructibilité* de classes de graphes et de paramètres de graphes est définie de manière analogue à la reconstructibilité, et il y a une version arête du Lemme de Kelly dont la preuve est laissée en exercice (Exercice 2.7.13a).

Lemme 2.24 LEMME DE KELLY : VERSION ARÊTE
Quels que soient deux graphes F et G tels que $v(F) < v(G)$, le paramètre $\binom{G}{F}$ est arête-reconstructible. □

Comme les sous-graphes à arête supprimée sont plus proches du graphe original que les sous-graphes à sommet supprimé, il est intuitivement clair (mais pas immédiat à montrer) que la Conjecture d'Arête-Reconstruction est plus simple que la Conjecture de Reconstruction (Exercice 2.7.14). En effet, un certain nombre d'approches développées avec succès pour l'arête-reconstruction, ne fonctionnent pas pour la reconstruction (au sens des sommets). Nous décrivons maintenant une de ces approches : l'Inversion de Möbius.

Technique de preuve : Inversion de Möbius

Nous avons exposé précédemment la technique de preuve du double comptage. Nous présentons maintenant une technique de comptage plus technique, celle de l'*Inversion de Möbius*. C'est une généralisation de la *Formule d'Inclusion-Exclusion*, une formule qui exprime le cardinal de l'union d'une famille d'ensembles $\{A_i : i \in T\}$ en fonction des cardinaux des intersections de ces ensembles :

$$| \cup_{i \in T} A_i| = \sum_{\emptyset \subset X \subseteq T} (-1)^{|X|-1} | \cap_{i \in X} A_i| \tag{2.3}$$

Le cas particulier de cette formule pour deux ensembles est $|A \cup B| = |A| + |B| - |A \cap B|$.

Théorème 2.25 Formule d'Inversion de Möbius
Soit $f : 2^T \to \mathbb{R}$ une fonction à valeurs dans les réels définie sur les sous-ensembles d'un ensemble fini T. Définissons la fonction $g : 2^T \to \mathbb{R}$ par

$$g(S) := \sum_{S \subseteq X \subseteq T} f(X) \tag{2.4}$$

Alors, pour tout $S \subseteq T$,

$$f(S) = \sum_{S \subseteq X \subseteq T} (-1)^{|X|-|S|} g(X) \tag{2.5}$$

Remarque. Observons que (2.4) est une transformation linéaire de l'espace vectoriel des fonctions à valeurs dans les réels définies sur 2^T. La Formule d'Inversion de Möbius (2.5) explicite simplement l'inverse de cette transformation.

Démonstration D'après la Formule du Binôme,

$$\sum_{S \subseteq X \subseteq Y} (-1)^{|X|-|S|} = \sum_{|S| \leq |X| \leq |Y|} \binom{|Y| - |S|}{|X| - |S|} (-1)^{|X|-|S|} = (1-1)^{|Y|-|S|}$$

qui est égal à 0 si $S \subset Y$, et à 1 si $S = Y$. Par conséquent,

$$\begin{aligned} f(S) &= \sum_{S \subseteq Y \subseteq T} f(Y) \sum_{S \subseteq X \subseteq Y} (-1)^{|X|-|S|} \\ &= \sum_{S \subseteq X \subseteq T} (-1)^{|X|-|S|} \sum_{X \subseteq Y \subseteq T} f(Y) = \sum_{S \subseteq X \subseteq T} (-1)^{|X|-|S|} g(X) \qquad \square \end{aligned}$$

Inversion de Möbius (suite)

Nous montrons maintenant comment la Formule d'Inversion de Möbius peut être appliquée au problème de l'arête-reconstruction. Cette approche très efficace a été introduite par Lovász (1972c) et raffinée sucessivement par Müller (1977) et Nash-Williams (1978).

L'idée est de compter des applications entre deux graphes simples G et H ayant le même ensemble de sommets V en fonction de l'intersection de l'image de G avec H. Les applications considérées sont déterminées par une permutation σ de V, que l'on étend à $G = (V, E)$ en posant $\sigma(G) := (V, \sigma(E))$, avec $\sigma(E) := \{\sigma(u)\sigma(v) : uv \in E\}$.

Pour chaque sous-graphe couvrant F de G, nous considérons les permutations de G qui envoient les arêtes de F sur des arêtes de H et les arêtes restantes de G sur des arêtes de $\overline{H}$. On note le nombre de ces permutations $|G \to H|_F$, soit :

$$|G \to H|_F := |\{\sigma \in S_n : \ \sigma(G) \cap H = \sigma(F)\}|$$

En particulier, si $F = G$, alors $|G \to H|_F$ est simplement le nombre de plongements de G dans H, que nous notons en abrégé $|G \to H|$, et si F est vide, $|G \to H|_F$ est le nombre de plongements de G dans le complémentaire de H, c'est-à-dire $|G \to \overline{H}|$. Ces concepts sont illustrés sur la Figure 2.13 pour tous les sous-graphes couvrants F de G quand $G = K_1 + K_{1,2}$ et $H = 2K_2$. Observons que, pour tout sous-graphe F de G,

$$\sum_{F \subseteq X \subseteq G} |G \to H|_X = |F \to H| \tag{2.6}$$

et que

$$|F \to H| = \mathrm{aut}(F) \binom{H}{F} \tag{2.7}$$

où $\mathrm{aut}(F)$ désigne le nombre d'automorphismes de F, parce que le sous-graphe F de G peut être envoyé sur chaque copie de F dans H de $\mathrm{aut}(F)$ manières distinctes.

Lemme 2.26 Lemme de Nash-Williams
Soit G un graphe, F un sous-graphe couvrant de G, et H une arête-reconstruction de G qui n'est pas isomorphe à G. Alors

$$|G \to G|_F - |G \to H|_F = (-1)^{e(G)-e(F)} \mathrm{aut}(G) \tag{2.8}$$

Inversion de Möbius (suite)

Démonstration Par (2.6) et (2.7),

$$\sum_{F\subseteq X\subseteq G} |G \to H|_X = \text{aut}(F)\binom{H}{F}$$

Nous inversons cette identité par la Formule d'Inversion de Möbius (en identifiant chaque sous-graphe couvrant de G avec son ensemble d'arêtes), ce qui nous donne :

$$|G \to H|_F = \sum_{F\subseteq X\subseteq G} (-1)^{e(X)-e(F)}\text{aut}(X)\binom{H}{X}$$

Par conséquent,

$$|G \to G|_F - |G \to H|_F = \sum_{F\subseteq X\subseteq G} (-1)^{e(X)-e(F)}\text{aut}(X)\left(\binom{G}{X} - \binom{H}{X}\right)$$

Comme H est une arête-reconstruction de G, nous avons $\binom{G}{X} = \binom{H}{X}$ pour tout sous-graphe propre couvrant X de G, d'après la version arête du Lemme de Kelly (Lemme 2.24). Enfin, $\binom{G}{G} = 1$ et $\binom{H}{G} = 0$ puisque $e(H) = e(G)$ et $H \not\cong G$. □

Théorème 2.27 *Un graphe G est arête-reconstructible s'il existe un sous-graphe couvrant F de G telle qu'une des deux conditions suivantes soit vérifiée.*

(i) $|G \to H|_F$ *prend la même valeur quelle que soit l'arête-reconstruction H de G,*
(ii) $|F \to G| < 2^{e(G)-e(F)-1}\text{aut}(G)$.

Démonstration Soit H une arête-reconstruction de G. Si la condition (i) est satisfaite, le membre gauche de (2.8) vaut zéro alors que le membre droit est non-nul. L'inégalité de la condition (ii) est équivalente, par (2.6), à l'inegalité

$$\sum_{F\subseteq X\subseteq G} |G \to G|_X < 2^{e(G)-e(F)-1}\text{aut}(G)$$

Mais cela implique que $|G \to G|_X < \text{aut}(G)$ pour un sous-graphe couvrant X de G tel que $e(G) - e(X)$ est pair, et l'identité (2.8) est de nouveau violée (avec $F := X$). Ainsi, dans les deux cas, le Lemme de Nash-Williams implique que H est isomorphe à G. □

Inversion de Möbius (suite)

Avec le graphe vide pour F, le Théorème 2.27 donne deux conditions suffisantes pour l'arête-reconstructibilité d'un graphe en terme de densité d'arêtes, due à Lovász (1972) et Müller (1977), respectivement (Exercice 2.7.8).

Corollaire 2.28 *Un graphe G est arête-reconstructible si $m > \frac{1}{2}\binom{n}{2}$ ou $2^{m-1} > n!$.* □

Deux autres applications de la Formule d'Inversion de Möbius en théorie des graphes sont données dans les Exercices 2.7.17 et 15.7.12. Pour plus d'exemples, voir Whitney (1932b). Le Théorème 2.25 a été étendu par Rota (1964) au contexte plus général des ensembles partiellement ordonnés.

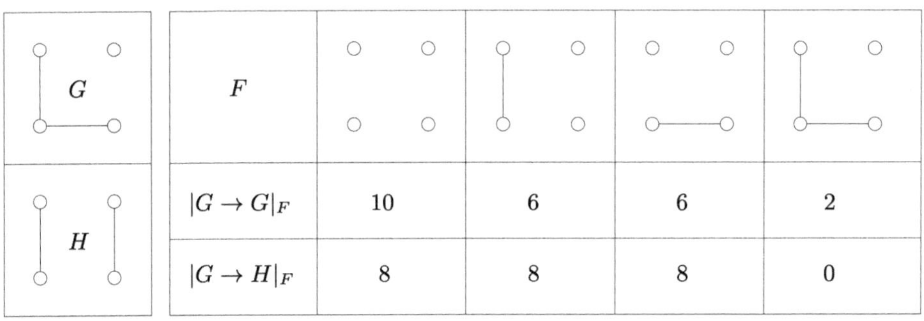

Fig. 2.13. Compter des applications

Il est naturel de formuler des conjectures analogues pour les digraphes (voir Harary (1964)). Certains outils tels que le Lemme de Kelly fonctionnent également pour les digraphes, et on pourrait être amené à croire que tout se passe de la même manière que pour les graphes non-dirigés. De façon assez surprenante, ce n'est pas le cas. Plusieurs familles infinies de digraphes non-reconstructibles, et de paires de tournois non-reconstructibles, ont été construites par Stockmeyer (1981) (voir Exercice 2.7.18). Une telle paire est représentée Figure 2.14. Nous laissons le soin de la vérification au lecteur (Exercice 2.7.9).

Remarquons qu'il existe aussi des familles infinies d'hypergraphes non-reconstructibles (voir Exercice 2.7.10 et Kocay (1987)) et de graphes infinis non-reconstructibles (voir Exercice 4.2.10). De plus amples informations sur la reconstruction de graphes peuvent être trouvées dans les articles de synthèse de Babai (1995), Bondy (1991), et Ellingham (1988), ainsi que dans le livre de Lauri et Scapellato (2003).

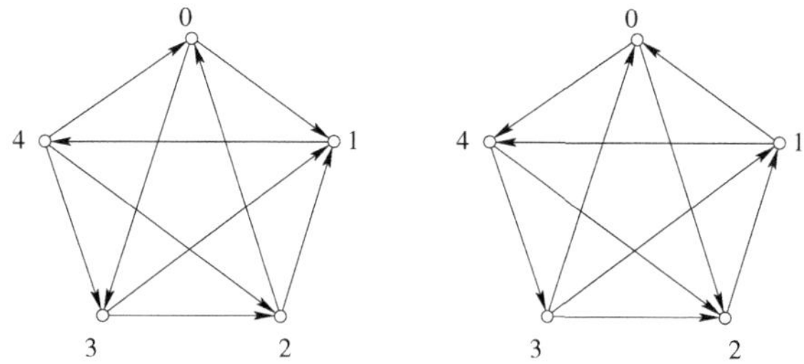

Fig. 2.14. Une paire de tournois non-reconstructibles

Exercices

2.7.1 Trouver deux graphes non-isomorphes à six sommets dont les jeux contiennent chacun les cinq premières cartes données Figure 2.12.
(P.K. Stockmeyer)

2.7.2 Trouver une paire de graphes simples à deux arêtes, ainsi qu'une paire de graphes simples à trois arêtes, qui ne sont pas arête-reconstructibles.

2.7.3 Deux sommets non-similaires u et v d'un graphe G sont appelés *pseudo-similaires* si les sous-graphes à sommet supprimé $G - u$ et $G - v$ sont isomorphes.

a) Trouver une paire de sommets pseudo-similaires dans le graphe de la Figure 2.15.
b) Construire un graphe connexe acyclique ayant une paire de sommets pseudo-similaires. (F. Harary et E.M. Palmer)

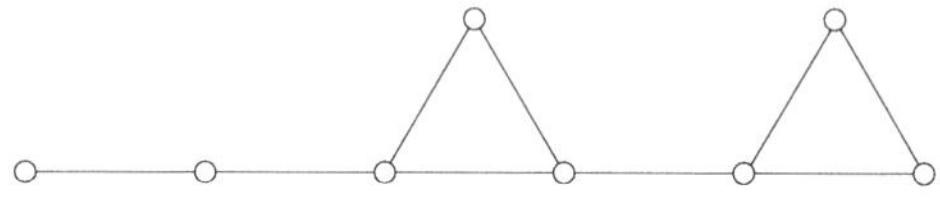

Fig. 2.15. Un graphe contenant une paire de sommets pseudo-similaires (Exercice 2.7.3)

2.7.4 Une classe $\mathcal{G}$ de graphes est *identifiable* si, pour tout graphe $G \in \mathcal{G}$, toute reconstruction de G appartient aussi à $\mathcal{G}$. La classe $\mathcal{G}$ est *faiblement reconstructible* si, pour tout graphe $G \in \mathcal{G}$, toute reconstruction de G qui appartient à $\mathcal{G}$ est isomorphe à G. Montrer qu'une classe de graphes est reconstructible si et seulement si elle est à la fois identifiable et faiblement reconstructible.

2.7.5

a) Montrer que les graphes réguliers sont à la fois identifiables et faiblement reconstructibles.
b) En déduire que cette classe de graphes est reconstructible.

2.7.6

a) Soit G un graphe connexe sur au moins deux sommets, et soit P un chemin maximal dans G, commençant en x et terminant en y. Montrer que $G - x$ et $G - y$ sont connexes.
b) En déduire qu'un graphe d'ordre au moins 3 est connexe si et seulement si au moins deux de ses sous-graphes à sommet supprimé sont connexes.
c) En conclure que la classe des graphes séparés est identifiable.

2.7.7 Vérifier l'identité (2.6) pour les graphes G et H de la Figure 2.13, et tous les sous-graphes F de G.

$\star$**2.7.8** Déduire le Corollaire 2.28 du Théorème 2.27.

2.7.9 Montrer que les deux tournois dessinés Figure 2.14 forment une paire de tournois non-reconstructibles. (P.K. Stockmeyer)

2.7.10 On considère les hypergraphes G et H d'ensemble de sommets $V := \{1, 2, 3, 4, 5\}$ et d'ensembles d'arêtes respectifs

$$\mathcal{F}(G) := \{123, 125, 135, 234, 345\} \quad \text{et} \quad \mathcal{F}(H) := \{123, 135, 145, 234, 235\}$$

Montrer que (G, H) est une paire non-reconstructible.

——— ≀≀ ———

2.7.11 Soit G un graphe et $\mathcal{F} := (F_1, F_2, \ldots, F_k)$ une suite de graphes (pas nécessairement distincts). Une *couverture* par $\mathcal{F}$ est une suite $(G_1, G_2, \ldots, G_k)$ de sous-graphes de G telle que $G_i \cong F_i$, $1 \leq i \leq k$, et $\cup_{i=1}^{k} G_i = G$. Le nombre de couvertures de G par $\mathcal{F}$ est noté $c(\mathcal{F}, G)$. Par exemple, si $\mathcal{F} := (K_2, K_{1,2})$, les couvertures de G par $\mathcal{F}$ pour tout graphe G tel que $c(\mathcal{F}, G) > 0$ sont indiquées Figure 2.16 (où l'arête de K_2 est représentée par un trait pointillé).

a) Montrer que, pour tout graphe G et toute suite $\mathcal{F} := (F_1, F_2, \ldots, F_k)$ de graphes tels que $v(F_i) < v(G)$, $1 \leq i \leq k$, le paramètre

$$\sum_{X} c(\mathcal{F}, X) \binom{G}{X}$$

est reconstructible, la somme étant prise sur tous les graphes non-étiquetés X pour lesquels $v(X) = v(G)$. (W.L. Kocay)
b) Appliquer l'Exercice 2.7.11a à toutes les familles $\mathcal{F} := (F_1, F_2, \ldots, F_k)$ telles que $\sum_{i=1}^{k} v(F_i) = v(G)$, et déduire que la classe des graphes séparés est faiblement reconstructible.
c) À l'aide du résultat de l'Exercice 2.7.6c, conclure que cette classe est reconstructible. (P.J. Kelly)

2.7.12 Soient G et H deux graphes ayant le même ensemble de sommets V, avec $|V| \geq 4$. On suppose que $G - \{x, y\} \cong H - \{x, y\}$ pour tout $x, y \in V$. Montrer que $G \cong H$.

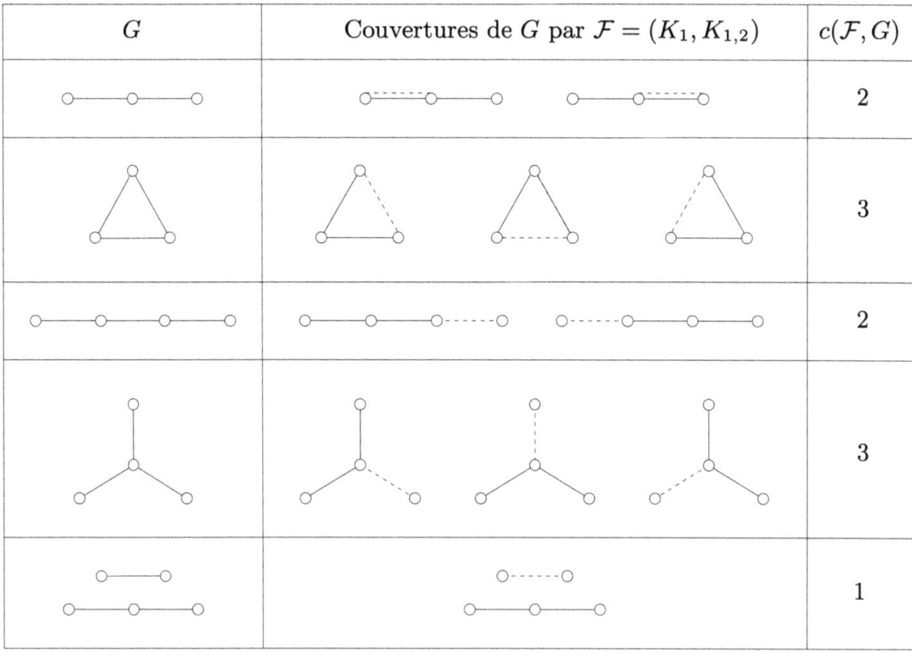

Fig. 2.16. Couverture d'un graphe par une suite de graphes (Exercice 2.7.11)

⋆2.7.13

a) Prouver la version arête du Lemme de Kelly (Lemme 2.24).
b) À l'aide de la version arête du Lemme de Kelly, montrer que le nombre de sommets isolés est arête-reconstructible.
c) En déduire que la Conjecture d'Arête-Reconstruction est valide pour tous les graphes pourvu qu'elle soit valide pour tous les graphes sans sommet isolé.

2.7.14

a) En appliquant l'Exercice 2.7.11a, montrer que le jeu (au sens des sommets) d'un graphe sans sommet isolé est arête-reconstructible.
b) Déduire de l'Exercice 2.7.13c que la Conjecture d'Arête-Reconstruction est vraie si la Conjecture de Reconstruction est vraie. (D.L. Greenwell)

2.7.15 Soit $\{A_i : i \in T\}$ une famille d'ensembles. Pour $S \subseteq T$, on définit $f(S) := |(\cap_{i \in S} A_i) \setminus (\cup_{i \in T \setminus S} A_i)|$ et $g(S) := |\cap_{i \in S} A_i|$, avec, par convention, $\cap_{i \in \emptyset} A_i = \cup_{i \in T} A_i$.

a) Montrer que $g(S) = \sum_{S \subseteq X \subseteq T} f(X)$.
b) Déduire de la Formule d'Inversion de Möbius (2.5) que

$$\sum_{\emptyset \subseteq X \subseteq T} (-1)^{|X|} |\cap_{i \in X} A_i| = 0$$

c) Montrer que cette identité est équivalente à la Formule d'Inclusion–Exclusion (2.3).

2.7.16 Établir la Formule d'Inclusion–Exclusion (2.3) directement à l'aide de la Formule du Binôme, sans faire appel à l'Inversion de Möbius.

2.7.17 On considère la matrice triangulaire inférieure $\mathbf{A}_n$ dont les lignes et les colonnes sont indexées par les types d'isomorphisme des graphes à n sommets, listés par taille croissante, et dont l'entrée (X, Y) est $\binom{X}{Y}$.

a) Calculer $\mathbf{A}_3$ et $\mathbf{A}_4$.
b) Pour $k \in \mathbb{Z}$, montrer que l'entrée (X, Y) de $(\mathbf{A}_n)^k$ est $k^{e(X)-e(Y)}\binom{X}{Y}$.

(V.B. Mnukhin)

2.7.18 On considère le tournoi de Stockmeyer ST_n, défini à l'Exercice 1.5.10.

a) Montrer que tout sous-graphe à sommet supprimé de ST_n est auto-inverse.
b) Notons $impair(ST_n)$ et $pair(ST_n)$ les sous-tournois de ST_n induits par ses sommets impairs et pairs, respectivement. Pour $n \geq 1$, montrer que $impair(ST_n) \cong ST_{n-1} \cong pair(ST_n)$.
c) Déduire, par récurrence sur n, que $ST_n - k \cong ST_n - (2^n - k + 1)$ pour tout $k \in V(ST_n)$.

(W. Kocay)

d) On considère les deux tournois obtenus à partir de ST_n en ajoutant un nouveau sommet 0. Dans le premier de ces tournois, 0 domine les sommets impairs et est dominé par les sommets pairs ; dans l'autre, 0 domine les sommets pairs et est dominé par les sommets impairs. Montrer que ces deux tournois à $2^n + 1$ sommets forment une paire de digraphes non-reconstructibles.

(P.K. Stockmeyer)

2.7.19 *Retourner* un sommet d'un graphe simple consiste à échanger ses ensembles de voisins et de non-voisins. Le graphe ainsi obtenu est appelé un *retournement* du graphe. La collection des retournements d'un graphe G est appelée le *jeu de retournements* de G. Un graphe est *retournement-reconstructible* si tout graphe avec le même jeu de retournements que G est isomorphe à G.

a) Trouver quatre paires de graphes à quatre sommets qui ne sont pas retournement-reconstructibles.
b) Soit G un graphe avec n impair. On considère la collection $\mathcal{G}$ des n^2 graphes qui sont dans les jeux des n graphes qui composent le jeu de G.
   i) Montrer que G est le seul graphe qui apparaît un nombre impair de fois dans $\mathcal{G}$.
   ii) En déduire que G est retournement–reconstructible.
c) Soit G un graphe avec $n \equiv 2 \pmod 4$. Montrer que G est retournement–reconstructible.

(R.P. Stanley ; N. Alon)

2.8 En savoir plus

Décompositions en chemins et décompositions en cycles

Le Théorème de Veblen (2.7) nous dit que tout graphe pair peut être décomposé en cycles, mais il ne dit rien sur le nombre de cycles dans la décomposition. On peut se demander combien de cycles au maximum ou au minimum il peut y avoir dans une décomposition en cycles d'un graphe pair donné. Il n'est pas trop dur de répondre à ces questions dans certains cas particuliers, comme lorsque le graphe est complet (voir Exercices 2.4.5 et 2.4.6a). Il y a une quarantaine d'années, G. Hajós a conjecturé que *tout graphe simple pair à n sommets admet une décomposition en au plus $\lfloor (n-1)/2 \rfloor$ cycles* (voir Lovász (1968b)). De manière surprenante, peu de progrès ont été faits sur ce problème. Une conjecture analogue pour les décompositions en chemins a été émise par T. Gallai à peu près à la même époque (voir Lovász (1968b)), à savoir que *tout graphe simple connexe à n sommets admet une décomposition en au plus $\lfloor (n-1)/2 \rfloor$ chemins*. Cette borne est serrée si les degrés sont impairs, car dans toute décomposition en chemins chaque sommet doit être l'extrémité d'au moins un chemin. Lovász (1968b) a établi la véracité de la conjecture de Gallai dans ce cas (voir aussi Donald (1980)).

Jeux légitimes

Dans la Conjecture de Reconstruction (2.19), le jeu des sous-graphes à sommet supprimé d'un graphe est fourni, le but étant de déterminer le graphe. Un problème naturel, sans doute encore plus fondamental, est de caractériser de tels jeux. Une famille $\mathcal{G} := \{G_1, G_2, \ldots, G_n\}$ de n graphes, tous d'ordre $n-1$, est appelé un *jeu légitime* s'il y a au moins un graphe G d'ensemble de sommets $\{v_1, v_2, \ldots, v_n\}$ tel que $G_i \cong G - v_i$, $1 \leq i \leq n$. Le *Problème du Jeu Légitime* est de trouver une caractérisation des jeux légitimes. Ce problème a été soulevé par Harary (1964). Il a été montré par Harary et al. (1982) et Mansfield (1982) que reconnaître si un jeu est légitime est un problème aussi difficile (dans un sens exposé au Chapitre 8) que décider si deux graphes sont isomorphes.

Les divers arguments de comptage qui ont été déployés pour attaquer la Conjecture de Reconstruction fournissent des conditions nécessaires naturelles à la légitimité. Par exemple, la preuve du Lemme de Kelly (2.20) nous dit que si $\mathcal{G}$ est le jeu d'un graphe G, alors $\binom{G}{F} = \sum_{i=1}^{n} \binom{G_i}{F}/(n - v(F))$ pour tout graphe F sur moins de n sommets. Comme le membre gauche de l'égalité est un entier, $\sum_{i=1}^{n} \binom{G_i}{F}$ doit être un multiple de $n - v(F)$. Il n'est pas très difficile de trouver un jeu illégitime qui passe ce test. En fait, pratiquement rien n'est connu sur le Problème du Jeu Légitime. Un problème plus général serait de caractériser, pour un entier k fixé, les vecteurs $(\binom{G}{F} : v(F) = k)$, où G décrit l'ensemble de tous les graphes à n sommets. Bien que trivial pour $k = 2$, le problème est irrésolu pour $k = 3$ et apparaît comme étant très dur. Même déterminer le nombre minimum de triangles dans un graphe à n sommets avec un nombre donné d'arêtes est une gageure (voir Razborov (2006), où une formule asymptotique compliquée est obtenue par des méthodes ardues).

Graphes ultrahomogènes

Un graphe simple est dit *k-ultrahomogène* si tout isomorphisme entre deux de ses sous-graphes induits isomorphes à k sommets ou moins peut être étendu en un automorphisme du graphe entier. Il découle directement de la définition que tout graphe est 0-ultrahomogène, que les graphes 1-ultrahomogènes sont les mêmes que les graphes sommet-transitifs, et que le complémentaire d'un graphe k-ultrahomogène est k-ultrahomogène.

Cameron (1980) a montré que tout graphe qui est 5-ultrahomogène est k-ultrahomogène pour tout k. On s'intéresse donc à la classification des graphes k-ultrahomogènes pour $1 \leq k \leq 5$. Les graphes 5-ultrahomogènes ont été entièrement décrits par Gardiner (1976). Ce sont les graphes autocomplémentaires C_5, $L(K_{3,3})$, et les graphes de Turán $T_{k,rk}$, pour tout $k \geq 1$ et $r \geq 1$, ainsi que leurs complémentaires. Ces graphes ont des structures plutôt simples. Il y a un graphe 4-ultrahomogène remarquable. Il découle d'une configuration géométrique très particulière, découverte par Schläfli (1858), qui est formée par vingt-sept droites sur une surface cubique, et est connu sous le nom de *graphe de Schläfli*. En voici une description due à Chudnovsky et Seymour (2005).

L'ensemble de sommets du graphe est $\mathbb{Z}_3^3$, deux sommets distincts (a,b,c) et (a',b',c') étant reliés par une arête si $a' = a$ et soit $b' = b$ soit $c' = c$, ou si $a' = a+1$ et $b' \neq c$. Cette construction fournit un graphe 16-régulier à vingt-sept sommets. Le sous-graphe induit par les seize voisins d'un sommet du graphe de Schläfli est isomorphe au complémentaire du *graphe de Clebsch*, représenté Figure 12.12. À son tour, le sous-graphe induit par l'ensemble des voisins d'un sommet du complémentaire du graphe de Clebsch est isomorphe au complémentaire du graphe de Petersen. Ainsi, on peut en conclure que le graphe de Clebsch est 3-ultrahomogène et que le graphe de Petersen est 2-ultrahomogène. En utilisant le théorème de classification des groupes simples finis, Buczak (1980) a montré que le graphe de Schläfli et son complémentaire sont les deux seuls graphes qui sont 4-ultrahomogènes sans être 5-ultrahomogènes.

La notion d'ultrahomogénéité peut être étendue aux graphes infinis. Le graphe aléatoire dénombrable G décrit dans l'Exercice 13.2.18 a la propriété que si F et F' sont des sous-graphes induits isomorphes de G, alors tout isomorphisme entre F et F' peut être étendu en un automorphisme de G. De plus amples informations sur les graphes ultrahomogènes peuvent être trouvées dans Cameron (1983) et Devillers (2002).

3

Graphes connexes

Sommaire

3.1 Marches et connection

Marches

Dans la Partie 1.1, la notion de connexité a été définie en termes de coupes. Nous donnons ici une définition alternative basée sur la notion de marche dans un graphe.

Une *marche* dans un graphe G est une suite $W := v_0e_1v_1 \dots v_{\ell-1}e_\ell v_\ell$, dont les éléments sont alternativement des sommets et des arêtes de G (pas nécessairement distincts), telle que v_{i-1} et v_i sont les extrémités de e_i, $1 \leq i \leq \ell$. (On considère que les boucles engendrent deux marches avec la même suite, puisqu'elles peuvent être traversées dans un sens ou dans l'autre. Ainsi, si e est une boucle incidente à un sommet v, nous comptons la marche vev non pas une, mais deux fois.) Si $v_0 = x$ et $v_\ell = y$, nous disons que W *relie* ou *connecte* x à y et appelons W une *xy-marche*. Les sommets x et y sont appelés les *extrémités* de la marche, x étant

J. Bondy et al., *Théorie des graphes*, Mathématiques et Applications 91,
https://doi.org/10.1007/978-1-4471-7621-3_3

son *sommet initial* et y son *sommet terminal* ; les sommets v_1, ...,$v_{\ell-1}$ sont les *sommets internes*. L'entier ℓ (le nombre d'occurrences d'arêtes) est la *longueur* de W. Une *x-marche* est une marche de sommet initial x. Si u et v sont deux sommets d'une marche W, tels que u précède v dans W, la sous-suite de W qui débute avec u et termine en v est notée uWv et appelée le *segment* de W de u à v. La notation uWv est également utilisée pour simplement signifier une uv-marche W.

Dans un graphe simple, une marche $v_0e_1v_1 \ldots v_{\ell-1}e_\ell v_\ell$ est déterminée, et usuellement spécifiée, par la suite $v_0v_1 \ldots v_\ell$ de ses sommets. En outre, même si un graphe n'est pas simple, nous appelons fréquemment une suite de sommets dans laquelle deux termes consécutifs sont des sommets adjacents une 'marche'. Dans de tels cas, il doit être compris que l'argument est valide pour toute marche avec cette suite de sommets. Cette convention est particulièrement utile lorsqu'il est question de chemins, qui peuvent être vus comme des marches dont les sommets (et les arêtes) sont distincts.

Une marche dans un graphe est *fermée* si ses sommets initial et terminal sont identiques, et est un *parcours* si tous ses éléments qui sont des arêtes sont distincts. Un parcours fermé de longueur strictement positive et dont les sommets initial et internes sont distincts, est simplement la suite des sommets et arêtes d'un cycle. Réciproquement, à tout cycle, on peut associer un parcours fermé dont les éléments sont les sommets et les arêtes du cycle. Même si cette correspondance n'est pas une bijection (le parcours peut débuter et terminer en n'importe quel sommet du cycle, et parcourir celui-ci dans n'importe quel sens), on spécifie souvent un cycle en décrivant un parcours fermé associé et référons à ce parcours comme au cycle lui-même.

Connection

La connection entre paires de sommets dans un graphe G est une relation d'équivalence sur V. Clairement, chaque sommet x est connecté à lui-même par la marche triviale $W := x$; de plus, si x est connecté à y par une marche W, alors y est connecté à x par la marche $\overleftarrow{W}$ obtenue en inversant la suite W; enfin, quels que soient trois sommets, x, y, et z de G, si xWy et $yW'z$ sont des marches, la suite $xWyW'z$, obtenue en concaténant W et W' en y, est une marche ; donc, si x est connecté à y et y est connecté à z, alors x est connecté à z. Les classes d'équivalences déterminées par cette relation de connection sont simplement les ensembles de sommets des composantes de G (Exercice 3.1.3).

S'il y a une xy-marche dans un graphe G, alors il y a aussi un xy-chemin (Exercice 3.1.1). La longueur d'un plus court xy-chemin est appelée la *distance* entre x et y et est notée $d_G(x, y)$. S'il n'y pas de chemin connectant x et y (c'est-à-dire si x et y sont dans des composantes distinctes de G), nous posons $d_G(x, y) := \infty$.

TECHNIQUE DE PREUVE : VALEURS PROPRES

Nous avons vu au Chapitre 2 comment certains problèmes peuvent être résolus à l'aide d'arguments mettant en jeu l'indépendance linéaire. Une autre technique puissante d'algèbre linéaire fait appel au calcul des valeurs propres de matrices bien choisies. Bien que cette technique ne fonctionne que pour certains problèmes bien particuliers, elle est remarquablement efficace lorsqu'elle s'applique. En voici une illustration.

Un *graphe d'amitié* est un graphe simple dans lequel deux sommets quelconques ont exactement un voisin en commun. En utilisant un intelligent mélange d'arguments de théorie des graphes et de valeurs propres, Erdős et al. (1966) ont prouvé que tous les graphes d'amitié ont une structure très simple.

Théorème 3.1 THÉORÈME D'AMITIÉ
Soit G un graphe simple dans lequel deux sommets (personnes) quelconques ont exactement un voisin (ami). Alors G a un sommet de degré $n-1$ (un politicien, qui est l'ami de tout le monde).

Démonstration Supposons que le théorème soit faux, et soit G un graphe d'amitié avec $\Delta < n-1$. Montrons tout d'abord que G est régulier. Considérons deux sommets non-adjacents x et y. Pour chaque voisin v de x, notons $f(v)$ l'unique voisin commun de v et y. Puisque x et $f(v)$ ont un unique voisin commun, le sommet v, l'application $f : N(x) \to N(y)$ est bijective. Donc $d(x) = |N(x)| \leq |N(y)| = d(y)$. De même, $d(y) \leq d(x)$, d'où $d(x) = d(y)$. Ainsi deux sommets quelconques non-adjacents dans G ont le même degré ; de manière équivalente, deux sommets quelconques adjacents dans $\overline{G}$ ont le même degré.

Afin de prouver que G est régulier, il suffit par conséquent de montrer que $\overline{G}$ est connexe. Mais $\overline{G}$ n'a pas de composante réduite à un sommet, parce que $\delta(\overline{G}) = n - 1 - \Delta(G) > 0$, et ne peut pas avoir deux composantes d'ordre 2 ou plus, car alors G contiendrait un 4-cycle, et donc deux sommets avec deux voisins communs. Par conséquent, G est k-régulier pour un certain k. De plus, en comptant le nombre de 2-chemins dans G de deux manières, nous avons $n\binom{k}{2} = \binom{n}{2}$, soit $n = k^2 - k + 1$.

Soit $\mathbf{A}$ la matrice d'adjacence de G. Alors (Exercice 3.1.2) $\mathbf{A}^2 = \mathbf{J} + (k-1)\mathbf{I}$, où $\mathbf{J}$ est la matrice $n \times n$ dont toutes les entrées valent 1, et $\mathbf{I}$ est la matrice identité $n \times n$. Comme les valeurs propres de $\mathbf{J}$ sont 0, avec multiplicité $n-1$, et n, avec multiplicité 1, les valeurs propres de $\mathbf{A}^2$ sont $k-1$, avec multiplicité $n-1$, et $n+k-1 = k^2$, avec multiplicité 1. Le graphe G a donc pour valeurs propres $\pm\sqrt{k-1}$, avec multiplicité totale $n-1$, et k, avec multiplicité 1 (voir Exercice 1.1.22a).

Comme G est simple, la somme de ses valeurs propres, la trace de $\mathbf{A}$, vaut zéro. D'où $t\sqrt{k-1} = k$ pour un certain entier t. Mais cela implique que $k = 2$ et $n = 3$, ce qui contredit l'hypothèse que $\Delta < n - 1$. □

D'autres applications des valeurs propres sont données dans les Exercices 3.1.11 et 3.1.12.

On peut étendre la notion de xy-chemin aux chemins connectant des sous-ensembles X et Y de V. Un (X,Y)-*chemin* est un chemin qui débute en un sommet de X, termine en un sommet de Y, et dont les sommets internes n'appartiennent ni à X ni à Y; si F_1 et F_2 sont des sous-graphes d'un graphe G, nous écrivons (F_1, F_2)-*chemin* au lieu de $(V(F_1), V(F_2))$-chemin. Une propriété utile des graphes connexes est que, quels que soient deux ensembles de sommets (ou sous-graphes) non-vides, ils sont connectés par un chemin (Exercice 3.1.4).

Les notions décrites ci-dessus s'appliquent également aux digraphes. Si $W := v_0 a_1 v_1 \ldots v_{\ell-1} a_\ell v_\ell$ est une marche dans un digraphe, un arc a_i de W est un *arc avant* si v_{i-1} est la queue de a_i et v_i est sa tête, et un *arc retour* si v_i est la queue de a_i et v_{i-1} sa tête . Les ensembles des arcs avant et des arcs retour de W sont notés par W^+ et W^-, respectivement. Les marches dans lesquelles tous les arcs sont des arcs avant, appelées des marches dirigées, sont abordées dans la Partie 3.4.

La connexité joue un rôle essentiel dans les applications de la théorie des graphes. Par exemple, le graphe représentant un réseau de communication doit être connexe afin que les communications soient possibles entre tous les sommets. La connexité joue également un rôle fondamental d'un point de vue théorique. Par exemple, pour la conception d'un algorithme déterminant si un graphe donné est planaire, nous pouvons restreindre notre attention aux graphes connexes, car un graphe est planaire si et seulement si chacune de ses composantes est planaire.

Exercices

$\star$**3.1.1** Montrer que si, dans un graphe G, il y a une xy-marche, alors il y a aussi un xy-chemin.

3.1.2 Soit G un graphe d'ensemble de sommets V et de matrice d'adjacence $\mathbf{A} = (a_{uv})$. Montrer que le nombre d'uv-marches de longueur k dans G est l'entrée (u, v) de $\mathbf{A}^k$.

$\star$**3.1.3** Montrer que les classes d'équivalence déterminées par la relation de connection entre sommets sont exactement les ensembles de sommets des composantes du graphe.

$\star$**3.1.4** Montrer qu'un graphe G est connexe si et seulement s'il y a un (X,Y)-chemin dans G pour n'importe quels sous-ensembles non-vides X et Y de V.

3.1.5 Montrer que, dans tout graphe G, la fonction distance satisfait l'*inégalité triangulaire* : quels que soient trois sommets x, y, et z, $d(x,y) + d(y,z) \geq d(x,z)$.

3.1.6 PUISSANCE D'UN GRAPHE
La *puissance k-ième* d'un graphe simple $G = (V,E)$ est le graphe G^k dont l'ensemble de sommets est V, deux sommets distincts étant adjacents dans G^k si et seulement si leur distance dans G est au plus k. Le graphe G^2 est appelé le *carré* de G et le graphe G^3 le *cube* de G. Considérons P_n^k, la puissance k-ième d'un chemin à n sommets, avec $n > k^2 + k$. Montrer que :

a) $d(P_n^k) > 2k-1$,
b) $\delta(F) \le k$ pout tout sous-graphe induit F de P_n^k.

3.1.7 DIAMÈTRE
Le *diamètre* d'un graphe G est la plus grande distance entre deux sommets de G.

a) Soit G un graphe simple de diamètre supérieur à 3. Montrer que $\overline{G}$ est de diamètre inférieur à 3.
b) En déduire que tout graphe autocomplémentaire est de diamètre au plus 3.
c) Pour $k = 0, 1, 2, 3$, donner un exemple de graphe autocomplémentaire de diamètre k, s'il y en a un.

3.1.8 Montrer que si G est un graphe simple de diamètre 2 avec $\Delta = n-2$, alors $m \ge 2n-4$.

3.1.9 Montrer que le graphe d'incidence d'un plan projectif fini est de diamètre 3.

3.1.10 Montrer que, si la maille d'un graphe est au moins $2k$, son diamètre est au moins k.

3.1.11

a) Soient G_1 et G_2 deux copies arête-disjointes du graphe de Petersen sur le même ensemble de sommets. Montrer que 2 est une valeur propre de $G_1 \cup G_2$ de la manière suivante.
  i) Observer que **1** est un vecteur propre d'à la fois G_1 et G_2 correspondant à la valeur propre 3.
  ii) On désigne par S_1 et S_2 les espaces propres de G_1 et G_2, respectivement, correspondant à la valeur propre 1. (Puisque 1 est une valeur propre du graphe de Petersen avec multiplicité 5, S_1 et S_2 sont des sous-espaces de dimension 5 de $\mathbb{R}^{10}$.) En utilisant le fait que **1** est orthogonal à S_1 et S_2, montrer que la dimension de $S_1 \cap S_2$ vaut au moins 1.
  iii) Remarquant que $\mathbf{A}_{G_1 \cup G_2} = \mathbf{A}_{G_1} + \mathbf{A}_{G_2}$, montrer que tout vecteur non-nul dans $S_1 \cap S_2$ est un vecteur propre de $G_1 \cup G_2$ correspondant à la valeur propre 2.
b) À l'aide des Exercices 1.3.2 et 1.3.11, conclure que K_{10} ne peut pas se décomposer en trois copies du graphe de Petersen. (A.J. SCHWENK)

3.1.12 GRAPHE DE MOORE
Un *graphe de Moore de diamètre* d est un graphe régulier de diamètre d et maille $2d+1$. Considérons un graphe k-régulier de Moore G de diamètre 2.

a) Montrer que $n = k^2 + 1$.
b) Soit $\mathbf{A}$ la matrice d'adjacence de G et $\mathrm{tr}(\mathbf{A})$ sa trace.
  i) Montrer que $\mathrm{tr}(\mathbf{A}) = 0$.

ii) Évaluer la matrice $\mathbf{A}^2 + \mathbf{A}$, déterminer ses valeurs propres et leurs multiplicités, et déduire les valeurs propres possibles de $\mathbf{A}$ (mais pas leurs multiplicités).

iii) Exprimer $\text{tr}(\mathbf{A})$ en fonction des valeurs propres de $\mathbf{A}$ et de leurs multiplicités et, remarquant que ces multiplicités sont nécessairement des entiers, conclure qu'un tel graphe G existe seulement si $k = 2, 3, 7$, ou 57.

(A.J. Hoffman et R.R. Singleton)

c) Trouver un tel graphe G pour $k = 2$ et $k = 3$.

(Un exemple 7-régulier, le *graphe de Hoffman–Singleton*, découvert par Hoffman et Singleton (1960), est représenté Figure 3.1 ; le sommet i de P_j est relié au sommet $i + jk \pmod 5$ de Q_k. Un exemple 57-régulier aurait 3250 sommets. Aucun exemple de tel graphe n'est connu.)

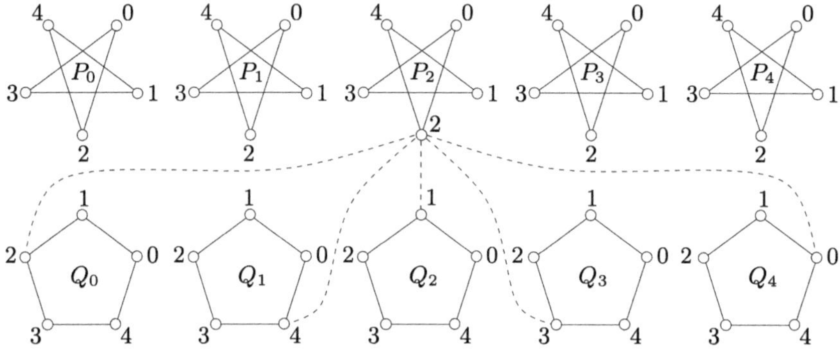

Fig. 3.1. Le graphe d'Hoffman–Singleton

3.1.13 Cage

Un graphe k-régulier de maille g ayant le moins de sommets possible est appelé une (k, g)-*cage*. Une $(3, g)$-cage est souvent dénommée g-*cage*. On note $f(k, g)$ le nombre de sommets dans une (k, g)-cage. Observons que $f(2, g) = g$.

a) Pour $k \geq 3$, Montrer que :
   i) $f(k, 2r) \geq (2(k-1)^r - 2)/(k-2)$,
   ii) $f(k, 2r+1) \geq (k(k-1)^r - 2)/(k-2)$.

b) Déterminer toutes les g-cages, pour $g = 3, 4, 5, 6$.

c) Montrer que le graphe d'incidence d'un plan projectif d'ordre $k - 1$ est une $(k, 6)$-cage.

(Singleton (1966) a montré que, réciproquement, toute $(k, 6)$-cage d'ordre $2(k^2 - k + 1)$ est nécessairement le graphe d'incidence d'un plan projectif d'ordre $k - 1$.)

3.1.14 Le Graphe de Tutte–Coxeter
Un graphe cubique fortement symétrique, connu comme *le graphe de Tutte–Coxeter*, est représenté Figure 3.2. Montrer que :

a) le graphe de Tutte–Coxeter est isomorphe au graphe biparti $G[X, Y]$ dérivé de K_6 de la manière suivante : les sommets de X sont les quinze arêtes de K_6 et les sommets de Y sont les quinze 1-facteurs de K_6, un élément e de X étant adjacent à un élément F de Y si e est une arête du 1-facteur F,
(H.S.M. Coxeter)

b) le graphe de Tutte–Coxeter est une 8-cage.
(Tutte (1947b) a montré que ce graphe est, en fait, l'unique 8-cage.)

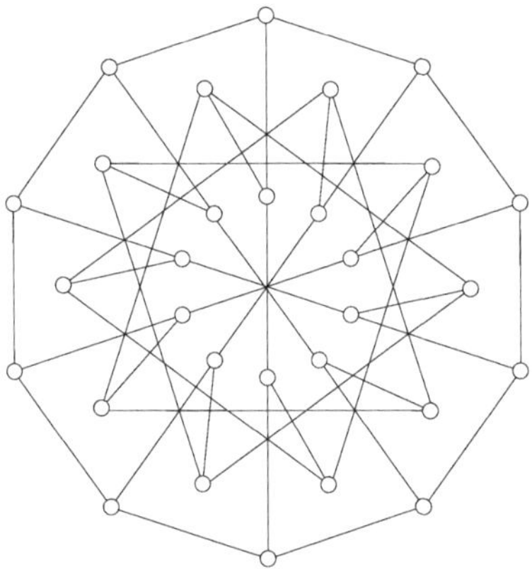

Fig. 3.2. Le graphe de Tutte–Coxeter : la 8-cage

3.1.15 Graphe t-Arc-Transitif
Une marche $(v_0, v_1, \ldots, v_t)$ dans un graphe telle que $v_{i-1} \neq v_{i+1}$, pour tout $1 \leq i \leq t-1$, est appelé un *t-arc*. Un graphe simple connexe G est *t-arc-transitif* si, quels que soient deux t-arcs $(v_0, v_1, \ldots, v_t)$ et $(w_0, w_1, \ldots, w_t)$, il y a un automorphisme de G qui envoie v_i sur w_i, pour tout $0 \leq i \leq t$. (Ainsi un graphe 1-arc-transitif est la même chose qu'un graphe arc-transitif, défini à l'Exercice 1.5.11.) Montrer que :

a) $K_{3,3}$ est 2-arc-transitif,
b) le graphe de Petersen est 3-arc-transitif,
c) le graphe de Heawood est 4-arc-transitif,
d) le graphe de Tutte–Coxeter est 5-arc-transitif.

(Tutte (1947b) a montré qu'il n'y a pas de graphe cubique t-arc-transitif lorsque $t > 5$.)

3.2 Arêtes séparatrices

Il est facile de voir que, pour toute arête e d'un graphe G, soit $c(G \setminus e) = c(G)$ soit $c(G \setminus e) = c(G) + 1$ (Exercice 3.2.1). Si $c(G \setminus e) = c(G) + 1$, l'arête e est appelée une *arête séparatrice* de G. Ainsi une arête séparatrice d'un graphe connexe est une arête dont la suppression rend le graphe séparé. Plus généralement, les arêtes séparatrices d'un graphe correspondent à ses attaches de taille 1 (Exercice 3.2.2).

Le graphe de la Figure 3.3 a trois arêtes séparatrices.

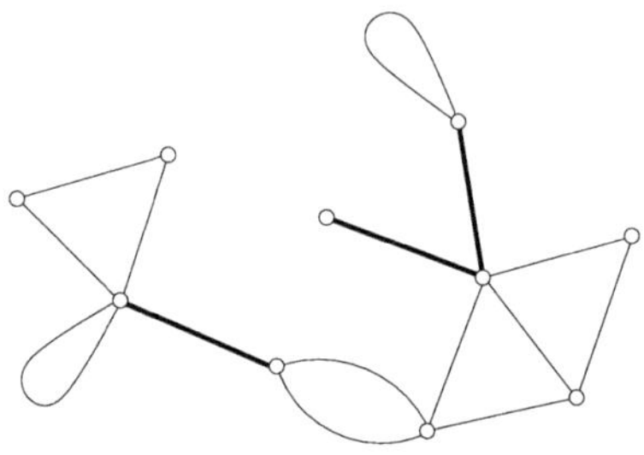

Fig. 3.3. Les arêtes séparatrices d'un graphe

Si e est une arête séparatrice d'un graphe G, ses extrémités x et y appartiennent à différentes composantes de $G \setminus e$, et donc ne sont pas connectées par un chemin dans $G \setminus e$; de manière équivalente, e n'est dans aucun cycle de G. À l'inverse, si $e = xy$ n'est pas une arête séparatrice de G, les sommets x et y appartiennent à la même composante de $G \setminus e$, donc il y a un xy-chemin P dans $G \setminus e$, et $P + e$ est un cycle dans G passant par e. Nous avons donc la caractérisation suivante des arêtes séparatrices.

Proposition 3.2 *Une arête e d'un graphe G est une arête séparatrice si et seulement si e n'appartient à aucun cycle de G.* □

Exercices

⋆**3.2.1** Montrer que si $e \in E$, alors soit $c(G \setminus e) = c(G)$ soit $c(G \setminus e) = c(G) + 1$.

⋆**3.2.2** Montrer qu'une arête e est une arête séparatrice d'un graphe G si et seulement si $\{e\}$ est une attache de G.

3.2.3 Soit G un graphe connexe pair. Montrer que :

a) G n'a pas d'arête séparatrice,
b) pour tout sommet $v \in V$, $c(G - v) \leq \frac{1}{2}d(v)$.

3.2.4 Soit G un graphe biparti k-régulier avec $k \geq 2$. Montrer que G n'a pas d'arête séparatrice.

3.3 Tours eulériens

Un parcours qui traverse chaque arête d'un graphe est appelé *parcours eulérien*, du fait qu'Euler (1736) fut le premier à étudier l'existence de tels parcours. Dans la plus ancienne publication connue en théorie des graphes, il a montré qu'il était impossible de croiser chacun des septs ponts de Königsberg une et une seule fois au cours d'une marche à travers la ville. Un plan de Königsberg et la rivière Pregel est donné en Figure 3.4a. Comme on peut le voir, prouver qu'une telle marche est impossible revient à montrer que le graphe de la Figure 3.4b n'a pas de parcours eulérien.

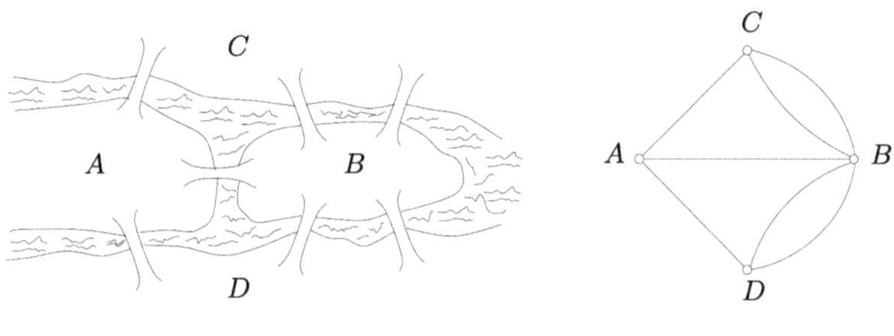

Fig. 3.4. Les ponts de Königsberg et leur graphe

Un *tour* d'un graphe connexe G est une marche fermée qui traverse chaque arête de G au moins une fois, et un *tour eulérien* une marche fermée qui traverse chaque arête exactement une fois (autrement dit, c'est un parcours eulérien fermé). Un graphe est *eulérien* s'il admet un tour eulérien.

Algorithme de Fleury

Soit G un graphe eulérien, et soit W un tour eulérien de G dont le sommet initial et terminal est u. Chaque fois qu'un sommet v apparait en tant que sommet interne de W, on comptabilise deux arêtes incidentes à v. Puisqu'un tour eulérien traverse chaque arête exactement une fois, $d(v)$ est pair pour tout $v \neq u$. De même, $d(u)$ est pair, car W débute et finit en u. Ainsi un graphe eulérien est nécessairement pair.

Cette condition nécessaire pour l'existence d'un tour eulérien se trouve être également suffisante. De plus, il existe un algorithme simple, du à Fleury (1883), qui trouve un tour eulérien dans un graphe connexe pair quelconque G (voir aussi Lucas (1894)). L'Algorithme de Fleury construit un tel tour de G en marquant un parcours sous la condition qu'à chaque étape, une arête séparatrice du sous-graphe non-marqué F est prise seulement s'il n'y a pas d'alternative.

Algorithme 3.3 ALGORITHME DE FLEURY

ENTRÉE : un graphe connexe pair G et un sommet u de G

SORTIE : un tour eulérien W de G commençant (et finissant) en u

poser $W := u$, $x := u$, $F := G$

tant que $\partial_F(x) \neq \emptyset$ ***faire***

  choisir une arête $e := xy \in \partial_F(x)$, *tel que* e *n'est pas une arête séparatrice de* F *sauf s'il n'y a pas d'alternative*

  remplacer uWx *par* $uWxey$, x *par* y, *et* F *par* $F \setminus e$

fin de tant que

retourner W

Théorème 3.4 *Si* G *est un graphe connexe pair, la marche* W *retournée par l'algorithme de Fleury est un tour eulérien de* G.

Démonstration La suite W est initialement un parcours, et le reste tout au long de la procédure, car l'algorithme de Fleury choisit toujours une arête de F (c'est-à-dire, une arête non-choisie jusque-là) qui est incidente au sommet terminal x de W. De plus, l'algorithme termine lorsque $\partial_F(x) = \emptyset$, c'est-à-dire, quand toutes les arêtes incidentes au sommet terminal x de W ont déjà été choisies. Comme G est pair, nous déduisons que $x = u$; en d'autres termes, le parcours W retourné par l'algorithme est un parcours fermé de G.

Supposons que W ne soit pas un tour eulérien de G. Notons X l'ensemble des sommets de degré non-nul dans F lorsque l'algorithme termine. Alors $X \neq \emptyset$, et $F[X]$ est un sous-graphe pair de G. De même, $V \setminus X \neq \emptyset$, car $u \in V \setminus X$. Comme G est connexe, $\partial_G(X) \neq \emptyset$. D'autre part, $\partial_F(X) = \emptyset$. La dernière arête de $\partial_G(X)$ qui a été choisie pour être incluse dans W était par conséquent une arête séparatrice $e = xy$ de F au moment où elle a été choisie, avec $x \in X$ et $y \in V \setminus X$ (voir Figure 3.5). Mais cela viole la règle pour le choix de la prochaine arête du parcours W, puisque les arêtes de $\partial_F(x)$, qui étaient également des candidates pour la sélection à ce moment-là, n'étaient pas des arêtes séparatrices de F, d'après le Théorème 2.10. □

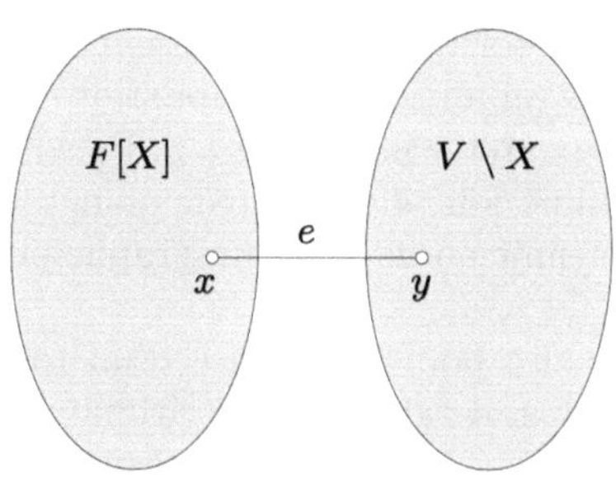

Fig. 3.5. Choisir une arête séparatrice dans l'algorithme de Fleury

La validité de l'algorithme de Fleury fournit la caractérisation suivante des graphes eulériens.

Théorème 3.5 *Un graphe connexe est eulérien si et seulement s'il est pair.* □

Considérons maintenant deux sommets distincts x et y d'un graphe G. Supposons que nous voulions trouver un xy-parcours eulérien de G, s'il en existe. On peut le faire en ajoutant une nouvelle arête e reliant x et y. Le graphe G a un parcours eulérien connectant x à y si et seulement si $G + e$ a un tour eulérien (Exercice 3.3.4). Ainsi l'algorithme de Fleury peut facilement être modifié pour trouver un xy-parcours eulérien de G, s'il en existe.

Nous observons que l'algorithme de Fleury est un algorithme efficace, dans un sens qui sera précisé au Chapitre 8. Lorsqu'une arête est considérée pour inclusion au parcours courant W, on doit déterminer si c'est une arête séparatrice ou pas dans le sous-graphe restant F. Si elle n'en est pas une, elle est aussitôt adjointe à W. Si elle s'avère être une arête séparatrice de F, elle demeure une arête séparatrice de F jusqu'à ce qu'elle soit éventuellement choisie pour être incluse dans W; par conséquent, chaque arête ne doit être examinée qu'une seule fois. Dans le Chapitre 7, nous présentons un algorithme efficace pour déterminer si une arête est ou non une arête séparatrice d'un graphe.

Un exposé complet sur les graphes eulériens et les sujets avoisinants se trouve dans Fleischner (1990, 1991).

Exercices

3.3.1 Quels sont les dessins de la Figure 3.6 qui peuvent être tracés sans lever le crayon de la feuille et en ne passant qu'une seule fois sur chaque ligne ?

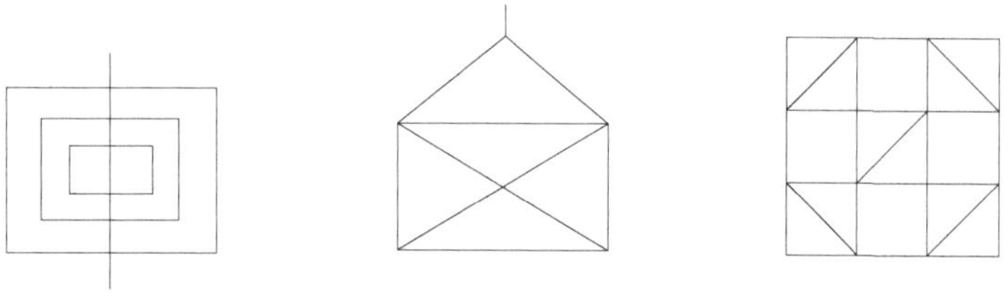

Fig. 3.6. Tracer un dessin

3.3.2 Si possible, donner un exemple d'un graphe eulérien G avec n pair et m impair. Dans le cas contraire, expliquer pourquoi il ne peut pas exister un tel graphe.

3.3.3 Donner une preuve alternative du Théorème 3.5 à l'aide de l'Exercice 2.4.4.

⋆**3.3.4** Soit G un graphe connexe, x et y deux sommets distincts de ce graphe, et soit $G + e$ le graphe obtenu en ajoutant à G une nouvelle arête e reliant x et y.

a) Montrer que G a un parcours eulérien connectant x et y si et seulement si $G + e$ a un tour eulérien.
b) En déduire que G a un parcours eulérien connectant x et y si et seulement si $d(x)$ et $d(y)$ sont impairs et $d(v)$ est pair pour tout $v \in V \setminus \{x, y\}$.

3.3.5 Soit G un graphe connexe, et soit X l'ensemble des sommets de degré impair dans G. Supposons que $|X| = 2k$, avec $k \geq 1$.

a) Montrer qu'il y a k parcours arête-disjoints $Q_1, Q_2, \ldots, Q_k$ dans G tels que $E(G) = E(Q_1) \cup E(Q_2) \cup \ldots \cup E(Q_k)$.
b) En déduire que G contient k chemins arête-disjoints connectant les sommets de X par paires.

3.3.6 Soit $W := v_0e_1v_1e_2v_2 \ldots e_mv_m$ un tour eulérien d'un graphe G, avec $v_m = v_0$. Supposons que $v_i = v_0$, avec $0 < i < m$. Montrer que $v_0Wv_ie_mv_{m-1}\overleftarrow{W}v_i$ est aussi un tour eulérien de G.

3.3.7 Soit G un graphe eulérien non-trivial, et soit $v \in V$. Montrer que tout v-parcours dans G peut être étendu en un tour eulérien de G si et seulement si $G - v$ est acyclique. (O. Ore)

3.3.8 Sous-graphe dominant
Un sous-graphe F d'un graphe G est *dominant* si toute arête de G a au moins une extrémité dans F. Soit G un graphe ayant au moins trois arêtes. Montrer que $L(G)$ est hamiltonien si et seulement si G a un sous-graphe eulérien dominant.
(F. Harary et C.St.J.A. Nash-Williams)

3.3.9 Une décomposition en cycles d'un graphe eulérien sans boucle G induit une famille de paires d'arêtes de G, à savoir, les paires d'arêtes consécutives dans les cycles de la décomposition. Chaque arête apparaît ainsi dans deux paires, et chaque coupe triviale $\partial(v)$, $v \in V$, est partitionnée en paires. Un tour eulérien de G induit de même une famille de paires d'arêtes ayant ces deux mêmes propriétés. Une décomposition en cycles et un tour eulérien sont dits *compatibles* si, pour tous les sommets v, les partitions de $\partial(v)$ qui en résultent n'ont aucune paire en commun. Montrer que toute décomposition en cycles d'un graphe eulérien sans boucle de degré minimum au moins 4 est compatible avec un tour eulérien. (A. Kotzig)
(G. Sabidussi a conjecturé que, réciproquement, tout tour eulérien d'un graphe eulérien sans boucle de degré minimum au moins 4 est compatible avec une décomposition en cycles ; voir Appendice A.)

3.4 Connexité dans les digraphes

Comme nous l'avons vu plus tôt, dans la Partie 3.1, la propriétéo de connexité dans les graphes s'exprime non seulement en termes de coupes, mais également en termes de marches. De la même façon, la propriété de forte connexité, définie en termes de coupes sortantes dans la Partie 2.5, peut alternativement s'exprimer en termes de marches dirigées. C'est une conséquence immédiate du Théorème 3.6 ci-dessous.

Une *marche dirigée* dans un digraphe D est une suite alternée de sommets et d'arcs

$$W := (v_0, a_1, v_1, \ldots, v_{\ell-1}, a_\ell, v_\ell)$$

telle que v_{i-1} et v_i sont, respectivement, la queue et la tête de a_i, $1 \leq i \leq \ell$[1]. Si x et y sont les sommets initial et terminal de W, on appelle W une (x, y)-*marche dirigée*. Parcours, tours, chemins et cycles dirigés dans les digraphes sont définis de manière analogue. Comme pour les graphes non-dirigés, le (u, v)-*segment* d'une marche dirigée W, où u et v sont deux sommets de W, u précédant v, est la sous-suite de W débutant avec u et terminant avec v, et est notée uWv (la même notation que pour les graphes non-dirigés).

Nous disons qu'un sommet y est *atteignable* depuis un sommet x s'il existe un (x, y)-chemin dirigé. La propriété d'atteignabilité peut s'exprimer en termes de coupes sortantes de la façon suivante.

Théorème 3.6 *Soient x et y deux sommets d'un digraphe D. Alors y est atteignable depuis x dans D si et seulement si $\partial^+(X) \neq \emptyset$ pour tout sous-ensemble X de V qui contient x mais pas y.*

Démonstration Supposons, tout d'abord, que y soit atteignable depuis x par un chemin dirigé P. Considérons un sous-ensemble quelconque X de V qui contient x mais pas y. Soit u le dernier sommet de P qui appartient à X et soit v son successeur dans P. Alors $(u, v) \in \partial^+(X)$, d'où $\partial^+(X) \neq \emptyset$.

Réciproquement, supposons que y ne soit pas atteignable depuis x, et soit X l'ensemble des sommets qui sont atteignables depuis x. Alors $x \in X$ et $y \notin X$. En outre, puisqu'aucun sommet de $V \setminus X$ n'est atteignable depuis x, la coupe sortante $\partial^+(X)$ est vide. □

Dans un digraphe D, deux sommets x et y sont *fortement connectés* s'il y a une (x, y)-marche dirigée et une (y, x)-marche dirigée (c'est-à-dire, si chacun des sommets x et y est atteignable depuis l'autre). De même que la connection est une relation d'équivalence sur l'ensemble de sommets d'un graphe, la connection forte est une relation d'équivalence sur l'ensemble de sommets d'un digraphe (Exercice 3.4.1). Les sous-digraphes de D induits par les classes d'équivalence selon

[1] Ainsi une marche dans un graphe correspond à une marche dirigée dans son digraphe associé. Ceci est cohérent avec notre convention sur les traversées de boucles dans les marches.

cette relation sont appelés les *composantes fortement connexes* de D. Les composantes fortement connexes du digraphe représenté Figure 3.7a sont indiquées dans la Figure 3.7b. Nous laissons au lecteur le soin de vérifier qu'un digraphe est fortement connexe si et seulement s'il a exactement une composante fortement connexe (Exercice 3.4.2).

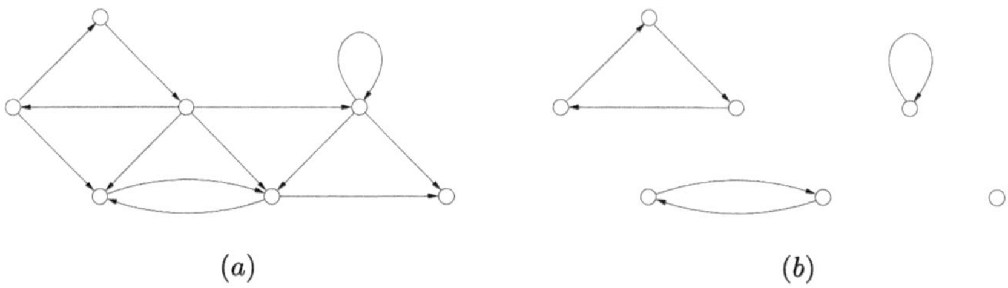

Fig. 3.7. (a) Un digraphe et (b) ses composantes fortement connexes

Un *parcours eulérien dirigé* est un parcours dirigé qui traverse chaque arc du digraphe exatement une fois, et un *tour eulérien dirigé* est un tour dirigé avec la même propriété. Un digraphe est *eulérien* s'il admet un tour eulérien dirigé. Il y a une version dirigée du Théorème 3.5, dont la preuve est laissée en exercice (3.4.8).

Théorème 3.7 *Un digraphe connexe est eulérien si et seulement s'il est équilibré.*
□

Exercices

⋆**3.4.1** Montrer que la connection forte est une relation d'équivalence sur l'ensemble de sommets d'un digraphe.

⋆**3.4.2** Montrer qu'un digraphe est fortement connexe si et seulement s'il a exactement une composante fortement connexe.

⋆**3.4.3** Soit C une composante fortement connexe d'un digraphe D, et soit P un chemin dirigé dans D connectant deux sommets de C. Montrer que P est contenu dans C.

3.4.4 Soit D un digraphe de matrice d'adjacence $\mathbf{A} = (a_{uv})$. Montrer que le nombre de (u, v)-marches dirigées de longueur k dans D est l'entrée (u, v) de $\mathbf{A}^k$.

3.4.5 Montrer que tout tournoi est fortement connexe ou peut être transformé en un tournoi fortement connexe par la redirection d'un seul arc.

⋆**3.4.6** Condensation d'un digraphe

a) Montrer que tous les arcs joignant deux composantes fortement connexes d'un digraphe ont leurs queues dans une même composante fortement connexe (et leurs têtes dans l'autre).
b) La *condensation* $C(D)$ d'un digraphe D est le digraphe dont les sommets correspondent aux composantes fortement connexes de D, deux sommets de $C(D)$ étant reliés par un arc si et seulement s'il y a un arc dans D reliant les composantes fortement connexes correspondantes, et avec la même direction. Dessiner les condensations :
   i) du digraphe de la Figure 3.7a,
   ii) des quatre tournois de la Figure 1.25.
c) Montrer que la condensation de tout digraphe est acyclique.
d) En déduire que :
   i) tout digraphe a une composante fortement connexe *minimale*, c'est-à-dire une composante fortement connexe qui n'en domine aucune autre,
   ii) la condensation de tout tournoi est un tournoi transitif.

3.4.7 Un digraphe est *unilatéral* si, quels que soient deux sommets x et y, ils sont connectés soit par un (x, y)-chemin dirigé soit par un (y, x)-chemin dirigé, ou les deux. Montrer qu'un digraphe est unilatéral si et seulement si sa condensation a un chemin dirigé hamiltonien.

⋆**3.4.8** Prouver le Théorème 3.7.

3.4.9 Digraphe de de Bruijn–Good
Le *digraphe de de Bruijn–Good* BG_n a pour ensemble de sommets l'ensemble de toutes les suites binaires de longueur n, le sommet $a_1a_2\dots a_n$ étant relié au sommet $b_1b_2\dots b_n$ si et seulement si $a_{i+1} = b_i$ pour $1 \leq i \leq n-1$. Montrer que BG_n est un digraphe eulérien d'ordre 2^n et de diamètre dirigé n.

3.4.10 Suite de de Bruijn–Good
Une suite circulaire $s_1s_2\dots s_{2^n}$ de 0 et de 1 est appelée une *suite de de Bruijn–Good* d'ordre n si les 2^n sous-suites $s_is_{i+1}\dots s_{i+n-1}$, $1 \leq i \leq 2^n$ (où les indices sont pris modulo 2^n) sont distinctes, et donc constituent toutes les suites binaires possibles de longueur n. Par exemple, la suite 00011101 est une suite de de Bruijn–Good d'ordre 3. Montrer comment une telle suite d'ordre n quelconque peut être obtenue en considérant un tour eulérien dirigé dans le digraphe de de Bruijn–Good BG_{n-1}. (N.G. de Bruijn ; I.J. Good)
(Une application des suites de de Bruijn–Good peut être trouvée au Chapitre 10 de Bondy et Murty (1976).)

⋆**3.4.11**

a) Montrer qu'un digraphe qui a une marche dirigée fermée de longueur impaire contient un cycle dirigé impair.
b) En déduire qu'un digraphe fortement connexe qui contient un cycle impair contient un cycle dirigé impair.

⋆**3.4.12** Montrer que :

a) tout tournoi fortement connexe non-trivial a un chemin dirigé hamiltonien, (P. Camion)
b) tout sommet d'un tournoi fortement connexe non-trivial D est contenu dans un cycle dirigé de longueur l, pour tout $3 \leq l \leq n$, (J.W. Moon)
c) tout arc d'un tournoi pair D est contenu dans un cycle dirigé de longueur l, pour tout $3 \leq l \leq n$. (B. Alspach)

3.4.13 Digraphe quasi-équilibré
Un digraphe D est *quasi-équilibré* si $|d^+(v) - d^-(v)| \leq 1$, pour tout $v \in V$. Montrer que tout graphe a une orientation quasi-équilibrée.

3.5 Couverture double par des cycles

Dans cette partie, nous traitons d'une magnifique conjecture à propos des couverture par des cycles d'un graphe. Pour qu'un graphe admette une couverture par des cycles, chacune de ses arêtes doit être dans un cycle. D'autre part, une fois que cette condition est remplie, l'ensemble de tous les cycles est clairement une couverture. Ainsi, d'après la Proposition 3.2, un graphe admet une couverture par des cycles si et seulement s'il n'a pas d'arête séparatrice. Nous nous intéressons ici qu'aux couvertures par cycles qui couvrent chaque arête un nombre limité de fois.

Rappelons qu'une *décomposition* est une couverture dans laquelle chaque arête est couverte exactement une fois. D'après le Théorème de Veblen (2.7), les seuls graphes qui admettent de telles couvertures par des cycles sont les graphes pairs. Donc, si un graphe a des sommets de degré impair, certaines arêtes seront nécessairement couvertes plus d'une fois dans une couverture par des cycles. On est donc amené à se demander si tout graphe sans arête séparatrice admet une couverture par des cycles dans laquelle aucune arête n'est couverte plus de deux fois.

Les connaissances actuelles laissent à penser que c'est le cas. Par exemple, chacun des graphes platoniques (dessinés Figure 1.14) a une telle couverture par des cycles constituée des *cycles faciaux*, ceux qui bornent ses régions, ou *faces*, comme dans la Figure 3.8. Plus généralement, la même chose est vraie pour tous les graphes polyédraux, et même tous les graphes planaires sans arête séparatrice, comme nous le montrons au Chapitre 10.

Dans l'exemple de la Figure 3.8, observons que cinq cycles faciaux quelconques parmi les six constituent déjà une couverture par des cycles. En effet, la couverture exposée, composée de tous les six cycles faciaux, couvre chaque arête exactement deux fois. Une telle couverture est appelée *une couverture double par cycles* du graphe. Il se trouve que les couvertures par cycles et les couvertures doubles par cycles sont intiment liées.

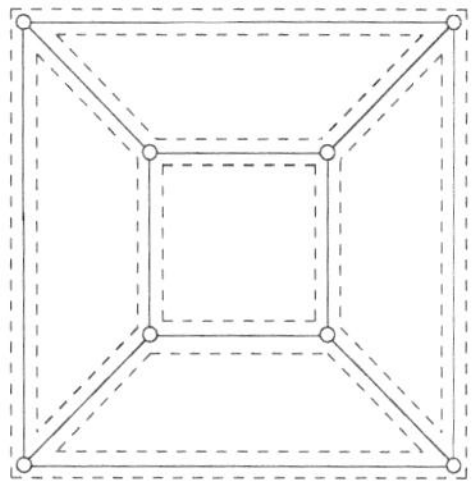

Fig. 3.8. Une couverture double du cube par ses cycles faciaux

Proposition 3.8 *Si un graphe a une couverture par cycles dans laquelle chaque arête est couverte au plus deux fois, alors il a une couverture double par cycles.*

Démonstration Soit $\mathcal{C}$ une couverture par cycles d'un graphe G dans laquelle chaque arête est couverte au plus deux fois. La différence symétrique $\triangle\{E(C) | C \in \mathcal{C}\}$ des ensembles d'arêtes des cycles de $\mathcal{C}$ est alors l'ensemble des arêtes de G qui ne sont couvertes qu'une seule fois par $\mathcal{C}$. De plus, d'après le Corollaire 2.16, cet ensemble d'arêtes forme un sous-graphe pair C' de G. Par le Théorème de Veblen (2.7), C' a une décomposition en cycles $\mathcal{C}'$. On vérifie alors facilement que $\mathcal{C} \cup \mathcal{C}'$ est une couverture double par cycles de G. □

Motivés par des considérations assez différentes, Szekeres (1973) et Seymour (1979b) ont chacun émis la conjecture que tout graphe sans arête séparatrice admet une couverture double par cycles.

Conjecture de Couverture Double par Cycles

Conjecture 3.9 *Tout graphe sans arête séparatrice a une couverture double par cycles.*

Un graphe a une couverture double par cycles si et seulement si chacune de ses composantes en a une. Ainsi, afin de prouver la Conjecture de Couverture Double par Cycles, il est suffisant de la prouver pour les graphes connexes. On peut même restreindre notre attention encore plus, à savoir aux *graphes non-séparables*. Grossièrement, ce sont les graphes connexes qui ne peuvent pas être obtenus en collant ensemble deux graphes connexes plus petits en un unique sommet. (Les graphes non-séparables sont définis et traités au Chapitre 5.) Dans le cas des graphes planaires, les frontières des faces dans n'importe quel plongement planaire sont alors des cycles, comme nous le montrons au Chapitre 10, et ces cycles faciaux forment une couverture double par cycles du graphe. Cela suggère une approche naturelle de la Conjecture de Couverture Double par Cycles : trouver un plongement convenable du graphe sur une surface, à savoir un plongement dans lequel chaque face est délimitée par un cycle ; les cycles faciaux forment alors une couverture double par cycles.

Considérons, par exemple, les plongements sur le tore du graphe complet K_7 et du graphe de Petersen montrés Figure 3.9. Le tore y est représenté par un rectangle dont les côtés opposés sont identifiés ; identifier une paire de côtés donne un cylindre, et identifier les deux extrémités ouvertes d'un cylindre produit un tore. Dans le plongement de K_7, il y a quatorze faces, chacune délimitée par un triangle ; ces triangles forment un couverture double par cycles de K_7. Dans le plongement du graphe de Petersen, il y a cinq faces ; trois sont délimitées par des cycles de longueur 5 (faces A, B, C), une par un cycle de longueur 6 (face D), et une par un cycle de longueur 9 (face E). Ces cinq cycles constituent une couverture double par cycles du graphe de Petersen.

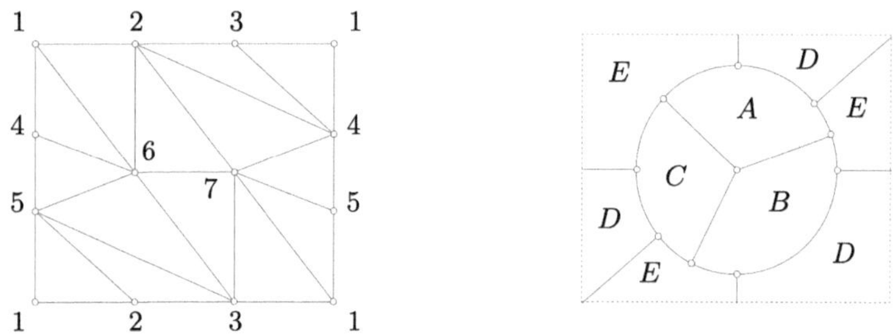

Fig. 3.9. Plongements sur le tore (a) du graphe complet K_7, et (b) du graphe de Petersen

Cette approche de la Conjecture de Couverture Double par Cycles, via les plongements sur une surface, est soutenue par la conjecture suivante, qui affirme que tout graphe sans boucle non-séparable peut effectivement se plonger sur une certaine surface de la façon souhaitée.

Conjecture du Plongement Circulaire

Conjecture 3.10 *Tout graphe sans boucle non-séparable peut se plonger sur une surface de telle façon que chaque face dans le plongement soit délimitée par un cycle.*

Les origines de la Conjecture 3.10 sont incertaines. Elle a été mentionnée par W.T. Tutte (non-publié) au mileu des années soixante, mais était apparemment déjà connue à l'époque par plusieurs théoriciens des graphes, d'après Robertson (2007). Nous traitons plus en détail des plongements de graphes sur les surfaces au Chapitre 10, et y donnons une conjecture plus forte sur les plongements de graphes.

Mis à part sa beauté intrinsèque, due à la simplicité de son énoncé et au fait qu'elle s'applique à pratiquement tous les graphes, la Conjecture de Couverture Double par Cycles est intéressante parce qu'elle est fortement liée à de nombreux autres problèmes fondamentaux en thérorie des graphes, notamment la Conjecture du Plongement Circulaire. Nous en rencontrerons plusieurs autres dans les chapitres futurs.

Couverture double par des sous-graphes pairs

Il existe une autre formulation attractive de la Conjecture de Couverture Double par Cycles, en termes de sous-graphes pairs ; ici, par sous-graphe pair nous entendons l'ensemble d'arêtes d'un tel sous-graphe.

Si un graphe a une couverture par cycles, alors il a une couverture par des sous-graphes pairs car les cycles sont des sous-graphes pairs. Réciproquement, en vertu du Théorème 2.17, toute couverture par des sous-graphes pairs peut être convertie en une couverture par cycles simplement en décomposant chaque sous-graphe pair en cycles. Il s'ensuit qu'un graphe a une couverture double par des cycles si et seulement s'il a une couverture double par des sous-graphes pairs. Les couvertures par des sous-graphes pairs fournissent donc une approche alternative à la Conjecture de Couverture Double par Cycles. Si tout graphe sans arête séparatrice avait une couverture par au plus deux sous-graphes pairs, alors cette couverture donnerait une couverture par des cycles dans laquelle toute arête serait couverte au plus deux fois, établissant ainsi la Conjecture de Couverture Double par Cycles en vertu de la Proposition 3.8. Malheureusement, ce n'est pas le cas. Bien que de nombreux graphes admettent de telles couvertures, beaucoup n'en admettent pas. Le graphe de Petersen, par exemple, ne peut pas être couvert par deux sous-graphes pairs (Exercice 3.5.3a). D'autre part, il peut être montré que tout graphe sans arête séparatrice admet une couverture par trois sous-graphes pairs (Théorème 22.21).

Supposons, maintenant, que tout graphe sans arête séparatrice ait effectivement une couverture double par cycles. Il est alors naturel de se demander combien de cycles au minimum il peut y avoir dans une telle couverture ; une couverture avec peu de cycles peut en quelque sorte être pensée comme une couverture efficace. Soit $\mathcal{C}$ une couverture double par cycles d'un graphe G. Comme chaque arête de G est couverte exactement deux fois,

$$\sum_{C\in\mathcal{C}} e(C) = 2m$$

Comme $e(C) \leq n$ pour tout $C \in \mathcal{C}$, nous en déduisons que $|\mathcal{C}| \geq 2m/n$, le degré moyen de G. En particulier, si G est un graphe complet K_n, le nombre de cycles dans une couverture double par des cycles de G est nécessairement supérieur ou égal à $n-1$. Une couverture double par cycles constituée de précisément ce nombre de cycles est appelée une *petite couverture double par cycles*. Bondy (1990) conjecture que tout graphe simple G sans arête séparatrice admet une telle couverture.

Conjecture 3.11 CONJECTURE DE PETITE COUVERTURE DOUBLE PAR CYCLES
Tout graphe simple sans arête séparatrice a une petite couverture double par cycles.

Plusieurs autres énoncés plus forts que la Conjecture de Couverture Double par Cycles ont été proposés. L'un d'entre eux est une conjecture émise par Jaeger (1988).

Conjecture 3.12 VERSION DIRIGÉE DE LA CONJECTURE DE COUVERTURE DOUBLE PAR CYCLES
Soit G un graphe sans arête séparatrice. Alors le digraphe $D(G)$ associé à G admet une décomposition en cycles dirigés de longueur au moins 3.

De plus amples informations sur ces conjectures et quantité de conjectures voisines se trouvent dans le livre de Zhang (1997).

Exercices

3.5.1 Montrer que tout graphe sans boucle a une couverture double par des attaches.

3.5.2 Soit $\{C_1, C_2, C_3\}$ une couverture d'un graphe G par trois sous-graphes pairs tels que $C_1 \cap C_2 \cap C_3 = \emptyset$. Montrer que $\{C_1 \triangle C_2,\ C_1 \triangle C_3\}$ est une couverture de G par deux sous-graphes pairs.

⋆3.5.3

a) Montrer que le graphe de Petersen n'a pas de couverture par deux sous-graphes pairs.
b) En déduire, en utilisant l'Exercice 3.5.2, que ce graphe n'a pas de couverture double par quatre sous-graphes pairs.
c) Trouver une couverture du graphe de Petersen par trois sous-graphes pairs, et une couverture double par cinq sous-graphes pairs.

3.5.4

a) i) Soit $\{C_1, C_2\}$ une couverture d'un graphe G par deux sous-graphes pairs. Montrer que $\{C_1, C_2, C_1 \triangle C_2\}$ est une couverture double de G par trois sous-graphes pairs.
   ii) En déduire qu'un graphe a une couverture par deux sous-graphes pairs si et seulement s'il a une couverture double par trois sous-graphes pairs.

b) Soit $\{C_1, C_2, C_3\}$ une couverture d'un graphe G par trois sous-graphes pairs. Montrer que G a une couverture quadruple (une couverture dans laquelle chaque arête est couverte exactement quatre fois) par sept sous-graphes pairs. (Nous montrons dans le Théorème 22.25 que tout graphe sans arête séparatrice a une couverture par trois sous-graphes pairs, et donc une couverture quadruple par sept sous-graphes pairs.)

3.5.5 Trouver une petite couverture double par cycles de K_6.

3.5.6 Trouver une décomposition de $D(K_6)$ en cycles dirigés de longueur au moins 3.

3.5.7 Montrer que tout graphe sans arête séparatrice a une couverture uniforme par des cycles.

3.5.8 Soit G un graphe, et soit $\mathcal{C}$ l'ensemble de tous les cycles de G. Pour $C \in \mathcal{C}$, notons $\mathbf{f}_C$ le vecteur d'incidence de C, et posons $\mathbf{F}_{\mathcal{C}} := \{\mathbf{f}_C : C \in \mathcal{C}\}$.

a) Soit $\mathbf{x} \in \mathbb{R}^E$. Montrer que :
 i) le vecteur $\mathbf{x}$ est dans l'espace vectoriel engendré par $\mathbf{F}_{\mathcal{C}}$ si et seulement si les deux conditions suivantes sont vérifiées :
  ▷ $x(e) = 0$ pour toute arête séparatrice e,
  ▷ $x(e) = x(f)$ pour toute coupe $\{e, f\}$ de cardinal 2,
 ii) si $\mathbf{x}$ est une combinaison linéaire à coefficients positifs de vecteurs dans $\mathbf{F}_{\mathcal{C}}$, alors pour toute attache B de G et toute arête e de B :

$$x(e) \leq \sum_{f \in B \setminus \{e\}} x(f) \tag{3.1}$$

 (Seymour (1979b) a montré que cette condition nécessaire est également suffisante pour qu'un vecteur $\mathbf{x}$ à coordonées positives soit une combinaison linéaire à coefficients positifs de vecteurs dans $\mathbf{F}_{\mathcal{C}}$.)
 iii) si $\mathbf{x}$ est une combinaison linéaire à coefficients positifs de vecteurs dans $\mathbf{F}_{\mathcal{C}}$, alors pour toute attache B, en plus de (3.1), $\mathbf{x}$ doit satisfaire la condition :

$$\sum_{e \in B} x(e) \equiv 0 \pmod 2 \tag{3.2}$$

b) À l'aide de l'Exercice 2.4.7, donner un exemple montrant que les conditions (3.1) et (3.2) ne sont pas sufisantes pour qu'un vecteur à coordonnées entières positives $\mathbf{x}$ de $\mathbb{R}^E$ soit une combinaison linéaire à coefficients entiers positifs de vecteurs dans $\mathbf{F}_{\mathcal{C}}$.

(Seymour (1979b) a montré, cependant, que ces deux conditions sont suffisantes lorsque G est un graphe planaire. En outre, il a conjecturé qu'elles étaient suffisantes pour tout graphe si chaque coordonnée de $\mathbf{x}$ est un entier pair. Cette conjecture implique clairement la Conjecture de Couverture Double par Cycles. (Voir Alspach et al. (1994), pour des travaux voisins.))

3.6 En savoir plus

Cages

Les cages ont été introduites à l'Exercice 3.1.13. Il y a de nombreux exemples intéressants de graphes de ce genre, le graphe de Petersen et le graphe de Heawood étant deux d'entre eux. De nombreux autres sont décrits dans l'article de synthèse de Wong (1982). Deux familles infinies d'exemples particulièrement intéressantes sont celles construites à partir des géométries projectives par Benson (1966), à savoir les $(k, 8)$- et $(k, 12)$-cages, où $k-1$ est une puissance d'un premier. Pour $\ell = 3, 5$, les cages de Benson fournissent des exemples de graphes denses (graphes avec beaucoup d'arêtes) ne contenant pas de 2ℓ-cycles. Pour $\ell = 2$, des exemples sont procurés par les graphes de polarité des plans projectifs (voir Exercices 12.2.12, 12.2.13, et 12.2.14). La question de combien d'arêtes au maximum un graphe à n sommets peut avoir sans contenir un 2ℓ-cycle n'est pas résolue pour les autres valeurs de ℓ, et en particulier pour $\ell = 4$.

L'étude des *cages dirigées*, les plus petits digraphes k-diréguliers de maille dirigée fixée g, a été initiée par Behzad et al. (1970). Ils ont conjecturé que les circulants dirigés sur $k(g-1)+1$ sommets dans lesquels chaque sommet domine les k sommets le succédant sont les cages dirigées. Cette conjecture est toujours ouverte ; voir Appendice A.

4

Arbres

Sommaire

4.1 Forêts et arbres

Rappelons qu'un graphe *acyclique* est un graphe qui ne contient pas de cycle. Un graphe connexe acyclique est appelé un *arbre*. Les arbres à six sommets sont dessinés Figure 4.1. D'après ces définitions, chaque composante d'un graphe acyclique est un arbre. Pour cette raison, les graphes acycliques sont habituellement appelés des *forêts*.

Afin qu'un graphe soit connexe, il faut que quels que soient deux de ses sommets, il y ait au moins un chemin entre eux. La proposition suivante, une conséquence immédiate de l'Exercice 2.2.12, dit que les arbres sont les graphes connexes qui remplissent cette condition au plus juste.

Proposition 4.1 *Dans un arbre, deux sommets quelconques sont connectés par exactement un chemin.* □

Suivant Diestel (2005), nous désignons l'unique chemin connectant les sommets x et y dans un arbre T par xTy.

D'après le Théorème 2.1, un graphe dans lequel tous les degrés valent au moins 2 contient un cycle. Donc, tout arbre contient un sommet de degré au plus 1 ; de

J. Bondy et al., *Théorie des graphes*, Mathématiques et Applications 91,
https://doi.org/10.1007/978-1-4471-7621-3_4

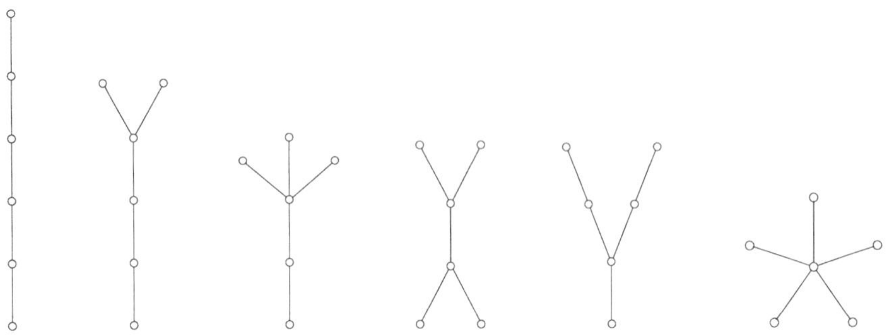

Fig. 4.1. Les arbres à six sommets

plus, si l'arbre est non-trivial, il doit contenir un sommet de degré exactement 1. Un tel sommet est appelé une *feuille* de l'arbre. En fait, l'énoncé plus fort suivant est vrai (Exercice 2.1.2).

Proposition 4.2 *Tout arbre non-trivial a au moins deux feuilles.* □

Si x est une feuille d'un arbre T, le sous-graphe $T - x$ est un arbre tel que $v(T - x) = v(T) - 1$ et $e(T - x) = e(T) - 1$. Comme l'arbre trivial n'a pas d'arête, une récurrence sur le nombre de sommets donne la relation suivante entre le nombre d'arêtes et le nombre de sommets d'un arbre.

Théorème 4.3 *Si T est un arbre, alors $e(T) = v(T) - 1$.* □

Arbres enracinés et branchements

Un *arbre enraciné* $T(x)$ est un arbre T avec un sommet spécifié x, appelé la *racine* de T. Une orientation d'un arbre enraciné dans laquelle tout sommet sauf la racine est de degré entrant 1 est appelée un *branchement*. Un arbre enraciné, ou branchement de racine x, est appelé un *x-arbre* ou *x-branchement*, respectivement.

Il y a une bijection évidente entre les x-arbres et les x-branchements. Un x-chemin fournit donc un exemple simple de branchement : un x-chemin dirigé. Un autre exemple de branchement est représenté Figure 4.2.

Observons que la racine de ce branchement est une source. C'est toujours le cas, puisque la somme des degrés entrants d'un digraphe est égale au nombre de ses arcs (Exercice 1.5.2) qui, dans le cas d'un branchement B, vaut $v(B) - 1$ d'après le Théorème 4.3. Observons également que tout sommet d'un branchement est atteignable depuis sa racine par un unique chemin dirigé. À l'inverse, dans tout digraphe, l'atteignabilité depuis un sommet peut s'exprimer en termes de ses branchements. Nous laissons la preuve de ce fait en exercice (Exercice 4.1.6).

Théorème 4.4 *Soit x un sommet d'un digraphe D, et soit X l'ensemble des sommets de D qui sont atteignables depuis x. Alors, dans D, il y a un x-branchement ayant X pour ensemble de sommets.* □

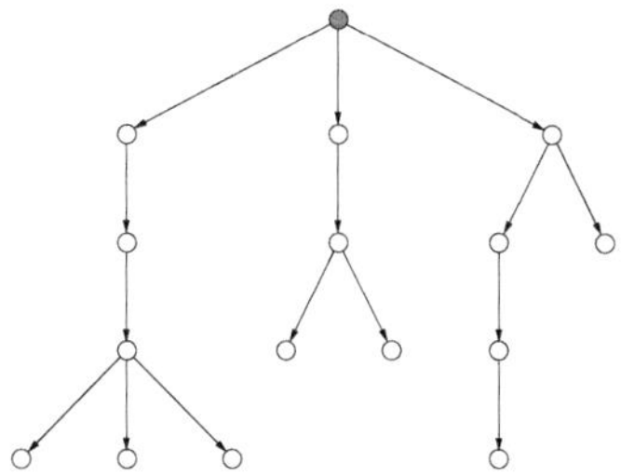

Fig. 4.2. Un branchement

TECHNIQUE DE PREUVE : ORDONNER LES SOMMETS

Parmi les $n!$ ordres totaux des n sommets d'un graphe, certains sont particulièrement intéressants parce qu'ils encodent certaines propriétés structurelles. Un exemple élémentaire est un ordre sur les sommets par ordre croissant sur leurs degrés. Des ordres plus intéressants peuvent être obtenus en considérant la structure globale du graphe, plutôt que simplement sa structure locale. C'est le cas dans l'Exercice 2.2.20. Nous décrivons maintenant un deuxième exemple. D'autres apparaîtront aux Chapitres 6, 15, et 20, ainsi que dans de nombreux exercices.

En général, les graphes contiennent des copies de quantité d'arbres différents. En effet, tout graphe simple de degré minimum k contient une copie de chaque arbre enraciné à $k+1$ sommets, enracinée en n'importe quel sommet du graphe (Exercice 4.1.9). La question analogue pour les digraphes (avec branchements à la place d'arbres enracinés) est beaucoup plus difficile. Cependant, dans le cas des tournois, il peut y être répondu en considérant un ordre plutôt naturel sur les sommets du tournoi.

Un *ordre médian* d'un digraphe $D = (V, A)$ est un ordre total $v_1, v_2, \ldots, v_n$ de son ensemble de sommets V tel que $|\{(v_i, v_j) : i < j\}|$ (le nombre d'arcs dirigés de la gauche vers la droite) est le plus grand possible. Dans le cas d'un tournoi, un tel ordre peut être vu comme un classement des joueurs qui minimise le nombre de surprises (matchs gagnés par le joueur de classement le plus faible). Comme nous allons le voir, les ordres médians révèlent quantité de propriétés structurelles intéressantes.

Notons tout d'abord deux propriétés fondamentales des ordres médians des tournois (Exercice 4.1.10). Soit T un tournoi et $v_1, v_2, \ldots, v_n$ un ordre médian de T. Alors, quels que soient deux indices i, j tels que $1 \leq i < j \leq n$:

(M1) l'intervalle $v_i, v_{i+1}, \ldots, v_j$ est un ordre médian du sous-tournoi induit $T[\{v_i, v_{i+1}, \ldots, v_j\}]$,

(M2) le sommet v_i domine au moins la moitié des sommets $v_{i+1}, v_{i+2}, \ldots, v_j$, et le sommet v_j est dominé par au moins la moitié des sommets $v_i, v_{i+1}, \ldots, v_{j-1}$.

Ordonner les sommets (suite)

En particulier, chaque sommet v_i, $1 \leq i < n$, domine son successeur v_{i+1}. La suite $(v_1, v_2, \ldots, v_n)$ est donc un chemin dirigé hamiltonien. Ceci est une preuve alternative (voir Locke (1995)) du Théorème de Rédei (2.3) : *tout tournoi a un chemin dirigé hamiltonien.*

En exploitant les propriétés des ordres médians, Havet et Thomassé (2000) ont montré que les tournois contiennent tous les branchements de la moitié de leur ordre.

Théorème 4.5 *Tout tournoi à $2k$ sommets contient une copie de tout branchement à $k+1$ sommets.*

Démonstration Soit $v_1, v_2, \ldots, v_{2k}$ un ordre médian d'un tournoi T à $2k$ sommets, et soit B un branchement à $k+1$ sommets. Considérons les intervalles $v_1, v_2, \ldots, v_i$, $1 \leq i \leq 2k$. Nous allons montrer, par récurrence sur k, qu'il y a une copie de B dans T dont l'ensemble de sommets contient au moins la moitié des sommets de tous les intervalles de cette sorte.

C'est clairement vrai pour $k = 1$. Supposons donc que $k \geq 2$. Supprimons une feuille y de B pour obtenir un branchement B' à k sommets, et posons $T' := T - \{v_{2k-1}, v_{2k}\}$. Par (M1), $v_1, v_2, \ldots, v_{2k-2}$ est un ordre médian du tournoi T', donc, dans T' il y a une copie de B' dont l'ensemble de sommets contient au moins la moitié des sommets de tout intervalle $v_1, v_2, \ldots, v_i$, $1 \leq i \leq 2k-2$. Soit x le prédecesseur de y dans B. Supposons que x se trouve en un sommet v_i de T'. Dans T, par (M2), v_i domine au moins la moitié des sommets $v_{i+1}, v_{i+2}, \ldots, v_{2k}$, et donc au moins $k - i/2$ de ces sommets. D'autre part, B' contient au moins $(i-1)/2$ des sommets $v_1, v_2, \ldots, v_{i-1}$, donc au moins $k - (i+1)/2$ des sommets $v_{i+1}, v_{i+2}, \ldots, v_{2k}$. Il s'ensuit que, dans T, il y a un voisin sortant v_j de v_i, avec $i+1 \leq j \leq 2k$, qui n'est pas dans B'. En plaçant y en v_j, et en ajoutant le sommet y et l'arc (x, y) à B', nous avons une copie de B dans T. Il est facilement vérifiable que cette copie de B possède la propriété supplémentaire voulue. □

Trois autres applications des ordres médians sont décrites dans les Exercices 4.1.16, 4.1.17, et 4.1.18.

Les arbres enracinés et les branchements se trouvent être des outils fondamentaux pour la conception d'algorithmes efficaces pour la résolution d'une grande variété de problèmes impliquant l'atteignabilité, comme nous le verrons au Chapitre 6.

Exercices

4.1.1

a) Montrer que tout arbre de degré maximum k a au moins k feuilles.
b) Quels arbres de degré maximum k ont exactement k feuilles ?

4.1.2 Montrer que les trois énoncés suivants sont équivalents.

a) G est connexe et a $n - 1$ arêtes.
b) G est une forêt et a $n - 1$ arêtes.
c) G est un arbre.

4.1.3 Un *hydrocarbure saturé* est une molécule $C_m H_n$ dans laquelle chaque atome de carbone (C) a quatre liaisons, chaque atome d'hydrogène (H) a une liaison, et aucune suite de liaisons ne forme un cycle. Montrer que, pour tout entier strictement positif m, la molécule $C_m H_n$ ne peut exister que si $n = 2m + 2$.

4.1.4 Soit G un graphe et F une forêt maximale de G. Montrer que $e(F) = v(G) - c(G)$.

4.1.5 Prouver le Théorème 4.3 par récurrence sur le nombre d'arêtes de G.

⋆**4.1.6** Prouver le Théorème 4.4.

4.1.7 Montrer qu'une suite $(d_1, d_2, \ldots, d_n)$ d'entiers strictement positifs est une suite des degrés d'un arbre si et seulement si $\sum_{i=1}^{n} d_i = 2(n - 1)$.

4.1.8 CENTRE D'UN GRAPHE
Un *centre* d'un graphe G est un sommet u tel que $\max\{d(u, v) : v \in V\}$ est aussi petit que possible.

a) Soit T un arbre sur au moins trois sommets, et soit T' l'arbre obtenu en supprimant de T toutes ses feuilles. Montrer que T et T' ont les mêmes centres.
b) En déduire que tout arbre a soit un unique centre, soit deux centres adjacents.

4.1.9

a) Montrer qu'un graphe simple de degré minimum k contient une copie de chaque arbre enraciné à $k+1$ sommets, enracinée en n'importe quel sommet du graphe.
b) En déduire qu'un graphe simple de degré moyen supérieur ou égal à $2(k - 1)$, avec $k - 1$ un entier strictement positif, contient une copie de chaque arbre à $k + 1$ sommets.

(P. Erdős et V. T. Sós (voir Erdős (1964)) ont conjecturé qu'un graphe simple de degré moyen supérieur à $k - 1$ contient une copie de tout arbre à $k + 1$ sommets ; voir Appendice A.)

4.1.10 Vérifier les propriétés (M1) et (M2) des ordres médians des tournois.

4.1.11 Soit G un graphe simple d'ensemble de sommets $V := \{1, 2, \ldots, n\}$.

a) Montrer que l'ensemble des transpositions $S := \{(i,j) : ij \in E\}$ engendre toutes les permutations de V si et seulement si G est connexe.
b) En déduire que S est un ensemble minimal de transpositions engendrant toutes les permutations de V si et seulement si G est un arbre.

4.1.12 Soit $S := \{x_1, x_2, \ldots, x_n\}$ un n-ensemble, et soit $\mathcal{A} := \{A_1, A_2, \ldots, A_n\}$ une famille de n sous-ensembles distincts de S. Construire le graphe G d'ensemble de sommets $\mathcal{A}$, dans lequel deux sommets A_i et A_j sont reliés par une arête si leur différence symétrique $A_i \triangle A_j$ est un singleton. Étiqueter cette arête A_iA_j par ce singleton. En étudiant ce graphe étiqueté, prouver qu'il y a un élément $x_m \in S$ tel que les ensembles $A_1 \cup \{x_m\}, A_2 \cup \{x_m\}, \ldots, A_n \cup \{x_m\}$ sont distincts.
(J.A. Bondy)

4.1.13 Donner une preuve alternative de l'Exercice 4.1.12 en procédant comme suit.
Par l'absurde. Supposons qu'il n'y ait pas de tel élément $x_m \in S$. Ainsi, pour tout $i \in [1, n]$, il existe des indices distincts $j(i)$ et $k(i)$ tels que $A_{j(i)} \cup \{x_i\} = A_{k(i)}$.

Soit $\mathbf{M}$ la matrice d'incidence de l'hypergraphe $(S, \mathcal{A})$ (ainsi $m_{ij} = 1$ si $x_i \in A_j$ et $m_{ij} = 0$ sinon), soit $\mathbf{c}_i$ le vecteur colonne avec -1 en position $j(i)$, 1 en position $k(i)$, et 0 ailleurs, soit $\mathbf{C}$ la matrice $n \times n$ dont la i-ième colonne est $\mathbf{c}_i$, et soit $\mathbf{j}$ le vecteur ligne dont toutes les coordonnées valent 1. Montrer que $\mathbf{M}\,\mathbf{C} = \mathbf{I}$ et $\mathbf{j}\,\mathbf{C} = \mathbf{0}$, et aboutir à une contradiction. (J. Greene)

4.1.14 On souhaite partager m pizzas identiques équitablement entre n étudiants.

a) Montrer qu'il est possible de le faire en divisant les pizzas en $m + n - d$ parts au total, où d est le plus grand diviseur commun de m et n.
b) En considérant un graphe biparti bien choisi, montrer qu'aucune division en strictement moins de parts ne peut être équitable. (H. Bass)

4.1.15 Des arbres enracinés $T_1(x_1)$ et $T_2(x_2)$ sont *isomorphes* s'il y a un isomorphisme de T_1 vers T_2 envoyant x_1 sur x_2. Un arbre enraciné est *uniforme* si le degré d'un sommet dépend uniquement de sa distance à la racine. Prouver que tout x-arbre à n sommets a exactement n x-sous-arbres uniformes non-isomorphes.
(M.K. Goldberg et I.A. Klipker)

4.1.16 Soit $v_1, v_2, \ldots, v_n$ un ordre médian d'un tournoi équilibré T. Montrer que $(v_1, v_2, \ldots, v_n, v_1)$ est un cycle dirigé hamiltonien de T. (S. Thomassé)

4.1.17 Un *roi* dans un tournoi est un sommet v à partir duquel chaque sommet est atteignable par un chemin dirigé de longueur au plus deux. Montrer que tout tournoi T a un roi de la manière suivante.

Soit $v_1, v_2, \ldots, v_n$ un ordre médian de T.

a) Supposons que v_j domine v_i avec $i < j$. Montrer qu'il y a un indice k avec $i < k < j$ tel que v_i domine v_k et v_k domine v_j.

b) En déduire que v_1 est un roi dans T. (F. Havet et S. Thomassé)

4.1.18 Un *voisin sortant second* d'un sommet v dans un digraphe est un sommet dont la distance depuis v est exactement 2. Montrer que tout tournoi T possède un sommet ayant au moins autant de voisins sortants seconds que de voisins sortants (premiers), en procédant comme suit.

Soit $v_1, v_2, \ldots, v_n$ un ordre médian d'un tournoi T. Colorer les voisins sortants de v_n en rouge, v_n et ses voisins entrants qui dominent tous les sommets rouges les précédant dans l'ordre médian en noir, et les autres voisins entrants de v_n en bleu. (Notons que tout sommet de T est ainsi coloré, puisque T est un tournoi.)

a) Montrer que tout sommet bleu est un voisin sortant second de v_n.
b) Considérons les intervalles de l'ordre médian déterminés par les sommets noirs. En utilisant la propriété ($M2$), montrer que chacun de ces intervalles contient au moins autant de sommets bleus que de sommets rouges.
c) En déduire que v_n a au moins autant de voisins sortants seconds que de voisins sortants. (F. Havet et S. Thomassé)

(P. D. Seymour a conjecturé que tout graphe orienté simple a un sommet ayant au moins autant de voisins sortants seconds que de voisins sortants ; voir Appendice A)

4.1.19

a) Montrer que le cube d'un arbre ayant au moins trois sommets a un cycle hamiltonien. (M. Sekanina)
b) Trouver un arbre dont le carré n'a pas de cycle hamiltonien.

(Fleischner (1974) a caractérisé les graphes dont le carrré a un cycle hamiltonien ; voir aussi Říha (1991).)

$\star$**4.1.20**

a) Soit T_1 et T_2 des sous-arbres d'un arbre T. Montrer que $T_1 \cap T_2$ et $T_1 \cup T_2$ sont des sous-arbres de T si et seulement si $T_1 \cap T_2 \neq \emptyset$.
b) Soit $\mathcal{T}$ une famille de sous-arbres d'un arbre T. Déduire, par récurrence sur $|\mathcal{T}|$, que si, quels qu'ils soient, deux membres de $\mathcal{T}$ ont un sommet en commun, alors il y a un sommet de T qui appartient à tous les membres de $\mathcal{T}$. (Autrement dit, montrer que la famille des sous-arbres d'un arbre possède la Propriété de Helly (définie à l'Exercice 1.3.7).)

4.1.21 Lemme de König
Montrer que tout arbre infini localement-fini contient un demi-rayon.
(D. König)

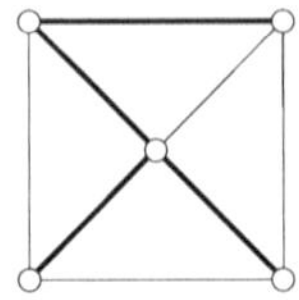

Fig. 4.3. Deux arbres couvrants de la roue W_4

4.2 Arbres couvrants

Un *sous-arbre* d'un graphe est un sous-graphe qui est un arbre. Si cet arbre est un sous-graphe couvrant, il est appelé un *arbre couvrant* du graphe. La Figure 4.3 montre une décomposition de la roue W_4 en deux arbres couvrants.

Si un graphe G a un arbre couvrant T, alors G est connexe car deux sommets quelconques de G sont connectés par un chemin dans T, et donc dans G. D'autre part, si G est un graphe connexe qui n'est pas un arbre, et e est une arête d'un cycle de G, alors $G \setminus e$ est un sous-graphe couvrant de G qui est également connexe puisque, d'après la Proposition 3.2, e n'est pas une arête séparatrice de G. En répétant de telles opérations de suppression d'arête dans un cycle jusqu'à ce que chaque arête restante soit une arête séparatrice, on obtient un arbre couvrant de G. On obtient ainsi le théorème suivant, qui donne encore une autre caractérisation des graphes connexes.

Théorème 4.6 *Un graphe est connexe si et seulement s'il a un arbre couvrant.* □

Il est facile de voir que tout arbre est biparti. Nous utilisons maintenant le Théorème 4.6 pour en déduire une caractérisation des graphes bipartis.

Théorème 4.7 *Un graphe est biparti si et seulement s'il ne contient pas de cycle impair.*

Démonstration Clairement, un graphe est biparti si et seulement si chacune de ses composantes est bipartie, et contient un cycle impair si et seulement si une de ses composantes contient un cycle impair. Ainsi, il suffit de prouver le théorème pour les graphes connexes.

Soit $G[X, Y]$ un graphe biparti connexe. Alors les sommets de tout chemin dans G appartiennent alternativement à X et à Y. Ainsi, tous les chemins connectant des sommets dans des parties différentes sont de longueur impaire et tous les chemins connectant des sommets dans une même partie sont de longueur paire. Comme, par définition, chaque arête de G a une extrémité dans X et une dans Y, il vient que tout cycle de G est de longueur paire.

Réciproquement, supposons que G soit un graphe connexe sans cycle impair. D'après le Théorème 4.6, G a un arbre couvrant T. Soit x un sommet de T. D'après la Proposition 4.1, tout sommet v de T est connecté à x par un unique chemin dans T. Notons X l'ensemble des sommets v pour lesquels ce chemin est de longueur paire, et posons $Y := V \setminus X$. Alors (X, Y) est une bipartition de T. Nous affirmons que (X, Y) est aussi une bipartition de G.

Pour voir cela, considérons une arête $e = uv$ de $E(G) \setminus E(T)$, et soit $P := uTv$ l'unique uv-chemin dans T. Par hypothèse, le cycle $P+e$ est pair, donc P est impair. Par conséquent les extrémités de P, et donc les extrémités de e, appartiennent à des parties distinctes. Donc (X, Y) est bien une bipartition de G. □

Selon le Théorème 4.7, soit un graphe est biparti, soit il contient un cycle impair, mais pas les deux. Un algorithme efficace qui, étant donné un graphe, trouve soit une bipartition soit un cycle impair, est présenté au Chapitre 6.

Formule de Cayley

Il y a une formule remarquablement simple pour le nombre d'arbres étiquetés à n sommets (ou, de manière équivalente, pour le nombre d'arbres couvrants dans un graphe complet K_n). Cette formule a été découverte par Cayley (1889), qui s'intéressait à la représentation de certains hydrocarbures par des graphes et, en particulier, des arbres (voir Exercice 4.1.3). De nombreuses preuves ont depuis été trouvées pour la Formule de Cayley (voir Moon (1967)). Nous en présentons ici une particulièrement élégante, due à Pitman (1999). Elle utilise le concept de *forêt de branchements*, qui est un digraphe dont chaque composante est un branchement.

Théorème 4.8 Formule de Cayley
Le nombre d'arbres étiquetés à n sommets est n^{n-2}.

Démonstration Nous montrons, par double comptage, que le nombre de branchements étiquetés à n sommets est n^{n-1}. La Formule de Cayley en découle ensuite directement, car chaque arbre étiqueté à n sommets engendre n branchements étiquetés, un pour chaque choix de sommet racine.

Considérons, d'abord, le nombre de façons de construire un branchement étiqueté à n sommets, une arête après l'autre, en partant du graphe vide à n sommets. Afin d'obtenir un branchement à la fin, à chaque étape, le sous-graphe construit doit être une forêt de branchements. Initialement, cette forêt de branchements a n composantes, chacune consistant en un sommet isolé. À chaque étape, le nombre de composantes diminue de un. S'il y a k composantes, le nombre de choix pour la nouvelle arête (u, v) est $n(k-1)$: chacun des n sommets peut jouer le rôle de u, alors que v doit être la racine d'une des $k-1$ composantes qui ne contiennent pas u. Le nombre total de constructions d'un branchement à n sommets de cette manière est alors

$$\prod_{i=1}^{n-1} n(n-i) = n^{n-1}(n-1)!$$

D'autre part, chaque branchement particulier à n sommets est construit exactement $(n-1)!$ fois par cette procédure, une fois pour chacun des ordres dans lesquels ses $n-1$ arêtes peuvent être sélectionnées. Il s'ensuit que le nombre de branchements étiquetés à n sommets est n^{n-1}. □

Une autre preuve de la Formule de Cayley est esquissée dans l'Exercice 4.2.11.

Nous notons $t(G)$ le nombre d'arbres couvrants dans un graphe G quelconque. La Formule de Cayley dit que $t(K_n) = n^{n-2}$. Il existe une formule de récurrence simple reliant le nombre d'arbres couvrants d'un graphe G aux nombres d'arbres couvrants dans les deux graphes $G \setminus e$ et $G \,/\, e$ obtenus à partir de G en supprimant et en contractant un lien e (Exercice 4.2.1).

Proposition 4.9 *Soit G un graphe et e un lien de G. Alors*

$$t(G) = t(G \setminus e) + t(G \,/\, e)$$ □

Exercices

⋆**4.2.1** Soit G un graphe connexe et e un lien de G.

a) Décrire une bijection entre l'ensemble des arbres couvrants de G qui contiennent e et l'ensemble des arbres couvrants de $G \,/\, e$.
b) En déduire la Proposition 4.9.

4.2.2

a) Soit G un graphe connexe sans boucle ni arête séparatrice. Montrer que $t(G) \geq e(G)$.
b) Dans quel cas y a-t-il égalité ?

4.2.3 Soit G un graphe connexe et soit x un sommet de G. Un x-arbre couvrant T de G est appelé *arbre de plus courts chemins* de G de racine x si $d_T(x, v) = d_G(x, v)$ pour tout $v \in V$.

a) Montrer que G a un arbre de plus courts chemins de racine x.
b) En déduire qu'un graphe connexe de diamètre d a un arbre couvrant de diamètre au plus $2d$.

⋆**4.2.4** Montrer que la matrice d'incidence d'un graphe est totalement unimodulaire (définie en Exercice 1.5.7) si et seulement si le graphe est biparti.

4.2.5 Un *éventail* est le joint $P \vee K_1$ d'un chemin P et d'un sommet isolé. Déterminer le nombre d'arbres couvrants dans :

a) l'éventail F_n à n sommets, $n \geq 2$,
b) la roue W_n à n rayons, $n \geq 3$.

4.2.6 Soit G un graphe arête-transitif.

a) Montrer que chaque arête de G est dans exactement $(n-1)t(G)/m$ arbres couvrants de G.
b) En déduire que $t(G \setminus e) = (m - n + 1)t(G)/m$ et $t(G \,/\, e) = (n-1)t(G)/m$.
c) Déduire que $t(K_n)$ est divisible par n, si $n \geq 3$, et que $t(K_{n,n})$ est divisible par n^2.

d) Sans utiliser la Formule de Cayley (Théorème 4.8), déterminer $t(K_4)$, $t(K_5)$, et $t(K_{3,3})$.

4.2.7

a) Soit G un graphe simple à n sommets, et soit H le graphe obtenu à partir de G en remplaçant chaque arête de G par k arêtes multiples. Montrer que $t(H) = k^{n-1}t(G)$.
b) Soit G un graphe à n sommets et m arêtes, et soit H le graphe obtenu à partir de G en subdivisant $k-1$ fois chaque arête de G. Montrer que $t(H) = k^{m-n+1}t(G)$.

$\star$**4.2.8** En utilisant le Théorème 4.7 et l'Exercice 3.4.11b, montrer qu'un digraphe contient un cycle dirigé impair si et seulement si une de ses composantes fortement connexes n'est pas bipartie.

$\star$**4.2.9** Un branchement dans un digraphe est un *branchement couvrant* s'il contient tous les sommets du digraphe.

a) Montrer qu'un digraphe D a un x-branchement couvrant si et seulement si $\partial^+(X) \neq \emptyset$ pour tout sous-ensemble propre X de V contenant x.
b) En déduire qu'un digraphe est fortement connexe si et seulement s'il a un v-branchement couvrant pour tout sommet v.

4.2.10 Graphes infinis non-reconstructibles

Soit $T := T_\infty$ l'arbre infini dans lequel tout sommet est de degré infini dénombrable, et soit $F := 2T_\infty$ la forêt formée de deux copies disjointes de T_∞. Montrer que (T, F) est une paire non-reconstructible.

4.2.11 Code de Prüfer

Soit K_n le graphe complet étiqueté d'ensemble de sommets $\{1, 2, \ldots, n\}$, avec $n \geq 3$. À tout arbre couvrant T de K_n on peut associer une unique suite $(t_1, t_2, \ldots, t_{n-2})$, connue sous le nom de *code de Prüfer* de T, comme suit. Notons s_1 le premier sommet (dans l'ensemble ordonné $(1, 2, \ldots, n)$) qui soit une feuille de T, et soit t_1 le voisin de s_1 dans T. Maintenant, soit s_2 le premier sommet qui soit une feuille de $T - s_1$, et t_2 le voisin de s_2 dans $T - s_1$. Et ainsi de suite jusqu'à ce que t_{n-2} soit défini et qu'il ne reste plus qu'un arbre à deux sommets. (Si $n \leq 2$, le code Prüfer de T est la suite vide.)

a) Lister tous les arbres couvrants de K_4 et leurs codes de Prüfer.
b) Montrer que toute suite $(t_1, t_2, \ldots, t_{n-2})$ d'entiers de l'ensemble $\{1, 2, \ldots, n\}$ est le code de Prüfer d'un unique arbre couvrant de K_n.
c) En déduire la Formule de Cayley (voir Théorème 4.8). (H. Prüfer)

4.2.12

a) Pour une suite $d_1, d_2, \ldots, d_n$ de n entiers strictement positifs dont la somme vaut $2n-2$, notons $t(n; d_1, d_2, \ldots, d_n)$ le nombre d'arbres à n sommets $v_1, v_2, \ldots, v_n$ tels que $d(v_i) = d_i$, $1 \leq i \leq n$. Montrer que

$$t(n; d_1, d_2, \ldots, d_n) = \binom{n-2}{d_1 - 1, d_2 - 1, \ldots, d_n - 1}$$

b) Appliquer la Formule du Multinôme de Newton pour prouver la Formule de Cayley.

4.2.13 En comptant le nombre de branchements dont la racine est dans le m-ensemble de $K_{m,n}$, montrer que $t(K_{m,n}) = m^{n-1}n^{m-1}$.

4.2.14 Montrer que le graphe de Petersen a 2000 arbres couvrants.

4.2.15 Soit T un arbre d'ensemble de sommets V, et soit $f : V \to V$ une application sans point fixe. Pour $v \in V$, notons v^+ le successeur de v sur le chemin $vTf(v)$, et par D_f le digraphe d'ensemble de sommets V et d'ensemble d'arcs $\{(v, v^+) : v \in V\}$.

a) Montrer que chaque composante de D_f contient un unique 2-cycle dirigé.
b) Le *centroïde* de T est l'ensemble de tous les sommets v pour lesquels la plus grande composante de $T - v$ a le moins de sommets possible. Pour $v \in V$, soit $f(v)$ un sommet d'une plus grande composante de $T - v$, et soit (x, y, x) un 2-cycle dirigé de D_f. Montrer que le centroïde de T est contenu dans l'ensemble $\{x, y\}$, et est donc constitué d'un sommet ou de deux sommets adjacents. (C. Jordan)
c) Un *endomorphisme* d'un graphe simple G est une application $f : V \to V$ telle que, pour tout $xy \in E$, ou bien $f(x) = f(y)$ ou bien $f(x)f(y) \in E$. Soit f un endomorphisme de T, et soit (x, y, x) un 2-cycle dirigé de D_f.
   i) Montrer que $f(x) = y$ et $f(y) = x$.
   ii) En déduire que tout endomorphisme d'un arbre T fixe soit un sommet soit une arête de T. (L. Lovász)
d) Soit T un arbre couvrant du n-cube Q_n, soit $f(v)$ le sommet antipodal à v dans Q_n (c'est-à-dire, l'unique sommet à distance n de v), et soit (x, y, x) un 2-cycle dirigé de D_f.
   i) Montrer que $d_T(f(x), f(y)) \geq 2n - 1$.
   ii) En déduire que tout arbre couvrant de Q_n a un cycle fondamental de longueur au moins $2n$. (R.L. Graham)

4.2.16 Soit G un graphe simple connexe et T un arbre couvrant de G. Considérons l'application $\phi : \binom{V}{2} \setminus T \to \binom{T}{2}$ (où T est vu comme un sous-ensemble de E) définie par $\phi(xy) := \{e, f\}$, avec e et f les première et dernière arêtes du chemin xTy.

a) Montrer que l'application ϕ est une bijection.
b) En déduire que $\binom{n}{2} - |T| = \binom{|T|}{2}$.
c) Déduire le Théorème 4.3. (N. Graham, R.C. Entringer, et L. Székely)

4.3 Cycles et attaches fondamentaux

Les arbres couvrants d'un graphe connexe, ses sous-graphes pairs, et ses coupes sont intimement liées. Nous décrivons leurs relations dans cette partie. Rappelons que, dans le contexte des sous-graphes pairs, lorsqu'on parle d'un *cycle*, on veut généralement signifier son ensemble d'arêtes. De même, dans ce contexte, par *arbre couvrant*, nous entendrons l'ensemble d'arêtes de l'arbre. Dans toute cette partie, G désigne un graphe connexe et T un arbre couvrant de G.

CO-ARBRES

Le complémentaire $E \setminus T$ d'un arbre couvrant T est appelé un *co-arbre*, et est noté $\overline{T}$. Considérons, par exemple, la roue W_4 dessinée Figure 4.4a, et l'arbre couvrant $T := \{1, 2, 4, 5\}$ indiqué par des traits gras. Le co-arbre $\overline{T}$ est tout simplement l'ensemble des arêtes qui ne sont pas en gras, à savoir $\{3, 6, 7, 8\}$.

D'après la Proposition 4.1, pour toute arête $e := xy$ d'un co-arbre $\overline{T}$ d'un graphe G, il y a un unique xy-chemin dans T connectant ses extrémités, à savoir $P := xTy$. Ainsi $T + e$ contient un unique cycle. Ce cycle est appelé le *cycle fondamental* de G selon T et e. Par souci de concision, on le note C_e, le rôle de l'arbre T étant implicite. La Figure 4.4b montre les cycles fondamentaux de W_4 selon l'arbre couvrant $\{1, 2, 4, 5\}$, qui sont $C_3 = \{1, 2, 3, 4\}$, $C_6 = \{1, 5, 6\}$, $C_7 = \{1, 2, 5, 7\}$, et $C_8 = \{4, 5, 8\}$.

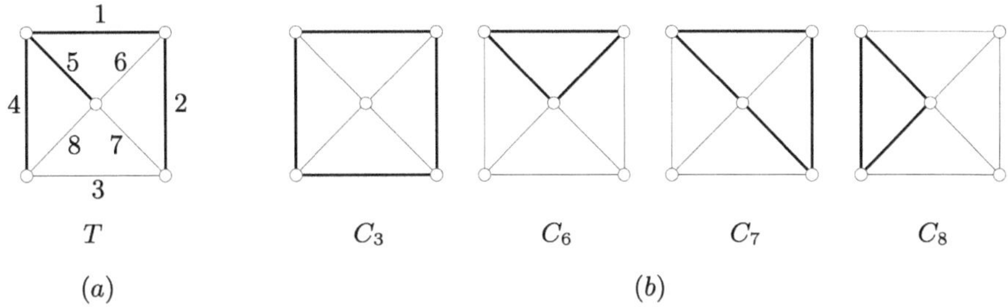

Fig. 4.4. (a) Un arbre couvrant T de la roue W_4, et (b) les cycles fondamentaux selon T

On peut tirer d'intéressantes conclusions sur la structure d'un graphe à partir des propriétés de ses cycles fondamentaux selon un arbre couvrant. Par exemple, si tous les cycles fondamentaux sont pairs, alors tous les cycles du graphe sont pairs et donc, par le Théorème 4.7, le graphe est biparti . (C'est l'idée qui se cache derrière la preuve du Théorème 4.7.) Le théorème suivant et ses corollaires montrent pourquoi les cycles fondamentaux sont importants.

Théorème 4.10 *Soit T un arbre couvrant d'un graphe connexe G, et soit S un sous-ensemble de son co-arbre $\overline{T}$. Alors $C := \triangle\{C_e : e \in S\}$ est un sous-graphe* *pair de G. De plus, $C \cap \overline{T} = S$, et C est le seul sous-graphe pair de G ayant cette propriété.*

Démonstration Comme chaque cycle fondamental C_e est un sous-graphe pair, il découle du Corollaire 2.16 que C est aussi un sous-graphe pair. En outre, $C \cap \overline{T} = S$, puisque chaque arête de S apparaît dans exactement un membre de la famille $\{C_e : e \in S\}$.

Soit C' un sous-graphe pair de G tel que $C' \cap \overline{T} = S$. Alors

$$(C \triangle C') \cap \overline{T} = (C \cap \overline{T}) \triangle (C' \cap \overline{T}) = S \triangle S = \emptyset$$

Par conséquent, le sous-graphe pair $C \triangle C'$ est contenu dans T. Puisque le seul sous-graphe pair contenu dans un arbre est le sous-graphe vide, nous déduisons que $C' = C$.

□

Corollaire 4.11 *Soit T un arbre couvrant d'un graphe connexe G. Tout sous-graphe pair de G peut s'exprimer uniquement comme une différence symétrique de cycles fondamentaux selon T.*

Démonstration Soit C un sous-graphe pair de G et soit $S := C \cap \overline{T}$. Il résulte du Théorème 4.10 que $C = \triangle\{C_e : e \in S\}$ et que c'est la seule façon d'exprimer C comme une différence symétrique de cycles fondamentaux selon T. □

Le corollaire suivant, qui découle du Théorème 4.10 en prenant $S := \overline{T}$, possède plusieurs applications intéressantes (voir, par exemple, les Exercices 4.3.9 et 4.3.10).

Corollaire 4.12 *Tout co-arbre d'un graphe connexe est contenu dans un unique sous-graphe pair du graphe.* □

Nous traitons maintenant de la relation entre les arbres couvrants et les coupes. Nous montrons que, pour chacun des énoncés précédents concernant les sous-graphes pairs, il y a un énoncé analogue concernant les coupes. Comme précédemment, on considère un graphe connexe G et un arbre couvrant T de G. Notons que, comme T est connexe et couvrant, toute coupe non-vide de G contient au moins une arête de T. Ainsi la seule coupe contenue dans le co-arbre $\overline{T}$ est la coupe vide (exactement de la même manière que le seul sous-graphe pair contenu dans T est le sous-graphe pair vide).

Afin de pouvoir établir un analogue pour les coupes du Théorème 4.10, nous avons besoin de la notion d'attache fondamentale. Soit $e := xy$ une arête de T. Alors $T \setminus e$ a exactement deux composantes, l'une contenant x et l'autre contenant y. Soit X l'ensemble de sommets de la composante contenant x. L'attache $B_e := \partial(X)$ est contenue dans $\overline{T} \cup \{e\}$ et contient e. De plus, c'est la seule attache avec ces propriétés. Pour voir cela, considérons B une attache contenue dans $\overline{T} \cup \{e\}$ et contenant e. D'après le Corollaire 2.12, $B \triangle B_e$ est une coupe. De plus, cette coupe est contenue dans $\overline{T}$. Mais, comme nous l'avons remarqué plus haut, la seule coupe de la sorte est la coupe vide. Ceci montre que $B = B_e$. L'attache B_e est appelée l'*attache fondamentale* de G selon T et e. Par exemple, les attaches fondamentales de la roue W_4 selon l'arbre couvrant $\{1,2,4,5\}$ (dessiné Figure 4.5a) sont $B_1 = \{1,3,6,7\}$, $B_2 = \{2,3,7\}$, $B_4 = \{3,4,8\}$, et $B_5 = \{5,6,7,8\}$ (voir Figure 4.5b).

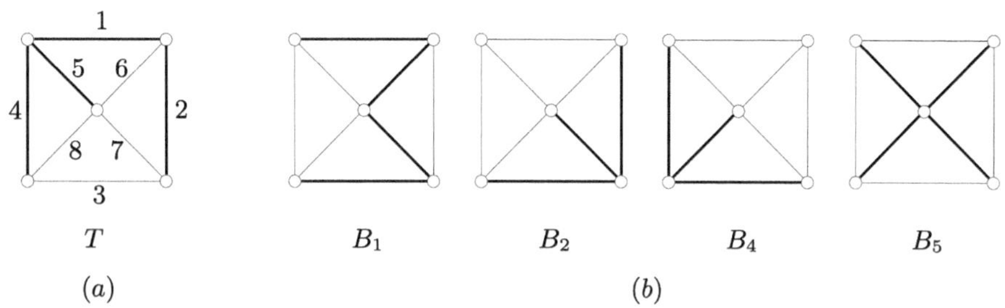

Fig. 4.5. (a) Un arbre couvrant T de la roue W_4, et (b) les attaches fondamentales selon T

Les preuves du théorème qui suit et de ses corollaires sont similaires à celles du Théorème 4.10 et de ses corollaires. Elle sont laissées en exercice (Exercice 4.3.5).

Théorème 4.13 *Soit T un arbre couvrant d'un graphe connexe G, et soit S un sous-ensemble de T. Posons $B := \triangle\{B_e : e \in S\}$. Alors B est une coupe de G. De plus, $B \cap T = S$, et B est la seule coupe de G ayant cette propriété.* □

Corollaire 4.14 *Soit T un arbre couvrant d'un graphe connexe G. Toute coupe de G peut s'exprimer uniquement comme une différence symétrique d'attaches fondamentales selon T.* □

Corollaire 4.15 *Tout arbre couvrant d'un graphe connexe est contenu dans une unique coupe du graphe.* □

Les Corollaires 4.11 et 4.14 impliquent que les cycles fondamentaux et les attaches fondamentales selon un arbre couvrant d'un graphe connexe forment les bases de ses espaces des cycles et des attaches, respectivement, tels qu'ils sont définis dans la Partie 2.6 (Exercice 4.3.6). La dimension de l'espace des cycles est appelée *nombre cyclomatique*.

Dans cette partie, nous avons défini et traité les propriétés des cycles fondamentaux et des attaches fondamentales selon des arbres couvrants dans les graphes connexes. Tous les théorèmes que nous y avons vus sont également valides pour les graphes séparés, avec les forêts maximales jouant le rôle des arbres couvrants.

Exercices

4.3.1 Déterminer les cycles fondamentaux et les attaches fondamentales de W_4 selon l'arbre couvrant montré Figure 4.3 (utiliser l'étiquetage des arêtes de la Figure 4.4).

4.3.2 Propriété d'Échange des Arbres
Soit G un graphe connexe, T_1 et T_2 (les ensembles d'arêtes de) deux arbres couvrants de G, et soit $e \in T_1 \setminus T_2$. Montrer que :

a) il existe une arête $f \in T_2 \setminus T_1$ telle que $(T_1 \setminus \{e\}) \cup \{f\}$ est un arbre couvrant de G,
b) il existe une arête $f \in T_2 \setminus T_1$ telle que $(T_2 \setminus \{f\}) \cup \{e\}$ est un arbre couvrant de G.

(Chacun de ces deux faits est appelé la *Propriété d'Échange des Arbres*.)

4.3.3 Soit G un graphe connexe et S un ensemble d'arêtes de G. Montrer que les assertions suivantes sont équivalentes.

a) S est un arbre couvrant de G.
b) S ne contient pas de cycle de G, et est maximal avec cette propriété.
c) S intersecte toutes les attaches de G, et est minimal avec cette propriété.

4.3.4 Soit G un graphe connexe et S un ensemble d'arêtes de G. Montrer que les assertions suivantes sont équivalentes.

a) S est un co-arbre de G.
b) S ne contient aucune attache de G, et est maximal avec cette propriété.
c) S intersecte tous les cycles de G, et est minimal avec cette propriété.

4.3.5

a) Prouver le Théorème 4.13.
b) En déduire les Corollaires 4.14 et 4.15.

4.3.6

a) Soit T un arbre couvrant d'un graphe connexe G. Montrer que :
   i) les cycles fondamentaux de G selon T forment une base de son espace des cycles,
   ii) les attaches fondamentales de G selon T forment une base de son espace des attaches.
b) Déterminer la dimension de ces deux espaces.

(Les espaces des cycles et des attaches ont été définis dans la Partie 2.6.)

4.3.7 Soit G un graphe connexe, et $\mathbf{M}$ sa matrice d'incidence.

a) Montrer que les colonnes de $\mathbf{M}$ correspondant à un sous-ensemble S de E sont linéairement indépendantes sur $GF(2)$ si et seulement si $G[S]$ est acyclique.

b) En déduire qu'il y a une bijection entre les bases de l'espace des colonnes de $\mathbf{M}$ sur $GF(2)$ et les arbres couvrants de G.

(Ces énoncés sont des cas particuliers de résultats plus généraux, qui seront abordés dans la Partie 21.2.)

4.3.8 Duaux Algébriques
Un *dual algébrique* d'un graphe G est un graphe H pour lequel il existe une bijection $\theta : E(G) \to E(H)$ envoyant tout cycle de G sur une attache de H et toute attache de G sur un cycle de H.

a) Montrer que :
   i) l'octaèdre et le cube sont des duaux algébriques,
   ii) $K_{3,3}$ n'a pas de dual algébrique.
b) Soit G un graphe connexe et H un dual algébrique de G, de bijection θ.
   i) Montrer que T est un arbre couvrant de G si et seulement si $\theta(T)$ est un co-arbre de H.
   ii) En déduire que $t(G) = t(H)$.

4.3.9 Montrer que tout graphe qui contient un cycle hamiltonien a une couverture par deux sous-graphes pairs.

$\star$**4.3.10** Montrer que tout graphe qui contient deux arbres couvrants arête-disjoints possède :

a) un sous-graphe couvrant eulérien,
b) une couverture par deux sous-graphes pairs.

4.4 En savoir plus

Matroïdes

Une des propriétés caractéristiques des arbres couvrants d'un graphe connexe est la Propriété d'Échange des Arbres aperçue à l'Exercice 4.3.2a. Puisque les arbres couvrants de G correspondent aux bases de la matrice d'incidence $\mathbf{M}$ de G (Exercice 4.3.7), la Propriété d'Échange des Arbres peut être vue comme un cas particulier de la propriété d'échange des bases d'un espace vectoriel (Lemme de Steinitz). Whitney (1935) a observé que de nombreuses propriétés des arbres couvrants, telles que celles décrites dans la Partie 4.3, et plus généralement des bases d'un espace vectoriel, peuvent être déduites de cette propriété d'échange. Motivé par cette observation, il a introduit la notion de matroïde.

Un *matroïde* est un couple $(E, \mathcal{B})$, constitué d'un ensemble fini E d'*éléments* et d'une famille non-vide $\mathcal{B}$ de sous-ensembles de E, appelés *bases*, qui satisfait la *Propriété d'Échange des Bases*.

$$\textit{Si } B_1, B_2 \in \mathcal{B} \textit{ et } e \in B_1 \setminus B_2 \textit{ alors il existe } f \in B_2 \setminus B_1 \textit{ telle que } (B_1 \setminus \{e\}) \cup \{f\} \in \mathcal{B}$$

Soit $\mathbf{M}$ une matrice sur un corps $\mathbb{F}$. Notons E l'ensemble des colonnes de $\mathbf{M}$, et soit $\mathcal{B}$ une famille de sous-ensembles de E qui sont des bases de l'espace des colonnes de $\mathbf{M}$. Alors $(E, \mathcal{B})$ est un matroïde. Les matroïdes qui apparaissent de cette manière sont appelés *matroïdes linéaires*. Divers matroïdes linéaires peuvent être associés aux graphes, un exemple étant le matroïde sur l'ensemble d'arêtes d'un graphe connexe dans lequel les bases sont les ensembles d'arêtes des arbres couvrants. (Dans le contexte des matroïdes, les énoncés concernant les graphes connexes s'étendent aisément à tous les graphes, le rôle des arbres couvrants étant joué par les forêts maximales lorsque le graphe n'est pas connexe.)

Une grande part de la terminologie en théorie des matroïdes est suggérée par les deux exemples susmentionnés. Par exemple, les sous-ensembles des bases sont appelés *ensembles indépendants*, et les ensembles dépendants minimaux sont appelés des *circuits*. Dans le matroïde dont les bases sont les arbres couvrants d'un graphe connexe G, les ensembles indépendants du matroïde sont les forêts de G et ses circuits sont les cycles de G. Pour cette raison, le matroïde est appelé le *matroïde des cycles* de G, noté $M(G)$.

Le *dual* d'un matroïde $M = (E, \mathcal{B})$ est le matroïde $M^* = (E, \mathcal{B}^*)$, où $\mathcal{B}^* := \{E \setminus B : B \in \mathcal{B}\}$. Quand M est le matroïde linéaire associé à une matrice $\mathbf{M}$, les bases de M^* sont les sous-ensembles de E qui sont des bases du supplémentaire orthogonal de l'espace des colonnes de $\mathbf{M}$. Quand M est le matroïde des cycles d'un graphe connexe G, les bases de M^* sont les co-arbres de G, et ses circuits sont les attaches de G. Pour cette raison, le dual du matroïde des cycles d'un graphe G est appelé le *matroïde des attaches* de G, noté $M^*(G)$. Beaucoup de conséquences de cette dualité cycle–attache apparaissent tout au long du livre. Le lecteur est renvoyé vers Oxley (1992) pour un essai détaillé sur la théorie des matroïdes.

5

Graphes non-séparables

Sommaire

5.1 Sommets séparateurs

Au Chapitre 3, nous avons introduit la notion d'arête séparatrice et présenté diverses propriétés des graphes connexes sans arête séparatrice. Dans cette partie, nous considérons la notion analogue pour les sommets. Il y a, en fait, deux notions très proches, celle de sommet séparateur et celle de sommet séparant.

Un *sommet séparateur* d'un graphe G est un sommet v tel que $c(G-v) > c(G)$. En particulier, un sommet séparateur d'un graphe connexe est un sommet dont la suppression rend un graphe séparé. Cette notion est illustrée dans la Figure 5.1, les sommets séparateurs étant indiqués par des points noirs.

D'après l'Exercice 3.1.3, un graphe est connexe si deux quelconques de ses sommets sont toujours connectés par un chemin. Les graphes connexes sans sommet séparateur ont une propriété plus forte, décrite dans le théorème suivant. Deux chemins distincts sont *intérieurement disjoints* s'ils n'ont aucun sommet interne en commun.

J. Bondy et al., *Théorie des graphes*, Mathématiques et Applications 91,
https://doi.org/10.1007/978-1-4471-7621-3_5

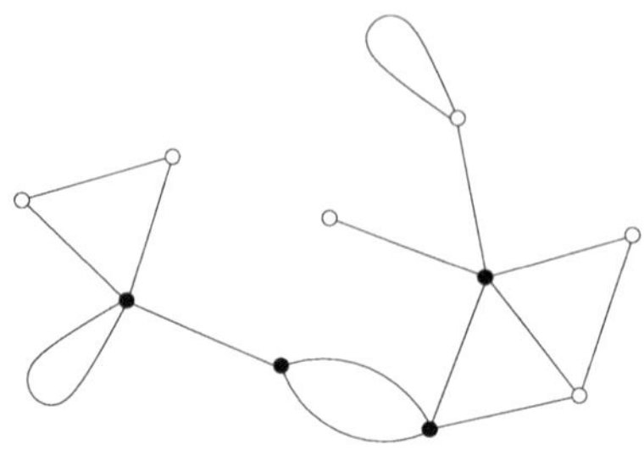

Fig. 5.1. Les sommets séparateurs d'un graphe

Théorème 5.1 *Un graphe connexe d'ordre au moins trois n'a pas de sommet séparateur si et seulement si, quels que soient deux sommets distincts, ils sont connectés par deux chemins intérieurement disjoints.*

Démonstration Soit G un graphe connexe, et v un sommet de G. Si deux sommets quelconques de G sont toujours connectés par deux chemins intérieurement disjoints, alors deux sommets quelconques de $G - v$ sont forcément connectés par au moins un chemin, donc $G - v$ est connexe et v n'est pas un sommet séparateur de G. Ceci étant vrai pour chaque sommet v, le graphe G n'a pas de sommet séparateur.

Réciproquement, soit G un graphe connexe d'ordre au moins trois, sans sommet séparateur. Considérons deux sommets quelconques u et v de G. Nous prouvons, par récurrence sur la distance $d(u, v)$ entre u et v, que ces sommets sont connectés par deux chemins intérieurement disjoints.

Supposons, tout d'abord, que u et v soient adjacents, et soit e une arête les reliant. Comme ni u ni v ne sont des sommets séparateurs, e n'est pas une arête séparatrice (Exercice 5.1.2) et est, de ce fait et par la Proposition 3.2, dans un cycle C de G. Il s'ensuit que u et v sont connectés par les chemins intérieurement disjoints uev et $C \setminus e$.

Supposons, maintenant, que le théorème soit vrai pour n'importe quels deux sommets à distance inférieure à k, avec $k \geq 2$. Soient deux sommets u et v tels que $d(u, v) = k$. Considérons un uv-chemin de longueur k, et soit v' le prédécesseur immédiat de v sur ce chemin. Alors $d(u, v') = k - 1$. Par hypothèse de récurrence, u et v' sont connectés par deux chemins intérieurement disjoints, P' et Q' (Voir Figure 5.2. Notons que cette figure montre le cas où $v \notin V(P') \cup V(Q')$, mais l'argument fonctionne aussi si $v \notin V(P') \cup V(Q')$.).

Comme G n'a pas de sommet séparateur, $G - v'$ est connexe et par conséquent contient un uv-chemin R'. Le chemin R' intersecte $P' \cup Q'$ en u. Soit x le dernier sommet de R' en lequel R' intersecte $P' \cup Q'$; sans perte de généralité, nous pouvons supposer que x est sur P'. Définissons $P := uP'xR'v$ et $Q := uQ'v'v$. Alors P et Q sont des uv-chemins intérieurement disjoints dans G. □

Des généralisations et des variantes du Théorème 5.1 sont présentées au Chapitre 7 et au Chapitre 9.

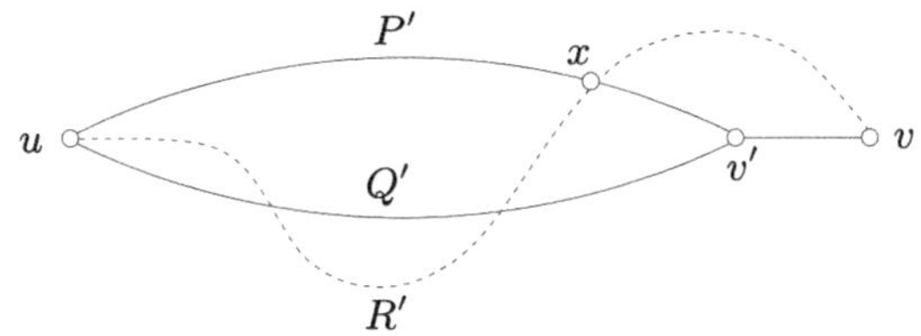

Fig. 5.2. Preuve du Théorème 5.1

Exercices

5.1.1 Montrer que tout graphe non-trivial possède au moins deux sommets qui ne sont pas des sommets séparateurs.

$\star$**5.1.2** Soit G un graphe connexe ayant au moins trois sommets, et $e = uv$ une arête séparatrice de G. Montrer que u ou v est un sommet séparateur de G.

5.1.3 Soit G un graphe connexe non-trivial sans sommet séparateur, et soit H le graphe obtenu à partir de G en ajoutant un nouveau sommet et en le reliant à deux sommets de G. Montrer que H n'a pas de sommet séparateur.

5.1.4 Soit G un graphe connexe non-trivial sans sommet séparateur, et soient X et Y deux ensembles (pas nécessairement disjoints) de sommets de G, chacun de cardinal au moins deux. Montrer qu'il y a deux (X, Y)-chemins disjoints dans G.

5.1.5 Montrer que deux plus longs cycles dans un graphe connexe sans boucle et sans sommet séparateur ont au moins deux sommets en commun.

5.2 Séparations et blocs

Alors que la notion de sommet séparateur, telle que définie dans la Partie 5.1, est l'analogue le plus naturel en termes de sommet de la notion d'arête séparatrice, un concept légèrement plus général est requis pour les graphes pouvant avoir des boucles.

Une *séparation* d'un graphe connexe est une décomposition du graphe en deux sous-graphes connexes non-vides qui ont seulement un sommet en commun. Ce sommet commun est appelé un *sommet séparant* du graphe. Les sommets séparants d'un graphe séparé sont définis comme étant ceux de ses composantes. Un sommet séparateur est clairement un sommet séparant, mais la réciproque est fausse : un sommet incident à une boucle et au moins une autre arête est un sommet séparant mais pas nécessairement un sommet séparateur. Cependant, dans un graphe sans boucle, tout sommet séparant est également un sommet séparateur, donc dans ce cas les deux concepts sont identiques. Alors que le graphe représenté Figure 5.1 a quatre sommets séparateurs, il a cinq sommets séparants, comme indiqués Figure 5.3.

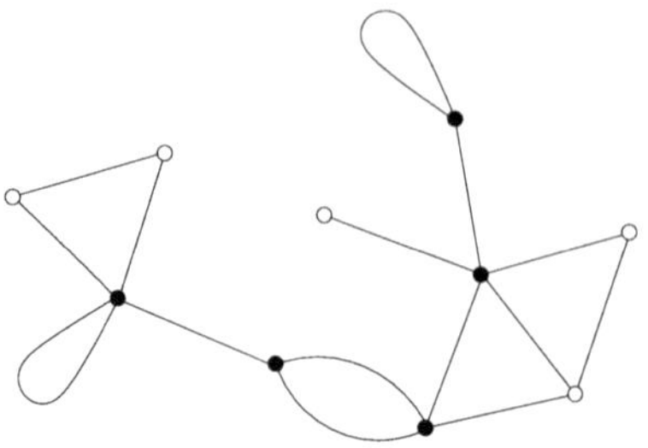

Fig. 5.3. Les sommets séparants d'un graphe

Graphes non-séparables

Un graphe est *non-séparable* s'il est connexe et n'a pas de sommet séparant ; dans le cas contraire, il est *séparable.* A isomorphisme près, il n'y a que deux graphes non-séparables sur un sommet, à savoir K_1, et K_1 augmenté d'une boucle. Tous les graphes non-séparables sur deux sommets ou plus sont sans boucle. Les arêtes multiples ne jouent aucun rôle ici : un graphe sans boucle est non-séparable si et seulement si son graphe graphe simple sous-jacent est non-séparable. Outre K_1 et K_2, les graphes non-séparables les plus simples sont les cycles. Whitney (1932c) a montré que les graphes connexes non-séparables peuvent se caractériser de la manière suivante en termes de leurs cycles.

Théorème 5.2 *Un graphe connexe est non-séparable si et seulement si, quelles que soient deux arêtes, elles appartiennent à un même cycle.*

Démonstration Si G est séparable, il peut être décomposé en deux sous-graphes connexes non-vides, G_1 et G_2, ayant un seul sommet v en commun. Soit e_i une arête de G_i incidente à v, $i = 1, 2$. Si e_1 ou e_2 est une boucle, il n'y a clairement pas de cycle contenant à la fois e_1 et e_2. Si ni e_1 ni e_2 ne sont des boucles, alors v est un sommet séparateur de G. Soit v_i l'autre extrémité de e_i, $i = 1, 2$. Alors il n'y a pas de v_1v_2-chemin dans $G - v$, et donc pas de cycle dans G passant à la fois par e_1 et e_2.

Réciproquement, supposons que G soit non-séparable. Soient e_1 et e_2 deux arêtes de G. Subdivisons e_i par un nouveau sommet v_i, $i = 1, 2$. Le graphe H ainsi obtenu est également non-séparable (Exercice 5.2.1). Par le Théorème 5.1, il y a dans H un cycle passant par v_1 et v_2, et donc un cycle dans G passant par e_1 et e_2. □

Blocs

Un *bloc* d'un graphe est un sous-graphe qui est non-séparable et maximal avec cette propriété. Un graphe non-séparable a donc un seul bloc, à savoir le graphe lui-même. Les blocs d'un arbre non-trivial sont les copies de K_2 induites par ses arêtes ;

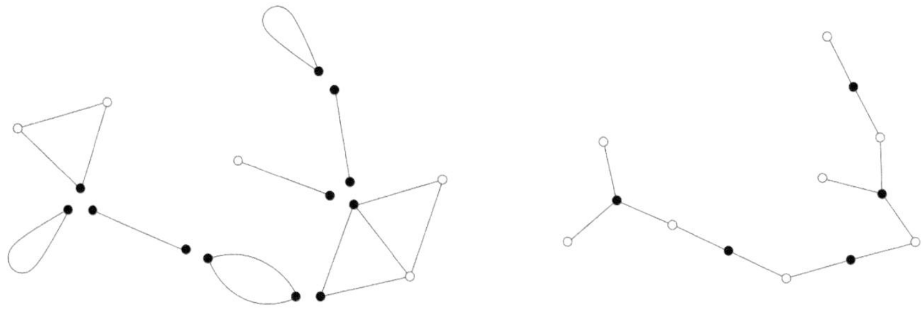

(a) (b)

Fig. 5.4. (a) Les blocs du graphe de la Figure 5.3, et (b) son arbre des blocs

et, en général, les blocs d'un graphe connexe s'articulent suivant une structure d'arbre, comme illustré Figure 5.4. Afin de prouver cette assertion, nous faisons d'abord un certain nombre de remarques de base sur les blocs.

Proposition 5.3 *Soit G un graphe. Alors :*

a) quels que soient deux blocs de G, ils ont au plus un sommet en commun,
b) les blocs de G forment une décomposition de G,
c) tout cycle de G est contenu dans un bloc de G.

Démonstration (a) Nous montrons cette affirmation par contradiction. Supposons que deux blocs distincts B_1 et B_2 aient deux sommets communs. Notons que B_1 et B_2 sont nécessairement sans boucle. Puisque ce sont des sous-graphes non-séparables maximaux de G, aucun des deux ne contient l'autre, donc $B := B_1 \cup B_2$ les contient tous deux strictement. Soit $v \in V(B)$. Alors $B - v = (B_1 - v) \cup (B_2 - v)$ est connexe, parce que $B_1 - v$ et $B_2 - v$ sont tous deux connexes et ont au moins un sommet en commun. Ainsi B n'a pas de sommet séparateur, et donc, étant sans boucle, est non-séparable. Mais ceci contredit la maximalité de B_1 et B_2.

(b) Chaque arête de G induit un sous-graphe non-séparable (à un ou deux sommets), et donc est contenue dans un sous-graphe non-séparable maximal, ou bloc, de G. D'autre part, aucune arête n'est dans deux blocs, d'après (a). Les blocs forment par conséquent une décomposition de G.

(c) Comme nous l'avons observé plus haut, un cycle de G est un sous-graphe non-séparable, donc contenu dans un bloc de G. □

Nous pouvons associer à tout graphe G un graphe biparti $B(G)$ de bipartition $(\mathcal{B}, S)$, avec $\mathcal{B}$ l'ensemble des blocs de G et S l'ensemble des sommets séparants de G, un bloc B et un sommet séparant v étant adjacents dans $B(G)$ si et seulement si B contient v. Chaque chemin dans G connectant des sommets de blocs distincts engendre un unique chemin dans $B(G)$ connectant ces mêmes blocs. Il suit que si G est connexe, alors $B(G)$ l'est aussi. De plus, $B(G)$ est acyclique, car un cycle dans

$B(G)$ correspondrait à un cycle dans G passant par deux blocs ou plus, contredisant la Proposition 5.3c. Le graphe $B(G)$ est donc un arbre, appelé l'*arbre des blocs* de G (voir Figure 5.4b). Si G est séparable, les blocs de G qui correspondent aux feuilles de son arbre des blocs sont appelés *blocs terminaux*. Un *sommet interne* d'un bloc d'un graphe G est un sommet qui n'est pas un sommet séparant de G.

En utilisant cette structure d'arbre, on peut déduire la plupart des propriétés des graphes connexes des propriétés de leurs blocs, de la même manière que l'on peut déduire la plupart des propriétés des graphes de celles de leurs composantes. Autrement dit, on restreint très souvent l'étude de tous les graphes à celles de leurs blocs. Des exemples sont donnés dans les Exercices 5.2.5 et 5.2.8b. Un autre est fourni par la Proposition 5.3, qui implique qu'un graphe a une couverture double par des cycles si et seulement si chacun de ses blocs en a une. Il suffit par conséquent de prouver la Conjecture de Couverture Double par Cycles pour les graphes non-séparables. En fait, il suffit de prouver la conjecture pour des graphes cubiques non-séparables. Cette réduction est basée sur l'opération d'écartement d'arêtes d'un sommet (voir encart).

Dans cette partie, nous décrivons comment un graphe non-séparable autre que K_1 et K_2 peut être construit de manière très simple en commençant avec un cycle et en ajoutant des chemins. Nous utilisons ensuite cette structure pour déduire plusieurs propriétés importantes des graphes non-séparables.

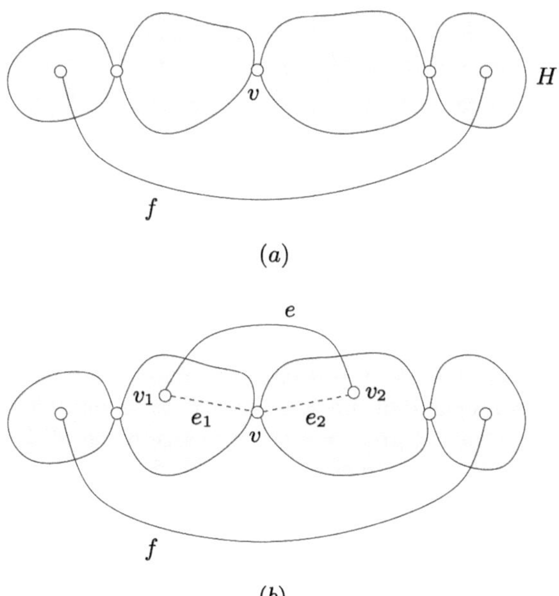

Fig. 5.5. Preuve du Théorème 5.4 : (a) Le chemin de blocs H et l'arête f, (b) le graphe G'

TECHNIQUE DE PREUVE: ÉCARTEMENT D'ARÊTES

Soit v un sommet d'un graphe G, et soient $e_1 := vv_1$ et $e_2 := vv_2$ deux arêtes de G incidentes à v. L'opération d'*écartement* des arêtes e_1 et e_2 de v consiste à supprimer e_1 et e_2 et à ensuite ajouter une nouvelle arête e reliant v_1 et v_2. Cette opération est illustrée Figure 5.5b. (Notons que si $v_1 = v_2$, alors écarter e_1 et e_2 de v revient à remplacer ces arêtes par une boucle en $v_1 = v_2$.) Le théorème suivant, dû à Fleischner (1992), montre que, sous certaines conditions, cette opération peut être effectuée sans créer d'arête séparatrice.

Théorème 5.4 LEMME D'ÉCARTEMENT
Soit G un graphe non-séparable et v un sommet de G de degré au moins 4 ayant au moins deux voisins distincts. Alors il y a deux arêtes non-parallèles incidentes à v qui peuvent être écartées de façon à ce que le graphe obtenu soit connexe et n'ait pas d'arête séparatrice.

Démonstration Il y a deux graphes à trois sommets et cinq arêtes qui satisfont les hypothèses du théorème, et le théorème peut facilement être vérifié pour ces deux graphes. Nous procédons par récurrence sur m. Soit f une arête de G qui n'est pas incidente à v, et posons $H := G \setminus f$. Si v est un sommet interne d'un bloc B de H, le théorème vient en appliquant la récurrence à B et v. Donc nous pouvons supposer que v est un sommet séparateur de H. Comme G est non-séparable, l'arbre des blocs de H est un chemin (Exercice 5.2.11), et l'arête f relie les sommets internes des deux blocs terminaux de H, comme illustré sur la Figure 5.5a.

Soit e_1 et e_2 deux arêtes incidentes à v et appartenant à des blocs distincts de H. Considérons le graphe G' issu de G en écartant e_1 et e_2 de v. On peut vérifier que G' est connexe et que chaque arête de G' est dans un cycle (Exercice 5.2.9). D'après la Proposition 3.2, G' n'a pas d'arête séparatrice. □

Voici l'application promise du Lemme d'Écartement aux couvertures doubles par cycles.

Théorème 5.5 *La Conjecture de Couverture Double par Cycles est vraie si et seulement si elle est vraie pour tous les graphes cubiques non-séparables.*

Démonstration Nous avons déjà observé qu'il suffit de prouver la Conjecture de Couverture Double par Cycles pour les graphes non-séparables. Considérons un tel graphe G. Par le Théorème de Veblen, on peut supposer que G a au moins un sommet de degré impair. Si G a un sommet v de degré 2, dont les voisins sont u et w, soit G' le graphe non-séparable obtenu à partir de $G - v$ en ajoutant une arête reliant u et w. Si G a un sommet v de degré 4 ou plus, soit G' un graphe non-séparable obtenu à partir de G en écartant deux arêtes de v. Dans les deux cas, il est facile de voir que si G' a une couverture double par cycles, alors G en a également une. En appliquant ces deux opérations récursivement, on obtient un graphe cubique non-séparable H, et si H a une couverture double par cycles, alors G en a une aussi. □

Pour une autre application du Lemme d'Écartement, voir l'Exercice 5.2.12.

Exercices

$\star$**5.2.1** Soit G un graphe non-séparable de taille au moins 2 et e une arête de G. Montrer que le graphe obtenu à partir G en subdivisant e est non-séparable.

$\star$**5.2.2** Soit G un graphe, et e une arête de G. Montrer que :

a) si $G \setminus e$ est non-séparable et e n'est pas une boucle de G, alors G est non-séparable,
b) si G / e est non-séparable et e n'est ni une boucle ni une arête séparatrice de G, alors G est non-séparable.

5.2.3 Soit G un graphe, et soit $\overset{C}{\sim}$ la relation binaire sur E définie par $e \overset{C}{\sim} f$ si et seulement si soit $e = f$ soit il y a un cycle de G contenant à la fois e et f. Montrer que :

a) la relation $\overset{C}{\sim}$ est une relation d'équivalence sur E,
b) les sous-graphes de G induits par les classes d'équivalence suivant cette relation sont ses blocs non-triviaux.

5.2.4 Montrer qu'un graphe connexe séparable a au moins deux blocs terminaux.

5.2.5 Montrer que :

a) un graphe est pair si et seulement si chacun de ses blocs est pair,
b) un graphe est biparti si et seulement si chacun de ses blocs est biparti.

5.2.6 Nous désignons un graphe G avec deux sommets distingués x et y par $G(x, y)$. Prouver la proposition suivante qui est un analogue pour les arêtes du Théorème 5.1.
Soit $G(x, y)$ un graphe connexe sans arête séparatrice. Alors il existe deux xy-chemins arête-disjoints dans G.

5.2.7

a) Soit $G(x, y)$ un graphe non-séparable. Montrer que tous les xy-chemins dans G ont la même parité si et seulement si G est biparti.
b) En déduire que chaque arête d'un graphe non-séparable non-biparti est dans un cycle impair.

$\star$**5.2.8**

a) Soit B un bloc d'un graphe G, et P un chemin dans G connectant deux sommets de B. Montrer que P est contenu dans B.
b) En déduire qu'un sous-graphe couvrant T d'un graphe connexe G est un arbre couvrant de G si et seulement si $T \cap B$ est un arbre couvrant de B pour tout bloc B de G.

⋆**5.2.9** Considérons le graphe G' de la preuve du Théorème 5.4. Montrer que :

a) G' est connexe,
b) chaque arête de G' est dans un cycle.

5.2.10 Construire un graphe non-séparable dont chaque sommet est de degré au moins 4 et a au moins deux voisins distincts, et dans lequel, quelles que soient deux arêtes adjacentes, l'écartement de celles-ci produit un graphe séparable.

⋆**5.2.11** Soit G un graphe non-séparable, et soit e une arête de G telle que $G \setminus e$ est séparable. Montrer que l'arbre des blocs de $G \setminus e$ est un chemin.

(G.A. Dirac ; M.D. Plummer)

5.2.12

a) En employant l'opération d'écartement, montrer que tout graphe pair a un nombre impair de décompositions en cycles.
b) Déduire que chaque arête d'un graphe pair est dans un nombre impair de cycles. (S. Toida)

5.3 Décompositions en anses

Mis à part K_1 et K_2, tout graphe non-séparable contient un cycle. Nous décrivons ici une procédure récursive simple pour générer n'importe quel graphe non-séparable en partant d'un cycle arbitraire du graphe.

Soit F un sous-graphe d'un graphe G. Une *anse* de F dans G est un chemin non-trivial dans G dont les extrémités sont dans F mais dont les sommets internes ne le sont pas.

Proposition 5.6 *Soit F un sous-graphe propre non-trivial d'un graphe non-séparable G. Alors F a une anse dans G.*

Démonstration Si F est un sous-graphe couvrant de G, l'ensemble $E(G) \setminus E(F)$ est non-vide car, par hypothèse, F est un sous-graphe propre de G. Toute arête dans $E(G) \setminus E(F)$ est alors une anse de F dans G. Nous pouvons donc supposer que F n'est pas couvrant.

Comme G est connexe, il y a une arête xy de G telle que $x \in V(F)$ et $y \in V(G) \setminus V(F)$. Puisque G est non-séparable, $G - x$ est connexe, donc il y a un $(y, F - x)$-chemin Q dans $G - x$. Le chemin $P := xyQ$ est une anse de F. □

La preuve de la proposition suivante est laissée au lecteur (Exercice 5.3.1).

Proposition 5.7 *Soit F un sous-graphe propre non-séparable d'un graphe G, et soit P une anse de F. Alors $F \cup P$ est non-séparable.* □

Une *suite emboîtée* de graphes est une suite $(G_0, G_1, \ldots, G_k)$ de graphes telle que $G_i \subset G_{i+1}$, $0 \leq i < k$. Une *décomposition en anses* d'un graphe non-séparable G est une suite emboîtée $(G_0, G_1, \ldots, G_k)$ de sous-graphes non-séparables de G telle que :

- ▷ G_0 est un cycle,
- ▷ $G_{i+1} = G_i \cup P_i$, où P_i est une anse de G_i dans G, $0 \leq i < k$,
- ▷ $G_k = G$.

Une décomposition en anses du graphe de Petersen est donnée Figure 5.6, le cycle initial et les anses ajoutées aux différentes étapes étant indiqués en gras.

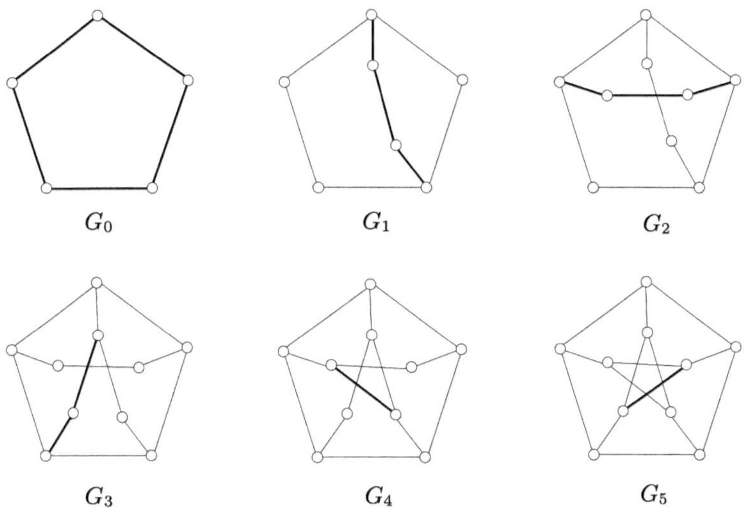

Fig. 5.6. Une décomposition en anses du graphe de Petersen

En utilisant le fait que tout graphe non-séparable autre que K_1 et K_2 est un cycle, nous pouvons déduire le théorème suivant des Propositions 5.6 et 5.7.

Théorème 5.8 *Tout graphe non-séparable autre que K_1 et K_2 a une décomposition en anses.* □

Cette description récursive des graphes non-séparables peut être utilisée pour établir beaucoup de leurs propriétés par récurrence. Nous décrivons dans ce qui suit une application intéressante des décompositions en anses à un problème de flux de trafic. Des applications supplémentaires peuvent être trouvées dans les exercices à la fin de cette partie.

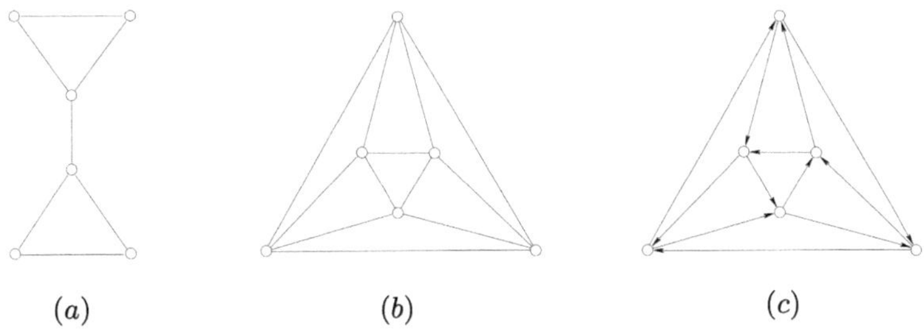

Fig. 5.7. (a) Un graphe sans orientation fortement connexe, et (b) un graphe ayant (c) une orientation fortement connexe

Orientations fortement connexes

Un réseau routier d'une ville doit être transformé en un système de sens uniques afin que le trafic s'écoule le plus tranquillement possible. Comment faire cela de façon satisfaisante ? Ce problème nécessite clairement de trouver une orientation convenable du graphe représentant le réseau routier. Considérons, tout d'abord, le graphe représenté Figure 5.7a. Quelle que soit la manière dont ce graphe est orienté, le digraphe obtenu ne sera pas fortement connexe, donc le trafic ne pourra pas s'écouler librement dans le système, car certains endroits ne seront pas accessibles depuis certains autres. D'autre part, le graphe de la Figure 5.7b a une orientation fortement connexe comme montré Figure 5.7c (une orientation dans laquelle, de plus, chaque sommet est atteignable depuis tout autre en deux pas au plus).

Clairement, une condition nécessaire pour qu'un graphe ait une orientation fortement connexe est de ne pas avoir d'arête séparatrice. Robbins (1939) a montré que cette condition est également suffisante. La preuve fait appel à la proposition facile suivante (Exercice 5.3.9).

Proposition 5.9 *Un digraphe connexe est fortement connexe si et seulement si chacun de ses blocs est fortement connexe.* □

Théorème 5.10 *Tout graphe connexe sans arête séparatrice admet une orientation fortement connexe.*

Démonstration Soit G un graphe connexe sans arête séparatrice. Par la Proposition 5.9, il suffit de montrer que chaque bloc B de G a une orientation fortement connexe. On peut supposer que $B \neq K_1$. En outre, comme G n'a pas d'arête séparatrice, $B \neq K_2$. Donc B contient un cycle et, par le Théorème 5.8, a une décomposition en anses $(G_0, G_1, \ldots, G_k)$. Considérons l'orientation de B obtenue en orientant G_0 en un cycle dirigé et chaque anse en un chemin dirigé. Il peut être facilement vérifé, par récurrence sur i, que l'orientation de G_i ainsi obtenue est fortement connexe pour tout i, $0 \leq i \leq k$. En particulier, l'orientation résultante de $B = G_k$ est fortement connexe. □

Exercices

$\star$**5.3.1** Déduire la Proposition 5.7 du Théorème 5.2.

$\star$**5.3.2** Une arête e d'un graphe non-séparable G est dite *supprimable* si $G \setminus e$ est non-séparable, et *contractible* si G / e est non-séparable. Montrer que toute arête d'un graphe non-séparable est soit supprimable soit contractible.

5.3.3 Montrer que si G n'a pas de cycle pair, alors chaque bloc de G est soit un cycle impair, soit une copie de K_1 ou de K_2.

5.3.4 Soit G un graphe non-séparable, et soient x et y deux sommets de G. Montrer qu'il existe un ordre total $v_1, v_2, \ldots, v_n$ des sommets de G tel que $v_1 = x$, $v_n = y$, et chaque sommet v_j, $2 \leq j \leq n-1$, soit relié à un sommet v_i avec $i < j$ et un sommet v_k avec $k > j$.

5.3.5 Prouver la version duale suivante du Théorème 5.2 : *un graphe connexe est non-séparable si et seulement si, quelles qu'elles soient, deux de ses arêtes sont contenues dans une attache.*

5.3.6 Soit G un graphe et $\stackrel{B}{\sim}$ la relation binaire sur E définie par $e \stackrel{B}{\sim} f$ si et seulement si e et f sont égales ou contenues dans une même attache de G. Montrer que :

a) la relation $\stackrel{B}{\sim}$ est une relation d'équivalence de E,
b) les sous-graphes de G induits par les classes d'équivalence suivant cette relation sont ses blocs non-triviaux.

5.3.7 Déduire le résultat de l'Exercice 5.1.4 du Théorème 5.8.

5.3.8 Soit G un graphe non-séparable différent de K_1 et K_2, et soit $(G_0, G_1, \ldots, G_k)$ une décomposition en anses de G.

a) Montrer que $k = m - n$.
b) Supposons que $G_{i+1} = G_i \cup P_i$, avec P_i une anse de G_i dans G_{i+1}, $0 \leq i < k$. Posons $C_0 := G_0$ et, pour $1 \leq i \leq k$, soit C_i un cycle dans G_i contenant l'anse P_{i-1}. Montrer que $(C_0, C_1, \ldots, C_k)$ est une base de $\mathcal{C}(G)$, l'espace des cycles de G.

$\star$**5.3.9** Prouver la Proposition 5.9.

5.3.10 Soit G un graphe non-biparti non-séparable.

a) Montrer que l'espace des cycles $\mathcal{C}(G)$ de G a une base formée par $m - n$ cycles pairs et un cycle impair.
b) En déduire que la dimension du sous-espace de $\mathcal{C}(G)$ engendré par les cycles pairs de G est $m - n$. (M.A. Henning et C.H.C. Little)

5.3.11 Une famille de sous-graphes d'un graphe est dite *linéairement indépendante* si les vecteurs d'incidence de leurs ensembles d'arêtes sont linéairement indépendants sur $GF(2)$. Soit G un graphe non-séparable sur au moins deux sommets.

a) Si x et y sont deux sommets de G, montrer qu'il y a $m-n+2$ xy-chemins linéairement indépendants dans G, et que ce nombre est le plus grand possible.
b) Soit e une arête de G. Déduire que l'espace des cycles $\mathcal{C}(G)$ de G a une base constituée entièrement de cycles contenant l'arête e.
c) En déduire que G a au moins $\binom{m-n+2}{2}$ cycles.
d) Quels graphes non-séparables G ont exactement $\binom{m-n+2}{2}$ cycles ?

5.3.12 TREILLE
Une *treille* sur un chemin xPy dans un graphe G est une suite $(x_iQ_iy_i : 1 \le i \le r)$ d'anses intérieurement disjointes de P dans G telle que :

$$x = x_1 \prec x_2 \prec y_1 \preceq x_3 \prec y_2 \preceq x_4 \prec \cdots \preceq x_r \prec y_{r-1} \prec y_r = y$$

avec $\prec$ la relation de précédence sur P (voir Figure 5.8).

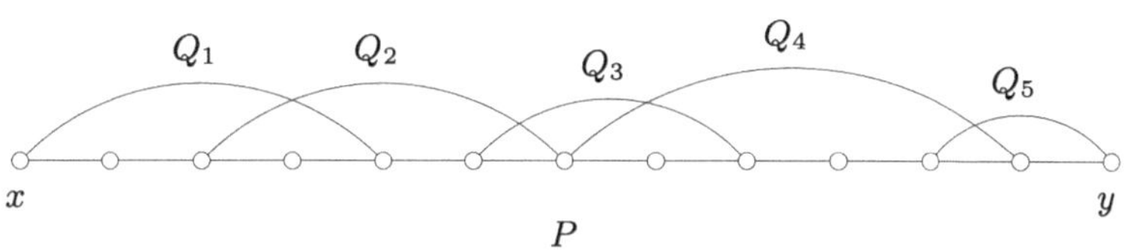

Fig. 5.8. Une treille sur un chemin

Soit xPy un chemin dans un graphe non-séparable G.

a) Montrer qu'il y a une treille $(x_iQ_iy_i : 1 \le i \le r)$ sur P.
b) Posons $P_i := x_iPy_i$ et $C_i := P_i \cup Q_i$, $1 \le i \le r$. Montrer que $C_{jk} := \triangle\{C_i : j \le i \le k\}$ est un cycle de G, $1 \le j \le k \le r$.
c) Supposons que $r = 2t-1$ soit impair.
   i) Montrer que les t^2 cycles C_{jk}, $1 \le j \le t \le k \le r$, couvrent ensemble le chemin P au moins t fois et chaque anse Q_i $\min\{i, 2t-i\}\,t$ fois.
   ii) En déduire que si P est de longueur ℓ, alors un de ces cycles est de longueur au moins $(\ell/t)+t$, et donc de longueur au moins $2\sqrt{\ell}$. (G.A. DIRAC)
   iii) Effectuer un calcul similaire dans le cas où r est pair.

5.4 Décompositions en anses dirigées

Il y a une théorie analogue à celle des décompositions en anses pour les digraphes fortement connexes non-séparables. Tout digraphe fortement connexe autre que

K_1 contient un cycle dirigé (Exercice 2.5.6). C'est le point de départ de la décomposition en anses dirigées que nous décrivons maintenant.

Soit F un sous-digraphe d'un digraphe D. Une *anse dirigée* de F dans D est un chemin dirigé dans D dont les extrémités sont dans F mais pas les sommets internes.

Proposition 5.11 *Soit F un sous-digraphe propre non-trivial non-séparable et fortement connexe d'un digraphe fortement connexe non-séparable D. Alors F a une anse dirigée dans D.*

Démonstration Puisque D est non-séparable, F a une anse (non-dirigée) dans D, par la Proposition 5.6. Parmi toutes ces anses, nous en choisissons une dans laquelle le nombre d'arcs inverses (ceux dirigés vers le sommet initial) est le plus petit possible. Nous montrons que ce chemin xPy est en fait une anse dirigée.

Supposons le contraire, et soit (u, v) un arc inverse de P (voir Figure 5.9a). Comme D est fortement connexe, dans D, il y a un (F, u)-chemin dirigé Q et un (v, F)-chemin dirigé R (l'un d'entre eux pouvant être de longueur zéro). La queue de Q et la tête de R doivent être le même sommet, sinon la marche dirigée $QuvR$ contiendrait une anse dirigée de F, contredisant le choix de P et la supposition que P n'est pas une anse dirigée. Apppelons z ce sommet commun (voir Figure 5.9b). Nous pouvons supposer que $z \neq x$ (le cas $z \neq y$ étant analogue). Alors la xz-marche $xPvRz$ contient un xz-chemin qui contredit le choix de P (voir Figure 5.9c). Donc P est bien une anse dirigée de F. □

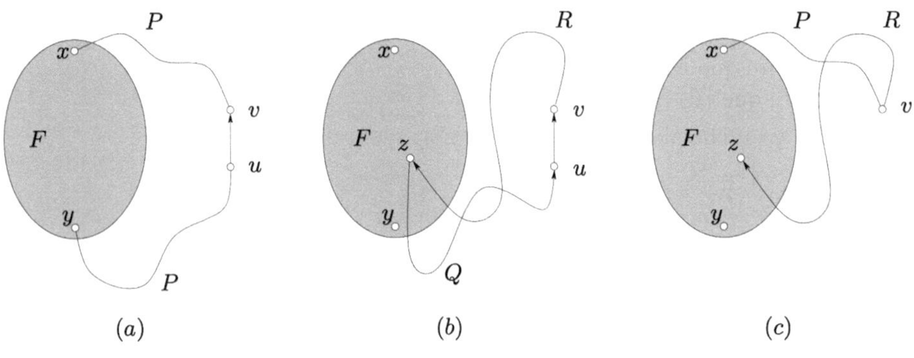

Fig. 5.9. Preuve de la Proposition 5.11: (a) L'anse P de F, (b) les chemins dirigés zQu et vRz, et (c) la xz-marche $xPvRz$

La preuve de la proposition suivante est similaire à la preuve de la Proposition 5.7, et est laissée au lecteur (Exercice 5.4.1).

Proposition 5.12 *Soit C un sous-digraphe fortement connexe d'un digraphe D, et P une anse dirigée de C dans D. Alors $C \cup P$ est fortement connexe.* □

Une *décomposition en anses dirigées* d'un digraphe fortement connexe non-séparable D est une suite $(D_0, D_1, \ldots, D_k)$ de sous-graphes de D fortement connexes non-séparables telle que :

- ▷ D_0 est un cycle dirigé,
- ▷ $D_{i+1} = D_i \cup P_i$, avec P_i une anse dirigée de D_i dans D, $0 \leq i < k$,
- ▷ $D_k = D$.

Une décomposition en anses dirigées d'un digraphe fortement connexe D est montrée Figure 5.10, le cycle dirigé initial et les anses dirigées ajoutées aux différentes étapes étant indiqués en gras.

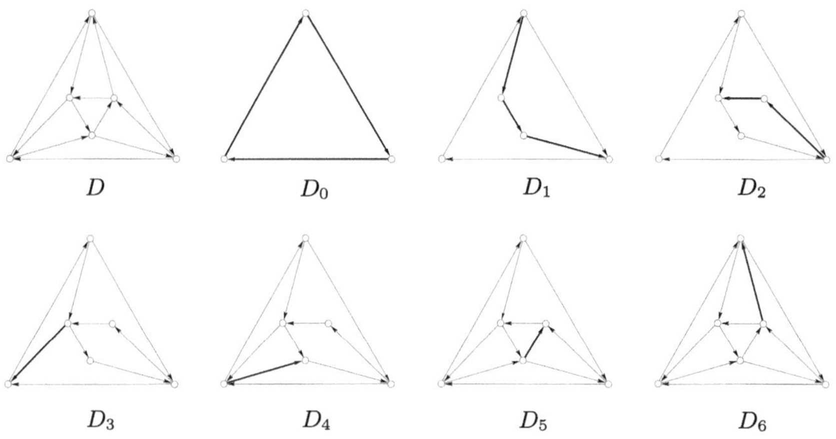

Fig. 5.10. Une décomposition en anses dirigées d'un digraphe fortement connexe

Les Propositions 5.11 et 5.12 impliquent le théorème suivant.

Théorème 5.13 *Tout digraphe fortement connexe non-séparable autre que K_1 a une décomposition en anses dirigées.* □

Rappelons qu'un *ensemble d'arcs transverse* d'un digraphe D est un ensemble S d'arcs tel que $D \setminus S$ soit acyclique (voir Exercice 2.5.8). Knuth (1974) a prouvé que si un digraphe D était fortement connexe, alors il avait un ensemble d'arcs transverse ayant une propriété supplémentaire importante.

Considérons un ensemble d'arcs transverse minimal S d'un digraphe D. Comme S est minimal, pour tout arc a de S le sous-digraphe $(D \setminus S) + a$ contient au moins un cycle dirigé. Chacun de ces cycles contient l'arc a, mais aucun autre arc de S. Appelons les cycles dirigés qui apparaissent de la sorte les *cycles fondamentaux* de D selon S. Nous dirons que S est *cohérent* si tout arc de D apartient à un cycle fondamental. Un exemple d'un ensemble d'arcs transverse cohérent est donné Figure 5.11.

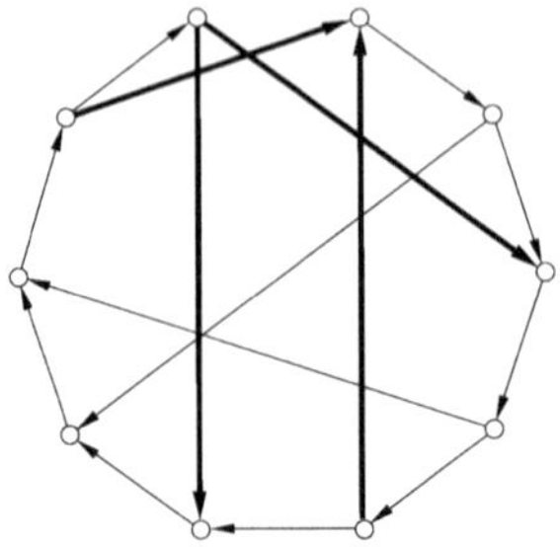

Fig. 5.11. Un ensemble d'arcs transverse cohérent d'un digraphe

Observons que pour qu'un digraphe admette un ensemble d'arcs transverse cohérent, chacune de ses composantes doit être fortement connexe, car chaque arc doit appartenir à un cycle dirigé. Knuth (1974) a montré que, réciproquement, tout digraphe fortement connexe a un ensemble d'arcs transverse cohérent. La preuve utilise les décompositions en anses dirigées.

Théorème 5.14 *Tout digraphe fortement connexe admet un ensemble d'arcs transverse cohérent.*

Démonstration Par récurrence sur le nombre d'arcs. Soit D un digraphe fortement connexe. Si D est un cycle dirigé, l'énoncé est clairement vrai. Sinon, par le Théorème 5.13, il existe un sous-digraphe propre fortement connexe D' et une anse dirigée yPx de D' telle que $D = D' \cup P$. Par récurrence, D' a un ensemble d'arcs transverse cohérent, et par conséquent un ensemble d'arcs transverse cohérent S' tel que $D' \setminus S'$ contienne un x-branchement couvrant (Exercice 5.4.6). L'ensemble $S := S' \cup \{a\}$, avec a un arc quelconque de P, est clairement un ensemble d'arcs transverse de D. Puisque $D' \setminus S'$ contient un x-branchement couvrant, il y a un chemin dirigé xQy dans $D' \setminus S'$. Observons que $yPxQy$ est un cycle fondamental selon S dans D. Comme S' est un ensemble d'arcs transverse cohérent de D', il s'ensuit que S est un ensemble d'arcs transverse cohérent de D. □

Le Théorème 5.14 a été découvert indépendamment par Bessy et Thomassé (2004), et au Chapitre 20 nous verrons une autre application intéressante de ce théorème que ces auteurs ont obtenue.

Nous concluons cette partie avec une autre application du Théorème 5.13.

Théorème 5.15 *Tout digraphe fortement connexe D a un sous-digraphe fortement connexe couvrant avec au plus $2n - 2$ arcs.*

Démonstration On peut supposer que D est sans boucles, quitte à supprimer celles-ci si nécessaire. Si $D = K_1$, l'énoncé est trivial. Sinon, nous appliquons le Théorème 5.13 à chaque bloc B de D. Considérons une décomposition en anses dirigées de B. Supprimons de B les arcs dans les anses dirigées de longueur 1, ce qui nous donne un sous-digraphe fortement connexe couvrant F de B et une décomposition en anses dirigées $(D_0, D_1, \ldots, D_k)$ de F dans laquelle toute anse P_i est de longueur au moins 2. Ainsi, $k \leq v(F) - v(D_0) \leq v(F) - 2$. Comme $e(D_0) = v(D_0)$ et $e(P_i) = v(P_i) - 1$, $1 \leq i \leq k$, nous avons :

$$e(F) = e(D_0) + \sum_{i=1}^{k} e(P_i) = v(D_0) + \sum_{i=1}^{k} (v(P_i) - 1) = v(F) + k \leq 2v(F) - 2$$

D'après la Proposition 5.9, l'union des sous-graphes fortement connexes F (un dans chaque bloc de D) est un sous-digraphe fortement connexe couvrant de D. Or, chacun de ces sous-graphes F a au plus $2v(F) - 2$ arcs, donc ce sous-digraphe couvrant de D a au plus $2n - 2$ arcs. □

Exercices

⋆**5.4.1** Prouver la Proposition 5.12.

5.4.2 Quels sont les digraphes fortement connexes D qui n'ont pas de sous-graphe fortement connexe couvrant avec moins de $2n - 2$ arcs ?

5.4.3 Soit G un digraphe fortement connexe. Montrer que :

a) G a au moins $m - n + 1$ cycles dirigés,
b) G contient un arbre couvrant dont tous les cycles fondamentaux sont des cycles dirigés si et seulement si G a exactement $m - n + 1$ cycles dirigés.

5.4.4 L'*espace des cycles* d'un digraphe est l'espace des cycles de son graphe sous-jacent. Montrer que l'espace des cycles d'un digraphe fortement connexe a une base formée uniquement de cycles dirigés.

5.4.5 En considérant le digraphe de la Figure 5.11, montrer qu'un ensemble d'arcs transverse minimal n'est pas nécessairement cohérent.

5.4.6 Soit D un digraphe fortement connexe, et x un sommet de D. On suppose que D a un ensemble d'arcs transverse cohérent S. On choisit S tel que l'ensemble X des sommets de D atteignables depuis x dans $D \setminus S$ soit aussi grand que possible.

a) On suppose que $X \neq V$, et on pose $T := (S \setminus \partial^+(X)) \cup \partial^-(X)$. Montrer que :
   i) T est un ensemble d'arcs transverse cohérent de D,
   ii) l'ensemble des sommets de D atteignables depuis x dans $D \setminus T$ contient strictement X.
b) En déduire que $D \setminus S$ contient un x-branchement couvrant. (D.E. Knuth)

——————≀≀——————

5.5 En savoir plus

Décompositions en cycles pairs

Le Théorème de Veblen (2.7) donne une condition nécessaire et suffisante pour qu'un graphe admette une décomposition en cycles. Si l'on veut que tous les cycles constitutifs de la décomposition soient de longueur paire, non seulement le graphe doit être pair, mais tout bloc doit être de taille (nombre d'arêtes) paire. Cependant, ces conditions ne sont pas suffisantes : K_5 les remplit, mais n'admet pas de décomposition en cycles pairs. D'autre part, Seymour (1981a) a montré qu'un graphe pair non-séparable de taille paire admet une décomposition en cycles pairs si jamais il est planaire. En étendant l'exemple de K_5, Rizzi (2001) a décrit une classe infinie de graphes pairs 4-connexes de taille paire qui n'ont pas de décomposition en cycles pairs, et il a conjecturé que tout graphe pair simple et 5-connexe de taille paire admet une telle décomposition. (La notion de graphe k-connexe est définie au Chapitre 9.) Pour une synthèse sur le sujet, nous renvoyons le lecteur vers Jackson (1993a), ou les livres de Fleischner (1990, 1991).

Matroïdes et non-séparabilité

Bien qu'il n'y ait pas d'analogue à la notion de graphe connexe pour les matroïdes, la notion de non-séparabilité s'y étend naturellement. Soit M un matroïde sur un ensemble E. Une partition de E en deux sous-ensembles non-vides E_1 et E_2 est appelée une *séparation* de M si chaque base de M est l'union d'une base de E_1 et d'une base de E_2, où par *base* de E_i nous entendons un sous-ensemble indépendant maximal de E_i. Un matroïde est *non-séparable* s'il n'a pas de séparation. Whitney (1935) a montré qu'un matroïde est non-séparable si et seulement si quels que soient deux de ses éléments, ils sont dans un même circuit. Ce résultat, appliqué aux matroïdes des cycles des graphes sans sommet isolé, donne le Théorème 5.2. Whitney a également montré qu'un matroïde est non-séparable si et seulement si son dual est non-séparable. En particulier, le matroïde des cycles d'un graphe est non-séparable si et seulement si son matroïde des attaches est non-séparable. Ainsi, du point de vue des matroïdes, les énoncés des Exercices 5.2.3 et 5.3.6 sont formellement équivalents.

6

Algorithmes de parcours

Sommaire

6.1 Parcours

Nous avons vu que la connexité est une propriété de graphes. Mais comment détermine-t-on si un graphe est connexe ? Dans le cas de petits graphes, il est possible de le faire par une recherche exhaustive, en cherchant un chemin entre chacune des paires de sommets. Cependant, dans les grands graphes, une telle approche pourrait prendre beaucoup de temps car le nombre de chemins à rechercher peut être prohibitif. Par conséquent, il est souhaitable d'avoir une procédure systématique, ou *algorithme*, qui soit à la fois efficace et applicable à tous les graphes. La propriété suivante des arbres d'un graphe fournit le fondement d'une telle procédure. Pour un sous-graphe F d'un graphe G, nous écrivons simplement $\partial(F)$ pour $\partial(V(F))$, et appelons cet ensemble la *coupe* associée à F.

J. Bondy et al., *Théorie des graphes*, Mathématiques et Applications 91,
https://doi.org/10.1007/978-1-4471-7621-3_6

Soit T un arbre dans un graphe G. Si $V(T) = V(G)$, alors T est un arbre couvrant de G et nous pouvons conclure, par le Théorème 4.6, que G est connexe. Si $V(T) \subset V(G)$, deux possibilités peuvent se produire : soit $\partial(T) = \emptyset$, et dans ce cas G est séparé, ou bien $\partial(T) \neq \emptyset$. Dans ce dernier cas, pour toute arête $xy \in \partial(T)$, avec $x \in V(T)$ et $y \in V(G) \setminus V(T)$, le sous-graphe de G obtenu en ajoutant le sommet y et l'arête xy de T est aussi un arbre dans G (voir Figure 6.1).

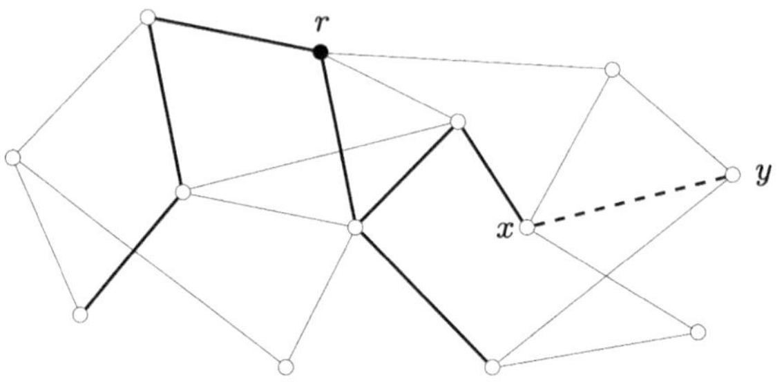

Fig. 6.1. Croissance d'un arbre dans un graphe

En utilisant cette idée, on peut générer une suite d'arbres enracinés dans G, en partant de l'arbre trivial constitué uniquement d'un sommet racine r, et en terminant soit avec un arbre couvrant du graphe, soit avec un arbre non-couvrant dont la coupe associée est vide. (En pratique, cela nécessite de passer en revue les listes d'adjacence des sommets déjà dans l'arbre, l'une après l'autre, pour déterminer quel sommet et quelle arête ajouter à l'arbre.) Nous appelons une telle procédure un *parcours* et l'arbre obtenu un *arbre de recherche.*

Si notre objectif est simplement de déterminer si un graphe est connexe, n'importe quel parcours fait l'affaire. Autrement dit, l'ordre dans lequel les listes d'adjacence sont considérées est sans importance. Cependant, des parcours dans lesquels des critères spécifiques sont utilisés pour déterminer l'ordre peuvent fournir des informations supplémentaires sur la structure du graphe. Par exemple, un parcours connu comme le *parcours en largeur* peut servir à trouver les distances dans un graphe, et un autre, le *parcours en profondeur*, à trouver les sommets séparateurs d'un graphe.

Introduisons une terminologie utile à la description des propriétés des arbres de recherche. Rappelons qu'un *r-arbre* est un arbre de racine r. Soit T un tel arbre. Le *niveau* d'un sommet v dans T est la longueur du chemin rTv. Chaque arête de T relie des sommets de niveaux consécutifs, et il est pratique de penser ces arêtes comme étant dirigées du plus bas vers le plus haut niveau, de manière à former un branchement. Plusieurs autres termes utilisés habituellement dans le cadre l'étude des arbres enracinés sont empruntés à la généalogie. Par exemple, chaque sommet du chemin rTv, dont le sommet v lui-même, est appelé un *ancêtre* de v, et tout sommet dont v est un ancêtre est un *descendant* de v. Un ancêtre ou descendant d'un sommet est *propre* si ce n'est pas le sommet lui-même. Deux sommets sont *apparentés* dans T si l'un est ancêtre de l'autre. L'ancêtre propre immédiat d'un sommet v autre que la racine est son *prédécesseur* ou *père*, noté $p(v)$, et les sommets dont le prédécesseur est v sont ses *successeurs* ou *fils*. Notons que l'ensemble d'arêtes (dirigées) d'un arbre enraciné $T := (V(T), E(T))$ est déterminé par sa fonction prédécesseur p, et inversement

$$E(T) = \{(p(v), v) : v \in V(T) \setminus \{r\}\}$$

où r est la racine de T. Il est souvent pratique de décrire un arbre enraciné en spécifiant son ensemble de sommets et sa fonction prédécesseur.

Par simplicité, nous supposons dans tout ce chapitre que les graphes et digraphes en question sont connexes. Cette supposition n'entraîne pas de perte de généralité. Nous pouvons supposer que les composantes ont déjà été trouvées à l'aide d'un parcours. Chaque composante peut alors être traitée individuellement. Nous supposons aussi que nos graphes et digraphes sont sans boucles, car celles-ci ont un rôle insignifiant ici.

Parcours en largeur et plus courts chemins

Dans la plupart des différents types de parcours, le critère de sélection d'un sommet à ajouter à l'arbre dépend de l'ordre dans lequel les sommets déjà dans l'arbre T y ont été ajoutés. Un parcours dans lequel les listes d'adjacence des sommets de T sont prises en compte sur la base du premier-arrivé premier-servi, c'est-à-dire dans l'ordre croissant de leur date d'incorporation dans T, est connue sous le nom de *parcours en largeur*. Afin d'implémenter cet algorithme de manière efficace, les sommets dans l'arbre sont conservés dans une *file* ; c'est simplement une liste Q qui est mise à jour, soit en ajoutant un nouvel élément à une des extrémités (la *queue* de Q), soit en ôtant un élément à l'autre extrémité (la *tête* de Q). A tout moment, la file Q comprend tous les sommets à partir duquel l'arbre couvrant peut potentiellement croître.

Initialement, au temps $t = 0$, la file Q est vide. À chaque fois qu'un nouveau sommet est ajouté à l'arbre, il rejoint Q. À chaque étape, la liste d'adjacence du sommet à la tête de Q est passée en revue afin de trouver un voisin à ajouter à l'arbre. Si tous ses voisins sont déjà dans l'arbre, le sommet est enlevé de Q. L'algorithme termine lorsque Q est à nouveau vide. Il renvoie non seulement l'arbre (donné par sa fonction prédécesseur p), mais aussi une fonction $\ell : V \to \mathbb{N}$, qui consigne le niveau de chaque sommet dans l'arbre et, plus important, les distances depuis r dans G. Il renvoie aussi une fonction $t : V \to \mathbb{N}$ qui consigne la date d'incorporation de chaque sommet dans l'arbre T. Nous gardons trace des sommets dans T en les colorant en noir. La notation $G(x)$ désigne un graphe G avec un sommet spécifié (ou *racine*) x. Rappelons qu'un *x-arbre* est un arbre enraciné au sommet x.

Algorithme 6.1 Parcours en largeur (BFS)[1]

Entrée : un graphe connexe $G(r)$

Sortie : un r-arbre T dans G de fonction prédécesseur p, une fonction de niveau ℓ telle que $\ell(v) = d_G(r, v)$ pour tout $v \in V$, et une fonction de date t

```
poser i := 0 et Q := ∅
incrémenter i de 1
colorer r en noir
poser ℓ(r) := 0 et t(r) := i
ajouter r à Q
tant que Q est non-vide faire
  considérer la tête x de Q
  si x a un voisin non-coloré y alors
    incrémenter i de 1
    colorer y en noir
    poser p(y) := x, ℓ(y) := ℓ(x) + 1 et t(y) := i
    ajouter y à Q
  sinon
    enlever x de Q
  fin de si
fin de tant que
renvoyer (p, ℓ, t)
```

L'arbre couvrant T renvoyé par BFS est appelé un *arbre en largeur* de G. Un exemple d'arbre en largeur dans un graphe connexe est montré Figure 6.2. Dans la Figure 6.2a, l'étiquette d'un sommet indique la date à laquelle celui-ci a été ajouté à l'arbre. La fonction de distance ℓ est donnée Figure 6.2b. L'évolution de la file Q est la suivante, les sommets étant numérotés avec leurs dates.

$$
\begin{aligned}
&\emptyset \to 1 \to 1\,2 \to 1\,2\,3 \to 1\,2\,3\,4 \to 1\,2\,3\,4\,5 \to 2\,3\,4\,5 \to 2\,3\,4\,5\,6\\
&\to 2\,3\,4\,5\,6\,7 \to 3\,4\,5\,6\,7 \to 3\,4\,5\,6\,7\,8 \to 3\,4\,5\,6\,7\,8\,9 \to 4\,5\,6\,7\,8\,9\\
&\to 4\,5\,6\,7\,8\,9\,10 \to 5\,6\,7\,8\,9\,10 \to 5\,6\,7\,8\,9\,10\,11 \to 6\,7\,8\,9\,10\,11\\
&\to 6\,7\,8\,9\,10\,11\,12 \to 7\,8\,9\,10\,11\,12 \to 8\,9\,10\,11\,12 \to 9\,10\,11\,12\\
&\to 9\,10\,11\,12\,13 \to 10\,11\,12\,13 \to 11\,12\,13 \to 12\,13 \to 13 \to \emptyset
\end{aligned}
$$

Les arbres en largeur ont deux propriétés fondamentales, la première d'entre elles justifiant l'appellation de ℓ comme fonction de niveau.

Théorème 6.2 *Soit T un arbre en largeur d'un graphe connexe G, de racine r. Alors :*

a) pour tout sommet v de G, $\ell(v) = d_T(r, v)$, le niveau de v dans T,

---

[1] Pour *Breadth-First Search* en anglais.

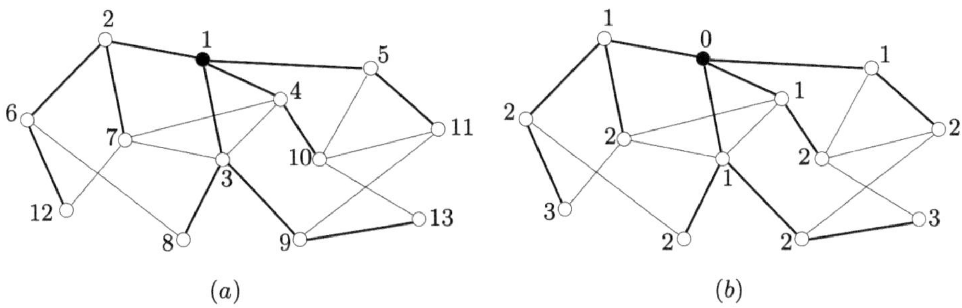

Fig. 6.2. Un arbre en largeur dans un graphe connexe : (a) la fonction de date t, et (b) la fonction de niveau ℓ

b) toute arête de G relie les sommets d'un même niveau ou de niveaux consécutifs de T; c'est-à-dire,

$$|\ell(u) - \ell(v)| \leq 1, \quad \textit{pour tout } uv \in E$$

Démonstration La preuve de (a) est laissée au lecteur (Exercice 6.1.1). Pour établir (b), il suffit de prouver que si $uv \in E$ et $\ell(u) < \ell(v)$, alors $\ell(u) = \ell(v) - 1$.

Nous établissons tout d'abord, par récurrence sur $\ell(u)$, que si u et v sont deux sommets quelconques tels que $\ell(u) < \ell(v)$, alors u a rejoint Q avant v. C'est évident si $\ell(u) = 0$, puisque u est alors la racine de T. Supposons que l'assertion soit vraie lorsque $\ell(u) < k$, et considérons le cas $\ell(u) = k$, avec $k > 0$. Posant $x := p(u)$ et $y := p(v)$, il vient de la ligne 11 de BFS (Algorithme 6.1) que $\ell(x) = \ell(u) - 1 < \ell(v) - 1 = \ell(y)$. Par hypothèse de récurrence, x a rejoint Q avant y. Par conséquent u, étant un voisin de x, a rejoint Q avant v.

Supposons maintenant que $uv \in E$ et $\ell(u) < \ell(v)$. Si $u = p(v)$, alors $\ell(u) = \ell(v) - 1$, de nouveau d'après la ligne 11 de l'algorithme. Dans le cas contraire, posons $y := p(v)$. Comme v a été ajouté à T par l'arête yv, et non par l'arête uv, le sommet y a rejoint Q avant u, d'où $\ell(y) \leq \ell(u)$ d'après l'affirmation que nous avons prouvée précédemment. Par conséquent, $\ell(v) - 1 = \ell(y) \leq \ell(u) \leq \ell(v) - 1$, ce qui implique que $\ell(u) = \ell(v) - 1$. □

Le théorème suivant montre que BFS se déroule correctement.

Théorème 6.3 *Soit G un graphe connexe. Alors les valeurs de la fonction de niveau ℓ renvoyée par BFS sont les distances dans G depuis la racine r :*

$$\ell(v) = d_G(r, v), \quad \textit{pour tout } v \in V$$

Démonstration D'après le Théorème 6.2a, $\ell(v) = d_T(r, v)$. De plus, $d_T(r, v) \geq d_G(r, v)$ car T est un sous-graphe de G. Donc $\ell(v) \geq d_G(r, v)$. Nous établissons l'inégalité inverse par récurrence sur la longueur d'un plus court (r, v)-chemin.

Soit P un plus court (r, v)-chemin dans G, avec $v \neq r$, et soit u le prédécesseur de v sur P. Alors rPu est un plus court (r, u)-chemin, et $d_G(r, u) = d_G(r, v) - 1$.

Par récurrence, $\ell(u) \leq d_G(r, u)$, et par le Théorème 6.2b, $\ell(v) - \ell(u) \leq 1$. Par conséquent

$$\ell(v) \leq \ell(u) + 1 \leq d_G(r, u) + 1 = d_G(r, v) \qquad \square$$

Des preuves alternatives aux Théorèmes 6.2 et 6.3 sont esquissées à l'Exercice 6.1.2.

Parcours en profondeur

Un *parcours en profondeur* est un parcours dans lequel le sommet ajouté à l'arbre T à chaque étape est un voisin d'un sommet ajouté à T aussi récemment que possible. Autrement dit, nous passons d'abord en revue la liste d'adjacence du sommet x le plus récemment ajouté à T afin de trouver un voisin non encore dans T. S'il y a un tel voisin, nous l'ajoutons à T. Sinon, nous remontons au sommet qui a été ajouté à T juste avant x et examinons ses voisins, et ainsi de suite. L'arbre couvrant ainsi obtenu est appelé un *arbre en profondeur*.

Cet algorithme peut s'implémenter efficacement en maintenant les sommets de T dont les listes d'adjacence doivent être entièrement examinées, non pas dans une file comme nous l'avons fait pour le parcours en largeur, mais dans une pile. Une *pile* est simplement une liste dont une extrémité est identifiée comme son *haut* ; elle peut être mise à jour soit en ajoutant un nouvel élément sur son haut ou bien en enlevant l'élément du haut. Dans un parcours en profondeur, la pile S est initialement vide. À chaque fois qu'un nouveau sommet est ajouté à l'arbre T, il est ajouté à S. À chaque étape, la liste d'adjacence du sommet du haut est examinée pour trouver un voisin à ajouter à T. Si tous les voisins sont déjà dans T, ce sommet est enlevé de S. L'algorithme termine quand S est à nouveau vide. Comme pour le parcours en largeur, nous gardons trace des sommets dans T en les colorant en noir.

À chaque sommet v de G sont associées deux dates : la date $f(v)$ d'incorporation de v à T (c'est-à-dire, d'ajout à la pile S), et la date $l(v)$ du moment où tous les voisins de v sont dans T, le sommet v est enlevé de S, et l'algorithme remonte à $p(v)$, le prédécesseur de v dans T. (La fonction de date $l(v)$ ne doit pas être confondue avec la fonction de niveau $\ell(v)$ de BFS.) Le temps incrémente de 1 à chaque changement dans la pile S. En particulier, $f(r) = 1$, $l(v) = f(v) + 1$ pour tout feuille v de T, et $l(r) = 2n$.

Algorithme 6.4 Parcours en profondeur (DFS)[2]

Entrée : un graphe connexe G
Sortie : un arbre enraciné couvrant de G de fonction prédécesseur p, et deux fonctions de date f et l

1: *poser* $i := 0$ *et* $S := \emptyset$
2: *choisir un sommet quelconque* r *(pour racine)*
3: *incrémenter* i *de* 1

[2] Pour *Depth-First Search* en anglais.

```
colorer r en noir
poser f(r) := i
ajouter r à S
tant que S est non-vide faire
   considérer le sommet x du haut de S
   incrémenter i de 1
   si x a un voisin non-coloré y alors
      colorer y en noir
      poser p(y) := x et f(y) := i
      ajouter y en haut de S
   sinon
      poser l(x) := i
      enlever x de S
   fin de si
fin de tant que
renvoyer (p, f, l)
```

Un arbre en profondeur d'un graphe connexe est montré Figure 6.3 ; l'arbre est indiqué en gras et chaque sommet v de l'arbre est étiqueté par la paire $(f(v), l(v))$. L'évolution de la pile S est la suivante, les sommets étant numérotés avec leurs dates d'incorporation à T.

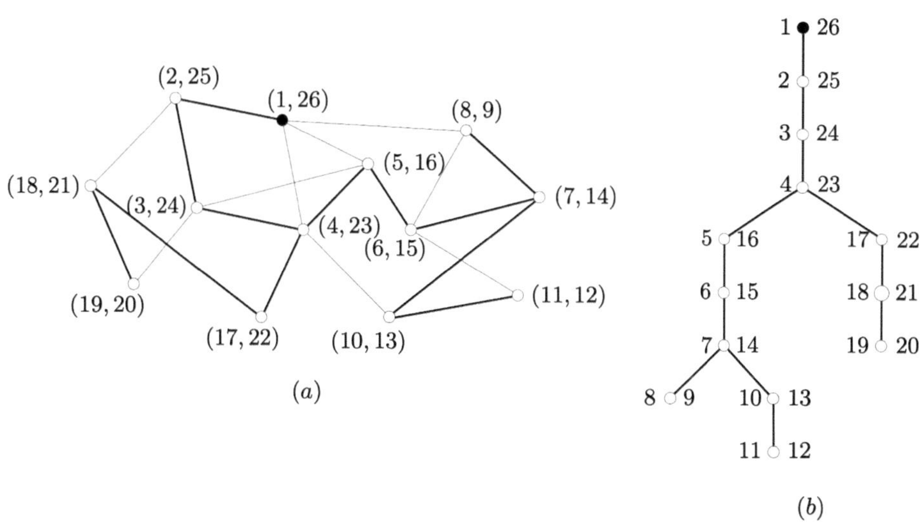

Fig. 6.3. (a) Un arbre en profondeur d'un graphe connexe, et (b) un autre dessin de cet arbre

$$\begin{aligned}
&\emptyset \to 1 \to 1\,2 \to 1\,2\,3 \to 1\,2\,3\,4 \to 1\,2\,3\,4\,5 \to 1\,2\,3\,4\,5\,6 \to 1\,2\,3\,4\,5\,6\,7\\
&\to 1\,2\,3\,4\,5\,6\,7\,8 \to 1\,2\,3\,4\,5\,6\,7 \to 1\,2\,3\,4\,5\,6\,7\,10 \to 1\,2\,3\,4\,5\,6\,7\,10\,11\\
&\to 1\,2\,3\,4\,5\,6\,7\,10 \to 1\,2\,3\,4\,5\,6\,7 \to 1\,2\,3\,4\,5\,6 \to 1\,2\,3\,4\,5 \to 1\,2\,3\,4 \to 1\,2\,3\,4\,17\\
&\to 1\,2\,3\,4\,17\,18 \to 1\,2\,3\,4\,17\,18\,19 \to 1\,2\,3\,4\,17\,18 \to 1\,2\,3\,4\,17 \to 1\,2\,3\,4 \to 1\,2\,3\\
&\to 1\,2 \to 1 \to \emptyset
\end{aligned}$$

La proposition qui suit fournit un lien entre le graphe donné G, son arbre en profondeur T, et les deux fonctions de date f et l renvoyées par DFS.

Proposition 6.5 *Soient u et v deux sommets de G tels que $f(u) < f(v)$.*

a) Si u et v sont adjacents dans G, alors $l(v) < l(u)$.
b) u est un ancêtre de v dans T si et seulement si $l(v) < l(u)$.

Démonstration

a) D'après les lignes 8 à 16 de DFS, le sommet u est enlevé de la pile S seulement après que tous ses fils potentiels (voisins non-colorés) aient été considérés pour être ajoutés à S. Un de ces voisins est v, car $f(u) < f(v)$. Donc v est ajouté à la pile S alors que u est encore dans S, et u ne peut être ôté de S avant que v ne l'ait été. Donc $l(v) < l(u)$.

b) Supposons que u soit un ancêtre de v dans T. D'après les lignes 9 et 12 de DFS, les valeurs de f augmentent le long du chemin uTv. Appliquant (a) à chaque arête de ce chemin, nous obtenons l'inégalité $l(v) < l(u)$.
Supposons maintenant que u ne soit pas un ancêtre de v dans T. Comme $f(u) < f(v)$, v n'est pas non plus un ancêtre de u. Donc u n'est pas sur le chemin rTv et v n'est pas sur le chemin rTu. Soit s le dernier sommet commun à ces deux chemins. À nouveau, comme $f(u) < f(v)$, les descendants propres de s sur le chemin rTv ne peuvent avoir été ajoutés à la pile S seulement après que les descendants propres de s sur le chemin rTu en ait été enlevés (laissant ainsi s en haut de la pile). En particulier, v ne peut avoir été ajouté à S qu'après que u en ait été enlevé, donc $l(u) < f(v)$. Puisque $f(v) < l(v)$, nous concluons que $l(u) < l(v)$. □

Nous avons vu plus tôt (au Théorème 6.2b) que les arbres en largeur sont caractérisés par la propriété que toute arête du graphe relie des sommets du même niveau ou de niveaux consécutifs. La propriété essentielle des arbres en profondeur est décrite dans le théorème suivant.

Théorème 6.6 *Soit T un arbre en profondeur d'un graphe G. Alors toute arête de G relie des sommets qui sont apparentés dans T.*

Démonstration Cela découle presque immédiatement de la Proposition 6.5. Soit uv une arête de G. Sans perte de généralité, supposons que $f(u) < f(v)$. Par la Proposition 6.5a, $l(v) < l(u)$. Maintenant la Proposition 6.5b implique que u est un ancêtre de v, donc u et v sont apparentés dans T. □

TROUVER LES SOMMETS SÉPARATEURS ET LES BLOCS D'UN GRAPHE

Dans un graphe qui représente un réseau de communication, les sommets séparateurs du graphe correspondent aux centres dont la panne rendrait impossible certaines communications. Il est donc important d'identifier ces sites, afin que des précautions soient prises pour réduire la vulnérabilité du réseau. Tarjan (1972) a montré comment ce problème peut se résoudre efficacement à l'aide de parcours en profondeur.

Lorsqu'on effectue un parcours en profondeur d'un graphe G, il est pratique de diriger les arêtes de G suivant l'arbre en profondeur T. Nous dirigeons chaque arête de l'arbre du père vers le fils, et chaque arête qui n'est pas dans l'arbre (dont les extrémités sont apparentées dans T, par le Théorème 6.6) du descendant vers l'ancêtre. Ces dernières arêtes sont appelées *arêtes retour*. La caractérisation suivante des sommets séparateurs est une conséquence immédiate du Théorème 6.6.

Théorème 6.7 *Soit T un arbre en profondeur d'un graphe connexe G. La racine de T est un sommet séparateur de G si et seulement s'il a au moins deux fils. Tout autre sommet de T est un sommet séparateur de G si et seulement s'il a un fils dont aucun des descendants ne domine (par une arête retour) un ancêtre propre du sommet.* □

Voyons maintenant comment un parcours en profondeur peut être utilisé pour trouver les sommets séparateurs et les blocs d'un graphe (connexe) en temps linéaire ; c'est-à-dire, en temps proportionnel au nombre d'arêtes du graphe.

Soit T un arbre en profondeur d'un graphe connexe G, et soit B un bloc de G. Alors $T \cap B$ est un arbre dans G (Exercice 5.2.8b). En outre, comme T est un arbre enraciné, on peut associer à B un unique sommet, la racine de l'arbre $T \cap B$. Nous appelons ce sommet la *racine* de B selon T. C'est le premier sommet de B à avoir été incorporé à T. Notons que les sommets séparateurs de G sont simplement les racines des blocs (à l'exception de r, si elle se trouve être la racine d'un seul bloc). Ainsi, afin de déterminer les sommets séparateurs et les blocs de G, il suffit d'identifier ces racines. Il s'avère qu'il est possible de le faire lors de l'exécution du parcours en profondeur.

À cette fin, nous considérons la fonction $f^* : V \to \mathbb{N}$ définie comme suit. Si un ancêtre propre de v peut être atteint depuis v au moyen d'un chemin dirigé constitué d'arêtes de l'arbre (éventuellement aucune) et d'une arête retour, $f^*(v)$ est définie comme la plus petite des valeurs de f sur de tels ancêtres ; dans le cas contraire, nous posons $f^*(v) := f(v)$. Observons, maintenant, qu'un sommet v est la racine d'un bloc si et seulement s'il a un fils w tel que $f^*(w) \geq f(v)$.

La fonction f^* peut être calculée lors de l'exécution du parcours en profondeur (voir Exercice 6.1.12), et le critère pour les racines des blocs peut être vérifié en même temps. Ainsi les racines des blocs de G, ainsi que les blocs eux-mêmes, peuvent être déterminés en temps linéaire.

Les racines des blocs d'un graphe selon un arbre en profondeur sont montrées Figure 6.4. La paire $(f(v), l(v))$ est donnée pour tout sommet v. Nous laissons au lecteur le soin de diriger les arêtes de G comme nous venons de le décrire, et de calculer la fonction f^*.

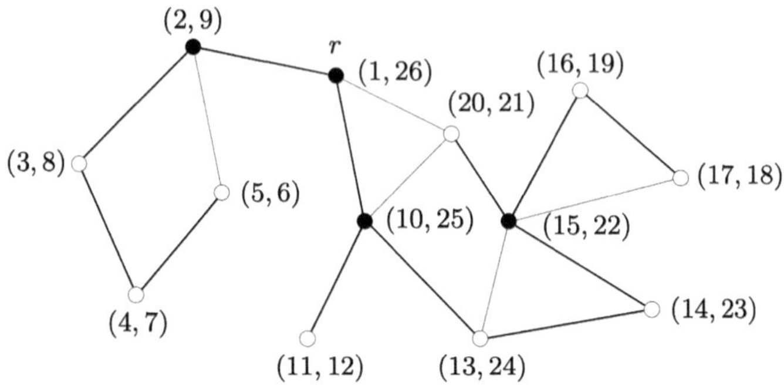

Fig. 6.4. Trouver les sommets séparateurs et les blocs d'un graphe par un parcours en profondeur

Exercices

$\star$**6.1.1** Soit T un arbre en largeur d'un graphe connexe G. Montrer que $\ell(v) = d_T(r, v)$, pour tout $v \in V$.

6.1.2

a) Soit T un arbre en largeur d'un graphe connexe G et soit z le sommet joint à T en dernier. Montrer que $T - z$ est un arbre en largeur de $G - z$.
b) À l'aide de (a), donner des preuves par récurrence des Théorèmes 6.2 et 6.3.

6.1.3 Raffiner l'Algorithme 6.1 (parcours en largeur) afin qu'il renvoie soit une bipartition d'un graphe (si le graphe est biparti) soit un cycle impair (s'il ne l'est pas).

6.1.4 Décrire un algorithme basé sur le parcours en largeur pour trouver un plus court cycle impair dans un graphe.

6.1.5 Soit G un graphe de Moore (défini à l'Exercice 3.1.12). Montrer que tous les arbres en largeur de G sont isomorphes.

6.1.6 Soit T un arbre en profondeur d'un graphe connexe simple non-trivial G, et soit v la racine d'un bloc B de G. Montrer que le degré de v dans $T \cap B$ vaut 1.

6.1.7 Soit G un graphe connexe, x un sommet de G, et T un arbre couvrant de G qui maximise la fonction $\sum\{d_T(x,v) : v \in V\}$. Montrer que T est un arbre en profondeur de G. (Zs. Tuza)

6.1.8 Résoudre l'Exercice 2.2.19 en considérant un arbre en profondeur dans G.

6.1.9 Pour un graphe connexe G, on définit $\sigma(G) := \sum\{d(u,v) : u, v \in V\}$.

a) Soit G un graphe connexe. Pour $v \in V$, soit T_v un arbre en largeur de G enraciné en v. Montrer que $\sum_{v \in V} \sigma(T_v) \leq 2(n-1)\sigma(G)$.
b) En déduire que tout graphe connexe G a un arbre couvrant T tel que $\sigma(T) \leq 2(1-\frac{1}{n})\sigma(G)$. (R.C. Entringer, D.J. Kleitman et L. Székely)

6.1.10 Soit T un arbre enraciné. Deux parcours en largeur de T (commençant à sa racine) sont *distincts* si leurs fonctions de date t diffèrent. De même, deux parcours en profondeur de T sont *distincts* si au moins une des deux fonctions de dates f et l diffère. Montrer que le nombre de parcours en largeur distincts d'un arbre T est égal au nombre de parcours en profondeur distincts de T, et que ce nombre vaut précisément $\prod\{n(v)! : v \in V(T)\}$, avec $n(v)$ le nombre de fils de v dans T (et $0! = 1$).

$\star$**6.1.11** Soit G un graphe connexe dans lequel tout arbre en profondeur est un chemin hamiltonien (enraciné en une extrémité). Montrer que G est un cycle, un graphe complet, ou un graphe biparti complet dont les deux parties ont le même nombre de sommets. (G. Chartrand et H.V. Kronk)

$\star$**6.1.12**

a) Soit G un graphe connexe et T un arbre en profondeur de G, où les arêtes de T sont dirigées des pères vers les fils, et les arêtes retour des descendants vers les ancêtres. Pour $v \in V$, on pose :

$$g(v) := \min\{f(w) : (v,w) \in E(G) \setminus E(T)\}$$
$$h(v) := \min\{f^*(w) : (v,w) \in E(T)\}$$

Montrer que :
i) la fonction f^* peut se calculer récursivement à l'aide de la formule

$$f^*(v) = \min\{f(v), g(v), h(v)\}$$

ii) un sommet non-racine v de T est un sommet séparateur de G si et seulement si $f(v) \leq h(v)$.
b) Raffiner l'Algorithme 6.4 (Parcours en Profondeur) de telle sorte qu'il renvoie les sommets séparateurs et les blocs d'un graphe connexe. (R.E. Tarjan)

6.1.13 Soit G un graphe simple connexe, et soit $w : V \to \mathbb{Z}$ une fonction de poids sur V telle que $\sum_{v \in V} w(v) \geq m - n + 1$. Pour $X \subset V$, la *distribution* M_X consiste à distribuer une unité de poids de tout sommet de X vers chacun de ses voisins dans $V \setminus X$ (le poids d'un sommet v de $V \setminus X$ augmentant ainsi de $|N_G(v) \cap X|$).

a) Montrer que le poids peut être rendu positif en tout sommet par une succession de distributions.
b) Montrer que ce n'est pas toujours vrai si $\sum_{v \in V} w(v) \leq m - n$.

(M. Baker et S. Norine)

6.2 Arbres couvrants de poids minimum

Un réseau électrique est à mettre en place en Chine, reliant les villes de Beijing, Chongqing, Guangdong, Nanjing, Shanghai, Tianjin, et Wuhan à la centrale des Trois Gorges à Yichang. La localisation de ces villes et les distances (en kilomètres) entre elles sont données Figure 6.5. Comment le réseau doit-il être construit pour que la distance totale des lignes électriques soit la plus petit possible ?

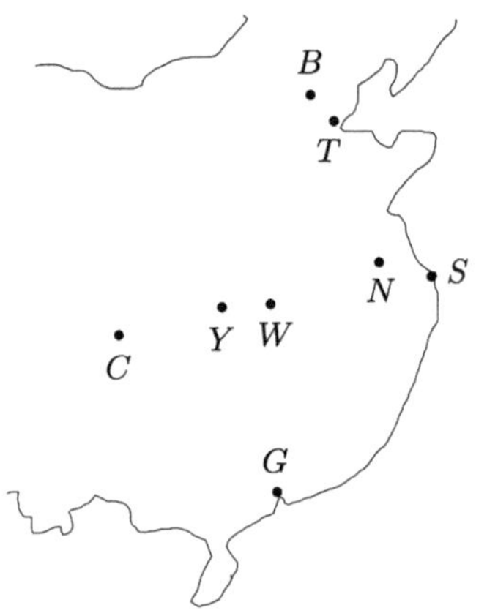

	C	G	N	S	T	W	Y
B	1457	1892	901	1078	111	1057	1117
C	–	978	1199	1430	1442	750	473
G	–	–	1133	1197	1820	837	867
N	–	–	–	267	800	459	727
S	–	–	–	–	970	681	962
T	–	–	–	–	–	988	1080
W	–	–	–	–	–	–	285

Fig. 6.5. Le problème du réseau hydro-électrique chinois

Le tableau de la Figure 6.5 détermine un graphe valué complet de sommets B, C, G, N, S, T, W, et Y. Notre problème revient à trouver, dans ce graphe, un sous-graphe connexe couvrant de poids minimum. Comme les poids sont strictement positifs, ce sous-graphe sera un arbre couvrant.

Plus généralement, nous pouvons considérer le problème suivant.

Problème 6.8 Problème de l'Arbre Couvrant de Poids Minimum
Étant donné : *un graphe valué connexe G,*
Trouver : *un arbre couvrant de poids minimum T dans G.*

Par commodité, nous appellerons un arbre couvrant de poids minimum un *arbre optimal.*

Algorithme de Jarník–Prim

Le problème de l'arbre couvrant de poids minimum (6.8) peut être résolu par une technique de parcours due à Jarník (1930) et Prim (1957). Dans cet algorithme, que nous appelons l'*Algorithme de Jarník–Prim*, un sommet arbitraire r est choisi comme racine de T et, à chaque étape, l'arête ajoutée à l'arbre courant T est une arête de plus petit poids dans la coupe associée à T.

Comme dans les parcours en largeur et en profondeur, les sommets de T sont colorés en noir. Également, afin d'implémenter le parcours ci-dessus de manière efficace, chaque sommet non-coloré v se voit attribuer un coût provisoire $c(v)$. C'est le plus petit poids d'une arête reliant v à un sommet noir u, s'il y a une telle arête. Dans ce cas, nous désignons u comme prédécesseur provisoire de v, noté $p(v)$. Initialement, chaque sommet a un coût infini et pas de prédécesseur (provisoire). Ces deux étiquettes provisoires sont mises à jour à chaque étape de l'algorithme.

Algorithme 6.9 Algorithme de Jarník–Prim

Entrée : un graphe valué connexe (G, w)
Sortie : un arbre optimal T de G avec sa fonction prédécesseur p, son poids $w(T)$

1: *posons* $p(v) := \emptyset$ *et* $c(v) := \infty$, $v \in V$, *et* $w(T) := 0$
2: *choisir un sommet* r *(comme racine)*
3: *remplacer* $c(r)$ *par* 0
4: ***tant que*** *il y a un sommet non-coloré* ***faire***
5:    *choisir un tel sommet* u *de coût minimum* $c(u)$
6:    *colorer* u *en noir*
7:    ***pour*** *chaque sommet non-coloré* v *tel que* $w(uv) < c(v)$ ***faire***
8:       *remplacer* $p(v)$ *par* u *et* $c(v)$ *par* $w(uv)$
9:       *remplacer* $w(T)$ *par* $w(T) + c(u)$
10:    ***fin de pour***
11: ***fin de tant que***
12: *renvoyer* $(p, w(T))$

En pratique, l'ensemble des sommets non-colorés et leur coûts sont gardés dans une structure appelée *file de priorité*. Bien que ce ne soit pas exactement une file comme définie précédemment, le sommet de coût minimum est toujours placé à la tête de la file (d'où la 'priorité') et est par conséquent accessible immédiatement. De plus, la 'file' est structurée de façon à pouvoir être mise à jour assez rapidement lorsque ce sommet est enlevé (coloré noir), ou lorsque les coûts sont modifiés (comme à la ligne 9 de l'Algorithme de Jarník–Prim). La manière dont cela peut se faire est esquissée dans la Partie 6.4.

Un arbre couvrant enraciné produit par l'Algorithme de Jarník–Prim est appelé un *arbre de Jarník–Prim*. La construction d'un tel arbre dans le graphe du réseau électrique chinois est illustrée (sans respecter l'échelle) Figure 6.6, les arêtes étant numérotées suivant l'ordre dans lequel elles sont ajoutées.

À l'étape 1, Yichang (Y) est choisi pour racine. Aucun sommet n'a encore été coloré. Comme $c(Y) = 0$, et $c(v) = \infty$ pour tout autre sommet v, le sommet Y est choisi comme u à l'étape 2, et est coloré en noir. À tous les sommets non-colorés Y est désigné comme prédécesseur, et les coûts sont réduits à :

$$c(B) = 1117, \quad c(C) = 473, \quad c(G) = 867$$

$$c(N) = 727, \quad c(S) = 962, \quad c(T) = 1080, \quad c(W) = 285$$

Le poids de l'arbre T demeure zéro.

À la deuxième itération de l'étape 2, W est choisi pour être le sommet u et est coloré en noir. Les prédécesseurs des sommets non-colorés, et leurs coûts, deviennent :

$$p(B) = W, \quad p(C) = Y, \quad p(G) = W, \quad p(N) = W, \quad p(S) = W, \quad p(T) = W$$

$$c(B) = 1057, \quad c(C) = 473, \quad c(G) = 837, \quad c(N) = 459, \quad c(S) = 681, \quad c(T) = 988$$

et $w(T)$ augmente à 285.

À la troisième itération de l'étape 2, N est choisi pour être le sommet u et est coloré en noir. Les prédécesseurs des sommets non-colorés, et leurs coûts, deviennent :

$$p(B) = N, \quad p(C) = Y, \quad p(G) = W, \quad p(S) = N, \quad p(T) = N$$

$$c(B) = 901, \quad c(C) = 473, \quad c(G) = 837, \quad c(S) = 267, \quad c(T) = 800$$

et $w(T)$ augmente à $285 + 459 = 744$.

Cette procédure continue jusqu'à ce que tous les sommets soient colorés en noir. La longueur totale du réseau ainsi construit est de 3232 kilomètres.

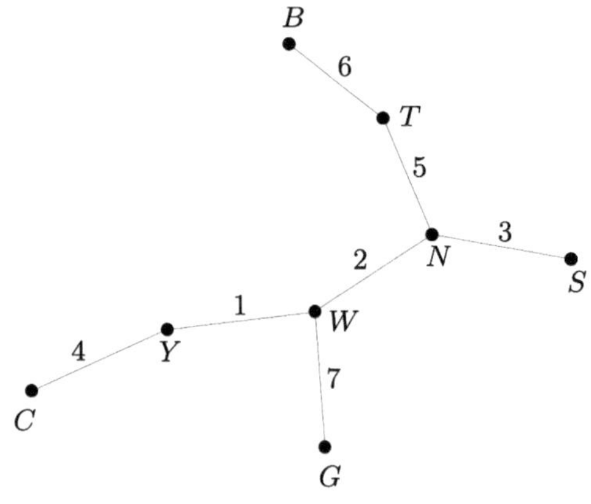

Fig. 6.6. Un arbre optimal renvoyé par l'Algorithme de Jarník–Prim

Le théorème suivant montre que l'algorithme fonctionne correctement.

Théorème 6.10 *Tout arbre de Jarník–Prim est un arbre optimal.*

Démonstration Soit T un arbre de Jarník–Prim de racine r. Nous prouvons, par récurrence sur $v(T)$, que T est un arbre optimal. La première arête ajoutée à T est une arête e de plus petit poids dans la coupe associée à $\{r\}$; autrement dit, $w(e) \leq w(f)$ pour toutes les arêtes f incidentes à r. Pour commencer, nous montrons qu'un arbre optimal contient cette arête e. Soit T^* un arbre optimal. Nous pouvons supposer que $e \notin E(T^*)$. Ainsi $T^* + e$ contient un unique cycle C. Soit f l'autre arête de C incidente à r. Alors $T^{**} := (T^* + e) \setminus f$ est un arbre couvrant de G. De plus, comme $w(e) \leq w(f)$,

$$w(T^{**}) = w(T^*) + w(e) - w(f) \leq w(T^*)$$

Puisque T^* est un arbre optimal, il doit y avoir égalité, donc T^{**} est aussi un arbre optimal. De plus, T^{**} contient e.

Considérons maintenant le graphe $G' := G \,/\, e$, et soit r' le sommet résultant de la contraction de e. Il y a une bijection entre l'ensemble des arbres couvrants de G qui contiennent e et l'ensemble des arbres couvrants de G' (Exercice 4.2.1a). De ce fait, pour montrer que l'arbre final T est un arbre optimal de G, il suffit de montrer que $T' := T \,/\, e$ est un arbre optimal de G'. Nous affirmons que T' est un arbre de Jarník–Prim de G' enraciné en r'.

Considérons l'arbre *courant* T à une étape donnée de l'Algorithme de Jarník–Prim. Nous supposons que T n'est pas réduit au sommet racine r, et donc contient l'arête e. Soit $T' := T \,/\, e$. Alors $\partial(T) = \partial(T')$, donc une arête de poids minimum dans $\partial(T)$ est aussi une arête de poids minimum dans $\partial(T')$. Puisque l'arbre *final* T est un arbre de Jarník–Prim de G, nous en déduisons que l'arbre final T' est un arbre de Jarník–Prim de G'. Comme G' a moins de sommets que G, il vient par récurrence que T' est un arbre optimal de G'. Nous en concluons que T est un arbre optimal de G. □

L'histoire de l'Algorithme de Jarník–Prim est racontée par Korte et Nešetřil (2001). Un second algorithme pour résoudre le Problème 6.8, basé sur une autre approche, est présentée dans la Partie 8.5.

Exercices

$\star$**6.2.1** Soit (G, w) un graphe valué connexe dont les arêtes ont des poids distincts. Montrer que G a un unique arbre optimal.

6.2.2 Soit (G, w) un graphe valué connexe. Montrer qu'un arbre couvrant T de G est optimal si et seulement si, pour toute arête $e \in E \setminus T$ et toute arête $f \in C_e$ (le cycle fondamental de G selon T), $w(e) \geq w(f)$.

6.2.3 Soit (G, w) un graphe valué connexe. Montrer qu'un arbre couvrant T de G est optimal si et seulement si, pour toute arête $e \in T$ et toute arête $f \in B_e$ (l'attache fondamentale de G selon T), $w(e) \leq w(f)$.

6.2.4 Soit T un arbre optimal couvrant dans un graphe valué connexe (G, w) (avec des poids strictement positifs), et soient x et y deux sommets adjacents de T. Montrer que le chemin $xTy = xy$ est un xy-chemin de poids minimum dans G.

6.2.5 Soit (G, w) un graphe valué connexe (avec des poids strictement positifs). Décrire un algorithme pour trouver un arbre couvrant dont le produit de ses poids est minimum.

6.2.6 Soit T un arbre optimal couvrant dans un graphe valué connexe (G, w).

a) Montrer que T est un arbre couvrant dont le poids maximal d'une arête est minimum.
b) Donner un exemple de graphe valué connexe (G, w) et d'arbre couvrant T de G dont le poids maximal d'une arête est minimum, mais qui n'est pas un arbre optimal de G.

6.3 Parcours dans les graphes dirigés

On peut explorer les graphes dirigés de manière quasiment identique aux graphes non-dirigés, mais en faisant croître des branchements plutôt que des arbres enracinés. On commence avec un branchement constitué d'un unique sommet r, sa *racine*, puis on ajoute un arc à la fois, en même temps que sa tête, cet arc étant choisi dans la coupe sortante associée au branchement courant. La procédure termine ou bien avec un branchement couvrant du digraphe ou avec un branchement dont la coupe sortante associée est vide. Notons que cette dernière issue peut très bien se produire si le digraphe est connexe. En effet, l'ensemble de sommets du branchement final est précisément l'ensemble des sommets du digraphe qui sont atteignables depuis r par des chemins dirigés. Nous appelons cette procédure *parcours dirigé.*

Comme un parcours (non-dirigé), un parcours dirigé peut être raffiné en restreignant le choix de l'arc qui doit être ajouté à chaque étape. De cette manière, nous obtenons des versions dirigées des parcours en largeur et en profondeur. Nous exposons deux applications importantes des parcours dirigés. La première est une extension de BFS dirigé aux graphes dirigés valués, et la seconde une application de DFS dirigé.

Trouver les plus courts chemins dans les digraphes valués

Nous avons vu comment un parcours en largeur peut être utilisé pour déterminer les plus courts chemins dans les graphes. En pratique, on est souvent face à des problèmes d'une nature plus complexe. Par exemple, étant donné un système de rues à sens unique dans une ville, on peut vouloir déterminer un plus court itinéraire entre deux endroits spécifiés de la ville. Cela revient à trouver un chemin dirigé de poids minimum connectant deux sommets spécifiés dans le digraphe valué dont les sommets sont les intersections et les arcs les rues reliant ces intersections.

Problème 6.11 Problème du Plus Court Chemin
Étant donné : *un graphe dirigé valué (D, w) avec deux sommets spécifiés x et y,*
Trouver : *un (x, y)-chemin dirigé de poids minimum dans D.*

Par souci de clarté, nous appelons poids d'un chemin dirigé dans un digraphe valué sa *longueur*. Dans la même veine, par *plus court* (x, y)-chemin dirigé, nous entendons un (x, y)-chemin dirigé de poids minimum, et ce poids est la *distance* de x à y, notée $d(x, y)$. Par exemple, le chemin indiqué dans le graphe de la Figure 6.7 est un plus court (x, y)-chemin dirigé (Exercice 6.3.1) et $d(x, y) = 3 + 1 + 2 + 1 + 2 + 1 + 2 + 4 = 16$. Lorsque tous les poids sont égaux à un, ces définitions coïncident avec les notions habituelles de longueur et distance.

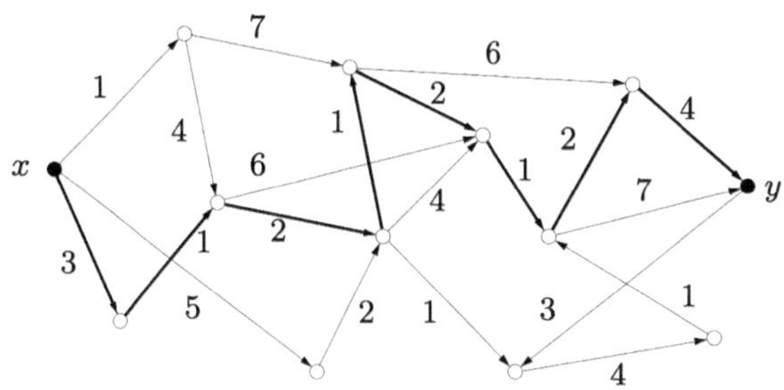

Fig. 6.7. Un plus court (x, y)-chemin dirigé dans un digraphe valué

Il suffit clairement de résoudre le problème du plus court chemin dans les digraphes stricts, donc nous pouvons supposer être dans ce cas. Nous supposons également que tout les poids sont strictement positifs. Les arcs de poids nul peuvent toujours être contractés. Cependant, la présence de poids strictement négatifs peut entraîner des complications. Si le digraphe contenait des cycles dirigés de poids strictement négatif, il y aurait des (x, y)-marches qui seraient plus courtes que n'importe quel (x, y)-chemin — en fait, il y en aurait de longueur aussi petite (négative) que l'on veut — et cette éventualité rend les algorithmes de plus court chemin basés sur un parcours dirigé, comme celui décrit plus bas, complètement inefficaces (voir Exercice 6.3.3). À l'inverse, quand tous les poids sont strictement positifs, le problème du plus court chemin peut être résolu efficacement au moyen d'un parcours dirigé comme montré par Dijkstra (1959).

Bien que similaire dans l'esprit au parcours en largeur dirigé, l'*Algorithme de Dijkstra* ressemble à l'Algorithme de Jarník–Prim en ce que des étiquettes provisoires sont attribuées aux sommets. À chaque étape, tout sommet v du branchement courant B est étiqueté par son prédécesseur dans B, $p(v)$, et sa distance depuis r dans B, $\ell(v) := d_B(r, v)$. En outre, tout sommet v qui n'est pas dans B mais est un voisin sortant d'au moins un sommet dans B, est étiqueté par un prédécesseur provisoire $p(v)$ et une distance provisoire $\ell(v)$, à savoir, la longueur d'un plus court (r, v)-chemin dirigé dans D dont tous les sommets internes sont dans B. La règle pour choisir les prochains sommet et arête à ajouter au branchement dépend uniquement de ces distances provisoires.

Algorithme 6.12 ALGORITHME DE DIJKSTRA

ENTRÉE : un digraphe valué (D, w) de poids strictement positifs et un sommet r
SORTIE : un r-branchement dans D avec sa fonction prédécesseur p, et une fonction $\ell : V \to \mathbb{R}^+$ telle que $\ell(v) = d_D(r, v)$ pour tout $v \in V$

poser $p(v) := \emptyset$, $v \in V$, $\ell(r) := 0$, *et* $\ell(v) := \infty$, $v \in V \setminus \{r\}$
tant que *il y a un sommet non-coloré* u *tel que* $\ell(u) < \infty$ **faire**
  choisir un tel sommet u *pour lequel* $\ell(u)$ *est minimum*
  colorer u *en noir*
  pour *tout voisin sortant non-coloré* v *de* u *tel que* $\ell(v) > \ell(u) + w(u, v)$ **faire**
    remplacer $p(v)$ *par* u *et* $\ell(v)$ *par* $\ell(u) + w(u, v)$
  fin de pour
fin de tant que
renvoyer (p, ℓ)

L'Algorithme de Dijkstra, comme celui de Jarník–Prim, peut s'implémenter en gardant les sommets non-colorés et leurs distances (provisoires) dans une file de priorité. Nous laissons au lecteur le soin de vérifier que l'algorithme fonctionne correctement (Exercice 6.3.2).

PARCOURS EN PROFONDEUR DIRIGÉ

BFS dirigé (la version non-valuée de l'Algorithme de Dijkstra) est un analogue immédiat de BFS ; la procédure d'étiquetage est identique, et le parcours dirigé termine une fois que tous les sommets atteignables depuis la racine sont trouvés. DFS dirigé, en revanche, comprend une légère distorsion : à chaque fois que le parcours dirigé s'arrête, un sommet non-coloré est choisi et le parcours recommence avec ce sommet pour racine. Le résultat final est une forêt de branchements couvrante du digraphe, que nous appelons une *forêt de branchements en profondeur.*

Algorithme 6.13 PARCOURS EN PROFONDEUR DIRIGÉ (DFS DIRIGÉ)

ENTRÉE : un digraphe D
SORTIE : une forêt de branchements en profondeur de D avec sa fonction prédécesseur p, et deux fonctions de date f et l

poser $i := 0$ *et* $S := \emptyset$
tant que *il y a un sommet non-coloré* **faire**
  choisir un sommet non-coloré r *(comme racine)*
  incrémenter i *de* 1
  colorer r *en noir*

```
  poser f(r) := i
  ajouter r à S
  tant que S est non-vide faire
    considérer le sommet du haut x de S
    incrémenter i de 1
    si x a un voisin sortant non-coloré y alors
      colorer y en noir
      poser p(y) := x et f(y) := i
      ajouter y sur le haut de S
    sinon
      poser l(x) := i
      enlever x de S
    fin de si
  fin de tant que
fin de tant que
renvoyer (p, f, l)
```

DFS dirigé a de nombreuses applications. Une d'entre elles est décrite ci-dessous, et plusieurs autres sont esquissées en exercices (6.3.6, 6.3.7, 6.3.8, 6.3.13). Pour ces applications, il est commode de distinguer trois types d'arcs de D, en dehors de ceux dans la forêt de branchements en profondeur F.

Un arc $(u, v) \in A(D) \setminus A(F)$ est un *arc avant* si u est un ancêtre de v dans F, un *arc arrière* si u est un descendant de v dans F, et un *arc de travers* si u et v ne sont pas apparentés dans F et u a été découvert après v. En termes de fonctions de date f et l :

▷ (u, v) est un *arc avant* si $f(u) < f(v)$ et $l(v) < l(u)$,
▷ (u, v) est un *arc arrière* si $f(v) < f(u)$ et $l(u) < l(v)$,
▷ (u, v) est un *arc de travers* si $l(v) < f(u)$.

L'analogue dirigé du Théorème 6.6, dont la preuve est laissée en exercice (6.3.4), affirme que ces ensembles d'arcs forment une partition de $A(D) \setminus A(F)$.

Théorème 6.14 *Soit F une forêt de branchements en profondeur d'un digraphe D. Alors tout arc de $A(D) \setminus A(F)$ est un arc avant, un arc arrière, ou un arc de travers.* □

Trouver les composantes fortement connexes d'un digraphe

Les composantes fortement connexes d'un digraphe peuvent être trouvées en temps linéaire en utilisant DFS dirigé. L'idée de base est similaire à celle employée pour trouver les blocs d'un graphe non-dirigé, mais est légèrement plus compliquée.

La proposition suivante montre comment les sommets des composantes fortement connexes de D sont réparties dans F. Observons que les arcs avant ne jouent aucun rôle vis-à-vis de l'atteignabilité dans D parce qu'un arc avant peut être remplacé par le chemin dirigé dans F connectant ses extrémités. Nous pouvons donc supposer qu'il n'y pas de tels arcs dans D.

Proposition 6.15 *Soit D un graphe dirigé, C une composante fortement connexe de D, et F une forêt de branchements en profondeur dans D. Alors $F \cap C$ est un branchement.*

Démonstration Chaque composante de $F \cap C$ est contenue dans F, et donc est un branchement. De plus, deux sommets de C qui sont apparentés dans F appartiennent nécessairement à la même composante de $F \cap C$, parce que le chemin dirigé dans F les connectant est aussi contenu dans C (Exercice 3.4.3).

Supposons que $F \cap C$ ait deux composantes distinctes, de racines x et y. Comme remarqué précédemment, x et y ne sont pas apparentés dans F. Nous pouvons supposer que $f(x) < f(y)$. Puisque x et y appartiennent à la composante fortement connexe C de D, il y a un (x, y)-chemin dirigé P dans C et, puisque $f(x) < f(y)$, il y a forcément un arc (u, v) de P tel que $f(u) < f(y)$ et $f(v) \geq f(y)$. Cet arc ne peut être ni un arc de travers ni un arc arrière, parce que $f(u) < f(v)$. C'est donc nécessairement un arc de F, car nous avons supposé qu'il n'y a pas d'arcs avant. Par conséquent, $l(v) < l(u)$. Si u et y n'étaient pas apparentés, nous aurions $l(u) < f(y)$. Mais cela impliquerait $f(v) < l(v) < l(u) < f(y)$, ce qui contredit le fait que $f(v) \geq f(y)$. Nous concluons que u est un ancêtre propre de y et appartient à la même composante de $F \cap C$ que y. Mais cela contredit notre supposition que y est la racine de cette composante. □

En vertu de la Proposition 6.15, nous pouvons associer à chaque composante fortement connexe C de D un unique sommet, la racine du branchement $F \cap C$. Comme pour les blocs, il suffit d'identifier ces racines afin de déterminer les composantes fortement connexes de D. Cela peut se faire au moyen d'un parcours dirigé supplémentaire. Nous laissons les détails en exercise (Exercice 6.3.12).

Exercices

6.3.1 En appliquant l'Algorithme de Dijkstra, montrer que le chemin indiqué sur la Figure 6.7 est un plus court (x, y)-chemin dirigé.

$\star$**6.3.2** Prouver que l'Algorithme de Dijkstra fonctionne correctement.

$\star$**6.3.3** Appliquer l'Algorithme de Dijkstra au graphe dirigé avec des poids négatifs représenté Figure 6.8. L'algorithme détermine-t-il un plus court (r, v)-chemin dirigé pour tout sommet v ?

$\star$**6.3.4** Prouver le Théorème 6.14.

6.3.5 Décrire un algorithme basé sur un parcours en largeur dirigé pour trouver un plus court cycle dirigé impair dans un digraphe.

6.3.6 Décrire un algorithme basé sur un parcours en profondeur dirigé qui prend en entrée un graphe dirigé D et renvoie un sous-digraphe couvrant acyclique maximal (mais pas nécessairement maximum) de D.

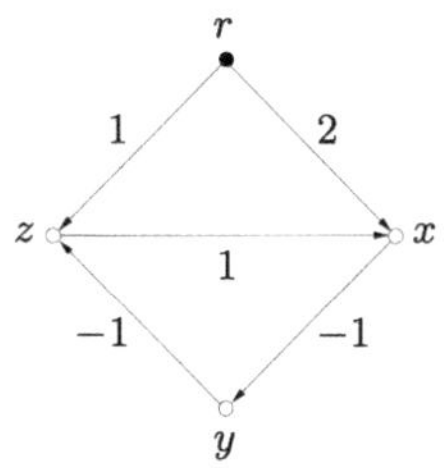

Fig. 6.8. Appliquer l'Algorithme de Dijkstra à ce graphe dirigé valué (Exercice 6.3.3)

6.3.7 Décrire un algorithme basé sur un parcours en profondeur dirigé qui prend en entrée un tournoi T et renvoie un chemin dirigé hamiltonien de T.

6.3.8 Décrire un algorithme basé sur un parcours en profondeur dirigé qui prend en entrée un graphe dirigé D et renvoie soit un cycle dirigé dans D soit un tri topologique de D (défini à l'Exercice 2.1.11).

6.3.9 ALGORITHME DE BELLMAN
Prouver la validité de l'algorithme suivant, qui prend en entrée un tri topologique Q d'un digraphe valué acyclique (D, w), dont le premier sommet est r, et renvoie une fonction $\ell : V \to \mathbb{R}$ telle que $\ell(v) = d_D(r, v)$ pour tout $v \in V$, et un branchement B (donné par une fonction prédécesseur p) tel que rBv est un plus court (r, v)-chemin dirigé dans D pour tout $v \in V$ tel que $d_D(r, v) < \infty$.

(R. BELLMAN)

poser $\ell(v) := \infty$, $p(v) := \emptyset$, $v \in V$
enlever r de Q
poser $\ell(r) := 0$
tant que Q est non-vide **faire**
    enlever le premier élément y de Q
    pour tout $x \in N^-(y)$ **faire**
        si $\ell(x) + w(x, y) < \ell(y)$ **alors**
            remplacer $\ell(y)$ par $\ell(x) + w(x, y)$ et $p(y)$ par x
        fin de si
    fin de pour
fin de tant que
renvoyer (ℓ, p).

6.3.10 Soit $D := (D, w)$ un digraphe valué avec une racine spécifiée r à partir de laquelle tous les autres sommets sont atteignables. Un cycle dirigé *négatif* est un cycle dirigé dont le poids est strictement négatif.

a) Montrer que si D n'a pas de cycle dirigé négatif, alors il existe un r-branchement couvrant B dans D tel que, pour tout $v \in V$, le chemin dirigé rBv est un plus court (r, v)-chemin dirigé dans D.

b) Donner un exemple qui montre que cette conclusion n'est pas forcément vraie si D a des cycles dirigés négatifs.

6.3.11 ALGORITHME DE BELLMAN–FORD
Soit $D := (D, w)$ un digraphe valué avec une racine spécifiée r à partir de laquelle tous les autres sommets de D sont atteignables. Pour tout entier positif k, soit $d_k(v)$ le poids d'une plus courte (r, v)-marche dirigée utilisant au plus k arcs, avec la convention que $d_k(v) = \infty$ s'il n'y a pas de telle marche. (Donc $d_0(r) = 0$ et $d_0(v) = \infty$ pour tout $v \in V \setminus \{r\}$.)

a) Montrer que les $d_k(v)$ satisfont l'équation de récurrence suivante.

$$d_k(v) = \min\{d_{k-1}(v), \min\{d_{k-1}(u) + w(u, v) : u \in N^-(v)\}\}$$

b) Pour chacum des digraphes valués représentés Figure 6.9, calculer $\mathbf{d}_k := (d_k(v) : v \in V)$ pour $k = 0, 1, \ldots, 6$.
c) Montrer que :
   i) si $\mathbf{d}_k \neq \mathbf{d}_{k-1}$ pour tout k, $1 \leq k \leq n$, alors D contient un cycle dirigé négatif,
   ii) si $\mathbf{d}_k = \mathbf{d}_{k-1}$ pour un certain k, $1 \leq k \leq n$, alors D ne contient pas de cycle dirigé négatif, et $d_k(v)$ est la distance de r à v, pour tout $v \in V$.
d) Dans ce dernier cas, décrire comment trouver un r-branchement B couvrant de D tel que, pour tout $v \in V$, le (r, v)-chemin dirigé dans B soit un plus court (r, v)-chemin dirigé dans D.

(R. BELLMAN; L.R. FORD; E.F. MOORE; A. SHIMBEL)

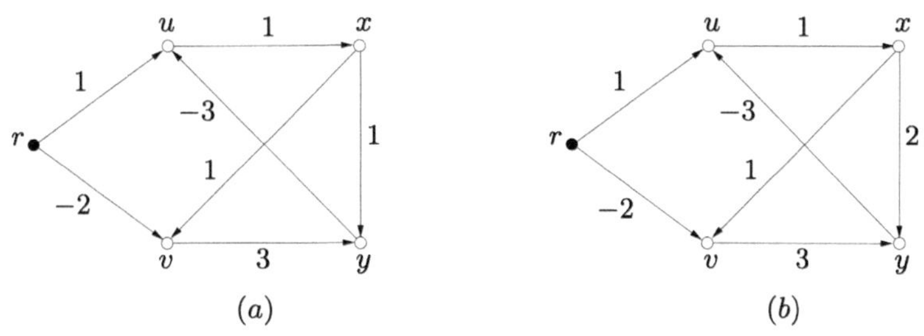

Fig. 6.9. Exemples de l'Algorithme de Bellman–Ford (Exercice 6.3.11)

⋆**6.3.12** TROUVER LES COMPOSANTES FORTEMENT CONNEXES D'UN DIGRAPHE.
Soit D un digraphe, et soit F une forêt de branchements en profondeur de D. On note D' l'inverse du digraphe obtenu en enlevant de D toutes les arêtes de travers. D'après la Proposition 6.15, il suffit de considérer chaque composante de D' séparément, donc on suppose que D' a une seule composante.

a) Montrer que l'ensemble des sommets atteignables depuis la racine r dans D' induit une composante fortement connexe de D.
b) Appliquer itérativement cette idée pour obtenir toutes les composantes fortement connexes de D (en faisant attention de choisir chaque nouvelle racine de manière appropriée).
c) Implémenter cette procédure en employant un parcours dirigé.

6.3.13 Le *diamètre* d'un graphe dirigé est le maximum des distances entre deux sommets du graphe. (Ainsi un graphe dirigé est de diamètre fini si et seulement s'il est fortement connexe.) Soit G un graphe 2-arête-connexe et P un plus long chemin dans G. Par le Théorème de Robbins (5.10), G a une orientation fortement connexe. Montrer que :

a) aucune orientation fortement connexe de G n'a un diamètre excédant la longueur de P,
b) il y a une orientation fortement connexe de G de diamètre égal à la longueur de P. (G. Gutin)

6.4 En savoir plus

Bases de données

Dans ce chapitre, nous avons exposé des algorithmes pour la résolution de différents problèmes de manière rapide. L'efficacité de ces algorithmes peut être encore améliorée en stockant et gérant les données nécessaires à l'aide d'une structure appropriée. Par exemple, une structure de données connue comme un *tas* est communément utilisée pour stocker les éléments et leurs valeurs associées, appelées *clés* (telles que les arêtes et leurs poids). Un tas est un arbre binaire enraciné T dont les sommets sont en bijection avec les éléments en question (dans notre cas, des sommets ou des arêtes). La propriété qui définit un tas est que la clé de l'élément situé en un sommet v de T doit être au moins aussi grande que les clés des éléments situés aux sommets du sous-arbre de T enraciné en v. Cette condition implique, en particulier, que la clé de l'élément à la racine de T est la plus grande ; on peut donc accéder à cet élément instantanément. De plus, les tas peuvent être actualisés rapidement après de petites modifications telle que l'addition d'un élément, la suppression d'un élément, ou un changement de valeur d'une clé. Une *file de priorité* (la structure de données utilisée par à la fois l'Algorithme de Dijkstra et l'Algorithme de Jarník–Prim) est simplement un tas équipé de procédures pour effectuer rapidement ces réajustements. Les tas ont été imaginés par Williams (1964).

Il est évident que les structures de données jouent un rôle essentiel pour l'efficacité des algorithmes. Pour de plus amples informations sur ce sujet, nous renvoyons le lecteur vers Knuth (1969), Aho et al. (1983), Tarjan (1983), ou Cormen et al. (2001).

7

Flots dans les réseaux

Sommaire

7.1 Réseaux de transport

Les réseaux de transport qui sont utilisés pour acheminer des marchandises de leurs sites de production vers les marchés peuvent être analysés très efficacement en étant vus comme des digraphes munis d'une structure supplémentaire. La théorie résultante possède un grande variété d'applications intéressantes et de ramifications. Dans ce chapitre, nous présentons les éléments fondamentaux de ce sujet important.

Un *réseau* $N := N(x, y)$ est un digraphe D (le *digraphe sous-jacent* de N) avec deux sommets distingués, une *source* x et un *puits* y, muni d'une fonction à valeurs réelles positives c définie sur son ensemble d'arcs A. Le sommet x correspond à un site de production, et le sommet y à un marché. Les sommets restants sont appelés *sommets intermédiaires*, et l'ensemble de ces sommets est noté I. La fonction c est la *fonction de capacité* de N et sa valeur sur un arc a la *capacité* de a. La capacité d'un arc peut être vue comme représentant le débit auquel un produit peut être transporté à travers lui. Il est pratique de permettre des capacités infinies aux arcs le long desquels on peut transporter du produit au débit que l'on veut. Bien

J. Bondy et al., *Théorie des graphes*, Mathématiques et Applications 91,
https://doi.org/10.1007/978-1-4471-7621-3_7

sûr, en pratique, on est susceptible de rencontrer des réseaux de transport avec plusieurs sites de production et plusieurs marchés, au lieu d'un seul. Cependant, cette situation plus générale peut se réduire au cas des réseaux ayant une seule source et un seul puits au moyen d'un procédé simple (voir Exercice 7.1.3).

La notation suivante s'avérera utile dans la suite. Si f est une fonction à valeurs réelles définie sur un ensemble A, et si $S \subseteq A$, nous désignons la somme $\sum_{a \in S} f(a)$ par $f(S)$. En outre, quand A est l'ensemble d'arcs d'un digraphe D, et $X \subseteq V$, nous posons

$$f^+(X) := f(\partial^+(X)) \quad \text{et} \quad f^-(X) := f(\partial^-(X))$$

Flots

Un (x, y)-*flot* (ou simplement un *flot*) dans N est une fonction à valeurs réelles f définie sur A satisfaisant la condition :

$$f^+(v) = f^-(v) \quad \text{pour tout} \quad v \in I \tag{7.1}$$

La valeur $f(a)$ de f sur un arc a peut être reliée au débit auquel le produit est transporté à travers a par le flot f. La condition (7.1) impose que, pour tout sommet intermédiaire v, le débit auquel le produit arrive en v soit égal au débit auquel il part de v. Pour cette raison, elle est connue comme la *condition de conservation.*

Un flot f est *faisable* si, de plus, il vérifie la *contrainte de capacité* :

$$0 \leq f(a) \leq c(a) \quad \text{pour tout} \quad a \in A \tag{7.2}$$

La borne supérieure dans la condition (7.2) exprime la restriction naturelle que le débit sur un arc ne puisse excéder la capacité de cet arc. Tout au long de ce chapitre, le terme flot renverra toujours à un flot faisable.

Tout réseau a au moins un flot, car la fonction f définie par $f(a) := 0$, pour tout $a \in A$, vérifie clairement à la fois (7.1) et (7.2) ; ce flot est appelé le *flot nul.* Un exemple moins trivial de flot est donné Figure 7.1. Le flot sur chaque arc est indiqué en gras, à côté de la capacité de l'arc.

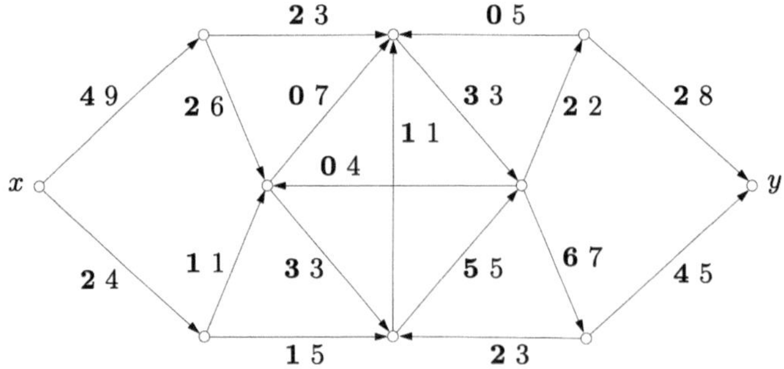

Fig. 7.1. Un flot dans un réseau

Si X est un ensemble de sommets d'un réseau N et f est un flot dans N, alors $f^+(X) - f^-(X)$ est appelé le *flot net* sortant de X, et $f^-(X) - f^+(X)$ le *flot net* entrant en X, relativement à f. La condition de conservation (7.1) requiert que le flot net $f^+(v) - f^-(v)$ sortant de n'importe quel sommet intermédiaire v vaille zéro. Il est donc intuitivement clair et pas difficile à montrer que, relativement à n'importe quel (x, y)-flot f, le flot net $f^+(x) - f^-(x)$ sortant de x est égal au flot net $f^-(y) - f^+(y)$ entrant en y (Exercice 7.1.1b). Cette quantité identique est appelée la *valeur* de f, et est notée $\text{val}\,(f)$. Par exemple, la valeur du flot indiqué sur la Figure 7.1 est $2 + 4 = 6$. La valeur d'un flot f peut, en fait, s'exprimer comme le flot net sortant de n'importe quel sous-ensemble X de V tel que $x \in X$ et $y \in V \setminus X$, comme nous le montrons maintenant.

Proposition 7.1 *Pour tout flot f dans un réseau $N(x, y)$ et tout sous-ensemble X de V tel que $x \in X$ et $y \in V \setminus X$,*

$$\text{val}\,(f) = f^+(X) - f^-(X) \tag{7.3}$$

Démonstration La définition d'un flot et de sa valeur nous donne

$$f^+(v) - f^-(v) = \begin{cases} \text{val}\,(f) & \text{si } \ v = x \\ 0 & \text{si } \ v \in X \setminus \{x\} \end{cases}$$

En sommant ces équations sur X et en simplifiant (Exercice 7.1.2), nous obtenons

$$\text{val}\,(f) = \sum_{v \in X} (f^+(v) - f^-(v)) = f^+(X) - f^-(X) \qquad \square$$

Un flot dans un réseau N est un *flot maximum* s'il n'y a pas de flot dans N de valeur plus grande. Les flots maximums sont évidemment importants dans le contexte des réseaux de transport. Un réseau $N(x, y)$ qui a un (x, y)-chemin dirigé dont tous les arcs sont de capacité infinie admet évidemment des flots de valeur arbitrairement grande. Cependant, de tels réseaux n'existent pas en pratique, et nous supposons donc que tous les réseaux considérés ici ont des flots maximums. Nous étudions le problème consistant à trouver efficacement de tels flots.

Problème 7.2 Problème du Flot Maximum
Étant donné : *un réseau $N(x, y)$,*
Trouver : *un flot maximum de x à y dans N.*

Coupes

Il est commode de désigner un digraphe D avec deux sommets distingués x et y par $D(x, y)$. Une (x, y)-*coupe* dans un digraphe $D(x, y)$ est une coupe sortante $\partial^+(X)$ telle que $x \in X$ et $y \in V \setminus X$, et une *coupe* dans un réseau $N(x, y)$ est une (x, y)-coupe dans son digraphe sous-jacent. Nous disons aussi qu'une telle coupe *sépare y de x*. Dans le réseau de la Figure 7.2, les arcs en gras sont ceux de la coupe

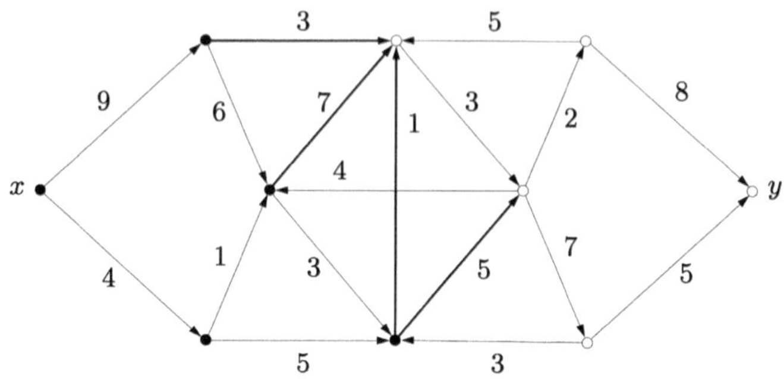

Fig. 7.2. Une coupe dans un réseau

$\partial^+(X)$ pour X l'ensemble de sommets noirs. La *capacité* d'une coupe $K := \partial^+(X)$ est la somme des capacités de ses arcs, $c^+(X)$. Nous notons cap (K) la capacité de K. La coupe indiquée dans la Figure 7.2 a une capacité de $3 + 7 + 1 + 5 = 16$.

Flots et coupes sont reliés d'une manière simple : la valeur de tout (x, y)-flot est bornée supérieurement par la capacité de toute coupe séparant y de x. Pour prouver cette inégalité, il est commode de qualifier un arc a de f-*nul* si $f(a) = 0$, de f-*positif* si $f(a) > 0$, de f-*insaturé* si $f(a) < c(a)$, et de f-*saturé* si $f(a) = c(a)$.

Théorème 7.3 *Pour tout flot f et toute coupe $K := \partial^+(X)$ dans un réseau N,*

$$\operatorname{val}(f) \leq \operatorname{cap}(K)$$

De plus, il y a égalité si et seulement si tout arc de $\partial^+(X)$ est f-saturé et tout arc de $\partial^-(X)$ est f-nul.

Démonstration Par (7.2),

$$f^+(X) \leq c^+(X) \quad \text{et} \quad f^-(X) \geq 0 \tag{7.4}$$

Donc, en appliquant la Proposition 7.1,

$$\operatorname{val}(f) = f^+(X) - f^-(X) \leq c^+(X) = \operatorname{cap}(K)$$

Nous avons val $(f) = $ cap (K) si et seulement s'il y a égalité dans (7.4), c'est-à-dire, si et seulement si tout arc de $\partial^+(X)$ est f-saturé et tout arc de $\partial^-(X)$ est f-nul. □

Une coupe K dans un réseau N est une *coupe minimum* si aucune coupe dans N n'a une capacité plus petite.

Corollaire 7.4 *Soit f un flot et K une coupe. Si* val $(f) = $ cap (K), *alors f est un flot maximum et K est une coupe minimum.*

Démonstration Soit f^* un flot maximum et K^* une coupe minimum. D'après le Théorème 7.3,

$$\operatorname{val}(f) \leq \operatorname{val}(f^*) \leq \operatorname{cap}(K^*) \leq \operatorname{cap}(K)$$

Mais, par hypothèse, $\operatorname{val}(f) = \operatorname{cap}(K)$. Il s'ensuit que $\operatorname{val}(f) = \operatorname{val}(f^*)$ et $\operatorname{cap}(K^*) = \operatorname{cap}(K)$. Donc f est un flot maximum et K est une coupe minimum.□

Exercices

⋆**7.1.1** Soit $D = (V, A)$ un digraphe et f une fonction à valeurs réelles sur A. Montrer que :

a) $\sum\{f^+(v) : v \in V\} = \sum\{f^-(v) : v \in V\}$,
b) si f est un (x, y)-flot, le flot net $f^+(x) - f^-(x)$ sortant de x est égal au flot net $f^-(y) - f^+(y)$ entrant en y.

⋆**7.1.2**

a) Montrer que, pour tout flot f dans un réseau N et tout ensemble $X \subseteq V$,

$$\sum_{v \in X} (f^+(v) - f^-(v)) = f^+(X) - f^-(X)$$

b) Donner un exemple de flot f dans un réseau tel que $\sum_{v \in X} f^+(v) \neq f^+(X)$ et $\sum_{v \in X} f^-(v) \neq f^-(X)$.

⋆**7.1.3** Soit $N := N(X, Y)$ un réseau d'ensemble de sources X et d'ensemble de puits Y. Construire un nouveau réseau $N' := N'(x, y)$ comme suit.

▷ Ajouter deux nouveaux sommets x et y.
▷ Relier x à chaque source par un arc de capacité infinie.
▷ Relier chaque puits à y par un arc de capacité infinie.

Pout tout flot f dans N, considérer la fonction f' définie sur l'ensemble d'arcs de N' par :

$$f'(a) := \begin{cases} f(a) & \text{si } a \text{ est un arc de } N \\ f^+(v) & \text{si } a = (x, v) \\ f^-(v) & \text{si } a = (v, y) \end{cases}$$

a) Montrer que f' est un flot dans N' de même valeur que f.
b) Montrer, que réciproquement, la restriction d'un flot dans N' à l'ensemble d'arcs de N est un flot dans N de même valeur.

7.1.4 Soit $N(x, y)$ un réseau qui ne contient pas de (x, y)-chemin dirigé. Montrer que la valeur d'un flot maximum et la capacité d'une coupe minimum dans N sont toutes deux nulles.

7.2 Le Théorème Flot-Max Coupe-Min

Nous établissons ici la réciproque du Corollaire 7.4, à savoir que la valeur d'un flot maximum est toujours égale à la capacité d'une coupe minimum.

Soit f un flot dans un réseau $N := N(x, y)$. À chaque x-chemin P dans N (pas nécessairement un chemin dirigé), nous associons un entier positif $\epsilon(P)$ défini par :

$$\epsilon(P) := \min\{\epsilon(a) : a \in A(P)\}$$

où

$$\epsilon(a) := \begin{cases} c(a) - f(a) & \text{si } a \text{ est un arc avant } P \\ f(a) & \text{est } a \text{ un arc inverse de } P \end{cases}$$

Comme nous allons le voir, $\epsilon(P)$ est la plus grande quantité par laquelle le flot f peut être incrémenté le long de P sans violer les contraintes (7.2). Le chemin P est dit *f-saturé* si $\epsilon(P) = 0$ et *f-insaturé* si $\epsilon(P) > 0$ (c'est-à-dire, si tout arc avant de P est f-insaturé et chaque arc inverse de P est f-positif). Dit simplement, un chemin f-insaturé est un chemin qui n'est pas utilisé à pleine capacité. Un chemin *f-incrémentant* est un (x, y)-chemin f-insaturé. Par exemple, dans le réseau de la Figure 7.3a, le chemin $P := xv_1v_2v_3y$ est un tel chemin. Les arcs avant de P sont (x, v_1) et (v_3, y), et $\epsilon(P) = \min\{5, 2, 5, 4\} = 2$.

L'existence d'un chemin f-incrémentant P est importante parce qu'elle implique que f n'est pas un flot maximum. En envoyant une quantité de flot supplémentaire de $\epsilon(P)$ le long de P, on obtient un nouveau flot f' de plus grande valeur. Plus précisément, définissons $f' : A \to \mathbb{R}$ par :

$$f'(a) := \begin{cases} f(a) + \epsilon(P) & \text{si } a \text{ est un arc avant de } P \\ f(a) - \epsilon(P) & \text{si } a \text{ est un arc inverse de } P \\ f(a) & \text{sinon} \end{cases} \tag{7.5}$$

Nous avons alors la proposition suivante, dont la preuve est laissée en exercice (7.2.1).

Proposition 7.5 *Soit f un flot dans un réseau N. S'il y a un chemin f-incrémentant P, alors f n'est pas un flot maximum. Plus précisément, la fonction f' définie par (7.5) est un flot dans N de valeur* $\operatorname{val}(f') = \operatorname{val}(f) + \epsilon(P)$. □

Nous appelons le flot f' défini par (7.5) le *flot incrémenté* le long de P. La Figure 7.3b montre le flot incrémenté dans le réseau de la Figure 7.3a le long du chemin f-incrémentant $xv_1v_2v_3y$.

Quand il y a un chemin f-incrémentant, on peut incrémenter le flot. Mais que se passe-t-il s'il n'y a pas de chemin f-incrémentant ? La proposition suivante répond à cette question.

Proposition 7.6 *Soit f un flot dans un réseau $N := N(x, y)$. Supposons qu'il n'y ait pas de chemin f-incrémentant dans N. Soit X l'ensemble de tous les sommets atteignables depuis x par des chemins f-insaturés, et posons $K := \partial^+(X)$. Alors f est un flot maximum dans N et K est une coupe minimum.*

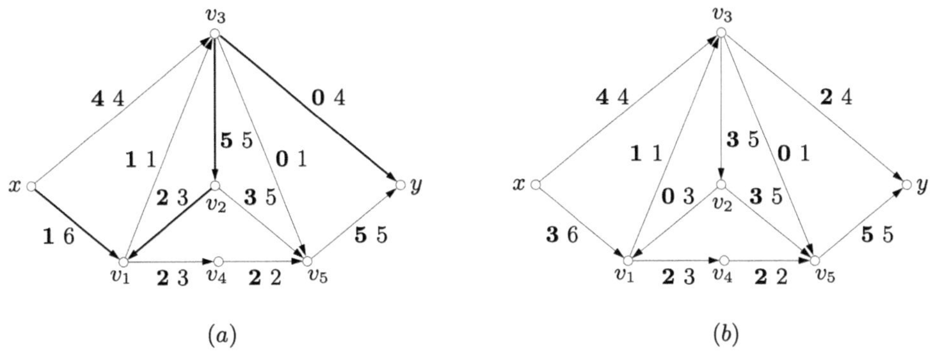

Fig. 7.3. (a) Un chemin f-incrémentant P, et (b) le flot incrémenté le long de P

Démonstration Clairement $x \in X$. De plus, $y \in V \setminus X$ car il n'y a pas de chemin f-incrémentant. Par conséquent K est une coupe dans N.

Considérons un arc $a \in \partial^+(X)$, de queue u et de tête v. Comme $u \in X$, il existe un (x, u)-chemin f-insaturé Q. Si a était f-insaturé, Q pourrait être étendu par l'arc a pour donner un (x, v)-chemin f-insaturé. Mais $v \in V \setminus X$, donc il n'y a pas de tel chemin. Par conséquent, a est forcément f-saturé. Un raisonnement similaire montre que si $a \in \partial^-(X)$, alors a est f-nul. Par le Théorème 7.3, nous avons $\mathrm{val}\,(f) = \mathrm{cap}\,(K)$. Maintenant, le Corollaire 7.4 implique que f est un flot maximum dans N et que K est une coupe minimum. □

Une conséquence d'une portée considérable des Propositions 7.5 et 7.6 est le théorème suivant, du indépendamment à Elias et al. (1956) et Ford et Fulkerson (1956).

Théorème 7.7 Théorème Flot-Max Coupe-Min
Dans un réseau, la valeur du flot maximum est égale à la capacité d'une coupe minimum.

Démonstration Soit f un flot maximum. D'après la Proposition 7.5, il n' y a pas de chemin f-incrémentant. Le théorème découle alors de la Proposition 7.6. □

Le Théorème Flot-Max Coupe-Min (7.7) montre que l'on peut toujours prouver l'optimalité d'un flot maximum simplement en produisant une coupe dont la capacité est égale à la valeur du flot. Beaucoup de résultats en théorie des graphes sont des conséquences directes de ce théorème, appliqué à des réseaux bien choisis. Parmi ceux-ci, on compte deux théorèmes fondamentaux dus à K. Menger, et présentés à la fin de ce chapitre (Théorèmes 7.16 et 7.17). D'autres applications importantes des flots dans les réseaux sont données au Chapitre 17.

L'Algorithme de Ford–Fulkerson

Le théorème suivant est une conséquence directe des Propositions 7.5 et 7.6.

Théorème 7.8 *Un flot f dans un réseau est un flot maximum si et seulement s'il n'y a pas de chemin f-incrémentant.* □

Ce théorème est la base d'un algorithme pour trouver un flot maximum dans un réseau. Partant d'un flot connu f, par exemple le flot nul, nous cherchons un chemin f-incrémentant au moyen d'un algorithme de parcours. Un x-arbre T est *f-insaturé* si, pour tout sommet v de T, le chemin xTv est f-insaturé. Un exemple est montré dans le réseau de la Figure 7.4. C'est un arbre T de ce type que nous faisons croître lors de la recherche d'un chemin f-incrémentant.

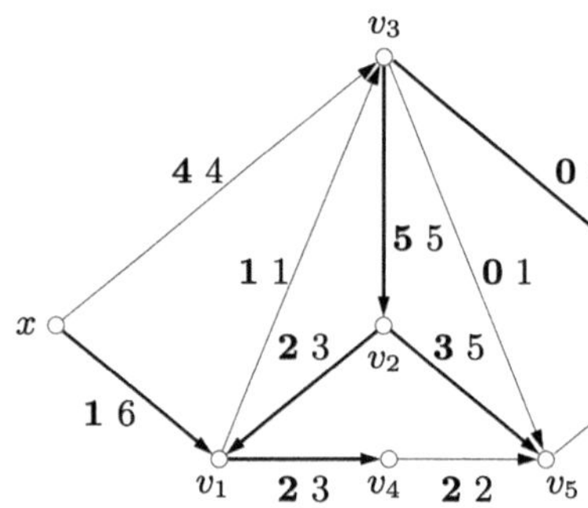

Fig. 7.4. Un arbre f-insaturé

Initialement, l'arbre T est uniquement constitué de la source x. À chaque étape, l'arbre peut croître de deux façons. S'il y a un arc f-insaturé a dans $\partial^+(X)$, où $X = V(T)$, a et sa tête sont tous deux ajoutés à T. De même, s'il existe un arc f-positif a dans $\partial^-(X)$, a et sa queue sont tous deux ajoutés à T. Si l'arbre T atteint le puits y, le chemin xTy est un chemin f-incrémentant, et nous remplaçons f par le flot f' défini dans (7.5). Si T n'atteint pas le puits, et est un arbre f-insaturé maximal, tous les arcs de $\partial^+(X)$ sont f-saturés et tous les arcs de $\partial^-(X)$ sont f-nuls. Nous pouvons alors conclure, en vertu du Théorème 7.3, que le flot f est un flot maximum et que la coupe $\partial^+(X)$ est une coupe minimum. Cet algorithme de parcours est appelé *Recherche de Chemin Incrémentant* (RCI) et un arbre f-insaturé maximal qui ne contient pas le puits un *RCI-arbre*.

Algorithme 7.9 Flot-Max Coupe-Min (FMCM)

Entrée : un réseau $N := N(x, y)$ et un flot faisable f dans N
Sortie : un flot maximum f et une coupe minimum $\partial^+(X)$ dans N
1: posons $X := \{x\}$, $p(v) := \emptyset$, $v \in V$

tant que *il y a, soit un arc f-insaturé $a := (u, v)$, soit un arc f-positif $a := (v, u)$ avec $u \in X$ et $v \in V \setminus X$* ***faire***
  remplacer X par $X \cup \{v\}$
  remplacer $p(v)$ par u
fin de tant que
si *$y \in X$* ***alors***
  calculer $\epsilon(P) := \min\{\epsilon(a) : a \in A(P)\}$, où P est le xy-chemin dans l'arbre de fonction prédécesseur est p
  pour tout arc avant a de P, remplacer $f(a)$ par $f(a) + \epsilon(P)$
  pour tout arc inverse a de P, remplacer $f(a)$ par $f(a) - \epsilon(P)$
  retourner en 1
fin de si
renvoyer $(f, \partial^+(X))$

Comme exemple, considérons le réseau représenté Figure 7.5a, avec le flot indiqué. En appliquant RCI, nous obtenons l'arbre f-insaturé dessiné Figure 7.5b. Comme il contient le puits y, le xy-chemin dans cet arbre, à savoir $xv_1v_2v_3y$, est un chemin f-incrémentant (voir Figure 7.5c). En incrémentant f le long de ce chemin, nous obtenons le flot incrémenté représenté Figure 7.5d.

Maintenant, une application de RCI au réseau avec ce nouveau flot donne le RCI-arbre de la Figure 7.5e. Nous concluons que le flot de la Figure 7.5d est un flot maximum. La coupe minimum $\partial^+(X)$, où X est l'ensemble des sommets atteints par le RCI-arbre, est indiquée Figure 7.5f.

Lorsque toutes les capacités sont entières, la valeur du flot augmente au moins de 1 à chaque itération de l'Algorithme Flot-Max Coupe-Min, et donc l'algorithme terminera forcément après un nombre fini d'itérations. Une conclusion identique vaut pour le cas où toutes les capacités sont rationelles (Exercice 7.2.3). À l'inverse, l'algorithme ne termine pas nécessairement si des capacités irrationelles sont permises. Un tel exemple de réseau a été contruit par Ford et Fulkerson (1962).

Dans certaines applications de la théorie des flots dans les réseaux, on doit souvent trouver des flots soumis à des restrictions supplémentaires, comme des contraintes d'approvisionnement ou de demande aux sources et aux puits, respectivement, ou des bornes inférieures spécifiques pour le flot sur chaque arc en particulier. La plupart de ces problèmes peuvent se réduire à des problèmes de recherche d'un flot maximum dans des réseaux associés. Des exemples se trouvent dans les livres de Bondy et Murty (1976), Chvátal (1983), Ford et Fulkerson (1962), Lovász et Plummer (1986), et Schrijver (2003).

Exercices

$\star$**7.2.1** Donner une démonstation de la Proposition 7.5.

7.2.2 On considére un réseau où toutes les capacités sont entières.

a) Montrer que le flot maximum renvoyé par l'Algorithme Flot-Max Coupe-Min est à valeurs entières si tant est que le flot initial le soit aussi.

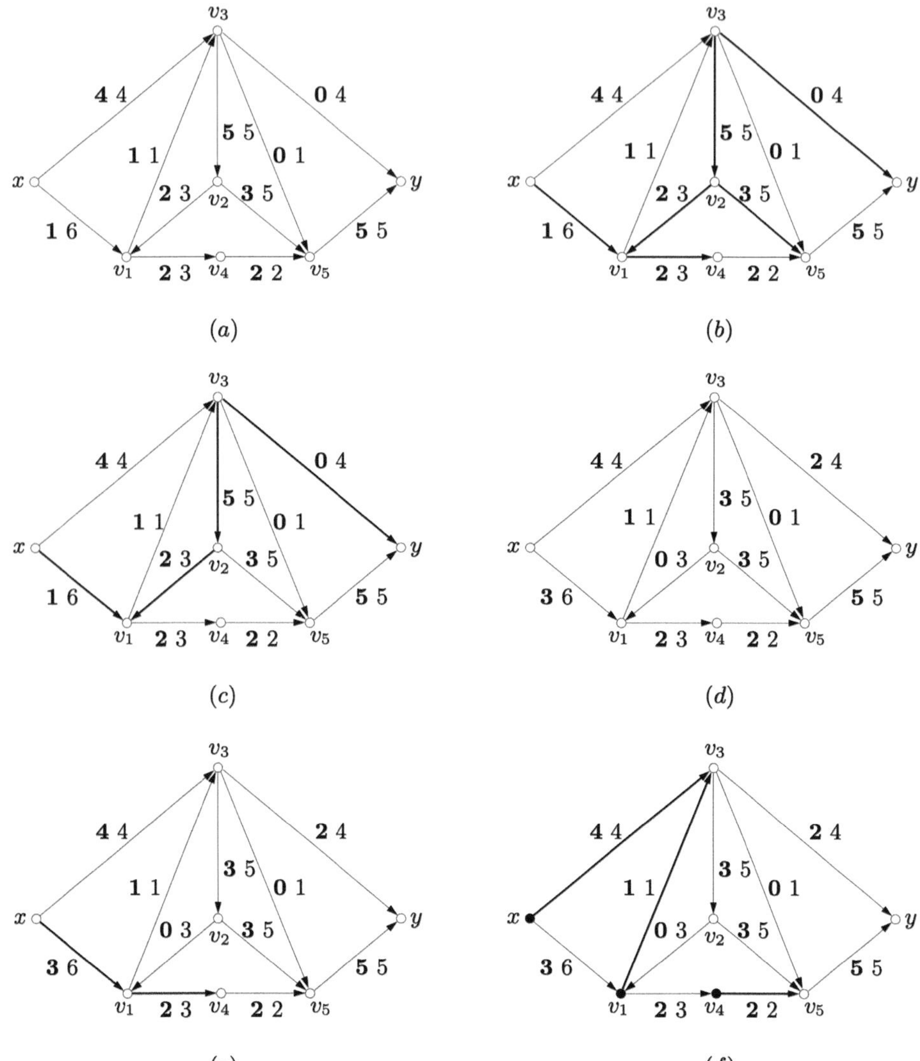

Fig. 7.5. (a) Un flot f, (b) un arbre f-insaturé, (c) le chemin f-incrémentant , (d) le flot incrémenté, (e) un RCI-arbre, et (f) une coupe minimum

b) Donner un exemple montrant que tous les flots maximums dans un tel réseau ne sont pas nécessairement à valeurs entières.

$\star$**7.2.3** Montrer que l'Algorithme Flot-Max Coupe-Min termine après un nombre fini d'itérations de chemin incrémentant quand toutes les capacités sont des rationnels.

7.2.4 Soit f une fonction sur l'ensemble d'arcs A d'un réseau acyclique $N := N(x, y)$, tel que $0 \leq f(a) \leq c(a)$ pour tout $a \in A$. Montrer que f est un flot dans N si et seulement si f est une combinaison linéaire à coefficients positifs des vecteurs caractéristiques des (x, y)-chemins dirigés.

7.2.5 Suite de degrés des graphes bipartis
Soient $\mathbf{p} := (p_1, p_2, \ldots, p_m)$ et $\mathbf{q} := (q_1, q_2, \ldots, q_n)$ deux suites d'entiers positifs. Le couple $(\mathbf{p}, \mathbf{q})$ est dit *réalisable* par un graphe simple biparti s'il existe un graphe simple biparti G de bipartition $(\{x_1, x_2, \ldots, x_m\}, \{y_1, y_2, \ldots, y_n\})$, tel que $d(x_i) = p_i$, pour tout $1 \leq i \leq m$, et $d(y_j) = q_j$, pour $1 \leq j \leq n$.

a) Formuler comme un problème de flot dans un réseau le problème consistant à déterminer si un couple $(\mathbf{p}, \mathbf{q})$ donné est réalisable par un graphe simple biparti.
b) On suppose que $q_1 \geq q_2 \geq \cdots \geq q_n$. Déduire du Théorème Flot-Max Coupe-Min que $(\mathbf{p}, \mathbf{q})$ est réalisable par un graphe simple biparti si et seulement si :

$$\sum_{i=1}^{m} p_i = \sum_{j=1}^{n} q_j \quad \text{et} \quad \sum_{i=1}^{m} \min\{p_i, k\} \geq \sum_{j=1}^{k} q_j \quad \text{pour} \quad 1 \leq k \leq n$$

(D. Gale et H.J. Ryser)

7.2.6 Suite de degrés des graphes dirigés
Soit D un digraphe strict et soient p et q deux fonctions à valeurs entières positives sur V.

a) On considère le problème consistant à déterminer si D a un sous-digraphe couvrant H tel que :

$$d_H^-(v) = p(v) \quad \text{et} \quad d_H^+(v) = q(v) \quad \text{pour tout} \quad v \in V$$

Formuler ce problème comme un probème de flot dans un réseau.
b) Déduire du Théorème Flot-Max Coupe-Min que D a un sous-digraphe couvrant H satisfaisant la condition en (a) si et seulement si :
   i) $\displaystyle\sum_{v \in V} p(v) = \sum_{v \in V} q(v)$,
   ii) $\displaystyle\sum_{v \in S} q(v) \leq \sum_{v \in T} p(v) + a(S, V \setminus T)$ pour tout $S, T \subseteq V$.
c) En prenant pour D le graphe dirigé complet à n sommets et en appliquant (b), trouver des conditions nécessaires et suffisantes pour que deux suites $\mathbf{p} := (p_1, p_2, \ldots, p_n)$ et $\mathbf{q} := (q_1, q_2, \ldots, q_n)$ soient réalisables comme les suites des degrés entrants et sortants d'un digraphe strict à n sommets.

7.3 Chemins dirigés arc-disjoints

Un réseau de communication N avec des liens unidirectionnels peut être modélisé par un graphe dirigé D dont les sommets correspondent aux stations de N et dont les arcs correspondent à ses liens. Afin de pouvoir relayer l'information dans N d'une station x à une station y, le digraphe D doit nécessairement contenir un (x, y)-chemin dirigé. En pratique, cependant, la possible panne d'un lien de communication (par accident ou sabotage) doit être prise en compte. Par exemple, si tous les (x, y)-chemins dirigés dans D se trouvent passer par le même arc, et si le lien de communication correspondant à cet arc devait tomber en panne ou être détruit, il ne serait plus possible de relayer l'information de x à y. Cette situation ne peut pas se produire si D contient deux (x, y)-chemins dirigés arc-disjoints. Plus généralement, si D a k (x, y)-chemins dirigés arc-disjoints, x est toujours capable d'envoyer des messages à y même si $k - 1$ liens tombent en panne. Le nombre maximum de (x, y)-chemins dirigés arc-disjoints est donc un paramètre pertinent dans ce contexte, et nous sommes amenés au problème suivant.

Problème 7.10 Problème des Chemins Dirigés Arc-disjoints (PCDA)

Étant donné : *un digraphe* $D := D(x, y)$,
Trouver : *une famille maximum de* (x, y)*-chemins dirigés arc-disjoints dans* D.

Regardons maintenant le réseau du point de vue d'un saboteur qui désire interrompre les communications de x à y. Le saboteur cherchera à éliminer tous les (x, y)-chemins dirigés dans D en détruisant des arcs, de préférence le moins possible. Or, un ensemble minimal d'arcs dont la suppression détruit tous les (x, y)-chemins dirigés n'est rien d'autre qu'une (x, y)-coupe. Le problème du saboteur peut donc se formuler comme suit.

Problème 7.11 Problème de la Coupe Minimum
Étant donné : *un digraphe* $D := D(x, y)$,
Trouver : *une* (x, y)*-coupe minimum dans* D.

Comme le lecteur peut l'avoir deviné, ces problèmes peuvent se résoudre en utilisant la théorie des flots dans les réseaux. Le concept de circulation fournit un lien essentiel.

Circulations

Une *circulation* dans un digraphe D est une fonction $f : A \to \mathbb{R}$ qui satisfait la condition de conservation en chaque sommet :

$$f^+(v) = f^-(v), \quad \text{pour tout } v \in V \tag{7.6}$$

La Figure 7.6a montre une circulation dans un digraphe.

Les circulations dans un digraphe D peuvent s'exprimer très simplement à l'aide de la matrice d'incidence de D. Rappelons que cette dernière est la matrice

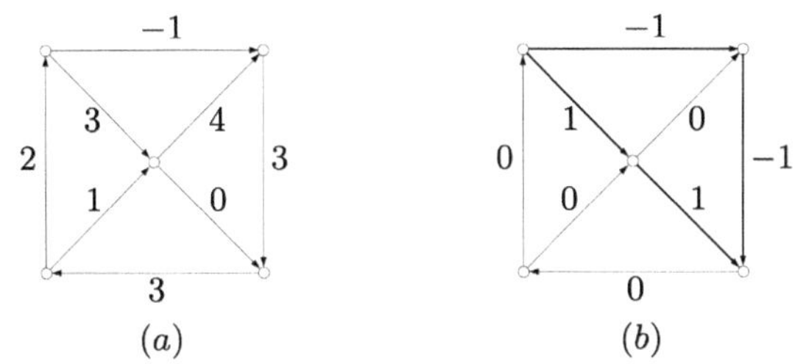

Fig. 7.6. (a) Une circulation dans un digraphe, et (b) une circulation associée à un cycle

$\mathbf{M} = (m_{va})$ dont les lignes et les colonnes sont indicées par les sommets et les arcs de D, respectivement, dans laquelle, pour un sommet v et un arc a,

$$m_{va} := \begin{cases} 1 & \text{si } a \text{ est un lien et } v \text{ est la queue de } a \\ -1 & \text{si } a \text{ est un lien et } v \text{ est la tête de } a \\ 0 & \text{sinon} \end{cases}$$

La matrice d'incidence d'un digraphe est donnée Figure 7.7.

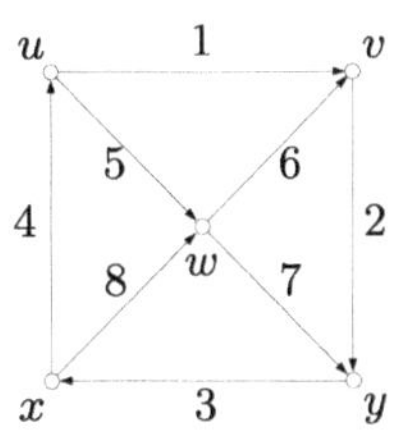

D

	1	2	3	4	5	6	7	8
u	1	0	0	−1	1	0	0	0
v	−1	1	0	0	0	−1	0	0
w	0	0	0	0	−1	1	1	−1
x	0	0	−1	1	0	0	0	1
y	0	−1	1	0	0	0	−1	0

$\mathbf{M}$

Fig. 7.7. Un digraphe et sa matrice d'incidence

Nous identifions fréquemment une fonction à valeurs réelles f définie sur un ensemble S avec le vecteur $\mathbf{f} := (f(a) : a \in S)$. Avec cette convention, la condition de conservation (7.6) pour qu'une fonction f soit une circulation dans D peut s'exprimer sous forme matricielle :

$$\mathbf{Mf} = \mathbf{0} \tag{7.7}$$

avec $\mathbf{M}$ la matrice $n \times m$ d'incidence de D et $\mathbf{0}$ le vecteur nul $n \times 1$.

On peut facilement passer des circulations aux flots et inversement. Si f est une circulation dans un digraphe $D := (V, A)$, et si $a = (y, x)$ est un arc de D, la restriction f' de f à $A \setminus a$ est un (x, y)-flot de valeur $f(a)$ dans le digraphe $D' := D \setminus a$ (Exercice 7.3.2). Inversement, si f est un (x, y)-flot dans un digraphe $D := (V, A)$, et si D' est le digraphe obtenu en ajoutant à D un nouvel arc a' de y à

x, l'extension f' de f à $A \cup \{a'\}$ définie par $f'(a') := \text{val}(f)$ est une circulation dans D'. Du fait de ces deux transformations, les résultats sur les flots et les circulations vont de pair. Souvent, il est plus pratique d'étudier les circulations plutôt que les flots car la condition de conservation (7.6) est alors uniformément satisfaite, en chaque sommet.

Le *support* d'une fonction à valeurs réelles est l'ensemble des éléments en lesquels la valeur de cette fonction est non-nulle.

Lemme 7.12 *Soit f une circulation non-nulle dans un digraphe. Alors le support de f contient un cycle. De plus, si f est à valeurs positives, alors le support de f contient un cycle dirigé.*

Démonstration La première assertion découle directement du Théorème 2.1, car le support d'une circulation non-nulle ne peut pas contenir de sommet de degré inférieur à deux. De même, la seconde assertion découle de l'Exercice 2.1.11a. □

Certaines circulations sont particulièrement intéressantes, notamment celles associées aux cycles. Soit C un cycle, auquel on adjoint un sens de parcours. Un arc de C est un *arc avant* s'il est dirigé dans le sens de parcours de C, et un *arc inverse* sinon. Nous désignons les ensembles des arcs avant et des arc inverses de C par C^+ et C^-, respectivement, et nous associons à C la circulation f_C définie par :

$$f_C(a) := \begin{cases} 1 & \text{si } a \in C^+ \\ -1 & \text{si } a \in C^- \\ 0 & \text{si } a \notin C \end{cases}$$

On peut voir que f_C est bien une circulation. La Figure 7.6b représente une circulation associée à un cycle (le sens de parcours du cycle étant le sens trigonométrique).

Proposition 7.13 *Toute circulation dans un digraphe est une combinaison linéaire de circulations associées à ses cycles.*

Démonstration Soit f une circulation de support S. Nous procédons par récurrence sur $|S|$. Si $S = \emptyset$, il n'y a rien à prouver. Si S est non-vide, alors S contient un cycle C d'après le Lemme 7.12. Soit a un arc de C, et choisissons le sens de parcours de C de telle sorte que $f_C(a) = 1$. Alors $f' := f - f(a)f_C$ est une circulation dont le support est un sous-ensemble propre de S. Par récurrence, f' est une combinaison linéaire de circulations associées à des cycles et donc $f = f' + f(a)f_C$ l'est aussi. □

Il y a un énoncé analogue à la Proposition 7.13 dans le cas où la circulation est à valeurs positives. La preuve est essentiellement la même (Exercice 7.3.4).

Proposition 7.14 *Toute circulation à valeurs positives dans un digraphe est une combinaison linéaire à coefficients positifs de circulations associées à des cycles dirigés. De plus, si la circulation est à valeurs entières, les coefficients de la combinaison linéaire peuvent être choisis pour être entiers et positifs.* □

La relation entre circulations et flots décrite précédemment implique le corollaire suivant.

Corollaire 7.15 *Soit $N := N(x, y)$ un réseau dans lequel chaque arc est de capacité unitaire. Alors N a un (x, y)-flot de valeur k si et seulement si son digraphe sous-jacent $D(x, y)$ a k (x, y)-chemins dirigés arc-disjoints.* □

Les théorèmes de Menger

Au vu du Corollaire 7.15, les Problèmes 7.10 et 7.11 peuvent tous deux être résolus par l'Algorithme Flot-Max Coupe-Min. De plus, le Théorème Flot-Max Coupe-Min dans ce contexte précis devient un théorème min–max fondamental pour les digraphes, du à Menger (1927).

Théorème 7.16 Théorème de Menger (version arc)
Dans tout digraphe $D(x, y)$, le nombre maximum de (x, y)-chemins dirigés deux à deux arc-disjoints est égal au nombre minimum d'arcs dans une (x, y)-coupe. □

Il y a un pendant au Théorème de Menger pour les graphes non-dirigés. Comme avec les réseaux et les digraphes, il est commode d'adopter la notation $G(x, y)$ pour désigner un graphe G avec deux sommets distingués x et y. Par une *xy-coupe* dans un graphe $G(x, y)$, nous entendons une coupe $\partial(X)$ telle que $x \in X$ et $y \in V \setminus X$. Nous disons qu'une telle coupe *sépare x et y*.

Théorème 7.17 Théorème de Menger (version arête)
Dans tout graphe $G(x, y)$, le nombre maximum de xy-chemins deux à deux arête-disjoints est égal au nombre minimum d'arêtes dans une xy-coupe. □

Le Théorème 7.17 se dérive assez facilement du Théorème 7.16. De même, la version non-dirigée du Problème 7.10 peut se résoudre en appliquant l'Algorithme Flot-Max Coupe-Min à un réseau approprié (Exercice 7.3.5). Au Chapitre 8, nous expliquons comment des versions sommet des Théorèmes de Menger (7.16 et 7.17) peuvent être obtenues à partir du Théorème 7.16. Ces théorèmes jouent un rôle central en théorie des graphes, comme il est montré au Chapitre 9.

Exercices

⋆7.3.1

a) Soit $D = (V, A)$ un digraphe, et soit f une fonction à valeurs réelles sur A. Montrer que f est une circulation dans D si et seulement si $f^+(X) = f^-(X)$ pour tout $X \subseteq V$.
b) Soit f une circulation dans un digraphe D, de support S. Déduire que :
   i) $D[S]$ n'a pas d'arête séparatrice,
   ii) si f est à valeurs positives, alors $D[S]$ n'a pas d'attaches dirigées.

$\star$**7.3.2** Soit f une circulation dans un digraphe $D := (V, A)$, et soit $a = (y, x)$ un arc de D. Montrer que la restriction f' de f à $A' := A \setminus a$ est un (x, y)-flot dans $D' := (V, A')$ de valeur $f(a)$.

7.3.3 Soient f et f' deux flots d'égale valeur dans un réseau N. Montrer que $f - f'$ est une circulation dans N.

$\star$**7.3.4** Prouver la Proposition 7.14.

$\star$**7.3.5**

a) Déduire le Théorème 7.17 du Théorème 7.16.
b) La version non-dirigée du Problème 7.10 peut s'exprimer comme suit.

Problème 7.18 PROBLÈME DES CHEMINS ARÊTE-DISJOINTS (CAD)
ÉTANT DONNÉ : *un graphe* $G := G(x, y)$,
TROUVER : *une famille maximum de* xy*-chemins arête-disjoints dans* G.

Expliquer comment ce problème peut se résoudre en appliquant l'Algorithme Flot-Max Coupe-Min à un réseau approprié.

7.4 En savoir plus

FLOTS MULTIPRODUITS

Dans ce chapitre, nous avons abordé le problème de transport d'un seul produit suivant les arcs d'un réseau. En pratique, les réseaux de transport sont généralement partagés par plusieurs utilisateurs, chacun voulant acheminer un produit différent d'un endroit à un autre. Cela a donné lieu à la notion de *flot multiproduit*[1]. Soit N un réseau avec k paires source-puits (x_i, y_i), $1 \leq i \leq k$, et soit d_i la demande en y_i pour le produit i, $1 \leq i \leq k$. Le *Problème du Flot à k Produits* consiste à trouver des fonctions $f_i : A \to \mathbb{R}$, $1 \leq i \leq k$, telles que :

(i) f_i est un flot dans N de valeur d_i de x_i à y_i, $1 \leq i \leq k$,
(ii) pour tout arc a de D, $\sum_{i=1}^{k} f_i(a) \leq c(a)$.

Pour un sous-ensemble X de V, notons $d(X)$ la quantité $\sum\{d_i : x_i \in X, y_i \in V \setminus X\}$. S'il y a une solution au Problème du Flot à k Produits, l'inégalité $d(X) \leq c^+(X)$, connue comme la *condition de coupe*, doit être vérifiée pour tous les sous-ensembles X de V. Pour $k = 1$, cette condition de coupe est équivalente à la condition $\operatorname{val}(f) \leq \operatorname{cap}(K)$ du Théorème 7.3. D'après le Théorème Flot-Max Coupe-Min (7.7), cette condition est suffisante pour l'existence d'un flot de valeur d_1. En revanche, même pour $k = 2$, la condition de coupe n'est pas suffisante pour

[1] *multicommodity flow* en anglais

que le Problème du Flot à 2-Produits ait une solution, comme montré par le réseau représenté Figure 7.8a de capacités et de demandes unitaires.

Il y a une autre distinction notable entre les problèmes de flots à un seul produit et ceux à plusieurs. Supposons que toutes les capacités et demandes soient entières et qu'il y ait un flot à k produits satisfaisant toutes les conditions. Lorsque $k = 1$, cela implique l'existence d'un tel flot dont toutes les valeurs sont entières (Exercice 7.2.2). Cela n'est plus vrai pour $k \geq 2$. Considérons, par exemple, le réseau de la Figure 7.8b, de nouveau avec des capacités et des demandes unitaires. Ce réseau a le flot à 2-produits (f_1, f_2), avec $f_1(a) = f_2(a) = 1/2$ pour tout $a \in A$, mais il n'a pas de flot à 2-produits dont toutes les valeurs soient entières.

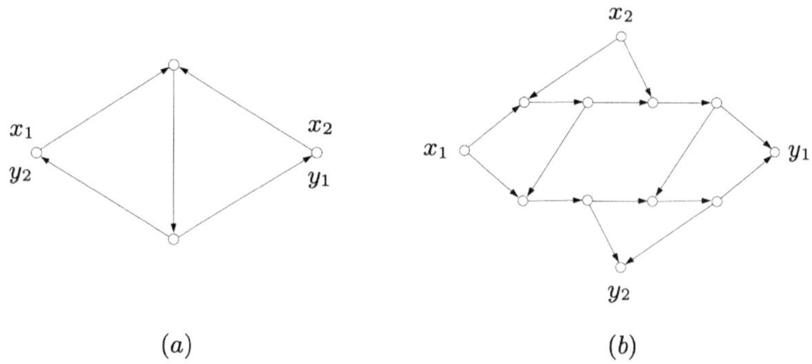

Fig. 7.8. Exemples de réseaux : (a) satisfaisant la condition de coupe mais n'ayant pas de flot à 2-produits, (b) ayant un flot à 2-produits fractionnaire, mais aucun à valeurs entières

8

Complexité des algorithmes

Sommaire

8.1 Complexité algorithmique

Dans ce chapitre, nous verrons comment les problèmes peuvent être classés en fonction de leur niveau de difficulté.

La plupart des problèmes que nous considérons dans ce livre sont généraux en ce qu'ils s'appliquent à tous les membres d'une certaine famille de graphes ou digraphes. Par *instance* d'un problème, nous entendons le problème appliqué à un

J. Bondy et al., *Théorie des graphes*, Mathématiques et Applications 91,
https://doi.org/10.1007/978-1-4471-7621-3_8

membre spécifique de la famille. Par exemple, une instance du Problème de l'Arbre Couvrant de Poids Minimum est le problème de trouver un arbre optimal dans un graphe valué connexe particulier.

Un *algorithme* de résolution d'un problème est une procédure bien définie qui accepte n'importe quelle instance du problème en *entrée* et renvoie une solution au problème en *sortie*. Par exemple, l'Algorithme de Jarník–Prim (6.9) accepte en entrée un graphe valué connexe G et renvoie en sortie un arbre optimal.

Comme nous l'avons vu, beaucoup de problèmes importants en pratique peuvent être formulés en termes de graphes. Concevoir des algorithmes efficaces d'un point de vue computationnel pour résoudre ces problèmes est l'une des principales préoccupations des théoriciens des graphes et des informaticiens. À cet égard, les deux aspects théoriques intéressants sont, premièrement, de vérifier qu'un algorithme proposé fonctionne bien correctement et, deuxièmement, d'analyser à quel point cette procédure est efficace. Nous avons déjà rencontré des algorithmes pour résoudre un certain nombre de problèmes de base. Pour chacun d'entre eux, nous avons établi leur validité. Dans ce chapitre, nous abordons l'efficacité de ces algorithmes, ainsi que celle d'autres.

Par *complexité algorithmique* (ou, pour faire court, *complexité*) d'un algorithme, nous entendons le nombre d'opérations élémentaires (telles que les opérations arithmétiques et les comparaisons) requises pour son exécution. Ce nombre dépend clairement de la taille et de la nature de l'entrée. Dans le cas des graphes, la complexité est une fonction du nombre de bits nécessaires pour encoder la liste d'adjacence du graphe d'entrée G, une fonction de n et m. (Le nombre de bits nécessaires pour encoder un entier k est $\lceil \log_2 k \rceil$.) Naturellement, lorsque l'entrée comprend des informations supplémentaires, telles que des poids sur les sommets ou les arêtes d'un graphe, cela doit aussi être pris en compte dans le calcul de la complexité. Si la complexité est bornée supérieurement par un polynôme en la taille de l'entrée, l'algorithme est dit être *en temps polynomial* ou plus simplement *polynomial*. Un tel algorithme est encore qualifié de *linéaire* si le polynôme est une fonction linéaire, *quadratique* si c'est une fonction quadratique, et ainsi de suite.

La classe $\mathcal{P}$

L'importance des algorithmes polynomiaux vient du fait qu'ils se trouvent souvent être exécutables sur un ordinateur, même sur de grands graphes en entrée. En revanche, les algori-
thmes dont la complexité est exponentiellle en la taille de l'entrée ont des temps d'exécution qui les rendent impraticables même sur des entrées de taille modérée. Par exemple, un algorithme qui vérifie si deux graphes à n sommets sont isomorphes en considérant les $n!$ bijections entre leurs ensembles de sommets n'est réalisable que pour de petites valeurs de n (pas plus grandes que 20), mêne sur les ordinateurs les plus rapides disponibles actuellement. La classe des problèmes solubles par des algorithmes polynomiaux est notée $\mathcal{P}$.

Les algorithmes de parcours présentés au Chapitre 6 sont des exemples d'algorithmes polynomiaux. Dans le parcours en largeur, chaque arête est examinée pour une possible inclusion dans l'arbre seulement à deux reprises, lorsque les listes d'adjacence de ses deux extrémités sont parcourues. La même chose est vraie pour le parcours en profondeur. Par conséquent, ces deux algorithmes sont linéaires en m, le nombre d'arêtes. L'Algorithme de Jarník–Prim nécessite, en plus, de comparer des poids d'arêtes, mais on peut facilement voir que le nombre de comparaisons est également borné par un polynôme en m.

À la différence des autres algorithmes décrits au Chapitre 6, l'Algorithme Flot-Max Coupe-Min n'est pas un algorithme polynomial même lorsque les capacités sont des entiers ; l'exemple de l'Exercice 8.1.1 montre que, dans le pire cas, l'algorithme peut effectuer un nombre d'itérations arbitrairement grand avant de renvoyer un flot maximum. Heureusement, cette éventualité peut être évitée en modifiant la manière dont la recherche d'un chemin augmentant (RCA) est implémentée, comme l'ont montré Edmonds et Karp (1970) et Dinic (1970). Parmi les arcs de $\partial(T)$ susceptibles d'être inclus dans T, la préférence est donnée à ceux qui sont incidents au sommet ayant intégré T le plus tôt, comme dans un parcours en largeur. Ceci produit un plus court chemin augmentant. Il peut être montré qu'avec ce raffinement, le nombre d'itérations de RCA est borné par un polynôme en n et qu'ainsi l'algorithme est polynomial.

Bien que notre analyse de ces algorithmes soit succincte, et laisse de côté de nombreux détails pertinents, il en ressort clairement qu'ils s'exécutent en temps polynomial. Une analyse détaillée de ces algorithmes de graphes ainsi que d'autres peut être trouvée dans les livres Aho et al. (1975) et Papadimitriou (1994). D'autre part, il y a de nombreux problèmes fondamentaux pour lesquels aucun algorithme polynomial n'a pour l'instant été trouvé et pour lesquels il se pourrait qu'il n'en n'existe pas. Déterminer quels problèmes sont solubles en temps polynomial et quels sont ceux qui ne le sont pas, est évidemment une question fondamentale. À cet égard, une classe de problèmes notée $\mathcal{NP}$ (pour *non-déterministe polynomial*) joue un rôle important. Nous donnons ici une définition de cette classe ; un traitement précis se trouve au Chapitre 29 du *Handbook of Combinatorics* (Graham et al. (1995)), ou dans le livre de Garey et Johnson (1979).

Les classes $\mathcal{NP}$ et co-$\mathcal{NP}$

Un *problème de décision* est une question dont la réponse est soit 'oui' soit 'non'. Un tel problème appartient à la classe $\mathcal{P}$ s'il existe un algorithme qui résout n'importe quelle instance du problème en temps polynomial. Il appartient à la classe $\mathcal{NP}$ si, étant donnée une instance du problème pour laquelle la réponse est 'oui', il y a un certificat validant ce fait qui puisse être vérifié en temps polynomial ; un tel certificat est dit *succinct.* De manière analogue, un problème de décision appartient à la classe *co-*$\mathcal{NP}$ si, étant donnée une instance du problème pour laquelle la réponse est 'non', il y a un certificat succinct qui confirme ce fait. Il découle immédiatement de ces définitions que $\mathcal{P} \subseteq \mathcal{NP}$, puisqu'un algorithme polynomial constitue, en lui-même, un certificat succinct. De même, $\mathcal{P} \subseteq$ co-$\mathcal{NP}$. Ainsi

$$\mathcal{P} \subseteq \mathcal{NP} \cap \text{co-}\mathcal{NP}$$

Considérons, par exemple, le problème de déterminer si un graphe est biparti. Ce problème de décision appartient à $\mathcal{NP}$, parce qu'une bipartition est un certificat succinct : étant donnée une bipartition (X, Y) d'un graphe biparti G, il suffit de vérifier que chaque arête de G a une extrémité dans X et une extrémité dans Y. Le problème appartient également à co-$\mathcal{NP}$ car, d'après le Théorème 4.7, tout graphe non-biparti contient un cycle impair, et n'importe quel cycle impair constitue un certificat succinct du caractère non-biparti du graphe. Il appartient donc à $\mathcal{NP} \cap$ co-$\mathcal{NP}$. En fait, comme indiqué à l'Exercice 6.1.3, il appartient à $\mathcal{P}$.

Pour second exemple, considérons le problème de décider si un graphe $G(x, y)$ possède k xy-chemins arête-disjoints. Ce problème est clairement dans $\mathcal{NP}$, car une famille de k xy-chemins arête-disjoints est un certificat succinct : étant donnée une famille de chemins, on peut vérifier en temps polynomial qu'elle a bien la propriété requise. Le problème est également dans co-$\mathcal{NP}$ car, d'après le Théorème 7.17, un graphe qui n'a pas k xy-chemins arête-disjoints a une xy-coupe de taille inférieure à k. Une telle coupe sert donc de certificat succinct pour la non-existence de k xy-chemins arête-disjoints. Finalement, comme le nombre maximum de xy-chemins arête-disjoints peut être trouvé en temps polynomial en appliquant l'Algorithme Flot-Max Coupe-Min (7.9) (voir Exercice 7.3.5) ce problème appartient aussi à $\mathcal{P}$.

Considérons maintenant le problème de décider si un graphe a un cycle hamiltonien.

Problème 8.1 PROBLÈME DU CYCLE HAMILTONIEN (CYCLE HAMILTONIEN)

ÉTANT DONNÉ : *un graphe G,*
DÉCIDER : *G a-t-il un cycle hamiltonien ?*

Si la réponse est 'oui', alors n'importe quel cycle hamiltonien est un certificat succinct. Cependant, si la réponse est 'non', que pourrait-être un certificat succinct confirmant ce fait ? A l'inverse des deux problèmes décrits précédemment, on ne connait pas de tel certificat ! Autrement dit, bien que CYCLE HAMILTONIEN soit clairement un membre de la classe $\mathcal{NP}$, il n'a pas encore été prouvé comme appartenant à co-$\mathcal{NP}$, et pourrait très bien ne pas appartenir à cette classe. Le phénomène est identique pour le problème de décision de l'existence d'un chemin hamiltonien. Ces deux problèmes sont traités en détail au Chapitre 19.

Beaucoup de problèmes qui apparaissent en pratique, tels que le Problème du Plus Court Chemin (6.11), sont des problèmes d'optimisation et non des problèmes de décision. Toutefois, chacun de ces problèmes contient implicitement une infinité de problèmes de décision. Par exemple, le Problème du Plus Court Chemin contient pout tout nombre réel ℓ, le problème de décision suivant. Étant donné un digraphe valué (D, w) avec deux sommets spécifiés x et y, y a-t-il un (x, y)-chemin dirigé dans D de longueur au plus ℓ ?

Nous avons observé trois relations d'inclusion entre les classes $\mathcal{P}$, $\mathcal{NP}$, et co-$\mathcal{NP}$, et il est naturel de se demander si ces inclusions sont strictes. Comme $\mathcal{P} = \mathcal{NP}$ si et seulement si $\mathcal{P} =$ co-$\mathcal{NP}$, deux questions fondamentales se posent, toutes deux sous forme de conjectures.

CONJECTURE DE COOK–EDMONDS–LEVIN

Conjecture 8.2 $\mathcal{P} \neq \mathcal{NP}$

CONJECTURE D'EDMONDS

Conjecture 8.3 $\mathcal{P} = \mathcal{NP} \cap co\text{-}\mathcal{NP}$

La Conjecture 8.2 est une des questions ouvertes les plus importantes de toutes les mathématiques. (Un prix d'un million de dollars est offert pour sa résolution.) Il est largement (mais pas universellement) admis que cette conjecture est vraie, c'est-à-dire qu'il y a des problèmes dans $\mathcal{NP}$ pour lesquels aucun algorithme polynomial n'existe. CYCLE HAMILTONIEN serait alors un de ces problèmes. Comme nous le montrons Partie 8.3, ce problème, et son analogue dirigé CYCLE DIRIGÉ HAMILTONIEN, sont au moins aussi durs à résoudre que n'importe quel problème de la classe $\mathcal{NP}$; plus précisément, si un algorithme polynomial pour un de ces deux problèmes était trouvé, il pourrait être adapté pour résoudre n'importe quel autre problème de $\mathcal{NP}$ en temps polynomial à l'aide d'une transformation adéquate. La Conjecture 8.2 a été, pour l'essentiel, avancée par J. Edmonds au mileu des années 1960, lorsqu'il a affirmé qu'il pourrait ne pas exister de 'bon' (c'est-à-dire, en temps polynomial) algorithme pour le Problème du Voyageur de Commerce (Problème 2.6). La conjecture est donc antérieure à la définition formelle de la classe $\mathcal{NP}$ par Cook (1971) et Levin (1973).

La Conjecture 8.3, également proposée par Edmonds (1965c), est fortement appuyée par des constats empiriques. La plupart des problèmes de décision que l'on sait appartenir à $\mathcal{NP} \cap$ co-$\mathcal{NP}$ sont aussi connus pour être dans $\mathcal{P}$. C'est le cas par exemple du problème de décider si un entier donné est premier. Bien qu'il ait été connu depuis un certain temps que ce problème appartenait à la fois à $\mathcal{NP}$ et co-$\mathcal{NP}$, un algorithme polynomial testant la primalité n'a été découvert que beaucoup plus récemment, par Agrawal et al. (2004).

Exercices

⋆8.1.1

a) Montrer que, en partant du flot nul, une application de l'Algorithme Flot-Max Coupe-Min (7.9) au réseau N de la Figure 8.1 pourrait effectuer $2M + 1$ incrémentations suivant un chemin augmentant avant de trouver un flot maximum.

b) En déduire que cet algorithme n'est pas un algorithme polynomial.

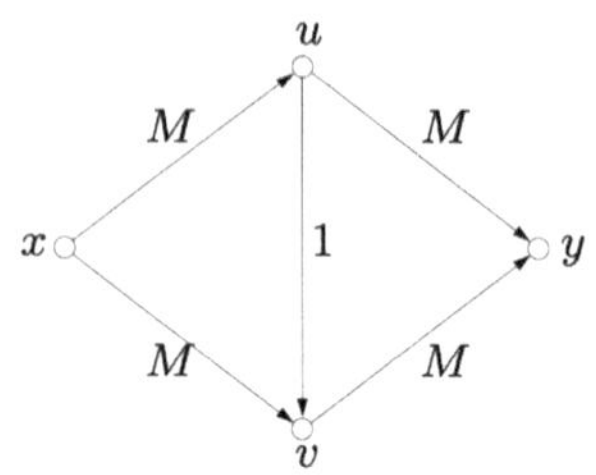

Fig. 8.1. Un réseau sur lequel l'Algorithme 7.9 peut nécessiter de nombreuses itérations

8.1.2 Montrer que l'Algorithme de Fleury (3.3) est un algorithme polynomial.

8.1.3 Etant donné un graphe $G(x, y)$, on considère le problème de décider si G a un xy-chemin de longueur impaire (respectivement, paire).

a) Montrer que ce problème :
   i) appartient à $\mathcal{NP}$,
   ii) appartient à co-$\mathcal{NP}$.
b) Décrire un algorithme polynomial pour résoudre le problème.

8.1.4 Décrire un algorithme polynomial pour décider si deux arbres sont isomorphes.

8.2 Réductions polynomiales

Une approche usuelle pour résoudre un problème donné consiste à transformer ce problème en un autre dont la solution est déjà connue, et d'ensuite convertir cette solution en une solution du problème original. Bien sûr, cette approche n'est réalisable que si la transformation peut se faire rapidement. Le concept de réduction polynomiale formalise cela.

Une *réduction polynomiale* d'un problème P à un problème Q est une paire d'algorithmes polynomiaux, l'un qui transforme chaque instance I de P en une instance J de Q, et l'autre qui transforme une solution pour l'instance J en une solution pour l'instance I. Si une telle réduction existe, on dit que P est *polynomialement réductible* à Q, et nous écrivons $P \preceq Q$; cette relation est clairement à la fois réflexive et transitive. Être polynomialement réductible a la siginification suivante : si $P \preceq Q$, et s'il y a un algorithme polynomial pour résoudre Q, alors cet algorithme peut être converti en un algorithme polynomial pour résoudre P. En symboles mathématiques :

$$(P \preceq Q \text{ et } Q \in \mathcal{P}) \Rightarrow P \in \mathcal{P} \tag{8.1}$$

Un exemple très simple du paradigme ci-dessus est la réduction polynomiale du Problème de l'Arbre Couvrant de Poids Minimum (6.8) au problème suivant.

Problème 8.4 Problème de l'Arbre Couvrant de Poids Maximum
Étant donné : *un graphe valué connexe G,*
Trouver : *un arbre couvrant de poids maximum dans G.*

Afin de résoudre une instance de ce problème, il suffit de remplacer chaque poids par son opposé et d'appliquer l'Algorithme de Jarník–Prim (6.9) pour trouver un arbre optimal dans le graphe valué ainsi obtenu. Ce même arbre sera un arbre de poids maximum dans le graphe valué original. (Nous remarquons que, d'une façon similaire, on peut réduire le problème de trouver un plus long xy-chemin dans un graphe au Problème du Plus Court Chemin (6.11). Cependant aucun algorithme polynomial n'est connu pour résoudre ce dernier problème quand il y a des arêtes de poids négatifs.)

Toutes les réductions ne sont pas aussi aisées que celle-ci. Rappelons que deux (x, y)-chemins dirigés sont *intérieurement disjoints* s'ils n'ont pas de sommets internes en commun. Considérons le problème suivant, qui est l'analogue pour les chemins intérieurement disjoints, du Problème 7.10, le Problème des Chemins Dirigés Arc-disjoints (PCDA).

Problème 8.5 Problème des Chemins Dirigés Intérieurement Disjoints (PCDI)
Étant donné : *un digraphe $D := D(x, y)$,*
Trouver : *une famille maximum de (x, y)-chemins dirigés intérieurement disjoints dans D.*

Une réduction polynomiale de PCDI à PCDA peut être obtenue en construisant un nouveau digraphe $D' := D'(x, y)$ à partir de D comme suit.

- ▷ Éclater chaque sommet $v \in V \setminus \{x, y\}$ en deux nouveaux sommets v^- et v^+, reliés par un nouvel arc (v^-, v^+).
- ▷ Pour chaque arc (u, v) de D, remplacer sa queue u par u^+ (sauf si $u = x$ ou $u = y$) et sa tête v par v^- (sauf si $v = x$ ou $v = y$).

Cette construction est illustrée Figure 8.2.

On peut voir qu'il y a une bijection entre les familles de (x, y)-chemins dirigés intérieurement disjoints dans D et les familles de (x, y)-chemins dirigés arc-disjoints dans D'. Ainsi, trouver une famille maximum de (x, y)-chemins dirigés intérieurement disjoints dans $D(x, y)$ revient à trouver une famille maximum de (x, y)-chemins dirigés arc-disjoints dans $D'(x, y)$. Cette transformation de l'instance $D(x, y)$ de PCDI en l'instance $D'(x, y)$ de PCDA est une réduction

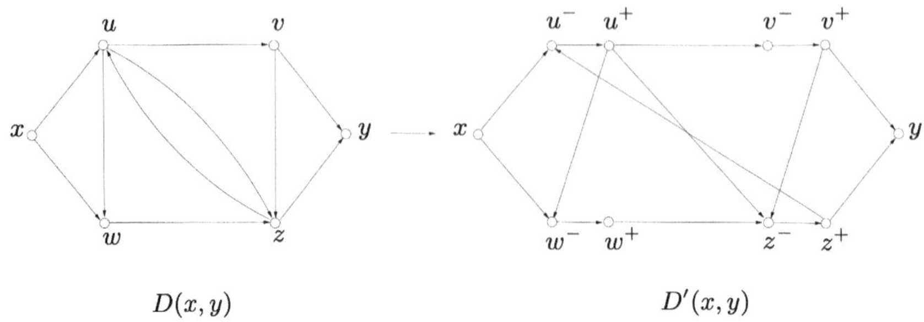

Fig. 8.2. Réduction de $PCDI$ à $PCDA$

polynomiale parce que $v(D') = 2v(D) - 2$ et $a(D') = a(D) + v(D) - 2$. Ainsi $PCDI \preceq PCDA$.

L'Algorithme Flot-Max Coupe-Min (7.9) est un algorithme polynomial pour résoudre PCDA. Par conséquent $PCDA \in \mathcal{P}$. Comme $PCDI \preceq PCDA$, nous pouvons en conclure que $PCDI \in \mathcal{P}$, également.

La plupart des problèmes concernant les chemins dans les graphes non-dirigés peuvent être réduits à leurs analogues dans les graphes dirigés, tout simplement en considérant le digraphe associé. Par exemple, soit $G := G(x, y)$ un graphe non-dirigé et soit $D := D(G)$ son digraphe associé. Il y a une bijection évidente entre les familles de xy-chemins intérieurement disjoints dans G et les familles de (x, y)-chemins dirigés intérieurement disjoints dans D. Ainsi $PCI \preceq PCDI$, où PCI est le problème de trouver une famille maximum de xy-chemins intérieurement disjoints dans un graphe donné $G(x, y)$. Nous avons montré ci-dessus que $PCDI \in \mathcal{P}$. Il s'ensuit maintenant par transitivité de la relation $\preceq$ que $PCI \in \mathcal{P}$.

Exercices

8.2.1 On considère un réseau dans lequel un entier positif $m(v)$ est associé à chaque sommet intermédiaire v. Montrer comment un flot maximum f satisfaisant la contrainte $f^-(v) \leq m(v)$, pour tout $v \in I$, peut être trouvé en appliquant l'Algorithme Flot-Max Coupe-Min à un réseau modifié de manière adéquate.

8.2.2 On considère le problème suivant.

Problème 8.6 Chemins Disjoints
Étant donné : *un graphe G, un entier strictement positif k, et deux k-sous-ensembles X et Y de V,*
Décider : *G a-t-il k (X, Y)-chemins disjoints ?*

Décrire une réduction polynomiale de ce problème à PCI (Problème des Chemins Intérieurement Disjoints).

8.3 Problèmes $\mathcal{NP}$-complets

La classe $\mathcal{NPC}$

Nous venons de voir comment des réductions polynomiales peuvent être utilisées pour produire de nouveaux algorithmes polynomiaux à partir d'autres existants. De la même manière, des réductions polynomiales peuvent également être utilisées pour relier entre eux les problèmes 'durs', ceux pour lesquels aucun algorithme polynomial n'existe, comme on peut le voir en écrivant (8.1) sous une forme différente :

$$(P \preceq Q \ \text{ et } \ P \notin \mathcal{P}) \Rightarrow Q \notin \mathcal{P}$$

Ce point de vue a mené Cook (1971) et Levin (1973) à définir une classe spéciale de problèmes de décision vraisemblablement insolubles, la classe des problèmes $\mathcal{NP}$-complets. Informellement, ce sont les problèmes de la classe $\mathcal{NP}$ qui sont 'au moins aussi dur à résoudre' que n'importe quel problème de $\mathcal{NP}$.

Formellement, un problème P de $\mathcal{NP}$ est *$\mathcal{NP}$-complet* si $P' \preceq P$ pour tout problème P' de $\mathcal{NP}$. La classe des problèmes $\mathcal{NP}$-complets est notée $\mathcal{NPC}$. Il n'est absolument pas évident que des problèmes $\mathcal{NP}$-complets existent. En revanche, une fois qu'un de ces problèmes a été trouvé, la $\mathcal{NP}$-complétude d'autres problèmes peut être établie comme suit au moyen de réductions polynomiales.

Afin de prouver qu'un problème Q dans $\mathcal{NP}$ est $\mathcal{NP}$-complet, il suffit de trouver une réduction polynomiale de Q à un problème $\mathcal{NP}$-complet P. Pourquoi cela ? Supposons que P soit $\mathcal{NP}$-complet. Alors $P' \preceq P$ pour tout $P' \in \mathcal{NP}$. Si $P \preceq Q$, alors $P' \preceq Q$ pour tout $P' \in \mathcal{NP}$, par transitivité de la relation $\preceq$. Autrement dit, Q est $\mathcal{NP}$-complet. En symboles :

$$(P \preceq Q \ \text{ et } \ P \in \mathcal{NPC}) \Rightarrow Q \in \mathcal{NPC}$$

Cook (1971) et Levin (1973) ont fait une avancée fondamentale en montrant qu'il existe bel et bien des problèmes $\mathcal{NP}$-complets. Plus précisément, ils ont prouvé que le problème de satisfiabilité des formules booléennes est $\mathcal{NP}$-complet. Nous décrivons maintenant ce problème, et examinons les implications théoriques et pratiques de leur découverte.

Formules booléennes

Une *variable booléenne* est une variable qui peut prendre deux valeurs, 0 ('faux') ou 1 ('vrai'). Les variables booléennes peuvent être combinées en *formules booléennes*, qui peuvent être définies récursivement comme suit.

- ▷ Chaque variable booléenne est une formule booléenne.
- ▷ Si f est une formule booléenne, alors $(\neg f)$, la *négation* de f l'est aussi.
- ▷ Si f et g sont des formules booléennes, alors le sont également :
  - $(f \vee g)$, la *disjonction* de f et g,

- $(f \wedge g)$, la *conjonction* de f et g.

Ces trois opérations peuvent être pensées de façon informelle comme étant 'non f', 'f ou g', et 'f et g', respectivement. La négation d'une variable boolénne x est souvent notée $\overline{x}$. Ainsi l'expression

$$(\neg(x_1 \vee \overline{x_2}) \vee x_3) \wedge (x_2 \vee \overline{x_3}) \tag{8.2}$$

est une formule booléenne en les variables x_1, x_2, x_3. Notons que les parenthèses sont nécesssaires ici pour éviter les ambiguités sur l'ordre d'exécution des différentes opérations. (Pour faciliter la lecture, nous omettons la paire de parenthèses externes.)

Une affectation de valeurs aux variables d'une formule booléenne est appelée une *affectation de vérité*. Étant donnée une affectation de vérité, la valeur de la formule se calcule suivant les règles suivantes.

$$\begin{array}{c|c} \neg & \\ \hline 0 & 1 \\ 1 & 0 \end{array} \qquad \begin{array}{c|cc} \vee & 0 & 1 \\ \hline 0 & 0 & 1 \\ 1 & 1 & 1 \end{array} \qquad \begin{array}{c|cc} \wedge & 0 & 1 \\ \hline 0 & 0 & 0 \\ 1 & 0 & 1 \end{array}$$

Par exemple, si $x_1 = 1$, $x_2 = 0$, et $x_3 = 1$, la valeur de la formule (8.2) est :

$$(\neg(1 \vee \overline{0}) \vee 1) \wedge (0 \vee \overline{1}) = (\neg(1 \vee 1) \vee 1) \wedge (0 \vee 0) = (\overline{1} \vee 1) \wedge 0 = (0 \vee 1) \wedge 0 = 1 \wedge 0 = 0$$

Deux formules booléennes sont *équivalentes* (noté $\equiv$) si elles prennent la même valeur quelle que soit l'affectation de vérité aux variables. Il découle aisément des règles ci-dessus que la négation est une *involution* :

$$\neg(\neg f) \equiv f$$

et que la disjonction et la conjonction sont *commutatives*, *associatives*, et *idempotentes* :

$$\begin{aligned} f \vee g &\equiv g \vee f, & f \wedge g &\equiv g \wedge f \\ f \vee (g \vee h) &\equiv (f \vee g) \vee h, & f \wedge (g \wedge h) &\equiv (f \wedge g) \wedge h \\ f \vee f &\equiv f, & f \wedge f &\equiv f. \end{aligned}$$

En outre, la disjonction et la conjonction satisfont la *distributivité* de l'une par rapport à l'autre :

$$f \vee (g \wedge h) \equiv (f \vee g) \wedge (f \vee h), \qquad f \wedge (g \vee h) \equiv (f \wedge g) \vee (f \wedge h)$$

et interagissent avec la négation suivant les *lois de De Morgan* :

$$\neg(f \vee g) \equiv (\neg f) \wedge (\neg g), \qquad \neg(f \wedge g) \equiv (\neg f) \vee (\neg g)$$

Pour finir, il y a les *tautologies* :

$$f \vee \neg f = 1, \qquad f \wedge \neg f = 0.$$

Les formules booléennes peuvent être transformées en formules équivalentes en appliquant ces lois. Par exemple :

$$\begin{aligned}(\neg(x_1 \vee \overline{x_2}) \vee x_3) \wedge (x_2 \vee \overline{x_3}) &\equiv ((\overline{x_1} \wedge x_2) \vee x_3) \wedge (x_2 \vee \overline{x_3}) \\ &\equiv ((\overline{x_1} \vee x_3) \wedge (x_2 \vee x_3)) \wedge (x_2 \vee \overline{x_3}) \\ &\equiv (\overline{x_1} \vee x_3) \wedge ((x_2 \vee x_3) \wedge (x_2 \vee \overline{x_3})) \\ &\equiv (\overline{x_1} \vee x_3) \wedge (x_2 \vee (x_3 \wedge \overline{x_3})) \\ &\equiv (\overline{x_1} \vee x_3) \wedge x_2\end{aligned}$$

Satisfiabilité des formules booléennes

Une formule booléenne est *satisfiable* s'il y a une affectation de vérité à ses variables pour laquelle la valeur de la formule est 1. Dans ce cas, nous disons que la formule est *satisfaite* par l'affectation. On peut voir que la formule (8.2) est satisfiable, par exemple par l'affectation de vérité $x_1 = 0$, $x_2 = 1$, $x_3 = 0$. Mais toutes les formules booléennes ne sont pas satisfiables ($x \wedge \overline{x}$ en étant un exemple trivial). Ceci pose le problème général :

Problème 8.7 Satisfiabilité Booléenne (Sat)
Étant donné : *une formule booléenne f,*
Décider : *f est-elle satisfiable ?*

Observons que Sat appartient à $\mathcal{NP}$: une fois données des valeurs appropriées aux variables, on peut vérifier en temps polynomial que la valeur de la formule est bien 1. Ces valeurs des variables constituent par conséquent un certificat succinct. Cook (1971) et Levin (1973) ont prouvé, indépendamment, que Sat est un exemple de problème $\mathcal{NP}$-complet.

Théorème 8.8 Théorème de Cook–Levin
Le problème Sat *est $\mathcal{NP}$-complet.* □

La preuve du Théorème de Cook–Levin requiert la notion de machine de Turing, et sort du cadre de ce livre. Une démonstration peut être trouvée dans Garey et Johnson (1979) ou Sipser (2005).

En appliquant le Théorème 8.8, Karp (1972) a montré que de nombreux problèmes combinatoires sont $\mathcal{NP}$-complets. L'un d'entre eux est Cycle Dirigé Hamiltonien. Afin d'expliquer les idées sous-jacentes à son approche, nous avons besoin de plus de définitions.

Une variable x, ou sa négation $\overline{x}$, est un *littéral*, et une disjonction ou conjonction de littéraux est une *clause*, *disjonctive* ou *conjonctive*. Comme les opérations de disjonction et conjonction sont associatives, on peut se dispenser des parenthèses à l'intérieur des clauses. Il n'y a pas d'ambiguité, par exemple, dans la formule suivante, qui est la conjonction de trois clauses disjonctives, chacune ayant trois littéraux.

$$f := (x_1 \vee \overline{x_2} \vee x_3) \wedge (x_2 \vee \overline{x_3} \vee x_4) \wedge (\overline{x_1} \vee \overline{x_3} \vee \overline{x_4})$$

Toute conjonction de clauses disjonctives telle que celle-ci est appelée une formule sous *forme normale conjonctive.* On peut montrer que toute formule booléenne est équivalente, via une réduction polynomiale, a une formule sous forme normale conjonctive (Exercice 8.3.1). De plus, comme nous l'expliquerons dans la preuve du Théorème 8.10, toute formule booléenne sous forme normale conjonctive est équivalente, à nouveau via une réduction polynomiale, à une formule sous forme normale conjonctive ayant exactement trois littéraux par clause. Le problème de décision pour de telles formules booléennes est connu sous le nom 3-SAT.

Problème 8.9 3-SATISFIABILITÉ BOOLÉENNE (3-SAT)
ÉTANT DONNÉ : *une formule booléenne f sous forme normale conjonctive avec trois littéraux par clause,*
DÉCIDER : *f est-elle satisfiable ?*

Théorème 8.10 *Le problème* 3-SAT *est $\mathcal{NP}$-complet.*

Démonstration D'après le Théorème de Cook–Levin (8.8), il suffit de prouver que SAT $\preceq$ 3-SAT. Soit f une formule booléenne sous forme normale conjonctive. Nous montrons comment construire, en temps polynomial, une formule booléenne f' sous forme normale conjonctive telle que :

i) chaque clause dans f' a trois littéraux,
ii) f est satisfiable si et seulement si f' est satisfiable.

Une telle formule f' peut être obtenue par addition de nouvelles variables et clauses, comme suit.

Supposons qu'une clause de f ait seulement deux littéraux, par exemple la clause $(x_1 \vee x_2)$. Dans ce cas, nous remplaçons simplement cette clause par deux clauses avec trois littéraux, $(x_1 \vee x_2 \vee x)$ et $(\overline{x} \vee x_1 \vee x_2)$, où x est une nouvelle variable. Clairement,

$$(x_1 \vee x_2) \equiv (x_1 \vee x_2 \vee x) \wedge (\overline{x} \vee x_1 \vee x_2)$$

Les clauses ayant un unique littéral peuvent être traitées d'une manière similaire (Exercice 8.3.2).

Supposons maintenant qu'une clause $(x_1 \vee x_2 \vee \cdots \vee x_k)$ de f ait k littéraux, avec $k \geq 4$. Dans ce cas, nous ajoutons $k-3$ nouvelles variables $y_1, y_2, \ldots, y_{k-3}$ et formons les $k-2$ clauses suivantes, chacune avec trois littéraux.

$$(x_1 \vee x_2 \vee y_1),\ (\overline{y}_1 \vee x_3 \vee y_2),\ (\overline{y}_2 \vee x_4 \vee y_3),\ \cdots,\ (\overline{y}_{k-4} \vee x_{k-2} \vee y_{k-3}),\ (\overline{y}_{k-3} \vee x_{k-1} \vee x_k)$$

On peut vérifier que $(x_1 \vee x_2 \vee \cdots \vee x_k)$ est équivalente à la conjonction de ces $k-2$ clauses. Nous laissons les détails en exercice (8.3.3). □

Le Théorème 8.10 peut servir à établir la $\mathcal{NP}$-complétude de problèmes de décision en théorie des graphes tels que CYCLE DIRIGÉ HAMILTONIEN à l'aide de réductions polynomiales.

Comme nous l'avons observé, afin de montrer qu'un problème de décision Q de $\mathcal{NP}$ est $\mathcal{NP}$-complet, il suffit de trouver une réduction polynomiale à Q d'un problème $\mathcal{NP}$-complet P. C'est généralement plus facile à dire qu'à faire. Nous devons d'abord choisir le problème $\mathcal{NP}$-complet P approprié et ensuite trouver une réduction polynomiale convenable. Dans le cas des graphes, cette dernière étape est souvent accomplie au moyen d'une construction dans laquelle certains sous-graphes spéciaux, appelés 'gadgets', sont insérés dans l'instance de P afin d'obtenir une instance de Q avec les propriétés requises. Une illustration de cette technique est décrite dans l'encart de la page suivante, dans lequel nous montrons que 3-SAT peut être réduit à CYCLE DIRIGÉ HAMILTONIEN via un problème intermédiaire, COUVERTURE EXACTE.

Presque tous les problèmes de décision que nous aborderons dans ce livre sont connus comme appartenant soit à la classe $\mathcal{P}$ soit à la classe $\mathcal{NPC}$. Une exception notable est le problème de l'isomorphisme :

Problème 8.11 ISOMORPHISME DE GRAPHES
ÉTANT DONNÉ : *deux graphes G et H,*
DÉCIDER : *G et H sont-ils isomorphes ?*

Le statut de la complexité de ce problème reste un mystère. Alors que le problème appartient clairement à $\mathcal{NP}$, son appartenance à $\mathcal{P}$, à co-$\mathcal{NP}$, ou à $\mathcal{NPC}$ n'est pas connue. Des algorithmes polynomiaux testant l'isomorphisme ont été trouvés pour certaines classes de graphes, dont celles des graphes planaires (Hopcroft et Wong (1974)) et des graphes de degré borné (Luks (1982)), mais ces algorithmes ne sont pas valides pour tous les graphes. Il est imaginable qu'ISOMORPHISME DE GRAPHES puisse être un contre-exemple à la Conjecture 8.3. Babai (2015) a annoncé qu'ISOMORPHISME DE GRAPHES pouvait se résoudre en temps quasi-polynomial.

TECHNIQUE DE PREUVE : RÉDUCTION POLYNOMIALE

Nous allons établir la NP-complétude de CYCLE HAMILTONIEN DIRIGÉ en réduisant 3-SAT à celui-ci via un problème intermédiaire, COUVERTURE EXACTE, que nous décrivons maintenant.

Soit $\mathcal{A}$ une famille de sous-ensembles d'un ensemble fini X. Une *couverture exacte* de X par $\mathcal{A}$ est une partition de X, dont chaque membre appartient à $\mathcal{A}$. Par exemple, si $X := \{x_1, x_2, x_3\}$ et $\mathcal{A} := \{\{x_1\}, \{x_1, x_2\}, \{x_2, x_3\}\}$, alors $\{\{x_1\}, \{x_2, x_3\}\}$ est une couverture exacte de X par $\mathcal{A}$. Cette notion s'accompagne du problème de décision suivant.

Problème 8.12 COUVERTURE EXACTE
ÉTANT DONNÉ : *un ensemble X et une famille $\mathcal{A}$ de sous-ensembles de X,*
DÉCIDER : *y a-t-il une couverture exacte de X par $\mathcal{A}$?*

Réduction polynomiale (suite)

Nous décrivons tout d'abord une réduction polynomiale de 3-Sat à Couverture Exacte, et ensuite une réduction polynomiale de Couverture Exacte à Cycle Dirigé Hamiltonien. La chaîne de réductions

$$\text{Sat} \preceq 3-\text{Sat} \preceq \text{Couverture Exacte} \preceq \text{Cycle Dirigé Hamiltonien}$$

impliquera alors que Cycle Dirigé Hamiltonien est $\mathcal{NP}$-complet, en vertu du Théorème de Cook–Levin (8.8).

Théorème 8.13 3-Sat $\preceq$ Couverture Exacte.

Démonstration Soit f une instance de 3-Sat, dont les clauses sont $f_1, \ldots, f_n$ et les variables $x_1, \ldots, x_m$. La première étape consiste à construire un graphe G de f, en posant :

$$V(G) := \{x_i : 1 \leq i \leq m\} \cup \{\overline{x_i} : 1 \leq i \leq m\} \cup \{f_j : 1 \leq j \leq n\}$$
$$E(G) := \{x_i\overline{x_i} : 1 \leq i \leq m\} \cup \{x_i f_j : x_i \in f_j\} \cup \{\overline{x_i} f_j : \overline{x_i} \in f_j\}$$

où la notation $x_i \in f_j$ ($\overline{x_i} \in f_j$) signifie que x_i ($\overline{x_i}$) est un littéral de la clause f_j. L'étape suivante consiste à obtenir une instance $(X, \mathcal{A})$ de Couverture Exacte à partir de ce graphe G. Cela se fait en posant :

$$X := \{f_j : 1 \leq j \leq n\} \cup E(G)$$
$$\mathcal{A} := \{\partial(x_i) : 1 \leq i \leq m\} \cup \{\partial(\overline{x_i}) : 1 \leq i \leq m\}$$
$$\cup \{\{f_j\} \cup F_j : F_j \subset \partial(f_j), 1 \leq j \leq n\}$$

On peut vérifier que la formule f est satisfiable si et seulement si l'ensemble X a une couverture exacte par la famille $\mathcal{A}$ (Exercice 8.3.4). □

Par exemple, si $f := (x_1 \vee \overline{x_2} \vee x_3) \wedge (x_2 \vee \overline{x_3} \vee x_4) \wedge (\overline{x_1} \vee \overline{x_3} \vee \overline{x_4})$, le graphe G obtenu par cette construction est :

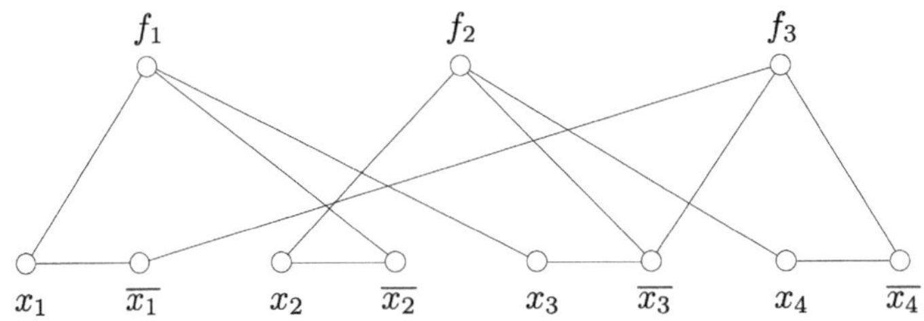

Réduction polynomiale (suite)

Dans cet exemple, la formule donnée est satisfaite par l'affectation de vérité $x_1 = 1$, $x_2 = 1$, $x_3 = 0$, $x_4 = 0$, et cette affectation de vérité correspond à la couverture exacte :

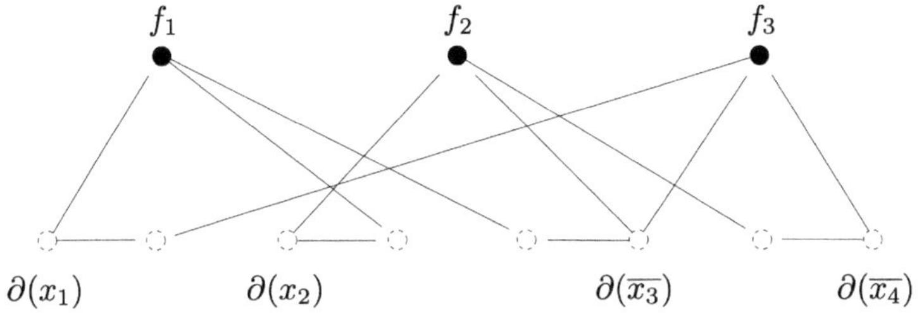

Pour compléter la preuve que Cycle Dirigé Hamiltonien est un problème $\mathcal{NP}$-complet, nous décrivons une réduction polynomiale de Couverture Exacte à Cycle Dirigé Hamiltonien.

Théorème 8.14 Couverture Exacte $\preceq$ Cycle Dirigé Hamiltonien.

Démonstration Soit $(X, \mathcal{A})$ une instance de Couverture Exacte, avec $X := \{x_i : 1 \leq i \leq m\}$ et $\mathcal{A} := \{A_j : 1 \leq j \leq n\}$. Nous construisons un graphe dirigé G à partir de $(X, \mathcal{A})$ comme suit. Soit P un chemin dirigé dont les arcs sont étiquetés par les éléments de X, Q un chemin dirigé dont les arcs sont étiquetés par les éléments de $\mathcal{A}$ et, pour $1 \leq j \leq n$, R_j est un chemin dirigé dont les sommets sont étiquetés par les éléments de A_j. Les chemins P, Q, et R_j, $1 \leq j \leq n$, sont pris deux à deux disjoints. Nous ajoutons un arc du sommet initial de P au sommet initial de Q, et du sommet terminal de Q au sommet terminal de P.

Pour $1 \leq j \leq n$, nous ajoutons également un arc du sommet initial de l'arc A_j de Q au sommet initial de R_j, et du sommet terminal de R_j au sommet terminal de A_j :

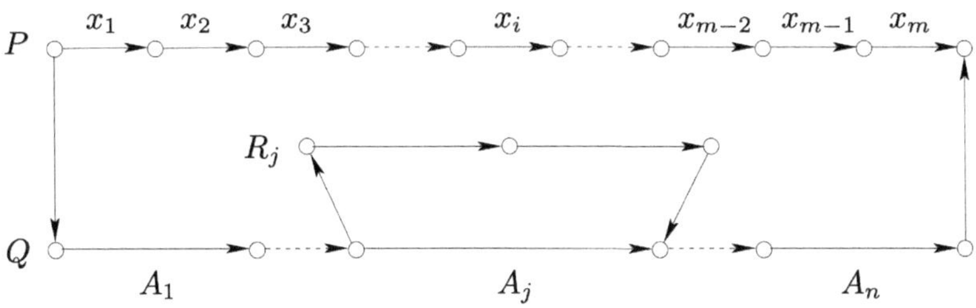

Réduction polynomiale (suite)

Pour $1 \leq j \leq n$, nous transformons le chemin dirigé R_j en un digraphe D_j en remplaçant chaque sommet x_i de R_j par un 'chemin' P_{ij} de longueur deux dont les arêtes sont des paires d'arcs de direction opposée. De plus, pour tout 'chemin' P_{ij} de la sorte, nous ajoutons un arc du sommet initial de P_{ij} au sommet initial de l'arc x_i de P, et un autre du sommet terminal de x_i au sommet terminal de P_{ij} :

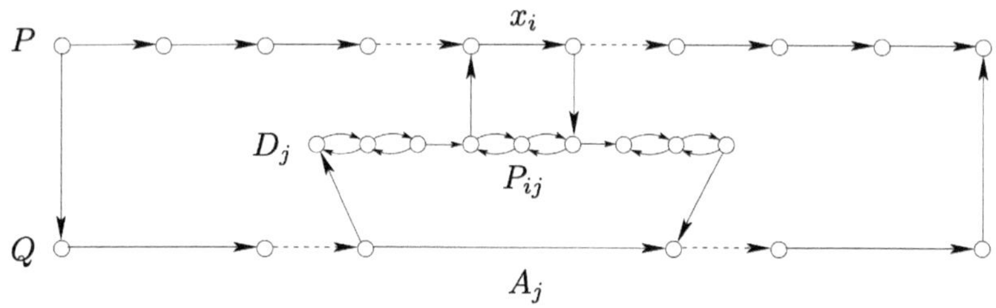

Nous notons le digraphe ainsi obtenu D. Cette construction, avec $X := \{x_1, x_2, x_3\}$ et $\mathcal{A} := \{\{x_1\}, \{x_1, x_2\}, \{x_2, x_3\}\}$, est illustrée sur la figure suivante.

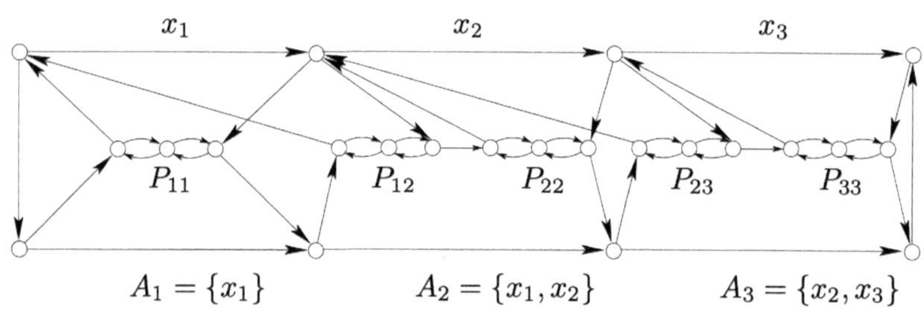

Observons maintenant que le digraphe D a un cycle dirigé hamiltonien C si et seulement si l'ensemble X a une couverture exacte par la famille de sous-ensembles $\mathcal{A}$. Si C n'utilise pas l'arc A_j, il est obligé de traverser D_j de son sommet initial vers son sommet terminal.
À l'inverse, si C utilise l'arc A_j, il est obligé d'inclure chacun des chemins P_{ij} de D_j en allant du sommet terminal de P au sommet initial de P. De plus, C suit exactement un des chemins P_{ij} $(x_i \in A_j)$ en allant de la tête de l'arc x_i à sa queue. Les arcs A_j de Q qui sont contenus dans C forment par conséquent une partition de X. Réciproquement, à chaque partition de X correspond un cycle dirigé hamiltonien de D.

Réduction polynomiale (suite)

Finalement, les nombres de sommets et d'arcs de D sont donnés par :

$$v(D) = |X| + |\mathcal{A}| + 3\sum_{j=1}^{n} |A_j| + 2$$
$$a(D) = |X| + 2|\mathcal{A}| + 7\sum_{j=1}^{n} |A_j| + 2$$

Comme ces deux paramètres sont bornés supérieurement par des fonctions linéaires en la taille de l'instance $(X, \mathcal{A})$, la réduction ci-dessus est bien polynomiale. □

Corollaire 8.15 *Le problème* Cycle Dirigé Hamiltonien *est* $\mathcal{NP}$*-complet.* □

Problèmes $\mathcal{NP}$-durs

Nous nous penchons maintenant sur la complexité algorithmique des problèmes d'optimisation tels que le Problème du Voyageur de Commerce (TSP) (Problème 2.6). Ce problème comprend Cycle Hamiltonien comme cas particulier. Pour voir cela, associons à un graphe donné G le graphe complet pondéré sur $V(G)$ dans lequel le poids attaché à chaque arête uv vaut 0 si $uv \in E(G)$, et 1 sinon. Ce graphe complet pondéré a un cycle hamiltonien de poids 0 si et seulement si G a un cycle hamiltonien. Ainsi, tout algorithme résolvant TSP résoudrait Cycle Hamiltonien, et nous pouvons conclure que le premier problème est au moins aussi dur que le second. Comme Cycle Hamiltonien est $\mathcal{NP}$-complet (voir Exercice 8.3.5), TSP est au moins aussi dur que n'importe quel problème de $\mathcal{NP}$. De tels problèmes sont dits *$\mathcal{NP}$-durs*.

Un autre problème $\mathcal{NP}$-dur de base est le suivant :

Problème 8.16 Problème de la Clique Maximum (Clique Max)
Étant donné : *un graphe G,*
Trouver : *une clique maximum dans G.*

Afin de résoudre ce problème, on a besoin de savoir, pour une valeur donnée de k, si G a une k-clique. Le plus grand k de la sorte est la *cliquicité* de G, notée $\omega(G)$. Si k est un entier fixé ne dépendant pas de n, l'existence d'une k-clique peut se décider en temps polynomial, en faisant tout simplement une recherche exhaustive, parce que le nombre de k-sous-ensembles de V est borné supérieurement par n^k. Cependant, si k dépend de n, ce n'est plus le cas. En effet, le problème de décider si un graphe G a une k-clique, lorsque k dépend de n, est $\mathcal{NP}$-complet (Exercice 8.3.9).

La notion complémentaire d'une clique est celle d'*ensemble stable*, un ensemble de sommets deux à deux non-adjacents. Un ensemble stable dans un graphe est *maximum* si le graphe ne contient pas d'ensemble stable plus grand. Le cardinal d'un ensemble stable maximum dans un graphe G est appelé la *stabilité* de G, et est noté $\alpha(G)$. Clairement, un sous-ensemble S de V est un ensemble stable dans G si et seulement si S est une clique dans $\overline{G}$, le complémentaire de G. En conséquence, le problème suivant est polynomialement équivalent à MAX CLIQUE, et donc est lui aussi $\mathcal{NP}$-dur.

Problème 8.17 PROBLÈME DE L'ENSEMBLE STABLE MAXIMUM (STABLE MAX)

ÉTANT DONNÉ : *un graphe G,*
TROUVER : *un ensemble stable maximum dans G.*

Exercices

$\star$**8.3.1** Soit $f := f_1 \wedge f_2 \wedge \cdots \wedge f_k$ et $g := g_1 \wedge g_2 \wedge \cdots \wedge g_\ell$ deux formules booléennes sous forme normale conjonctive (où f_i, $1 \leq i \leq k$, et g_j, $1 \leq j \leq \ell$, sont des clauses disjonctives).

a) Montrer que :
   i) $f \wedge g$ est sous forme normale conjonctive,
   ii) $f \vee g$ est équivalente à une formule booléenne sous forme normale conjonctive,
   iii) $\neg f$ est sous forme normale disjonctive, et est équivalente à une formule booléenne sous forme normale conjonctive.
b) En déduire que toute formule booléenne est équivalente à une formule booléenne sous forme normale conjonctive.

$\star$**8.3.2** Montrer que toute clause formée d'un unique littéral est équivalente à une formule booléenne sous forme normale conjonctive ayant exactement trois littéraux par clause.

$\star$**8.3.3** Soit $(x_1 \vee x_2 \vee \cdots \vee x_k)$ une clause disjonctive ayant k littéraux, avec $k \geq 4$, et soient $y_1, y_2, \ldots, y_{k-2}$ des variables booléennes. Montrer que :

$$(x_1 \vee x_2 \vee \cdots \vee x_k) \equiv (x_1 \vee x_2 \vee y_1) \wedge (\overline{y}_1 \vee x_3 \vee y_2) \wedge (\overline{y}_2 \vee x_4 \vee y_3) \wedge \cdots$$
$$\cdots \wedge (\overline{y}_{k-4} \vee x_{k-2} \vee y_{k-3}) \wedge (\overline{y}_{k-3} \vee x_{k-1} \vee x_k)$$

$\star$**8.3.4** Soit $f := f_1 \wedge f_2 \wedge \cdots \wedge f_n$ une instance de 3-SAT, de variables $x_1, x_2, \ldots, x_m$. Former un graphe G à partir de f et une instance $(X, \mathcal{A})$ de COUVERTURE EXACTE à partir de G, comme décrit dans la preuve du Théorème 8.13.

a) Montrer que la formule f est satisfiable si et seulement si l'ensemble X a une couverture exacte par la famille $\mathcal{A}$.
b) Montrer également que le couple $(X, \mathcal{A})$ se contruit à partir de f en temps polynomial (en les paramètres m et n).
c) Déduire que COUVERTURE EXACTE $\in \mathcal{NPC}$.

d) Expliquer pourquoi construire un graphe de la même manière, mais à partir d'une instance de SAT plutôt que 3-SAT, ne fournit pas une réduction polynomiale de SAT à COUVERTURE EXACTE.

⋆8.3.5

a) Décrire une réduction polynomiale de CYCLE DIRIGÉ HAMILTONIEN à CYCLE HAMILTONIEN.
b) En déduire que CYCLE HAMILTONIEN $\in \mathcal{NPC}$.

8.3.6 Notons CHEMIN HAMILTONIEN le problème de décider si un graphe donné a un chemin hamiltonien.

a) Décrire une réduction polynomiale de CYCLE HAMILTONIEN à CHEMIN HAMILTONIEN.
b) En déduire que CHEMIN HAMILTONIEN $\in \mathcal{NPC}$.

8.3.7 Deux problèmes P et Q sont *polynomialement équivalents*, noté $P \equiv Q$, si $P \preceq Q$ et $Q \preceq P$.

a) Montrer que :

$$\text{CHEMIN HAMILTONIEN} \equiv \text{CYCLE HAMILTONIEN} \\ \equiv \text{CYCLE DIRIGÉ HAMILTONIEN}$$

b) Soit CHEMIN MAX le problème consistant à trouver la longueur d'un plus long chemin dans un graphe donné. Montrer que :

$$\text{CHEMIN MAX} \equiv \text{CHEMIN HAMILTONIEN}$$

8.3.8

a) Soit k un entier strictement positif fixé. Décrire un algorithme polynomial pour décider si un graphe donné a un chemin de longueur k.
b) La longueur d'un plus long chemin dans un graphe G peut être déterminée en vérifiant, pour chaque k, $1 \leq k \leq n$, si G a un chemin de longueur k. Est-ce que l'algorithme trouvé en a) mène à un algorithme polynomial pour CHEMIN MAX ?

⋆8.3.9

a) Soit $f = f_1 \wedge f_2 \wedge \cdots \wedge f_k$ une instance de 3-SAT (où les f_i, $1 \leq i \leq k$, sont des clauses disjonctives, ayant chacune trois littéraux). Construire un graphe k-parti G à $7k$ sommets (sept sommets dans chaque partie) tel que f est satisfiable si et seulement si G a une k-clique.
b) En déduire que 3-SAT et CLIQUE MAX sont polynomialement équivalents.

8.3.10 Soit k un entier strictement positif. Le problème suivant est une généralisation de 3-SAT.

Problème 8.18 k-SATISFIABILITÉ BOOLÉENNE *(k-SAT)*
ÉTANT DONNÉ : *une formule booléenne f de forme normale conjonctive avec k littéraux par clause,*
DÉCIDER : *f est-elle satisfiable ?*

Montrer que :

a) 2-SAT $\in \mathcal{P}$,
b) k-SAT $\in \mathcal{NPC}$ pour $k \geq 3$.

8.4 Algorithmes d'approximation

Pour les problèmes d'optimisation $\mathcal{NP}$-durs intéressants en pratique, comme le Problème du Voyageur de Commerce, le mieux que l'on puisse raisonnablement espérer d'un algorithme polynomial est qu'il renvoie toujours une solution admissible dont la valeur n'est pas trop loin de la valeur optimale.

Pour un nombre réel $t \geq 1$, un *algorithme de t-approximation* ou *algorithme t-approché* pour un problème de minimisation est un algorithme qui prend une instance du problème en entrée et renvoie une solution admissible dont la valeur est inférieure ou égale à t fois la valeur optimale ; plus la valeur de t est petite, meilleure est l'approximation. Naturellement, le temps d'exécution de l'algorithme est un facteur tout aussi important. Donnons deux exemples.

Problème 8.19 PROBLÈME DE LA COUPE MAXIMUM (COUPE MAX)
ÉTANT DONNÉ : *un graphe valué (G, w),*
TROUVER : *un sous-graphe biparti couvrant de poids maximum F de G.*

Ce problème admet un algorithme polynomial 2-approché, reposant sur les idées pour le cas non-valué qui sont présentées au Chapitre 2 (Exercice 2.2.2). Nous laissons les détails en exercice (8.4.1).

Un algorithme d'approximation un peu moins simple a été conçu par Rosenkrantz et al. (1974), qui ont considéré le Problème du Voyageur de Commerce dans lequel les poids satisfont l'*inégalité triangulaire* :

$$w(xy) + w(yz) \geq w(xz), \quad \text{quels que soient trois sommets } x, y, z. \tag{8.3}$$

Problème 8.20 PROBLÈME DU VOYAGEUR DE COMMERCE MÉTRIQUE (TSP MÉTRIQUE)
ÉTANT DONNÉ : *un graphe complet valué G dont les poids satisfont l'inégalité (8.3),*
TROUVER : *un cycle hamiltonien de poids minimum C de G.*

Théorème 8.21 TSP MÉTRIQUE *admet un algorithme polynomial 2-approché.*

Démonstration En appliquant l'Algorithme de Jarnìk–Prim (6.9), nous trouvons d'abord un arbre couvrant de poids minimum T de G. Supposons que C soit un cycle hamiltonien de poids minimum de G. En supprimant n'importe quelle arête de C, nous obtenons un chemin hamiltonien P de G. Comme P est un arbre couvrant de G et T est un arbre couvrant de poids minimum,

$$w(T) \leq w(P) \leq w(C)$$

Nous dupliquons maintenant chaque arête de T, obtenant ainsi un graphe connexe pair H avec $V(H) = V(G)$ et $w(H) = 2w(T)$. Notons que ce graphe H n'est pas un sous-graphe de G, et encore moins un cycle hamiltonien. L'idée est de transformer H en un cycle hamiltonien de G, et de le faire sans augmenter son poids. Plus précisément, nous construisons une suite $H_0, H_1, \ldots, H_{n-2}$ de graphes connexes pairs, tous d'ensemble de sommets $V(G)$, telle que $H_0 = H$, H_{n-2} est un cycle hamiltonien de G, et $w(H_{i+1}) \leq w(H_i)$, $0 \leq i \leq n-3$. Nous le faisons en réduisant le nombre d'arêtes, une par une, comme suit.

Soit C_i un tour eulérien de H_i, avec $i < n-2$. Le graphe H_i a $2(n-2)-i > n$ arêtes, et donc a un sommet v de degré au moins quatre. Soit xe_1ve_2y un segment du tour C_i ; il suivra par récurrence que $x \neq y$. Nous remplaçons les arêtes e_1 et e_2 de C_i par une nouvelle arête e de poids $w(xy)$ reliant x et y, court-circuitant ainsi v et modifiant C_i en un tour eulérien C_{i+1} de $H_{i+1} := (H_i \setminus \{e_1, e_2\}) + e$. Par l'inégalité triangulaire (8.3),

$$w(H_{i+1}) = w(H_i) - w(e_1) - w(e_2) + w(e) \leq w(H_i)$$

Le graphe final H_{n-2}, étant un graphe pair connexe à n sommets et n arêtes, est un cycle hamiltonien de G. De plus,

$$w(H_{n-2}) \leq w(H_0) = 2w(T) \leq 2w(C) \qquad \square$$

Le rapport entre l'arbre couvrant de poids minimum et le Problème du Voyageur de Commerce a été en premier observé par Kruskal (1956). Un algorithme $\frac{3}{2}$-approché du TSP MÉTRIQUE a été trouvé par Christofides (1976). Cet algorithme utilise un algorithme polynomial pour les couplages valués (présentés au Chapitre 17 ; voir Exercice 17.5.15). Le lecteur interessé par les autres approches du Problème du Voyageur de Commerce est renvoyé vers Jünger et al. (1995).

La situation du Problème du Voyageur de Commerce en toute généralité, lorsque les poids ne satisfont pas l'inégalité triangulaire est radicalement différente : pour tout entier $t \geq 2$, il n'existe pas d'algorithme polynomial t-approché pour résoudre TSP à moins que $\mathcal{P} = \mathcal{NP}$ (Exercice 8.4.4). Le livre de Vazirani (2001) traite du sujet des algorithmes d'approximation en général. Pour un état de l'art sur les aspects computationnels de TSP, voir Applegate et al. (2007).

Exercices

$\star$**8.4.1** Décrire un algorithme polynomial 2-approché pour COUPE MAX (Problème 8.19).

8.4.2 TSP EUCLIDIEN
Le *Problème du Voyageur de Commerce Euclidien* est le cas particulier de TSP MÉTRIQUE dans lequel les sommets du graphe sont des points dans le plan, les arêtes les segments de droites reliant ces points, et le poids d'une arête est sa longueur. Montrer que, dans un tel graphe, un cycle hamiltonien de poids minimum est sans croisement (c'est-à-dire deux arêtes quelconques du cycle ne se croisent pas).

8.4.3 Montrer que TSP MÉTRIQUE est $\mathcal{NP}$-dur.

$\star$**8.4.4**

a) Soit G un graphe simple avec $n \geq 3$, et soit t un entier strictement positif. Considérons le graphe complet valué (K, w), où $K := G \cup \overline{G}$, et $w(e) := 1$ si $e \in E(G)$ et $w(e) := (t-1)n + 2$ si $e \in E(\overline{G})$. Montrer que :
   i) (K, w) a un cycle hamiltonien de poids n si et seulement si G a un cycle hamiltonien,
   ii) tout cycle hamiltonien de (K, w) de poids supérieur à n est de poids au moins $tn + 1$.

b) Déduire qu'à moins que $\mathcal{P} = \mathcal{NP}$, il ne peut exister un algorithme polynomial t-approché pour résoudre TSP.

8.5 Heuristiques gloutonnes

Une *heuristique* est une procédure algorithmique, généralement fondée sur une règle simple, dont l'intuition est qu'elle donne une bonne solution approchée au problème en question.

Une classe naturelle et particulièrement simple d'heuristiques est la classe des heuristiques gloutonnes. Informellement, une *heuristique gloutonne* est une procédure qui choisit la meilleure option à chaque étape, sans considération pour les conséquences futures. Comme on peut l'imaginer, une telle approche mène rarement à une solution optimale pour chaque instance. Cependant, il y a des cas où l'approche gloutonne fonctionne. Dans ces cas, la procédure est appelée un *algorithme glouton*. L'exemple suivant est le prototype de ce genre d'algorithmes.

L'ALGORITHME DE BORŮVKA–KRUSKAL

L'Algorithme de Jarník–Prim pour le Problème de l'Arbre Couvrant de Poids Minimum, décrit Partie 6.2, commence avec la racine et détermine une suite emboîtée d'arbres, se terminant avec un arbre couvrant de poids minimum. Un autre algorithme pour ce problème, dû à Borůvka (1926a,b) et, indépendamment, Kruskal (1956), commence avec le sous-graphe couvrant vide et trouve une suite emboîtée de forêts, se terminant en un arbre optimal. Cette suite est construite en ajoutant des arêtes, une à une, de telle manière que l'arête ajoutée à chaque étape soit de poids minimum, sous la condition que le sous-graphe ainsi obtenu soit encore une forêt.

Algorithme 8.22 ALGORITHME DE BORŮVKA–KRUSKAL

ENTRÉE : un graphe valué connexe $G = (G, w)$
SORTIE : un arbre optimal $T = (V, F)$ de G, et son poids $w(F)$

1: *poser* $F := \emptyset$, $w(F) := 0$ *(F désigne l'ensemble d'arêtes de la forêt courante)*
2: ***tant que*** *il y a une arête* $e \in E \setminus F$ *telle que* $F \cup \{e\}$ *soit l'ensemble d'arêtes d'une forêt* ***faire***
3: *choisir une telle arête e de poids minimum*
4: *remplacer* F *par* $F \cup \{e\}$ *et* $w(F)$ *par* $w(F) + w(e)$
5: ***fin de tant que***
6: *renvoyer* $((V, F), w(F))$

Comme le graphe G est supposé connexe, la forêt (V, F) renvoyée par l'Algorithme de Borůvka–Kruskal est un arbre couvrant de G. Nous l'appelons un *arbre de Borůvka–Kruskal*. La construction d'un tel arbre dans le graphe du réseau électrique de la Partie 6.2 est illustré Figure 8.3. Comme précédemment, les arêtes sont numérotées suivant l'ordre dans lequel elles sont ajoutées. Observons que cet arbre est identique à celui renvoyé par l'Algorithme de Jarník–Prim (bien que ses arêtes soient choisies dans un ordre différent). Ceci est dû au fait que les poids des arêtes dans le graphe du réseau électrique sont tous distincts (voir Exercice 6.2.1).

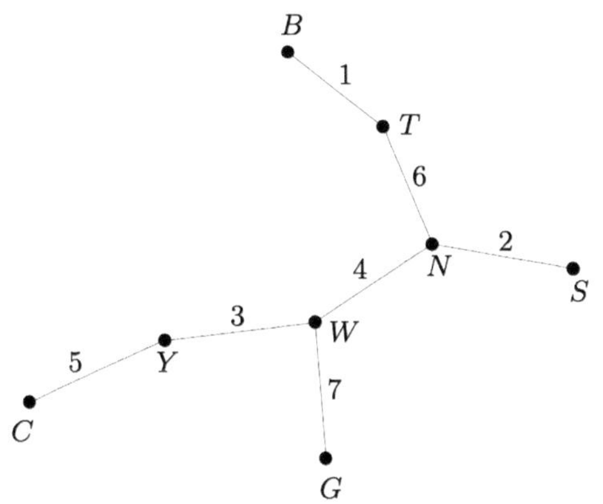

Fig. 8.3. Un arbre optimal renvoyé par l'Algorithme de Borůvka–Kruskal

Afin d'implémenter l'Algorithme de Borůvka–Kruskal efficacement, on doit être capable de vérifier facilement si une arête candidate relie des sommets dans des composantes différentes de la forêt. Cela peut se faire en colorant les sommets d'une même composante avec une même couleur et les sommets dans différentes composantes avec des couleurs distinctes. Il suffit alors de vérifier que les extrémités de l'arête ont des couleurs différentes. Une fois qu'une arête est ajoutée à la forêt, tous les sommets d'une des deux composantes sont recolorés avec la couleur de l'autre composante. Nous laissons les détails en exercice (Exercice 8.5.1).

Le théorème suivant montre que l'Algorithme de Borůvka–Kruskal fonctionne correctement. Sa preuve ressemble à celle du Théorème 6.10, et est laissée au lecteur (Exercice 8.5.2).

Théorème 8.23 *Tout arbre de Borůvka–Kruskal est un arbre optimal.* □

Le problème de trouver un arbre couvrant de poids maximum d'un graphe connexe peut être résolu avec la même approche ; à chaque étape, au lieu de prendre une arête de poids minimum sujette à la condition que le sous-graphe obtenu en la rajoutant reste une forêt, nous en prenons une de poids maximum sujette à la même condition (voir Exercice 8.5.3). Les origines de l'Algorithme de Borůvka–Kruskal sont racontées dans Nešetřil et al. (2001) et Kruskal (1997).

Systèmes d'indépendants

On peut définir une famille naturelle d'heuristiques gloutonnes comprenant l'Algorithme de Borůvka–Kruskal dans le cadre des systèmes d'ensembles.

Un système d'ensembles $(V, \mathcal{F})$ est appelé un *système d'indépendants* sur V si $\mathcal{F}$ est non-vide et, pour tout membre F de $\mathcal{F}$, tous les sous-ensembles de F appartiennent aussi à $\mathcal{F}$. Les membres de $\mathcal{F}$ sont alors appelés des *ensembles indépendants* et leurs éléments maximaux des *bases*. (Les ensembles indépendants d'un matroïde, définis dans la Partie 4.4, forment un système d'indépendants.)

Beaucoup de systèmes d'indépendants peuvent être définis sur des graphes. Par exemple, si $G = (V, E)$ est un graphe connexe, nous pouvons définir un système d'indépendants sur V en prenant comme ensembles indépendants les cliques de G (y compris l'ensemble vide). De même, nous pouvons définir un système d'indépendants sur E en prenant les ensembles d'arêtes des forêts de G comme ensembles indépendants ; les bases de ce système d'indépendants sont les ensembles d'arêtes des arbres couvrants. (Ce dernier système d'indépendants est le matroïde des cycles du graphe, défini Partie 4.4.)

Considérons, maintenant, un système d'indépendants quelconque $(V, \mathcal{F})$. Supposons qu'à chaque élément x de V soit associé un poids positif $w(x)$, et que nous voulions trouver un ensemble indépendant de poids maximum, où le *poids* d'un ensemble est défini comme la somme des poids de ses éléments. Une approche naïve de ce problème serait de procéder comme suit.

Heuristique 8.24 Heuristique Gloutonne (pour les systèmes d'indépendants)

Entrée : un système d'indépendants $(V, \mathcal{F})$ de fonction de poids $w : V \to \mathbb{R}^+$
Sortie : un ensemble indépendant maximal F de $(V, \mathcal{F})$, et son poids $w(F)$

poser $F := \emptyset$, $w(F) := 0$
tant que *il y a un élément* $x \in V \setminus F$ *tel que* $F \cup \{x\}$ *est indépendant* **faire**
  choisir un tel élément x *de poids minimum* $w(x)$
  remplacer F *par* $F \cup \{x\}$ *et* $w(F)$ *par* $w(F) + w(x)$
fin de tant que
renvoyer $(F, w(X))$

Comme nous l'avons vu, l'Heuristique Gloutonne renvoie toujours une solution optimale lorsque le système d'indépendants est formé des ensembles d'arêtes des forêts d'un graphe, quels que puissent être les poids des arêtes. (Plus généralement, ainsi que Rado (1957) l'a observé, l'Heuristique Gloutonne renvoie la solution optimale chaque fois que $\mathcal{F}$ est la famille des ensembles indépendants d'un matroïde, quelle que soit la fonction de poids w.) À l'inverse, quand les ensembles indépendants sont les cliques d'un graphe, l'Heuristique Gloutonne renvoie rarement une solution optimale, même si les poids valent 1, car la plupart des graphes ont des cliques maximales qui ne sont pas des cliques maximum. (Si l'Heuristique Gloutonne renvoie invariablement un ensemble indépendant de poids maximum, quelle que soit la fonction de poids du système d'indépendants, alors le système doit nécessairement être un matroïde (voir, par exemple, Oxley (1992)).)

Remarquons que les heuristiques gloutonnes ne sont pas uniquement limitées au cadre des systèmes d'indépendants. Par exemple, si l'on cherche un plus long x-chemin dans un graphe, une heuristique gloutonne évidente est de commencer avec le x-chemin contenant seulement le sommet x et à étendre itérativement le x-chemin courant par une arête valide. Cela revient à appliquer un parcours en profondeur depuis x, en s'arrêtant dès qu'on est forcé de revenir en arrière. Le chemin ainsi trouvé est certainement un x-chemin maximal, mais pas nécessairement un plus long x-chemin. Malgré cela, cette heuristique gloutonne simpliste s'avère efficace lorsqu'elle est combinée à d'autres idées, comme nous le montrons au Chapitre 19.

Exercices

$\star$**8.5.1** Raffiner l'Algorithme de Borůvka–Kruskal de telle manière qu'à chaque étape, des sommets dans la même composante de la forêt F reçoivent la même couleur et des sommets dans différentes composantes reçoivent des couleurs distinctes.

$\star$**8.5.2** Prouver le Théorème 8.23.

$\star$**8.5.3** Montrer que le problème de trouver un arbre couvrant de poids maximum d'un graphe connexe peut se résoudre en ajoutant, à chaque étape, une arête de poids maximum sous la condition que le sous-graphe ainsi obtenu reste une forêt.

8.5.4 Donner un exemple d'un système d'indépendants valués, dont toutes les bases ont le même nombre d'éléments, mais pour laquelle l'HEURISTIQUE GLOUTONNE (8.24) ne renvoie pas une solution optimale.

8.5.5 Considérons l'ensemble de vecteurs réels suivant.

$$V := \{(1,0,0,1),(1,1,1,1),(1,0,1,2),(0,1,0,1),(0,2,-1,1),(1,-1,0,0)\}$$

Trouver un sous-ensemble linéairement indépendant de V dont le nombre total de zéros est maximum en appliquant l'HEURISTIQUE GLOUTONNE (8.24).

8.6 Programmation linéaire et entière

Un *programme linéaire* (*PL*) est un problème de maximisation ou de minimisation d'une fonction linéaire de variables réelles qui sont soumises à des contraintes d'égalité ou d'inégalité linéaires. À l'aide de substitutions simples, telles que remplacer une équation par deux inégalités, tout PL peut être transformé en un autre de la forme suivante.

$$\text{maximiser } \mathbf{cx} \text{ sous les contraintes } \mathbf{Ax} \leq \mathbf{b} \text{ et } \mathbf{x} \geq \mathbf{0} \tag{8.4}$$

où $\mathbf{A} = (a_{ij})$ est une matrice $m \times n$, $\mathbf{c} = (c_1, c_2, \ldots, c_n)$ un vecteur colonne $1 \times n$, et $\mathbf{b} = (b_1, b_2, \ldots, b_m)$ un vecteur colonne $m \times 1$. Les m inégalités $\sum_{j=1}^{n} a_{ij}x_j \leq b_i$, $1 \leq i \leq m$, et les n conditions de positivité $x_j \geq 0$, $1 \leq j \leq n$, sont appelées les *contraintes* du problème. La fonction $\mathbf{cx}$ à maximiser est appelée la *fonction objectif.*

Un vecteur colonne $\mathbf{x} = (x_1, x_2, \ldots, x_n)$ de $\mathbb{R}^n$ est une *solution admissible* de (8.4) si elle satisfait les $m+n$ contraintes, et une solution admissible pour laquelle la fonction objectif $\mathbf{cx}$ atteint son maximum est une *solution optimale.* Ce maximum est la *valeur optimale* du PL.

Associé à tout PL, il y a un autre PL, appelé son dual. Le *dual* du PL (8.4) est le PL :

$$\text{minimiser } \mathbf{yb} \text{ sous les contraintes } \mathbf{yA} \geq \mathbf{c} \text{ et } \mathbf{y} \geq \mathbf{0} \tag{8.5}$$

En référence à ce PL dual, le PL original (8.4) est appelé le PL *primal.*

Les PLs n'ont pas tous une solution admissible. De plus, même si un PL a une solution admissible, il peut ne pas avoir de solution optimale : la fonction objectif peut ne pas être bornée sur l'ensemble des solutions admissibles, et ainsi ne pas admettre de maximum (ou minimum). Un tel PL est dit *non-borné.*

La proposition qui suit implique que si le primal et le dual ont tous deux des solutions admissibles, les deux problèmes sont bornés.

Proposition 8.25 THÉORÈME DE DUALITÉ FAIBLE
Soit $\mathbf{x}$ *une solution admissible de (8.4) et* $\mathbf{y}$ *une solution admissible de son dual (8.5). Alors*

$$\mathbf{cx} \leq \mathbf{yb} \tag{8.6}$$

Démonstration Comme $\mathbf{c} \leq \mathbf{yA}$ et $\mathbf{x} \geq \mathbf{0}$, nous avons $\mathbf{cx} \leq \mathbf{yAx}$. De même $\mathbf{yAx} \leq \mathbf{yb}$. L'inéqualité (8.6) suit alors. □

Corollaire 8.26 *Soit* $\mathbf{x}$ *une solution admissible à (8.4) et* $\mathbf{y}$ *une solution admissible à son dual (8.5). Supposons que* $\mathbf{cx} = \mathbf{yb}$. *Alors* $\mathbf{x}$ *est une solution optimale à (8.4) et* $\mathbf{y}$ *est une solution optimale à (8.5).* □

Le sens de ce corollaire est que s'il y a équalité dans (8.6), la solution du primal $\mathbf{x}$ sert de certificat succinct à l'optimalité de la solution du dual $\mathbf{y}$, et *vice versa.* Un théorème fondamental et remarquable, dû à von Neumann (1928), garantit que l'on peut toujours certifier l'optimalité de cette manière.

Théorème 8.27 Théorème de Dualité
Si un PL a une solution optimale, alors le dual a aussi une solution optimale, et les valeurs optimales de ces deux PLs sont égales. □

Une grande variété de problèmes de théorie des graphes peuvent se formuler comme des PLs, quoiqu'assortis de *contraintes d'intégrité*, qui requièrent que les variables ne prennent que des valeurs entières. Dans certains cas, ces contraintes supplémentaires peuvent être ignorées sans affecter l'essence du problème, parce qu'il peut être montré que le PL considéré a toujours une solution optimale à valeurs entières. Dans ces cas, le dual a généralement une interprétation naturelle en termes de graphes, et un résultat intéressant peut être obtenu en appliquant le Théorème de Dualité. De tels résultats sont appelés des *théorèmes min–max.* Comme exemple simple, considérons le problème de trouver un ensemble stable maximum dans un graphe.

Il suffit clairement de considérer les graphes sans sommet isolé. Soit G un tel graphe. À tout ensemble stable S de G, nous pouvons associer son vecteur caractéristique $\mathbf{x} := (x_v : v \in V)$, pour lequel $x_v := 1$ si $v \in S$, et $x_v := 0$ sinon. Comme un ensemble stable contient au plus une des deux extrémités d'une arête, tout vecteur $\mathbf{x}$ de la sorte satisfait la contrainte $x_u + x_v \leq 1$, pour tout $uv \in E$. Ainsi, le problème Stable Max est équivalent au PL suivant (où $\mathbf{M}$ est la matrice d'incidence de G).

$$\text{maximiser } \mathbf{1x} \text{ sous les contraintes } \mathbf{M}^t\mathbf{x} \leq \mathbf{1} \text{ et } \mathbf{x} \geq \mathbf{0} \tag{8.7}$$

avec la condition supplémentaire que $\mathbf{x}$ soit à valeurs entières. Le dual de (8.7) est le PL suivant, dans lequel il y a une variable y_e pour toute arête e de G.

$$\text{minimiser } \mathbf{y1} \text{ sous les contraintes } \mathbf{yM}^t \geq \mathbf{1} \text{ et } \mathbf{y} \geq \mathbf{0} \tag{8.8}$$

Considérons une solution admissible à valeurs entières $\mathbf{y}$ de ce PL dual. Le support de $\mathbf{y}$ est un ensemble d'arêtes de G dont tout sommet de G est extrémité d'une de ces arêtes. Un tel ensemble d'arêtes est appelé une *couverture par arêtes* de G. Le nombre d'arêtes d'une couverture par arêtes minimum d'un graphe G sans sommet isolé est noté $\beta'(G)$.

Réciproquement, le vecteur caractéristique d'une couverture par arêtes de G est une solution admissible à (8.8). Ainsi la valeur optimale de (8.8) est une borne inférieure pour $\beta'(G)$. De même, la valeur optimale de (8.7) est une borne supérieure pour $\alpha(G)$. Par le Théorème de Dualité Faible, il vient que, pour tout graphe G sans sommet isolé, $\alpha(G) \leq \beta'(G)$. En général, ces deux quantités ne sont pas égales (considérons, par exemple, K_3). Cependant, elles sont toujours égales pour les graphes bipartis (voir encart).

Un programme linéaire dans lequel les variables ne peuvent prendre que des valeurs entières est appelé un *programme linéaire en nombres entiers* (*PLNE*). Tout PLNE peut être transformé en un autre sous la forme suivante.

$$\text{maximiser } \mathbf{cx} \text{ sous les contraintes } \mathbf{Ax} \leq \mathbf{b}, \quad \mathbf{x} \geq \mathbf{0}, \quad \text{et} \quad \mathbf{x} \in \mathbb{Z} \tag{8.9}$$

Comme déjà mentionné, Stable Max peut se formuler en un PLNE. Puisque Stable Max est $\mathcal{NP}$-dur, ainsi l'est le PLNE. À l'inverse, il existe des algorithmes polynomiaux pour résoudre les programmes linéaires, donc tout PL est dans $\mathcal{P}$.

Une approche au problème de déterminer la valeur d'un paramètre de graphe tel que α consiste à exprimer le problème comme un PLNE sous la forme (8.9) et ensuite à résoudre sa *relaxation*, c'est-à-dire, le PL (8.4) obtenu en laissant tomber les contraintes d'intégrité $\mathbf{x} \in \mathbb{Z}$. Si la solution optimale trouvée se trouve être à valeurs entières, comme pour le Théorème 8.29, elle sera également une solution optimale au PLNE, et donc déterminera la valeur exacte du paramètre. En tous cas, la valeur renvoyée par le PL sera une borne supérieure de la valeur du paramètre. Cette borne supérieure est appelée la *version fractionnaire* du paramètre. Par exemple, le PL (8.11) renvoie la *stabilité fractionnaire*, notée α^*.

La stabilité fractionnaire d'un graphe peut être calculée en temps polynomial. Cependant, en général, α peut être beaucoup plus petit que α^*. Par exemple, $\alpha(K_n) = 1$, alors que $\alpha^*(K_n) = n/2$ pour $n \geq 2$. Prenant en compte le fait qu'aucun ensemble stable d'un graphe ne peut inclure plus d'un sommet de n'importe quelle clique du graphe, on peut obtenir un PL associé avec Stable Max avec des contraintes plus strictes que (8.7) (voir Exercice 8.6.3).

Couplages et couvertures dans les graphes bipartis

Nous décrivons une seconde application de l'unimodularité totale, portant sur les couplages dans les graphes bipartis. Un *couplage* dans un graphe est un ensemble de liens deux à deux non-adjacents. À tout couplage M d'un graphe G, nous pouvons associer son vecteur caractéristique à valeurs dans $\{0,1\}$. Comme un couplage a au plus une arête incidente à n'importe quel sommet, un tel vecteur $\mathbf{x}$ satisfait la contrainte $\sum\{x_e : e \in \partial(v)\} \leq 1$, pour tout $v \in V$. Donc le problème de trouver un plus grand couplage dans un graphe est équivalent au PLNE suivant.

$$\text{maximiser } \mathbf{1x} \text{ sous les contraintes } \mathbf{Mx} \leq \mathbf{1} \text{ et } \mathbf{x} \geq \mathbf{0} \tag{8.10}$$

(où $\mathbf{M}$ est la matrice d'incidence de G), avec la condition supplémentaire que $\mathbf{x}$ soit à valeurs entières.

Technique de preuve : Unimodularité totale

Rappelons qu'une matrice $\mathbf{A}$ est *totalement unimodulaire* si le déterminant de chacune de ses sous-matrices carrées est égal à 0, $+1$, ou -1. Le théorème suivant fournit une condition suffisante pour qu'un PL ait une solution optimale à valeurs entières.

Théorème 8.28 *Supposons que* $\mathbf{A}$ *soit une matrice totalement unimodulaire et que* $\mathbf{b}$ *soit un vecteur à coordonnées entières. Si (8.4) a une solution optimale, alors il a une solution optimale à valeurs entières.*

Démonstration L'ensemble des points de $\mathbb{R}^n$ en lesquelles une contrainte particulière est satisfaite avec égalité est un hyperplan de $\mathbb{R}^n$. Ainsi chaque contrainte est satisfaite par les points d'un demi-espace fermé de $\mathbb{R}^n$, et l'ensemble des solutions admissibles est l'intersection de tous ces demi-espaces, un polyèdre convexe P.

Comme la fonction objectif est linéaire, ses niveaux sont des hyperplans. Ainsi, si la valeur maximum de $\mathbf{cx}$ sur P est z^*, l'hyperplan $\mathbf{cx} = z^*$ est un hyperplan tangent à P. Ainsi $\mathbf{cx} = z^*$ contient un point extrême (un coin) de P. Il s'ensuit que la fonction objectif atteint le maximum en l'un de ces points extrêmes de P.

Tout point extrême de P est à l'intersection de n hyperplans ou plus déterminés par les contraintes. C'est donc une solution d'un sous-système de $\mathbf{Ax} = \mathbf{b}$. En utilisant les hypothèses du théorème et en appliquant la règle de Cramér, nous concluons que chaque point extrême de P est un vecteur à coordonnées entières, et donc que (8.4) a une solution optimale à valeurs entières. □

Puisque la matrice d'incidence d'un graphe biparti est totalement unimodulaire (Exercice 4.2.4), en conséquence du théorème pécédent, nous avons :

Théorème 8.29 *Soit* G *un graphe biparti de matrice d'incidence* $\mathbf{M}$. *Alors les programmes linéaires*

$$\textit{maximiser } \mathbf{1x} \quad \textit{sous les contraintes} \quad \mathbf{M}^t\mathbf{x} \leq \mathbf{1} \quad \textit{et} \quad \mathbf{x} \geq \mathbf{0} \tag{8.11}$$

$$\textit{minimiser } \mathbf{y1} \quad \textit{sous les contraintes} \quad \mathbf{yM}^t \geq \mathbf{1} \quad \textit{et} \quad \mathbf{y} \geq \mathbf{0} \tag{8.12}$$

ont tous deux des solutions optimales à valeurs dans $\{0, 1\}$. □

Ce théorème, en conjonction avec le Théorème de Dualité, implique maintenant l'égalité min–max suivante, due indépendamment à D. König et R. Rado (voir Schrijver (2003)).

Théorème 8.30 Théorème de König–Rado
Dans un graphe biparti sans sommet isolé, le nombre de sommets dans un ensemble stable maximum cst égal au nombre d'arêtes dans une couverture par arêtes minimum. □

UNIMODULARITÉ TOTALE (SUITE)

Le Théorème de König–Rado (8.30) implique que le problème de décider si un graphe biparti a un ensemble stable de cardinal k est dans co-$\mathcal{NP}$; lorsque la réponse est 'non', une couverture par arête de taille inférieure à k est un certificat succinct de ce fait. En fait, comme nous le montrons au Chapitre 17, il y a un algorithme polynomial pour trouver un ensemble stable maximum dans un graphe biparti.

Une seconde application de cette Technique de Preuve est donnée ci-après, et une autre est présentée à la Partie 20.2.

Le dual de (8.10) est le PL suivant.

$$\text{minimiser } \mathbf{y1} \text{ sous les contraintes } \mathbf{yM} \geq \mathbf{1} \text{ et } \mathbf{y} \geq \mathbf{0} \tag{8.13}$$

Comme la matrice d'incidence d'un graphe biparti est totalement unimodulaire (Exercice 4.2.4), en conséquence du théorème précédent, nous avons maintenant :

Théorème 8.31 *Quand G est biparti, (8.10) et (8.13) ont des solutions optimales à valeurs dans* $\{0, 1\}$. □

Si $\mathbf{x}$ est une solution admissible à valeurs dans $\{0, 1\}$ à (8.10), alors deux arêtes de l'ensemble $M := \{e \in E : x_e = 1\}$ ne peuvent pas avoir d'extrémité en commun ; autrement dit, M est un couplage de G. De même, si $\mathbf{y}$ est une solution admissible à valeurs dans $\{0, 1\}$ à (8.13), alors chaque arête de G a au moins une extrémité dans l'ensemble $K := \{v \in V : y_v = 1\}$; un tel ensemble est appelé une *couverture* de G. Ces deux observations, avec le Théorème de Dualité, impliquent le théorème min–max fondamental dû indépendamment à König (1931) et Egerváry (1931).

Théorème 8.32 THÉORÈME DE KÖNIG–EGERVÁRY
Dans un graphe biparti, le nombre d'arêtes d'un couplage maximum est égal au nombre de sommets d'une couverture minimum. □

De la même manière que le Théorème de König–Rado (8.30) montre que le problème de décider si un graphe biparti $G[X, Y]$ a un ensemble stable à k sommets est co-$\mathcal{NP}$, le Théorème de König–Egerváry montre que le problème de décider si un tel graphe a un couplage à k arêtes est dans co-$\mathcal{NP}$. Lorsque la réponse est 'non', une couverture de cardinal inférieur à k fournit un certificat succinct de ce fait. Le Théorème de König–Egerváry peut aussi être déduit de la version arc du Théorème de Menger (7.16) (voir Exercice 8.6.7).

Si G n'est pas biparti, (8.10) peut avoir des solutions optimales qui ne sont pas à valeurs entières. Par exemple, quand G est un triangle, on peut voir que $(1/2, 1/2, 1/2)$ est une solution optimale. Cependant, Edmonds (1965b) a montré que l'on peut introduire des contraintes supplémentaires qui sont satisfaites par tous les vecteurs caractéristiques des couplages dans un graphe afin que le programme linéaire ainsi obtenu ait une solution optimale à valeurs entières (voir Exercice 8.6.8). Ce fut la base de sa solution au problème du couplage maximum. Les couplages sont étudiés plus en détail au Chapitre 17.

En utilisant le fait que la matrice d'incidence d'un graphe dirigé est totalement unimodulaire (Exercice 1.5.7a), le Théorème de Menger (7.16) peut se déduire du Théorème de Dualité. D'autres exemples de théorèmes min–max sont présentés aux Chapitres 17 et 20. Pour en savoir plus sur ceux-ci ainsi que sur d'autres applications de la programmation linéaire, voir Chvátal (1983), Lovász et Plummer (1986), et Schrijver (2003).

Exercices

8.6.1 ÉCARTS COMPLÉMENTAIRES
Soit $\mathbf{x}$ et $\mathbf{y}$ des solutions admissibles au PL (8.4) et à son dual (8.5), respectivement. Montrer que ces solutions sont optimales si et seulement si :

$$\sum_{j=1}^{n} a_{ij}x_j < b_i \Rightarrow y_i = 0, \quad 1 \leq i \leq m, \quad \text{et}$$
$$\sum_{i=1}^{m} a_{ij}y_i > c_j \Rightarrow x_j = 0, \quad 1 \leq j \leq n$$

(Les conditions ci-dessus sont connues comme les *conditions d'écarts complémentaires* pour l'optimalité. Elles jouent un rôle important dans la résolution de problèmes d'optimisation sur les graphes valués.)

$\star$**8.6.2** COUVERTURE PAR DES CLIQUES
Une *couverture par des cliques* d'un graphe est un ensemble de cliques dont l'union est l'ensemble de sommets du graphe.

a) Montrer que la stabilité d'un graphe est bornée inférieurement par le nombre minimum de cliques dans une couverture par cliques.
b) Donner un exemple de graphe pour lequel ces deux quantités ne sont pas égales.

8.6.3 Soit $\mathcal{K}$ l'ensemble de toutes les cliques d'un graphe G et soit $\mathbf{K}$ la matrice d'incidence de l'hypergraphe $(V, \mathcal{K})$. On considère le PL :

$$\text{maximiser } \mathbf{1x} \text{ sous les contraintes } \mathbf{K}^t\mathbf{x} \leq \mathbf{1} \text{ et } \mathbf{x} \geq \mathbf{0} \tag{8.14}$$

et son dual :

$$\text{minimiser } \mathbf{y1} \text{ sous les contraintes } \mathbf{yK}^t \geq \mathbf{1} \text{ et } \mathbf{y} \geq \mathbf{0} \tag{8.15}$$

Montrer que :

a) un vecteur à coordonnées entières $\mathbf{x}$ de $\mathbb{R}^V$ est une solution admissible de (8.14) si et seulement s'il est le vecteur caractéristique d'un ensemble stable de G,
b) un vecteur à coordonnées entières $\mathbf{y}$ de $\mathbb{R}^{\mathcal{K}}$ est une solution admissible de (8.15) si et seulement s'il est le vecteur caractérstique d'une couverture par cliques.

8.6.4 Montrer que l'ensemble des solutions admissibles de (8.14) est un sous-ensemble de l'ensemble des solutions admissibles de (8.7), avec égalité quand G est sans triangle.

8.6.5 Soit $\alpha^{**}(G)$ la valeur optimale de (8.14).

a) Montrer que, pour tout graphe G, $\alpha \leq \alpha^{**} \leq \alpha^*$.
b) Donner des exemples de graphes pour lesquels ces inégalités sont strictes.

8.6.6 Soit G un graphe simple avec $n \geq 3$, et soit $\mathbf{x} := (x_e : e \in E) \in \mathbb{R}^E$. On considère le système d'inégalités linéaires suivantes.

$$\begin{array}{rll} \sum_{e \in \partial(X)} x_e \geq 2 & \text{si} & \emptyset \subset X \subset V \\ \sum_{e \in \partial(v)} x_e = 2 & \text{pour tout} & v \in V \\ x_e \leq 1 & \text{pour tout} & e \in E \\ x_e \geq 0 & \text{pour tout} & e \in E \end{array}$$

a) Montrer que les solutions admissibles à valeurs entières de ce système sont précisément les vecteurs caractéristiques des cycles hamiltoniens de G.
b) Soit $\mathbf{c} \in \mathbb{R}^E$ une fonction de poids sur G. Déduire de (a) qu'une solution optimale du TSP pour ce graphe valué est donnée par une solution optimale du PLNE qui consiste à maximiser la fonction objectif $\mathbf{cx}$ sous les contraintes ci-dessus, avec la contrainte d'intégrité $\mathbf{x} \in \mathbb{Z}$.
(Grötschel et al. (1988) ont donné un algorithme polynomial pour résoudre la relaxation PL de ce PLNE.)

$\star$**8.6.7**

a) Transformer le problème de trouver un couplage maximum dans un graphe biparti $G[X,Y]$ en le problème de trouver une collection maximum de (x,y)-chemins dirigés arc-disjoints dans un digraphe $D(x,y)$ associé.
b) Déduire le Théorème de König–Egerváry du Théorème de Menger (7.16).

8.6.8 Montrer que toute solution admissible à valeurs entières $\mathbf{x}$ du PL (8.10) satisfait l'inégalité

$$\sum_{e \in E(X)} x_e \leq \frac{1}{2}(|X| - 1)$$

pour tout sous-ensemble impair X de V de cardinal trois ou plus.
(Edmonds (1965b) a montré qu'en ajoutant ces inégalités à l'ensemble des contraintes dans (8.10), on obtient un PL dont toute solution optimale est à valeur dans $\{0,1\}$.)

$\star$**8.6.9** Lemme de Farkas
Les deux PLs suivants sont duaux, l'un de l'autre.

$$\begin{array}{llrl} \text{maximiser} & \mathbf{0x} & \text{sous les contraintes} & \mathbf{Ax} = \mathbf{0} \quad \text{et} \quad \mathbf{x} \geq \mathbf{b} \\ \text{minimiser} & -\mathbf{zb} & \text{sous les contraintes} & \mathbf{yA} - \mathbf{z} = \mathbf{0} \quad \text{et} \quad \mathbf{z} \geq \mathbf{0} \end{array}$$

Le Lemme de Farkas (voir Partie 21.1) nous dit qu'exactement un des deux systèmes linéaires :

$$\mathbf{Ax} = \mathbf{0}, \quad \mathbf{x} \geq \mathbf{b} \quad \text{et} \quad \mathbf{yA} \geq \mathbf{0}, \quad \mathbf{yAb} > 0$$

a une solution. Déduire le Lemme de Farkas du Théorème de Dualité (8.27).

$\star$**8.6.10** Les deux programmes linéaires suivants sont duaux, l'un de l'autre.

$$\begin{array}{lll} \text{minimiser} & \mathbf{y0} & \text{sous les contraintes} \quad \mathbf{yA} \geq \mathbf{c} \\ \text{maximiser} & \mathbf{cx} & \text{sous les contraintes} \quad \mathbf{Ax} = \mathbf{0} \quad \text{et} \quad \mathbf{x} \geq \mathbf{0} \end{array}$$

Une variante du Lemme de Farkas dit qu'exactement un des deux systèmes linéaires :

$$\mathbf{yA} \geq \mathbf{c} \quad \text{et} \quad \mathbf{Ax} = \mathbf{0}, \quad \mathbf{x} \geq \mathbf{0}, \quad \mathbf{cx} > 0$$

a une solution. Déduire cette variante du Lemme de Farkas du Théorème de Dualité (8.27).

8.6.11 Prouver l'inégalité $\alpha(G) \leq \beta'(G)$ directement, sans l'aide du Théorème de Dualité Faible (8.25).

8.7 En savoir plus

ISOMORPHISME-COMPLÉTUDE

Comme mentionné précédemment, la complexité d'ISOMORPHISME DE GRAPHE est inconnue. Il y a de forts arguments théoriques qui appuient la croyance que le problème n'est pas $\mathcal{NP}$-complet (voir, par exemple, Babai (1995)), et ce statut assez unique a mené à la notion d'isomorphisme-complétude : un problème est dit *isomorphisme-complet* s'il est polynomialement équivalent à ISOMORPHISME DE GRAPHE. Le Problème du Jeu Légitime, mentionné Partie 2.8, est un de ces problèmes (voir Harary et al. (1982) et Mansfield (1982)). Le problème de trouver les orbites d'un graphe est 'isomorphisme-dur'. Pour en savoir plus sur ces exemples ainsi que d'autres, nous renvoyons le lecteur à Babai (1995).

9

Connexité

Sommaire

9.1 Sommet-connexité

Dans la Partie 3.1, nous avons abordé le concept de connexion dans les graphes. Considérons maintenant les quatre graphes connexes de la Figure 9.1.

Le graphe G_1 est un arbre, un graphe connexe minimal ; la suppression de n'importe quelle arête le sépare en deux. Le graphe G_2 ne peut être séparé par la

J. Bondy et al., *Théorie des graphes*, Mathématiques et Applications 91,
https://doi.org/10.1007/978-1-4471-7621-3_9

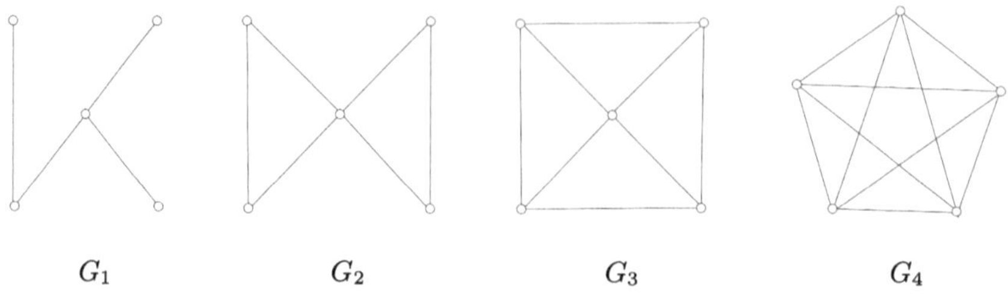

Fig. 9.1. Quatre graphes connexes

suppression d'une simple arête, mais il peut l'être par la suppression d'un sommet, son sommet séparateur. Il n'y a pas d'arête séparatrice ni de sommet séparateur dans G_3, mais malgré cela G_3 semble clairement moins bien connecté que G_4, le graphe complet à cinq sommets. Ainsi, intuitivement, chaque graphe à son tour est mieux connecté que le précédent. Nous introduisons maintenant deux paramètres d'un graphe, sa connexité et son arête-connexité, qui mesurent à quel point il est connecté. Nous définissons d'abord ces paramètres en termes de nombres de chemins disjoints connectant des paires de sommets, puis nous mettons ces définitions en relation avec les tailles des séparateurs et coupes, comme suggéré par les exemples ci-dessus.

Connexité et connexité locale

Commençons par la notion de sommet-connexité, usuellement appelée simplement connexité. Rappelons que des xy-chemins P et Q dans G sont *intérieurement disjoints* s'il n'ont pas de sommets internes en commun, c'est-à-dire, si $V(P) \cap V(Q) = \{x, y\}$. La *connexité locale* entre des sommets distincts x et y est le nombre maximum de xy-chemins deux à deux intérieurement disjoints, et est notée $p(x, y)$; la connexité locale n'est pas définie si $x = y$. La matrice de la Figure 9.2b indique les connexités locales entre toutes les paires de sommets du graphe de la Figure 9.2a. (La fonction donnée Figure 9.2c sera définie bientôt.)

Un graphe non-trivial G est *k-connexe* si $p(u, v) \geq k$ quels que soient deux sommets distincts u et v. Par convention, un graphe trivial est 0-connexe et 1-connexe, mais n'est pas k-connexe pour tout $k > 1$. La *connexité* $\kappa(G)$ de G est la valeur maximum de k pour laquelle G est k-connexe. Ainsi, pour un graphe non-trivial G,

$$\kappa(G) := \min\{p(u, v) : u, v \in V, u \neq v\} \tag{9.1}$$

Un graphe est 1-connexe si et seulement s'il est connexe ; de manière équivalente, un graphe est de connexité 0 si et seulement s'il est séparé. Les graphes non-séparables sur au moins trois sommets sont 2-connexes ; inversement, tout graphe sans boucle 2-connexe est non-séparable. Pour les quatre graphes dessinés Figure 9.1, nous avons $\kappa(G_1) = 1$, $\kappa(G_2) = 1$, $\kappa(G_3) = 3$, et $\kappa(G_4) = 4$. Donc,

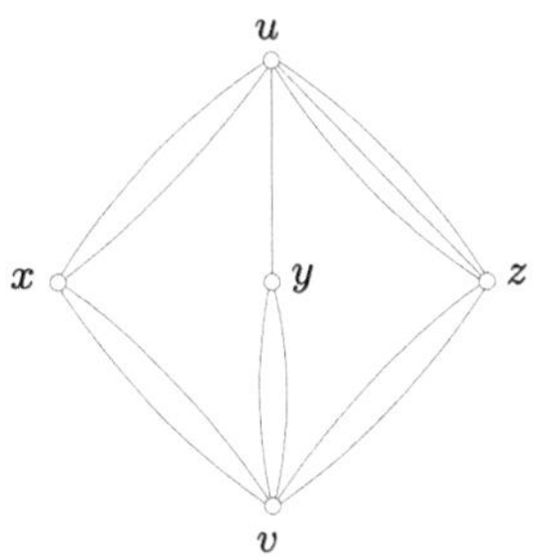

(a)

	u	x	y	z	v
u	$*$	3	2	4	3
x	3	$*$	2	2	3
y	2	2	$*$	2	3
z	4	2	2	$*$	3
v	3	3	3	3	$*$

(b)

	u	x	y	z	v
u	$*$	$*$	$*$	$*$	3
x	$*$	$*$	2	2	$*$
y	$*$	2	$*$	2	$*$
z	$*$	2	2	$*$	$*$
v	3	$*$	$*$	$*$	$*$

(c)

Fig. 9.2. (a) Un graphe, (b) sa fonction de connexité locale, et (c) sa fonction de séparation locale

de ces quatre graphes, le seul qui soit 4-connexe est G_4. Les graphes G_3 et G_4 sont 2-connexes et 3-connexes, alors que G_1 et G_2 ne le sont pas. Et, comme les quatre graphes sont connexes, ils sont tous 1-connexes. Le graphe de la Figure 9.2a est 1-connexe et 2-connexe, mais n'est pas 3-connexe. Donc, la connexité de ce graphe est deux.

Séparateurs et Théorème de Menger

Nous reformulons maintenant la définition de connexité en termes de 'séparateurs'. Ce n'est pas complètement simple car les graphes complets (et, plus généralement, les graphes dans lesquels deux sommets quelconques sont adjacents) n'ont pas de séparateur. Pour cette raison, nous déterminons tout d'abord les connexités de ces graphes.

Des sommets distincts x et y de K_n sont connectés par un chemin de longueur 1 et $n-2$ chemins intérieurement disjoints de longueur 2. Il s'ensuit que $p(x,y) = n-1$ et que $\kappa(K_n) = n-1$ pour $n \geq 2$. Plus généralement, si le graphe simple sous-jacent d'un graphe G est complet, et si x et y sont reliés par $\mu(x,y)$ liens, il y a $\mu(x,y)$ chemins de longueur 1, et $n-2$ chemins intérieurement disjoints de longueur 2 connectant x et y ; donc $p(x,y) = n-2+\mu(x,y)$. Ainsi la connexité d'un graphe non-trivial G dans lequel deux sommets quelconques sont adjacents est $n-2+\mu$, avec μ la multiplicité minimum d'une arête du graphe. D'autre part, si x et y ne sont pas adjacents, il y a au plus $n-2$ chemins intérieurement disjoints connectant x et y. Donc, si le graphe simple sous-jacent d'un graphe G n'est pas complet, sa connexité κ ne peut excéder $n-2$. Pour un tel graphe, la connexité est égale au nombre minimum de sommets dont la suppression rend le graphe séparé, comme nous allons le voir maintenant.

Soient x et y des sommets distincts non-adjacents de G. Un *xy-séparateur* est un sous-ensemble S de $V \setminus \{x,y\}$ tel que x et y appartiennent à différentes composantes de $G-S$. Nous disons qu'un tel sous-ensemble S *sépare x et y*. La taille minimum d'un séparateur séparant x et y est notée $c(x,y)$. Cette fonction, la *fonction de séparation locale* de G, n'est pas définie dans les cas où $x = y$ et où x et y sont adjacents. La matrice décrite Figure 9.2c donne les valeurs de la fonction de séparation locale du graphe représenté Figure 9.2a.

Un séparateur séparant une paire de sommets non-adjacents de G est un *séparateur* de G, et un séparateur à k éléments est un *k-séparateur*. Un graphe complet n'a pas de séparateur ; de plus, les seuls graphes qui n'ont pas de séparateurs sont ceux dont le graphe simple sous-jacent est complet. Nous montrons maintenant que, si G possède au moins une paire de sommets non-adjacents, la taille d'un séparateur minimum de G est égale à la connexité de G. L'ingrédient principal dont nous avons besoin est une version du Théorème de Menger qui relie les deux fonctions p et c.

Trouver le nombre maximum de xy-chemins intérieurement disjoints dans un graphe $G := G(x, y)$ revient à trouver le nombre maximum de (x, y)-chemins dirigés intérieurement disjoints dans le digraphe associé $D(x, y) := D(G)$. À son tour, comme observé dans la partie Partie 8.3, ce dernier problème peut être réduit à celui de trouver le nombre maximum de (x, y)-chemins dirigés arc-disjoints dans un digraphe $D'(x, y)$ correspondant (d'ordre $2n - 2$), et ce nombre peut être déterminé par l'Algorithme Flot-Max Coupe-Min (7.9). Ainsi l'Algorithme Flot-Max Coupe-Min peut être adapté pour trouver, en temps polynomial, le nombre maximum de xy-chemins intérieurement disjoints dans G. Le même algorithme renverra également un xy-séparateur dont le cardinal est égal au nombre maximum de xy-chemins intérieurement disjoints. Ceci montre la validité du théorème fondamental suivant dû à Menger (1927). Comme alternative à cette preuve constructive, nous exposons ici une preuve simple et par récurrence de ce théorème ; elle est due à Göring (2000).

À cet effet, nous avons besoin de l'opération de contraction d'un ensemble de sommets d'un graphe. Soit G un graphe et soit X un sous-ensemble propre de V. *Contracter* X consiste à supprimer toutes les arêtes entre sommets de X et à ensuite identifier les sommets de X en un unique sommet. Nous désignons le graphe ainsi obtenu par $G\,/\,X$.

Théorème 9.1 THÉORÈME DE MENGER (VERSION SOMMET NON-DIRIGÉE) *Dans un graphe $G(x, y)$, où x et y sont non-adjacents, le nombre maximum de xy-chemins deux à deux intérieurement disjoints est égal au nombre minimum de sommets dans un xy-séparateur, soit,*

$$p(x, y) = c(x, y)$$

Démonstration Par récurrence sur $e(G)$. Par commodité, nous posons $k := c_G(x, y)$. Notons que $p_G(x, y) \leq k$, parce que toute famille $\mathcal{P}$ de xy-chemins intérieurement disjoints intersecte tout xy-séparateur en au moins $|\mathcal{P}|$ sommets distincts. Il suffit donc de montrer que $p_G(x, y) \geq k$. Nous pouvons supposer qu'il y a une arête $e = uv$ qui n'est incidente ni à x ni à y ; dans le cas contraire, tout xy-chemin est de longueur deux, et la conclusion vient facilement.

Soit $H := G \setminus e$. Comme H est un sous-graphe de G, $p_G(x, y) \geq p_H(x, y)$. En outre, par récurrence, $p_H(x, y) = c_H(x, y)$. De plus, $c_G(x, y) \leq c_H(x, y) + 1$ car tout xy-séparateur de H, augmenté d'une extrémité de e, est un xy-séparateur de G. Par conséquent nous avons :

$$p_G(x,y) \geq p_H(x,y) = c_H(x,y) \geq c_G(x,y) - 1 = k - 1$$

Nous pouvons supposer qu'il y a égalité dans chaque inégalité de cette suite ; sinon $p_G(x,y) \geq k$ et il n'y a rien à prouver. Ainsi, en particulier, $c_H(x,y) = k-1$. Soit $S := \{v_1, \ldots, v_{k-1}\}$ un xy-séparateur minimum dans H, soit X l'ensemble des sommets atteignables depuis x dans $H - S$, et soit Y l'ensemble des sommets atteignables depuis y dans $H - S$. Comme $|S| = k - 1$, l'ensemble S n'est pas un xy-séparateur de G, et donc il y a un xy-chemin dans $G - S$. Ce chemin comprend nécessairement l'arête e. Nous pouvons donc supposer, sans perte de généralité, que $u \in X$ et $v \in Y$.

Considérons maintenant le graphe $G\,/\,Y$ obtenu à partir de G en contractant Y en un unique sommet y. Tout xy-séparateur T dans $G\,/\,Y$ est nécessairement un xy-séparateur dans G, parce que si P était un xy-chemin dans G évitant T, le sous-graphe $P\,/\,Y$ de $G\,/\,Y$ contiendrait un xy-chemin dans $G\,/\,Y$ évitant T également. Par conséquent $c_{G\,/\,Y}(x,y) \geq k$. Par ailleurs, $c_{G\,/\,Y}(x,y) \leq k$ car $S \cup \{u\}$ est un xy-séparateur de $G\,/\,Y$. Il s'ensuit que $S \cup \{u\}$ est un xy-séparateur minimum de $G\,/\,Y$. Par récurrence, il y a k xy-chemins intérieurement disjoints $P_1, \ldots, P_k$ dans $G\,/\,Y$, et chaque sommet de $S \cup \{u\}$ appartient à l'un d'eux. Sans perte de généralité, nous pouvons supposer que $v_i \in V(P_i)$, $1 \leq i \leq k-1$, et $u \in V(P_k)$. De même, il y a k xy-chemins intérieurement disjoints $Q_1, \ldots, Q_k$ dans le graphe $G\,/\,X$ obtenu en contractant X en x avec $v_i \in V(Q_i)$, $1 \leq i \leq k-1$, et $v \in Q_k$. Il s'ensuit qu'il y a k xy-chemins intérieurement disjoints dans G, à savoir $xP_iv_iQ_iy$, $1 \leq i \leq k-1$, et xP_kuvQ_ky (voir Figure 9.3, dans laquelle les sommets hors de $X \cup S \cup Y$ sont omis, car ils ne jouent aucun rôle dans la preuve). □

En conséquence du Théorème 9.1 nous avons :

$$\min\{p(u,v) : \ u,v \in V, \ u \neq v, uv \notin E\} = \min\{c(u,v) : \ u,v \in V, \ u \neq v, uv \notin E\} \tag{9.2}$$

Supposons que G soit un graphe ayant au moins une paire de sommets non-adjacents. Dans ce cas, le membre droit de l'équation (9.2) est le cardinal d'un séparateur minimum de G. Nous ne pouvons cependant pas déduire de (9.2) que la connexité de G est égale à la taille d'un séparateur minimum de G car, d'après notre définition, κ est la valeur minimum de $p(u,v)$ prise sur toutes les paires de sommets distincts u,v (qu'ils soient adjacents ou non). Cependant, le théorème suivant, dû à Whitney (1932a), montre que la connexité locale minimum prise sur toutes les paires de sommets distincts, est bien égale à la connexité locale prise sur toutes les paires de sommets distincts non-adjacents.

Théorème 9.2 *Si G a au moins une paire de sommets non-adjacents,*

$$\kappa(G) = \min\{p(u,v) : \ u,v \in V, \ u \neq v, uv \notin E\} \tag{9.3}$$

Démonstration Si G a une arête e qui est une boucle ou bien qui fait partie d'un ensemble d'arêtes parallèles, nous pouvons établir le théorème en supprimant e et en appliquant une récurrence. Nous pouvons donc supposer que G est simple.

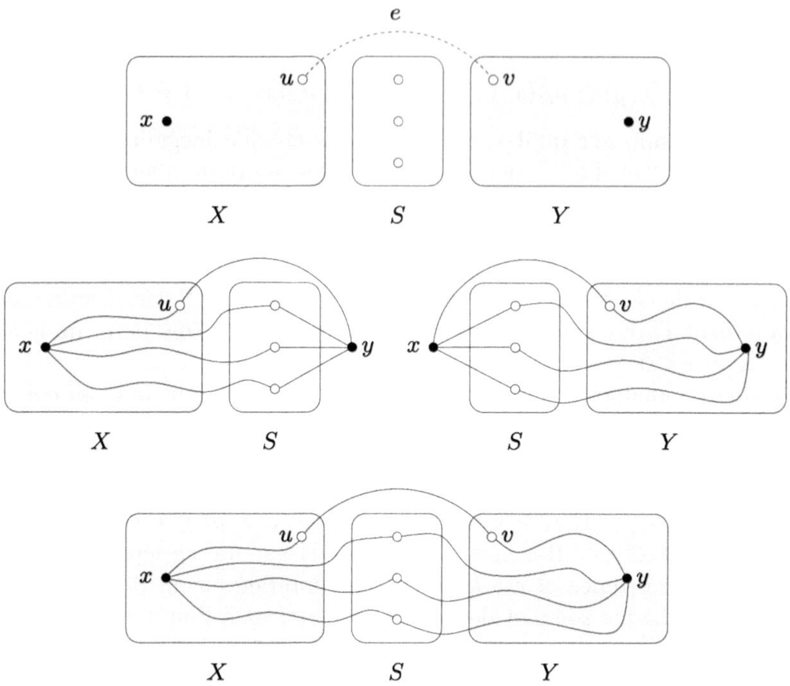

Fig. 9.3. Preuve du Théorème de Menger (9.1)

Par (9.1), $\kappa(G) = \min\{p(u,v) : \ u,v \in V,\ u \neq v\}$. Soit x, y la paire pour laquelle ce minimum est atteint, c'est-à-dire $\kappa(G) = p(x,y)$. Si x et y ne sont pas adjacents, il n'y a rien à prouver. Supposons donc que x et y sont adjacents.

Considérons le graphe $H := G \setminus xy$, obtenu en supprimant l'arête xy de G. Clairement, $p_G(x,y) = p_H(x,y) + 1$. De plus, par le Théorème de Menger, $p_H(x,y) = c_H(x,y)$. Soit X un séparateur minimum dans H séparant x et y, de telle sorte que $p_H(x,y) = c_H(x,y) = |X|$, et $p_G(x,y) = |X|+1$. Si $V \setminus X = \{x,y\}$, alors

$$\kappa(G) = p_G(x,y) = |X| + 1 = (n-2) + 1 = n-1$$

Mais ceci implique que G est complet, ce qui est contraire à l'hypothèse. Donc nous pouvons supposer que $V \setminus X$ a au moins trois sommets, x, y, z. Nous pouvons aussi supposer, en permutant les rôles de x et y si nécessaire, que x et z appartiennent à differentes composantes de $H - X$. Ainsi x et z ne sont pas adjacents dans G et $X \cup \{y\}$ est un séparateur de G séparant x et z. Par conséquent,

$$c(x,z) \leq |X \cup \{y\}| = p(x,y)$$

D'autre part, d'après le Théorème de Menger, $p(x,z) = c(x,z)$. D'où $p(x,z) \leq p(x,y)$. D'après le choix de $\{x,y\}$, nous avons $p(x,z) = p(x,y) = \kappa(G)$. Puisque x et z ne sont pas adjacents,

$$\kappa(G) = p(x,z) = \min\{p(u,v) : u,v \in V,\ u \neq v, uv \notin E\} \qquad \square$$

Il découle des Théorèmes 9.1 et 9.2 que la connexité d'un graphe G qui a au moins une paire de sommets non-adjacents est égale au cardinal d'un séparateur minimum de G. En symboles,

$$\kappa(G) = \min\{c(u,v) :\ u,v \in V,\ u \neq v, uv \notin E\} \tag{9.4}$$

Les séparateurs d'un graphe sont les mêmes que ceux de son graphe simple sous-jacent, ainsi (9.4) implique que la connexité d'un graphe qui a au moins une paire de sommets non-adjacents est la même que la connexité de son graphe simple sous-jacent.

Comme noté à la Partie 8.2, pour toute paire x, y de sommets non-adjacents de G, la valeur de $c(x,y)$ peut être calculée en appliquant l'Algorithme Flot-Max Coupe-Min (7.9) à un digraphe auxiliaire d'ordre $2n-2$ avec capacités unitaires. Ainsi la connexité de tout graphe peut être calculée en temps polynomial.

Exercices

9.1.1 On considère les sommets $x = (0,0,\ldots,0)$ et $y = (1,1,\ldots,1)$ du n-cube Q_n. Décrire une collection maximum de xy-chemins arête-disjoints dans Q_n et un séparateur minimum de Q_n séparant x et y.

9.1.2 Soient G et H des graphes simples. Montrer que $\kappa(G \vee H) = \min\{v(G) + \kappa(H),\ v(H) + \kappa(G)\}$.

9.1.3

a) Montrer que si G est simple et $\delta \geq n-2$, alors $\kappa = \delta$.
b) Pour tout $n \geq 4$, trouver un graphe simple G tel que $\delta = n-3$ et $\kappa < \delta$.

9.1.4 Montrer que si G est simple, avec $n \geq k+1$ et $\delta \geq (n+k-2)/2$, alors G est k-connexe.

$\star$**9.1.5** Soit G un graphe 2-connexe et soit e une arête de G telle que $G\,/\,e$ n'est pas 2-connexe. Prouver que $G\,/\,e$ a exactement un sommet séparateur, en l'occurrence le sommet issu de la contraction de l'arête e.

9.1.6 Une arête e d'un graphe 2-connexe G est dite *contractible* si $G\,/\,e$ est aussi 2-connexe. (Le concept analogue pour les graphes non-séparables a été défini à l'Exercice 5.3.2.) Montrer que tout graphe 2-connexe d'ordre au moins 3 possède une arête contractible.

9.1.7 Une arête d'un graphe G est *supprimable* (vis-à-vis de la connexité) si $\kappa(G \setminus e) = \kappa(G)$. Montrer que toute arête d'un graphe 2-connexe d'ordre au moins 4 est soit supprimable soit contractible.

9.1.8 Soit G un graphe connexe qui n'est pas complet. Montrer que G est k-connexe si et seulement si, quels que soient deux sommets à distance 2, ils sont connectés par k chemins intérieurement disjoints.

9.1.9 On considère l'émoncé suivant, qui ressemble au Théorème de Menger. *Soit $G(x, y)$ un graphe de diamètre d, dans lequel les sommets x et y ne sont pas adjacents. Alors le nombre maximum de xy-chemins intérieurement disjoints de longueur au plus d est égal au nombre minimum de sommets dont la suppression détruit tous les xy-chemins de longueur au plus d.*

a) Prouver l'énoncé pour $d = 2$.
b) Verifier que le graphe représenté Figure 9.4 est un contre-exemple à l'énoncé général. (J.A. Bondy et P. Hell)

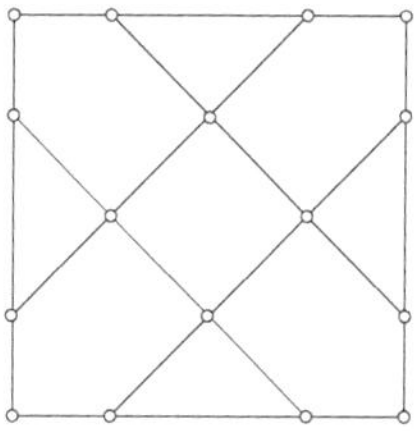

Fig. 9.4. Un contre-exemple au Théorème de Menger pour des chemins courts (Exercice 9.1.9)

9.1.10 Un graphe k-connexe G est *minimalement k-connexe* si le graphe $G \setminus e$ n'est pas k-connexe quelle que soit l'arête e (c'est-à-dire, si aucune arête n'est supprimable).

a) Soit G un graphe 2-connexe. Montrer que :
   i) $\delta = 2$,
   ii) si $n \geq 4$, alors $m \leq 2n - 4$.
b) Pour tout $n \geq 4$, trouver un graphe minimalement 2-connexe à n sommets et $2n - 4$ arêtes.

9.1.11

a) Montrer que si G est un graphe k-connexe et e une arête quelconque de G, alors $G \,/\, e$ est $(k-1)$-connexe.
b) Pour chaque $k \geq 4$, trouver un graphe k-connexe $G \neq K_{k+1}$ tel que $\kappa(G \,/\, e) = k - 1$ pour toute arête e de G.

9.1.12 Soit xPy un chemin dans un graphe G. Deux treilles sur P (définies à l'Exercice 5.3.12) sont *disjointes* si :

▷ les chemins qui les constituent sont intérieurement disjoints,
▷ x est le seul sommet initial commun à deux chemins dans ces treilles,
▷ y est le seul sommet terminal commun à deux chemins dans ces treilles.

Si G est k-connexe, avec $k \geq 2$, montrer qu'il y a $k-1$ treilles deux à deux disjointes sur P. (S.C. Locke)

9.1.13 Soit P un chemin dans un graphe cubique 3-connexe G.

a) On considère deux treilles disjointes sur P. On note F l'union de P et des chemins constitutifs de ces deux treilles. Montrer que F admet une couverture double par trois cycles.
b) Déduire que si P est de longueur l, alors G a un cycle de longueur supérieure à $2l/3$. (Comparer à l'Exercice 5.3.12.) (J.A. Bondy et S.C. Locke)

9.1.14 Soit G un graphe 3-connexe, et soient e et f deux arêtes de G. Montrer que :

a) le sous-espace engendré par les cycles passant par e et f est de dimension $\dim(\mathcal{C}) - 1$, (C. Thomassen)
b) si e et f sont disjointes, alors il y a un cycle impair passant par e et f à moins que $G \setminus \{e, f\}$ ne soit biparti.
(W.D. McCuaig et M. Rosenfeld)

9.2 Le Lemme de l'Éventail

On peut déduire beaucoup de propriétés d'un graphe simplement par la connaissance de sa connexité. Dans un tel contexte, le Théorème de Menger, ou un de ses dérivés, joue invariablement un rôle primordial. Nous décrivons ici une conséquence très utile du Théorème de Menger connu sous le nom de *Lemme de l'Éventail*, que nous appliquons ensuite pour déduire un théorème de Dirac (1952b) sur les cycles dans les graphes k-connexes.

Le lemme suivant établit une propriété simple mais importante des graphes k-connexes.

Lemme 9.3 *Soit G un graphe k-connexe et soit H un graphe obtenu par ajout à G d'un nouveau sommet y relié à k sommets de G. Alors H est aussi k-connexe.*

Démonstration La conclusion est clairement vraie si deux sommets quelconques de H sont adjacents, car $v(H) \geq k+1$. Soit S un sous-ensemble de $V(H)$ tel que $|S| = k-1$. Pour achever la preuve, il suffit de montrer que $H - S$ est connexe.

Supposons tout d'abord que $y \in S$. Alors $H - S = G - (S \setminus \{y\})$. Par hypothèse, G est k-connexe et $|S \setminus \{y\}| = k-2$. Nous en déduisons que $H - S$ est connexe.

Supposons maintenant que $y \notin S$. Puisque, par hypothèse, y a au moins k voisins dans $V(G)$ et $|S| = k - 1$, un des voisins de y, disons z, n'appartient pas à S. Comme G est k-connexe, $G - S$ est connexe. De plus, z est un sommet de $G - S$, et donc yz est une arête de $H - S$. Il s'ensuit que $(G - S) + yz$ est un sous-graphe couvrant connexe de $H - S$. D'où $H - S$ est connexe. □

Du Lemme 9.3 nous pouvons déduire la propriété utile suivante des graphes k-connexes.

Proposition 9.4 *Soit G un graphe k-connexe, et soient X et Y des sous-ensembles de V de cardinal au moins k. Alors, dans G, il existe une famille de k (X, Y)-chemins deux à deux disjoints.*

Démonstration Construisons un nouveau graphe H à partir de G en ajoutant des sommets x et y et en reliant x à tous les sommets de X et y à tous les sommets de Y. D'après le Lemme 9.3, H est k-connexe. Par conséquent, par le Théorème de Menger, il existe k xy-chemins intérieurement disjoints dans H. En supprimant x et y de chacun de ces chemins, nous obtenons k chemins disjoints $Q_1, Q_2, \ldots, Q_k$ dans G, chacun d'entre eux ayant son sommet initial dans X et son sommet terminal dans Y. Tout chemin Q_i contient nécessairement un segment P_i de sommet initial dans X et de sommet terminal dans Y, n'ayant aucun sommet interne dans $X \cup Y$, c'est-à-dire, un (X, Y)-chemin. Les chemins $P_1, P_2, \ldots, P_k$ sont des (X, Y)-chemins deux à deux disjoints. □

Une famille de k (x, Y)-chemins intérieurement disjoints dont les sommets terminaux sont distincts est appelé un *k-éventail* de x à Y. L'assertion suivante est une autre conséquence très utile du Théorème de Menger. Sa preuve est similaire à la preuve de la Proposition 9.4 (Exercice 9.2.1).

Proposition 9.5 LEMME DE L'ÉVENTAIL
Soit G un graphe k-connexe, soit x un sommet de G, et soit $Y \subseteq V \setminus \{x\}$ un ensemble d'au moins k sommets de G. Alors, dans G, il existe un k-éventail de x à Y. □

Nous donnons maintenant l'application promise du Lemme de l'Éventail. Par le Théorème 5.1, dans un graphe 2-connexe deux sommets quelconques sont connectés par deux chemins intérieurement disjoints ; autrement dit, deux sommets quelconques dans un graphe 2-connexe sont dans un même cycle. Dirac (1952b) a généralisé ce dernier énoncé aux graphes k-connexes.

Théorème 9.6 *Soit S un ensemble de k sommets dans un graphe k-connexe G, avec $k \geq 2$. Alors, dans G, il y a un cycle qui contient tous les sommets de S.*

Démonstration Par récurrence sur k. Nous avons déjà observé que l'assertion est vraie pour $k = 2$, donc nous pouvons supposer que $k \geq 3$. Soit $x \in S$, et posons $T := S \setminus x$. Comme G est k-connexe, il est $(k-1)$-connexe. Par conséquent, par hypothèse de récurrence, il y a un cycle C dans G qui comprend T. Soit $Y := V(C)$.

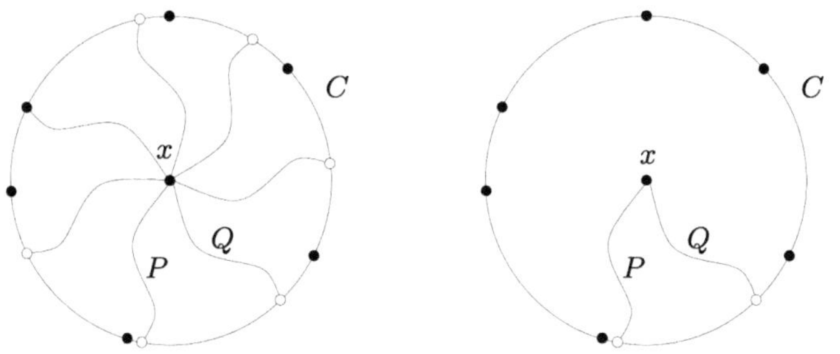

Fig. 9.5. Preuve du Théorème 9.6

Si $x \in Y$, alors C contient tous les sommets de S. Ainsi nous pouvons supposer que $x \notin Y$. Si $|Y| \geq k$, le Lemme de l'Éventail (Proposition 9.5) nous assure de l'existence d'un k-éventail de x à Y dans G. Comme $|T| = k - 1$, l'ensemble T divise C en $k - 1$ segments arête-disjoints. Par le Principe des Tiroirs, deux chemins de l'éventail, P et Q, prennent fin dans un même segment. Le sous-graphe $C \cup P \cup Q$ contient trois cycles, dont un qui contient $S = T \cup \{x\}$ (voir Figure 9.5). Si $|Y| = k - 1$, le Lemme de l'Éventail donne un $(k - 1)$-éventail de x à Y dans lequel chaque sommet de Y est sommet terminal d'un chemin, et nous concluons comme précédemment. □

Il doit être noté que l'ordre dans lequels les sommets de S apparaissent sur le cycle dont l'existence est établie au Théorème 9.6 ne peut pas être spécifié par avance. Par exemple, le graphe 4-connexe représenté Figure 9.6 n'a pas de cycle passant par les quatre sommets x_1, y_1, x_2, y_2 dans cet ordre, parce que tout x_1y_1-chemin intersecte tout x_2y_2-chemin.

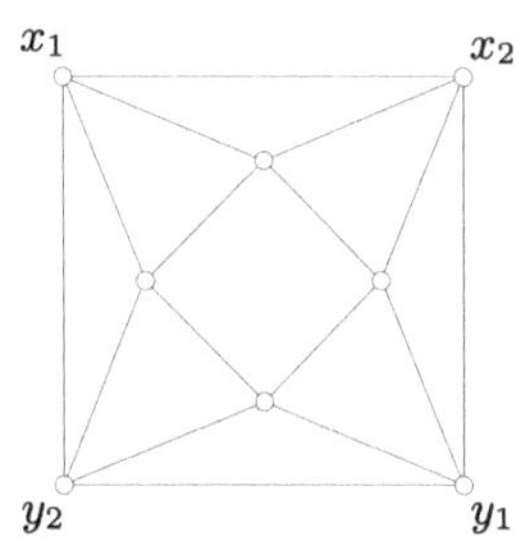

Fig. 9.6. Aucun cycle ne passe par x_1, y_1, x_2, y_2 dans cet ordre

Exercices

⋆**9.2.1** Donner une preuve du Lemme de l'Éventail (Proposition 9.5).

9.2.2 Montrer qu'un graphe 3-connexe non-biparti contient au moins quatre cycles impairs.

⋆**9.2.3** Soit C un cycle de longueur au moins 3 dans un graphe G, et soit S un ensemble de trois sommets de C. On suppose qu'une composante H de $G - V(C)$ est adjacente aux trois sommets de S. Montrer qu'il y a un 3-éventail dans G d'un sommet v de H à S.

9.2.4 Trouver un graphe 5-connexe G et un ensemble $\{x_1, y_1, x_2, y_2\}$ de quatre sommets de G, tel qu'aucun cycle de G ne passe par ces quatre sommets dans l'ordre donné. (Dans un graphe 6-connexe, il peut être montré qu'il y a un cycle contenant n'importe quels quatre sommets dans n'importe quel ordre prescrit.)

9.2.5 Soit G un graphe, x un sommet de G, et Y et Z des sous-ensembles de $V \setminus \{x\}$, avec $|Y| < |Z|$. Supposons qu'il y ait des éventails de x à Y et de x à Z. Montrer qu'il y a un éventail de x à $Y \cup \{z\}$ pour un certain sommet $z \in Z \setminus Y$.
(H. Perfect)

9.3 Arête-connexité

Nous étudions maintenant la notion d'arête-connexité. L'*arête-connexité locale* entre des sommets distincts x et y est le nombre maximum de xy-chemins deux à deux arête-disjoints, noté $p'(x, y)$; l'arête-connexité locale n'est pas définie lorsque $x = y$. Un graphe non-trivial G est *k-arête-connexe* si $p'(u, v) \geq k$ quels que soient deux sommets distincts u et v de G. Par convention, un graphe trivial est à la fois 0-arête-connexe et 1-arête-connexe, mais n'est pas k-arête-connexe pour tout $k > 1$. L'*arête-connexité* $\kappa'(G)$ d'un graphe G est la valeur maximum de k pour laquelle G est k-arête-connexe.

Un graphe est 1-arête-connexe si et seulement s'il est connexe ; de manière équivalente, l'arête-connexité d'un graphe vaut 0 si et seulement s'il est séparé. En ce qui concerne les quatre graphes de la Figure 9.1, $\kappa'(G_1) = 1$, $\kappa'(G_2) = 2$, $\kappa'(G_3) = 3$, et $\kappa'(G_4) = 4$. Ainsi, de ces quatre graphes, le seul qui soit 4-arête-connexe est G_4. Les graphes G_3 et G_4 sont 3-arête-connexes, mais G_1 et G_2 ne le sont pas. Les graphes G_2, G_3, et G_4 sont 2-arête-connexes, mais G_1 ne l'est pas. Enfin, puisque les quatre graphes sont connexes, ils sont tous 1-arête-connexes.

Etant donnés deux sommets distincts x et y d'un graphe G, nous rappelons que la coupe $\partial(X)$ *sépare* x et y si $x \in X$ et $y \in V \setminus X$. Nous notons $c'(x, y)$ le cardinal minimum d'une telle coupe. Avec cette notation, nous pouvons reformuler la version arête du Théorème de Menger (7.17).

Théorème 9.7 Théorème de Menger (version arête)
Pour tout graphe $G(x, y)$,

$$p'(x, y) = c'(x, y)$$

Ce théorème a été démontré au Chapitre 7 en utilisant les flots. Il peut aussi se déduire du Théorème 9.1 en considérant un graphe des lignes approprié (voir Exercice 9.3.12).

Une *k-coupe* est une coupe $\partial(X)$, où $\emptyset \subset X \subset V$ et $|\partial(X)| = k$, c'est-à-dire, une coupe à k éléments qui sépare une paire de sommets. Comme tout graphe non-trivial a de telles coupes, il découle du Théorème 9.7 que l'arête-connexité $\kappa'(G)$ d'un graphe non-trivial G est égale au plus petit entier k pour lequel G a une k-coupe. Pour une paire bien précise x, y de sommets de G, la valeur de $c'(x, y)$ peut être déterminée en appliquant l'Algorithme Flot-Max Coupe-Min (7.9). Par conséquent, le paramètre κ' peut évidemment être déterminé par $\binom{n}{2}$ applications de cet algorithme. Cependant, la fonction c' prend au plus $n-1$ valeurs distinctes (Exercice 9.3.15b). De plus, Gomory et Hu (1961) ont montré que κ' peut être calculé en effectuant seulement $n-1$ applications de l'Algorithme Flot-Max Coupe-Min. Une description de leur approche est donnée dans la Partie 9.6.

Arête-connexité essentielle

Les connexités sommet et arête d'un graphe G et le degré minimum de celui-ci sont reliés par les inégalités fondamentales suivantes (Exercice 9.3.2).

$$\kappa \leq \kappa' \leq \delta$$

Ainsi, pour un graphe 3-régulier, la connexité et l'arête-connexité ne peuvent excéder 3. Elles sont, de plus, toujours égales pour un tel graphe (Exercice 9.3.5). Par conséquent, ces deux mesures de connexité ne permettent pas de distinguer le prisme triangulaire $K_3 \,\square\, K_2$ et le graphe biparti complet $K_{3,3}$, qui sont tous deux des graphes 3-réguliers de connexité et arête-connexité égales à 3. Néanmoins, on a la nette impression que $K_{3,3}$ est mieux connecté que $K_3 \,\square\, K_2$. En effet, $K_3 \,\square\, K_2$ possède une 3-coupe qui sépare le graphe en deux sous-graphes non-triviaux, alors que $K_{3,3}$ n'a pas de telle coupe.

Rappelons qu'une coupe *triviale* est une coupe associée à un unique sommet. Un graphe k-arête-connexe est dit *essentiellement* $(k+1)$*-arête-connexe* si toutes ses k-coupes sont triviales. Par exemple, $K_{3,3}$ est essentiellement 4-arête-connexe alors que $K_3 \,\square\, K_2$ ne l'est pas. Si un graphe k-arête-connexe a une k-coupe $\partial(X)$, les graphes $G\,/\,X$ et $G\,/\,\overline{X}$ (obtenu en contractant X en un unique sommet x et $\overline{X} := V \setminus X$ en un unique sommet $\overline{x}$, respectivement) sont aussi k-arête-connexes (Exercice 9.3.8). En itérant cette procédure de contraction, tout graphe k-arête-connexe avec $k \geq 1$, peut être 'décomposé' en un ensemble de graphes essentiellement $(k+1)$-arête-connexes. Pour beaucoup de problèmes, il est suffisant de traiter chacune de ces 'composantes' séparément. (Quand $k = 0$ — c'est-à-dire, quand le graphe est séparé — cette procédure revient à considérer chacune des composantes individuellement.)

La notion d'arête-connexité essentielle est particulièrement utile pour les graphes 3-réguliers. Par exemple, pour montrer qu'un graphe 3-connexe 3-régulier a une couverture double par cycles, il suffit de vérifier que chacune de ses composantes essentiellement 4-arête-connexes en a une ; les couvertures doubles par cycles des composantes peuvent ensuite être combinées pour obtenir une couverture double par cycles du graphe entier (Exercice 9.3.9).

Connexité dans les graphes dirigés

Les définitions de connexité et d'arête-connexité ont des extensions directes aux graphes dirigés. Il suffit de remplacer 'chemin' par 'chemin dirigé' partout. Nous avons déjà vu trois versions du Théorème de Menger, à savoir la version arc (Théorème 7.16), et les versions arête et sommet pour les graphes non-dirigés (Théorèmes 7.17 et 9.1). Il n'est pas surprenant qu'il y ait aussi une version sommet pour les digraphes. Elle peut se déduire aisément de la réduction de PCDI à PCDA décrite dans la Partie 8.3. Un (x, y)-*séparateur* est un sous-ensemble S de $V \setminus \{x, y\}$ dont la suppression détruit tous les (x, y)-chemins dirigés.

Théorème 9.8 Théorème de Menger (version sommet dirigée)
Dans un digraphe $D(x, y)$, où $(x, y) \notin A(D)$, le nombre maximum de (x, y)-chemins dirigés deux à deux intérieurement disjoints est égal au nombre minimum de sommets dans un (x, y)-séparateur. □

Comme nous l'avons déjà remarqué, des quatre versions de Théorème de Menger, le Théorème 7.16 implique les trois autres. Le Théorème 9.8 implique aussi clairement le Théorème 9.1. Bien que moins évidente, l'implication inverse est également vraie (voir Exercice 9.3.13). En utilisant un graphe des lignes approprié, le Théorème 9.7 peut se déduire du Théorème 9.1 (voir Exercice 9.3.12).

Exercices

9.3.1 Déterminer la connexité et l'arête-connexité du graphe de Kneser $KG_{m,n}$.

⋆**9.3.2**

a) Montrer que tout graphe G satisfait les inégalités $\kappa \leq \kappa' \leq \delta$.
b) Touver un graphe G pour lequel $\kappa = 3$, $\kappa' = 4$, et $\delta = 5$.

9.3.3 Soit G un graphe simple de diamètre 2. Montrer que $\kappa' = \delta$.

(J. Plesník)

9.3.4

a) Montrer que si G est simple et $\delta \geq (n-1)/2$, alors $\kappa' = \delta$.
b) Pour chaque $n \geq 2$ pair, trouver un graphe simple G tel que $\delta = (n/2) - 1$ et $\kappa' < \delta$.

⋆**9.3.5** Montrer que si G est cubique, alors $\kappa = \kappa'$.

9.3.6

a) Montrer que si G est k-arête-connexe, avec $k > 0$, et si S est un ensemble de k arêtes de G, alors $c(G \setminus S) \leq 2$.
b) Pour $k > 0$, trouver un graphe k-connexe G et un ensemble S de k sommets de G tel que $c(G - S) > 2$.

9.3.7 Montrer que si G est un graphe k-arête-connexe sur au moins trois sommets, et e est une arête de G, alors $G \,/\, e$ est k-arête-connexe.

$\star$**9.3.8** Montrer que si $\partial(X)$ est une k-coupe d'un graphe k-arête-connexe G, les graphes $G \,/\, X$ et $G \,/\, \overline{X}$ sont aussi k-arête-connexes, avec $\overline{X} := V \setminus X$.

$\star$**9.3.9** Soit $\partial(X)$ une 3-coupe d'un graphe cubique G. Montrer que G a une couverture double par cycles si et seulement si $G \,/\, X$ et $G \,/\, \overline{X}$ ont tous deux une couverture double par cycles, avec $\overline{X} := V \setminus X$.

9.3.10 Montrer que dans un graphe non-trivial connexe, toute coupe minimale séparant deux de ses sommets est une attache.

9.3.11 Soit $G = (V, E)$ un graphe $(2k-1)$-arête-connexe et soit F un sous-graphe biparti couvrant de G avec le plus d'arêtes possible. Montrer que F est k-arête-connexe. (C. Thomassen)

9.3.12 Déduire le Théorème 9.7 du Théorème 9.1. (F. Harary)

9.3.13

a) Soit $D := D(X, Y)$ un graphe dirigé, et soient X et Y des sous-ensembles disjoints de V. On forme un graphe non-dirigé G à partir de D comme suit.
   - ▷ Pour tout sommet v de D, remplacer v par deux sommets adjacents, v^- et v^+.
   - ▷ Pour tout arc (u, v) de D, relier u^+ et v^- par une arête.
   - ▷ Supprimer l'ensemble des sommets $\{x^- : x \in X\} \cup \{y^+ : y \in Y\}$.

   Observer que G est un graphe biparti de bipartition

$$\big(\{v^- : v \in V(D)\} \setminus \{x^- : x \in X\}, \{v^+ : v \in V(D)\} \setminus \{y^+ : y \in Y\}\big)$$

   Montrer que :
   i) $\alpha'(G) = |V(D)| - |X \cup Y| + p_D(X, Y)$, où $p_D(X, Y)$ désigne le nombre maximum de (X, Y)-chemins dirigés disjoints dans D,
   ii) $\beta(G) = |V(D)| - |X \cup Y| + c_D(X, Y)$, où $c_D(X, Y)$ désigne le nombre minimum de sommets dont la suppression détruit tous les (X, Y)-chemins dirigés dans D. (A. Schrijver)

b) Déduire le Théorème de Menger (9.8) du Théorème de König–Egerváry (8.32).

9.3.14 Soit S un ensemble de trois arêtes deux à deux non-adjacentes dans un graphe simple 3-connexe G. Montrer qu'il y a un cycle dans G qui contient les trois arêtes de S sauf si S est une coupe de G. (L. Lovász, N. Robertson)

$\star$**9.3.15**

a) Montrer que, quels que soient trois sommets x, y, et z d'un graphe G :

$$c'(x,z) \geq \min\{c'(x,y), c'(y,z)\}$$

et qu'au moins deux des valeurs $c'(x,y)$, $c'(x,z)$, et $c'(y,z)$ sont égales.

b) Déduire de (a) que :
   i) la fonction c' prend au plus $n-1$ valeurs distinctes,
   ii) pour toute suite $(v_1, v_2, \ldots, v_k)$ de sommets d'un graphe G,

$$c'(v_1, v_k) \geq \min\{c'(v_1, v_2), c'(v_2, v_3), \ldots, c'(v_{k-1}, v_k)\}$$

9.3.16 Un graphe k-arête-connexe G est *minimalement k-arête-connexe* si, pour toute arête e de G, le graphe $G \setminus e$ n'est pas k-arête-connexe.

a) Soit G un graphe minimalement k-arête-connexe. Prouver que :
   i) toute arête e de G est contenue dans une k-coupe de G,
   ii) G a un sommet de degré k,
   iii) $m \leq k(n-1)$.

b) En déduire que tout graphe k-arête-connexe G possède un sous-graphe couvrant k-arête-connexe avec au moins $k(n-1)$ arêtes. (W. Mader)

(Halin (1969) et Mader (1971b) ont trouvé des analogues aux énoncés précédents pour la sommet-connexité.)

9.4 Graphes 3-connexes

Comme nous l'avons observé au Chapitre 5, pour beaucoup d'instances il est possible de tirer des conclusions sur un graphe en examinant tous ses blocs individuellement. Par exemple, un graphe a une couverture double par cycles si et seulement si chacun de ses blocs a une couverture double par cycles. Comme les blocs ayant plus de deux sommets sont 2-connexes, la question de l'existence d'une couverture double par cycles peut par conséquent se restreindre, ou 'se réduire', à l'étude des graphes 2-connexes. Une réduction similaire s'applique au problème de décider si un graphe donné est planaire, comme nous l'exposons au Chapitre 10.

Dans bien des cas, des réductions supplémentaires peuvent s'appliquer, permettant de se restreindre à l'analyse des graphes 3-connexes, voire aux graphes 3-connexes essentiellement 4-arête-connexes. L'idée de base consiste à décomposer un graphe 2-connexe qui a un 2-séparateur en de plus petits graphes 2-connexes. Les boucles ne jouent pas de rôle significatif dans ce contexte. Nous supposerons donc, par souci de clarté, que tous les graphes considérés dans cette partie n'ont pas de boucle.

Soit G un graphe connexe qui n'est pas complet, soit S un séparateur de G, et soit X l'ensemble de sommets d'une composante de $G - S$. Le sous-graphe H de G induit par $S \cup X$ est appelée une *S-composante* de G. Dans le cas où G est 2-connexe et $S := \{x, y\}$ est un 2-séparateur de G, nous trouvons commode de modifier chaque S-composante en ajoutant une nouvelle arête entre x et y. Nous appelons cette arête une *arête jalon* et les S-composantes modifiées des *S-composantes jalonnées*. L'ensemble des S-composantes jalonnées forme une *S-décomposition jalonnée* de G. Le graphe G peut être reconstruit à partir d'une S-décomposition jalonnée en prenant l'union de ses S-composantes jalonnées et en supprimant les arêtes jalon. Cette procédure est illustrée Figure 9.7, la coupe S et l'arête jalon étant indiquée en gras.

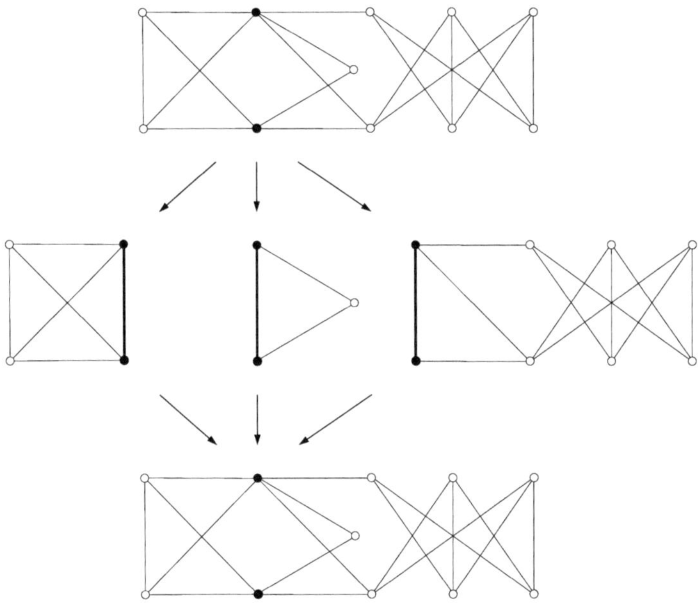

Fig. 9.7. Une décomposition jalonnée d'un graphe 2-connexe et sa recomposition

Théorème 9.9 *Soit G un graphe 2-connexe et soit S un 2-séparateur de G. Alors les S-composantes jalonnées de G sont aussi 2-connexes.*

Démonstration Soit H une S-composante jalonnée de G, d'ensemble de sommets $S \cup X$. Alors $|V(H)| = |S| + |X| \geq 3$. Donc si H est complet, il est 2-connexe. D'autre part, si H n'est pas complet, tout séparateur de H est aussi un séparateur de G, et donc de cardinal au moins 2. □

Arbres de décomposition

Par le Théorème 9.9, un graphe 2-connexe G ayant un 2-séparateur S a une S-décomposition jalonnée en graphes 2-connexes. Si l'une de ces S-composantes jalonnées a elle-même un 2-séparateur, elle peut à son tour être décomposée en des graphes 2-connexes jalonnés plus petits. Cette procédure de décomposition peut être itérée jusqu'à ce que G soit décomposé en graphes 2-connexes sans 2-séparateur. Les S-composantes jalonnées qui apparaissent tout au long de cette procédure forment les sommets d'un *arbre de décomposition* de G, comme illustré Figure 9.8.

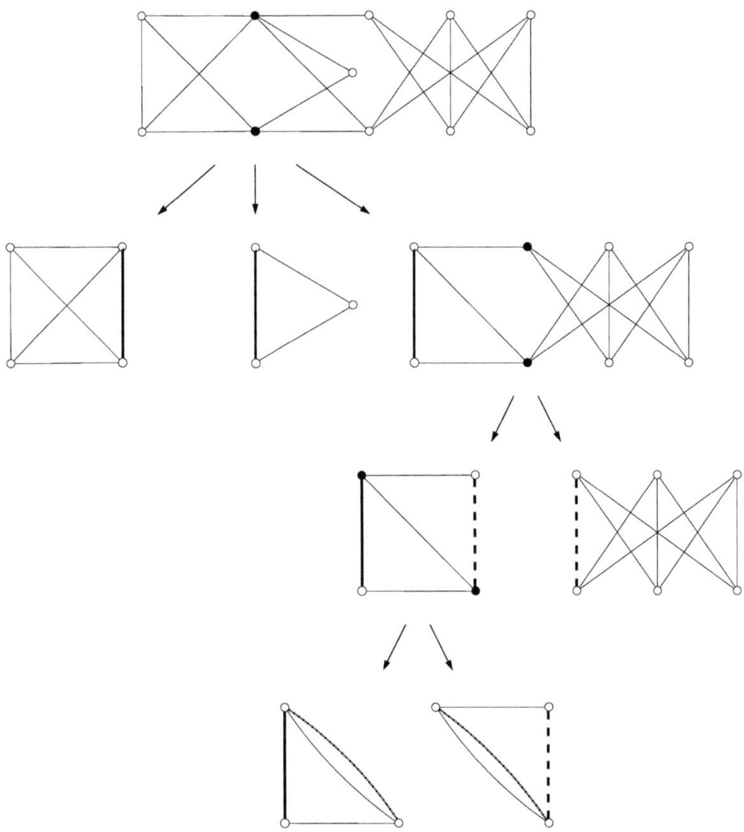

Fig. 9.8. Un arbre de décompostion d'un graphe 2-connexe

La racine de cet arbre de décomposition est G, et ses feuilles sont, ou bien des graphes 3-connexes, ou bien des graphes 2-connexes dont les graphes sous-jacents sont complets (et qui par conséquent ont au plus trois sommets). Les feuilles de cet arbre ont appelées les *composantes 3-connexes* de G. Les composantes 3-connexes du graphe racine de la Figure 9.8 sont K_3 (à la fois avec et sans arêtes multiples), K_4, et $K_{3,3}$.

À chaque étape, il peut y avoir un choix du séparateur selon lequel décomposer le graphe. En conséquence, deux applications différentes de la procédure de décomposition peuvent donner lieu à différents ensembles de graphes (Exercice 9.4.1). Cependant, il a été montré par Cunningham et Edmonds (1980) que deux applications de la procédure donnent toujours le même ensemble de composantes 3-connexes (possiblement avec des multiplicités d'arêtes différentes).

Pour se rendre compte de la pertinence de la décomposition ci-dessus pour les couvertures doubles par cycles, considérons un graphe 2-connexe G ayant un 2-séparateur S. Si chaque S-composante jalonnée de G a une couverture double par cycles, on peut montrer que G a également une couverture double par cycles (Exercice 9.4.2). Comme les graphes 2-connexes ayant au plus trois sommets ont clairement des couvertures doubles par cycles, nous en concluons que si la Conjecture de Couverture Double par Cycles est vraie pour tous les graphes 3-connexes, elle est aussi vraie pour tous les graphes 2-connexes. Ceci s'exprime de manière plus frappante en termes de contre-exemples potentiels à la conjecture : si la Conjecture de Couverture Double par Cycles est fausse, un plus petit contre-exemple à celle-ci (c'est-à-dire, un contre-exemple avec le plus petit nombre de sommets possible) est nécessairement 3-connexe. Jaeger (1976) et Kilpatrick (1975) ont prouvé que tout graphe 4-arête-connexe a une couverture double par cycles (voir Théorème 22.24). Ainsi, si la Conjecture de Couverture Double par Cycles s'avère fausse, un contre-exemple minimum sera de connexité exactement 3.

Contractions de graphes 3-connexes

La pertinence de la 3-connexité pour l'étude des graphes planaires est abordée dans la Partie 10.5. Dans ce contexte, la propriété suivante des graphes 3-connexes, établie par Thomassen (1981), s'avère extrêmement utile.

Théorème 9.10 *Soit G un graphe 3-connexe d'ordre au moins 5. Alors G possède une arête e telle que G / e soit 3-connexe.*

La preuve du Théorème 9.10 requiert le lemme suivant.

Lemme 9.11 *Soit G un graphe 3-connexe d'ordre au moins 5, et soit $e = xy$ une arête de G telle que G / e n'est pas 3-connexe. Alors il existe un sommet z tel que $\{x, y, z\}$ est un 3-séparateur de G.*

Démonstration Soit $\{z, w\}$ un 2-séparateur de G / e. Au moins un de ses deux sommets, disons z, n'est pas le sommet issu de la contraction de e. Posons $F := G - z$. Comme G est 3-connexe, F est certainement 2-connexe. Cependant $F / e = (G - z) / e = (G / e) - z$ a un sommet séparateur, à savoir w. Ainsi w est forcément le sommet issu de la contraction de e (Exercice 9.1.5). Par conséquent $G - \{x, y, z\} = (G / e) - \{z, w\}$ est séparé, autrement dit, $\{x, y, z\}$ est un 3-séparateur de G. □

Démonstration du Théorème 9.10. Supposons que le théorème soit faux. Alors, pour toute arête $e = xy$ de G, la contraction $G\,/\,e$ n'est pas 3-connexe. Par le Lemme 9.11, il existe un sommet z tel que $\{x, y, z\}$ soit un 3-séparateur de G (voir Figure 9.9).

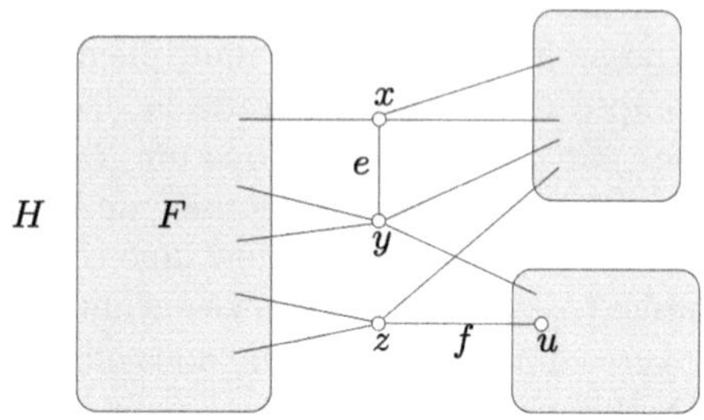

Fig. 9.9. Preuve du Théorème 9.10

Prenons l'arête e et le sommet z de telle sorte que $G - \{x, y, z\}$ ait une composante F avec le plus de sommets possible. Considérons le graphe $G - z$. Comme G est 3-connexe, $G - z$ est 2-connexe. De plus, $G - z$ a le 2-séparateur $\{x, y\}$. Il s'ensuit que la $\{x, y\}$-composante $H := G[V(F) \cup \{x, y\}]$ est 2-connexe.

Soit u un voisin de z dans une composante de $G - \{x, y, z\}$ différente de F. Puisque $f := zu$ est une arête de G, et que G est un contre-exemple au Théorème 9.10, il y a un sommet v tel que $\{z, u, v\}$ est également un 3-séparateur de G. (Le sommet v n'est pas représenté Figure 9.9 ; il peut aussi bien être dans H ou ne pas yêtre.) En outre, comme H est 2-connexe, $H - v$ est connexe (en posant $H - v := H$, si $v \notin V(H)$), et donc est contenu dans une composante de $G - \{z, u, v\}$. Mais cette composante a plus de sommets que F (parce que H a deux sommets de plus que F), ce qui contredit le choix de l'arête e et du sommet v. □

Bien que la preuve du Théoreme 9.10 procède par contradiction, l'idée sous-jacente peut être utilisée pour concevoir un algorithme polynomial pour trouver une arête e dans un graphe 3-connexe G telle que $G\,/\,e$ est 3-connexe (Exercice 9.4.3).

Expansions de graphes 3-connexes

Nous définissons maintenant une opération sur les graphes 3-connexes que l'on peut voir comme un inverse à la contraction. Soit G un graphe 3-connexe et soit v un sommet de G de degré au moins 4. Éclatons v en deux sommets, v_1 et v_2, ajoutons une nouvelle arête e entre v_1 et v_2, et distribuons les arêtes de G incidentes à v

entre v_1 et v_2 de telle sorte que v_1 et v_2 aient au moins trois voisins chacun dans le graphe H ainsi obtenu. Ce graphe H est appelé une *expansion* de G en v (voir Figure 9.10).

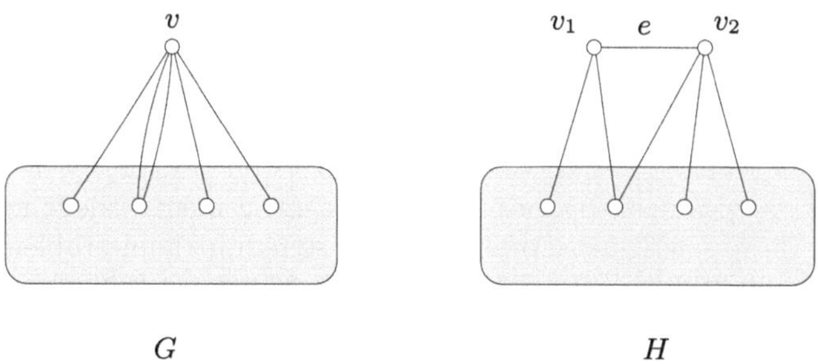

Fig. 9.10. Une expansion d'un graphe en un sommet

Notons qu'il y a habituellement une certaine liberté quant à la manière dont les arêtes de G incidentes à v peuvent ère distribuées entre v_1 et v_2. Les expansions ne sont donc généralement pas uniquement définies. D'autre part, la contraction H / e est clairement isomorphe à G.

Le théorème suivant peut être vu comme une sorte d'inverse au Théorème 9.10.

Théorème 9.12 *Soit G un graphe 3-connexe, soit v un sommet de G de degré au moins 4, et soit H une expansion de G en v. Alors H est 3-connexe.*

Démonstration Comme $G - v$ est 2-connexe et comme v_1 et v_2 ont chacun au moins deux voisins dans $G - v$, le graphe $H \setminus e$ est 2-connexe, par le Lemme 9.3. En utilisant le fait que deux sommets quelconques de G sont connectés par trois chemins intérieurement disjoints, on peut maintenant facilement voir que deux sommets quelconques de H sont également connectés par trois chemins intérieurement disjoints. □

À la lumière des Théorèmes 9.10 et 9.12, tout graphe 3-connexe G peut être obtenu à partir de K_4 au moyen d'additions d'arêtes et d'expansions de sommets. Plus précisément, étant donné un graphe 3-connexe G, il existe une suite $G_1, G_2, \ldots, G_k$ de graphes tels que (i) $G_1 = K_4$, (ii) $G_k = G$, et (iii) pour tout $1 \leq i \leq k-1$, G_{i+1} est obtenu par ajout d'une arête à G_i ou par expansion de G_i en un sommet de degré au moins 4.

Si l'on désire rester à l'intérieur de la classe des graphes simples, la construction ci-dessus ne permet pas d'obtenir un graphe simple 3-connexe autre que K_4. Cependant, Tutte (1961b) a montré qu'en partant de la classe des roues, tous les graphes simples 3-connexes peuvent être construits au moyen des deux opérations susmentionnées sans jamais créer d'arêtes parallèles. Ce résultat peut se déduire du Théorème 9.10 (voir Exercice 9.4.7).

Des constructions récursives des graphes 3-connexes ont été utilisées pour prouver beaucoup de rśeultats intéressants en théorie des graphes ; voir, par exemple, l'Exercice 9.4.9. Pour d'autres exemples, voir Tutte (1966a).

Pour $k \geq 4$, aucune méthode pour générer tous les graphes k-connexes n'est connue. Cette situation contraste fortement avec celle des graphes k-arête-connexes (voir Exercice 9.5.5). Nous renvoyons le lecteur vers Frank (1995) pour une synthèse sur les procédures récursives générant les graphes k-connexes et k-arête-connexes.

Exercices

9.4.1 Trouver un graphe 2-connexe ayant deux arbres de décomposition donnant lieu à deux collections de feuilles différentes.

9.4.2 Soit G un graphe 2-connexe ayant un 2-séparateur $S := \{u, v\}$. Prouver que si chaque S-composante jalonnée de G a une couverture double par des cycles alors G en a une aussi.

9.4.3 Décrire un algorithme polynomial pour trouver une arête e telle que G / e soit 3-connexe dans un graphe 3-connexe G d'ordre au moins 5.

9.4.4

a) Soit G un graphe 4-régulier 4-connexe dont chaque arête est dans un triangle. Montrer qu'aucune contraction d'arête de G ne donne un graphe 4-connexe.
b) Pour tout entier $k \geq 4$, trouver un graphe k-connexe G ayant au plus $k + 2$ sommets, dont aucune contraction d'arête ne donne un graphe k-connexe.

9.4.5 Montrer comment le graphe de Petersen peut être obtenu à partir de la roue W_6 à l'aide d'expansions de sommets.

———≀≀———

9.4.6 Soit G un graphe et soient $e = xy$ et $e' = x'y'$ deux arêtes distinctes (mais possiblement adjacentes) de G. L'opération qui consiste à subdiviser e en insérant un nouveau sommet v entre x et y, à subdiviser e' en insérant un nouveau sommet v' entre x' et y', et à joindre v et v' par une nouvelle arête, est appelée une *arête-extension* de G. Montrer que :

a) toute arête-extension d'un graphe cubique 3-connexe est aussi 3-connexe et cubique,
b) tout graphe cubique 3-connexe peut être obtenu à partir de K_4 par une suite d'arête-extensions,
c) une arête-extension d'un graphe cubique essentiellement 4-arête-connexe G est aussi essentiellement 4-arête-connexe pourvu que les deux arêtes e et e' de G impliquées dans l'extension ne soient pas adjacentes dans G.

(Wormald (1979) a montré que tous les graphes cubiques essentiellement 4-arête-connexes peuvent être obtenus à partir de K_4 et du cube à l'aide d'arête-extensions impliquant des paires d'arêtes non-adjacentes.)

9.4.7 Soit G un graphe 3-connexe d'ordre au moins 5. Montrer que, pour toute arête e, soit G / e est 3-connexe, soit $G \setminus e$ peut être obtenu à partir d'un graphe 3-connexe en subdivisant au plus deux arêtes. (W.T. TUTTE)

9.4.8 Soit G un graphe simple 3-connexe différent d'une roue. Montrer que, pour toute arête e, ou bien G / e ou bien $G \setminus e$ est aussi un graphe 3-connexe simple.
(W.T. TUTTE)

$\star$**9.4.9**

a) Soit $\mathcal{G}$ la famille de graphes comprenant K_5, les roues W_n, $n \geq 3$, et tous les graphes de la forme $H \vee \overline{K}_n$, où H est un sous-graphe couvrant de K_3 et $\overline{K}_n$ le graphe vide à n sommets, $n \geq 3$. Montrer qu'un graphe simple 3-connexe G ne contient pas deux cycles disjoints si et seulement si $G \in \mathcal{G}$.
(W.G. BROWN ; L. LOVÁSZ)

b) Déduire de (a) que tout graphe simple ne contenant pas deux cycles disjoints possède trois sommets dont la suppression rend le graphe acyclique.
(Le même résultat vaut pour les cycles dirigés dans les digraphes, bien que la preuve, due à McCuaig (1993), soit beaucoup plus dure. Pour des graphes non-dirigés, Erdős et Pósa (1965) ont montré qu'il existe une constante c telle que tout graphe, ou bien contient k cycles disjoints, ou bien a $ck \log k$ sommets dont la suppression rend le digraphe acyclique. Ceci est abordé à la Partie 20.1.)

9.5 Sous-modularité

Une fonction à valeurs réelles f définie sur l'ensemble des sous-ensembles d'un ensemble S est *sous-modulaire* si, quels que soient deux sous-ensembles X et Y de S,

$$f(X \cup Y) + f(X \cap Y) \leq f(X) + f(Y)$$

La fonction degré d définie sur l'ensemble des sous-ensembles de l'ensemble de sommets d'un graphe G par $d(X) := |\partial(X)|$ pour tout $X \subseteq V$ est un exemple typique de fonction sous-modulaire associée à un graphe (voir Exercice 2.5.4). Un autre exemple est décrit à l'Exercice 9.5.7.

Les fonctions sous-modulaires jouent un rôle important en optimisation combinatoire (voir Fujishige (2005)). Nous décrivons ici trois conséquences intéressantes de la sous-modularité de la fonction degré. Une d'entre elles est le Théorème 9.16, qui a de nombreuses applications, notamment un théorème sur les orientations de graphes dû à Nash-Williams (1960). Une deuxième utilisation de la sous-modularité est décrite ci-dessous, et une troisième est donnée Partie 9.6.

Il sera pratique dans cette partie et la suivante de désigner le complémentaire $V \setminus X$ d'un ensemble X par $\overline{X}$.

Arête-connexité des graphes sommet-transitifs

Deux sous-ensembles X et Y d'un ensemble V sont dits *se croiser* si les sous-ensembles $X \cap Y$, $X \cap \overline{Y}$, $\overline{X} \cap Y$, et $\overline{X} \cap \overline{Y}$ (représentés dans le diagramme de Venn de la Figure 9.11) sont tous non-vides. Lorsque V est l'ensemble de sommets d'un

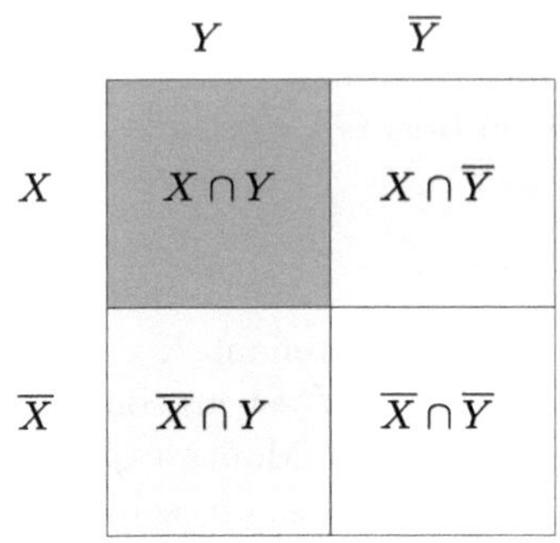

Fig. 9.11. Des ensembles X et Y se croisant

graphe G, nous disons que les coupes $\partial(X)$ et $\partial(Y)$ *se croisent* si les ensembles X et Y se croisent. Dans ce cas, il est souvent avantageux de considérer les coupes $\partial(X \cup Y)$ et $\partial(X \cap Y)$ et d'invoquer la sous-modularité de la fonction degré. Nous allons mettre cette idée en pratique pour montrer que l'arête-connexité d'un graphe non-trivial connexe et sommet-transitif est toujours égale à son degré. Ce résultat a été montré indépendamment par Mader (1971a) et Watkins (1970). Sa preuve repose sur le concept d'atome.

Un *atome* d'un graphe G est un sous-ensemble minimal X de V tel que $d(X) = \kappa'$ et $|X| \leq n/2$. Ainsi si $\kappa' = \delta$, alors tout sommet de degré minimum est un atome singleton. À l'inverse, si $\kappa' < \delta$, alors G n'a pas d'atome singleton.

Proposition 9.13 *Les atomes d'un graphe sont deux à deux disjoints.*

Démonstration Soient X et Y deux atomes distincts d'un graphe G. Supposons que $X \cap Y \neq \emptyset$. Comme X et Y sont des atomes, aucun des deux n'est proprement contenu dans l'autre, donc $X \cap \overline{Y}$ et $\overline{X} \cap Y$ sont tous deux non-vides. Nous allons montrer que $\overline{X} \cap \overline{Y}$ est également non-vide, et donc que X et Y se croisent.

Observons que $\overline{X} \cup Y$ et $X \cap \overline{Y}$ sont des ensembles complémentaires, et que $X \cap \overline{Y}$ est un sous-ensemble propre non-vide de l'atome X. Nous avons donc

$$d(\overline{X} \cup Y) = d(X \cap \overline{Y}) > d(X) = d(Y)$$

Il s'ensuit que $\overline{X} \cup Y \neq Y$ ou, de manière équivalente, $\overline{X} \cap \overline{Y} \neq \emptyset$. Ainsi X et Y se croisent effectivement.

Comme $\partial(X)$ et $\partial(Y)$ sont des coupes minimum,

$$d(X \cup Y) \geq d(X) \quad \text{and} \quad d(X \cap Y) \geq d(Y)$$

Par conséquent

$$d(X \cup Y) + d(X \cap Y) \geq d(X) + d(Y)$$

D'autre part, puisque d est une fonction sous-modulaire,

$$d(X \cup Y) + d(X \cap Y) \leq d(X) + d(Y)$$

Il y a donc égalité dans ces deux inégalités. En particulier, $d(X \cap Y) = d(Y)$. Mais cela contredit la minimalité de l'atome Y. Nous en concluons que X et Y sont disjoints. □

Théorème 9.14 *Soit G un graphe simple connexe sommet-transitif de degré positif d. Alors $\kappa' = d$.*

Démonstration Soit X un atome de G, et soient u et v deux sommets de X. Comme G est sommet-transitif, il a un automorphisme θ tel que $\theta(u) = v$. Étant l'image d'un atome par un automorphisme, l'ensemble $\theta(X)$ est aussi un atome de G. Puisque v appartient à la fois à X et à $\theta(X)$, il vient de la Proposition 9.13 que $\theta(X) = X$, ce qui implique que $\theta|_X$ est un automorphisme du graphe $G[X]$ tel que $\theta|_X(u) = v$. Ceci étant vrai pour n'importe quels deux sommets u, v de X, nous en déduisons que $G[X]$ est sommet-transitif.

Supposons que $G[X]$ est k-régulier. Comme G est simple, $|X| \geq k+1$, et comme G est connexe, $\partial(X) \neq \emptyset$. Par conséquent $d \geq k + 1$, et nous avons :

$$\kappa' = d(X) = |X|(d - k) \geq (k + 1)(d - k) = d + k(d - k - 1) \geq d$$

Or κ' ne peut pas excéder d, donc $\kappa' = d$. □

Le Théorème d'orientation de Nash-Williams

D'après le Théorème 5.10, tout graphe 2-arête-connexe admet une orientation fortement connexe. Nash-Williams (1960) a magnifiquement généralisé ce résultat. Cette généralisation nécessite la définition suivante. (Dans la suite de cette partie, k désigne un entier strictement positif.) Un digraphe D est *k-arc-connexe* si pour tout ensemble F d'au plus $k - 1$ arcs le digraphe $D \setminus F$ est fortement connexe. Ainsi un digraphe est 1-arc-connexe si et seulement si il est fortement connexe.

Théorème 9.15 *Tout graphe $2k$-arête-connexe a une orientation k-arc-connexe.*

Mader (1978) a prouvé un élégant théorème concernant l'écartement d'arêtes (une opération introduite au Chapitre 5) et en a déduit le Théorème 9.15. Nous présentons ici un cas spécial du résultat de Mader qui est adéquat pour prouver le Théorème 9.15. La preuve est due à Frank (1992).

Soit v un sommet d'un graphe G. Nous disons que G est *localement $2k$-arête-connexe modulo v* si l'arête-connexité locale entre n'importe quels deux sommets différents de v est au moins $2k$. À l'aide du Théorème de Menger et du fait que $d(X) = d(\overline{X})$, on peut voir qu'un graphe G ayant au moins trois sommets est localement $2k$-arête-connexe modulo v si et seulement si :

$$d(X) \geq 2k, \quad \text{pour tout } X, \ \emptyset \subset X \subset V \setminus \{v\}$$

Théorème 9.16 *Soit G un graphe qui est localement $2k$-arête-connexe modulo v, avec v un sommet de degré pair dans G. Étant donné un lien uv incident à v, il existe un second lien vw incident à v tel que le graphe G' obtenu par écartement de uv et vw de v est également localement $2k$-arête-connexe modulo v.*

Démonstration Nous pouvons supposer $n \geq 3$ car l'énoncé est trivialement vrai quand $n = 2$. Nous pouvons aussi supposer que G est sans boucle. Considérons tous les sous-ensembles propres non-vides X de $V \setminus \{v\}$. L'écartement de uv et d'un autre lien vw incident à v préserve le degré de X si un sommet au moins parmi u et w appartient à X, et le réduit de 2 si u et w appartiennent tous deux à X. Donc si tous ces ensembles, soit ne contiennent pas u, soit sont de degré au moins $2k+2$, n'importe quel lien vw peut être choisi comme compagnon de uv. Supposons que ce ne soit pas le cas et qu'il y ait un sous-ensemble propre X de $V \setminus \{v\}$ avec $u \in X$ et $d(X) \leq 2k + 1$. Appelons un tel ensemble *serré*. Nous montrons que l'union de deux ensembles serrés X et Y est aussi serrée. Nous pouvons supposer que X et Y se croisent ; dans le cas contraire, $X \cup Y$ serait égal à X ou Y. Par conséquent $X \cap \overline{Y}$ et $\overline{X} \cap Y$ sont des sous-ensembles non-vides de $V \setminus \{v\}$. Notons, également, que $uv \in E[X \cap Y, \overline{X} \cap \overline{Y}]$. Nous avons donc (en utilisant l'Exercice 2.5.4) :

$$\begin{aligned}(2k+1) + (2k+1) &\geq d(X) + d(Y) \\ &= d(X \cap \overline{Y}) + d(\overline{X} \cap Y) + 2e(X \cap Y, \overline{X} \cap \overline{Y}) \geq 2k + 2k + 2\end{aligned}$$

donc

$$d(X) = d(Y) = 2k+1, \quad d(X \cap \overline{Y}) = d(\overline{X} \cap Y) = 2k, \quad \text{et} \quad e(X \cap Y, \overline{X} \cap \overline{Y}) = 1$$

On peut maintenant en déduire que $e(X \cap \overline{Y}, \overline{X} \cap \overline{Y}) = e(\overline{X} \cap Y, \overline{X} \cap \overline{Y})$ (Exercice 9.5.4). D'où $d(\overline{X} \cap \overline{Y})$ est impair. Comme le degré de v est pair par hypothèse, $X \cup Y \neq V \setminus \{v\}$. Par conséquent, $\emptyset \subset X \cup Y \subset V \setminus \{v\}$. De plus, par sous-modularité,

$$d(X \cup Y) \leq d(X) + d(Y) - d(X \cap Y) \leq (2k+1) + (2k+1) - 2k = 2k + 2$$

Puisque $d(X \cup Y) = d(\overline{X} \cap \overline{Y})$ est impair, nous pouvons conclure que $d(X \cup Y) \leq 2k + 1$. Donc l'union de deux ensembles serrés quelconques est serrée, comme annoncé. Maintenant notons S l'union de tous les ensembles serrés et soit w un élément de $V \setminus S$ distinct de v. Comme w n'appartient à aucun ensemble serré dans G, le graphe G' obtenu à partir de G en écartant uv et vw est localement $2k$-arête-connexe modulo v. □

Démonstration du Théorème 9.15. Par récurrence sur le nombre d'arêtes. Soit G un graphe $2k$-arête-connexe. Supposons d'abord que G a une arête e telle que $G \setminus e$ soit aussi $2k$-arête-connexe. Alors, par récurrence, $G \setminus e$ a une orientation telle que le digraphe obtenu est k-arc-connexe. L'orientation de $G \setminus e$ peut être étendue en une orientation k-arc-connexe de G lui-même en orientant e arbitrairement. Ainsi, nous pouvons supposer que G est minimalement $2k$-arête-connexe et donc a un sommet de degré $2k$ (Exercice 9.3.16). Soit v un tel sommet.

D'après le Théorème 9.16, les $2k$ arêtes incidentes à v peuvent être réparties en k paires et toutes ces paires peuvent être écartées, une à une, pour obtenir k nouvelles arêtes $e_1, e_2, \ldots, e_k$ et un graphe $2k$-arête-connexe H. Par hypothèse de récurrence, il y a une orientation $\overrightarrow{H}$ de H qui est k-arc-connexe. Soient $a_1, a_2, \ldots, a_k$, respectivement, les k arcs de $\overrightarrow{H}$ correspondant aux arêtes $e_1, e_2, \ldots, e_k$ de H. En subdivisant, pour $1 \leq i \leq k$, l'arc a_i par un sommet v_i, et en identifiant ensuite les k sommets $v_1, v_2, \ldots, v_k$ pour former un sommet v, nous obtenons une orientation $\overrightarrow{G}$ de G. À l'aide du fait que $\overrightarrow{H}$ est k-arc-connexe, on peut aisément vérifier que $\overrightarrow{G}$ est aussi k-arc-connexe. Nous laissons les détails au lecteur dans l'Exercice 9.5.5. □

Nash-Williams (1960) a en fait prouvé un résultat bien plus fort que le Théorème 9.15. Il a montré que tout graphe G admet une orientation $\overrightarrow{G}$ telle que, quels que soient deux sommets u et v, la taille d'une coupe sortante minimum séparant v de u dans $\overrightarrow{G}$ est au moins $\lfloor \frac{1}{2} c'(u, v) \rfloor$. Nous renvoyons le lecteur vers Schrijver (2003) pour de plus amples détails.

Exercices

9.5.1 Soit X un atome d'un graphe G. Montrer que le sous-graphe induit $G[X]$ est connexe.

9.5.2 Donner un exemple de graphe cubique connexe sommet-transitif qui ne soit pas 3-arête-connexe.
(Cela montre que le Théorème 9.14 n'est pas valide pour les graphes ayant des arêtes multiples.)

9.5.3 Donner un exemple de graphe simple connexe sommet-transitif k-régulier dont la connexité est strictement inférieure à k.
(Watkins (1970) a montré que la connexité d'un tel graphe vaut au moins $2k/3$.)

$\star$**9.5.4** Dans la preuve du Théorème 9.16, montrer que $e(X \cap \overline{Y}, \overline{X} \cap \overline{Y}) = e(\overline{X} \cap Y, \overline{X} \cap \overline{Y})$.

$\star$**9.5.5** Soient $\overrightarrow{G}$ et $\overrightarrow{H}$ les digraphes décrits dans la preuve du Théorème 9.15. Déduire que $\overrightarrow{G}$ est k-arc-connexe du fait que $\overrightarrow{H}$ est k-arc-connexe.

9.5.6 Soit G un graphe $2k$-arête-connexe ayant un parcours eulérien. Montrer que G a une orientation pour laquelle, quels que soient deux sommets u et v, ils sont connectés par au moins k (u,v)-chemins dirigés arc-disjoints.

9.5.7 Soit G un graphe. Pour un sous-ensemble S de E, on note $c(S)$ le nombre de composantes du sous-graphe couvrant de G d'ensemble d'arêtes S.

a) Montrer que la fonction $c : 2^E \to \mathbb{N}$ est *supermodulaire* : quels que soient deux sous-ensembles X et Y de E,

$$c(X \cup Y) + c(X \cap Y) \geq c(X) + c(Y)$$

b) En déduire que la fonction $r : 2^E \to \mathbb{N}$ définie par $r(S) := n - c(S)$ pour tout $S \subseteq E$ est sous-modulaire. (Cette fonction r est la fonction de rang d'un certain matroïde associé à G.)

9.5.8 Étant donné un graphe G et k arêtes distinctes $e_1, e_2, \ldots, e_k$ (boucles ou liens) de G, *agrafer* ces k arêtes consiste à subdiviser, pour $1 \leq i \leq k$, l'arête e_i par un sommet v_i, et à ensuite identifier les k sommets $v_1, v_2, \ldots, v_k$ pour former un nouveau sommet de degré $2k$.

a) Montrer que si G est $2k$-arête-connexe, alors le graphe G' obtenu à partir de G en agrafant k arêtes quelconques de G est aussi $2k$-arête-connexe.
b) À l'aide du Théorème 9.16, montrer qu'étant donné un graphe $2k$-arête-connexe G, il existe une suite $(G_1, G_2, \ldots, G_r)$ de graphes telle que (i) $G_1 = K_1$, (ii) $G_r = G$, et (iii) pour tout $1 \leq i \leq r-1$, G_{i+1} est obtenu de G_i, soit en ajoutant une arête (une boucle ou un lien), soit en épinglant ensemble k de ses arêtes.
(Mader (1978) a trouvé une construction analogue pour les graphes $(2k+1)$-arête-connexes.)

9.6 Arbres de Gomory–Hu

Comme mentionné précédemment, Gomory et Hu (1961) ont montré que seulement $n-1$ applications de l'Algorithme Flot-Max Coupe-Min (7.9) étaient nécessaires pour déterminer l'arête-connexité d'un graphe G. Le théorème suivant, dans lequel deux coupes $\partial(X)$ et $\partial(Y)$ qui se croisent sont remplacées par deux autres, $\partial(X)$ et $\partial(X \cap Y)$, qui ne se croisent pas, est la base de leur approche. Cette procédure est appelée un *décroisement*. Nous laissons la preuve de ce théorème, qui utilise la sous-modularité, en exercice (9.6.1).

Théorème 9.17 *Soit $\partial(X)$ une coupe minimum séparant deux sommets x et y dans un graphe G, avec $x \in X$, et soit $\partial(Y)$ une coupe minimum séparant deux sommets u et v de X dans G, avec $y \notin Y$. Alors $\partial(X \cap Y)$ est une coupe minimum séparant u et v dans G.* □

Une conséquence du Théorème 9.17 est que, étant donnée une coupe minimum $\partial(X)$ séparant les sommets x et y dans G, pour trouver une coupe minimum dans G séparant u et v, avec $\{u,v\} \subset X$, il suffit de considérer le graphe $G\,/\,\overline{X}$ obtenu à partir de G en contractant $\overline{X} := V \setminus X$ en un unique sommet. Exploitant cette idée, Gomory et Hu ont montré comment trouver les $\binom{n}{2}$ valeurs de la fonction c' par seulement $n-1$ applications de l'Algorithme Flot-Max Coupe-Min (7.9). Ils ont aussi montré que les $n-1$ coupes trouvées par cette procédure ont certaines propriétés particulières qui peuvent être commodément visualisées en termes d'un arbre valué approprié associé à G. Nous décrivons d'abord les caractéristiques de cet arbre valué et nous expliquerons ensuite comment le construire.

Étant donné un arbre T d'ensemble de sommets V, et une arête e de T, il y a une unique coupe $B_e := \partial(X)$ de G associée à e, où X est l'ensemble de sommets d'une composante de $T \setminus e$. (Cela s'apparente à la notion d'attache fondamentale, introduite au Chapitre 4, mais ici nous ne requérons pas que T soit un arbre couvrant de G.) Un arbre valué (T,w) sur V est un *arbre de Gomory–Hu* de G si, pour toute arête $e = xy$ de T,

i) $w(e) = c'(x,y)$,
ii) la coupe B_e associée à e est une coupe minimum dans G séparant x et y.

Comme exemple, considérons le graphe G à cinq sommets représenté Figure 9.12a, où les poids indiquent les multiplicités des arêtes. La Figure 9.12b montre un arbre de Gomory–Hu T de G. Les quatre coupes de G correspondant aux quatre arêtes de T sont indiquées par des lignes pointillées sur la Figure 9.12a. Notons que cet arbre T n'est pas un arbre couvrant de G.

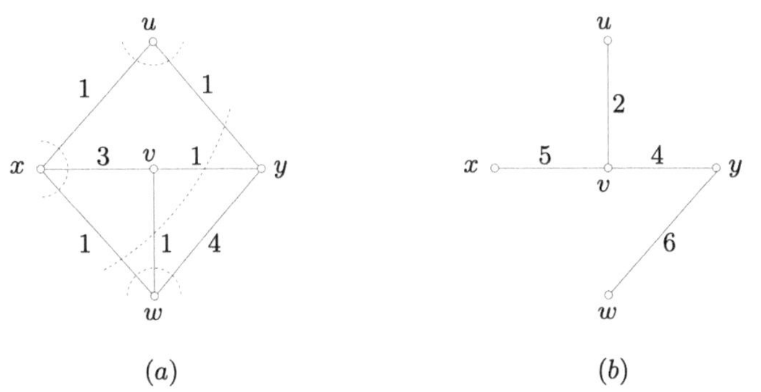

Fig. 9.12. (a) Un graphe G, et (b) un arbre de Gomory–Hu T de G

Les $n-1$ coupes associées à l'arbre de Gomory–Hu ne se croisent pas deux à deux. En conséquence de la proposition suivante, ces $n-1$ coupes sont suffisantes pour déterminer $\kappa'(G)$.

Proposition 9.18 *Soit (T, w) un arbre de Gomory–Hu d'un graphe G. Quels que soient deux sommets x et y de G, $c'(x, y)$ est le minimum des poids des arêtes sur l'unique xy-chemin dans T.*

Démonstration Clairement, pour toute arête e sur le xy-chemin dans T, la coupe B_e associée à e sépare x et y. Si $v_1, v_2, \ldots, v_k$ est le xy-chemin dans T, avec $x = v_1$ et $y = v_k$, nous avons

$$c'(x, y) \leq \min\{c'(v_1, v_2), c'(v_2, v_3), \ldots, c'(v_{k-1}v_k)\}$$

D'autre part, d'après l'Exercice 9.3.15b,

$$c'(x, y) \geq \min\{c'(v_1, v_2), c'(v_2, v_3), \ldots, c'(v_{k-1}v_k)\}$$

L'égalité désirée découle de ces deux inégalités. □

Déterminer l'arête-connexité

Nous concluons cette partie par une brève description de l'Algorithme de Gomory–Hu. À cette fin, nous considérons des arbres dont les sommets sont les parties d'une partition de V; chaque arête d'un tel arbre détermine une unique coupe de G. Un arbre valué (T, w) dont l'ensemble de sommets est une partition $\mathcal{P}$ de V est un *arbre de Gomory–Hu* de G *relativement à* $\mathcal{P}$ si, pour toute arête $e := XY$ de T (où $X, Y \in \mathcal{P}$), il y a un élément x de X et un élément y de Y tels que $c'(x, y) = w(e)$ et la coupe B_e associée à e est une coupe minimum séparant x et y dans G. Par exemple, si $\partial(X)$ est une coupe minimum séparant x et y dans G, l'arbre constitué des deux sommets X et $\overline{X} := V \setminus X$ reliés par une arête de poids $c'(x, y) = d(X)$ est l'arbre de Gomory–Hu relativement à la partition $\{X, \overline{X}\}$ (voir Figure 9.13a).

Supposons que nous ayons un arbre de Gomory–Hu (T, w) relativement à une certaine partition $\mathcal{P}$. Si chaque partie est un singleton, alors (T, w) est déjà un arbre de Gomory–Hu de G. Donc, supposons qu'il y ait un sommet X de T (c'est-à-dire, une partie X de $\mathcal{P}$) qui contienne deux éléments distincts u et v. Il peut être déduit du Théorème 9.17 que, pour trouver une coupe minimum séparant u et v dans G, il suffit de considérer le graphe G' obtenu à partir de G en contractant, pour chaque composante de $T - X$, l'union des sommets (parties) de cette composante en un unique sommet. Soit $\partial(S)$ une coupe minimum séparant u et v dans G', et supposons que $u \in S$ et $v \in \overline{S}$, avec $\overline{S} := V(G') \setminus S$. Maintenant posons $X_1 := X \cap S$ et $X_2 := X \cap \overline{S}$ et soit $\mathcal{P}'$ la partition obtenue à partir de $\mathcal{P}$ en remplaçant X par X_1 et X_2 et en laissant toutes les autres parties comme elles sont. Un arbre valué T' d'ensemble de sommets $\mathcal{P}'$ peut maintenant être dérivé de T de la manière suivante :

i) on éclate le sommet X en X_1 et X_2 que l'on relie par une arête de poids $c'(u, v) = d(S)$;
ii) on relie un voisin Y de X dans T soit à X_1 soit à X_2 dans T' (suivant que le sommet de G' correspondant à la composante de $T - X$ contenant Y est dans S ou dans $\overline{S}$).

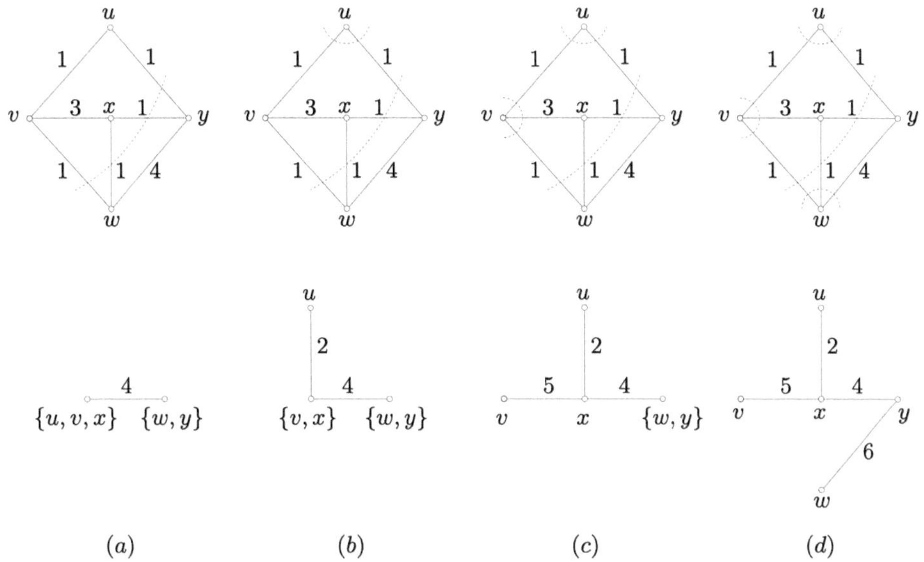

Fig. 9.13. Faire grandir un arbre de Gomory–Hu

On peut montrer que T' est un arbre de Gomory–Hu relativement à $\mathcal{P}'$ (Exercice 9.6.2). Procédant de cette manière, on peut raffiner $\mathcal{P}$ en une partition dans laquelle toute partie est un singleton et ainsi trouver un arbre de Gomory–Hu de G. Cette méthode est illustrée sur la Figure 9.13.

Pour une description détaillée de l'Algorithme de Gomory–Hu, voir Ford et Fulkerson (1962). Padberg et Rao (1982) ont montré que cet algorithme peut être adapté pour trouver les coupes impaires minimum dans un graphe (voir Exercice 9.6.3). Nagamochi et Ibaraki (1992) ont trouvé une procédure simple pour déterminer $\kappa'(G)$ qui ne repose pas sur l'Algorithme Flot-Max Coupe-Min (7.9) (voir Exercice 9.6.4).

Exercices

$\star$**9.6.1** Prouver le Théorème 9.17 de la manière suivante.

a) Montrer que $\partial(X \cup Y)$ est une coupe séparant x et y, et que $\partial(X \cap Y)$ est une coupe séparant u et v.
b) En déduire que $d(X \cup Y) \geq d(X)$ et $d(X \cap Y) \geq d(Y)$.
c) Appliquer l'inégalité de sous-modularité.

9.6.2 Montrer que l'arbre valué T' obtenu à partir de T dans l'Algorithme de Gomory–Hu est un arbre de Gomory–Hu de G relativement à $\mathcal{P}'$.

9.6.3 Soit G un graphe ayant au moins deux sommets de degré impair.

a) Supposons que $\partial(X)$ soit une coupe de plus petite taille parmi celles qui séparent des paires de sommets de degré impair dans G. Montrer que :
   i) si $d(X)$ est impair, c'est une plus petite coupe impaire de G,
   ii) si $d(X)$ est pair, une plus petite coupe impaire de G est, soit une coupe de G / X, soit une coupe de $G / \overline{X}$, où $\overline{X} := V \setminus X$.

b) À l'aide de (a), montrer comment trouver une plus petite coupe impaire d'un graphe en appliquant l'Algorithme de Gomory–Hu.

(M.W. Padberg et M.R. Rao)

9.6.4 Un ordre $(v_1, v_2, \ldots, v_n)$ des sommets d'un graphe connexe G est appelé un *ordre coupe-glouton* si, pour $2 \leq i \leq n$,

$$d(v_i, \{v_1, v_2, \ldots, v_{i-1}\}) \geq d(v_j, \{v_1, v_2, \ldots, v_{i-1}\}), \text{ pour tout } j \geq i$$

a) Montrer qu'on peut trouver, en partant de n'importe quel sommet de G, un ordre coupe-glouton des sommets de G en temps $O(m)$.

b) Si $(v_1, v_2, \ldots, v_n)$ est un ordre coupe-glouton des sommets de G, montrer que

$$c'(v_{n-1}, v_n) = d(v_n)$$

c) Décrire un algorithme polynomial pour trouver $\kappa'(G)$ basé sur (b).

(H. Nagamochi et T. Ibaraki)

d) Trouver l'arête-connexité du graphe de la Figure 9.12 en appliquant cet algorithme.

9.6.5 Orientation homogène

Une orientation D d'un graphe G est *homogène* si ses arc-connexités locales $p'_D(u, v)$ satisfont $p'_D(u, v) \geq \lfloor p'_G(u, v)/2 \rfloor$ pour tous les couples (u, v) de sommets. Montrer que toute orientation homogène d'un graphe eulérien est eulérienne.

(Z. Szigeti)

9.7 Graphes cordaux

Un *graphe cordal* est un graphe simple dans lequel tout cycle de longueur supérieure à 3 a une corde. De manière équivalente, le graphe ne contient pas de cycle induit de longueur 4 ou plus. Ainsi tout sous-graphe induit d'un graphe cordal est cordal. Un exemple de graphe cordal est représenté Figure 9.14.

Les graphes complets et les arbres sont des exemples simples de graphes cordaux. De plus, comme nous allons le voir, les graphes cordaux ont une structure de la forme d'un arbre composé de graphes complets (de la même manière que les arbres sont composés de copies de K_2). En conséquence, de nombreux problèmes $\mathcal{NP}$-durs deviennent polynomiaux quand ils sont restreints aux graphes cordaux.

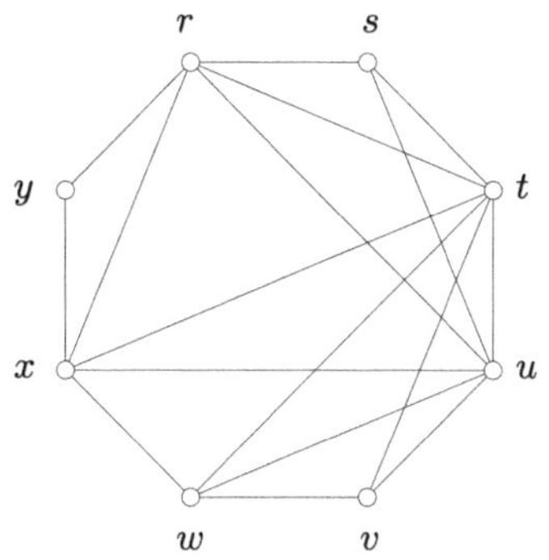

Fig. 9.14. Un graphe cordal

Cliques séparatrices

Une *clique séparatrice* est un séparateur qui est aussi une clique. Dans un graphe cordal, tout séparateur minimal est une clique séparatrice.

Théorème 9.19 *Soit G un graphe cordal connexe qui n'est pas complet, et soit S un séparateur minimal de G. Alors S est une clique séparatrice de G.*

Démonstration Supposons que S contienne deux sommets non-adjacents x et y. Soient G_1 et G_2 deux composantes de $G-S$. Comme S est une coupe minimale, x et y sont tous deux reliés à la fois à des sommets de G_1 et à des sommets de G_2. Soit P_i un plus court xy-chemin dont tous les sommets internes sont dans G_i, $i=1,2$. Alors $P_1 \cup P_2$ est un cycle induit de longueur au moins 4, une contradiction. □

Du Théorème 9.19, on peut déduire que tout graphe cordal connexe peut se construire en collant ensemble des graphes complets en une sorte d'arbre.

Théorème 9.20 *Soit G un graphe connexe cordal, et soit V_1 une clique maximale de G. Alors les cliques maximales de G peuvent être disposées en une suite $(V_1, V_2, \ldots, V_k)$ telle que $V_j \cap (\cup_{i=1}^{j-1} V_i)$ est une clique de G, $2 \leq j \leq k$.*

Démonstration Il n'y a rien à prouver si G est complet, donc nous supposons que G a un séparateur minimal S. D'après le Théorème 9.19, S est une clique de G. Soient H_i, $1 \leq i \leq p$, les S-composantes de G, et pour tout $1 \leq i \leq p$, soit Y_i une clique maximale de H_i contenant S. Observons que les cliques maximales de $H_1, H_2 \ldots, H_p$ sont aussi des cliques maximales de G, et que toute clique maximale de G est une clique maximale d'un des H_i (Exercice 9.7.1). Sans perte de généralité, supposons que V_1 soit une clique maximale de H_1. Par récurrence, les cliques maximales de H_1 peuvent être disposées en une suite commençant par V_1 et ayant la propriété énoncée. De même, pour tout $2 \leq i \leq p$, les cliques maximales de H_i peuvent être disposées en une suite conforme commençant par Y_i. La concaténation de ces suites est une suite des cliques maximales de G satisfaisant la propriété énoncée. □

Une suite $(V_1, V_2, \ldots, V_k)$ de cliques maximales comme décrite au Théorème 9.20 est appelée une *décomposition simpliciale* du graphe cordal G. Le graphe de la Figure 9.14 admet la décomposition simpliciale donnée Figure 9.15. Dirac (1961) a prouvé qu'un graphe est cordal si et seulement s'il admet une telle décomposition (voir Exercice 9.7.2).

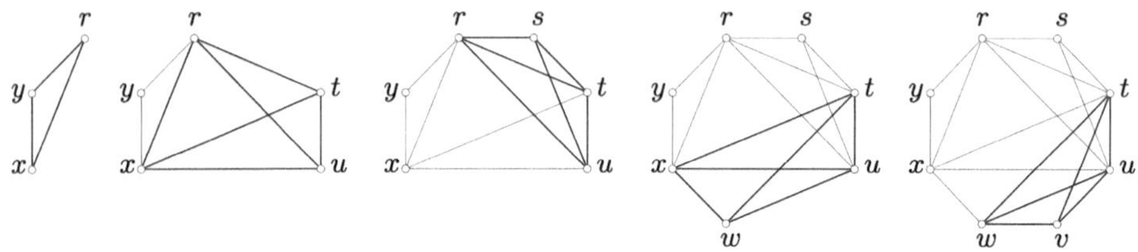

Fig. 9.15. Une décomposition simpliciale du graphe cordal de la Figure 9.14

Sommets simpliciaux

Un *sommet simplicial* d'un graphe est un sommet dont les voisins induisent une clique. Dirac (1961) a montré que tout graphe cordal non-complet a au moins deux sommets simpliciaux (de la même manière que tout arbre non-trivial a au moins deux sommets de degré un). Le graphe de la Figure 9.14, par exemple, a trois sommets simpliciaux, à savoir s, v, et y.

Théorème 9.21 *Tout graphe cordal qui n'est pas complet a deux sommets simpliciaux non-adjacents.*

Démonstration Soit $(V_1, V_2, \ldots, V_k)$ une décomposition simpliciale d'un graphe cordal, et soit $x \in V_k \setminus (\cup_{i=1}^{k-1} V_i)$. Alors x est un sommet simplicial. Maintenant considérons une décomposition simpliciale $(V_{\pi(1)}, V_{\pi(2)}, \ldots, V_{\pi(k)})$, avec π une permutation de $\{1, 2, \ldots, k\}$ telle que $\pi(1) = k$. Soit $y \in V_{\pi(k)} \setminus (\cup_{i=1}^{k-1} V_{\pi(i)})$. Alors y est un sommet simplicial non-adjacent à x. □

Un *ordre simplicial* d'un graphe G est une énumération $v_1, v_2, \ldots, v_n$ de ses sommets telle que v_i soit un sommet simplicial de $G[\{v_i, v_{i+1}, \ldots, v_n\}]$, $1 \leq i \leq n$. Comme les sous-graphes induits d'un graphe cordal sont cordaux, il découle immédiatement du Théorème 9.21 que tout graphe cordal a un ordre simplicial. Réciproquement, si un graphe a un ordre simplicial, il est nécessairement cordal (Exercice 9.7.3).

Corollaire 9.22 *Un graphe est cordal si et seulement s'il a un ordre simplicial.* □

Il y a un algorithme linéaire du à Rose et al. (1976), et connu sous le nom de *parcours en largeur lexicographique*, pour trouver un ordre simplicial d'un graphe s'il en existe. Un brève description en est donnée dans la Partie 9.8.

Représentations arborescentes

Outre leur caractérisation en termes de décomposition simpliciale et d'ordre simplicial, les graphes cordaux peuvent également être vus comme des graphes d'intersection de sous-arbres d'un arbre.

Théorème 9.23 *Un graphe est cordal si et seulement s'il est le graphe d'intersection d'une famille de sous-arbres d'un arbre.*

Démonstration Prouvons par récurrence sur le nombre de sommets que tout graphe cordal est le graphe d'intersection d'une famille de sous-arbres d'un certain arbre.

Tout graphe complet d'ordre $n \geq 1$ est le graphe d'intersection de n sous-arbres identiques d'un arbre d'ordre 1.

Considérons donc un graphe cordal G qui n'est pas complet. Soit v un sommet simplicial de G. (Le Théor'eme 9.21 garantit l'existence d'un tel sommet.) Par définition, les voisins de v induisent une clique dans le graphe $G' := G - v$. Le graphe G', étant un sous-graphe induit du graphe cordal G, iest lui aussi cordal. Par hypothèse de récurrence, il existe un arbre T' et une famille $\mathcal{T}' := \{T'_u,\ u \in V(G')\}$ de sous-arbres de T' tels que G' est le graphe d'intersection de $\mathcal{T}'$. Comme les voisins de v dans G forment une clique, alors pour toute paire de voisins de v, les sous-arbres associés dans T' ont au moins un sommet en commun. Par l'Exercice 9.7.4, toute famille de sous-arbres d'un arbre vérifie la propriété de Helly. Ce résultat implique que les sous-arbres $\{T'_u \mid u \in N_G(v)\}$ ont au moins un sommet commun, disons x'. Construisons maintenant un arbre T en ajoutant un nouveau sommet x à T' et en le reliant à x'. De même, pour chaque $u \in N(v)$, on étend chaque sous-arbre T'_u de T' en un sous-arbre T_u de T en y ajoutant le sommet x et en le reliant à x'. On définit T_v comme étant l'arbre réduit au seul sommet x. Enfin, pour tout sommet $u \in V(G')$ n'appartenant pas à $N(v)$, on pose simplement $T_u = T'_u$. Il est alors facile de voir que G est le graphe d'intersection de la famille $\mathcal{T} := \{T_u,\ u \in V(G)\}$ de sous-arbres de T. □

Le couple $(T, \mathcal{T})$ décrit dans la preuve du Théorème 9.23 est appelé *représentation arborescente* du graphe cordal G.

Exercices

$\star$**9.7.1** Soit G un graphe connexe cordal qui n'est pas complet, et soit S une clique séparatrice de G. Montrer que les cliques maximales des S-composantes de G sont aussi des cliques maximales de G, et que toute clique maximale de G est une clique maximale d'une S-composante de G.

⋆9.7.2 Montrer qu'un graphe est cordal s'il a une décomposition simpliciale.

⋆9.7.3 Montrer qu'un graphe est cordal s'il a un ordre simplicial.

⋆9.7.4

a) Montrer que le graphe d'intersection d'une famille de sous-arbres d'un arbre est un graphe cordal.
b) Représenter le graphe cordal de la Figure 9.14 comme le graphe d'intersection d'une famille de sous-arbres d'un arbre.

9.7.5

a) Soit G un graphe cordal et v un sommet simplicial de G. On pose $X := N(v) \cup \{v\}$ et $G' := G - X$, et soit S' un ensemble stable maximum et $\mathcal{K}'$ une couverture par des cliques minimum de G'. Montrer que :
   i) $S := S' \cup \{v\}$ est un ensemble stable maximum de G,
   ii) $\mathcal{K} := \mathcal{K}' \cup \{X\}$ est une couverture par des cliques minimum de G,
   iii) $|S| = |\mathcal{K}|$.
b) Décrire un algorithme linéaire qui prend en entrée un ordre simplicial d'un graphe cordal G et renvoie un ensemble stable maximum et une couverture par des cliques minimum de G.

9.8 En savoir plus

Parcours en largeur lexicographique

D'après l'Exercice 9.7.3b, un graphe est cordal si et seulement s'il a un ordre simplicial. Un parcours en largeur, avec une règle particulière pour déterminer la tête de la file, permet de trouver un ordre simplicial d'un graphe donné, s'il en existe. La règle, qui donne son nom à la procédure, requiert d'affecter des suites d'entiers aux sommets et de les comparer lexicographiquement pour départager deux candidats possibles. (Les suites d'entiers de l'ensemble $\{1, 2, \ldots, n\}$ peuvent se voir comme des mots d'un language dont l'alphabet est formé des n lettres $1, 2, \ldots, n$; la première lettre est 1, la deuxième lettre 2, et ainsi de suite. Une suite S est *lexicographiquement plus petite* qu'une autre suite S' si S apparait avant S' dans un dictionnaire de ce language.) Si G se trouve être cordal, la suite de sommets générée par ce parcours sera l'inverse d'un ordre simplicial.

Nous prenons un sommet arbitraire du graphe d'entrée G pour racine, et désignons le sommet incorporé à l'arbre à la date t par v_t, la racine étant v_1. Tout sommet v du graphe reçoit une suite $S(v)$ d'entiers, qui initialement est la suite vide. Lorsque le sommet v_t rejoint l'arbre, pour tout $v \in N(v_t) \setminus \{v_1, v_2, \ldots, v_{t-1}\}$, nous modifions $S(v)$ en lui adjoignant l'entier $n - t + 1$. Le prochain sommet choisi pour être incorporé à l'arbre est le sommet de la file dont l'étiquette est lexicographiquement la plus grande.

Rose et al. (1976), qui ont introduit le parcours en largeur lexicographique (Lex BFS[1]), ont montré que celui-ci trouve un ordre simplicial du graphe d'entrée s'il y en a un. Une synthèse très lisible sur les graphes cordaux, comprenant une preuve de la validité de Lex BFS, se trouve dans Golumbic (2004). Ces dernières années, Lex BFS a été largement utilisé dans des algorithmes reconnaissant de nombreuses autres classes de graphes (voir, par exemple, Corneil (2004)).

Décompositions arborescentes

Du fait de leur structure plutôt simple, les graphes cordaux peuvent être reconnus en temps polynomial, comme nous l'avons esquissé ci-dessus. De plus, beaucoup de problèmes $\mathcal{NP}$-durs, tel que Stable Max, peuvent se résoudre en temps polynomial quand ils sont restreints aux graphes cordaux (voir Exercice 9.7.5). Une classe de graphes plus générale pour laquelle des algorithmes polynomiaux existent pour de tels problèmes $\mathcal{NP}$-durs a été introduite par Robertson et Seymour (1986).

Rappelons que par le Théorème 9.23 tout graphe cordal G a une représentation arborescente, c'est-à-dire, un couple $(T, \mathcal{T})$, où T est arbre et $\mathcal{T} := \{T_v : v \in V\}$ est une famille de sous-arbres de T tels que $T_u \cap T_v \neq \emptyset$ si et seulement si $uv \in E$. Pour un graphe simple quelconque G, une *décomposition arborescente* de G est un couple $(T, \mathcal{T})$, où T est un arbre et $\mathcal{T} := \{T_v : v \in V\}$ est une famille de sous-arbres de T telle que $T_u \cap T_v \neq \emptyset$ si (mais pas nécessairement si) $uv \in E$. De manière équivalente, $(T, \mathcal{T})$ est une décomposition arborescente d'un graphe simple G si et seulement si G est un sous-graphe couvrant du graphe cordal de représentation arborescente $(T, \mathcal{T})$.

Tout graphe simple G a une décomposition arborescente *triviale* $(T, \mathcal{T})$, où T est un arbre quelconque et $T_v = T$ pour tout $v \in V$ (le graphe cordal correspondant étant K_n). Pour des raisons algorithmiques, on est intéressé par des décompositions arborescentes plus fines, à l'aune du paramètre appelé largeur de cette décomposition. Une décomposition arborescente non-triviale de $K_{2,3}$ est représentée Figure 9.16.

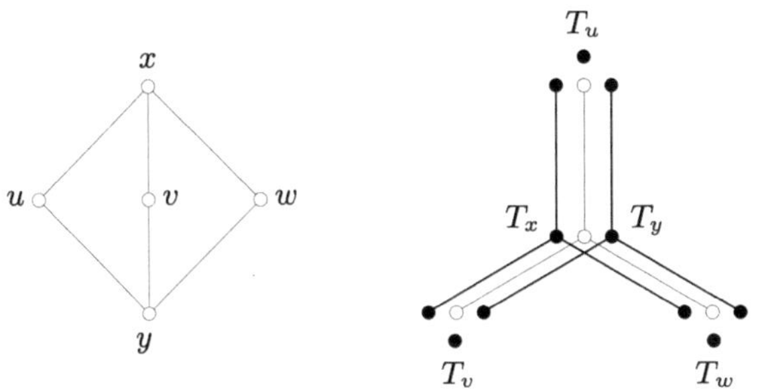

Fig. 9.16. Une décomposition arborescente de $K_{2,3}$, de largeur 3

[1] Pour 'Lexicographic Breadth-First Search' en anglais.

Soit $(T, \{T_v : v \in V\})$ une décomposition arborescente d'un graphe G, où $V(T) = X$ et $V(T_v) = X_v$, $v \in V$. Le dual de l'hypergraphe $(X, \{X_v : v \in V\})$ est l'hypergraphe $(V, \{V_x : x \in X\})$, où $V_x := \{v \in V : x \in X_v\}$. Par exemple, si G est un graphe cordal, les ensembles V_x, $x \in X$, sont les cliques dans sa décomposition simpliciale. Le plus grand cardinal d'une arête de cet hypergraphe dual, $\max\{|V_x| : x \in X\}$, est appelé la *largeur* de la décomposition[2]. La décomposition arborescente de $K_{2,3}$ donnée Figure 9.16 est de largeur 3, les ensembles V_x, $x \in X$, étant $\{u, x, y\}$, $\{v, x, y\}$, $\{w, x, y\}$, et $\{x, y\}$.

Comme autre exemple, considérons la décomposition arborescente de la grille 3×3, $P_3 \,\square\, P_3$, d'ensemble de sommets $\{(i, j) : 1 \leq i, j \leq 3\}$, représentée Figure 9.17. Cette décomposition arborescente est de largeur 4, les six ensembles V_x (les ensembles horizontaux) étant de cardinal 4.

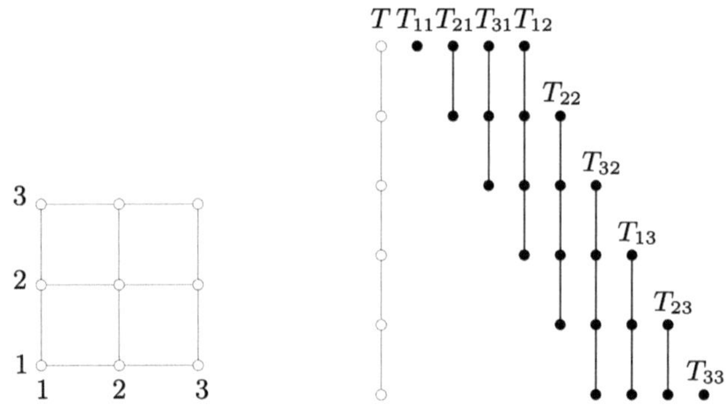

Fig. 9.17. Une décomposition arborescente de la grille 3×3, de largeur 4

En général, un graphe peut avoir de nombreuses décompositions arborescentes différentes. La *largeur d'arborescence* du graphe est la largeur minimum parmi toutes les décompositions arborescentes. Ainsi la largeur d'arborescence d'un graphe cordal est sa cliquicité ; en particulier, tout arbre non-trivial est de largeur d'arborescence 2. Les cycles sont également de largeur d'arborescence 2. Plus généralement, on peut montrer que tout graphe série-parallèle (défini à l'Exercice 10.5.11) est de largeur d'arborescence au plus trois. La grille $n \times n$ est de largeur d'arborescence $n + 1$; que cette valeur soit une borne supérieure vient d'une généralisation de la décomposition arborescente donnée Figure 9.17, mais établir la borne inférieure est plus difficile (voir Partie 10.7). Pour les graphes en général, Arnborg et al. (1987) ont montré que calculer la largeur d'arborescence

[2] ATTENTION : la valeur de la largeur ainsi que nous la définissons ici, est de *un supérieure à la définition standard.* Cette différence est sans incidence sur les énoncés qualitatifs portant sur la largeur d'arborescence, dont beaucoup sont de grande importance. D'autre part, en ce qui concerne les énoncés quantitatifs, c'est certainement la bonne définition d'un point de vue esthétique.

est un problème $\mathcal{NP}$-dur. D'autre part, il existe un algorithme polynomial pour décider si un graphe est de largeur d'arborescence au plus k, lorsque k est un entier fixé (Robertson et Seymour (1986)).

Si un graphe est de petite largeur d'arborescence, alors il a une structure arborescente ressemblant à un arbre 'épaissi', et cette structure a rendu possible le développement d'algorithmes polynomiaux pour de nombreux problèmes $\mathcal{NP}$-durs (voir, par exemple, Arnborg et Proskurowski (1989)). De manière plus significative, les décompositions arborescentes se sont révélées être un outil fondamental dans les travaux de Robertson et Seymour sur les liaisons et les mineurs de graphes (voir Partie 10.7).

De nombreux autres paramètres de largeur ont été étudiés, notamment la largeur linéaire (où l'arbre T est contraint d'être un chemin), la largeur de branche, et la largeur de coupe[3]. Nous renvoyons le lecteur vers l'un des nombreux articles de synthèse sur le sujet ; par exemple, Bienstock et Langston (1995), Reed (2003), ou Bodlaender (2006).

[3] en anglais '*path-width*', '*branch-width*' et '*cut-width*', respectivement.

10

Graphes planaires

Sommaire

10.1 Graphes planaires et graphes plans

Un graphe est dit *plongeable dans le plan*, ou *planaire*, s'il peut être dessiné dans le plan de telle sorte que ses arêtes s'intersectent uniquement en leurs extrémités. Un

J. Bondy et al., *Théorie des graphes*, Mathématiques et Applications 91,
https://doi.org/10.1007/978-1-4471-7621-3_10

tel dessin est appelé un *plongement planaire* du graphe. Un plongement planaire $\widetilde{G}$ d'un graphe planaire G peut se voir comme un graphe isomorphe à G ; l'ensemble de sommets de $\widetilde{G}$ est l'ensemble des points représentant les sommets de G, l'ensemble d'arêtes de $\widetilde{G}$ est l'ensemble des lignes représentant les arêtes de G, et un sommet de $\widetilde{G}$ est incident à toutes les arêtes de $\widetilde{G}$ qui le contiennent. Pour cette raison, un plongement planaire $\widetilde{G}$ d'un graphe planaire G est appelé un *graphe plan*, et ses points sont appelés sommets et ses lignes arêtes. Cependant, lorsque nous considérerons en même temps un graphe planaire G et un plongement planaire $\widetilde{G}$ de G, afin de distinguer les deux graphes, nous appellerons les sommets de $\widetilde{G}$ *points* et ses arêtes *lignes* ; ainsi, par le *point* v de $\widetilde{G}$ nous entendons le point de $\widetilde{G}$ qui représente le sommet v de G, et par la *ligne* e de $\widetilde{G}$ nous entendons la ligne de $\widetilde{G}$ qui représente l'arête e de G. La Figure 10.1b montre un plongement planaire du graphe planaire $K_5 \setminus e$, dessiné Figure 10.1a.

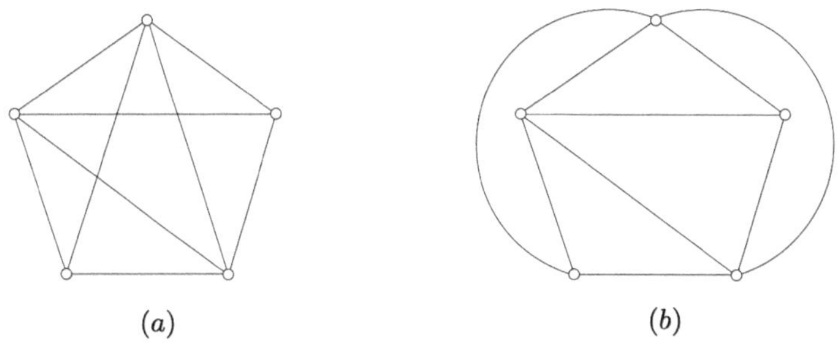

Fig. 10.1. (a) Le graphe planaire $K_5 \setminus e$, et (b) un plongement planaire de $K_5 \setminus e$

Le Théorème de Jordan

Il est évident au vu de la définition ci-dessus que l'étude des graphes planaires implique nécessairement de la topologie du plan. Nous n'essaierons pas ici d'être strictement rigoureux en matière de topologie et nous nous contenterons d'adopter un point de vue naïf de celle-ci. Ceci est fait dans le but de ne pas dissimuler les aspects combinatoires de la théorie, qui sont ceux qui nous intéressent au premier chef. Un exposé élégant et rigoureux des aspects topologiques se trouve dans le livre de Mohar et Thomassen (2001).

Les résultats de topologie qui sont particulièrement pertinents pour l'étude des graphes planaires sont ceux qui traitent des courbes simples. Par *courbe*, nous entendons l'image continue d'un segment de droite unitaire. De manière analogue, une *courbe fermée* est l'image continue d'un cercle. Une courbe ou une courbe fermée est *simple* si elle ne s'intersecte pas elle-même (en d'autres termes, l'application est bijective). Les propriétés de telles courbes entrent en jeu dans l'étude des graphes planaires parce que les cycles dans les graphes plans sont des courbes fermées simples.

Un sous-ensemble du plan est *connexe par arcs* si deux quelconques de ses points peuvent être reliés par une courbe se trouvant entièrement à l'intérieur du sous-ensemble. Le résultat fondamental de topologie dont nous avons besoin est le Théorème de Jordan.

Théorème 10.1 THÉORÈME DE JORDAN
Toute courbe fermée simple C dans le plan partitionne le reste du plan en deux ouverts connexes par arcs disjoints. □

Bien que ce théorème apparaisse intuitivement évident, en donner une preuve formelle n'a rien de simple. Les deux ouverts en lesquels la courbe fermée simple C partitionne le plan sont appelés l'*intérieur* et l'*extérieur* de C. Nous les désignons par $\text{int}(C)$ et $\text{ext}(C)$, et leurs fermetures par $\text{Int}(C)$ et $\text{Ext}(C)$, respectivement (ainsi $\text{Int}(C) \cap \text{Ext}(C) = C$). Le Théorème de Jordan implique que tout arc reliant un point d'$\text{int}(C)$ à un point d'$\text{ext}(C)$ rencontre C en au moins un point (voir Figure 10.2).

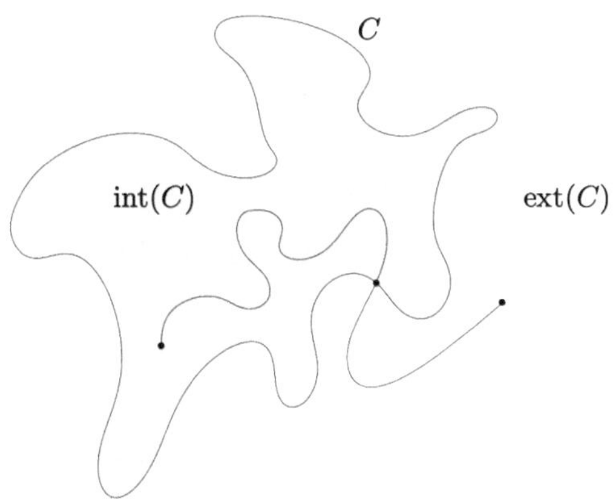

Fig. 10.2. Le Théorème de Jordan

La Figure 10.1b montre que le graphe $K_5 \setminus e$ est planaire. Le graphe K_5, en revanche, n'est pas planaire. Voyons comment le Théorème de Jordan peut être utilisé pour démontrer ce fait.

Théorème 10.2 K_5 *n'est pas planaire.*

Démonstration Par l'absurde. Soit G un plongement planaire de K_5, de sommets v_1, v_2, v_3, v_4, v_5. Comme G est complet, n'importe quels deux de ses sommets sont reliés par une arête. Maintenant, le cycle $C := v_1v_2v_3v_1$ est une courbe fermée simple dans le plan, et le sommet v_4 doit être soit dans $\text{int}(C)$ soit dans $\text{ext}(C)$. Sans perte de généralité, nous pouvons supposer que $v_4 \in \text{int}(C)$. Alors les arêtes

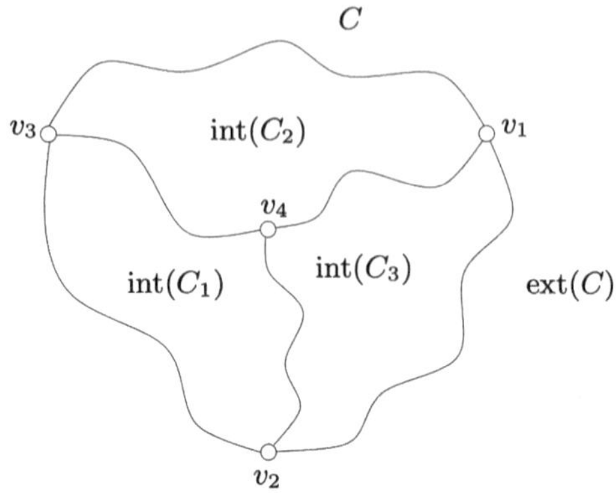

Fig. 10.3. Preuve de la non-planarité de K_5

v_1v_4, v_2v_4, v_3v_4 sont toutes entièrement dans int(C) (mises à part leurs extrémités v_1, v_2, v_3 (voir Figure 10.3)).

Considérons les cycles $C_1 := v_2v_3v_4v_2$, $C_2 := v_3v_1v_4v_3$, et $C_3 := v_1v_2v_4v_1$. Observons que $v_i \in \text{ext}(C_i)$, $i = 1, 2, 3$. Comme $v_iv_5 \in E(G)$ et G est un graphe plan, il découle du Théorème de Jordan que $v_5 \in \text{ext}(C_i)$, $i = 1, 2, 3$. Donc $v_5 \in \text{ext}(C)$. Mais alors l'arête v_4v_5 croise C, de nouveau par le Théorème de Jordan. Cela contredit la planarité du plongement G. □

Un argument similaire peut être utilisé pour établir que $K_{3,3}$ n'est pas planaire non plus (Exercice 10.1.1b).

Subdivisions

Tout graphe dérivé d'un graphe G par une suite de subdivisions d'arêtes est appelé *subdivision* de G ou G-*subdivision*. Des subdivisions de K_5 et $K_{3,3}$ sont données Figure 10.4.

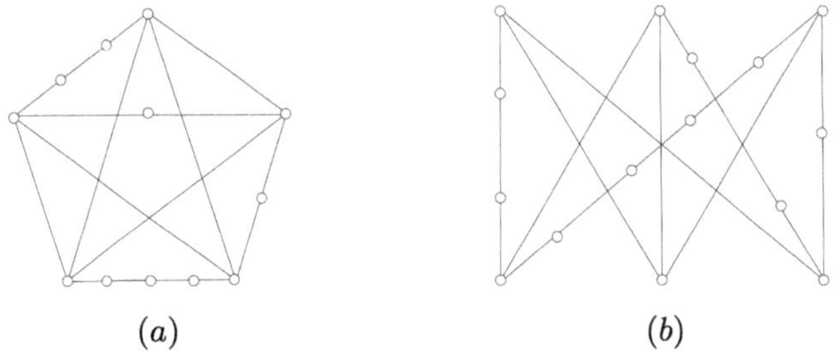

Fig. 10.4. (a) Une subdivision de K_5, (b) une subdivision de $K_{3,3}$

La preuve de la proposition suivante est directe (Exercice 10.1.2).

Proposition 10.3 *Un graphe G est planaire si et seulement si toute subdivision de G est planaire.* □

Comme K_5 et $K_{3,3}$ ne sont pas planaires, la Proposition 10.3 implique qu'aucun graphe planaire ne peut contenir une subdivision de K_5 ou de $K_{3,3}$. Un théorème fondamental du à Kuratowski (1930) affirme que, réciproquement, tout graphe non-planaire contient nécessairement une copie d'une subdivision de l'un ou l'autre de ces graphes. Une preuve du Théorème de Kuratowski est donnée dans la Partie 10.5.

Comme mentionné au Chapitre 1 et illustré au Chapitre 3, on peut considérer des plongements de graphes sur des surfaces autres que le plan. Nous montrons Partie 10.6 que, pour toute surface S, il existe des graphes qui ne sont pas plongeables sur S. Tout graphe peut, cependant, être plongé dans l'espace euclidien tridimensionnel $\mathbb{R}^3$ (Exercice 10.1.7).

Les graphes planaires et les graphes plongeables sur la sphère sont exactement les mêmes. Pour voir cela, nous utilisons une application connue sous le nom de projection stéréographique. Considérons une sphère S reposant sur un plan P, et notons z le point qui est diamétralement opposé au point de contact entre S et P. L'application $\pi : S \setminus \{z\} \to P$, définie par $\pi(s) = p$ si et seulement si les points z, s, et p sont colinéaires, est appelée une *projection stéréographique* depuis z ; elle est illustrée sur la Figure 10.5.

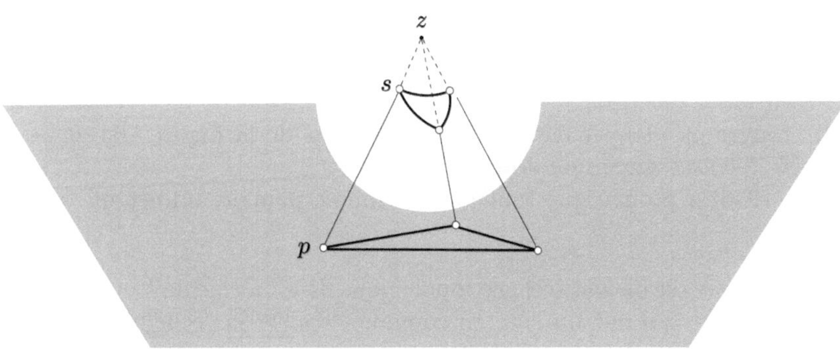

Fig. 10.5. Projection stéréographique

Théorème 10.4 *Un graphe G est plongeable dans le plan si et seulement s'il est plongeable sur la sphère.*

Démonstration Supposons que G a un plongement $\widetilde{G}$ sur la sphère. Choisissons un point z de la sphère qui n'est pas dans $\widetilde{G}$. Alors l'image de $\widetilde{G}$ par la projection stéréographique depuis z est un plongement de G dans le plan. La réciproque se prouve de manière similaire. □

En de nombreuses occasions, il est avantageux de considérer des plongements de graphes planaires sur la sphère ; un exemple en est la preuve de la Proposition 10.5 dans la partie suivante.

Exercices

$\star$**10.1.1** Montrer que :

a) tout sous-graphe propre de $K_{3,3}$ est planaire,
b) $K_{3,3}$ n'est pas planaire.

$\star$**10.1.2** Montrer qu'un graphe est planaire si et seulement si toute subdivision de ce graphe est planaire.

$\star$**10.1.3**

a) Montrer que le graphe de Petersen contient une subdivision de $K_{3,3}$.
b) En déduire que le graphe de Petersen n'est pas planaire.

$\star$**10.1.4**

a) Soit G un graphe planaire, et soit e un lien de G. Montrer que $G\,/\,e$ est planaire.
b) L'inverse est-il vrai ?

$\star$**10.1.5** Soit G un graphe simple non-trivial dans lequel tous les sommets, excepté possiblement un, sont de degré au moins 3. Montrer, par récurrence sur n, que G contient une subdivision de K_4.

10.1.6 Trouver un plongement planaire du graphe de la Figure 10.6 dans lequel toute arête est un segment de droite.
(Wagner (1936) a prouvé que tout graphe simple planaire admet un tel plongement.)

10.1.7 Un k-*livre* est un sous-espace topologique de $\mathbb{R}^3$ formé de k carrés unitaires, appelés ses *pages*, qui ont un côté en commun, appelé sa *tranche*, mais qui sont deux à deux disjoints hormis ce côté. Montrer que tout graphe G est plongeable dans $\mathbb{R}^3$ en montrant qu'il est plongeable dans un k-livre, pour un certain k.

10.1.8 On considère un dessin $\widetilde{G}$ dans le plan d'un graphe G (pas nécessairement planaire). Deux arêtes de $\widetilde{G}$ *se croisent* si elles s'intersectent en un point autre qu'un sommet de $\widetilde{G}$. Un tel point est appelé un *croisement* des deux arêtes. Le *nombre de croisements* de G, noté $\mathrm{cr}(G)$, est le plus petit nombre de croisements d'un dessin de G dans le plan. Montrer que :

a) $\mathrm{cr}(G) = 0$ si et seulement si G est planaire,

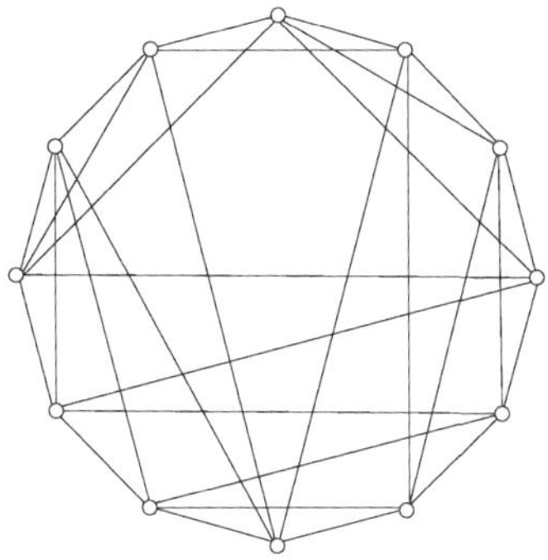

Fig. 10.6. Trouver un plongement planaire en segments de droites de ce graphe (Exercice 10.1.6)

b) $\mathrm{cr}(K_5) = \mathrm{cr}(K_{3,3}) = 1$,
c) $\mathrm{cr}(P_{10}) = 2$, où P_{10} désigne le graphe de Petersen,
d) $\mathrm{cr}(K_6) = 3$.

10.1.9 Montrer que $\mathrm{cr}(K_n)/\binom{n}{4}$ est une fonction croissante de n.

10.1.10 Un graphe G est *croisement-minimal* si $\mathrm{cr}(G \setminus e) < \mathrm{cr}(G)$ pour tout $e \in E$. Montrer que tout graphe non-planaire arête-transitif est croisement-minimal.

10.1.11 Une *manoque*[1] est un graphe plongé dans le plan tel que deux arêtes quelconques s'intersectent exactement une fois (possiblement en une extrémité). Un tel plongement est appelé un *plongement en manoque.* Montrer que :

a) tout arbre a un plongement en manoque,
b) le 4-cycle n'a pas de plongement en manoque,
c) le triangle et les cycle de longueur 5 ou plus ont un plongement en manoque.

———≀≀———

10.1.12 Montrer que tout graphe simple peut se plonger dans $\mathbb{R}^3$ de telle manière que :

a) chaque sommet soit sur la courbe $\{(t, t^2, t^3) : t \in \mathbb{R}\}$,
b) chaque arête soit un segment de droite. (C. Thomassen)

10.2 Dualité

Faces

Un graphe plan G partitionne le reste du plan en un certain nombre d'ouverts connexes par arcs. Ces ensembles sont appelés les *faces* de G. La Figure 10.7

[1] 'thrackle' en anglais

montre un graphe plan avec cinq faces, f_1, f_2, f_3, f_4, et f_5. Tout graphe plan a exactement une face non-bornée, appelée la *face externe*. Dans le graphe plan de la Figure 10.7, la face externe est f_1. Nous notons $F(G)$ et $f(G)$, respectivement, l'ensemble des faces et le nombre de faces d'un graphe plan G. La notion de face s'applique également aux plongements de graphes sur d'autres surfaces.

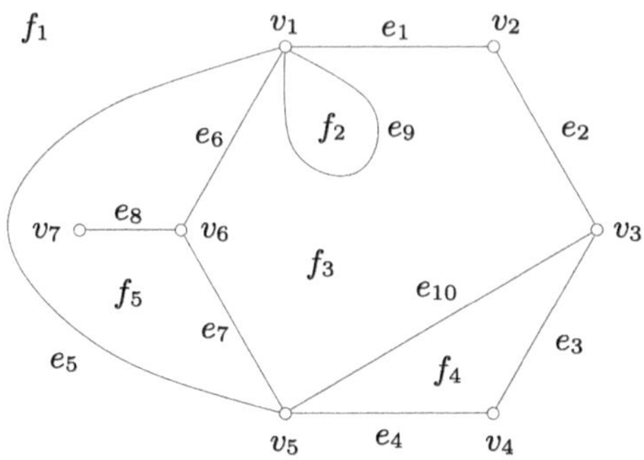

Fig. 10.7. Un graphe plan à cinq faces

La *frontière* d'une face f est la frontière, au sens topologique habituel, de l'ouvert f. Une face est dite *incidente* avec les sommets et les arêtes de sa frontière, et deux faces sont *adjacentes* si leurs frontières ont une arête en commun. Dans la Figure 10.7, la face f_1 est incidente aux sommets v_1, v_2, v_3, v_4, v_5 et aux arêtes e_1, e_2, e_3, e_4, e_5 ; elle est adjacente aux faces f_3, f_4, f_5.

Nous désignons la frontière d'une face f par $\partial(f)$. La justification de cette notation apparaîtra bientôt, lorsque nous parlerons de dualité. La frontière d'une face peut être vue comme un sous-graphe. De plus, quand il n'y a pas de risque de confusion, nous utilisons la notation $\partial(f)$ pour désigner l'ensemble d'arêtes de ce sous-graphe.

Proposition 10.5 *Soit G un graphe planaire, et soit f une face dans un plongement planaire de G. Alors G admet un plongement planaire dont la face externe a la même frontière que f.*

Démonstration Considérons un plongement $\widetilde{G}$ de G sur la sphère ; un tel plongement existe en vertu du Théorème 10.4. Notons $\widetilde{f}$ la face de $\widetilde{G}$ correspondant à f. Soit z un point de l'intérieur de $\widetilde{f}$, et soit $\pi(\widetilde{G})$ l'image de $\widetilde{G}$ par projection stéréographique depuis z. Clairement, $\pi(\widetilde{G})$ est un plongement planaire de G possédant la propriété voulue. □

D'après le Théorème de Jordan, un plongement planaire d'un cycle a exactement deux faces. Dans l'exposé qui suit sur les graphes plans, nous admettons, sans preuve, un certain nombre d'autres énoncés intuitivement évidents concernant leurs faces. Nous supposons, par exemple, qu'un plongement planaire d'un arbre a une seule face, et que la frontière de chaque face d'un graphe plan connexe est elle aussi connexe. Certains de ces faits reposent sur un autre résultat fondamental en topologie du plan, connu sous le nom de Théorème de Jordan–Schönfliess.

Théorème 10.6 THÉORÈME DE JORDAN–SCHÖNFLIESS
Un homéomorphisme d'une courbe fermée simple dans le plan sur une autre courbe fermée simple peut s'étendre en un homéomorphisme du plan. □

Une implication de ce théorème est que tout point p d'une courbe fermée simple C peut être relié à n'importe quel autre point hors de C au moyen d'une courbe simple qui rencontre C uniquement en p. Nous renvoyons le lecteur vers Mohar et Thomassen (2001) pour plus de détails.

Une arête séparatrice dans un graphe plan est incidente à une seule face, mais on peut penser cette arête comme étant incidente deux fois à la même face (une fois de chaque côté) ; toutes les autres arêtes sont incidentes à deux faces distinctes. Nous disons qu'une arête *sépare* les faces qui lui sont incidentes. Le *degré*, $d(f)$, d'une face f est le nombre d'arêtes dans sa frontière $\partial(f)$, les arêtes séparatrices étant comptées deux fois. Dans la Figure 10.7, l'arête e_9 sépare les faces f_2 et f_3 et l'arête e_8 sépare la face f_5 d'elle-même ; les degrés de f_3 et f_5 sont 6 et 5, respectivement.

Supposons que G soit un graphe plan connexe. *Subdiviser* une face f de G consiste à ajouter une nouvelle arête e reliant deux sommets de sa frontière de telle sorte qu'à part en ses extrémités, e soit entièrement à l'intérieur de f. Cette opération produit un graphe plan $G + e$ ayant exactement une face de plus que G ; toutes les faces de G hormis f sont aussi des faces de $G + e$, et la face f est remplacée par deux nouvelles faces, f_1 et f_2, qui s'intersectent sur l'arête e, comme illustré Figure 10.8.

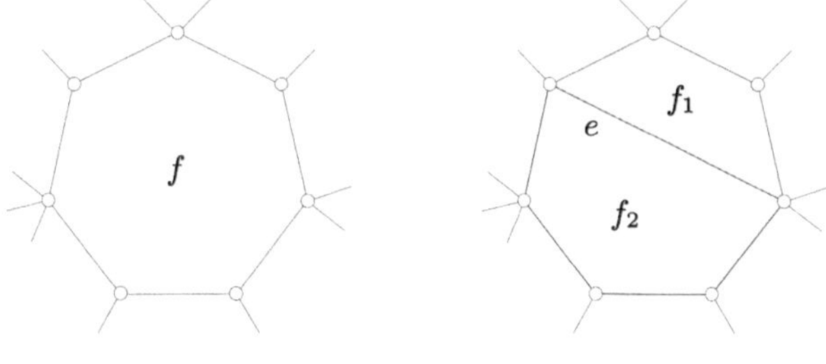

Fig. 10.8. Subdivision d'une face f par une arête e

Dans un graphe plan connexe la frontière d'une face peut se voir comme une marche fermée dans laquelle toute arête séparatrice du graphe qui est sur cette frontière est traversée deux fois. C'est clairement le cas pour les arbres plans, et cela peut être établi en général par récurrence sur le nombre de faces (Exercice 10.2.2). Dans le graphe plan de la Figure 10.7, par exemple,

$$\partial(f_3) = v_1e_1v_2e_2v_3e_{10}v_5e_7v_6e_6v_1e_9v_1 \quad \text{et} \quad \partial(f_5) = v_1e_6v_6e_8v_7e_8v_6e_7v_5e_5v_1$$

De plus, dans le cas de graphes non-séparables, ces marches frontières sont simplement des cycles, comme cela a été montré par Whitney (1932c).

Théorème 10.7 *Dans un graphe plan non-séparable autre que K_1 et K_2, toute face est bornée par un cycle.*

Démonstration Soit G un graphe plan non-séparable. Considérons une décomposition en anses $G_0, G_1, \ldots, G_k$ de G, où G_0 est un cycle, $G_k = G$, et, pour $0 \leq i \leq k-2$, $G_{i+1} := G_i \cup P_i$ est un sous-graphe plan non-séparable de G, avec P_i une anse de G_i. Comme G_0 est un cycle, les deux faces de G_0 sont clairement bornées par des cycles. Supposons, par récurrence, que toutes les faces de G_i soient bornées par des cycles, pour un $i \geq 0$. Comme G_{i+1} est un graphe plan, l'anse P_i de G_i est contenue dans une face f de G_i. (Plus précisément, G_{i+1} est obtenu à partir de G_i en subdivisant la face f par une arête reliant les extrémités de P_i et en subdivisant ensuite l'arête en insérant les sommets internes de P_i.) Toute face de G_i autre que f est une face de G_{i+1} également, et donc, par hypothèse de récurrence, est bornée par un cycle. D'autre part, la face f de G_i est divisée par P_i en deux faces de G_{i+1}, et il est facile de voir qu'elles sont, elles aussi, bornées par des cycles. □

Une conséquence du Théorème 10.7 est que tous les graphes planaires sans arête séparatrice ont des couvertures doubles par cycles (Exercice 10.2.4). Une autre est la suivante.

Corollaire 10.8 *Dans un graphe plan 3-connexe sans boucle, les voisins de tout sommet sont dans un même cycle.*

Démonstration Soit G un graphe plan 3-connexe sans boucle et soit v un sommet de G. Alors $G - v$ est non-séparable, donc toute face de $G - v$ est bornée par un cycle, d'après le Théorème 10.7. Si f est la face de $G - v$ dans laquelle le sommet v était situé, les voisins de v sont sur son cycle frontière $\partial(f)$. □

Duaux

Étant donné un graphe plan G, on peut définir un second graphe G^* de la façon suivante. À chaque face f de G correspond un sommet f^* de G^*, et à chaque arête e de G correspond une arête e^* de G^*. Deux sommets f^* et g^* sont reliés par l'arête e^* dans G^* si et seulement si leurs faces correspondantes f et g sont séparées par l'arête e dans G. Observons que si e est une arête séparatrice de G, alors $f = g$, donc e^* est une boucle de G^* ; à l'inverse, si e est une boucle de G, l'arête e^* est une arête séparatrice de G^*. Le graphe G^* est appelé le *dual* de G. Le dual du graphe plan de la Figure 10.7 est dessiné Figure 10.9.

Dans le dual G^* d'un graphe plan G, les arêtes correspondant à celles qui sont dans la frontière d'une face f de G sont simplement les arêtes incidentes au sommet

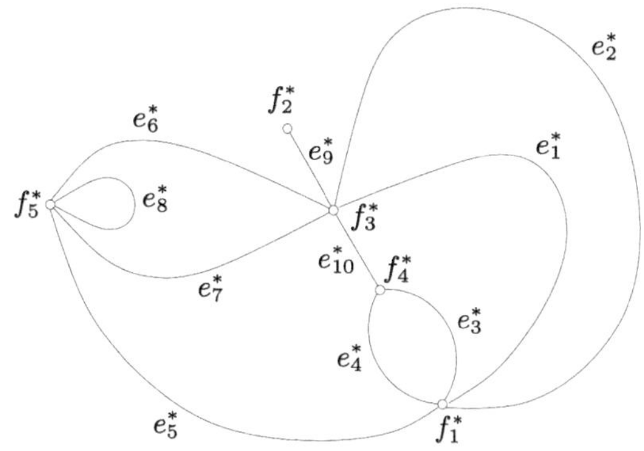

Fig. 10.9. Le dual du graphe plan de la Figure 10.7

correspondant f^*. Quand G n'a pas d'arête séparatrice, G^* n'a pas de boucle, et cet ensemble est précisément la coupe triviale $\partial(f^*)$; c'est-à-dire,

$$\partial(f^*) = \{e^* : e \in \partial(f)\}$$

C'est pour cette raison que la notation $\partial(f)$ a été choisie.

Il est facile de voir que le dual G^* d'un graphe plan G est lui-même un graphe planaire ; en fait, il y a un plongement naturel de G^* dans le plan. Nous plaçons chaque sommet f^* dans la face correspondante f de G, et dessinons ensuite chaque arête e^* de telle sorte qu'elle croise l'arête correspondante e de G exactement une fois (et ne croise aucune autre arête de G). Cette procédure est illustrée sur la Figure 10.10, où le dual est dessiné en gras.

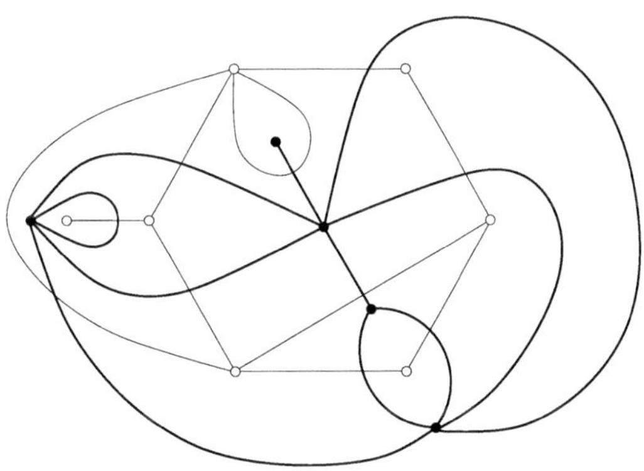

Fig. 10.10. Le graphe plan de la Figure 10.7 et son dual plan

Il est intuitivement clair que nous pouvons toujours dessiner le dual comme un graphe plan de cette manière, et nous ne prouvons pas ce fait. Nous appelons un tel dessin du dual le *dual plan* du graphe plan G.

Proposition 10.9 *Le dual d'un graphe plan est connexe.*

Démonstration Soit G un graphe plan et G^* un dual plan de G. Considérons deux sommets quelconques de G^*. Dans le plan, il y a une courbe reliant ces deux sommets qui évite tous les sommets de G. La suite des faces et arêtes de G traversées par cette courbe correspond dans G^* à une marche connectant les deux sommets. □

Bien que défini de manière abstraite, il est souvent commode de voir le dual G^* d'un graphe plan G comme étant lui-même une graphe plan, plongé comme décrit ci-dessus. On peut alors considérer le dual G^{**} de G^*. Lorsque G est connexe, il n'est pas difficile de prouver que $G^{**} \cong G$ (Exercice 10.2.6) ; un coup d'oeil à la Figure 10.10 permet de comprendre pourquoi.

Il doit être noté que des graphes plans isomorphes peuvent très bien avoir des duaux non-isomorphes. Par exemple, bien que les graphes plans de la Figure 10.11 soient isomorphes, leurs duaux ne le sont pas : le graphe plan représenté Figure 10.11a a deux faces de degré 3, alors que celui de la Figure 10.11b a seulement une face de ce type. Ainsi la notion de graphe dual n'a de sens que pour les graphes plans, et non pour les graphes planaires en général. Nous montrons cependant, (dans le Théorème 10.28) que tout graphe simple planaire 3-connexe a un unique plongement planaire (dans le sens que les frontières de ses faces sont uniquement déterminées) et de ce fait a un unique dual.

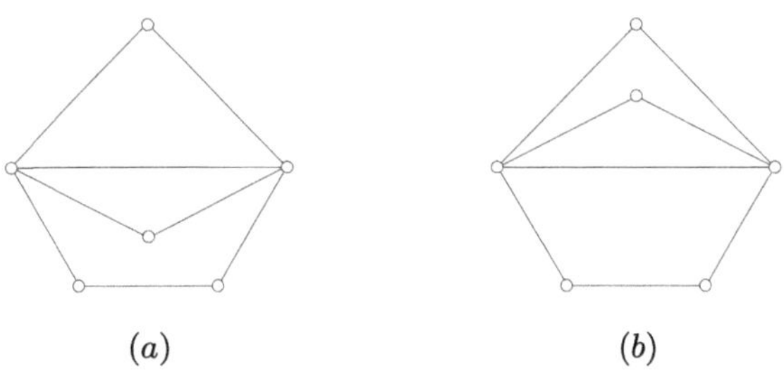

Fig. 10.11. Graphes plans isomorphes avec des duaux non-isomorphes

Les relations suivantes sont des conséquences directes de la définition du dual G^*.

$$v(G^*) = f(G), \quad e(G^*) = e(G), \quad \text{et} \quad d_{G^*}(f^*) = d_G(f) \quad \text{pour tout} \quad f \in F(G) \tag{10.1}$$

Le prochain théorème peut se voir comme une version duale du Théorème 1.1.

Théorème 10.10 *Si G est un graphe plan,*

$$\sum_{f \in F} d(f) = 2m$$

Démonstration Soit G^* le dual de G. Par (10.1) et le Théorème 1.1,

$$\sum_{f \in F(G)} d(f) = \sum_{f^* \in V(G^*)} d(f^*) = 2e(G^*) = 2e(G) = 2m \qquad \square$$

Un graphe plan simple connexe dans lequel toutes les faces sont de degré 3 est appelé une *triangulation du plan* ou, plus brièvement, une *triangulation*. Le tétraèdre, l'octaèdre, et l'icosaèdre (dessinés Figure 1.14) sont tous des triangulations. En conséquence de (10.1) nous avons :

Proposition 10.11 *Un graphe plan simple connexe est une triangulation si et seulement si son dual est cubique.* □

Il est aisé de montrer que tout graphe plan simple ayant trois sommets ou plus est un sous-graphe couvrant d'une triangulation (Exercice 10.2.3). D'autre part, comme nous le verrons dans la Partie 10.3, aucun sur-graphe simple couvrant d'une triangulation n'est planaire. Pour cette raison, les triangulations sont aussi connues comme les *graphes planaires maximaux*. Elles jouent un rôle important dans la théorie des graphes planaires.

Dualité suppression–contraction

Soit G un graphe planaire et $\widetilde{G}$ un plongement planaire de G. Pour une arête e de G, un plongement planaire de $G \setminus e$ peut être obtenu par une simple suppression de la ligne e de $\widetilde{G}$. Ainsi, la suppression d'une arête d'un graphe planaire donne un graphe planaire. Bien que ce soit moins évident, la contraction d'une arête d'un graphe planaire donne aussi un graphe planaire (Exercice 10.1.4b). En effet, étant donnés une arête e d'un graphe planaire G et un plongement planaire $\widetilde{G}$ de G, la ligne e de $\widetilde{G}$ peut être contractée en un seul point (et les lignes incidentes à ses extrémités redessinées) de telle sorte que le graphe plan obtenu soit un plongement planaire de G / e.

Les deux propositions suivantes montrent que les opérations de contraction et suppression d'arête dans les graphes plans sont reliées de manière naturelle par dualité.

Proposition 10.12 *Soit G un graphe plan connexe, et soit e une arête de G qui n'est pas une arête séparatrice. Alors*

$$(G \setminus e)^* \cong G^* / e^*$$

Démonstration Comme e n'est pas une arête séparatrice, les deux faces de G incidentes à e sont distinctes ; notons les f_1 et f_2. La suppression de l'arête e de G se traduit par l'amalgamation de f_1 et f_2 en une seule face f (voir Figure 10.12). Une face de G qui était adjacente à f_1 ou f_2 devient adjacente à f dans $G \setminus e$; toutes les autres faces et les adjacences entre elles ne sont pas affectées par la suppression de e. En conséquence, dans le dual, les deux sommets f_1^* et f_2^* de G^* qui correspondent aux faces f_1 et f_2 de G sont maintenant remplacés par un seul sommet de $(G \setminus e)^*$, que nous pouvons noter f^*, et tous les autres sommets de G^* sont des sommets de $(G \setminus e)^*$. De plus, un sommet de G^* qui était adjacent à f_1^* ou f_2^* est adjacent à f^* dans $(G \setminus e)^*$, et les adjacences entre sommets de $(G \setminus e)^*$ autres que v sont les mêmes que dans G^*. Le résultat découle de ces observations. □

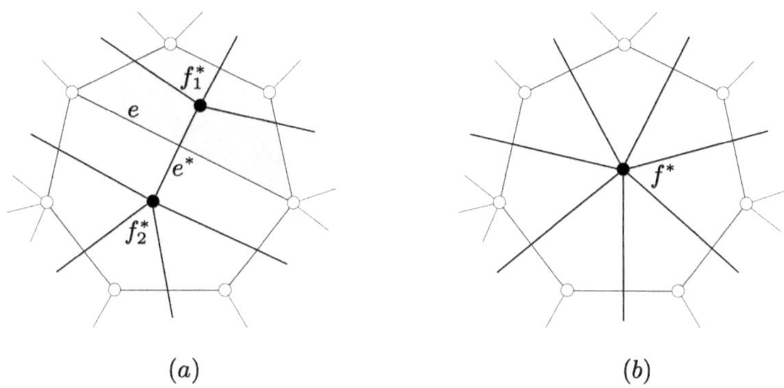

Fig. 10.12. (a) G et G^*, (b) $G \setminus e$ et G^* / e^*

De façon duale, nous avons :

Proposition 10.13 *Soit G un graphe plan connexe, et soit e un lien de G. Alors*

$$(G / e)^* \cong G^* \setminus e^*$$

Démonstration Comme G est connexe, $G^{**} \cong G$ (Exercice 10.2.6). En outre, comme e n'est pas une boucle de G, l'arête e^* n'est pas une arête séparatrice de G^*, donc $G^* \setminus e^*$ est connexe. Par la Proposition 10.12,

$$(G^* \setminus e^*)^* \cong G^{**} / e^{**} \cong G / e$$

La proposition vient en prenant les duaux. □

Nous appliquons maintenant les Propositions 10.12 et 10.13 pour montrer que les graphes plans non-séparables ont des duaux non-séparables. Ce fait se trouve être très utile.

Théorème 10.14 *Le dual d'un graphe plan non-séparable est non-séparable.*

Démonstration Par récurrence sur le nombre d'arêtes. Soit G un graphe plan non-séparable. Le théorème est clairement vrai si G a au plus une arête, donc nous pouvons supposer que G a au moins deux arêtes, et donc aucune boucle ni aucune arête séparatrice. Soit e une arête de G. Alors $G \setminus e$ ou G / e est non-séparable (Exercice 5.3.2). Si $G \setminus e$ est non-séparable, alors $(G \setminus e)^* \cong G^* / e^*$ l'est aussi, par hypothèse de récurrence et la Proposition 10.12. Appliquant l'Exercice 5.2.2b, nous déduisons que G^* est non-séparable. Le cas où G / e est non-séparable se montre par un argument analogue. □

Le dual d'un graphe plan est connexe, et il découle du Théorème 10.14 que le dual d'un graphe plan sans boucle 2-connexe est 2-connexe. De plus, on peut montrer que le dual d'un graphe plan simple 3-connexe est 3-connexe (Exercice 10.2.9).

La notion de dualité plane peut s'étendre aux graphes dirigés. Soit D un digraphe plan, de graphe plan sous-jacent G. Considérons un dual plan G^* de G. Tout arc a de D sépare deux faces de G. Quand a est traversé de sa queue vers sa tête, une de ces faces est sur la gauche de a et et l'autre sur sa droite. Nous désignons ces deux faces par l_a et r_a, respectivement ; notons que si a est une arête séparatrice, $l_a = r_a$. Pour chaque arc a de D, nous dirigeons maintenant l'arête de G^* qui la croise en un arc a^* en prenant l'extrémité dans l_a pour queue de a^* et l'extrémité dans r_a pour tête. Le digraphe plan D^* ainsi obtenu est le *dual plan dirigé* de D. Un exemple est donné Figure 10.13.

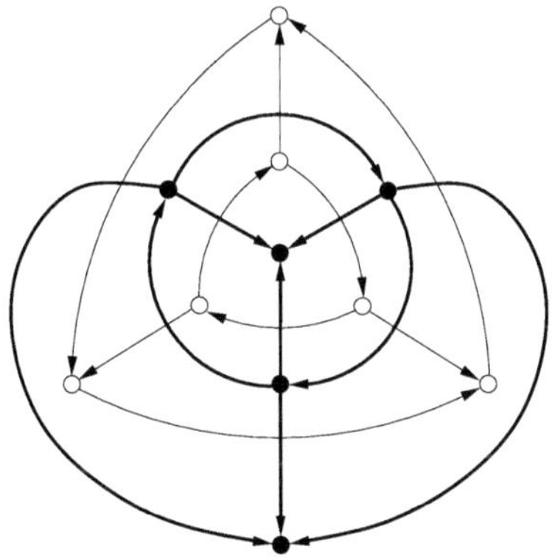

Fig. 10.13. Une orientation du prisme triangulaire, et son dual plan dirigé

Espaces vectoriels et dualité

Nous avons vu que les espaces des cycles et des attaches sont supplémentaires orthogonaux (Exercice 2.6.4a). Dans le cas des graphes plans, cette relation d'orthogonalité peut aussi s'exprimer en termes de dualité, comme nous l'expliquons maintenant. Comme il est habituel dans ce contexte, nous identifions les cycles, arbres, et co-arbres avec leurs ensembles d'arêtes.

Nous avons observé auparavant que tous les duaux sont connexes (Proposition 10.9). Un argument similaire, basé sur le fait que l'intérieur d'un cycle dans un graphe plan est connexe par arcs, démontre la proposition suivante.

Proposition 10.15 *Soit G un graphe plan, G^* un dual plan de G, C un cycle de G, et X^* l'ensemble des sommets de G^* qui sont dans int(C). Alors $G^*[X^*]$ est connexe.* □

Pour un sous-ensemble S de $E(G)$, nous notons S^* le sous-ensemble $\{e^* : e \in S\}$ de $E(G^*)$.

Théorème 10.16 *Soit G un graphe plan connexe, et soit G^* un dual plan de G.*

a) Si C est un cycle de G, alors C^* est une attache de G^*.
b) Si B est une attache de G, alors B^* est un cycle de G^*.

Démonstration a) Soit C un cycle de G, et soit X^* l'ensemble des sommets de G^* qui sont dans int(C). Alors C^* est la coupe $\partial(X^*)$ dans G^*. Par la Proposition 10.15, le sous-graphe de G^* induit par X^* est connexe. De même, le sous-graphe de G^* induit par $V(G^*) \setminus X^*$ est connexe. Il découle du Théorème 2.15 que C^* est une attache de G^*. Nous laissons la partie (b) (l'inverse de (a)) en exercice (Exercice 10.2.7). □

En conséquence directe du Théorème 10.16, nous avons :

Corollaire 10.17 *Pour un graphe plan G, l'espace des cycles de G est isomorphe à l'espace des attaches de G^*.* □

La relation entre cycles et attaches formulée par le Théorème 10.16 peut être raffinée en prenant en compte les directions et en considérant les duaux dirigés, définis précédemment. Soit D un digraphe plan et D^* son dual plan dirigé. Pour un sous-ensemble S de $A(D)$, notons S^* le sous-ensemble $\{a^* : a \in S\}$ de $A(D^*)$.

Théorème 10.18 *Soit D un digraphe plan connexe et soit D^* un dual plan dirigé de D.*

a) Soit C un cycle de D, avec un sens de parcours prescrit. Alors C^* est une attache $\partial(X^*)$ de D^*. De plus, l'ensemble des arcs avant de C correspond à la coupe sortante $\partial^+(X^*)$ et l'ensemble des arcs inverses de C à la coupe entrante $\partial^-(X^*)$.
b) Soit $B := \partial(X)$ une attache de D. Alors B^* est un cycle de D^*. De plus, la coupe sortante $\partial^+(X)$ correspond à l'ensemble des arcs avant de B^* et la coupe entrante $\partial^-(X)$ correspond à l'ensemble des arcs inverses de B^* (suivant un certain sens de parcours de B^*). □

La preuve du Théorème 10.18 est laissée au lecteur (Exercice 10.2.14).

Exercices

10.2.1

a) Montrer qu'un graphe est planaire si et seulement si tous ses blocs sont planaires.
b) En déduire que tout graphe non-planaire minimal est à la fois simple et non-séparable.

$\star$**10.2.2** Prouver que la frontière d'une face d'un graphe plan connexe peut être vue comme une marche fermée dans laquelle toute arête séparatrice du graphe qui est sur la frontière est traversée deux fois.

$\star$**10.2.3** Montrer que tout graphe plan simple connexe à n sommets, avec $n \geq 3$, est un sous-graphe couvrant d'une triangulation.

10.2.4 Montrer que tout graphe planaire sans arête séparatrice a une couverture double par cycles.

10.2.5 Déterminer les duaux des cinq graphes platoniques (Figure 1.14).

$\star$**10.2.6** Soit G un graphe plan. Montrer que $G^{**} \cong G$ si et seulement si G est connexe.

$\star$**10.2.7** Soit B une attache d'un graphe plan G. Montrer que B^* est un cycle de son dual plan G^*.

10.2.8 Montrer que le dual d'une triangulation d'ordre au moins 4 est un graphe plan simple non-séparable et cubique.

10.2.9 Montrer que le dual d'un graphe plan simple et 3-connexe est à la fois simple et 3-connexe.

10.2.10 Montrer que le dual d'un graphe plan pair est biparti.

10.2.11 Une *attache hamiltonienne* d'un graphe connexe G est une attache B telle que les deux composantes de $G \setminus B$ sont des arbres. Soit G un graphe plan qui possède un cycle hamiltonien, et soit C (l'ensemble d'arêtes d') un tel cycle. Montrer que C^* est une attache hamiltonienne de G^*.

10.2.12 Graphe planaire extérieur
Un graphe G est *planaire extérieur* s'il a un plongement planaire $\widetilde{G}$ dans lequel tous les sommets sont sur la frontière de sa face externe. Un graphe planaire extérieur muni d'un tel plongement est appelé un *graphe plan extérieur*. Montrer que :

a) si G est un graphe plan extérieur, alors le sous-graphe de G^* induit par les sommets correspondant aux faces intérieures de G est un arbre,
b) tout graphe planaire extérieur simple 2-connexe autre que K_2 a un sommet de degré deux.

10.2.13 Soit T un arbre couvrant d'un graphe plan connexe G. Montrer que $(E \setminus T)^*$ est un arbre couvrant de G^*.

$\star$**10.2.14** Prouver le Théorème 10.18.

———— ≀ ————

10.2.15 Un *graphe de Halin* est un graphe $H := T \cup C$, où T est un arbre plan d'ordre au moins 4 dans lequel aucun sommet n'est de degré 2, et C est un cycle reliant les feuilles de T dans l'ordre cyclique déterminé par le plongement de T. Montrer que :

a) tout graphe de Halin est minimalement 3-connexe,
b) tout graphe de Halin a un cycle hamiltonien.

10.2.16 Le *graphe médian* d'un graphe plan G est le graphe 4-régulier $M(G)$ d'ensemble de sommets $E(G)$ dans lequel deux sommets sont reliés par k arêtes si, dans G, ce sont des arêtes adjacentes qui sont incidentes à k faces communes ($k = 0, 1, 2$). (Le graphe médian a un plongement planaire naturel.) Soit G un graphe plan non-séparable. Montrer que :

a) $M(G)$ est un graphe planaire 4-régulier,
b) $M(G) \cong M(G^*)$.

10.3 Formule d'Euler

Il y a une formule simple reliant les nombres de sommets, d'arêtes, et de faces dans un graphe plan connexe. Elle a été établie en premier lieu pour les graphes polyédriques par Euler (1752), et est connue comme la *Formule d'Euler*.

Théorème 10.19 FORMULE D'EULER
Pour un graphe plan connexe G,

$$v(G) - e(G) + f(G) = 2 \tag{10.2}$$

Démonstration Par récurrence sur $f(G)$, le nombre de faces de G. Si $f(G) = 1$, toute arête de G est une arête séparatrice et donc G, étant connexe, est un arbre. Dans ce cas $e(G) = v(G) - 1$, d'après le Théorème 4.3, et le résultat est vrai. Supposons qu'il soit vrai pour tous les graphes plans connexes avec moins de f faces, avec $f \geq 2$, et soit G un graphe plan connexe avec f faces. Choisissons une arête e de G qui n'est pas une arête séparatrice. Alors $G \setminus e$ est un graphe plan connexe avec $f-1$ faces, parce que les deux faces de G séparées par e se regroupent pour former une face de $G \setminus e$. Par hypothèse de récurrence,

$$v(G \setminus e) - e(G \setminus e) + f(G \setminus e) = 2$$

À l'aide des relations

$$v(G \setminus e) = v(G), \qquad e(G \setminus e) = e(G) - 1, \quad \text{et} \quad f(G \setminus e) = f(G) - 1$$

nous obtenons

$$v(G) - e(G) + f(G) = 2$$

Le théorème vient par récurrence. □

Corollaire 10.20 *Tous les plongements planaires d'un graphe planaire connexe ont le même nombre de faces.*

Démonstration Soit $\widetilde{G}$ un plongement planaire d'un graphe planaire G. Par la Formule d'Euler (10.2), nous avons

$$f(\widetilde{G}) = e(\widetilde{G}) - v(\widetilde{G}) + 2 = e(G) - v(G) + 2$$

Ainsi le nombre de faces de $\widetilde{G}$ dépend uniquement du graphe G, et pas de son plongement. □

Corollaire 10.21 *Soit G un graphe simple planaire d'ordre au moins 3. Alors $m \leq 3n - 6$. De plus, $m = 3n - 6$ si et seulement si tout plongement planaire de G est une triangulation.*

Démonstration Il suffit clairement de prouver le corollaire pour les graphes connexes. Soit G un graphe planaire simple et connexe avec $n \geq 3$. Considérons un plongement planaire $\widetilde{G}$ de G. Comme G est simple et connexe, et a au moins trois sommets, $d(f) \geq 3$ pour tout $f \in F(\widetilde{G})$. Par conséquent, par le Théorème 10.10 et la Formule d'Euler (10.2)

$$2m = \sum_{f \in F(\widetilde{G})} d(f) \geq 3f(\widetilde{G}) = 3(m - n + 2) \tag{10.3}$$

ou, de manière équivalente,

$$m \leq 3n - 6 \tag{10.4}$$

Il y a équalité dans (10.4) si et seulement s'il y a égalité dans (10.3), c'est-à-dire, si et seulement si $d(f) = 3$ pour tout $f \in F(\widetilde{G})$. □

Corollaire 10.22 *Tout graphe simple planaire a un sommet de degré au plus 5.*

Démonstration Ceci est trivial pour $n < 3$. Si $n \geq 3$, alors par le Théorème 1.1 et le Corollaire 10.21,

$$\delta n \leq \sum_{v \in V} d(v) = 2m \leq 6n - 12$$

Il s'ensuit que $\delta \leq 5$. □

Nous avons déjà vu que K_5 et $K_{3,3}$ ne sont pas planaires (Théorème 10.2 et Exercice 10.1.1b). Nous déduisons maintenant ces deux faits de la Formule d'Euler (10.2).

Corollaire 10.23 *K_5 n'est pas planaire.*

Démonstration Si K_5 était planaire, le Corollaire 10.21 donnerait

$$10 = e(K_5) \leq 3v(K_5) - 6 = 9$$

Ainsi K_5 n'est pas planaire. □

Corollaire 10.24 *$K_{3,3}$ n'est pas planaire.*

Démonstration Supposons que $K_{3,3}$ soit planaire et soit G un plongement planaire de $K_{3,3}$. Comme $K_{3,3}$ n'a pas de cycle de longueur inférieure à 4, toutes les faces de G sont de degré au moins 4. Par conséquent, par le Théorème 10.10, nous avons

$$4f(G) \leq \sum_{f \in F} d(f) = 2e(G) = 18$$

ce qui implique que $f(G) \leq 4$. La Formule d'Euler (10.2) nous donne alors que

$$2 = v(G) - e(G) + f(G) \leq 6 - 9 + 4 = 1$$

ce qui est absurde. □

Exercices

$\star$**10.3.1** Montrer que le nombre de croisements satisfait l'inégalité $\text{cr}(G) \geq m - 3n + 6$, pourvu que $n \geq 3$.

10.3.2

a) Soit G un graphe planaire connexe de maille k, avec $k \geq 3$. Montrer que $m \leq k(n-2)/(k-2)$.
b) En déduire que le graphe de Petersen n'est pas planaire.

10.3.3 Déduire la Formule d'Euler (10.2) de l'Exercice 10.2.13.

10.3.4

a) Montrer que le complémentaire d'un graphe simple planaire d'ordre au moins 11 n'est pas planaire.
b) Trouver un graphe simple planaire à huit sommets dont le complémentaire soit planaire.

≀

10.3.5 Un graphe plan est *face-régulier* si toutes ses faces ont le même degré.

a) Caractériser les graphes plans qui sont à la fois réguliers et face-réguliers.

b) Montrer qu'exactement cinq de ces graphes sont simples et 3-connexes. (Ce sont les graphes platoniques.)

10.3.6 L'*épaisseur* $\theta(G)$ d'un graphe G est le nombre minimum de graphes planaires dont l'union est G. (Ainsi $\theta(G) = 1$ si et seulement si G est planaire.)

a) Soit G un graphe simple. Montrer que $\theta(G) \geq \lceil m/(3n-6) \rceil$.
b) En déduire que $\theta(K_n) \geq \lfloor (n+1)/6 \rfloor + 1$ et montrer, à l'aide de l'Exercice 10.3.4b, qu'il y a égalité pour tout $n \leq 8$.
(Beineke et Harary (1965) ont montré qu'il y avait égalité pour tout $n \neq 9, 10$; Battle et al. (1962) ont montré que $\theta(K_9) = 3$.)
c) Exprimer le graphe de Turán $T_{6,12}$ (défini à l'Exercice 1.1.11) comme l'union de deux graphes, tous deux isomorphes à l'icosaèdre.
d) Déduire de (b) et (c) que $\theta(K_{12}) = 3$.

10.3.7

a) Soit G un graphe simple biparti. Montrer que $\theta(G) \geq \lceil m/(2n-4) \rceil$.
b) Déduire que $\theta(K_{m,n}) \geq \lceil mn/(2m+2n-4) \rceil$.
(Beineke et al. (1964) ont montré qu'il y avait égalité si mn est pair. Il est conjecturé qu'il y a toujours égalité.)

10.3.8 Un graphe plan est *auto-dual* s'il est isomorphe à son dual.

a) Montrer que :
   i) si G est auto-dual, alors $e(G) = 2v(G) - 2$,
   ii) les quatre graphes plans dessinés Figure 10.14 sont auto-duaux.
b) Trouver quatre familles infinies de graphes plans auto-duaux dont ces quatre graphes sont membres.

(Smith et Tutte (1950) ont prouvé que tout graphe plan auto-dual appartient à l'une de ces quatre familles infinies.)

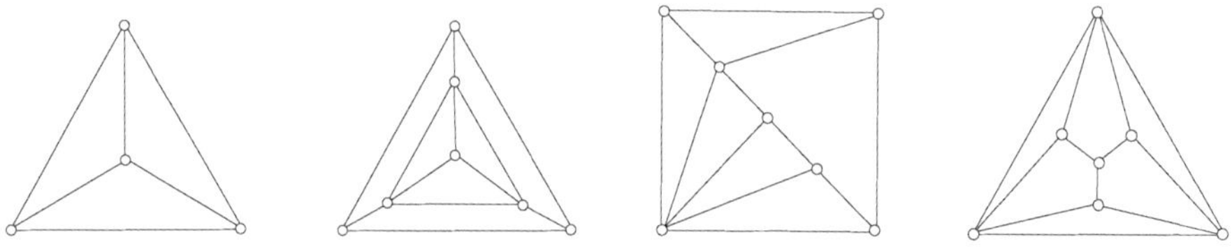

Fig. 10.14. Des graphes plans auto-duaux

10.3.9

a) Soit S un ensemble de n points dans le plan, avec $n \geq 3$, tel que la distance entre deux points quelconques de S soit au moins 1. Montrer qu'il ne peut pas y avoir plus de $3n - 6$ paires de points de S à distance exactement 1.

(P. Erdős)

b) En considérant le réseau triangulaire (représenté Figure 1.27) trouver, pour chaque entier strictement positif k, un ensemble S de $3k^2 + 3k + 1$ points dans le plan tel que la distance entre deux points quelconques de S soit au moins 1, et tel que $9k^2 + 3k$ paires de points de S soient à distance exactement 1.

10.3.10 Théorème de Sylvester–Gallai

a) Soit $\mathcal{L}$ un ensemble fini de droites dans le plan, deux à deux non-parallèles et qui ne soient pas toutes concourantes. À l'aide de la Formule d'Euler (10.2), montrer qu'il y a un point qui est le point d'intersection d'exactement deux droites de $\mathcal{L}$.
b) Déduire de (a) le *Théorème de Sylvester–Gallai : si S est un ensemble fini de points dans le plan, qui ne sont pas tous colinéaires, il y a une droite qui contient exactement deux points de S.* (E. Melchior)

10.4 Ponts

Dans l'étude des graphes planaires, certains sous-graphes, appelés ponts, jouent un rôle important. Nous les définissons maintenant et présentons certaines de leurs propriétés.

Soit H un sous-graphe propre d'un graphe connexe G. L'ensemble $E(G) \setminus E(H)$ peut se partitionner en classes comme suit.

▷ Pour chaque composante F de $G - V(H)$, il y a une classe formée par les arêtes de F et les arêtes reliant F à H.
▷ Chaque arête restante e (c'est-à-dire, qui a ses deux extrémités dans $V(H)$) définit une classe $\{e\}$.

Les sous-graphes de G induits par ces classes sont les *ponts* de H dans G. Il découle immédiatement de cette définition que les ponts de H ne peuvent s'intersecter qu'en des sommets de H, et que deux sommets quelconques d'un pont de H sont connectés par un chemin à l'intérieur du pont qui est intérieurement disjoint de H. Pour un pont B de H, les éléments de $V(B) \cap V(H)$ sont appelés les *sommets d'ancrage* de H ; les autres sommets de B sont ses *sommets internes*. Un pont est *trivial* s'il n'a pas de sommets internes (c'est-à-dire, s'il est du second type). Dans un graphe connexe, tout pont a au moins un sommet d'ancrage ; de plus, dans un graphe non-séparable, tout pont a au moins deux sommets d'ancrage. Un pont avec k sommets d'ancrage est appelé un *k-pont*. Deux ponts avec les mêmes sommets d'ancrage sont *équivalents*. La Figure 10.15 montre plusieurs ponts d'un cycle dans un graphe ; les arêtes des différents ponts sont distinguées par différents types de traits. Les ponts B_1 et B_2 sont des 3-ponts équivalents ; B_3 et B_6 sont des ponts triviaux.

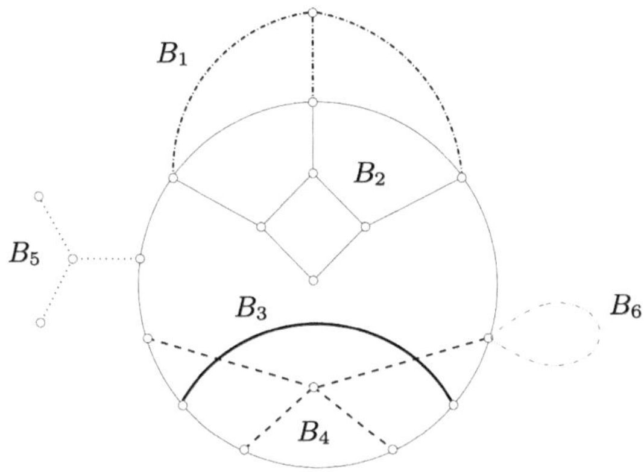

Fig. 10.15. Ponts d'un cycle

PONTS DE CYCLES

Nous étudions ici les ponts de cycles, et tous les ponts doivent être entendus comme étant des ponts d'un cycle donné C. Ainsi, pour éviter les répétitions, nous abrégeons 'pont de C' en 'pont' dans la discussion suivante.

Les sommets d'ancrage d'un k-pont B avec $k \geq 2$ opèrent une partition de C en k chemins arête-disjoints, appelés *segments* de B. Deux ponts *s'évitent* l'un l'autre si les sommets d'ancrage d'un pont sont dans un même segment de l'autre pont ; sinon, ils *se chevauchent*. Dans la Figure 10.15, B_2 et B_3 s'évitent, alors que B_1 et B_2 se chevauchent, de même que B_3 et B_4. Deux ponts B et B' sont *imbriqués* s'il y a des sommets d'ancrage distincts u, v de B, et u', v' de B', qui apparaissent dans l'ordre cyclique u, u', v, v' sur C. Sur la Figure 10.15, B_3 et B_4 sont imbriqués, alors que B_1 et B_2 ne le sont pas.

Théorème 10.25 *Des ponts se chevauchant sont ou bien imbriqués ou bien des 3-ponts équivalents.*

Démonstration Supposons que les ponts B et B' se chevauchent. Clairement, chacun doit avoir au moins deux sommets d'ancrage. Si B ou B' est un 2-pont, on vérifie facilement que ces deux ponts sont nécessairement imbriqués. Nous pouvons donc supposer que B et B' ont tous deux au moins trois sommets d'ancrage.

Si B et B' ne sont pas des ponts équivalents, alors B' a un sommet u' d'ancrage entre deux sommets d'ancrage consécutifs u et v de B. Comme B et B' se chevauchent, un sommet d'ancrage v' de B' n'est pas dans le segment de B connectant u et v. Il s'ensuit que B et B' sont imbriqués.

Si B et B' sont des k-ponts équivalents, alors $k \geq 3$. Si $k \geq 4$, B et B' sont imbriqués ; si $k = 3$, ce sont des 3-ponts équivalents. □

Nous considérons maintenant les ponts de cycles dans les graphes plans. Supposons que G soit un graphe plan et que C soit un cycle dans G. Comme C est

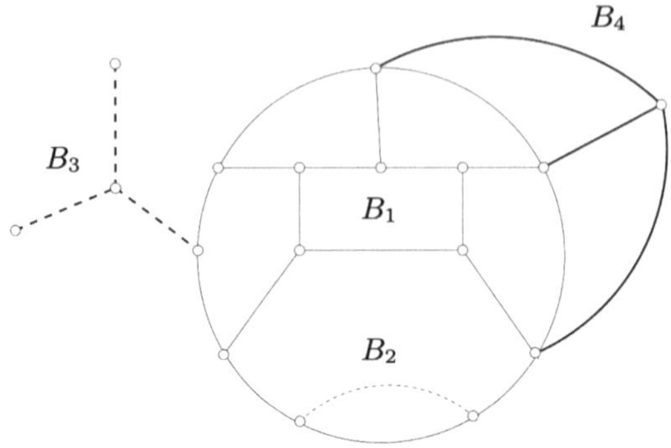

Fig. 10.16. Des ponts d'un cycle dans un graphe plan

une courbe simple fermée dans le plan, chaque pont de C dans G est contenu dans une des deux régions $\text{Int}(C)$ ou $\text{Ext}(C)$. Un pont contenu dans $\text{Int}(C)$ est appelé un *pont intérieur*, un pont contenu dans $\text{Ext}(C)$ un *pont extérieur*. Dans la Figure 10.16, B_1 et B_2 sont des ponts intérieurs, et B_3 et B_4 sont des ponts extérieurs.

Théorème 10.26 *Des ponts intérieurs (extérieurs) s'évitent.*

Démonstration Soient B et B' des ponts intérieurs d'un cycle C dans un graphe plan G. Supposons qu'ils se chevauchent. Par le Théorème 10.25, ils sont ou bien imbriqués ou bien des 3-ponts équivalents. Dans les deux cas, nous allons obtenir une contradiction.

Cas 1 : B et B' sont imbriqués. Par définition, il existe des sommets distincts u, v dans B et u', v' in B', qui apparaissent dans l'ordre cyclique u, u', v, v' sur C. Soient uPv un chemin dans B et $u'P'v'$ un chemin dans B', tous deux intérieurement disjoints de C. Considérons le sous-graphe $H := C \cup P \cup P'$ de G (voir Figure 10.17a). Comme G est plan, H l'est aussi. Soit K le graphe plan obtenu à partir de H en ajoutant un sommet dans $\text{ext}(C)$ et en le reliant à u, u', v, v' (voir Figure 10.17b). Alors K est une subdivision de K_5. Mais cela est impossible, car K_5 n'est pas planaire.

Cas 2 : B et B' sont des 3-ponts équivalents. Désignons par $S := \{v_1, v_2, v_3\}$ leur ensemble commun de sommets d'ancrage. D'après l'Exercice 9.2.3, il existe un (v, S)-éventail F dans B, pour un sommet interne v de B ; de même, il existe un (v', S)-éventail F' dans B', pour un sommet interne v' de B'. Considérons le sous-graphe $H := F \cup F'$ de G. Comme G est plan, H l'est aussi. Soit K le graphe plan obtenu à partir de H en ajoutant un sommet dans $\text{ext}(C)$ et en le relient aux trois sommets de S. Alors K est une subdivision de $K_{3,3}$. Mais c'est impossible, parce que $K_{3,3}$ n'est pas planaire (voir Figure 10.18).

Nous concluons que les ponts intérieurs s'évitent. De même, des ponts extérieurs s'évitent. □

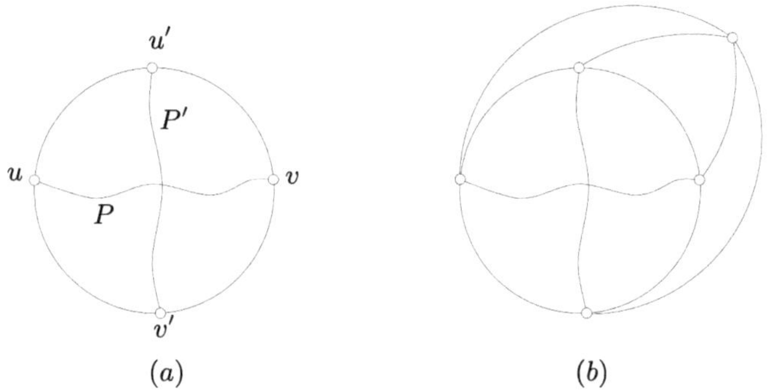

Fig. 10.17. Démonstration du Théorème 10.26, Cas 1 : (a) le sous-graphe H, (b) la subdivision K de K_5

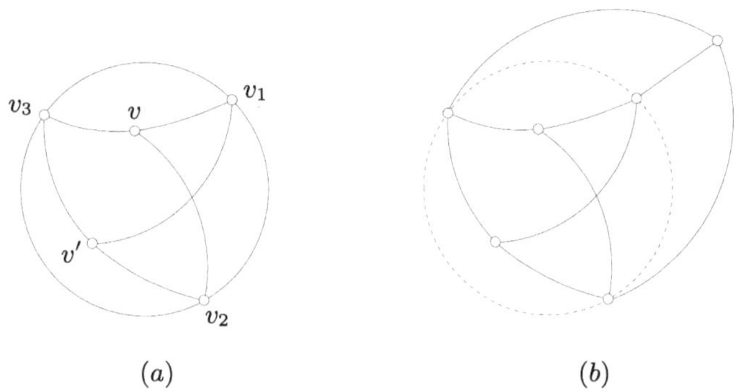

Fig. 10.18. Démonstration du Théorème 10.26, Cas 2 : (a) le sous-graphe H, (b) la subdivision K de $K_{3,3}$

Il est pratique de visualiser le théorème précédent en termes du graphe de chevauchement. Soit G un graphe et soit C un cycle de G. Le *graphe de chevauchement* de C est le graphe dont l'ensemble de sommets est l'ensemble de tous les ponts de C dans G, deux ponts étant adjacents s'ils se chevauchent. Le Théorème 10.26 affirme simplement que le graphe de chevauchement d'un cycle d'un graphe plan est biparti. Ainsi, une condition nécessaire pour qu'un graphe soit planaire est que le graphe de chevauchement de chacun de ses cycles soit biparti. Cette condition est également suffisante pour garantir la planarité (Exercice 10.5.7).

Plongements planaires uniques

De même qu'il n'y a pas une unique façon de représenter les graphes par des diagrammes, il n'y a pas une unique façon de plonger des graphes planaires dans le plan. Au delà des positions des points représentant les sommets et les allures des lignes représentant les arêtes, deux plongements planaires différents d'un même graphe planaire peuvent différer dans les relations d'incidence entre leurs ensembles d'arête et de faces ; ils peuvent même avoir des suites de degrés des faces différents, comme dans la Figure 10.11. Nous disons que deux plongements planaires d'un graphe planaire G sont *équivalents* si les frontières de leurs faces (vues comme ensembles d'arêtes) sont identiques. Un graphe planaire pour lequel deux plongements planaires quelconques sont toujours équivalents est dit avoir un *unique plongement* dans le plan. À l'aide de la théorie des ponts développée précédemment, nous allons montrer que tout graphe simple planaire et 3-connexe est plongeable de manière unique dans le plan ; notons que le graphe de la Figure 10.11 n'est pas 3-connexe. La notion de cycle non-séparant joue un rôle crucial dans cette preuve.

Un cycle est *non-séparant* s'il n'a pas de cordes et a au plus un pont non-trivial. Ainsi, dans un graphe sans boucle G qui n'est pas lui-même un cycle, un cycle C est non-séparant si et seulement si c'est un sous-graphe induit de G et $G - V(C)$ est connexe. Dans le cas des graphes plans simples et 3-connexes, Tutte (1963) a prouvé que les cycles faciaux et les cycles non-séparants sont exactement les mêmes.

Théorème 10.27 *Un cycle dans un graphe plan simple et 3-connexe est un cycle facial si et seulement s'il est non-séparant.*

Démonstration Soit G un graphe plan simple et 3-connexe et soit C un cycle de G. Supposons, d'abord, que C ne soit pas un cycle facial de G. Alors C a au moins un pont intérieur et au moins un pont extérieur. Comme G est simple et connexe, ces ponts ne sont pas des boucles. Donc, soit ils sont tous deux non-triviaux, soit l'un au moins d'entre eux a une corde. Il s'ensuit que C n'est pas un cycle non-séparant.

Supposons maintenant que C soit un cycle facial de G. Par la Proposition 10.5, nous pouvons supposer que C borne la face externe de G, et donc que ses ponts sont des ponts intérieurs. D'après le Théorème 10.26, ces ponts s'évitent. Si C avait une corde xy, l'ensemble $\{x, y\}$ serait un séparateur séparant les sommets internes des deux xy-segments de C. De même, si C avait deux ponts non-triviaux, les sommets d'ancrage d'un de ces ponts seraient tous dans un même xy-segment de l'autre pont, et $\{x, y\}$ serait un séparateur de G séparant les sommets internes des deux ponts. Dans les deux cas, la 3-connexité de G serait contredite. Donc C est non-séparant. □

Une conséquence directe du Théorème 10.27 est le théorème fondamental suivant, dû à Whitney (1933).

Théorème 10.28 *Toute graphe simple planaire et* 3*-connexe a un unique plongement planaire.*

Démonstration Soit G un graphe simple planaire et 3-connexe. Par le Théorème 10.27, les cycles faciaux dans un plongement planaire de G sont précisément ses cycles non-séparants. Comme ces derniers sont définis uniquement en termes de la structure abstraite du graphe, ce sont les mêmes quel que soit le plongement planaire de G. □

Le corollaire suivant est immédiat.

Corollaire 10.29 *Tout graphe simple planaire et 3-connexe a un unique graphe dual.* □

Exercices

⋆**10.4.1** Soient G_1 et G_2 deux graphes planaires dont l'intersection est isomorphe à K_2. Montrer que $G_1 \cup G_2$ est planaire.

10.4.2 Soit H un sous-graphe d'un graphe G. On considère la relation binaire $\sim$ sur $E(G) \setminus E(H)$, définie par $e_1 \sim e_2$ s'il existe une marche W dans G telle que :

▷ les première et dernière arêtes de W sont e_1 et e_2, respectivement,

▷ W est intérieurement disjoint de H (c'est-à-dire qu'aucun sommet interne de W n'est un sommet de H).

Montrer que :

a) la relation $\sim$ est une relation d'équivalence sur $E(G) \setminus E(H)$,

b) les sous-graphes de $G \setminus E(H)$ induits par les classes d'équivalence pour cette relation d'équivalence sont les ponts de H dans G.

10.4.3 Un 3-*polytope* est l'enveloppe convexe d'un ensemble de points de $\mathbb{R}^3$ qui ne sont pas dans un même plan. Montrer que le graphe polyédrique d'un tel polytope est simple, planaire, et 3-connexe.
(Steinitz (1922) a démontré que, réciproquement, *tout graphe simple planaire et 3-connexe est le graphe polyédrique d'un 3-polytope.*)

10.4.4 Montrer qu'un graphe plan cubique 3-connexe à n sommets, avec $n \geq 6$, peut s'obtenir à partir d'un graphe à $n-2$ sommets en subdivisant deux arêtes dans la frontière d'une face et en reliant les deux nouveaux sommets par une arête subdivisant la face.

10.4.5 Un *enracinement* d'un graphe plan G est un triplet (v, e, f), où v est un sommet, appelé le *sommet racine*, e est une arête de G incidente à v, appelée l'*arête racine*, et f est une face incidente à e, appelée la *face racine*.

a) Montrer que le seul automorphisme d'un graphe plan simple et 3-connexe qui fixe un enracinement donné est l'automorphisme identité.

b) Soit G un graphe simple planaire et 3-connexe. Déduire de (a) que :

 i) $aut(G)$ divise $4m$,

 ii) $aut(G) = 4m$ si et seulement si G est un des cinq graphes platoniques.

(F. Harary et W.T. Tutte ; L. Weinberg)

10.5 Le Théorème de Kuratowski

La planarité étant une propriété tellement fondamentale, le problème de décider si un graphe donné est planaire est clairement d'une grande importance. Un pas important vers cet objectif a été fait par la caractérisation suivante des graphes planaires, due à Kuratowski (1930).

Théorème 10.30 THÉORÈME DE KURATOWSKI
Un graphe est planaire si et seulement s'il ne contient pas subdivision de K_5 *ou de* $K_{3,3}$.

Une subdivision de K_5 ou de $K_{3,3}$ est de ce fait appelée une *subdivision de Kuratowski.*

Nous présentons d'abord une preuve du Théorème de Kuratowski due à Thomassen (1981), et expliquons ensuite comment on en dérive un algorithme polynomial pour décider de la planarité. Avant de prouver le théorème, nous le reformulons en termes de mineurs.

MINEURS

Un *mineur* d'un graphe G est un graphe que l'on peut obtenir à partir de G au moyen d'une suite de suppressions de sommets, suppressions d'arêtes et contractions d'arêtes. Alternativement, considérons une partition $(V_0, V_1, \ldots, V_k)$ de V telle que $G[V_i]$ est connexe, $1 \leq i \leq k$, et soit H le graphe obtenu à partir de G en supprimant V_0 et en contractant chaque sous-graphe induit $G[V_i]$, $1 \leq i \leq k$, en un unique sommet. Alors tout sous-graphe couvrant F de H est un *mineur* de G. Par exemple, K_5 est un mineur du graphe de Petersen parce qu'il peut être obtenu en contractant les cinq arêtes 'rayon' de ce dernier graphe (voir Figure 10.19).

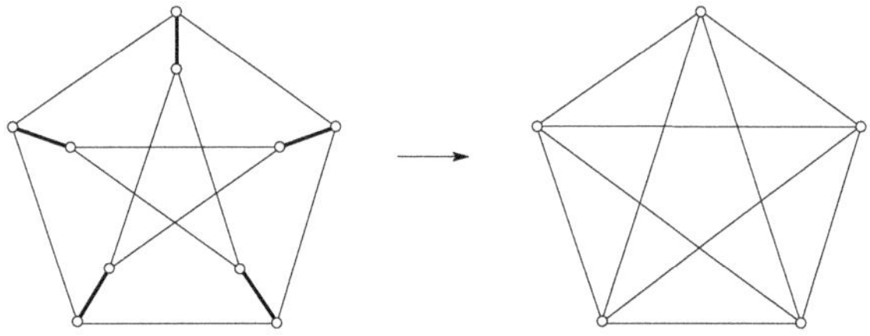

Fig. 10.19. Contraction du graphe de Petersen en K_5

Si F est un mineur de G, nous écrivons $F \preceq G$. Par *F-mineur* de G, où F est un graphe arbitraire, nous entendons un mineur de G qui est isomorphe à F. Il est important de remarquer que tout graphe qui contient une F-subdivision a également un F-mineur : pour obtenir F comme mineur, on supprime simplement les sommets et les arêtes qui ne sont pas dans la subdivision, et on contracte ensuite chaque arête subdivisée en une simple arête. Par exemple, comme le graphe de Petersen contient une $K_{3,3}$-subdivision (Exercice 10.1.3), il a aussi un $K_{3,3}$-mineur. À l'inverse, pourvu que F soit un graphe de degré maximum 3 ou moins, tout graphe ayant un F-mineur contient aussi une F-subdivision (Exercice 10.5.3a).

Le Théorème de Wagner

Comme observé dans la Partie 10.2, la suppression ou la contraction d'une arête d'un graphe planaire donne un autre graphe planaire. Ainsi nous avons :

Proposition 10.31 *Les mineurs de graphes planaires sont planaires.* □

Un mineur qui est isomorphe à K_5 ou $K_{3,3}$ est appelé un *mineur de Kuratowski.* Puisque K_5 et $K_{3,3}$ ne sont pas planaires, la Proposition 10.31 implique qu'un graphe qui a un mineur de Kuratowski n'est pas planaire. Wagner (1937) a prouvé que la réciproque est vraie.

Théorème 10.32 Théorème de Wagner
Un graphe est planaire si et seulement s'il n'a pas de mineur de Kuratowski.

Nous avons remarqué un peu plus haut qu'un graphe qui contient une F-subdivision a également un F-mineur. Donc le Théorème de Kuratowski implique le Théorème de Wagner. D'autre part, comme $K_{3,3}$ est de degré maximum 3, tout graphe ayant un $K_{3,3}$-mineur contient une $K_{3,3}$-subdivision (Exercice 10.5.3a). De plus, tout graphe ayant un K_5-mineur contient nécessairement une subdivision de Kuratowski (Exercice 10.5.3b). Ainsi le Théorème de Wagner implique le Théorème de Kuratowski, et ils sont donc tous deux équivalents.

Il s'avère légèrement plus pratique de prouver le Théorème Wagner que le Théorème de Kuratowski. Avant cela, nous devons établir deux lemmes simples.

Lemme 10.33 *Soit G un graphe 2-connexe ayant un 2-séparateur $\{x, y\}$. Alors toute $\{x, y\}$-composante jalonnée de G est isomorphe à un mineur de G.* □

Démonstration Soit H une $\{x, y\}$-composante de G, d'arête jalon e, et soit xPy un chemin dans une autre $\{x, y\}$-composante de G. Alors $H \cup P$ est un sous-graphe de G. Or $H \cup P$ est isomorphe à une subdivision de $G+e$, donc $G+e$ est isomorphe à un mineur de G. □

Lemme 10.34 *Soit G un graphe 2-connexe ayant un 2-séparateur $\{x, y\}$. Alors G est planaire si et seulement si chacune de ses $\{x, y\}$-composantes jalonnées est planaire.*

Démonstration Supposons, en premier lieu, que G soit planaire. Par le Lemme 10.33, chaque $\{x, y\}$-composante jalonnée de G est isomorphe à un mineur de G, donc est planaire par la Proposition 10.31.

Réciproquement, supposons que G ait k $\{x, y\}$-composantes jalonnées, chacune d'entre elles étant planaire. Notons e leur arête jalon commune. En appliquant l'Exercice 10.4.1 et une récurrence sur k, il vient que $G + e$ est planaire, et donc que G l'est aussi. □

Au vu des Lemmes 10.33 et 10.34, il suffit de prouver le Théorème de Wagner pour les graphes 3-connexes. Il reste, par conséquent, à montrer que tout graphe 3-connexe non-planaire a ou bien un K_5-mineur, ou bien un $K_{3,3}$-mineur. Nous présentons une démonstration élégante de cet énoncé. Elle est due à Thomassen (1981), et est basée sur le Théorème 9.10.

Théorème 10.35 *Tout graphe 3-connexe non-planaire a un mineur de Kuratowski.*

Démonstration Soit G un graphe 3-connexe non-planaire. Nous pouvons supposer que G est simple. Comme tous les graphes à quatre sommets ou moins sont planaires, nous avons $n \geq 5$. Nous procédons par récurrence sur n. D'après le Théorème 9.10, G contient une arête $e = xy$ telle que $H := G\,/\,e$ est 3-connexe. Si H n'est pas planaire, il a un mineur de Kuratowski, par récurrence. Puisque tout mineur de H est aussi un mineur de G, nous déduisons que G a également un mineur de Kuratowski. Nous pouvons donc supposer que H est planaire.

Considérons un plongement planaire $\widetilde{H}$ de H. Notons z le sommet de H obtenu en contractant e. Comme H est sans boucle et 3-connexe, d'après le Corollaire 10.8, les voisins de z sont sur un cycle C, qui est la frontière d'une face f de $\widetilde{H} - z$. Notons B_x et B_y, respectivement, les ponts de C dans $G \setminus e$ qui contiennent les sommets x et y.

Supposons, tout d'abord, que B_x et B_y s'évitent. Dans ce cas, B_x et B_y peuvent se plonger dans la face f de $\widetilde{H} - z$ de telle sorte que les sommets x et y appartiennent à la même face du graphe plan obtenu $(\widetilde{H} - z) \cup \widetilde{B}_x \cup \widetilde{B}_y$ (voir Figure 10.20). L'arête xy peut alors être dessinée dans cette face pour obtenir un plongement planaire de G lui-même, ce qui contredit l'hypothèse que G ne soit pas planaire.

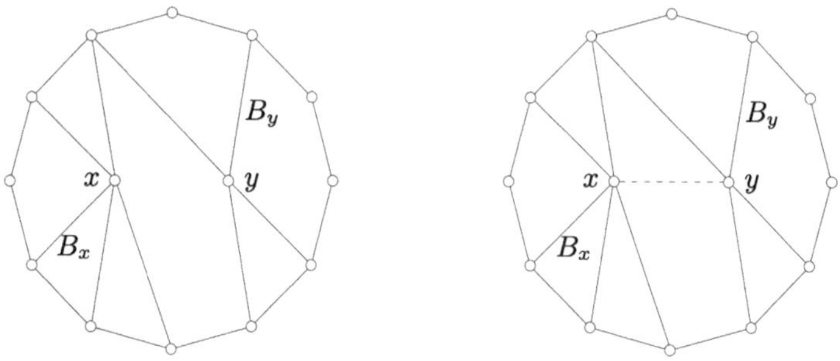

Fig. 10.20. Un plongement planaire de G (B_x et B_y s'évitent)

Il s'ensuit que B_x et B_y ne s'évitent pas, c'est-à-dire, qu'ils se chevauchent. Par le Théorème 10.25, ils sont soit imbriqués soit des 3-ponts équivalents. Dans le premier cas, G a un $K_{3,3}$-mineur; dans le second, G a un K_5-mineur (voir Figure 10.21). □

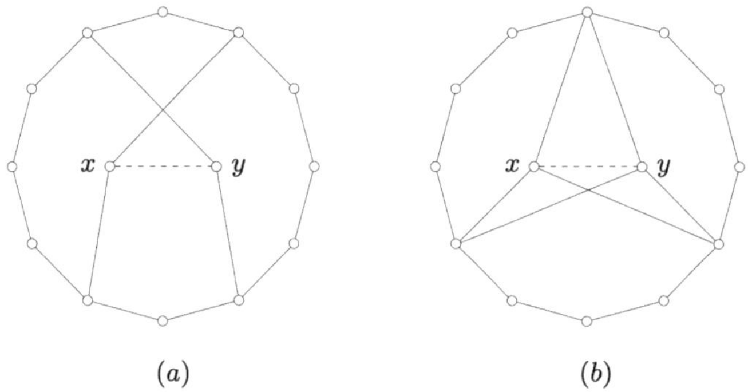

Fig. 10.21. (a) Un $K_{3,3}$-mineur (B_x et B_y imbriqués), (b) un K_5-mineur (B_x et B_y 3-ponts équivalents)

Notons que la même preuve sert à montrer que tout graphe simple planaire 3-connexe admet un *plongement convexe*, c'est-à-dire, un plongement planaire dont toutes les faces sont bornées par des polygones convexes. La seule chose dont on a besoin est d'un peu plus de soin dans la manière de placer les ponts B_x et B_y, et l'arête $e = xy$, dans la face f (Exercice 10.5.5).

Il y a plusieurs autres caractérisations des graphes planaires, toutes pouvant se déduire du Théorème de Kuratowski (voir Exercises 10.5.7, 10.5.8, et 10.5.9).

Reconnaissance des graphes planaires

Il y a de nombreuses situations pratiques dans lesquelles il est important de décider si un graphe donné est planaire et, si oui, de trouver un plongement planaire du graphe. Pour la réalisation de circuits imprimés, par exemple, on s'intéresse à savoir si un réseau électrique donné est planaire.

Il est facile de déduire du Lemme 10.34 qu'un graphe est planaire si et seulement si chacune de ses composantes 3-connexes est planaire. Ainsi le problème de décider si un graphe donné est planaire peut se résoudre en considérant chaque composante 3-connexe séparément. La preuve du Théorème de Wagner exposée ci-dessus se transforme sans difficulté en un algorithme polynomial pour déterminer si un graphe 3-connexe donné est planaire. L'idée est la suivante.

Tout d'abord, le graphe d'entrée est contracté, une arête à la fois, en un graphe complet à quatre sommets (éventuellement avec des boucles et des arêtes multiples) de telle manière que tous les graphes intermédiaires soient 3-connexes. Cette phase de contraction s'exécute en temps polynomial en procédant comme indiqué dans la preuve du Théorème 9.10. Le graphe à quatre sommets résultant est plongé dans le plan. Les arêtes contractées sont alors décontractées une à une (dans l'ordre inverse). À chaque étape de cette phase d'expansion, une des deux possibilités se produit : soit l'arête peut être décontractée en préservant la planarité, et l'algorithme continue avec l'arête contractée suivante, ou bien deux ponts qui se chevauchent sont trouvés, donnant un mineur de Kuratowski. Dans ce dernier cas, l'algorithme renvoie ce mineur non-planaire, certifiant de la sorte que le graphe d'entrée n'est pas planaire. Si, au contraire, toutes les arêtes contractées sont décontractées sans jamais rencontrer de ponts s'imbriquant, l'algorithme renvoie un plongement planaire de G.

Algorithme 10.36 RECONNAISSANCE DE LA PLANARITÉ ET PLONGEMENT

ENTRÉE : un graphe 3-connexe G à quatre sommets ou plus
SORTIE : un mineur de Kuratowski de G ou un plongement planaire de G

poser $i := 0$ *et* $G_0 := G$
PHASE DE CONTRACTION :
tant que $i < n - 4$ ***faire***
    trouver un lien $e_i := x_i y_i$ *de* G_i *tel que* G_i/e_i *soit* 3*-connexe*
    poser $G_{i+1} := G_i/e_i$
    remplacer i *par* $i + 1$
fin de tant que
PHASE D'EXPANSION :
trouver un plongement planaire $\widetilde{G}_{n-4}$ *du graphe à quatre sommets* G_{n-4}
poser $i := n - 4$
tant que $i > 0$ ***faire***
    soit C_i *le cycle facial de* $\widetilde{G}_i - z_i$ *qui comprend tous les voisins de* z_i *dans* $\widetilde{G}_i$, *où* z_i *désigne le sommet de* $\widetilde{G}_i$ *résultant de la contraction de l'arête* e_{i-1} *de* G_{i-1}
    soient B_i *et* B'_i, *respectivement, les ponts de* C_i *contenant les sommets* x_{i-1} *et* y_{i-1} *dans le graphe obtenu à partir de* G_{i-1} *en supprimant* e_{i-1} *et toutes les autres arêtes reliant* x_{i-1} *et* y_{i-1}
    si B_i *et* B'_i *sont imbriqués* ***alors***
        trouver un $K_{3,3}$*-mineur* K *de* G_{i-1}
        renvoyer K
    fin de si
    si B_i *et* B'_i *sont des* 3*-ponts équivalents* ***alors***
        trouver un K_5*-mineur* K *de* G_{i-1}
        renvoyer K
    fin de si
    si B_i *et* B'_i *s'évitent* ***alors***
        étendre le plongement planaire $\widetilde{G}_i$ *de* G_i *en un plongement planaire* $\widetilde{G}_{i-1}$ *de* G_{i-1}
        remplacer i *par* $i - 1$

fin de si
fin de tant que
renvoyer $\widetilde{G}_0$

Chaque étape de la phase de contraction et chaque étape de la phase d'expansion peut s'exécuter en temps polynomial. Le problème de décider si un graphe est planaire appartient donc à $\mathcal{P}$. En fait, il existe un algorithme linéaire de reconnaissance des graphes planaires, dû à Hopcroft et Tarjan (1974). Il existe également des algorithmes efficaces pour la planarité basés sur la caractérisation de la planarité en termes de graphe de chevauchement donnée Exercice 10.5.7 ; pour plus de détails, voir Bondy et Murty (1976).

Exercices

10.5.1 Montrer qu'un graphe simple a un K_3-mineur si et seulement s'il contient un cycle.

10.5.2 Montrer que la grille 3×3 a un K_4-mineur.

⋆**10.5.3**

a) Soit F un graphe de degré maximum au plus 3. Montrer qu'un graphe a un F-mineur si et seulement s'il contient une F-subdivision.
b) Montrer qu'un graphe qui a un K_5-mineur contient une subdivision de Kuratowski.

10.5.4 On considère les deux graphes 3-connexes dessinés Figure 10.22. Pour chacun d'eux, la contraction de l'arête 12 donne un graphe qui est 3-connexe et planaire. Obtenir un plongement planaire du graphe ainsi obtenu, et appliquer l'algorithme de reconnaissance de la planarité (10.36) pour obtenir, soit un plongement planaire du graphe considéré, soit un mineur de Kuratowski du graphe.

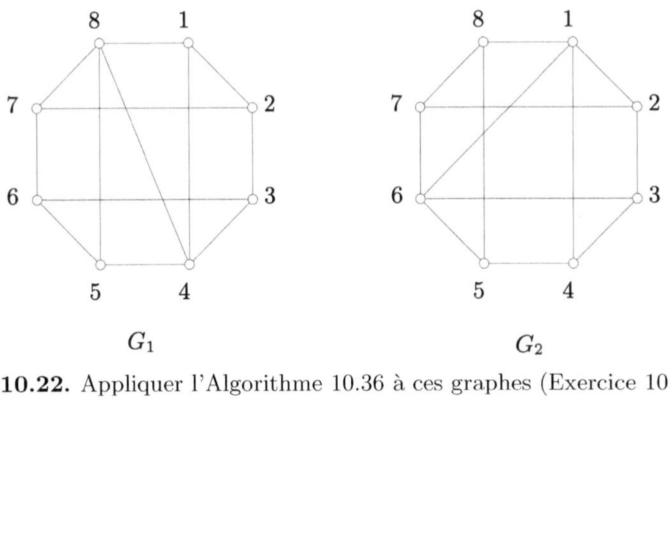

Fig. 10.22. Appliquer l'Algorithme 10.36 à ces graphes (Exercice 10.5.4)

10.5.5 Prouver que tout graphe simple planaire et 3-connexe admet un plongement convexe planaire.

10.5.6 Soit G un graphe simple. Un *plongement rectilinéaire* de G est un plongement de G dans le plan dans lequel chaque arête est un segment de droite. Le *nombre de croisements rectilinéaire* de G, noté $\overline{\mathrm{cr}}(G)$ est le nombre minimum de croisements dans un plongement rectilinéaire de G.

a) Montrer que :
   i) $\mathrm{cr}(G) \leq \overline{\mathrm{cr}}(G)$,
   ii) si $\mathrm{cr}(G) = 1$, alors $\overline{\mathrm{cr}}(G) = 1$.
   (Bienstock et Dean (1993) ont montré que $\mathrm{cr}(G) = \overline{\mathrm{cr}}(G)$ si G est simple et $\mathrm{cr}(G) \leq 3$. Ils ont également donné des exemples de graphes G tels que $\mathrm{cr}(G) = 4 < \overline{\mathrm{cr}}(G)$.)
b) Montrer que $\overline{\mathrm{cr}}(K_{m,n}) \leq \lfloor m/2 \rfloor \lfloor (m-1)/2 \rfloor \lfloor n/2 \rfloor \lfloor (n-1)/2 \rfloor$.
   (Il a été conjecturé par P. Turán que cette borne est la meilleure possible.)

10.5.7 En utilisant le Théorème de Kuratowski (10.30), montrer qu'un graphe est planaire si et seulement si le graphe de chevauchement de chaque cycle est biparti.

(W.T. TUTTE)

10.5.8 Une base de l'espace des cycles d'un graphe est une 2-*base* si chaque membre de la base est un cycle du graphe, et chaque arête du graphe est dans au plus deux de ces cycles.

a) Montrer que :
   i) l'espace des cycles d'un graphe planaire a une 2-base,
   ii) les espaces des cycles de K_5 et $K_{3,3}$ n'ont pas de 2-bases.
b) Un théorème dû à MacLane (1937) affirme qu'un graphe est planaire si et seulement si son espace des cycles a une 2-base. Déduire le théorème de MacLane du Théorème de Kuratowski (10.30).

10.5.9 Un graphe H est appelé un *dual algébrique* d'un graphe G s'il y a une bijection $\phi : E(G) \to E(H)$ telle qu'un sous-ensemble C de $E(G)$ soit un cycle de G si et seulement si $\phi(C)$ est une attache de H.

a) Montrer que :
   i) tout graphe planaire a un dual algébrique,
   ii) K_5 et $K_{3,3}$ n'ont pas de duaux algébriques.
b) Un théorème dû à Whitney (1932c) affirme qu'un graphe est planaire si et seulement s'il a un dual algébrique. Déduire le Théorème de Whitney du Théorème de Kuratowski (10.30).

10.5.10 k-SOMME
Soient G_1 et G_2 deux graphes dont l'intersection $G_1 \cap G_2$ est un graphe complet à k sommets. Le graphe obtenu à partir de leur union $G_1 \cup G_2$ en supprimant les arêtes de $G_1 \cap G_2$ est appelé la *k-somme* de G_1 et G_2.

a) Montrer que si G_1 et G_2 sont planaires et $k = 0, 1,$ ou 2, alors la k-somme de G_1 et G_2 est aussi planaire.
b) Exprimer le graphe non-planaire $K_{3,3}$ comme la 3-somme de deux graphes planaires.

10.5.11 GRAPHE SÉRIE-PARALLÈLE
Une *extension série* d'un graphe est la subdivision d'un lien du graphe ; une *extension parallèle* est l'addition d'un nouveau lien reliant deux sommets adjacents. Un graphe *série-parallèle* est un graphe qui peut être obtenu à partir de K_2 par une suite d'extensions série et parallèle.

a) Montrer qu'un graphe série-parallèle n'a pas de K_4-mineur.
b) En appliquant l'Exercice 10.1.5, déduire qu'un graphe n'a pas de K_4-mineur si et seulement s'il peut être obtenu à partir de K_1, le graphe boucle L_1 (une unique boucle à un unique sommet), et la famille des graphes série-parallèles au moyen de 0-sommes, 1-sommes, et 2-sommes. (G.A. DIRAC)

10.5.12 Montrer qu'un graphe est planaire extéreur si et seulement s'il n'a ni K_4-mineur ni $K_{2,3}$-mineur.

10.5.13 $K_{3,3}$-MINEUR EXCLUS
Montrer que :

a) tout graphe 3-connexe non-planaire d'ordre au moins 6 a un $K_{3,3}$-mineur,
b) un graphe sans $K_{3,3}$-mineur peut être obtenu à partir de la famille des graphes planaires et K_5 au moyen de 0-sommes, 1-sommes, et 2-sommes.
(D.W. HALL ; K. WAGNER)

10.5.14 K_5-MINEUR EXCLUS
Montrer que :

a) le *graphe de Wagner*, représenté Figure 10.23, n'a pas de K_5-mineur,
b) si G_1 et G_2 sont deux graphes, tels que chacun d'entre eux est un graphe planaire ou le graphe de Wagner, alors aucune 0-somme, 1-somme, 2-somme, ou 3-somme de G_1 et G_2 n'a un K_5-mineur.

(Wagner (1936) a montré que tout graphe 4-connexe non-planaire a un K_5-mineur et en a déduit la réciproque à (b), à savoir que tout graphe sans K_5-mineur peut être obtenu à partir de la famille des graphes planaires et du graphe de Wagner au moyen de 0-sommes, 1-sommes, 2-sommes et 3-sommes.)

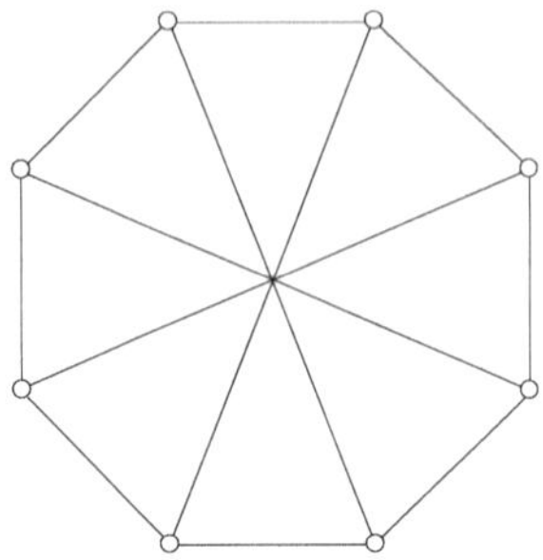

Fig. 10.23. Le graphe de Wagner

10.6 Plongements de graphes sur une surface

Au dix-neuvième siècle, dans leurs tentatives pour découvrir des généralisations de la Formule d'Euler (10.2) et de la Conjecture des Quatre Couleurs (exposée au prochain chapitre), les théoriciens des graphes ont été amenés à étudier les plongements de graphes sur des surfaces autres que le plan et la sphère. Récemment, les plongements ont été utilisés pour attaquer une grande variété de problèmes en théorie des graphes, et se sont avérés être un outil essentiel pour l'étude d'un paramètre important en théorie des graphes, la largeur d'arborescence, dont la théorie a été développée dans une longue série d'articles par N. Robertson et P. D. Seymour (voir Sections 9.8 et 10.7). Les livres par Bonnington et Little (1995), Fréchet et Fan (2003), Gross et Tucker (1987), et Mohar et Thomassen (2001) contiennent d'excellentes introductions à la théorie des plongements de graphes sur les surfaces. Nous présentons ici brièvement quelques notions et résultats fondamentaux sur le sujet, sans la moindre preuve, ni le souci d'être absolument rigoureux.

Surfaces orientables et non-orientables

Une *surface* est une variété connexe bidimensionelle. Outre le plan et la sphère, des exemples de surfaces incluent le cylindre, le ruban de Möbius, et le tore. Le *cylindre* peut être obtenu en collant ensemble deux côtés opposés d'un rectangle, le *ruban de Möbius* en collant ensemble deux côtés opposés d'un rectangle après avoir fait torsion d'un demi-tour, et le *tore* en collant ensemble les deux extrémités ouvertes d'un cylindre. Le ruban de Möbius et le tore sont dessinés Figure 10.24. (Dessins de Crossley (2005), avec l'aimable autorisation de Martin Crossley.)

Il y a deux types fondamentaux de surfaces : celles qui sont orientables et celles qui ne le sont pas. Pour donner l'intuition de la distinction entre ces deux types, considérons le ruban de Möbius. Notons que, contrairement à ce que le modèle physique suggère, le ruban de Möbius n'a pas d'"épaisseur'. De plus, à la différence du cylindre, il n'a qu'un seul 'côté'. Considérons maintenant une ligne se déroulant au milieu du ruban de Möbius, et imaginons une fourmi marchant sur la surface

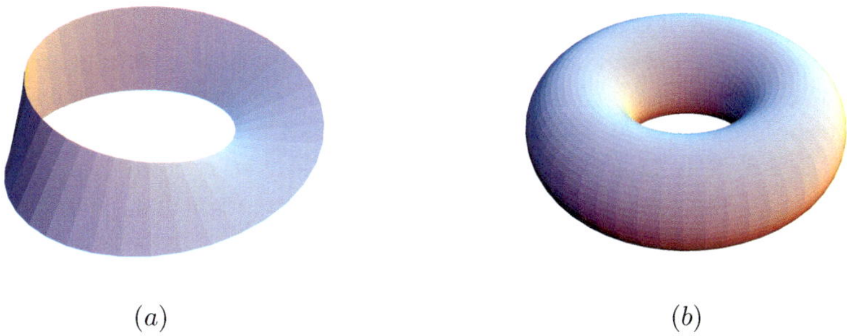

Fig. 10.24. (a) Le ruban de Möbius, et (b) le tore

suivant cette ligne. Après un tour complet, la fourmi sera de retour à l'endroit d'où elle est partie. Cependant, elle ferait la curieuse expérience de trouver sa 'gauche' et sa 'droite' inversées ; les points de la surface qui étaient à gauche de la fourmi au début seront maintenant à sa droite : il n'est pas possible de 'globalement' distinguer la gauche de la droite sur le ruban de Möbius. Les surfaces qui ont cette propriété sont dites *non-orientables*; toutes les autres surfaces sont *orientables*. Le plan, le cylindre, la sphère, et le tore sont des exemples de surfaces orientables.

Une surface est *fermée* si elle est bornée mais n'a pas de frontière. Le ruban de Möbius a une frontière qui est *homéomorphe* (c'est-à-dire, continuement déformable) à un cercle et, donc, n'est pas une surface bornée. Le plan est clairement non borné, et donc n'est pas non plus une surface fermée. La surface fermée la plus simple est la sphère. Les autres surfaces fermées sont parfois dénommées *plus hautes surfaces*. En partant de la sphère, toutes les plus hautes surfaces peuvent être construites au moyen de deux opérations.

Soit S une sphère, soient D_1 et D_2 deux disques disjoints de même rayon sur S, et soit H un cylindre de même rayon que D_1 et D_2. L'opération d'*ajout d'une anse* à S en D_1 et D_2 consiste à enlever D_1 et D_2 de S et à accoler et attacher H à S de telle sorte que le bord d'une des extrémités de H coïncide avec la frontière de D_1 et le bord de l'autre extrémité de H coïncide avec la frontière de D_2. Un nombre quelconque d'anses disjointes peut être ajouté à S en choisissant des paires disjointes de disques sur S et en ajoutant une anse en chacune de ces paires de disques. Une *sphère à k anses* est la surface obtenue en ajoutant k anses à une sphère ; elle est notée S_k et le nombre k est son *genre*. Le tore est homéomorphe à la sphère à une anse, S_1. Plus généralement, toute surface orientable est homéomorphe à une sphère à k anses pour un certain $k \geq 0$.

Comme mentionné précédemment (voir aussi Partie 3.5), étant donné un rectangle $ABCD$, on peut obtenir un tore en identifiant le côté AB avec le côté DC et le côté AD avec le côté BC. Plus généralement, n'importe quelle surface orientable peut être construite à partir d'un polygone approprié en identifiant ses côtés d'une manière spécifique. Par exemple, la surface S_2, également connue comme le *double tore*, peut être obtenue au moyen d'une identification judicieuse des côtés d'un octogone (voir Exercice 10.6.2).

Examinons maintenant les surfaces non-orientables. Soit S une sphère, D un disque sur S, et soit B un ruban de Möbius dont la frontière est de même longueur que la circonférence de D. L'opération d'*ajout d'un cross-cap à S en D* consiste à attacher B à S de telle sorte que les frontières de D et B coïncident. De manière équivalente, cette opération consiste à 'coudre' ou 'identifier' tout point de la frontière de D au point de D qui lui est antipodal. Comme avec les anses, nous pouvons attacher un nombre quelconque de cross-caps à une sphère. La surface obtenue en attachant un cross-cap à la sphère est connue sous le nom de *plan projectif* et est la surface non-orientable la plus simple. Une sphère avec k cross-caps est notée N_k, le nombre k étant son *nombre de cross-caps.* Toute surface fermée non-orientable est homéomorphe à N_k pour un certain $k \geq 1$.

De même que les surfaces fermées orientables, toutes les surfaces fermées non-orientables peuvent se représenter par des polygones, avec des indications sur comment leurs côtés doivent être identifiés (bien qu'il ne soit pas possible d'obtenir des modèles physiques de ces surfaces de cette manière). Le plan projectif, par exemple, peut être représenté par un rectangle $ABCD$ dans lequel le côté AB est identifié avec le côté CD (de telle sorte que A coïncide avec C et B avec D) et le côté AD est identifié avec le côté CB. De façon équivalente, le plan projectif peut se représenter par un disque pour lequel tout point sur la frontière est identifié à son point antipodal.

Un important théorème de topologie des surfaces, connu comme le *théorème de classification des surfaces*, affirme que toute surface fermée est homéomorphe à S_k ou à N_k, pour une certaine valeur de k. On peut, bien sûr, obtenir des surfaces en ajoutant à la fois des anses et des cross-caps aux sphères. Cependant, cela ne produit pas de nouvelles surfaces. Il s'avère qu'une surface résultant de l'ajout à la sphère de $k > 0$ anses et $\ell > 0$ cross-caps est homéomorphe à $N_{2k+\ell}$.

Au Chapitre 3, nous avons donné des plongements de K_7 et du graphe de Petersen sur le tore (voir Figure 3.9). Des plongements de K_6 et du graphe de Petersen sur le plan projectif sont montrés Figure 10.25.

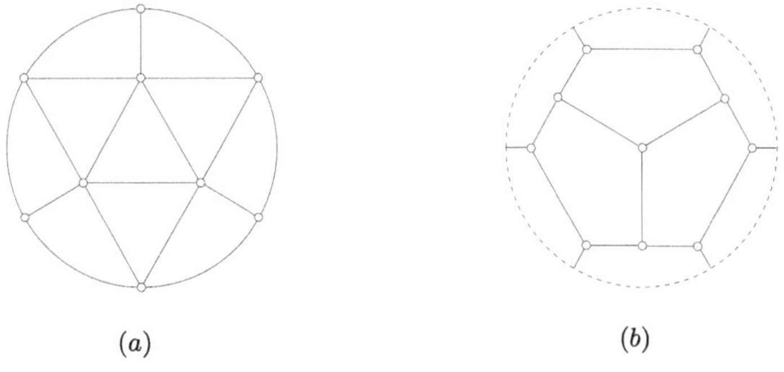

Fig. 10.25. Plongements sur le plan projectif de (a) K_6, et (b) du graphe de Petersen

Les représentations polygonales des surfaces sont pratiques pour expliciter des plongements de graphes sur les surfaces de petit genre ou de petit nombre de cross-caps. Cependant, pour des surfaces plus compliquées, de telles représentations sont inutilisables. Des schémas algébriques et combinatoires existent pour décrire des plongements sur des surfaces arbitraires.

Caractéristique d'Euler

Un plongement $\widetilde{G}$ d'un graphe G sur une surface Σ est un *plongement cellulaire* si chacune des régions connexes par arcs de $\Sigma \setminus \widetilde{G}$ est homéomorphe au disque ouvert. Ces régions sont les *faces* de $\widetilde{G}$, et leur nombre est noté $f(\widetilde{G})$.

Considérons, par exemple, les deux plongements de K_4 sur tore qui sont montrés Figure 10.26. Le premier plongement est cellulaire : il a deux faces, bornées par les marches fermées 12341 et 124134231, respectivement. Le second plongement n'est pas cellulaire, parce qu'une de ses faces est homéomorphe à un cylindre borné par les cycles 1231 et 1431.

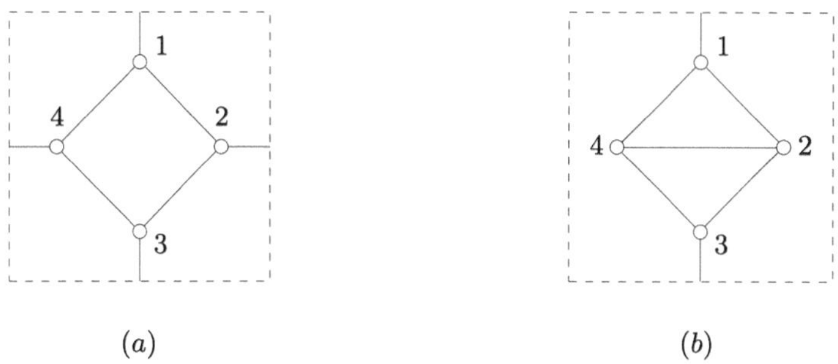

Fig. 10.26. Deux plongements de K_4 sur le tore : (a) un plongement cellulaire, et (b) un plongement non-cellulaire

La plupart des théorèmes intéressants sur les plongements ne sont valides que pour les plongements cellulaires. Pour cette raison, tous les plongements dont nous parlerons seront supposés être cellulaires.

La *caractéristique d'Euler* d'une surface Σ, notée $c(\Sigma)$, est définie par :

$$c(\Sigma) := \begin{cases} 2 - 2k & \text{si } \Sigma \text{ est homéomorphe à } S_k \\ 2 - k & \text{si } \Sigma \text{ est homéomorphe à } N_k \end{cases}$$

Ainsi les caractéristiques d'Euler de la sphère, du plan projectif, et du tore sont 2, 1, et 0, respectivement. Le théorème suivant est une généralisation de la Formule d'Euler (10.2) pour les graphes plongés dans les surfaces.

Théorème 10.37 *Soit $\widetilde{G}$ un plongement d'un graphe connexe G sur une surface Σ. Alors :*

$$v(\widetilde{G}) - e(\widetilde{G}) + f(\widetilde{G}) = c(\Sigma) \qquad \square$$

Les corollaires faciles du Théorème 10.37 qui suivent généralisent les Corollaires 10.20 et 10.21 aux plus hautes surfaces (Exercice 10.6.3).

Corollaire 10.38 *Tous les plongements d'un graphe connexe sur une surface donnée ont le même nombre de faces.* □

Corollaire 10.39 *Soit G un graphe simple connexe d'ordre au moins 3 qui est plongeable sur une surface Σ. Alors*

$$m \leq 3(n - c(\Sigma))$$ □

En utilisant la Formule d'Euler pour la sphère, nous avons été capables de montrer que K_5 et $K_{3,3}$ ne sont pas planaires. De manière similaire, en utilisant le Corollaire 10.39, on peut montrer que pour n'importe quelle surface il y a des graphes qui ne sont pas plongeables sur cette surface. Par exemple, K_7 n'est pas plongeable sur le plan projectif et K_8 n'est pas plongeable sur le tore (Exercice 10.6.4). D'autre part, K_6 est plongeable sur le plan projectif (voir Figure 10.25a), et K_7 l'est sur le tore (voir Figure 3.9a).

Les duaux des graphes plongés sur des surfaces peuvent être définis de la même manière que les duaux de graphes plans. On peut voir sur la Figure 10.27 que le dual du plongement de K_6 représenté Figure 10.25a est le graphe de Petersen, plongé comme montré Figure 10.25b. De même, le dual du plongement de K_7 représenté Figure 3.9a est le graphe d'Heawood (Exercice 10.6.1).

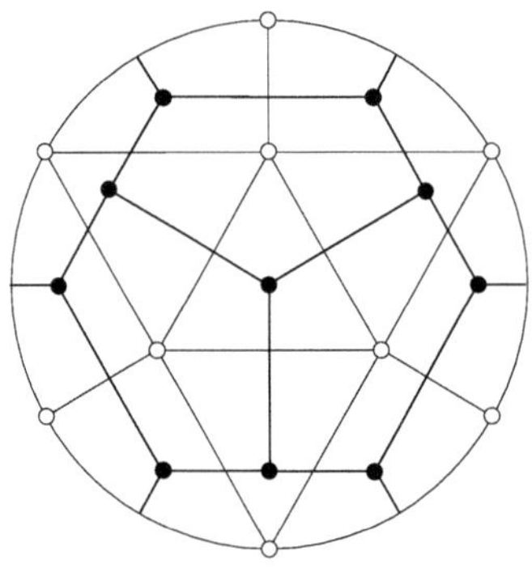

Fig. 10.27. Plongements duaux de K_6 et du graphe de Petersen sur le plan projectif

Nous avons prouvé dans la Partie 9.2 que toutes les faces d'un graphe plan sans boucle et 2-connexe sont bornées par des cycles. L'énoncé analogue pour les graphes sans boucle 2-connexes plongés sur d'autres surfaces n'est pas vrai, comme on peut le voir avec les plongements de K_4 sur le tore donnés Figure 10.26. Un plongement $\widetilde{G}$ d'un graphe G sur une surface Σ est un *plongement circulaire* si toutes les faces de $\widetilde{G}$ sont bornées par des cycles.

La conjecture suivante est due à Jaeger (1988). Elle raffine à la fois la Conjecture du Plongement Circulaire (3.10) et la Conjecture de Couverture Double par Cycles dirigée (3.12).

Conjecture du Plongement Orientable

Conjecture 10.40 *Tout graphe sans boucle 2-connexe a un plongement circulaire sur une surface orientable.*

Exercices

10.6.1 Montrer que le dual du plongement de K_7 représenté Figure 3.9a est le graphe d'Heawood (dessiné Figure 1.16).

10.6.2 Montrer que la surface obtenue à partir de l'octogone en identifiant les arêtes ayant une étiquette identique dans la Figure 10.28 suivant les sens indiqués est le *double tore*.

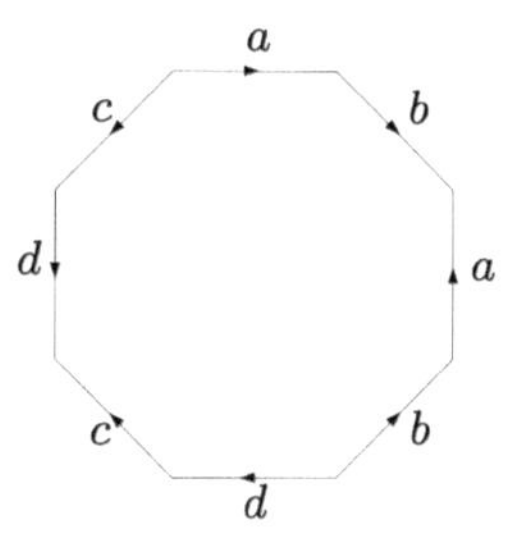

Fig. 10.28. Une représentation du double tore

⋆**10.6.3** Prouver les Corollaires 10.38 et 10.39.

10.6.4 Montrer que :

a) K_7 n'est pas plongeable sur le plan projectif,
b) K_8 n'est pas plongeable sur le tore.

——— ≀≀ ———

10.6.5 Le *genre* (orientable) $\gamma(G)$ d'un graphe G est la valeur minimum de k telle que G soit plongeable dans S_k. (Donc le genre d'un graphe planaire est 0 et le genre d'un graphe non-planaire qui est plongeable dans le tore est 1.)

a) Montrer que $\gamma(K_{m,n}) \geq (m-2)(n-2)/4$.
b) En trouvant un plongement de $K_{4,4}$ sur le tore, déduire que $\gamma(K_{4,4}) = 1$.

(G. Ringel a montré que $\gamma(K_{m,n}) = \lceil (m-2)(n-2)/4 \rceil$ pour tout m, n ; voir Hartsfield et Ringel (1994).)

10.6.6 Montrer que $\gamma(K_n) \geq (n-3)(n-4)/12$.
(Un résultat majeur dans la théorie des plongements de graphes, dû à G. Ringel et J.W.T. Youngs, et connu comme le *Théorème de Coloration des Cartes*[2], affirme que $\gamma(K_n) = \lceil (n-3)(n-4)/12 \rceil$ pour tout n ; voir Ringel (1974).)

10.7 En savoir plus

Mineurs de graphes

Dans une longue et impressionnante série d'articles titrée *Graph Minors*, N. Robertson et P. D. Seymour ont prouvé une conjecture de K. Wagner qui affirme qu'une suite infinie $G_1, G_2, \ldots$ de graphes (finis) comprend deux graphes G_i et G_j, tels que $i < j$ et G_i soit un mineur de G_j. Ce faisant, ils ont introduit et employé une quantité de nouveaux concepts et manières de voir des structures de graphes qui sont destinés à jouer un rôle majeur dans les futurs développements de la théorie des graphes (voir Robertson et Seymour (2004)).

Une classe $\mathcal{G}$ de graphes est *close par mineur* si tout mineur d'un membre de $\mathcal{G}$ est aussi membre de $\mathcal{G}$. Par exemple, la classe des graphes planaires est close par mineur et, plus généralement, la classe des graphes plongeables dans une surface fixée comme le plan projectif ou le tore est close par mineur. Un graphe G qui n'appartient pas à $\mathcal{G}$, mais dont tous les mineurs propres sont dans $\mathcal{G}$, est appelé *mineur-minimal* pour $\mathcal{G}$. Par exemple, en vertu du Théorème 10.32, les graphes non-planaires mineur-minimaux sont $K_{3,3}$ et K_5. Une conséquence directe du théorème de Robertson et Seymour mentionné ci-dessus est que si $\mathcal{G}$ est une famille de graphes close par mineur, alors le nombre de graphes mineur-minimaux pour $\mathcal{G}$ est fini. Ainsi toute famille de graphes close par mineur possède une caractérisation par 'mineurs exclus' du type Kuratowski–Wagner.

Outre la preuve de la conjecture de Wagner, la série *Graph Minors* comprend beaucoup de résultats remarquables. En utilisant le théorème de Wagner énoncé à l'Exercice 10.5.14 comme prototype, Robertson et Seymour ont donné une caractérisation des graphes qui n'ont pas de K_n-mineur. Ils ont aussi décrit un algorithme polynomial pour décider si un graphe donné a un graphe H fixé comme mineur.

[2] *Map Colour Theorem* en anglais.

Liaisons

Les considérations topologiques jouent un rôle important en théorie des graphes, même pour certaines questions qui a priori n'ont aucun rapport avec les plongements. Un exemple important et le Problème de la Liaison. Soit G un graphe, et soient $X := (x_1, x_2, \ldots, x_k)$ et $Y := (y_1, y_2, \ldots, y_k)$ deux sous-ensembles ordonnés de V. Une *XY-liaison*[3] dans G est un ensemble de k chemins disjoints $x_iP_iy_i$, $1 \leq i \leq k$. Un tel ensemble est aussi appelé une *k-liaison*. Le *Problème de la Liaison* est le problème de décider s'il existe une XY-liaison pour des ensembles donnés X et Y. Notons que c'est sensiblement différent du Problème des Chemins Disjoints abordé au Chapitre 9 ; l'existence de k XY-chemins disjoints ne garantit pas l'existence d'une XY-liaison. Par exemple, dans le graphe de la Figure 9.6, il y a deux chemins disjoints reliant $\{x_1, x_2\}$ et $\{y_1, y_2\}$, mais pas de paire de x_1y_1- et x_2y_2-chemins disjoints. Seymour (1980), Shiloach (1980), et Thomassen (1980) ont démontré un théorème qui caractérise essentiellement les graphes qui ont une 2-liaison, pour des paires données (x_1, x_2) et (y_1, y_2). Ils ont montré qu'un graphe 4-connexe possède une telle 2-liaison sauf si le graphe est planaire et les sommets x_1, x_2, y_1 et y_2 apparaissent sur la frontière d'une face dans cet ordre cyclique (comme sur la Figure 9.6). Un résultat important découlant de la théorie des mineurs de graphes est un algorithme polynomial pour le problème de la k-liaison pour tout entier fixé k ; voir Robertson et Seymour (1995). À l'opposé, le Problème de la k-Liaison pour les graphes dirigés est $\mathcal{NP}$-difficile, même pour $k = 2$; voir Fortune et al. (1980).

Ronces

Par définition, un graphe a un mineur complet d'ordre k si et seulement s'il contient k sous-graphes connexes mutuellement disjoints tels que, quels que soient deux de ces sous-graphes, ils sont reliés par au moins une arête. En relâchant légèrement ces conditions, nous obtenons une structure appelée *ronce*. C'est un ensemble de sous-graphes connexes (les *éléments* de la ronce) tel que, quels que soient deux de ses éléments, soit ils s'intersectent, soit ils sont reliés par au moins une arête. La Figure 10.29 montre deux ronces dans $K_{2,3}$,

Un *transverse* d'une ronce est un ensemble de sommets qui intersecte tout élément de la ronce. Par exemple, $\{x, y\}$ est un transverse de la ronce de la Figure 10.29a, et $\{u, v, w\}$ est un transverse de celle de la Figure 10.29b. L'*ordre* d'une ronce est le cardinal minimum d'un transverse. On peut voir que les ronces de la Figure 10.29 sont d'ordre 2 et 3, respectivement. L'ordre maximum d'une ronce dans un graphe est l'*enchevêtrement*. Le graphe $K_{2,3}$ est d'enchevêtrement 3. La ronce à six éléments de la grille 3×3 représentée Figure 10.30 est d'ordre 4.

Les ronces et les décompositions arborescentes sont des structures duales dans le sens suivant. Soit $\mathcal{B}$ une ronce d'un graphe G, et $(T, \{T_v : v \in V\})$ une décomposition arborescente de G de largeur minimum. Considérons un élément

[3] linkage en anglais

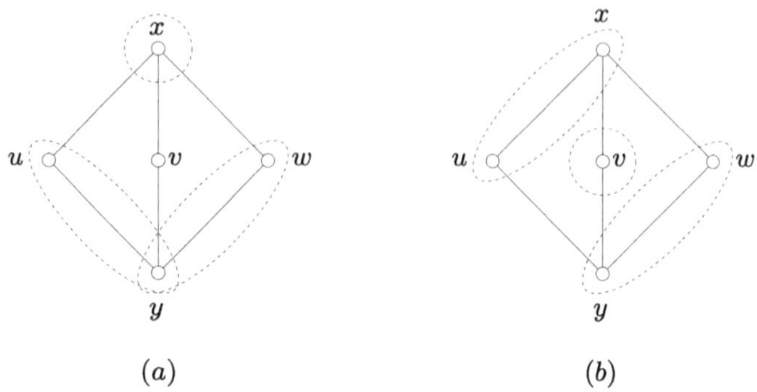

Fig. 10.29. Deux ronces dans $K_{2,3}$: (a) une d'ordre 2, et (b) l'autre d'ordre 3

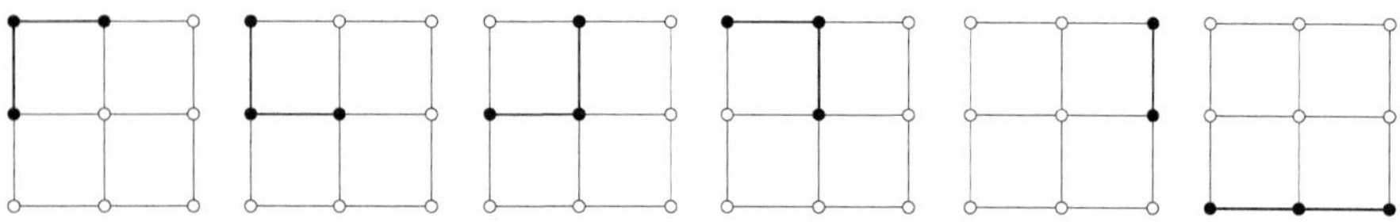

Fig. 10.30. Une ronce d'ordre 4 dans la grille 3×3

B de $\mathcal{B}$. Comme B est connexe, $T_B := \cup\{T_v : v \in V(B)\}$ est un sous-arbre de T. De plus, puisque deux éléments quelconques d'une ronce s'intersectent ou sont adjacents, $\{T_B : B \in \mathcal{B}\}$ est une famille de sous-arbres de T s'intersectant deux à deux. Par la Propriété de Helly (Exercice 4.1.20), ces arbres ont donc un sommet x en commun. Le sous-ensemble correspondant V_x de V (avec la notation de la Partie 9.8) est donc transverse de $\mathcal{B}$. Ceci montre que l'ordre de $\mathcal{B}$ est au plus $|V_x|$, qui à son tour n'excède pas la largeur d'arborescence de G. Comme ceci est vrai pour toute ronce $\mathcal{B}$, nous concluons que l'enchevêtrement est majoré par la largeur d'arborescence. Observons qu'à la fois dans $K_{2,3}$ et dans la grille 3×3, ces deux paramètres prennent exactement la même valeur. Seymour et Thomas (1993) ont montré que c'est toujours le cas.

Théorème 10.41 Théorème de Dualité Largeur d'Arborescence–Ronce
La largeur d'arborescence d'un graphe est égale à son enchevêtrement.

Pour une magnifique preuve unifiée de ceci et d'autres théorèmes de dualité voisins, nous renvoyons le lecteur vers l'article de Amini et al. (2007).

Matroïdes et dualité

Soit G un graphe plan, et soit G^* son dual. Nous avons vu que les cycles de G correspondent aux attaches de G^*, et inversement (Théorème 10.16). Ainsi, le matroïde des cycles de G est le matroïde des attaches de G^* et le matroïde des attaches de G est le matroïde des cycles de G^*.

Des graphes non-isomorphes sur un même ensemble d'arêtes peuvent avoir le même matroïde des cycles (les duaux des graphes de la Figure 10.11, par exemple). Cependant, d'après certains travaux de Whitney (1932b), des graphes simples 3-connexes ayant le même matroïde des cycles sont isomorphes (voir Welsh (1976) ou Oxley (1992)).

Mineurs de matroïde

Un élément e d'un matroïde M est une *boucle* s'il n'est contenu dans aucune base de M et une *co-boucle* s'il est contenu dans toutes les bases. Lorsque e n'est ni une boucle ni une co-boucle, $\mathcal{B}\setminus e$ désigne l'ensemble des bases de M qui ne contiennent pas e et $\mathcal{B}\,/\,e$ l'ensemble des restrictions à $E \setminus \{e\}$ des bases de M contenant e. Lorsque e est soit une boucle soit une co-boucle, $\mathcal{B} \setminus e$ et $\mathcal{B}\,/\,e$ désigne l'ensemble des restrictions des bases de M à $E\setminus\{e\}$. On peut alors vérifier que $(E\setminus\{e\}, \mathcal{B}\setminus e)$ et $(E \setminus \{e\}, \mathcal{B}\,/\,e)$ sont des matroïdes. Le premier est dit être obtenu à partir de M par *suppression* de e, et est noté $M \setminus e$. Le second est dit être obtenu à partir de M par *contraction* de e, et est noté $M\,/\,e$. Ces deux opérations sont reliées par la dualité de la même manière qu'elles le sont dans le cas des graphes (voir Propositions 10.12 et 10.13) :

$$(M \setminus e)^* = M^*\,/\,e, \quad \text{et} \quad (M\,/\,e)^* = M^* \setminus e$$

Un matroïde qui peut être obtenu à partir d'un autre matroïde M par une suite de suppressions et contractions est dit être un *mineur* de M. Il y a une vaste littérature traitant des caractérisations par mineur exclus de divers types de matroïdes ; voir, par exemple, Oxley (1992).

11

Le Problème des Quatre Couleurs

Sommaire

11.1 Coloration de cartes planaires

Dans beaucoup de domaines des mathématiques, des tentatives pour trouver des solutions à des problèmes ouverts difficiles ont fait progresser techniques et idées. Dans le cas de la théorie des graphes, c'est un problème apparemment anodin de coloration de cartes qui fut la motivation de nombreux développements durant la première centaine d'années.

Dans une lettre écrite à William Rowan Hamilton en 1852, Augustus De Morgan fit part du *Problème des Quatre Couleurs*, posé par Francis Guthrie.

> *Un de mes étudiants [Frederick Guthrie, frère de Francis] m'a demandé aujourd'hui de lui donner une raison pour un fait que je ne savais pas en être un – et que je ne sais toujours pas. Il a dit que si une figure est divisée d'une manière quelconque et que les différents compartiments sont colorés différemment de telle sorte que deux compartiments ayant une portion de frontière commune aient des couleurs diférentes – quatre couleurs peuvent être désirées mais pas plus – ce qui suit concerne le cas où quatre couleurs sont voulues. La question que l'on se pose est si une condition nécessaire pour qu'il faille cinq couleurs ou plus ne puisse pas être inventée ...*

J. Bondy et al., *Théorie des graphes*, Mathématiques et Applications 91,
https://doi.org/10.1007/978-1-4471-7621-3_11

Ce problème, à cause de son énoncé simple et séduisant, a attiré l'attention de beaucoup d'éminents mathématiciens de l'époque. Ils en sont venus à croire qu'il était bien possible de colorer toute carte avec quatre couleurs, et cette hypothèse est devenue la *Conjecture des Quatre Couleurs*. Dans les décennies suivantes, il y eut plusieurs tentatives pour prouver cette conjecture, et quelques preuves erronées ont été publiées. (Pour un historique du Problème des Quatre Couleurs, voir Wilson (2002) ou Biggs et al. (1986).)

Coloration des faces

Afin de traduire le Problème des Quatre Couleurs dans le langage de la théorie des graphes, nous avons besoin de la notion de coloration des faces ou face-coloration d'un graphe plan. Une *k-face-coloration* d'un graphe plan est une affectation d'une couleur parmi k à chacune de ses faces. La coloration est *propre* si, quelles que soient deux faces adjacentes, elles ne reçoivent pas la même couleur. Un graphe plan est *k-face-colorable* s'il admet une k-face coloration propre. La Figure 11.1a montre une 4-face-coloration propre du prisme triangulaire. Comme toute carte peut être vue comme un graphe plan sans arête séparatrice, la Conjecture des Quatre Couleurs est équivalente à l'énoncé :

Conjecture 11.1 Conjecture des Quatre Couleurs (Version Face)
Tout graphe plan sans arête séparatrice est 4*-face-colorable.*

Plus d'un siècle s'est écoulé avant que la Conjecture des Quatre Couleurs soit enfin prouvée, en 1977, par Appel et Haken (1977b).

Théorème 11.2 Théorème des Quatre Couleurs
Tout graphe plan sans arête séparatrice est 4*-face-colorable.*

Plus récemment, une démonstration relativement plus simple (mais toujours compliquée) de ce théorème, utilisant la même approche générale, a été donnée par Robertson et al. (1997a).

Un des aspects remarquables de la Conjecture des Quatre Couleurs est qu'elle possède de nombreuses formulations équivalentes, certaines sans relation apparente avec les face-colorations (voir Section 11.3). Nous décrivons maintenant deux de ces reformulations. La première, en termes de coloration des sommets, est directe ; la seconde, en termes de coloration d'arêtes, l'est moins. Elles ont motivé l'étude de plusieurs questions fondamentales, qui seront abordées dans des chapitres ultérieurs.

Coloration des sommets

Une *k-sommet-coloration* d'un graphe, ou plus simplement une *k-coloration*, est une affectation à chacun de ses sommets d'une couleur parmi k. La coloration est *propre* s'il n'y a pas deux sommets adjacents avec la même couleur. Un graphe est *k-colorable* s'il admet une k-coloration propre. Comme les paires de sommets adjacents d'un graphe plan correspondent aux paires de faces adjacentes de son dual, le Problème des Quatre Couleurs est équivalent à l'énoncé que tout graphe plan sans boucle est 4-colorable. La 4-face-coloration du prisme triangulaire indiquée Figure 11.1a donne ainsi une 4-sommet-coloration de son dual dessiné Figure 11.1b.

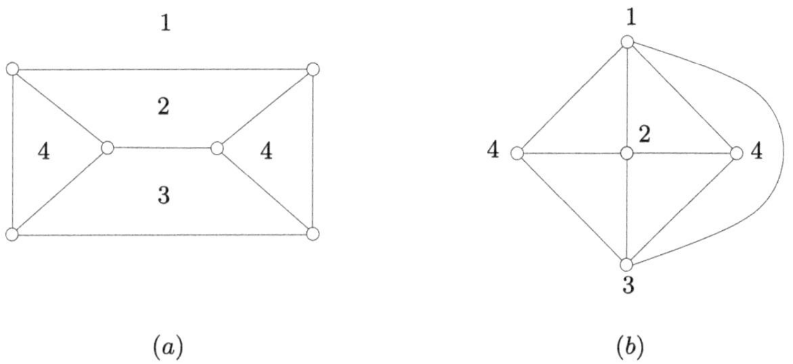

Fig. 11.1. (a) Une 4-face-coloration du prisme triangulaire (b) une 4-sommet-coloration de son dual

L'avantage de cette reformulation en termes de coloration des sommets est qu'on peut énoncer le problème sans référence a un quelconque plongement.

Conjecture 11.3 CONJECTURE DES QUATRE COULEURS (VERSION SOMMET)
Tout graphe planaire sans boucle est 4*-colorable.*

Afin de montrer que tous les graphes planaires sans boucle sont 4-colorables, il suffit clairement de montrer que tous les graphes simples planaires et connexes le sont. En fait, il n'est pas difficile de réduire la Conjecture des Quatre Couleurs aux graphes simples connexes planaires maximaux (Exercice 11.1.1). D'après le Corollaire 10.21, un plongement planaire d'un tel graphe est une triangulation 3-connexe. Par conséquent, la Conjecture des Quatre Couleurs est équivalente à l'affirmation que toute triangulation 3-connexe est 4-colorable, et, par dualité, à l'assertion que tout graphe plan cubique et 3-connexe est 4-face-colorable.

COLORATION DES ARÊTES : LE THÉORÈME DE TAIT

Nous pouvons maintenant relier les face-colorations aux colorations des arêtes des graphes plans. Une *k-arête-coloration* d'un graphe est une affectation d'une couleurs parmi k à chacune de ses arêtes. La coloration est *propre* s'il n'y a pas d'arêtes adjacentes ayant la même couleur. Un graphe est *k-arête-colorable* s'il admet une k-arête-coloration propre. Tait (1880) a découvert une relation surprenante entre les face-colorations et les arête-colorations des graphes plans cubiques 3-connexes.

Théorème 11.4 Théorème de Tait
Un graphe plan cubique 3-connexe est 4-face-colorable si et seulement s'il est 3-arête-colorable.

Démonstration Soit G un graphe plan cubique et 3-connexe. Tout d'abord, supposons que G ait une 4-face-coloration propre. Bien entendu, les symboles utilisés pour les 'couleurs' n'ont strictement aucune importance. Par commodité, nous utilisons les vecteurs $\alpha_0 = (0,0)$, $\alpha_1 = (1,0)$, $\alpha_2 = (0,1)$, et $\alpha_3 = (1,1)$ dans $\mathbb{Z}_2 \times \mathbb{Z}_2$. Nous obtenons maintenant une 3-arête-coloration de G en affectant à chaque arête la somme des couleurs des deux faces qu'elle sépare ; notons que, comme G n'a pas d'arête séparatrice, chaque arête sépare deux faces disctinctes, donc la couleur α_0 n'est attribuée à aucune arête avec cette méthode. Si α_i, α_j, et α_k sont les couleurs affectées aux trois faces incidentes à un sommet v, alors $\alpha_i + \alpha_j$, $\alpha_i + \alpha_k$, et $\alpha_j + \alpha_k$ sont les couleurs affectées aux trois arêtes incidentes à v (voir Figure 11.2). Ces couleurs sont toutes différentes. Ainsi nous avons une 3-arête-coloration propre de G (avec les couleurs $\alpha_1, \alpha_2, \alpha_3$).

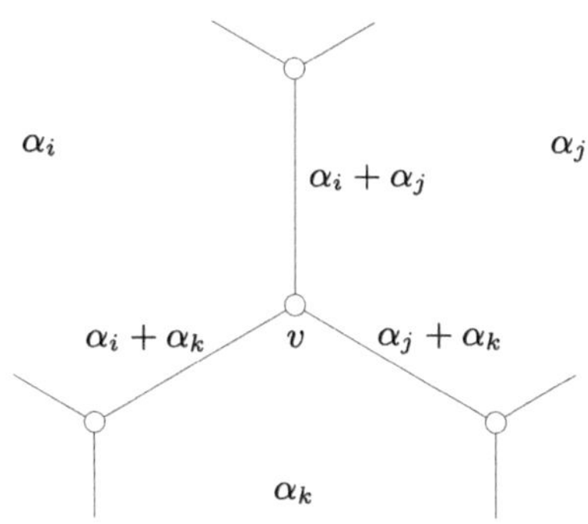

Fig. 11.2. La 3-arête-coloration d'un graphe plan cubique induite par une 4-face-coloration

Réciproquement, supposons que G ait une 3-arête-coloration propre, avec les couleurs $1, 2, 3$. Notons E_i l'ensemble des arêtes de G de couleur i, $1 \leq i \leq 3$. Le sous-graphe $G[E_i]$ induit par E_i est alors un sous-graphe couvrant 1-régulier de G. Posons $G_{ij} := G[E_i \cup E_j]$, $1 \leq i < j \leq 3$. Alors chaque G_{ij} est un sous-graphe couvrant 2-régulier de G, et est par conséquent 2-face-colorable (Exercice 11.1.2). De plus, toute face de G est l'intersection d'une face de G_{12} et une face de G_{23} (voir Figure 11.3).

Considérons les 2-face-colorations de G_{12} et G_{23}, chacune avec les couleurs 0 et 1 (en blanc et en gris, respectivement, sur la Figure 11.3b). Nous pouvons maintenant obtenir une 4-face-coloration de G (avec les couleurs $\alpha_0, \alpha_1, \alpha_2, \alpha_3$ définies ci-dessus) en assignant à chaque face f le couple de couleurs affectées respectivement aux faces de G_{12} et G_{23} dont l'intersection est f. Comme $G = G_{12} \cup G_{23}$, c'est une 4-face-coloration propre de G. □

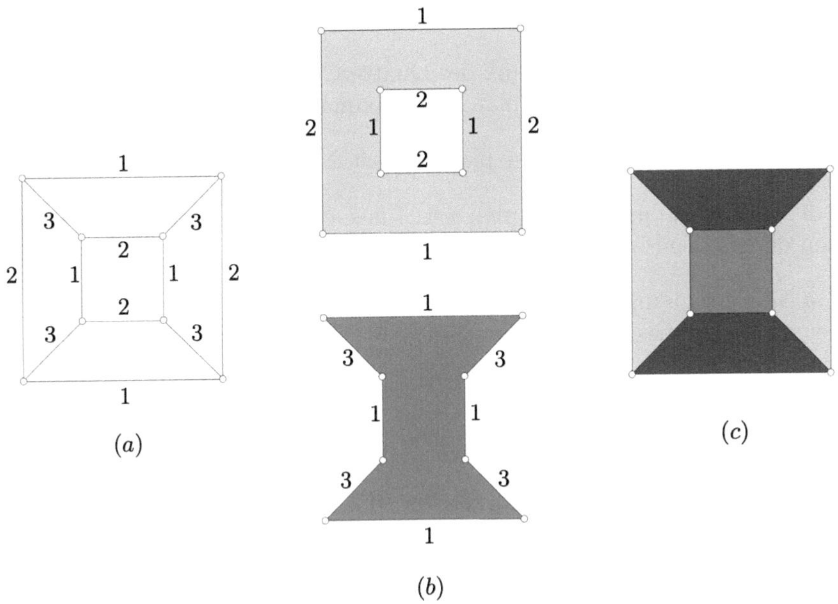

Fig. 11.3. (a) Une 3-arête-coloration du cube, (b) 2-face-coloration des sous-graphes couvrants G_{12} et G_{13}, (c) la 4-face-coloration induite du cube

En vertu du Théorème de Tait (11.4), la Conjecture des Quatre Couleurs peut se reformuler en termes de coloration d'arêtes comme suit.

Conjecture 11.5 CONJECTURE DES QUATRE COULEURS (VERSION ARÊTE)
Tout graphe planaire cubique 3-connexe est 3-arête-colorable.

Rappelons qu'un cycle couvrant dans un graphe est appelé un *cycle hamiltonien*. Un graphe qui contient un tel cycle est dit *hamiltonien*. Si un graphe cubique contient un cycle hamiltonien, les arêtes de ce cycle peuvent être colorées alternativement avec deux couleurs (un graphe cubique a un nombre pair de sommets), et les arêtes restantes, qui sont deux à deux non-adjacentes, peuvent recevoir une troisième couleur. Ainsi tout graphe cubique hamiltonien est 3-arête-colorable.

Maintenant, si on pouvait montrer que tout graphe planaire cubique et 3-connexe est hamiltonien, la version arête de la Conjecture des Quatre Couleurs serait établie. En prenant ce 'fait' comme évident, Tait (1880) s'est convaincu (et d'autres avec lui) qu'il avait prouvé la Conjecture des Quatre Couleurs. Cela a pris pratiquement un demi-siècle pour infirmer la 'preuve' de Tait, quand Tutte (1946) a construit un graphe planaire cubique 3-connexe qui n'est pas hamiltonien. La construction de Tutte est décrite au Chapitre 19.

Exercices

$\star$**11.1.1** Montrer que la Conjecture des Quatre Couleurs est vraie si elle l'est pour les graphes simples 3-connexes planaires maximaux.

$\star$**11.1.2** Montrer que tout graphe plan pair est 2-face-colorable.

11.1.3 Montrer qu'un graphe plan est 4-face-colorable si et seulement s'il est l'union de deux sous-graphes pairs.

11.1.4 Montrer qu'un graphe est 4-sommet-colorable si et seulement s'il est l'union de deux sous-graphes bipartis.

11.1.5

a) Soit G un graphe ayant une attache hamiltonienne. Montrer que G est 4-sommet-colorable.
b) En utilisant le résultat de l'Exercice 10.2.11, déduire que tout graphe plan hamiltonien est 4-face-colorable.

11.1.6 Un *graphe planaire extérieur maximal* est un graphe simple qui est planaire extérieur (défini à l'Exercice 10.2.12) et arête-maximal avec cette propriété. Soit G un graphe planaire extérieur maximal avec $n \geq 3$. Montrer que :

a) G a un plongement planaire dont la face externe est un cycle hamiltonien, et toutes les autres faces des triangles,
b) G a un sommet v de degré 2 et $G - v$ est planaire extérieur maximal,
c) $m = 2n - 3$,
d) G est 3-sommet-colorable.

———— ≀ ————

11.1.7 Les murs d'une galerie d'art forment un polygone à n côtés. On désire positionner des employés en des points stratégiques de telle sorte qu'à eux tous ils soient capables de surveiller l'intégralité de la galerie.

a) Montrer que $\lfloor n/3 \rfloor$ gardiens suffisent toujours.
b) Pour tout $n \geq 3$, faites le plan d'une galerie qui nécessite ce nombre de gardiens.

(V. Chvátal)

$\star$**11.1.8** Théorème de Heawood
Montrer que :

a) une triangulation plane est 3-sommet-colorable si et seulement si elle est paire, (P.J. Heawood)
b) un graphe plan est 3-sommet-colorable si et seulement si c'est un sous-graphe d'une triangulation plane paire. (M. Król)

11.2 Le Théorème des Cinq Couleurs

P. G. Tait n'est pas le seul mathématicien de son temps à avoir proposé une preuve fausse de la Conjecture des Quatre Couleurs. Kempe (1879) a, lui aussi, publié un papier qui était censé contenir une preuve de la conjecture. Cette fois, c'est Heawood (1890) qui a découvert une erreur sérieuse dans la preuve de Kempe. Par bonheur, tout n'était pas perdu, car Heawood a montré que l'approche de Kempe pouvait être utilisée pour montrer que tous les graphes planaires sont 5-colorables. Voici, en substance, la preuve d'Heawood.

Théorème 11.6 THÉORÈME DES CINQ COULEURS
Tout graphe planaire sans boucle est 5*-colorable.*

Démonstration Par récurrence sur le nombre de sommets. Comme nous l'avons observé précédemment, il suffit de prouver le théorème pour les triangulations 3-connexes. Ainsi soit G une telle triangulation. D'après le Corollaire 10.22, G a un sommet v de degré au plus 5. Considérons le graphe plan $H := G - v$.

Par récurrence, H a une 5-coloration propre. Si, dans cette coloration de H, une des cinq couleurs n'est affectée à aucun voisin de v, nos pouvons l'attribuer à v, étendant ainsi la 5-coloration propre de H en une 5-coloration propre de G. Nous pouvons supposer, par conséquent, que les cinq voisins de v reçoivent à eux tous les cinq couleurs.

Fixons les notations : soit $C := v_1v_2v_3v_4v_5v_1$ le cycle facial de H dont les sommets sont les voisins de v dans G, avec v_i recevant la couleur i, $1 \leq i \leq 5$. Nous pouvons supposer que le sommet v de G est dans $\mathrm{int}(C)$, de telle sorte que les ponts de C dans H sont des ponts extérieurs. S'il n'y a pas de pont de C dans H contenant à la fois v_1 et v_3, alors en échangeant les couleurs des sommets colorés 1 et 3 dans tous les ponts de C contenant v_1, nous obtenons une 5-coloration propre de H avec laquelle aucun sommet de C n'a la couleur 1. Cette couleur peut alors être attribuée à v, ce qui donne une 5-coloration propre de G. Ainsi nous pouvons supposer qu'il y a un pont B_1 de C dans H ayant v_1 et v_3 comme sommets d'ancrage. De même, il y a un pont B_2 de C dans H ayant v_2 et v_4 comme sommets d'ancrage. Mais alors les ponts B_1 et B_2 se chevauchent, ce qui contredit le Théorème 10.26. □

Il existe plusieurs démonstrations du Théorème des Cinq Couleurs (11.6). L'une d'elles est esquissée dans l'Exercice 11.2.1, et une autre, basée sur la notion de coloration sur listes, est donnée au Chapitre 15. Colorer un graphe planaire avec seulement quatre couleurs, au lieu de cinq, est une autre paire de manches, même si l'idée de Kempe d' interchanger des couleurs s'avère y être un ingrédient important. Les idées principales utilisées dans la preuve du Théorème des Quatre Couleurs sont exposées au Chapitre 16.

Exercices

11.2.1 Prouver le Théorème des Cinq Couleurs (11.6) par récurrence sur n, en procédant comme suit.

i) Définir G, v, H, et C comme dans la démonstration du Théorème 11.6. Montrer que le sous-graphe $H[\{v_1, v_2, v_3, v_4, v_5\}]$ n'est pas complet.
ii) Soient v_i et v_j deux sommets non-adjacents de C. Dans H, identifier v_i et v_j, afin d'obtenir un graphe H'. Montrer que H' est planaire.
iii) Considérer (par récurrence) une 5-coloration propre de H'. Déduire que G est 5-colorable.

11.3 En savoir plus

Formulations Équivalentes au Problème des Quatre Couleurs

Une des raisons pour laquelle le Problème des Quatre Couleurs a joué et continue de jouer un rôle central en théorie des graphes est qu'il est relié à une grande variété de problèmes intéressants. De façon surprenante, certaines de ces questions semblent ne rien avoir à faire avec la coloration. Par exemple, comme nous le montrons au Chapitre 22, le Théorème des Quatre Couleurs est équivalent à l'énoncé que tout graphe planaire 2-arête-connexe peut s'exprimer comme l'union de deux sous-graphes pairs. De manière encore plus surprenante, de nombreuses questions d'autres domaines des mathématiques ont été prouvées comme étant équivalentes au Problème des Quatre Couleurs. Par exemple, considérons une expression de la forme $\mathbf{v}_1 \times \mathbf{v}_2 \times \cdots \times \mathbf{v}_k$, où $\mathbf{v}_1, \mathbf{v}_2, \ldots, \mathbf{v}_k$ sont des vecteurs quelconques de $\mathbb{R}^3$ et $\times$ désigne le produit vectoriel. Comme cette opération n'est pas associative, les termes de l'expression doivent être parenthésés correctement pour que l'expression soit clairement définie. Supposons, maintenant, que deux parenthésages différents de $\mathbf{v}_1 \times \mathbf{v}_2 \times \cdots \times \mathbf{v}_k$ soient donnés. Kauffman (1990) a considéré le problème de décider s'il est possible d'attribuer des vecteurs unités $\mathbf{e}_1, \mathbf{e}_2, \mathbf{e}_3$ à $\mathbf{v}_1, \mathbf{v}_2, \ldots, \mathbf{v}_k$ de telle sorte que les deux parenthésages donnent la même valeur non-nulle pour l'expression. Il a montré que ce problème peut se réduire à un problème de 3-arête-coloration d'un graphe planaire cubique associé, et donc est équivalent au Problème des Quatre Couleurs. Une connection encore plus stupéfiante a été découverte par Y. Matiyasevich, qui a établi l'existence d'une équation diophantienne avec des milliers de variables, dont la capacité à être résolue revient à la validité du Théorème des Quatre Couleurs (voir Thomas (1998)). D'autres exemples se trouvent dans Thomas (1998) et Saaty (1972). Dans les Chapitres 16 et 22 des généralisations du Problème des Quatre Couleurs sont considérées.

12

Stables et cliques

Sommaire

12.1 Stables

Stabilité et cliquicité

Tout au long de ce chapitre, nous restreignons notre attention aux graphes simples.

Rappelons qu'un *stable* dans un graphe est un ensemble de sommets deux à deux non-adjacents. (Les stables sont aussi communément appelés *indépendants*.) Un stable dans un graphe est *maximum* si le graphe ne contient aucun stable de plus grande taille et *maximal* s'il ne peut pas être étendu en un stable plus grand ; un stable maximum est nécessairement maximal, mais pas l'inverse. Le cardinal d'un stable maximum dans un graphe G est la *stabilité* de G et est noté $\alpha(G)$. Des stables maximaux et maximum du graphe de Petersen sont représentés Figure 12.1.

J. Bondy et al., *Théorie des graphes*, Mathématiques et Applications 91,
https://doi.org/10.1007/978-1-4471-7621-3_12

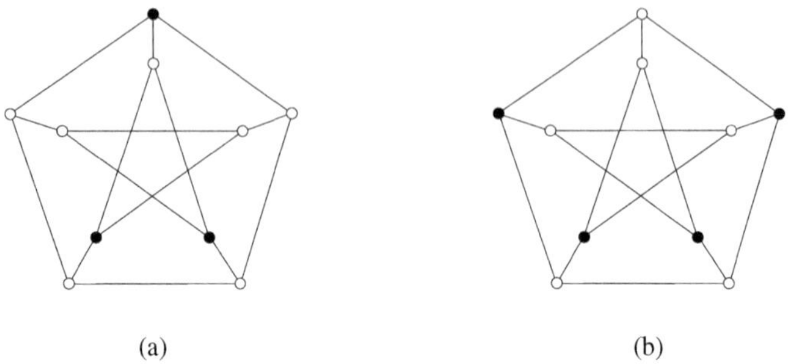

Fig. 12.1. (a) Un stable maximal, et (b) un stable maximum

Rappelons également qu'une *couverture par arêtes* d'un graphe est un ensemble d'arêtes tel que chaque sommet du graphe est extrémité d'au moins une d'entre elles. De manière analogue, une *couverture* d'un graphe est un ensemble de sommets qui à eux tous intersectent toutes les arêtes du graphe. Le nombre minimum de sommets dans une couverture d'un graphe G est appelé l'*indice de couverture* de G et est noté $\beta(G)$. Les sommets blancs dans les graphes de la Figure 12.1 sont des exemples de couvertures. En effet, les stables et les couvertures sont reliés de manière très simple : un ensemble S est un stable d'un graphe G si et seulement si $V \setminus S$ est une couverture de G (Exercice 12.1.2). Nous avons donc l'identité, observée pour la première fois par Gallai (1959) :

$$\alpha(G) + \beta(G) = v(G) \tag{12.1}$$

Les stables et les cliques sont également reliés de manière très simple. Rappelons qu'une *clique* d'un graphe est un ensemble de sommets deux à deux adjacents, et que la taille maximum d'une clique d'un graphe G, la *cliquicité* de G, est notée $\omega(G)$. Clairement, un ensemble de sommets S est une clique d'un graphe simple G si et seulement si c'est un stable du complémentaire $\overline{G}$. En particulier,

$$\omega(G) = \alpha(\overline{G})$$

Ainsi tout énoncé sur les stables peut être reformulé en termes de cliques ou de couvertures. Nous avons vu au Chapitre 8 que le problème de trouver une clique maximum dans un graphe est $\mathcal{NP}$-dur. Il s'ensuit que le problème de trouver un stable maximum est aussi $\mathcal{NP}$-dur, de même que trouver une couverture minimum. D'autre part, dans le cas des graphes bipartis, nous avons vu au Chapitre 8 qu'un stable maximum peut se trouver en temps polynomial en utilisant des techniques de programmation linéaire.

Capacité de Shannon

Un certain nombre de problèmes réels nécessitent de trouver des stables maximum de graphes. L'exemple suivant, dû à Shannon (1956), est l'un d'eux.

Exemple 12.1 TRANSMISSION DE MESSAGES PAR UN CANAL BRUITÉ
Un transmetteur sur un canal de communication est capable d'envoyer des signaux appartenant à un certain ensemble fini (ou *alphabet*) A. Certaines paires de ces signaux sont si semblables l'un à l'autre qu'ils pourraient être confondus par le récepteur à cause des distortions possibles au cours de la transmission. Étant donné un entier strictement positif k, quel est le plus grand nombre de suites de signaux (ou *mots*) de longueur k qui peuvent être transmises sans confusion possible par le récepteur ?

Pour traduire ce problème en théorie des graphes, nous avons besoin du concept de *produit fort* de deux graphes G et H. Celui-ci est le graphe $G \boxtimes H$ d'ensemble de sommets $V(G) \times V(H)$, deux sommets (u, x) et (v, y) étant adjacents si et seulement si $uv \in E(G)$ et $x = y$, ou $u = v$ et $xy \in E(H)$, ou $uv \in E(G)$ et $xy \in E(H)$.

Notons G le graphe d'ensemble de sommets A dans lequel deux sommets u et v sont adjacents s'ils représentent des signaux qui peuvent être confondus l'un avec l'autre, et soit G^k le produit fort de k copies de G. Ainsi G^k est le graphe dont les sommets sont les mots de longueur k sur A dans lequel deux mots distincts $(u_1, u_2, \ldots, u_k)$ et $(v_1, v_2, \ldots, v_k)$ sont reliés par une arête si $u_i = v_i$ ou $u_i v_i \in E(G)$, pour tout $1 \leq i \leq k$. Autrement dit, deux mots distincts sont adjacents dans G^k s'il y a possibiité que l'un d'eux puisse être pris pour l'autre par le récepteur. Il s'ensuit que le nombre maximum de mots de longueur k ayant la propriété souhaitée est tout simplement la stabilité de G^k. Par exemple, si $A = \{0, 1, 2, 3, 4\}$ et que tout signal i peut être confondu avec $i - 1$ ou $i + 1 \pmod 5$, alors $G = C_5$. Un dessin de $G^2 = C_5^2$ sur le tore, ainsi qu'un stable d'ordre 5 indiqué par les points noirs, est donné Figure 12.2b ; notons que, comme le graphe est dessiné sur le tore, les quatre sommets des coins représentent un seul et même sommet, $(0, 0)$. Cela montre que $\alpha(G^2) \geq 5$. On peut en fait vérifier que $\alpha(G^2) = 5$ (Exercice 12.1.8). Ainsi, dans ce cas, un maximum de cinq mots de longueur 2, par exemple $00, 12, 24, 31, 43$, peut être transmis sans risque de confusion par le récepteur.

Motivé par son travail original en théorie de l'information, Shannon (1956) a introduit le paramètre

$$\Theta(G) := \lim_{k \to \infty} \sqrt[k]{\alpha(G^k)}$$

maintenant communément appelé la *capacité de Shannon* de G, comme mesure de la capacité de transmission sans erreur sur un canal bruité dont le graphe associé est G. (Il peut être démontré que cette limite existe et est égale à $\sup_k \sqrt[k]{\alpha(G^k)}$, voir Berge (1985).) Comme $\alpha^k(G) \leq \alpha(G^k)$ pour tout k (Exercice 12.1.7b), il vient que $\alpha(G) \leq \Theta(G)$. Shannon (1956) (voir aussi Rosenfeld (1967)) a montré que le paramètre $\alpha^{**}(G)$, défini à l'Exercice 8.6.5, est une borne supérieure pour $\Theta(G)$. Par conséquent, pour tout graphe G,

$$\alpha(G) \leq \Theta(G) \leq \alpha^{**}(G) \tag{12.2}$$

Si G est un graphe pour lequel α est égal au nombre minimum de cliques couvrant tous les sommets, alors $\alpha = \alpha^{**}$ et donc $\Theta(G) = \alpha(G)$ par (12.2). C'est le cas

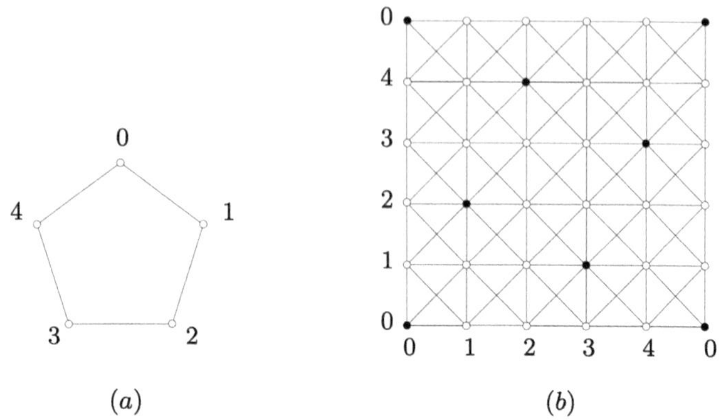

Fig. 12.2. (a) C_5, (b) un stable à cinq sommets dans C_5^2

lorsque G est biparti (par le Théorème de König–Rado (8.30)), lorsque G est cordal (par Exercice 9.7.5) et, plus généralement, pour la classe des graphes dits parfaits. Une bref exposé des propriétés de cette importante classe de graphes est présenté au Chapitre 15. Le plus petit graphe pour lequel les deux inégalités de (12.2) sont strictes est le 5-cycle. En employant des techniques algébriques ingénieuses, Lovász (1979) a montré que $\Theta(C_5) = \sqrt{5}$ (voir Exercice 12.1.21).

Stables dans les digraphes

Un *stable* dans un digraphe est un stable dans son graphe sous-jacent, c'est-à-dire, un ensemble de sommets deux à deux non-adjacents. Le nombre de sommets dans un plus grand stable d'un digraphe D est noté $\alpha(D)$ et est appelé la *stabilité* de D.

Le Théorème de Rédei (2.3) nous dit que tout tournoi a un chemin dirigé hamiltonien. Autrement dit, l'ensemble de sommets d'un tournoi peut être couvert par un unique chemin dirigé. En général, on peut se demander combien de chemins dirigés disjoints au minimum sont nécessaires pour couvrir l'ensemble de sommets d'un digraphe. Gallai et Milgram (1960) ont montré que ce nombre est toujours majoré par la stabilité.

Une couverture de l'ensemble de sommets d'un graphe ou d'un digraphe par des chemins ou des chemins dirigés disjoints est appelée une *partition en chemins*, et une telle couverture avec le moins possible de chemins comme une *partition en chemins optimale*. Le nombre de chemins dans une partition en chemins optimale d'un digraphe D est appelé l'*indice de partition en chemins* de D et est noté par $\pi(D)$.

Théorème 12.2 Théorème de Gallai–Milgram
Pour tout digraphe D, $\pi \le \alpha$.

Gallai et Milgram (1960) ont en réalité prouvé un théorème un peu plus fort. Un chemin dirigé P et un stable S sont dits *orthogonaux* s'ils ont exactement un sommet en commun. Par extension, une partition en chemins $\mathcal{P}$ et un stable S sont *orthogonaux* si tous les chemins de $\mathcal{P}$ sont orthogonaux à S.

Théorème 12.3 *Soit $\mathcal{P}$ une partition en chemins optimale d'un digraphe D. Alors il existe un stable S de D qui est orthogonal à $\mathcal{P}$.*

Observons que le Théorème de Gallai–Milgram est une conséquence immédiate du Théorème 12.3 parce que $\pi = |\mathcal{P}| \leq |S| \leq \alpha$. Nous établissons le Théorème 12.3 à l'aide d'une récurrence impliquant les ensembles des sommets initiaux et terminaux des chemins qui forment une partition en chemins. Pour une partition en chemins $\mathcal{P}$, nous désignons ces ensembles par $i(\mathcal{P})$ et $t(\mathcal{P})$, respectivement.

Lemme 12.4 *Soit $\mathcal{P}$ une partition en chemins d'un digraphe D. Supposons qu'aucun stable de D ne soit orthogonal à $\mathcal{P}$. Alors il existe une partition en chemins $\mathcal{Q}$ de D telle que $|\mathcal{Q}| = |\mathcal{P}| - 1$, $i(\mathcal{Q}) \subset i(\mathcal{P})$, et $t(\mathcal{Q}) \subset t(\mathcal{P})$.*

Démonstration Le cas $n = 1$ est trivial, donc nous pouvons supposer $n \geq 2$ et procéder par récurrence sur n. Par hypothèse, $t(\mathcal{P})$ n'est pas un stable, donc il existe des sommets $y, z \in t(\mathcal{P})$ tels que $(y, z) \in A$. Si le sommet z constitue, à lui seul, un chemin (trivial) de $\mathcal{P}$, alors nous définissons $\mathcal{Q}$ comme étant la partition en chemins de D obtenue à partir de $\mathcal{P}$ en supprimant ce chemin et en étendant le chemin de $\mathcal{P}$ qui termine en y avec l'arc (y, z) (Figure 12.3).

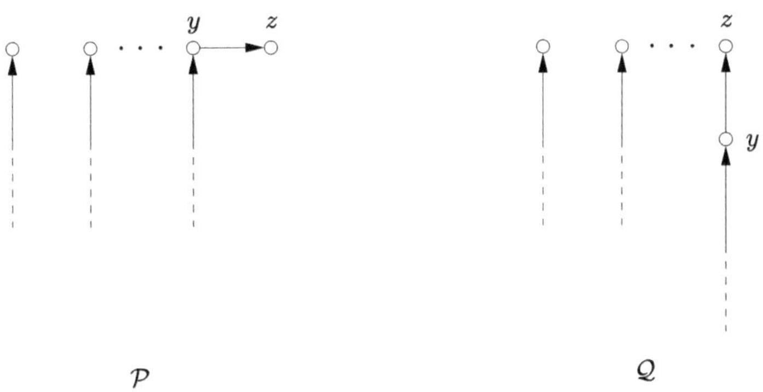

Fig. 12.3. Preuve du Lemme 12.4 : extension d'un chemin

Ainsi nous pouvons supposer que z est le sommet terminal d'un chemin non-trivial $P \in \mathcal{P}$. Soit x son prédécesseur sur P, et soient $D' := D - z$, $P' := P - z$, et $\mathcal{P}' := (\mathcal{P} \setminus \{P\}) \cup P'$, la restriction de $\mathcal{P}$ à D' (Figure 12.4). Alors il n'y a pas de stable dans D' orthogonal à $\mathcal{P}'$, parce qu'un tel stable serait également un stable dans D orthogonal à $\mathcal{P}$, contrairement à l'hypothèse. Notons aussi que

$$t(\mathcal{P}') = (t(\mathcal{P}) \setminus \{z\}) \cup \{x\} \quad \text{et} \quad i(\mathcal{P}') = i(\mathcal{P})$$

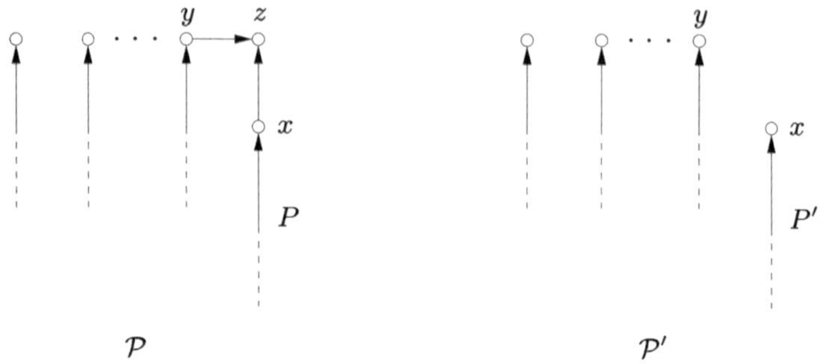

Fig. 12.4. Preuve du Lemme 12.4 : suppression d'un sommet

Par hypothèse de récurrence, il y a une partition en chemins $\mathcal{Q}'$ de D' telle que $|\mathcal{Q}'| = |\mathcal{P}'| - 1$, $i(\mathcal{Q}') \subset i(\mathcal{P}')$ et $t(\mathcal{Q}') \subset t(\mathcal{P}')$. Si $x \in t(\mathcal{Q}')$, nous définissons $\mathcal{Q}$ comme la partition en chemins de D obtenue à partir de $\mathcal{Q}'$ en étendant le chemin de $\mathcal{Q}'$ qui termine en x avec l'arc (x, z) (Figure 12.5). Si $x \notin t(\mathcal{Q}')$, alors $y \in t(\mathcal{Q}')$, et nous définissons $\mathcal{Q}$ comme la partition en chemins de D obtenue à partir de $\mathcal{Q}'$ en étendant le chemin de $\mathcal{Q}'$ qui termine en y avec l'arc (y, z). Dans les deux cas, $|\mathcal{Q}| = |\mathcal{P}| - 1$, $i(\mathcal{Q}) \subset i(\mathcal{P})$, et $t(\mathcal{Q}) \subset t(\mathcal{P})$. □

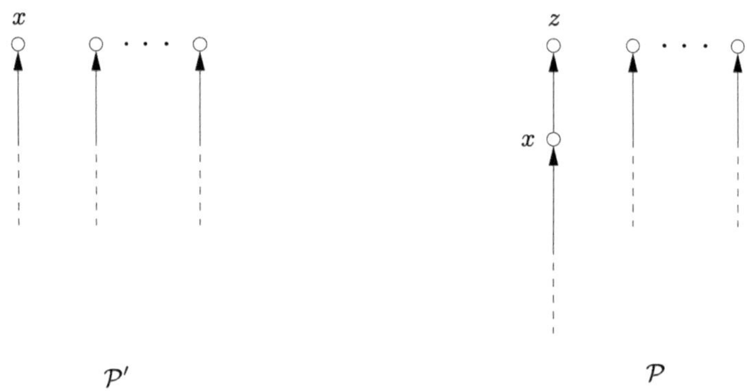

Fig. 12.5. Preuve du Lemme 12.4 : réinsertion du sommet supprimé

La preuve par récurrence du Lemme 12.4 se traduit en un algorithme récursif polynomial pour trouver une partition en chemins $\mathcal{P}$ d'un digraphe D, et un stable S dans D orthogonal à $\mathcal{P}$ de même cardinal (Exercice 12.1.9).

Le Théorème de Gallai–Milgram (12.2) peut se voir comme une formule pour la stabilité d'un graphe non-dirigé en termes de partition en chemins de ses orientations (Exercice 12.1.10). De plus, il implique le fameux théorème de Dilworth (1950) sur les ensembles partiellement ordonnés.

Théorème 12.5 Théorème de Dilworth
Le nombre minimum de chaînes en lesquelles un ensemble partiellement ordonné P peut être partitionné est égal au nombre maximum d'éléments dans une antichaîne de P.

Démonstration Posons $P := (X, \prec)$, et notons $D := D(P)$ le digraphe d'ensemble de sommets X dont les arcs sont les couples (u, v) tels que $u \prec v$ dans P. Les chaînes et antichaînes dans P correspondent aux chemins dirigés et stables dans D, respectivement. Comme deux éléments d'une antichaîne de P ne peuvent pas être dans une même chaîne, le nombre minimum de chaînes d'une partition en chaînes est supérieur ou égal au nombre maximum d'éléments dans une antichaîne ; autrement dit, $\pi \geq \alpha$. D'autre part, par le Théorème de Gallai–Milgram, $\pi \leq \alpha$. D'où $\pi = \alpha$. □

Noyaux

Si S est un stable maximal dans un graphe G, alors tout sommet de $G - S$ est adjacent à un sommet de S. Pour passer aux digraphes, il est naturel de remplacer la notion d'adjacence par la notion de domination, ce qui donne le concept de noyau.

Un *noyau* dans un digraphe D est un stable S de D tel que chaque sommet de $D - S$ domine un sommet de S. Les sommets noirs dans le digraphe de la Figure 12.6 constituent un noyau du digraphe.

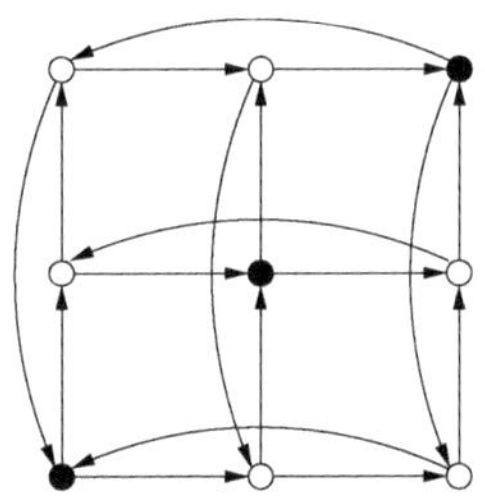

Fig. 12.6. Un noyau dans un digraphe

Les noyaux apparaissent naturellement dans l'analyse de certains jeux à deux joueurs tels que Hex (voir Berge (1977) ou Browne (2000)). Considérons le digraphe D dont les sommets sont les positions possibles du jeu, une position dominant une autre si cette dernière peut être obtenue à partir de la première en un coup. Supposons que D ait un noyau S et que la règle du jeu stipule que le gagnant est le dernier joueur capable de jouer. Alors un joueur qui commence dans une position de $V \setminus S$ peut s'assurer d'une victoire ou d'un nul en se déplaçant toujours dans une position de S, à partir de laquelle son adversaire est obligé de faire un coup vers une position de $V \setminus S$ (si jamais il peut jouer). D'autres applications des noyaux sont données dans le livre de Berge (1985).

Beaucoup de digraphes n'ont pas de noyaux. Les cycles dirigés impairs sont les exemples les plus simples. En fait, Richardson (1953) a montré qu'un digraphe sans noyau contient forcément un cycle dirigé impair.

Théorème 12.6 Théorème de Richardson
Soit D un digraphe qui ne contient aucun cycle dirigé impair. Alors D a un noyau.

Démonstration Par récurrence sur n. Si D est fortement connexe, alors D est biparti (Exercice 3.4.11b) et chaque partie de la bipartition est un noyau de D. Si D n'est pas fortement connexe, soit D_1 une composante fortement connexe terminale de D (une composante fortement connexe qui n'en domine aucune autre ; voir Exercice 3.4.6), et soit $V_1 := V(D_1)$. Par hypothèse de récurrence, D_1 a un noyau, S_1. Soit V_2 l'ensemble des sommets de D qui dominent des sommets de S_1, et $D_2 := D - (V_1 \cup V_2)$. De nouveau par récurrence, D_2 a un noyau S_2. L'ensemble $S_1 \cup S_2$ est alors un noyau de D. □

Le Théorème de Richardson implique que tout digraphe acyclique a un noyau ; en fait, tout digraphe acyclique a un unique noyau (Exercice 12.1.15b). Cependant, comme nous l'avons vu, les digraphes n'ont pas tous un noyau. En outre, c'est un problème NP-complet de décider si un digraphe a un noyau (Exercice 12.1.16). De ce fait, la notion moins restrictive de semi-noyau a été introduite par Chvátal et Lovász (1974). Un *semi-noyau* dans un digraphe D est un stable S qui est atteignable depuis chaque sommet de $D - S$ par un chemin dirigé de longueur 1 ou 2. Chvátal et Lovász (1974) ont montré que tout digraphe a un semi-noyau (voir Exercice 12.1.17).

Nous reverrons les noyaux au Chapitre 15, où ils jouent un rôle clé dans la solution de certains problèmes de coloration.

Exercices

12.1.1 Problème des Huits Reines
Est-il possible de placer huit reines sur un échiquier de telle sorte qu'aucune reine ne puisse en prendre une autre ? Exprimer ce problème comme un problème de recherche d'un stable maximum dans un graphe associé à l'échiquier. Résoudre le problème.

⋆**12.1.2** Montrer qu'un ensemble S est un stable d'un graphe G si et seulement si $V \setminus S$ est une couverture de G.

12.1.3 Montrer qu'un graphe G est biparti si et seulement si $\alpha(H) \geq \frac{1}{2}v(H)$ pour tout sous-graphe induit H de G.

12.1.4 Montrer qu'un graphe G est biparti si et seulement si $\alpha(H) = \beta'(H)$ pour tout sous-graphe H de G sans sommet isolé, avec $\beta'(H)$ le nombre minimum d'arêtes dans une couverture par arêtes de H (voir Section 8.6).

12.1.5 Montrer que $\alpha(KG_{m,n}) \geq \binom{n-1}{m-1}$.
(Erdős et al. (1961) ont prouvé que cette borne est serrée ; voir Exercice 13.2.17.)

12.1.6 Montrer que le produit fort est associatif.

12.1.7

a) Montrer que, quels que soient deux graphes G et H, $\alpha(G \boxtimes H) \geq \alpha(G)\alpha(H)$.
b) En déduire que $\alpha(G^k) \geq \alpha^k(G)$.

12.1.8 Montrer que $\alpha(C_5 \boxtimes C_5) = 5$.

12.1.9 Décrire un algorithme polynomial pour trouver dans un digraphe D une partition en chemins $\mathcal{P}$ et un stable S, orthogonal à $\mathcal{P}$, tel que $|\mathcal{P}| = |S|$.

12.1.10 Soit G un graphe non-dirigé. Montrer que

$$\alpha(G) = \max \{\pi(D) : D \text{ une orientation de } G\}$$

12.1.11 Soit P un plus long chemin dirigé dans un digraphe D, et soit C une composante fortement connexe de $D - P$. Montrer que $\alpha(C) < \alpha(D)$.

12.1.12 Composition
La *composition*, ou *produit lexicographique*, de deux graphes simples G et H est le graphe simple $G[H]$ d'ensemble de sommets $V(G) \times V(H)$ dans lequel (u, v) est adjacent à (u', v') si et seulement si, ou bien $uu' \in E(G)$, ou bien $u = u'$ et $vv' \in E(H)$. (Cela revient à remplacer chaque sommet de G par une copie de H, et à relier les copies correspondant à des sommets adjacents dans G par des graphes bipartis complets.) La composition de digraphes stricts est définie de manière analogue. Montrer que $\alpha(G[H]) = \alpha(G)\alpha(H)$.

12.1.13 Un digraphe de stabilité α a la *Propriété de Suppression de Chemins* si la suppression de n'importe quel ensemble d'$\alpha - 1$ chemins dirigés laisse le digraphe avec stabilité α.

a) Trouver un digraphe acyclique de stabilité 2 à six sommets ayant la Propriété de Suppression de Chemins. (P. Charbit)
b) Une *antichaîne* d'un digraphe est un ensemble de sommets tel qu'il n'y ait pas de chemin dirigé connectant un sommet de l'ensemble à un autre. À l'aide du Théorème de Dilworth, montrer qu'un digraphe acyclique D a la Propriété de Suppression de Chemins si et seulement si tout transverse de sa famille de stables maximum contient une antichaîne de cardinal α.
c) Soient D et H deux digraphes ayant la Propriété de Suppression de Chemins, D étant acyclique. Déduire de (b) que leur composition $D[H]$ possède la Propriété de Suppression de Chemins.
d) Conclure que, pour tout $k \geq 1$, il existe un digraphe de stabilité 2^k ayant la Propriété de Suppression de Chemins. (J.A. Bondy)

(Fox et Sudakov (2009) ont montré que pour tout $\alpha \geq 2$, il existe un digraphe de stabilité α ayant la Propriété de Suppression de Chemins établissant ainsi une conjecture de Hahn et Jackson (1990).)

12.1.14 Soit G un graphe connexe cubique à $4k$ sommets. En appliquant l'Exercice 2.4.8a, montrer que G a un stable S à k sommets tel que toute composante de $G - S$ soit unicyclique. (N. Alon)

⋆12.1.15

a) Montrer qu'un digraphe qui a au moins deux noyaux contient un cycle dirigé pair.
b) En déduire que tout digraphe acyclique a un unique noyau.

12.1.16 Étant donnée une formule booléenne f sous forme normale conjonctive, construire un digraphe D à partir de f comme suit.

▷ Pour toute clause f_i de f, créer un triangle dirigé (u_i, v_i, w_i) dans D.
▷ Pour toute variable x de f, créer un 2-cycle dirigé $(x, \overline{x}, x)$ dans D.
▷ Pour toute clause f_i de f, ajouter un arc dans D de chacun des u_i, v_i, w_i vers chacun des littéraux apparaissant dans f_i.

a) Montrer qu'un ensemble S de sommets de D est un noyau si et seulement si S contient uniquement des littéraux, contient pour toute variable x exactement un élément parmi x et $\overline{x}$, et contient au moins un littéral de chaque clause de f.
b) En déduire que le problème de décider si un digraphe a un noyau est NP-complet. (V. Chvátal)

12.1.17 Soit D un digraphe. On considère un ordre total arbitraire $\prec$ de V. Soient D' et D'' les sous-graphes acycliques couvrant de D induits par $\{(x, y) : x \prec y\}$ et $\{(x, y) : y \prec x\}$, respectivement. Soit S' le noyau de D'. Montrer que le noyau de $D''[S']$ est un semi-noyau de D. (S. Thomassé)

12.1.18 Soit D un digraphe, et soit $v_1, v_2, \ldots, v_n$ un ordre total de son ensemble de sommets. Un *noyau inductif* de D suivant cet ordre est un stable S de D tel que tout sommet de D est atteignable depuis un sommet de S par un chemin dirigé dont les sommets, excepté peut-être le dernier, apparaissent en ordre croissant suivant leur indice. Montrer que :

a) tout digraphe dont les sommets sont ordonnés a un noyau inductif, (S. Burckel)
b) un ensemble de sommets d'un digraphe est un noyau si et seulement si c'est un noyau inductif quel que soit l'ordre de l'ensemble de sommets du digraphe.

12.1.19

a) Le *produit tensoriel* de deux vecteurs $\mathbf{x} = (x_1, x_2, \ldots, x_m)$ et $\mathbf{y} = (y_1, y_2, \ldots, y_n)$ est le vecteur

$$\mathbf{x} \circ \mathbf{y} := (x_1y_1, x_1y_2, \ldots, x_1y_n, x_2y_1, x_2y_2, \ldots, x_2y_n, \ldots, x_my_1, x_my_2, \ldots, x_my_n)$$

Pour des vecteurs $\mathbf{x}, \mathbf{a} \in \mathbb{R}^m$ et $\mathbf{y}, \mathbf{b} \in \mathbb{R}^n$, montrer que les produits scalaires et tensoriels sont reliés par la règle suivante :

$$(\mathbf{x} \circ \mathbf{y})(\mathbf{a} \circ \mathbf{b})^t = (\mathbf{x}\mathbf{a}^t)(\mathbf{y}\mathbf{b}^t)$$

b) Une *représentation orthonormale* d'un graphe $G = (V, E)$ dans l'espace euclidien $\mathbb{R}^d$ est une application $v \mapsto \mathbf{x}_v$ de V dans $\mathbb{R}^d$ telle que :

▷ $\mathbf{x}_v$ est un vecteur unitaire, pour tout sommet $v \in V$,

▷ $\mathbf{x}_u$ et $\mathbf{x}_v$ sont orthogonaux pour toute arête $uv \notin E$.

i) Montrer que tout graphe a une représentation orthonormale dans un certain espace $\mathbb{R}^d$.

ii) Soient G et H deux graphes, et soient $u \mapsto \mathbf{x}_u$, $u \in V(G)$, et $v \mapsto \mathbf{y}_v$, $v \in V(H)$, des représentations orthonormales de G et H, respectivement, dans $\mathbb{R}^d$. Montrer que $(u, v) \mapsto \mathbf{x}_u \circ \mathbf{y}_v$, $(u, v) \in V(G) \times V(H)$, est une représentation orthonormale de $G \boxtimes H$ dans $\mathbb{R}^{d^2}$.

12.1.20 Soit $G = (V, E)$ un graphe, et soit $v \mapsto \mathbf{x}_v$, $v \in V$, une représentation orthonormale de G dans $\mathbb{R}^d$. Pour tout stable S de G et tout vecteur unitaire $\mathbf{y}$ dans $\mathbb{R}^d$, montrer que

$$\sum_{v \in S} (\mathbf{y}\mathbf{x}_v^t)^2 \leq 1$$

12.1.21

a) Trouver une représentation orthonormale du 5-cycle $(1, 2, 3, 4, 5, 1)$ dans $\mathbb{R}^3$ par cinq vecteurs unitaires $\mathbf{x}_1, \mathbf{x}_2, \mathbf{x}_3, \mathbf{x}_4, \mathbf{x}_5$ tels que, pour $1 \leq i \leq 5$, la première coordonnée de $\mathbf{x}_i$ soit $5^{-1/4}$.

b) À l'aide de l'Exercice 12.1.19, déduire que C_5^k a une représentation orthonormale dans $\mathbb{R}^{3^k}$ dans laquelle la première coordonnée de chaque vecteur unitaire est $5^{-k/4}$.

c) Prenant $\mathbf{y}$ comme vecteur unitaire $\mathbf{e}_1$ dans $\mathbb{R}^{3^k}$ et appliquant l'Exercice 12.1.20, montrer que $\alpha(C_5^k) \leq 5^{k/2}$.

d) En déduire que la capacité de Shannon de C_5 vaut $\sqrt{5}$. (L. Lovász)

12.1.22 Montrer que tout graphe dirigé D contient une famille de chemins dirigés disjoints, tous de longueur au moins 1, dont l'union contient tous les sommets de degré maximum Δ dans D. (V.G. Vizing)

12.2 Le Theorème de Turán

Nous avons déjà rencontré un certain nombre d'énoncés affirmant qu'un graphe simple ayant 'beaucoup' d'arêtes (pour son nombre de sommets) contient forcément un sous-graphe d'un certain type. Par exemple, un graphe simple à n sommets contient un cycle s'il a au moins n arêtes (Exercice 2.1.3) et contient un triangle s'il a plus de $n^2/4$ arêtes (Théorème de Mantel, Exercice 2.1.16). Dans cette partie, nous généralisons le Théorème de Mantel en déterminant le nombre maximum d'arêtes qu'un graphe simple à n sommets peut avoir sans contenir une clique de taille donnée. Ce théorème, du à Turán (1941), a été le point de départ d'une branche importante de la théorie des graphes, connue comme la théorie extrémale des graphes (voir, par exemple, la monographie de Bollobás (1978)).

Si F est un graphe simple, nous notons $\mathrm{ex}(n, F)$ le nombre maximum d'arêtes dans un graphe G à n sommets qui ne contient pas de copie de F. Un tel graphe G avec $\mathrm{ex}(n, F)$ arêtes est appelé un *graphe extrémal* (pour cette propriété particulière), et l'ensemble des graphes extrémaux est noté $\mathrm{Ex}(n, F)$. Par exemple, $\mathrm{ex}(n, K_3) = \lfloor n^2/4 \rfloor$ et $\mathrm{Ex}(n, K_3) = \{K_{\lfloor n/2 \rfloor, \lceil n/2 \rceil}\}$.

La preuve du Theorème de Turán que nous donnons est due à Zykov (1949). Rappelons (voir Exercice 1.1.11) que le graphe simple k-parti complet à n sommets dans lequel toutes les parties sont de tailles aussi égales que possible est appelé un *graphe de Turán* et est noté $T_{k,n}$.

Théorème 12.7 Theorème de Turán
Soit G un graphe simple qui ne contient pas K_k, avec $k \geq 2$. Alors $e(G) \leq e(T_{k-1,n})$, avec égalité si et seulement si $G \cong T_{k-1,n}$.

Démonstration Par récurrence sur k, le théorème étant trivialement vrai pour $k = 2$. Supposons qu'il soit vrai pour tous les entiers inférieurs à k, et soit G un graphe simple qui ne contient pas K_k. Choisissons un sommet x de degré Δ dans G, et posons $X := N(x)$ et $Y := V \setminus X$ (voir Figure 12.7 pour une illustration.) Alors

$$e(G) = e(X) + e(X, Y) + e(Y)$$

Comme G ne contient pas K_k, $G[X]$ ne contient pas K_{k-1}. Ainsi, par hypothèse de récurrence,

$$e(X) \leq e(T_{k-2,\Delta})$$

avec égalité si et seulement si $G[X] \cong T_{k-2,\Delta}$. De plus, comme chaque arête de G incidente à un sommet de Y appartient soit à $E[X, Y]$ soit à $E(Y)$,

$$e(X, Y) + e(Y) \leq \Delta(n - \Delta)$$

avec égalité si et seulement si Y est un stable dont tous les éléments sont de degré Δ. Par conséquent, $e(G) \leq e(H)$, où H est le graphe obtenu à partir d'une copie de $T_{k-2,\Delta}$ en ajoutant un stable de $n-\Delta$ sommets et en reliant chaque sommet de cet ensemble à chaque sommet de $T_{k-2,\Delta}$. Observons que H est un graphe $(k-1)$-parti complet à n sommets. Par l'Exercice 1.1.11, $e(H) \leq e(T_{k-1,n})$, avec égalité

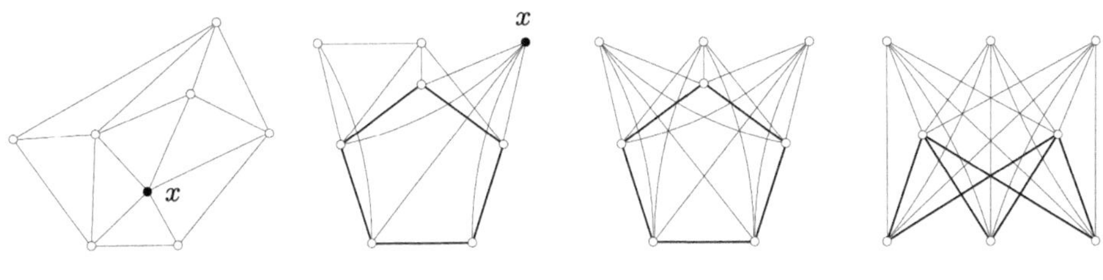

Fig. 12.7. (a) Un graphe G avec $d(x) = \Delta = 5$, (b) un autre dessin de G centré sur le sous-graphe $G[X] \cong C_5$, (c) le graphe $C_5 \vee \overline{K_3}$, (d) le graphe $H \cong T_{2,5} \vee \overline{K_3} \cong T_{3,8}$

si et seulement si $H \cong T_{k-1,n}$. Il s'ensuit que $e(G) \leq e(T_{k-1,n})$, avec égalité si et seulement si $G \cong T_{k-1,n}$. □

Plusieurs preuves différentes du Theorème de Turán ont été trouvées (voir Aigner (1995)). Celle que nous avons donnée ici implique que si G est un graphe à n sommets et strictement plus de $t_{k-1}(n)$ arêtes, avec $t_k(n) := e(T_{k,n})$, et si v est un sommet de degré maximum Δ dans G, alors le sous-graphe $G[N(v)]$ induit par les voisins de G a plus de $t_{k-2}(\Delta)$ arêtes. En itérant cette procédure, on voit qu'une clique de taille k dans G peut être trouvée en appliquant un simple algorithme glouton : choisir un sommet v_1 de degré maximum dans $G_1 := G$, puis un sommet v_2 de degré maximum dans $G_2 := G_1[N(v_1)]$, puis un sommet v_3 de degré maximum dans $G_3 := G_2[N(v_2)]$, et ainsi de suite. L'ensemble de sommets $\{v_1, v_2, v_3, \ldots, v_k\}$ ainsi obtenu est une clique de G (Exercice 12.2.4).

Une application à la géométrie discrète

La théorie extrémale des graphes a des applications dans divers domaines des mathématiques, notamment la théorie combinatoire des nombres et la géométrie discrète. Nous décrivons maintenant une application du Theorème de Turán à la géométrie discrète.

Le *diamètre* d'un ensemble de points dans le plan est la distance maximum entre deux points de l'ensemble. Il faut noter que c'est une notion purement géométrique et qu'elle est sans rapport aucun avec les concepts de diamètre et distance en théorie des graphes.

Nous examinons les ensembles de diamètre 1. Un ensemble de n points détermine $\binom{n}{2}$ distances entre les paires de ses points. Intuitivement, il semble clair que si n est 'grand', certaines de ces distances doivent être 'petites'. Par conséquent, pour tout d compris entre 0 et 1, il est logique de se demander combien de paires de points d'un ensemble $\{x_1, x_2, \ldots, x_n\}$ de diamètre 1 peuvent être à distance supérieure à d. Nous présentons ici une solution, par Erdős (1955, 1956), d'un cas particulier de ce problème, à savoir quand $d = 1/\sqrt{2}$.

En guise d'illustration, considérons le cas $n = 6$. Nous avons alors six points x_i, $1 \leq i \leq 6$. Si nous les plaçons aux sommets d'un hexagone régulier avec les paires (x_1, x_4), (x_2, x_5), et (x_3, x_6) à distance 1, comme montré Figure 12.8a, ces six points forment clairement un ensemble de diamètre 1.

On peut facilement calculer que les paires

$$(x_1, x_2),\ (x_2, x_3),\ (x_3, x_4),\ (x_4, x_5),\ (x_5, x_6),\ \text{et}\ (x_6, x_1)$$

sont à distance 1/2, et les paires

$$(x_1, x_3),\ (x_2, x_4),\ (x_3, x_5),\ (x_4, x_6),\ (x_5, x_1),\ \text{et}\ (x_6, x_2)$$

sont à distance $\sqrt{3}/2$. Comme $\sqrt{3}/2 > \sqrt{2}/2 = 1/\sqrt{2}$, il y a neuf paires de points à distance supérieure à $1/\sqrt{2}$ dans cet ensemble de diamètre 1.

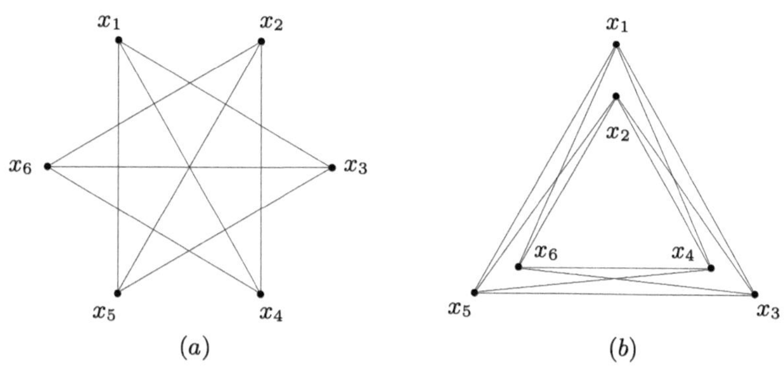

Fig. 12.8. Deux ensembles de diamètre 1 dans le plan

Cependant, neuf n'est pas le mieux que l'on puisse faire avec six points. En plaçant les points dans la configuration de la Figure 12.8b, toutes les paires de points exceptées (x_1, x_2), (x_3, x_4), et (x_5, x_6) sont à distance supérieure à $1/\sqrt{2}$. Ainsi, nous avons douze paires à distance supérieure à $1/\sqrt{2}$; en fait, ceci est le mieux que l'on puisse faire. La solution au problème général est donnée par le théorème suivant.

Théorème 12.8 *Soit S un ensemble de diamètre 1 dans le plan. Alors le nombre de paires de points de S dont la distance est supérieure à $1/\sqrt{2}$ est au plus $\lfloor n^2/3 \rfloor$, avec $n = |S|$. De plus, pour tout $n \geq 2$, il y a un ensemble de n points de diamètre 1 dans lequel $\lfloor n^2/3 \rfloor$ paires de points sont à distance supérieure à $1/\sqrt{2}$.*

Démonstration Soit $S := \{x_1, x_2, \ldots, x_n\}$. Considérons le graphe G d'ensemble de sommets S et ensemble d'arêtes $\{x_i x_j \mid d(x_i, x_j) > 1/\sqrt{2}\}$, où $d(x_i, x_j)$ désigne la distance euclidienne entre x_i et x_j. Nous allons montrer que G ne peut pas contenir de copie de K_4.

En premier lieu, notons que quatre points quelconques dans le plan déterminent un angle d'au moins 90 degrés entre trois d'entre eux : en effet, l'enveloppe convexe des points est un segment, un triangle, ou un quadrilatère (voir Figure 12.9), et dans chaque cas il y a un angle $\widehat{x_i x_j x_k}$ d'au moins 90 degrés.

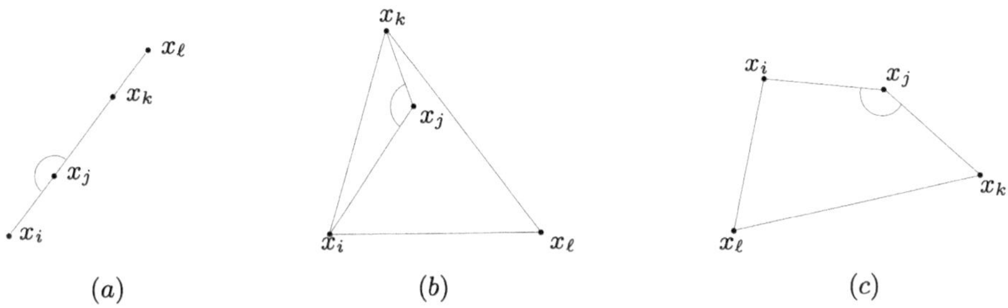

Fig. 12.9. Les enveloppes convexes possibles de quatre points dans le plan: (a) un segment, (b) un triangle, (c) un quadrilatère

Observons maintenant les trois points x_i, x_j, x_k qui déterminent cet angle. Les distances $d(x_i, x_j)$, $d(x_j, x_k)$, et $d(x_i, x_k)$ ne peuvent pas toutes être supérieures à $1/\sqrt{2}$ et inférieures ou égales à 1. De fait, si $d(x_i, x_j) > 1/\sqrt{2}$ et $d(x_j, x_k) > 1/\sqrt{2}$, alors $d(x_i, x_k) > 1$. L'ensemble $\{x_1, x_2, \ldots, x_n\}$ est supposé avoir diamètre 1. Ainsi, quels que soient quatre points de G, au moins une paire ne peut pas être reliée par une arête, et donc G ne contient pas de copie de K_4. Par le Théorème de Turán (12.7),

$$e(G) \leq e(T_{3,n}) = \lfloor n^2/3 \rfloor$$

Ceci montre la première partie de l'énoncé.

On peut construire un ensemble $\{x_1, x_2, \ldots, x_n\}$ de diamètre 1 dans lequel exactement $\lfloor n^2/3 \rfloor$ paires de points sont à distance supérieure à $1/\sqrt{2}$ comme suit. Prenons r tel que $0 < r < (1 - \frac{1}{\sqrt{2}})/4$, et dessinons trois disques de rayon r dont les centres sont à distance $1 - 2r$ les uns des autres (voir Figure 12.10). Posons $p := \lfloor n/3 \rfloor$. Plaçons les points $x_1, x_2, \ldots, x_p$ dans un disque, les points $x_{p+1}, x_{p+2}, \ldots, x_{2p}$ dans un autre, et les points $x_{2p+1}, x_{2p+2}, \ldots, x_n$ dans le troisième, de telle sorte que $d(x_1, x_n) = 1$. Cet ensemble a clairement diamètre 1. De plus, $d(x_i, x_j) > 1/\sqrt{2}$ si et seulement si x_i et x_j sont dans des disques différents, et donc il y a exactement $\lfloor n^2/3 \rfloor$ paires (x_i, x_j) pour lesquelles $d(x_i, x_j) > 1/\sqrt{2}$. □

Beaucoup d'autres applications de la théorie extrémale des graphes à la géometrie et l'analyse discrètes se trouvent dans les articles d'Erdős et al. (1971, 1972a,b) et dans l'article de synthèse d'Erdős et Purdy (1995).

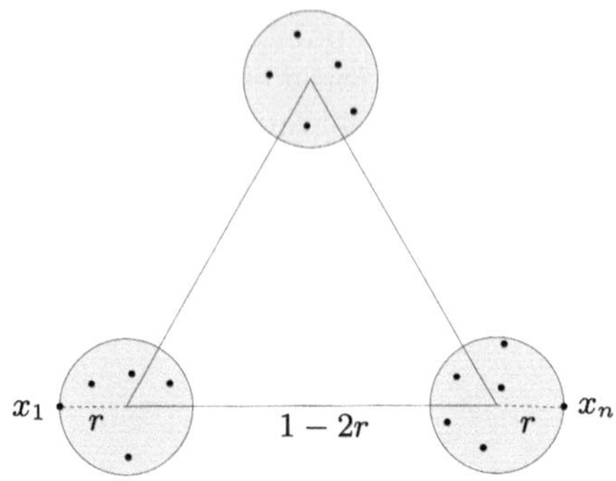

Fig. 12.10. Une configuration extrémale de diamètre 1

Exercices

12.2.1 Un club de bridge a un règlement spécial qui autorise quatre membres à jouer ensemble seulement s'il n'y en a pas deux qui ont été partenaires auparavant. Une réunion de quatorze membres, ayant chacun été partenaire de cinq autres, a lieu. Trois parties ont lieu et ensuite la procédure s'arrête à cause de la règle du club. Alors que les membres se préparaient à sortir, un nouveau membre, inconnu de tous, arrive. Montrer qu'au moins une autre partie peut maintenant se jouer.

12.2.2 Dans une ville plate circulaire de six kilomètres de rayon, dix-huit voitures de police patrouillent et peuvent communiquer entre elles par radio. Si la portée des radios est de neuf kilomètres, montrer qu'à tout instant, il y a au moins deux voitures qui peuvent communiquer avec au moins cinq autres.

12.2.3

a) Montrer que $\left(\frac{k-1}{2k}\right)n^2 - \frac{1}{8}k \le t_k(n) \le \left(\frac{k-1}{2k}\right)n^2$.
b) En déduire que $t_k(n) = \lfloor\left(\frac{k-1}{2k}\right)n^2\rfloor$ pour tout $k < 8$.

12.2.4 Soit G un graphe à n sommets ayant plus de $t_{k-1}(n)$ arêtes, où $t_{k-1}(n) := e(T_{k-1,n})$. Montrer qu'une clique S de k sommets peut être trouvée par l'algorithme glouton suivant.

```
poser S := ∅ et i := 1
tant que i < k faire
   choisir un sommet v_i de degré maximum dans G
   remplacer S par S ∪ {v_i}, G par G[N(v_i)] et i par i + 1
fin de tant que
choisir un sommet v_k de degré maximum dans G
remplacer S par S ∪ {v_k}
renvoyer S
```

(J.A. Bondy)

12.2.5 Un graphe G est *majoré en degré* par un graphe H si $v(G) = v(H)$ et la suite des degrés de G (en ordre croissant) est majorée terme à terme par celle de H.

a) Soit G un graphe qui ne contient pas de copie de K_k. Montrer que G est majoré en degré par un graphe $(k-1)$-parti complet.
b) En déduire le Theorème de Turán. (P. Erdős)

12.2.6 Hypergraphe de Turán
Soit V un n-ensemble. Un hypergraphe k-uniforme $(V, \mathcal{F})$ est *complet* si $\mathcal{F} = \binom{V}{k}$, l'ensemble de tous les $\binom{n}{k}$ k-sous-ensembles de V. Cet hypergraphe est noté $K_n^{(k)}$.

a) Soit $\{X, Y, Z\}$ une partition de V en trois ensembles de tailles aussi égales que possible, et soit $\mathcal{F}$ l'union de $\{\{x, y, z\} : x \in X, y \in Y, z \in Z\}$, $\{\{x_1, x_2, y\} : x_1 \in X, x_2 \in X, y \in Y\}$, $\{\{y_1, y_2, z\} : y_1 \in Y, y_2 \in Y, z \in Z\}$, et $\{\{z_1, z_2, x\} : z_1 \in Z, z_2 \in Z, x \in X\}$. L'hypergraphe 3-uniforme $(V, \mathcal{F})$ est appelé l'*hypergraphe de Turán* à n sommets. Vérifier que cet hypergraphe ne contient pas $K_4^{(3)}$.
b) Soit $\{X, Y\}$ une partition de V en deux ensembles de tailles aussi égales que possible, et soit $\mathcal{F}$ l'ensemble de tous les 3-sous-ensembles de V qui intersectent à la fois X et Y. Vérifier que l'hypergraphe $(V, \mathcal{F})$ ne contient pas $K_5^{(3)}$.

(Turán (1941) a conjecturé que ces hypergraphes sont les configurations extrémales pour les problèmes extrémaux correspondant.)

12.2.7

a) Soit G un graphe simple non-biparti tel que $m > \frac{1}{4}(n-1)^2 + 1$. Montrer que G contient un triangle.
b) Pour tout entier impair $n \geq 5$, trouver un graphe simple non-biparti sans triangle G tel que $m = \frac{1}{4}(n-1)^2 + 1$. (P. Erdős)

12.2.8 On note $t(G)$ le nombre total de triangles de G, et par $t(e)$ le nombre de triangles de G contenant une arête e donnée.

a) Soit G un graphe simple à n sommets, et soit $e = xy \in E$. Montrer que $d(x) + d(y) \leq n + t(e)$.
b) En sommant cette inégalité sur toutes les arêtes $e \in E$, déduire que $t(G) \geq m(4m - n^2)/3n$. (J.W. Moon et L. Moser)
c) Déduire que si $k \geq 3$ et $m \geq \frac{1}{2}(1 - \frac{1}{k})n^2$, alors $t(G) \geq \binom{k}{3}(n/k)^3$. (A.W. Goodman)
d) Pour $k \geq 3$ et $n \equiv 0 \pmod{k}$, construire un graphe G tel que $m = \frac{1}{2}(1 - \frac{1}{k})n^2$ et $t(G) = \binom{k}{3}(n/k)^3$.

(Comparer avec l'Exercice 2.1.16.)

12.2.9

a) Montrer que si $m \geq \lfloor n^2/4 \rfloor + 1$, alors $t(G)$, le nombre de triangles de G, est au moins $\lfloor n/2 \rfloor$. (H. Rademacher)
b) Pour tout $n \geq 3$, construire un graphe G tel que $m = \lfloor n^2/4 \rfloor + 1$ et $t(G) = \lfloor n/2 \rfloor$.

12.2.10 Soit G un graphe simple de degré moyen d, et soit k un entier strictement positif.

a) Montrer que si $\sum_{v \in V} \binom{d(v)}{2} > (k-1)\binom{n}{2}$, alors G contient une copie de $K_{2,k}$.
b) En déduire que si $d > (k-1)^{1/2} n^{1/2} + \frac{1}{2}$, alors G contient une copie de $K_{2,k}$. (Comparer avec l'Exercice 2.1.15, qui traite du cas $k = 2$.)
c) Soit S un ensemble de n points dans le plan. En appliquant (b), montrer que le nombre de paires de points de S à distance exactement 1 est au plus $\frac{1}{\sqrt{2}} n^{3/2} + \frac{1}{4} n$.

12.2.11 Théorème de Kővári–Sós–Turán
Soit G un graphe simple de degré moyen d, et soient k et ℓ des entiers strictement positifs.

a) Montrer que si $\sum_{v \in V} \binom{d(v)}{k} > (\ell - 1)\binom{n}{k}$, alors G contient une copie de $K_{k,\ell}$
b) En utilisant l'identité $\binom{n}{k-1} + \binom{n}{k} = \binom{n+1}{k}$, montrer que si p et q sont des entiers tels que $p > q$, alors $\binom{p}{k} + \binom{q}{k} \geq \binom{p-1}{k} + \binom{q+1}{k}$.
c) Déduire de (b) que $\sum_{v \in V} \binom{d(v)}{k} \geq n\binom{r}{k}$, avec $r := \lfloor d \rfloor$.
d) À l'aide des inégalités $\binom{n}{k} \leq n^k/k!$ et $\binom{r}{k} \geq (r-k+1)^k/k!$, déduire que si $d > (\ell-1)^{1/k} n^{1-1/k} + k$, alors G contient une copie de $K_{k,\ell}$.
(T. Kővári, V.T. Sós, et P. Turán)

12.2.12 Graphe de Polarité
Une *polarité* d'une configuration géométrique $(P, \mathcal{L})$ est une involution π de $P \cup \mathcal{L}$, envoyant les points sur les droites et les droites sur les points, tout en préservant l'incidence. Ainsi un point p et une droite L sont incidents si et seulement si la droite $\pi(p)$ et le point $\pi(L)$ le sont. La droite $\pi(p)$ est appelée la *polaire* du point p, et le point $\pi(L)$ le *pôle* de la droite L. Le *graphe de polarité* de la configuration suivant la polarité π est le graphe G_π dont l'ensemble de sommets est P, deux sommets étant reliés si et seulement si l'un est sur la polaire de l'autre.

a) Trouver une polarité π du plan de Fano et dessiner son graphe de polarité G_π.
b) Trouver une polarité π de la configuration de Desargues dont le graphe de polarité G_π est isomorphe au graphe de Petersen. (A.B. Kempe)
c) Montrer qu'un graphe de polarité d'un plan projectif fini est de diamètre 2.
d) Combien de sommets a le graphe de polarité d'un plan projectif fini d'ordre n, et quels sont leurs degrés ?

(Les graphes de polarité ont été décrits pour la première fois par Artzy (1956), qui les a appelés *graphes de Levi réduits*. Ils ont été redécouverts par Erdős et Rényi (1962).)

12.2.13 Soit π une bijection des points et droites du plan projectif $PG_{2,q}$ (défini à l'Exercice 1.3.14) qui envoie tout point (a, b, c) sur la droite $ax + by + cz = 0$. Prouver que π est une polarité de $PG_{2,q}$.

12.2.14 Un *point absolu* d'une polarité est un point qui est sur sa polaire.

a) Montrer que la polarité π définie à l'Exercice 12.2.13 a $q+1$ points absolus. (Baer (1946) a prouvé que toute polarité d'un plan projectif fini d'ordre n a au moins $n+1$ points absolus.)
b) En déduire que le graphe de polarité d'un plan projectif fini $PG_{2,q}$ a q^2+q+1 sommets, $\frac{1}{2}q(q+1)^2$ arêtes et aucun 4-cycle.
(W.G. Brown ; P. Erdős, A. Rényi, et V.T. Sós)
(Füredi (1996) a prouvé que, lorsque q est une puissance de premier, $q > 13$, les graphes de polarité à q^2+q+1 sommets sont des graphes extrémaux sans 4-cycle.)

12.2.15 Soit H un graphe simple qui ne contient pas le 3-cube. D'après l'Exercice 2.2.2a, H a un sous-graphe couvrant biparti G tel que $e(G) \geq \frac{1}{2}e(H)$. Pour des sommets distincts x et y de G, on note $p(x, y)$ le nombre de xy-chemins de longueur trois dans G, et on pose $X := N(x)$ et $Y := N(y)$.

a) Montrer que :
   i) si $X \cap Y \neq \emptyset$, alors $p(x, y) = 0$,
   ii) si $X \cap Y = \emptyset$, alors le sous-graphe $B[X, Y]$ d'ensemble de sommets $X \cup Y$ et d'ensemble d'arêtes $\{uv \in E(G) : u \in X, v \in Y\}$ ne contient pas de 6-cycle.
b) En déduire que $p(x, y) \leq c_1(d(x) + d(y))^{4/3}$ pour tous $x, y \in V$, où c_1 est une constante strictement positive adéquate.
c) En utilisant l'inequalité

$$\sum_{i=1}^{n} a_i^\gamma \geq n^{1-\gamma}\left(\sum_{i=1}^{n} a_i\right)^\gamma$$

qui est valide pour des réels a_i, $1 \leq i \leq n$, strictement positifs et $\gamma \geq 1$, déduire que G a au plus $c_2 n^2 d^{4/3}$ chemins de longueur 3, où c_2 est une constante strictement positive bien choisie et d le degré moyen de G.
d) À l'aide de l'Exercice 13.2.6, conclure que $m < cn^{8/5}$ pour une certaine constante strictement positive c. (R. Pinchasi et M. Sharir)

12.3 Le Théorème de Ramsey

Nombres de Ramsey et graphes de Ramsey

Puisque les cliques sont les complémentaires des stables, si un graphe n'a pas de grandes cliques, on peut raisonnablement penser qu'il devrait avoir un grand stable.

C'est en effet le cas comme cela a été prouvé par Ramsey (1930). Il a montré que, étant donné deux entiers strictement positifs k et ℓ, il existe un plus petit entier $r(k,\ell)$ tel que tout graphe à $r(k,\ell)$ sommets contient soit une clique de k sommets soit un stable de ℓ sommets. Par passage au complémentaire, $r(k,\ell) = r(\ell,k)$ (Exercice 12.3.1). En outre, il est facile de voir que :

$$r(1,\ell) = r(k,1) = 1 \tag{12.3}$$

et

$$r(2,\ell) = \ell, \qquad r(k,2) = k \tag{12.4}$$

Les nombres $r(k,\ell)$ sont connus comme les *nombres de Ramsey* ; quand $k = \ell$, ils sont appelés les *nombres de Ramsey diagonaux*. Le théorème suivant sur les nombres de Ramsey est dû à Erdős et Szekeres (1935) et Greenwood et Gleason (1955).

Théorème 12.9 *Quels que soient deux entiers $k \geq 2$ et $\ell \geq 2$,*

$$r(k,\ell) \leq r(k,\ell-1) + r(k-1,\ell) \tag{12.5}$$

De plus, si $r(k,\ell-1)$ et $r(k-1,\ell)$ sont tous les deux pairs, l'inégalité (12.5) est stricte.

Démonstration Soit G un graphe à $r(k,\ell-1) + r(k-1,\ell)$ sommets, et soit $v \in V$. Nous distinguons deux cas :

1. le sommet v est non-adjacent à un ensemble S d'au moins $r(k,\ell-1)$ sommets.
2. le sommet v est adjacent à un ensemble T d'au moins $r(k-1,\ell)$ sommets.

Notons que l'un des deux cas doit se produire car le nombre de sommets auxquels v n'est pas adjacent plus le nombre de sommets auxquels v est adjacent est égal à $r(k,\ell-1) + r(k-1,\ell) - 1$.

Dans le cas 1, $G[S]$ contient soit une clique de k sommets soit un stable de $\ell-1$ sommets, et par conséquent $G[S \cup \{v\}]$ contient soit une clique de k sommets soit un stable de ℓ sommets. De manière similaire, dans le cas 2, $G[T \cup \{v\}]$ contient soit une clique de k sommets soit un stable de ℓ sommets. Comme un des deux cas se produit, il vient que G contient soit une clique de k sommets soit un stable de ℓ sommets. Ceci prouve (12.5).

Supposons maintenant que $r(k,\ell-1)$ et $r(k-1,\ell)$ soient tous deux pairs. Soit G un graphe à $r(k,\ell-1)+r(k-1,\ell)-1$ sommets. Comme G a un nombre impair de sommets, il découle du Corollaire 1.2 qu'un sommet v est de degré pair ; en particulier, v ne peut pas être adjacent à exactement $r(k-1,\ell)-1$ sommets. Par conséquent, soit le cas 1 soit le cas 2 ci-dessus se produit. D'où G contient soit une clique de k sommets soit un stable de ℓ sommets. Ainsi, nous avons bien

$$r(k,\ell) \leq r(k,\ell-1)+r(k-1,\ell)-1$$ □

La détermination des nombres de Ramsey en général est un problème ouvert très difficile. Des bornes inférieures peuvent être obtenues par construction

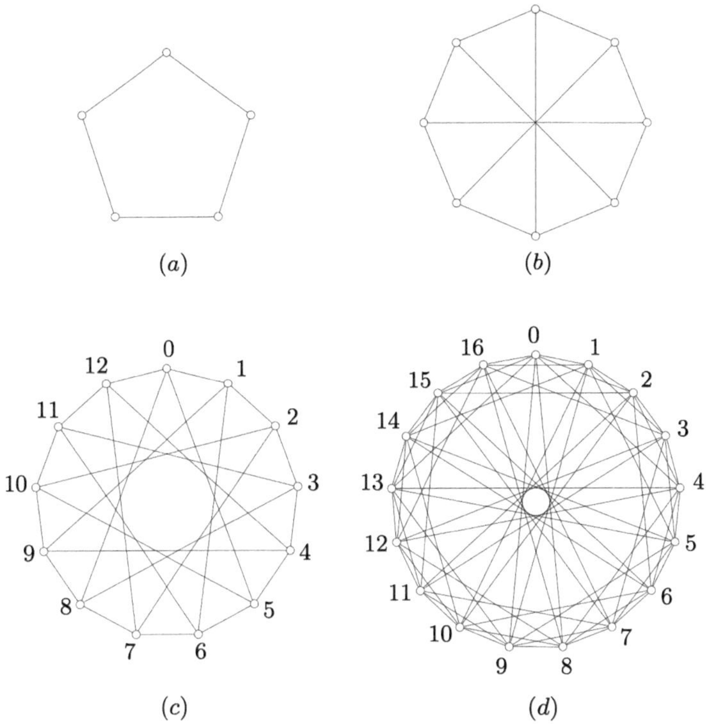

Fig. 12.11. (a) Un graphe (3,3)-Ramsey, (b) un graphe (3,4)-Ramsey, (c) un graphe (3,5)-Ramsey, (d) un graphe (4,4)-Ramsey

de graphes appropriés. Considérons, par exemple, les quatre graphes de la Figure 12.11.

Le 5-cycle (Figure 12.11a) ne contient ni clique à trois sommets ni stable à trois sommets. Ainsi nous avons

$$r(3,3) \geq 6 \tag{12.6}$$

Le graphe de la Figure 12.11b est le graphe de Wagner (voir Section 10.5). Il ne contient ni clique à trois sommets ni stable à quatre sommets. Donc

$$r(3,4) \geq 9 \tag{12.7}$$

De même, le graphe de la Figure 12.11c montre que

$$r(3,5) \geq 14 \tag{12.8}$$

et le graphe de la Figure 12.11d donne

$$r(4,4) \geq 18 \tag{12.9}$$

À l'aide du Théorème 12.9 et des équations (12.4) nous pouvons maintenant montrer qu'il y a en fait égalité dans (12.6) à (12.9). D'abord, par (12.5) et (12.4),

$$r(3,3) \le r(3,2) + r(2,3) = 6 \tag{12.10}$$

d'où, en utilisant (12.6), nous déduisons $r(3,3) = 6$. Observant que $r(3,3)$ et $r(2,4)$ sont tous deux pairs, nous appliquons le Théorème 12.5 et (12.4) pour obtenir

$$r(3,4) \le r(3,3) + r(2,4) - 1 = 9$$

Avec (12.7) cela donne $r(3,4) = 9$. Nous appliquons à nouveau (12.5) et (12.4) pour obtenir

$$r(3,5) \le r(3,4) + r(2,5) = 14$$

et

$$r(4,4) \le r(4,3) + r(3,4) = 18$$

qui, avec (12.8) et (12.9), respectivement, donnent $r(3,5) = 14$ et $r(4,4) = 18$.

Le tableau ci-dessous montre tous les nombres de Ramsey $r(k,\ell)$, avec $3 \le k \le \ell$, qui sont connus à ce jour.

k	3	3	3	3	3	3	3	4	4
ℓ	3	4	5	6	7	8	9	4	5
$r(k,\ell)$	6	9	14	18	23	28	36	18	25

Un *graphe de Ramsey pour* (k,ℓ), ou *graphe* (k,ℓ)*-Ramsey*, est un graphe à $r(k,\ell) - 1$ sommets qui ne contient ni clique à k sommets ni stable à ℓ sommets. Par définition de $r(k,\ell)$, de tels graphes existent pour tous $k \ge 2$ et $\ell \ge 2$. Les graphes de Ramsey semblent souvent posséder des structures intéressantes. Tous les graphes de la Figure 12.11 sont des graphes de Ramsey ; les deux derniers peuvent être engendrés à partir de corps finis de la façon suivante. On obtient le graphe $(3,5)$-Ramsey en regardant les treize sommets comme les éléments du corps des entiers modulo 13, et en reliant deux sommets par une arête si leur différence est un résidu cubique de 13 (à savoir, $1, 5, 8$, ou 12) ; le graphe $(4,4)$-Ramsey est obtenu en regardant les sommets comme les éléments du corps des entiers modulo 17, et en reliant deux sommets si leur différence est un résidu quadratique de 17 (à savoir, $1, 2, 4, 8, 9, 13, 15$, ou 16). Pour $k = 2, 3$, et 4, les graphes (k,k)-Ramsey sont autocomplémentaires (c'est-à-dire, isomorphes à leurs complémentaires) (Exercice 12.3.2). Savoir si cette propriété est vraie pour toutes les valeurs de k est toujours ouvert.

Bornes sur les nombres de Ramsey

Le Théorème 12.9 fournit la majoration suivante pour les nombres de Ramsey.

Théorème 12.10 *Pour deux entiers strictement positifs* k *et* ℓ,

$$r(k,\ell) \le \binom{k+\ell-2}{k-1}$$

Démonstration Par récurrence sur $k+\ell$. En utilisant (12.3) et (12.4), on voit que le théorème est vrai si $k+\ell \leq 5$. Soient m et n deux entiers strictement positifs, et supposons que le théorème soit vérifié pour tous les entiers strictement positifs k et ℓ tels que $5 \leq k+\ell < m+n$. Alors, par le Théorème 12.9 et l'hypothèse de récurrence,

$$\begin{aligned} r(m,n) &\leq r(m,n-1) + r(m-1,n) \\ &\leq \binom{m+n-3}{m-1} + \binom{m+n-3}{m-2} = \binom{m+n-2}{m-1} \end{aligned}$$

Ainsi le théorème est vrai pour toutes les valeurs de k et ℓ. □

En remarquant que $\binom{k+\ell-2}{k-1}$ est le nombre de $(k-1)$-sous-ensembles d'un $(k+\ell-2)$-ensemble, alors que $2^{k+\ell-2}$ est le nombre total de sous-ensembles de cet ensemble, nous avons

Corollaire 12.11 *Pour tous les entiers strictement positifs k et ℓ, $r(k,\ell) \leq 2^{k+\ell-2}$, avec égalité si et seulement si $k=\ell=1$.* □

Le Corollaire 12.11 montre, en particulier, que les nombres de Ramsey diagonaux croissent au plus de manière exponentielle. Nous allons maintenant donner une borne inférieure exponentielle pour ces nombres. Cette borne, due à Erdős (1947), est obtenue à l'aide d'une méthode de comptage puissante connue comme la méthode probabiliste. Cette technique, introduite et développée par Erdős en collaboration avec d'autres mathématiciens Hongrois, dont P. Turán, a été appliquée avec un succès considérable aussi bien en combinatoire, théorie des nombres et informatique, qu'en théorie des graphes. Un exposé plus détaillé et plus formel de cette méthode est donné au Chapitre 13.

Théorème 12.12 *Pour tout entier strictement positif k,*

$$r(k,k) \geq 2^{k/2}$$

Démonstration Comme $r(1,1)=1$ et $r(2,2)=2$, nous pouvons supposer que $k \geq 3$. De même qu'à la Partie 1.2, nous notons $\mathcal{G}_n$ l'ensemble des graphes simples d'ensemble de sommets $\{v_1, v_2, \ldots, v_n\}$. Soit $\mathcal{G}_n^k$ l'ensemble de ces graphes simples étiquetés qui ont une clique à k sommets. Observons que

$$|\mathcal{G}_n| = 2^{\binom{n}{2}} \tag{12.11}$$

puisque chaque sous-ensemble des $\binom{n}{2}$ arêtes possibles v_iv_j détermine un graphe de $\mathcal{G}_n$. De même, le nombre de graphes de $\mathcal{G}_n$ pour lesquels un ensemble donné de k sommets est une clique est $2^{\binom{n}{2}-\binom{k}{2}}$. Comme il y a $\binom{n}{k}$ sous-ensembles distincts de $\{v_1, v_2, \ldots, v_n\}$ à k éléments, nous avons

$$|\mathcal{G}_n^k| \leq \binom{n}{k} 2^{\binom{n}{2}-\binom{k}{2}} \tag{12.12}$$

(Il y a inégalité car les graphes de $\mathcal{G}_n^k$ qui ont plus d'une k-clique sont comptés plusieurs fois dans l'expression du membre droit.) Par (12.11) et (12.12),

$$\frac{|\mathcal{G}_n^k|}{|\mathcal{G}_n|} \leq \binom{n}{k} 2^{-\binom{k}{2}} < \frac{n^k 2^{-\binom{k}{2}}}{k!}$$

Supposons que $n < 2^{k/2}$. Alors

$$\frac{|\mathcal{G}_n^k|}{|\mathcal{G}_n|} < \frac{2^{k^2/2} 2^{-\binom{k}{2}}}{k!} = \frac{2^{k/2}}{k!} < \frac{1}{2}$$

Autrement dit, si $n < 2^{k/2}$, alors moins de la moitié des graphes de $\mathcal{G}_n$ contiennent une clique à k sommets. De même, par passage au complémentaire, moins de la moitié des graphes de $\mathcal{G}_n$ contiennent un stable à k sommets. Donc un graphe de $\mathcal{G}_n$ ne contient ni clique à k sommets ni stable à k sommets. Comme ceci est vrai pour tout $n < 2^{k/2}$, nous avons $r(k,k) \geq 2^{k/2}$. □

Le Corollaire 12.11 nous dit qu'il existe un graphe d'ordre $2^{2k-2}-1$ sans clique à k sommets ni stable à k sommets. Cependant, il ne nous montre pas comment construire un tel graphe. Toutes les bornes inférieures pour $r(k,k)$ obtenues par des arguments constructifs sont beaucoup plus faibles que celle donnée par le Théorème 12.12. La meilleure est due à Frankl et Wilson (1981) ; leur construction est décrite à la Partie 14.5.

Les nombres de Ramsey $r(k,\ell)$ sont parfois définis d'une manière légèrement différente de celle que nous avons utilisée. On peut facilement voir que $r(k,\ell)$ peut être vu comme le plus petit entier n tel que toute 2-arête-coloration (pas forcément propre) (E_1, E_2) de K_n contienne, soit un sous-graphe complet à k sommets dont toutes les arêtes sont colorées 1, soit un sous-graphe complet à ℓ sommets dont toutes les arêtes sont colorées 2.

Exprimés de la sorte, les nombres de Ramsey ont une généralisation naturelle. Pour des entiers strictement positifs t_i, $1 \leq i \leq k$, définissons $r(t_1, t_2, \ldots, t_k)$ comme le plus petit entier n tel que toute k-arête-coloration $(E_1, E_2, \ldots, E_k)$ de K_n contienne un sous-graphe complet à t_i sommets dont toutes les arêtes sont dans E_i, pour au moins un i, $1 \leq i \leq k$.

Le théorème et le corollaire qui suivent généralisent l'inégalité (12.5) et le Théorème 12.10, et se prouvent d'une manière similaire (Exercice 12.3.3).

Théorème 12.13 THÉORÈME DE RAMSEY *Pour tous entiers strictement positifs t_i, $1 \leq i \leq k$,*

$$r(t_1, t_2, \ldots, t_k) \leq r(t_1 - 1, t_2, \ldots, t_k) + r(t_1, t_2 - 1, \ldots, t_k) + \cdots + r(t_1, t_2, \ldots, t_k - 1) - k + 2$$ □

Corollaire 12.14 *Pour tous entiers strictement positifs t_i, $1 \leq i \leq k$,*

$$r(t_1 + 1, t_2 + 1, \ldots, t_k + 1) \leq \frac{(t_1 + t_2 + \cdots + t_k)!}{t_1! t_2! \ldots t_k!}$$ □

Une application à la théorie des nombres

Nous décrivons maintenant une application intéressante du Théorème de Ramsey à la théorie combinatoire des nombres.

Considérons la partition $(\{1,4,10,13\},\{2,3,11,12\},\{5,6,7,8,9\})$ de l'ensemble d'entiers $\{1,2,\ldots,13\}$. Observons que dans aucun des sous-ensembles de cette partition il n'y a trois entiers x, y, et z (pas nécessairement distincts) qui satisfont l'équation

$$x + y = z \tag{12.13}$$

Cependant, quelle que soit la manière de partitionner $\{1,2,\ldots,14\}$ en trois sous-ensembles, il y a toujours un sous-ensemble de la partition qui contient une solution à (12.13) (Exercice 12.3.8a). Schur (1916) a prouvé qu'en général, pour un entier n donné, il existe un entier r_n tel que, pour toute partition de $\{1,2,\ldots,r_n\}$ en n sous-ensembles, un des sous-ensembles contient une solution à (12.13). Nous montrons que le nombre de Ramsey $r_n := r(t_1,t_2,\ldots,t_n)$, avec $t_i = 3,\ 1 \le i \le n$, remplit cette condition.

Théorème 12.15 Théorème de Schur
Soit $\{A_1,A_2,\ldots,A_n\}$ une partition de l'ensemble d'entiers $\{1,2,\ldots,r_n\}$ en n sous-ensembles. Alors un des A_i contient trois entiers x, y, et z qui vérifient $x+y=z$.

Démonstration Considérons le graphe complet d'ensemble de sommets $\{1,2,\ldots,r_n\}$. Colorons les arêtes de ce graphe avec les couleurs $1,2,\ldots,n$ suivant la règle que l'arête uv reçoit la couleur i si $|u-v| \in A_i$. Par le Théorème de Ramsey (12.13), il existe un triangle monochromatique dans le graphe ; il existe trois sommets a, b, et c tels que les arêtes ab, bc, et ac ont la même couleur j. Supposons, sans perte de généralité, que $a > b > c$ et posons $x = a-b$, $y = b-c$, et $z = a-c$. Alors $x,y,z \in A_j$, et $x+y=z$. □

Soit s_n le plus petit entier tel que, dans toute partition de $\{1,2,\ldots,s_n\}$ en n sous-ensembles, il y ait un sous-ensemble qui contienne une solution à (12.13). On peut vérifier que $s_1 = 1$, $s_2 = 5$, et $s_3 = 14$ (Exercice 12.3.8a). De plus, d'après le Théorème 12.15 et l'Exercice 12.3.4 nous avons la majoration

$$s_n \le \lfloor n!\, e \rfloor + 1$$

Obtenir une minoration de s_n est le but de l'Exercice 12.3.8c.

Exercices

$\star$**12.3.1** Montrer que, pour tous k et l, $r(k,\ell) = r(\ell,k)$.

12.3.2 Montrer que le graphe $(4,4)$-Ramsey (dessiné Figure 12.11d) est auto-complémentaire.

12.3.3 Prouver le Théorème 12.13 et le Corollaire 12.14.

12.3.4

a) Montrer que $r_n \leq n(r_{n-1} - 1) + 2$.
b) Observant que $r_2 = 6$, utiliser (a) pour montrer que $r_n \leq \lfloor n!e \rfloor + 1$.
c) Déduire que $r_3 \leq 17$.

12.3.5 Graphe de Clebsch

a) Le *graphe de Clebsch* a pour ensemble de sommets les sous-ensembles pairs de $\{1, 2, 3, 4, 5\}$, deux sommets étant adjacents si leur différence symétrique est de cardinal quatre. Un dessin du graphe de Clebsch est donné Figure 12.12. Trouver un étiquetage convenable de ses sommets.

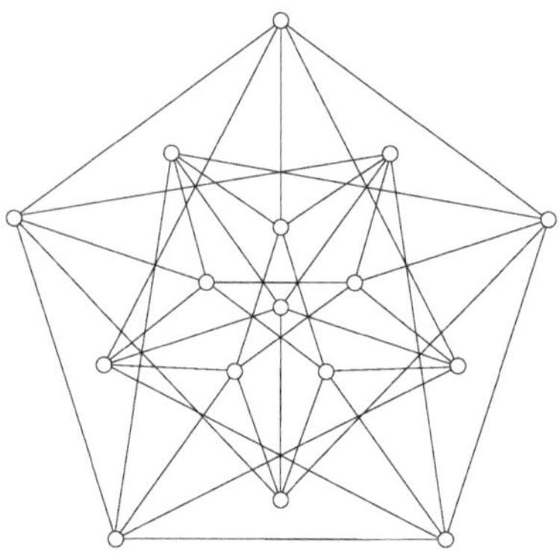

Fig. 12.12. Le graphe de Clebsch

b) Montrer que le graphe de Clebsch est sommet-transitif, qu'il n'a pas de triangle, et que les non-voisins de tout sommet induisent une copie du graphe de Petersen.
c) Considérons deux autres graphes définis sur le même ensemble de sommets que le graphe de Clebsch. Dans le premier, deux sommets sont adjacents si leur différence symétrique appartient à l'ensemble $\{12, 23, 34, 45, 51\}$ (nous écrivons ij pour $\{i, j\}$) ; dans le second, deux sommets sont adjacents si leur différence symétrique appartient à l'ensemble $\{13, 24, 35, 41, 52\}$. Montrer que ces deux graphes sont isomorphes au graphe de Clebsch.
d) À l'aide de la borne donnée à l'Exercice 12.3.4c, déduire que $r_3 = 17$.

(R.E. Greenwood et A.M. Gleason)

12.3.6 Soit $G = K_3 \vee C_5$, le joint de K_3 et C_5. Montrer que :

a) G ne contient pas de copie de K_6,
b) toute 2-arête-coloration de G contient un triangle monochromatique.

(R.L. Graham)

(Folkman (1970) a construit un (immense) graphe qui ne contient pas de copie de K_4, mais dont toute 2-arête-coloration contient un triangle monochromatique ; plus généralement, Nešetřil et Rödl (1975) ont construit, pour tout entier strictement positif k, un graphe ne contenant pas de copie de K_4, dont toute k-arête-coloration contient un triangle monochromatique.)

12.3.7 Soient $G_1, G_2, \ldots, G_k$ des graphes simples. Le *nombre de Ramsey généralisé* $r(G_1, G_2, \ldots, G_k)$ est le plus petit entier n tel que toute k-arête-coloration $(E_1, E_2, \ldots, E_k)$ de K_n contient, pour un des indices i, un sous-graphe isomorphe à G_i de couleur i. On note P_3 le 3-chemin, par C_4 le 4-cycle, et par T_m un arbre quelconque à m sommets. Montrer que :

a) $r(P_3, P_3) = 5$, $r(P_3, C_4) = 5$, et $r(C_4, C_4) = 6$,
b) $r(T_m, K_{1,n}) \leq m + n - 1$, avec égalité si $n - 1 \equiv 0 \pmod{m-1}$,
c) $r(T_m, K_n) = (m-1)(n-1) + 1$. (V. Chvátal)

12.3.8

a) Montrer que :
   i) $s_1 = 2$, $s_2 = 5$, et $s_3 = 14$,
   ii) $s_{n+1} \geq 3s_n - 1$ pour tout n.
b) Déduire que $s_n \geq \frac{1}{2}(3^n + 1)$ pour tout n.

(Abbott et Moser (1966) ont trouvé un minorant de s_n plus grand.)

12.3.9

a) En recourant à l'Exercice 12.1.12, montrer que

$$r(kl+1, kl+1) - 1 \geq (r(k+1, k+1) - 1)(r(l+1, l+1) - 1)$$

b) En déduire que $r(2^n + 1, 2^n + 1) \geq 5^n + 1$ pour tout $n \geq 0$. (H.L. Abbott)

12.3.10 Soient k, s, et t des entiers strictement positifs tels que $s \leq t$. Montrer qu'il existe un entier $r := r_k(s,t)$ tel que, pour toute k-arête-coloration $(E_1, E_2, \ldots, E_k)$ d'un hypergraphe s-uniforme complet H sur au moins r sommets, H contienne un sous-hypergraphe complet monochromatique à t sommets.

12.3.11

a) Montrer que tout graphe complet infini dénombrable 2-arête-coloré contient un sous-graphe complet infini dénombrable monochromatique.
b) En déduire la version infinie du Théorème de Ramsey.

12.3.12 Soit V un ensemble de points du plan en position générale (trois points ne sont jamais colinéaires), et soit G le graphe géométrique complet d'ensemble de sommets V. Montrer que, pour toute 2-arête-coloration de G, il y a un arbre couvrant monochromatique dont les arêtes ne se croisent pas.

(G. Károlyi, J. Pach, et G. Tóth)

12.4 En savoir plus

Problèmes extrémaux d'hypergraphes

Les questions abordées dans ce chapitre peuvent bien sûr être posées dans le contexte des hypergraphes. Le Théorème de Ramsey s'étend assez facilement aux hypergraphes (Exercice 12.3.10). En fait, c'est dans ce contexte plus général que Ramsey (1930) a démontré son théorème. D'autre part, l'évaluation des nombres de Ramsey d'hypergraphes reste un problème très loin d'être résolu.

Les choses ne sont guère plus avancées pour les questions de type Turán pour les hypergraphes, y compris pour les hypergraphes 3-uniformes. Les conjectures de Turán sur le nombre de triplets d'un n-ensemble nécessaires pour garantir l'existence d'un $K_4^{(3)}$ ou d'un $K_5^{(3)}$ demeurent non-résolues (voir Exercice 12.2.6). La difficulté de la première conjecture vient peut-être du fait que, si elle était vraie, le nombre de configurations extrémales non-isomorphes serait grand. Kostochka (1982) a construit 2^{k-2} exemples conjecturés comme extrémaux.

Du côté positif, on peut cependant noter que de nombreux progrès encourageants sur les problèmes extrémaux d'hypergraphes ont eu lieu ces dernières années. Par exemple, quand n est suffisamment grand, il a été montré indépendamment par Füredi et Simonovits (2005) et par Keevash et Sudakov (2005), qu'ainsi que conjecturé par Sós (1976), le seul hypergraphe 3-uniforme extrémal qui ne contient pas de copie de l'hypergraphe de Fano est l'unique hypergraphe 3-uniforme 2-colorable avec le nombre maximum d'arêtes (voir Exercice 12.2.6b). Il y a plusieurs articles de synthèse instructifs sur le sujet voir par exemple, Füredi (1991) et Sidorenko (1995).

Constructions à partir d'hypergraphes

Nous avons vu plusieurs exemples de la manière dont les hypergraphes peuvent être utilisés pour construire des graphes ayant des propriétés particulières. En particulier, le graphe d'incidence d'un plan projectif d'ordre $k-1$ est une $(k,6)$-cage (Exercice 3.1.13), et les graphes de polarité des plans projectifs sont des exemples de graphes extrémaux sans 4-cycle (voir Exercice 12.2.14). Frankl et Wilson (1981) ont utilisé les hypergraphes pour obtenir des bornes inférieures constructives pour les nombres de Ramsey.

Soit S un n-ensemble, et soit q la puissance d'un nombre premier telle que $q^2 \leq n+1$. Considérons le graphe dont les sommets sont les (q^2-1)-sous-ensembles de S, deux de ces sous-ensembles X et Y étant adjacents si et seulement si $|X \cap Y| \not\equiv -1 \pmod{q}$. Frankl et Wilson (1981) ont montré que ce graphe n'a ni stable ni clique de cardinal $k := \binom{n}{q-1} + 1$, ce qui donne la minoration pour le nombre de Ramsey $r(k,k) \geq \binom{n}{q^2-1} + 1$. En posant $n = q^3$ on obtient la borne superpolynomiale $r(k,k) \geq k^{f(k)}$, avec $f(k) \sim \log k / 4 \log\log k$.

Théorèmes de Ramsey dans d'autres contextes

Le Théorème de Ramsey est un exemple de l'aphorisme mathématique, dû à T.S. Motzkin, que le désordre complet est impossible : si une structure suffisamment grande est partitionnée de façon arbitraire en deux classes ou plus, alors une des classes contient une sous-structure 'régulière' de taille prescrite. Des théorèmes de ce type apparaissent dans beaucoup de domaines des mathématiques. Un exemple classique est le théorème de Van der Waerden (1927), qui affirme que si les entiers strictement positifs sont partitionnés en un nombre fini de classes, alors une de ces classes contient des progressions arithmétiques arbitrairement longues. (Ce théorème a inspiré de profondes avancées en théorie des nombres, notamment le théorème de densité de E. Szemerédi mentionné dans la partie sur le Lemme de Régularité.)

Le Théorème de Ramsey fut redécouvert par Erdős et Szekeres (1935) lorsqu'ils étudiaient un problème de géométrie discrète. Cela a mené P. Erdős et ses nombreux collaborateurs à développer un domaine de la géométrie connu sous le nom de *théorie de Ramsey euclidienne*. Un théorème particulièrement attractif sur le sujet, dû à Kříž (1991), affirme que si S est l'ensemble de points d'un polygone régulier, et si n est suffisamment grand, alors dans toute 2-coloration de $\mathbb{R}^n$, il existe un sous-ensemble monochromatique qui est congru à S. Le livre de Graham et al. (1990) contient de nombreux autres exemples admirables de ce genre de théorèmes de Ramsey.

13

La Méthode probabiliste

Sommaire

13.1 Graphes aléatoires

Comme mentionné Partie 12.3, la borne inférieure sur les nombres de Ramsey donnée au Théorème 12.12 a été obtenue à l'aide d'une technique de preuve appelée *méthode probabiliste.* En gros, cette technique se base sur la compréhension du

J. Bondy et al., *Théorie des graphes*, Mathématiques et Applications 91,
https://doi.org/10.1007/978-1-4471-7621-3_13

comportement des graphes en moyenne. Le Théorème 12.12, par exemple, a été démontré en prouvant que la majorité des graphes sur $2^{n/2}$ sommets n'ont pas de clique de cardinal n. (Ce n'est évidemment pas vrai pour tous les graphes à $2^{n/2}$ sommets.) Une compréhension du comportement moyen des graphes se révèle être d'un intérêt immense pour démontrer l'existence de graphes ayant des propriétés particulières. La méthode probabiliste est également un outil remarquablement efficace pour établir des propriétés des graphes en général.

Un *espace de probabilité (fini)* (Ω, P) est formé d'un ensemble fini Ω, appelé *espace échantillon*, et d'une *fonction de probabilité* $P : \Omega \to [0,1]$ satisfaisant $\sum_{\omega \in \Omega} P(\omega) = 1$. On peut voir l'ensemble $\mathcal{G}_n$ de tous les graphes étiquetés à n sommets (ou, de manière équivalente, l'ensemble de tous les sous-graphes couvrants de K_n) comme l'espace échantillon d'un espace de probabilité fini $(\mathcal{G}_n, P)$. Le résultat de la sélection d'un élément G de cet espace échantillon selon une fonction de probabilité P est appelé un *graphe aléatoire*.

L'exemple le plus simple d'un tel espace de probabilité survient lorsque tous les graphes $G \in \mathcal{G}_n$ ont la même probabilité d'être choisis. Comme $|\mathcal{G}_n| = 2^N$, avec $N := \binom{n}{2}$, la fonction de probabilité dans ce cas est :

$$P(G) = 2^{-N}, \quad \text{pour tout } G \in \mathcal{G}_n$$

Une façon naturelle de voir cet espace de probabilité est d'imaginer que les arêtes de K_n sont considérées une à une pour êre incluses ou non, chaque arête étant choisie avec probabilité $1/2$ (par exemple, en tirant à pile ou face), ces choix étant faits indépendamment les uns des autres. Le résultat d'une telle procédure est un sous-graphe couvrant G de K_n, tous les $G \in \mathcal{G}_n$ étant équiprobables.

Un espace de probabilité un peu plus évolué sur l'ensemble $\mathcal{G}_n$ s'obtient en fixant un réel p entre 0 et 1 et en choisissant chaque arête avec probabilité p, ces choix étant là encore indépendants les uns des autres. Comme $1-p$ est la probabilité qu'une arête particulière ne soit pas choisie, la fonction de probabilité P qui en résulte est donnée par

$$P(G) = p^m (1-p)^{N-m}, \quad \text{pour tout } G \in \mathcal{G}_n$$

tel que $m := e(G)$. Cet espace est noté $\mathcal{G}_{n,p}$. Par exemple, $\mathcal{G}_{3,p}$ a pour espace échantillon les $2^{\binom{3}{2}} = 8$ sous-graphes couvrants de K_3 montrés sur la Figure 13.1, avec la fonction de probabilité indiquée.

Notons que plus la valeur de p est petite, plus grande est la probabilité d'avoir un graphe éparpillé. Nous sommes intéressés par calculer ou estimer la probabilité qu'un graphe aléatoire ait une propriété particulière.

À chaque propriété de graphe, telle que la connexité, correspond un sous-ensemble de $\mathcal{G}_n$, composé des membres de $\mathcal{G}_n$ qui possèdent cette propriété. La probabilité qu'un graphe aléatoire ait cette propriété particulière est simplement la somme des probabilités de ces graphes. Par exemple, la probabilité qu'un graphe aléatoire de $\mathcal{G}_{3,p}$ soit connexe est égal à $3p^2(1-p) + p^3 = p^2(3-2p)$, la probabilité qu'il soit biparti vaut $(1-p)^3 + 3(1-p)^2 p + 3(1-p)p^2 = (1-p)(1+p+p^2)$, et la probabilité qu'il soit à la fois connexe et biparti vaut $3p^2(1-p)$.

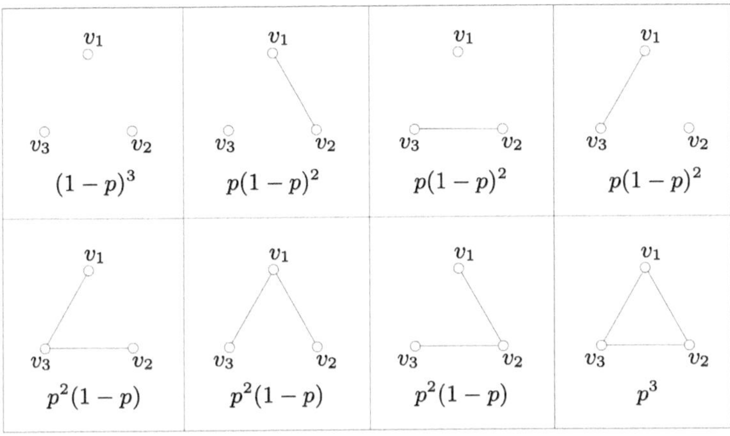

Fig. 13.1. L'espace de probabilité $\mathcal{G}_{3,p}$

Dans un espace de probabilité (Ω, P), tout sous-ensemble A de Ω est appelé un *événement*, et la *probabilité* de l'événement A est définie par :

$$P(A) := \sum_{\omega \in A} P(\omega) \tag{13.1}$$

Évènements indépendants

Des événements A et B dans un espace de probabilité (Ω, P) sont *indépendants* si $P(A \cap B) = P(A)P(B)$; dans le cas contraire, ils sont *dépendants.* Plus généralement, des événements A_i, $i \in I$, sont *(mutuellement) indépendants* si, pour tout sous-ensemble S de I,

$$P(\cap_{i \in S} A_i) = \prod_{i \in S} P(A_i)$$

Par exemple, si A est l'événement 'G est connexe' et B est l'événement 'G est biparti' dans l'espace $\mathcal{G}_{3,p}$, alors (à moins que $p = 0$ ou $p = 1$)

$$P(A)P(B) = p^2(3-2p)(1-p)(1+p+p^2) \neq 3p^2(1-p) = P(A \cap B)$$

Ainsi ces deux événements sont dépendants. Autrement dit, savoir que G est biparti a une incidence sur la probabilité d'être connexe.

Il est important de se rendre compte que des événements peuvent très bien être dépendants, même si les événements sont deux à deux indépendants (voir Exercice 13.1.2).

Variables aléatoires

Une grande partie de la théorie des graphes porte sur l'étude de paramètres fondamentaux, tels que la connexité, la cliquicité, ou la stabilité. Comme nous l'avons vu, les valeurs de ces paramètres nous renseignent beaucoup sur un graphe et ses propriétés. Dans le contexte des graphes aléatoires, de telles fonctions sont appelées des variables aléatoires, parce qu'elles dépendent du graphe qui est sélectionné. Plus généralement, une *variable aléatoire* sur un espace de probabilité (Ω, P) est une fonction à valeur réelle définie sur l'espace échantillon Ω. En combinatoire, les variables aléatoires sont fréquemment à valeurs entières. Voici un exemple typique.

Soit S un ensemble de sommets d'un graphe aléatoire $G \in \mathcal{G}_{n,p}$. Nous pouvons associer à S une variable aléatoire X_S définie par :

$$X_S(G) := \begin{cases} 1 & \text{si } S \text{ est un stable de } G, \\ 0 & \text{sinon.} \end{cases} \tag{13.2}$$

La variable aléatoire X_S est un exemple de ce qu'on appelle une variable aléatoire caractéristique, car elle indique si l'ensemble S est un stable de G. Plus généralement, à tout événement A d'un espace de probabilité (Ω, P) on peut associer une *variable aléatoire caractéristique* X_A, définie par :

$$X_A(\omega) := \begin{cases} 1 & \text{si } \omega \in A, \\ 0 & \text{sinon.} \end{cases}$$

(Dans l'exemple qui précède, A est simplement l'événement que S est un stable.)

Ainsi à chaque événement correspond une variable aléatoire. Inversement, à toute variable aléatoire X et tout réel t, nous pouvons associer un événement

$$\{\omega \in \Omega : X(\omega) = t\}$$

Afin de rester concis, nous notons cet événement par $X = t$. De manière analogue, on peut définir quatre événements apparentés : $X < t$, $X \leq t$, $X \geq t$, et $X > t$. Par exemple, si X est le nombre de composantes de $G \in \mathcal{G}_{3,p}$, l'événement $X \geq 2$ est formé des quatre premiers graphes de la Figure 13.1 ; et si X_S est la variable aléatoire définie dans (13.2), l'événement $X_S = 1$ comprend les graphes $G \in \mathcal{G}_{n,p}$ dans lesquels S est un stable. Nous nous intéressons aux probabilités d'événements de ce genre.

Des variables aléatoires X_i, $i \in I$, sont *(mutuellement) indépendantes* si les événements $X_i = t_i$, $i \in I$, sont indépendants quels que soient les réels t_i. Des variables aléatoires sont *dépendantes* si elles ne sont pas indépendantes.

Exercices

13.1.1 Soit $G \in \mathcal{G}_{n,1/2}$. Pour un sous-ensemble S de V, notons A_S l'événement que S soit un stable de G. Montrer que si S et T sont deux k-sous-ensembles distincts de V, alors A_S et A_T sont indépendants si $|S \cap T| = 0$ ou $|S \cap T| = 1$, et dépendants sinon.

13.1.2 Soit V un n-ensemble. On considère l'espace de probabilité (Ω, P), où Ω est l'ensemble des k-colorations $(V_1, V_2, \ldots, V_k)$ de V, toutes les colorations étant équiprobables (ainsi chacune se produit avec probabilité k^{-n}). Un élément de cet espace est appelé une *k-coloration aléatoire* de V. On considère une k-coloration aléatoire des sommets d'un graphe simple G. Pour une arête e de G, soit A_e l'événement que les deux extrémités de e reçoivent la même couleur. Montrer que :

a) quelles que soient deux arêtes e et f de G, les événements A_e et A_f sont indépendants,
b) si e, f, et g sont les trois arêtes d'un triangle de G, les événements A_e, A_f, et A_g sont dépendants.

13.1.3

a) Soit $\{A_i : i \in I\}$ un ensemble d'événements dans un espace de probabilité (Ω, P). Exprimer la probabilité de l'événement $\overline{\cup_{i \in I} A_i}$ en fonction des probabilités des événements $\cap_{i \in S} A_i$, où S parcourt tous les sous-ensembles non-vides de I.
b) Soit V un n-ensemble. On considère l'espace de probabilité (Ω, P), où Ω est l'ensemble des permutations de V, toutes les permutations étant équiprobables (ainsi chacune se produit avec probabilité $1/n!$). Un élément de cet espace est appelé une *permutation aléatoire* ou *ordre linéaire aléatoire* de V. Une permutation π de V est un *dérangement* de V si $\pi(v) \neq v$ pour tout $v \in V$. Déterminer la probabilité de l'ensemble des dérangements de V, et la valeur asymptotique de cette probabilité.

$\star$**13.1.4** Soit $\{A_i : i \in I\}$ un ensemble d'événements indépendants dans un espace de probabilité (Ω, P). Pour tout $S \subseteq I$, montrer que les événements A_i, $i \in S$, et $\overline{A_i}$, $i \in I \setminus S$ sont indépendants.

13.2 Espérance

La valeur moyenne d'une variable aléatoire X est appelée son *espérance*, et est notée $E(X)$. Ainsi

$$E(X) := \sum_{\omega \in \Omega} X(\omega) P(\omega) \tag{13.3}$$

Par exemple, si X désigne le nombre de composantes de $G \in \mathcal{G}_{3,p}$,

$$E(X) = 3 \times (1-p)^3 \;+\; 2 \times 3p(1-p)^2 \;+\; 1 \times (3p^2(1-p) + p^3) = 3 - 3p + p^3$$

Linéarité de l'espérance

Nous utilisons deux propriétés fondamentales de l'espérance qui découlent aisément des définitions (13.1) et (13.3). Premièrement, l'espérance est une fonction linéaire. Autrement dit, pour des variables aléatoires X et Y, et des réels r et s,

$$E(rX + sY) = rE(X) + sE(Y) \tag{13.4}$$

Cette propriété est appelée la *linéarité de l'espérance.* Deuxièmement, si X_A est une variable aléatoire caractéristique,

$$E(X_A) = P(X_A = 1) \tag{13.5}$$

Il est important d'insister sur le fait que l'équation (13.4) est valide pour n'importe quelles deux variables aléaoires X et Y, qu'elles soient indépendantes ou non. Nous utiliserons ce fait à de multiples reprises. À l'inverse, l'identité $E(XY) = E(X)E(Y)$ n'est pas vraie en général, bien qu'elle le soit lorsque X et Y sont des variables aléatoires indépendantes (Exercice 13.2.2).

Le Lemme de Croisement

Afin de convaincre le lecteur de la puissance de la méthode probabiliste, nous exposons une application remarquablement simple de cette technique au nombre de croisements des graphes. Nous obtenons une borne inférieure sur le nombre de croisements d'un graphe en fonction de son ordre et de sa taille, et ensuite nous utilisons cette borne pour en déduire deux théorèmes de géométrie discrète.

Rappelons que le *nombre de croisements* $cr(G)$ d'un graphe G est le plus petit nombre de croisements dans un plongement de G dans le plan. Ce paramètre admet pour borne inférieure triviale $cr(G) \geq m - 3n$ (en fait $cr(G) \geq m - 3n + 6$ pour $n \geq 3$; Exercice 10.3.1). Une bien meilleure borne inférieure a été donnée par Ajtai et al. (1982) et, indépendamment, par Leighton (1983). Sa très courte preuve probabiliste est due à N. Alon ; voir Alon et Spencer (2000).

Lemme 13.1 Lemme de Croisement
Soit G un graphe tel que $m \geq 4n$. Alors

$$cr(G) \geq \frac{1}{64}\frac{m^3}{n^2}$$

Démonstration Considérons un plongement planaire $\widetilde{G}$ de G avec $cr(G)$ croisements. Soit S un sous-ensemble aléatoire de V obtenu en choisissant chaque sommet de G indépendamment avec probabilité $p := 4n/m$, et soient $H := G[S]$ et $\widetilde{H} := \widetilde{G}[S]$.

Définissons les variables aléatoires X, Y, Z sur Ω comme suit : X est le nombre de sommets, Y le nombre d'arêtes, et Z le nombre de croisements de $\widetilde{H}$. La borne triviale donnée ci-dessus, appliquée à H, donne l'inégalité $Z \geq cr(H) \geq Y - 3X$.

Par linéarité de l'espérance (13.4), $E(Z) \geq E(Y)-3E(X)$. Maintenant $E(X) = pn$, $E(Y) = p^2m$ (chaque arête ayant deux extrémités) et $E(Z) = p^4cr(G)$ (chaque croisement étant défini par quatre sommets). Ainsi

$$p^4cr(G) \geq p^2m - 3pn$$

En divisant par p^4 des deux côtés, nous avons :

$$cr(G) \geq \frac{pm-3n}{p^3} = \frac{n}{(4n/m)^3} = \frac{1}{64}\frac{m^3}{n^2}$$ □

Székely (1997) s'est rendu compte que le Lemme de Croisement (13.1) pouvait s'utiliser pour déduire très facilement un grand nombre de théorèmes en géométrie discrète, dont certains étaient jusque-là considérés comme extrêmement difficiles. Nous donnons maintenant la preuve de deux d'entre eux.

Considérons un ensemble de n points dans le plan. Deux quelconques de ces points déterminent une droite, mais il se peut que certaines de ces droites passent par plus de deux points. Ètant donné un entier strictement positif k, on peut se demander combien il peut y avoir de droites qui passent par au moins k points. Par exemple, si n est un carré parfait et que les points sont disposés suivant une grille carrée, il y a $2\sqrt{n}+2$ droites qui passent par $\sqrt{n}$ points. Y a-t-il une configuration de points dans laquelle il y a plus de droites passant par ce nombre de points ? Le théorème suivant de Szemerédi et Trotter (1983) donne une borne générale sur le nombre de droites passant par plus de k points.

Théorème 13.2 *Soit P un ensemble de n points dans le plan, et soit ℓ le nombre de droites du plan passant par au moins $k+1$ de ces points, avec $1 \leq k \leq 2\sqrt{2n}$. Alors $\ell < 32n^2/k^3$.*

Démonstration Formons un graphe G d'ensemble de sommets P dont les arêtes sont les segments entre des points consécutifs sur une des droites qui passent par au moins $k+1$ points de P. Ce graphe a au moins $k\ell$ arêtes et le nombre de croisements est au plus $\binom{\ell}{2}$. Donc, ou bien $k\ell < 4n$, auquel cas $\ell < 4n/k \leq 32n^2/k^3$, ou bien $\ell^2/2 > \binom{\ell}{2} \geq cr(G) \geq (k\ell)^3/64n^2$ par le Lemme de Croisement (13.1), et de nouveau $\ell < 32n^2/k^3$. □

Une seconde application du Lemme de Croisement (13.1) porte sur le nombre de paires de points, parmi un ensemble de n points, qui peuvent être à distance exactement 1. Les grilles carrées (voir Figure 1.27) montrent que ce nombre peut croître plus rapidement que n, lorsque n tend vers l'infini. (Pour cela, on doit choisir une grille pour laquelle la distance entre points consécutifs est inférieure à 1 ; le calcul repose sur un peu de théorie des nombres élémentaire.) Le théorème qui suit, du à Spencer et al. (1984), donne une borne supérieure sur le nombre de paires de points à distance 1.

Théorème 13.3 *Soit P un ensemble de n points dans le plan, et soit k le nombre de paires de points de P à distance 1. Alors $k < 5n^{4/3}$.*

Démonstration Dessinons un cercle unitaire autour de chaque point de P. Soit n_i le nombre de ces cercles passant par exactement i points de P. Alors $\sum_{i=0}^{n-1} n_i = n$ et $k = \frac{1}{2}\sum_{i=0}^{n-1} in_i$. Formons maintenant un graphe H d'ensemble de sommets P dont les arêtes sont les arcs entre des points consécutifs sur les cercles qui passent par au moins trois points de P. Alors

$$e(H) = \sum_{i=3}^{n-1} in_i = 2k - n_1 - 2n_2 \geq 2k - 2n$$

Il se peut que des paires de sommets de H soient reliées par deux arêtes parallèles. Supprimons de H une arête par paire d'arêtes parallèles, afin d'obtenir un graphe simple G tel que $e(G) \geq k - n$. Maintenant $cr(G) \leq n(n-1)$ car G est formé à partir d'au plus n cercles, et que deux cercles se croisent au plus deux fois. Donc ou bien $e(G) < 4n$, auquel cas $k < 5n < 5n^{4/3}$, ou bien $n^2 > n(n-1) \geq cr(G) \geq (k-n)^3/64n^2$ par le Lemme de Croisement (13.1), et $k < 4n^{4/3} + n < 5n^{4/3}$. □

Notations asymptotiques

Dans la suite, nous considérons des espaces de probabilité (Ω_n, P_n) qui sont définis pour tous les entiers strictement positifs n. Comme nous nous intéressons principalement à des graphes éparpillés, nous étudions le comportement de l'espace de probabilité $\mathcal{G}_{n,p}$ lorsque p est une fonction de n telle que $p(n) \to 0$ quand $n \to \infty$. Étant donnée une suite (Ω_n, P_n), $n \geq 1$, d'espaces de probabilité, une propriété A est dite *presque sûrement* satisfaite si $P_n(A_n) \to 1$ quand $n \to \infty$, avec $A_n := A \cap \Omega_n$.

Nous employons les notations asymptotiques suivantes. Si $f : \mathbb{N} \to \mathbb{R}$ et $g : \mathbb{N} \to \mathbb{R}$ sont deux fonctions telles que $g(n) > 0$ pour n suffisamment grand, nous écrivons :

$$\begin{array}{lll} f \ll g & \text{si} \quad f(n)/g(n) \to 0 & \text{quand } n \to \infty \\ f \gg g & \text{si} \quad f(n)/g(n) \to \infty & \text{quand } n \to \infty \\ f \sim g & \text{si} \quad f(n)/g(n) \to 1 & \text{quand } n \to \infty \end{array}$$

L'Inégalité de Markov

L'inégalité simple qui suit est souvent utilisée de pair avec les identités (13.4) et (13.5), et est un des outils fondamentaux de la méthode probabiliste.

Proposition 13.4 Inégalité de Markov
Soit X une variable aléatoire positive et t un réel strictement positif. Alors

$$P(X \geq t) \; \leq \; \frac{E(X)}{t}$$

Démonstration

$$\begin{aligned} E(X) &= \sum\{X(\omega)P(\omega) : \omega \in \Omega\} \ \geq \ \sum\{X(\omega)P(\omega) : \omega \in \Omega, X(\omega) \geq t\} \\ &\geq \sum\{tP(\omega) : \omega \in \Omega, X(\omega) \geq t\} \ = \ t\sum\{P(\omega) : \omega \in \Omega, X(\omega) \geq t\} \\ &= tP(X \geq t) \end{aligned}$$

En divisant les deux membres par t, nous obtenons l'inégalité souhaitée. □

L'Inégalité de Markov est fréquemment utilisée sous la forme suivante afin de montrer qu'un graphe aléatoire de $\mathcal{G}_{n,p}$ possède presque sûrement une propriété particulière pour une certaine valeur de p. On l'obtient en posant $X = X_n$ et $t = 1$ dans la Proposition 13.4.

Corollaire 13.5 *Soit X_n une variable aléatoire à valeurs réelles positives dans un espace de probabilité (Ω_n, P_n), $n \geq 1$. Si $E(X_n) \to 0$ quand $n \to \infty$, alors $P(X_n = 0) \to 1$ quand $n \to \infty$.* □

Prenons un exemple simple. Soit X le nombre de triangles dans $G \in \mathcal{G}_{n,p}$. Nous pouvons exprimer X comme la somme $X = \sum\{X_S : S \subseteq V,\ |S| = 3\}$, où X_S est la variable aléatoire caractéristique de l'événement A_S que $G[S]$ soit un triangle. Clairement $P(A_S) = p^3$. Par linéarité de l'espérance, nous avons

$$E(X) = \sum\{E(X_S) : S \subseteq V,\ |S| = 3\} = \binom{n}{3}p^3 < (pn)^3$$

Donc si $pn \to 0$ quand $n \to \infty$, alors $E(X) \to 0$ et, par le Corollaire 13.5, $P(X = 0) \to 1$; autrement dit, si $pn \to 0$ quand $n \to \infty$, alors G sera presque sûrement sans triangle.

À l'aide des mêmes outils, nous établissons maintenant une borne fondamentale et très utile sur la stabilité des graphes aléatoires due à Erdős (1961a). À moins qu'il ne soit spécifié autrement, log désigne le logarithme népérien (c'est-à-dire, relatif à la base e).

Théorème 13.6 *Un graphe aléatoire de $\mathcal{G}_{n,p}$ est presque sûrement de stabilité au plus $\lceil 2p^{-1}\log n \rceil$.*

Démonstration Soit $G \in \mathcal{G}_{n,p}$ et soit S un ensemble de $k+1$ sommets de G, avec $k \in \mathbb{N}$. La probabilité que S soit un stable de G est $(1-p)^{\binom{k+1}{2}}$, car c'est la probabilité qu'aucune des $\binom{k+1}{2}$ paires de sommets de S ne soit une arête du graphe aléatoire G.

Soit A_S l'événement que S soit un stable de G, et soit X_S la variable aléatoire caractéristique de cet événement. D'après l'équation (13.5), nous avons

$$E(X_S) = P(X_S = 1) = P(A_S) = (1-p)^{\binom{k+1}{2}} \tag{13.6}$$

Soit X le nombre de stables de cardinal $k+1$ dans G. Alors

$$X = \sum\{X_S : \ S \subseteq V,\ |S| = k+1\}$$

et donc, par (13.4) et (13.6),

$$E(X) = \sum\{E(X_S) : S \subseteq V, |S| = k+1\} = \binom{n}{k+1}(1-p)^{\binom{k+1}{2}}$$

Nous majorons le membre droit à l'aide de deux inégalités élémentaires (Exercice 13.2.1) :

$$\binom{n}{k+1} \leq \frac{n^{k+1}}{(k+1)!} \quad \text{et} \quad 1-p \leq e^{-p}$$

Cela donne la borne supérieure suivante pour $E(X)$.

$$E(X) \leq \frac{n^{k+1}e^{-p\binom{k+1}{2}}}{(k+1)!} = \frac{\left(ne^{-pk/2}\right)^{k+1}}{(k+1)!} \tag{13.7}$$

Supposons maintenant que $k = \lceil 2p^{-1}\log n \rceil$. Alors $k \geq 2p^{-1}\log n$, donc $ne^{-pk/2} \leq 1$. Comme k croît au moins aussi vite que le logarithme de n, (13.7) implique que $E(X) \to 0$ quand $n \to \infty$. Comme X est à valeurs entières positives, nous déduisons du Corollaire 13.5 que $P(X = 0) \to 1$ quand $n \to \infty$. Par conséquent, un graphe aléatoire de $\mathcal{G}_{n,p}$ est presque sûrement de stabilité au plus $\lceil 2p^{-1}\log n \rceil$. □

Dans le cas où $p = \frac{1}{2}$, une borne sur α légèrement meilleure que celle fournie par le Théorème 13.6 peut être obtenue. Celle-ci implique la borne inférieure sur les nombres de Ramsey du Théorème 12.12 (voir Exercice 13.2.11). Nous rencontrerons d'autres applications intéressantes et surprenantes du Théorème 13.6 au Chapitre 15.

Ce premier aperçu de la méthode probabiliste devrait avoir donné au lecteur une idée de sa remarquable puissance. De nombreux exercices dans ce chapitre donnent d'autres applications de cette méthode. Bien d'autres se trouvent dans les livres de Spencer (1987), Alon et Spencer (2000), et Molloy et Reed (2002).

Exercices

$\star$**13.2.1** Prouver les inégalités :

a) $n^k/k^k \leq \binom{n}{k} \leq n^k/k!$, pour $n \geq k \geq 0$,
b) $1 + x \leq e^x$, pour tout $x \in \mathbb{R}$.

$\star$**13.2.2**

a) Soient X_i, $i \in I$, des variables aléatoires indépendantes. Montrer que $E(\prod_{i\in I} X_i) = \prod_{i\in I} E(X_i)$.
b) Donner un exemple de variables aléatoires dépendantes X et Y telles que $E(XY) = E(X)E(Y)$.

$\star$**13.2.3** Soit X une variable aléatoire à valeurs entières positives. À l'aide de l'Inégalité de Cauchy–Schwarz, montrer que $E(X^2)P(X \geq 1) \geq E^2(X)$.

13.2.4 Trouver une famille infinie de graphes G tels que $cr(G) = cm^3/n^2$, avec c une constante strictement positive bien choisie.

13.2.5 Soit $G := (V, E)$ un graphe simple, S un sous-ensemble aléatoire de V obtenu en choisissant chaque sommet de G indépendamment avec probabilité p, et $F := G[S]$. Considérons les variables aléatoires $X := v(F)$ et $Y := e(F)$.

a) Montrer que $\alpha(F) \geq X - Y$.
b) En calculant $E(X)$ et $E(Y)$, et en choisissant de manière appropriée la valeur de p, déduire que $\alpha(G) \geq n^2/4m$, pourvu que $m \geq n/2$.

13.2.6 Soit $G = (V, E)$ un graphe simple.

a) Si $m = n$, montrer que G contient un 3-chemin sauf s'il a une structure bien particulière.
b) En déduire que G contient au moins $m - n$ 3-chemins.
c) Si $m \geq 3n/2$, montrer que G contient au moins $4m^3/27n^2$ 3-chemins.
(R. Pinchasi et M. Sharir)
d) En suivant la même approche, et en faisant appel à l'Exercice 4.1.9b, montrer que si $m \geq kn$, avec k un entier strictement positif, alors G contient au moins $k^{-k}m^k/n^{k-1}$ copies de tout arbre à $k+1$ sommets.

13.2.7

a) Soit $G := (V, E)$ un graphe sans boucle. On considère une 2-coloration aléatoire de V. Montrer que l'espérance du nombre d'arêtes de G dont les deux extrémités reçoivent des couleurs différentes est $m/2$.
b) En déduire que tout graphe G contient un sous-graphe couvrant biparti F tel que $e(F) \geq \frac{1}{2}e(G)$ (comparer avec l'Exercice 2.2.2a). (P. Erdős)

13.2.8 Soit $G = (V, E)$ un graphe complet à n sommets. On considère l'espace de probabilité (Ω, P), où Ω est l'ensemble des orientations de G, toutes les orientations étant équiprobables (ainsi chacune se produit avec probabilité 2^{-N}, avec $N := \binom{n}{2}$). Un élément de cet espace est appelé un *tournoi aléatoire*.

a) Montrer que l'espérance du nombre de chemins dirigés hamiltoniens dans un tournoi aléatoire est $2^{-(n-1)}n!$
b) En déduire que, pour tout $n \geq 1$, il y a un tournoi à n sommets qui a au moins $2^{-(n-1)}n!$ chemins dirigés hamiltoniens. (T. Szele)

13.2.9 Un hypergraphe est 2-*colorable* s'il y a une 2-coloration de ses sommets pour laquelle aucune arête n'est monochromatique.

a) Montrer que l'hypergraphe de Fano n'est pas 2-colorable et est minimal pour cette propriété.
b) Soit $H := (V, \mathcal{F})$ un hypergraphe k-uniforme.
   i) On considère une 2-coloration aléatoire de V. Pour toute arête F de H, on note A_F l'événement que F soit monochromatique. Montrer que $P(A_F) = 2^{1-k}$.

ii) En déduire que si $|\mathcal{F}| < 2^{k-1}$, alors H est 2-colorable. (P. ERDŐS)

c) En considérant un hypergraphe bien choisi défini sur l'ensemble d'arêtes de K_n, déduire de (b)(ii) que si $\binom{n}{k}2^{1-\binom{k}{2}} < 1$, alors $r(k,k) > n$.

———— ≀ ————

13.2.10 Soit $G = (V, E)$ un graphe.

a) Soit σ un ordre total sur V. Pour $x, y \in V$, nous écrivons $x \prec_\sigma y$ si x précède y selon σ. Montrer que $S_\sigma := \{x \in V : x \prec_\sigma y \text{ pour tout } y \in N(x)\}$ est un stable de G.

b) Considérons un ordre total aléatoire σ de V. Pour tout sommet v, soit X_v la variable aléatoire caractéristique de l'événement $v \in S_\sigma$. Montrer que $E(X_v) = 1/(d(v)+1)$, où $d(v)$ est le degré de v.

c) Déterminer $E(X)$, pour $X := \sum_{v \in V} X_v$.

d) Déduire que $\alpha(G) \geq \sum_{v \in V} 1/(d(v)+1)$.

e) Prouver qu'il y a égalité dans (d) si et seulement si G est une union disjointe de graphes complets.

f) En déduire le Théorème de Turán (12.7). (N. ALON ET J. SPENCER)

$\star$**13.2.11** Soit n un entier strictement positif. Pour $0 \leq k \leq n$, on pose $f(k) := \binom{n}{k}2^{-\binom{k}{2}}$.

a) Soit k^* la plus petite valeur de k pour laquelle $f(k)$ est inférieur à 1. Montrer que :
  i) $k^* \leq \lceil 2\log_2 n \rceil \leq k^* + \log_2 k^* - 1$,
  ii) $f(k^*+1) \to 0$ quand $n \to \infty$,
  iii) $f(k^*) \ll f(k^*-1)$,
  iv) $f(k^*-2) \geq n/4$ pour $k^* \geq 2$.

b) Déduire de (a)(i) et (a)(ii) que :
  i) si $G \in \mathcal{G}_{n,1/2}$, alors presque sûrement $\alpha(G) \leq \lceil 2\log_2 n \rceil$,
  ii) le nombre de Ramsey $r(k,k)$ vaut au moins $2^{k/2}$. (P. ERDŐS)

13.2.12 Un *ensemble dominant* dans un graphe $G := (V, E)$ est un sous-ensemble S de V tel que tout sommet de G est soit dans S soit adjacent à un élément de S ; c'est-à-dire, $S \cup N(S) = V$. Soit $G = (V, E)$ un graphe de degré minimum δ, et soit S un sous-ensemble aléatoire de V obtenu en choisissant chaque sommet de G indépendamment avec probabilité p. Posons $T := V \setminus (S \cup N(S))$.

a) Montrer que :
  i) $E(|S|) = pn$,
  ii) $E(|T|) \leq (1-p)^{\delta+1}n$,
  iii) $S \cup T$ est un ensemble dominant de G.

b) En déduire que G contient un ensemble dominant d'au moins $(\log(\delta+1)+1)n/(\delta+1)$ sommets.

13.2.13

a) i) Soit $\mathcal{F} := \{(X_i, Y_i) : 1 \leq i \leq m\}$ une famille de paires d'ensembles telle que :
   ▷ $|X_i| = k$ et $|Y_i| = \ell$, $1 \leq i \leq m$,
   ▷ $X_i \cap Y_j = \emptyset$ si et seulement si $i = j$.
   En considérant un ordre total sur l'ensemble $\cup_{i=1}^m (X_i \cup Y_i)$, montrer que $m \leq \binom{k+\ell}{k}$. (B. Bollobás)
   ii) Donner un exemple d'une telle famille $\mathcal{F}$ pour $m = \binom{k+\ell}{k}$.

b) i) On suppose que tout sous-graphe à arête supprimée d'un graphe G a plus de stables à k sommets que G lui-même. À l'aide de (a), montrer que $m \leq \binom{n-k+2}{2}$.
   ii) Donner un exemple d'un tel graphe G pour $m = \binom{n-k+2}{2}$.

13.2.14 Soit $G := G[V_1, V_2, \ldots, V_k]$ un graphe k-parti à n sommets. On note d_{ij} la densité $d(V_i, V_j)$ (comme défini à la Partie 14.1), et par d_k la plus petite valeur de d pour laquelle tout graphe k-parti dans lequel toutes les densités d_{ij} sont plus grandes que d contient un triangle.

a) En considérant le graphe dérivé de $K_{k,k}$ en supprimant un couplage parfait, prouver que $d_k \geq \frac{1}{2}$ pour tout $k \geq 3$.
b) Un *transverse* de G est un ensemble $S \subseteq V$ tel que $|S \cap V_i| = 1$ pour tout i, $1 \leq i \leq k$. Soit S un transverse obtenu en choisissant aléatoirement un sommet de chaque ensemble V_i uniformément. On note X le nombre d'arêtes de $G[S]$, et par X_{ij} le nombre d'arêtes de $G[S]$ reliant V_i et V_j. Prouver que $E(X_{ij}) = d_{ij}$ et que $E(X) = \sum_{1 \leq i < j \leq k} d_{ij}$.
c) En déduire que G a un transverse d'au moins $\sum_{1 \leq i < j \leq k} d_{ij}$ arêtes.
d) En appliquant le Théorème de Turán (12.7), conclure que $d_k \to \frac{1}{2}$ quand $k \to \infty$. (J.A. Bondy, J. Shen, S. Thomassé, et C. Thomassen)

13.2.15 Soit t un entier strictement positif. On pose $k := 2t$, $n := 2t^2$, et $p := 2\binom{t^2}{2t}/\binom{2t^2}{2t}$. On considère un ensemble V à n éléments et une 2-coloration c de V.

a) Soit S un k-sous-ensemble aléatoire de V. On dénote par A_S l'événement que la coloration c attribue la même couleur à tous les sommets de S. Montrer que $P(A_S) \geq p$.
b) Soit $\mathcal{F}$ une famille de m k-sous-ensembles aléatoires de V. On dénote par $A_{\mathcal{F}}$ l'événement que c soit une 2-coloration propre de l'hypergraphe $(V, \mathcal{F})$. Montrer que $P(A_{\mathcal{F}}) \leq (1-p)^m$.
c) En déduire qu'il existe un hypergraphe non-2-colorable $(V, \mathcal{F})$ tel que $|V| = n$ et $|\mathcal{F}| = \lceil n \log 2/p \rceil$.
d) Donner une estimation de p en utilisant la formule asymptotique, valide pour $k \sim \gamma n^{1/2}$ (γ étant une constante positive) : $\binom{n}{k} \sim \dfrac{n^k}{k!} e^{-k^2/2n}$
e) En déduire qu'il existe un hypergraphe k-uniforme non-2-colorable $H := (V, \mathcal{F})$ tel que $|V| = k^2/2$ et $|\mathcal{F}| \leq \alpha k^2 2^k$, pour une certaine constante α.

13.2.16 INÉGALITÉ LYM ET THÉORÈME DE SPERNER
Un *fatras* est un hypergraphe dont aucune arête n'est sous-ensemble propre d'une autre.

a) Soit $(V, \mathcal{F})$ un fatras à n sommets. Considérons une permutation aléatoire σ de V. Pour $F \in \mathcal{F}$, on note A_F l'événement que les $|F|$ premiers symboles de σ soient precisément les éléments de F. Montrer que :
   i) les événements A_F, $F \in \mathcal{F}$, sont deux à deux disjoints,
   ii) si $|F| = k$, alors $P(A_F) = 1/\binom{n}{k}$.
b) En déduire :
   i) L'*Inégalité LYM* : si $(V, \mathcal{F})$ est un fatras à n sommets, avec $n \geq 1$, et $\mathcal{F}_k := \{F \in \mathcal{F} : |F| = k\}$, $1 \leq k \leq n$, alors $\sum_{k=1}^{n} |\mathcal{F}_k|/\binom{n}{k} \leq 1$.
   (D. LUBELL ; K. YAMAMOTO ; I.D. MESHALKIN)
   ii) Le *Théorème de Sperner* : pour tout $n \geq 1$, un fatras à n sommets a au plus $\binom{n}{\lfloor n/2 \rfloor}$ arêtes. (E. SPERNER)
c) Pour tout $n \geq 1$, donner un exemple de fatras à n sommets ayant exactement $\binom{n}{\lfloor n/2 \rfloor}$ arêtes.

13.2.17 THÉORÈME D'ERDŐS–KO–RADO
Soit $(V, \mathcal{F})$ un hypergraphe k-uniforme *intersectant* (les arêtes s'intersectent deux à deux), avec $V := \{1, 2, \ldots, n\}$ et $n \geq 2k$.

a) Soit $F_i := \{i, i+1, \ldots, i+k-1\}$, $1 \leq i \leq n$, l'addition étant modulo n. Montrer que $\mathcal{F}$ contient au plus k ensembles parmi les F_i, $1 \leq i \leq n$.
b) On considère une permutation aléatoire σ de V et un élément aléatoire i de V, et on pose $F := \{\sigma(i), \sigma(i+1), \ldots, \sigma(i+k-1)\}$.
   i) Déduire de (a) que $P(F \in \mathcal{F}) \leq k/n$.
   ii) Montrer, d'autre part, que $P(F \in \mathcal{F}) = |\mathcal{F}|/\binom{n}{k}$.
c) Déduire le *Théorème d'Erdős–Ko–Rado* : un hypergraphe k-uniforme intersectant à n sommets, avec $n \geq 2k$, a au plus $\binom{n-1}{k-1}$ arêtes. (G.O.H. KATONA)
d) Pour $n \geq 2k$ et $k \geq 1$, donner un exemple d'un hypergraphe k-uniforme intersectant à n sommets ayant exactement $\binom{n-1}{k-1}$ arêtes.

13.2.18 GRAPHE DÉNOMBRABLE ALÉATOIRE
On considère un graphe aléatoire G sur un ensemble de sommets infini dénombrable, dans lequel toute arête potentielle est sélectionnée indépendamment avec probabilité $\frac{1}{2}$. Montrer que :

a) avec probabilité 1, G satisfait la propriété d'adjacence suivante : étant donnés deux ensembles finis disjoints X et Y de sommets de G, il existe un sommet z qui est adjacent à tous les sommets de X et aucun sommet de Y,
b) deux graphes dénombrables qui possèdent la propriété ci-dessus sont isomorphes. (P. ERDŐS ET A. RÉNYI ; R. RADO)

(L'unique graphe dénombrable qui a cette propriété d'adjacence s'appelle le *graphe de Rado* ou *graphe dénombrable aléatoire* ; beaucoup de ses propriétés remarquables ont été décrites par Cameron (1997, 2001).)

13.3 Variance

Pour une variable aléatoire X, il est souvent utile de connaître non seulement son espérance $E(X)$, mais aussi comment sa distribution se concentre autour de cette valeur. Une mesure de base de ce degré de concentration est la *variance* $V(X)$ de X, définie par

$$V(X) := E((X - E(X))^2)$$

Ainsi plus la variance est petite, plus la variable aléatoire est concentrée autour de son espérance.

La variance est évidemment positive. Par linéarité de l'espérance, elle peut s'exprimer sous la forme

$$V(X) = E(X^2) - E^2(X)$$

En particulier, si X est une variable aléatoire caractéristique, alors $E(X^2) = E(X)$, donc $V(X) = E(X) - E^2(X) \leq E(X)$.

L'Inégalité de Tchebychev

L'inégalité qui suit borne la divergence d'une variable aléatoire par rapport à son espérance. Dans un certain sens, elle joue un rôle complémentaire à l'Inégalité de Markov.

Théorème 13.7 Inégalité de Tchebychev
Soit X une variable aléatoire et t un réel strictement positif. Alors

$$P(|X - E(X)| \geq t) \leq \frac{V(X)}{t^2}$$

Démonstration Par l'Inégalité de Markov,

$$P(|X - E(X)| \geq t) = P((X - E(X))^2 \geq t^2) \leq \frac{E((X - E(X))^2)}{t^2} = \frac{V(X)}{t^2} \qquad \square$$

L'Inégalité de Tchebychev est fréquemment employée sous la forme suivante.

Corollaire 13.8 *Soit X_n une variable aléatoire dans un espace de probabilité (Ω_n, P_n), $n \geq 1$. Si $E(X_n) \neq 0$ et $V(X_n) \ll E^2(X_n)$, alors*

$$P(X_n = 0) \to 0 \quad \textit{quand } n \to \infty$$

Démonstration Prenons $X := X_n$ et $t := |E(X_n)|$ dans l'Inégalité de Tchebychev, et observons que $P(X_n = 0) \leq P(|X_n - E(X_n)| \geq |E(X_n)|)$ parce que $|X_n - E(X_n)| = |E(X_n)|$ quand $X_n = 0$. $\square$

Illustrons maintenant comment employer l'Inégalité de Tchebychev en considérant les triangles dans les graphes aléatoires. Soit $G \in \mathcal{G}_{n,p}$ un graphe aléatoire.

Nous avons vu plus haut, à l'aide de l'Inégalité de Markov, que G est presque sûrement sans triangle quand $pn \to 0$. Nous prouvons ici, qu'à l'inverse, si $pn \to \infty$, alors G a presque sûrement au moins un triangle.

Comme précédemment, si S est un 3-sous-ensemble de V, nous dénotons par A_S l'événement que $G[S]$ soit un triangle, et par X_S la variable aléatoire caractéristique de A_S. En outre, nous posons

$$X := \sum\{X_S : S \subseteq V,\ |S| = 3\}$$

et donc X est le nombre de triangles dans G. Rappelons que $E(X) = \binom{n}{3}p^3$. Nous allons appliquer le Corollaire 13.8. Le concept suivant est utile à cet égard.

La *covariance* $C(X,Y)$ de deux variables aléatoires X et Y est définie par

$$C(X,Y) := E(XY) - E(X)E(Y)$$

Comme X est une somme de variables aléatoires caractéristiques X_S, sa variance peut être bornée en termes de covariances comme suit (Exercice 13.3.1).

$$V(X) \leq E(X) + \sum_{S \neq T} C(X_S, X_T) \tag{13.8}$$

La valeur de $C(X_S, X_T)$ dépend uniquement de $|S \cap T|$. Si $|S \cap T| = 0$ ou $|S \cap T| = 1$, alors $G[S]$ et $G[T]$ n'ont pas d'arête en commun, donc $E(X_S X_T) = p^6 = E(X_S)E(X_T)$ et $C(X_S, X_T) = 0$. Cependant, si $|S \cap T| = 2$, alors $G[S]$ et $G[T]$ ont une arête potentielle en commun, donc $C(X_S, X_T) = E(X_S X_T) - E(X_S)E(X_T) = p^5 - p^6$. Il y a $\binom{n}{2}(n-2)(n-3)$ telles paires (S,T). Donc

$$V(X) \leq E(X) + \sum_{S \neq T} C(X_S, X_T) \leq \binom{n}{3}p^3 + \binom{n}{2}(n-2)(n-3)p^5$$

Il s'ensuit que si $pn \to \infty$, alors $V(X)/E^2(X) \to 0$ quand $n \to \infty$. Le Corollaire 13.8 nous dit alors que $P(X = 0) \to 0$ quand $n \to \infty$; autrement dit, G a presque sûrement au moins un triangle.

La borne de l'Inégalité de Tchebychev peut être significativement réduite quand la variable aléatoire X possède une structure particulière, par exemple lorsque X est la somme de variables aléatoires indépendantes X_i, $1 \leq i \leq n$, telles que $P(X_i = +1) = P(X_i = -1) = 1/2$ (voir Exercice 13.3.4).

Stabilité des graphes aléatoires

Nous avons montré au Théorème 13.6 qu'un graphe aléatoire de $\mathcal{G}_{n,p}$ est presque sûrement de stabilité au plus $\lceil 2p^{-1} \log n \rceil$. Nous avons également observé que cette borne peut être affinée en $\lceil 2 \log_2 n \rceil$ quand $p = \frac{1}{2}$ (voir Exercice 13.2.11). Ici nous utilisons le Corollaire 13.8 pour dériver une borne bien meilleure. Celle-ci est due indépendamment à Bollobás et Erdős (1976) et Matula (1976).

Théorème 13.9 *Soit $G \in \mathcal{G}_{n,1/2}$. Pour $0 \leq k \leq n$, posons $f(k) := \binom{n}{k}2^{-\binom{k}{2}}$ et soit k^* la plus petite valeur de k pour laquelle $f(k)$ est inférieure à 1. Alors presque sûrement $\alpha(G)$ prend une des trois valeurs $k^* - 2, k^* - 1, k^*$.*

Démonstration Comme dans la démonstration du Théorème 13.6, soit X_S la variable aléatoire caractéristique de l'événement A_S qu'un sous-ensemble donné S de V soit un stable de G, et posons $X := \sum\{X_S : S \subseteq V, |S| = k\}$. On a donc $E(X) = f(k)$. Presque sûrement $\alpha(G) \leq k^*$ (Exercice 13.2.11a(ii) et Corollaire 13.5). Par conséquent, en vertu du Corollaire 13.8, il nous suffit de prouver que $V(X) \ll E^2(X)$ quand $k = k^* - 2$. Nous supposerons donc désormais que k prend cette valeur. Par l'Exercice 13.2.11a, nous avons :

$$k < 2\log_2 n \quad \text{et} \quad f(k) \geq n/4 \tag{13.9}$$

Comme précédemment, nous bornons la variance $V(X)$ à l'aide de l'inégalité (13.8).

Soient S et T deux ensembles de k sommets. La valeur de la covariance $C(X_S, X_T)$ dépend uniquement de $|S \cap T|$. Si $|S \cap T| = 0$ ou $|S \cap T| = 1$, alors $C(X_S, X_T) = 0$ parce qu'aucune arête n'a ses deux extrémités dans $S \cap T$. Si $|S \cap T| = i$, avec $2 \leq i \leq k - 1$, alors

$$C(X_S, X_T) \leq E(X_S X_T) = P(A_S \cap A_T) = 2^{\binom{i}{2} - 2\binom{k}{2}}$$

Il y a $\binom{n}{k}$ choix pour S, $\binom{k}{i}$ choix pour $S \cap T$, et $\binom{n-k}{k-i}$ choix pour $T \setminus S$. Ainsi, par l'inégalité (13.8),

$$V(X) \leq E(X) + \sum_{S \neq T} C(X_S, X_T) \leq E(X) + \sum_{i=2}^{k-1} \binom{n}{k}\binom{k}{i}\binom{n-k}{k-i} 2^{\binom{i}{2} - 2\binom{k}{2}}$$

Comme $E(X) \ll E^2(X)$, il reste à montrer que

$$\sum_{i=2}^{k-1} \binom{n}{k}\binom{k}{i}\binom{n-k}{k-i} 2^{\binom{i}{2} - 2\binom{k}{2}} \ll E^2(X) = \binom{n}{k}^2 2^{-2\binom{k}{2}}$$

ou, de manière équivalente, que

$$\binom{n}{k}^{-1} \sum_{i=2}^{k-1} g(i) \to 0 \quad \text{quand } n \to \infty \tag{13.10}$$

avec

$$g(i) := \binom{k}{i}\binom{n-k}{k-i} 2^{\binom{i}{2}}$$

Nous avons :

$$g(2) = 2\binom{k}{2}\binom{n-k}{k-2} < k^2 \binom{n}{k-2}$$

et, pour $2 \le i \le k-2$,

$$\frac{g(i+1)}{g(i)} = \frac{(k-i)^2 2^i}{(i+1)(n-2k+i+1)} < \frac{k^2 2^i}{i(n-2k)} = \left(\frac{2^i}{i}\right)\left(\frac{k^2}{n-2k}\right)$$

Posons $t := \lceil c \log_2 n \rceil$, avec $0 < c < 1$. Alors, pour $2 \le i \le t-1$ et n suffisamment grand,

$$\frac{g(i+1)}{g(i)} < \left(\frac{2^t}{t}\right)\left(\frac{k^2}{n-2k}\right) < \left(\frac{n^c}{c \log_2 n}\right)\left(\frac{(2\log_2 n)^2}{n-4\log_2 n}\right) = \frac{4n^c \log_2 n}{c(n-4\log_2 n)} \le 1$$

donc

$$\binom{n}{k}^{-1} \sum_{i=2}^{t} g(i) < t\binom{n}{k}^{-1} g(2) \sim \frac{tk^4}{n^2} \to 0 \text{ quand } n \to \infty \tag{13.11}$$

Considérons les termes qui restent dans la somme de (13.10). Nous avons :

$$\begin{aligned}\sum_{i=t+1}^{k-1} g(i) = \sum_{i=t+1}^{k-1} \binom{k}{i}\binom{n-k}{k-i} 2^{\binom{i}{2}} &= 2^{\binom{k}{2}} \sum_{i=t+1}^{k-1} \binom{k}{k-i}\binom{n-k}{k-i} 2^{-(k-i)(k+i-1)/2} \\ &= 2^{\binom{k}{2}} \sum_{j=1}^{k-t-1} \binom{k}{j}\binom{n-k}{j} 2^{-j(2k-j-1)/2} \\ &< 2^{\binom{k}{2}} \sum_{j=1}^{k-t-1} \left(k(n-k)2^{-(k+t)/2}\right)^j\end{aligned}$$

Afin de majorer le membre droit, nous utilisons le fait que $k^* + \log_2 k^* - 1 \ge 2\log_2 n$ (Exercice 13.2.11a) d'où $2^{-k/2} < (2k+4)^{1/2} n^{-1}$. Nous déduisons que pour n suffisamment grand,

$$k(n-k)2^{-(k+t)/2} < k(n-k)(2k+4)^{1/2} n^{-1} n^{-c/2} \le 1$$

et donc

$$\sum_{i=t+1}^{k-1} g(i) < 2^{\binom{k}{2}}(k-t-1)$$

En utilisant la borne (13.9) sur $f(k)$, nous obtenons :

$$\binom{n}{k}^{-1} \sum_{i=t+1}^{k-1} g(i) < \binom{n}{k}^{-1} 2^{\binom{k}{2}}(k-t-1) = \frac{(k-t-1)}{f(k)} \to 0 \text{ quand } n \to \infty \tag{13.12}$$

Les limites (13.11) et (13.12) impliquent (13.10). □

Le Théorème 13.9, aussi impressionnant soit-il, peut être encore amélioré en un théorème de concentration en 'deux points' (Exercice 13.3.2).

Corollaire 13.10 *Soit $G \in \mathcal{G}_{n,1/2}$, et soient f et k^* comme définis au Théorème 13.9. Alors :*

1. *ou bien $f(k^*) \ll 1$, auquel cas $\alpha(G)$ est presque sûrement égal à $k^* - 2$ ou $k^* - 1$,*
2. *ou bien $f(k^* - 1) \gg 1$, auquel cas $\alpha(G)$ est presque sûrement égal à $k^* - 1$ ou k^*.* □

Observons que si $f(k^*) \ll 1$ et $f(k^* - 1) \gg 1$, alors les énoncés (1) et (2) du Corollaire 13.10 impliquent que $\alpha(G) = k^* - 1$ presque sûrement. C'est effectivement le cas pour la plupart des valeurs de n.

Exercices

⋆**13.3.1** Soit $X = \sum_{i=1}^{n} X_i$ une somme de variables aléatoires.

a) Montrer que $V(X) = \sum_{i=1}^{n} V(X_i) + \sum_{i \neq j} C(X_i, X_j)$.
b) En déduire que si les X_i sont des variables aléatoires caractéristiques, alors $V(X) \leq E(X) + \sum_{i \neq j} C(X_i, X_j)$.

⋆**13.3.2** À l'aide du résultat de l'Exercice 13.2.11a(iii), déduire le Corollaire 13.10 du Théorème 13.9.

——————≀——————

13.3.3

a) Montrer que, pour tout entier strictement positif n et tout réel $p \in]0, 1]$, il existe un graphe à n sommets ayant au plus $(np)^3$ triangles et de stabilité au plus $\lceil 2p^{-1} \log n \rceil$.
b) En déduire que le nombre de Ramsey $r(3, k)$ satisfait l'inégalité $r(3, k) > n - (np)^3$ pour tout entier strictement positif n et tout réel $p \in]0, 1]$, avec $k = \lceil 2p^{-1} \log n \rceil + 1$.
c) En déduire que $r(3, k) > 2n/3$, avec $k = \lceil 2p^{-1} \log n \rceil + 1$ et $p^{-1} = 3^{1/3} n^{2/3}$.
d) Conclure que $r(3, k) > c\,(k/\log k)^{3/2}$ pour une constante strictement positive appropriée c.
(Il est connu que $c_1 k^2/\log k < r(3, k) < c_2 k^2/\log k$ pour des constantes strictement positives c_1 et c_2. La borne inférieure est due à Kim (1995), et la borne supérieure à Ajtai et al. (1980).)

13.3.4 Inégalité de Chernoff
Soient X_i, $1 \leq i \leq n$, des variables aléatoires indépendantes telles que $P(X_i = +1) = P(X_i = -1) = 1/2$, $1 \leq i \leq n$, et soit $X := \sum_{i=1}^{n} X_i$.

a) Montrer que :
   i) pour tout réel α, les variables aléatoires $e^{\alpha X_i}$, $1 \leq i \leq n$, sont indépendantes,
   ii) $E(e^{\alpha X_i}) \leq e^{\alpha^2/2}$, $1 \leq i \leq n$.

b) Déduire que $E(e^{\alpha X}) \leq e^{\alpha^2 n/2}$.
c) En appliquant l'Inégalité de Markov et en choisissant une valeur adéquate de α, dériver la borne de concentration suivante, valide pour tout $t > 0$, et connue comme l'*Inégalité de Chernoff*.

$$P(X \geq t) \leq e^{-t^2/2n}$$ (H. Chernoff)

13.3.5 Soit $H := (V, \mathcal{F})$ un hypergraphe. Étant donné une 2-coloration $c : V \to \{+1, -1\}$ de H, on pose $c(F) := \sum\{c(v) : v \in F\}$, $F \in \mathcal{F}$. Le *déséquilibre* de la coloration c est la valeur maximum de $|c(F)|$ prise sur toutes les arêtes F de H. (Le déséquilibre est donc une mesure de combien une coloration est 'déséquilibrée'.) En appliquant l'Inégalité de Chernoff (Exercice 13.3.4), montrer que tout hypergraphe ayant n sommets et n arêtes a une 2-coloration de déséquilibre au plus $(2n \log 2n)^{1/2}$.

13.3.6 Soit T un tournoi d'ensemble de sommets $V := \{1, 2, \ldots, n\}$. Étant donné un ordre σ de V et un arc $a = (i, j)$ de T, on définit $f(a, \sigma) := +1$ si $\sigma(i) < \sigma(j)$ et $f(a, \sigma) := -1$ si $\sigma(i) > \sigma(j)$. On pose également $f(T, \sigma) := \sum\{f(a, \sigma) : a \in A(T)\}$. La *corrélation* de T est la valeur maximale de $f(T, \sigma)$, prise sur tous les ordres σ de V. (Ainsi la corrélation d'un tournoi mesure la proximité d'un tournoi à un tournoi transitif, qui est de corrélation $\binom{n}{2}$.) En appliquant l'Inégalité de Chernoff (Exercice 13.3.4), montrer qu'il existe un tournoi à n sommets de corrélation au plus $(n^3 \log n)^{1/2}$. (J. Spencer)

13.3.7 Soit $G = G[X, Y]$ un graphe biparti aléaroire obtenu en choisissant chaque arête xy avec $x \in X$ et $y \in Y$ indépendamment avec probabilité p. Soit ϵ réel strictement positif. Montrer que, presque sûrement :

a) $|d(X, Y) - p| \leq \epsilon$
b) (X, Y) est une paire régulière (comme définie à la Partie 14.1).

13.4 Évolution des graphes aléatoires

Fonctions seuil

Nous avons vu que le comportement d'un graphe aléatoire $G \in \mathcal{G}_{n,p}$ change brusquement à la valeur seuil $p = n^{-1}$: si $p \ll n^{-1}$, alors G n'a presque sûrement aucun triangle, tandis que si $p \gg n^{-1}$, alors G a presque sûrement au moins un triangle. La fonction n^{-1} est appelée une *fonction seuil* pour la propriété de contenir un triangle. Plus généralement, si **P** est une propriété de graphes *monotone* (c'est-à-dire une propriété qui est préservée lorsque des arêtes sont ajoutées), une *fonction seuil* pour **P** est une fonction $f(n)$ telle que :

▷ si $p \ll f(n)$, alors presque sûrement $G \in \mathcal{G}_{n,p}$ n'a pas la propriété **P**,
▷ si $p \gg f(n)$, alors presque sûrement $G \in \mathcal{G}_{n,p}$ a la propriété **P**.

Il est à noter que nous disons '*une* fonction seuil', et pas '*la* fonction seuil'. C'est parce que la fonction n'est pas unique. Par exemple, $10^{10}n^{-1}$ et $n^{-1} + n^{-2}$ sont également des fonctions seuil pour la propriété de contenir un triangle.

GRAPHES HARMONIEUX

Il se trouve que toute propriété de graphes qui est monotone a une fonction seuil (Exercice 13.4.1). Par exemple, si F est un graphe fixé, il y a une fonction seuil pour la propriété de contenir une copie de F comme sous-graphe. Nous déterminons cette fonction dans le cas particulier où F est *harmonieux*, c'est-à-dire, quand le degré moyen de chacun des sous-graphes de F n'excède pas le sien $d(F) = 2e(F)/v(F)$. Les graphes harmonieux peuvent être reconnus en temps polynomial. Ils comprennent les arbres et les graphes réguliers (dont par exemple, les cycles et les graphes complets).

Le théorème qui suit est dû à Erdős et Rényi (1960). Comme dans le cas des triangles, la démonstration repose à la fois sur l'Inégalité de Markov et l'Inégalité de Tchebychev.

Théorème 13.11 *Soit F un graphe harmonieux non-vide à k sommets et l arêtes. Alors $n^{-k/l}$ est une fonction seuil pour la propriété de contenir F comme sous-graphe.*

Démonstration Soit $G \in \mathcal{G}_{n,p}$. Pour tout k-sous-ensemble S de V, soit A_S l'événement que $G[S]$ contienne une copie de F, et soit X_S la variable aléatoire caractéristique pour A_S. Posons

$$X := \sum \{X_S : S \subseteq V,\ |S| = k\}$$

Ainsi X est le nombre de k-sous-ensembles qui contiennent des copies de F, et n'est donc pas plus grand que le nombre total de copies de F dans G.

Nous donnons tout d'abord un encadrement de l'espérance de X. Considérons un k-sous-ensemble S de V. Si $G[S]$ contient une copie de F, il y a une bijection $f : V(F) \to S$ telle que $f(u)f(v)$ soit une arête de $G[S]$ lorsque uv est une arête de F. La probabilité que toutes ces l arêtes $f(u)f(v)$ soient présentes dans $G[S]$ est p^l. Ainsi $E(X_S) = P(A_S) \geq p^l$. D'autre part, comme il y a $k!$ bijections $f : V(F) \to S$, donc $k!$ copies possibles de F dans $G[S]$ en tout, $E(X_S) \leq k!p^l$. (Il y a inégalité ici parce que des copies de F dans $G[S]$ peuvent avoir des arêtes en commun, et donc ne sont pas indépendantes.) Par linéarité de l'espérance et l'Exercice 13.2.1a, il vient que

$$\frac{n^k p^l}{k^k} \leq \binom{n}{k} p^l \leq E(X) \leq \binom{n}{k} k!p^l < n^k p^l \tag{13.13}$$

Si $p \ll n^{-k/l}$, alors $E(X) < n^k p^l \to 0$ quand $n \to \infty$ et, par l'Inégalité de Markov, presque sûrement G ne contient aucune copie de F.

Nous majorons maintenant la variance de X à l'aide de (13.8). Comme précédemment, la valeur de $C(X_S, X_T)$ dépend uniquement de $|S \cap T|$. Si $|S \cap T| = 0$ ou $|S \cap T| = 1$, alors de nouveau $C(X_S, X_T) = 0$. Si $|S \cap T| = i$, avec $2 \leq i \leq k-1$, alors chaque copie F_S de F dans $G[S]$ intersecte chaque copie F_T de F dans $G[T]$ en i sommets. Comme F est harmonieux, l'intersection $F_S \cap F_T$ de ces deux copies de F a au plus il/k arêtes, donc leur union $F_S \cup F_T$ a au moins $2l-(il/k)$ arêtes. La probabilité que les deux copies soient présentes dans G est donc au plus $p^{2l-(il/k)}$. Comme il y a $k!$ copies possibles F_S de F dans $G[S]$ et $k!$ copies possibles F_T de F dans $G[T]$,

$$C(X_S, X_T) \leq E(X_S X_T) = P(A_S \cap A_T) \leq (k!)^2 p^{2l-(il/k)}$$

En tout, il y a $\binom{n}{k}\binom{k}{i}\binom{n-k}{k-i}$ paires (S,T) de k-sous-ensembles de $|S \cap T| = i$. Or $\binom{n}{k}\binom{k}{i} \leq n^k$ et $\binom{n-k}{k-i} \leq n^{k-i}$, d'où

$$\sum_{S \neq T} C(X_S, X_T) \leq \sum_{i=2}^{k-1} n^{2k-i}(k!)^2 p^{2l-(il/k)} = (k!)^2 \sum_{i=2}^{k-1} (n^k p^l)^2 (np^{l/k})^{-i} \quad (13.14)$$

Si $p \gg n^{-k/l}$, alors $(np^{l/k})^{-i} \to 0$ pour $i \geq 1$. De plus, par (13.13), $E(X) \geq n^k p^l / k^k \to \infty$ quand $n \to \infty$. Donc $E(X) \ll E^2(X)$ et $(n^k p^l)^2 \leq k^{2k} E^2(X)$. Les inégalités (13.8) et (13.14) donnent alors :

$$V(X) \leq E(X) + \sum_{S \neq T} C(X_S, X_T) \ll E^2(X)$$

Appliquant le Corollaire 13.8, nous concluons que le graphe aléatoire G contient presque sûrement une copie de F. □

Composante géante

Erdős et Rényi (1960) ont montré que quand la probabilité $p := p(n)$ augmente (alors que n reste constant), un graphe aléatoire typique $G \in \mathcal{G}_{n,p}$ passe à travers un certain nombre de phases critiques au cours desquelles sa structure change brusquement. Au delà de son intérêt propre, la compréhension de ce comportement peut être d'une grande aide pour utiliser la méthode probabiliste. Nous nous contenterons ici de donner une description générale du phénomène sans entrer dans les détails techniques compliqués.

En prenant pour F un arbre à k sommets dans le Théorème 13.11, nous voyons que $n^{-k/(k-1)}$ est une fonction seuil pour que G contienne un tel arbre. Comme le nombre d'arbres à k sommets non-isomorphes est clairement inférieur à k^{k-2} (le nombre d'arbres étiquetés, voir Théorème 4.8), ceci implique que lorsque $p \ll n^{-k/(k-1)}$, G n'a pas de composante à k sommets ou plus (car une telle composante contiendrait un arbre à k sommets), mais lorsque $p \gg n^{-k/(k-1)}$, G a de telles composantes. De plus, ces composantes sont des arbres parce que, encore par le Théorème 13.11, les cycles apparaissent uniquement au seuil $p = 1/n$. Par conséquent, à $p = n^{-k/(k-1)}$, G est une forêt dont toutes les composantes ont au plus k sommets. Ces composantes deviennent de plus en plus grandes à mesure que k augmente. Par une analyse probabiliste plus sophistiquée utilisant les processus de branchement, on peut montrer que lorsque $p = c/n$ avec $c < 1$, la plus grande composante de G est de taille environ $\log n$, alors qu'à $p = 1/n$ elle a déjà une taille d'environ $n^{2/3}$, et il y a beaucoup de composantes de cette taille. Quand $p = c/n$ avec $c > 1$, se produit une autre transformation majeure, avec l'émergence d'une 'composante géante' contenant une fraction strictement positive des n sommets. Ce changement radical au seuil $p = 1/n$ possède diverses appellations comme le *Double Saut* ou le *Big Bang*.

Une autre évolution remarquable se produit au seuil $p = \log n/n$. À ce stade, G peut encore avoir des sommets isolés. Quand ceux-ci disparaissent, G devient connexe et alors, presque immédiatement, hamiltonien.

Pour un exposé complet sur l'évolution des graphes aléatoires, nous dirigeons le lecteur vers Bollobás (2001) ou Janson et al. (2000).

Exercices

13.4.1 Soit $\mathbf{P}$ une propriété de graphes monotone. On suppose que $\mathbf{P}$ est non-triviale, c'est-à-dire que pour n grand, $\overline{K_n}$ n'a pas la propriété $\mathbf{P}$ alors que K_n l'a.

a) Soit $P(p) := P(G \in \mathcal{G}_{n,p}$ a la propriété $\mathbf{P})$.
   i) Montrer que, pour tout n grand fixé, $P(p)$ est un polynôme en p croissant qui vérifie $P(0) = 0$ et $P(1) = 1$.
   ii) En déduire que, pour tout r, $0 \leq r \leq 1$, il y a un p, $0 \leq p \leq 1$, tel que $P(p) = r$.

b) On suppose que $P(G \in \mathcal{G}_{n,p}$ a la propriété $\mathbf{P}) = r$. Soit $G_i \in \mathcal{G}_{n,p}$ des membres indépendants de $\mathcal{G}_{n,p}$, $1 \leq i \leq k$. Montrer que :

$$\begin{aligned}P(G \in \mathcal{G}_{n,kp} \text{ a la propriété } \mathbf{P}) &\geq P(\cup_{i=1}^{k} G_i \text{ a la propriété } \mathbf{P}) \\ &\geq P(G_i \text{ a la propriété } \mathbf{P} \text{ pour un } i, 1 \leq i \leq k) \\ &\geq 1 - (1-r)^k\end{aligned}$$

c) Pour n grand, soit $f(n)$ telle que $P(G \in \mathcal{G}_{n,f(n)}$ a la propriété $\mathbf{P}) = 1/2$. On suppose que $k(n)$ satisfait $f(n)k(n) \leq 1$. Montrer que :

$$P(G \in \mathcal{G}_{n,f(n)/k(n)} \text{ a la propriété } \mathbf{P}) \leq 1/k(n)$$

et que
$$P(G \in \mathcal{G}_{n,f(n)k(n)} \text{ a la propriété } \mathbf{P}) \geq 1 - \frac{1}{2^{k(n)}}$$

d) Conclure que $f(n)$ est une fonction seuil pour $\mathbf{P}$. (N. Alon)

13.4.2 Soit $G \in \mathcal{G}(n,p)$.

a) Calculer $E(X)$ et $V(X)$, pour X le nombre de sommets isolés de G.
b) On suppose que $p = (\log n + f(n))/n$, avec $f(n) \to \infty$ quand $n \to \infty$. Montrer que presque sûrement G n'a pas de sommet isolé.

c) On suppose que $p = (\log n - f(n))/n$, avec $f(n) \to \infty$ quand $n \to \infty$. Montrer que presque sûrement G a au moins un sommet isolé.
d) Obtenir des estimations similaires sur p pour la non-existence ou l'existence (presque sûrement) de sommets de degré 1 dans G.

13.4.3 Soit $G \in \mathcal{G}(n,p)$.

a) Calculer $E(X)$, pour X le nombre d'arbres couvrants de G.
b) Déterminer une fonction $p := p(n)$ telle que $E(X) \to \infty$ et $P(X = 0) \to 1$ quand $n \to \infty$.
c) Conclure que, pour cette fonction $p(n)$, $E^2(X) \not\sim E(X^2)$.

13.5 Le Lemme Local

Dans cette partie, nous présentons un outil probabiliste important et très utilisé appelé le *Lemme Local.* En guise de motivation, considérons le problème de coloration d'un graphe G en k couleurs. Nous voudrions savoir si G a une k-coloration propre. Une approche naïve serait de colorer aléatoirement G en k couleurs et d'examiner ensuite si cette k-coloration aléatoire est une coloration propre. Ce sera le cas si les extrémités de chaque arête de G reçoivent des couleurs différentes. Ainsi, dénotant par A_e l'événement que les extrémités de e sont de même couleur, nous sommes intéressés par la probabilité $P(\cap_{e\in E}\overline{A_e})$ qu'aucun de ces 'mauvais' événements ne se produise. Si nous pouvons montrer que cette probabilité est non-nulle, nous aurons une preuve que G est k-colorable.

Plus généralement, soit $\{A_i : i \in N\}$, un ensemble d'événements dans un espace de probabilité (Ω, P), où $N := \{1, 2, \ldots, n\}$. Nous considérons ces événements comme indésirables ou 'mauvais', et nous nous intéressons à la probabilité qu'aucun d'entre eux ne se produise, à savoir $P(\cap_{i\in N}\overline{A_i})$. Cette probabilité sera positive si les événements A_i sont indépendants et que chacun se produit avec probabilité inférieure à 1, parce qu'alors (voir Exercice 13.2.2)

$$P(\cap_{i\in N}\overline{A_i}) = \prod_{i\in N} P(\overline{A_i}) = \prod_{i\in N}(1 - P(A_i)) > 0$$

Le plus souvent, cependant, les événements considérés ne sont pas indépendants. Dans l'exemple ci-dessus, par exemple, si e, f, et g sont les arêtes d'un triangle et $k \geq 2$,

$$P(A_e \cap A_f \cap A_g) = k^{-2} > k^{-3} = P(A_e)P(A_f)P(A_g)$$

Mais tout n'est pas perdu. Erdős et Lovász (1975) ont montré que la probabilité $P(\cap_{i\in N}\overline{A_i})$ sera toujours positive si jamais les événements A_i se produisent avec faible probabilité et sont suffisamment indépendants les uns des autres.

Il est pratique d'adopter la notation suivante. Si $\{A_i : i \in S\}$ est un ensemble d'événements, on dénote leur intersection $\cap_{i\in S}A_i$ par A_S. Utilisant cette notation, un événement A_i est *indépendant* d'un ensemble d'événements $\{A_j : j \in J\}$ si, pour tout sous-ensemble S de J, $P(A_i \cap A_S) = P(A_i)P(A_S)$.

Théorème 13.12 LEMME LOCAL
Soient A_i, $i \in N$, des événements dans un espace de probabilité (Ω, P), et soient N_i, $i \in N$, des sous-ensembles de N. Supposons que, pour tout $i \in N$,

i) A_i est indépendant d'un ensemble d'événements $\{A_j : j \notin N_i\}$,
ii) il existe un réel p_i tel que $0 < p_i < 1$ et $P(A_i) \leq p_i \prod_{j \in N_i}(1 - p_j)$.

Posons $B_i := \overline{A_i}$, $i \in N$. Alors, quels que soient deux sous-ensembles disjoints R et S de N,

$$P(B_R \cap B_S) \geq P(B_R) \prod_{i \in S}(1 - p_i) \tag{13.15}$$

En particulier (quand $R = \emptyset$ et $S = N$)

$$P(\cap_{i \in N} \overline{A_i}) \geq \prod_{i \in N}(1 - p_i) > 0 \tag{13.16}$$

Remarque 13.13 *Quand les événements A_i sont indépendants, les quantités p_i de la condition (ii) du Lemme Local peuvent être vues comme des probabilités. Quand les A_i ne sont pas indépendants, chacune de ces 'probabilités' est réduite d'un 'facteur de compensation' $\prod_{j \in N_i}(1 - p_j)$, en fonction des 'probabilités' p_j des événements desquels A_i est dépendant.*

Démonstration Nous prouvons (13.15) par récurrence sur l'ordre lexicographique de la paire $(|R \cup S|, |S|)$.

Si $S = \emptyset$, alors $B_S = \Omega$ et $\prod_{i \in S}(1 - p_i) = 1$, donc

$$P(B_R \cap B_S) = P(B_R) \geq P(B_R) \prod_{i \in S}(1 - p_i)$$

Si $S = \{i\}$, alors $B_S = B_i$ et $\prod_{j \in S}(1 - p_j) = 1 - p_i$. Posant $R_1 := R \setminus N_i$ et $S_1 := R \cap N_i$, nous avons :

$$P(A_i \cap B_R) \leq P(A_i \cap B_{R_1}) = P(A_i) P(B_{R_1})$$

Par hypothèse, et le fait que $S_1 \subseteq N_i$,

$$P(A_i) \leq p_i \prod_{j \in N_i}(1 - p_j) \leq p_i \prod_{j \in S_1}(1 - p_j)$$

Comme $|R_1 \cup x S_1| = |R| < |R| + |S|$, nous avons par récurrence,

$$P(B_{R_1}) \prod_{j \in S_1}(1 - p_j) \leq P(B_{R_1} \cap B_{S_1})$$

Par conséquent,

$$P(A_i \cap B_R) \leq p_i \, P(B_{R_1} \cap B_{S_1}) = p_i \, P(B_R)$$

et donc

$$P(B_R \cap B_S) = P(B_R \cap B_i) = P(B_R) - P(A_i \cap B_R)$$
$$\geq P(B_R) - p_i\, P(B_R) = P(B_R)(1 - p_i)$$

Si $|S| \geq 2$, nous prenons $R_1 \cup S_1 := S$, avec $R_1 \cap S_1 = \emptyset$ et $R_1, S_1 \neq \emptyset$. Alors

$$P(B_R \cap B_S) = P(B_R \cap B_{R_1 \cup S_1}) = P(B_R \cap B_{R_1} \cap B_{S_1}) = P(B_{R \cup R_1} \cap B_{S_1})$$

Nous utilisons deux fois la récurrence. Comme $|S_1| < |S|$,

$$P(B_{R \cup R_1} \cap B_{S_1}) \geq P(B_{R \cup R_1}) \prod_{i \in S_1} (1 - p_i) = P(B_R \cap B_{R_1}) \prod_{i \in S_1} (1 - p_i)$$

et puisque $|R \cup R_1| < |R \cup S|$,

$$P(B_R \cap B_{R_1}) \geq P(B_R) \prod_{i \in R_1} (1 - p_i)$$

D'où

$$P(B_R \cap B_S) \geq P(B_R) \prod_{i \in R_1} (1 - p_i) \prod_{i \in S_1} (1 - p_i) = P(B_R) \prod_{i \in S} (1 - p_i)$$ □

Étant donnés des événements A_i, $i \in N$, dans un espace de probabilité, et des sous-ensembles N_i de N tels que A_i est indépendant de $\{A_j : j \notin N_i\}$, on peut former le digraphe D d'ensemble de sommets N et d'ensemble d'arcs $\{(i,j) : i \in N,\ j \in N_i\}$. Ce digraphe est appelé *digraphe de dépendance* (ou, s'il est symétrique, *graphe de dépendance*) pour $\{A_i : i \in N\}$. Par exemple, dans notre exemple de coloration l'événement A_e est clairement indépendant de $\{A_f : f \text{ non-adjacente à } e\}$. Ainsi le graphe des lignes de G est un graphe de dépendance pour $\{A_e : e \in E\}$. En général, il y a beaucoup de choix possibles pour le digraphe (ou graphe) de dépendance d'un ensemble d'événements donné ; habituellement, cependant, un choix naturel se présente de lui-même, comme dans notre exemple.

Pour de nombreuses applications, la version du Lemme Local suivante, plus simple en ce que les probabilités des événements A_i ont un majorant commun, est suffisante. (Ici e dénote la base naturelle du logarithme.)

Théorème 13.14 LEMME LOCAL – VERSION SYMÉTRIQUE
Soient A_i, $i \in N$, des événements dans un espace de probabilité (Ω, P) ayant un graphe de dépendance de degré maximum d. Si $P(A_i) \leq 1/(e(d+1))$, $i \in N$, alors $P(\cap_{i \in N} \overline{A_i}) > 0$.

Démonstration Prenons $p_i := p$, $i \in N$, dans le Lemme Local. Maintenant prenons $p := 1/(d+1)$ afin de maximiser $p(1-p)^d$ et appliquons l'inéquality $(d/(d+1))^d = (1 - 1/(d+1))^d > e^{-1}$. □

Hypergraphes 2-colorables

Bien que la preuve du Lemme Local soit plutôt subtile, l'utiliser est fréquemment affaire de routine. Nous donnons maintenant trois exemples. Alors que la première est directe (c'était, en fait, une des applications originelles du lemme dans Erdős et Lovász (1975)), les deux autres nécessitent des idées supplémentaires.

Théorème 13.15 *Soit $H := (V, \mathcal{F})$ un hypergraphe dans lequel chaque arête a au moins k éléments et intersecte au plus d autres arêtes. Si $e(d+1) \leq 2^{k-1}$, alors H est 2-colorable.*

Démonstration Considérons une 2-coloration aléatoire de V. Pour toute arête F, soit A_F l'événement que F soit monochromatique. Alors $P(A_F) = 2 \cdot 2^{-|F|} \leq 2 \cdot 2^{-k} = 2^{1-k}$. Le résultat découle alors du Théorème 13.14. □

Un hypergraphe est *k-régulier* si chaque sommet est dans exactement k-hyperarêtes.

Corollaire 13.16 *Soit $H := (V, \mathcal{F})$ un hypergraphe k-uniforme k-régulier, avec $k \geq 9$. Alors H est 2-colorable.*

Démonstration Prendre $d := k(k-1)$ dans le Théorème 13.15. □

Cycles pairs dans les graphes dirigés

La question pourtant très simple de savoir quels digraphes contiennent des cycles dirigés de longueur paire se trouve être étonnamment difficile. Elle est en effet restée ouverte de nombreuses années avant d'être montrée à la fois par McCuaig (2000) et par Robertson et al. (1999). D'autre part, à l'aide d'une application ingénieuse du Lemme Local, Alon et Linial (1989) ont très facilement montré que les digraphes diréguliers de degré suffisamment grand contiennent de tels cycles. (Notons que le digraphe de Koh–Tindell dessiné Figure 1.26a est 3-dirégulier et n'a pas de cycle dirigé pair.)

Théorème 13.17 *Soit D un digraphe strict k-dirégulier, avec $k \geq 8$. Alors D contient un cycle dirigé pair.*

Démonstration Considérons une 2-coloration aléatoire c de V. Pour tout sommet v de D, soit A_v l'événement que $c(u) = c(v)$ pour tout $u \in N^+(v)$. Pour chaque couleur i, nous avons $P(A_v) = P(A_v \mid c(v) = i) = 2^{-k}$. Ainsi A_v est indépendant de tous les A_u tels que $(\{u\} \cup N^+(u)) \cap N^+(v) = \emptyset$. Prenant $d := k^2$ dans le Théorème 13.14, il vient qu'il existe une 2-coloration de V dans laquellle tout sommet a un voisin sortant de couleur opposée. Avec cette coloration, soit uPv le chemin dirigé proprement 2-coloré maximal, et soit w un voisin sortant de v dans la couleur opposée. Le cycle cycle dirigé $wPvw$ est alors un cycle de longueur paire dans D. □

Arboricité linéaire

Une *forêt linéaire* dans un graphe $G = (V, E)$ est un sous-graphe dont chaque composante est un chemin. Les chemins hamiltoniens et les 1-facteurs sont des cas particulier de forêts linéaires. Nous cherchons à décomposer un graphe G en le plus petit nombre possible de forêts linéaires. Ce nombre s'appelle l'*arboricité linéaire* de G, et est noté la(G). Dans le cas d'un graphe complet K_{2n}, l'arboricité linéaire vaut n, car K_{2n} admet une décomposition en chemins hamiltoniens (Exercice 2.4.6). Pour un graphe quelconque, l'arboricité linéaire est majorée par l'indice chromatique, le nombre de 1-facteurs en lequel le graphe peut se décomposer. Nous montrons au Chapitre 18 que ce nombre vaut au plus $\Delta+1$ pour un graphe simple G. D'autre part, une borne inférieure pour l'arboricité linéaire peut être très simplement obtenue en comptant les arêtes. Par exemple, si G est $2r$-régulier, alors $m = rn$ et, comme une forêt linéaire a au plus $n-1$ arêtes,

$$\mathrm{la}\,(G) \geq \left\lceil \frac{rn}{n-1} \right\rceil = r+1 \tag{13.17}$$

Nous allons utiliser le Lemme Local pour montrer que cette borne inférieure est atteinte pour les graphes $2r$-réguliers de maille suffisamment grande. Ce résultat, dû à Alon (1988), repose sur le lemme suivant.

Lemme 13.18 *Soit $G = (V, E)$ un graphe simple, et soit $\{V_1, V_2, \ldots, V_k\}$ une partition de V en k ensembles, tous de cardinal au moins $2e\Delta$. Alors il y a un stable S dans G tel que $|S \cap V_i| = 1$, $1 \leq i \leq k$.*

Démonstration Quitte à supprimer des sommets de G si nécessaire, nous pouvons supposer que $|V_i| = t := \lceil 2e\Delta \rceil$, $1 \leq i \leq k$. Dans chaque V_i, $1 \leq i \leq k$, nous choisissons un sommet v_i aléatoirement. Soit $S := \{v_1, v_2, \ldots, v_k\}$.

Pour une arête e de G, soit A_e l'événement que les deux extrémités de e soient dans S. Alors $P(A_e) \leq 1/t^2$ pour toute $e \in E$, et A_e ne dépend que des événements A_f tels que f a une extrémité dans le même ensemble V_i qu'une extrémité de e. Il y a moins de $2t\Delta$ événements de la sorte. Prenant $d := 2t\Delta - 1$ dans le Théorème 13.14, on voit qu'avec probabilité non-nulle l'ensemble S est stable, pourvu que $1/t^2 \leq 1/(e2t\Delta)$, soit $t \geq 2e\Delta$. Comme $t = \lceil 2e\Delta \rceil$, nous concluons qu'il existe bien un tel stable S.

□

Théorème 13.19 *Soit $G = (V, E)$ un graphe simple $2r$-régulier de maille au moins $2e(4r-2)$. Alors* $\mathrm{la}\,(G) = r+1$.

Démonstration D'après (13.17), nous devons montrer que $\mathrm{la}\,(G) \leq r+1$. Nous utilisons le fait que tout graphe régulier de degré pair admet une décomposition en 2-facteurs (voir Exercice 17.4.16).

Considérons une telle décomposition $\{F_1, F_2, \ldots, F_r\}$ de G, et soient C_i, $1 \leq i \leq k$, les cycles qui forment ces 2-facteurs. Soit $V_i := E(C_i)$, $1 \leq i \leq k$. Le graphe des lignes H de G est $(4r-2)$-régulier. Comme G est de maille au moins $2e(4r-2)$, $\{V_1, V_2, \dots, V_k\}$ est une partition de $V(H)$ en k ensembles, chacun de cardinal au moins $2e(4r-2)$. En appliquant le Lemme 13.18 à H, nous déduisons que H a un stable M intersectant chacun des V_i en un sommet. Les sous-graphes $L_i := F_i \setminus M$, $1 \leq i \leq r$, sont de ce fait des forêts linéaires dans G, de même que $L_0 := G[M]$, donc $\{L_0, L_1, \dots, L_r\}$ est une décomposition de G en $r+1$ forêts linéaires. $\square$

Nous donnons une application de la version non-symétrique du Lemme Local au Chapitre 19.

Exercices

13.5.1

a) On suppose que $e(\binom{k}{2}\binom{n}{k-2}+1) \leq 2^{\binom{k}{2}} - 1$. Montrer que $r(k,k) > n$.

b) En déduire que $r(k,k) > c\,k\,2^{(k+1)/2}$, avec $c \to e^{-1}$ quand $k \to \infty$.

13.5.2 Soit D un digraphe strict de degré entrant maximum Δ^- et degré sortant minimum δ^+. On suppose que $e(\Delta^-\delta^+ + 1) \leq (k/(k-1))^{\delta^+}$. Montrer que D contient un cycle dirigé de longueur congrue à 0 (mod k).

(N. Alon et N. Linial)

13.6 En savoir plus

Modèles probabilistes

Dans ce chapitre, nous nous sommes concentrés sur les propriétés de l'espace de probabilité $\mathcal{G}_{n,p}$, dans lequel chaque arête est choisie indépendamment avec probabilité p. Nous avons également rencontré le modèle dans lequel tout sommet d'un graphe donné est choisi indépendamment avec probabilité p. Il y a plusieurs autres modèles de graphes aléatoires. Par exemple, on peut considérer l'espace $\mathcal{G}_{n,m}$ comprenant tous les graphes étiquetés à n sommets et m arêtes, chacun de ces graphes étant équiprobables. C'est le modèle qui a été étudié par Erdős et Rényi (1959, 1960) dans leur travail originel sur l'évolution des graphes aléatoires. Comme on peut s'y attendre, il y a un lien très fort entre les propriétés de $\mathcal{G}_{n,m}$ et $\mathcal{G}_{n,p}$ pour $p = m/\binom{n}{2}$. Un autre modèle très étudié est celui des graphes k-réguliers aléatoires, introduit par Bollobás (1980).

Lorsqu'on s'intéresse à l'évolution des graphes aléatoires, le concept de *processus de graphe* est très précieux. On commence par un graphe vide à n sommets, et les arêtes sont ajoutées une à une, chaque nouvelle arête potentielle ayant la même probabilité d'être choisie. On s'intéresse alors au temps (mesuré en nombre d'arêtes) auquel le graphe acquiert une propriété monotone, comme être connexe ou hamiltonien. C'est une mesure très fine de l'évolution d'un graphe aléatoire. Il peut être montré, par exemple, que presque sûrement, un graphe devient connexe dès qu'il perd son dernier sommet isolé, et qu'il devient hamiltonien aussitôt que tous ses sommets sont de degré deux ou plus ; voir Bollobás (2001).

Plus récemment, l'Internet, la biologie moléculaire, et divers autres domaines appliqués, ont suscité de l'intérêt et des recherches sur divers modèles de graphes aléatoires, conçus pour refléter spécifiquement les structures et l'évolution particulière de graphes tels que le graphe du Web, les réseaux biologiques et les graphes géométriques aléatoires ; voir, par exemple, Dousse et al. (2006), Kumar et al. (2000), ou Leonardi (2004).

Fonctions seuil précises

Afin d'avoir une image plus claire du comportement d'un graphe aléatoire $G \in \mathcal{G}_{n,p}$ à un seuil critique tel que $p = (\log n)/n$, il est usuel d'introduire et d'étudier des fonctions seuil plus précises. Erdős et Rényi (1960) ont montré, par exemple, que si $p = (\log n + c)/n$, avec $c \in \mathbb{R}$, alors la probabilité que G soit connexe tend vers $e^{-e^{-c}}$ quand n tend vers l'infini. Les fonctions seuil sont largement présentées dans Bollobás (2001), Janson et al. (2000), ou Palmer (1985).

Inégalités de concentration

Nous avons présenté dans ce chapitre la plus simple des inégalités de concentration, à savoir l'Inégalité de Tchebychev. Une autre inégalité, celle de Chernoff, est décrite à l'Exercice 13.3.4. Il existe plusieurs variantes de ces inégalités, mais aussi de nombreuses autres inégalités de concentration, chacune conçue pour traiter d'une certaine classe de problèmes. L'*Inégalité d'Azuma* et l'*Inégalité de Talagrand*, par exemple, sont particulièrement utiles pour les problèmes de coloration. Nous renvoyons le lecteur vers Alon et Spencer (2000) ou Molloy et Reed (2002) pour les énoncés de ces inégalités ainsi que des exemples d'applications.

14

Le Lemme de Régularité

Sommaire

Assez paradoxalement, le comportement des graphes aléatoires étudiés au chapitre précédent est très souvent hautement prévisible. Par exemple, lorsque p est une constante, beaucoup de propriétés du graphe aléatoire $\mathcal{G}_{n,p}$ sont presque sûrement vraies. Une des difficultés pour pouvoir dire des choses sur des graphes concrets est qu'ils sont moins homogènes : leurs arêtes peuvent être disséminées dans le graphe de manière imprévisible, même si on a des informations sur certains paramètres fondamentaux du graphe tels que la connexité ou le nombre chromatique.

Heureusement, il se trouve que tout graphe suffisamment dense peut être divisé de telle sorte que les sous-graphes obtenus soient reliés entre eux de façon essentiellement pseudo-alétoire, et cela permet d'établir beaucoup de propriétés intéressantes de tels graphes. Ce fait aussi remarquable que surprenant est connu comme le Lemme de Régularité. Il a été développé par Szemerédi (1978) afin de prouver un magnifique théorème en théorie des nombres : tout sous-ensemble dense d'entiers strictement positifs contient des progressions arithmétiques arbitrairement longues. Ces dernières années, il a servi à établir de nombreux résultats en théorie extrémale des graphes, ainsi qu'en théorie des nombres, géométrie, et d'autres domaines, et il est désormais un outil majeur en combinatoire.

14.1 Paires régulières et partitions régulières

Soit $G = (V, E)$ un graphe et soient X et Y des sous-ensembles disjoints de V. La *densité* $d(X, Y)$ est la proportion des $|X||Y|$ arêtes possibles de G qui sont

J. Bondy et al., *Théorie des graphes*, Mathématiques et Applications 91,
https://doi.org/10.1007/978-1-4471-7621-3_14

présentes dans G :

$$d(X,Y) := \frac{e(X,Y)}{|X||Y|}$$

Dans le cas d'un graphe aléatoire $G \in \mathcal{G}_{n,p}$, l'espérance de $e(X,Y)$ est $p|X||Y|$, donc l'espérance de la densité est tout simplement p, quels que soient les ensembles X et Y. De plus, l'Inégalité de Chernoff montre que $d(X,Y)$ est toujours proche de p avec haute probabilité (voir Exercice 13.3.7).

Soit ϵ un réel strictement positif aussi petit que l'on veut mais fixé. Dans ce qui suit, toutes les définitions dépendent de ϵ, et par commodité nous ne ferons pas tout le temps explicitement mention de cette constante. Un sous-ensemble d'un ensemble X est dit *petit* si son cardinal est au plus $\epsilon|X|$, et *grand* si son cardinal est supérieur à $\epsilon|X|$. Avec ces conventions, une paire (X,Y) de sous-ensembles disjoints de V est dite *ϵ-régulière* ou plus simplement *régulière* si les densités de (X',Y') et (X,Y) diffèrent d'au plus ϵ dès que X' est un grand sous-ensemble de X et Y' un grand sous-ensemble de Y ; dans le cas contraire, la paire est *irrégulière.* Intuitivement, les paires régulières sont les paires d'ensembles tels que les arêtes entre eux sont réparties de manière relativement uniforme.

Une *partition régulière* de V d'*ensemble exceptionnel* X_0 est une partition $\{X_0, X_1, X_2, \ldots, X_r\}$ telle que :

▷ X_0 est un petit sous-ensemble de V,
▷ $|X_i| = |X_j|$, $1 \leq i \leq r$,
▷ (X_i, X_j) est régulière pour toutes les paires $\{i,j\} \subset \{1,2,\ldots,r\}$ à part au plus $\epsilon\binom{r}{2}$ paires.

Une partition $\{X_0, X_1, X_2, \ldots, X_r\}$ qui satisfait les deux premières conditions est une *équipartition* de V.

Le Lemme de Régularité de Szemerédi garantit que tout graphe suffisamment grand admet une partition régulière en un nombre de parties pas trop grand.

Théorème 14.1 LEMME DE RÉGULARITÉ
Soit p un entier et ϵ un réel positif. Alors il y a un entier q, qui dépend uniquement de p et ϵ, tel que tout graphe G sur au moins q sommets a une partition régulière $\{X_0, X_1, X_2, \ldots, X_r\}$ avec $p \leq r \leq q$.

La preuve du Lemme de Régularité, bien qu'elle ne soit pas conceptuellement difficile, est un peu technique. Pour cette raison, nous présentons tout d'abord une de ces importantes applications, un théorème célèbre dû à Erdős et Stone (1946), et une autre application intéressante aux nombres de Ramsey. Ces applications du Lemme de Régularité, ainsi que beaucoup d'autres, reposent sur la propriété fondamentale des paires régulières qui suit.

Lemme 14.2 *Soit (X,Y) une paire régulière de densité d, soit Y' un grand sous-ensemble de Y, et soit S l'ensemble des sommets de X qui ont moins de $(d-\epsilon)|Y'|$ voisins dans Y'. Alors S est un petit sous-ensemble de X.*

Démonstration Considérons un grand sous-ensemble X' de X. Comme (X, Y) est une paire régulière, $d(X', Y') \geq d - \epsilon$. Donc $e(X', Y') \geq (d - \epsilon)|X'||Y'|$, ce qui implique qu'un sommet de X' a au moins $(d-\epsilon)|Y'|$ voisins dans Y'. D'où $X' \neq S$. Nous en concluons que S n'est pas un grand sous-ensemble de X. □

14.2 Le Théorème d'Erdős–Stone

Le Theorème de Turán nous dit que tout graphe G ayant au moins $t_{k-1}(n) + 1$ arêtes contient une copie du graphe complet K_k. Le Théorème d'Erdős–Stone dit, grosso modo, que si n est suffisamment grand et G n'a pas beaucoup plus d'arêtes que cela, alors G contient une copie du graphe de Turán $T_{k,tk}$, le graphe k-parti complet avec t sommets dans chaque partie.

Théorème 14.3 THÉORÈME D'ERDŐS–STONE
Soient k et t des entiers, avec $k \geq 3$ et $t \geq 2$, et soit d un réel tel que $0 < d < \frac{1}{2}$. Alors il y a un entier N, dépendant uniquement de k, t, et d, tel que tout graphe G avec au moins N sommets et au moins $t_{k-1}(n) + dn^2$ arêtes contient une copie du graphe de Turán $T_{k,tk}$.

Démonstration Nous appliquons le Lemme de Régularité avec

$$\epsilon := \left(\frac{d}{2}\right)^{(k-1)t} \qquad p := \left\lceil \frac{1}{d - 3\epsilon} \right\rceil \quad \text{et} \quad N := \max\left\{q, \frac{k-1}{8\epsilon}\right\} \tag{14.1}$$

où q est une fonction de p et ϵ le réel défini dans le Lemme de Régularité. Ce choix des paramètres ϵ, p, et N dans (14.1) est fait simplement pour s'assurer que les calculs qui vont suivre seront aisés.

Supposons que G soit un graphe à n sommets et au moins $t_{k-1}(n)+dn^2$ arêtes, avec $n \geq N$. Alors il y a une partition régulière $\{X_0, X_1, \ldots, X_r\}$ de V telle que $p \leq r \leq q$. Nous posons $\ell := |X_i|$, $1 \leq i \leq r$. Ainsi $r\ell \geq (1 - \epsilon)n$.

Nous considérons maintenant le sous-graphe H de G obtenu en supprimant :

- ▷ l'ensemble exceptionnel X_0,
- ▷ toutes les arêtes de $G[X_i]$, $1 \leq i \leq r$,
- ▷ toutes les arêtes entre les paires irrégulières (X_i, X_j),
- ▷ toutes les arêtes entre les paires régulières (X_i, X_j) de densité inférieure à d.

Alors H est un graphe sur $r\ell$ sommets, et le nombre d'arêtes supprimées de G pour former H est au plus

$$\epsilon n(n-1) + r\binom{\ell}{2} + \epsilon\binom{r}{2}\ell^2 + \binom{r}{2}d\ell^2 < \epsilon n^2 - \epsilon n + \frac{1}{2}r\ell^2 + \frac{1}{2}\epsilon r^2\ell^2 + \frac{1}{2}dr^2\ell^2$$

D'où

$$\begin{aligned}
e(H) - \epsilon n &> e(G) - \left(\epsilon n^2 + \frac{1}{2} r\ell^2 + \frac{1}{2}\epsilon r^2\ell^2 + \frac{1}{2} d r^2 \ell^2\right) \\
&\geq t_{k-1}(n) + (d-\epsilon)n^2 - \frac{1}{2}(d+\epsilon) r^2\ell^2 - \frac{1}{2} r\ell^2 \\
&\geq t_{k-1}(n) + (d-\epsilon) r^2\ell^2 - \frac{1}{2}(d+\epsilon) r^2\ell^2 - \frac{1}{2} r\ell^2 \\
&= t_{k-1}(n) + \frac{1}{2}(d - 3\epsilon) r^2\ell^2 - \frac{1}{2} r\ell^2
\end{aligned}$$

Comme $r \geq p$, et par le choix de p dans (14.1), cela donne les inégalités

$$\frac{1}{2}(d-3\epsilon)\, r^2\ell^2 \geq \frac{1}{2}(d-3\epsilon)\, pr\ell^2 \geq \frac{1}{2} r\ell^2$$

En combinant la borne $\epsilon n \geq \epsilon N \geq (k-1)/8$ impliquée par (14.1) avec la borne (voir Exercice 12.2.3a)

$$t_{k-1}(n) \geq \frac{1}{2}\left(\frac{k-2}{k-1}\right) n^2 - \frac{k-1}{8}$$

nous obtenons

$$e(H) > t_{k-1}(n) + \epsilon n \geq t_{k-1}(n) + \frac{k-1}{8} \geq \frac{1}{2}\left(\frac{k-2}{k-1}\right) n^2$$

Soit R le graphe d'ensemble de sommets $\{x_1, x_2, \ldots, x_r\}$, les sommets x_i et x_j étant reliés si (X_i, X_j) est une paire régulière de densité au moins d. Alors

$$e(R) \geq \frac{e(H)}{\ell^2} > \frac{1}{2}\left(\frac{k-2}{k-1}\right)\left(\frac{n^2}{\ell^2}\right) \geq \frac{1}{2}\left(\frac{k-2}{k-1}\right) r^2 \geq t_{k-1}(n)$$

donc R contient une copie de K_k, par le Theorème de Turán. Autrement dit, H a k ensembles X_i tels que deux d'entre eux quels qu'ils soient forment une paire régulière de densité au moins d. Sans perte de généralité, nous pouvons supposer que ces ensembles sont $X_1, X_2, \ldots, X_k$. Nous allons montrer que $H[\cup_{i=1}^k X_i]$ contient une copie du graphe de Turán recherché.

Considérons une paire (X_1, X_i). D'après le Lemme 14.2, au plus $\epsilon\ell$ sommets de X_1 ont moins de $c\ell$ voisins dans X_i, où $c := d - \epsilon$. Par conséquent au plus $\epsilon(k-1)\ell$ sommets de X_1 ont moins de $c\ell$ voisins dans un (ou plus) des ensembles X_i, $2 \leq i \leq k$. En d'autres termes, au moins $(1-(k-1)\epsilon)\ell$ sommets de X_1 ont au moins $c\ell$ voisins dans chacun des X_i, $2 \leq i \leq k$. Soit v_1 un tel sommet, et soit X_i^1 son ensemble de voisins dans X_i, $2 \leq i \leq k$. Comme $c > (d/2) > \epsilon$, c'est un grand sous-ensemble de X_i. Par conséquent, de nouveau par le Lemme 14.2, au moins $(1-(k-1)\epsilon)\ell$ sommets de X_1 ont chacun plus de $c^2\ell$ voisins dans chacun des X_i^1, $2 \leq i \leq k$. Soit v_2 un tel sommet, et soit X_i^2 l'ensemble de ses voisins dans X_i^1, $2 \leq i \leq k$. Continuant de la sorte, et notant que $c^{t-1} \geq (d/2)^{t-1} \geq \epsilon$, on peut trouver t sommets $v_1, v_2, \ldots, v_t$ dans X_1, et un sous-ensemble X_i^t de plus de $c^t\ell$

sommets de X_i, $2 \leq i \leq r$, tel que chaque sommet v_j, $1 \leq j \leq t$, est relié à tous les sommets de X_i^t, $2 \leq i \leq k$. Par récurrence, puisque $c^{(k-1)t} \geq (d/2)^{(k-1)t} = \epsilon$, en commençant avec les $k-1$ ensembles X_i^t, $2 \leq i \leq k$, nous trouvons une copie de $T_{k-1,t(k-1)}$ dans $H[\cup_{i=2}^k X_i^t]$. Avec les sommets $v_1, v_2, \ldots, v_t$ cela donne une copie de $T_{k,tk}$ dans H, et donc dans G. □

Une conséquence importante du Théorème d'Erdős–Stone est qu'il met en relief le rôle intrinsèque joué par le nombre chromatique en théorie extrémale des graphes. Ce fait frappant a été remarqué pour la première fois par Erdős et Simonovits (1966), et le résultat suivant est connu comme le Théorème d'Erdős–Stone–Simonovits.

Théorème 14.4 *Pour tout graphe simple F*

$$lim_{n\to\infty} \frac{ex(n,F)}{n^2} = \frac{1}{2}\left(\frac{\chi(F)-2}{\chi(F)-1}\right)$$

Démonstration Soit $k = \chi(F)$ et soit t la plus grande taille d'une classe de couleur dans une k-coloration propre de F. Alors $F \subseteq T_{k,tk}$. Par conséquent, par le Théorème d'Erdős–Stone, pour tout $d > 0$, il y a un entier q, dépendant seulement de k, t, et d, tel que tout graphe G ayant au moins q sommets et au moins $t_{k-1}(n) + dn^2$ arêtes contienne une copie de F. Ainsi, pour tout $d > 0$,

$$\frac{\mathrm{ex}(n,F)}{n^2} \leq \frac{t_{k-1}(n) + dn^2}{n^2} = \frac{t_{k-1}(n)}{n^2} + d$$

D'autre part, comme F est k-chromatique et le graphe de Turán $T_{k-1,n}$ est $(k-1)$-colorable, $F \not\subseteq T_{k-1,n}$. D'où $\mathrm{ex}(n,F) \geq t_{k-1}(n)$ et

$$\frac{\mathrm{ex}(n,F)}{n^2} \geq \frac{t_{k-1}(n)}{n^2}$$

Ces deux inégalités et l'Exercice 12.2.3 impliquent que

$$\lim_{n\to\infty} \frac{\mathrm{ex}(n,F)}{n^2} = \lim_{n\to\infty} \frac{t_{k-1}(n)}{n^2} = \frac{1}{2}\left(\frac{\chi(F)-2}{\chi(F)-1}\right)$$ □

Observons que le Théorème 14.4 n'a d'intérêt que pour des graphes non-bipartis : lorsque F est biparti, il affirme simplement que $\mathrm{ex}(n,F) \ll n^2$, ce qui découle directement du Théorème de Kővári, Sós, et Turán (Exercice 12.2.11).

14.3 Linéarité des nombres de Ramsey de graphes

Le *nombre de Ramsey* d'un graphe simple G est le plus petit entier p tel que toute 2-arête-coloration de K_p ait une copie monochromatique de G (voir Exercice 12.3.7). Ce nombre est noté $r(G,G)$. Comme tout graphe simple G à n sommets est un sous-graphe de K_n, nous avons la borne supérieure triviale $r(G, G) \leq r(n, n)$. Cependant, cette borne exponentielle en n (voir Théorème 12.12) est très mauvaise lorsque G est un graphe éparpillé, un graphe avec relativement peu d'arêtes. En effet, nous allons montrer comment le Lemme de Régularité peut s'appliquer pour prouver que les nombres de Ramsey des graphes de degré maximum borné croissent seulement linéairement avec leur ordre. Ce résultat est dû à Chvátal et al. (1983).

Théorème 14.5 *Pour tout graphe G de degré maximum Δ,*

$$r(G, G) \leq cn$$

avec c une constante dépendant uniquement de Δ.

Démonstration Nous posons

$$\epsilon := 4^{-2\Delta} \quad \text{et} \quad p := \epsilon^{-1} = 4^{2\Delta}$$

et prenons pour q la fonction de p et ϵ définie dans le Lemme de Régularité. Nous posons maintenant $c := pq$. Notons que c ne dépend que de Δ.

Soit H un graphe à cn sommets. Clairement, $cn \geq q$. Par conséquent, par le Lemme de Régularité, H a une partition régulière $\{X_0, X_1, X_2, \ldots, X_r\}$, avec $p \leq r \leq q$. Cette partition est aussi une partition régulière du complémentaire $\overline{H}$ de H, pour la même valeur de ϵ (Exercice 14.4.1). Soit R le graphe d'ensemble de sommets $\{x_1, x_2, \ldots, x_r\}$, deux sommets x_i et x_j étant adjacents dans R si (X_i, X_j) est une paire régulière. Alors $e(R) \geq (1-\epsilon)\binom{r}{2}$. Comme $r > p - 1 = (1-\epsilon)/\epsilon$,

$$(1-\epsilon)\binom{r}{2} = (1-\epsilon)\left(1 - \frac{1}{r}\right)\left(\frac{r^2}{2}\right) > (1-2\epsilon)\left(\frac{r^2}{2}\right) \geq t_k(r)$$

avec (voir Exercice 12.2.3a) $k = (2\epsilon)^{-1} > 2^{2\Delta}$. Par le Theorème de Turán, R contient une copie du graphe complet K_k. Soit F un sous-graphe couvrant de ce graphe complet dont les arêtes correspondent aux paires régulières (X_i, X_j) de densité au moins $1/2$. Comme $k > 2^{2\Delta}$, F ou $\overline{F}$ contient un sous-graphe complet de $\Delta + 1$ sommets, d'après le Corollaire 12.11. Si ce graphe est F, nous montrons que H contient une copie de G ; si c'est $\overline{F}$, le même raisonnement montre que $\overline{H}$ contient une copie de G.

Supposons, donc, que F contienne un sous-graphe complet de $\Delta + 1$ sommets. Sans perte de généralité, nous pouvons supposer que F a pour ensemble de sommets $\{x_1, x_2, \ldots, x_{\Delta+1}\}$. Soit $u_1, u_2, \ldots, u_n$ un ordre arbitraire des sommets de G. Nous allons montrer comment des sommets $v_1, v_2, \ldots, v_n$ peuvent être choisis dans les ensembles $X_1, X_2, \ldots, X_{\Delta+1}$ de telle sorte que $H[\{v_1, v_2, \ldots, v_j\}]$ contienne une copie de $G[\{u_1, u_2, \ldots, u_j\}]$, $1 \leq j \leq n$.

Supposons que les sommets $v_1, v_2, \ldots, v_j$ aient déjà été choisis, pour $0 \leq j \leq n-1$. Nous décrivons maintenant comment choisir le prochain sommet, v_{j+1}. Pour $k \geq j+1$, soit

$$N_{j,k} := \{v_i : 1 \leq i \leq j \text{ et } u_i u_k \in E(G)\}$$

Un ensemble X_i qui est disjoint de $N_{j,k}$ est dit *éligible* pour v_k à l'*étape* j. Un *candidat* pour v_k, avec $k \geq j+1$, est un sommet de H qui :

1. appartient à un ensemble éligible,
2. est adjacent dans H à tous les sommets de $N_{j,k}$.

Afin d'être sûr qu'un sommet convenable v_{j+1} puisse être choisi à chaque étape, nous devons imposer que, pour $0 \leq j \leq n-1$, tout ensemble éligible pour v_k ait beaucoup de candidats à l'étape j, au moins $4^{-d_{j,k}}\ell$, avec $d_{j,k} := |N_{j,k}|$ et ℓ le cardinal commun des ensembles X_i. Cette condition est clairement remplie à l'étape 0. Supposons qu'elle soit remplie à l'étape j, pour $0 \leq j < n$. Nous choisissons un ensemble éligible X_s pour v_{j+1}, et considérons l'ensemble Y_s de candidats pour v_{j+1} dans X_s. Nous devons choisir un élément de Y_s pour v_{j+1} de telle sorte que, pour tout $k \geq j+2$, tout ensemble éligible pour v_k à l'étape $j+1$ ait au moins $4^{-d_{j+1,k}}\ell$ candidats.

Si u_k n'est pas adjacent à u_{j+1} dans G, alors $d_{j+1,k} = d_{j,k}$, et la condition est automatiquement vraie si elle l'est pour j. Supposons, donc, que u_k soit adjacent à u_{j+1} dans G, de telle sorte que $d_{j+1,k} = d_{j,k}+1$. Considérons l'ensemble X_t éligible pour v_k à l'étape j ; il existe au moins un tel ensemble car $d_{j,k}$ est au plus Δ alors qu'il y a $\Delta+1$ ensembles X_i. Soit Y_t l'ensemble des candidats pour v_k dans X_t à cette étape. Observons que Y_t est un grand sous-ensemble de X_t, puisque $4^{d_{j,k}}\epsilon < 4^{\Delta}\epsilon < 1$. Nous appliquons le Lemme 14.2 avec $X = X_s$, $Y = X_t$, et la densité au moins $\frac{1}{2}$. Ainsi l'ensemble des sommets de X_s qui sont adjacents à au plus $(\frac{1}{2}-\epsilon)|Y_t|$ sommets de Y_t est un petit sous-ensemble de X_s ; leur nombre est au plus $\epsilon\ell$. Appliquons ce raisonnement à tous les ensembles X_t éligibles pour v_k à l'étape j (il y en a au plus Δ), et pour tout $k \geq j+2$ (au plus Δ valeurs de k), nous pouvons conclure qu'il y a au moins $|Y_s| - \Delta^2\epsilon\ell$ sommets de Y_s, qui sont chacun adjacent à plus de $(\frac{1}{2}-\epsilon)|Y_t|$ sommets de chaque Y_t. Ainsi, supposant que $|Y_s| - \Delta^2\epsilon\ell - j > 0$, un sommet de Y_s différent de $v_1, v_2, \ldots, v_j$ est adjacent à plus de $(\frac{1}{2}-\epsilon)|Y_t|$ sommets de chaque Y_t tels que X_t est éligible pour v_k à l'étape j. Maintenant $|X_0| \leq \epsilon cn$, donc

$$(1-\epsilon)pqn = (1-\epsilon)cn \leq \sum_{i=1}^{r} |X_i| = r\ell \leq q\ell$$

d'où $(1-\epsilon)n \leq \epsilon\ell$ et donc $j < n \leq 2\epsilon\ell$. Comme $|Y_s| \geq 4^{-d_{j,k}}\ell \geq 4^{-\Delta}\ell$ et $(\Delta^2+2)\epsilon < 4^{-\Delta}$,

$$|Y_s| - \Delta^2\epsilon\ell - j > 4^{-\Delta}\ell - \Delta^2\epsilon\ell - 2\epsilon\ell = \left(4^{-\Delta} - (\Delta^2+2)\epsilon\right)\ell > 0$$

De plus, comme $\epsilon < \frac{1}{4}$ et $|Y_t| \geq 4^{-d_{j,k}}\ell$,

$$\left(\frac{1}{2} - \epsilon\right)|Y_t| \geq \frac{1}{4}\left(4^{-d_{j,k}}\ell\right) = 4^{-d_{j,k}-1}\ell = 4^{-d_{j+1,k}}\ell$$

Nous concluons qu'il y a un candidat pour v_{j+1} dans X_s tel que, pour tout $k \geq j+2$, tout ensemble éligible pour v_k à l'étape $j+1$ a au moins $4^{-d_{j+1,k}}\ell$ candidats. Le théorème suit par récurrence sur j. □

14.4 Une démonstration du Lemme de Régularité

La preuve du Lemme de Régularité donnée ici repose sur une mesure de combien une partition donnée est proche d'être régulière.

Pour une paire $\{X, Y\}$ d'ensembles disjoints de sommets d'un graphe G, nous définissons son *indice de régularité* par :

$$\rho(X, Y) := |X||Y|(d(X, Y))^2$$

Cet indice est positif. Nous l'étendons à une famille $\mathcal{P}$ de sous-ensembles disjoints de V en posant :

$$\rho(\mathcal{P}) := \sum_{\substack{X, Y \in \mathcal{P} \\ X \neq Y}} \rho(X, Y)$$

Dans le cas où $\mathcal{P}$ est une partition de V, nous avons :

$$\rho(\mathcal{P}) = \sum_{\substack{X, Y \in \mathcal{P} \\ X \neq Y}} |X||Y|(d(X, Y))^2 \leq \sum_{\substack{X, Y \in \mathcal{P} \\ X \neq Y}} |X||Y| < \frac{n^2}{2} \tag{14.2}$$

Si $\mathcal{P}$ est une équipartition irrégulière de V, nous montrons qu'il existe une équipartition $\mathcal{Q}$ raffinant $\mathcal{P}$, dont l'indice de régularité est significativement plus grand que celui de $\mathcal{P}$. En appliquant cette opération un nombre constant de fois (la constante étant une fonction d'ϵ), nous nous retrouvons avec un partition régulière de V.

En premier lieu, nous observons que raffiner une famille de sous-ensembles ne fait jamais décroître l'indice de régularité.

Proposition 14.6 *Soit G un graphe, $\mathcal{P}$ une famille de sous-ensembles disjoints de V, et $\mathcal{Q}$ un raffinement de $\mathcal{P}$. Alors $\rho(\mathcal{Q}) \geq \rho(\mathcal{P})$.*

Démonstration Il suffit de montrer le résultat lorsque $\mathcal{Q}$ est obtenue de $\mathcal{P}$ en partitionnant un ensemble $X \in \mathcal{P}$ en deux ensembles non-vides X_1, X_2. Nous avons :

$$\rho(\mathcal{Q}) - \rho(\mathcal{P}) = \rho(X_1, X_2) + \sum_{\substack{Y \in \mathcal{P} \\ Y \neq X}} (\rho(X_1, Y) + \rho(X_2, Y) - \rho(X, Y))$$

Il suffit donc de montrer que, pour $Y \in \mathcal{P}$, $Y \neq X$,

$$\rho(X_1, Y) + \rho(X_2, Y) - \rho(X, Y) \geq 0$$

Posons

$$x := |X|, \quad y := |Y|, \quad d := d(X, Y)$$

et, pour $i = 1, 2$,

$$x_i := |X_i|, \quad d_i := d(X_i, Y)$$

Alors

$$x = x_1 + x_2$$

De plus, comme $e(X, Y) = e(X_1, Y) + e(X_2, Y)$,

$$xyd = x_1yd_1 + x_2yd_2$$

Par conséquent, après avoir réarrangé les termes,

$$\rho(X_1, Y) + \rho(X_2, Y) - \rho(X, Y) = x_1yd_1^2 + x_2yd_2^2 - xyd^2 = \frac{x_1x_2y}{x}(d_1 - d_2)^2 \geq 0$$

La conclusion suit. □

Ensuite, nous montrons que si (X, Y) est une paire irrégulière, alors il y a un raffinement $\mathcal{P}$ de $\{X, Y\}$ tel que $\rho(\mathcal{P})$ est un peu plus grand que $\rho(X, Y)$.

Lemme 14.7 *Soit (X, Y) une paire ϵ-irrégulière dans un graphe G, telle que $|d(X_1, Y_1) - d(X, Y)| > \epsilon$, pour X_1 un grand sous-ensemble de X, et Y_1 un grand sous-ensemble de Y. Définissons $X_2 := X \setminus X_1$ et $Y_2 := Y \setminus Y_1$. Alors*

$$\rho(\{X_1, X_2, Y_1, Y_2\}) - \rho(X, Y) \geq \left(\frac{\epsilon^4}{1 - \epsilon^2}\right) |X||Y|$$

Démonstration Posons

$$x := |X|, \quad y := |Y|, \quad d := d(X, Y)$$

et

$$x_i := |X_i|, \quad y_j = |Y_j|, \quad d_{ij} := d(X_i, Y_j), \quad i, j = 1, 2$$

Avec cette notation, les hypothèses du lemme deviennent :

$$x_1 \geq \epsilon x, \quad y_1 \geq \epsilon y, \quad \text{et} \quad (d_{11} - d)^2 \geq \epsilon^2 \tag{14.3}$$

En outre $xyd = \sum_{i,j=1,2} x_iy_jd_{ij}$, donc

$$xyd - x_1y_1d_{11} = x_1y_2d_{12} + x_2y_1d_{21} + x_2y_2d_{22}$$

En appliquant l'Inégalité de Cauchy–Schwarz $\sum_i a_i^2 \sum_i b_i^2 \geq (\sum_i a_ib_i)^2$ avec

$$a_1 := \sqrt{x_1y_2}, \quad a_2 := \sqrt{x_2y_1}, \quad a_3 := \sqrt{x_2y_2}$$

et

$$b_1 := \sqrt{x_1y_2}d_{12}, \quad b_2 = \sqrt{x_2y_1}d_{21}, \quad b_3 = \sqrt{x_2y_2}d_{22}$$

on obtient

$$x_1y_2d_{12}^2 + x_2y_1d_{21}^2 + x_2y_2d_{22}^2 \geq \frac{(xyd - x_1y_1d_{11})^2}{xy - x_1y_1}$$

D'où, en vertu des inégalités (14.3),

$$\begin{aligned}\rho(\{X_1, X_2, Y_1, Y_2\}) - \rho(X, Y) &\geq \sum_{i,j=1,2} x_i y_j d_{ij}^2 - xyd^2 \\ &\geq x_1 y_1 d_{11}^2 + \frac{(xyd - x_1 y_1 d_{11})^2}{xy - x_1 y_1} - xyd^2 \\ &= \frac{xy}{xy - x_1 y_1} x_1 y_1 (d_{11} - d)^2 \\ &\geq \frac{x_1 y_1}{1 - \epsilon^2}(d_{11} - d)^2 \\ &\geq \left(\frac{\epsilon^4}{1 - \epsilon^2}\right) xy\end{aligned}$$

□

Le Lemme 14.7 est la clé de la démonstration du Lemme de Régularité. Étant donnée une équipartition irrégulière $\mathcal{P}$ de V, nous l'appliquons à chaque paire irrégulière de $\mathcal{P}$, et nous montrons ainsi que $\mathcal{P}$ peut se raffiner en une équipartition $\mathcal{Q}$ dont l'indice de régularité est significativement plus grand que celui de $\mathcal{P}$. Pour les besoins de la preuve, il est pratique de définir l'indice d'une équipartition $\{X_0, X_1, \ldots, X_k\}$ d'ensemble exceptionnel X_0 comme l'indice de la partition obtenue en divisant X_0 en singletons.

Lemme 14.8 *Soit $\mathcal{P} = \{X_0, X_1, \ldots, X_k\}$ une équipartition de V. Si $\mathcal{P}$ n'est pas régulière et $|X_0| \leq (\epsilon - 2^{-k})n$, alors il y a une équipartition $\mathcal{Q} := \{Y_0, Y_1, \ldots, Y_\ell\}$ de V telle que*

$$|Y_0| < |X_0| + \frac{n}{2^k}, \qquad k \leq \ell \leq k4^k \quad \textit{et} \quad \rho(\mathcal{Q}) - \rho(\mathcal{P}) \geq \left(\frac{1-\epsilon}{1+\epsilon}\right)\epsilon^5 n^2$$

Démonstration Par le Lemme 14.7, les ensembles X_i et X_j d'une paire irrégulière (X_i, X_j), peuvent tous deux être partitionnés en deux ensembles de telle sorte que l'indice de régularité de la partition $\mathcal{P}_{ij}$ qui en résulte satisfasse

$$\rho(\mathcal{P}_{ij}) - \rho(X_i, X_j) \geq \left(\frac{\epsilon^4}{1-\epsilon^2}\right)|X_i||X_j| \geq \left(\frac{\epsilon^4}{1-\epsilon^2}\right)(1-\epsilon)^2\frac{n^2}{k^2} = \left(\frac{1-\epsilon}{1+\epsilon}\right)\epsilon^4\frac{n^2}{k^2}$$

Pour tout i, $1 \leq i \leq k$, chacune des $k-1$ partitions $\mathcal{P}_{ij}$, $j \neq i$, induit une partition de X_i en deux parties. Désignant par $\mathcal{P}_i$ le plus grossier des raffinements communs de ces partitions de X_i, nous avons $|\mathcal{P}_i| \leq 2^{k-1}$. Soit $\mathcal{P}'$ la partition de V dont les membres sont les membres de $\mathcal{P}_i$, $1 \leq i \leq k$, et les singletons de X_0. Comme $|\mathcal{P}_i| < 2^k$, nous avons $|\mathcal{P}'| < k2^k$. Puisqu'il y a plus de ϵk^2 paires irrégulières,

$$\rho(\mathcal{P}') - \rho(\mathcal{P}) \geq \epsilon k^2\left(\frac{1-\epsilon}{1+\epsilon}\right)\epsilon^4\frac{n^2}{k^2} = \left(\frac{1-\epsilon}{1+\epsilon}\right)\epsilon^5 n^2$$

À partir de $\mathcal{P}'$ nous construisons maintenant l'équipartition désirée $\mathcal{Q}$. Soit $\{Y_i : 1 \leq i \leq \ell\}$ une famille maximale de sous-ensembles disjoints de V, tous de cardinal $\lceil n/(k4^k)\rceil$, chacun étant contenu dans un membre de $\mathcal{P}'$. Posons $Y_0 := V \setminus (\cup_{i=1}^{\ell} Y_i)$ et $\mathcal{Q} := \{Y_0, Y_1, \ldots, Y_\ell\}$. Notons que Y_0 contient au plus $n/(k4^k)$ éléments de chaque membre de $\mathcal{P}'$, donc

$$|Y_0| < |X_0| + (k2^k)\left(\frac{n}{k4^k}\right) = |X_0| + \frac{n}{2^k} \leq \epsilon n$$

De plus, $k \leq \ell \leq k4^k$. Le raffinement de $\mathcal{Q}$ obtenu en divisant Y_0 en singletons est un raffinement de $\mathcal{P}'$. La Proposition 14.6 nous donne alors $\rho(\mathcal{Q}) \geq \rho(\mathcal{P}')$. Par conséquent

$$\rho(\mathcal{Q}) - \rho(\mathcal{P}) = (\rho(\mathcal{Q}) - \rho(\mathcal{P}')) + (\rho(\mathcal{P}') - \rho(\mathcal{P})) \geq \left(\frac{1-\epsilon}{1+\epsilon}\right)\epsilon^5 n^2 \qquad \square$$

Le Lemme de Régularité vient maintenant par applications successives du Lemme 14.8, en commençant avec une équipartition dont l'ensemble exceptionnel a moins de k éléments, et en conservant la borne supérieure (14.2) sur l'indice d'une partition. Nous laissons ces détails techniques en exercice (14.4.4). Une démonstration complètement différente du Lemme de Régularité, basée sur la théorie ergodique, se trouve dans le livre de Tao et Vu (2006).

Exercices

14.4.1 Montrer qu'une partition régulière d'un graphe G est aussi une partition régulière de son complémentaire $\overline{G}$ (avec le même paramètre ϵ et le même ensemble exceptionnel).

14.4.2 Slicing lemma

Soit $\alpha > \epsilon > 0$ et $\epsilon' := \max\{\epsilon/\alpha, 2\epsilon\}$. Soit (A, B) une paire ϵ-régulière de densité d. Montrer que si $A' \subseteq A$ et $B' \subseteq B$ sont tels que $|A'| \geq \alpha|A|$, et $|B'| \geq \alpha|B|$, alors (A', B') est une paire ϵ'-régulière de densité $d' \in [d-\epsilon, d+\epsilon]$.

14.4.3 Super régularité

Soient ϵ et δ deux rsels et soit G un graphe. Une paire (A, B) deux ensembles disjoints de sommets de G est (ϵ, δ)-*super régulière* si elle est ϵ-régulière et $|N(a) \cap B| \geq \delta|B|$ pour tout $a \in A$ et $|N(b) \cap A| \geq \delta|A|$ pour tout $b \in B$.

a) Montrer qu si (A, B) est une paire ϵ-régulière de densité d dans un graphe G (avec $0 < \epsilon < 1/3$), alors il existe $A' \subseteq A$ et $B' \subseteq B$ tels que $|A'| \geq (1-\epsilon)|A|$ et $|B'| \geq (1-\epsilon)|B|$ et (A', B') est une paire (ϵ, d')-super régulière pour $d' \in [d-3\epsilon, d+3\epsilon]$.
b) Supposons que (A, B) soit une paire (ϵ, δ)-super régulière avec $\epsilon \leq \delta/2$ et $|A| = |B|$.
   i) Montrer qu'il y a un couplage parfait entre A et B (Voir Chapitre 17).
   ii) Montrer que le graphe induit par A et B a un cycle hamiltonien (Voir Chapitre 19 19).

14.4.4 Déduire le Lemme de Régularité du Lemme 14.8.

14.4.5 LEMME DE RÉGULARITÉ À PLUSIEURS COULEURS
Montrer l'extension suivante du Lemme de Régularité.
Soit $\epsilon > 0$ un réel positif et soient p et k deux entiers positifs. Il existe un entier M tel que si les arêtes d'un graphe G sont r-colorées alors V peut se partitionner en ensembles $X_0, X_1, \ldots, X_r$ pour un $p \leq r \leq M$ tels que

▷ *X_0 est un petit sous-ensemble de V,*
▷ *$|X_i| = |X_j|$, $1 \leq j \leq i \leq r$,*
▷ *toutes les paires (X_i, X_j) à part au plus $\epsilon\binom{r}{2}$ d'entre elles vérifient la condition suivante: si X est un grand sous-ensemble de X_i et si Y est un grand sous-ensemble de X_j,*

$$|d_c(X,Y) - d_c(X_i, X_j)| \leq \epsilon \qquad \textit{pour tout } 1 \leq c \leq k$$

où d_c est la densité dans le graphe induit par les arêtes colorées c.

14.4.6 LEMME DE RÉGULARITÉ DIRIGÉ
Soit D un digraphe et soient X et Y deux sous-ensembles disjoints de $V(D)$. La *densité de X vers Y*, notée $d(X,Y)$, est $\frac{|A(X,Y)|}{|X||Y|}$. On note également $\overline{A}(X,Y)$ l'ensemble des paires $\{x,y\}$ avec $x \in X$ et $y \in Y$ telles que (x,y) et (y,x) soient tous deux des arcs de D (autrement dit, $D[\{x,y\}]$ est un 2-cycle dirigé.), et on pose $\overline{d}(X,Y) = \frac{|\overline{A}(X,Y)|}{|X||Y|}$.

Etant donné $\epsilon > 0$, une paire de sous-ensembles disjoints X, Y de $V(D)$est *ϵ-régulière* si pour tout $X' \subseteq X$ et $Y' \subseteq Y$ tels que $|X'| \geq \epsilon|X|$ et $|Y'| \geq \epsilon|Y|$, nous avons

$$|d(X',Y') - d(X,Y)| \leq \epsilon, \quad |d(Y',X') - d(Y,X)| \leq \epsilon, \quad |\overline{d}(X',Y') - \overline{d}(X,Y)| \leq \epsilon$$

a) Montrer que si (X,Y) est une paire ϵ-régulière et $Y' \subseteq Y$ un ensemble de taille au moins $\epsilon|Y|$, alors pour tous les sommets x de X sauf au plus $3\epsilon|X|$, nous avons $|N^+_{Y'}(x)| \geq (d(X,Y) - \epsilon)|Y'|$, $|N^-_{Y'}(x)| \geq (d(Y,X) - \epsilon)|Y'|$ et $\overline{N}_{Y'}(x) \geq (\overline{d}(X,Y) - \epsilon)|Y'|$, où $\overline{N}_{Y'}(x)$ est l'ensemble des sommets de Y' tels que $(x,y) \in A(D)$ et $(y,x) \in A(D)$.
b) Montrer la version dirigée du Lemme de Régularité :
Soit p un entier et ϵ un réel strictement positif. Il existe entier q qui dépend uniquement de p et ϵ, tel que tout graphe G sur au moins q sommets a une partition $\{X_0, X_1, X_2, \ldots, X_r\}$ avec $p \leq r \leq q$ telle que
▷ $|X_0| \leq \epsilon|V(D)|$,
▷ $|X_i| = |X_j|$, $1 \leq j \leq i \leq r$,
▷ *toutes les paires (X_i, X_j) à part au plus ϵq^2 d'entre elles sont ϵ-régulières.*

14.5 En savoir plus

Le Lemme de Régularité est déssorais un outil majeur en combinatoire. Nombre de ses applications sont décrites dans les excellents articles de synthèse de Komlós et Simonovits (1996) et Komlós et al. (2002). La version du Lemme de Régularité donnée ici s'applique uniquement aux graphes denses, mais il existe plusieurs variantes, notamment des versions pour les graphes éparpillés (Kohayakawa et Rödl (2003)). Il existe également des variantes pour les hypergraphes (Gowers (2006), Rödl et al. (2005), Tao (2006)) et les graphes dirigés (Alon et Shapira (2004)) (voir Exercice 14.4.6). Cette dernière variante a été à la base d'importantes avancées sur les graphes dirigés. Par exemple, de nouvelles conditions d'existence de cycles hamiltoniens dirigés (voir Chapitre 19 pour les définitions) ont été établies ; nous renvoyons le lecteur à l'article de synthèse de Kühn et Osthus (2012) sur le sujet. Le Lemme de Régularité Dirigé a aussi été un outil de base pour montrer que plusieurs conjectures célèbres dans les tournois sont vraies pour des tournois suffisamment grands. C'est le cas notamment pour la conjecture de Sumner qui dit que tout tournoi d'ordre $2k-2$ contient toutes les orientations de tous les arbres d'ordre n comme sous-graphe qui a été montrée asymptotiquement par Kühn et al. (2011).

15

Coloration des sommets

Sommaire

15.1 Nombre chromatique

Nous rappelons qu'une *k-coloration* d'un graphe $G = (V, E)$ est une application $c : V \to S$, où S est un ensemble de k *couleurs* ; ainsi, une k-coloration est une affectation d'une couleurs parmi k à chacun des sommets de G. Habituellement, on prend pour ensemble S de couleurs $\{1, 2, \ldots, k\}$. Une coloration c est *propre* si toute arête a ses extrémités de couleurs différentes. Tous les graphes sans boucle admettent des colorations propres.

J. Bondy et al., *Théorie des graphes*, Mathématiques et Applications 91,
https://doi.org/10.1007/978-1-4471-7621-3_15

De manière alternative, une k-coloration peut se voir comme une partition $\{V_1, V_2, \ldots, V_k\}$ de V, où V_i désigne l'ensemble (possiblement vide) des sommets de couleur i. Les ensembles V_i sont appelés les *classes de couleur* de la coloration. Une k-coloration propre est alors une k-coloration pour laquelle chaque classe de couleur est un stable. Dans ce chapitre, nous nous intéressons uniquement aux colorations propres. Par conséquent, par commodité, à chaque fois que nous parlerons de coloration, il sera implicite qu'elle est propre.

Un graphe est *k-colorable* s'il admet une k-coloration. Ainsi un graphe est 1-colorable si et seulement s'il est vide, et 2-colorable si et seulement s'il est biparti. Clairement, un graphe sans boucle est k-colorable si et seulement si son graphe simple sous-jacent est k-colorable. De ce fait, lorsqu'il est question de coloration des sommets, nous restreignons notre attention aux graphes simples.

Le plus petit k pour lequel un graphe G est k-colorable est son *nombre chromatique*, noté $\chi(G)$. Si $\chi(G) = k$, le graphe G est dit *k-chromatique*. Le triangle, ainsi que tous les cycles impairs, sont clairement 3-colorables. En revanche, ils ne sont pas 2-colorables parce qu'ils ne sont pas bipartis. Leur nombre chromatique vaut donc 3 : ils sont 3-chromatiques. Un graphe 4-chromatique connu sous le nom de *graphe de Hajós* est représenté Figure 15.1. Le graphe complet K_n est de nombre chromatique n car deux sommets ne peuvent pas recevoir la même couleur. Plus généralement, tout graphe G vérifie l'inégalité

$$\chi \geq \frac{n}{\alpha} \tag{15.1}$$

car chaque classe de couleur est un stable, et de ce fait comprend au plus α sommets.

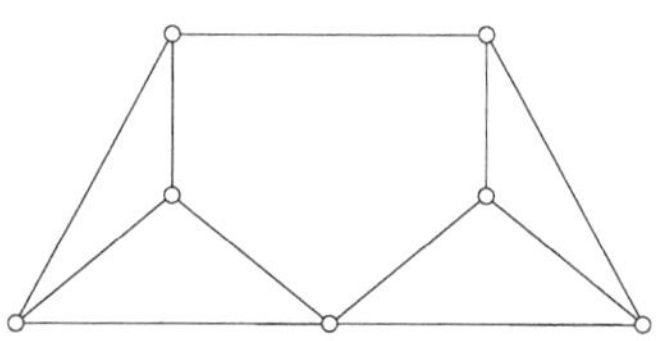

Fig. 15.1. Le graphe de Hajós : un graphe 4-chromatique

Des problèmes de coloration apparaissent naturellement dans beaucoup de situations pratiques où il est question de répartir les objets d'un ensemble donné en groupes de telle sorte que les membres de chaque groupe soient mutuellement compatibles suivant certains critères. Nous donnons ici deux exemples. D'autres viendront très certainement à l'esprit du lecteur.

Exemple 15.1 PLANIFICATION D'EXAMENS
Les étudiants d'une université ont des examens annuels dans tous les cours auxquels ils s'inscrivent. Naturellement, les examens de deux cours différents ne peuvent avoir lieu en même temps s'il y a des étudiants inscrits à ces deux cours. Comment

doit-on organiser les examens pour qu'il y ait le moins de sessions possibles ? Pour trouver un tel planning, considérons le graphe G dont l'ensemble de sommets est l'ensemble de tous les cours, deux cours étant reliés par une arête s'il font l'objet d'un conflit. Clairement, les stables de G correspondent aux groupes de cours sans conflit. Ainsi le nombre minimum de sessions requis est le nombre chromatique de G.

Exemple 15.2 STOCKAGE DE PRODUITS CHIMIQUES
Une entreprise fabrique n produits chimiques C_1, C_2, ..., C_n. Certaines paires de ces produits sont incompatibles et entraineraient des explosions s'ils étaient mis en contact l'un avec l'autre. Comme mesure de précaution, l'entreprise veut diviser son entrepôt en compartiments afin de stocker des produits incompatibles dans des compartiments différents. En combien de compartiments au minimum l'entreprise doit-elle diviser son entrepôt ? Nous obtenons de nouveau un graphe G d'ensemble de sommets $\{v_1, v_2, \ldots, v_n\}$ en reliant les sommets v_i et v_j si et seulement si les produits chimiques C_i et C_j sont incompatibles. Il est facile de voir que le plus petit nombre de compartiments dans lequel l'entrepôt doit être divisé est égal au nombre chromatique de G.

Si H est un sous-graphe de G et si G est k-colorable, alors H l'est aussi. Ainsi $\chi(G) \geq \chi(H)$. En particulier, si G contient une copie du graphe complet K_r, alors $\chi(G) \geq r$. Par conséquent, pour tout graphe G,

$$\chi \geq \omega \tag{15.2}$$

Les cycles impairs de longueur cinq ou plus, pour lesquels $\omega = 2$ et $\chi = 3$, montre que cette borne sur le nombre chromatique n'est pas toujours atteinte. Plus surprenant, comme nous le montrons à la Partie 15.3, il existe des graphes de maille et de nombre chromatique arbitrairement grands.

UNE HEURISTIQUE GLOUTONNE DE COLORATION

Comme un graphe est 2-colorable si et seulement s'il est biparti, il y a un algorithme polynomial (par exemple, en utilisant un parcours en largeur) pour décider si un graphe donné est 2-colorable. A l'opposé, le problème de la 3-colorabilité est déjà $\mathcal{NP}$-complet. Il s'ensuit que le problème de trouver le nombre chromatique d'un graphe est $\mathcal{NP}$-dur. Pour résoudre des cas pratiques, on doit donc se satisfaire d'heuristiques efficaces qui fonctionnent raisonnablement bien. L'approche la plus naturelle consiste à colorer les sommets de manière gloutonne comme suit.

Heuristique 15.3 HEURISTIQUE DE COLORATION GLOUTONNE

ENTRÉE : un graphe G
SORTIE : une coloration de G

1. *Ranger les sommets de G suivant un ordre total :* $v_1, v_2, \ldots, v_n$.
2. *Colorer les sommets l'un après l'autre suivant cet ordre, en attribuant à v_i le plus petit entier strictement positif qui n'est attribué à aucun de ses voisins déjà colorés.*

Il convient de souligner que le nombre de couleurs utilisées par cette heuristique de coloration gloutomme dépend énormément de l'ordre choisi pour les sommets. Par exemple, si $K_{n,n}$ est un graphe biparti complet de parties $X := \{x_1, x_2, \ldots, x_n\}$ et $Y := \{y_1, y_2, \ldots, y_n\}$, alors le graphe biparti $G[X, Y]$ obtenu en supprimant de ce graphe le couplage parfait $\{x_i y_i : 1 \leq i \leq n\}$ requiert n couleurs si on le colore avec l'heuristique suivant l'ordre $x_1, y_1, x_2, y_2, \ldots, x_n, y_n$. En revanche, seulement deux couleurs sont utilisées si les sommets sont mis dans l'ordre $\{x_1, x_2, \ldots, x_n, y_1, y_2, \ldots, y_n\}$; en fait, il y a toujours un ordre pour lequel l'heuristique de coloration gloutonne renvoie une coloration optimale (Exercice 15.1.9). Le problème est qu'il est difficile de savoir à l'avance quels ordres produiront des colorations optimales.

Néanmoins, le nombre de couleurs utilisées par l'heuristique gloutonne n'est jamais plus grand que $\Delta + 1$, quel que soit l'ordre dans lequel les sommets sont considérés. Quand un sommet v va être coloré, le nombre de ses voisins déjà colorés n'est clairement pas plus grand que son degré $d(v)$, et donc que le degré maximum, Δ. Ainsi une des couleurs $1, 2, \ldots, \Delta + 1$ sera forcément disponible pour v. Nous en conluons que, pour tout graphe G,

$$\chi \leq \Delta + 1 \tag{15.3}$$

Autrement dit, tout graphe k-chromatique a un sommet de degré au moins $k - 1$. En fait, tout graphe k-chromatique a au moins k sommets de degré au moins $k - 1$ (Exercice 15.1.3b).

La borne (15.3) sur le nombre chromatique ne donne pas la moindre information sur le nombre de sommets de chaque couleur dans une $(\Delta + 1)$-coloration. Hajnal et Szemerédi (1970) ont considérablement renforcé l'inéqualité (15.3), en montrant que tout graphe G admet une $(\Delta + 1)$-coloration équilibrée, c'est-à-dire, telle que les nombres de sommets de les différentes couleurs diffèrent d'au plus un. Une preuve plus courte de ce résultat à été donnée par Kierstead et Kostochka (2008).

Le Théorème de Brooks

Bien que la borne (15.3) sur le nombre chromatique soit la meilleure possible, car atteinte par les cycles impairs et les graphes complets, Brooks (1941) a montré que ces derniers sont les seuls graphes connexes pour lesquels il y a égalité.

Notre preuve du Théorème de Brooks est similaire dans l'esprit à celle donnée par Lovász (1975b), mais elle utilise de manière primordiale les arbres en profondeur. En particulier, nous faisons appel à un résultat de Chartrand et Kronk (1968), qui montre que les cycles, les graphes complets, et les graphes bipartis complets dont les parties sont de même taille sont les seuls graphes ayant la propriété que tout arbre en profondeur est un chemin hamiltonien enraciné en une de ses extrémités (voir Exercice 6.1.11).

Théorème 15.4 Théorème de Brooks
Si G est un graphe connexe, qui n'est ni un cycle impair ni un graphe complet, alors $\chi \leq \Delta$.

Démonstration Supposons d'abord que G ne soit pas régulier. Soit x un sommet de degré δ et soit T un arbre de recherche de G enraciné en x. Nous colorons les sommets avec les couleurs $1, 2, \ldots, \Delta$ par l'heuristique gloutonne, en choisissant à chaque étape une feuille du sous-arbre de T induit par les sommets non encore colorés et lui attribuant la plus petite couleur disponible, et en terminant avec la racine x de T. Quand un sommet v différent de x est considéré, il est adjacent dans T a au moins un sommet non-coloré, et donc est adjacent dans G à au plus $d(v) - 1 \leq \Delta - 1$ sommets colorés. Il reçoit donc une des couleurs $1, 2, \ldots, \Delta$. Pour terminer, quand x est coloré, il reçoit lui aussi une des couleurs $1, 2, \ldots, \Delta$, parce que $d(x) = \delta \leq \Delta - 1$. L'heuristique gloutonne produit donc une Δ-coloration de G.

Supposons maintenant que G soit régulier. Si G a un sommet séparateur x, alors $G = G_1 \cup G_2$, où G_1 et G_2 sont connexes et $G_1 \cap G_2 = \{x\}$. Comme le degré de x dans G_i est inférieur à $\Delta(G)$, aucun des sous-graphes G_i n'est régulier, donc $\chi(G_i) \leq \Delta(G_i) = \Delta(G)$, $i = 1, 2$, et $\chi(G) = \max\{\chi(G_1), \chi(G_2)\} \leq \Delta(G)$ (Exercice 15.1.2). Nous pouvons donc supposer que G est 2-connexe.

Si tout arbre en profondeur de G est un chemin hamiltonien enraciné en l'une de ses extrémités, alors G est un cycle, un graphe complet, ou un graphe complet biparti $K_{n,n}$ (Exercice 6.1.11). Puisque, par hypothèse, G n'est ni un cycle impair ni un graphe complet, $\chi(G) = 2 \leq \Delta(G)$.

Supposons donc que T soit un arbre en profondeur de G, qui ne soit pas un chemin enraciné en une extrémité. Soit x un sommet de T ayant au moins deux fils, y et z. Comme G est 2-connexe, $G - y$ et $G - z$ sont tous deux connexes. Ainsi y et z ou bien sont des feuilles de T, ou bien ont des descendants reliés à des ancêtres de x. Il s'ensuit que $G' := G - \{y, z\}$ est connexe. Considérons un arbre de recherche T' de racine x dans G'. En colorant y et z avec la couleur 1, et ensuite les sommets de T' par l'heuristique gloutonne comme ci-dessus, en terminant par la racine x, nous obtenons une Δ-coloration de G. □

Colorations de graphes dirigés

Une *coloration* (propre) des sommets d'un graphe dirigé D est simplement une coloration des sommets de son graphe sous-jacent G, et son *nombre chromatique* $\chi(D)$ est défini comme étant le nombre chromatique $\chi(G)$ de G. Pourquoi, alors, considérer des colorations de graphes dirigés ? Il s'avère que le nombre chromatique d'un digraphe fournit des informations intéressantes sur ses sous-digraphes. Le théorème de Gallai (1968a) et Roy (1967) nous dit que les digraphes de grand nombre chromatique ont toujours de longs chemins dirigés. On peut le voir comme une généralisation standard d'un théorème sur les chaînes dans les ensembles ordonnés (voir Exercice 2.1.22) et du Théorème de Rédei sur les chemins dirigés hamiltoniens dans les tournois (Théorème 2.3).

Théorème 15.5 Théorème de Gallai–Roy
Tout digraphe D contient un chemin dirigé d'ordre χ.

Démonstration Soit k le nombre de sommets dans un plus long chemin dirigé de D. Considérons un sous-digraphe acyclique maximal D' de D. Comme D' est un sous-digraphe de D, tout chemin dirigé dans D' a au plus k sommets. Nous k-colorons D en attribuant au sommet v la couleur $c(v)$, avec $c(v)$ le nombre de sommets d'un plus long chemin dirigé dans D' débutant en v. Montrons que cette coloration est propre.

Considérons un arc (u,v) de D. Si (u,v) est un arc de D', soit vPw un plus long v-chemin dirigé dans D'. Alors $u \notin V(P)$, sinon $vPuv$ serait un cycle dirigé dans D'. Donc $uvPw$ est un u-chemin dirigé dans D', ce qui implique $c(u) > c(v)$.

Si (u,v) n'est pas un arc de D', alors $D' + (u,v)$ contient un cycle dirigé, puisque le sous-digraphe D' est acyclique maximal. Donc D' contient un (v,u)-chemin dirigé P. Soit Q un plus long u-chemin dirigé dans D'. Comme D' est acyclique, $V(P) \cap V(Q) = \{u\}$. Donc PQ est un v-chemin dirigé dans D', ce qui implique $c(v) > c(u)$. Dans les deux cas, $c(u) \neq c(v)$. □

Les Théorèmes de Gallai–Milgram et de Gallai–Roy (12.2 et 15.5) se ressemblent de manière frappante. En interchangeant les rôles des chemins dirigés et des stables, on peut transformer l'un en l'autre : les stables deviennent des chemins dirigés, et les partitions en chemins deviennent des colorations des sommets (qui sont des partitions en stables). Cette correspondance, en revanche, ne s'étend pas aux versions plus fortes de ces théorèmes en termes d'orthogonalité. Bien que la preuve du Théorème de Gallai–Roy montre que dans tout digraphe il existe une coloration $\mathcal{C}$ et un chemin dirigé P qui sont orthogonaux (ce qui veut dire que P est orthogonal à toutes les classes de couleur de $\mathcal{C}$), il n'est pas vrai que toute coloration optimale soit orthogonale à un chemin dirigé (Exercice 15.1.21). Toutefois, une possible généralisation de ces théorèmes a été proposée par Linial (1981) (voir Exercice 15.1.22) et conjecturée sous une forme plus forte par Berge (1982).

Soit k un entier strictement positif. Une partition en chemins $\mathcal{P}$ est *k-optimale* si elle minimise la fonction $\sum\{\min\{v(P), k\} : P \in \mathcal{P}\}$, et une *$k$-coloration partielle* d'un graphe ou d'un digraphe est une famille de k stables disjoints. En particulier, une partition en chemins est 1-optimale si et seulement si elle est optimale, et une 1-coloration partielle est simplement un stable.

Le concept d'orthogonalité entre chemins et stables s'étend de la manière suivante. Une partition en chemins $\mathcal{P}$ et une k-coloration partielle $\mathcal{C}$ sont *orthogonales* si tout chemin dirigé $P \in \mathcal{P}$ intersecte $\min\{v(P), k\}$ classes de couleur différentes de $\mathcal{C}$. Nous pouvons maintenant énoncer la conjecture proposée par Berge.

Conjecture de Partition en Chemins

Conjecture 15.6 *Soit D un digraphe, k un entier strictement positif, et $\mathcal{P}$ une partition en chemins k-optimale de D. Alors il y a une k-coloration partielle de D qui est orthogonale à $\mathcal{P}$.*

La Conjecture de Partition en Chemins a été prouvée pour $k = 1$ par Linial (1978) et pour $k = 2$ par Berger et Hartman (2008). Elle a aussi été établie pour les digraphes acycliques, par Aharoni et al. (1985) et Cameron (1986), et pour les digraphes qui ne contiennent aucun chemin dirigé de plus de k sommets, par Berge (1982). Nous renvoyons le lecteur vers l'article de synthèse de Hartman (2006) pour une présentation complète de cette conjecture et des questions voisines.

Exercices

15.1.1 Graphe de Chvátal
Le *graphe de Chvátal*, dessiné Figure 15.2, est un graphe 4-régulier de maille 4 à douze sommets. Montrer que ce graphe est 4-chromatique. (V. Chvátal)

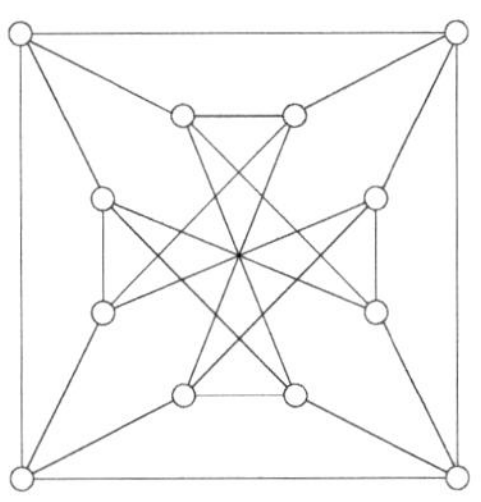

Fig. 15.2. Le graphe de Chvátal : un graphe 4-régulier 4-chromatique de maille 4

⋆**15.1.2** Montrer que $\chi(G) = \max\{\chi(B) : B \text{ bloc de } G\}$.

⋆**15.1.3**

a) Dans une k-coloration d'un graphe k-chromatique, montrer qu'il y a un sommet de chaque couleur qui est adjacent à des sommets de chacune des autres couleurs.
b) En déduire que tout graphe k-chromatique a au moins k sommets de degré au moins $k - 1$.

15.1.4 Montrer qu'un graphe est k_1k_2-colorable si et seulement si c'est l'union d'un graphe k_1-colorable et d'un graphe k_2-colorable. (S.A. Burr)

15.1.5 Graphe k-dégénéré
Un graphe est k-*dégénéré* s'il peut être réduit à K_1 par suppressions successives de sommets de degré au plus k.

a) Montrer qu'un graphe est k-dégénéré si et seulement si chacun de ses sous-graphes a un sommet de degré au plus k.
b) Caractériser les graphes 1-dégénérés.

c) Montrer que tout graphe k-dégénéré est $(k+1)$-colorable.
d) A l'aide du résultat de l'Exercice 15.1.4, déduire que l'union d'un graphe k-dégénéré et d'un graphe ℓ-dégénéré est $(k+1)(\ell+1)$-colorable.

15.1.6 Etablir les bornes suivantes sur le nombre chromatique du graphe de Kneser $KG_{m,n}$.

$$\frac{n}{m} \leq \chi(KG_{m,n}) \leq n - 2m + 2$$

(Lovász (1978) a prouvé la conjecture de Kneser (1955) disant que la borne supérieure est la vraie valeur ; voir aussi Bárány (1978) et Greene (2002).)

15.1.7 Montrer que, pour tout graphe G, $\chi \geq n^2/(n^2 - 2m)$.

15.1.8 Soit G un graphe dans lequel les cycles impairs s'intersectent deux à deux. Montrer que :

a) $\chi \leq 5$,
b) si $\chi = 5$, alors G contient une copie de K_5.

15.1.9 Etant donné un graphe G, montrer que l'on peut ordonner ses sommets de telle sorte que l'heuristique gloutonne, appliquée suivant cet ordre, donne une coloration avec χ couleurs.

15.1.10 Soit G un graphe de suite de degrés $(d_1, d_2, \ldots, d_n)$, avec $d_1 \geq d_2 \geq \cdots \geq d_n$.

a) A l'aide de l'heuristique gloutonne, montrer que $\chi \leq \max\{\min\{d_i + 1, i\} : 1 \leq i \leq n\}$.
b) En déduire que $\chi(G) \leq \lceil (2m)^{1/2} \rceil$. (D.J.A. Welsh et M.B. Powell)

15.1.11

a) Montrer que $\chi(G)\chi(\overline{G}) \geq n$.
b) A l'aide du résultat de l'Exercice 15.1.10, déduire que $2\sqrt{n} \leq \chi(G) + \chi(\overline{G}) \leq n + 1$. (E.A. Nordhaus et J.W. Gaddum)

15.1.12 Soit k un entier strictement positif, et G un graphe qui ne contient pas de cycle de longueur 1 (mod k). Montrer que G est k-colorable. (Zs. Tuza)

15.1.13 Graphe de Catlin
La *composition* $G[H]$ à été définie à l'Exercice 12.1.12.

a) Montrer que $\chi(G[H]) \leq \chi(G)\chi(H)$, quels que soient deux graphes G et H.
b) Le graphe $C_5[K_3]$ représenté Figure 15.3 est connu comme le *graphe de Catlin.* Montrer que $\chi(C_5[K_3]) < \chi(C_5)\chi(K_3)$. (P. Catlin)

15.1.14 Soit G le graphe $C_5[K_n]$.

a) Montrer que $\chi(G) = \lceil \frac{5n}{2} \rceil$.
b) En déduire que $\chi(G) = \lceil (\omega(G) + \Delta(G) + 1)/2 \rceil$. (A. Kostochka)

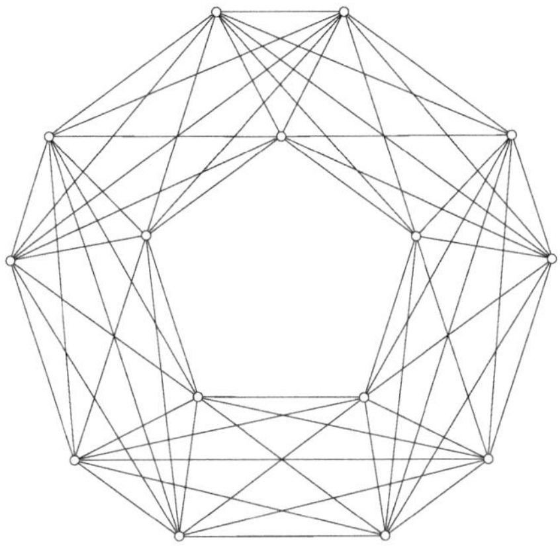

Fig. 15.3. Le graphe de Catlin $C_5[K_3]$

⋆15.1.15

a) Montrer que tout graphe G admet une orientation dont tous les sous-digraphes induits ont un noyau.
b) On considère une telle orientation D. Montrer que G est $(\Delta^+(D)+1)$-colorable.
c) En déduire l'inégalité (15.3).

15.1.16 Théorème d'Erdős–Szekeres

a) Soit D un digraphe avec $\chi \geq kl + 1$, et soit f une fonction à valeurs réelles définie sur V. Montrer que D contient, soit un chemin dirigé $(u_0, u_1, \ldots, u_k)$ avec $f(u_0) \leq f(u_1) \leq \cdots \leq f(u_k)$, soit un chemin dirigé $(v_0, v_1, \ldots, v_l)$ avec $f(v_0) > f(v_1) > \cdots > f(v_l)$. (V. Chvátal et J. Komlós)
b) En déduire que toute suite de $kl+1$ entiers distincts contient soit une sous-suite croissante de $k + 1$ termes, soit une sous-suite décroissante de $l + 1$ termes. (P. Erdős et G. Szekeres)

15.1.17 Soit G un graphe non-dirigé. Montrer que

$$\chi(G) = \min\{\lambda(D) : D \text{ orientation de } G\}$$

où $\lambda(D)$ désigne le nombre de sommets dans un plus long chemin dirigé de D. (Comparer avec l'Exercice 12.1.10.)

15.1.18 Produit direct
Le *produit direct* de deux graphes G et H est le graphe $G \times H$ d'ensemble de sommets $V(G) \times V(H)$ et d'ensemble d'arêtes $\{((u, u'), (v, v')) : (u, v) \in E(G), (u', v') \in E(H)\}$. Montrer que, quels que soient deux graphes G et H, $\chi(G \times H) \leq \min\{\chi(G), \chi(H)\}$. (S. Hedetniemi)

15.1.19 Nombre chromatique d'un hypergraphe
Le *nombre chromatique* $\chi(H)$ d'un hypergraphe $H := (V, \mathcal{F})$ est le plus petit nombre de couleurs nécessaires pour colorer ses sommets de telle sorte qu'aucune arête de cardinal supérieur à un ne soit monochromatique. (C'est une des multiples façons de définir le nombre chromatique d'un hypergraphe ; il est souvent appelé *nombre chromatique faible*.) Déterminer le nombre chromatique de :

a) l'hypergraphe de Fano (Figure 1.15a),
b) l'hypergraphe de Desargues (Figure 1.15b).

15.1.20

a) Montrer que le graphe de Hajós (Figure 15.1) est un graphe de distance unité. (P. O'Donnell a montré qu'il existe un graphe de distance unité 4-chromatique de maille arbitraire.)
b) Soit G un graphe de distance unité. Montrer que $\chi \leq 7$ en considérant un réseau hexagonal plan et en trouvant une 7-coloration des faces de celui-ci.

15.1.21

a) Un chemin dirigé P et une coloration $\mathcal{C}$ d'un digraphe sont *orthogonaux* si P est orthogonal à toute classe de couleur de $\mathcal{C}$. Montrer que, dans tout digraphe, il existe un chemin dirigé P et une coloration $\mathcal{C}$ qui sont orthogonaux.
b) En considérant une orientation bien choisie d'un 5-cycle, montrer qu'il n'existe pas nécessairement un chemin dirigé P qui soit orthogonal à toute coloration minimum. (K. Cameron)

15.1.22 Conjecture de Linial
Une k-coloration partielle $\mathcal{C}$ d'un digraphe D est *maximale* si le nombre de sommets colorés, $\sum_{C \in \mathcal{C}} |C|$, est aussi grand que possible. Soit $\mathcal{P}$ une partition k-optimale en chemins et $\mathcal{C}$ une k-coloration maximale d'un digraphe D. Définissons

$$\pi_k(D) := \sum_{P \in \mathcal{P}} \min\{v(P), k\} \quad \text{et} \quad \alpha_k(D) := \sum_{C \in \mathcal{C}} |C|$$

(En particulier, $\pi_1 = \pi$, le nombre de chemins dans une partition en chemins optimale de D, et $\alpha_1 = \alpha$.) La Conjecture de Linial affirme que $\pi_k(D) \leq \alpha_k(D)$ pour tout digraphe D et tout entier strictement positif k. Déduire la Conjecture de Linial de la Conjecture de Partition en Chemins de Berge (15.6).

15.1.23 Montrer que :

a) si $\chi(G) = 2k$, alors G a un sous-graphe biparti ayant au moins $mk/(2k-1)$ arêtes,
b) si $\chi(G) = 2k+1$, alors G a un sous-graphe biparti ayant au moins $m(k+1)/(2k+1)$ arêtes. (L.D. Andersen, D. Grant et N. Linial)

15.1.24 Soit $G := (V, E)$ un graphe, et soit $f(G)$ le nombre de k-colorations propres de G. En utilisant l'inégalité de l'Exercice 13.2.3, montrer que

$$k^n \left(1 - \frac{m}{k}\right) \leq f(G) \leq k^n \left(1 - \frac{m}{k+m-1}\right)$$

15.1.25 Soit G un graphe 5-régulier à $4k$ sommets, qui est l'union d'un cycle hamiltonien C et de k copies disjointes $G_1, G_2, \ldots, G_k$ de K_4. Soient F et F' deux 1-facteurs de G contenus dans C, et soit F_i un 1-facteur de G_i, $1 \leq i \leq k$. En combinant une 2-coloration de $F \cup \bigcup_i F_i$ avec une 2-coloration de $F' \cup \bigcup_i F'_i$, où F'_i est un 1-facteur bien choisi de G_i, $1 \leq i \leq k$, déduire que $\chi(G) = 4$. (N. ALON)

15.1.26 Soit G un graphe 3-chromatique à n sommets. Montrer comment trouver, en temps polynomial, une coloration propre de G utilisant au plus $3\sqrt{n}$ couleurs. (A. WIGDERSON)

(Blum et Karger (1997) ont décrit un algorithme polynomial pour colorer un graphe 3-chromatique à n sommets utilisant $O(n^{3/14})$ couleurs.)

15.1.27 Le graphe biparti $K_{1,3}$ est appelé *griffe*. Un graphe est *sans griffe* s'il n'a pas de sous-graphe induit isomorphe à la griffe.

Soit G un graphe simple connexe et sans griffe tel que $\alpha(G) \geq 3$.

a) Montrer par récurrence sur n que $\Delta(G) \leq 4(\omega(G) - 1)$, en procédant comme suit.
   - ▷ Si G est séparable, appliquer la récurrence.
   - ▷ Si G est 2-connexe, soit x un sommet de degré $\Delta(G)$ et soit $X := N(x) \cup \{x\}$. Montrer que $\alpha(G[X]) = 2$. Déduire que $Y := V \setminus X \neq \emptyset$.
   - ▷ Si $\alpha(G - v) \geq 3$ pour un sommet $v \in Y$, appliquer la récurrence.
   - ▷ Si $\alpha(G - v) = 2$ pour tout $v \in Y$, montrer que Y est consitué, soit d'un seul sommet, soit de deux sommets non-adjacents.
   - ▷ Montrer que, dans le premier cas, $N(x)$ est l'union de quatre cliques, et dans le second cas, l'union de deux cliques.
   - ▷ Conclure.

b) Déduire que $\chi(G) \leq 4(\omega(G) - 1)$. (M. CHUDNOVSKY ET P.D. SEYMOUR)

(Chudnovsky et Seymour ont en fait montré que $\chi(G) \leq 2\omega(G)$.)

15.1.28

a) Montrer que tout digraphe D contient une forêt couvrante d'arborescence F pour laquelle les ensembles de sommets à chaque niveau sont des stables de D (les sommets au niveau zéro étant les racines des composantes de F).
b) En déduire le Théorème de Gallai–Roy (15.5).
c) Un (k, l)-*chemin* est un chemin orienté de longueur $k + l$ obtenu en identifiant les sommets terminaux d'un chemin dirigé de longueur k et d'un chemin dirigé de longueur l. Soit D un digraphe et soient k et l des entiers strictement positifs tels que $k + l = \chi$. Déduire de (a) que D contient soit un $(k, l-1)$-chemin soit un $(k-1, l)$-chemin. (A. EL-SAHILI ET M. KOUIDER)

15.1.29 Soit k un entier strictement positif. Montrer que tout graphe infini k-chromatique contient un sous-graphe fini k-chromatique.

(N.G. de Bruijn et P. Erdős)

15.2 Graphes critiques

Lorsqu'on traite de colorations, il est utile d'étudier les propriétés d'une classe de graphes particuliers appelés graphes critiques (pour la coloration). On dit qu'un graphe G est *critique pour la coloration* si $\chi(H) < \chi(G)$ pour tout sous-graphe propre H de G. Dirac (1951) fut le premier à étudier de tels graphes. Dans ce chapitre, par simplicité, nous abrégeons le terme 'critique pour la coloration' en 'critique'. Un graphe *k-critique* est un graphe qui est k-chromatique et critique. Observons qu'un sous-graphe k-chromatique minimal d'un graphe k-chromatique est k-critique, donc tout graphe k-chromatique a un sous-graphe k-critique. Le *graphe de Grötzsch*, un graphe 4-critique découvert indépendamment par Grötzsch (1958/1959) et Mycielski (1955) est représenté Figure 15.4 (voir Exercice 15.3.1).

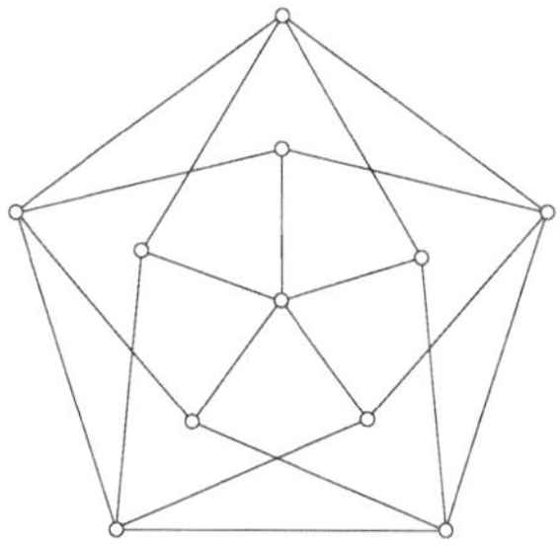

Fig. 15.4. Le graphe de Grötzsch : un graphe 4-critique

Théorème 15.7 *Si G est k-critique, alors $\delta(G) \geq k-1$.*

Démonstration Par l'absurde. Soit G un graphe k-critique tel que $\delta(G) < k-1$, et soit v un sommet de degré $\delta(G)$ dans G. Comme G est k-critique, $G-v$ est $(k-1)$-colorable. Soit $\{V_1, V_2, \ldots, V_{k-1}\}$ une $(k-1)$-coloration de $G-v$. Le sommet v est adjacent à $\delta(G) < k-1$ sommets. Par conséquent, il est forcément non-adjacent dans G à tous les sommets d'un certain V_j. Mais alors $\{V_1, V_2, \ldots, V_j \cup \{v\}, \ldots, V_{k-1}\}$ est une $(k-1)$-coloration de G, une contradiction. Ainsi $\delta(G) \geq k-1$. □

Le Théorème 15.7 implique que tout graphe k-chromatique a au moins k sommets de degré au moins $k-1$, comme nous l'avons déjà observé dans la Partie 15.1.

Soit S un séparateur d'un graphe connexe G, et soient $V_1, V_2, \ldots, V_t$ les ensembles de sommets des composantes de $G-S$. Rappelons que les sous-graphes

$G_i := G[V_i \cup S]$ sont les *S-composantes* de G. Nous disons que des colorations de $G_1, G_2, \ldots, G_t$ *coïncident* sur S si, pour tout $v \in S$, le sommet v reçoit la même couleur dans toutes les colorations.

Théorème 15.8 *Un graphe critique n'a pas de clique séparatrice.*

Démonstration Par l'absurde. Soit G un graphe k-critique. Supposons que G ait une clique séparatrice S. Désignons les S-composantes de G par $G_1, G_2, \ldots, G_t$. Comme G est k-critique, chacun des G_i est $(k-1)$-colorable. De plus, comme S est une clique, les sommets de S reçoivent des couleurs distinctes dans chacune des $(k-1)$-colorations des G_i. Quitte à permuter les couleurs de ces colorations, on peut supposer que les $(k-1)$-colorations de $G_1, G_2, \ldots, G_t$ coïncident sur S. Elles peuvent donc être combinées pour donner une $(k-1)$-coloration de G, une contradiction. □

Corollaire 15.9 *Tout graphe critique est non-séparable.* □

D'après le Théorème 15.8, si un graphe k-critique a un 2-séparateur $\{u, v\}$, alors u et v ne peuvent pas être adjacents. Nous disons qu'une $\{u, v\}$-composante G_i de G est de *type 1* si pour toute $(k-1)$-coloration de G_i u et v sont de même couleur, et de *type 2* si pour toute $(k-1)$-coloration de G_i u et v sont de couleurs différentes. La Figure 15.5 montre les $\{u, v\}$-composantes du graphe de Hajós pour le 2-séparateur $\{u, v\}$. Observons qu'il n'y a que deux $\{u, v\}$-composantes, une de chaque type. Dirac (1953) a montré que c'est toujours le cas pour les graphes critiques.

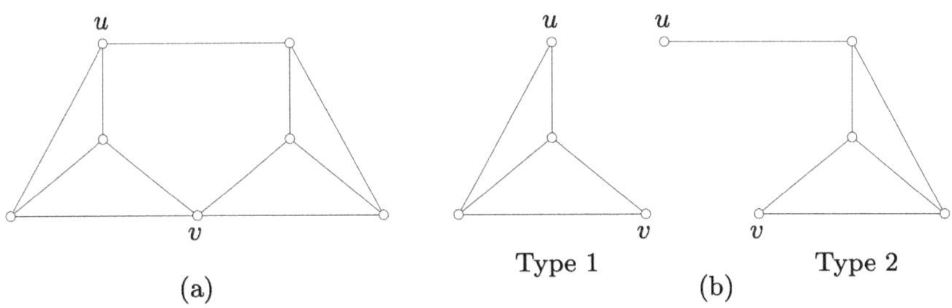

Fig. 15.5. (a) Un 2-séparateur $\{u, v\}$ du graphe de Hajós, (b) ses deux $\{u, v\}$-composantes

Théorème 15.10 *Soit G un graphe k-critique ayant un 2-séparateur $\{u, v\}$, et soit e une nouvelle arête reliant u et v. Alors :*

1. *$G = G_1 \cup G_2$, où G_i est une $\{u, v\}$-composante de G de type i, $i = 1, 2$,*
2. *$H_1 := G_1 + e$ et $H_2 := G_2 \,/\, \{u, v\}$ sont tous deux k-critiques.*

Démonstration
1. Comme G est critique, chaque $\{u,v\}$-composante de G est $(k-1)$-colorable. Maintenant, il ne peut pas y avoir de $(k-1)$-colorations de ces $\{u,v\}$-composantes coïncidant sur $\{u,v\}$, puisqu'ensemble ces colorations donneraient une $(k-1)$-coloration de G. Par conséquent il y a deux $\{u,v\}$-composantes G_1 et G_2 telles qu'aucune $(k-1)$-coloration de G_1 ne coïncide avec une $(k-1)$-coloration de G_2. Clairement l'une, disons G_1, doit être de type 1, et l'autre, disons G_2, de type 2. Comme G_1 et G_2 sont de types différents, le sous-graphe $G_1 \cup G_2$ de G n'est pas $(k-1)$-colorable. Le graphe G étant critique, nous en déduisons que $G = G_1 \cup G_2$.
2. Comme G_1 est de type 1, H_1 est k-chromatique. Nous prouvons que H_1 est critique en montrant que, pour toute arête f de H_1, le sous-graphe $H_1 \setminus f$ est $(k-1)$-colorable. C'est clairement vrai si $f = e$, puisque dans ce cas $H_1 \setminus e = G_1$. Soit f une autre arête de H_1. Dans toute $(k-1)$-coloration de $G \setminus f$, les sommets u et v reçoivent des couleurs différentes, parce que G_2 est un sous-graphe de $G \setminus f$. La restriction d'une telle coloration aux sommets de G_1 est une $(k-1)$-coloration de $H_1 \setminus f$. Donc H_1 est k-critique. Un argument similaire montre que H_2 est k-critique. □

Exercices

15.2.1 Montrer que $\chi(G) \leq 1 + \max\{\delta(F) : F \subseteq G\}$.

15.2.2 Montrer que le seul graphe 1-critique est K_1, que le seul graphe 2-critique est K_2, et que les seuls graphes 3-critiques sont les cycles impairs de longueur trois ou plus.

15.2.3 Soit G le graphe 4-régulier obtenu à partir du produit cartésien d'un triangle $x_1x_2x_3x_1$ et d'un chemin $y_1y_2y_3y_4y_5$ en identifiant les sommets (x_1,y_1) et (x_1,y_5), (x_2,y_1) et (x_3,y_5), et (x_3,y_1) et (x_2,y_5). Montrer que G est 4-critique.
(T. Gallai)

15.2.4 Soit $G = \mathrm{CG}(\mathbb{Z}_n, S)$ un circulant, avec $n \equiv 1 \pmod 3$, $|S| = k$, $1 \in S$, et $i \equiv 2 \pmod 3$ pour tout $i \in S$, $i \neq 1$. Montrer que G est un graphe k-régulier k-connexe et 4-critique. (L.S. Melnikov)

15.2.5 Graphe uniquement colorable
Un graphe k-chromatique G est *uniquement k-colorable*, ou simplement *uniquement colorable*, si deux k-colorations quelconques de G induisent la même partition de V.

a) Déterminer les graphes uniquement 2-colorables.
b) Généraliser le Théorème 15.8 en montrant qu'aucun séparateur d'un graphe critique n'induit un sous-graphe uniquement colorable.

15.2.6

a) Montrer que si u et v sont deux sommets d'un graphe critique G, alors $N(u) \not\subseteq N(v)$.
b) En déduire qu'aucun graphe k-critique n'a exactement $k+1$ sommets.

15.2.7 Montrer que :

a) $\chi(G_1 \vee G_2) = \chi(G_1) + \chi(G_2)$,
b) $G_1 \vee G_2$ est critique si et seulement si G_1 et G_2 sont tous deux critiques.

15.2.8 Joint de Hajós
Soient G_1 et G_2 deux graphes disjoints, et soit $e_1 := u_1v_1$ et $e_2 := u_2v_2$ des arêtes de G_1 et G_2, respectivement. Le graphe obtenu à partir de G_1 et G_2 en identifiant u_1 et u_2, en supprimant e_1 et e_2, et en ajoutant une nouvelle arête v_1v_2 est appelé *joint de Hajós* de G_1 et G_2. Montrer que, pour tout $k \geq 3$, le joint de Hajós de deux graphes est k-critique si et seulement si les deux graphes sont k-critiques.
(G. Hajós)

15.2.9 Pour $n = 4$ et tout $n \geq 6$, construire un graphe 4-critique à n sommets.

15.2.10 Graphe de Schrijver
Soit $S := \{1, 2, \ldots, n\}$. Le *graphe de Schrijver* $SG_{m,n}$ est le sous-graphe du graphe de Kneser $KG_{m,n}$ induit par les m-sous-ensembles de S qui ne contiennent pas deux éléments consécutifs dans l'ordre cyclique $(1, 2, \ldots, n, 1)$.

a) Dessiner le graphe de Schrijver $SG_{3,8}$.
b) Montrer que ce graphe est 4-chromatique, alors que tous ses sous-graphes à sommet supprimé sont 3-chromatiques.

(Schrijver (1978) a montré que $SG_{m,n}$ est $(n-2m+2)$-chromatique, et que tous ses sous-graphes à sommet supprimé sont $(n-2m+1)$-chromatiques.)

15.2.11

a) Soit G un graphe k-critique ayant un 2-séparateur $\{u, v\}$. Montrer que $d(u) + d(v) \geq 3k - 5$.
b) En déduire le Théorème de Brooks (15.4) pour les graphes ayant un 2-séparateur.

15.2.12 Montrer que le Théorème de Brooks (15.4) est équivalent à l'énoncé suivant : si G est k-critique ($k \geq 4$) et n'est pas complet, alors $2m \geq (k-1)n + 1$. (Dirac (1957) a amélioré cette borne à $2m \geq (k-1)n + (k-3)$.)

15.2.13 Un hypergraphe H est *k-critique* si $\chi(H) = k$, mais $\chi(H') < k$ pour tout sous-hypergraphe propre H' de H. Montrer que :

a) le seul hypergraphe 2-critique est K_2,
b) l'hypergraphe de Fano (représenté Figure 1.15a) est 3-critique.

15.2.14 Soit $H := (V, \mathcal{F})$ un hypergraphe 3-critique, avec $V := \{v_1, v_2, \ldots, v_n\}$ et $\mathcal{F} := \{F_1, F_2, \ldots, F_m\}$, et soit $\mathbf{M}$ la matrice d'incidence de H.

a) On suppose que les lignes de $\mathbf{M}$ sont linéairement dépendantes, de telle sorte qu'il existe des réels λ_i, $1 \leq i \leq n$, non tous nuls, tels que $\sum\{\lambda_i : v_i \in F_j\} = 0$, $1 \leq j \leq m$. On pose $Z := \{i : \lambda_i = 0\}$, $P := \{i : \lambda_i > 0\}$, et $N := \{i : \lambda_i < 0\}$. Montrer que :
   i) $H' := H[Z]$ admet une 2-coloration $\{R, B\}$,
   ii) H admet une 2-coloration $\{R \cup P, B \cup N\}$.
b) En déduire que les lignes de $\mathbf{M}$ sont linéairement indépendantes.
c) Conclure que $|\mathcal{F}| \geq |V|$. (P.D. Seymour)

15.2.15 Soit G un graphe k-chromatique qui a une coloration pour laquelle toute couleur est attribuée à au moins deux sommets. Montrer que G a une k-coloration ayant cette propriété. (T. Gallai)

15.2.16

a) A l'aide du Théorème 2.4, montrer qu'un graphe biparti de degré moyen $2k$ ou plus contient un chemin de longueur $2k + 1$. (A. Gyarfás et J. Lehel)
b) Un *chemin antidirigé* dans un digraphe est un chemin pour lequel les sens des arcs alternent. A l'aide de l'Exercice 15.1.23, déduire que tout digraphe D contient un chemin antidirigé de longueur au moins $\chi/4$.

15.2.17 Un *cycle antidirigé* dans un digraphe est un cycle de longueur paire pour lequel les sens des arcs alternent.

a) Trouver un tournoi à cinq sommets qui ne contient aucun cycle antidirigé.
b) Montrer que tout digraphe 8-chromatique contient un cycle antidirigé.

(D. Grant, F. Jaeger, et C. Payan)

15.3 Maille et nombre chromatique

Comme nous l'avons observé dans la partie précédente, un graphe qui contient une grande clique est nécessairement de grand nombre chromatique. D'autre part, et de manière quelque peu surprenante, il existe des graphes sans triangle de nombre chromatique arbitrairement grand. Les premières constructions de tels graphes ont été données par (Blanche) Descartes (voir Ungar et Descartes (1954) et l'Exercice 15.3.3). Plus tard, Erdős (1959) a utilisé la méthode probabiliste pour démontrer l'existence de graphes de maille et nombre chromatique arbitrairement grands.

Théorème 15.11 *Pour tout entier strictement positif k, il existe un graphe de maille au moins k et de nombre chromatique au moins k.*

Démonstration Considérons $G \in \mathcal{G}_{n,p}$, et posons $t := \lceil 2p^{-1} \log n \rceil$. D'après le Théorème 13.6, presque sûrement $\alpha(G) \leq t$. Soit X le nombre de cycles de G de longueur inférieure à k. Par linéarité de l'espérance (13.4),

$$E(X) = \sum_{i=3}^{k-1} \frac{(n)_i}{2i} p^i < \sum_{i=0}^{k-1} (np)^i = \frac{(np)^k - 1}{np - 1}$$

où $(n)_i$ désigne le factoriel decendant $n(n-1)\cdots(n-i+1)$. L'Inégalité de Markov (13.4) donne alors :

$$P(X > n/2) < \frac{E(X)}{n/2} < \frac{2((np)^k - 1)}{n(np - 1)}$$

Par conséquent, si $p := n^{-(k-1)/k}$,

$$P(X > n/2) < \frac{2(n-1)}{n(n^{1/k} - 1)} \to 0 \text{ quand } n \to \infty$$

autrement dit, presque sûrement G n'a pas plus de $n/2$ cycles de longueur inférieure à k.

Il s'ensuit que, pour n suffisamment grand, il existe un graphe G à n sommets de stabilité au plus t et n'ayant pas plus de $n/2$ cycles de longueur inférieure à k. En supprimant un sommet de G de chaque cycle de longueur inférieure à k, nous obtenons un graphe G' à au moins $n/2$ sommets de maille au moins k et de stabilité au plus t. Par l'inégalité (15.1),

$$\chi(G') \geq \frac{v(G')}{\alpha(G')} \geq \frac{n}{2t} \sim \frac{n^{1/k}}{4 \log n}$$

Il suffit, maintenant, de choisir n assez grand pour garantir $\chi(G') \geq k$. □

Construction de Mycielski

La preuve précédente n'est pas constructive : elle se contente d'affirmer l'*existence* de graphes de maille et de nombre chromatique arbitrairement grands. Des *constructions* récursives de tels graphes ont été données par Lovász (1968a) ainsi que par Nešetřil et Rödl (1979). Nous décrivons ici une construction plus simple de graphes sans triangle k-chromatiques, due à Mycielski (1955).

Théorème 15.12 *Pour tout entier k strictement positif, il existe un graphe sans triangle k-chromatique.*

Démonstration Pour $k = 1$ et $k = 2$, les graphes K_1 et K_2 ont la propriété requise. Nous procédons par récurrence sur k. Supposons que nous ayons déjà construit un graphe sans triangle G_k de nombre chromatique $k \geq 2$. Soient $v_1, v_2, \ldots, v_n$ les sommets de G_k. Formons le graphe G_{k+1} à partir de G_k comme

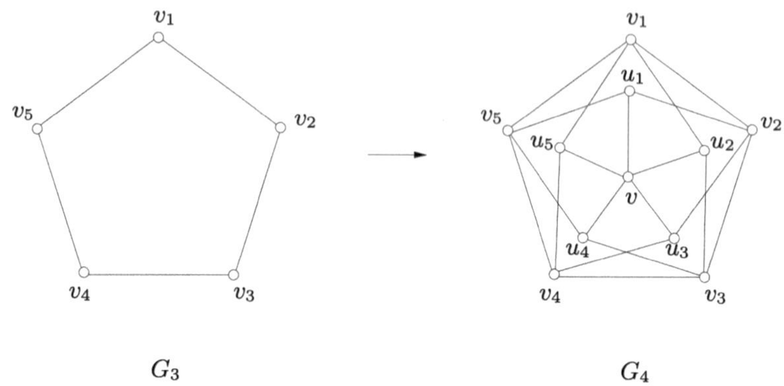

Fig. 15.6. Construction de Mycielski

suit : nous ajoutons $n+1$ nouveaux sommets $u_1, u_2, \ldots, u_n, v$, et ensuite, pour $1 \leq i \leq n$, nous relions u_i aux voisins de v_i dans G_k, ainsi qu'à v. Par exemple, si $G_2 := K_2$, alors G_3 est le 5-cycle et G_4 le graphe de Grötzsch (voir Figure 15.6).

Le graphe G_{k+1} n'a pas de triangles. En effet, comme $u_1, u_2, \ldots, u_n$ est un stable dans G_{k+1}, aucun triangle ne peut contenir plus d'un u_i ; et si $u_i v_j v_k u_i$ était un triangle dans G_{k+1}, alors $v_i v_j v_k v_i$ serait un triangle dans G_k, contrairement à notre hypothèse.

Nous montrons maintenant que G_{k+1} est $(k+1)$-chromatique. Notons, d'abord, que G_{k+1} est $(k+1)$-colorable, car toute k-coloration de G_k peut être étendue en une $(k+1)$-coloration de G_{k+1} en donnant la couleur de v_i à u_i, $1 \leq i \leq n$, et en affectant une nouvelle couleur à v. Par conséquent, il reste à montrer que G_{k+1} n'est pas k-colorable.

Supposons que G_{k+1} ait une k-coloration. La restriction de cette coloration à $\{v_1, v_2, \ldots, v_n\}$, est une k-coloration du graphe k-chromatique G_k. D'après l'Exercice 15.1.3, pour chaque couleur j, il existe un sommet v_i de couleur j qui est adjacent dans G_k à des sommets de toutes les autres couleurs. Comme u_i a exactement les mêmes voisins dans G_k que v_i, le sommet u_i doit également être de couleur j. Donc, chacune des k couleurs apparaît sur au moins un des sommets u_i. Mais aucune couleur n'est alors disponible pour le sommet v, une contradiction. Nous en déduisons que G_{k+1} est bien $(k+1)$-chromatique, et le théorème suit par récurrence. □

D'autres exemples de graphes sans triangle de nombre chromatique arbitrairement grand sont les graphes de décalage (voir Exercice 15.3.2).

Exercices

15.3.1 Soit $G_2 := K_2$, et soit G_k le graphe obtenu à partir de G_{k-1} par la construction de Mycielski, $k \geq 3$. Montrer que G_k est un graphe k-critique à $3 \cdot 2^{k-2} - 1$ sommets.

15.3.2 GRAPHE DE DÉCALAGE
Le *graphe de décalage* SG_n est le graphe dont l'ensemble de sommets est l'ensemble des 2-sous-ensembles de $\{1, 2, \ldots, n\}$, et dans lequel deux paires $\{i, j\}$ et $\{k, l\}$, tels que $i < j$ et $k < l$ sont reliées par une arête, si et seulement si $j = k$. Montrer que SG_n est un graphe sans triangle de nombre chromatique $\lceil \log_2 n \rceil$.
(P. ERDŐS ET A. HAJNAL)

15.3.3 Soit G un graphe k-chromatique à n sommets de maille au moins six, avec $k \geq 2$. On forme un nouveau graphe H de la manière suivante.

- ▷ On prend $\binom{kn}{n}$ copies disjointes de G et un ensemble S de kn nouveaux sommets, et une bijection entre ces copies de G et les sous-ensembles à n éléments de S.
- ▷ Pour chaque copie de G, on apparie ses sommets avec les membres du sous-ensemble de S à n éléments correspondant et on relie chaque paire par une arête.

Montrer que H est de nombre chromatique au moins $k + 1$ et de maille au moins six. (B. DESCARTES)

15.4 Graphes parfaits

L'inégalité (15.2), qui établit que $\chi \geq \omega$, amène à se demander quels sont les graphes G qui la satisfont avec égalité. On réalise vite, cependant, que cette question, telle qu'elle est posée n'est pas particulièrement intéressante, car si H est un graphe k-colorable et que G est l'union disjointe de H et K_k, alors $\chi(G) = \omega(G) = k$. Berge (1963) a remarqué que de tels exemples artificiels peuvent être évités en demandant à ce qu'il y ait égalité dans (15.2) non seulement pour G mais aussi pour tous ses sous-graphes induits. Il nomma de tels graphes G 'parfaits', et observa que cette propriété est vérifiée pour les graphes de nombreuses classes de base comme les graphes bipartis, les graphes de lignes des graphes bipartis, les graphes cordaux, et les graphes de comparabilité (Un *graphe de comparabilité* est un graphe qui relie les paires d'éléments qui sont comparables les uns aux autres dans un ordre partiel donné.).

Il a aussi remarqué que des théorèmes min–max connus concernant ces familles reviennent à dire qu'ils sont parfaits.

Un graphe G est *parfait* si $\chi(H) = \omega(H)$ pour tout sous-graphe induit H de G ; autrement, il est *imparfait*. Un graphe imparfait est *minimalement imparfait* si tous ses sous-graphes propres induits sont parfaits. Le prisme triangulaire et l'octaèdre sont des exemples de graphes parfaits (Exercice 15.4.1), alors que les cycles impairs de longueur cinq ou plus, ainsi que leurs complémentaires, sont minimalement imparfaits (Exercice 15.4.2). Le cycle C_7 et son complémentaire $\overline{C_7}$ sont dessinés Figure 15.7.

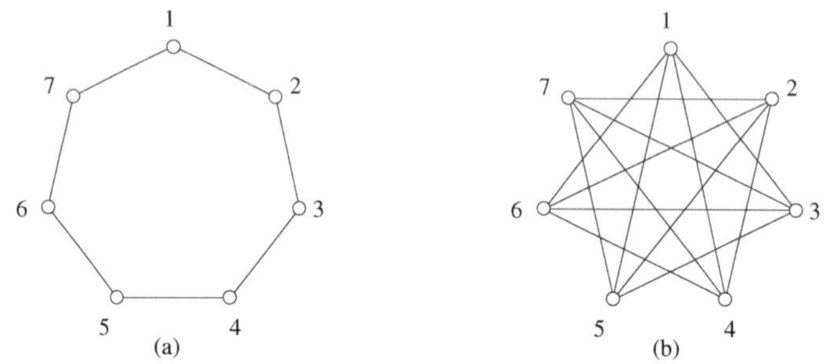

Fig. 15.7. Les graphes minimalement imparfaits (a) C_7, et (b) $\overline{C_7}$

Etant 2-colorables, les graphes bipartis sont clairement parfaits. Le fait que leurs graphes de lignes soient parfaits est une conséquence d'un théorème concernant l'arête-coloration des graphes bipartis (voir Exercice 18.1.15). Par le Théorème 9.20, tout graphe cordal a une décomposition simpliciale, et cette propriété peut servir à montrer que les graphes cordaux sont parfaits (Exercice 15.4.3). Les graphes de comparabilité sont aussi parfaits. Ceci peut se déduire d'une propriété fondamentale des ensembles partiellement ordonnés (voir Exercice 15.4.4).

Le Théorème Faible des Graphes Parfaits

Berge (1963) a observé que tous les graphes parfaits des classes ci-dessus ont un complémentaire parfait. Par exemple, le Théorème de König–Rado (8.30) implique que le complémentaire de tout graphe biparti est parfait, et le Théorème de Dilworth (12.5) implique que le complémentaire d'un graphe de comparabilité est parfait. Au vu de ces résultats, Berge (1963) a conjecturé qu'un graphe est parfait si et seulement si son complémentaire l'est aussi. Cette conjecture a été établie par Lovász (1972b), devenant ainsi ce qu'on appelle le *Théorème Faible des Graphes Parfaits.*

Théorème 15.13 Théorème Faible des Graphes Parfaits
Un graphe est parfait si et seulement si son complémentaire est parfait. □

Très peu de temps après, A. Hajnal (voir Lovász (1972a)) a proposé une belle caractérisation des graphes parfaits. Cela aussi a été confirmé par Lovász (1972a).

Théorème 15.14 *Un graphe G est parfait si et seulement si tout sous-graphe induit H de G satisfait l'inégalité*

$$v(H) \leq \alpha(H)\omega(H)$$

Observons que cette inégalité est invariante par passage au complémentaire, parce que $v(\overline{H}) = v(H)$, $\alpha(\overline{H}) = \omega(H)$, et $\omega(\overline{H}) = \alpha(H)$. Le Théorème 15.14 implique donc le Théorème Faible des Graphes Parfaits (15.13).

La démonstration du Théorème 15.14 que nous donnons est due à Gasparian (1996). Elle repose sur un argument élémentaire de rang (la technique de preuve de l'Indépendance Linéaire est présentée Partie 2.4). Nous avons besoin d'une propriété des graphes minimalement imparfaits.

Proposition 15.15 *Soit S un stable dans un graphe minimalement imparfait G. Alors $\omega(G - S) = \omega(G)$.*

Démonstration Nous avons la chaîne d'inégalités suivantes (Exercice 15.4.5).

$$\omega(G-S) \le \omega(G) \le \chi(G) - 1 \le \chi(G-S) = \omega(G-S)$$

Comme les membres gauche et droit sont les mêmes, il y a égalité partout. En particulier, $\omega(G - S) = \omega(G)$. □

Nous pouvons maintenant établir un résultat structurel sur les graphes minimalement imparfaits. Il joue un rôle clé dans la démonstration du Théorème 15.14.

Lemme 15.16 *Soit G un graphe minimalement imparfait de stabilité α et de cliquicité ω. Alors G contient $\alpha\omega + 1$ stables $S_0, S_1, \ldots, S_{\alpha\omega}$ et $\alpha\omega + 1$ cliques $C_0, C_1, \ldots, C_{\alpha\omega}$ tels que :*

- ▷ *chaque sommet de G appartient à exactement α des stables S_i,*
- ▷ *chaque clique C_i possède ω sommets,*
- ▷ *$C_i \cap S_i = \emptyset$, pour $0 \le i \le \alpha\omega$,*
- ▷ *$|C_i \cap S_j| = 1$, pour $0 \le i < j \le \alpha\omega$.*

Démonstration Soit S_0 un stable de α sommets de G, et soit $v \in S_0$. Le graphe $G - v$ est parfait puisque G est minimalement imparfait. Ainsi $\chi(G - v) = \omega(G - v) \le \omega(G)$. Ainsi pour tout $v \in S_0$, l'ensemble $V \setminus \{v\}$ peut se partitionner en une famille $\mathcal{S}_v$ de ω stables. Notant $\{\cup \mathcal{S}_v : v \in S_0\}$ par $\{S_1, S_2, \ldots, S_{\alpha\omega}\}$, on peut voir que $\{S_0, S_1, \ldots, S_{\alpha\omega}\}$ est une famille de $\alpha\omega + 1$ stables de G satisfaisant la première des propriétés ci-dessus.

Par la Proposition 15.15, $\omega(G - S_i) = \omega(G)$, $0 \le i \le \alpha\omega$. Par conséquent, il existe une clique maximum C_i de G qui est disjointe de S_i. Comme chacun des ω sommets de C_i est dans α des stables S_j, $0 \le i \le \alpha\omega$, et comme deux sommets de C_i ne peuvent appartenir à un même stable, $|C_i \cap S_j| = 1$, pour $0 \le i < j \le \alpha\omega$.
□

Illustrons le Lemme 15.16 en prenant pour graphe minimalement imparfait G, le graphe $\overline{C_7}$, avec les sommets étiquetés comme sur la Figure 15.7b. Nous avons $\alpha = 2$ et $\omega = 3$. En appliquant la procédure décrite dans la preuve du lemme, nous obtenons les sept stables et sept cliques.

$$\begin{array}{lllllll} S_0 = 12, & S_1 = 23, & S_2 = 45, & S_3 = 67, & S_4 = 34, & S_5 = 56, & S_6 = 17 \\ C_0 = 357, & C_1 = 146, & C_2 = 136, & C_3 = 135, & C_4 = 257, & C_5 = 247, & C_6 = 246 \end{array}$$

$\mathbf{S}$:

	S_0	S_1	S_2	S_3	S_4	S_5	S_6
1	1	0	0	0	0	0	1
2	1	1	0	0	0	0	0
3	0	1	0	0	1	0	0
4	0	0	1	0	1	0	0
5	0	0	1	0	0	1	0
6	0	0	0	1	0	1	0
7	0	0	0	1	0	0	1

$\mathbf{C}$:

	C_0	C_1	C_2	C_3	C_4	C_5	C_6
1	0	1	1	1	0	0	0
2	0	0	0	0	1	1	1
3	1	0	1	1	0	0	0
4	0	1	0	0	0	1	1
5	1	0	0	1	1	0	0
6	0	1	1	0	0	0	1
7	1	0	0	0	1	1	0

Fig. 15.8. Matrices d'incidence de familles des stables et cliques de $\overline{C_7}$

(où 12 est l'ensemble $\{1, 2\}$, et ainsi de suite.) Les matrices d'incidence $\mathbf{S}$ et $\mathbf{C}$ de ces familles sont données Figure 15.8.

Nous pouvons maintenant prouver le Théorème 15.14.

Démonstration Supposons que G soit parfait, et soit H un sous-graphe induit de G. Comme G est parfait, H est $\omega(H)$-colorable, ce qui implique $v(H) \leq \alpha(H)\omega(H)$. Nous prouvons la réciproque par la contraposée en montrant que si G est minimalement imparfait, alors $v(G) \geq \alpha(G)\omega(G) + 1$.

Considérons les familles $\{S_i : 0 \leq i \leq \alpha\omega\}$ et $\{C_i : 0 \leq i \leq \alpha\omega\}$ de stables et cliques décrites au Lemme 15.16. Soit $\mathbf{S}$ et $\mathbf{C}$ les matrices d'incidence $n \times (\alpha\omega + 1)$ de ces familles. Il découle du Lemme 15.16 que $\mathbf{S}^t\mathbf{C} = \mathbf{J} - \mathbf{I}$, avec $\mathbf{J}$ est la matrice carrée d'ordre $\alpha\omega + 1$ dont toutes les entrées valent 1 et $\mathbf{I}$ la matrice identité d'ordre $\alpha\omega + 1$. Maintenant $\mathbf{J} - \mathbf{I}$ est une matrice inversible (d'inverse $(1/\alpha\omega)\mathbf{J} - \mathbf{I}$). Son rang est donc égal à son ordre, $\alpha\omega + 1$. Donc $\mathbf{S}$ et $\mathbf{C}$ sont elles aussi de rang $\alpha\omega + 1$. Mais ces matrices ont n lignes, donc $n \geq \alpha\omega + 1$. □

Deux conséquences du Théorème Faible des Graphes Parfaits sont les suivantes (Exercice 15.4.6) :

Corollaire 15.17 *Un graphe G est parfait si et seulement si, pour tout sous-graphe induit H de G, le nombre maximum de sommets d'un stable de H est égal au nombre minimum de cliques nécessaires pour couvrir les sommets de H.* □

Corollaire 15.18 *La capacité de Shannon d'un graphe parfait G est égale à sa stabilité : $\Theta(G) = \alpha(G)$.* □

Le Corollaire 15.18 soulève le problème de déterminer les capacités de Shannon des graphes minimalement imparfaits. De celles-ci, on ne connait que $\Theta(C_5)$ (voir Exercice 12.1.21). Il serait intéressant de déterminer $\Theta(C_7)$.

Le Théorème Fort des Graphes Parfaits

Si un graphe est parfait, alors tous ses sous-graphes induits le sont aussi. Cela implique que l'on peut caractériser les graphes parfaits en décrivant tous les graphes minimalement imparfaits. Nous avons observé que les cycles impairs de longueur cinq ou plus sont minimalement imparfaits, de même que leurs complémentaires. Berge (1963) a conjecturé que ce sont les seuls graphes minimalement imparfaits; de manière équivalente, il a conjecturé qu'un graphe est parfait si et seulement si aucun de ses sous-graphes induits n'est un cycle impair de longueur au moins cinq, ni le complémentaire d'un tel cycle. Il a baptisé cette conjecture, dont la véracité impliquerait le Théorème Faible des Graphes Parfaits, *Conjecture Forte des Graphes Parfaits*. Environ quarante ans plus tard, elle a été prouvée par Chudnovsky et al. (2006).

Théorème 15.19 Théorème Fort des Graphes Parfaits
Un graphe est parfait si et seulement si aucun de ses sous-graphes induits n'est un cycle impair de longueur au moins cinq ni le complémentaire d'un tel cycle. □

Prouver ce théorème était une avancée importante, car la Conjecture Forte des Graphes Parfaits avait suscité beaucoup d'efforts. De plus, un algorithme polynomial de reconnaissance des graphes parfaits a été conçu peu de temps après. Les graphes parfaits jouent un rôle important en optimisation combinatoire et en combinatoire polyédrique. Schrijver (2003) consacre trois chapitres de son ouvrage à ce domaine très étudié. L'article de synthèse de Chudnovsky et al. (2003) fournit un excellent panorama des avancées récentes sur le sujet. Les motivations originelles pour l'étude des graphes parfaits, et ses débuts, sont décrits par Berge (1996, 1997).

Exercices

15.4.1 Montrer que le prisme triangulaire et l'octaèdre sont des graphes parfaits.

15.4.2 Pour tout $k \geq 2$, montrer que C_{2k+1} et $\overline{C_{2k+1}}$ sont tous deux minimalement imparfaits.

15.4.3

a) Soit G un graphe cordal et $(X_1, X_2, \ldots, X_k)$ une décomposition simpliciale de G. Montrer que $\chi = \max\{|X_i| : 1 \leq i \leq k\}$.
b) En déduire que tout graphe cordal est parfait.

15.4.4 A l'aide du résultat de l'Exercice 2.1.22, montrer que tout graphe de comparabilité est parfait.

$\star$**15.4.5** Vérifier les trois inégalités dans la preuve de la Proposition 15.15.

15.4.6 Prouver les Corollaires 15.17 et 15.18.

———≀———

15.4.7 Sans utiliser le Théorème Fort des Graphes Parfaits, montrer que tout graphe minimalement imparfait G satisfait la relation $n = \alpha\omega + 1$.

15.4.8 Déduire du Théorème 15.14 que le problème de reconnaissance des graphes parfaits appartient à co-$\mathcal{NP}$. (K. Cameron ; V. Chvátal)

15.5 Colorations sur listes

Dans la plupart des problèmes pratiques de coloration, il y a des restrictions sur les couleurs qui peuvent être attibuées à certains sommets. Par exemple, dans le problème de stockage de produits chimiques de l'Exemple 15.2, des substances radioactives pourraient nécessiter des conditions de stockage particulières. Ainsi, dans le graphe correspondant, il y a une liste de couleurs (compartiments de stockage appropriés) associée à chaque sommet (produit chimique). Dans une coloration admissible (attribution de compartiments aux produits chimiques), la couleur d'un sommet doit être choisie dans la liste de ce sommet. Ceci amène à la notion de coloration sur listes.

Soit G un graphe et L une fonction qui attribue à chaque sommet v de G un ensemble $L(v)$ d'entiers strictement positifs, appelé la *liste* de v. Une coloration $c : V \to \mathbb{N}$ telle que $c(v) \in L(v)$ pour tout $v \in V$ est appelée une *coloration sur listes* de G selon L, ou L*-coloration*, et nous disons que G est L*-colorable*. Observons que si $L(v) = \{1, 2, \ldots, k\}$ pour tout $v \in V$, une L-coloration est simplement une k-coloration. Par exemple, si G est un graphe biparti et $L(v) = \{1, 2\}$ pour tous les sommets v, alors G admet la L-coloration qui attribue la couleur 1 à tous les sommets d'une partie et la couleur 2 à tous les sommets de l'autre partie. Observons également que donner une liste de longueur un à un sommet revient à précolorer ce sommet avec la couleur de cette liste. Comme pour la coloration, la notion de coloration sur listes s'étend directement aux digraphes.

Choisissabilité

Au premier abord, on pourrait croire que si on prend un graphe k-chromatique et qu'on attribue à chacun de ses sommets une liste $L(v)$ d'au moins k couleurs, alors il admet une L-coloration. Mais, ce n'est pas toujours le cas. On peut vérifier que le graphe biparti représenté Figure 15.9 n'admet pas de coloration sur listes pour les listes qui sont indiquées. En revanche, quelles que soient des listes de longueur 3 que l'on attribue aux sommets de ce graphe, il y aura une coloration sur listes compatible (Exercice 15.5.1).

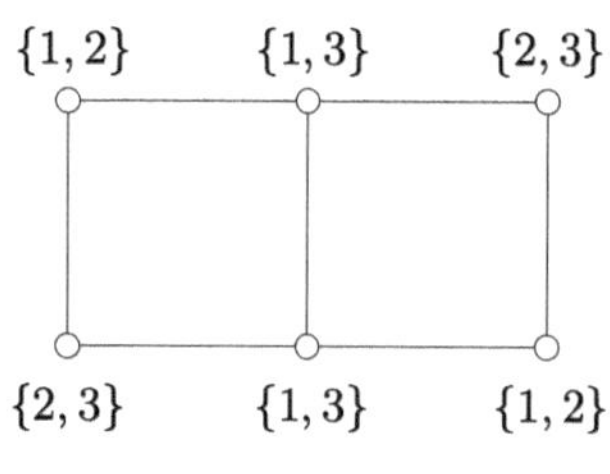

Fig. 15.9. Un graphe biparti de choisissabilité trois

Un graphe G ou digraphe D est dit *k-choisissable* s'il a une coloration sur listes à chaque fois que toutes les listes sont de longueur k. Tout graphe G est clairement n-choisissable. Le plus petit entier k pour lequel G est k-choisissable est appelé *choisissabilité* de G, et est noté $\mathrm{ch}(G)$. Par exemple, la choisissabilité du graphe de la Figure 15.9 vaut trois, alors que son nombre chromatique vaut deux. (Plus généralement, il existe des graphes 2-chromatiques de choisissabilité arbitrairement grande, voir Exercice 15.5.5.)

Des bornes sur la choisissabilité de certains graphes peuvent s'obtenir à l'aide des noyaux. Cela peut paraître étrange à première vue, puisque la notion de noyau (introduite Partie 12.1) concerne les graphes dirigés, alors que la choisissabilité est une notion de graphes non-dirigés. Le théorème suivant (un renforcement de l'Exercice 15.1.15) fournit un lien entre noyaux et colorations sur listes.

Théorème 15.20 *Soit $D = (V, A)$ un digraphe dont tous les sous-digraphes induits ont un noyau. Pour $v \in V$, soit $L(v)$ une liste d'au moins $d^+(v)+1$ couleurs. Alors D admet une L-coloration.*

Démonstration Par récurrence sur n, l'énoncé étant trivial pour $n = 1$. Soit V_1 l'ensemble des sommets de D dont la liste comprend la couleur 1. Nous pouvons supposer que $V_1 \neq \emptyset$ quitte à renommer les couleurs si nécessaire. Par hypothèse, $D[V_1]$ a un noyau S_1. Colorons les sommets de S_1 avec la couleur 1, et posons $D' := D - S_1$ et $L'(v) := L(v) \setminus \{1\}$, $v \in V(D')$. Pour un sommet v de D' dont la liste ne contenait pas la couleur 1,

$$|L'(v)| = |L(v)| \geq d^+_D(v) + 1 \geq d^+_{D'}(v) + 1$$

et pour un sommet v de D' dont la liste contenait la couleur 1,

$$|L'(v)| = |L(v)| - 1 \geq d^+_D(v) \geq d^+_{D'}(v) + 1$$

La dernière inégalité est vraie car, dans D, le sommet v domine un sommet du noyau S_1, donc son degré sortant dans D' est strictement plus petit que dans D. Par récurrence, D' a une L'-coloration. Celle-ci combinée avec la coloration de S_1, donne une L-coloration de D. □

En guise d'illustration simple du Théorème 15.20, considérons un digraphe qui ne contient pas de cycle dirigé impair. D'après le Théorème 12.6, un tel digraphe a un noyau, de même que tous ses sous-digraphes induits, donc il satisfait l'hypothèse du théorème. Par conséquent, nous avons le corollaire suivant.

Corollaire 15.21 *Soit $D = (V, A)$ un digraphe qui ne contient pas de cycle dirigé impair. Pour $v \in V$, soit $L(v)$ une liste quelconque d'au moins $d^+(v)+1$ couleurs. Alors D admet une L-coloration. En particulier, tout graphe G est $(\Delta + 1)$-choisissable.*

Une approche similaire s'applique aux colorations sur listes des graphes d'intervalles. Woodall (2001) a montré que tout graphe d'intervalles G a une orientation acyclique D telle que $\Delta^+(D) \leq \omega(G) - 1$ (Exercice 15.5.10). En utilisant le Théorème 15.20, on obtient le résultat suivant.

Corollaire 15.22 *Tout graphe d'intervalles G est de choisissabilité $\omega(G)$.* □

Exercices

⋆**15.5.1** Montrer que la choisissabilité du graphe représenté Figure 15.9 vaut trois.

15.5.2

a) Montrer que $\mathrm{ch}(K_{3,3}) = 3$.
b) A l'aide du plan de Fano, donner une affectation de listes aux sommets de $K_{7,7}$ qui montre que $\mathrm{ch}(K_{7,7}) > 3$.

15.5.3 Généraliser le Théorème de Brooks (15.4) en prouvant que si G est un graphe connexe, et n'est ni un cycle impair ni un graphe complet, alors G est Δ-choisissable. (P. Erdős, A.L. Rubin, et H. Taylor ; V.G. Vizing)

15.5.4 Montrer que $K_{m,n}$ est k-choisissable pour tout $k \geq \min\{m, n\} + 1$.

⋆**15.5.5** Montrer que $\mathrm{ch}(K_{n,n^n}) = n + 1$. (N. Alon et M. Tarsi)

15.5.6 En choisissant pour listes les arêtes de l'hypergraphe non-2-colorable dont l'existence a été établie à l'Exercice 13.2.15, montrer que $\mathrm{ch}(K_{n,n}) \geq c_n \log_2 n$, avec $c_n \sim 1$.

15.5.7 Soit S un ensemble de cardinal $2k - 1$, avec $k \geq 1$. On considère le graphe complet biparti $K_{n,n}$, pour $n = \binom{2k-1}{k}$, dans lequel les listes attachées aux sommets de chaque partie sont les k-sous-ensembles de S. Montrer que $K_{n,n}$ n'a pas de coloration sur listes avec une telle affectation de listes.
(P. Erdős, A.L. Rubin, et H. Taylor)

———≀———

15.5.8 Un *graphe thêta* $\mathrm{TG}_{k,l,m}$ est un graphe obtenu en reliant deux sommets par trois chemins intérieurement disjoints de longueurs k, l, et m. Montrer que :

a) $\mathrm{TG}_{2,2,2k}$ est 2-choisissable pour tout $k \geq 1$,
b) un graphe connexe simple est 2-choisissable si et seulement si le sous-graphe obtenu en supprimant récursivement les sommets de degré un est un sommet isolé, un cycle pair, ou un graphe thêta $\mathrm{TG}_{2,2,2k}$, avec $k \geq 1$.
(P. Erdős, A.L. Rubin, et H. Taylor)

15.5.9 Soit $G = (V, E)$ un graphe simple. Pour $v \in V$, soit $L(v)$ une liste de k couleurs ou plus. On suppose que, pour tout sommet v et toute couleur dans $L(v)$, au plus $k/2e$ voisins de v ont cette couleur dans leurs listes (avec e la base du logarithme népérien). Appliquer le Lemme Local (Théorème 13.12) pour montrer que G a une L-coloration. (B.A. Reed)

⋆**15.5.10** Soit G un graphe d'intervalles.

a) Montrer que G a une orientation acyclique D telle que $\Delta^+(D) = \omega(G) - 1$.
b) En déduire que $\mathrm{ch}(G) = \chi(G) = \omega(G)$. (D.R. Woodall)

15.6 Le polynôme d'adjacence

Nous avons déjà vu comment des techniques d'algèbre linéaire peuvent être utilisées pour prouver des résultats en théorie des graphes, par exemple au moyen d'arguments de rang (voir l'encart du Chapitre 2) ou en étudiant les valeurs propres de la matrice d'adjacence du graphe (voir l'encart du Chapitre 3). Dans cette partie, nous présentons un autre outil algébrique, cette fois relié aux polynômes, et nous l'appliquons pour obtenir des résultats de coloration sur listes. A cette fin, nous définissons un polynôme naturellement associé à un graphe, en fait tellement naturellement associé qu'il est souvent appelé le *polynôme du graphe.*

Soit G un graphe d'ensemble de sommets $V := \{v_1, v_2, \ldots, v_n\}$. Posons $\mathbf{x} := (x_1, x_2, \ldots, x_n)$. Le *polynôme d'adjacence* de G est le polynôme

$$A(G, \mathbf{x}) := \prod_{i<j} \{(x_i - x_j) : v_i v_j \in E\}$$

Le rapport entre le polynôme d'adjacence et la coloration des sommets est clair. Si la valeur de $A(G, \mathbf{x})$ en $\mathbf{x} = \mathbf{c}$ est non-nulle, où les coordonnées de $\mathbf{c}$ sont des éléments d'un certain corps F, alors $\mathbf{c}$, vu comme une fonction $c : V \to F$, est une coloration propre de G. Inversement, si $c : V \to F$, est une coloration propre de G, alors $A(G, \mathbf{c}) \neq 0$.

Nous montrons maintenant comment les termes individuels dans l'expansion du polynôme d'adjacence d'un graphe sont reliés aux orientations de ce graphe. En développant $A(G, \mathbf{x})$ nous obtenons 2^m monômes (dont certains peuvent se simplifier). Chacun de ces monômes est obtenu en choisissant exactement une variable de chacun des facteurs $x_i - x_j$, et donc correspond à une orientation de G : celle obtenue en orientant l'arête $v_i v_j$ de G de telle sorte que le sommet correspondant à la variable choisie soit la queue de l'arc obtenu.

Par exemple, si G est le graphe représenté Figure 15.10, son polynôme d'adjacence est

$$A(G, \mathbf{x}) = (x_1 - x_2)(x_1 - x_3)(x_1 - x_4)(x_2 - x_3)(x_3 - x_4) \tag{15.4}$$

Il y a $2^5 = 32$ termes dans le développement avant simplification, alors qu'il n'en

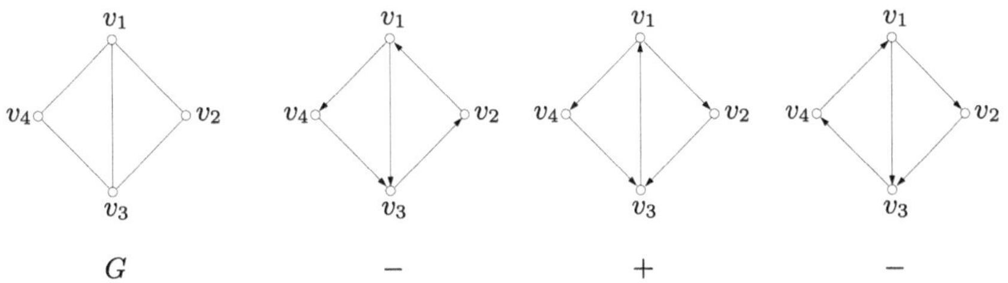

Fig. 15.10. Un graphe étiqueté G et les trois orientations correspondant au terme $x_1^2 x_2 x_3 x_4$ de son polynôme d'adjacence

reste plus que 20 après :

$$\begin{aligned}A(G,\mathbf{x}) = \quad & x_1^3x_2x_3 - x_1^3x_2x_4 - x_1^3x_3^2 + x_1^3x_3x_4 - x_1^2x_2^2x_3 + x_1^2x_2^2x_4 \\ & - x_1^2x_2x_3x_4 + x_1^2x_2x_4^2 + x_1^2x_3^3 - x_1^2x_3x_4^2 + x_1x_2^2x_3^2 - x_1x_2^2x_4^2 \\ & - x_1x_2x_3^3 + x_1x_2x_3^2x_4 - x_1x_3^3x_4 + x_1x_3^2x_4^2 - x_2^2x_3^2x_4 + x_2^2x_3x_4^2 \\ & + x_2x_3^3x_4 - x_2x_3^2x_4^2\end{aligned}$$

Le graphe G a trois orientations de suite de degrés sortants $(2,1,1,1)$. Elles sont données Figure 15.10. Ces orientations sont précisément celles qui correspondent au monôme $x_1^2x_2x_3x_4$. Observons que le coefficient de ce terme dans A(G,$\mathbf{x}$) est -1. C'est parce que deux de ses trois termes dans le développement du produit (15.4) ont un signe négatif, alors que le troisième a un signe positif.

Comme second exemple, considérons le graphe complet K_n. Nous avons

$$A(K_n,\mathbf{x}) = \prod_{1\le i<j\le n}(x_i - x_j) = \begin{vmatrix} x_1^{n-1} & x_2^{n-1} & \dots & x_n^{n-1} \\ x_1^{n-2} & x_2^{n-2} & \dots & x_n^{n-2} \\ \cdot & \cdot & \dots & \cdot \\ \cdot & \cdot & \dots & \cdot \\ x_1 & x_2 & \dots & x_n \\ 1 & 1 & \dots & 1 \end{vmatrix}$$

Le nombre de monômes dans le développement de ce *déterminant de Vandermonde* est $n!$ (Exercice 15.6.1) ce qui est bien plus petit que $2^{\binom{n}{2}}$, le nombre de monômes dans le développement avant simplification du polynôme d'adjacence.

Afin d'exprimer le polynôme d'adjacence d'un graphe en termes de ses orientations, nous avons besoin de quelques notations. Dans le développement avant simplification de $A(G,\mathbf{x})$, chaque monôme apparaît avec un signe donné. Nous associons le même signe à l'orientation correspondante D de G en définissant

$$\sigma(D) := \prod\{\sigma(a) : a \in A(D)\}$$

avec

$$\sigma(a) := \begin{cases} +1 \text{ si } a = (v_i, v_j) \text{ avec } i < j \\ -1 \text{ si } a = (v_i, v_j) \text{ avec } i > j \end{cases}$$

Par exemple, les trois orientations du graphe G de la Figure 15.10 ont les signes qui y sont indiqués.

Maintenant soit $\mathbf{d} := (d_1, d_2, \dots, d_n)$ une suite d'entiers positifs dont la somme vaut m. Nous définissons le *poids* de $\mathbf{d}$ par

$$w(\mathbf{d}) := \sum \sigma(D)$$

où la somme est prise sur toutes les orientations D de G ayant $\mathbf{d}$ pour suite de degrés sortants. En posant

$$\mathbf{x}^{\mathbf{d}} := \prod_{i=1}^{n} x_i^{d_i}$$

le polynôme d'adjacence s'exprime sous la forme :

$$A(G,\mathbf{x}) = \sum_{\mathbf{d}} w(\mathbf{d})\mathbf{x}^{\mathbf{d}}$$

Afin de comprendre l'intérêt de cette dernière expression pour la coloration sur listes, nous avons besoin d'un outil algébrique développé par Alon (1999) et connu comme le *Nullstellensatz Combinatoire*, par analogie avec un célèbre théorème de D. Hilbert.

TECHNIQUE DE PREUVE : LE NULLSTELLENSATZ COMBINATOIRE

Le Nullstellensatz Combinatoire repose sur la proposition suivante, qui généralise à n variables le fait qu'un polynôme de degré d à une variable a au plus d racines distinctes.

Proposition 15.23 *Soit f un polynôme non-nul sur le corps F en les variables $\mathbf{x} = (x_1, x_2, \ldots, x_n)$, de degré d_i en x_i, $1 \le i \le n$. Soit L_i un ensemble de $d_i + 1$ éléments de F, $1 \le i \le n$. Alors il existe $\mathbf{t} \in L_1 \times L_2 \times \cdots \times L_n$ tel que $f(\mathbf{t}) \neq 0$.*

Démonstration Comme noté ci-dessus, le cas $n = 1$ traduit simplement le fait qu'un polynôme de degré d à une variable a au plus d racines distinctes. Nous procédons donc par récurrence sur n, avec $n \ge 2$.
En premier lieu, nous exprimons f comme un polynôme en x_n dont les coefficients f_j sont des polynômes dans les variables $x_1, x_2, \ldots, x_{n-1}$:

$$f = \sum_{j=0}^{d_n} f_j x_n^j$$

Comme f est non-nul par hypothèse, f_j est non-nul pour un certain j, $0 \le j \le d_n$. Par récurrence, il existe $t_i \in L_i$, $1 \le i \le n-1$, tel que $f_j(t_1, t_2, \ldots, t_{n-1}) \neq 0$. Par conséquent, le polynôme $\sum_{j=0}^{d_n} f_j(t_1, t_2, \ldots, t_{n-1})\, x_n^j$ est non-nul. En appliquant le cas $n = 1$ à ce polynôme, nous déduisons que $f(t_1, t_2, \ldots, t_n) \neq 0$ pour un certain $t_n \in L_n$. □

Théorème 15.24 NULLSTELLENSATZ COMBINATOIRE
Soit f un polynôme sur un corps F en les variables $\mathbf{x} = (x_1, x_2, \ldots, x_n)$. Supposons que le degré total de f soit $\sum_{i=1}^{n} d_i$ et que le coefficient dans f de $\prod_{i=1}^{n} x_i^{d_i}$ soit non-nul. Soit L_i un ensemble de d_i+1 éléments de F, $1 \le i \le n$. Alors il existe $\mathbf{t} \in L_1 \times L_2 \times \cdots \times L_n$ tel que $f(\mathbf{t}) \neq 0$.

Nullstellensatz Combinatoire (suite)

Démonstration Pour $1 \leq i \leq n$, posons

$$f_i := \prod_{t \in L_i} (x_i - t)$$

Alors f_i est un polynôme de degré $|L_i| = d_i + 1$, de terme dominant $x_i^{d_i+1}$, et nous pouvons écrire $f_i = g_i + x_i^{d_i+1}$, avec g_i un polynôme en x_i de degré au plus d_i. En remplaçant successivement tous les $x_i^{d_i+1}$ par $-g_i$ dans le polynôme f, nous obtenons un nouveau polynôme dans lequel le degré de x_i n'excède pas d_i. En faisant ces remplacements pour tout i, $1 \leq i \leq n$, nous obtenons un polynôme g de degré au plus d_i en chaque x_i, $1 \leq i \leq n$.
De plus, comme $f_i(t) = 0$ pour tout $t \in L_i$, nous avons $t^{d_i+1} = -g_i(t)$ pour tout $t \in L_i$, $1 \leq i \leq n$. Il s'ensuit que

$$g(\mathbf{t}) = f(\mathbf{t}) \quad \text{pour tout } \mathbf{t} \in L_1 \times L_2 \times \cdots \times L_n$$

Observons que tous les monômes de g sont de degré total strictement inférieur à $\sum_{i=1}^{n} d_i$, mis à part le monôme $\prod_{i=1}^{n} x_i^{d_i}$, qui est inchangé. Ainsi g est non-nul. Par la Proposition 15.23, appliquée à g, il existe $\mathbf{t} \in L_1 \times L_2 \times \cdots \times L_n$ tel que $g(\mathbf{t}) \neq 0$. Cela implique $f(\mathbf{t}) \neq 0$. □

Maintenant, soit G un graphe, et soit D une orientation de G sans cycle dirigé impair. Si la suite des degrés sortants de D est $\mathbf{d}$, alors toute orientation de G ayant $\mathbf{d}$ pour suite des degrés sortants a le même signe que D (Exercice 15.6.2a), donc $w(\mathbf{d}) \neq 0$. En appliquant le Théorème 15.24 avec $f(\mathbf{x}) = A(G, \mathbf{x})$ il vient que G est $(\mathbf{d} + \mathbf{1})$-choisissable ; ceci est une démonstration alternative du Corollaire 15.21. Une autre conséquence immédiate du Nullstellensatz Combinatoire est la suivante.

Corollaire 15.25 *Si G a un nombre impair d'orientations D de suite des degrés sortants $\mathbf{d}$, alors G est $(\mathbf{d} + \mathbf{1})$-choisissable.*

Démonstration Dans ce cas $w(\mathbf{d})$ est aussi impair, et donc non-nul. □

D'autres applications du Nullstellensatz Combinatoire sont données dans les exercices qui suivent.

Exercices

15.6.1 Montrer que le nombre de monômes dans le développement du déterminant de Vandermonde d'ordre n est $n!$.

15.6.2

a) Soit G un graphe, et soit D une orientation de G de suite des degrés sortants $\mathbf{d}$.
   i) Si D' est une orientation de G de suite des degrés sortants $\mathbf{d}$, montrer que $\sigma(D') = \sigma(D)$ si et seulement si $|A(D) \setminus A(D')|$ est pair.
   ii) En déduire que si D n'a pas de cycles dirigés impairs, alors toutes les orientations de G de suite des degrés sortants $\mathbf{d}$ ont le même signe.

b) Pour un graphe G, on désigne par $G(\mathbf{d})$ le graphe dont les sommets sont les orientations de G de suite des degrés sortants $\mathbf{d}$, deux telles orientations D et D' étant adjacentes dans $G(\mathbf{d})$ si et seulement si $A(D) \setminus A(D')$ est l'ensemble d'arcs d'un cycle dirigé. On note $B(\mathbf{d})$ le sous-graphe couvrant de $G(\mathbf{d})$ dont les arêtes correspondent aux cycles dirigés impairs. Montrer que :
   i) $G(\mathbf{d})$ est connexe,
   ii) $B(\mathbf{d})$ est biparti.

15.6.3 Soit T un tournoi transitif à n sommets de suite des degrés sortants $\mathbf{d} := (d_1, d_2, \ldots, d_n)$, où $d_1 \leq d_2 \leq \cdots \leq d_n$.

a) Exprimer le nombre de triangles dirigés de T en fonction de n et $\mathbf{d}$.
b) En déduire que si $G = K_n$ et $\mathbf{d} \neq (0, 1, 2, \ldots, n-1)$, alors le graphe biparti $B(\mathbf{d})$ (défini à l'Exercice 15.6.2) a des parties de tailles égales.
c) Déduire que $(0, 1, 2, \ldots, n-1)$ est la seule suite $\mathbf{d}$ telle que $w(\mathbf{d}) \neq 0$.

15.6.4 Soit $G(x, y)$ un graphe, dans lequel $N(x) \setminus \{y\} = N(y) \setminus \{x\}$, et soit D une orientation de G telle que $d^+(x) = d^+(y)$. Montrer que $w(\mathbf{d}) = 0$, avec $\mathbf{d}$ la suite des degrés sortants de D. (S. Ceroi)

15.6.5 Théorème de Fleischner et Stiebitz
Soit G un graphe 4-régulier à $3k$ sommets, qui est l'union d'un cycle de longueur $3k$ et de k triangles deux à deux disjoints.

a) Montrer que le nombre d'orientations eulériennes de G de chaque signe est pair.
b) Fleischner et Stiebitz (1992) ont montré (par récurrence sur n) que le nombre d'orientations eulériennes de G est congru à $2 \pmod 4$. En déduire que G est 3-choisissable et donc 3-colorable.

(H. Fleischner et M. Stiebitz)

(Sachs (1993) a montré que le nombre de 3-colorations de G est impair.)

15.6.6

a) Pour un graphe G, comme dans l'Exercice 22.4.5, on définit $d^*(G) := \max\{d(F) : F \subseteq G\}$, le maximum des degrés moyen des sous-graphes de G. Montrer que tout graphe biparti G est $(\lceil d^*/2 \rceil + 1)$-choisissable.
b) En déduire que tout graphe biparti planaire est 3-choisissable.
c) Trouver un graphe biparti planaire dont la choisissabilité vaut 3.

(N. Alon et M. Tarsi)

15.6.7 Théorème de Cauchy–Davenport
Soient A et B des sous-ensembles non-vides de $\mathbb{Z}_p$, où p est un nombre premier. On définit la *somme* $A+B$ de A et B par $A+B := \{a+b : a \in A, b \in B\}$.

a) Si $|A|+|B| > p$, montrer que $A+B = \mathbb{Z}_p$.
b) On suppose que $|A|+|B| \leq p$ et aussi que $|A+B| \leq |A|+|B|-2$. Soit C un ensemble de $|A|+|B|-2$ éléments de $\mathbb{Z}_p$ qui contient $A+B$. On considère le polynôme $f(x,y) := \prod_{c \in C}(x+y-c)$. Montrer que :
   i) $f(a,b) = 0$ pour tout $a \in A$ et tout $b \in B$,
   ii) le coefficient de $x^{|A|-1}y^{|B|-1}$ dans $f(x,y)$ est non-nul.
c) En appliquant le Nullstellensatz Combinatoire, déduire le *Théorème de Cauchy–Davenport :* si A et B sont des sous-ensembles non-vides de $\mathbb{Z}_p$, avec p un nombre premier, alors soit $A+B = \mathbb{Z}_p$ soit $|A+B| \geq |A|+|B|-1$.

(N. Alon, M.B. Nathanson, et I.Z. Rusza)

15.6.8 Soit $G = (V,E)$ un graphe sans boucle de degré moyen supérieur à $2p-2$ et de degré maximum au plus $2p-1$, avec p un nombre premier. Montrer que G contient un sous-graphe p-régulier en procédant comme suit.

Considérer le polynôme f sur $\mathbb{Z}_p$ en les variables $\mathbf{x} = (x_e : e \in E)$ défini par

$$f(\mathbf{x}) := \prod_{v \in V}\left(1 - \left(\sum_{e \in E} m_{ve}x_e\right)^{p-1}\right) - \prod_{e \in E}(1-x_e)$$

a) Montrer que :
   i) le degré de f est $e(G)$,
   ii) le coefficient de $\prod_{e \in E} x_e$ dans f est non-nul.
b) Déduire du Nullstellensatz Combinatoire que $f(\mathbf{c}) \neq 0$ pour un vecteur $\mathbf{c} = (c_e : e \in E) \in \{0,1\}^E$.
c) Montrer que $\mathbf{c} \neq \mathbf{0}$ et $\mathbf{Mc} = \mathbf{0}$.
d) En considérant le sous-graphe couvrant de G d'ensemble d'arêtes $\{e \in E : c_e = 1\}$, déduire que G contient un sous-graphe p-régulier.
e) Déduire, en particulier, que tout graphe sans boucle 4-régulier avec un lien supplémentaire contient un sous-graphe 3-régulier .

(N. Alon, S. Friedland, et G. Kalai)

(Tashkinov (1984) a montré que tout graphe simple 4-régulier contient un sous-graphe 3-régulier .)

15.7 Le polynôme chromatique

Nous venons de voir comment le polynôme d'adjacence donne une meilleure compréhension du sujet complexe qu'est la coloration de graphe. Maintenant, nous présentons un autre polynôme relié à la coloration de graphe, le polynôme chromatique. Dans cette dernière partie, nous autorisons les boucles et les arêtes parallèles.

Dans l'étude des colorations, une meilleure compréhension peut s'obtenir en considérant non pas simplement l'existence de k-colorations mais le nombre de telles colorations ; cette approche a été développée par Birkhoff (1912/13) comme un moyen possible pour attaquer la Conjecture des Quatre Couleurs.

Nous désignons le nombre de k-colorations distinctes $c : V \to \{1, 2, \ldots, k\}$ d'un graphe G par $C(G, k)$. Ainsi $C(G, k) > 0$ si et seulement si G est k-colorable. En particulier, si G a une boucle alors $C(G, k) = 0$. Deux colorations sont considérées comme distinctes si un des sommets reçoit des couleurs différentes dans les deux colorations ; autrement dit, si $\{V_1, V_2, \ldots, V_k\}$ et $\{V'_1, V'_2, \ldots, V'_k\}$ sont deux k-colorations, alors $\{V_1, V_2, \ldots, V_k\} = \{V'_1, V'_2, \ldots, V'_k\}$ si et seulement si $V_i = V'_i$ pour tout $1 \leq i \leq k$. Un triangle, par exemple, a six 3-colorations distinctes.

Si G est vide, alors chaque sommet peut recevoir indépendamment des autres n'importe quelle des k couleurs disponibles, donc $C(G, k) = k^n$. D'autre part, si G est complet, alors il y a k choix de couleur pour le premier sommet, $k - 1$ choix pour le second, $k - 2$ pour le troisième, et ainsi de suite. Ainsi, dans ce cas, $C(G, k) = k(k - 1) \cdots (k - n + 1)$.

Il y a une formule simple de récurrence pour $C(G, k)$:

$$C(G, k) = C(G \setminus e, k) - C(G / e, k) \tag{15.5}$$

où e est un lien quelconque de G. La formule (15.5) ressemble étroitement à la formule de récurrence pour $t(G)$, le nombre d'arbres couvrants de G (Proposition 4.9). Nous laissons sa preuve en exercice (15.7.1). De cette formule découle le théorème suivant.

Théorème 15.26 *Pour tout graphe sans boucle G, il existe un polynôme $P(G, x)$ tel que $P(G, k) = C(G, k)$ pour tout entier positif k. De plus, si G est simple et e est une arête de G, alors $P(G, x)$ satisfait la formule de récurrence :*

$$P(G, x) = P(G \setminus e, x) - P(G / e, x) \tag{15.6}$$

Le polynôme $P(G, x)$ est de degré n, à coefficients entiers qui alternent en signe, de terme dominant x^n, et de terme constant zéro.

Démonstration Par récurrence sur m. Si $m = 0$, alors $C(G, k) = k^n$, et le polynôme $P(G, x) = x^n$ satisfait trivialement les conditions du théorème.

Supposons que le théorème soit vrai pour tous les graphes ayant moins de m arêtes, pour $m \geq 1$, et soit G un graphe sans boucle à m arêtes. Si G n'est pas simple, définissons $P(G, x) := P(H, x)$, où H est le graphe simple sous-jacent de G. Par récurrence, H satisfait les conditions du théorème, donc G aussi. Si G est simple, considérons une arête e de G. Les deux graphes $G \setminus e$ et G / e ont $m - 1$ arêtes et sont sans boucle. Par récurrence, il y a des polynômes $P(G \setminus e, x)$ et $P(G / e, x)$ tels que, pour tout entier positif k,

$$P(G \setminus e, k) = C(G \setminus e, k) \quad \text{et} \quad P(G / e, k) = C(G / e, k) \tag{15.7}$$

De plus, il y a des entiers positifs $a_1, a_2, \ldots, a_{n-1}$ et $b_1, b_2, \ldots, b_{n-1}$ tels que :

$$P(G \setminus e, x) = \sum_{i=1}^{n-1} (-1)^{n-i} a_i x^i + x^n \quad \text{et} \quad P(G \,/\, e, x) = \sum_{i=1}^{n-1} (-1)^{n-i-1} b_i x^i \quad (15.8)$$

Définissons $P(G, x) := P(G \setminus e, x) - P(G \,/\, e, x)$, afin que la récurrence souhaitée (15.6) soit vérifée. En appliquant (15.6), (15.7), et (15.5), nous avons :

$$P(G, k) = P(G \setminus e, k) - P(G \,/\, e, k) = C(G \setminus e, k) - C(G \,/\, e, k) = C(G, k)$$

et en appliquant (15.6) et (15.8) il vient

$$P(G, x) = P(G \setminus e, x) - P(G \,/\, e, x) = \sum_{i=1}^{n-1} (-1)^{n-i} (a_i + b_i) x^i + x^n$$

Donc $P(G, x)$ satisfait les conditions énoncées. □

Le polynôme $P(G, x)$ est appelé le *polynôme chromatique* de G. La formule (15.6) fournit un moyen de calculer les polynômes chromatiques récursivement. Elle peut s'utiliser de deux manières :

i) par applications successives de la récurence $P(G, x) = P(G \setminus e, x) - P(G \,/\, e, x)$, exprimant ainsi $P(G, x)$ comme une combinaison linéaire à coeffficients entiers des polynômes chromatiques de graphes vides,
ii) par applications successives de la récurence $P(G \setminus e, x) = P(G, x) + P(G \,/\, e, x)$, exprimant ainsi $P(G, x)$ comme une combinaison linéaire à coeffficients entiers des polynômes chromatiques de graphes complets.

La méthode (i) est plus adaptée aux graphes ayant peu d'arêtes, alors que (ii) s'applique plus efficacement aux graphes ayant beaucoup d'arêtes (voir Exercice 15.7.2).

Le calcul de polynômes chromatiques peut parfois être facilité par l'utilisation d'un certain nombre de formules reliant le polynôme chromatique d'un graphe aux polynômes chromatiques de certains sous-graphes (voir Exercices 15.7.6a, 15.7.7, et 15.7.8). Cependant, aucun algorithme polynomial n'est connu pour trouver le polynôme chromatique d'un graphe. (Un tel algorithme fournirait clairement un algorithme polynomial pour calculer le nombre chromatique.)

Bien que de nombreuses propriétés des polynômes chromatiques aient été découvertes, personne n'a pour l'instant découvert quels polynômes sont chromatiques. Il a été conjecturé par Read (1968) que la suite des coefficients de n'importe quel polynôme chromatique doit d'abord augmenter en valeur absolue et ensuite diminuer ; autrement dit, aucun coefficient n'est encadré par deux coefficients ayant une valeur absolue plus grande que la sienne. Mais même si elle était vraie, cette propriété et celles listées dans le Théorème 15.26 ne seraient pas suffisantes pour caractériser les polynômes chromatiques. Par exemple, le polynôme $x^4 - 3x^3 + 3x^2$ satisfait toutes ces propriétés mais n'est le polynôme chromatique d'aucun graphe (Exercice 15.7.3b).

Par définition, la valeur du polynôme chromatique $P(G, x)$ en un entier strictement positif k est le nombre de k-colorations de G. De façon surprenante, des évaluations du polynôme en certaines autres valeurs particulières de x ont également des interprétations intéressantes. Par exemple, il a été montré par Stanley (1973) que $(-1)^n P(G,-1)$ est le nombre d'orientations acycliques de G (Exercice 15.7.11).

Les racines des polynômes chromatiques, ou *racines chromatiques*, ont un comportement plutôt curieux. En utilisant la récurrence (15.6), on peut montrer que 0 est la seule racine chromatique réelle inférieure à 1 (Exercice 15.7.9) ; notons que 0 est une racine chromatique de tout graphe et 1 est une racine chromatique de tout graphe non-vide sans boucle. Jackson (1993b) a étendu ces observations en prouvant qu'aucun polynôme chromatique n'a de racine dans l'intervalle $]1, 32/27]$. De plus, Thomassen (1997c) a démontré que les seuls intervalles qui ne contiennent pas de racines chromatiques sont $]-\infty, 0[$, $]0, 1[$, et $]1, 32/27]$. Thomassen (2000) a également établi un lien inattendu entre les racines chromatiques et les chemins hamiltoniens.

En ce qui concerne les triangulations planes, les valeurs de $P(G,x)$ aux *nombres de Beraha* $B_k := 2 + 2\cos(2\pi/k)$, $k \geq 1$, sont remarquablement petites, ce qui suggère que le polynôme pourrait avoir des racines près de ces nombres (voir Tutte (1970)).

Pour une synthèse sur ce sujet attrayant, nous renvoyons le lecteur vers Read et Tutte (1988).

Exercices

$\star$**15.7.1** Prouver la formule de récurrence (15.5).

15.7.2

a) Calculer le polynôme chromatique de la 3-étoile $K_{1,3}$ en utilisant la récurrence $P(G,x) = P(G \setminus e, x) - P(G / e, x)$ pour l'exprimer comme une combinaison linéaire de polynômes chromatiques de graphes vides.
b) Calculer le polynôme chromatique du 4-cycle C_4 en utilisant la récurrence $P(G \setminus e, x) = P(G,x) + P(G / e, x)$ pour l'exprimer comme une combinaison linéaire de polynômes chromatiques de graphes complets.

15.7.3

a) Montrer que si G est simple, alors le coefficient de x^{n-1} dans $P(G,x)$ est $-m$.
b) En déduire qu'aucun graphe n'a $x^4 - 3x^3 + 3x^2$ pour polynôme chromatique.

15.7.4 Montrer que :

a) si G est un arbre, alors $P(G,x) = x(x-1)^{n-1}$,
b) si G est connexe et $P(G,x) = x(x-1)^{n-1}$, alors G est un arbre.

15.7.5 Montrer que si G est un cycle de longueur n, alors $P(G,x) = (x-1)^n + (-1)^n(x-1)$.

15.7.6

a) Montrer que $P(G \vee K_1, x) = xP(G, x-1)$.
b) A l'aide de (a) et du résultat de l'Exercice 15.7.5, montrer que si G est une roue à n rayons, alors $P(G,x) = x(x-2)^n + (-1)^n x(x-2)$.

15.7.7

a) Montrer que si G et H sont disjoints, alors $P(G \cup H, x) = P(G,x)P(H,x)$.
b) En déduire que le polynôme chromatique d'un graphe est égal au produit des polynômes chromatiques de ses composantes.

15.7.8 Si $G \cap H$ est complet, montrer que $P(G \cup H, x)P(G \cap H, x) = P(G,x)P(H,x)$.

15.7.9 Montrer que 0 est la seule racine réelle de $P(G,x)$ inférieure à 1.

15.7.10 Montrer qu'aucune racine de $P(G,x)$ ne peut excéder n. (L. Lovász)

$\star$**15.7.11** Montrer que le nombre d'orientations acycliques d'un graphe G est égal à $(-1)^n P(G,-1)$. (R.P. Stanley)

$\star$**15.7.12** Soit G un graphe. Pour un sous-ensemble S de E, on note $c(S)$ le nombre de composantes d'un sous-graphe couvrant de G d'ensemble d'arêtes S. Montrer que $P(G,x) = \sum_{S \subseteq E} (-1)^{|S|} x^{c(S)}$. (H. Whitney)

15.8 En savoir plus

Colorations fractionnaires

Une coloration $\{V_1, V_2, \ldots, V_k\}$ des sommets d'un graphe $G = (V,E)$ peut se voir comme l'expression du vecteur caractéristique $\mathbf{1} := (1,1,\ldots,1)$ de V comme somme des vecteurs ca-
ractéristiques des stables $V_1, V_2, \ldots, V_k$. Cela suggère la relaxation suivante de la notion de coloration.

Une *coloration fractionnaire* d'un graphe $G = (V,E)$ est une expression de $\mathbf{1}$ comme combinaison linéaire à coefficients rationnels positifs de vecteurs caractéristiques de stables de G. La plus petite somme des coefficients d'une telle expression est appelée le *nombre chromatique fractionnaire* de G, noté $\chi^*(G)$. Ainsi

$$\chi^* := \min \left\{ \sum \lambda_S : \sum \lambda_S f_S = \mathbf{1} \right\}$$

où les sommes sont prises sur tous les stables S de G. Le nombre chromatique fractionnaire est clairement une borne inférieure du nombre chromatique. Malheureusement, il est $\mathcal{NP}$-dur de calculer ce paramètre.

En appliquant la dualité de la programmation linéaire et en utilisant le fait que les stables d'un graphe G sont les cliques de son complémentaire $\overline{G}$, on peut montrer que $\chi^*(G) = \alpha^{**}(\overline{G})$. Ainsi $\chi^*(G)$ est une borne supérieure pour la capacité de Shannon de $\overline{G}$ (voir (12.2)).

Le nombre chromatique fractionnaire est relié aux colorations sur listes d'une manière simple. Un graphe G est (k,l)-*choisissable* si, pour des listes $L(v)$ de k couleurs, un ensemble $C(v)$ de l couleurs peut être choisi tel que $C(u) \cap C(v) = \emptyset$ pour toute arête $uv \in E$. Il a été montré par Alon et al. (1997) que $\chi^* = \inf\{k/l : G \text{ est } (k,l)\text{-choisissable}\}$.

D'autres propriétés du nombre chromatique fractionnaire peuvent être trouvées dans Scheinerman et Ullman (1997) et Schrijver (2003).

Homomorphismes et colorations circulaires

Un *homomorphisme* d'un graphe G dans un autre graphe H est une application $f : V(G) \to V(H)$ telle que $f(u)f(v) \in E(H)$ pour tout $uv \in E(G)$. Lorsque H est le graphe complet K_k, un homomorphisme de G dans H est simplement une k-coloration de G. Ainsi le concept d'homomorphisme peut se voir comme une généralisation de la notion de coloration étudiée dans ce chapitre. De nombreux problèmes ouverts captivants apparaissent lorsque l'on considère les homomorphismes de graphes dans des graphes qui ne sont pas nécessairement complets (voir Hell et Nešetřil (2004)). Un exemple particulièrement intéressant est décrit ci-dessous.

Soient k et d deux entiers strictement positifs tels que $k \geq 2d$. Une (k,d)-*coloration* d'un graphe G est une fonction $f : V \to \{1, 2, \ldots, k\}$ telle que $d \leq |f(u) - f(v)| \leq k - d$ pour tout $uv \in E$. Ainsi une $(k,1)$-coloration d'un graphe est simplement une k-coloration propre, et une (k,d)-coloration est un homomorphisme du graphe dans $\overline{C_k^{d-1}}$, le complémentaire de la puissance $(d-1)$-ième d'un k-cycle. Vince (1988) (voir également Bondy et Hell (1990)) a montré que, pour tout graphe G, $\min\{k/d : G \text{ a une } (k,d)\text{-coloration}\}$ existe. Ce minimum, noté $\chi_c(G)$, est connu comme le *nombre chromatique circulaire* de G. (Le nom de ce paramètre vient d'une définition alternative, due à X. Zhu, dans laquelle les sommets sont associés aux arcs d'un cercle, des sommets adjacents correspondant à des arcs disjoints.) On peut facilement montrer que $\chi(G) - 1 < \chi_c(G) \leq \chi(G)$, donc $\chi(G) = \lceil \chi_c(G) \rceil$. Cependant, il y a des graphes qui ont même nombre chromatique mais des nombres chromatiques circulaires différents. Par exemple, $\chi_c(K_3) = 3$ alors que $\chi_c(C_5) = 5/2$. Un problème ouvert difficile dans ce domaine consiste à caractériser les graphes pour lesquels ces deux paramètres sont égaux. Cette question reste non résolue pour les graphes planaires. Une synthèse complète par Zhu (2001) contient bien d'autres problèmes intéressants.

16

Colorations de cartes

Sommaire

16.1 Nombre chromatique des surfaces

Le Théorème des Quatre Couleurs nous dit que tout graphe plongeable sur la sphère est de nombre chromatique au plus quatre. Plus généralement, pour toute surface fermée Σ, il y a un plus petit entier k tel que tout graphe plongeable sur Σ est de nombre chromatique au plus k.

Pour voir cela, considérons un graphe quelconque G plongé sur Σ. Comme on recherche une borne supérieure sur le nombre chromatique de G, nous pouvons clairement supposer que G est critique pour la coloration. Soit $d := d(G)$ le degré moyen de G. En observant que $\delta \leq d$, le Théorème 15.7 donne :

J. Bondy et al., *Théorie des graphes*, Mathématiques et Applications 91,
https://doi.org/10.1007/978-1-4471-7621-3_16

$$\chi \leq d + 1$$

D'autre part, par le Corollaire 10.39, le nombre m d'arêtes de G est au plus $3n - 3c$, où $c := c(\Sigma)$ est la caractéristique d'Euler de Σ. Comme $d = 2m/n$, nous avons :

$$d \leq 6 - \frac{6c}{n}$$

Ces deux inégalités impliquent la borne supérieure qui suit pour le nombre chromatique de G.

$$\chi(G) \leq 7 - \frac{6c}{n}$$

Pour une surface Σ, le plus petit entier k tel que tout graphe plongeable sur Σ est k-colorable est appelé le *nombre chromatique* de Σ, noté $\chi(\Sigma)$. Nous avons donc :

$$\chi(\Sigma) \leq 7 - \frac{6c}{n} \tag{16.1}$$

Le tableau de la Figure 16.1 présente les bornes supérieures sur $\chi(\Sigma)$ qui en découlent pour les quatre surfaces fermées de petit genre.

Σ	$c(\Sigma)$	$\chi(\Sigma)$
sphère	2	≤ 6
plan projectif	1	≤ 6
tore	0	≤ 7
bouteille de Klein	0	≤ 7

Fig. 16.1. Bornes sur les nombres chromatiques de plusieurs surfaces

L'Inégalité de Heawood

Lorsque $c \leq 0$, une borne supérieure générale sur le nombre chromatique $\chi := \chi(\Sigma)$ d'une surface Σ en fonction de sa caractéristique d'Euler peut être dérivée de (16.1). Observant que $\chi \leq n$, (16.1) donne l'inégalité $\chi \leq 7 - 6c/\chi$, et donc $\chi^2 - 7\chi + 6c \leq 0$, soit $(\chi - \alpha)(\chi - \beta) \leq 0$, avec $\alpha, \beta = \frac{1}{2}(7 \pm \sqrt{49 - 24c})$. Nous en déduisons la borne supérieure due à Heawood (1890).

Théorème 16.1 Inégalité de Heawood
Pour toute surface Σ de caractéristique d'Euler $c \leq 0$:

$$\chi(\Sigma) \leq \frac{1}{2}\left(7 + \sqrt{49 - 24c}\right) \qquad \square$$

Comme Heawood l'a observé, afin de montrer que la borne du Théorème 16.1 est atteinte pour toute surface Σ, il suffit de trouver un seul graphe qui soit plongeable sur la surface et qui nécessite le nombre de couleurs donné par la borne.

Comme l'inégalité $\chi \leq n$ a été utilisée pour obtenir l'inégalité de Heawood, les graphes G pour lesquels $\chi = n$ (c'est-à-dire, les graphes complets) sont des candidats naturels. Heawood lui-même a trouvé un plongement de K_7 sur le tore (voir Figure 3.9a), et en a déduit que le nombre chromatique du tore est 7. D'autre part, bien que la bouteille de Klein soit de caractéristique zéro, Franklin (1934) a montré que cette surface n'est pas 7-chromatique (la borne donnée par le tableau de la Figure 16.1) mais seulement 6-chromatique. La Figure 16.2a montre une triangulation 6-chromatique de la bouteille de Klein (un plongement du graphe obtenu de K_6 en dupliquant trois arêtes deux à deux non-adjacentes), et la Figure 16.2b montre son dual, connu comme le *graphe de Franklin*. Un autre dessin du graphe de Franklin est donné Figure 16.3.

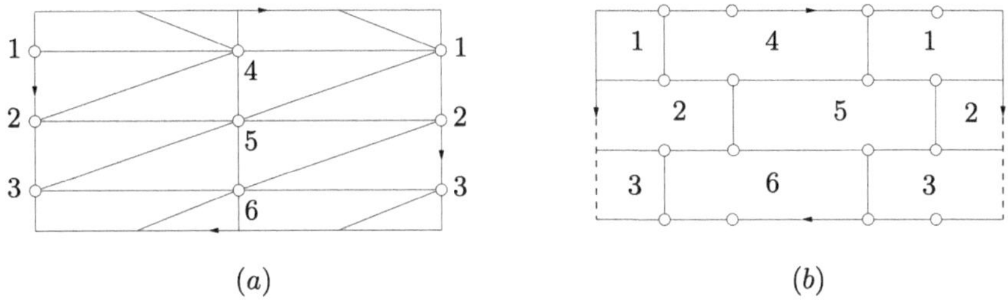

Fig. 16.2. (a) Une triangulation 6-chromatique de la bouteille de Klein, et (b) son dual, le graphe de Franklin

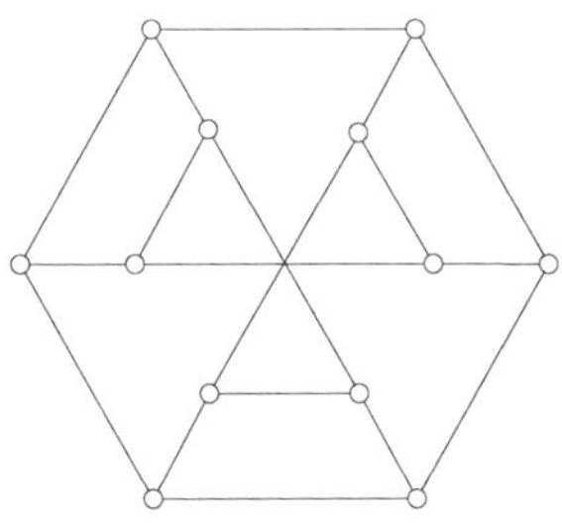

Fig. 16.3. Un autre dessin du graphe de Franklin

Le Théorème de Coloration des Cartes

À l'exception de la bouteille de Klein, il a été prouvé que la borne d'Heawood (Théorème 16.1) est atteinte pour toute surface Σ de caractéristique au plus zéro. Ce résultat, dû à Ringel et Youngs (1968), est connu comme le *Théorème de*

Coloration des Cartes (voir Ringel (1974)). Il reste deux surfaces de caractéristique strictement positive, à savoir le plan projectif et la sphère. La Figure 10.25a montre un plongement de K_6 sur le plan projectif. Donc, le nombre chromatique du plan projectif est 6, la borne donnée par le tableau de la Figure 16.1. Par ailleurs, comme le montre le Théorème des Quatre Couleurs, la borne d'Heawood pour le nombre chromatique de la sphère (voir Figure 16.1) est à deux de l'optimal. Nous esquissons les grandes lignes de la preuve du Théorème des Quatre Couleurs dans la partie suivante.

Bien que nous ne nous intéressions, dans ce chapitre, qu'à des surfaces fermées, on peut définir de manière analogue les nombres chromatiques des surfaces ayant des frontières, telles que le ruban de Möbius (voir Exercice 16.1.1).

Exercices

16.1.1 Graphe de Tietze
Le graphe représenté Figure 16.4 est appelé le *graphe de Tietze*. Trouver un plongement de ce graphe sur le ruban de Möbius montrant que le nombre chromatique du ruban de Möbius est au moins 6.

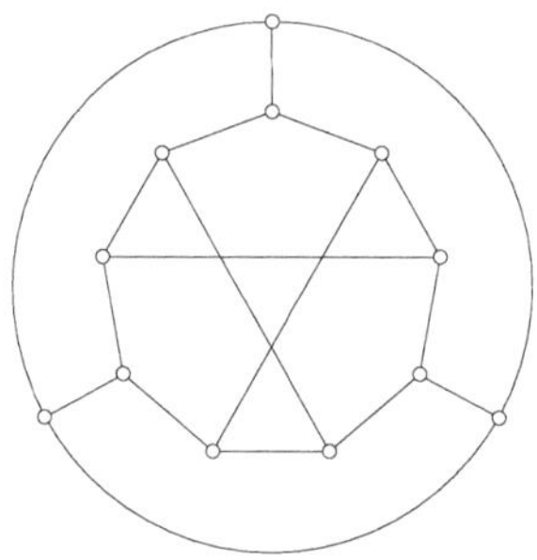

Fig. 16.4. Le graphe deTietze

16.1.2 Soit G une triangulation d'une surface fermée.

a) On suppose que G a une 4-coloration propre $c : V \to \{1,2,3,4\}$.
   i) Montrer que la parité du nombre de faces de G dont les sommets sont colorés i, j, k est la même pour chacun des quatre triplets $\{i, j, k\} \subset \{1,2,3,4\}$.
   ii) Déduire de (a) que la parité du nombre de sommets de degré impair colorés i est la même pour chaque $i \in \{1,2,3,4\}$.

b) On suppose que G a exactement deux sommets de degré impair, et que ces deux sommets sont adjacents. Déduire que G n'est pas 4-colorable.

(J.P. BALLANTINE ; S. FISK)

16.1.3 Un graphe plongé sur une surface est une *quadrangulation* si toutes ses faces sont de taille 4 et une *quasi quadrangulation* si toutes ses faces à part la face externe sont de taille 4.

Soit G une quadrangulation du plan projectif

a) Montrer que si G n'est pas biparti, alors $\chi(G) \geq 4$, en procédant comme suit.
   - ▷ On suppose que $c : V \to \mathbb{Z}_3$ est une 3-coloration de G. On oriente chaque arête uv de G telle que $c(v) = c(u) + 1$ de u vers v. Montrer que, dans le digraphe ainsi obtenu, tout 4-cycle de G a deux arcs orientés dans chaque sens.
   - ▷ Comme G n'est pas biparti, il a nécessairement un cycle $C := v_1 v_2 \dots v_{2k+1}$ et, comme chaque face de G est un quadrilatère, C est un cycle non-contractible. En coupant le plan projectif suivant C, on obtient une quasi quadrangulation planaire G' dans laquelle C correspond au $(4k+2)$-cycle $C' := v_1' v_2' \dots v_{2k+1}' v_1'' v_2'' \dots v_{2k+1}''$, avec v_i' et v_i'' deux copies de v_i obtenues en coupant suivant C. Obtenir une contradiction en arguant que, dans l'orientation de G', les nombres d'arcs de C' orientés dans chacun des deux sens ne peuvent pas être égaux.

b) En appliquant la Formule d'Euler au plan projectif (voir Thèorème 10.37), montrer que tout sous-graphe de G a un sommet de degré au plus 3.

c) En déduire que $\chi = 2$ ou $\chi = 4$.

(D.A. YOUNGS)

16.1.4 Soit G_k le graphe d'ensemble de sommets $\{(i, S) : 1 \leq i \leq k,\ \emptyset \subset S \subseteq \{1, 2, \dots, k\},\ \text{et } i \notin S\}$, dans lequel deux sommets (i, S) et (j, T) sont reliés si et seulement si $i \in T, j \in S$ et $S \cap T = \emptyset$.

a) Dessiner G_2 et G_3.

b) Trouver un plongement de G_4 en une quadrangulation du plan projectif.

c) Pour $k = 2, 3, 4$, trouver une k-coloration de G_k pour laquelle l'ensemble des voisins de chacune des k classes de couleurs est un stable.

d) À l'aide de l'Exercice 16.1.3, déduire que $\chi(G_4) = 4$.

(Gyárfás et al. (2004) ont montré que, pour $k \geq 2$, G_k est l'unique plus petit graphe k-chromatique ayant une k-coloration pour laquelle l'ensemble des voisins de chacune des k classes de couleurs est un stable.)

16.1.5

a) Montrer que le circulant $CG(\mathbb{Z}_{13}, \{1, -1, 5, -5\})$ est un graphe sans triangle 4-chromatique.

b) Trouver un plongement quadrangulaire de ce graphe sur le tore.

(D. ARCHDEACON, J. HUTCHINSON, A. NAKAMOTO, S. NEGAMI ET K. OTA)

16.2 Le Théorème des Quatre Couleurs

Le Théorème des Quatre Couleurs, introduit à la Partie 11.1, affirme que tout graphe planaire sans boucle est 4-colorable. Nous donnons ici une brève description des idées utilisées dans sa démonstration, due à Appel et Haken (1977a) et Appel et al. (1977).

La preuve se fait par l'absurde. Supposons que le Théorème des Quatre Couleurs soit faux. Alors il existe un plus petit graphe plan sans boucle qui n'est pas 4-colorable. L'idée est d'étudier les propriétés d'un tel graphe hypothétique, pour finalement arriver à une contradiction. Par conséquent, dans toute cette partie, G désigne un plus petit contre-exemple au Théorème des Quatre Couleurs, dans le sens suivant.

i) G n'est pas 4-colorable.
ii) Sous la condition (i), $v(G) + e(G)$ est aussi petit que possible.

Le point de départ de notre analyse consiste en plusieurs observations élémentaires à propos d'un tel graphe G.

Proposition 16.2 *Soit G un plus petit contre-exemple au Théorème des Quatre Couleurs. Alors :*

i) G est 5-critique,
ii) G est une triangulation,
iii) G n'a pas de sommet de degré inférieur à 4.

Démonstration

i) Clairement, G doit être 5-critique, sinon il y aurait un sous-graphe propre de G qui ne serait pas 4-colorable, ce qui contredirait la minimalité de $v(G) + e(G)$.
ii) Pour voir que G est une triangulation, supposons qu'il ait une face dont la frontière soit un cycle C de longueur supérieure à 3. Comme G est planaire, il y a deux sommets x et y de C qui ne sont pas adjacents dans G. Le graphe $G / \{x, y\}$ obtenu en identifiant x et y en un sommet z est un graphe planaire avec moins de sommets que G, et le même nombre d'arêtes, et donc admet une 4-coloration c. La coloration de G dérivée de c en donnant la couleur $c(z)$ à x et à y est alors une 4-coloration de G, une contradiction.
iii) Comme G est 5-critique, le Théorème 15.7 implique que $\delta \geq 4$. □

Chaînes de Kempe

D'après le Corollaire 10.22, tout graphe plan simple a un sommet de degré au plus 5. Pour obtenir la contradiction désirée, il suffirait alors de montrer qu'un plus petit contre-exemple G n'a pas de tel sommet. La Proposition 16.2(iii) affirme que G n'a pas de sommet de degré inférieur à 4. Kempe (1879) a étendu ce résultat aux sommets de degré 4.

Théorème 16.3 *G n'a pas de sommet de degré* 4.

Démonstration Par l'absurde. Soit v un sommet de degré 4 dans G, et soit $\{V_1, V_2, V_3, V_4\}$ une 4-coloration de $G - v$; une telle coloration existe parce que G est 5-critique. Comme G lui-même n'est pas 4-colorable, v doit être adjacent à un sommet de chaque couleur. Par conséquent, nous pouvons supposer que les voisins de v dans le sens des aiguilles du montre autour de v sont v_1, v_2, v_3, et v_4, avec $v_i \in V_i$ pour $1 \leq i \leq 4$.

Notons G_{ij} le sous-graphe de G induit par $V_i \cup V_j$. Les sommets v_i et v_j appartiennent à la même composante de G_{ij}. Si ce n'est pas le cas, considérons la composante de G_{ij} qui contient v_i. En permutant les couleurs i et j dans cette composante, nous obtenons une nouvelle 4-coloration de $G - v$ pour laquelle seulement trois couleurs (toutes sauf i) sont attribuées aux voisins de v. Nous avons déjà montré que cette situation ne peut se produire. Par conséquent, v_i et v_j appartiennent bien à la même composante de G_{ij}. Soit P_{ij} un $v_i v_j$-chemin dans G_{ij}, et soit C le cycle $vv_1P_{13}v_3v$ (voir Figure 16.5).

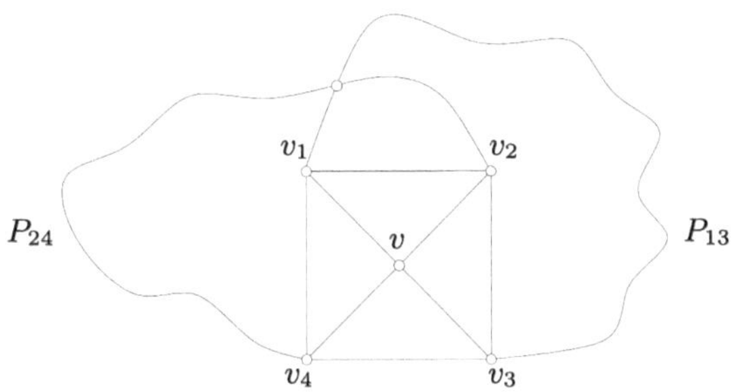

Fig. 16.5. Preuve de Kempe du cas $d(v) = 4$

Comme C sépare v_2 et v_4 (sur la Figure 16.5, $v_2 \in \text{int}(C)$ et $v_4 \in \text{ext}(C)$), il découle du Théorème de Jordan (10.1) que le chemin P_{24} intersecte C en un point. Comme G est un graphe plan, ce point doit être un sommet. Mais ceci est impossible, parce que les sommets de P_{24} sont de couleur 2 ou 4, alors qu'aucun sommet de C n'est d'une de ces couleurs. □

Les chemins bicolorés P_{ij} considérés dans la preuve du Théorème 16.3 sont connus comme les *chaînes de Kempe*, et la procédure de permutation des deux couleurs sur une chaîne de Kempe est appelé un *échange de Kempe*. Ces idées peuvent s'employer pour établir le théorème plus général suivant. Nous laissons sa preuve, et celle de son corollaire, en exercice (16.2.1). Un cycle C de G est *séparant* si $G - V(C)$ n'est pas connexe.

Théorème 16.4 *G ne contient pas de 4-cycle séparant.* □

Corollaire 16.5 *G est* 5*-connexe.* □

En vertu du Théorème 16.3, un plus petit contre-exemple au Théorème des Quatre Couleurs a un sommet de degré 5, donc ses voisins induisent un 5-cycle, et ce cycle est un 5-cycle séparant. Birkhoff (1913) a montré, de plus, que tout 5-cycle séparant dans un plus petit contre-exemple était de ce type, à savoir induit par l'ensemble des voisins d'un sommet de degré 5. Un graphe 5-connexe ayant cette propriété est dit être *essentiellement 6-connexe.* (La connexité essentielle est l'analogue sommet de l'arête-connexité essentielle, vue dans la Partie 9.3.) En combinant ces résulats de Birkhoff avec la Proposition 16.2 et le Corollaire 16.5, nous obtenons :

Théorème 16.6 *G est une triangulation essentiellement 6-connexe.* □

La démonstration erronée de Kempe

En procédant de la même façon que dans la preuve du Théorème 16.3, Kempe (1879) a cru qu'il avait aussi prouvé qu'un plus petit contre-exemple ne peut pas contenir de sommet de degré 5, et donc qu'il avait établi le Théorème des Quatre Couleurs. Voici l'argument incorrect de Kempe.

Supposons que G ait un sommet v de degré 5 tel que $N(v) = \{v_1, v_2, v_3, v_4, v_5\}$. Par minimalité de G, le sous-graphe $G - v$ a une 4-coloration (V_1, V_2, V_3, V_4). Notre but est de trouver une telle 4-coloration pour laquelle au plus trois couleurs apparaissent sur les voisins de v ; le sommet v peut alors être coloré avec une des couleurs restantes, pour donner une 4-coloration de G.

Considérons une 4-coloration de $G - v$. Comme précédemment, v est adjacent à un sommet de chacune des quatre couleurs. Sans perte de généralité, supposons que $v_i \in V_i$, $1 \leq i \leq 4$, et $v_5 \in V_2$ (voir Figure 16.6).

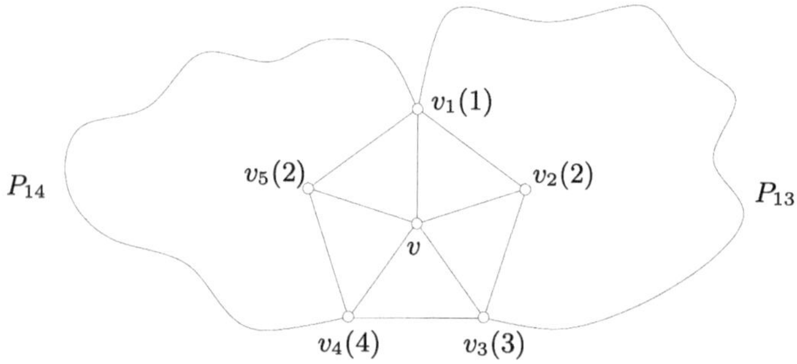

Fig. 16.6. La preuve erronée de Kempe du cas $d(v) = 5$

Nous pouvons supposer que v_1 et v_3 appartiennent à la même composante de G_{13} et que v_1 et v_4 appartiennent à la même composante de G_{14}, sinon les couleurs pourraient être interchangées dans la composante de G_{13} ou G_{14} contenant v_1, ce qui donnerait une 4-coloration pour laquelle trois couleurs seulement apparaissent sur les voisins de v.

Soit P_{13} un v_1v_3-chemin dans G_{13} et P_{14} un v_1v_4-chemin dans G_{14}. Le cycle $vv_1P_{13}v_3v$ sépare les sommets v_2 et v_4 ; donc v_2 et v_4 appartiennent à des composantes différentes de G_{24}. De même, le cycle $vv_1P_{14}v_4v$ sépare v_3 et v_5, donc v_3 et v_5 appartiennent à des composantes différentes de G_{23}. Au vu de ces observations, Kempe a argué que les couleurs 2 et 4 dans la composante de G_{24} contenant v_2, et les couleurs 2 et 3 dans la composante de G_{23} contenant v_5, peuvent être interchangées pour produire une 4-coloration de $G-v$ pour laquelle seules les trois couleurs 1, 3 et 4 sont attribuées aux voisins de v. En assignant la couleur 2 à v, une 4-coloration de G serait alors obtenue.

À première vue, l'argument de Kempe semble parfaitement correct, et sa 'preuve' est resté incontestée pendant plus d'une décennie. Mais finalement, après une analyse attentive de l'argument de Kempe, Heawood (1890) a découvert que le double échange de Kempe ne donne pas nécessairement une 4-coloration de $G-v$ pour laquelle seulement trois couleurs apparaissent sur les voisins de v (voir Exercice 16.2.2). Heawood a cependant observé, que les échanges de Kempe pouvaient servir à montrer le Théorème des Cinq Couleurs. (C'est essentiellement la démonstration présentée dans la Partie 11.1.)

Réductibilité

Bien qu'incorrecte, la preuve de Kempe contenait les deux principaux ingrédients — réductibilité et inévitabilité — qui ont en définitive mené à une preuve du Théorème des Quatre Couleurs. Ces notions impliquent toutes deux le concept de configuration.

Soit C un cycle dans une triangulation plane simple G. Si C n'a pas de corde intérieure et exactement un pont intérieur B, nous appelons $B \cup C$ une *configuration de* G. Le cycle C est le *cycle délimitant* de la configuration, et B est son *pont*. Par *configuration*, nous entendons une configuration d'une triangulation plane simple. Par exemple, la roue W_k à k rayons ($k \geq 2$) est une configuration.

Une configuration est *réductible* si elle ne peut pas être une configuration d'un plus petit contre-exemple au Théorème des Quatre Couleurs. Il découle de la Proposition 16.2(iii) et du Théorème 16.3 que W_2, W_3, et W_4 sont réductibles. (Par le Théorème 16.6, toute configuration délimitée par un 5-cycle, excepté possiblement W_5, est réductible. La preuve fausse de Kempe essayait de montrer que W_5, aussi, est réductible.) Un autre exemple de configuration réductible est le *diamant de Birkhoff*, représenté Figure 16.7.

Théorème 16.7 *Le diamant de Birkhoff est réductible.*

Démonstration Par l'absurde, supposons qu'un plus petit contre-exemple G contienne cette configuration. Comme G est essentiellement 6-connexe d'après le Théorème 16.6, aucune arête de G ne peut relier des sommets non-consécutifs sur le cycle la délimitant (Exercice 16.2.3). Considérons le graphe plan G' obtenu en

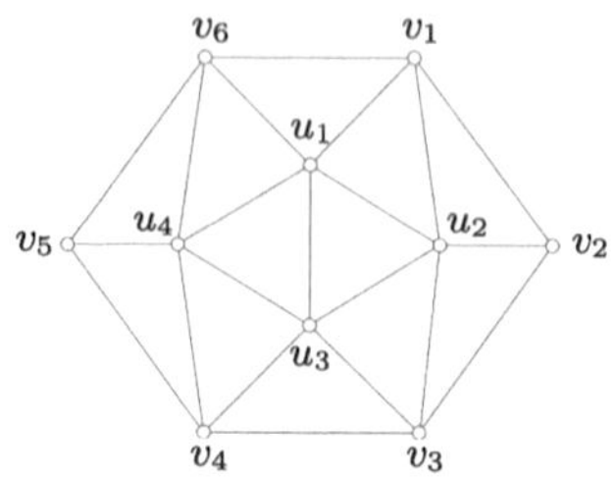

Fig. 16.7. Le diamant de Birkhoff

supprimant de G quatre sommets internes du pont, u_1, u_2, u_3, et u_4, en identifiant v_1 et v_3 pour former un nouveau sommet v_0, en reliant v_0 et v_5 par une nouvelle arête, et en supprimant une des deux arêtes multiples entre v_0 et v_2 (voir Figure 16.8). (Observons que lors de cette opération aucune boucle n'est créée, puisque G est essentiellement 6-connexe.)

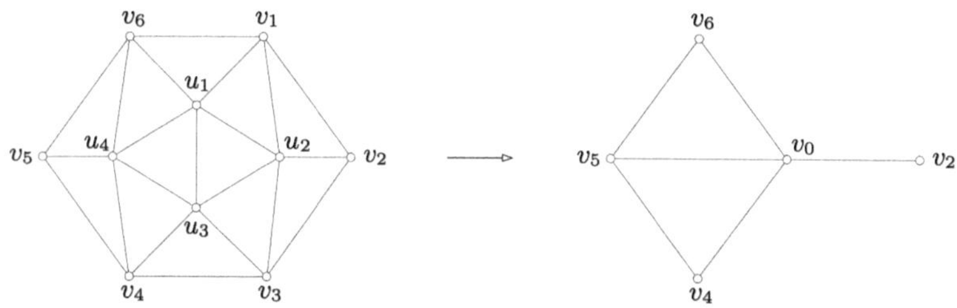

Fig. 16.8. Réduction d'un graphe contenant le diamant de Birkhoff

Comme $v(G') + e(G') < v(G) + e(G)$ et G est un plus petit contre-exemple, il existe une 4-coloration c' de G'. La coloration c' donne une 4-coloration partielle de G (une 4-coloration de $G - \{u_1, u_2, u_3, u_4\}$) pour laquelle :

▷ v_1 et v_3 reçoivent la même couleur, disons 1,
▷ v_5 reçoit une couleur différente de 1, disons 2,
▷ v_2 reçoit une couleur différente de 1, sans perte de généralité, ou 2 ou 3,
▷ v_4 et v_6 reçoivent chacun une couleur différente de 1 et 2, à savoir 3 ou 4.

Ainsi, aux permutations de couleurs et à la symétrie près, il y a cinq façons possibles par lesquelles le cycle délimitant $C := v_1v_2v_3v_4v_5v_6v_1$ peut être coloré. Ces possibilités sont indiquées dans le tableau suivant.

	v_1	v_2	v_3	v_4	v_5	v_6
c_1	1	2	1	3	2	3
c_2	1	2	1	4	2	3
c_3	1	3	1	4	2	3
c_4	1	3	1	4	2	4
c_5	1	3	1	3	2	3

Dans chacun des quatre premiers cas, la coloration donnée peut s'étendre en une 4-coloration de G en attribuant des couleurs appropriées à u_1, u_2, u_3, et u_4. Par exemple, la première coloration c_1 peut s'étendre en colorant u_1 avec 4, u_2 avec 3, u_3 avec 2, et u_4 avec 1. Nous laissons au lecteur le soin de trouver les extensions appropriées des colorations c_2, c_3, et c_4 (Exercice 16.2.4a).

Considérons, maintenant, la coloration c_5, pour laquelle v_1 et v_3 ont la couleur 1, v_5 a la couleur 2, et v_2, v_4, et v_6 ont la couleur 3. Dans ce cas, nous allons voir qu'un échange de Kempe peut se faire afin d'obtenir une 4-coloration partielle de G qui peut s'étendre en une 4-coloration.

D'abord, considérons le sous-graphe biparti G_{34} induit par les sommets colorés 3 ou 4. Nous pouvons supposer que v_2, v_4, et v_6 appartiennent à la même composante H de G_{34}. En effet, supposons, par exemple, qu'une composante de G_{34} contienne v_2 mais ni v_4 ni v_6. En échangeant les couleurs 3 et 4 dans cette composante, nous obtenons une coloration de type c_4 (avec les couleurs 3 et 4 inversées). Les autres cas se règlent de la même manière. Leur vérification est laissée au lecteur (Exercice 16.2.4b).

Il s'ensuit que H est un pont extérieur de C dans G, avec v_2, v_4, et v_6 comme sommets d'ancrage. Maintenant considérons le sous-graphe biparti G_{12} induit par les sommets colorés 1 et 2. S'il y avait une composante de G_{12} contenant à la fois v_3 et v_5, cette composante serait un pont extérieur de C chevauchant H, ce qui est impossible. Donc la composante H' de G_{12} qui contient v_3 ne contient pas v_5. En permutant les couleurs 1 et 2 dans H', nous obtenons une nouvelle 4-coloration partielle de G. Dans cette coloration, v_1 a la couleur 1, v_3 et v_5 la couleur 2, et v_2, v_4, et v_6 la couleur 3. Cette coloration peut maintenant s'étendre en une 4-coloration de G en donnant la couleur 2 à u_1, la couleur 4 à u_2 et u_4, et la couleur 1 à u_3. Ceci contredit la minimalité de G. Nous en concluons que le diamant de Birkhoff est réductible. □

Inévitabilité

Un ensemble $\mathcal{U}$ de configurations est *inévitable* si toute triangulation essentiellement 6-connexe contient nécessairement au moins un élément de $\mathcal{U}$. Par exemple, le singleton $\{W_5\}$ est un ensemble inévitable.

Il découle des définitions ci-dessus qu'un plus petit contre-exemple ne peut pas contenir de configuration réductible mais doit contenir au moins une configuration de tout ensemble inévitable. Pour obtenir une contradiction à l'existence d'un tel contre-exemple, il suffit donc de trouver un ensemble inévitable de configurations qui sont toutes réductibles. L'ensemble original construit par Appel et Haken (1977a) avait 1936 éléments. Robertson et al. (1997a), en utilisant des techniques plus sophistiquées, ont construit un ensemble plus petit, formé de 633 configurations.

Technique de preuve : Déchargement

Les ensembles inévitables sont trouvés par un procédé appelé *déchargement.* Dans le contexte des graphes plans, cela n'est rien de plus qu'une manière ingénieuse et hautement efficace d'appliquer la Formule d'Euler (10.2). Initialement, chaque sommet v se voit attribué un poids de $6 - d(v)$, appelé sa *charge.* Ainsi la charge de v est strictement positive si $d(v) < 6$, nulle si $d(v) = 6$, et strictement négative si $d(v) > 6$. Nous essayons ensuite de *décharger* G (c'est-à-dire, de rendre la charge en chaque sommet négative) en redistribuant la charge méthodiquement. Un tel *algorithme de déchargement* définit un ensemble $\mathcal{U}$ de configurations telle que toute triangulation qui ne contient aucun élément de $\mathcal{U}$ sera déchargée par l'algorithme. Observons cependant qu'aucun algorithme de déchargement ne peut décharger complètement une triangulation, puisque la somme des charges, qui reste constante tout au long de la procédure, est strictement positive :

$$\sum_{v\in V}(6 - d(v)) = 6v(G) - \sum_{v\in V} d(v) = 6v(G) - 2e(G) = 12$$

Nous en concluons que toute triangulation doit contenir au moins un élément de $\mathcal{U}$; autrement dit, $\mathcal{U}$ est un ensemble inévitable de configurations.
Nous donnons tout de suite un exemple simple d'algorithme de déchargement : pour tout sommet de degré 5, distribuer sa charge de 1 de manière équitable entre ses cinq voisins.
Tout sommet de degré 8 ou plus est déchargé par cet algorithme, car la charge maximum qu'un sommet v puisse recevoir de ses voisins est $\frac{1}{5}d(v)$, et si $d(v) \geq 8$,

$$6 - d(v) + \frac{1}{5}d(v) < 0$$

De plus, chaque sommet de degré 7 avec au plus cinq voisins de degré 5 est déchargé, tout comme chaque sommet de degré cinq ou six sans voisin de degré 5. Ainsi toute triangulation essentiellement 6-connexe doit contenir soit un sommet de degré 5 qui est adjacent à un sommet de degré 5 ou 6, soit un sommet de degré 7 ayant au moins cinq voisins de degré 5. Cependant, un sommet de degré 7 ayant cinq voisins de degré 5 a clairement deux voisins consécutifs de degré 5, et ceux-ci sont adjacents dans G. Ainsi l'ensemble $\mathcal{U}$ constitué des deux configurations représentées ci-dessous est l'ensemble inévitable correspondant à cet algorithme de déchargement.

Ce dernières années, cette technique de déchargement a été utilisée avec succès pour attaquer une grande variété de problèmes de coloration pour les graphes plongeables dans le plan et d'autres surfaces. En voici un exemple.

Déchargement (suite)

En 1975, R. Steinberg a conjecturé que tout graphe planaire sans cycles de longueur 4 ou 5 est 3-colorable (voir Steinberg (1993)). Abbott et Zhou (1991) ont employé le déchargement pour montrer ce résultat plus faible qu'un graphe planaire est 3-colorable s'il ne contient pas de cycle de longueur k pour $4 \leq k \leq 11$. Pour voir cela, observons d'abord qu'un plus petit contre-exemple à cette assertion doit être un graphe planaire 2-connexe de degré minimum au moins 3. Soit G un plongement planaire d'un tel graphe. Attribuons une charge de $d(v) - 6$ à chaque sommet $v \in V$, et une charge de $2d(f) - 6$ à chaque face $f \in F$. À l'aide de la Formule d'Euler, il peut être vérifié que la charge totale attribuée aux sommets et faces vaut -12. Maintenant, pour toute face de degré 12 ou plus, transférons une charge de $3/2$ à chacun des sommets incidents à cette face. Comme G est 2-connexe, toutes les faces de G sont bornées par des cycles, d'après le Théorème 10.7. De plus, comme G n'a pas de 4-cycles, aucune arête de G n'est incidente à deux triangles. Ainsi chaque sommet v est incident à au moins $\lceil d(v)/2 \rceil$ faces distinctes de degré 12 ou plus. Un calcul simple montre que, après les transferts de charges, tous les sommets et toutes les faces ont des charges positives. Cette contradiction montre le résultat. En utilisant des règles de déchargement plus compliquées, Borodin et al. (2005) ont montré que tout graphe planaire sans cycle de longueur comprise entre 4 et 7 est 3-colorable. Un résultat analogue pour les surfaces a été établi par Zhao (2000). Il a montré que, pour toute surface Σ, il existe une constant $f(\Sigma)$ telle que tout graphe plongeable sur Σ et ne contenant pas de k-cycles pour $4 \leq k \leq f(\Sigma)$, est 3-colorable. Pour une synthèse sur les applications de la technique de déchargement, voir Salavatipour (2003).

Nous avons vu que la relation $m = 3n - 6$ entre les nombres d'arêtes et de sommets d'une triangulation implique que toute triangulation essentiellement 6-connexe contient un sommet de degré 5, et donc que $\{W_5\}$ est un ensemble inévitable. En exploitant la même identité de manière plus subtile, on peut déduire d'autres contraintes sur les degrés des sommets dans les triangulations, et ainsi obtenir d'autres ensembles inévitables de configurations. À cette fin, il est pratique de représenter chaque configuration $F := B \cup C$ par le sous-graphe H induit par les sommets internes de son pont B, accompagné de la fonction d sur $V(H)$, où $d(v)$ est le degré de v dans G. Heesch (1969) fut le premier à proposer cette représentation. Pour cette raison, nous appelons la paire (H, d) la *représentation de Heesch* de F. La Figure 16.9 montre la représentation de Heesch du diamant de Birkhoff.

La démonstration originale du Théorème des Quatre Couleurs par Appel et Haken (1977a) et Appel et al. (1977) repose fortement sur l'ordinateur pour vérifier les détails nécessaires à la découverte d'un ensemble inévitable et vérifier que toutes les configurations de cet ensemble sont réductibles. Elle emploie pas moins de 487

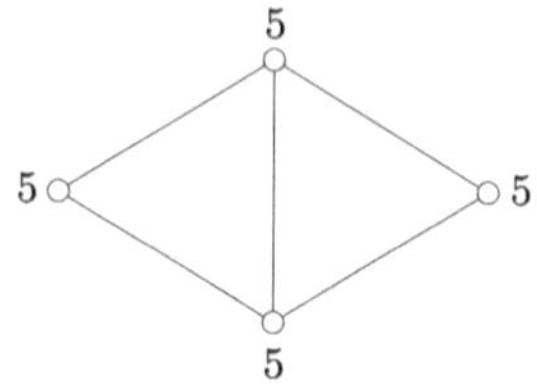

Fig. 16.9. Représentation de Heesch du diamant de Birkhoff

règles de déchargement, fournissant un ensemble de plus de 1400 configurations inévitables. On peut montrer que les plus petites configurations de cette liste sont réductibles en utilisant le fait qu'un plus petit contre-exemple au Théorème des Quatre Couleurs est essentiellement 6-connexe. Cependant, afin de traiter certaines configurations de plus grande taille, des résultats de Bernhart (1947) sur la réductibilité de certaines configurations particulières furent cruciaux.

La démonstration plus récente par Robertson et al. (1997a), bien qu'également dépendante de l'ordinateur, est plus simple sous plusieurs aspects. Seulement trente deux règles de déchargement sont nécessaires, générant une liste de 633 configurations inévitables. (La définition de configuration utilisée diffère légèrement de celle donnée ici.)

De plus amples détails sur le Théorème des Quatre Couleurs et sa preuve se trouvent dans l'article de Woodall et Wilson (1978) et le livre de Wilson (2002).

Exercices

$\star$**16.2.1** Démontrer le Théorème 16.4 et le Corollaire 16.5.

16.2.2 En considérant la triangulation plane partiellement colorée dessinée Figure 16.10, montrer que le 'double échange' de couleurs proposé par Kempe peut donner une coloration impropre. (W.T. Tutte et H. Whitney)

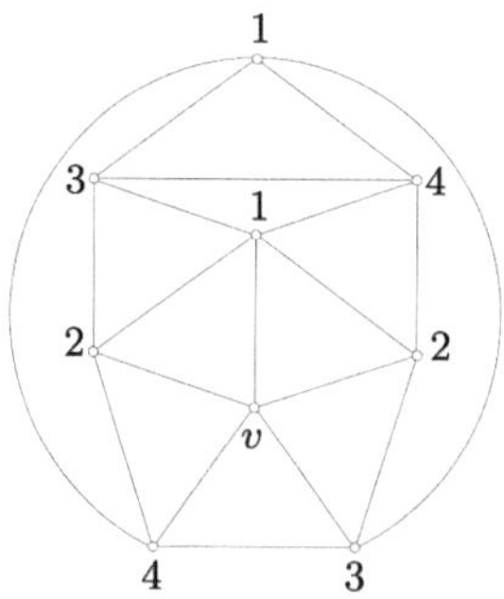

Fig. 16.10. Un exemple illustrant l'erreur dans l'argument du Kempe

⋆**16.2.3** Montrer que si G est un plus petit contre-exemple qui contient le diamant de Birkhoff, quels que soient deux sommets non-consécutifs sur le cycle délimitant cette configuration, ils ne sont pas adjacents dans G.

⋆**16.2.4** Compléter la preuve que le diamant de Birkhoff est réductible en :

i) trouvant des extensions appropriées des colorations c_2, c_3, et c_4,
ii) vérifiant les cas dans lesquels la composante de G_{34} contient v_4 mais pas v_2 ni v_6, ou bien v_6 mais pas v_2 ni v_4.

16.2.5

a) Déterminer la configuration dont la représentation de Heesch est représentée Figure 16.11.
b) Montrer que cette configuration est réductible.

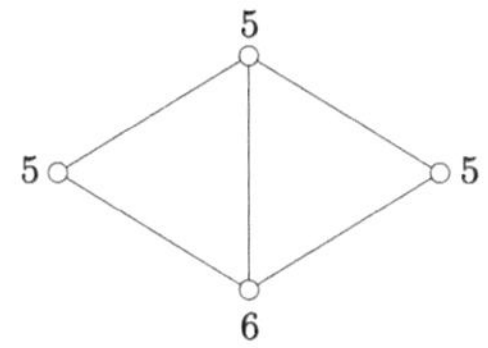

Fig. 16.11. La représentation de Heesch pour l'Exercice 16.2.5

16.2.6 On considère l'algorithme de déchargement dans lequel, pour chaque sommet v de degré 5, la charge unitaire de v est distribuée équitablement entre ses voisins de degré 9 ou plus. Trouver l'ensemble inévitable (comprenant sept configurations) déterminé par cet algorithme.

16.2.7 Inventer un algorithme de déchargement et déterminer l'ensemble $\mathcal{U}$ de configurations inévitables qu'il engendre.

16.3 Colorations sur listes des graphes planaires

La Démonstration de Thomassen du Théorème des Cinq Couleurs

Les colorations sur listes sont intéressantes non seulement parce qu'elles étendent la notion usuelle de coloration, mais aussi parce que, lorsqu'elles sont judicieusement utilisées, elles peuvent fournir des preuves remarquablement simples de théorèmes de coloration classique. Le théorème suivant sur la coloration sur listes des graphes planaires, dû à Thomassen (1994), implique le Théorème des Cinq Couleurs.

Une *quasi-triangulation* est un graphe plan dont les faces internes sont de degré 3.

Théorème 16.8 *Soit G une quasi-triangulation dont la face externe est bornée par un cycle C, et soient x et y deux sommets consécutifs sur C. Supposons que $L : V \to 2^{\mathbb{N}}$ soit une affectation de listes de couleurs aux sommets de G telle que :*

i) $|L(x)| = |L(y)| = 1$, *et* $L(x) \neq L(y)$,
ii) $|L(v)| \geq 3$ *pour tout* $v \in V(C) \setminus \{x, y\}$,
iii) $|L(v)| \geq 5$ *pour tout* $v \in V(G) \setminus V(C)$.

Alors G est L-colorable.

Démonstration Par récurrence sur $v(G)$. Si $v(G) = 3$, alors $G = C$ et l'énoncé est trivial. Nous pouvons donc supposer que $v(G) > 3$.

Soient z et x' les prédécesseurs immédiats de x sur C. Considérons d'abord le cas où x' a un voisin y' sur C autre que x et z (voir Figure 16.12a.) Dans ce cas, $C_1 := x'Cy'x'$ et $C_2 := x'y'Cx'$ sont deux cycles de G, et G est l'union de la quasi-triangulation G_1 formée de C_1 et son intérieur et de la quasi-triangulation G_2 formée de C_2 et son intérieur. Soit L_1 la restriction de L à $V(G_1)$. Par récurrence, G_1 a une L_1-coloration c_1. Maintenant soit L_2 la fonction sur $V(G_2)$ définie par $L_2(x') := \{c_1(x')\}$, $L_2(y') := \{c_1(y')\}$, et $L_2(v) := L(v)$ pour $v \in V(G_2) \setminus \{x', y'\}$. De nouveau par récurrence (avec x' et y' jouant les rôles de x et y, respectivement), il y a une L_2-coloration c_2 de G_2. D'après la définition de L_2, les deux sommets communs à G_1 et G_2, à savoir x' et y', reçoivent la même couleur par les deux colorations c_1 et c_2. Ainsi la fonction c définie par $c(v) := c_1(v)$ pour $v \in V(G_1)$ et $c(v) := c_2(v)$ pour $v \in V(G_2) \setminus V(G_1)$ est une L-coloration de G.

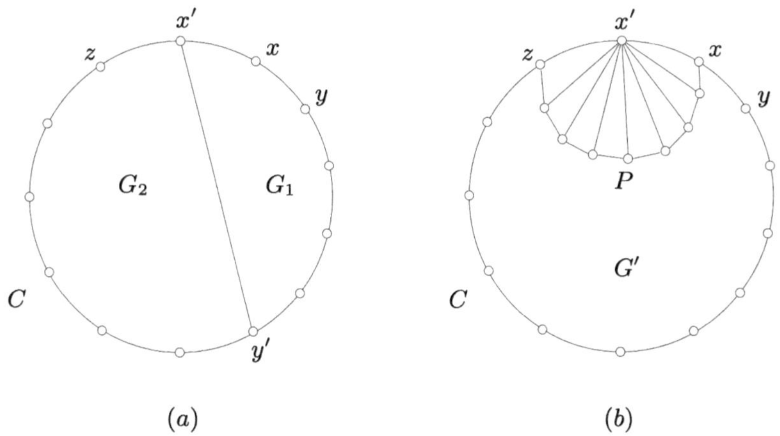

Fig. 16.12. Démonstration du Théorème 16.8

Supposons maintenant que les voisins de x' soient sur un chemin xPz intérieurement disjoint de C, comme montré Figure 16.12b. Dans ce cas, $G' := G - x'$ est une quasi-triangulation dont la face externe est bornée par le cycle $C' := xCz\overleftarrow{P}x$.

Soient α et β deux couleurs distinctes dans $L(x')\setminus L(x)$. Considérons la fonction L' sur $V(G')$ définie par $L'(v) := L(v)\setminus\{\alpha, \beta\}$ pour $v \in V(P)\setminus\{x, z\}$, et $L'(v) := L(v)$ pour tous les autres sommets v de G'. Par récurrence, il existe une L'-coloration c' de G'. Une des couleurs α et β est différente de $c'(z)$. En attribuant cette couleur à x', la coloration c' s'étend en une L-coloration c de G. □

Une conséquence immédiate de Théorème 16.8 est la généralisation du Théorème des Cinq Couleurs.

Corollaire 16.9 *Tout graphe planaire est* 5*-choisissable.*

C'est une des preuves les plus lumineuses du Théorème des Cinq Couleurs. Malheureusement, aucun analogue du Théorème des Quatre Couleurs pour la coloration sur listes n'est connu. En effet, Voigt (1993) a trouvé des exemples de graphes planaires qui ne sont pas 4-choisissables. Malgré cela, il est pensable qu'une version du Théorème des Quatre Couleurs pour de la coloration sur listes appropriée puisse également donner une preuve plus transparente (et plus courte) de ce théorème. (Par exemple, Kündgen et Ramamurthi (2002) ont suggéré que tout graphe planaire admette une coloration sur listes lorsque les couleurs disponibles viennent par paire, et que chaque liste est formée de deux de ces paires.)

Voigt (1995) a aussi donné des exemples de graphes planaires sans triangle qui ne sont pas 3-choisissables. Ceci montre qu'il n'y a pas d'extension naturelle à la coloration sur listes du 'théorème des trois couleurs' suivant, dû à Grötzsch (1958/1959).

Théorème 16.10 THÉORÈME DE GRÖTZSCH
Tout graphe planaire sans triangle est 3*-colorable.* □

Néammoins, il se trouve que tout graphe planaire de maille 5 est 3-choisissable. Ce résultat a été établi par Thomassen (1994) à l'aide d'arguments similaires mais plus compliqués que ceux employés pour établir le Théorème 16.8. Il peut légitimement se voir comme une extension à la coloration sur listes du Théorème de Grötzsch, car ce dernier peut se réduire assez facilement aux graphes planaires de maille 5.

Le Théorème de Grötzsch peut aussi se montrer de la même manière que le Théorème des Quatre Couleurs, mais les arguments sont considérablement plus simples. Le graphe de Grötzsch (Figure 15.4) est 4-chromatique et montre que le Théorème de Grötzsch ne s'étend pas aux graphes non-planaires. C'est en fait dans ce but que Grötzsch (1958/1959) avait construit ce graphe.

Exercices

16.3.1

a) Montrer que tout graphe k-dégénéré est $(k + 1)$-choisissable.

b) En déduire que :
   i) tout graphe simple planaire extérieur est 3-choisissable,
   ii) tout graphe planaire sans triangle est 4-choisissable,
   (J. Kratochvíl et Zs. Tuza)
   iii) tout graphe simple planaire est 6-choisissable.

———— ≀≀ ————

16.3.2 La *choisissabilité* d'une surface Σ est le plus petit entier strictement positif k tel que tout graphe sans boucle plongeable sur Σ soit k-choisissable. Montrer qu'excepté pour la sphère, la choisissabilité d'une surface fermée (qu'elle soit orientable ou non) est égale à son nombre chromatique.

16.4 Conjecture de Hadwiger

Comme nous l'avons vu dans la Partie 15.3, il existe des graphes de maille et de nombre chromatique arbitrairement grands. Que peut-on alors dire sur la structure des graphes de grand nombre chromatique ? Une ancienne conjecture due à Hadwiger (1943) affirme qu'un tel graphe contient forcément une grande clique, non pas en tant que sous-graphe mais en tant que mineur. (Rappelons qu'un *mineur* d'un graphe G est un graphe qui peut s'obtenir à partir de G en supprimant des sommets et en supprimant ou contractant des arêtes.)

Conjecture de Hadwiger

Conjecture 16.11 *Tout graphe k-chromatique a un K_k-mineur.*

Pour $k = 1$ et $k = 2$, la validité de la Conjecture de Hadwiger est évidente. On peut également facilement la vérifier pour $k = 3$, parce qu'un graphe 3-chromatique contient forcément un cycle impair, et que tout cycle impair contient K_3 comme mineur. Hadwiger (1943) a établi le cas $k = 4$, et Dirac (1952a) a prouvé le thèorème un peu plus fort suivant.

Théorème 16.12 *Tout graphe 4-chromatique contient une K_4-subdivision.*

Démonstration Soit G un graphe 4-chromatique, et soit F un sous-graphe 4-critique de G. D'après le Théorème 15.7, $\delta(F) \geq 3$. Par l'Exercice 10.1.5, F contient une subdivision de K_4, et donc G aussi. □

Wagner (1964) a montré que le cas $k = 5$ de la Conjecture de Hadwiger est équivalent au Théorème des Quatre Couleurs; ainsi il est également vrai. Le cas $k = 6$ a été vérifié par Robertson et al. (1993) ; leur preuve, elle aussi, repose sur le

Théorème des Quatre Couleurs. Cependant, la conjecture n'a pas été montrée dans sa généralité, et certains mathématiciens croient désormais qu'elle pourrait même être fausse. Alors qu'elle a été vérifiée pour de petites valeurs de k, la conjecture semble être difficile à prouver quand k est grand par rapport à n, en particulier lorsque $k = n/2$ (et n est pair). Plus précisément, si $\alpha = 2$, alors $\chi \geq n/2$ par (15.1), donc G devrait avoir un $K_{\lceil n/2 \rceil}$-mineur d'après la Conjecture de Hadwiger. Il n'est pas difficile de montrer que tout graphe G tel que $\alpha = 2$ a un $K_{\lceil n/3 \rceil}$-mineur (Exercice 16.4.4), mais personne n'a encore réussi à combler le fossé entre $n/3$ et $n/2$.

D'autre part, une forme plus faible de la Conjecture de Hadwiger peut être prouvée. Due à Mader (1967), celle-ci affirme que tout graphe de nombre chromatique suffisamment grand a un K_k-mineur. Comme c'est fréquemment le cas avec les résultats sur le nombre chromatique, ce théorème est en fait un théorème sur les graphes de grand degré moyen ; le lien avec le nombre chromatique est fait à travers le Théorème 15.7 (comme dans la preuve du Théorème 16.12).

Théorème 16.13 *Tout graphe simple G tel que $m \geq 2^{k-3}n$ a un K_k-mineur.*

Démonstration Par récurrence sur m. La validité du théorème se vérifie aisément quand $k \leq 3$. Nous pouvons donc supposer que $k \geq 4$ et $m \geq 10$. Soit G un graphe à n sommets et m arêtes, avec $m \geq 2^{k-3}n$. Si G a une arête e qui est dans au plus $2^{k-3} - 1$ triangles, le graphe simple sous-jacent à $G\,/\,e$ a $n - 1$ sommets et au moins $2^{k-3}n - 2^{k-3} = 2^{k-3}(n-1)$ arêtes, et donc a un K_k-mineur par récurrence. D'où G a lui aussi un K_k-mineur.

Par conséquent, nous pouvons supposer que chaque arête de G est dans au moins 2^{k-3} triangles. Pour tout $e \in E$, notons $t(e)$ le nombre de triangles contenant e. Comme une arête e est dans le sous-graphe $G[N(v)]$ induit par les voisins d'un sommet v si et seulement si v est le 'sommet' d'un triangle de 'base' e, nous avons :

$$\sum_{v \in V} |E(G[N(v)])| = \sum_{e \in E} t(e) \geq 2^{k-3}m = \sum_{v \in V} 2^{k-4}d(v)$$

Nous déduisons que G a un sommet v dont le sous-graphe du voisinage $H := G[N(v)]$ satisfait l'inégalité :

$$e(H) \geq 2^{k-4}d(v) = 2^{k-4}v(H)$$

Par récurrence, H a un K_{k-1}-mineur. Donc G a un K_k-mineur. □

Corollaire 16.14 *Pour $k \geq 2$, tout graphe $(2^{k-2}+1)$-chromatique a un K_k-mineur.*

Démonstration Soit G un graphe $(2^{k-2}+1)$-chromatique, et soit F un sous-graphe $(2^{k-2}+1)$-critique de G. D'après le Théorème 15.7, $\delta(F) \geq 2^{k-2}$, et donc $e(F) \geq 2^{k-3}v(F)$. Le Théorème 16.13 implique que F a un K_k-mineur. D'où G a lui aussi un K_k-mineur. □

Si, au lieu du nombre chromatique, on considère le nombre chromatique fractionnaire, le Corollaire 16.14 peut être amélioré en une borne linéaire, comme l'ont montré Reed et Seymour (1998) : tout graphe de nombre chromatique fractionnaire supérieur à $2k-2$ a un K_k-mineur.

La Conjecture de Hajós

Une conjecture encore plus forte que celle de Hadwiger avait été proposée par G. Hajós, probablement au début des années cinquante (voir Dirac (1952a)). Elle affirmait que tout graphe k-chromatique contenait une subdivision de K_k. (Pour $k=4$, c'est le Théorème 16.12.) La Conjecture de Hajós a été réfutée par Catlin (1979), qui a trouvé le graphe 8-chromatique dessiné Figure 15.3, qui ne contient aucune subdivision de K_8 (voir Exercice 16.4.3). Peu de temps après, Erdős et Fajtlowicz (1981) ont totalement démoli la conjecture en prouvant que presque tout graphe (au sens probabiliste) en était un contre-exemple. Ceci est une illustration de plus de la puissance de la méthode probabiliste.

Théorème 16.15 *Presque tout graphe est un contre-exemple à la Conjecture de Hajós.*

Démonstration Soit $G \in \mathcal{G}_{n,1/2}$. Alors presque sûrement $\alpha \leq \lceil 2\log_2 n \rceil$ (Exercice 13.2.11). Donc presque sûrement

$$\chi \geq \frac{n}{\alpha} \geq \frac{n}{\lceil 2\log_2 n \rceil} \tag{16.2}$$

Maintenant l'espérance du nombre de sous-graphes de G ayant s sommets et $t := \binom{s}{2} - n$ arêtes est

$$\binom{n}{s}\binom{\binom{s}{2}}{t}2^{-t} = \binom{n}{s}\binom{\binom{s}{2}}{n}2^{n-\binom{s}{2}} \leq n!\frac{(s^2/2)^n}{n!}2^{n-\binom{s}{2}} = s^{2n}2^{-\binom{s}{2}}$$

Si $s := \lceil n^c \rceil$, avec $\frac{1}{2} < c < 1$, cette dernière quantité tend vers zéro quand n tend vers l'infini. Donc, par l'Inégalité de Markov (Proposition 13.4), presque sûrement tout sous-graphe de G à s sommets a moins de $\binom{s}{2} - n$ arêtes. Mais ceci implique que, presque sûrement, G ne contient pas de subdivision de K_s. En effet, pour former une telle subdivision, au moins $n+1$ arêtes devraient être subdivisées, et il n'y a tout simplement pas assez de sommets pour cela. Comme s est beaucoup plus petit que la borne inférieure sur χ donnée par (16.2) pour n suffisamment grand, nous concluons que presque tout graphe G est un contre-exemple à la Conjecture de Hajós. □

Plus récemment, Thomassen (2005) a fait l'observation surprenante que plusieurs résultats classiques en théorie extrémale des graphes (abordée au Chapitre 12) donnaient des contre-exemples à la Conjecture de Hajós (voir Exercice 16.4.5). Assez ironiquement, ces résutats extrémaux étaient connus bien avant que Catlin donne ses contre-exemples à la Conjecture de Hajós, et même avant que Hajós n'émette la conjecture !

La Conjecture de Hadwiger, qu'elle soit vraie ou fausse, ne souffrira pas du même sort que la Conjecture de Hajós. À l'inverse du Théorème 16.15, il a été montré par Bollobás et al. (1980) que presque aucun graphe n'était un contre-exemple à la Conjecture de Hadwiger.

Exercices

16.4.1

a) Montrer que $K_{4,4}$ ne contient aucune K_5-subdivision.
b) Trouver une K_5-subdivision dans $K_{4,5}$.

16.4.2

a) Montrer que si G est simple avec $n \geq 4$ et $m \geq 2n - 2$, alors G contient une K_4-subdivision.
b) Pour $n \geq 4$, trouver un graphe simple G avec $m = 2n - 3$ qui ne contienne aucune K_4-subdivision.

16.4.3 En vérifiant qu'il est 8-chromatique mais ne contient aucune K_8-subdivision, montrer que le graphe de Catlin (Figure 15.3) est un contre-exemple à la Conjecture de Hajós.

16.4.4 Soit G un graphe tel que $\alpha = 2$.

a) Si G n'est pas connexe, montrer que G contient $K_{\lceil n/2 \rceil}$ (comme sous-graphe).
b) Si G est connexe, montrer que G contient un chemin uvw tel que $uw \notin E$ et que tout sommet de $G - \{u, v, w\}$ est adjacent à u ou à w (ou au deux).
c) Déduire, par récurrence, que G a un $K_{\lceil n/3 \rceil}$-mineur.

———— ≀≀ ————

16.4.5 Soit G un graphe à $n := 2k^3$ sommets tel que $\alpha \leq k$ et $\omega \leq k$, avec $k \geq 40$.

a) À l'aide du Théorème 12.12, montrer qu'il existe un tel graphe G.
b) Montrer que $\chi \geq 2k^2$.
c) On suppose que G contient une subdivision de K_{2k^2}.
   i) En appliquant le Théorème de Turán (12.7), montrer qu'au moins $2k^3 - k^2$ 'arêtes' de cette subdivision sont subdivisées par des sommets de G (c'est-à-dire, correspondent à des chemins de longueur au moins 2 dans G).
   ii) En déduire que $n \geq 2k^3 + k^2$.
d) Conclure que G est un contre-exemple à la Conjecture de Hajós.

(C. Thomassen)

16.4.6 Montrer qu'un graphe G possède $K_{\lceil n/(2\alpha-1) \rceil}$ comme mineur.

(P. Duchet et H. Meyniel)

16.4.7 Montrer que la Conjecture de Hadwiger est vraie pour les graphes de stabilité 2 si et seulement si tout graphe G tel que $\alpha = 2$ a $K_{\lceil n/2 \rceil}$ comme mineur.

16.5 En savoir plus

Quasi 4-colorations de graphes dans les surfaces

Le Théorème de Coloration des Cartes, abordé dans la Partie 11.1, implique que le nombre chromatique de S_k, la sphère à k anses, augmente avec k. D'autre part, Albertson et Hutchinson (1978) ont montré que si G est un graphe plongeable dans S_k, alors il peut s'obtenir d'un graphe planaire en supprimant au plus $k\sqrt{2n}$ de ses sommets. Ceci implique que dans un graphe G plongeable sur S_k, on peut 4-colorer tous les sommets sauf $k\sqrt{2n}$. Un énoncé bien plus fort a été conjecturé par Albertson (1981) : étant donnée une surface Σ, il existe un entier $f(\Sigma)$ tel que tous les sommets sauf $f(\Sigma)$ de n'importe quel graphe plongeable sur Σ puissent être 4-colorés. Il a conjecturé, en particulier, que tous les sommets sauf trois d'un graphe toroïdal peuvent être 4-colorés. Thomassen (1994) a prouvé qu'il y a précisément quatre graphes 6-critiques sur le tore, et en a déduit que tous les sommets sauf deux d'un graphe toroïdal peuvent être 5-colorés. Thomassen (1997b) a montré, en outre, que pour une surface fixée Σ, le nombre de graphes 6-critiques plongeables sur Σ est fini. À l'inverse, Fisk (1978) a construit une infinité de graphes 5-critiques sur toute surface autre que la sphère. Pour un exposé sur la conjecture d'Albertson et les sujets voisins, voir Jensen et Toft (1995).

17

Couplages

Sommaire

17.1 Couplages maximum

Un *couplage* dans un graphe est un ensemble de liens non-adjacents. Si M est un couplage, les deux extrémités de chaque arête de M sont dites *couplées* par

J. Bondy et al., *Théorie des graphes*, Mathématiques et Applications 91,
https://doi.org/10.1007/978-1-4471-7621-3_17

M, et tout sommet incident à une arête de M est dit être *couvert* par M. Un *couplage parfait* est un couplage qui couvre tous les sommets du graphe, et un *couplage maximum* est un couplage qui couvre autant de sommets que possible. Un graphe est *couplable* s'il a un couplage parfait. Tous les graphes ne sont pas couplables. En effet, aucun graphe d'ordre impair ne peut avoir de couplage parfait, puisqu'un couplage couvre clairement un nombre pair de sommets. Rappelons que le nombre d'arêtes dans un couplage maximum d'un graphe G est appelé l'*indice de couplage* de G et est dénoté $\alpha'(G)$. Un *couplage maximal* est un couplage qui ne peut pas être étendu en un couplage plus grand. De manière équivalente, c'est un couplage qui peut s'obtenir en choisissant les arêtes de façon gloutonne jusqu'à ce qu'aucune autre arête ne puisse plus être ajoutée. Un tel couplage n'est pas nécessairement un couplage maximum. Des exemples de couplages maximaux et de couplages parfaits dans le prisme pentagonal sont indiqués sur les Figures 17.1 et 17.1b, respectivement.

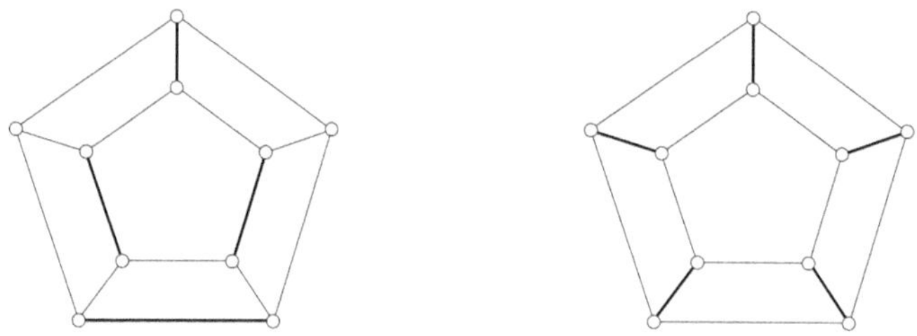

(a) (b)

Fig. 17.1. (a) Un couplage maximal, (b) un couplage parfait

La principale question que nous abordons dans ce chapitre est :

Problème 17.1 PROBLÈME DU COUPLAGE MAXIMUM
ÉTANT DONNÉ : *un graphe G,*
TROUVER : *un couplage maximum M^* dans G.*

Il y a beaucoup de questions pratiques qui, une fois traduites dans le langage de théorie des graphes, reviennent à trouver un couplage maximum dans un graphe. Une d'entre elles est la suivante :

Problème 17.2 PROBLÈME D'AFFECTATION
Un certain nombre d'emplois sont à pourvoir. Étant donné un groupe de candidats à ces emplois, pourvoir le plus possible d'entre eux, en affectant des candidats uniquement à des emplois pour lesquels ils sont qualifiés.

Cette situation peut se représenter au moyen d'un graphe biparti $G[X, Y]$ dans lequel X représente l'ensemble des candidats, Y l'ensemble des emplois, et où une arête xy avec $x \in X$ et $y \in Y$ signifie que le candidat x est qualifié pour l'emploi y. Une affectation de candidats aux emplois, une personne par emploi, correspond à un couplage dans G, et le problème de pourvoir autant d'offres d'emploi que possible revient à trouver un couplage maximum dans G.

Comme nous le montrons dans la Partie 17.5, le Problème d'Affectation peut se résoudre en temps polynomial. En effet, nous y présentons un algorithme polynomial pour trouver un couplage maximum dans un graphe quelconque. Les notions de chemin alternant et de chemin augmentant par rapport à un couplage, définies ci-dessous, jouent un rôle essentiel dans ces algorithmes.

Chemins augmentants

Soit M un couplage dans un graphe G. Un chemin ou un cycle est *M-alternant* dans G si ses arêtes sont alternativement dans M et $E \setminus M$. Un chemin M-alternant peut ou non commencer et finir par des arêtes de M (voir Figure 17.2).

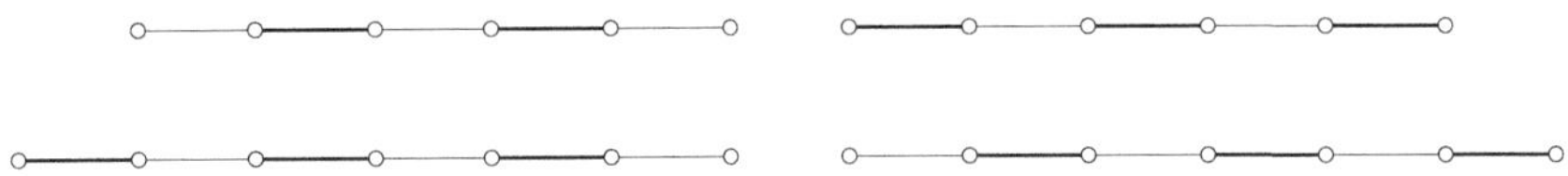

Fig. 17.2. Types de chemins M-alternants

Si ni le sommet initial ni le sommet terminal ne sont couverts par M (comme dans le chemin en haut à gauche dans la Figure 17.2) le chemin est dit un *chemin M-augmentant.* La Figure 17.3a montre un chemin M-augmentant dans le prisme pentagonal, où M est le couplage indiqué Figure 17.1a.

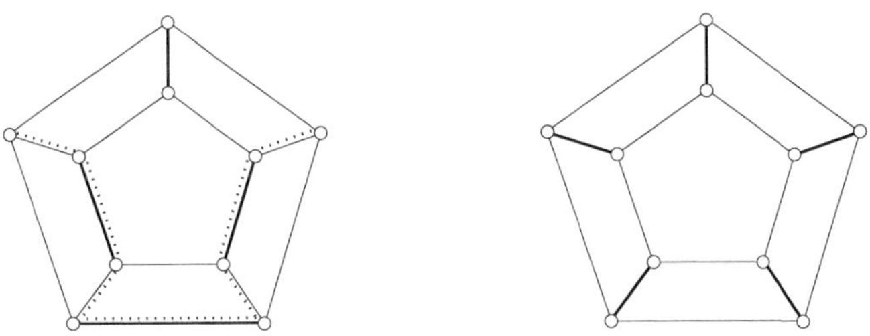

(a) (b)

Fig. 17.3. (a) Un chemin M-augmentant P, (b) le couplage $M \triangle E(P)$

LE THÉORÈME DE BERGE

Le théorème suivant, dû à Berge (1957), souligne l'importance des chemins augmentants pour l'étude des couplages maximums.

Théorème 17.3 THÉORÈME DE BERGE
Un couplage M dans un graphe G est un couplage maximum si et seulement si G ne contient pas de chemin M-augmentant.

Démonstration Soit M un couplage dans G. Supposons que G contienne un chemin M-augmentant P. Alors $M' := M \triangle E(P)$ est un couplage dans G, et $|M'| = |M| + 1$ (voir Figure 17.3). Ainsi M n'est pas un couplage maximum.

Réciproquement, supposons que M ne soit pas un couplage maximum, et soit M^* un couplage maximum dans G. Alors $|M^*| > |M|$. Posons $H := G[M \triangle M^*]$, comme illustré Figure 17.4.

Chaque sommet de H est de degré 1 ou 2 dans H, car il ne peut être incident qu'à au plus une arête de M et au plus une arête de M^*. En conséquence, chaque composante de H est un cycle pair ou un chemin dont les arêtes sont alternativement dans M et M^*.

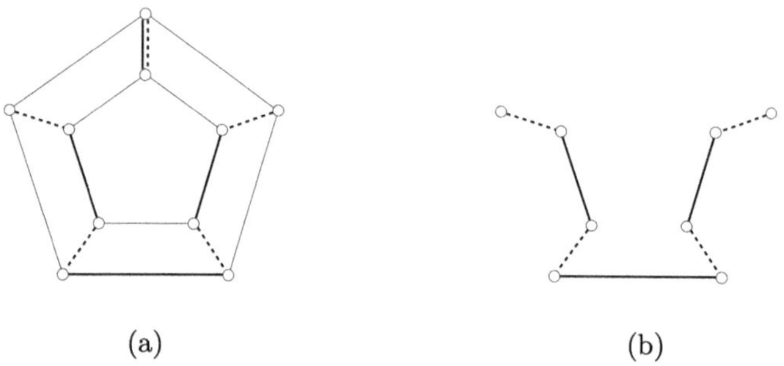

Fig. 17.4. (a) Les couplages M (en gras) et M^* (en pointillé), et (b) le sous-graphe $H := G[M \triangle M^*]$

Comme $|M^*| > |M|$, le sous-graphe H contient plus d'arêtes de M^* que de M, et donc une composante chemin P de H doit commencer et finir par des arêtes de M^*. Les sommets initial et terminal de P, étant couverts par M^*, ne sont pas couverts par M. Le chemin P est donc un chemin M-augmentant dans G. □

Exercices

17.1.1

a) Montrer que le graphe de Petersen a exactement six couplages parfaits.
b) Déterminer le nombre de couplages parfaits dans les graphes K_{2n} et $K_{n,n}$.

17.1.2 Montrer qu'il est impossible, à l'aide de rectangles 1×2 (dominos), de paver un carré 8×8 (échiquier) duquel deux coins carrés 1×1 diagonalement opposés ont été supprimés.

17.1.3 Montrer que si G est sans triangle, alors $\alpha'(G) = n - \chi(\overline{G})$.

17.1.4 Trouver un couplage maximal M et un couplage parfait M^* dans le prisme pentagonal tels que le sous-graphe induit par $M \triangle M^*$ ait deux composantes, une qui soit un cycle et l'autre qui soit un chemin M-augmentant.

$\star$**17.1.5**

a) Soient M et M' des couplages maximums d'un graphe G. Décrire la structure du sous-graphe $H := G[M \triangle M']$.
b) Soient M et M' des couplages parfaits d'un graphe G. Décrire la structure du sous-graphe $H := G[M \triangle M']$.
c) Déduire de (b) qu'un arbre a au plus un couplage parfait.

17.1.6 Soient M et N des couplages d'un graphe G, avec $|M| > |N|$. Montrer qu'il y a des couplages disjoints M' et N' de G tels que $|M'| = |M| - 1, |N'| = |N| + 1$ et $M' \cup N' = M \cup N$.

$\star$**17.1.7**

a) Soit M un couplage parfait dans un graphe G et S un sous-ensemble de V. Montrer que $|M \cap \partial(S)| \equiv |S| \pmod 2$.
b) En déduire que si M est un couplage parfait du graphe de Petersen, et C est l'ensemble d'arêtes d'un des 5-cycles, alors $|M \cap C|$ est pair.

17.1.8

a) Soit M un couplage parfait dans un graphe G dont tous les sommets sont de degré impair. Montrer que M comprend toutes les arêtes séparatrices de G.
b) En déduire que le graphe 3-régulier de la Figure 17.5 n'a pas de couplage parfait.
c) Pour tout $k \geq 2$, trouver un graphe simple $(2k + 1)$-régulier sans couplage parfait.

17.1.9 Soit M un couplage maximal dans un graphe G, et soit M^* un couplage maximum dans G. Montrer que $|M| \geq \frac{1}{2}|M^*|$.

17.1.10 On considère un graphe complet K à $2n$ sommets plongé dans le plan, ayant n sommets colorés rouge, n sommets colorés bleu, et dont chaque arête est un segment de droite. Montrer que K a un couplage parfait dont les arêtes ne se croisent pas, et dont chaque arête a une extrémité rouge et une extrémité bleue.

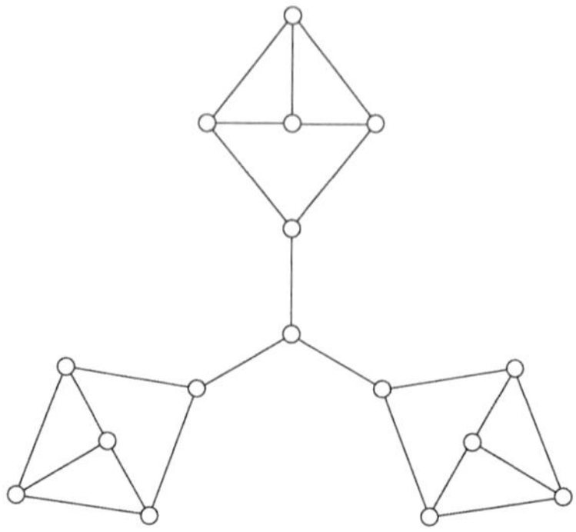

Fig. 17.5. Le graphe de Sylvester : un graphe 3-régulier sans couplage parfait

17.1.11 Le jeu de *Slither* se joue de la façon suivante. Deux joueurs, chacun leur tour, choisissent des sommets distincts $v_0, v_1, v_2, \ldots$ d'un graphe G, de telle sorte que, pour $i \geq 0$, v_{i+1} soit adjacent à v_i. Le dernier joueur capable de choisir un sommet gagne le jeu. Montrer que premier joueur a une stratégie gagnante si et seulement si G n'a pas de couplage parfait. (W.N. ANDERSON, JR.)

17.1.12 Soit G un graphe simple tel que $n \geq 2\delta$. Montrer que $\alpha' \geq \delta$.

17.1.13 Soit G un graphe non-vide qui a un unique couplage parfait M.

a) Montrer que G n'a pas de cycle M-alternant, et que les première et dernière arêtes de chaque chemin M-alternant maximal appartiennent à M.
b) En déduire que si $G := G[X, Y]$ est biparti, alors X et Y contiennent chacun un sommet de degré 1.
c) Donner un exemple de graphe ayant un unique couplage parfait mais pas de sommet de degré 1.

17.1.14

a) Soit M un couplage dans un graphe G. Montrer qu'il y a un couplage maximum dans G qui couvre tous les sommets couverts par M.
b) En déduire que tout sommet d'un graphe connexe non-trivial est couvert par un couplage maximum.
c) Soit $G[X, Y]$ un graphe biparti et soient $A \subseteq X$ et $B \subseteq Y$. On suppose que G a un couplage qui couvre tous les sommets de A et un couplage qui couvre tous les sommets de B. Montrer que G a un couplage qui couvre tous les sommets de $A \cup B$. (L. DULMAGE ET N.S. MENDELSOHN)

$\star$**17.1.15** SOMMET ESSENTIEL
Un sommet v d'un graphe G est *essentiel* si v est couvert par tout couplage maximum dans G, c'est-à-dire, si $\alpha'(G - v) = \alpha'(G) - 1$.

a) Décrire une famille infinie de graphes connexes qui ne contiennent pas de sommets essentiels.

b) Montrer que tout graphe biparti non-vide a un sommet essentiel.

(D. de Caen)

17.1.16 Une usine doit effectuer n tâches $1, 2, \ldots, n$, qui nécessitent chacune une journée pour être faite. Il y a deux machines disponibles. L'une peut effectuer une tâche à la fois et la faire en une journée, alors que l'autre peut faire deux tâches simultanément et finir les deux en une journée. Les tâches sont soumises aux contraintes de précédence représentées par une relation binaire $\prec$, où $i \prec j$ signifie que la tâche i doit être terminée avant que la tâche j commence. L'objectif est d'accomplir toutes les tâches tout en minimisant $d_1 + d_2$, où d_i est le nombre de jours durant lesquels la machine i est utilisée. Formuler ce problème comme un problème de couplage maximum dans un graphe bien choisi.

(M. Fujii, T. Kasami, et N. Ninomiya)

17.2 Couplages dans les graphes bipartis

Théorème de Hall

Dans beaucoup d'applications, on désire trouver un couplage dans un graphe biparti $G[X,Y]$ qui couvre tous les sommets de X. Des conditions nécessaires et suffisantes pour l'existence d'un tel couplage ont été données par Hall (1935). Rappelons que si S est un ensemble de sommets dans un graphe G, l'ensemble de tous les voisins des sommets de S est dénoté par $N(S)$.

Théorème 17.4 Théorème de Hall
Un graphe biparti $G := G[X,Y]$ a un couplage qui couvre tous les sommets de X si et seulement si

$$|N(S)| \geq |S| \quad \textit{pour tout} \quad S \subseteq X \tag{17.1}$$

Démonstration Soit $G := G[X,Y]$ un graphe biparti qui a un couplage M couvrant tous les sommets de X. Considérons un sous-ensemble S de X. Les sommets de S sont couplés par M à des sommets différents de $N(S)$. Donc $|N(S)| \geq |S|$, et la condition (17.1) est vérifiée.

Réciproquement, soit $G := G[X,Y]$ un graphe biparti qui n'a pas de couplage couvrant tous les sommets de X. Soit M^* un couplage maximum dans G et u un sommet dans X qui n'est pas couvert par M^*. Notons Z l'ensemble de tous les sommets atteignables depuis u par des chemins M^*-alternants. Comme M^* est un couplage maximum, d'après le Théorème 17.3, u est le seul sommet de Z qui ne soit pas couvert par M^*. Posons $R := X \cap Z$ et $B := Y \cap Z$ (voir Figure 17.6).

Clairement les sommets de $R \setminus \{u\}$ sont couplés par M^* à des sommets de B. Par conséquent $|B| = |R| - 1$ et $N(R) \supseteq B$. En fait, $N(R) = B$ parce que chaque sommet de $N(R)$ est connecté à u par un chemin M^*-alternant. Ces deux équations impliquent que

$$|N(R)| = |B| = |R| - 1$$

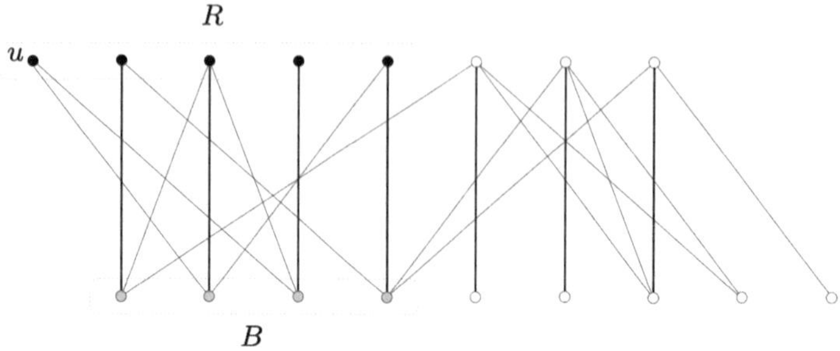

Fig. 17.6. Démonstration du Théorème de Hall (17.4)

Donc la condition de Hall (17.1) n'est pas vérifiée pour l'ensemble $S := R$. □

Le Théorème 17.4 est aussi connu comme le *Théorème des Mariages*, parce qu'il peut être reformulé de manière plus pittoresque comme suit : si les filles de n'importe quel groupe d'un village aiment à elles toutes au moins autant de garçons qu'elles sont de filles dans le groupe, alors il est possible que chaque fille se marie avec un garçon qu'elle aime.

Le Théorème de Hall s'avère être un outil précieux aussi bien en théorie des graphes que dans d'autres domaines des mathématiques. Il possède plusieurs formulations équivalentes, dont la suivante en termes de système d'ensembles.

Soit $\mathcal{A} := (A_i : i \in I)$ une famille finie de sous-ensembles (pas forcément distincts) d'un ensemble fini A. Un *système de représentants distincts* (SRD) pour une famille $\mathcal{A}$ est un ensemble $\{a_i : i \in I\}$ d'éléments distincts de A tels que $a_i \in A_i$ pour tout $i \in I$. Avec cette terminologie, le Théorème de Hall dit que $\mathcal{A}$ a un système de représentants distincts si et seulement si $|\cup_{i \in J} A_i| \geq |J|$ pour tout sous-ensemble J de I. (Pour voir qu'il s'agit bien d'une reformulation du Théorème de Hall, prenons $G := G[X,Y]$, où $X := I$, $Y := A$, et $N(i) := A_i$ pour tout $i \in I$.) C'est, en fait, sous cette forme que Hall a présenté son théorème. Il l'avait utilisé pour répondre à une question en théorie des groupes (voir Exercice 17.2.21).

Le Théorème de Hall donne un critère pour qu'un graphe biparti ait un couplage parfait.

Corollaire 17.5 *Un graphe biparti $G[X,Y]$ a un couplage parfait si et seulement si $|X| = |Y|$ et $|N(S)| \geq |S|$ pour tout $S \subseteq X$.* □

Ce critère est satisfait par tous les graphes bipartis réguliers non-vides.

Corollaire 17.6 *Tout graphe biparti régulier non-vide a un couplage parfait.*

Démonstration Soit $G[X,Y]$ un graphe biparti k-régulier, pour $k \geq 1$. Alors $|X| = |Y|$ (Exercice 1.1.9).

Maintenant soit S un sous-ensemble de X et soient E_1 et E_2 les ensembles des arêtes de G incidentes à S et $N(S)$, respectivement. Par définition de $N(S)$, nous avons $E_1 \subseteq E_2$. D'où

$$k|N(S)| = |E_2| \geq |E_1| = k|S|$$

Comme $k \geq 1$, il s'ensuit que $|N(S)| \geq |S|$ et donc, par le Corollaire 17.5, G a un couplage parfait. □

Couplages et couvertures

Rappelons qu'une *couverture* d'un graphe G est un sous-ensemble K de V tel que toute arête de G ait au moins une extrémité dans K. Une couverture K^* est une *couverture minimum* si G n'a pas de couverture K telle que $|K| < |K^*|$. Le nombre de sommets dans une couverture minimum de G est appelé l'*indice de couverture* de G, et est dénoté par $\beta(G)$. Une couverture est *minimale* si aucun de ses sous-ensembles propres n'est une couverture. Des couvertures minimales et minimum du graphe de Petersen sont indiquées (par des sommets noirs) sur la Figure 17.7.

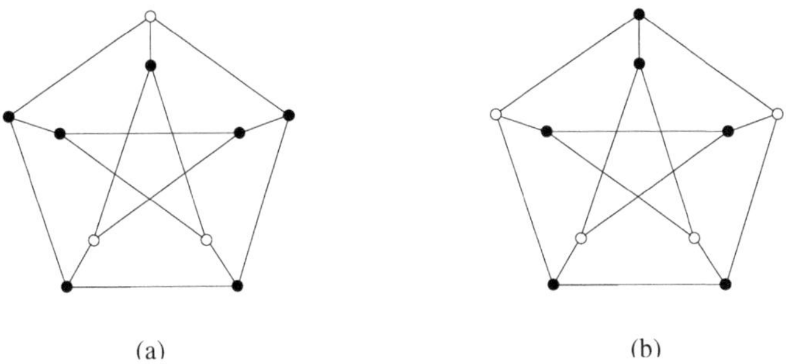

Fig. 17.7. (a) Une couverture minimale, (b) une couverture minimum

Si M est un couplage d'un graphe G, et K est une couverture de G, alors au moins une extrémité de chaque arête de M appartient à K. Comme toutes ces extrémités sont distinctes, $|M| \leq |K|$. De plus, s'il y a égalité, alors M est un couplage maximum et K est une couverture minimum (Exercice 17.2.2) :

Proposition 17.7 *Soient M un couplage et K une couverture tels que $|M| = |K|$. Alors M est un couplage maximum et K est une couverture minimum.* □

Le Théorème de König–Egerváry (8.32) nous dit qu'il y a toujours égalité lorsque G est biparti : pout tout graphe biparti G,

$$\alpha'(G) = \beta(G)$$

Cette identité peut se déduire aisément de la théorie des chemins alternants. Soit $G := G[X, Y]$ un graphe biparti, M^* un couplage maximum dans G, et U l'ensemble des sommets de X qui ne sont pas couverts par M^*. Notons Z l'ensemble de tous les sommets atteignables dans G depuis les sommets de U par des chemins

M^*-alternants, et posons $R := X \cap Z$ et $B := Y \cap Z$. Alors $K^* := (X \setminus R) \cup B$ est une couverture telle que $|K^*| = |M^*|$ (Exercice 17.2.8). D'après la Proposition 17.7, K^* est une couverture minimum.

Exercices

17.2.1

a) Montrer qu'un graphe biparti G a un couplage parfait si et seulement si $|N(S)| \geq |S|$ pour tout $S \subseteq V$.
b) Donner un exemple qui montre que cette condition ne garantit pas l'existence d'un couplage parfait dans un graphe quelconque.

17.2.2 Prouver la Proposition 17.7.

17.2.3 Un *axe* d'une matrice est une ligne ou une colonne de la matrice. Montrer que le nombre minimum d'axes contenant toutes les entrées non-nulles de la matrice est égal au nombre maximum d'entrées non-nulles, telles qu'il n'y en ait pas deux sur un même axe.

17.2.4 À l'aide de l'Exercice 17.1.15, donner une preuve par récurrence du Théorème de König–Egerváry (8.32). (D. de Caen)

17.2.5 Soient S et T des stables maximum d'un graphe G. Montrer que $G[S \triangle T]$ a un couplage parfait.

$\star$**17.2.6** Soit $\mathcal{A} := (A_i : i \in I)$ une famille finie de sous-ensembles d'un ensemble fini A, et soit $f : I \to \mathbb{N}$ une fonction à valeurs entières strictement positives. Un *f-SRD* de $\mathcal{A}$ est une famille $(S_i : i \in I)$ de sous-ensembles disjoints de A telle que $S_i \subseteq A_i$ et $|S_i| = f(i)$, $i \in I$. (Ainsi, quand $f(i) = 1$ pour tout $i \in I$, un f-SRD de $\mathcal{A}$ est simplement un SRD de $\mathcal{A}$.)

a) On considère la famille $\mathcal{B}$ de sous-ensembles de A formée de $f(i)$ copies de A_i, $i \in I$. Montrer que $\mathcal{A}$ a un f-SRD si et seulement si $\mathcal{B}$ a un SRD.
b) En déduire, à l'aide du Théorème de Hall (17.4), que $\mathcal{A}$ a un f-SRD si et seulement si
$$\left|\bigcup_{i \in J} A_i\right| \geq \sum_{i \in J} f(i) \quad \text{pour tout } J \subseteq I$$

17.2.7

a) Montrer que toute couverture minimale d'un graphe biparti $G[X, Y]$ est de la forme $N(S) \cup (X \setminus S)$ pour un certain sous-ensemble S de X.
b) Déduire le Théorème de Hall (17.4) du Théorème de König–Egerváry (8.32).

$\star$**17.2.8** Soit $G := G[X, Y]$ un graphe biparti, M^* un couplage maximum dans G, et U l'ensemble des sommets de X qui ne sont pas couverts par M^*. On note Z l'ensemble de tous les sommets de G atteignables depuis un sommet de U par des chemins M^*-alternants, et on pose $R := X \cap Z$ et $B := Y \cap Z$. Montrer que :

a) $K^* := (X \setminus R) \cup B$ est une couverture de G,
b) $|K^*| = |M^*|$.

⋆17.2.9 Formule de König–Ore

a) Soit $G := G[X, Y]$ un graphe biparti, M un couplage dans G, et U l'ensemble des sommets de X qui ne sont pas couverts par M. Montrer que :
   i) pour tout sous-ensemble S de X, $|U| \geq |S| - |N(S)|$,
   ii) $|U| = |S| - |N(S)|$ si et seulement si M est un couplage maximum de G.
b) Prouver la généralisation suivante du Théorème de Hall (17.4) :
   L'indice de couplage d'un graphe biparti $G := G[X, Y]$ est donné par :

$$\alpha' = |X| - \max\{|S| - |N(S)| : S \subseteq X\}$$

   Cette expression pour α' est connue sous le nom de *Formule de König–Ore.*

17.2.10 Déduire du Théorème deKönig–Egerváry (8.32) que si $G := G[X, Y]$ est un graphe simple biparti, tel que $|X| = |Y| = n$ et $m > (k - 1)n$, alors $\alpha' \geq k$.

17.2.11

a) Soit G un graphe et soit (X, Y) une partition de V telle que $G[X]$ et $G[Y]$ soient tous deux k-colorables. Montrer que si la coupe $[X, Y]$ a au plus $k - 1$ arêtes, G est aussi k-colorable. (P. Kainen)
b) En déduire que tout graphe k-critique est $(k - 1)$-arête-connexe. (G.A. Dirac)

⋆17.2.12 Rappelons qu'une *couverture par arêtes* d'un graphe sans sommet isolé est un ensemble d'arêtes incidentes à tous les sommets, et que le nombre d'arêtes dans une couverture par arêtes minimum d'un graphe G est noté $\beta'(G)$. Montrer que $\alpha' + \beta' = n$ pour tout graphe G sans sommet isolé. (T. Gallai)

17.2.13 Soit $G := G[X, Y]$ un graphe biparti dans lequel chaque sommet de X est de degré impair. On suppose que deux sommets quelconques de X ont toujours un nombre pair de voisins communs. Montrer que G a un couplage couvrant tous les sommets de X. (N. Alon)

17.2.14 Soit $G := G[X, Y]$ un graphe biparti tel que $d(x) \geq 1$ pour tout $x \in X$ et $d(x) \geq d(y)$ pour tout $xy \in E$ où $x \in X$ et $y \in Y$. Montrer que G a un couplage couvrant tous les sommets de X. (N. Alon)

17.2.15 Montrer qu'un graphe biparti $G[X, Y]$ a un sous-graphe couvrant H tel que $d_H(x) = 1$ pour tout $x \in X$ et $d_H(y) \leq k$ pour tout $y \in Y$ si et seulement si $|N(S)| \geq |S|/k$ pour tout $S \subseteq X$.

17.2.16 Un 2-*branchement* est un branchement dans lequel tout sommet autre que la racine est de degré sortant au moins deux. Soit T un tournoi, et v un sommet de degré sortant maximum dans T. On pose $Y{:=}N^+(v)$ et $X := V \setminus (Y \cup \{v\})$, et on désigne par $G[X, Y]$ le graphe biparti dans lequel $x \in X$ est adjacent à $y \in Y$ si et seulement si y domine x dans T. Pour $S \subseteq X$, on note $N(S)$ l'ensemble des voisins de S dans G.

a) Montrer que $|N(S)| \geq \frac{1}{2}|S|$, pour tout $S \subseteq X$.
b) En appliquant l'Exercice 17.2.15, déduire que T a un 2-branchement couvrant de profondeur au plus 2 de racine x. (X. Lu)

17.2.17 Soit $\mathcal{C} = \{C_i : 1 \leq i \leq n\}$ une famille de n cycles dirigés dans un digraphe D. Montrer qu'il existe des arcs $a_i \in A(C_i)$, $1 \leq i \leq n$, tels que $D[\{a_i : 1 \leq i \leq n\}]$ contienne un cycle dirigé. (A. Frank et L. Lovász)

17.2.18

a) Soit $k \geq 1$ et G un graphe dans lequel tout sommet est de degré k ou $k+1$. Prouver que G a un sous-graphe couvrant H dans lequel :
   i) tout sommet est de degré k ou $k+1$,
   ii) les sommets de degré $k+1$ forment un stable.
b) Soit H un graphe satisfaisant les conditions (i) et (ii) de (a), pour $k \geq 1$. On note X l'ensemble des sommets de H de degré $k+1$ et Y l'ensemble des sommets de H de degré k. Prouver que H a un sous-graphe couvrant biparti $B(X, Y)$ dans lequel :
   i) tout sommet de X est de degré $k+1$,
   ii) tout sommet de Y est de degré au moins k.
c) Soit $B(X, Y)$ un graphe biparti satisfaisant les conditions (i) et (ii) de (b). Prouver qu'il y a un couplage M dans B qui couvre tous les sommets de X.
d) Déduire de (a), (b), et (c) que si G est un graphe dans lequel tout sommet est de degré k ou $k+1$, pour un certain $k \geq 1$ fixé, alors G contient un sous-graphe couvrant dans lequel tout sommet est de degré $k-1$ ou k.

(W.T. Tutte ; C. Thomassen)

17.2.19 Théorème de Birkhoff–von Neumann
Une matrice à valeur réelle positive est *doublement stochastique* si la somme des entrées sur chacune de ses lignes et sur chacune de ses colonnes vaut 1. Une *matrice de permutation* est une matrice $(0, 1)$ qui a exactement un 1 par ligne et exactement un 1 par colonne. (Ainsi toute matrice de permutation est doublement stochastique.) Soit $\mathbf{Q}$ une matrice doublement stochastique. Montrer que :

a) $\mathbf{Q}$ est une matrice carrée,
b) $\mathbf{Q}$ peut s'exprimer comme combinaison linéaire convexe de matrices de permutation, c'est-à-dire,

$$\mathbf{Q} = c_1\mathbf{P}_1 + c_2\mathbf{P}_2 + \cdots + c_k\mathbf{P}_k$$

où chacune des $\mathbf{P}_i$ est une matrice de permutation, chacun des c_i est un réel positif, et $\sum_{i=1}^{k} c_i = 1$. (G. Birkhoff ; J. von Neumann)

17.2.20 Soient $\mathcal{A} := (A_i : i \in I)$ et $\mathcal{B} := (B_i : i \in I)$ deux familles finies de sous-ensembles d'un ensemble fini A. Construire un digraphe $D(x, y)$ ayant la propriété qu'un SRD de $\mathcal{A}$ est aussi un SRD de $\mathcal{B}$ si et seulement s'il y a $|I|$ (x, y)-chemins dirigés intérieurement disjoints dans D.

17.2.21 Soit H un groupe fini et soit K un sous-groupe de H. Montrer qu'il y a des éléments $h_1, h_2, \ldots, h_n \in H$ tels que $h_1K, h_2K, \ldots, h_nK$ sont les classes à gauche de K et $Kh_1, Kh_2, \ldots, Kh_n$ sont les classes à droite de K. (P. Hall)

17.2.22 Soit $G[X, Y]$ un graphe biparti, et soient S_1 et S_2 des sous-ensembles de X. Montrer que

$$|N(S_1)| + |N(S_2)| \geq |N(S_1 \cup S_2)| + |N(S_1 \cap S_2)|$$

17.2.23 Soit $G[X, Y]$ un graphe biparti dans lequel $|N(S)| \geq |S|$ pour tout $S \subseteq X$.

a) Un sous-ensemble S de X est dit être *juste* si $|N(S)| = |S|$. Déduire de l'Exercice 17.2.22 que l'union et l'intersection de sous-ensembles justes sont également justes.
b) En déduire le Théorème de Hall (17.4), à savoir que G a un couplage couvrant X, par récurrence sur n, en procédant comme suit.
   i) On suppose, d'abord, qu'il n'y a pas de sous-ensemble propre non-vide de X qui soit juste. Soit xy une arête de $G[X, Y]$ avec $x \in X$ et $y \in Y$. Montrer que, pour tout sous-ensemble S de $X \setminus \{x\}$, $|N_{G'}(S)| \geq |S|$ où $G' = G - \{x, y\}$. (Dans ce cas, par récurrence, G' a un couplage M' qui couvre $X \setminus \{x\}$, et $M' \cup \{xy\}$ est un couplage de G qui couvre X.)
   ii) On suppose, maintenant, que T est un sous-ensemble propre non-vide de X qui est juste. Soit G_1 le sous-graphe de G induit par $T \cup N(T)$ et soit $G_2 := G - (T \cup N(T))$. Montrer que $|N_{G_1}(S)| \geq |S|$, pour tout $S \subseteq T$ et $|N_{G_2}(S)| \geq |S|$, pour tout $S \subseteq X \setminus T$. (Dans ce cas, par récurrence, G_1 a un couplage M_1 qui couvre T, et G_2 a un couplage M_2 qui couvre $X \setminus T$, donc $M_1 \cup M_2$ est un couplage de G qui couvre X.)

(P.R. Halmos et H.E. Vaughn)

17.2.24 Un graphe connexe non-vide est *couplage-total* si toute arête appartient à un couplage parfait. Soit $G := G[X, Y]$ un graphe biparti connexe qui a un couplage parfait. Montrer que :

a) G est couplage-total si et seulement si X n'a pas de sous-ensemble propre non-vide qui soit juste,
b) si G est couplage-total, alors $G - \{x, y\}$ a un couplage parfait pour tout $x \in X$ et tout $y \in Y$.

17.2.25 Décomposition de Dulmage–Mendelsohn
Soit $G[X, Y]$ un graphe biparti qui a un couplage parfait. Montrer qu'il y a un entier strictement positif k et des partitions $(X_1, X_2, \ldots, X_k)$ de X et $(Y_1, Y_2, \ldots, Y_k)$ de Y tels que, pour $1 \leq i \leq k$,

i) le sous-graphe $G[X_i \cup Y_i]$ de $G[X, Y]$ induit par $X_i \cup Y_i$ est couplage-total,
ii) $N(X_i) \subseteq Y_1 \cup Y_2 \cup \cdots \cup Y_i$. (L. Dulmage et N.S. Mendelsohn)

17.2.26 Soit G un graphe biparti couplage-total.

a) Montrer que G a une *décomposition en anses impaires*, c'est-à-dire, une suite emboîtée de sous-graphes $(G_0, G_1, \ldots, G_k)$ tels que $G_0 \cong K_2$, $G_k = G$, et $G_{i+1} = G_i \cup P_i$, $0 \leq i < k$, où P_i est une anse de G_i de longueur impaire.
b) Montrer que, dans une telle décomposition, G_i est couplage-total pour tout i, $0 \leq i \leq k$.
c) En déduire que G a $m - n + 2$ couplages parfaits dont les vecteurs caractéristiques sont linéairement indépendants.
d) L'*espace des couplages* de G est l'espace vectoriel engendré par l'ensemble des vecteurs caractéristiques des couplages parfaits de G. Montrer que la dimension de cet espace est $m - n + 2$.
(J. Edmonds, L. Lovász, et W.R. Pulleyblank)

(Les résultats correspondants pour les graphes couplage-totaux non-bipartis sont considérablement plus difficiles ; voir Carvalho et al. (2002).)

17.2.27

a) Soit $G[X, Y]$ un graphe biparti à $2n$ sommets dans lequel tous les sommets sont de degré 3 exceptés un sommet de X et un sommet de Y, qui sont de degré 2. Montrer que $pm(G) \geq 2(4/3)^{n-1}$, où $pm(G)$ est le nombre de couplages parfaits de G.
b) En déduire que si G est un graphe biparti cubique à $2n$ sommets, alors $pm(G) \geq (4/3)^n$. (M. Voorhoeve)

17.2.28

a) Soit $G[X, Y]$ un graphe biparti infini. Montrer que la condition $|N(S)| \geq |S|$, pour tout sous-ensemble fini S de X, est une condition nécessaire à ce que G ait un couplage couvrant tous les sommets de X.
b) Donner un exemple de graphe biparti dénombrable $G[X, Y]$ pour lequel cette condition n'est pas suffisante pour l'existence d'un tel couplage.

17.3 Couplages dans les graphes quelconques

Dans cette partie, nous démontrons une formule min–max pour le nombre d'arêtes dans un couplage maximum d'un graphe quelconque. Celle-ci est analogue à la Formule de König–Ore pour les graphes bipartis (voir Exercice 17.2.9). Nous commençons par établir une majoration de ce nombre.

Barrières

Si M est un couplage dans un graphe G, chaque composante impaire de G doit clairement contenir au moins un sommet qui n'est pas couvert par M. Par conséquent $|U| \geq o(G)$, où U désigne l'ensemble des sommets non-couverts et $o(G)$ le nombre de composantes impaires de G. Cette inégalité peut s'étendre à tous les sous-graphes induits de G comme suit.

Soit S un sous-ensemble propre de V et soit M un couplage dans G. Considérons une composante impaire H de $G - S$. Si tout sommet de H est couvert par M, au moins un sommet de H doit être couplé à un sommet de S. Comme $|S|$ sommets de $G - S$ au plus peuvent être couplés à des sommets de S, au plus $o(G - S) - |S|$ composantes impaires de G doivent contenir des sommets non couverts par M. Cette observation donne l'inégalité suivante, valable pour tout sous-ensemble propre S de V.

$$|U| \geq o(G - S) - |S| \tag{17.2}$$

De cette inégalité, nous pouvons déduire, par exemple, que le graphe de Sylvester (de la Figure 17.5) n'a pas de couplage parfait, car trois composantes impaires sont obtenues en supprimant son sommet séparateur central. De même, l'ensemble S de trois sommets indiqué sur le graphe G de la Figure 17.8a montre que tout couplage M doit laisser au moins $5 - 3 = 2$ sommets non-couverts car $G - S$ a cinq composantes impaires (et une composante paire), comme montré Figure 17.8b.

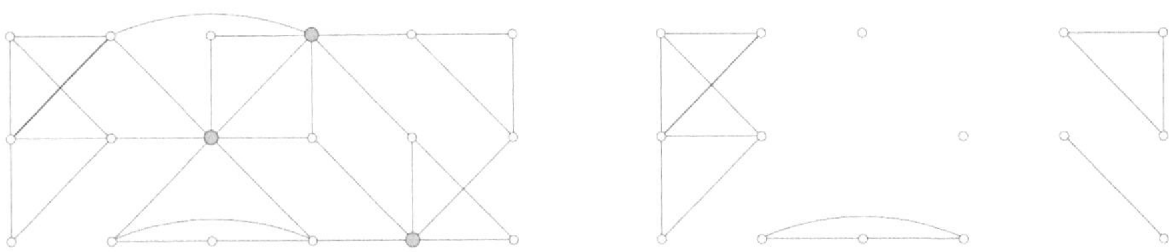

(a) (b)

Fig. 17.8. Un ensemble S tel que $o(G - S) > |S|$

Notons que s'il y avait égalité dans (17.2) pour un certain couplage M et un certain sous-ensemble $S := B$ de V, c'est-à-dire, si

$$|U| = o(G - B) - |B| \tag{17.3}$$

où $|U| = v(G) - 2|M|$, alors l'ensemble B montrerait que le couplage M laisse aussi peu de sommets non-couverts que possible, et donc que c'est un couplage maximum (Exercice 17.3.1). Ainsi, B servirait de certificat succinct de l'optimalité de M. Un tel ensemble B est appelé une *barrière* de G. L'ensemble de trois sommets indiqué dans le graphe de la Figure 17.8 est une barrière, parce que ce graphe a un couplage couvrant tous ses sommets sauf deux (voir Figure 17.15a).

Un graphe couplable (un graphe ayant un couplage parfait) a pour barrières l'ensemble vide et tous les singletons. L'ensemble vide est aussi barrière d'un graphe dont un sous-graphe à sommet supprimé est couplable. Les graphes qui sont très proches d'être couplables, dans le sens où tous leurs sous-graphes à sommet supprimé sont couplables, sont dits *hypocouplables* ou *facteur-critiques*. En particulier, les graphes triviaux sont hypocouplables. Afin de pouvoir nous y référer plus tard, nous énonçons dans un lemme l'observation que tous les graphes hypocouplables ont l'ensemble vide pour barrière. (En fait, l'ensemble vide est leur seule barrière, voir Exercice 17.3.8.)

Lemme 17.8 *L'ensemble vide est une barrière de tout graphe hypocouplable.* □

Le Théorème de Tutte–Berge

Dans un graphe biparti, une couverture minimum constitue une barrière du graphe (Exercice 17.3.4). Plus généralement, tout graphe a une barrière. Ce fait est connu comme le *Théorème de Tutte–Berge*. Nous donnons une preuve de ce théorème par Gallai (1964a). Elle procède par récurrence sur le nombre de sommets. D'après le Lemme 17.8, un graphe trivial a l'ensemble vide pour barrière.

Rappelons qu'un sommet v d'un graphe G est *essentiel* si tout couplage maximum couvre v, et *inessentiel* sinon. Ainsi v est essentiel si $\alpha'(G - v) = \alpha'(G) - 1$ et inessentiel si $\alpha'(G - v) = \alpha'(G)$. Nous laissons la preuve du lemme suivant en exercice (17.3.5).

Lemme 17.9 *Soit v un sommet essentiel d'un graphe G et soit B une barrière de $G - v$. Alors $B \cup \{v\}$ est une barrière de G.* □

D'après le Lemme 17.9, afn de montrer que tout graphe a une barrière, il suffit de considérer les graphes sans sommet essentiel. Il se trouve que de tels graphes ont toujours l'ensemble vide comme barrière. Nous établissons ce fait pour les graphes connexes. Sa validité pour tous les graphes se déduit sans difficulté de ce cas particulier. (Exercice 17.3.6).

Lemme 17.10 *Soit G un graphe connexe dont aucun sommet n'est essentiel. Alors G est hypocouplable.*

Démonstration Comme aucun sommet de G n'est essentiel, G n'a pas de couplage parfait. Il reste à montrer que tout sous-graphe de G à sommet supprimé a un couplage parfait. Si ce n'est pas le cas, alors chaque couplage maximum laisse au moins deux sommets non-couverts. Il suffit donc de montrer que quels que soient un couplage maximum et deux sommets dans G, le couplage couvre au moins un de ces sommets. Nous montrons cela par récurrence sur la distance entre les deux sommets en question.

Considérons un couplage maximum M et deux sommets x et y de G. Soit xPy un plus court xy-chemin dans G. Supposons que ni x ni y ne soient couverts par M. Comme M est maximal, P est de longueur au moins 2. Soit v un sommet interne de P. Puisque xPv est plus court que P, le sommet v est couvert par M, par récurrence. D'autre part, comme v est inessentiel, G a un couplage maximum M' qui ne couvre pas v. De plus, comme xPv et vPy sont tous deux plus courts que P, le couplage M' couvre à la fois x et y, de nouveau par récurrence.

Les composantes de $G[M \triangle M']$ sont des chemins et des cycles pairs dont les arêtes appartiennent alternativement à M et M' (Exercice 17.1.5). Chacun des sommets x, v, y est couvert par exactement un des deux couplages et donc est l'extrémité d'un des chemins. Comme ces derniers sont pairs, x et y ne sont pas des extrémités du même chemin. En outre, les chemins qui débutent en x et y ne peuvent pas tous se terminer en v. Nous pouvons par conséquent supposer que le chemin Q qui commence en x ne termine ni en v ni en y. Mais alors le couplage $M' \triangle E(Q)$ est un couplage maximum qui ne couvre ni x ni v, ce qui contredit l'hypothèse de récurrence et prouve le lemme. □

On peut maintenant déduire (Exercice 17.3.7) le théorème fondamental ci-dessous ainsi que son corollaire. Ces résultats, obtenus par Berge (1958), peuvent aussi se déduire d'un théorème de Tutte (1947a) sur les couplages parfaits (Théorème 17.13).

Théorème 17.11 Théorème de Tutte–Berge
Tout graphe a une barrière. □

Corollaire 17.12 Formule de Tutte–Berge
Pour tout graphe G :

$$\alpha'(G) = \frac{1}{2}\min\{v(G) - (o(G-S) - |S|) : S \subset V\}$$ □

Un raffinement du Théorème 17.11 établit que tout graphe G a une barrière B telle que chaque composante impaire de $G - B$ soit hypocouplable et chaque composante paire de $G - B$ ait un couplage parfait. Une telle barrière est connue sous le nom de *barrière de Gallai*. Dans la Partie 17.5, nous présentons un algorithme polynomial qui trouve non seulement un couplage maximum dans un graphe, mais aussi un certificat succinct pour l'optimalité de ce couplage, à savoir une barrière de Gallai.

Exercices

⋆**17.3.1** Soit M un couplage dans un graphe G, et soit B un ensemble de sommets de G tel que $|U| = o(G - B) - |B|$, où U est l'ensemble des sommets de G qui ne sont pas couverts par M. Montrer que M est un couplage maximum de G.

$\star$**17.3.2** Soit G un graphe et S un sous-ensemble propre de V. Montrer que $o(G - S) - |S| \equiv v(G) \pmod 2$.

$\star$**17.3.3** Montrer que l'union des barrières des composantes d'un graphe est une barrière du graphe en son entier.

$\star$**17.3.4** Montrer que, dans un graphe biparti, toute couverture minimum est une barrière du graphe.

$\star$**17.3.5** Donner une démonstration du Lemme 17.9.

$\star$**17.3.6** Déduire du Lemme 17.10 que l'ensemble vide est une barrière de tout graphe sans sommet essentiel.

$\star$**17.3.7**

a) Prouver le Théorème de Tutte–Berge (Théorème 17.11) par récurrence sur le nombre de sommets.
b) Déduire la Formule de Tutte–Berge (Corollaire 17.12) du Théorème de Tutte–Berge.

17.3.8

a) Montrer que :
   i) un graphe est hypocouplable si et seulement si tous ses blocs le sont.
   ii) un graphe G est hypocouplable si et seulement si $o(G - S) \leq |S| - 1$ pour tout sous-ensemble propre non-vide S de V.
b) En déduire qu'un graphe est hypocouplable si et seulement l'ensemble vide est sa seule barrière.

17.3.9 Soit B une barrière maximale d'un graphe G. Montrer que toute composante de $G - B$ est hypocouplable.

17.3.10 Soit G un graphe et soit (X, Y) une partition de V avec $X, Y \neq \emptyset$. Montrer que si $G\,/\,X$ et $G\,/\,Y$ sont tous deux hypocouplables, alors G est hypocouplable.

17.3.11 Soit G un graphe non-séparable qui a une décompostion en anses impaires qui commence par un cycle impair (à la place de K_2). Montrer que G est hypocouplable.

17.3.12

a) Soient x et y des sommets adjacents inessentiels d'un graphe G et soient M et N des couplages maximum de $G-x$ et $G-y$, respectivement. Montrer que G a un xy-chemin de longueur paire dont les arêtes appartiennent alternativement à N et M.
b) En déduire que tout graphe non-trivial hypocouplable G contient un cycle impair C tel que $G\,/\,C$ est hypocouplable.
c) Prouver la réciproque de l'énoncé de l'Exercice 17.3.11 : tout graphe non-trivial non-séparable hypocouplable a une décompostion en anses impaires qui commence par un cycle impair (à la place de K_2). (L. Lovász)

17.3.13 Soit G un graphe k-chromatique qui ne contient ni stable à trois sommets ni clique à k sommets, avec $k \geq 3$. Soit $k_1 + k_2$ une partition de $k+1$ telle que $k_1,\ k_2 \geq 2$. En utilisant les Exercices 17.1.3 et 17.3.9, montrer que G a des sous-graphes disjoints G_1 et G_2 tels que $\chi(G_1) = k_1$ et $\chi(G_2) = k_2$.
(L. Lovász et P.D. Seymour)

17.4 Couplages parfaits et facteurs

Le Théorème de Tutte

Si un graphe G a un couplage parfait M, alors d'après (17.2) nous avons $o(G-S) \leq |S|$ pour tout $S \subseteq V$, parce que l'ensemble U des sommets non-couverts est vide. Le théorème fondamental qui suit, dû à Tutte (1947a) montre que la réciproque est vraie. C'est un cas particulier de la Formule de Tutte–Berge (Corollaire 17.12).

Théorème 17.13 Théorème de Tutte
Un graphe G a un couplage parfait si et seulement si

$$o(G-S) \leq |S| \quad \textit{pour tout} \quad S \subseteq V \tag{17.4}$$

Démonstration Comme nous l'avons déjà remarqué, (17.4) est satisfaite si G a un couplage parfait. Réciproquement, soit G un graphe qui n'a pas de couplage parfait. Considérons un couplage maximum M^* de G, et notons U l'ensemble des sommets de G qui ne sont pas couverts par M^*. Par le Théorème 17.11, G a une barrière, c'est-à-dire, un sous-ensemble B de V tel que $o(G-B) - |B| = |U|$. Comme M^* n'est pas parfait, $|U|$ est strictement positif. Donc

$$o(G-B) = |B| + |U| \geq |B| + 1$$

et la condition de Tutte (17.4) n'est pas satisfaite pour $S := B$. □

Le premier résultat important sur les couplages parfaits dans les graphes a été obtenu par Petersen (1891) en lien avec un problème sur la factorisation des polynômes homogènes en facteurs irréductibles (voir Biggs et al. (1986) et

Sabidussi (1992)). Dans ce contexte, les couplages parfaits correspondent aux facteurs de degré 1 ; c'est pour cette raison qu'ils sont aussi appelés '1-facteurs' ; c'est également l'origine du terme 'degré'. Petersen s'est particulièrement intéressé aux polynômes de degré 3 ; ceux-ci correspondent aux graphes 3-réguliers.

Théorème 17.14 THÉORÈME DE PETERSEN
Tout graphe 3-régulier sans arête séparatrice a un couplage parfait.

Démonstration Nous dérivons le Théorème de Petersen du Théorème de Tutte (17.13).

Soit G un graphe 3-régulier sans arête séparatrice, et soit S un sous-ensemble de V. Considérons les ensembles de sommets $S_1, S_2, \ldots, S_k$, des composantes de $G - S$. Puisque G n'a pas d'arête séparatrice, $d(S_i) \geq 2$, $1 \leq i \leq k$. Mais comme $|S_i|$ est impair, $d(S_i)$ est aussi impair (Exercice 2.5.5). Donc, en fait,

$$d(S_i) \geq 3, \quad 1 \leq i \leq k$$

Maintenant les coupes $\partial(S_i)$ sont deux à deux disjointes, et sont contenues dans la coupe $\partial(S)$. Nous avons donc :

$$3k \leq \sum_{i=1}^{k} d(S_i) = d(\cup_{i=1}^{k} S_i) \leq d(S) \leq 3|S|$$

Par conséquent, $o(G-S) = k \leq |S|$ et, d'après le Théorème 17.13, G a un couplage parfait. □

La condition du Théorème de Petersen qui requiert que le graphe soit sans arête séparatrice ne peut pas être enlevée : par exemple, le graphe de Sylvester dessiné Figure 17.5, n'a pas de couplage parfait. Néanmoins, une forme plus forte du théorème peut se déduire du Théorème de Tutte (17.13), à savoir que chaque arête d'un graphe 3-régulier sans arête séparatrice appartient à un couplage parfait (Exercice 17.4.8).

FACTEURS

Soit G un graphe et soit f une fonction à valeurs entières positives sur V. Un *f-facteur* de G est un sous-graphe couvrant F de G tel que $d_F(v) = f(v)$ pour tout $v \in V$. Un *k-facteur* de G est un f-facteur avec $f(v) := k$ pour tout $v \in V$; en particulier, un 1-facteur est un sous-graphe couvrant dont l'ensemble d'arêtes est un couplage parfait et un 2-facteur est un sous-graphe couvrant dont les composantes sont des cycles.

Beaucoup de problèmes intéressants en théorie des graphes se résolvent en temps polynomial par réduction à des problèmes sur les 1-facteurs. Un exemple est le problème consistant à décider si un graphe donné G a un f-facteur. Tutte (1954b) a montré comment ce problème peut se réduire au problème de décider si un graphe auxiliaire G' a un 1-facteur. Décrivons maintenant cette procédure de réduction. Nous pouvons supposer que $d(v) \geq f(v)$ pour tout $v \in V$; sinon G n'a trivialement pas de f-facteur. Par simplicité, nous supposons que notre graphe G est sans boucle.

Pour chaque sommet v de G, nous remplaçons v par un ensemble Y_v de $d(v)$ sommets, chacun de degré 1. Nous ajoutons ensuite un ensemble X_v de $d(v) - f(v)$ sommets et formons un graphe biparti complet H_v en reliant chaque sommet de X_v à chaque sommet de Y_v. En fait, le graphe H ainsi obtenu l'est en partant de G et en remplaçant chaque sommet v par un graphe biparti complet $H_v[X_v, Y_v]$ et en reliant chaque arête incicente à v à un élément distinct de Y_v. La Figure 17.9 illustre cette construction dans le cas des 2-facteurs. Notons que l'on peut retrouver G à partir de H simplement en contractant chaque sous-graphe biparti H_v en un seul sommet v.

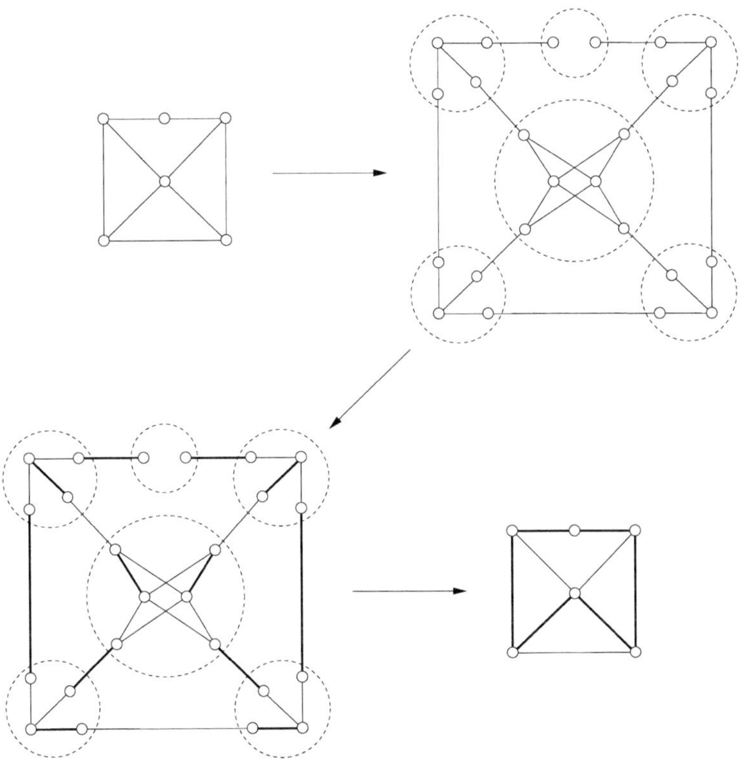

Fig. 17.9. Réduction polynomiale du problème du 2-facteur au problème du 1-facteur

Dans H, les sommets de X_v ne sont reliés qu'aux sommets de Y_v. Donc si F est un 1-facteur de H, les $d(v) - f(v)$ sommets de X_v sont couplés par F avec $d(v) - f(v)$ sommets de Y_v parmi ses $d(v)$ sommets. Les $f(v)$ sommets restants de Y_v sont par conséquent couplés par F avec $f(v)$ sommets de $V(H) \setminus V(H_v)$. Après contraction de H en G, le 1-facteur F de H est donc transformé en un f-facteur de G. Réciproquement, tout f-facteur de G peut facilement être converti en un 1-facteur de H.

Cette réduction du problème du f-facteur au problème du 1-facteur est une réduction polynomiale (Exercice 17.4.2).

T-JOINTS

Nombre de problèmes en théorie des graphes et en optimisation combinatoire consistent à trouver un sous-graphe couvrant H d'un graphe G (ou un sous-graphe couvrant de poids minimum, dans le cas des graphes valués) dont les degrés ont des parités prescrites (plutôt que des valeurs imposées, comme dans le problème du f-facteur). Pour énoncer précisément ces problèmes, nous avons besoin de la notion de T-joint.

Soit G un graphe et soit T un sous-ensemble pair de V. Un sous-graphe couvrant H de G est appelé un *T-joint* si $d_H(v)$ est impair pour tout $v \in T$ et pair pour tout $v \in V \setminus T$. Par exemple, un 1-facteur de G est un V-joint ; et si P est un xy-chemin dans G, le sous-graphe couvrant de G d'ensemble d'arêtes $E(P)$ est un $\{x, y\}$-joint.

Problème 17.15 PROBLÈME DU T-JOINT VALUÉ
ÉTANT DONNÉ : *un graphe valué* $G := (G, w)$ *et un sous-ensemble* T *de* V,
TROUVER : *un T-joint de poids minimum dans* G *(s'il en existe un).*

Comme remarqué précédemment, le Problème du Plus Court Chemin peut se voir comme un cas particulier du Problème du T-joint Valué. Un autre cas particulier est le *Problème du Postier*, décrit à l'Exercice 17.4.22, dont la solution requiert de trouver un T-joint de poids minimum lorsque T est l'ensemble des sommets de degré impair du graphe (voir Exercices 17.4.21 et 17.4.22).

À l'aide d'une construction similaire à la réduction de Tutte du problème du 2-facteur au problème du 1-facteur, on peut construire une réduction polynomiale du Problème du T-joint Valué au problème suivant (voir Exercice 17.4.21).

Problème 17.16 PROBLÈME DU COUPLAGE DE POIDS MINIMUM
ÉTANT DONNÉ : *un graphe complet valué* $G := (G, w)$ *d'ordre pair,*
TROUVER : *un couplage parfait de poids minimum dans* G.

Ce dernier problème peut se voir comme une généralisation du Problème du Couplage Maximum : il suffit de plonger le graphe G dans un graphe complet d'ordre pair, et d'attribuer un poids de 1 à chaque arête de G et un poids de 1 à chacune des arêtes restantes. Edmonds (1965b) a trouvé un algorithme polynomial pour résoudre le Problème du Couplage de Poids Minimum. Cet algorithme repose sur des techniques issues de la théorie de la programmation linéaire, et sur la caractérisation du polytope des couplages parfaits qu'il a donnée (voir Exercice 18.4.5).

Exercices

17.4.1 Montrer qu'un arbre G a un couplage parfait si et seulement si $o(G-v)=1$ pour tout $v \in V$. (V. CHUNGPHAISAN)

$\star$**17.4.2**

a) Montrer que la réduction de Tutte du problème du f-facteur au problème du 1-facteur est une réduction polynomiale.
b) Décrire comment cette réduction polynomiale du problème du f-facteur au problème du 1-facteur peut se généraliser pour traiter des graphes ayant des boucles.

17.4.3 Soit G un graphe, et soit $F := G[X]$ un sous-graphe induit de V. On forme un graphe H à partir de G comme suit.

▷ On ajoute des arêtes entre les paires de sommets non-adjacents de $V \setminus X$;
▷ si n est impair, on ajoute un nouveau sommet et on le relie à tous les sommets de $V \setminus X$.

a) Montrer qu'il y a un couplage dans G qui couvre tous les sommets de X si et seulement si H a un couplage parfait.
b) En appliquant le Théorème de Tutte (17.13), déduire que G a un couplage couvrant tous les sommets de X si et seulement si, pour tout $S \subseteq V$, le nombre de composantes impaires de $G-S$ qui sont des sous-graphes de $F-S$ est au plus $|S|$.
c) On suppose maintenant que F est biparti. À l'aide de l'Exercice 17.3.9, renforcer l'énoncé de (b) pour montrer qu'il y a un couplage couvrant tous les sommets de X si et seulement si, pour tout $S \subseteq V$, le nombre de sommets isolés de $G-S$ qui appartiennent à $F-S$ est au plus $|S|$.

17.4.4 En utilisant l'Exercice 17.4.3b, dériver le Théorème de Hall (17.4) du Théorème de Tutte (17.13).

17.4.5 Soit G un graphe dont les sommets de degré Δ induisent un sous-graphe biparti. À l'aide de l'Exercice 17.4.3c, montrer qu'il y a un couplage dans G qui couvre tous les sommets de degré Δ. (H. KIERSTEAD)

———— ≀ ————

17.4.6 Dériver la Formule de Tutte–Berge (Corollaire 17.12) du Théorème de Tutte (17.13).

17.4.7 Soit G un graphe ayant un couplage parfait et soient $x, y \in V$.

a) Montrer qu'il y a une barrière de G qui contient à la fois x et y si et seulement si $G - \{x,y\}$ n'a pas de couplage parfait.
b) On suppose que x et y sont adjacents. Déduire de (a) qu'il y a un couplage parfait contenant l'arête xy si et seulement si aucune barrière de G ne contient à la fois x et y.

17.4.8 Déduire du Théorème de Tutte (17.13) que toute arête d'un graphe 3-régulier sans arête séparatrice appartient à un couplage parfait.

17.4.9

a) Pour $k \geq 1$, montrer que tout graphe k-régulier $(k-1)$-arête-connexe sur un nombre pair de sommets a un couplage parfait.
b) Pour tout $k \geq 2$, donner un exemple de graphe k-régulier $(k-2)$-arête-connexe ayant un nombre pair de sommets et pas de couplage parfait.

17.4.10 Un graphe G ayant au moins trois sommets est *bicritique* si, quels que soient deux sommets u et v de G, le sous-graphe $G - \{u, v\}$ a un couplage parfait.

a) Montrer qu'un graphe est bicritique si et seulement s'il n'a pas de barrière de cardinal supérieur à 1.
b) Déduire que tout graphe cubique non-biparti essentiellement 4-arête-connexe est bicritique.

17.4.11

a) Montrer que tout graphe connexe sans griffe ayant un nombre pair de sommets a un couplage parfait. (M. Las Vergnas ; D. Sumner)
b) Déduire que tout graphe sans griffe 2-connexe ayant un nombre impair de sommets est hypocouplable.

17.4.12 Soit G un graphe simple tel que $\delta \geq 2(p-1)$ et qui ne contient pas de $K_{1,p}$ induit, pour un certain $p \geq 3$. Montrer que G a un 2-facteur.

(K. Ota et T. Tokuda)

17.4.13 Montrer que tout graphe 2-connexe qui a un couplage parfait a au moins deux couplages parfaits. (A. Kotzig)

17.4.14

a) Montrer qu'un graphe simple à $2n$ sommets ayant exactement un couplage parfait a au plus n^2 arêtes.
b) Pour tout $n \geq 1$, construire un graphe simple à $2n$ sommets ayant exactement un couplage parfait et exactement n^2 arêtes.

17.4.15 Soit $H = (V, \mathcal{F})$ un hypergraphe. Un *cycle* dans H est une suite $v_1 F_1 v_2 F_2 \ldots v_k F_k v_{k+1}$, où les v_i, $1 \leq i \leq k$, sont des sommets distincts, les F_i, $1 \leq i \leq k$, sont des arêtes distinctes, $v_{k+1} = v_1$, et $\{v_i, v_{i+1}\} \subseteq F_i$, pour tout $1 \leq i \leq k$. L'hypergraphe H est *balancé* si tout cycle impair $v_1 F_1 v_2 F_2 \ldots v_{2k+1} F_{2k+1} v_1$ comprend une arête contenant au moins trois sommets du cycle. Un *couplage parfait* dans H est un ensemble d'arêtes disjointes dont l'union est V. Montrer qu'un hypergraphe balancé $(V, \mathcal{F})$ a un couplage parfait si et seulement s'il existe des sous-ensembles disjoints X et Y de V tels que $|X| > |Y|$ et $|X \cap F| \leq |Y \cap F|$ pour tout $F \in \mathcal{F}$.

⋆**17.4.16** Un graphe G est *k-factorisable* s'il admet une décomposition en k-facteurs. Montrer que :

a) tout graphe biparti k-régulier est 1-factorisable, (D. König)
b) tout graphe $2k$-régulier est 2-factorisable. (J. Petersen)

17.4.17

a) Montrer que l'épaisseur d'un graphe $2k$-régulier est au moins k.
b) Trouver un graphe 4-régulier d'épaisseur 2 et un graphe 6-régulier d'épaisseur 3.

17.4.18 Montrer que toute triangulation à m arêtes contient un sous-graphe biparti couvrant ayant au moins $2m/3$ arêtes. (F. Harary et D. Matula)

17.4.19 Montrer que tout graphe 3-régulier 2-connexe ayant au moins quatre sommets admet une décomposition en chemins de longueur 3.

17.4.20 Soit G un graphe. Pour $v \in V$, soit $L(v) \subseteq \{0, 1, \ldots, d(v)\}$ une liste d'entiers associée à v.

a) Montrer que G a un f-facteur avec $f(v) \in L(v)$ pour tout $v \in V$ si $|L(v)| \geq d^+(v) + 1$ pour tout $v \in V$, où D est une orientation de G.
(A. Frank, L. Lao, et J. Szabó ; J.A. Bondy)
b) En déduire que G a un f-facteur tel que $f(v) \in L(v)$ pour tout $v \in V$ si $|L(v)| > \lceil d(v)/2 \rceil$, pour tout $v \in V$. (H. Shirazi et J. Verstraëte)

17.4.21

a) Trouver une réduction du Problème du T-joint de Poids Minimum (17.15) au Problème du Couplage de Poids Minimum (17.16).
b) Soit G un graphe, T l'ensemble des sommets de degré impair dans G, et H un T-joint de G. Montrer que le graphe obtenu à partir de G en dupliquant les arêtes de H est un graphe pair.

17.4.22 Problème du Postier
Dans son travail, un postier récupère le courrier au bureau de poste, le distribue, et ensuite retourne au bureau de poste. Il doit, bien entendu, passer au moins une fois dans chaque rue. Sous cette contrainte, il veut choisir un trajet qui nécessite le moins de marche possible.

a) Montrer que le Problème du Postier est équivalent au problème de théorie des graphes suivant.

Problème 17.17 Probléme du Sur-graphe Couvrant Eulérien de Poids Minimum
Étant donné : *un graphe valué connexe $G := (G, w)$ avec des poids positifs,*
Trouver : *en dupliquant les arêtes (et leur poids avec), un sur-graphe couvrant eulérien H de G dont le poids $w(H)$ est aussi petit que possible.*
(Un tour eulérien dans H peut alors se trouver en appliquant l'Algorithme de Fleury (3.3).) (M. Guan)

b) Dans le cas particulier où G a seulement deux sommets de degré impair, expliquer pourquoi le problème peut se résoudre en temps polynomial.

17.5 Algorithmes de couplage

Cette dernière partie du chapitre est consacrée à la description d'un algorithme polynomial pour trouver un couplage maximum dans un graphe quelconque. Nous considérons tout d'abord le cas plus simple des graphes bipartis, et montrons ensuite comment cet algorithme peut être perfectionné pour en donner un s'appliquant à tous les graphes.

Recherche de chemin augmentant

Le Théorème de Berge (17.3) suggére une approche naturelle pour trouver un couplage maximum dans un graphe. On démarre avec un couplage M (par exemple, le couplage vide) et on cherche un chemin M-augmentant. Si un tel chemin P est trouvé, on remplace M par $M \triangle E(P)$. On répète cette procédure jusqu'à ce qu'aucun chemin augmentant par rapport au couplage courant ne puisse être trouvé. Ce couplage final est alors un couplage maximum.

Tout le problème ici consiste à effectuer une recherche exhaustive d'un chemin M-augmentant de manière efficace. Ceci peut en effet se faire. Dans cette partie, nous décrivons un algorithme polynomial qui soit trouve un chemin M-augmentant dans un graphe biparti, soit fournit un certificat succinct de non-existence d'un tel chemin. Cet algorithme, ainsi que son extension aux graphes quelconques, se base sur la notion d'arbre M-alternant.

Soit G un graphe, M un couplage dans G, et u un sommet qui n'est pas couvert par M. Un arbre T de G est un *u-arbre M-alternant* si $u \in V(T)$ et, pour tout $v \in V(T)$, le chemin uTv est un chemin M-alternant. Un u-arbre M-alternant T est *M-couvert* si le couplage $M \cap E(T)$ couvre tous les sommets de T sauf u (voir les Figures 17.10a et 17.10c).

Il y a un algorithme de parcours simple, que nous appelons *Recherche de Chemin Augmentant*, qui trouve soit un u-chemin M-augmentant soit un u-arbre M-couvert maximal (c'est-à-dire, un u-arbre M-couvert qui ne puisse pas être étendu). Nous appelons un tel arbre un *RCA-arbre* (enraciné en u).

L'algorithme Recherche de Chemin Augmentant commence avec l'u-arbre M-couvert trivial contenant uniquement le sommet u. À chaque étape, il essaie d'étendre l'u-arbre M-couvert T en un plus grand. Nous disons que les sommets à distance paire de u dans T sont *rouges* et ceux à distance impaire de u *bleus* ; les ensembles de ces sommets sont notés $R(T)$ et $B(T)$, respectivement (ainsi $(R(T), B(T))$ est une bipartition de T, telle que $u \in R(T)$). Dans l'u-arbre M-couvert T représenté Figure 17.10a, les sommets rouges sont en noir et les sommets bleus en gris.

Considérons un u-arbre M-couvert T. Étant M-couvert, T ne contient pas d'u-chemin M-augmentant. S'il y a un tel chemin dans G, la coupe $\partial(T)$ contient forcément une arête de ce chemin. De ce fait, nous essayons d'étendre T en un plus grand u-arbre M-alternant en lui ajoutant une arête de la coupe $\partial(T)$. Ceci n'est possible que s'il y a une arête xy avec $x \in R(T)$ et $y \in V(G) \setminus V(T)$. S'il n'y a pas de telle arête, alors T est un RCA-arbre enraciné en u, et la procédure s'arrête.

Si, en revanche, il y a une telle arête, deux cas peuvent se produire. Soit y n'est pas couvert par M, auquel cas nous avons trouvé notre chemin M-augmentant (Figure 17.10b), soit y est incident à une arête yz de M, et nous agrandissons T en un u-arbre M-couvert plus grand en ajoutant les deux sommets y et z et les deux arêtes xy et yz (Figure 17.10c).

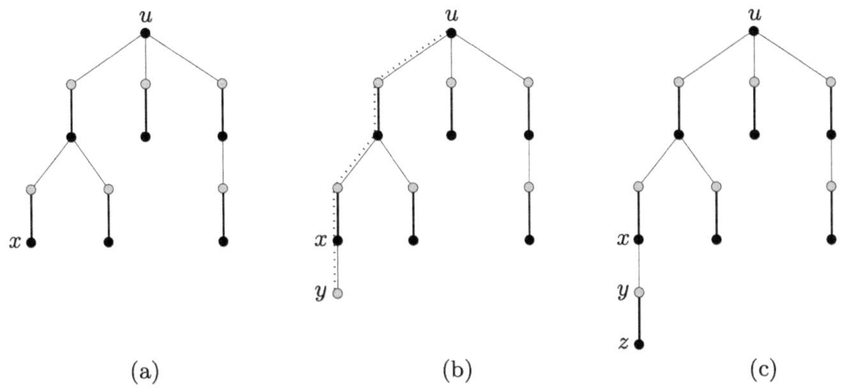

Fig. 17.10. Recherche de Chemin Augmentant : agrandir un arbre M-couvert

Nous faisons grandir l'arbre jusqu'à ce qu'ou bien un u-chemin M-augmentant soit trouvé, auquel cas le couplage M est remplacé par $M \triangle E(P)$, ou bien la procédure s'arrête avec un RCA-arbre T. Cela peut se récapituler comme suit.

Algorithme 17.18 RECHERCHE DE CHEMIN AUGMENTANT : RCA(G, M, u)

ENTRÉE : un graphe G, un couplage M dans G, et un sommet non-couvert u de G

SORTIE : un couplage M ayant une arête de plus que le couplage d'entrée, ou un RCA-arbre T de racine $u(T)$, une bipartition $(R(T), B(T))$ de T, et l'ensemble $M(T)$ des arêtes du couplage dans T

posons $V(T) := \{u\}$, $E(T) := \emptyset$, $R(T) := \{u\}$
tant que *il y a une arête* xy *avec* $x \in R(T)$ *et* $y \in V(G) \setminus V(T)$ ***faire***
  remplacer $V(T)$ *par* $V(T) \cup \{y\}$ *et* $E(T)$ *by* $E(T) \cup \{xy\}$.
  si y *n'est pas couvert par* M ***alors***
    remplacer M *par* $M \triangle E(P)$, *avec* $P := uTy$
    renvoyer M
  sinon
    remplacer $V(T)$ *par* $V(T) \cup \{z\}$, $E(T)$ *par* $E(T) \cup \{yz\}$, *et* $R(T)$ *par* $R(T) \cup \{z\}$, *avec* $yz \in M$
  fin de si
fin de tant que
poser : $T := (V(T), E(T))$, $u(T) := u$, $B(T) := V(T) \setminus R(T)$, *et* $M(T) := M \cap E(T)$

12: renvoyer $(T, u(T), R(T), B(T), M(T))$

Lorsque RCA renvoie un RCA-arbre T, observons que :

▷ comme T est M-couvert, les sommets de $R(T) \setminus u(T)$ sont couplés avec les sommets de $B(T)$, donc
$$|B(T)| = |R(T)| - 1 \tag{17.5}$$
et
$$B(T) \subseteq N(R(T)) \tag{17.6}$$
(où $N(R(T))$ désigne l'ensemble des voisins de $R(T)$ dans G).

▷ comme T est maximal, aucun sommet de $R(T)$ n'est adjacent dans G à un sommet de $V(G) \setminus V(T)$; c'est-à-dire,
$$N(R(T)) \subseteq R(T) \cup B(T) \tag{17.7}$$

Si RCA trouve un chemin M-augmentant uPy, très bien. Nous appliquons simplement RCA une fois de plus en remplaçant M par le couplage $M \triangle E(P)$ renvoyé par RCA. Mais que faire si RCA renvoie un RCA-arbre T ? Pouvons-nous être sûrs que G ne contient pas de u-chemin M-augmentant ? Malheureusement non, comme l'illustre l'exemple de la Figure 17.11b. Cependant, si les sommets rouges de T forment un stable G, c'est-à-dire, si $N(R(T)) \cap R(T) = \emptyset$, alors (17.6) et (17.7) impliquent que
$$N(R(T)) = B(T) \tag{17.8}$$
Dans ce cas, nous pouvons restreindre notre recherche de chemin M-augmentant au sous-graphe $G - V(T)$. En effet, l'énoncé suivant est vrai (Exercice 17.5.3).

Proposition 17.19 *Soit T un RCA-arbre renvoyé par RCA(G, M, u). Supposons que les sommets rouges de T forment un stable dans G. Alors aucun chemin M-augmentant dans G ne comprend de sommet de T.* □

Une situation importante où la condition (17.8) est satisfaite, est lorsque G est biparti. Dans ce cas, des sommets rouges de T ne peuvent pas être adjacents dans G car ils sont tous dans la même partie de la bipartition de G. Donc RCA(G, M, u) trouve tous les sommets de G qui peuvent être atteints par des u-chemins M-alternants. Cette observation est le principe de base de l'algorithme suivant pour trouver un couplage maximum dans un graphe biparti. Il a été conçu par le mathématicien Hongrois Egerváry (1931), et est de ce fait parfois appelé *Algorithme Hongrois*.

L'Algorithme d'Egerváry

Soit $G[X, Y]$ un graphe biparti. La recherche d'un couplage maximum de G commence avec un couplage quelconque M de G (par exemple, le couplage vide) pour lequel nous appliquons RCA pour chercher un u-chemin M-augmentant, avec u un sommet non-couvert. (S'il n'y a pas de tel sommet, M est un couplage parfait.)

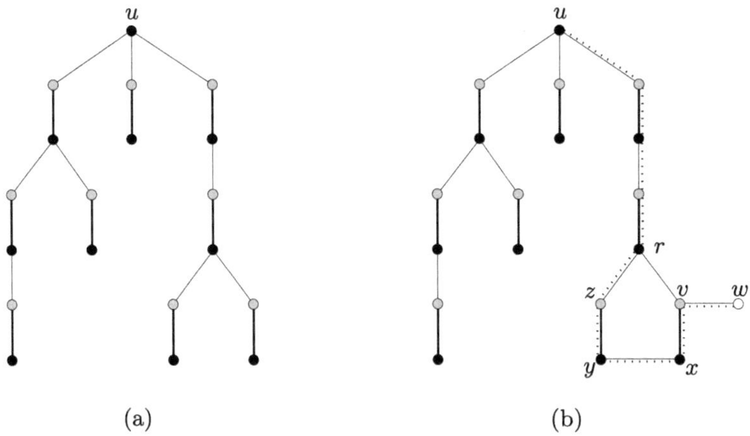

Fig. 17.11. (a) Un RCA-arbre, (b) un u-chemin M-augmentant

RCA retourne soit un u-chemin M-augmentant P, soit un RCA-arbre T enraciné en u. Dans le premier cas, nous remplaçons le couplage M par $M \triangle E(P)$ et réappliquons RCA, en commençant d'un sommet de G non couvert par le nouveau couplage, s'il en existe un. Dans le second cas, d'après la Proposition 17.19 nous pouvons restreindre notre attention au sous-graphe $G - V(T)$ pour la suite de notre recherche d'un chemin M-augmentant. Nous gardons simplement en mémoire l'ensemble $M(T) := M \cap E(T)$ (cet ensemble fera partie de notre couplage maximum), remplaçons le couplage M par le couplage résiduel $M \setminus E(T)$ et le graphe G par le sous-graphe $G - V(T)$, et nous réappliquons RCA en commençant d'un sommet non-couvert de ce sous-graphe, s'il y en a un. Nous procédons de cette manière jusqu'à ce que le sous-graphe qui reste n'ait plus de sommet non-couvert (et donc ait un couplage parfait). Le résultat de cet algorithme est le suivant.

- ▷ Un ensemble $\mathcal{T}$ de RCA-arbres deux à deux disjoints.
- ▷ Un ensemble $R := \cup\{R(T) : T \in \mathcal{T}\}$ de sommets rouges.
- ▷ Un ensemble $B := \cup\{B(T) : T \in \mathcal{T}\}$ de sommets bleus.
- ▷ Un sous-graphe $F := G - (R \cup B)$ ayant un couplage parfait $M(F)$.
- ▷ Un couplage $M^* := \cup\{M(T) : T \in \mathcal{T}\} \cup M(F)$ de G.
- ▷ Un ensemble $U := \{u(T) : T \in \mathcal{T}\}$ de sommets non couverts par M^*.

(Quand le couplage initial M est parfait, $\mathcal{T} = R = B = \emptyset$, $F = G$, $M^* = M$, et $U = \emptyset$.)

Exemple 17.20 Considérons le graphe biparti de la Figure 17.12a, avec le couplage M indiqué. La Figure 17.12b montre un x_1-arbre M-alternant, qui grandit jusqu'à ce que le x_1-chemin M-augmentant $P := x_1y_2x_2y_1$ soit trouvé. Comme précédemment, les sommets rouges sont repréentés par des points noirs et les sommets bleus par des points gris. La Figure 17.12c montre le couplage augmenté $M \triangle E(P)$ (le nouveau couplage M), et la Figure 17.12d un x_4-arbre M-alternant qui ne contient aucun x_4-chemin M-augmentant et ne peut pas être agrandi, et qui donc est un RCA-arbre T_1 avec $R(T_1) = \{x_1, x_3, x_4\}$ et $B(T_1) = \{y_2, y_3\}$. L'ensemble de tous les sommets atteignables dans G depuis x_4 par des chemins M-alternants est donc $V(T_1) = \{x_1, x_3, x_4, y_2, y_3\}$. Cet ensemble ne comprend pas y_4, le seul autre sommet non couvert par M. Ainsi nous pouvons conclure que $M^* := M$ est un couplage maximum. Cependant, afin d'illustrer l'algorithme dans son intégralité, nous continuons, en supprimant $V(T_1)$ de G et faisant croître un y_4-arbre M-alternant dans le sous-graphe qui en résulte (voir Figure 17.12e), obtenant ainsi l'arbre RCA-arbre T_2 avec $R(T_2) = \{y_1, y_4, y_5\}$ et $B(T_2) = \{x_2, x_5\}$, comme montré Figure 17.12f. La procédure termine là, parce que chaque sommet du graphe $F := G - V(T_1 \cup T_2)$, qui est constitué des sommets x_6 et y_6 et de l'arête x_6y_6, est couvert par M. L'algorithme renvoie donc :

$$\mathcal{T} = \{T_1, T_2\}, \quad R = \{x_1, x_3, x_4, y_1, y_4, y_5\}, \quad B = \{y_2, y_3, x_2, x_5\}$$

$$V(F) = \{x_6, y_6\}, \quad E(F) = \{x_6y_6\}$$

$$M^* = \{x_1y_2, x_2y_1, x_3y_3, x_5y_5, x_6y_6\}, \quad U = \{x_4, y_4\}$$

Nous vérifions maintenant la correction de l'Algorithme d'Egerváry.

Théorème 17.21 *Le couplage M^* retourné par l'Algorithme d'Egerváry est un couplage maximum.*

Démonstration Soient $\mathcal{T}$, R, B, et U les ensembles d'arbres, de sommets rouges, de sommets bleus, et de sommets non-couverts renvoyés par l'Algorithme d'Egerváry, respectivement. Comme chaque arbre $T \in \mathcal{T}$ contient exactement un sommet non-couvert, à savoir sa racine $u(T)$, nous avons $|U| = |\mathcal{T}|$. En outre, d'après (17.5), $|B(T)| = |R(T)| - 1$ pour tout arbre $T \in \mathcal{T}$. Sommant toutes ces égalités sur tous les $T \in \mathcal{T}$ nous obtenons

$$|B| = |R| - |\mathcal{T}|$$

Par conséquent

$$|U| = |R| - |B| \tag{17.9}$$

Comme les sommets rouges ne sont adjacents dans G qu'à des sommets bleus, dans tout couplage M de G, les sommets rouges ne peuvent être couplés qu'à des sommets bleus. Il y a donc au moins $|R| - |B|$ sommets rouges qui ne sont pas couverts par M. D'où, par (17.9), il y a au moins $|U|$ sommets de la sorte, quel que soit le couplage M. Comme il y a exactement ce nombre de sommets non-couverts par M^*, nous concluons que M^* est un couplage maximum. □

L'Algorithme d'Egerváry retourne non seulement un couplage maximum M^* mais aussi une couverture K^* de la même taille, qui par conséquent est une couverture minimum. Pour voir cela, prenons un graphe biparti $G[X, Y]$, et soit M^* un couplage maximum de G. Considérons les ensembles R et B des sommets rouges et bleus renvoyés par l'Algorithme d'Egerváry lorsqu'appliqué à G avec M^* comme couplage d'entrée. Posons $F := G - (R \cup B)$.

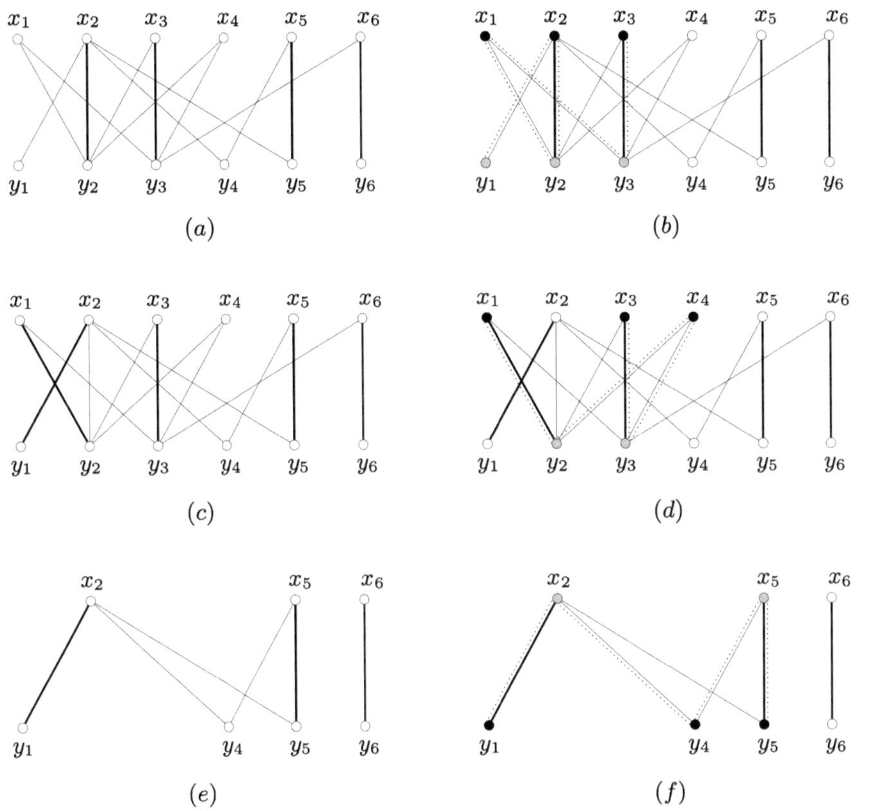

Fig. 17.12. Algorithme d'Egerváry : trouver un couplage maximum dans un graphe biparti

Par (17.6) et (17.7), $N(R) = B$. Donc B couvre toutes les arêtes de G excepté celles de F. Comme $X \cap V(F)$ couvre clairement $E(F)$, l'union $B \cup (X \cap V(F))$ de ces deux ensembles est une couverture K^* de G. De plus, il y a une bijection entre M^* et K^* parce que chaque sommet de K^* est couvert par M^* et chaque arête de M^* est incidente à un seul sommet de K^*. Ainsi $|M^*| = |K^*|$. Il découle alors de la Proposition 17.7 que la couverture K^* est une couverture minimum.

Au vu de la relation entre couplages dans les graphes bipartis et familles de chemins dirigés intérieurement disjoints dans les digraphes (comme décrit à l'Exercice 8.6.7), l'Algorithme d'Egerváry peut être vu comme un cas particulier de l'Algorithme Flot-Max Coupe-Min présenté au Chapitre 7.

Bourgeons

Comme illustré par la Figure 17.11b, l'algorithme de Recherche de Chemin Augmentant n'est pas garanti de trouver un u-chemin M-augmentant, quand il y en a un, si jamais il y a deux sommets rouges dans le RCA-arbre qui sont adjacents dans G. Cependant, si nous regardons plus attentivement cet exemple, nous voyons que le cycle $rvxyzr$ contient deux rv-chemins alternants, à savoir, l'arête rv et le chemin $rzyxv$. Comme ce dernier chemin termine par une arête du couplage, il peut être étendu par l'arête vw, donnant ainsi un chemin uw-alternant.

En général, supposons que T soit un RCA-arbre de G enraciné en u, et que x et y soient deux sommets rouges de T qui sont adjacents dans G. Le cycle contenu dans $T + xy$ est alors appelé un *bourgeon*. Un bourgeon C est nécessairement de longueur impaire, puisque chaque sommet bleu est couplé avec un sommet rouge et qu'il y a un sommet rouge de plus, que nous appelons la *tige* de C et notons $r := r(C)$ (voir Figure 17.13a). Notons que $M \cap E(C)$ est un couplage parfait de $C - r$. Notons, aussi, que le chemin uTr est M-alternant, et termine avec une arête du couplage (sauf si $r = u$). De plus, ce chemin est intérieurement disjoint de C.

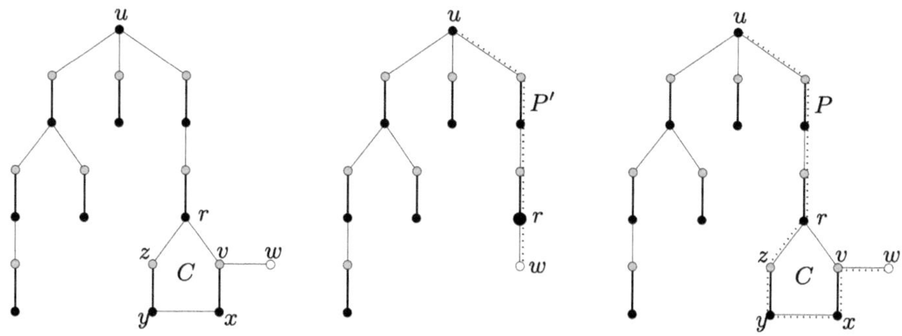

Fig. 17.13. (a) Un bourgeon C, (b) un u-chemin M-alternant P' dans $G' := G / C$, (c) un u-chemin M-alternant P dans G

La clé pour trouver un couplage maximum dans un graphe quelconque consiste à *pincer* les bourgeons (c'est-à-dire, les contracter en un unique sommet) à chaque fois qu'on en rencontre durant RCA. En pinçant un bourgeon et en continuant d'appliquer RCA au graphe résultant, on pourrait être en mesure d'atteindre des sommets par des u-chemins M-alternants qui ne pouvaient pas l'être auparavant. Par exemple, si T est un RCA-arbre ayant un bourgeon C, et s'il y a une arête vw avec $v \in V(C)$ et $w \in V(G) \setminus V(T)$, comme dans la Figure 17.13a, alors w est atteignable depuis u par un chemin M-alternant P' dans $G' := G / C$ (voir Figure 17.13b, où le bourgeon pincé $C = rvxyzr$ est indiqué par un gros point noir), et ce chemin P' peut être modifié en un chemin M-alternant P dans G en insérant le rv-segment de C qui termine avec une arête du couplage (Figure 17.13c). En particulier, si P' est un chemin M-augmentant dans G / C, alors le chemin modifié P est un chemin M-augmentant de G. Cette manière d'obtenir un chemin M-

alternant de G à partir d'un chemin M-alternant de $G\,/\,C$ est appelée *relâchement* de C.

Si C est un bourgeon de tige r, nous désignons le sommet résultant du pincement C par r également (et gardons en mémoire le bourgeon C). Pincer un bourgeon C a pour effet de remplacer le graphe G par $G\,/\,C$, l'arbre T par $(T+xy)\,/\,C$, avec x et y les sommets rouges adjacents de C, et le couplage M par $M \setminus E(C)$. En incorporant cette opération de pincement de bourgeon dans RCA, nous obtenons une procédure de recherche modifiée, RCA$^+$.

En guise d'illustration, considérons le graphe G et le couplage M dessinés Figure 17.14a.

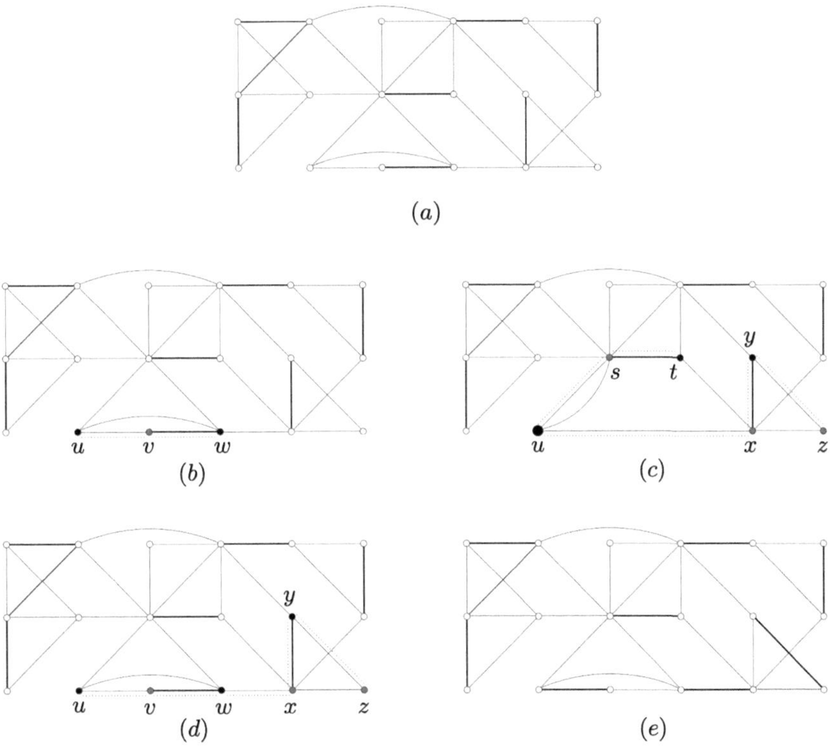

Fig. 17.14. Trouver un chemin M-augmentant

Nous faisons croître un arbre M-alternant T enraciné au sommet non-couvert u. Un bourgeon $C = uvwu$ est trouvé (Figure 17.14b) et pincé sur sa racine u. Sur la Figure 17.14c, l'arbre contracté (maintenant un unique sommet) est encore agrandi, et un chemin M-augmentant $uxyz$ est trouvé dans le graphe contracté $G\,/\,C$, donnant naissance (après relâchement du bourgeon C) au chemin

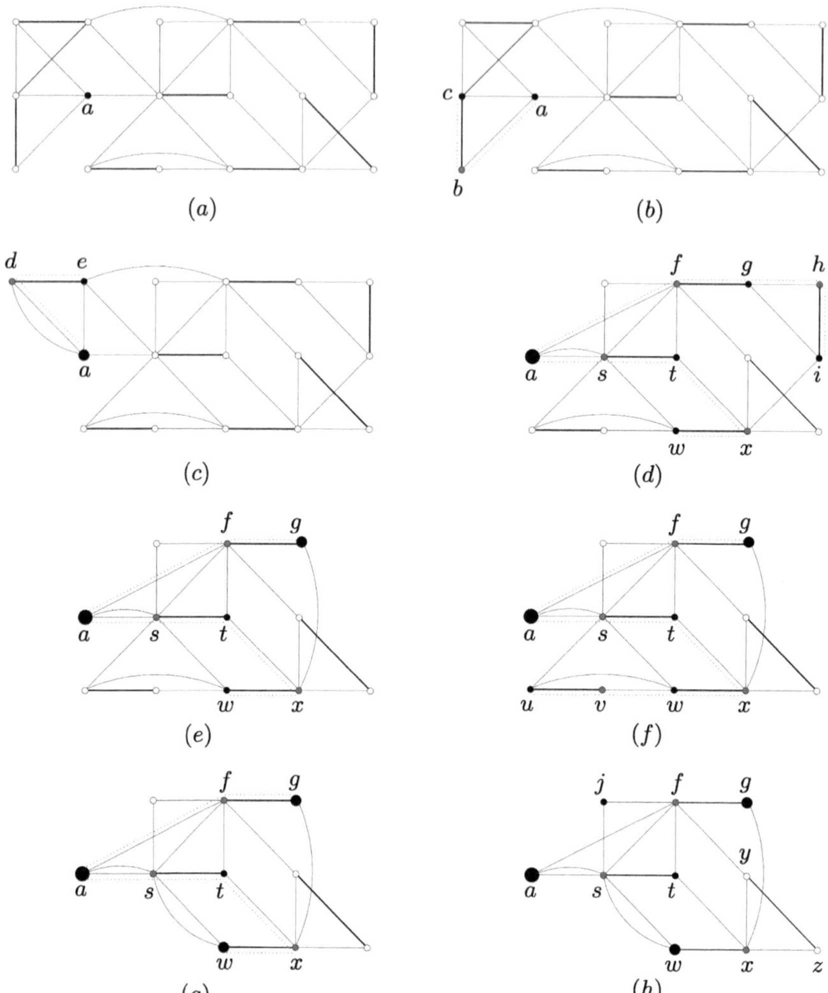

Fig. 17.15. Croissance d'un RCA-arbre

M-augmentant $uvwxyz$ dans G, comme montré Figure 17.14d. Le couplage augmenté est indiqué Figure 17.14e.

En partant de ce nouveau couplage M et du sommet a non couvert par celui-ci, la procédure ci-dessus est maintenant répétée, et se déroule comme illustré Figure 17.15, terminant avec le RCA-arbre représenté Figure 17.15g. Notons que, comme le sommet a de la Figure 17.15c a été obtenu par pincement du bourgeon $abca$, le bourgeon $adea$ est en fait un bourgeon 'composé'. Nous examinons maintenant la structure de tels bourgeons composés.

Fleurs

Comme illustré par l'exemple, durant l'exécution de RCA$^+$, le graphe G est modifié à maintes reprises par des pincements de bourgeons. Supposons que $(C_0, C_1, \ldots, C_{k-1})$ soit la suite des bourgeons pincés, dans l'ordre, durant l'exécution de RCA$^+$. Le graphe original G est progressivement modifié, ce qui donne une suite de graphes $(G_0, G_1, \ldots, G_k)$, où $G_0 := G$ et, pour $0 \leq i \leq k-1$, $G_{i+1} := G_i \,/\, C_i$. Si RCA$^+$ échoue à trouver un u-chemin M-augmentant, il termine avec un RCA-arbre T_k dans G_k, dont les sommets rouges forment un stable dans G_k. Supposons que RCA$^+$ renvoie un tel arbre.

Comme un bourgeon C_i est toujours pincé sur sa tige qui est un sommet rouge, les sommets bleus dans chacun des graphes G_i sont des simples sommets du graphe original. En revanche, les sommets rouges peuvent très bien correspondre à des sous-graphes induits non-triviaux du graphe d'entrée. Les sous-graphes de G correspondant aux sommets rouges de G_i sont appelés les *fleurs* de G associées à T_i. Par exemple, les trois fleurs du graphe G de la Figure 17.14a associées au RCA-arbre dessiné Figure 17.15g sont les sous-graphes de G induits par $\{a, b, c, d, e\}$, $\{g, h, i\}$, et $\{u, v, w\}$.

Les fleurs satisfont deux propriétés fondamentales, décrites dans la proposition suivante.

Proposition 17.22 *Soit F une fleur de G. Alors :*

i) F est connexe et d'ordre impair,
ii) pour tout sommet v de F, il y a un uv-chemin M-alternant dans G de longueur paire (c'est-à-dire, terminant par une arête de M).

Démonstration La preuve est par récurrence sur i, où F est une fleur associée à T_i. Nous laissons les détails au lecteur (Exercice 17.5.8). □

Nous sommes maintenant prêts à prouver la validité de l'algorithme RCA$^+$.

Corollaire 17.23 *Soit T_k un RCA-arbre de G_k dont les sommets rouges forment un stable dans G_k. Alors les sommets rouges de T_k ne sont adjacents dans G_k qu'aux sommets bleus de T_k. De manière équivalente, les fleurs de G associées à T_k ne sont adjacentes qu'aux sommets de G dans T_k.*

Démonstration Il suit de la Proposition 17.22(ii) que si G_k a un u-chemin M-augmentant, alors G en a un aussi. Ainsi, si G n'a pas de u-chemin M-augmentant, aucun sommet rouge de T_k ne peut être adjacent dans G_k à un sommet de $V(G_k) \setminus V(T_k)$ qui n'est pas couvert par M. D'autre part, par maximalité du RCA-arbre T_k, aucun sommet rouge de T_k n'est adjacent dans G_k à un sommet de $V(G_k) \setminus V(T_k)$ qui est couvert par M. Comme les sommets rouges de T_k forment un stable dans G_k, nous en déduisons que les sommets rouges de T_k ne sont adjacents qu'à des sommets bleus de T_k. □

Rappelons que lorsque G est un graphe biparti, RCA(G, M, u) trouve tous les sommets qui peuvent être atteints par des u-chemins M-alternants. L'algorithme

$\text{RCA}^+(G, M, u)$ en fait de même dans un graphe quelconque G. Cela vient du fait que si $\text{RCA}^+(G, M, u)$ termine avec un RCA-arbre T_k, tout u-chemin M-alternant dans G qui termine en un sommet bleu est de longueur impaire (Exercice 17.5.10).

L'Algorithme d'Edmonds

L'idée de combiner la Recherche de Chemin Augmentant avec le pincement de bourgeons est due à Edmonds (1965d). Elle mène à un algorithme polynomial pour trouver un couplage maximum dans un graphe quelconque, de la même manière que la Recherche de Chemin Augmentant mène à l'Algorithme d'Egerváry pour trouver un couplage maximum dans un graphe biparti.

Lors de la recherche d'un couplage maximum dans un graphe G, nous commençons avec un couplage quelconque M de G, et appliquons RCA^+ pour chercher un u-chemin M-augmentant dans G, avec u un sommet non-couvert. Si un tel chemin P est trouvé, RCA^+ renvoie un couplage plus grand $M \triangle E(P)$; dans le cas contraire, RCA^+ retourne un RCA-arbre T enraciné en u. Dans ce dernier cas, nous appliquons RCA^+ en commençant avec un sommet de G non couvert par le nouveau couplage M, s'il y en a un. Dans cette dernière éventualité, en continuant notre recherche d'un chemin M-augmentant, nous restreignons notre attention au sous-graphe $G - V(T)$ (où, par $V(T)$, nous entendons l'union de l'ensemble des sommets bleus de T et de l'ensemble des sommets de G contenus dans les fleurs de T). Dans ce cas, nous gardons en mémoire l'ensemble $M(T) := M \cap E(T)$ (cet ensemble fera partie de notre couplage maximum), remplaçons le couplage M par le couplage résiduel $M \setminus E(T)$ et le graphe G par le sous-graphe $G - V(T)$, et réappliquons RCA^+ en commençant par un sommet de G non couvert par le nouveau couplage, s'il y en a un. Nous procédons ainsi jusqu'à ce que le graphe F restant n'ait plus de sommet non-couvert (et donc ait un couplage parfait).

Par exemple, dans la Figure 17.15g, après avoir trouvé le RCA-arbre il reste un sommet non-couvert, à savoir j. Le RCA-arbre grandi à partir de ce sommet est simplement le RCA-arbre trivial. Le sous-graphe F est constitué des sommets y et z et de l'arête les reliant. Les sommets rouges et bleus dans les deux RCA-arbres sont indiqués sur la Figure 17.15h.

L'Algorithme d'Edmonds renvoie donc :

- ▷ Un ensemble $\mathcal{T}$ de RCA-arbres deux à deux disjoints.
- ▷ Un ensemble $R := \cup\{R(T) : T \in \mathcal{T}\}$ de sommets rouges.
- ▷ Un ensemble $B := \cup\{B(T) : T \in \mathcal{T}\}$ de sommets bleus.
- ▷ Un sous-graphe $F := G - (R \cup B)$ de G ayant un couplage parfait $M(F)$.
- ▷ Un couplage $M^* := \cup\{M(T) : T \in \mathcal{T}\} \cup M(F)$ de G.
- ▷ Un ensemble $U := \{u(T) : T \in \mathcal{T}\}$ de sommets non couverts par M^*.

(Comme dans l'Algorithme d'Egerváry, lorsque le couplage initial M est parfait, $\mathcal{T} = R = B = \emptyset$, $F = G$, $M^* = M$, et $U = \emptyset$.)

La preuve que l'Algorithme d'Edmonds renvoie effectivement un couplage maximum ressemble étroitement à la preuve du Théorème 17.21. Nous la laissons en exercice (17.5.9).

Théorème 17.24 *L'ensemble B renvoyé par l'Algorithme d'Edmonds est une barrière et le couplage M^* renvoyé par cet algorithme est un couplage maximum.* □

Pour conclure, nous notons que l'Algorithme d'Edmonds, combiné avec la réduction polynomiale du problème du f-facteur au problème du 1-facteur décrite Partie 17.4, donne un algorithme polynomial pour résoudre le problème du f-facteur.

Exercices

17.5.1 Appliquer l'Algorithme d'Egerváry pour trouver un couplage maximum dans le graphe biparti de la Figure 17.16a.

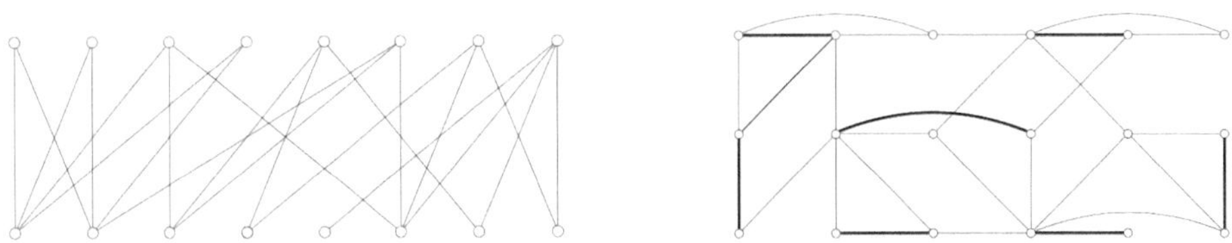

(*a*) (*b*)

Fig. 17.16. Trouver des couplages maximum dans ces graphes (Exercices 17.5.1 et 17.5.7)

17.5.2 Montrer que l'Algorithme d'Egerváry est un algorithme polynomial.

⋆**17.5.3** Prouver la Proposition 17.19.

17.5.4 Décrire comment le résultat de l'Algorithme d'Egerváry peut être utilisé pour trouver une couverture par arêtes minimum d'un graphe biparti sans sommet isolé donné.

17.5.5 Trouver des couvertures minimums, des stables maximums, et des couvertures par arêtes minimums dans les graphes des Figures 17.12 et 17.16a.

17.5.6 Pour tout entier strictement positif k, montrer que le graphe k-parti complet $G := K_{2,2,\ldots,2}$ est k-choisissable. (P. Erdős, A.L. Rubin, et H. Taylor)

17.5.7 Appliquer l'Algorithme d'Edmonds pour trouver un couplage maximum dans le graphe de la Figure 17.16b, en commençant avec le couplage M indiqué. Déterminer la barrière renvoyée par l'algorithme.

⋆**17.5.8** Prouver la Proposition 17.22.

⋆**17.5.9**

a) Montrer que l'ensemble B de sommets bleus renvoyé par l'Algorithme d'Edmonds forme une barrière de G.
b) Donner une preuve du Théorème 17.24.

⋆**17.5.10**

a) Soit T un RCA-arbre retourné par $\text{RCA}^+(G, M, u)$. Montrer que tout u-chemin M-alternant dans G qui termine par un sommet bleu est de longueur impaire.
b) En déduire que $\text{RCA}^+(G, M, u)$ trouve tous les sommets de G qui peuvent être atteints par des u-chemins M-alternants.

17.5.11 Montrer que l'Algorithme d'Edmonds est un algorithme polynomial.

17.5.12 Déduire de l'Exercice 17.3.10 que les fleurs créées durant l'exécution de RCA^+ sont hypocouplables.

17.5.13 Soit B la barrière obtenue en appliquant l'Algorithme d'Edmonds à un graphe G. Montrer que :

a) toute composante paire de $G - B$ a un couplage parfait,
b) toute composante impaire de $G - B$ est hypocouplable,
c) un sommet v de G est inessentiel si et seulement s'il appartient à une composante impaire de $G - B$,
d) B est l'ensemble de tous les sommets essentiels qui ont un voisin inessentiel.

(Gallai (1964a) a été le premier à montrer que tout graphe a une barrière satisfaisant les conditions ci-dessus.)

17.5.14 Plus Court Chemin Pair/Impair
Soit $G := G(x, y)$ un graphe, et soit H le graphe obtenu à partir de $G \,\Box\, K_2$ en supprimant x d'une copie de G et y de l'autre copie de G.

a) Trouver une injection entre les xy-chemins de longueur paire dans G et les couplages parfaits dans H.
b) En affectant des poids 0 ou 1 aux arêtes de H de manière appropriée et en appliquant une version valuée de l'Algorithme d'Edmonds, montrer comment trouver, en temps polynomial, un plus court xy-chemin de longueur paire dans G.
c) À l'aide d'une construction similaire, montrer comment trouver, en temps polynomial, un plus court xy-chemin de longueur impaire dans G.

(J. Edmonds)

17.5.15 En utilisant des couplages de poids minimum, raffiner l'algorithme de 2-approximation pour le Problème du Voyageur de Commerce Métrique exposé Partie 8.4, de manière à obtenir une $\frac{3}{2}$-approximation polynomiale pour ce problème. (N. Christofides)

17.6 En savoir plus

Stables dans les graphes sans griffe

Les stables maximum dans les graphes des lignes peuvent être déterminés en temps polynomial, grâce à l'Algorithme d'Edmonds (décrit Partie 17.5), puisqu'un stable dans le graphe des lignes $L(G)$ correspond à un couplage dans G. Plus généralement, il existe des algorithmes polynomiaux pour trouver les stables maximums des graphes sans griffe, une classe qui comprend tous les graphes des lignes (voir Minty (1980), Sbihi (1980), ou Lovász et Plummer (1986)).

matroïdes transversaux

Soit $G := G[X, Y]$ un graphe biparti. Un sous-ensemble$S$ de X est *couplable* avec un sous-ensemble de T de Y s'il y a un couplage dans G qui couvre $S \cup T$ et aucun autre sommet. Un sous-ensemble de X est *couplable* s'il est couplable avec un sous-ensemble de Y. Edmonds et Fulkerson (1965) ont montré que les sous-ensembles couplables de X sont les ensembles indépendants d'un matroïde sur X ; les matroïdes qui apparaissent de cette manière sont appelés *matroïdes transversaux.* Plusieurs résultats exposés Partie 17.2 peuvent se voir comme des propriétés des matroïdes transversaux. Par exemple, la Formule de König–Ore (Exercice 17.2.9) est une expression du rang de ce matroïde.

Le Théorème de Rado

Soit $G := G[X, Y]$ un graphe biparti, et soit M un matroïde défini sur Y de fonction de rang r. Généralisant largement le Théorème de Hall (17.4), Rado (1942) a montré que X est couplable avec un sous-ensemble de Y qui est indépendant dans le matroïde M si et seulement si $r(N(S)) \geq |S|$, pour tout $S \subseteq X$. De nombreuses variantes et applications du Théorème de Rado se trouvent dans Welsh (1976).

Pfaffiens

Soit $D := (V, A)$ un digraphe strict, et soit $\{x_a : a \in A\}$ un ensemble de variables associées aux arcs de D. La *matrice de Tutte* de D est la matrice $n \times n$ antisymétrique $\mathbf{T} = (t_{uv})$ définie par :

$$t_{uv} := \begin{cases} 0 & \text{si } u \text{ et } v \text{ ne sont pas adjacents dans } D, \\ x_a & \text{si } a = (u, v), \\ -x_a & \text{si } a = (v, u). \end{cases}$$

Comme $\mathbf{T}$ est antisymétrique, son déterminant vaut 0 lorsque n est impair. Mais quand n est pair, disons $n = 2k$, le déterminant de $\mathbf{T}$ est le carré d'un certain polynôme, appelé le pfaffien de $\mathbf{T}$, qui peut être défini comme suit.

Pour tout couplage parfait $M := \{a_1, a_2, \ldots, a_k\}$ de D, où $a_i := (u_i, v_i)$, $1 \leq i \leq k$, notons $\pi(M)$ le produit $t_{u_1 v_1} t_{u_2 v_2} \ldots t_{u_k v_k}$ et $\mathrm{sgn}(M)$ le signe de la permutation $(u_1 v_1 u_2 v_2 \ldots u_k v_k)$. (Observons que $\mathrm{sgn}(M)$ ne dépend pas de l'ordre dans lequel les éléments de M sont listés.) Le *pfaffien* de $\mathbf{T}$ est la somme de $\mathrm{sgn}(M)\pi(M)$ prise sur tous les couplages parfaits M de D.

Maintenant, un polynôme est nul si et seulement s'il est nul partout. Ainsi le digraphe D a un couplage parfait si et seulement si le pfaffien de $\mathbf{T}$ est non-nul. Comme le déterminant de $\mathbf{T}$ est le carré de son pfaffien, il vient que D a un couplage parfait si et seulement si $\det \mathbf{T} \neq 0$. La preuve originale du Théorème deTutte 17.13 reposait sur une utilisation astucieuse de ce fait (voir Tutte (1998) pour un récit agréable de l'histoire de cette découverte). Plus récemment, des propriétés de la matrice de Tutte ont joué des rôles étonamment utiles aussi bien en théorie des graphes et que dans ses aspects algorithmiques ; voir, par exemple, Lovász et Plummer (1986), McCuaig (2000), et Robertson et al. (1999).

18

Coloration des arêtes

Sommaire

18.1 Indice chromatique

Au Chapitre 15, nous avons étudié la coloration des sommets d'un graphe. Nous nous intéressons maintenant au concept voisin de coloration des arêtes.

Rappelons qu'une *k-arête-coloration* d'un graphe $G = (V, E)$ est une appplication $c : E \to S$, où S est un ensemble de k *couleurs*. Autrement dit, c'est une affectation de k couleurs aux arêtes de G. Habituellement, l'ensemble de couleurs S est $\{1, 2, \ldots, k\}$. Une k-arête-coloration peut alors se voir comme une partition $\{E_1, E_2, \ldots, E_k\}$ de E, où E_i désigne l'ensemble (possiblement vide) des arêtes colorées i.

Une arête-coloration est *propre* si les arêtes adjacentes reçoivent des couleurs distinctes. Ainsi une k-arête-coloration propre est une k-arête-coloration $\{M_1, M_2, \ldots, M_k\}$ pour laquelle chaque sous-ensemble M_i est un couplage. (Comme les boucles sont adjacentes à elles-mêmes, seuls les graphes sans boucle admettent des arête-colorations propres.) Comme il ne s'agira ici que d'arête-colorations propres,

J. Bondy et al., *Théorie des graphes*, Mathématiques et Applications 91,
https://doi.org/10.1007/978-1-4471-7621-3_18

tous les graphes sont supposés sans boucle, et nous diront simplement 'arête-coloration' pour arête-coloration propre. Le graphe de la Figure 18.1 a pour 4-arête-coloration $\{\{a,g\},\{b,e\},\{c,f\},\{d\}\}$.

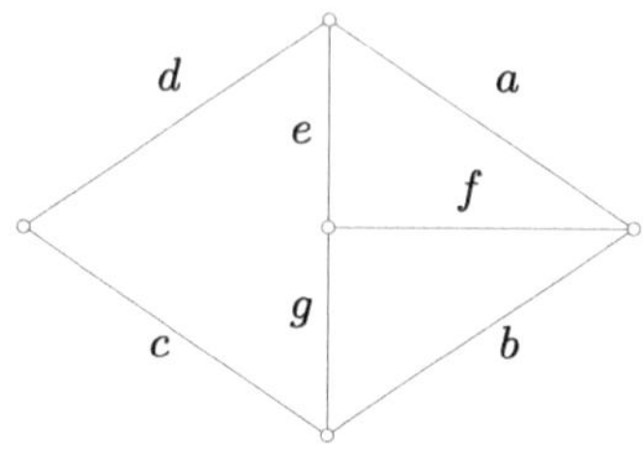

Fig. 18.1. Un graphe 4-arête-chromatique

Un graphe est *k-arête-colorable* s'il a une k-arête-coloration. Clairement, si G est k-arête-colorable, G est aussi ℓ-arête-colorable pour tout $\ell > k$; de plus, tout graphe G est m-arête-colorable. L'*indice chromatique*, $\chi'(G)$, d'un graphe G est le plus petit k pour lequel G est k-arête-colorable, et G est *k-arête-chromatique* si $\chi'(G) = k$. Il est facile de vérifier que le graphe de la Figure 18.1 n'est pas 3-arête-colorable (voir Exercice 18.1.3). Ce graphe est donc 4-arête-chromatique.

Dans une arête-coloration, les arêtes incidentes à un même sommet doivent évidemment toutes avoir des couleurs différentes. Cette observation donne la borne inférieure

$$\chi' \geq \Delta \tag{18.1}$$

Des problèmes d'arête-coloration apparaissent en pratique de la même manière que les problèmes de coloration de sommets. Voici un exemple typique.

Exemple 18.1 PROBLÈME D'EMPLOI DU TEMPS
Dans une école, il y a m professeurs $x_1, x_2, \ldots, x_m$, et n classes $y_1, y_2, \ldots, y_n$. Etant donné que le professeur x_i doit faire cours à la classe y_j pendant p_{ij} heures, planifier un emploi du temps complet dans le plus petit nombre d'heures.

Pour résoudre ce problème, nous représentons les services d'enseignement par un graphe biparti $H[X,Y]$, où $X = \{x_1, x_2, \ldots, x_m\}$, $Y = \{y_1, y_2, \ldots, y_n\}$, et les sommets x_i et y_j sont reliés par p_{ij} arêtes. Il est facile de voir (Exercice 18.1.10a) que le problème posé revient à trouver une arête-coloration de H avec le plus petit nombre de couleurs possible. Ceci peut se résoudre au moyen d'un algorithme polynomial, que nous décrivons ci-dessous. Pour plus de détails sur le Problème d'Emploi du Temps, voir Bondy et Murty (1976).

ARÊTE-COLORATIONS DES GRAPHES BIPARTIS

Avec l'exemple de la Figure 18.1, nous voyons que l'inégalité (18.1) peut être stricte. Cependant, comme nous allons tout de suite le montrer, il y a toujours égalité dans (18.1) quand G est biparti. Dans la Partie 18.2, nous donnons des bornes supérieures sur χ' pour d'autres classes de graphes. Nous montrons, en particulier, que si G est un graphe simple, alors $\chi' \leq \Delta + 1$. Les preuves que nous présentons sont constructives, et montrent comment, dans les conditions appropriées, une k-arête-coloration d'un graphe G peut être obtenue en colorant les arêtes une à une, quitte à réajuster la coloration en chemin si nécessaire. Nous supposons que nous avons déjà obtenu une k-arête-coloration d'un certain sous-graphe H de G et expliquons comment l'étendre en une k-arête-coloration de G. Les notions suivantes sont fondamentales pour notre approche.

Soit H un sous-graphe couvrant d'un graphe G et soit $\mathcal{C} := \{M_1, M_2, \ldots, M_k\}$ une k-arête-coloration de H. Une couleur i est *représentée* au sommet v si elle est attribuée à une arête de H incidente à v ; dans le cas contraire, elle est *disponible* en v. Une couleur est *disponible* pour une arête de $E(G)\setminus E(H)$ si elle est disponible aux deux extrémités de l'arête. Donc, si une arête e n'est pas colorée, n'importe quelle couleur disponible pour e peut lui être attribuée afin d'étendre $\mathcal{C}$ en une k-arête-coloration de $H + e$.

Soient i et j des couleurs distinctes, et posons $H_{ij} := H[M_i \cup M_j]$. Comme M_i et M_j sont des couplages disjoints, chaque composante de H_{ij} est soit un cycle pair soit un chemin (voir la preuve du Théorème 17.3) ; nous appelons les composantes de H_{ij} qui sont des chemins des *ij-chemins*. Ils sont de même nature que les chaînes de Kempe (voir Partie 16.2), et un des principaux outils dans nos démonstrations consiste à choisir soigneusement des couleurs i et j et à échanger les couleurs sur un ij-chemin bien choisi de manière à obtenir une nouvelle k-arête-coloration pour laquelle il y a une couleur disponible pour une arête de $E(G) \setminus E(H)$. La preuve du théorème suivant est une illustration simple de cette technique.

Théorème 18.2 *Si G est biparti, alors $\chi' = \Delta$.*

Démonstration Par récurrence sur m. Soit $e = uv$ une arête de G. Nous supposons que $H = G \setminus e$ a une Δ-arête-coloration $\{M_1, M_2, \ldots, M_\Delta\}$. Si une couleur est disponible pour e, celle-ci peut être attribuée à e pour donner une Δ-arête-coloration de G. Nous pouvons donc supposer que chacune des Δ couleurs est représentée soit en u soit en v. Comme le degré de u dans $G \setminus e$ est au plus $\Delta - 1$, au moins une couleur i est disponible en u, et donc représentée en v. De même, au moins une couleur j est disponible en v et représentée en u. Considérons le sous-graphe H_{ij}. Comme u est de degré 1 dans ce sous-graphe, la composante contenant u est un ij-chemin P. Ce chemin ne termine pas en v. Car s'il le faisait, il serait de longueur paire, commençant par une arête colorée i et finissant avec une arête colorée j, et $P + e$ serait un cycle de longueur impaire dans G, contredisant l'hypothèse que G est biparti. En interchangeant les couleurs sur P, nous obtenons une nouvelle Δ-arête-coloration de H pour laquelle la couleur i est disponible à la fois en u et v. Attribuant la couleur i à e, nous obtenons une Δ-arête-coloration de G. □

Il est facile d'extraire de la preuve précédente un algorithme polynomial pour trouver une Δ-arête-coloration d'un graphe biparti G. Une preuve alternative du Théorème 18.2, utilisant l'Exercice 17.4.16, est esquissée à l'Exercice 18.1.11.

Exercices

18.1.1 Montrer qu'un graphe d-régulier G est d-arête-colorable si et seulement si son ensemble d'arêtes peut se partitionner en couplages parfaits.

18.1.2 En exhibant une arête-coloration idoine, montrer que $\chi'(K_{m,n}) = \Delta(K_{m,n})$ (= $\max\{m, n\}$).

⋆**18.1.3**

a) Montrer que tout graphe G satisfait l'inégalité $\chi' \geq m/\lfloor n/2 \rfloor$.
b) En déduire que le graphe de la Figure 18.1 n'est pas 3-arête-colorable.

18.1.4 Déduire de l'Exercice 17.1.7 qu'un graphe cubique avec une arête séparatrice n'est pas 3-arête-colorable.

18.1.5 Soit G un graphe cubique 2-arête-connexe avec une 2-coupe $\{e_1, e_2\}$. Pour $i = 1, 2$, soit $e_i := u_i v_i$, avec u_i et v_i des sommets de la composante H_i de $G \setminus \{e_1, e_2\}$. Montrer que :

a) le graphe G_i obtenu à partir de H_i en reliant u_i et v_i par une nouvelle arête f_i est un graphe cubique 2-arête-connexe, $i = 1, 2$,
b) G est 3-arête-colorable si et seulement si G_1 et G_2 sont tous deux 3-arête-colorables.

18.1.6 Soit $\partial(X)$ une 3-coupe d'un graphe cubique G. Montrer que G est 3-arête-colorable si et seulement si $G\,/\,X$ et $G\,/\,\overline{X}$ sont tous deux 3-arête-colorables, où $\overline{X} := V \setminus X$.

18.1.7

a) Montrer que le graphe de Petersen n'est pas 3-arête-colorable (soit directement, soit en considérant une hypothétique 3-arête-coloration d'un de ses 5-cycles, ou à l'aide des Exercices 17.1.7 et 18.1.1).
b) En déduire que le graphe de Petersen est 4-arête-chromatique.

18.1.8

a) Montrer que tout graphe cubique hamiltonien est 3-arête-colorable.
b) Déduire de l'Exercice 18.1.7b que le graphe de Petersen n'est pas hamiltonien.

18.1.9 Soit $G = C_5[\overline{K_2}]$.

a) Soient M et M' deux couplages parfaits de G. Montrer qu'il y a un automorphisme de G envoyant M sur M'.
b) En déduire que $\chi' = 4$.
c) Déduire en outre que G ne contient pas le graphe de Petersen.

⋆18.1.10

a) Montrer que le Problème d'Emploi du Temps (Exemple 18.1) revient à trouver une arête-coloration d'un graphe biparti avec le plus petit nombre de couleurs possible.
b) Notons p le plus petit nombre possible d'heures de cours (une heure de cours n'est pas divisible) et ℓ le nombre total de cours à donner. Montrer qu'il existe un emploi du temps pour lequel au plus $\lceil \ell/p \rceil$ salles de classe sont occupées au même moment.

18.1.11

a) Montrer que si G est biparti, alors G a un sur-graphe Δ-régulier biparti.
b) À l'aide de (a) et du résultat de l'Exercice 17.4.16, donner une preuve alternative du Théorème 18.2.

18.1.12 Soit G un graphe tel que $\Delta \leq 3$. Montrer que G est 4-arête-colorable

a) à l'aide de l'Exercice 2.2.2 et du Théorème 18.2,
b) en appliquant le Théorème de Brooks (15.4).

18.1.13 Décrire un algorithme polynomial pour trouver une Δ-arête-coloration propre d'un graphe biparti G. Quelle est la complexité de votre algorithme ?

18.1.14 Huit joueurs de tennis s'entraînent deux par deux chaque jour. Montrer comment ils peuvent s'arranger pour que chaque joueur s'entraîne avec un partenaire différent chaque jour de la semaine.

18.1.15 Déduire du Théorème 18.2 que les graphes des lignes des graphes bipartis sont parfaits.

18.1.16 Problème des Écolières
Une *k-arête-coloration* d'un hypergraphe $(V, \mathcal{F})$ est une partition $\{\mathcal{F}_1, \mathcal{F}_2, \ldots, \mathcal{F}_k\}$ de $\mathcal{F}$ telle que, pour $1 \leq i \leq k$, les arêtes de $\mathcal{F}_i$ ne s'intersectent pas deux à deux. Formuler comme un problème d'arête-coloration d'hypergraphe, et résoudre, le casse-tête suivant, posé par le Révérend T. P. Kirkman en 1847. Quinze écolières d'un pensionnat anglais sortent marcher chaque jour en rang par trois. Peuvent-elles s'arranger pour que n'importe quelle écolière ne soit pas deux fois dans le même rang qu'une autre la même semaine ?

18.1.17

a) En exhibant une arête-coloration idoine, montrer que $\chi'(K_{2n}) = 2n-1$, $n \geq 1$.
b) En déduire que $\chi'(K_{2n-1}) = 2n - 1$, $n \geq 2$.

⋆18.1.18 Théorème de Gupta
Soit G un graphe biparti sans sommet isolé. Montrer que G a une δ-arête-coloration (pas nécessairement propre) pour laquelle toutes les δ couleurs sont représentées en chaque sommet. (R. P. Gupta)

18.1.19 On considère une 3-arête-coloration (pas nécessairement propre) d'un graphe complet pour laquelle chaque classe de couleur induit un sous-graphe couvrant connexe. Montrer qu'il y a un triangle qui a une arête de chaque couleur.

(T. GALLAI)

18.2 Le Théorème de Vizing

Comme nous l'avons déjà observé, si G n'est pas biparti, il n'est pas toujours vrai que $\chi' = \Delta$. Un théorème important dû à Vizing (1964), et indépendamment Gupta (1966), affirme que pour tout graphe simple G, $\chi' = \Delta$ ou $\chi' = \Delta + 1$.

Dans une démonstration par récurrence sur m du Théorème de Vizing, on peut supposer (comme dans la preuve du Théorème 18.2) qu'il y a une $(\Delta + 1)$-arête-coloration de $G \setminus e$, pour $e \in E$. Pour terminer la preuve, il suffit de montrer comment une $(\Delta+1)$-arête-coloration de G peut s'obtenir à partir de cette $(\Delta+1)$-arête-coloration de $G \setminus e$. Avec d'autres applications en tête (voir, par exemple, l'Exercice 18.2.9), nous considérons le problème plus général consistant à élaborer une k-arête-coloration de G à partir d'une k-arête-coloration de $G \setminus e$, pour un entier k supérieur ou égal à Δ.

Lemme 18.3 *Soit G un graphe simple, v un sommet de G, e une arête de G incidente à v, et k un entier, $k \geq \Delta$. Supposons que $G \setminus e$ ait une k-arête-coloration c pour laquelle tout voisin de v a au moins une couleur disponible. Alors G est k-arête-colorable.*

Démonstration Considérons la k-arête-coloration c de $G \setminus e$. Pour la recherche d'une k-arête-coloration de G, il est pratique de considérer le graphe biparti $H[X, Y]$, où $X := N_G(v)$ et $Y := \{1, 2, \ldots, k\}$, les sommets $x \in X$ et $i \in Y$ étant adjacents si la couleur i est disponible au sommet x dans la restriction $\tilde{c}$ de c à $G - v$. En particulier, pour tout $x \in X \setminus \{u\}$, avec u l'autre extrémité de e, la couleur de l'arête xv est disponible en x dans $G - v$, donc H contient le couplage

$$M := \{(x, c(xv)) : x \in X \setminus \{u\}\}$$

À l'inverse, tout couplage dans H correspond à une coloration partielle de $\partial(v)$ qui est compatible avec $\tilde{c}$. En particulier, tout couplage dans H qui sature X correspond à une coloration de tout $\partial(v)$ et donc donne, avec $\tilde{c}$, une k-arête-coloration de G. Nous pouvons supposer que H n'a pas de telle coloration. Notre but consiste à modifier la coloration c en une coloration c' de sorte que le graphe biparti correspondant H' contienne un couplage saturant X.

Par hypothèse, chaque sommet de $X \setminus \{u\}$ est incident à au moins une arête de $H \setminus M$, et le sommet u est aussi incident à au moins une de ces arêtes, car

$$d_{G \setminus e}(u) = d_G(u) - 1 \leq \Delta(G) - 1 \leq k - 1$$

Par conséquent, tout sommet de X est incident à au moins une arête de $H \setminus M$.

Notons Z l'ensemble de tous les sommets de H atteignables depuis u par des chemins M-alternants, et posons $R := X \cap Z$ et $B := Y \cap Z$. Comme dans la démonstration du Théorème de Hall (17.4), $N_H(R) = B$ et B est couplé par M à $R \setminus \{u\}$, donc $|B| = |R| - 1$. Comme chaque sommet de R est incident à au moins une arête de $H \setminus M$, par le Principe des Tiroirs, il y a deux sommets x, y de R qui sont adjacents dans $H \setminus M$ à une même couleur $i \in B$; cette couleur i est par conséquent disponible à la fois en x et y. Notons que toute couleur de B est représentée en v, parce que B est couplé par M à $R \setminus \{u\}$. En particulier, la couleur i est représentée en v. D'autre part, comme le degré de v dans $G \setminus e$ est au plus $k - 1$, une couleur j est disponible en v. Observons que $j \notin B$ car toute couleur de B est représentée en v. Ainsi j est représentée en tout sommet de R, en particulier en x et y.

Retournons maintenant au graphe $G \setminus e$. D'après les observations ci-dessus, chacun des sommets v, x, et y est l'extrémité d'un ij-chemin dans $G \setminus e$. Considérons le ij-chemin commençant en v. Évidemment, ce chemin ne peut terminer à la fois en x et en y. Nous pouvons supposer que le chemin commençant en v ne termine pas en y. Soit z le sommet terminal du ij-chemin P commençant en y. Intervertissant les couleurs i et j sur P, nous obtenons une nouvelle coloration c' de $G \setminus e$.

Soit $H'[X, Y]$ le graphe biparti correspondant à c'. Les seules différences entre les ensembles d'arêtes de H et H' sont en y et possiblement z (si $z \in X$). De plus, comme v n'est pas sur P, le couplage M est toujours un couplage dans H'. Considérons le uy-chemin M-alternant Q dans H. Si z est dans Q, alors $z \in R$ et le chemin alternant uQz est toujours un chemin M-alternant dans H', puisqu'il se termine par une arête de M. En outre, comme $j \notin B$, le chemin P devait originellement se terminer en z par une arête de couleur j, et se termine maintenant avec une arête de couleur i. Pour la coloration c', la couleur j est donc disponible en z, et $Q' := uQzj$ est un chemin M-augmentant dans H'. D'autre part, si z n'est pas dans Q, alors $Q' := uQyj$ est un chemin M-augmentant dans H'.

Posons $M' := M \triangle E(Q')$. Alors M' est un couplage dans H' qui couvre tous les sommets dans X, et ce couplage correspond à une coloration de tout $\partial(v)$. En combinant cette coloration avec la restriction de c' à $G - v$, nous obtenons une k-arête-coloration propre de G. □

La Figure 18.2 illustre les différentes étapes de cette preuve sur le graphe de Petersen, avec pour 4-arête-coloration initiale c, celle présentée Figure 18.2a. Le graphe biparti H est représenté Figure 18.2b, avec $X := \{s, t, u\}$, $Y := \{1, 2, 3, 4\}$, et le couplage M est indiqué en traits gras. Nous pouvons prendre $i = 1$, $j = 3$, $u = x$, et $t = y$. Le ij-chemin de v (à u) et le ij-chemin P de t à z sont montrés Figure 18.2c, et la 4-arête-coloration c' l'est Figure 18.2d. Le graphe biparti correspondant H' est représenté Figure 18.2e, avec un u-chemin M-augmentant Q indiqué en pointillé. La Figure 18.2f montre le couplage augmenté M', et la Figure 18.2g la 4-arête-coloration finale du graphe de Petersen.

La preuve ci-dessus donne un algorithme polynomial pour trouver une k-arête-coloration d'un graphe simple G à partir d'une k-arête-coloration de $G \setminus e$ qui vérifie l'hypothèse du Lemme 18.3. Comme l'hypothèse du Lemme 18.3 est vérifiée quand

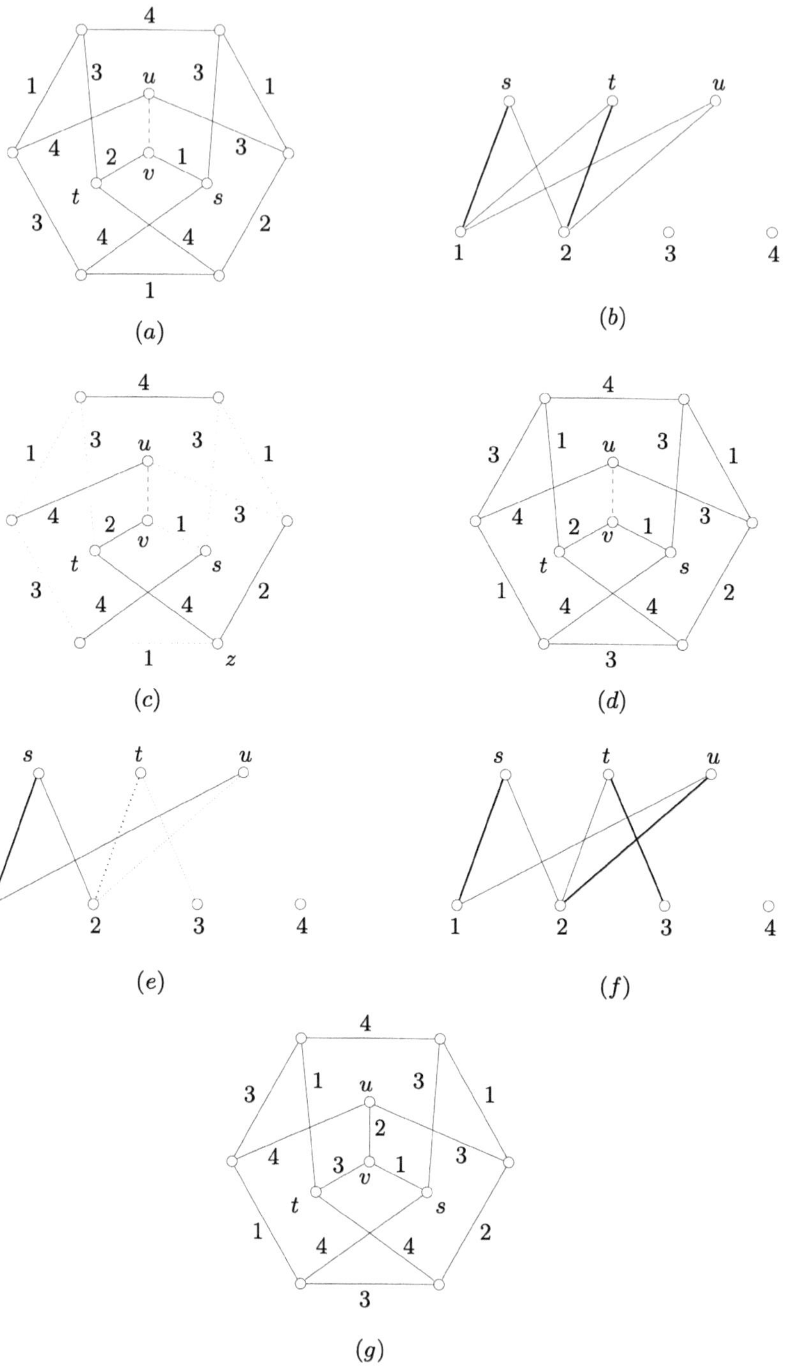

Fig. 18.2. Comment trouver une 4-arête-coloration du graphe de Petersen en suivant le Lemme 18.3

$k = \Delta+1$, le Théorème de Vizing vient directement par récurrence sur m. De plus, une $(\Delta+1)$-arête-coloration de tout graphe simple G peut être trouvée, en ajoutant les arêtes une à une, en temps polynomial.

Théorème 18.4 THÉORÈME DE VIZING
Pour tout graphe simple G, $\chi' \leq \Delta + 1$. □

Le lecteur observateur aura remarqué que la borne sur l'indice chromatique du Théorème de Vizing (18.4) ressemble étrangement à la borne (15.3) sur le nombre chromatique.

Il y a une généralisation naturelle du Théorème 18.4 aux graphes sans boucles. Considérons un tel graphe G. Pour des sommets u et v de G, on note $\mu(u, v)$ le nombre d'arêtes parallèles reliant u et v. La *multiplicité* de G, notée par $\mu(G)$, est la valeur maximum de μ, prise sur toutes les paires de sommets de G. Vizing (1964) a étendu son théorème comme suit.

Théorème 18.5 *Pour tout graphe G,* $\chi' \leq \Delta + \mu$. □

Ce théorème plus général a été établi en adaptant la preuve du Théorème 18.4 (Exercice 18.2.8). Le graphe G dessiné Figure 18.3 montre que ce théorème est le meilleur possible pour toute valeur de μ. Ici $\Delta = 2\mu$ et, les arêtes étant deux à deux adjacentes, $\chi' = m = 3\mu = \Delta + \mu$.

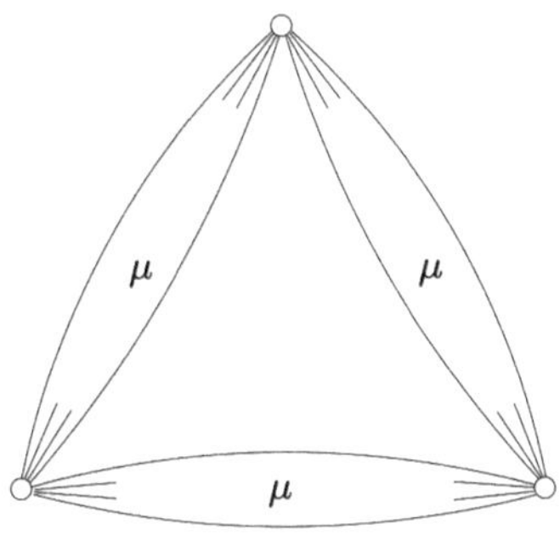

Fig. 18.3. Un graphe G tel que $\chi' = \Delta + \mu$

Revenons aux graphes simples. Le Théorème 18.4 implique que l'indice chromatique d'un graphe simple G est égal à Δ ou $\Delta + 1$. Les graphes simples G pour lesquels $\chi' = \Delta$ sont dits être de *Classe* 1, et les autres de *Classe* 2. Le problème de décider de quelle classe est un graphe est $\mathcal{NP}$-dur (Holyer (1981) et Leven et Galil (1983)). Il est par conséquent utile d'avoir des critères simples pour être de Classe 1 ou de Classe 2. Par exemple, à l'aide du Lemme 18.3 on peut montrer qu'un graphe G est de Classe 1 si ses sommets de degré Δ induisent une forêt (Exercice 18.2.9). En outre, en vertu du Théorème des Quatre Couleurs (11.2), du Théorème de Tait

(11.4), et de l'Exercice 18.1.5, tout graphe cubique planaire 2-arête-connexe est de Classe 1. De plus, la démonstration du Théorème des Quatre Couleurs esquissée au Chapitre 16 donne (via le Théorème de Tait) un algorithme polynomial pour trouver une 3-arête-coloration d'un tel graphe. Une condition simple pour qu'un graphe soit de Classe 2 est décrite à l'Exercice 18.2.1.

Exercices

18.2.1 GRAPHE SURABONDANT
Un graphe simple G est *surabondant* si $m > \lfloor n/2 \rfloor \Delta$.

a) Montrer que tout graphe surabondant :
  i) est d'ordre impair,
  ii) est de Classe 2.
b) Montrer qu'un graphe simple non-vide est surabondant s'il est obtenu :
  i) à partir d'un graphe régulier d'ordre pair en subdivisant une arête, ou
  ii) à partir d'un graphe simple k-régulier d'ordre impair en supprimant moins de $k/2$ arêtes. (L. W. BEINEKE ET R. J. WILSON)

18.2.2

a) Montrer que, pour un graphe sans boucle G,

$$\chi' \geq \max \left\{ \left\lceil \frac{2e(H)}{v(H)-1} \right\rceil : H \subseteq G,\ v(H) \text{ impair},\ v(H) \geq 3 \right\} \tag{18.2}$$

b) Trouver un graphe G pour lequel ni la borne $\chi' \geq \Delta$ ni la borne (18.2) ne sont serrées.

(Goldberg (1974) et Seymour (1979a) ont conjecturé que si aucune des bornes n'est serrée, alors $\chi' = \Delta + 1$.)

18.2.3 Soit G un graphe obtenu à partir d'un cycle en remplaçant chaque arête par une ou plusieurs arêtes parallèles. Montrer que G satisfait la borne de Goldberg (18.2) avec égalité.

18.2.4 Soit G un graphe simple.

a) À l'aide du Théorème de Vizing (18.4), montrer que $G \,\square\, K_2$ est de Classe 1.
b) En déduire que si H est un graphe simple non-trivial de Classe 1, alors $G \,\square\, H$ est aussi de Classe 1.

18.2.5 Soit P le graphe de Petersen. Montrer que $P \,\square\, K_3$ est de Classe 1.
(J.D. Horton et W.D. Wallis ont montré que, pour tout graphe cubique 3-connexe G, le produit cartésien $G \,\square\, K_3$ admet une décomposition en deux cycles hamiltoniens et un couplage parfait, et donc est de Classe 1.)

18.2.6 Décrire un algorithme polynomial pour trouver une $(\Delta+1)$-arête-coloration propre d'un graphe simple G. Quelle est le complexité de votre algorithme ?

18.2.7 À l'aide de l'Exercice 17.4.16b, montrer que si Δ est pair, alors $\chi' \leq 3\Delta/2$.

18.2.8

a) Soit G un graphe, $e = uv$ une arête de G, et $k \geq \Delta + \mu - 1$ un entier, avec $\mu := \mu(G)$. On suppose que $G \setminus e$ a une k-arête-coloration pour laquelle tout voisin de v a au moins μ couleurs disponibles. Montrer que G est k-arête-colorable.
b) En déduire que $\chi' \leq \Delta + \mu$. (V.G. Vizing)
c) En considérant séparément les cas $\mu \leq \Delta/2$ et $\mu > \Delta/2$, et en procédant par récurrence sur m, déduire de (b) que $\chi' \leq 3\Delta/2$. (C. Shannon)

18.2.9 Soit G un graphe simple dont les sommets de degré maximum Δ induisent une forêt. Montrer que $\chi' = \Delta$.

18.2.10 Graphe uniquement arête-colorable
Un graphe k-arête-chromatique qui a exactement une k-arête-coloration propre est dit être *uniquement k-arête-colorable.*

a) Soit G un graphe k-régulier uniquement k-arête-colorable de k-arête-coloration $\{M_1, M_2, \ldots, M_k\}$. Montrer que $G[M_i \cup M_j]$ est hamiltonien, $1 \leq i < j \leq k$. (D. L. Greenwell et H. V. Kronk)
b) Soit G un graphe cubique ayant un triangle T. Montrer que G est uniquement 3-arête-colorable si et seulement si $H := G\,/\,T$ est uniquement 3-arête-colorable.
c) Pour tout n pair supérieur ou égal à 4, construire un graphe cubique uniquement 3-arête-colorable à n sommets. (T. Fowler et R. Thomas ont montré que tout graphe cubique planaire uniquement 3-arête-colorable d'ordre au moins 4 contient un triangle, et donc peut être obtenu à partir de K_4 en dilatant récursivement des sommets en triangles.)
d) Montrer que le graphe de Petersen généralisé $P_{2,9}$ est sans triangle et uniquement 3-arête-colorable. (S. Fiorini)

18.2.11 Montrer que tout graphe cubique uniquement 3-arête-colorable a exactement trois cycles hamiltoniens.

18.2.12 Montrer que tout graphe régulier auto-complémentaire est de Classe 2. (A.P. Wojda)

18.2.13

a) Montrer que si G est simple et $\delta > 1$, alors G a une $(\delta - 1)$-arête-coloration (nécessairement impropre) pour laquelle les $\delta - 1$ couleurs sont représentées à chaque sommet. (R. P. Gupta)

b) Décrire un algorithme polynomial pour trouver une telle coloration.

18.2.14 Lemme d'Adjacence de Vizing
Soit G un graphe simple minimal qui n'est pas Δ-arête-colorable, et soient u et v des sommets adjacents de G, tels que $d(u) = k$.

a) Montrer que v est adjacent à au moins $\Delta - k + 1$ sommets de degré Δ différents de u. (V.G. Vizing)
b) En déduire que tout sommet de G a au moins deux voisins de degré Δ.

18.3 Snarks

L'indice chromatique d'un graphe cubique G (qu'il soit simple ou non) vaut toujours 3 ou 4 (Exercice 18.1.12). Cependant, comme il est mentionné Partie 18.2, le problème de décider entre ces deux valeurs est $\mathcal{NP}$-complet. Donc, à moins que $\mathcal{P} = \text{co-}\mathcal{NP}$, on ne peut pas espérer trouver une caractérisation utile des graphes cubiques qui sont 3-arête-colorables. Néanmoins, l'arête-coloration des graphes cubiques a été très étudiée, principalement en raison de son rapport avec le Problème des Quatre Couleurs, présenté aux Chapitres 11 et 16, et la Conjecture de Couverture Double par des Cycles, exposée Partie 3.5.

Nous avons vu qu'il suffit de prouver la Conjecture de Couverture Double par des Cycles pour les graphes cubiques essentiellement 4-arête-connexes (Théorème 5.5, Exercices 9.3.9 et 9.4.2). De plus, si un tel graphe est 3-arête-colorable, alors il admet une couverture par deux sous-graphes pairs (Exercice 18.3.4a) et donc a une couverture double par des cycles (Exercice 3.5.4a). Ainsi il suffit d'établir la Conjecture de Couverture Double par Cycles pour les graphes cubiques essentiellement 4-arête-connexes qui ne sont pas 3-arête-colorables.

Le graphe de Petersen est le plus petit graphe de la sorte (voir Exercice 18.3.1). Pendant longtemps, outre le graphe de Petersen, on ne connaissait que quelques exemples sporadiques de graphes cubiques essentiellement 4-arête-connexes et 4-arête-chromatiques . A cause de leur côté insaisissable, ces graphes ont été baptisés *snarks* par Descartes (1948), en référence au poème de Lewis Carroll, 'La chasse au snark'[1]. Un snark à dix-huit sommets, découvert par Blanuša (1946), est représenté Figure 18.4b. Que ce soit un snark peut se déduire du fait que le graphe de Petersen en est un (voir Exercice 18.1.6).

On peut voir que le graphe de Petersen est un mineur de ce snark de Blanuša (un parmi les deux que celui-ci a trouvés). Tutte (1966b) a conjecturé que le graphe de Petersen est mineur de tout snark. Comme le graphe de Petersen n'est pas planaire, cette conjecture de Tutte implique le Théorème des Quatre Couleurs, via le Théorème de Tait (11.4). La conjecture a été vérifiée par N. Robertson, D. Sanders, P. D. Seymour, et R. Thomas (inédit, voir Robertson et al. (1997b)) en utilisant le même type de techniques que celles qui ont permis de démontrer le Théorème des Quatre Couleurs.

---

[1] Titre original '*The Hunting of the Snark*'

Isaacs (1975) fut le premier à réussir à construire une famille infinie de snarks (voir Exercice 18.3.3). Des exemples ayant de nombreuses propriétés intéressantes ont été trouvés par Kochol (1996), mais la structure générale des snarks reste un mystère.

Exercices

18.3.1 Vérifier que le graphe de Petersen est le plus petit snark.

18.3.2 Snark de Blanuša
Soient G_1 et G_2 deux snarks disjoints, et soit $u_i x_i y_i v_i$ un chemin de longueur 3 dans G_i, $i = 1, 2$. On supprime les arêtes $u_i x_i$ et $v_i y_i$ de G_i, $i = 1, 2$, et on identifie x_1 avec x_2 et y_1 avec y_2 (et l'arête $x_1 x_2$ avec l'arête $y_1 y_2$). Ensuite on ajoute les arêtes reliant u_1 et u_2, et v_1 et v_2. Montrer que le graphe ainsi obtenu est aussi un snark. (Cette construction est illustrée Figure 18.4 lorsque G_1 et G_2 sont tous deux des graphes de Petersen. Le snark produit, montré Figure 18.4b est connu comme le *snark de Blanuša*.)

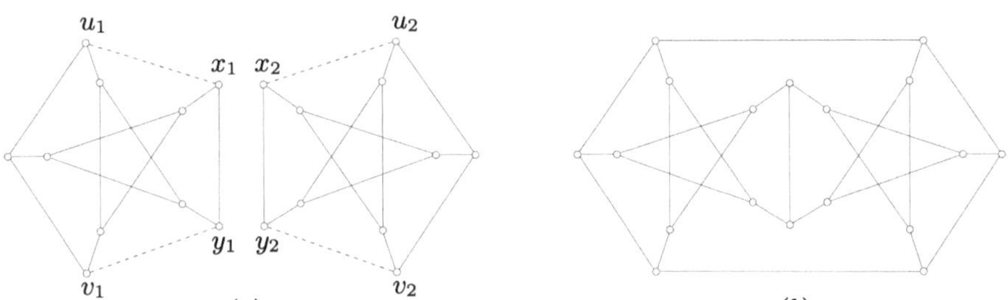

(a) (b)

Fig. 18.4. Construction du snark de Blanuša

18.3.3 Snark Fleur

a) Montrer que le graphe représenté Figure 18.5 est un snark.
b) Trouver un mineur de ce snark isomorphe au graphe de Petersen.
c) Expliquer comment obtenir une suite infinie de snarks en généralisant la construction ci-dessus. (Ces snarks sont appelés *snarks fleurs.*) (R. Isaacs)
d) Montrer que tous les snarks fleurs le graphe de Petersen pour mineur.

⋆18.3.4

a) Montrer qu'un graphe cubique admet une couverture par deux sous-graphes pairs si et seulement s'il est 3-arête-colorable.
b) En déduire que le problème de décider si un graphe admet une couverture par deux sous-graphes pairs est $\mathcal{NP}$-complet.

18.3.5 Graphe de Meredith

a) Soit M un couplage parfait du graphe de Petersen. Pour $k \geq 3$, notons G_k le graphe obtenu à partir du graphe de Petersen en remplaçant chaque arête de M par $k-2$ arêtes parallèles. Montrer que :
   i) G_k est k-arête-connexe,
   ii) G_k n'est pas k-arête-colorable.
b) Le graphe simple 4-régulier 4-arête-connexe représenté Figure 18.6 est connu comme le *graphe de Meredith.* Déduire de (a) que ce graphe n'est pas 4-arête-colorable.
c) Expliquer comment obtenir un graphe simple k-régulier k-arête-connexe non-k-arête-colorable pour tout $k \geq 4$. (G.H.J. Meredith)

18.3.6 Montrer que le graphe de Meredith (Figure 18.6) a deux couplages parfaits disjoints.
(Des exemples de graphes k-réguliers dans lesquels deux couplages parfaits quelconques s'intersectent ont été construits par Rizzi (1999) pour tout $k \geq 4$.)

18.4 Couvertures par des couplages parfaits

Une k-arête-coloration d'un graphe k-régulier est une décomposition du graphe en k couplages parfaits. Ainsi les seuls graphes qui admettent des décompositions en

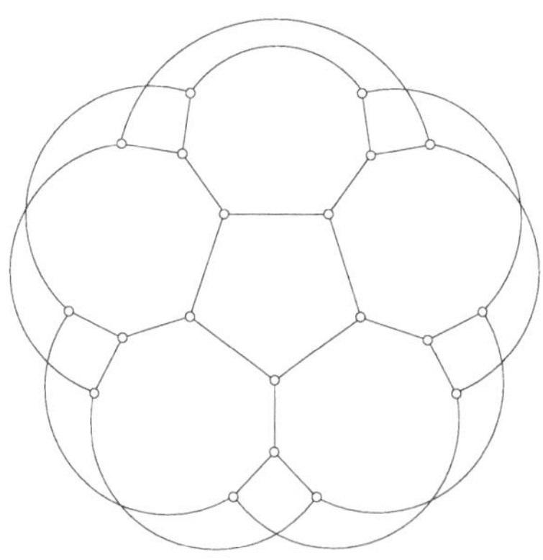

Fig. 18.5. Un snark fleur à vingt sommets

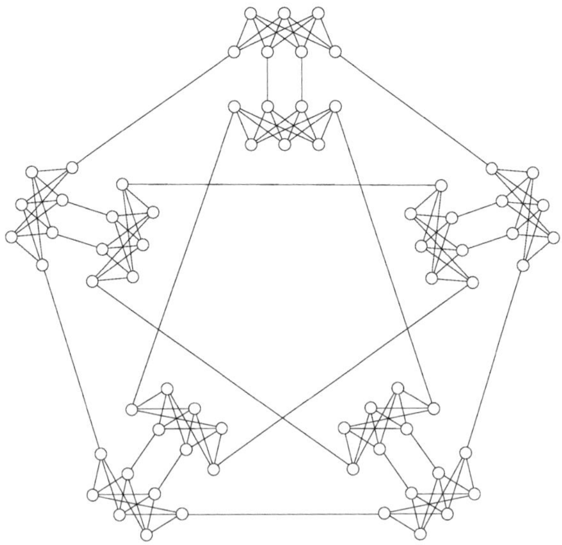

Fig. 18.6. Le graphe de Meredith

couplages parfaits sont les graphes réguliers qui sont de Classe 1. Une décomposition étant une 1-couverture, il est naturel de se demander quels sont les graphes réguliers qui admettent des couvertures uniformes par des couplages parfaits. D'après l'Exercice 18.4.6b, tout graphe cubique 2-connexe admet une telle couverture.

Motivé par certaines questions concernant le polyèdre défini par les vecteurs caractéristiques de couplages parfaits, Fulkerson (1971) a formulé la conjecture suivante sur les couvertures uniformes par des couplages parfaits, une conjecture rappelant la Conjecture de Couverture Double par des Cycles (3.9).

CONJECTURE DE FULKERSON

Conjecture 18.6 *Tout graphe cubique* 2*-connexe admet une couverture double par six couplages parfaits.*

La Conjecture de Fulkerson est certainement vraie pour les graphes cubiques de Classe 1 : il suffit de considérer une 3-arête-coloration $\{M_1, M_2, M_3\}$ et de prendre deux copies de chaque couplage parfait M_i. La conjecture est aussi vraie pour le graphe de Petersen, dont les six couplages parfaits forment une couverture double (Exercice 18.4.1).

Si la Conjecture de Fulkerson était vraie, alors en supprimmant un des couplages parfaits de la couverture double, on obtiendrait une couverture du graphe par cinq couplages parfaits. Cette conjecture plus faible a été proposée par C. Berge (voir Seymour (1979a)).

Conjecture 18.7 *Tout graphe cubique 2-connexe admet une couverture par cinq couplages parfaits.*

La borne de cinq dans cette conjecture ne peut pas être réduite : le graphe de Petersen n'admet pas de couverture par moins de cinq couplages parfaits ; avec quatre couplages parfaits on peut couvrir quatorze de ses quinze arêtes, mais pas toutes (Exercice 18.4.4a).

Exercices

18.4.1 Montrer que les six couplages parfaits du graphe de Petersen forment une couverture double de ce graphe.

18.4.2 Soit G un graphe obtenu à partir d'un graphe cubique 2-connexe en doublant chaque arête. Montrer que $\chi'(G) \leq 7$.

18.4.3 Trouver une couverture double du snark de Blanuša (Figure 18.4b) par six couplages parfaits.

18.4.4 Pour un graphe G et un entier strictement positif k, on note $m_k(G)$ la plus grande proportion de l'ensemble d'arêtes de G qui peut être couverte par k couplages parfaits.

a) On note P le graphe de Petersen. Montrer que $m_k(P) = 1 - \binom{4}{k}/\binom{6}{k}$, $1 \leq k \leq 5$.
b) Soit G un graphe cubique 2-connexe qui a une couverture double par six couplages parfaits, et soit k un entier, $1 \leq k \leq 5$.
   i) Montrer que si k de ces six couplages parfaits sont choisis de manière aléatoire uniforme, alors toute arête de G appartient à au moins un des couplages choisis avec probabilité $1 - \binom{4}{k}/\binom{6}{k}$.
   ii) En déduire que $m_k(G) \geq m_k(P)$. (V. Patel)

18.4.5 Polytope des couplages parfaits

a) Soit G un graphe ayant au moins un couplage parfait. L'enveloppe convexe de l'ensemble des vecteurs caractéristiques des couplages parfaits de G est appelée le *polytope des couplages parfaits* de G, et est notée $PM(G)$. Soit $\mathbf{x} := (x(e) : e \in E)$ un élément de $PM(G)$. Montrer que :
   i) $x(e) \geq 0$ pour tout $e \in E$,
   ii) $x(\partial(v)) = 1$ pour tout $v \in V$,
   iii) $x(\partial(S)) \geq 1$ pour tout ensemble impair S de V.

(À l'aide du résultat de l'Exercice 8.6.8, Edmonds (1965b) a montré qu'à l'inverse, tout vecteur $\mathbf{x} \in \mathbb{R}^E$ qui satisfait ces contraintes appartient à $PM(G)$.)

b) Montrer que lorsque G est biparti, un vecteur $\mathbf{x} \in \mathbb{R}^E$ appartient à $PM(G)$ si et seulement s'il satisfait les contraintes (i) et (ii). (Cette assertion est équivalente au Théorème de Birkhoff–von Neumann, voir Exercice 17.2.19.)

c) En considérant le prisme triangulaire, montrer que lorsque G n'est pas biparti, un vecteur $\mathbf{x}$ satisfaisant les contraintes (i) et (ii) ne satisfait pas nécessairement la contrainte (iii).

$\star$**18.4.6** Soit G un graphe k-régulier avec $k \geq 1$, tel que $d(S) \geq k$ pour tout sous-ensemble impair S de V.

a) À l'aide de l'Exercice 17.4.7b, montrer que chaque arête de G appartient à un couplage parfait.

b) Appliquer la caractérisation d'Edmonds du polytope des couplages parfaits $PM(G)$, décrite Exercice 18.4.5a, pour montrer que le vecteur $(\frac{1}{k}, \frac{1}{k}, \ldots, \frac{1}{k})$ appartient à $PM(G)$.

c) En déduire que G admet une couverture uniforme par des couplages parfaits.

(J. Edmonds)

18.4.7 Polytope des couplages

Le *polytope des couplages* $MP(G)$ d'un graphe G est l'enveloppe convexe de l'ensemble des vecteurs caractéristiques des couplages de G. Soit $\mathbf{x} := (x(e) : e \in E)$ un élément de $MP(G)$. Montrer que :

i) $x(e) \geq 0$ pour tout $e \in E$,

ii) $x(\partial(v)) \leq 1$ pour tout $v \in V$,

iii) $x(E(S)) \leq \lfloor \frac{1}{2}|S| \rfloor$ pour tout les sous-ensembles impairs S de V.

(Edmonds (1965b) a démontré qu'à l'inverse, tout vecteur $\mathbf{x} \in \mathbb{R}^E$ qui satisfait les contraintes ci-dessus appartient à $MP(G)$. Ceci peut se déduire de la caractérisation d'Edmonds de $PM(G)$, décrite à l'Exercice 18.4.5a.)

18.5 Arête-coloration sur listes

Les définitions concernant la coloration sur listes données Partie 15.5 ont des analogues naturels pour l'arête-coloration : *arête-coloration sur listes*, *k-arête-choisissable* et *arête-choisissabilité*, notée $\text{ch}'(G)$. De même que $\text{ch}(G) \geq \chi(G)$ pour tout graphe G, $\text{ch}'(G) \geq \chi'(G)$. Bien que la première inégalité soit stricte pour certains graphes, comme pour $K_{3,3}$, il est conjecturé que la dernière inégalité est en fait une égalité.

Conjecture de l'arête-coloration sur listes

Conjecture 18.8 *Pour tout graphe sans boucle G,* $\mathrm{ch}'(G) = \chi'(G)$.

Le Théorème de Galvin

La Conjecture 18.8 a été proposée indépendamment par plusieurs auteurs, dont V. G. Vizing, R. P. Gupta, et M. O. Albertson et K. L. Collins. Elle apparut dans la littérature dans un article de Bollobás et Harris (1985) (voir Häggkvist et Chetwynd (1992) pour un bref historique). Galvin (1995) a montré que la conjecture est vraie pour les graphes bipartis. Sa démonstration repose sur la relation entre noyaux et colorations par listes décrite dans le Théorème 15.20. Comme colorer les arêtes d'un graphe revient à colorer les sommets de son graphe des lignes, l'étape clé de la preuve consiste à montrer que les graphes des lignes de graphes bipartis peuvent être orientés de telle sorte que (i) le degré sortant maximum n'est pas trop grand, et (ii) tout sous-graphe induit a un noyau.

Nous présentons une preuve du théorème de Galvin pour les graphes simples bipartis. Soit $G := G[X,Y]$ un tel graphe. Dans le graphe des lignes $L(G)$, il y a une clique K_v pour chaque sommet v de G, les sommets de K_v correspondant aux arêtes de G incidentes à v. Chaque arête xy de G engendre un sommet de $L(G)$ qui est dans exactement deux de ces cliques, à savoir K_x et K_y. Nous appelons K_v une *X-clique* si $v \in X$, et une *Y-clique* si $v \in Y$.

Il y a une manière pratique de se représenter ce graphe des lignes $L(G)$. Comme chaque arête de G est un couple xy, l'ensemble de sommets de $L(G)$ est un sous-ensemble du produit cartésien $X \times Y$. Par conséquent, dans un dessin de $L(G)$, nous pouvons placer ses sommets sur les points d'une grille $m \times n$, où $m = |X|$ et $n = |Y|$, les lignes de la grille étant indexées par X et les colonnes par Y. Deux sommets quelconques qui sont sur une même ligne ou une même colonne de la grille sont adjacents dans $L(G)$, et donc les ensembles de sommets d'une ligne ou d'une colonne sont des cliques de $L(G)$, à savoir des X-cliques et Y-cliques, respectivement (voir Figure 18.7).

Théorème 18.9 *Soit $G[X,Y]$ un graphe simple biparti, et soit D une orientation de son graphe des lignes $L(G)$ dans lequel chaque X-clique et chaque Y-clique induit un tournoi transitif. Alors D a un noyau.*

Démonstration Par récurrence sur $e(G)$, le cas $e(G) = 1$ étant trivial. Pour $v \in V(G)$, notons T_v le tournoi transitif dans D correspondant à v, et pour $x \in X$, notons t_x le puits de T_x. Posons $K := \{t_x : x \in X\}$. Tout sommet de $D - K$ est dans un T_x, et donc domine un sommet de K. Donc si les sommets de K sont dans des Y-cliques distinctes, alors K est un noyau de D.

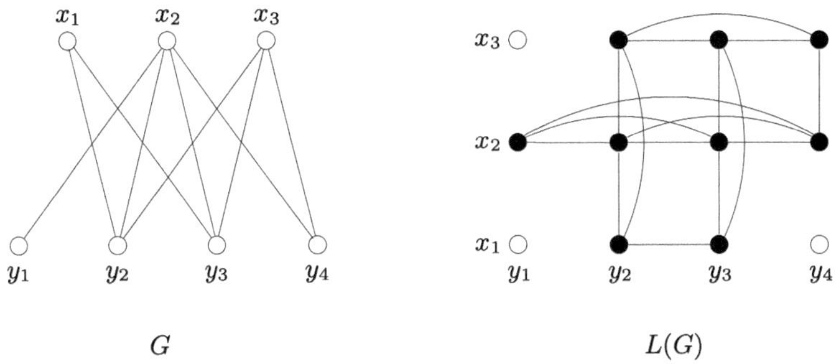

Fig. 18.7. Représentation du graphe des lignes $L(G)$ d'un graphe biparti G sur une grille

Supposons, donc, que la Y-clique T_y contienne deux sommets de K. L'un d'eux, disons t_x, n'est pas la source s_y de T_y, donc $s_y \to t_x$. Posons $D' := D - s_y$. Alors D' est une orientation du graphe des lignes $L(G \backslash e)$, où e est l'arête de G correspondant au sommet s_y de $L(G)$. De plus, chaque clique de D' induit un tournoi transitif. Par récurrence, D' a un noyau K'. Nous montrons que K' est aussi un noyau de D. Pour cela, il suffit de vérifier que s_y domine un sommet de K'.

Si $t_x \in K'$, alors $s_y \to t_x$. D'autre part, si $t_x \notin K'$, alors $t_x \to v$, pour un certain $v \in K'$. Comme t_x est le puits de sa X-clique, v doit être dans la Y-clique $T_y \setminus \{s_y\}$. Mais alors s_y, étant la source de T_y, domine v. Donc K' est bien un noyau de D. □

Théorème 18.10 *Tout graphe simple biparti G est Δ-arête-choisissable.*

Démonstration Soit $G := G[X, Y]$ un graphe simple biparti de degré maximum k, et soit $c : E(G) \to \{1, 2, \ldots, k\}$ une k-arête-coloration de G. La coloration c induit une k-coloration de $L(G)$. Nous orientons chaque arête de $L(G)$ reliant deux sommets d'une X-clique de la plus petite vers la plus grande couleur, et chaque arête de $L(G)$ reliant deux sommets d'une Y-clique de la plus grande vers la plus petite couleur, comme dans la Figure 18.8 (sur laquelle la couleur $c(x_iy_j)$ de l'arête x_iy_j est indiquée à l'intérieur du sommet de $L(G)$) correspondant). Cette orientation D satisfait clairement les hypothèses du Théorème 18.9 ; en effet, tout sous-graphe induit de D satisfait ces hypothèses. De plus, $\Delta^+(D) = k - 1$. D'après le Théorème 15.20, $L(G)$ est k-choisissable, donc G est k-arête-choisissable. □

Comme mentionné précédemment, Galvin (1995) a montré que si G est un graphe biparti (pas nécessairement simple), alors il est Δ-arête-choisissable. Nous laissons la preuve de ce théorème plus général, qui est essentiellement la même que celle du cas particulier présenté ci-dessus, en Exercice 18.5.3.

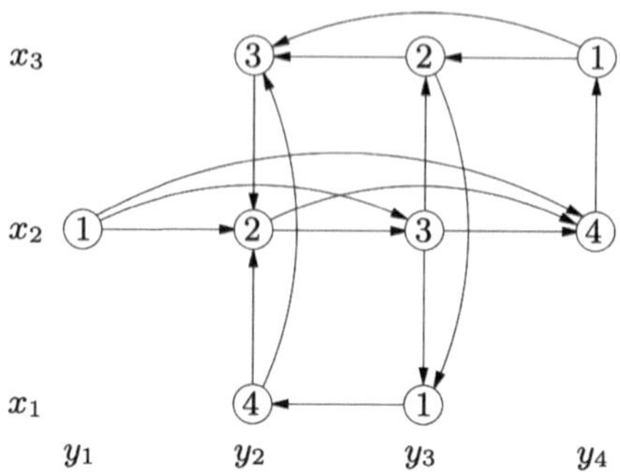

Fig. 18.8. Orientation du graphe des lignes d'un graphe biparti

Exercices

18.5.1

a) Un tableau $n \times n$ $\mathbf{A} = (a_{ij})$ dont les entrées appartiennnent à un ensemble S de n symboles est dit un *carré latin* d'*ordre* n si chaque symbole apparaît exactement une fois par ligne et exactement une fois par colonne de $\mathbf{A}$. Montrer qu'il y a une bijection entre les n-arête-colorations de $K_{n,n}$ avec les couleurs $1, 2, \ldots, n$ et les carrés latins d'ordre n avec les symboles $1, 2, \ldots, n$.

b) Déduire du Théorème 18.10 l'assertion suivante, un cas particulier d'une conjecture due à J. Dinitz (voir, par exemple Galvin (1995)).
Pour $1 \leq i \leq j \leq n$, soit S_{ij} un ensemble de n éléments. Alors il existe un carré latin $\mathbf{A} = (a_{ij})$ d'ordre n utilisant un ensemble S de n symboles tel que $a_{ij} \in S_{ij} \cap S$, $1 \leq i \leq j \leq n$.

18.5.2 On considère le graphe biparti G dessiné Figure 18.9, ainsi que la 5-arête-coloration qui y est indiquée. Trouver une orientation de son graphe des lignes $L(G)$ telle que chaque sous-digraphe induit ait un noyau.

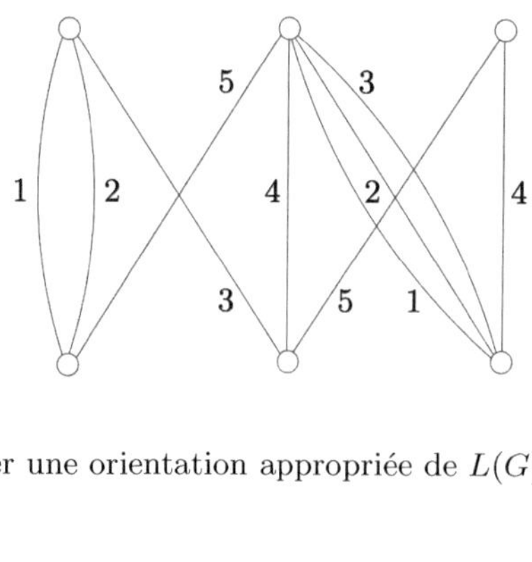

Fig. 18.9. Trouver une orientation appropriée de $L(G)$ (Exercice 18.5.2)

18.5.3 Prouver qu'un graphe biparti G (qu'il soit simple ou non) est Δ-arête-choisissable. (F. Galvin)

18.6 En savoir plus

Coloration totale

Une *coloration totale* d'un graphe G est une coloration $c : V \cup E \to S$, avec S un ensemble de *couleurs*. La coloration c est *propre* si sa restriction à V est une coloration propre des sommets de G, sa restriction à E est une arête-coloration propre de G, et aucune arête ne reçoit la même couleur qu'une de ses extrémités. Le *nombre chromatique total* de G, noté $\chi''(G)$, est le nombre minimum de couleurs dans une coloration totale propre de G. Vizing (1964) et, indépendamment, Behzad (1965) ont conjecturé que le nombre chromatique total d'un graphe simple G n'excède jamais $\Delta + 2$ (et donc vaut $\Delta + 1$ ou $\Delta + 2$). À l'aide d'arguments probabilistes, Molloy et Reed (1998) ont montré que le nombre chromatique total d'un graphe simple G est au plus $\Delta + 10^{26}$, pourvu que Δ soit suffisamment grand. À part ce résultat, peu d'avancées ont été faites sur cette conjecture, connue sous le nom de *Conjecture de la Coloration Totale*. Un certain nombre de problèmes intéressants portant sur des variantes sur listes de la coloration totale ont été étudiés ; voir, par exemple, Woodall (2001).

Arête-coloration fractionnaire

L'arête-coloration fractionnaire peut se définir de manière analogue à la coloration fractionnaire des sommets, avec les couplages jouant le rôle des stables. L'analogue du nombre chromatique fractionnaire est appelé l'*indice chromatique fractionnaire*, noté χ'^*.

La borne de Goldberg (18.2) sur l'indice chromatique (sans la partie entière supérieure) est atteinte par l'indice chromatique fractionnaire :

$$\chi'^*(G) = \max\left\{\frac{2e(H)}{v(H)-1} : H \subseteq G,\ v(H) \text{ impair}\right\}$$

Cela découle de la caractérisation d'Edmonds (1965b) du polytope des couplages (voir Exercice 18.4.7).

19

Cycles hamiltoniens

Sommaire

19.1 Graphes hamiltoniens et non-hamiltoniens

Rappelons qu'un chemin ou cycle qui passe par tous les sommets d'un graphe est dit *hamiltonien*. De tels chemins et cycles sont nommés d'après Sir William Rowan Hamilton, qui a décrit, dans une lettre à son ami Graves en 1856, un jeu mathématique sur le dodécaèdre (Figure 19.1a) dans lequel une personne enfonce

J. Bondy et al., *Théorie des graphes*, Mathématiques et Applications 91,
https://doi.org/10.1007/978-1-4471-7621-3_19

des punaises sur cinq sommets consécutifs et une autre doit compléter ce chemin pour former un cycle couvrant (voir Biggs et al. (1986) ou Hamilton (1931)). Hamilton fut incité à considérer de tels cycles dans ses premières recherches en théorie des groupes, les trois arêtes incidentes à un sommet correspondant aux trois générateurs d'un groupe.

Un graphe est *traçable* s'il contient un chemin hamiltonien, et *hamiltonien* s'il contient un cycle hamiltonien. Le dodécaèdre est hamiltonien ; un cycle hamiltonien est indiqué sur la Figure 19.1a. D'autre part, le *graphe de Herschel* dessiné Figure 19.1b est non-hamiltonien, car il est biparti et a un nombre impair de sommets. Ce graphe, cependant, est traçable.

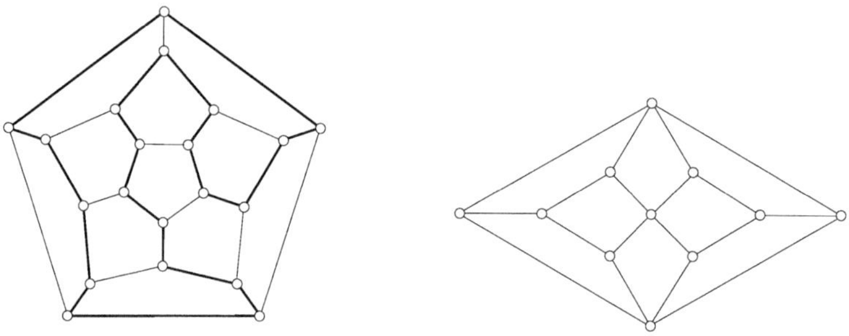

(a) (b)

Fig. 19.1. (a) Un graphe hamiltonien : le dodécaèdre, et (b) un graphe non-hamiltonien : le graphe de Herschel

Graphes endurants

Comme nous l'avons vu dans la Partie 8.3, le problème de décider si un graphe donné est hamiltonien est $\mathcal{NP}$-complet. Il est de ce fait naturel de chercher des conditions nécessaires et suffisantes pour l'existence de cycles hamiltoniens. La condition nécessaire qui suit, bien que simple s'avère être très utile.

Théorème 19.1 *Soit S un ensemble de sommets d'un graphe hamiltonien G. Alors*

$$c(G - S) \leq |S| \tag{19.1}$$

De plus, s'il y a égalité dans (19.1), alors chacune des $|S|$ composantes de $G - S$ est traçable, et tout cycle hamiltonien de G contient un chemin hamiltonien de chacune de ces composantes.

Démonstration Soit C un cycle hamiltonien de G. Alors $C - S$ a clairement au plus $|S|$ composantes. Mais cela implique que $G - S$, lui aussi, a au plus $|S|$ composantes, car C est un sous-graphe couvrant de G.

Si $G - S$ a exacement $|S|$ composantes, $C - S$ a également exactement $|S|$ composantes, et les composantes de $C - S$ sont des sous-graphes couvrants des composantes de $G-S$. Autrement dit, C contient un chemin hamiltonien de chaque composante de $G - S$. □

Un graphe G est dit *endurant* si (19.1) est satisfaite pour tout sous-ensemble propre non-vide S de V. D'après le Théorème 19.1, un graphe qui n'est pas endurant ne peut pas être hamiltonien. En guise d'illustration, considérons le graphe G de la Figure 19.2a. Ce graphe a neuf sommets. Après avoir supprimé l'ensemble S des trois sommets indiqués en noir, il reste quatre composantes. Ceci montre que ce graphe n'est pas endurant, et nous en déduisons grâce au Théorème 19.1 qu'il n'est pas hamiltonien.

Bien que la condition (19.1) ait une expression simple, il n'est pas toujours facile de l'appliquer. En fait, comme cela a été montré par Bauer et al. (1990), reconnaître les graphes endurants est $\mathcal{NP}$-difficile.

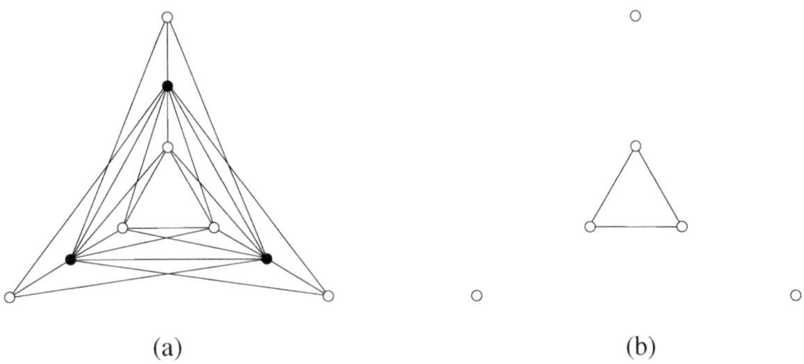

Fig. 19.2. (a) Un graphe non-endurant G, (b) les composantes de $G - S$

Graphes hypohamiltoniens

À l'instar de l'exemple ci-dessus, on peut parfois appliquer le Théorème 19.1 pour déduire qu'un graphe est non-hamiltonien. Une telle approche ne marche cependant pas toujours. Le graphe de Petersen n'est pas hamiltonien (Exercices 2.2.6, 18.1.8), mais cela ne peut pas se déduire du Théorème 19.1. En effet, le graphe de Petersen a une propriété bien particulière : non seulement il n'est pas hamiltonien, mais la suppression de n'importe quel sommet donne un graphe hamiltonien (Exercice 19.1.16a). Les graphes ayant cette propriété sont dits *hypohamiltoniens*. Supprimer un seul sommet d'un graphe hypohamiltonien donne un sous-graphe ayant une seule composante et supprimer un ensemble S d'au moins deux sommets ne produit pas plus de $|S| - 1$ composantes, car chaque sous-graphe à sommet supprimé est hamiltonien, et donc endurant. Le graphe de Petersen est un exemple de graphe hypohamiltonien sommet-transitif. De tels graphes s'avèrent être extrêmement rares. Un autre exemple est le *graphe de Coxeter* (voir Exercices 19.1.14 et 19.1.16c) ; le dessin esthétique de ce graphe apparaissant Figure 19.3 est dû à Randíc (1981). Ses origines géométriques et beaucoup de ses propriétés remarquables sont décrites dans Coxeter (1983).

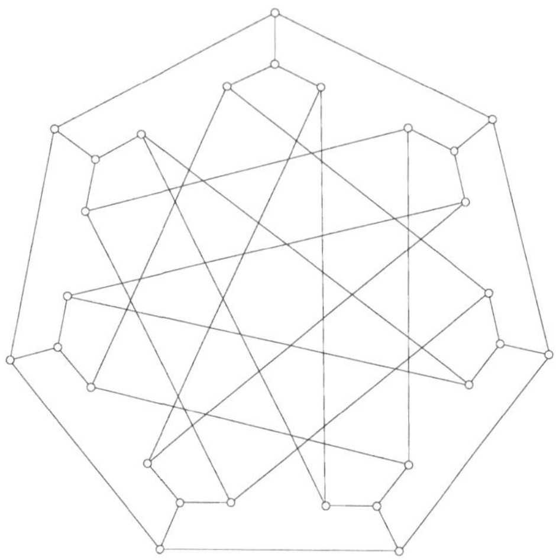

Fig. 19.3. Le graphe de Coxeter

Exercices

19.1.1 En appliquant le Théorème 19.1, montrer que le graphe de Herschel (Figure 19.1b) n'est pas hamiltonien. (C'est, en fait, le plus petit graphe planaire 3-connexe non-hamiltonien.)

19.1.2 Soit G un graphe cubique, et soit H le graphe cubique obtenu à partir de G en remplaçant un sommet par un triangle. Exhiber une bijection entre les cycles hamiltoniens de G et ceux de H.

19.1.3 Montrer que le graphe de Meredith (Figure 18.6) n'est pas hamiltonien.

19.1.4

a) Soit G un graphe et soit X un sous-ensemble propre non-vide de V. Si G / X est un graphe cubique non-hamiltonien, montrer que tout chemin de G ou bien ne passe pas par tous les sommet de $V \setminus X$, ou bien a une extrémité dans $V \setminus X$.
b) Construire un graphe cubique 3-connexe qui ne soit pas traçable.

19.1.5 Trouver un graphe biparti planaire 3-connexe à quatorze sommets qui ne soit pas traçable.

19.1.6 Un graphe est *traçable depuis un sommet* x s'il a un x-chemin hamiltonien, *Hamilton-connexe* si deux sommets quelconques sont toujours reliés par un chemin hamiltonien, et 1-*hamiltonien* si lui et tous ses sous-graphes à sommet supprimé sont hamiltoniens.

Soit G un graphe et soit H le graphe obtenu à partir de G en ajoutant un nouveau sommet que l'on relie à tous les sommets de G. Montrer que :

a) H est hamiltonien si et seulement si G est traçable,
b) H est traçable depuis chaque sommet si et seulement si G est traçable,
c) H est Hamilton-connexe si et seulement si G est traçable depuis chaque sommet,
d) H est 1-hamiltonien si et seulement si G est hamiltonien.

19.1.7

a) Montrer que le graphe de la Figure 19.4 est 1-hamiltonien mais pas Hamilton-connexe. (T. Zamfirescu)

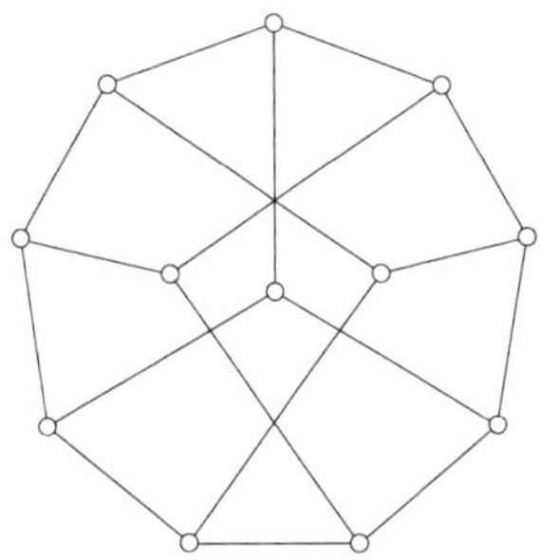

Fig. 19.4. Un graphe 1-hamiltonien qui n'est pas Hamilton-connexe (Exercice 19.1.7)

b) Trouver un graphe Hamilton-connexe qui ne soit pas 1-hamiltonien.

19.1.8 Trouver un digraphe hypohamiltonien 2-dirégulier à six sommets. (J.-L. Fouquet et J.-L. Jolivet)

19.1.9 k-Marche
Un graphe connexe G est t-*endurant* si $c(G-S) \leq |S|/t$ pour tout séparateur S de V. (Ainsi les graphes 1-endurants sont les mêmes que les graphes endurants.) Une k-*marche* dans un graphe est une marche fermée couvrante qui passe par chaque sommet au plus k fois. (Ainsi une 1-marche est un cycle hamiltonien.) Si G a une k-marche, montrer que G est $(1/k)$-endurant.
(Jackson et Wormald (1990) ont montré que, pour $k \geq 3$, tout graphe $(1/(k-2))$-endurant a une k-marche.)

19.1.10 Indice de Partition en Chemins
Une *partition en chemins* d'un graphe est une partition de son ensemble de sommets en chemins. L'*indice de partition en chemins* d'un graphe G, noté $\pi(G)$, est le plus petit nombre de chemins en lequel son ensemble de sommets V peut être partitionné. (Ainsi les graphes traçables sont ceux dont l'indice de partition en chemins vaut 1.) Soit G un graphe contenant une arête e qui n'est dans aucun cycle hamiltonien, et soit H le graphe obtenu en prenant m copies disjointes de G et en ajoutant toutes les arêtes possibles entre les extrémités des m copies de e, afin que celles-ci forment une clique de $2m$ sommets. Montrer que l'indice de partition en chemins de H vaut au moins $m/2$.

19.1.11 Un graphe G est *chemin-endurant* si $\pi(G - S) \leq |S|$ pour tout sous-ensemble propre non-vide S de V.

a) Montrer que :
   i) tout graphe hamiltonien est chemin-endurant,
   ii) tout graphe chemin-endurant est endurant.
b) Donner un exemple de graphe chemin-endurant qui ne soit pas hamiltonien.

19.1.12 Soit G un graphe sommet-transitif d'ordre premier. Montrer que G est hamiltonien.

19.1.13 Soit G le graphe dont les sommets sont les trente-cinq sous-ensembles à trois éléments de $\{1, 2, 3, 4, 5, 6, 7\}$, deux sommets étant reliés si les sous-ensembles sont disjoints. Soit X un ensemble de sommets de G formant un plan de Fano. Montrer que $G - X$ est isomorphe au graphe de Coxeter.

———≀———

19.1.14 Montrer que le graphe de Petersen, le graphe de Coxeter, et les deux graphes dérivés de ceux-ci en remplaçant chaque sommet par un triangle, sont tous des graphes sommet-transitifs non-hamiltoniens. (Ces quatre graphes sont les seuls exemples connus de tels graphes.)

19.1.15 Un graphe est *maximalement non-hamiltonien* s'il n'est pas hamiltonien mais tel que, quels que soient deux sommets non-adjacents, ils sont connectés par un chemin hamiltonien.

a) Montrer que :
   i) le graphe de Petersen et le graphe de Coxeter sont maximalement non-hamiltoniens,
   ii) le graphe de Herschel n'est pas maximalement non-hamiltonien.
b) Trouver un sur-graphe maximalement non-hamiltonien du graphe de Herschel.

19.1.16 Montrer que :

a) le graphe de Petersen est hypohamiltonien,
b) il n'y a pas de graphe hypohamiltonien plus petit,

(J.C. Herz, J.J. Duby, et F. Vigué)

c) le graphe de Coxeter est hypohamiltonien.

19.1.17 GRAPHE HYPOTRAÇABLE
Un graphe est *hypotraçable* s'il n'est pas traçable mais que chacun de ses sous-graphes à sommet supprimé l'est. Montrer que le graphe de la Figure 19.5 est hypotraçable. (C. THOMASSEN)

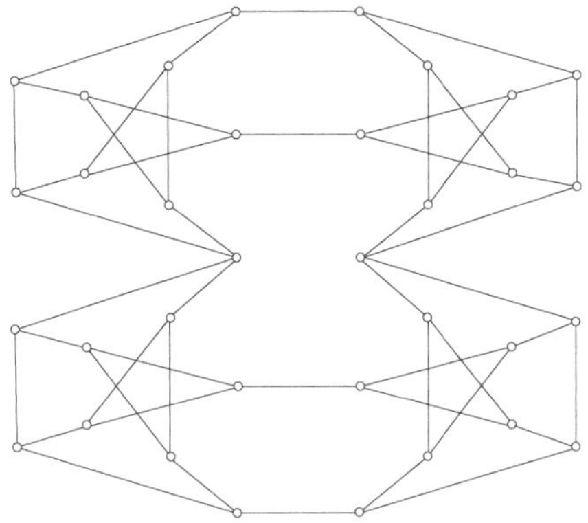

Fig. 19.5. Un graphe hypotraçable

19.1.18 GRAPHE PANCYCLIQUE
Un graphe simple à n sommets est *pancyclique* s'il contient au moins un cycle de toute longueur l, $3 \leq l \leq n$.

a) Soit G un graphe simple et v un sommet de G. On suppose que $G - v$ est hamiltonien et que $d(v) \geq n/2$. Montrer que G est pancyclique.
b) Prouver, par récurrence sur n, que si G est un graphe simple hamiltonien avec plus de $n^2/4$ arêtes, alors G est pancyclique. (J.A. BONDY ; C. THOMASSEN)
c) Pour tout $n \geq 4$, donner un exemple de graphe simple G avec $n^2/4$ arêtes qui soit hamiltonien mais pas pancyclique.

19.1.19 Un graphe simple à n sommets est *uniquement pancyclique* s'il contient exactement un cycle de toute longueur l, $3 \leq l \leq n$.

a) Pour $n = 3, 5, 8, 14$, trouver un graphe uniquement pancyclique à n sommets.
b) Soit G un graphe uniquement pancyclique. Montrer que :
   i) $m \geq n + \log_2(n-1) - 1$,
   ii) si $n \leq \binom{r+2}{2} + 1$, alors $m \leq n + r - 1$.

19.1.20 Soit D un tournoi 2-fortement connexe, et soit (x, y) un arc de D tel que $d^-(x) + d^+(y) \geq n - 1$. Montrer que pour tout $3 \leq l \leq n$, (x, y) est dans un cycle dirigé de longueur l. (A. YEO)

19.1.21 Soit H un sous-graphe à sommet supprimé du graphe de Petersen P. On définit une suite G_i, $i \geq 0$, de graphes cubiques 3-connexes, comme suit.

▷ $G_0 = P$.
▷ G_{i+1} est obtenu à partir de G_i et $v(G_i)$ copies $(H_v : v \in V(G_i))$ de H, en éclatant chaque sommet v de G_i en trois sommets de degré 1 et en identifiant ces sommets avec les sommets de degré 2 dans H_v.

On pose $G := G_k$.

a) Montrer que :
   i) $n = 10 \cdot 9^k$,
   ii) la circonférence de G est $9 \cdot 8^k = cn^\gamma$, avec $\gamma = \log 8 / \log 9$, et c une constante strictement positive adéquate.
b) À l'aide de l'Exercice 9.1.13, déduire que G n'a pas de chemin de longueur supérieure à $c'n^\gamma$, où c' est une constante strictement positive adéquate.

(Jackson (1986) a montré que tout graphe cubique 3-connexe G a un cycle de longueur au moins n^γ pour une certaine constante strictement positive γ. Pour tout $d \geq 3$, Jackson et Parsons (1982) ont construit une famille infinie de graphes d-réguliers d-connexes G de circonférence inférieure à n^γ, avec $\gamma < 1$ une constante strictement positive adéquate dépendant de d.)

19.1.22 Soit t un réel strictement positif. La plus grande valeur de t pour laquelle le graphe est t-endurant est appelé son *endurance.*

a) Déterminer l'endurance du graphe de Petersen.
b) Montrer que tout graphe 1-endurant ayant un nombre pair de sommets a un 1-facteur.
c) On considère le graphe H décrit à l'Exercice 19.1.10, où G est le graphe représenté Figure 19.6 et $m = 5$. Montrer que $H \vee K_2$ est 2-endurant mais pas chemin-endurant (et donc pas hamiltonien).

(D. Bauer, H.J. Broersma, et H.J. Veldman)

(Chvátal (1973) a conjecturé l'existence d'une constante t telle que tout graphe t-endurant soit hamiltonien.)

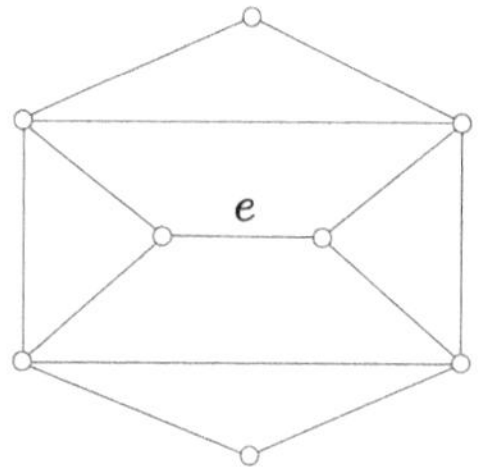

Fig. 19.6. Un élément dans la construction d'un graphe 2-endurant non-hamiltonien (Exercice 19.1.22)

19.2 Graphes planaires non-hamiltoniens

Le Théorème de Grinberg

Rappelons (voir Partie 11.1) que Tait (1880) a montré que la Conjecture des Quatre Couleurs est équivalente au fait que tout graphe planaire cubique 3-connexe est 3-arête-colorable. Tait pensait qu'il avait ainsi prouvé la Conjecture des Quatre Couleurs, car il pensait que tous les graphes de la sorte étaient hamiltoniens, et donc 3-arête-colorables. Cependant, Tutte (1946) a montré que c'était faux en construisant un graphe planaire cubique 3-connexe qui n'est pas hamiltonien (il est dessiné Figure 19.7) en usant d'arguments *ad hoc* astucieux (Exercice 19.2.1). Pendant longtemps, le *graphe de Tutte* était le seul exemple connu de graphe planaire cubique 3-connexe non-hamiltonien. C'est alors que Grinberg (1968) découvrit une condition nécessaire simple pour qu'un graphe plan soit hamiltonien. Cette découverte entraîna la construction de nombreux graphes planaires non-hamiltoniens.

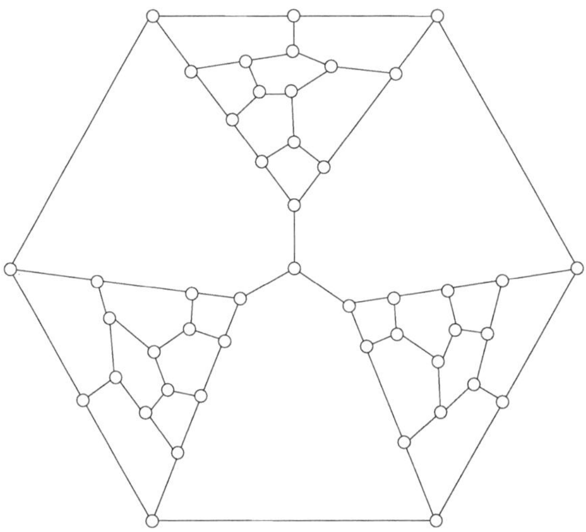

Fig. 19.7. Le graphe de Tutte

Théorème 19.2 Théorème de Grinberg
Soit G un graphe plan ayant un cycle hamiltonien C. Alors

$$\sum_{i=1}^{n}(i-2)(\phi'_i - \phi''_i) = 0 \tag{19.2}$$

avec ϕ'_i et ϕ''_i les nombres de faces de degré i contenues dans $\mathrm{Int}(C)$ *et* $\mathrm{Ext}(C)$, *respectivement.*

Démonstration Notons E' le sous-ensemble de $E(G)\backslash E(C)$ contenu dans Int C, et posons $m' := |E'|$. Alors Int(C) contient exactement $m' + 1$ faces (voir Figure 19.8, où $m' = 3$ et où les quatre faces sont toutes de degré 4).

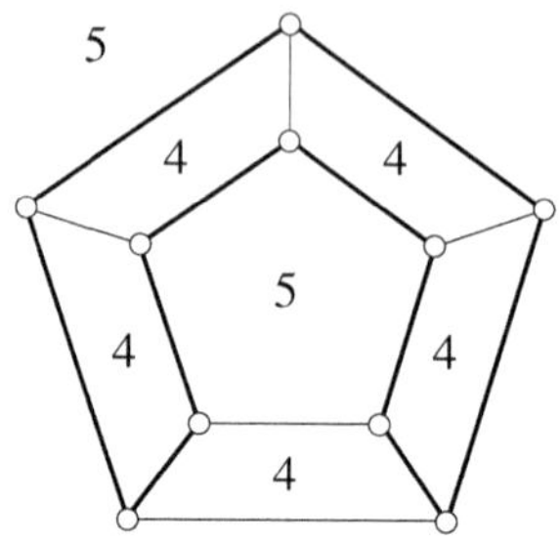

Fig. 19.8. Une illustration de l'Identité de Grinberg (19.2)

Par conséquent

$$\sum_{i=1}^{n} \phi'_i = m' + 1 \tag{19.3}$$

Maintenant chaque arête de E' est sur la frontière de deux faces dans Int(C), et donc chaque arête de C est sur la frontière d'exactement une face dans Int(C). Par conséquent

$$\sum_{i=1}^{n} i\phi'_i = 2m' + n \tag{19.4}$$

À l'aide de (19.3), nous pouvons éliminer m' de (19.4) pour obtenir

$$\sum_{i=1}^{n} (i-2)\phi'_i = n - 2 \tag{19.5}$$

De même,

$$\sum_{i=1}^{n} (i-2)\phi''_i = n - 2 \tag{19.6}$$

les équations (19.5) et (19.6) donnent maintenant (19.2). □

L'équation (19.2) est connue comme l'*Identité de Grinberg*. À l'aide de cette identité, il est facile de montrer, par exemple, que le *graphe de Grinberg*, dessiné Figure 19.9, n'est pas hamiltonien. Supposons que ce graphe soit hamiltonien. En observant qu'il a uniquement des faces de degrés 5, 8 et 9, l'Identité de Grinberg (19.2) donne

$$3(\phi'_5 - \phi''_5) + 6(\phi'_8 - \phi''_8) + 7(\phi'_9 - \phi''_9) = 0$$

Nous en déduisons que

$$7(\phi'_9 - \phi''_9) \equiv 0 \pmod 3$$

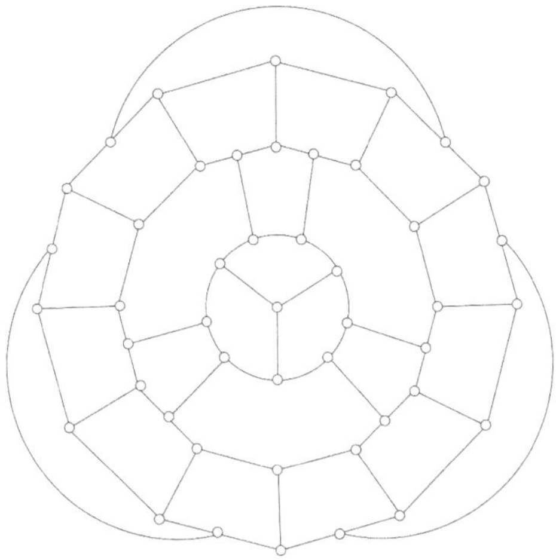

Fig. 19.9. Le graphe de Grinberg

Mais ceci est clairement impossible, parce que la valeur du membre gauche est 7 ou -7, selon que l'unique face de degré 9 est dans $\mathrm{Int}(C)$ ou dans $\mathrm{Ext}(C)$. Par conséquent le graphe ne peut pas être hamiltonien.

Le graphe de Grinberg est un exemple de graphe cubique planaire 3-connexe essentiellement 4-arête-connexe et non-hamiltonien. D'autre part, Tutte (1956) a montré que tout graphe planaire 4-connexe est hamiltonien. (Thomassen (1983b) a trouvé une démonstration plus courte de ce théorème, mais celle-ci est encore trop compliquée pour être présentée ici. L'idée principale est présentée Partie 19.6.)

En appliquant l'Identité de Grinberg, les parités des degrés des faces jouent un rôle crucial. Cette approche ne permet pas d'obtenir des exemples de graphes cubiques planaires 3-connexes non-hamiltoniens et bipartis. En effet, Barnette (1969), et indépendamment Kelmans et Lomonosov (1975), ont conjecturé qu'il n'existe pas de tels graphes.

Conjecture de Barnette

Conjecture 19.3 *Tout graphe cubique biparti planaire 3-connexe est hamiltonien.*

La planarité est absolument nécesssaire. Un exemple de graphe cubique biparti 3-connexe et non-hamiltonien a été construit par J. D. Horton (voir Bondy et Murty (1976), p.240). Le plus petit exemple connu de graphe de la sorte a été trouvé indépendamment par Kelmans (1986, 1994) et Georges (1989). Il est représenté Figure 19.10.

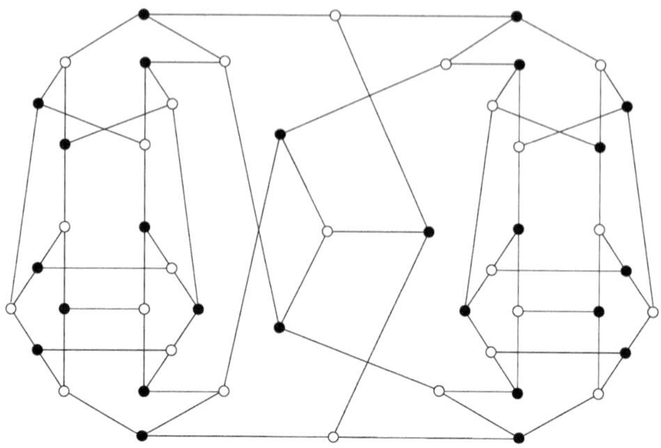

Fig. 19.10. Le graphe de Kelmans–Georges : un graphe cubique biparti 3-connexe et non-hamiltonien

Note historique. Il est assez intéressant, et ironique, que l'Identité de Grinberg (19.2) ait été connue de Kirkman (1881) quelques quatre-vingt-dix ans auparavant. Mais Kirkman, convaincu que tous les graphes planaires cubiques 3-connexes étaient hamiltoniens, l'utilisait comme outil pour trouver des cycles hamiltoniens dans des cas particuliers de tels graphes.

Dans la partie suivante, nous donnons diverses conditions suffisantes pour être hamiltonien.

Exercices

19.2.1

a) Montrer qu'aucun cycle hamiltonien du prisme pentagonal (le graphe G_1 de la Figure 19.11) ne peux contenir les deux arêtes e et e'.
b) À l'aide de (a), montrer qu'aucun cycle hamiltonien du graphe G_2 ne peut contenir les deux arêtes e et e'.
c) À l'aide de (b), montrer que tout cycle hamiltonien du graphe G_3 contient forcément l'arête e.
d) En déduire que le graphe de Tutte (Figure 19.7) n'est pas hamiltonien.

19.2.2 Donner un exemple de graphe simple cubique planaire non-hamiltonien de connexité 2.

19.2.3 Soit $G = G_k$, avec G_0 le graphe plan K_4, et G_i la triangulation plane obtenue à partir de G_{i-1}, $i \geq 1$, en insérant un sommet dans chaque face et en le reliant aux trois sommets sur la frontière de la face. Soit l la circonférence de G.

a) Montrer que $n = 2 \cdot (3^k + 1)$ et $l \leq 2^{k+2}$.
b) En déduire que $l < cn^{\log 2/\log 3}$ pour une constante adéquate c.

(J.W. Moon et L. Moser)

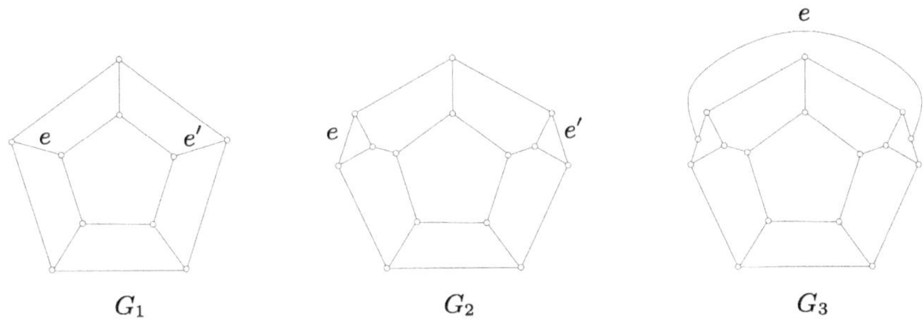

Fig. 19.11. Trois étapes dans la construction du graphe de Tutte

———≀≀———

19.2.4 Soit G un graphe plan cubique qui admet une couverture double hamiltonienne (une couverture double par trois cycles hamiltoniens).

a) Montrer que chacun de ces cycles hamiltoniens induit la même 4-face-coloration de G (voir Exercice 11.1.5).
b) Pour $i \geq 1$ et $1 \leq j \leq 4$, soit ϕ_{ij} le nombre de faces de degré i colorées j. Montrer que $\sum_{i=1}^{n}(i-2)\phi_{ij} = (n-2)/2$, $1 \leq j \leq 4$ (et donc est indépendante de la couleur j).
c) En déduire qu'aucun graphe biparti planaire cubique à $n \equiv 0 \pmod 4$ sommets admet une couverture double hamiltonienne. (H. Fetter)
d) Trouver un exemple d'un tel graphe.

19.2.5

a) En usant du fait que le graphe de Petersen, dessiné Figure 19.12a, n'a pas de cycle hamiltonien, montrer que le graphe de la Figure 19.12b n'a pas de cycle hamiltonien passant à la fois par l'arête e et l'arête f.
b) La Figure 19.12c est une autre représentation du graphe dessiné Figure 19.12b. Le *graphe de Kelmans–Georges*, dessiné Figure 19.10, est obtenu à partir du graphe de Petersen de la Figure 19.12a en substituant deux copies du graphe de la Figure 19.12c aux deux arêtes e et f. Déduire de (a) que ce graphe n'a pas de cycle hamiltonien. (A.K. Kelmans)

19.3 Échanges de chemin et échanges de cycle

Dans cette partie, nous décrivons comment il est possible de tranformer les chemins ou cycles en d'autres chemins ou cycles par l'intermédiaire d'opérations simples. Ces opérations s'avèrent être très utiles dans la recherche de longs chemins ou cycles (en particulier, de chemins ou cycles hamiltoniens).

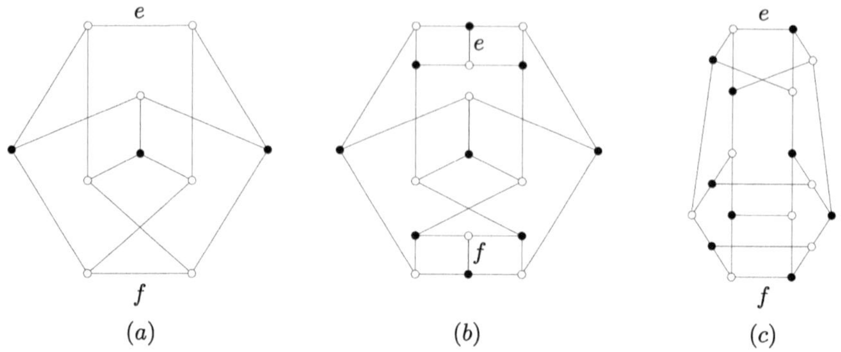

Fig. 19.12. Construction de Kelmans du graphe de Kelmans–Georges

Nous utilisons la notation suivante. Si v est un sommet d'un chemin P ou d'un cycle C avec un sens de parcours spécifié, nous notons v^- (resp. v^+) le prédécesseur (resp. le successeur de v) sur P ou C (à condition que ces sommets existent) (voir Figure 19.13).

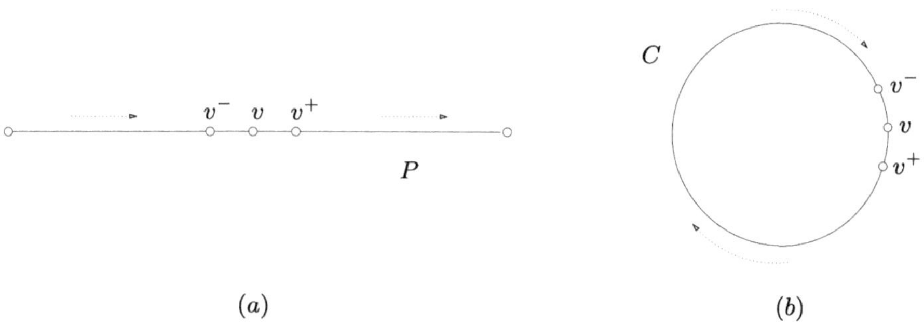

Fig. 19.13. Prédécesseurs et successeurs sur un chemin P et un cycle C

La notation s'étend aux sous-ensembles S de $V(P)$ ou $V(C)$ de façon habituelle :

$$S^- := \{v^- : v \in S\} \quad \text{et} \quad S^+ := \{v^+ : v \in S\}$$

Échanges de chemin

Une manière naturelle de chercher un chemin hamiltonien dans un graphe est la suivante. Soit x un sommet quelconque. Supposons qu'un x-chemin xPy ait déjà été trouvé. Si y est adjacent à un sommet z qui n'est pas dans P, on peut tout simplement étendre P en ajoutant le sommet z et l'arête yz. D'autre part, si z est un voisin de y dans P, mais pas le prédécesseur immédiat de y, nous pouvons transformer P en un x-chemin P' de même longueur en ajoutant l'arête yz à P (formant ainsi une *sucette*, l'union d'un chemin et d'un cycle ayant exactement un sommet en commun) et en supprimant l'arête zz^+ (voir Figure 19.14). Cette transformation de P à P' est appelée un *échange de chemin*. Bien entendu, s'il s'avère que z^+ est adjacent à un sommet hors de P', le chemin P' peut être étendu en un chemin plus long que P.

Fig. 19.14. Un échange de chemin

Échanges de cycle

Il y a également une manière simple de transformer un cycle C en un autre cycle C' de même longueur. S'il y a des sommets x et y non-consécutifs sur C tels que xy et x^+y^+ soient toutes deux des arêtes du graphe, le cycle C' obtenu en ajoutant ces deux arêtes à C, et en supprimant les arêtes xx^+ et yy^+ de C, est dit dérivé de C par *échange de cycle* (voir Figure 19.15).

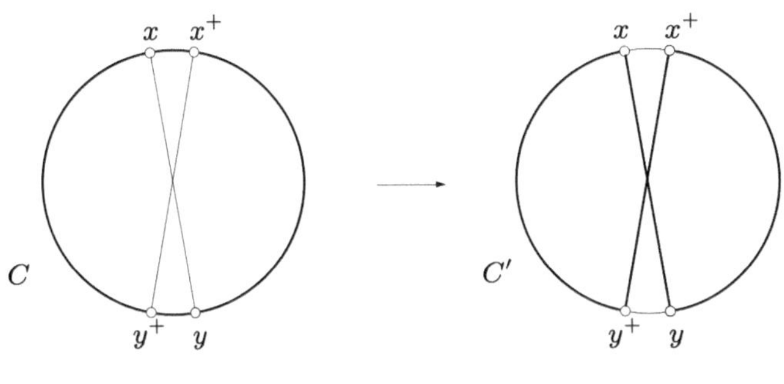

Fig. 19.15. Un échange de cycle

Remarquons au passage que l'échange de cycles donne une heuristique pour le Problème du Voyageur de Commerce (2.6). Si C est un cycle hamiltonien dans un graphe valué (G, w), et si

$$w(xy) + w(x^+y^+) < w(xx^+) + w(yy^+)$$

alors le cycle C' sera une amélioration par rapport à C.

L'échange de chemin et l'échange de cycle sont les ingrédients clés pour établir l'existence de chemins hamiltoniens et de cycles hamiltoniens dans de nombreuses classes de graphes.

Le Théorème de Dirac

Tout graphe complet d'ordre au moins 3 est évidemment hamiltonien ; en effet, les sommets d'un cycle hamiltonien peuvent être choisis un à un, suivant un ordre quelconque. Supposons maintenant que notre graphe ait beaucoup moins d'arêtes. En particulier, nous pouvons nous demander quelle doit être la valeur du degré minimum afin de garantir l'existence d'un cycle hamiltonien. Le Théorème de Dirac (1952b) répond à cette question.

Théorème 19.4 Théorème de Dirac
Soit G un graphe simple de degré minimum δ, avec $\delta \geq n/2$ et $n \geq 3$. Alors G est hamiltonien.

Démonstration Formons un graphe complet 2-arête-coloré K d'ensemble de sommets V en colorant les arêtes de G en bleu et les arêtes de son complémentaire $\overline{G}$ en rouge. Soit C un cycle hamiltonien de K avec le plus d'arêtes bleues possible. Nous allons montrer que toutes les arêtes de C sont bleues, autrement dit, que C est un cycle hamiltonien de G.

Supposons que ce ne soit pas le cas. Soit xx^+ une arête rouge de C, avec x^+ le successeur de x sur C. Soit $S := N_G(x)$ l'ensemble des sommets reliés à x par des arêtes bleues et $T := N_G(x^+)$ l'ensemble des sommets reliés à x^+ par des arêtes bleues. Alors

$$|S^+| + |T| = |S| + |T| = d_G(x) + d_G(x^+) \geq 2\delta \geq n$$

Comme $x^+ \notin S^+$ et $x^+ \notin T$, nous avons $S^+ \cup T \subseteq V \setminus \{x^+\}$, donc

$$|S^+ \cap T| = |S^+| + |T| - |S^+ \cup T| \geq n - (n-1) = 1$$

Prenons $y^+ \in S^+ \cap T$. Alors le cycle hamiltonien C' obtenu à partir de C en échangeant les arêtes xx^+ et yy^+ par les arêtes bleues xy et x^+y^+ a strictement plus d'arêtes bleues que C, ce qui contredit le choix de C (voir Figure 19.15). Ainsi toutes les arêtes de C sont bien bleues. □

Nous remarquons que le Théorème 19.4 peut aussi se prouver au moyen d'échanges de chemin (Exercice 19.3.1).

Clôture d'un graphe

Observons que la démonstration du Théorème 19.4 n'utilise pas l'hypothèse $\delta \geq n/2$ en son entier, mais simplement la condition plus faible que la somme des degrés des deux sommets non-adjacents x et x^+ vaut au moins n. Par conséquent une preuve similaire permet de montrer le lemme suivant.

Lemme 19.5 *Soit G un graphe simple et soit u et v des sommets non-adjacents dans G dont la somme des degrés vaut au moins n. Alors G est hamiltonien si et seulement si $G + uv$ est hamiltonien.*

Démonstration Si G est hamiltonien, alors $G + uv$ l'est aussi. Réciproquement, supposons que $G + uv$ ait un cycle hamiltonien C. Alors, si jamais celui-ci contient l'arête uv, de même que dans la démonstration du Théorème 19.4 (avec $x := u$ et $x^+ := v$), il y a un échange de cycle transformant C en un cycle hamiltonien C' de G. □

Le Lemme 19.5 suscite la définition suivante. La *clôture* d'un graphe G est le graphe obtenu à partir de G en joignant récursivement les paires de sommets non-adjacents dont la somme des degrés vaut au moins n jusqu'à ce qu'il ne reste plus de paire de la sorte. L'ordre dans lequel les arêtes sont ajoutées à G pour former la clôture n'affecte en rien le résultat final (Exercice 19.3.2).

Lemme 19.6 *La clôture de G est bien définie.* □

La Figure 19.16 illustre la formation de la clôture G' d'un graphe G à six sommets. Dans cet exemple, il se trouve que la clôture est complète (i.e. un graphe complet). La pertinence de l'opération de clôture pour l'étude des cycles hamiltoniens vient de l'observation suivante, faite par Bondy et Chvátal (1976).

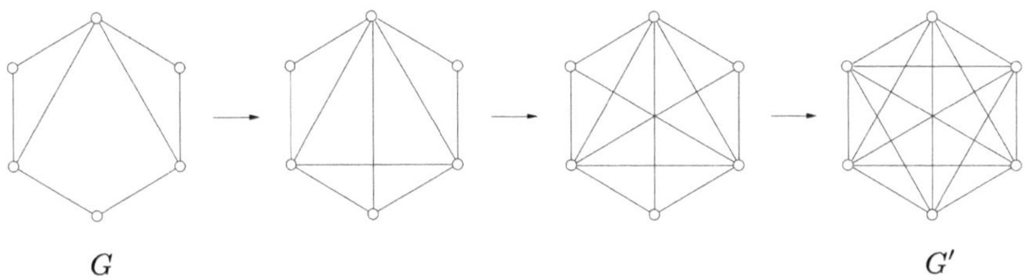

Fig. 19.16. La clôture d'un graphe

Théorème 19.7 *Un graphe simple est hamiltonien si et seulement si sa clôture est hamiltonienne.*

Démonstration Il suffit d'appliquer le Lemme 19.5 à chaque ajout d'une arête lors de la formation de la clôture. □

Le Théorème 19.7 a de nombreuses de conséquences intéressantes. Tout d'abord, comme tous les graphes complets ayant au moins trois sommets sont hamiltoniens, nous obtenons le résultat suivant.

Corollaire 19.8 *Soit G un graphe simple ayant au moins trois sommets. Si sa clôture est complète, alors G est hamiltonien.* □

Considérons, par exemple, le graphe de la Figure 19.17. On vérifie facilement que sa clôture est complète. D'après le Corollaire 19.8, ce graphe est par conséquent hamiltonien. Il peut être intéressant de remarquer que le graphe de la Figure 19.17 peut être obtenu à partir du graphe de la Figure 19.2 en modifiant simplement une extrémité d'une seule arête, mais que néammoins (d'après le Corollaire 19.8 et le Théorème 19.1) ce graphe est hamiltonien alors que l'autre ne l'est pas.

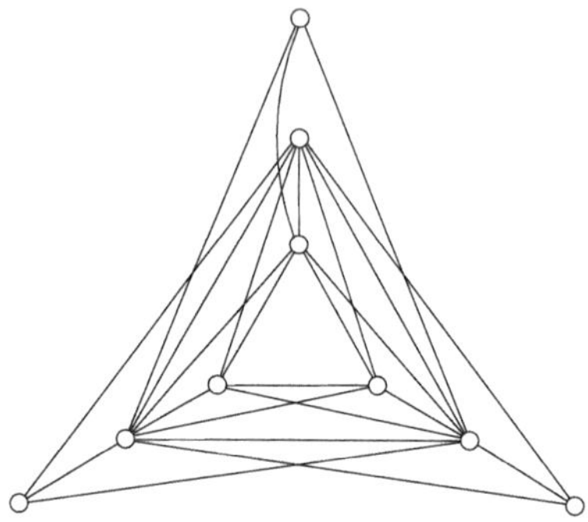

Fig. 19.17. Un graphe dont la clôture est complète

Le Corollaire 19.8 peut s'utiliser pour déduire diverses conditions suffisantes pour qu'un graphe soit hamiltonien en termes de degré de ses sommets. Par exemple, comme la clôture est clairement complète lorsque $\delta \geq n/2$, le Théorème de Dirac (19.4) est un corollaire immédiat. Chvátal (1972) a généralisé le Théorème de Dirac à une classe de graphes plus grande.

Théorème 19.9 *Soit G un graphe simple de suite des degrés $(d_1, d_2, \ldots, d_n)$, avec $d_1 \leq d_2 \leq \cdots \leq d_n$ et $n \geq 3$. S'il n'y a pas d'entier $k < n/2$ tel que $d_k \leq k$ et $d_{n-k} < n-k$, alors G est hamiltonien.*

Démonstration Soit G' la clôture de G. Nous allons montrer que G' est complète. La conclusion viendra alors du Corollaire 19.8. Nous notons $d'(v)$ le degré d'un sommet v dans G'.

Supposons, au contraire, que G' ne soit pas complète. Soit u et v les deux sommets non-adjacents dans G' tels que

$$d'(u) \leq d'(v) \tag{19.7}$$

et $d'(u) + d'(v)$ est le plus grand possible. Comme deux sommets non-adjacents dans G' ne peuvent pas avoir une somme de degré supérieure ou égale à n, nous avons

$$d'(u) + d'(v) < n \tag{19.8}$$

Soit S l'ensemble des sommets dans $V \setminus \{v\}$ qui ne sont pas adjacents à v dans G', et T l'ensemble des sommets dans $V \setminus \{u\}$ qui ne sont pas adjacents à u dans G'. Clairement

$$|S| = n - 1 - d'(v), \quad \text{et} \quad |T| = n - 1 - d'(u) \tag{19.9}$$

De plus, par le choix de u et v, chaque sommet de S est de degré au plus $d'(u)$ et chaque sommet de $T \cup \{u\}$ est de degré au plus $d'(v)$. Posant $k := d'(u)$ et utilisant (19.8) et (19.9), nous trouvons que G' a au moins k sommets de degré au plus k et au moins $n-k$ sommets de degré strictement inférieur à $n-k$. Comme G est un sous-graphe couvrant de G', la même chose est vraie dans G ; c'est-à-dire, $d_k \leq k$ et $d_{n-k} < n-k$. Mais cela contredit l'hypothèse, puisque $k < n/2$ d'après (19.7) et (19.8). Nous en concluons que la clôture G' de G est bel et bien complète, et donc que G est hamiltonien, par le Corollaire 19.8. □

On peut souvent déduire qu'un graphe est hamiltonien simplement en calculant sa suite des degrés et en appliquant le Théorème 19.9. Cette méthode marche pour le graphe de la Figure 19.17, mais pas pour le graphe G de la Figure 19.16, bien que la clôture de ce dernier graphe soit complète. Ces exemples nous montrent que le Théorème 19.9 est plus fort que le Théorème 19.4 mais pas aussi fort que le Corollaire 19.8.

Théorème de Chvátal–Erdős

Nous concluons cette partie avec une condition suffisante pour l'hamiltonicité, due à Chvátal et Erdős (1972), qui fait appel à une relation remarquablement simple entre stabilité et connectivité. Sa preuve utilise la notion de ponts, introduite Partie 10.4.

Théorème 19.10 Théorème de Chvátal–Erdős
Soit G un graphe d'ordre au moins 3, de stabilité α et de connectivité κ. Si $\alpha \leq \kappa$, alors G est hamiltonien.

Démonstration Soit C un plus long cycle dans G. Supposons que C ne soit pas hamiltonien. Soit B un pont propre de C dans G, et désignons par S l'ensemble de ses sommets d'ancrage sur C. Quels que soient deux sommets x et y de S, il y a un chemin xPy dans B ; ce chemin est intérieurement disjoint de C et de longueur au moins 2 (voir Figure 19.18). Comme C est un plus long cycle, il s'ensuit que x et y sont des sommets non-consécutifs de C. Pour la même raison, x^+ et y^+ ne sont pas adjacents ; sinon, le cycle obtenu en échangeant les arêtes xx^+ et yy^+ de C par le chemin xPy et l'arête x^+y^+ serait plus long que C. Ainsi S^+ est un stable de G, et est disjoint de S.

Soit z un sommet interne de B. Tous les voisins de z sur C sont dans S. Comme S et S^+ sont disjoints, $S^+ \cup \{z\}$ est un stable. Ceci implique que $|S^+| < \alpha$. D'autre part, S est un séparateur de G car $B - S$ est une composante de $G - S$, donc $|S| \geq \kappa$.

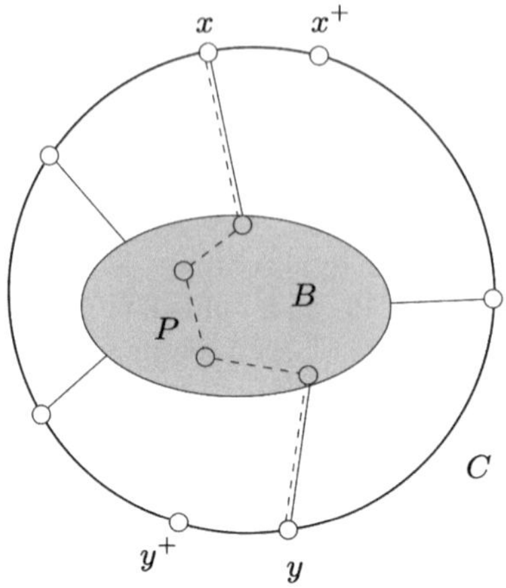

Fig. 19.18. Démonstration du Théorème de Chvátal–Erdős (19.10)

Ainsi

$$\kappa \leq |S| = |S^+| < \alpha$$

Mais cela contredit l'hypothèse. Par conséquent C est bien un cycle hamiltonien de G. □

Le Théorème 19.10 a été joliment généralisé par Kouider (1994). Un cycle hamiltonien est un cycle couvrant, c'est-à-dire, un cycle qui couvre l'ensemble des sommets du graphe. Kouider a prouvé que l'ensemble de sommets d'un graphe 2-connexe G peut être couvert par une famille d'au plus $\lceil \alpha/\kappa \rceil$ cycles. Pour $\alpha \leq \kappa$, c'est tout simplement le Théorème 19.10. Dans la Partie 20.2, nous verrons un analogue de ce théorème pour les digraphes.

Exercices

19.3.1 Soit G un graphe simple ayant au moins trois sommets dans lequel la somme des degrés de deux sommets non-adjacents quelconques est au moins n. On considère un sommet x de G et un x-chemin P.

a) Montrer que P peut se transformer en un chemin hamiltonien Q de G, par l'intermédiaire d'extensions de chemin et d'échanges de chemin.
b) En considérant la somme des degrés des deux extrémités de Q, déduire que G contient un cycle hamiltonien.

19.3.2 Prouver le Lemme 19.6.

19.3.3

a) Soit G un graphe simple non-trivial de suite des degrés $(d_1, d_2, \ldots, d_n)$, avec $d_1 \leq d_2 \leq \cdots \leq d_n$. On suppose qu'il n'y a pas d'entiers $k < (n+1)/2$ tels que $d_k < k$ et $d_{n-k+1} < n - k$. Montrer que G est traçable.

b) En déduire que tout graphe autocomplémentaire est traçable.

(C.R.J. Clapham)

19.3.4 Montrer qu'un graphe simple et son complémentaire ne peuvent pas tous deux vérifier les hypothèses du Théorème 19.9.

(A.V. Kostochka et D.B. West)

19.3.5 Soit G un graphe simple de degré minimum δ. Montrer que :

a) G contient un chemin de longueur 2δ si G est connexe et $\delta \leq (n-1)/2$,
b) G est traçable si $\delta \geq (n-1)/2$.

19.3.6 Soit G un graphe de stabilité α et de connectivité κ, avec $\alpha \leq \kappa + 1$. Montrer que G est traçable.

≀

19.3.7 Soit G un graphe simple, et soit X l'ensemble des sommets de G de degré au moins $n/2$. Montrer que si $|X| \geq 3$ alors G a un cycle contenant X. (R. Shi)

19.3.8 Un graphe G est *majoré en degré* par un graphe H si $v(G) = v(H)$ et la suite des degrés de G (en ordre croissant) est majorée par celle de H (voir Exercice 12.2.5).

a) Soient m et n des entiers strictement positifs tels que $m < n/2$ et $n \geq 3$. Montrer que le graphe $K_m \vee (K_{n-2m} + \overline{K_m})$ n'est pas hamiltonien.
b) Montrer que tout graphe simple non-hamiltonien à n sommets, pour $n \geq 3$, est majoré en degré par $K_m \vee (K_{n-2m} + \overline{K_m})$ pour un certain $m < n/2$.

(V. Chvátal)

19.3.9 Soit $G := G[X,Y]$ un graphe simple biparti, pour lequel $|X| = |Y| \geq 2$, dont la suite des degrés est $(d_1, d_2, \ldots, d_n)$, avec $d_1 \leq d_2 \leq \cdots \leq d_n$. On suppose qu'il n'y a pas d'entier $k \leq n/4$ tel que $d_k \leq k$ et $d_{n/2} \leq n/2 - k$. Montrer que G est hamiltonien.

19.3.10

a) Soit G un graphe simple tel que $m > \binom{n-1}{2} + 1$ et $n \geq 3$. Montrer que G est hamiltonien. (O. Ore)
b) Montrer que les seuls graphes simples non-hamiltoniens à n sommets et $\binom{n-1}{2} + 1$ arêtes sont les graphes $K_1 \vee (K_{n-2} + K_1)$ et, pour $n = 5$, le graphe $K_2 \vee \overline{K_3}$.

19.3.11

a) Soit G un graphe Hamilton-connexe tel que $n \geq 4$. Montrer que $m \geq 3n/2$.
b) Pour tout entier pair $n \geq 4$, construire un graphe Hamilton-connexe G tel que $m = 3n/2$.
c) Pour tout entier impair $n \geq 5$, construire un graphe Hamilton-connexe G tel que $m = (3n+1)/2$. (J.W. MOON)

19.3.12 Déduire du Théorème 19.10 les deux résultats suivants.

a) Soit G un graphe simple à au moins trois sommets tel que la somme des degrés de n'importe quels deux sommets non-adjacents est au moins n. Alors G est hamiltonien. (C'est aussi une conséquence directe du Corollaire 19.8.) (O. ORE)
b) Soit G un graphe simple k-régulier à $2k+1$ sommets, avec $k \geq 2$. Alors G est hamiltonien. (C.ST.J.A. NASH-WILLIAMS)

19.3.13 Un sommet v est *insérable* dans un chemin P si v est adjacent à deux sommets consécutifs z, z^+ de P. Soient xPy et uQv des chemins disjoints. Le chemin Q est *absorbable* dans P s'il y a un chemin d'ensemble de sommets $V(P) \cup V(Q)$. On suppose que tout sommet de Q est insérable dans P. Montrer que Q est absorbable dans P. (A. AINOUCHE)

19.3.14 Soit G un graphe connexe contenant un chemin de longueur k, et dans lequel tout chemin de longueur k est contenu dans un cycle de longueur au moins l.

a) Montrer que tout chemin dans G de longueur inférieure à k est contenu dans un chemin de longueur k.
b) En déduire que tout chemin dans G de longueur inférieure à k est contenu dans un cycle de longueur au moins l. (T.D. PARSONS)

19.3.15

a) Soit G un graphe simple 2-connexe, et soit xPy un plus long chemin dans G. Pour une treille $(x_iQ_iy_i : 1 \leq i \leq r)$ sur P (voir définition à l'Exercice 5.3.12), on considère les cycles $C_i := P_i \cup Q_i$, où $P_i := x_iPy_i$, $1 \leq i \leq r$, et le cycle $C := \triangle_{i=1}^{r} C_i$. On suppose que la treille a été choisie de telle sorte que :
   - ▷ r est le plus petit possible,
   - ▷ sous cette condition, $|V(C) \cap V(P)|$ est aussi grand que possible.

   Montrer que :
   i) $\{x\} \cup \{y\} \cup N(x) \cup N(y) \subseteq V(C)$,
   ii) C est soit un cycle hamiltonien de G soit un cycle de longueur au moins $d(x) + d(y)$.
b) En déduire les énoncés suivants.
   i) Si G est un graphe simple 2-connexe tel que $\delta \leq n/2$, alors G contient un cycle de longueur au moins 2δ. (G.A. DIRAC)
   ii) Si $G := G(x, y)$ est un graphe simple 2-connexe tel que $d(v) \geq k$ pour tout $v \neq x, y$, alors G contient un xy-chemin de longueur au moins k. (P. ERDŐS ET T. GALLAI)

19.3.16 Soit G un graphe sans griffe.

a) Montrer que le sous-graphe de G induit par les voisins de tout sommet, ou bien est connexe (Type 1), ou bien a exactement deux composantes, qui sont toutes deux des graphes complets (Type 2).
b) Soit v un sommet de Type 1 dans G dont le voisinage n'est pas une clique, et soit G' un graphe obtenu à partir de G en ajoutant une arête reliant deux voisins non-adjacents de v. Montrer que G' est hamiltonien si et seulement si G est hamiltonien.
c) La *clôture de Ryjáček* de G est le graphe H obtenu en appliquant récursivement l'opération décrite en (b) jusqu'à ce que le voisinage de tout sommet de Type 1 soit une clique. Montrer que :
   i) H est le graphe des lignes d'un graphe sans triangle,
   ii) H est hamiltonien si et seulement si G est hamiltonien. (Z. Ryjáček)

19.4 Échanges de chemin et parité

Dans la partie précédente, nous avons vu qu'un graphe simple dans lequel tout sommet est adjacent à plus de la moitié des autres sommets contient un cycle hamiltonien. De manière peut être plus surprenante, on peut dire des choses sur les cycles hamiltoniens dans les graphes cubiques. De tels graphes peuvent très bien ne pas avoir de cycle hamiltonien (les graphes de Petersen et de Coxeter en sont deux exemples familiers). Cependant, ainsi que C. A. B. Smith l'a prouvé, chaque arête d'un graphe cubique est dans un nombre pair de cycles hamiltoniens (voir Tutte (1946)). À partir de là, on peut déduire que si un graphe cubique a un cycle hamiltonien, alors il en a au moins trois (Exercice 19.4.1a). Le Théorème de Smith a été étendu par Thomason (1978) à l'aide de l'opération d'échange de x-chemin introduite Partie 19.1. Nous exposons maintenant son idée.

Le Lemme de la Sucette

Soit G un graphe (pas nécessairement simple). Le *graphe des x-chemins* de G est le graphe dont les sommets sont les plus longs x-chemins de G, et dans lequel deux tels chemins sont adjacents si et seulement si l'un peut être obtenu de l'autre par un échange de chemin (voir Figure 19.19). Thomason (1978) a utilisé ce concept pour établir une propriété fondamentale des x-chemins.

Théorème 19.11 Lemme de la Sucette
Soit G un graphe connexe d'ordre au moins 2, et soit x un sommet de G. Alors le nombre de plus longs x-chemins de G qui terminent en un sommet de degré pair est pair.

Démonstration Notons H le graphe des x-chemins de G et soit P un plus long x-chemin de G. Si P termine en y,

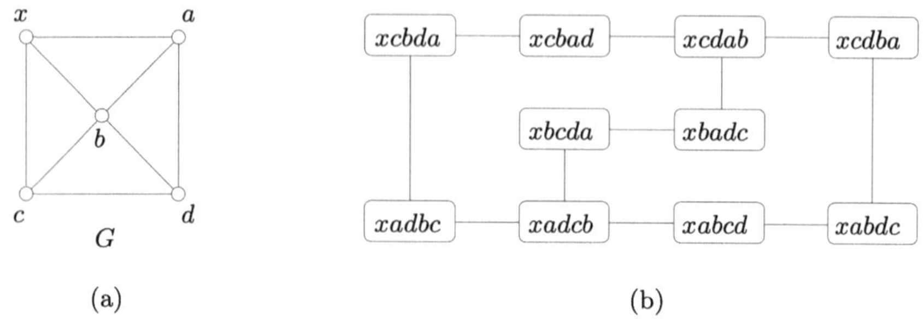

Fig. 19.19. (a) Un graphe G, (b) le graphe des x-chemins de G

$$d_H(P) = d_G(y) - 1$$

Donc y est de degré pair dans G si et seulement si P est de degré impair dans H. Comme le nombre de sommets de degré impair dans H est pair d'après le Corollaire 1.2, le nombre de plus longs x-chemins dans G qui terminent en un sommet de degré pair est également pair. □

Corollaire 19.12 *Soit G un graphe d'ordre au moins 3, et soient x et y deux sommets de G. Supposons que chaque sommet de G autre que x et y soit de degré impair. Alors le nombre de xy-chemins hamiltoniens dans G est pair. En particulier, si G est un graphe dont tous les sommets sont de degré impair, alors chaque arête de G est dans un nombre pair de cycles hamiltoniens.*

Démonstration Nous pouvons supposer que G a au moins un xy-chemin hamiltonien, car dans le cas contraire la conclusion est triviale. Posons $G' := G - y$. Les plus longs x-chemins de G' sont les chemins hamiltoniens de G', et chaque xy-chemin hamiltonien de G est une extension d'un tel chemin. Soit $xP'z$ un chemin hamiltonien de G'. Si z est de degré impair dans G', le nombre d'arêtes entre y et z est pair, parce que z est de degré impair dans G. Donc P' engendre un nombre pair de xy-chemins hamiltoniens de G dans ce cas-là. D'autre part, si z est de degré pair dans G', alors P' engendre un nombre impair de xy-chemins hamiltoniens de G. Or, d'après le Lemme de la Sucette (Théorème 19.11), le nombre de x-chemins hamiltoniens de G' terminant en un sommet de degré pair est pair. Ainsi le nombre total de xy-chemins hamiltoniens dans G est pair. □

Un cas particulier du Corollaire 19.12 est le théorème de C. A. B. Smith mentionné plus tôt.

Théorème 19.13 Théorème de Smith
Dans un graphe cubique, chaque arête est dans un nombre pair de cycles hamiltoniens. □

Les résultats de cette partie donnent lieu à des questions algorithmiques intrigantes. Le Théorème de Smith implique que tout graphe cubique ayant un cycle hamiltonien possède un second cycle hamiltonien. Chrobak et Poljak (1988) ont demandé à quel point il était difficile de trouver un second cycle hamiltonien dans un tel graphe lorsqu'un premier nous est fourni. La réponse n'est pas connue. En particulier, aucun algorithme polynomial n'a été trouvé pour résoudre ce problème.

Graphes uniquement hamiltoniens

Un graphe est dit *uniquement hamiltonien* s'il a un, et un seul, cycle hamiltonien. Le Corollaire 19.12 implique qu'aucun graphe régulier de degré impair n'est uniquement hamiltonien. Sheehan (1975) a conjecturé que c'est également vrai pour les graphes simples réguliers de degré pair supérieur ou égal à 4.

La Conjecture de Sheehan peut se restreindre sans perte de généralité aux graphes 4-réguliers. En effet, si C est un cycle hamiltonien de G, alors le sous-graphe couvrant $G \setminus E(C)$ est régulier de degré pair strictement positif, et donc possède un 2-facteur F (Exercice 17.4.16b). Le graphe $H := F \cup C$ est un sous-graphe couvrant 4-régulier ayant un cycle hamiltonien C. Si l'on pouvait prouver que H a un second cycle hamiltonien, alors G aurait aussi ce second cycle hamiltonien.

> la Conjecture de Sheehan
>
> **Conjecture 19.14** *Tout graphe simple 4-régulier hamiltonien possède au moins deux cycles hamiltoniens.*

Notons que les conditions de simplicité et de régularité sont ici essentielles. Des exemples de graphes 4-réguliers uniquement hamiltoniens ayant des arêtes multiples et des exemples de graphes simples uniquement hamiltoniens de degré minimum 4 ont été construits par Fleischner (1994, 2007).

En appliquant les méthodes exposées dans ce chapitre, Thomassen (1998) a obtenu une condition suffisante pour l'existence d'au moins deux cycles hamiltoniens dans un graphe hamiltonien. L'argument de Thomassen repose sur les concepts suivants.

Considérons une 2-arête-coloration (pas nécessairement propre) d'un graphe G en rouge et bleu. Un ensemble S de sommets de G est dit *rouge-stable* si quels que soient deux sommets de S ils ne sont pas reliés par une arête rouge, et *bleu-dominant* si tout sommet de $V \setminus S$ est adjacent par une arête bleue à au moins un sommet de S.

Théorème 19.15 *Soit G un graphe et soit C un cycle hamiltonien de G. Colorons les arêtes de C en rouge et les autres arêtes de G en bleu. Supposons qu'il y ait un ensemble rouge-stable et bleu-dominant S dans G. Alors G a un second cycle hamiltonien.*

Démonstration Soit S un ensemble rouge-stable et bleu-dominant, et soit $T := S^- \cup S^+$. Considérons le sous-graphe couvrant H de G dont l'ensemble d'arêtes est constitué de toutes les arêtes rouges et, pour chaque sommet de T, d'une arête bleue le reliant à un sommet de S. Dans H, les sommets de T sont de degré 3, alors que tous les autres sommets de $V \setminus S$ sont de degré 2. Comme S est rouge-stable, il vient que $H - S$ a exactement $|S|$ composantes, chacune d'entre elles étant un chemin dont les extrémités sont dans T. D'après le Théorème 19.1, tout cycle hamiltonien de H contient tous ces chemins. Soit $e = xy \in E(C)$, avec $x \in S$ et $y \in T$. Par le Lemme de la Sucette (Théorème 19.11), le nombre de plus longs x-chemins de $H \setminus e$ qui terminent en un sommet de degré pair est pair. Mais le chemin hamiltonien $C \setminus e$ est un tel chemin, puisque y est de degré 2 dans $H \setminus e$. Soit P un autre chemin de la sorte. Nécessairement, sur P les sommets de S sont séparés par des composantes de $H - S$, et donc comme il y a autant de composantes que de sommets de S, P termine en un sommet de T. Donc P termine en y, puisque c'est le seul sommet de T de degré pair dans $H \setminus e$. Ainsi $P + e$ est un second cycle hamiltonien de H, et donc aussi de G. □

Une conséquence facile du Théorème 19.15 est le résultat suivant pour les graphes bipartis.

Corollaire 19.16 *Soit $G[X, Y]$ un graphe simple biparti et hamiltonien dans lequel chaque sommet de Y est de degré au moins 3. Alors G a au moins deux cycles hamiltoniens.*

Démonstration Soit C un cycle hamiltonien de G. Colorons les arêtes de C en rouge et les autres arêtes de G en bleu. Chaque sommet de Y est alors incident à au moins une arête bleue, donc X est un ensemble rouge-stable et bleu-dominant dans in G. Par le Théorème 19.15, G a un second cycle hamiltonien. □

Thomassen (1998) a appliqué le Lemme Local (Théorème 13.12) pour montrer que si k est suffisamment grand, alors tout graphe simple hamiltonien k-régulier vérifie les hypothèses du Théorème 19.15 et donc a au moins deux cycles hamiltoniens.

Théorème 19.17 *Pour $k \geq 73$, tout graphe simple hamiltonien k-régulier possède au moins deux cycles hamiltoniens.*

Démonstration Soit G un graphe simple hamiltonien k-régulier, et soit C un cycle hamiltonien de G. Comme dans le Théorème 19.15, nous colorons les arêtes de C en rouge et les autres arêtes de G en bleu. Nous choisissons maintenant chaque sommet de G de manière indépendante, avec probabilité p, afin d'obtenir un sous-ensemble aléatoire S de V. Nous montrons que, pour une valeur de p bien choisie, cet ensemble S est, avec probabilité non-nulle, rouge-stable et bleu-dominant. Le théorème vient alors par application du Théorème 19.15.

Pour chaque élément de $E(C) \cup V(G)$, nous définissons un 'mauvais' événement comme suit.

▷ A_e : *les deux extrémités de l'arête e de C sont dans S.*

▷ B_v : *ni le sommet* v *de* G *ni les sommets reliés à* v *par une arête bleue ne sont dans* S.

Nous avons $p(A_e) = p^2$ et $P(B_v) = (1-p)^{k-1}$, parce que chaque sommet v a un degré de $k-2$. Nous définissons un graphe de dépendance H pour ces événements, en prenant $E(C) \cup V(G)$ pour ensemble de sommets, et en disant que deux sommets sont adjacents dans H si les ensembles de sommets impliqués dans les événements correspondants s'intersectent. Les sommets impliqués dans A_e, à savoir les deux extrémités de e, sont chacun impliqués dans un autre événement A_f et $k-1$ événements B_v. Ainsi e est de degré au plus $2+(2k-2)$ dans le graphe de dépendance H. Les $k-1$ sommets impliqués dans B_v sont chacun impliqués dans deux événements A_e, et à eux tous impliqués dans un total d'au plus $(k-2)^2$ autres événements B_w. Ainsi v a degré au plus $(2k-2)+(k-2)^2$ dans H. Afin d'appliquer le Lemme Local, nous devons par conséquent choisir une valeur pour p et des nombres x (associé à chacun des événements A_e) et y (associé à chacun des événements B_v) tels que :

$$p^2 \leq x(1-x)^2(1-y)^{2k-2} \quad \text{et} \quad (1-p)^{k-1} \leq y(1-x)^{2k-2}(1-y)^{(k-2)^2}$$

Nous pouvons simplifier ces expressions en posant $x := a^2$ et $y := b^{k-1}$:

$$p \leq a(1-a^2)(1-b^{k-1})^{k-1} \quad \text{et} \quad 1-p \leq b(1-a^2)^2(1-b^{k-1})^{k-3}$$

D'où

$$1 \leq a(1-a^2)(1-b^{k-1})^{k-1} + b(1-a^2)^2(1-b^{k-1})^{k-3}$$

Pour $k \geq 73$, on obtient une solution à cette inégalité en posant $a = 0,25$ et $b = 0,89$, ce qui donne une valeur de $0,2305$ pour p. □

La borne $k \geq 73$ du Théorème 19.17 a été réduite à $k \geq 23$ par Haxell et al. (2007). La Conjecture de Sheehan reste cependant ouverte.

Pour conclure avec la Conjecture de Sheehan, mentionnons une conjecture plus récente, due à Fleischner (2007), qui lui ressemble fortement.

Conjecture 19.18 CONJECTURE DE FLEISCHNER
Tout graphe hamiltonien 4*-connexe a au moins deux cycles hamiltoniens.*

Cette conjecture est vraie pour les graphes planaires (voir Partie 19.6).

Exercices

19.4.1

a) Montrer que :
   i) tout graphe cubique hamiltonien a au moins trois cycles hamiltoniens,
   ii) le graphe complet K_4 et le graphe de Petersen généralisé $P_{2,9}$ ont tous deux exactement trois cycles hamiltoniens.

b) Pour tout entier $n \geq 2$, construire un graphe simple cubique à $2n$ sommets ayant exacement trois cycles hamiltoniens.

19.4.2 Soit G un graphe cubique hamiltonien et soit e une arête de G. On forme un graphe biparti $H[\mathcal{C}, \mathcal{F}]$, où $\mathcal{C}$ est l'ensemble des 3-arête-colorations de G et $\mathcal{F}$ est l'ensemble des 2-facteurs pairs de G (c'est-à-dire, des 2-facteurs dont toutes les composantes sont des cycles pairs) qui contiennent l'arête e, en reliant $c \in \mathcal{C}$ à $F \in \mathcal{F}$ si et seulement si F est induit par l'union de deux des couleurs dans la 3-arête-coloration c.

a) Montrer que :
   i) tout sommet de $\mathcal{C}$ est de degré 2,
   ii) un sommet $F \in \mathcal{F}$ ayant k composantes est de degré 2^{k-1}.

b) En déduire le Théorème de Smith (19.13).

19.4.3

a) Montrer que dans un graphe cubique G avec un cycle hamiltonien C, l'algorithme suivant renvoie un second cycle hamiltonien C' de G.

colorer les cordes de C avec la couleur 0 et les arêtes de C alternativement avec les couleurs 1 et 2
fixer une arête e de couleur 2
poser $i := 0$
tant que $i \neq 2$ **faire**
  si le sous-graphe F induit par les arêtes de couleurs i et 2 est connexe **alors**
    poser $C' := F$ et $i := 2$
  sinon
    inverser les couleurs i et 2 sur les composantes de F ne contenant pas e
    remplacer i par $1 - i$
  fin de si
fin de tant que
renvoyer C'

b) Montrer que cet algorithme s'exécute en temps exponentiel quand le graphe d'entrée G est formé d'un cycle C de longueur $\ell \equiv 0 \pmod 4$ dont les sommets antipodaux sont reliés par des cordes. (T. Jensen)

19.4.4 On considère le graphe G de la Figure 19.20.

a) Montrer que :
   i) l'arête e n'est dans aucun cycle hamiltonien et dans aucun xy-chemin hamiltonien de G,
   ii) G a exactement un cycle hamiltonien et exactement un xy-chemin hamiltonien.

b) En déduire que
   i) le graphe $G + xy$, dans lequel un sommet est de degré 4 et les autres sont de degré 3, a exactement deux cycles hamiltoniens,

ii) le graphe H de la Figure 19.20, dans lequel deux sommets sont de degré 4 et les autres sont de degré 3, a un unique cycle hamiltonien.

(R.C. ENTRINGER ET H. SWART)

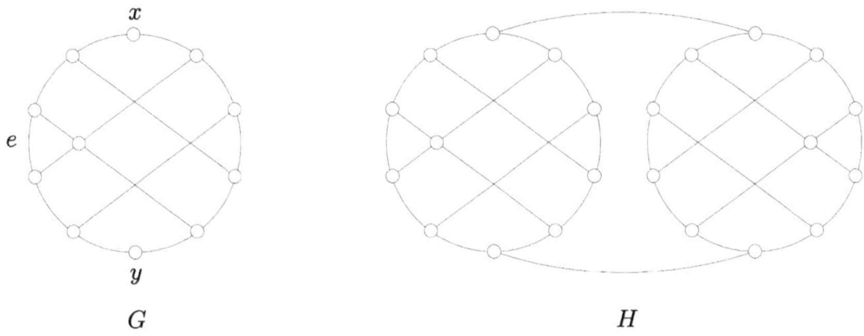

Fig. 19.20. Construction d'un graphe uniquement hamiltonien presque cubique

19.4.5 Montrer que tout graphe cubique biparti à au moins quatre sommets a un nombre pair de cycles hamiltoniens. (A. KOTZIG)

19.4.6 Une *décomposition hamiltonienne* d'un graphe est une décomposition en cycles hamiltoniens.

a) Soit G un graphe simple cubique. Montrer que le graphe des lignes de G admet une décomposition hamiltonienne si et seulement si G est 3-arête-colorable.

(A. KOTZIG)

b) En déduire que le graphe des lignes du graphe de Petersen est un graphe 4-régulier 4-connexe qui n'admet pas de décomposition hamiltonienne.

19.4.7

a) Soit G un graphe plan 4-régulier qui admet une décomposition en deux cycles hamiltoniens, C et D. On note F_{11}, F_{12}, F_{21}, et F_{22} les ensembles des faces de G qui sont à l'intérieur de C et D, à l'intérieur de C mais à l'extérieur de D, à l'intérieur de D mais à l'extérieur de C, et à l'extérieur de C et D, respectivement. Montrer que $g(F_{11}) = g(F_{22})$ et $g(F_{12}) = g(F_{21})$, avec $g(F_{ij}) := \sum_{f \in F_{ij}} (d(f) - 2)$.

b) i) Dessiner le graphe médian du graphe de Herschel (Figure 19.1b).

ii) Déduire de (a) que si G est un graphe plan et si G ou G^* ne vérifie pas l'Identité de Grinberg, alors son graphe médian n'a pas de décomposition hamiltonienne.

iii) En conclure que le graphe médian du graphe de Herschel est un graphe plan 4-régulier 4-connexe qui n'admet pas de décomposition hamiltonienne.

(J.A. BONDY ET R. HÄGGKVIST)

19.4.8

a) Soit G un graphe 4-régulier ayant au moins trois sommets, et soient e et f deux arêtes de G. Montrer que :
   i) le nombre de décompositions de G en deux cycles hamiltoniens, dont l'un contient e et l'autre contient f, est pair,
   ii) le nombre de décompositions de G en deux cycles hamiltoniens, dont l'un contient à la fois e et f, est pair.

b) En déduire que le nombre de décompositions de G en deux cycles hamiltoniens est pair.

c) En déduire également qu'un graphe $2k$-régulier ayant une décomposition hamiltonienne admet au moins $3^{k-1}(k-1)!$ décompositions hamiltoniennes.

(A.G. Thomason)

19.4.9 En utilisant l'Exercice 19.4.8, montrer que, pour $k \geq 4$, le seul graphe simple uniquement k-arête-colorable est l'étoile $K_{1,k}$. (A.G. Thomason)

19.4.10 Déduire le Théorème 19.15 du Corollaire 19.16. (C. Thomassen)

19.4.11 Soit G un graphe et x un sommet de G. Pour $k \geq 1$, on note p_k le nombre de x-chemins dans G de longueur k et q_k le nombre de x-chemins dans G de longueur k terminant en un sommet de degré pair.

a) Montrer que $p_k \equiv q_{k-1} \pmod 2$.

b) En déduire que :
   i) si G est pair, alors p_k est pair pour tout $k \geq 1$,
   ii) si G est impair, alors p_k est pair pour tout $k \geq 2$.

(J.A. Bondy et F. Halberstam)

19.4.12 Soit G un graphe et soit f une fonction à valeurs entières positives sur V. Un *f-arbre* de G est un f-facteur qui est un arbre couvrant de G.

a) Supposons que $d(v) - f(v)$ soit impair pour tout $v \in V$. Montrer que G a un nombre pair de f-arbres. (K.A. Berman)

b) Soit g une fonction à valeurs entières positives sur V. Montrer que le nombre de décompositions de G en un f-arbre et un g-arbre est pair.

(K.A. Berman)

19.4.13

a) Soit G un chemin ou cycle de longueur n. Montrer que la composition $G[2K_1]$ est décomposable en deux cycles de longueur $2n$.

b) En déduire que si G admet une décomposition en cycles hamiltoniens, alors $G[2K_1]$ admet une décomposition en n'importe quelle liste de 2-facteurs pairs $F_1, F_2, \ldots, F_k$ tels que :
   ▷ $\sum_{i=1}^{k} e(F_i) = 4e(G)$,
   ▷ chaque F_i est isomorphe à un sous-graphe de $G[2K_1]$,
   ▷ tout sous-graphe de $G[2K_1]$ apparait comme un F_i un nombre pair de fois (possiblement zéro).

c) Montrer que $K_{4n+2} \backslash M \cong K_{2n+1}[2K_1]$, où M est un couplage parfait de K_{4n+2}, et que $K_{4n,4n} \cong K_{2n,2n}[2K_1]$.
d) En déduire que chacun des graphes du (c) admet une décomposition en n'importe quelle liste $F_1, F_2, \ldots, F_k$ de 2-facteurs pairs vérifiant les trois conditions listées en (b). (R. Häggkvist)

19.5 Cycles hamiltoniens dans les graphes aléatoires

Le graphe $K_{k,k+1}$ montre que la condition de degré minimum requise par le Théorème de Dirac ne peut pas être réduite. Ce graphe est cependant loin d'être typique. Par exemple, sa stabilité vaut $k+1$, environ la moitié de son ordre, alors que la stabilité d'un graphe aléatoire $G \in \mathcal{G}_{n,1/2}$ est presque sûrement proche de $2 \log_2 n$, seulement deux fois le logarithme de son ordre (voir l'Exercice 13.2.11 et le Théorème 13.9). Nous montrons ici qu'un graphe aléatoire a seulement besoin d'un très petit degré moyen pour être presque sûrement hamiltonien. La démonstration est due à Pósa (1976), et utilise intelligemment des échanges de chemin.

Le Lemme de Pósa

Comme nous l'avons vu, l'approche naïve pour trouver un long chemin dans un graphe consiste à faire grandir un x-chemin maximal P et à considérer les x-chemins que l'on peut obtenir à partir de P à l'aide d'échanges de chemin. Si l'un d'entre eux n'est pas maximal, alors il peut s'étendre en un x-chemin plus long. La procédure peut alors être répétée. Bien que cette approche échoue largement sur certains graphes, Pósa (1976) a prouvé qu'elle fonctionne remarquablement bien pour la plupart des graphes. Sa preuve repose sur le résultat suivant.

Théorème 19.19 Lemme de Pósa
Soit xPy un plus long chemin dans un graphe G. Notons $\mathcal{P}$ l'ensemble de tous les x-chemins de G que l'on peut obtenir à partir de P par échanges de chemin, T l'ensemble de tous les sommets terminaux des chemins dans $\mathcal{P}$, et T^- et T^+, respectivement, les ensembles de sommets précédant et suivant immédiatement les sommets de T sur P. Posons $S := V \setminus (T \cup T^- \cup T^+)$. Alors $e(S,T) = 0$.

Démonstration Soit $u \in S$ et $v \in T$. Par définition de T, il existe un chemin xQv dans $\mathcal{P}$. Si $u \in V(G) \setminus V(P)$, alors u et v ne peuvent pas être adjacents car Q est un plus long chemin dans G. Donc supposons que $u \in V(Q)$. Alors u a les mêmes voisins dans tous les chemins de $\mathcal{P}$, parce qu'un échange élémentaire qui supprime un de ces voisins fait de celui-ci ou de u un élément de T, ce qui est impossible par définition de S. Si u et v étaient adjacents, un échange élémentaire appliqué à Q donnerait un x-chemin terminant en un voisin w de u sur Q. Par l'argument précédent, w est aussi un voisin de u sur P, et donc u ne serait pas dans S, une contradiction. Ainsi, dans les deux cas, u et v ne sont pas adjacents. □

Nous allons maintenant appliquer le Lemme de Pósa pour montrer que l'ensemble T qui y est défini est presque sûrement grand lorsque G est un graphe aléatoire dont la probabilité d'arête est suffisamment élevée.

Corollaire 19.20 *Soit $G \in \mathcal{G}_{n,p}$, avec $p = 17 \log n/n$, et soit T comme défini dans l'énoncé de Lemme de Pósa. Alors $P(|T| < \lfloor n/4 \rfloor) \ll n^{-1}$.*

Démonstration Supposons que $|T| = k$. Alors $|T^-| \leq k$ et $|T^+| \leq k$. Par le Théorème 19.19, il y a donc un sous-ensemble S de V, disjoint de T, tel que $|S| \geq n - 3k$ et $e(S, T) = 0$. La probabilité que G ait un ensemble de k sommets qui soient tous non-adjacents à un ensemble de $n - 3k$ sommets est au plus $\binom{n}{k}\binom{n-k}{n-3k}(1-p)^{k(n-3k)}$. Ainsi la probabilité que T ait au plus $l := \lfloor n/4 \rfloor - 1$ sommets est au plus

$$\begin{aligned}\sum_{k=1}^{l} \binom{n}{k}\binom{n-k}{n-3k}(1-p)^{k(n-3k)} &< \sum_{k=1}^{l} n^{3k} e^{-pk(n-3k)} \\ &< \sum_{k=1}^{l} (n^3 e^{-pn/4})^k \\ &= \sum_{k=1}^{l} (n^{-5/4})^k = n^{-5/4}\left(\frac{1-n^{-5l/4}}{1-n^{-5/4}}\right) \ll n^{-1} \qquad \square\end{aligned}$$

Notre but est de montrer qu'un graphe aléatoire de $\mathcal{G}_{n,p}$, avec $p = 18 \log n/n$, est presque sûrement hamiltonien. Nous allons le faire en deux étapes. Nous montrons tout d'abord qu'un tel graphe est presque sûrement traçable.

Théorème 19.21 *Soit $G \in \mathcal{G}_{n,p}$, avec $p = 17 \log n/n$. Alors G est presque sûrement traçable.*

Démonstration Pour $v \in V$, le sous-graphe à sommet supprimé $G - v$ est un graphe aléatoire à $n - 1$ sommets de probabilité d'existence d'arête p. Soit T_v l'ensemble T tel que défini dans l'énoncé du Lemme de Pósa appliqué au graphe aléatoire $G - v$. Nous considérons les deux événements suivants.

- ▷ A_v: $|T_v| < \lfloor (n-1)/4 \rfloor$.
- ▷ B_v: $|T_v| \geq \lfloor (n-1)/4 \rfloor$ et il existe un plus long chemin dans G qui ne contient pas v.

D'après le Corollaire 19.20, $P(A_v) \ll n^{-1}$. D'autre part, si $|T_v| \geq \lfloor (n-1)/4 \rfloor$ et qu'il y a un plus long chemin dans G qui ne contient pas v, aucun des plus longs chemins dans $G - v$ qui terminent en un sommet de T_v ne peut être étendu pour inclure v, donc v n'est adjacent à aucun sommet de T_v. Donc

$$P(B_v) \leq (1-p)^{\lfloor (n-1)/4 \rfloor} < e^{-p\lfloor (n-1)/4 \rfloor} \ll n^{-2}$$

et

$$\sum_{v \in V} (P(A_v) + P(B_v)) \leq n\,(P(A_v) + P(B_v)) \to 0$$

Nous en concluons que presque sûrement tous les sommets de G sont dans tous les plus longs chemins. Mais cela implique que G est presque sûrement traçable. □

Théorème 19.22 *Soit $G \in \mathcal{G}_{n,p}$, avec $p = 18 \log n/n$. Alors G est presque sûrement hamiltonien.*

Démonstration Soit $H = G_1 \cup G_2$, avec $G_i \in \mathcal{G}_{n,p_i}$, $i = 1, 2$ pour $p_1 = 17 \log n/n$ et $p_2 = \log n/n$. Alors $H \in \mathcal{G}_{n,p}$, avec $p = 18\,(\log n/n) - 17\,(\log n/n)^2$. Il suffit de montrer que H est presque sûrement hamiltonien.

D'après le Théorème 19.21, le graphe aléatoire G_1 est presque sûrement traçable. Soit T_1 l'ensemble T tel que défini dans l'énoncé du Lemme de Pósa appliqué à G_1. D'après le Corollaire 19.20, presque sûrement $|T_1| \geq \lfloor n/4 \rfloor$. Soit u le sommet initial des chemins hamiltoniens dans G_1 terminant en T_1. La probabilité que, dans G_2, u ne soit relié à aucun sommet de T_1 est au plus $(1 - p_2)^{\lfloor n/4 \rfloor}$. Puisque

$$(1 - p_2)^{\lfloor n/4 \rfloor} < e^{-p_2 \lfloor n/4 \rfloor} \to 0 \quad \text{quand } n \to \infty$$

u est presque sûrement relié dans G_2 à au moins un sommet de T_1, ce qui nous donne un cycle hamiltonien dans $H = G_1 \cup G_2$. □

Exercices

19.5.1 Soit G un graphe simple et soient k et l des entiers, tels que $k \geq -1$, $l \geq 1$ et $k \leq l$. On suppose que $d(X) \geq 2|X| + k$ pour tout ensemble non-vide de sommets X tel que $|X| \leq \lceil (l - k + 1)/3 \rceil$. Montrer que G contient un chemin de longueur l.

19.6 En savoir plus

Lemme du Pont

Nous avons remarqué à la Partie 19.2 que tout graphe planaire 4-connexe est hamiltonien. Tutte (1956) a prouvé ce théorème en montrant par récurrence l'assertion plus forte suivante à propos des ponts dans les graphes plans.

Lemme du Pont
Soit G un graphe plan 2-connexe, e une arête de G, C' et C'' les cycles faciaux de G contenant e, et e' une arête quelconque de C'. Alors il y a un cycle C dans G contenant à la fois e et e' tel que :

i) chaque pont de C dans G a deux ou trois sommets d'ancrage,
ii) chaque pont de C dans G qui contient une arête de C' ou C'' a exactement deux sommets d'ancrage.

Un cycle satisfaisant les propriétés décrites dans le Lemme du Pont est appelé un *cycle de Tutte.* Le Lemme du Pont implique non seulement le théorème de Tutte mais également plusieurs autres résultats intéressants sur les cycles dans les graphes planaires, y compris le fait que la Conjecture de Fleischner (19.18) soit vraie pour les graphes planaires. Des raffinements et des variantes du Lemme du Pont ont été employés, par Thomassen (1983b) pour montrer que tout graphe planaire 4-connexe est Hamilton-connexe (voir également Sanders (1997)), par Thomas et Yu (1994) pour généraliser le théorème de Tutte aux graphes plongeables dans le plan projectif, et par Chen et Yu (2002) pour prouver que tout graphe planaire 3-connexe à n sommets a un cycle de longueur au moins cn^γ pour une constante strictement positive c, avec $\gamma = \log 2/\log 3$. (Cette borne est la meilleure possible au vu de la borne supérieure constructive obtenue par Moon et Moser (1963), voir Exercice 19.2.3).

Le Lemme du Saut

Comme illustré par le Lemme de Pósa (Théorème 19.19), l'approche consistant à itérer des échanges de chemin peut être très efficace. Cette technique fut employée pour la première fois, dans le domaine des cycles, par Woodall (1973), qui a prouvé le théorème suivant.

Lemme du Saut

Soit G un graphe et C un plus long cycle de G tel que $H := G - V(C)$ ait le moins de composantes possible. Supposons qu'une des composantes de H soit un sommet isolé x. Posons $X_0 := \{x\}$, $Y_0 := N(x)$, et définissons récursivement les ensembles X_i, Y_i, $i \geq 1$, par

$$X_i := X_{i-1} \cup (Y_{i-1}^- \cap Y_{i-1}^+) \quad \textit{et} \quad Y_i := N(X_i)$$

Alors $X := \cup_{i=0}^{\infty} X_i$ est un stable et $N(X) \subseteq V(C)$.

Comme pour le Lemme du Pont, il existe de nombreuses variantes et généralisations du Lemme du Saut. Il a été établi par Woodall (1973) afin de prouver qu'un graphe simple 2-connexe G de degré minimum au moins $(n+2)/3$ est hamiltonien si $d(X) \geq (n + |X| - 1)/3$ pour tous les sous-ensembles X de V tels que $2 \leq |X| \leq (n+1)/2$. Jackson (1980) l'a utilisé pour montrer que tout graphe d-régulier 2-connexe G avec $d \geq n/3$ est hamiltonien ; voir aussi Broersma et al. (1996). Une variante du Lemme du Saut a été employée par Häggkvist et Thomassen (1982) afin de montrer un théorème sur les cycles contenant des arêtes spécifiées dans les graphes k-connexes ; voir également Kawarabayashi (2002).

Long chemins et longs cycles

Comme nous l'avons vu tout au long de ce chapitre, la recherche de cycles hamiltoniens mène inévitablement à l'étude des longs chemins et des longs cycles. Pour de plus amples informations sur ce sujet, nous orientons le lecteur vers les synthèses de Bondy (1995a), Broersma (2002), Ellingham (1996), et Gould (2003).

20

Couvertures et paquets dans les graphes dirigés

Sommaire

20.1 Couvertures et paquets dans les hypergraphes

Au Chapitre 3, nous avons introduit la notion de couverture de l'ensemble d'arêtes d'un graphe par des sous-graphes. On peut bien évidemment considérer d'autres notions de couverture, par exemple la couverture de l'ensemble de sommets par des sous-graphes (voir, par exemple, l'extension du Théorème 19.10 mentionnée à la fin de la Partie 19.3). Et, naturellement, les mêmes idées sont aussi valables pour les graphes dirigés. Les hypergraphes nous fournissent un cadre général pratique pour présenter ces notions et celles qui y sont liées.

J. Bondy et al., *Théorie des graphes*, Mathématiques et Applications 91,
https://doi.org/10.1007/978-1-4471-7621-3_20

Couvertures et décompositions

Soit $H := (V, \mathcal{F})$ un hypergraphe d'ensemble de sommets V et d'ensemble d'arêtes $\mathcal{F}$. Une *couverture* de H est une famille d'arêtes de H dont l'union est V. Examinons quelques exemples de couvertures avec cette terminologie. Si E est l'ensemble d'arêtes d'un graphe G et $\mathcal{C}$ est la famille d'ensembles d'arêtes de ses cycles, une couverture de l'hypergraphe $(E, \mathcal{C})$ est tout simplement une couverture par des cycles de G. De même, si V est l'ensemble de sommets d'un digraphe D et $\mathcal{P}$ est la famille des ensembles de sommets de ses chemins dirigés, une couverture de l'hypergraphe $(V, \mathcal{P})$ est une couverture des sommets de D par des chemins dirigés.

Habituellement, l'existence d'une couverture est évidente, et le but est de trouver une couverture minimum, c'est-à-dire, une couverture utilisant le moins possible d'arêtes. Par exemple, tout graphe 2-arête-connexe G a clairement une couverture de son ensemble d'arêtes par des cycles. La question intéressante est de savoir de combien de cycles au minimum on a besoin dans une telle couverture ? En fonction de n, il en faut $\lfloor \frac{3}{4}(n-1) \rfloor$, comme l'a montré Fan (2002).

Les couvertures exactes sont appelées décompositions. Plus précisément, une *décomposition* d'un hypergraphe est une couverture par des arêtes deux à deux disjointes. À l'inverse des couvertures, l'existence d'une décomposition nécessite souvent des hypothèses plus fortes. Par exemple, bien que tout graphe sans arête séparatrice ait une couverture par des cycles, seuls les graphes pairs admettent des décompositions en cycles. De telles questions d'existence peuvent être très difficiles. Par exemple, le problème de décider si un hypergraphe 3-uniforme admet une décomposition est $\mathcal{NP}$-difficile (voir Garey et Johnson (1979)).

Paquets et transverses

Penchons-nous maintenant sur la notion avoisinante de paquet. Un *paquet* d'un hypergraphe $H := (V, \mathcal{F})$ est un ensemble d'arêtes deux à deux disjointes de H. (Remarquons que les décompositions sont à la fois des paquets et des couvertures.) Tout hypergraphe a clairement un paquet (l'ensemble vide), mais les objets qui nous intéressent sont les paquets maximum, c'est-à-dire, les paquets ayant le plus d'arêtes possible. Le Problème du Couplage Maximum (17.1) est sans doute le cas particulier non-trivial le plus simple d'un tel problème, l'hypergraphe H étant simplement le graphe G.

Le concept de paquet va de pair avec celui de transverse. Un *transverse* d'un hypergraphe $H := (V, \mathcal{F})$ est un sous-ensemble X de V qui intersecte toutes les arêtes de H. Par exemple, si l'ensemble de sommets de H est l'ensemble d'arêtes d'un graphe G et ses arêtes sont les ensembles d'arêtes des cycles de G, un transverse de H est un sous-ensemble S de E tel que $G \setminus S$ soit acyclique ; dans un digraphe, cela correspond à la notion d'ensemble d'arcs tranverse définie à l'Exercice 2.5.8. Tout hypergraphe $H := (V, \mathcal{F})$ a trivialement un transverse, à savoir V ; ce sont les transverses minimum qui nous intéressent tout particulièrement.

Théorèmes Min–Max

Nous notons $\nu(H)$ le nombre d'arêtes dans un paquet maximum de H, et $\tau(H)$ le nombre de sommets dans un transverse minimum. Ces deux paramètres sont reliés par une simple inégalité (Exercice 20.1.1) :

$$\nu(H) \leq \tau(H)$$

Une famille $\mathcal{H}$ d'hypergraphes est dite satisfaire la *Propriété Min–Max* si pour tout membre H de $\mathcal{H}$, l'inégalité ci-dessus est en fait une égalité. L'énoncé de cette égalité est appelé un *théorème min–max.* Les Théorèmes de Menger (7.16, 9.1, 9.7, et 9.8) sont des exemples importants de théorèmes min–max. De tels théorèmes sont particulièrement intéressants d'un point de vue algorithmique, car ils fournissent des certificats succincts de l'optimalité des paquets et transverses en question.

Propriété d'Erdős–Pósa

La plupart des familles d'hypergraphes ne satisfont pas la Propriété Min–Max. Néanmoins, il est toujours intéressant dans ces cas-là d'obtenir des bornes supérieures sur τ en fonction de ν, si jamais il en existe. Un exemple typique est le théorème suivant dû à Erdős et Pósa (1965).

Théorème 20.1 Théorème d'Erdős–Pósa
Pour tout entier strictement positif k, un graphe ou bien contient k cycles disjoints ou bien possède un ensemble de $O(k \log k)$ sommets dont la suppression détruit tous les cycles. □

Ici, l'ensemble de sommets de l'hypergraphe H est l'ensemble de sommets du graphe et ses arêtes sont les ensembles de sommets des cycles du graphe. (Le cas $k = 2$ est le sujet de l'Exercice 9.4.9). Du point de vue des paramètres ν et τ, le Théorème d'Erdős–Pósa affirme que

$$\tau(H) \leq f(\nu(H)) \tag{20.1}$$

avec $f(k) := O(k \log k)$.

Il a été montré par Robertson et Seymour (1986) que, pour k fixé, ce théorème donnait un algorithme linéaire pour décider si un graphe G donné a une famille de k cycles disjoint. En effet, si G ne contient pas k cycles disjoints, il y a un ensemble de $O(k \log k)$ sommets dont la suppression laisse une forêt. Or les forêts sont de largeur d'arborescence au plus 2 (selon la définition donnée Partie 9.8), et il s'ensuit facilement que G est de largeur d'arborescence $O(k \log k)$, une constante. Comme nous l'avons observé Partie 9.8, beaucoup de problèmes $\mathcal{NP}$-durs deviennent faciles quand ils sont restreints aux graphes de largeur d'arborescence bornée, et c'est le cas de la recherche de k cycles disjoints.

En général, une famille $\mathcal{H}$ d'hypergraphes est dite satisfaire la *Propriété d'Erdős–Pósa* s'il existe une fonction f pour laquelle (20.1) est vérifiée pour tout $H \in \mathcal{H}$. Erdős et Pósa ont montré que les hypergraphes dont les arêtes sont les ensembles d'arêtes des cycles d'un graphe ont cette propriété. Un exemple simple de famille d'hypergraphes qui ne possède pas la Propriété d'Erdős–Pósa est donnée à l'Exercice 20.1.3.

Rappelons qu'un *fatras* est un hypergraphe dont aucune arête n'est contenue dans une autre. À tout hypergraphe H, on peut associer un fatras H' sur le même ensemble de sommets dont les arêtes sont les arêtes de H qui ne contiennent pas d'autre arête de H. Il est facile de voir que tout transverse de H est un transverse de H' et réciproquement. Quand on étudie les transverses dans les hypergraphes on peut donc restreindre son attention aux fatras.

Soit $H = (V, \mathcal{F})$ un fatras, et soit $\mathcal{T}$ l'ensemble de tous les transverses minimaux de H. L'hypergraphe $(V, \mathcal{T})$ est noté $H^{\perp}$ et appelé le *bloqueur* de H. (Les bloqueurs sont aussi connus comme les *hypergraphes des tranverses* ou les *duaux de Menger*.) On peut montrer que $(H^{\perp})^{\perp} = H$ pour tout fatras H (Exercice 20.1.4).

Le bloqueur d'un fatras H satisfait la Propriété Min–Max si la taille d'un paquet maximum de transverses de H est égale à la plus petite taille d'une arête de H. Si un fatras possède la Propriété Min–Max, son bloqueur ne la possède pas nécessairement (Exercice 20.1.5). Cependant, il y a de nombreux fatras intéressants associés à des graphes pour lesquels c'est le cas. Considérons, par exemple, le fatras dont les arêtes sont les ensembles d'arcs des (x, y)-chemins dirigés dans un digraphe $D(x, y)$. Non seulement ce fatras a la Propriété Min–Max, comme le montre le Théorème de Menger, mais son bloqueur l'a aussi (Exercice 20.1.6). Un certain nombre d'autres exemples ont été décrits par Woodall (1978).

Dans ce chapitre, nous traitons de trois théorèmes sur les couvertures et les paquets dans les digraphes, qui sont tous des théorèmes min–max. Ces théorèmes portent sur les cycles dirigés, les branchements, et les attaches dirigées.

Exercices

$\star$**20.1.1** Montrer que $\nu(H) \leq \tau(H)$ pour tout hypergraphe H.

20.1.2 Montrer que la famille de tous les graphes possède la Propriété d'Erdős-Pósa.

20.1.3 Soit G un graphe que l'on peut plonger sur le plan projectif de telle sorte que chaque face soit délimitée par un cycle pair. (Un tel graphe peut s'obtenir à partir d'une grille planaire en identifiant les points antipodaux sur sa frontière.)

a) Montrer que deux cycles impairs quelconques de G s'intersectent.
b) Construire une famille d'hypergraphes (basée sur les graphes du type défini ci-dessus) qui n'ont pas la Propriété d'Erdős-Pósa.

20.1.4 Soit $H = (V, \mathcal{F})$ un fatras. Montrer que $(H^{\perp})^{\perp} = H$.

20.1.5 Considérons le graphe G représenté Figure 20.1. Soit H l'hypergraphe dont l'ensemble de sommets est $E(G)$ et dont les arêtes sont les ensembles d'arêtes des x_1y_1- et x_2y_2-chemins dans G. Montrer que H a la Propriété Min–Max, mais que son bloqueur ne l'a pas. (Plus généralement, il a été montré par Rothschild et Whinston (1966) que si G est un graphe eulérien avec quatre sommets distingués x_1, y_1, x_2, et y_2, alors l'hypergraphe H défini ci-dessus à la Propriété Min–Max.)

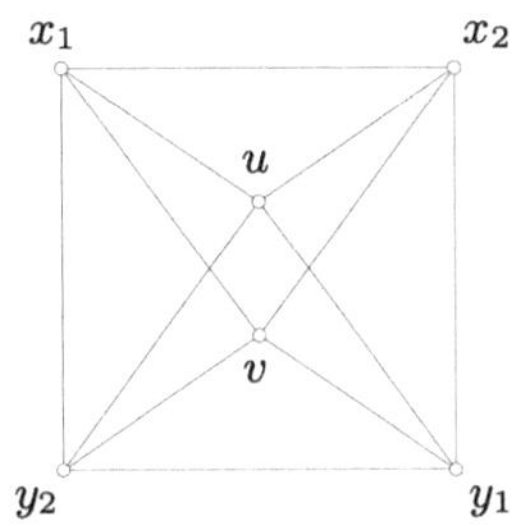

Fig. 20.1. Les x_1y_1- et x_2y_2-chemins définissent un hypergraphe ayant la Propriété Min–Max (Exercice 20.1.5)

20.1.6 Soit $D := D(x, y)$ un digraphe. Montrer que la longueur d'un plus court (x, y)-chemin dirigé dans D est égale à la taille d'un paquet maximum de coupes sortantes séparant y de x.

20.1.7 Soit G un graphe biparti, et soit H l'hypergraphe dont l'ensemble de sommets est l'ensemble d'arêtes de G et dont les arêtes sont les coupes triviales de G. En utilisant des résultats appropriés du Chapitre 17, montrer que H et $H^{\perp}$ ont tous deux la Propriété Min–Max.

20.2 Couvertures par des cycles dirigés

Tout comme le Théorème de Gallai–Milgram généralise le Théorème de Rédei à tous les digraphes, il y a une généralisation naturelle du Théorème de Camion à tous les digraphes. Rappelons tout d'abord l'énoncé de ce théorème (voir l'encart sur la récurrence dans la Partie 2.2, et l'Exercice 3.4.12a).

Théorème 20.2 Théorème de Camion
Tout tournoi non-trivial fortement connexe a un cycle dirigé hamiltonien.

En réfléchissant un instant, on réalise qu'on ne peut espérer partitionner les sommets de tout digraphe fortement connexe en cycles dirigés. D'autre part, comme chaque sommet d'un digraphe fortement connexe est dans un cycle dirigé, l'ensemble de sommets peut être entièrement couvert par des cycles dirigés. Gallai (1964b) a formulé une conjecture sur le nombre de cycles nécessaires dans une telle couverture.

Conjecture 20.3 CONJECTURE DE GALLAI
L'ensemble de sommets de tout digraphe fortement connexe non-trivial D peut être couvert par α cycles dirigés.

La Conjecture de Gallai est restée ouverte pendant plusieurs décennies, mais elle a finalement été démontrée par Bessy et Thomassé (2004). Une idée clé dans leur démonstration est le concept d'ordre cyclique cohérent des sommets d'un digraphe.

ORDRES CYCLIQUES COHÉRENTS

Soit $D = (V, A)$ un digraphe. Par *ordre cyclique* de D, nos entendons un ordre cyclique $O := (v_1, v_2, \ldots, v_n, v_1)$ de son ensemble de sommets V. Étant donné un ordre O, tout cycle dirigé de D peut être vu comme s'enroulant autour de O un certain nombre de fois. Afin de rendre cette notion précise, nous définissons la *longueur* d'un arc (v_i, v_j) de D (relativement à O) comme étant $j - i$ si $i < j$ et $n + j - i$ si $i > j$. Intuitivement, la longueur d'un arc est la longueur du segment de O 'enjambé' par l'arc. Si C est un cycle dirigé de D, la somme des longueurs de ses arcs est un certain multiple de n. Ce multiple est appelé l'*indice* de C (relativement à O), et est noté $i(C)$. Par extension, l'*indice* d'une famille $\mathcal{C}$ de cycles dirigés, noté $i(\mathcal{C})$, est la somme des indices des cycles qui la constituent. Considérons, par exemple, l'orientation du graphe de Petersen dessinée Figure 20.2a. Relativement à l'ordre cyclique de la Figure 20.2b, le cycle dirigé $(1, 2, 3, 4, 5, 6, 7, 8, 9, 1)$ est d'indice 2.

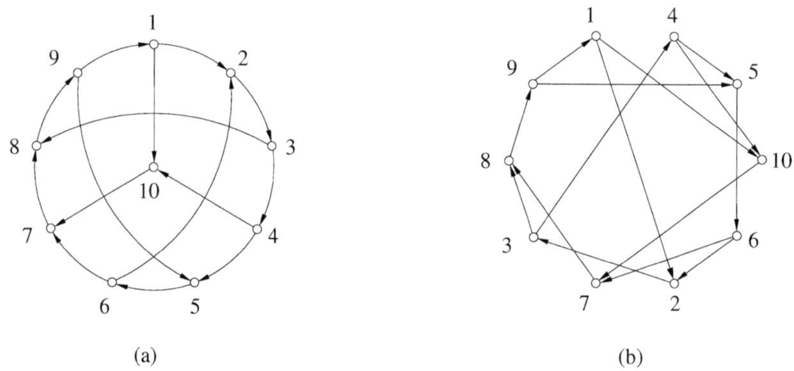

Fig. 20.2. (a) Une orientation du graphe de Petersen, et (b) un ordre cyclique de ce digraphe

Un cycle dirigé d'indice 1 est appelé un *cycle simple*. Si tout arc est dans un tel cycle, l'ordre cyclique est *cohérent*. L'ordre cyclique représenté Figure 20.2b n'est pas cohérent car l'arc $(4, 10)$ n'est dans aucun cycle simple ; en revanche, l'ordre cyclique de la Figure 20.3a est cohérent.

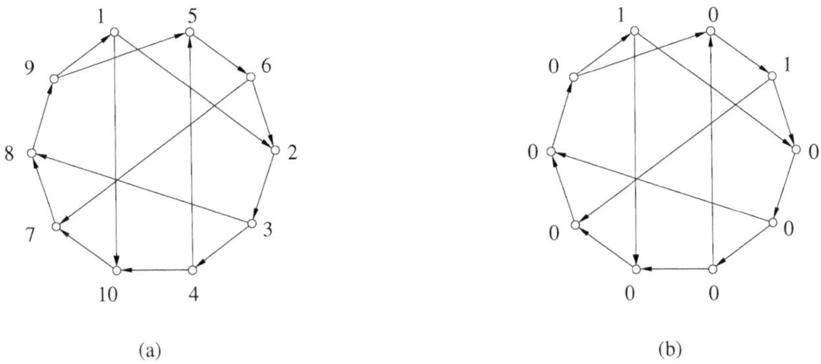

Fig. 20.3. (a) Un ordre cyclique cohérent, et (b) une pondération indice-bornée

Bessy et Thomassé (2004) ont montré que tout digraphe fortement connexe admet un ordre cyclique cohérent. Il s'ensuit qu'un digraphe admet un ordre cyclique cohérent si et seulement si chacun de ses arcs est dans un cycle dirigé ou, de manière équivalente, si et seulement si chacune de ses composantes connexes est fortement connexe. Nous déduisons ce fait d'un résultat de Knuth (1974), établi au Chapitre 5 — les deux théorèmes sont, en fait, équivalents. Ils impliquent plusieurs résultats importants.

Théorème 20.4 *Tout graphe dirigé fortement connexe admet un ordre cyclique cohérent.*

Démonstration Soit D un digraphe fortement connexe. Par le Théorème 5.14, D a un ensemble d'arêtes transverse cohérent S. Comme $D \setminus S$ est acyclique, les sommets de D peuvent être ordonnés $v_1, v_2, \ldots, v_n$, de telle sorte que tout arc qui n'est pas dans S relie un sommet v_i à un sommet v_j avec $j > i$ (Exercice 2.1.11). Tout cycle fondamental de D relativement à S contient exactement un arc (v_i, v_j) pour lequel $i > j$, à savoir son unique arc dans S. Relativement à l'ordre cyclique $(v_1, v_2, \ldots, v_n, v_1)$, ces cycles fondamentaux sont par conséquent simples. Comme S est cohérent, nous en déduisons que l'ordre cyclique $(v_1, v_2, \ldots, v_n, v_1)$ est cohérent. □

Observons que dans un ordre cyclique cohérent d'un tournoi fortement connexe, chaque sommet est adjacent à son successeur, et donc le domine. L'ordre cyclique détermine donc un cycle dirigé hamiltonien, et nous obtenons le Théorème de Camion comme corollaire immédiat du Théorème 20.4.

Le Théorème de Bessy–Thomassé

Bessy et Thomassé (2004) ont prouvé la Conjecture de Gallai en établissant un résultat plus fort, à savoir un théorème min–max reliant un analogue cyclique de la stabilité à indice minimum d'une couverture par des cycles. Ils l'ont fait en utilisant le Théorème 20.4 combiné avec le Théorème de Dilworth (12.5). Nous présentons ici un théorème min–max très proche, que nous prouvons en appliquant la technique de preuve de programmation linéaire décrite Partie 8.6.

Une *pondération* des sommets d'un digraphe D est une fonction $w : V \to \mathbb{N}$. Nous appelons $w(v)$ le *poids* d'un sommet v. Par extension, le *poids* $w(H)$ d'un sous-graphe H de D est la somme des poids de ses sommets. Si D est muni d'un ordre cyclique O, et si $w(C) \leq i(C)$ pour tout cycle dirigé C de D, nous disons que la pondération w est *indice-bornée* (relativement à O). On peut vérifier que la pondération à valeur dans $\{0, 1\}$ indiquée Figure 20.3b est indice-bornée. Observons que pour n'importe quelle couverture par des cycles $\mathcal{C}$ de D et n'importe quelle pondération indice-bornée w,

$$i(\mathcal{C}) \geq \sum_{C \in \mathcal{C}} w(C) \geq w(D) \tag{20.2}$$

Bondy et Charbit (2004) (voir également Charbit (2005)) ont montré qu'il y a égalité dans (20.2) pour une certaine couverture par des cycles $\mathcal{C}$ et une certaine pondération indice-bornée w.

Théorème 20.5 *Soit D un digraphe dont chaque sommet est dans un cycle dirigé, et soit O un ordre cyclique de D. Alors :*

$$\min i(\mathcal{C}) = \max w(D) \tag{20.3}$$

où le minimum est pris sur toutes les couvertures par des cycles $\mathcal{C}$ de D et le maximum sur toutes les pondérations indice-bornées w de D.

Afin de déduire la Conjecture de Gallai du Théorème 20.5, il suffit d'appliquer celui-ci à un ordre cyclique cohérent O de D et d'observer que :

- ▷ pour toute famille $\mathcal{C}$ de cycles dirigés de D, nous avons $|\mathcal{C}| \leq i(\mathcal{C})$,
- ▷ comme chaque sommet est dans un cycle dirigé et puisque O est cohérent, chaque sommet est dans un cycle simple, et donc une pondération indice-bornée de D est nécessairement à valeur dans $\{0, 1\}$,
- ▷ comme chaque arc est dans un cycle simple, dans une pondération indice-bornée w aucun arc ne peut relier deux sommets de poids 1, donc le support de w est un stable, et $w(D) \leq \alpha(D)$.

Ces observations nous donnent le théorème de Bessy et Thomassé (2004).

Théorème 20.6 *L'ensemble de sommets de tout digraphe fortement connexe non-trivial D peut être couvert par α cycles dirigés.*

Démonstration du Théorème 20.5 Soit D un digraphe strict, d'ensemble de sommets $V = \{v_1, \ldots, v_n\}$ et ensemble d'arcs $A = \{a_1, \ldots, a_m\}$. Il suffit de montrer qu'il y a égalité dans (20.2) pour une couverture par cycles $\mathcal{C}$ et une pondération indice-bornée w particulières.

Un arc (v_i, v_j) est appelé un *arc avant* de D si $i < j$, et un *arc inverse* si $j < i$. Considérons la matrice

$$\mathbf{Q} := \begin{bmatrix} \mathbf{M} \\ \mathbf{N} \end{bmatrix}$$

où $\mathbf{M} = (m_{ij})$ est la matrice d'incidence de D et $\mathbf{N} = (n_{ij})$ est la matrice $n \times m$ définie par :

$$n_{ij} = \begin{cases} 1 & \text{si } v_i \text{ est la queue de } a_j \\ 0 & \text{sinon} \end{cases}$$

Nous savons que $\mathbf{M}$ est totalement unimodulaire (Exercice 1.5.7). Montrons que $\mathbf{Q}$ est aussi totalement unimodulaire. Considérons la matrice $\widetilde{\mathbf{Q}}$ obtenue à partir de $\mathbf{Q}$ en soustrayant chaque ligne de $\mathbf{N}$ de la ligne correspondante de $\mathbf{M}$. Chaque colonne de $\widetilde{\mathbf{Q}}$ contient un 1 et un -1, les autres entrées valant 0. Il vient facilement par récurrence sur k que toute sous-matrice $k \times k$ de $\widetilde{\mathbf{Q}}$ a pour déterminant 1, -1 ou 0 (Exercice 20.2.2). Ainsi $\widetilde{\mathbf{Q}}$ est totalement unimodulaire. Comme $\widetilde{\mathbf{Q}}$ dérivait de $\mathbf{Q}$ par des opérations élémentaires sur les lignes, la matrice $\mathbf{Q}$ est également totalement unimodulaire.

Nous définissons les vecteurs $\mathbf{b} = (b_1, \ldots, b_{2n})$ et $\mathbf{c} = (c_1, \ldots, c_m)$ comme suit.

$$b_i := \begin{cases} 0 & \text{si } 1 \le i \le n \\ 1 & \text{sinon} \end{cases}$$

$$c_j := \begin{cases} 1 & \text{si } a_j \text{ est un arc inverse} \\ 0 & \text{sinon} \end{cases}$$

Avant de commencer la démonstration, faisons deux observations :

▷ Si $\mathbf{x} := f_C$ est la circulation associée a un cycle dirigé C, alors $\mathbf{cx} = i(C)$, l'indice de C.

▷ si $\mathbf{Nx} \ge \mathbf{1}$, avec $\mathbf{x} := \sum\{\gamma_C f_C : C \in \mathcal{C}\}$ une combinaison linéaire de circulations associées à une famille $\mathcal{C}$ de cycles dirigés de D, alors $\mathcal{C}$ est une couverture de D.

Considérons le programme linéaire :

$$\begin{array}{rl} \textit{minimiser} & \mathbf{cx} \\ \textit{sous les contraintes} & \mathbf{Qx} \ge \mathbf{b} \\ & \mathbf{x} \ge \mathbf{0} \end{array} \qquad (20.4)$$

Le système de contraintes $\mathbf{Qx} \ge \mathbf{b}$ est équivalent aux deux systèmes $\mathbf{Mx} \ge \mathbf{0}$ et $\mathbf{Nx} \ge \mathbf{1}$, où $\mathbf{0}$ et $\mathbf{1}$ sont les vecteurs dont toutes les coordonnées valent 0 et 1, respectivement. Comme la somme des lignes de $\mathbf{M}$ vaut $\mathbf{0}$, la somme des lignes de $\mathbf{Mx}$ vaut 0, ce qui implique que $\mathbf{Mx} = \mathbf{0}$. Ainsi toute solution réalisable de (20.4) est une circulation positive dans D, et donc, par la Proposition 7.14, une combinaison linéaire positive $\sum \gamma_C f_C$ de circulations associées à des cycles dirigés de D. De plus, comme $\mathbf{Nx} \geq \mathbf{1}$, les cycles de poids strictement positif dans cette somme forment une couverture de D. Réciproquement, toute couverture par cycles de D donne une solution réalisable de (20.4). Le programme linéaire (20.4) est réalisable parce que, par hypothèse, D a au moins une couverture par cycles, et il est borné parce que $\mathbf{c}$ est positif. Donc (20.4) a une solution optimale. En effet, d'après le Théorème 8.28, (20.4) a une solution optimale à valeurs entières, car $\mathbf{Q}$ est totalement unimodulaire et les contraintes sont à coefficients entiers. Cette solution correspond à une couverture par cycles $\mathcal{C}$ d'indice minimum, la valeur optimale étant son indice $i(\mathcal{C})$.

Étudions maintenant le dual de (20.4) :

$$\begin{array}{rl} \textit{maximiser} & \mathbf{yb} \\ \textit{sous les contraintes} & \mathbf{yQ} \leq \mathbf{c} \\ & \mathbf{y} \geq \mathbf{0} \end{array} \tag{20.5}$$

Posons $\mathbf{y} := (z_1, \ldots, z_n, w_1, \ldots, w_n)$. Alors (20.5) consiste à maximiser $\sum_{i=1}^{n} w_i$ sous les contraintes :

$$z_i - z_k + w_i \leq \begin{cases} 1 & \text{si } a_j := (v_i, v_k) \text{ est un arc inverse} \\ 0 & \text{si } a_j \text{ est un arc avant} \end{cases}$$

Considérons une solution optimale à valeurs entières à (20.5). Si nous sommons les contraintes sur l'ensemble d'arcs d'un cycle dirigé C de D, nous obtenons l'inégalité

$$\sum_{v_i \in V(C)} w_i \leq i(C)$$

Autrement dit, la fonction w définie par $w(v_i) := w_i$, $1 \leq i \leq n$, est une pondération indice-bornée, et la valeur optimale est le poids $w(D)$ de D. Par linéarité de la programmation linéaire (Théorème 8.27), nous avons $i(\mathcal{C}) = w(D)$. □

Une preuve alternative du Théorème 20.6 basée sur les flots dans les réseaux, ainsi que quantité d'extensions et de généralisations, sont exposées dans Sebö (2007). Un algorithme rapide pour trouver un ordre cyclique cohérent se trouve dans Iwata et Matsuda (2007).

Couvertures par cycles et décompositions en anses

Le Théorème de Bessy–Thomassé nous dit que tout digraphe fortement connexe non-trivial D a un sous-digraphe couvrant qui est l'union de α cycles dirigés. Cependant, la structure de ce sous-digraphe peut très bien être compliquée. Cela amène à se demander s'il n'existerait pas toujours un sous-digraphe couvrant dont la structure est relativement simple, et dont il serait facile de voir qu'il est l'union de α cycles dirigés. Un candidat naturel serait un sous-digraphe couvrant construit à partir d'un cycle dirigé en ajoutant $\alpha - 1$ anses dirigées. Un tel digraphe est clairement l'union de α cycles dirigés (Exercice 20.2.3). Malheureusement, tous les digraphes fortement connexes n'ont pas un tel sous-digraphe couvrant, comme l'illustre l'exemple représenté Figure 20.4. Ce digraphe est de stabilité 2 mais n'a pas de décomposition en anses dirigées avec moins de deux anses. Il peut aisément s'étendre en un exemple de stabilité α requérant au moins $2\alpha - 2$ anses dirigées, pour tout $\alpha \geq 2$ (Exercice 20.2.4).

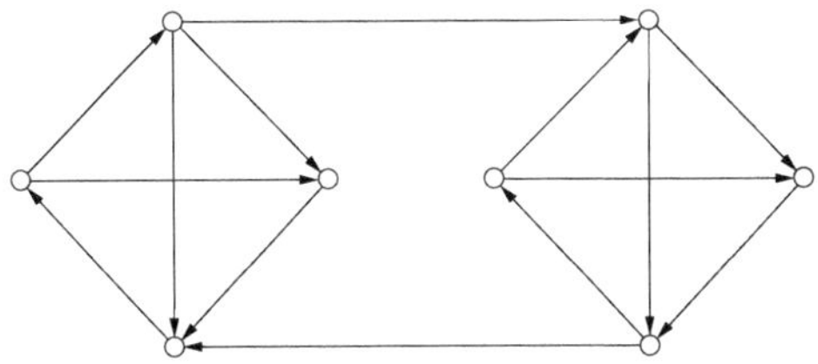

Fig. 20.4. Un digraphe de stabilité 2 qui n'a pas de décomposition en anses dirigées avec une seule anse

Un manière possible de contourner ce problème est d'autoriser les sous-digraphes couvrants qui ne sont pas connexes mais dont chaque composante est fortement connexe. Chaque composante a alors une décomposition en anses dirigées, et le nombre de cycles dirigés nécessaires pour couvrir le sous-digraphe est tout simplement la somme des nombres de cycles dirigés requis pour ses composantes. Un tel sous-digraphe couvrant est dit *cyclique*, parce que chaque arc est dans un cycle dirigé. La conjecture suivante a été formulée par Bondy (1995b), suite à une remarque de Chen et Manalastas (1983).

Conjecture 20.7 *Soit D un digraphe dont toutes les composantes fortement connexes sont non-triviales. Alors D contient un sous-digraphe cyclique couvrant de nombre cyclomatique au plus α.*

La Conjecture 20.7 est vraie pour $\alpha = 1$ par le Théorème de Camion (20.2) ainsi que pour $\alpha = 2$ et $\alpha = 3$ par des théorèmes de Chen et Manalastas (1983) et S. Thomassé (non-publié), respectivement. En outre, elle implique non seulement le Théorème de Bessy–Thomassé, mais aussi un résultat de Thomassé (2001), qui dit qu'un ensemble de sommets d'un digraphe fortement connexe D de stabilité $\alpha \geq 2$ peut se partitionner en $\alpha - 1$ chemins dirigés, ainsi qu'un autre théorème de Bessy et Thomassé (2003), qui affirme que tout digraphe fortement connexe D a un sous-digraphe couvrant fortement connexe ayant au plus $n + 2\alpha - 2$ arcs (Exercice 20.2.5).

Exercices

20.2.1 Décrire un algorithme polynomial pour trouver un ordre cyclique cohérent d'un digraphe fortement connexe.

⋆**20.2.2** Prouver que la matrice **Q** définie dans la démonstration du Théorème 20.5 est totalement unimodulaire.

20.2.3 Soit D un digraphe obtenu à partir d'un cycle dirigé en ajoutant $k-1$ anses dirigées. Montrer que D est l'union de k cycles dirigés.

20.2.4 On considère le digraphe de la Figure 20.4.

a) Montrer que ce digraphe n'a pas de sous-digraphe fortement connexe couvrant de nombre cyclomatique inférieur à 3.
b) Pour tout $\alpha \geq 2$, étendre cet exemple en un digraphe fortement connexe D n'ayant pas de sous-digraphe fortement connexe couvrant de nombre cyclomatique inférieur à $2\alpha - 1$. (O. Favaron)

20.2.5 Soit D un digraphe fortement connexe qui a un sous-digraphe cyclique couvrant de nombre cyclomatique α. Montrer que :

a) si $\alpha \geq 2$, l'ensemble de sommets de D peut se partitionner en $\alpha - 1$ chemins dirigés,
b) D a un sous-digraphe fortement connexe couvrant ayant au plus $n + 2\alpha - 2$ arcs. (S. Bessy et S. Thomassé)

20.3 Paquets de branchements

Le Théorème des Branchements d'Edmonds

Rappelons qu'un *x-branchement* est un arbre orienté dans lequel tous les sommets sont de degré entrant un, mis à part la racine x, qui est une source. Nous cherchons ici à trouver un paquet de x-branchements dans un digraphe $D := D(x)$. Une condition nécessaire pour l'existence de k x-branchements couvrants arc-disjoints dans D est que $d^+(X) \geq k$ pour tout sous-ensemble propre X de V contenant x, car chacun des k branchements doit comprendre un arc distinct de $\partial^+(X)$. Cette condition est suffisante lorsque $k = 1$ (Exercice 4.2.9). En fait, comme Edmonds (1973) l'a montré, elle est suffisante pour tout k. La démonstration du théorème d'Edmonds que nous donnons ci-dessous est due à Lovász (1976). Elle donne un algorithme polynomial pour trouver une telle famille de branchements.

Théorème 20.8 Théorème des Branchements d'Edmonds
Un digraphe $D := D(x)$ possède k x-branchements couvrants arc-disjoints si et seulement si

$$d^+(X) \geq k, \quad \textit{pour tout } X \subset V \textit{ tel que } x \in X \tag{20.6}$$

Démonstration Comme nous l'avons remarqué précédemment, il est clair que la condition (20.6) est nécessaire. Nous montrons maintenant qu'elle est suffisante par récurrence sur k. Comme nous avons déjà observé qu'elle l'était pour $k = 1$, nous pouvons supposer que $k \geq 2$. Appelons un x-branchement d'ensemble d'arcs S *supprimable* si

$$d^+_{D\setminus S}(X) \geq k-1, \quad \text{pour tout } X \subset V \text{ tel que } x \in X \tag{20.7}$$

Notre but est de montrer que D a un x-branchement couvrant supprimable. Le théorème suivra alors par récurrence. Nous construisons un tel branchement au moyen d'un algorithme de parcours, en faisant en sorte qu'à chaque étape le x-branchement couvrant soit supprimable. Observons que le x-branchement trivial, formé uniquement de la racine x, est clairement supprimable.

Supposons que nous ayons déjà construit un x-branchement B supprimable, d'ensemble de sommets Z et d'ensemble d'arcs S. Si B est couvrant, il n'y a rien d'autre à prouver. Dans le cas contraire, considérons un arc $a := (u, v)$ dans la coupe sortante $\partial^+(Z)$. Supposons que le branchement obtenu en ajoutant le sommet v et l'arc a à B ne soit pas supprimable, autrement dit que $d^+_{D\setminus(S\cup\{a\})}(X) < k-1$ pour un sous-ensemble propre X de V qui contient x. Comme B est supprimable, $d^+_{D\setminus S}(X) \geq k-1$. Nous en déduisons que $a \in \partial^+(X)$ et $d^+_{D\setminus S}(X) = k-1$ (voir Figure 20.5a).

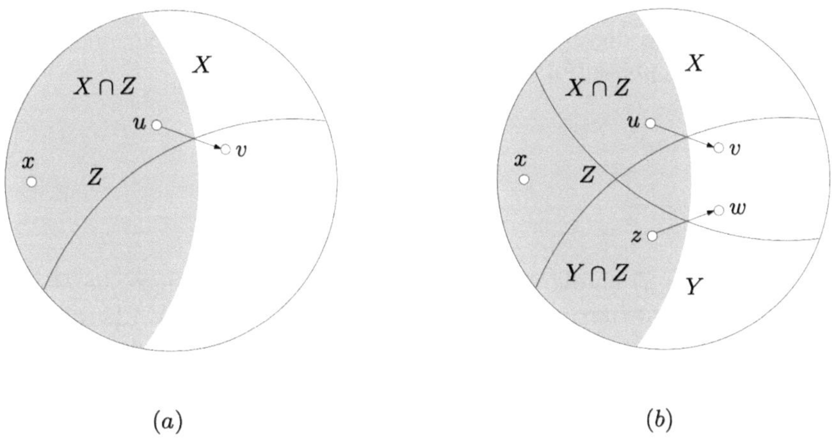

Fig. 20.5.

Observant que $v \notin X \cup Z$, nous voyons que l'ensemble X a les propriétés suivantes.

$$x \in X, \qquad X \cup Z \subset V, \qquad d^+_{D\setminus S}(X) = k-1$$

Appelons un tel ensemble X un *ensemble critique*, et sa coupe sortante $\partial^+(X)$ une *coupe critique*. Afin d'agrandir B, il suffit de trouver un arc dans $\partial^+(Z)$ qui n'est dans aucune coupe critique.

Considérons un ensemble critique maximal X. Comme cet ensemble est critique, $d^+_{D\setminus S}(X) = k-1$. D'autre part, par (20.6), $d^+(X \cup Z) \geq k$. Puisqu'aucun arc de B n'est dans la coupe sortante $\partial^+(X \cup Z)$, nous avons $d^+_{D\setminus S}(X \cup Z) \geq k$, donc la coupe sortante $\partial^+(Z \setminus X)$ contient un arc $b := (z, w)$ (voir Figure 20.5b). Nous affirmons que cet arc b n'appartient à aucune coupe critique.

Supposons, au contraire, que b soit dans une coupe critique $\partial^+(Y)$. D'après l'Exercice 2.5.4c,

$$\begin{aligned}(k-1)+(k-1) &= d^+_{D\setminus S}(X) + d^+_{D\setminus S}(Y)\\ &\geq d^+_{D\setminus S}(X \cup Y) + d^+_{D\setminus S}(X \cap Y) \geq (k-1)+(k-1)\end{aligned}$$

ce qui implique, en particulier, que $d^+_{D\setminus S}(X \cup Y) = k-1$. Notant que $w \notin X \cup Y \cup Z$, nous voyons alors que l'ensemble $X \cup Y$ est critique. Mais cela contredit la maximalité de l'ensemble critique X.

Nous en concluons que le x-branchement supprimable B peut être agrandi en ajoutant le sommet w et l'arc b. □

Un arc avec lequel agrandir un x-branchement B supprimable peut se trouver en temps polynomial à l'aide de l'Algorithme Flot-Max Coupe-Min. Il y a donc un algorithme polynomial pour trouver une famille maximum de x-branchements arc-disjoints dans un digraphe $D(x)$ (Exercice 20.3.2). Un analogue non-dirigé du Théorème 20.8 est présenté Partie 22.4.

Exercices

20.3.1

a) Soit $D := D(x, y)$ un digraphe. On construit un nouveau digraphe D' à partir de D en ajoutant t arcs de y vers chacun des sommets $v \in V \setminus \{x, y\}$. Montrer que D' a k x-branchements couvrants arc-disjoints si et seulement si D a k (x, y)-chemins dirigés arc-disjoints, pourvu que t soit suffisamment grand.
b) Déduire du Théorème des Branchements d'Edmonds la version arc du Théorème de Menger (Théorème 7.16).

20.3.2 Décrire un algorithme polynomial pour trouver une collection maximum de x-branchements couvrants arc-disjoints dans un digraphe $D(x)$.

20.3.3 On suppose que l'on a k racines, $x_1, x_2, \ldots, x_k$, et on veut trouver k branchements couvrants deux à deux arc-disjoints $B_1, B_2, \ldots, B_k$, tels que B_i soit enraciné en x_i, $1 \leq i \leq k$. Résoudre ce problème en le réduisant au problème des branchements couvrants arc-disjoints (avec une seule racine).

$\star$**20.3.4** Une *forêt de branchements* dans un digraphe D est un sous-digraphe de D dont chaque composante est un branchement. Montrer que l'ensemble d'arcs d'un digraphe D peut se décomposer en k forêts de branchements si et seulement si :

i) $d^-(v) \leq k$ pour tout $v \in V$,
ii) $a(X) \leq k(|X| - 1)$ pour tout sous-ensemble non-vide X de V. (A. FRANK)

20.4 Paquets de cycles dirigés et attaches dirigées

Nous avons remarqué Partie 20.1 que les paquets de cycles dans les graphes non-dirigés, s'ils ne ne satisfont pas la Propriété Min–Max, satisfont celle, plus faible, d'Erdős–Pósa (que ce soit comme ensembles de sommets ou comme ensembles d'arêtes). Une situation similaire se produit dans les digraphes. Il a été conjecturé par Gallai (1968c) et Younger (1973), et prouvé par Reed et al. (1996), que les cycles dirigés dans les digraphes possèdent la Propriété d'Erdős–Pósa (de nouveau que ce soit vis-à-vis des sommets ou des arcs). Mais là aussi, ils ne satisfont pas la Propriété Min–Max. Même si l'on se restreint aux digraphes planaires, la Propriété Min–Max n'est pas vraie pour les paquets de cycles comme ensemble de sommets (Exercice 20.4.9a). En revanche, comme nous allons le prouver, il existe un théorème min–max pour les paquets de cycles dirigés en tant qu'ensemble d'arcs dans les digraphes planaires.

Théorème 20.9 *Dans un digraphe planaire, le nombre maximum de cycles dirigés arc-disjoints est égal au nombre minimum d'arcs qui intersectent tous les cycles dirigés.*

La planarité est ici cruciale : le Théorème 20.9 ne s'étend pas à tous les digraphes. Considérons, par exemple, l'orientation de $K_{3,3}$ représentée Figure 20.6. Dans ce digraphe, deux cycles dirigés quelconques ont un arc en commun, mais aucun arc n'est dans tous les cycles dirigés.

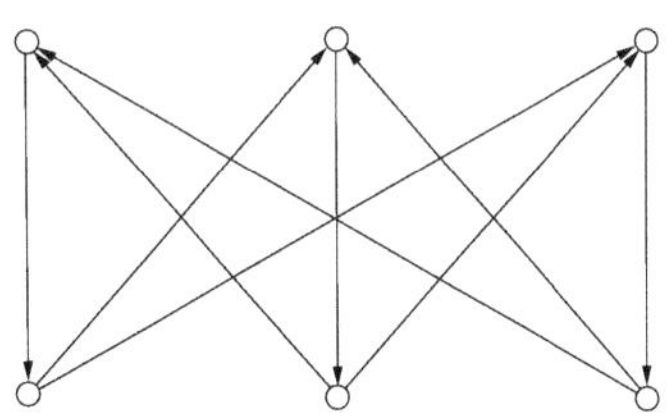

Fig. 20.6. Un digraphe pour lequel $\nu = 1$ et $\tau = 2$

ATTACHES ET COUPES DIRIGÉES

Rappelons qu'une *attache dirigée* est une attache $\partial(X)$ telle que $\partial^-(X) = \emptyset$ (de telle sorte que $\partial(X)$ est une coupe sortante $\partial^+(X)$) et qu'un digraphe connexe n'a aucune attache dirigée si et seulement s'il est fortement connexe (Exercice 2.5.7b).

La notion plus générale de *coupe dirigée* est définie de manière similaire. Notons que toute coupe dirigée peut se décomposer en attaches dirigées.

À tout énoncé concernant les cycles dirigés dans un digraphe plan, correspond un autre énoncé concernant les attaches dirigées dans son dual (voir Partie 10.2). Ainsi le Théorème 20.9 peut être reformulé comme suit.

Théorème 20.10 *Dans tout digraphe planaire, le nombre maximum d'attaches dirigées arc-disjointes est égal au nombre minimum d'arcs intersectant toutes les attaches dirigées.*

Nous avons vu que l'hypothèse de planarité dans le Théorème 20.9 ne peut être enlevée. Il est remarquable que son dual, le Théorème 20.10, s'étende à tous les graphes dirigés, comme l'avaient conjecturé N. Robertson (non-publié) et Younger (1965), et l'ont ensuite prouvé Lucchesi et Younger (1978). La démonstration que nous donnons ici est due à Lovász (1976).

Le Théorème de Lucchesi–Younger

La notion de 2-paquet d'attaches dirigées joue un rôle clé dans la preuve de Lovász. Une famille $\mathcal{C}$ d'attaches dirigées dans un digraphe D est un 2-*paquet* si aucun arc n'apparaît dans plus de deux de ses membres. Une manière d'obtenir un 2-paquet consiste simplement à prendre deux copies de chaque membre d'un paquet. Cette observation montre que la taille maximum d'un 2-paquet d'attaches dirigées est au moins deux fois la taille maximum d'un paquet. De manière assez surprenante, on ne peut pas faire mieux.

Proposition 20.11 *Dans un digraphe, la taille maximum d'un* 2*-paquet d'attaches dirigées est égale à deux fois la taille maximum d'un paquet d'attaches dirigées.*

Démonstration Pour établir l'égalité désirée, il est suffisant de montrer que tout 2-paquet $\mathcal{B}$ d'attaches dirigées contient un paquet contenant au moins la moitié de ses membres.

Rappelons que des sous-ensembles X et Y de V *se croisent* si $X \cap Y$, $X \setminus Y$, $Y \setminus X$, et $V \setminus (X \cup Y)$ sont tous non-vides. Il en est de même avec les coupes (voir Partie 9.3) : nous disons que deux coupes dirigées $\partial^+(X)$ et $\partial^+(Y)$ *se croisent* si les ensembles X et Y se croisent. La première étape consiste à montrer que l'on peut supposer que les membres de $\mathcal{B}$ ne se croisent pas deux à deux.

Supposons que $\mathcal{B}$ contienne deux attaches dirigées, $\partial^+(X)$ et $\partial^+(Y)$, qui se croisent. Alors (voir Figure 20.7) :

- ▷ $\partial^+(X \cap Y)$ et $\partial^+(X \cup Y)$ sont toutes deux des coupes dirigées,
- ▷ chaque arc du digraphe est couvert exactement le même nombre de fois (une, deux, ou pas du tout) par ces deux coupes dirigées qu'il l'est par les deux attaches dirigées $\partial^+(X)$ et $\partial^+(Y)$.

La famille $\mathcal{B}$ obtenue en remplaçant les deux attaches dirigées $\partial^+(X)$ et $\partial^+(Y)$ par deux nouvelles, l'une contenue dans $\partial^+(X \cap Y)$ et l'autre contenue dans $\partial^+(X \cup Y)$, est par conséquent aussi un 2-paquet, et qui plus est de même taille que $\mathcal{B}$. En décroisant successivement de cette façon, on obtient un 2-paquet d'attaches dirigées qui ne se croisent pas deux à deux et de la même taille que $\mathcal{B}$ (voir Exercice 20.4.5). Nous pouvons donc bien supposer que le 2-paquet $\mathcal{B}$ a cette propriété.

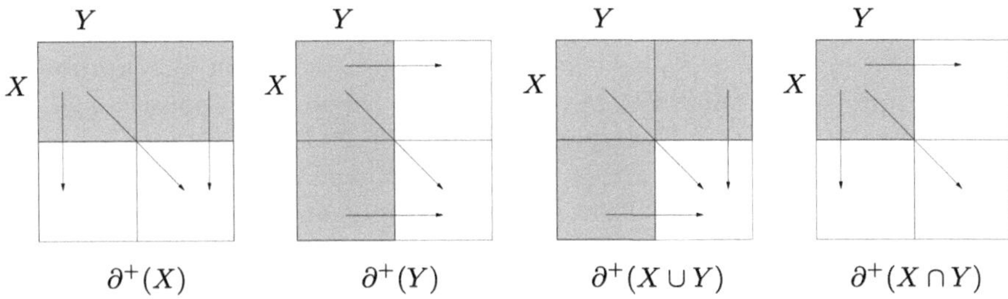

Fig. 20.7. Décroisement de deux coupes dirigées se croisant

Certaines attaches dirigées peuvent apparaître deux fois dans la famille $\mathcal{B}$. Définissons un graphe G dont les sommets sont les attaches dirigées qui n'apparaissent qu'une seule fois dans $\mathcal{B}$, deux attaches $\partial^+(X)$ et $\partial^+(Y)$ étant reliées par une arête si elles partagent un arc. Comme $\partial^+(X)$ et $\partial^+(Y)$ ne se croisent pas, elles ne peuvent être adjacentes dans G que si $X \subset Y$ ou $Y \subset X$. Il s'ensuit que le graphe G est biparti (Exercice 20.4.6). La sous-famille de $\mathcal{B}$ formée de la plus grande des deux parties de G et d'une copie de chaque attache dirigée apparaissant deux fois dans $\mathcal{B}$, est un paquet d'attaches dirigées dont la taille est au moins la moitié de celle de $\mathcal{B}$. □

Par commodité, nous notons $\nu(D)$ la taille maximum d'un paquet d'attaches dirigées dans un digraphe D et par $\tau(D)$ la taille minimum d'un transverse d'attaches dirigées de D. Avec cette notation, le Théorème de Lucchesi–Younger affirme que $\nu(D) = \tau(D)$ pour tout digraphe D. Avant d'entamer sa démonstration, observons deux faits simples sur les attaches dirigées (Exercice 20.4.4).

Proposition 20.12 *Soit D un digraphe. Alors :*

i) le digraphe $\widetilde{D}$ obtenu en subdivisant chaque arc de D vérifie l'identité $\nu(\widetilde{D}) = 2\nu(D)$,
ii) le digraphe D' obtenu en subdivisant un seul arc de D vérifie les inégalités $\nu(D) \leq \nu(D') \leq \nu(D) + 1$,
iii) pour tout arc a, les attaches dirigées de $D\,/\,a$ sont précisément les attaches dirigées de D qui ne contiennent pas l'arc a. □

Théorème 20.13 THÉORÈME DE LUCCHESI–YOUNGER
Dasn tout digraphe, le nombre maximum d'attaches dirigées arc-disjointes est égal au nombre minimum d'arcs intersectant toutes les attaches dirigées.

Démonstration Quand $\nu(D) = 0$, le digraphe D n'a pas d'attache dirigée, et l'égalité est clairement vraie. Supposons que le théorème soit faux. Alors il y a un plus petit entier positif k, et un digraphe D, tel que :

$$\nu(D) = k \quad \text{et} \quad \tau(D) > k \tag{20.8}$$

Notons $\mathcal{D}$ l'ensemble de tous les digraphes D pour lesquels (20.8) est vraie, et soit D_0 un membre de $\mathcal{D}$. Nous subdivisons les arcs de D_0 un par un, obtenant ainsi une suite de digraphes $D_0, D_1, D_2, \ldots, D_m$. D'après la Proposition 20.12(i), $\nu(D_m) = 2\nu(D_0) > \nu(D_0)$. D'où, par la Proposition 20.12(ii), il y a un indice i tel que $\nu(D_i) = \nu(D_0) = k$ et $\nu(D_{i+1}) = k+1$. Comme $D_0 \in \mathcal{D}$ et $\nu(D_i) = \nu(D_0)$, nous avons $D_i \in \mathcal{D}$ (Exercice 20.4.7). Posons maintenant $D := D_i$, et soit a l'arc de D_i qui a été subdivisé pour obtenir D_{i+1}.

Comme $\nu(D_{i+1}) = k+1$ et $\nu(D) = k$, dans tout paquet de D_{i+1} de $k+1$ attaches dirigées, les deux arcs résultant de la subdivision de a appartiennent tous deux aux membres du paquet. Ces $k+1$ attaches dirigées correspondent donc à une famille $\mathcal{B}'$ de $k+1$ attaches dirigées de D qui ensemble couvrent a deux fois et tous les autres arcs de D au plus une fois.

Nous allons maintenant montrer que D a un paquet $\mathcal{B}''$ de k attaches dirigées, dont aucune ne comprend l'arc a. Par la Proposition 20.12(iii), cela revient à montrer que $\nu(D\,/\,a) = k$. Supposons, au contraire, que $\nu(D\,/\,a) = k-1$. Alors $\tau(D\,/\,a) = k-1$ également, par minimalité de k. Soit T un transverse minimum des attaches dirigées de $D\,/\,a$. Alors $T \cup \{a\}$ est un transverse des attaches dirigées de D, ce qui implique que $\tau(D) = k = \nu(D)$ et contredit (20.8). Par conséquent $\nu(D\,/\,a) = k$, et D a bien un paquet $\mathcal{B}''$ comme annoncé.

La famille $\mathcal{B} := \mathcal{B}' \cup \mathcal{B}''$ est donc un 2-paquet de D de $2k+1 = 2\nu(D)+1$ attaches dirigées. Mais cela contredit la Proposition 20.11. Nous en concluons que $\mathcal{D} = \emptyset$. □

Lucchesi (1976) a donné un algorithme polynomial pour trouver un paquet maximum de coupes dirigées dans un digraphe. Nous renvoyons le lecteur vers Schrijver (2003) pour une synthèse des résultats apparentés au Théorème de Lucchesi–Younger, y compris sur les aspects algorithmiques.

Le Théorème de Lucchesi–Younger montre que l'hypergraphe défini par les ensembles d'arcs des attaches dirigées de tout digraphe vérifie la Propriété Min–Max. Woodall (1978) a conjecturé que le bloqueur de cet hypergraphe vérifie lui aussi la Propriété Min–Max.

CONJECTURE DE WOODALL

Conjecture 20.14 *Dans tout digraphe, le nombre maximum de transverses arc-disjoints des attaches dirigées est égal au nombre minimum d'arcs dans une attache dirigée.*

On peut montrer que tout digraphe qui ne contient pas d'attache dirigée de taille 1 possède deux transverses disjoints d'attaches dirigées (Exercice 20.4.3). Schrijver (1982) et Feofiloff et Younger (1987) ont confirmé la Conjecture de Woodall pour tous les digraphes dans lesquels toutes les sources sont connectées à tous les puits par des chemins dirigés. Pratiquement rien d'autre n'est connu sur cette conjecture. Pour les digraphes planaires, par dualité, la Conjecture de Woodall a la formulation équivalente qui suit.

Conjecture 20.15 *Dans tout digraphe planaire, le nombre maximum de transverses arc-disjoints des cycles dirigés est égal à la longueur d'un plus petit cycle dirigé.*

Y compris dans ce cas particulier, il n'est pas connu s'il existe une constante k telle que tout digraphe planaire de maille dirigée k ou plus ait trois transverses arc-disjoints de cycles dirigés.

Exercices

20.4.1 Montrer que deux cycles dirigés quelconques du digraphe de la Figure 20.8 ont un sommet en commun, mais qu'au moins trois sommets doivent être supprimés afin de détruire tous les cycles dirigés.

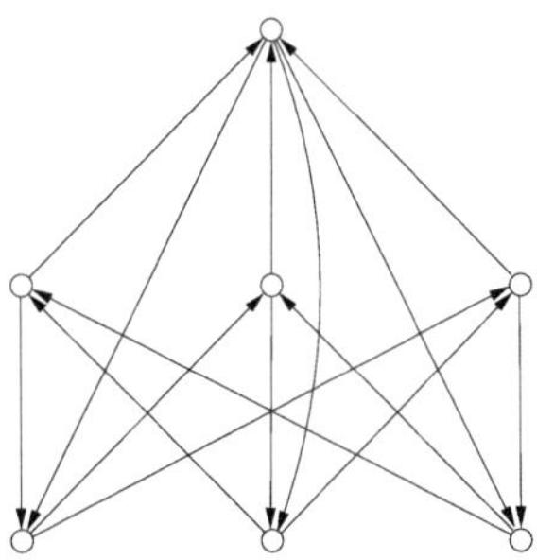

Fig. 20.8. Un digraphe tel que $\nu = 1$ et $\tau = 3$

20.4.2 En éclatant les sommets du digraphe de la Figure 20.8, construire un digraphe dans lequel deux cycles dirigés quelconques ont toujours un arc en commun, mais duquel au moins trois arcs doivent être supprimés afin de détruire tous les cycles dirigés.

20.4.3 Soit D un digraphe 2-arête-connexe. Montrer que D a deux transverses disjoints d'attaches dirigées.

$\star$**20.4.4** Prouver la Proposition 20.12.

⋆20.4.5

a) Soit D un digraphe, et soit $\mathcal{B} = \{\partial^+(X) : X \in \mathcal{F}\}$ un 2-paquet d'attaches dirigées de D pour lequel $\sum\{|X \setminus Y||Y \setminus X| : X, Y \in \mathcal{F}\}$ est minimisé. Montrer que $\mathcal{B}$ est une famille d'attaches dirigées qui ne se croisent pas deux à deux.
b) En déduire, qu'étant donné un 2-paquet d'attaches dirigées, on peut obtenir un 2-paquet d'attaches dirigées qui ne se croisent pas deux à deux, en décroisant successivement les paires d'attaches dirigées se croisant, ainsi qu'il est fait dans la démonstration de la Proposition 20.11.

⋆20.4.6 Montrer que le graphe G défini dans la démonstration de la Proposition 20.11 est biparti.

⋆20.4.7 Considérons la famille $\mathcal{D}$ des digraphes D qui vérifient (20.8).

a) Soit $D \in \mathcal{D}$, et soit D' un digraphe obtenu par subdivision d'un arc de D. Montrer que si $\nu(D') = \nu(D)$, alors $D' \in \mathcal{D}$.
b) En déduire que $D_i \in \mathcal{D}$, avec D_i le digraphe défini dans la démonstration du Théorème 20.13.

——— ≀≀ ———

20.4.8 Soit D un digraphe plan fortement connexe. Montrer que :

a) D a un cycle dirigé facial,
b) si D a deux cycles dirigés sommet-disjoints, alors il a deux cycles dirigés sommet-disjoints qui sont faciaux.

20.4.9 On considère les paquets de cycles dirigés sommet-disjoints dans les digraphes.

a) Trouver une orientation 2-dirégulière de l'octaèdre pour laquelle $\nu = 1$ et $\tau = 2$.
b) Soit D un digraphe planaire tel que $\nu = 1$. Montrer que :
   i) $\tau \leq 2$,
   ii) si $\tau = 2$, D est simple et $\delta^- \geq 2$ et $\delta^+ \geq 2$, alors le graphe sous-jacent de D est soit l'octaèdre soit un graphe obtenu à partir de la roue W_n, $n \geq 2$, en remplaçant chacun de ses rayons par deux arêtes parallèles.

(A. Metzlar et U.S.R. Murty)

20.4.10 Soit D un digraphe plan. Deux cycles dirigés C_1 et C_2 de D *se croisent* s'ils ont un sommet commun v et que les arcs qui sont incidents à v alternent autour de v. Une famille $\mathcal{C}$ de cycles dirigés dans D est *laminaire* si deux membres quelconques de $\mathcal{C}$ ne se croisent pas. Montrer, qu'étant donnée une famille $\mathcal{C}$ de cycles dirigés arc-disjoints dans D, il existe une famille laminaire $\mathcal{C}'$ de cycles dirigés arc-disjoints dans D telle que $|\mathcal{C}'| = |\mathcal{C}|$.

20.4.11 Soit D un digraphe planaire 2-dirégulier dans lequel un paquet maximum de cycles dirigés sommet-disjoints est de taille k. Montrer que D contient un ensemble d'au plus $4k$ sommets dont la suppression détruit tous les cycles dirigés.

(A. Metzlar et U.S.R. Murty)

20.5 En savoir plus

Paquets de T-Coupes

L'analogue pour les graphes non-dirigés du Théorème de Lucchesi–Younger (20.13) s'avère déjà faux pour un triangle. Néanmoins, sa restriction aux T-coupes dans les graphes bipartis est vraie.

Soit G un graphe et soit T un sous-ensemble pair de V. Une coupe de la forme $\partial(X)$ pour laquelle $|X \cap T|$ est impair, est appelée une *T-coupe* de G. (Dans le cas particulier où T est l'ensemble des sommets de degré impair dans G, les T-coupes sont les coupes impaires de G.) Rappelons qu'un sous-ensemble F de E est appelé un *T-joint* si les sommets de degré impair dans le sous-graphe $G[F]$ sont précisément les sommets dans T. On peut voir que les T-joints minimaux (pour l'inclusion) sont les transverses minimaux des T-coupes. Seymour (1981c) a montré que pour tout graphe biparti G et tout sous-ensemble pair T de V, le nombre minimum d'arêtes dans un T-joint est égal au nombre maximum de T-coupes dans un paquet. Il a utilisé ce théorème pour résoudre un cas particulier intéressant du problème de flot multicommodité pour les graphes planaires. (Ce problème a été abordé dans la Partie 7.4.)

On peut obtenir un graphe biparti à partir de n'importe quel graphe en subdivisant chacune de ses arêtes une fois exactement. Cette transformation et le théorème de Seymour qui précède, donnent un résultat sur les 2-paquets dû à Lovász (1975a) : pour tout graphe G et tout sous-ensemble pair T de V, le nombre minimum d'arêtes dans un T-joint est égal à la moitié du nombre maximum de T-coupes dans un 2-paquet.

21

Circuits électriques

Sommaire

21.1 Circulations et tensions

Nous avons vu à la Partie 2.6 que les sous-graphes pairs et les coupes d'un graphe forment des espaces vectoriels sur $GF(2)$, à savoir l'espace des cycles et l'espace des attaches du graphe. Ici, nous considérons des espaces vectoriels analogues sur les réels, et plus généralement sur un corps quelconque. Tout au long de cette partie, D désigne un digraphe connexe (mais pas forcément fortement connexe) et T un arbre couvrant de D.

J. Bondy et al., *Théorie des graphes*, Mathématiques et Applications 91,
https://doi.org/10.1007/978-1-4471-7621-3_21

Espace des circulations et espace des tensions

Dans la Partie 7.3, nous avons défini la notion de *circulation* dans un digraphe D comme une fonction $f : A \to \mathbb{R}$ qui satisfait la condition de conservation en chaque sommet :

$$f^+(v) = f^-(v), \quad \text{pour tout } v \in V \tag{21.1}$$

Si l'on imagine D comme étant un circuit électrique, une telle fonction définit une circulation de courant dans D. Nous avons vu Partie 7.3 que (21.1) peut s'exprimer en notation matricielle de la manière suivante :

$$\mathbf{Mf} = \mathbf{0} \tag{21.2}$$

où $\mathbf{M}$ est la matrice d'incidence $n \times m$ de D et $\mathbf{0}$ le vecteur nul $n \times 1$. L'ensemble de toutes les circulations dans D est donc un espace vectoriel. Nous notons cet espace $\mathcal{C} := \mathcal{C}(D)$, et l'appelons l'*espace des circulations* de D. En conséquence de (21.2), nous avons :

Proposition 21.1 *L'espace des circulations $\mathcal{C}$ d'un digraphe D est le supplémentaire orthogonal de l'espace des lignes de sa matrice d'incidence* $\mathbf{M}$. □

Portons maintenant notre attention sur l'espace des lignes de $\mathbf{M}$. Soit $\mathbf{g}$ un élément de l'espace des lignes, tel que $\mathbf{g} = \mathbf{pM}$ pour un vecteur $\mathbf{p} \in \mathbb{R}^V$. Considérons un arc $a := (x, y)$. Dans la colonne a de $\mathbf{M}$, il y a seulement deux entrées non-nulles : $+1$ à la ligne x et -1 à la ligne y. Ainsi

$$g(a) = p(x) - p(y) \tag{21.3}$$

Si D est vu comme un circuit électrique, de potentiel $p(v)$ au sommet v, alors par (21.3) g représente la différence de potentiel, ou tension, dans les fils du circuit. Pour cette raison, l'espace des lignes de $\mathbf{M}$ est appelé l'*espace des tensions* de D. Il est noté $\mathcal{B}(D)$ et ses éléments sont appelés les *tensions*. La Figure 21.1a montre un digraphe avec des potentiels affectés aux sommets et la tension correspondante.

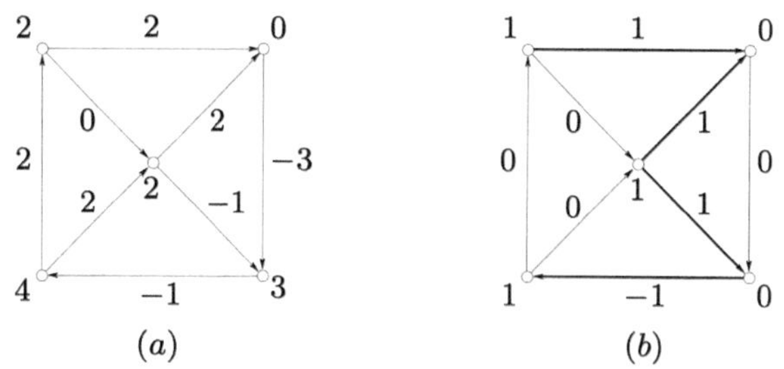

Fig. 21.1. (a) Une tension dans un digraphe, (b) la tension associée à une attache

Nous avons vu Partie 7.3, qu'à chaque cycle C on peut associer une circulation $\mathbf{f}_C$. Pareillement, à chaque attache $B := \partial(X)$, on peut associer la tension $\mathbf{g}_B$ définie par :

$$g_B(a) := \begin{cases} 1 & \text{si } a \in \partial^+(X) \\ -1 & \text{si } a \in \partial^-(X) \\ 0 & \text{si } a \notin B \end{cases}$$

On peut vérifier que $\mathbf{g}_B = \mathbf{pM}$, pour

$$p(v) := \begin{cases} 1 & \text{si } v \in X \\ 0 & \text{si } v \in V \setminus X \end{cases}$$

donc $\mathbf{g}_B$ est bien une tension. Cette définition s'étend naturellement aux coupes. Dans le cas d'une coupe triviale $B := \partial(v)$, le vecteur $\mathbf{g}_B$ est simplement la ligne $\mathbf{m}(v)$ de la matrice d'incidence $\mathbf{M}$ de D. La Figure 21.1b montre la tension associée à une attache. Dans la suite de ce chapitre, par commodité, nous identifierons un ensemble d'arcs dans un digraphe avec le sous-digraphe induit par cet ensemble.

Rappelons que le support d'une circulation non-nulle contient un cycle (d'après le Lemme 7.12). De même, nous avons :

Lemme 21.2 *Soit g une tension non-nulle dans un digraphe D. Alors le support de g contient une attache. De plus, si g est positive, alors le support de g contient une attache dirigée.*

Démonstration Soit $\mathbf{g} := \mathbf{pM}$ une tension non-nulle dans un digraphe D, de support S, et soit $(x, y) \in S$. Posons $X := \{v \in V : p(v) = p(x)\}$. Alors $(x, y) \in \partial(X)$ et $\partial(X) \subseteq S$. Donc S contient la coupe $\partial(X)$ qui, étant non-vide, contient une attache. Si g est positive, cette attache est une attache dirigée. □

Les deux propositions qui suivent sont les analogues directs des Propositions 7.13 et 7.14 pour les tensions. Nous laissons leurs démonstrations en exercice (21.1.3).

Proposition 21.3 *Toute tension dans un digraphe est une combinaison linéaire des tensions associées à ses attaches.* □

Proposition 21.4 *Toute tension strictement positive dans un digraphe est une combinaison linéaire positive des tensions associées à ses attaches dirigées. De plus, si la tension est à valeurs entières, les coefficients de la combinaison linéaire peuvent être choisis pour être entiers et positifs.* □

Circulations et tensions dans les digraphes plans

Dans la Partie 10.2, nous avons étudié la relation entre cycles et attaches dans les graphes et digraphes plans. Le Théorème 10.18 peut s'étendre aux espaces des circulations et des tensions comme suit. Pour une fonction f sur l'ensemble des arcs $A(D)$ d'un digraphe plan D, soit f^* la fonction sur $A(D^*)$ définie par $f^*(a^*) := f(a)$, pour tout $a \in A(D)$. En appliquant le Théorème 10.18, on peut déduire le théorème suivant.

Théorème 21.5 *Soit D un digraphe plan. Une fonction f sur $A(D)$ est une circulation dans D si et seulement si la fonction f^* est une tension dans D^*. Donc l'espace des circulations de D est isomorphe à l'espace des tensions de D^*.* □

Nous laissons la démonstration du Théorème 21.5 au lecteur (Exercice 21.1.6). La relation présentée ici entre circulations et tensions dans les digraphes plans est la base de la théorie des flots entiers dans les graphes. Nous explorons ce sujet au Chapitre 22.

Exercices

$\star$**21.1.1** Soit $D = (V, A)$ un digraphe et g une fonction à valeurs réelles sur A. Montrer que g est une tension dans D si et seulement si $g(C^+) = g(C^-)$ pour tout cycle C de D et tout sens de parcours de C.

$\star$**21.1.2**

a) Soit f une circulation dans un digraphe D. Montrer que la fonction obtenue en remplaçant par son opposé la valeur de f sur un arc a de D est une circulation dans le digraphe dérivé de D en inversant l'orientation de a.
b) Énoncer et prouver un résultat analogue pour les tensions.

$\star$**21.1.3** Prouver les Propositions 21.3 et 21.4.

21.1.4

a) La Figure 21.2a indique une fonction définie sur un arbre couvrant d'un digraphe, et la Figure 21.2b une fonction définie sur son co-arbre. Étendre la fonction de la Figure 21.2a en une tension et la fonction de la Figure 21.2b en une circulation.
b) Soit f une circulation, g une tension dans un digraphe D, et T un arbre couvrant de D. Montrer que f est uniquement déterminée par $f|_{\overline{T}}$, et que g est uniquement déterminée par $g|_T$.

$\star$**21.1.5** Soit D un digraphe, et soit $\mathbf{b}$ une fonction à valeurs réelles définie sur A. Montrer que :

a) si $\mathbf{f}$ est une circulation positive telle que $\mathbf{bf} > 0$, alors il y a un cycle dirigé C dans D telle que $\mathbf{bf}_C > 0$,
b) si $\mathbf{g}$ est une tension positive telle que $\mathbf{gb} > 0$, alors il y a une attache dirigée B dans D telle que $\mathbf{g}_B\mathbf{b} > 0$.

$\star$**21.1.6** Déduire le Théorème 21.5 du Théorème 10.18.

——— ≀≀ ———

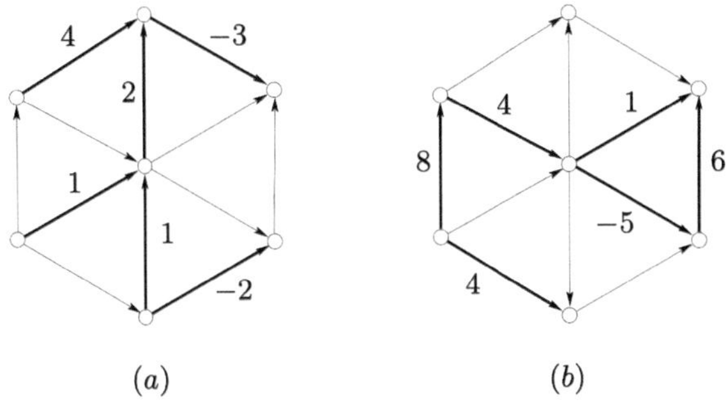

Fig. 21.2. Circulations et tensions sont déterminées par leurs valeurs sur des arbres et co-arbres (Exercice 21.1.4)

21.2 Matrices de base

Une matrice $\mathbf{B}$ est dite *matrice de base* de l'espace des tensions $\mathcal{B}$ d'un digraphe D si les lignes de $\mathbf{B}$ forment une base de $\mathcal{B}$; les matrices de base de l'espace des circulations $\mathcal{C}$ sont définies de manière analogue. Dans cette partie, toutes les matrices de base le sont par rapport à un digraphe fixé D. Nous utilisons la notation pratique suivante : si $\mathbf{R}$ est une matrice dont les colonnes sont étiquetées avec les éléments de A, et S est un sous-ensemble de A, nous notons $\mathbf{R}|_S$ la sous-matrice de $\mathbf{R}$ constituée des colonnes de $\mathbf{R}$ qui sont étiquetées par les éléments de S. Si $\mathbf{R}$ a une seule ligne, cette notation est la même que la notation habituelle pour la restriction d'une fonction à un sous-ensemble de son domaine.

Théorème 21.6 *Soient* $\mathbf{B}$ *et* $\mathbf{C}$ *des matrices de base de* $\mathcal{B}$ *et* $\mathcal{C}$*, respectivement, et soit* $S \subseteq A$*. Alors :*

i) les colonnes de $\mathbf{B}|_S$ *sont linéairement indépendantes si et seulement si* S *ne contient pas de cycle,*
ii) les colonnes de $\mathbf{C}|_S$ *sont linéairement indépendantes si et seulement si* S *ne contient pas d'attache.*

Démonstration Notons $\mathbf{b}(a)$ la colonne de $\mathbf{B}$ correspondant à l'arc a. Les colonnes de $\mathbf{B}|_S$ sont linéairement dépendantes si et seulement s'il existe une fonction f sur A telle que $\sum_{a\in A} f(a)\mathbf{b}(a) = \mathbf{0}$, avec $f(a) \neq 0$ pour un certain $a \in S$ et $f(a) = 0$ pour tout $a \notin S$, c'est-à-dire, si et seulement s'il existe une circulation non-nulle $\mathbf{f}$ dont le support est inclus dans S. Maintenant s'il y a une telle fonction $\mathbf{f}$, alors S contient un cycle, d'après le Lemme 7.12. Réciproquement, si S contient un cycle C, alors $\mathbf{f}_C$ est une circulation non-nulle dont le support C est inclus dans S. Il s'ensuit que les colonnes de $\mathbf{B}|_S$ sont linéairement indépendantes si et seulement si S est acyclique. Un argument similaire, utilisant le Lemme 21.2, donne une preuve de (ii). □

Théorème 21.7 *Les dimensions de l'espace des tensions et de l'espace des circulations d'un digraphe connexe D sont données par les formules :*

$$\dim \mathcal{B} = n - 1 \tag{21.4}$$
$$\dim \mathcal{C} = m - n + 1 \tag{21.5}$$

Démonstration Considérons une matrice de base $\mathbf{B}$ de $\mathcal{B}$. Par le Théorème 21.6,

$$\text{rang } \mathbf{B} = \max\{|S| : S \subseteq A, S \text{ acyclique}\}$$

Ce maximum est atteint quand S est un arbre couvrant de D, et par conséquent vaut $n-1$. Comme $\dim \mathcal{B} = \text{rang } \mathbf{B}$, nous obtenons (21.4). Maintenant (21.5) en découle immédiatement, parce que $\mathcal{C}$ est le supplémentaire orthogonal de $\mathcal{B}$. □

Notons que les formules (21.4) et (21.5) pour les dimensions de l'espace des tensions et de l'espace des circulations d'un digraphe D dépendent uniquement du graphe sous-jacent G de D. C'est une caractéristique commune à la plupart des propriétés des circulations et des tensions qui nous intéressent, la raison en étant que, pour toute circulation $\mathbf{f}$ ou tension $\mathbf{g}$, la fonction obtenue en prenant l'opposé de la valeur de $\mathbf{f}$ ou de $\mathbf{g}$ sur un arc de D est une circulation ou une tension dans le digraphe obtenu à partir de D en inversant l'orientation de cet arc (Exercice 21.1.2).

Soit T un arbre couvrant d'un digraphe D. Nous pouvons associer à T une matrice particulière de base de $\mathcal{B}$. Considérons un arc a de l'arbre T, et l'attache fondamentale correspondante B_a. Nous avons vu qu'à chaque attache est associée une tension. Nous désignons cette tension par $\mathbf{g}_a$, définie de telle sorte que $g_a(a) = 1$. La matrice $\mathbf{B}$ $(n-1) \times m$ dont les lignes sont les vecteurs $\mathbf{g}_a$, $a \in T$, est alors une matrice de base de $\mathcal{B}$. Cela vient du fait que chaque ligne est une tension et que rank $\mathbf{B} = n-1$ (car $\mathbf{B}|_T$ est une matrice identité). Nous appelons $\mathbf{B}$ la *matrice de base* de $\mathcal{B}$ *correspondant à* T. La Figure 21.3b monte la matrice de base de $\mathcal{B}$ correspondant à l'arbre couvrant $\{1, 2, 4, 5\}$ indiqué Figure 21.3a.

De la même manière, si a est un arc de $\overline{T}$, le cycle fondamental C_a correspondant à a possède une circulation associée $\mathbf{f}_a$, définie pour que $f_a(a) = 1$. La matrice $(m-n+1) \times m$ $\mathbf{C}$ dont les lignes sont les vecteurs $\mathbf{f}_a$, $a \in \overline{T}$, est une matrice de base de $\mathcal{C}$, la *matrice de base* de $\mathcal{C}$ *correspondant à* T. La Figure 21.3c donne un exemple d'une telle matrice.

À la lumière de ces observations, nous obtenons le théorème fondamental qui suit.

Théorème 21.8 *Soit D un digraphe connexe et T un arbre couvrant de D. Alors :*

i) l'ensemble $\{\mathbf{g}_a : a \in T\}$ des tensions associées aux attaches fondamentales de D par rapport à T est une base pour $\mathcal{B}$,
ii) l'ensemble $\{\mathbf{f}_a : a \in \overline{T}\}$ des circulations associées aux cycles fondamentaux de D par rapport à T est une base pour $\mathcal{C}$. □

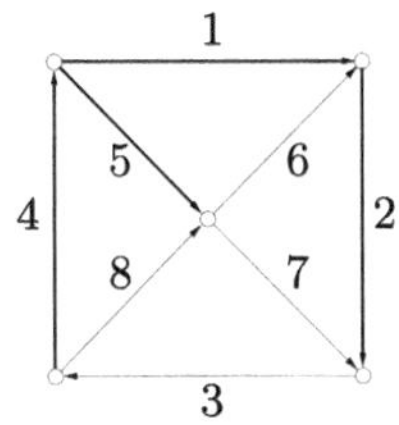

(a)

	1	2	3	4	5	6	7	8
g_1	1	0	−1	0	0	1	1	0
g_2	0	1	−1	0	0	0	1	0
g_4	0	0	−1	1	0	0	0	1
g_5	0	0	0	0	1	−1	−1	1

(b)

	1	2	3	4	5	6	7	8
f_3	1	1	1	1	0	0	0	0
f_6	−1	0	0	0	1	1	0	0
f_7	−1	−1	0	0	1	0	1	0
f_8	0	0	0	−1	−1	0	0	1

(c)

Fig. 21.3. Matrices de base de $\mathcal{B}$ et $\mathcal{C}$ correspondant à un arbre couvrant

Les conditions définissant circulations et tensions ne mettent en jeu que l'addition et la soustraction, donc ces notions peuvent se définir sur n'importe quel groupe abélien (additif) Γ. Nous notons $\mathcal{B}_\Gamma$ l'ensemble de toutes les tensions, et par $\mathcal{C}_\Gamma$ l'ensemble de toutes les circulations, sur Γ. Quand Γ est le groupe additif d'un corps F, ces ensembles sont des espaces vectoriels sur F, et les Théorèmes 21.6 et 21.7 demeurent valides (Exercice 21.2.3a).

Dans le cas de corps de caractéristique 2 et plus généralement des groupes dans lesquels chaque élément est son propre inverse additif, les circulations et les tensions dans un digraphe D dépendent seulement du graphe sous-jacent G ; les orientations des arcs ne jouent aucun rôle. Par exemple, sur $GF(2)$, une fonction f sur A remplit la condition de conservation (21.1) si et seulement si $\sum\{f(a) : a \in \partial(v)\} = 0$, pour tout $v \in V$. Cela revient tout bonnement à dire que f est une circulation sur $GF(2)$ si et seulement si son support est un sous-graphe pair de G. De même, une fonction g de A dans $GF(2)$ est une tension si et seulement si son support est une coupe de G. Ainsi, quand F est le corps $GF(2)$, l'espace $\mathcal{C}_F$ est simplement l'espace des cycles de G et $\mathcal{B}_F$ son espace des attaches, tels qu'ils sont définis Partie 2.6.

Exercices

21.2.1

a) Soient $\mathbf{B}$ et $\mathbf{C}$ des matrices de base de $\mathcal{B}$ et $\mathcal{C}$ et soit T un arbre couvrant de D. Montrer que $\mathbf{B}$ est uniquement déterminée par $\mathbf{B}|_T$ et que $\mathbf{C}$ est uniquement déterminée par $\mathbf{C}|_{\overline{T}}$.

b) Soient T et T_1 deux arbres couvrants d'un digraphe connexe D. On désigne par $\mathbf{B}$ et $\mathbf{B}_1$ les matrices de base de $\mathcal{B}$, et par $\mathbf{C}$ et $\mathbf{C}_1$ les matrices de base de $\mathcal{C}$, correspondant aux arbres T et T_1, respectivement. Montrer que $\mathbf{B} = (\mathbf{B}|_{T_1})\mathbf{B}_1$ et $\mathbf{C} = (\mathbf{C}|_{\overline{T}_1})\mathbf{C}_1$.

21.2.2 MATRICE DE KIRCHHOFF
Une *matrice de Kirchhoff* d'un digraphe connexe D sans boucle est une matrice $\mathbf{K} := \mathbf{M}_x$ obtenue à partir de la matrice d'incidence $\mathbf{M}$ de D en supprimant la ligne $\mathbf{m}(x)$. Montrer que $\mathbf{K}$ est une matrice de base de $\mathcal{B}$.

21.2.3 Soit F un corps et soient $\mathcal{C}_F$ et $\mathcal{B}_F$ les espaces des circulations et des tensions de D sur F. Montrer que les Théorèmes 21.6 et 21.7 restent valides si $\mathcal{B}$ et $\mathcal{C}$ sont remplacés par $\mathcal{B}_F$ et $\mathcal{C}_F$, respectivement.

21.2.4 Montrer qu'une fonction $f : A \to \Gamma$ est une circulation dans un digraphe D sur un groupe abélien Γ si et seulement si

$$f^+(X) - f^-(X) = 0$$

pour tout sous-ensemble X de V.

21.2.5 Montrer qu'une fonction $g : A \to \Gamma$ est une tension dans un digraphe D sur un groupe abélien Γ si et seulement si

$$g^+(C) - g^-(C) = 0$$

pour tout cycle C de D muni d'un sens de parcours.

21.3 Circulations et tensions réalisables

Fréquemment, que ce soit en théorie ou en pratique, on cherche des circulations ou des tensions dont les valeurs sur les arcs sont soumises à certaines bornes. Dans cette partie, nous présentons des conditions nécessaires et suffisantes pour l'existence de telles circulations et tensions.

Soit $D := (V, A)$ un digraphe. Supposons qu'à chaque arc a de D soient associés deux réels, $b(a)$ et $c(a)$, tel que $b(a) \leq c(a)$. Une circulation f dans D est *réalisable* (pour des fonctions b et c) si $b(a) \leq f(a) \leq c(a)$ pour tout $a \in A$. Les fonctions b et c sont appelés les *bornes inférieures* et *supérieures*, respectivement. Une *tension réalisable* est définie de manière similaire.

Soit f une circulation réalisable dans D, et soit X un sous-ensemble de V. Comme f est une circulation, nous avons $f^+(X) = f^-(X)$ (Exercice 7.3.1). D'autre part, comme f est réalisable, $c^+(X) \geq f^+(X)$ et $f^-(X) \geq b^-(X)$. Il s'ensuit que

$$c^+(X) \geq b^-(X), \quad \text{pour tout sous-ensemble } X \text{ de } V \tag{21.6}$$

Hoffman (1960) a montré que cette condition nécessaire pour l'existence d'une circulation réalisable est suffisante.

Théorème 21.9 THÉORÈME DE CIRCULATION D'HOFFMAN
Un digraphe D a une circulation réalisable pour des bornes b et c si et seulement si ces bornes satisfont l'inégalité (21.6). De plus, si b et c sont toutes deux à valeurs entières et satisfont cette inégalité, alors D a une circulation réalisable à valeurs entières.

Considérons maintenant une tension réalisable g dans D pour b et c. Soit C un cycle C de D, ayant un sens de parcours. Comme g est une tension, $g(C^+) = g(C^-)$ (Exercice 21.1.1). De plus, puisque g est réalisable, $c(C^+) \geq g(C^+)$ et $g(C^-) \geq b(C^-)$. Par conséquent,

$$c(C^+) \geq b(C^-), \quad \text{pour tout cycle } C \text{ de } D \text{ et tout sens de parcours de } C \quad (21.7)$$

Ghouila-Houri (1960) a montré que cette condition nécessaire pour l'existence d'une tension réalisable est suffisante.

Théorème 21.10 THÉORÈME DE GHOUILA-HOURI
Un digraphe D a une tension réalisable pour les bornes b et c si et seulement si ces bornes satisfont l'inégalité (21.7). De plus, si b et c sont toutes deux à valeurs entières et satisfont cette inégalité, alors D a une tension réalisable à valeurs entières.

Le Théorème de Circulation d'Hoffman et le Théorème de Ghouila-Houri peuvent tous deux se montrer à l'aide d'un outil fondamental d'algèbre linéaire appelé le Lemme de Farkas (voir encart).

TECHNIQUE DE PREUVE : LEMME DE FARKAS

Un système $\mathbf{Ax} = \mathbf{0}$ d'équations linéaires a toujours au moins une solution. Cependant, dans de nombreuses applications pratiques, on voudrait trouver une solution qui satisfasse des contraintes supplémentaires, telle qu'une contrainte de la forme $\mathbf{x} \geq \mathbf{b}$, avec $\mathbf{b}$ un vecteur donné de bornes inférieures. Cela peut ou pas être possible.
Supposons en effet qu'il y ait un vecteur $\mathbf{x}$ tel que

$$\mathbf{Ax} = \mathbf{0}, \quad \mathbf{x} \geq \mathbf{b} \quad (21.8)$$

Considérons un vecteur $\mathbf{y}$ tel que $\mathbf{yA} \geq \mathbf{0}$. Comme $\mathbf{b} \leq \mathbf{x}$ et $\mathbf{yA} \geq \mathbf{0}$, nous avons $\mathbf{yAb} \leq \mathbf{yAx} = \mathbf{y0} = 0$. Donc, si (21.8) a une solution, le système linéaire

$$\mathbf{yA} \geq \mathbf{0}, \quad \mathbf{yAb} > 0 \quad (21.9)$$

ne peut pas avoir de solution. Farkas (1902) a montré que cette condition nécessaire pour la réalisabilité du système (21.8) est aussi suffisante.

LEMME DE FARKAS (SUITE)

Lemme 21.11 LEMME DE FARKAS
Pour une matrice réelle $\mathbf{A}$ *et un vecteur réel* $\mathbf{b}$, *exactement un des deux systèmes linéaires (21.8) et (21.9) a une solution.* □

Le Lemme de Farkas peut se déduire du Théorème de Dualité de la Programmation Linéaire présenté au Chapitre 8 (voir Exercice 8.6.9). Il permet de montrer facilement un certain nombre de théorèmes de réalisabilité en théorie des graphes. Dans la plupart de ces applications, la matrice $\mathbf{A}$ est la matrice d'incidence $\mathbf{M}$ du digraphe D considéré, et donc est totalement unimodulaire (Exercice 1.5.7). En conséquence, si $\mathbf{b}$ est à coordonnées entières, il y a soit une solution à coordonnées entières $\mathbf{x}$ à (21.8) ou une solution à coordonnées entières $\mathbf{y}$ à (21.9).
En guise d'illustration, nous allons décrire comment le Théorème de Circulation d'Hoffman (21.9) se déduit du Lemme de Farkas. Nous obtenons dans un premier temps une condition pour l'existence d'une circulation sous des contraintes de bornes inférieures uniquement.

Proposition 21.12 *Soit* D *un digraphe, et soit* $\mathbf{b}$ *une fonction à valeurs réelles définie sur* A. *Alors soit il y a une circulation* $\mathbf{f}$ *dans* D *telle que* $\mathbf{f} \geq \mathbf{b}$, *soit il y a une tension positive* $\mathbf{g}$ *dans* D *telle que* $\mathbf{gb} > 0$.

Démonstration Considérons la matrice d'incidence $\mathbf{M}$ de D, et les deux systèmes linéaires :

$$\mathbf{Mf} = \mathbf{0}, \qquad \mathbf{f} \geq \mathbf{b} \tag{21.10}$$

$$\mathbf{pM} \geq \mathbf{0}, \qquad \mathbf{pMb} > 0 \tag{21.11}$$

D'après le Lemme de Farkas, exactement un de ces deux systèmes a une solution. La proposition vient alors en observant qu'une solution $\mathbf{f}$ au système $\mathbf{Mf} = \mathbf{0}$ est une circulation dans D, et un vecteur de la forme $\mathbf{pM}$ est une tension $\mathbf{g}$ dans D. □

En appliquant l'Exercice 21.1.5b, nous avons alors le corollaire suivant.

Corollaire 21.13 *Soit* D *un digraphe, et soit* $\mathbf{b}$ *une fonction à valeurs réelles définie sur* A. *Alors soit il y a une circulation* $\mathbf{f}$ *dans* D *telle que* $\mathbf{f} \geq \mathbf{b}$, *soit il y a une attache dirigée* B *dans* D *telle que* $\mathbf{g}_B\mathbf{b} > 0$. □

Le Théorème de Circulation d'Hoffman (avec bornes inférieures et supérieures) peut se déduire du Corollaire 21.13 au moyen d'une simple transformation (voir Exercice 21.3.5). Le Théorème de Ghouila-Houri (21.10) peut être obtenu de façon analogue en usant d'une variante du Lemme de Farkas qui affirme qu'exactement un des deux systèmes linéaires $\mathbf{yA} \geq \mathbf{b}$, et $\mathbf{Ax} = \mathbf{0}$, $\mathbf{x} \geq \mathbf{0}$, $\mathbf{bx} > 0$, a une solution (Exercices 8.6.10 et 21.3.6). Une preuve constructive du Théorème de Circulation d'Hoffman est donnée ci-après.

TROUVER UNE CIRCULATION RÉALISABLE

Une démonstration algébrique du Théorème de Circulation d'Hoffman (21.9) est donnée en encart. Nous en donnons maintenant une preuve constructive à l'aide des flots.

Démonstration Nous montrons comment trouver une circulation réalisable dans un réseau qui satisfait la condition nécessaire (21.6). Par souci de clarté, nous supposons que b et c sont toutes deux des fonctions à valeurs réelles sur A. Notre démonstration s'adapte facilement au cas général (Exercice 21.3.1).

Soit f une fonction à valeurs réelles sur A satisfaisant l'encadrement $b(a) \leq f(a) \leq c(a)$ pour tout $a \in A$. Nous disons qu'un sommet v est *positif*, *équilibré*, ou *négatif* selon que le flot net $f^+(v) - f^-(v)$ sortant de v est strictement positif, zéro, ou strictement négatif, respectivement. Comme $\sum_{v \in V}(f^+(v) - f^-(v)) = 0$ (Exercice 7.1.1a), soit tous les sommets sont équilibrés, auquel cas f est une circulation réalisable, soit il y a à la fois des sommets positifs et des sommets négatifs.

Appelons la quantité $\sum_{v \in V} |f^+(v) - f^-(v)|$ l'*excès* de f. Si les sommets ne sont pas tous équilibrés, l'excès est strictement positif. Dans ce cas, nous allons montrer comment modifier f en un flot f' qui satisfait également les bornes inférieures et supérieures, mais dont l'excès est plus petit. En répétant cette procédure nous obtiendrons une circulation réalisable.

Considérons un sommet négatif x. Par analogie avec la notion de chemin f-augmentant dans l'Algorithme Flot-Max Coupe-Min (7.9), appelons un x-chemin P dans D un *chemin f-améliorant* si $f(a) < c(a)$ pour tout arc avant a de P, et $f(a) > b(a)$ pour tout arc inverse a de P. Soit X l'ensemble de tous les sommets atteignables depuis x par des chemins f-améliorants. Alors $f(a) = c(a)$ pour tout arc $a \in \partial^+(X)$ et $f(a) = b(a)$ pour tout arc $a \in \partial^-(X)$. Par conséquent, en appliquant l'Exercice 7.1.2,

$$\sum_{v \in X}(f^+(v) - f^-(v)) = f^+(X) - f^-(X) = c^+(X) - b^-(X) \geq 0$$

Comme X comprend un sommet négatif, à savoir x, nous déduisons que X comprend aussi un sommet positif y. Il existe donc un chemin f-améliorant xPy. Soit f' la fonction sur A définie par :

$$f'(a) = \begin{cases} f(a) + 1 & \text{si } a \text{ est un arc avant de } P \\ f(a) - 1 & \text{si } a \text{ est un arc inverse de } P \\ f(a) & \text{sinon} \end{cases}$$

Il est facile de vérifier que $b(a) \leq f'(a) \leq c(a)$ pour tout $a \in A$, et que l'excès de f' est de 2 inférieur à l'excès de f. □

Remarquons que la démonstration constructive ci-dessus se traduit aisément en un algorithme qui prend en entrée un réseau N et des bornes inférieures et supérieures b et c, et renvoie soit une circulation réalisable dans N soit un ensemble X violant la condition (21.6).

Exercices

$\star$**21.3.1** Donner une preuve constructive du Théorème 21.9, sans l'hypothèse que b et c sont à valeurs entières.

21.3.2 Donner un algorithme, reposant sur la preuve constructive du Théorème 21.9, qui trouve soit une circulation réalisable dans un digraphe D soit un sous-ensemble X de V qui viole (21.6).

21.3.3 Étant donnés un digraphe $D := D(x, y)$ et deux fonctions à valeurs réelles b et c sur l'ensemble des arcs A de D, une fonction f sur A est un *flot réalisable* dans D (relativement à b et c) si (i) $b(a) \leq f(a) \leq c(a)$, pour tout $a \in A$, et (ii) $f^+(v) - f^-(v) = 0$, pour tout $v \in V \setminus \{x, y\}$. (C'est juste une légère généralisation de notre ancienne définition de réalisabilité ; quand $b = 0$, la condition (i) se réduit à (7.2).) Montrer comment l'Algorithme Flot-Max Coupe-Min (7.9) peut être modifié pour trouver un flot réalisable de valeur maximum en partant d'un flot réalisable initial.

21.3.4 Déduire le Théorème Flot-Max Coupe-Min (7.7) du Théorème de Circulation d'Hoffman.

21.3.5

a) Soit D un digraphe ayant des bornes inférieure et supérieure b et c définies sur son ensemble d'arcs A. On définit un digraphe D' d'ensemble de sommets $V(D) \cup \{v(a) : a \in A\}$ et d'ensemble d'arcs

$$A' := \{(q(a), v(a)) : a \in A\} \cup \{(t(a), v(a)) : a \in A\}$$

où $q(a)$ et $t(a)$ sont la queue et la tête de a, respectivement. (De manière équivalente, on subdivise chaque arc a de D avec un seul sommet $v(a)$, le transformant ainsi en un chemin dirigé de longueur 2 et on renverse ensuite le second arc de tous ces nouveaux chemins.) On définit la fonction de borne inférieure b' sur l'ensemble d'arcs A' de D' par :

$$b'(q(a), v(a)) := b(a), \quad b'(t(a), v(a)) := -c(a), \quad a \in A$$

Montrer que :

i) si f est une circulation dans D, alors la fonction f' définie sur A' par :

$$f'(q(a), v(a)) := f(a), \quad f'(t(a), v(a)) := -f(a), \quad a \in A$$

est une circulation dans D',

ii) $b \leq f \leq c$ si et seulement si $f' \geq b'$.

b) Déduire le Théorème de Circulation d'Hoffman (21.9) du Corollaire 21.13.

21.3.6 Une variante du Lemme de Farkas dit qu'exactement un des deux systèmes linéaires $\mathbf{yA} \geq \mathbf{b}$, et $\mathbf{Ax} = \mathbf{0}$, $\mathbf{x} \geq \mathbf{0}$, $\mathbf{bx} > 0$, admet une solution (voir Exercice 8.6.10). Soit D un digraphe, et soit $\mathbf{b} \in \mathbb{R}^A$.

a) Utiliser cette variante du Lemme de Farkas pour montrer qu'il y a soit une tension $\mathbf{g}$ dans D telle que $\mathbf{g} \geq \mathbf{b}$, soit une circulation positive $\mathbf{f}$ dans D telle que $\mathbf{bf} > 0$.
b) En déduire qu'il y a soit une tension $\mathbf{g}$ dans D telle que $\mathbf{g} \geq \mathbf{b}$, soit un cycle dirigé C dans D tel que $\mathbf{bf}_C > 0$.
c) Déduire le Théorème de Ghouila-Houri de (b).

21.3.7 Donner une preuve constructive de l'énoncé de l'Exercice 21.3.6b basée sur l'Algorithme de Bellman–Ford (décrit à l'Exercice 6.3.11).

21.3.8 Circulation de Coût Minimum
Soit $D = (V, A)$ un digraphe valué, de valuation (ou *fonction de coût*) w. Le *coût* d'une circulation f est la quantité $\sum_{a \in A} w(a)f(a)$. On suppose qu'à chaque arc a de D sont associées des bornes inférieure et supérieure $b(a)$ et $c(a)$, avec $b(a) \leq c(a)$. Le *Problème de la Circulation de Coût Minimum* consiste à trouver une circulation réalisable de coût minimum.

a) Un cycle C est dit être *réducteur de coût* relativement à une circulation réalisable f si :
   - ▷ $f(a) < c(a)$, pour tout $a \in C^+$,
   - ▷ $f(a) > b(a)$, pour tout $a \in C^-$,
   - ▷ $\sum_{a \in C^+} w(a) - \sum_{a \in C^-} w(a)$ est strictement négatif.

   i) Soit f^* une circulation de coût minimum. Montrer qu'il n'y a aucun cycle réducteur de coût relativement à f^*.
   ii) Soit f une circulation réalisable qui n'est pas de coût minimum. En considérant la circulation $f^* - f$, et en utilisant la transformation décrite à l'Exercice 21.1.2 et la Proposition 7.14, montrer qu'il existe un cycle réducteur de coût relativement à f.
b) En partant d'une circulation réalisable quelconque, décrire comment l'Algorithme de Bellman–Ford (Exercice 6.3.11) peut s'appliquer pour trouver une circulation de coût minimum, sous l'hypothèse que les fonctions b, c et w sont à valeurs rationelles.

(Il existe des algorithmes polynomiaux pour résoudre le Problème de la Circulation de Coût Minimum ; voir Schrijver (2003).)

21.4 Le Théorème de Kirchhoff

Dans la Partie 4.2, nous avons démontré la Formule de Cayley sur le nombre d'arbres couvrants dans un graphe complet. Nous donnons maintenant plusieurs expressions du nombre d'arbres couvrants dans un graphe connexe G. Nous rappelons que ce paramètre est noté $t(G)$.

Une matrice est dite *unimodulaire* si les déterminants de toutes ses sous-matrices carrées de taille maximale (pour une matrice $n \times m$ avec $n \leq m$, ce sont toutes les matrices $n \times n$) valent 0, +1 ou −1 ; en particulier, toute matrice totalement unimodulaire est unimodulaire. Les matrices de Kirchhoff sont des exemples de matrices unimodulaires (Exercice 21.4.1a). D'autres exemples sont fournis par les matrices de base correspondant aux arbres couvrants (Exercice 21.4.3).

La preuve du théorème qui suit est due à Tutte (1965a).

Théorème 21.14 *Soit D un digraphe connexe et $\mathbf{B}$ une matrice de base unimodulaire de son espace des tensions $\mathcal{B}$. Alors*

$$t(G) = \det \mathbf{B}\mathbf{B}^t$$

Démonstration Par la Formule de Cauchy–Binet[1] sur le déterminant du produit de deux matrices, nous obtenons

$$\det \mathbf{B}\mathbf{B}^t = \sum \{(\det(\mathbf{B}|_S))^2 \ : \ \mathrm{S} \subseteq \mathrm{A}, \ |\mathrm{S}| = \mathrm{n} - 1\}$$

Par le Théorème 21.6(i), le nombre de termes non-nuls dans cette somme est égal à $t(G)$. De plus, comme $\mathbf{B}$ est unimodulaire, chacun de ces termes vaut 1. □

Cette observation, couplée au fait, noté précédemment, que les matrices de Kirchhoff sont unimodulaires, donne la formule pour le nombre d'arbres couvrants dans un graphe, qui est implicite dans les travaux de Kirchhoff (1847).

Théorème 21.15 Théorème de Kirchhoff[2]
Soit G un graphe connexe sans boucle, D une orientation de G, et $\mathbf{K}$ une matrice de Kirchhoff de D. Alors

$$t(G) = \det \mathbf{K}\mathbf{K}^t$$ □

La *matrice de conductance* ou *Laplacien* d'un graphe sans boucle G de matrice d'adjacence $\mathbf{A} = (a_{ij})$ est la matrice $n \times n$ $\mathbf{C} = (c_{ij})$, pour laquelle

$$c_{ij} := \begin{cases} \sum_k a_{ki}, & \text{si } i = j \\ -a_{ij}, & \text{si } i \neq j \end{cases}$$

La Figure 21.4 montre un graphe et sa matrice de conductance.

Nous laissons la preuve du Théorème suivant en exercice (Exercice 21.4.2).

[1] Soient $\mathbf{A}$ et $\mathbf{B}$ deux matrices $k \times m$ ($k \leq m$), dont les colonnes sont indicées par les éléments d'un ensemble E. La *Formule de Cauchy–Binet* affirme que

$$\det \mathbf{A}\mathbf{B}^t = \sum_{S \subseteq E, \ |S| = k} \det(\mathbf{A}|_S) \det(\mathbf{B}|_S)$$

[2] Aussi connu sous le nom de *Matrix–Tree Theorem*.

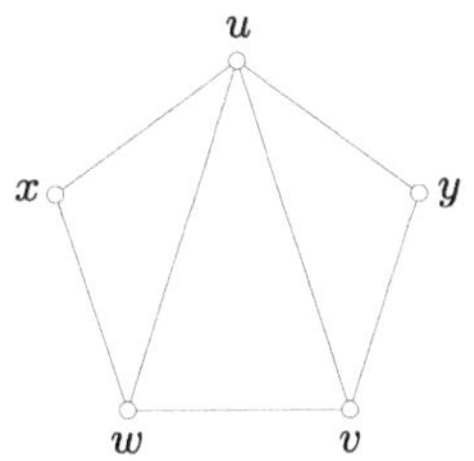

G

	u	v	w	x	y
u	4	−1	−1	−1	−1
v	−1	3	−1	0	−1
w	−1	−1	3	−1	0
x	−1	0	−1	2	0
y	−1	−1	0	0	2

C

Fig. 21.4. La matrice de conductance d'un graphe

Corollaire 21.16 *Soit G un graphe connexe sans boucle,* $\mathbf{C}$ *sa matrice de conductance, et D une orientation de G. Alors :*

i) $\mathbf{C} = \mathbf{M}\mathbf{M}^t$, *avec* $\mathbf{M}$ *la matrice d'incidence de D,*
ii) tout cofacteur de $\mathbf{C}$ *vaut $t(G)$.* □

La preuve du théorème suivant est analogue à celle du Théorème 21.14.

Théorème 21.17 *Soit D un digraphe connexe et* $\mathbf{C}$ *une matrice unimodulaire de base de son espace des circulations $\mathcal{C}$. Alors*

$$t(G) = \det \mathbf{C}\mathbf{C}^t$$

Corollaire 21.18 *Soit D un digraphe connexe et* $\mathbf{B}$ *et* $\mathbf{C}$ *des matrices unimodulaires de base de $\mathcal{B}$ et $\mathcal{C}$, respectivement. Alors*

$$t(G) = \pm \det \begin{bmatrix} \mathbf{B} \\ \mathbf{C} \end{bmatrix}$$

Démonstration D'après les Théorèmes 21.14 et 21.17,

$$(t(G))^2 = \det \mathbf{B}\mathbf{B}^t \det \mathbf{C}\mathbf{C}^t = \det \begin{bmatrix} \mathbf{B}\mathbf{B}^t & \mathbf{0} \\ \mathbf{0} & \mathbf{C}\mathbf{C}^t \end{bmatrix}$$

Comme $\mathcal{B}$ et $\mathcal{C}$ sont orthogonales, $\mathbf{B}\mathbf{C}^t = \mathbf{C}\mathbf{B}^t = \mathbf{0}$. D'où

$$\begin{aligned}(t(G))^2 = \det \begin{bmatrix} \mathbf{B}\mathbf{B}^t & \mathbf{B}\mathbf{C}^t \\ \mathbf{C}\mathbf{B}^t & \mathbf{C}\mathbf{C}^t \end{bmatrix} &= \det \left(\begin{bmatrix} \mathbf{B} \\ \mathbf{C} \end{bmatrix} [\mathbf{B}^t | \mathbf{C}^t] \right) \\ &= \det \begin{bmatrix} \mathbf{B} \\ \mathbf{C} \end{bmatrix} \det \, [\mathbf{B}^t | \mathbf{C}^t] = \left(\det \begin{bmatrix} \mathbf{B} \\ \mathbf{C} \end{bmatrix} \right)^2\end{aligned}$$

Le corollaire suit par passage à la racine carrée. □

Exercices

$\star$**21.4.1** Soit $\mathbf{K}$ une matrice de Kirchhoff d'un digraphe connexe sans boucle D, et soit G le graphe sous-jacent de D. Montrer que :

a) $\mathbf{K}$ est unimodulaire,

b) $t(G) = \pm \det \begin{bmatrix} \mathbf{K} \\ \mathbf{C} \end{bmatrix}$, où $\mathbf{C}$ est une matrice de base de $\mathcal{C}$ associée à un arbre couvrant de G.

$\star$**21.4.2** Prouver le Corollaire 21.16.

$\star$**21.4.3** Soit D un digraphe connexe et soient $\mathbf{B}$ et $\mathbf{C}$ des matrices de base de $\mathcal{B}$ et $\mathcal{C}$, respectivement, correspondant à un arbre couvrant T. Montrer que $\mathbf{B}$ et $\mathbf{C}$ sont totalement unimodulaires.

$\star$**21.4.4** Utiliser le Théorème de Kirchhoff (21.15) pour calculer le nombre d'arbres couvrants dans le graphe représenté Figure 21.5.

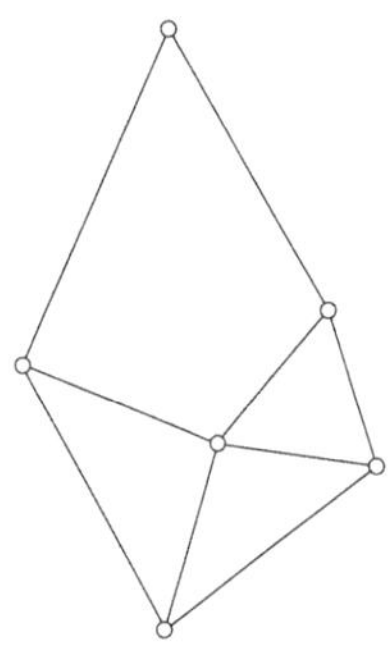

Fig. 21.5. Combien d'arbres couvrants possède ce graphe ? (Exercice 21.4.4)

21.4.5 Soit F un corps fini de caractéristique p, soient $\mathbf{B}$ et $\mathbf{C}$ des matrices de base de $\mathcal{B}_F$ et $\mathcal{C}_F$, respectivement, correspondant à un arbre couvrant d'un digraphe D, et soit G le graphe sous-jacent de D. Montrer que :

a)

$$\det \begin{bmatrix} \mathbf{B} \\ \mathbf{C} \end{bmatrix} \equiv \pm t(G) (\mathrm{mod}\ p)$$

b) $\dim(\mathcal{B}_F \cap \mathcal{C}_F) > 0$ si et seulement si $p | t(G)$. (H. Shank)

21.4.6 Le *Laplacien* d'un digraphe D sans boucle d'ensemble de sommets $\{v_1, v_2, \ldots, v_n\}$ et de matrice d'adjacence $\mathbf{A} = (a_{ij})$ est la matrice $n \times n$ $\mathbf{C} = (c_{ij})$, pour laquelle :

$$c_{ij} := \begin{cases} \sum_k a_{ki}, & \text{si } i = j \\ -a_{ij}, & \text{si } i \neq j \end{cases}$$

Notons $\mathbf{C}_{ii}$ la matrice obtenue de $\mathbf{C}$ en supprimant sa i-ième ligne et sa i-ième colonne. Montrer que le déterminant de $\mathbf{C}_{ii}$ est égal au nombre de branchements couvrants de D enracinés en v_i. (W.T. TUTTE)

21.5 Circuits résistifs

Nous avons remarqué auparavant qu'une circulation dans un digraphe peut se voir comme un courant dans un circuit électrique, et que les tensions représentent les différences de potentiel le long d'un fil. Dans cette partie, nous précisons ces relations, et montrons comment calculer les intensités dans un circuit électrique à l'aide des équations matricielles établies dans la partie précédente.

Un *circuit résistif* est un circuit électrique dans lequel chaque fil à une résistance particulière. Par la *Loi d'Ohm*, la différence de potentiel v entre les deux extrémités du fil est donnée par l'équation $\mathsf{v} = \mathsf{ir}$, avec i l'intensité du courant traversant le fil et r sa résistance.

Un graphe G peut se voir comme un circuit résistif dans lequel chaque arête est un fil de résistance unité. Dans ce cas, la différence de potentiel entre les extrémités d'une arête est égale à l'intensité à travers cette arête. Nous prenons une arête de G, disons $e := xy$, comme *générateur de courant* (par exemple, une pile). Ce générateur de courant crée une différence de potentiel entre x et y, et induit ainsi dans $G \setminus e$ un courant de x, le *pôle positif* du circuit, vers y, le *pôle négatif*. Ce courant, à son tour, détermine une orientation $D := D(x, y)$ de $G \setminus e$ (excepté pour les arêtes qui ne sont traversées par aucun courant, et qui peuvent être orientées de façon arbitraire).

Les Lois de Kirchhoff

Kirchhoff (1847) a formulé deux lois fondamentales des circuits résistifs qui, avec la terminologie ci-dessus, s'énoncent comme suit.

- ▷ *Loi des Nœuds* : les intensités dans $G \setminus e$ forment un (x, y)-flot dans D.
- ▷ *Loi des Mailles* : les différences de potentiel dans $G \setminus e$ forment une tension dans D.

Lorsque tous les fils sont de résistance unité, les courants sont égaux aux tensions et la Loi des Mailles peut donc se reformuler : les intensités dans $G \setminus e$ forment une tension dans D.

Une fonction de l'ensemble des arcs A d'un digraphe $D := D(x, y)$ qui est à la fois un (x, y)-flot et une tension est appelée un *courant* dans D de x à y.

(Ainsi ce qui distingue un courant d'un (x, y)-flot quelconque est que c'est aussi une tension.) La *valeur* d'un courant est sa valeur en tant que (x, y)-flot.

Théorème 21.19 *Soit $D := D(x, y)$ un digraphe connexe. Pour tout réel* i, *il existe un unique courant dans D de valeur* i *de x à y.*

Démonstration Soit $\mathbf{K} = \mathbf{M}_y$ la matrice de Kirchhoff de D. Nous supposons que la première ligne de $\mathbf{K}$ est indexée par x. Par définition, une fonction $f : A \to \mathbb{R}$ est un courant de valeur i de x à y si elle vérifie les deux systèmes d'équations :

$$\mathbf{Kf} = \begin{bmatrix} \mathsf{i} \\ \mathbf{0} \end{bmatrix} \quad \text{et} \quad \mathbf{Cf} = \mathbf{0}$$

où $\mathbf{C}$ est une matrice de base de $\mathcal{C}$. Comme $\mathbf{K}$ a $n-1$ lignes, le premier système est constitué de $n-1$ équations. De même, comme $\mathbf{C}$ a $m-n+1$ lignes, le second système est constitué de $m-n+1$ équations. En combinant ces deux systèmes, nous obtenons le système de m équations à m variables.

$$\begin{bmatrix} \mathbf{K} \\ \mathbf{C} \end{bmatrix} \mathbf{f} = \begin{bmatrix} \mathsf{i} \\ \mathbf{0} \end{bmatrix} \tag{21.12}$$

Comme les lignes de $\mathbf{K}$ forment une base de $\mathcal{B}$ et les lignes de $\mathbf{C}$ forment une base de son supplémentaire orthogonal $\mathcal{C}$, la matrice $\begin{bmatrix} \mathbf{K} \\ \mathbf{C} \end{bmatrix}$ est inversible. Par conséquent le système (21.12) a une unique solution, donnant lieu à un unique courant f de valeur i de x à y. □

Pour un entier strictement positif i, les valeurs des intensités obtenues en résolvant (21.12) peuvent très bien ne pas être entières. Cependant, d'après le résultat de l'Exercice 21.4.1b,

$$\det \begin{bmatrix} \mathbf{K} \\ \mathbf{C} \end{bmatrix} = \pm t(D)$$

donc, par la Règle de Cramér, nous pouvons garantir une solution à coordonnées entières en prenant $\mathsf{i} = t(D)$. Ainsi, dans les calculs d'intensités, il est pratique de prendre l'intensité totale sortant de x égale au nombre d'arbres couvrants de D.

Exemple 21.20 Considérons le graphe planaire G de la Figure 21.6a. En supprimant l'arête xy et en orientant les arêtes restantes, comme indiqué, nous obtenons le digraphe D de la Figure 21.6b. On peut vérifier que $t(D) = 66$ (Exercice 21.4.4). En considérant l'arbre $T := \{a_1, a_2, a_3, a_4, a_5\}$ nous obtenons les neuf équations, comme en (21.12), (avec $f(a_i)$ abrégé en f_i).

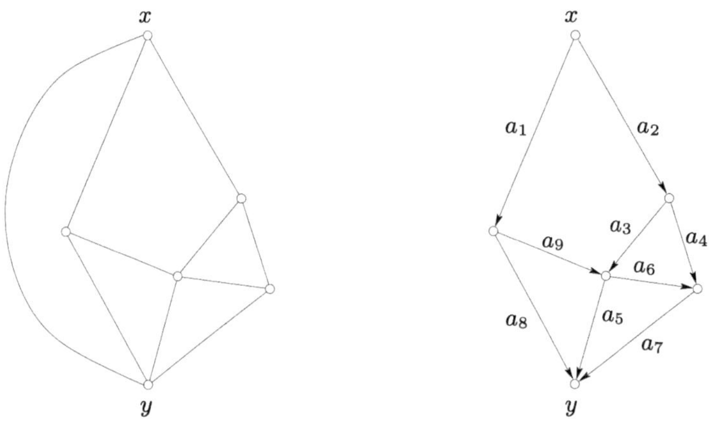

(a) (b)

Fig. 21.6. (a) Un graphe planaire G, (b) une orientation D de $G \setminus xy$

$$
\begin{array}{rrrrrrrrrl}
f_1 & +f_2 & & & & & & & & = 66 \\
f_1 & & & & & & & -f_8 & -f_9 & = 0 \\
 & f_2 & -f_3 & -f_4 & & & & & & = 0 \\
 & & f_3 & & -f_5 & -f_6 & & & +f_9 & = 0 \\
 & & & f_4 & & +f_6 & -f_7 & & & = 0 \\
 & & f_3 & -f_4 & & +f_6 & & & & = 0 \\
 & & -f_3 & +f_4 & -f_5 & & +f_7 & & & = 0 \\
f_1 & -f_2 & -f_3 & & -f_5 & & & +f_8 & & = 0 \\
f_1 & -f_2 & -f_3 & & & & & & +f_9 & = 0
\end{array}
$$

La solution de ce système d'équations est

$$(f_1, f_2, f_3, f_4, f_5, f_6, f_7, f_8, f_9) = (36, 30, 14, 16, 20, 2, 18, 28, 8) \tag{21.13}$$

Nous allons maintenant établir une seconde expression pour l'intensité, due à Thomassen (1990).

Étant donné un xy-chemin P dans un digraphe $D := D(x, y)$, le *vecteur caractéristique signé* de P est la fonction $f_P : A \to \mathbb{R}$ définie par

$$f_P(a) := \begin{cases} 1 & \text{si } a \in P^+ \\ -1 & \text{si } a \in P^- \\ 0 & \text{si } a \notin P \end{cases}$$

Pour tout arbre couvrant T de D, posons $f_T := f_P$, avec $P := xTy$. Observons que f_T est un (x, y)-flot dans D de valeur 1. En conséquence, la fonction f définie par

$$f := \sum_T f_T \tag{21.14}$$

où la somme est prise sur tous les arbres couvrants T de D, est un (x, y)-flot dans D de valeur $t(D)$.

Considérons maintenant le digraphe D' obtenu en ajoutant à D un nouvel arc a' de y à x. Pour tout arbre couvrant T' de D' contenant a', notons T'_x la composante de $T' \setminus a'$ contenant x, et $g_{T'}$ la tension dans D associée à l'attache $\partial(T'_x)$. Alors la fonction g définie par

$$g := \sum_{T'} g_{T'} \tag{21.15}$$

où la somme est prise sur tous les arbres couvrants T' de D' contenant a', est une tension dans D.

Thomassen (1990) a montré que $f = g$, et qu'ainsi (en vertu du Théorème 21.19) cette fonction est l'unique courant dans D de valeur $t(D)$.

Théorème 21.21 *Dans un digraphe $D := D(x, y)$, les fonctions f et g définies par (21.14) et (21.15) sont égales. Cette fonction est donc l'unique courant dans D de valeur $t(D)$.*

Démonstration Soit T un arbre couvrant de D, et a un arc du chemin $P := xTy$. Considérons l'arbre couvrant $T' := (T \setminus a) + a'$ de D'. Alors l'arc a est un arc avant de P s'il appartient à $\partial^+(T'_x)$, et un arc inverse de P s'il appartient à $\partial^-(T'_x)$.

Réciproquement, soit T' un arbre couvrant de D' contenant l'arc a', et soit a un arc de D tel que $T := (T' \setminus a') + a$ est un arbre couvrant de D. Alors l'arc a appartient à $\partial^+(T'_x)$ si c'est un arc avant du chemin $P := xTy$, et à $\partial^-(T'_x)$ si c'est un arc inverse de P. Il s'ensuit que $f = g$. □

Résistance équivalente

Étant donné un courant de x à y dans un digraphe $D := D(x, y)$, la Loi des Mailles implique que la différence de potentiel le long de chaque xy-chemin (c'est-à-dire, la somme des tensions sur ses arêtes) est la même. Quand le courant est de valeur 1, cette différence de potentiel commune est appelée la *résistance équivalente* entre x et y, et est notée r_{xy}. (On voit facilement, en inversant le courant, que $\mathsf{r}_{xy} = \mathsf{r}_{yx}$, donc la terminologie et la notation adoptées ici ne sont pas ambiguës.)

En guise d'exemple, considérons le courant de valeur 1 dans le digraphe $D(x, y)$ de Figure 21.7. Celui-ci montre que la résistance équivalente entre x et y est de 8/7.

Notons $\mathbf{K}$ la matrice de Kirchhoff $\mathbf{M}_x$ et $\mathbf{L}$ la matrice $\mathbf{M}_{xy}$, avec $\mathbf{M}$ la matrice d'incidence de D. Thomassen (1990) a donné une formule simple pour la résistance équivalente.

Théorème 21.22 *La résistance équivalente entre x et y dans un circuit électrique $D(x, y)$ est donnée par la formule*

$$\mathsf{r}_{xy} = \frac{\det \mathbf{LL}^{\mathbf{t}}}{\det \mathbf{KK}^{\mathbf{t}}}$$

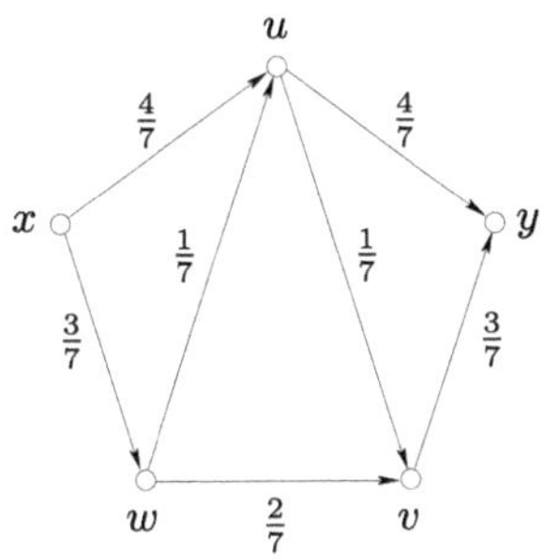

Fig. 21.7. Un courant de valeur 1 dans un digraphe $D(x, y)$

Démonstration Ajoutons un nouvel arc $a' := (y, x)$ à D pour obtenir un digraphe D'. D'après Théorème 21.21, $g := \sum_{T'} g_{T'}$ est l'unique courant de valeur $t(D)$. Pour un xy-chemin dans D, chaque tension $g_{T'}$ contribue d'une différence de potentiel de 1 le long du chemin. Ainsi la différence de potentiel totale le long de n'importe quel chemin est le nombre d'arbres couvrants de D' qui contiennent a'. Par l'Exercice 4.2.1a, ce nombre vaut $t(D' / a') = t(D / \{x, y\})$ (le digraphe obtenu à partir de D en identifiant x et y). Par conséquent,

$$\mathsf{r}_{xy}(D) = \frac{t(D / \{x, y\})}{t(D)}$$

D'après le Théorème de Kirchhoff (21.15), $t(D) = \det \mathbf{KK^t}$. Il ne reste donc qu'à montrer que $t(D / \{x, y\}) = \det \mathbf{LL^t}$.

La matrice d'incidence de $D / \{x, y\}$ est obtenue de la matrice d'incidence $\mathbf{M}$ de D en 'fusionnant' les lignes $\mathbf{m}(x)$ et $\mathbf{m}(y)$, la nouvelle ligne correspondant au sommet issu de l'identification de x et y. La sous-matrice principale de $\mathbf{MM^t}$ obtenue en supprimant cette ligne et la colonne correspondante est précisément $\mathbf{LL^t}$, d'où $t(D / \{x, y\}) = \det \mathbf{LL^t}$, par le Théorème de Kirchhoff (21.15). □

Pour illustrer ceci, considérons le digraphe de la Figure 21.7. Ce digraphe a 21 arbres couvrants (voir Exercice 4.2.5), alors que le digraphe obtenu par identification de x et y a 24 arbres couvrants. Le Théorème 21.22 affirme que

$$\mathsf{r}_{xy} = \frac{\det \mathbf{LL^t}}{\det \mathbf{KK^t}} = \frac{24}{21} = \frac{8}{7}$$

ce qui confirme le calcul fait plus haut.

Si xy est une arête d'un graphe connexe G, nous notons $t_{xy}(G)$ le nombre d'arbres couvrants de G contenant xy. Observons que $t_{xy}(G) = t(G / xy)$, par l'Exercice 4.2.1a. L'expression qui suit pour la résistance équivalente entre sommets adjacents est due à Thomassen (1990).

Corollaire 21.23 *Si x et y sont des sommets adjacents d'un digraphe D,*

$$\mathsf{r}_{xy} = \frac{t_{xy}(D)}{t(D)}$$

.

Démonstration Comme dans la démonstration du Théorème 21.22, nous avons $t_{xy}(D) = \det \mathbf{L}\mathbf{L}^{\mathbf{t}}$ et $t(D) = \det \mathbf{K}\mathbf{K}^{\mathbf{t}}$. □

Dans la suite de ce chapitre, nous présentons deux applications surprenantes et très différentes des résultats que nous venons d'établir.

Exercices

21.5.1 Principe de Thomson
Soit $D := D(x, y)$ un digraphe connexe.

a) Pour un réel quelconque i, montrer que :
   i) il y a un (x, y)-flot dans D de valeur i,
   ii) l'ensemble de tous les flots de la sorte est un sous-ensemble fermé de $\mathbb{R}^A$.
b) La *puissance* d'un (x, y)-flot f dans D est la quantité $\sum\{(f(a))^2 : a \in A(D)\}$. Montrer que :
   i) il y a un (x, y)-flot qui minimise la puissance,
   ii) ce flot est un courant dans D,
   iii) un tel flot est unique.

(Le fait que l'unique flot de puissance minimum soit un courant est connu comme le *Principe de Thomson.*)

21.5.2 Soit G un graphe arête-transitif, et soit $xy \in E$. Exprimer r_{xy} en fonction du nombre de sommets et du nombre d'arêtes de G.

21.5.3 Calculer la résistance équivalente entre chaque paire de sommets dans le digraphe de la Figure 21.7 de deux façons :

a) en déterminant un courant de valeur 1,
b) en appliquant le Théorème 21.22 ou le Corollaire 21.23.

21.6 Carrés parfaits

Un *rectangle quadrillé* est un rectangle divisé en un nombre fini de (au moins deux) carrés. Si la division ne contient pas deux carrés de même taille, le rectangle est dit *parfaitement quadrillé.* L'*ordre* d'un rectangle quadrillé est le nombre de carrés dans lequel il est divisé. La Figure 21.8 représente un rectangle parfaitement quadrillé d'ordre 9, découvert par Moron (1925). Observons que ce rectangle quadrillé n'en contient pas d'ordre plus petit. De tels rectangles quadrillés sont dits *simples.* Clairement, tout rectangle quadrillé est composé de rectangles quadrillés simples.

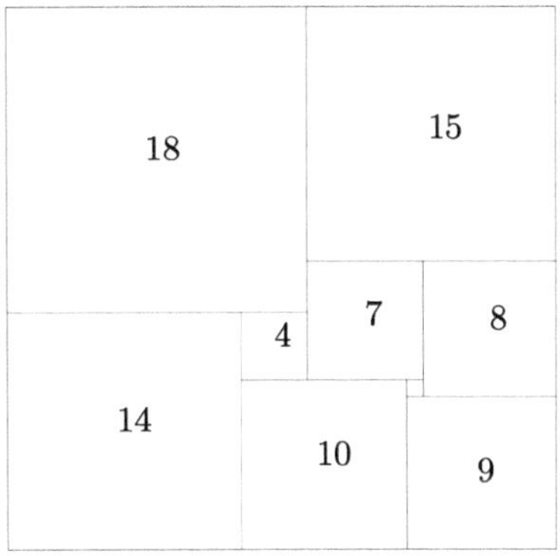

Fig. 21.8. Un rectangle parfaitement quadrillé simple

Pendant longtemps, aucun carré parfaitement quadrillé simple n'était connu. Il était même conjecturé que de tels carrés n'existaient pas. La première personne à en décrire un fut Sprague (1939) ; il était d'ordre 55. À peu près en même temps, Brooks et al. (1940) ont développé des méthodes systématiques pour construire des carrés parfaitement quadrillés simples à l'aide de la théorie des circuits électriques. Dans cette partie, nous exposons les grandes lignes de leur approche.

Dans un premier temps, nous montrons comment un courant dans un digraphe peut être associé à un rectangle quadrillé R donné. L'union des côtés horizontaux des carrés dans la division de R est constituée de segments de lignes horizontales ; chacun de ces segments est appelé un *diviseur horizontal* de R. Sur la Figure 21.9a les diviseurs horizontaux sont indiqués par des traits gras. À chaque diviseur horizontal H_i de R correspond un sommet v_i du digraphe D associé à R. Deux sommets v_i et v_j de D sont reliés par un arc (v_i, v_j) si et seulement si les diviseurs horizontaux H_i et H_j bordent un carré de la division et H_i est au dessus de H_j dans R. La Figure 21.9b montre le digraphe associé au rectangle quadrillé de la Figure 21.9a. Les sommets correspondant aux côtés supérieur et inférieur de R sont appelés les *pôles* de D et sont notés x et y, respectivement.

Nous affectons à chaque sommet v de D un potentiel $p(v)$, égal à la hauteur (à partir du côté inférieur de R) du diviseur horizontal correspondant (voir Figures 21.9a et 21.9b). Si nous regardons D comme un circuit électrique dans lequel chaque fil est de résistance unité, on peut voir que la tension f déterminée par ce potentiel obéit aux Lois de Kirchhoff, et donc est un courant de x à y dans D (voir Figure 21.9c).

Soit D le digraphe correspondant à un rectangle quadrillé R, de pôles x et y, et soit G' le graphe sous-jacent de D. Alors le graphe $G := G' + xy$ est appelé le *graphe horizontal* de R. Ce graphe est clairement connexe et planaire. Brooks et al. (1940) ont montré que quand le rectangle quadrillé R est simple, son graphe horizontal est 3-connexe. Réciproquement, ils ont montré que si G est un graphe simple planaire 3-connexe et xy une arête de G, alors un courant de x à y dans $G \setminus xy$ détermine un

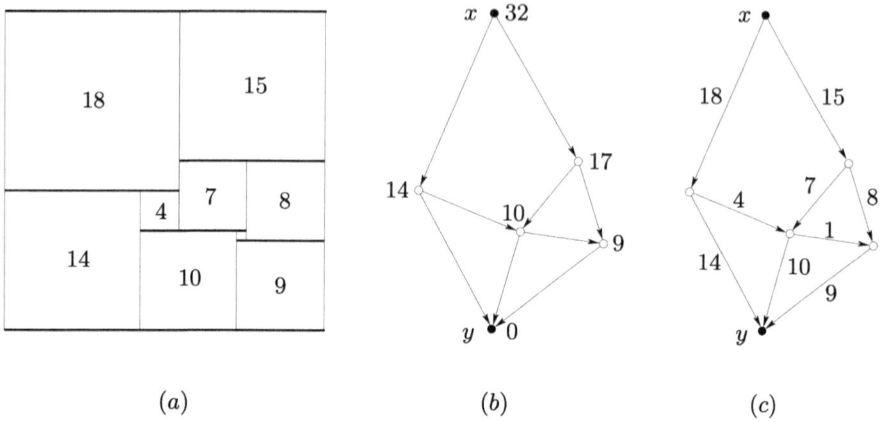

Fig. 21.9. (a) Un rectangle parfaitement quadrillé, (b) son circuit électrique associé, (c) le courant y apparaissant

rectangle quadrillé simple. Ainsi on peut chercher des rectangles quadrillés d'ordre k de la manière suivante.

i) Lister tous les graphes simples planaires 3-connexes ayant $k+1$ arêtes.
ii) Pour chacun de ces graphes G et chaque arête xy de G, déterminer un courant de x à y dans $G \setminus xy$ en résolvant le système d'équations (21.12).

Par exemple, considérons le graphe G représenté Figure 21.6a, le courant de x à y dans le digraphe D de la Figure 21.6b est donné par (21.13). Le rectangle quadrillé issu de ce courant est tout simplement celui présenté Figure 21.9a, mais avec toutes les dimensions doublées. Brooks et al. (1940) ont examiné à la main beaucoup de graphes planaires 3-connexes, et ont finalement réussi à trouver un carré parfaitement quadrillé simple. Bien plus tard, Duijvestijn (1978) a repris la même stratégie de façon systématique à l'aide d'un ordinateur, et a trouvé plusieurs autres exemples, notamment celui d'ordre 21 représenté Figure 21.10 ; celui-ci est l'unique carré parfaitement quadrillé simple du plus petit ordre (aux symétries et rotations près).

Tutte (1948b) a généralisé la théorie ci-dessus aux divisions de triangles équilatéraux en triangles équilatéraux. De plus amples résultats sur les carrés parfaitement quadrillés se trouvent dans la synthèse de Tutte (1965b).

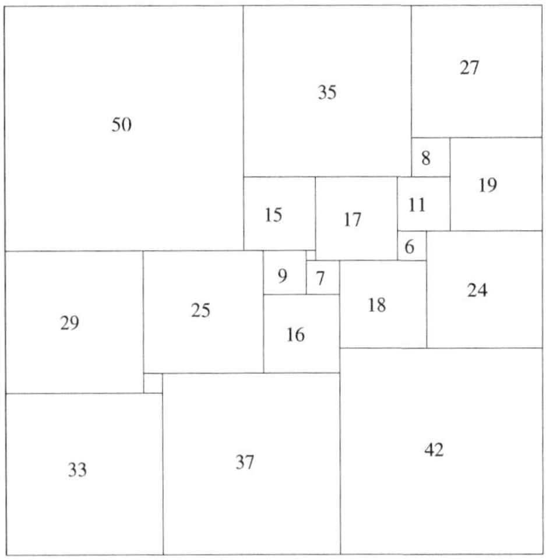

Fig. 21.10. L'unique carré parfaitement quadrillé de plus petit ordre

Exercices

21.6.1

a) Déterminer l'unique courant de valeur 69 de x à y dans le graphe de la Figure 21.11a, et l'unique courant de valeur 65 de x à y dans le graphe de la Figure 21.11b.

b) À partir de ces flots, construire des rectangles quadrillés simples d'ordres 9 et 10.

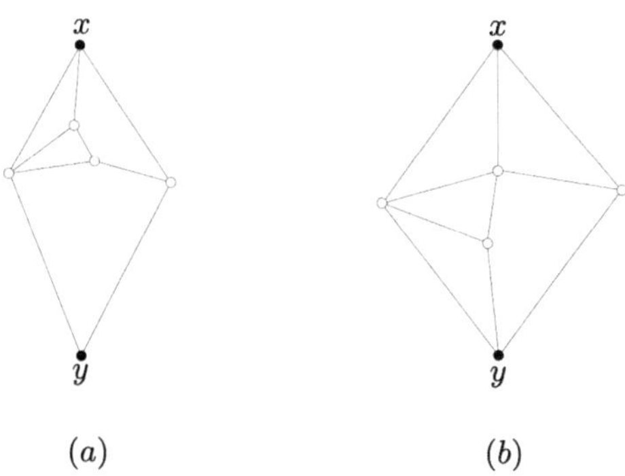

Fig. 21.11. Construire des rectangles quadrillés d'ordres 9 et 10 à partir de ces graphes (Exercice 21.6.1)

21.6.2 Le *graphe vertical* d'un rectangle quadrillé R est le graphe horizontal du rectangle quadrillé obtenu par rotation à 90 degrés de R. Si aucun point de R n'est le coin de quatre carrés de la division, montrer que le graphe horizontal et le graphe vertical de R sont des duaux planaires.

(R.L. Brooks, C.A.B. Smith, A.H. Stone, et W.T. Tutte)

21.6.3 Montrer que les carrés de la division d'un rectangle quadrillé ont des côtés commensurables.

21.6.4 Un *cube parfait* est un cube divisé en un nombre fini de plus petits cubes, tous de taille différente. Montrer qu'il n'existe pas de cubes parfaits.

21.6.5

a) Les *nombres de Fibonacci* F_i, $i \geq 1$, sont les entiers définis par la condition initiale $F_1 = F_2 = 1$ et la formule de récurrence $F_i = F_{i-1} + F_{i-2}$, $i \geq 3$. Une division du plan en carrés qui utilise exactement un carré de taille F_i pour tout $i \geq 1$ est appelée un *pavage de Fibonacci*. Trouver un tel pavage.
b) À l'aide de (a), trouver une division du plan en carrés, tous de tailles différentes. (Henle et Henle (2006) ont décrit une division du plan en carrés utilisant exactement un carré de chaque dimension entière.)

21.7 Marches aléatoires sur les graphes

Une *marche aléatoire* sur un graphe simple G est une marche sur G suivant laquelle, quand on arrive en un sommet v, l'arête par laquelle on repart est choisie au hasard, les $d(v)$ arêtes incidentes à v étant équiprobables. Si son sommet initial est x, la marche est dite une *x-marche aléatoire*. Un exemple classique d'une telle marche, sur *grille infinie* à n dimensions $\mathbb{Z}^n$ (le produit cartésien de n rayons), est la *Marche de l'Ivrogne*.

Exemple 21.24 Marche de l'Ivrogne
La grille infinie à deux dimensions $\mathbb{Z}^2$ (dessinée Figure 1.27) représente un système infini de rues. Un ivrogne part de son domicile, un des sommets. Quel est la probabilité qu'il finisse par revenir chez lui, en supposant qu'il effectue une marche aléatoire ? Pólya (1921) a prouvé que cette probabilité vaut 1, autrement dit, que l'ivrogne est sûr de finir par revenir chez lui (malgré son état d'ébriété). En revanche, dans une marche aléatoire sur la grille infinie à trois dimensions $\mathbb{Z}^3$, cette probabilité est strictement inférieure à 1 ; avec probabilité non-nulle, l'ivrogne s'éloignera de plus en plus de son domicile.

TEMPS DE PASSAGE, TEMPS D'ALLER-RETOUR, ET TEMPS DE COUVERTURE

Doyle et Snell (1984) ont découvert que certaines propriétés fondamentales des marches aléatoires sur les graphes dépendent principalement des résistances équivalentes des graphes, vus comme des circuits électriques. Ce phénomène, qui paraît plutôt surprenant au premier abord, s'appréhende peut-être mieux en imaginant la trajectoire d'un électron dans un circuit comme une marche aléatoire. Ceci est illustré par le théorème qui suit. Une x-marche aléatoire est dite *passer par* un sommet y quand elle atteint y, et *retourner* en x quand elle atteint x après être passée par au moins un autre sommet.

Théorème 21.25 *Soient x et y des sommets distincts d'un graphe simple connexe G. La probabilité P_x qu'une x-marche aléatoire sur G passe par y avant de retourner en x est donnée par*

$$P_x = \frac{1}{d(x)\,\mathsf{r}_{xy}}$$

Démonstration Pour $v \in V \setminus \{x\}$, notons P_v la probabilité qu'une v-marche aléatoire sur G passe en y avant de passer en x. Alors $P_y = 1$, et

$$P_v = \frac{1}{d(v)} \sum_w P_w, \quad v \in V \setminus \{y\}$$

soit,

$$d(v)P_v - \sum_w P_w = 0, \quad v \in V \setminus \{y\}$$

les sommes étant prises sur tous les sommets w de $N(v) \setminus \{x\}$.

Soit $\mathbf{N}$ la matrice dérivée de la matrice de conductance $\mathbf{C} := \mathbf{M}\mathbf{M}^{\mathbf{t}}$ en mettant à 0 toutes les entrées hors de la diagonale dans la colonne correspondant à x et en remplaçant la ligne correspondant à y par le vecteur unité ayant un 1 sur la diagonale et des 0 partout ailleurs. Soit $\mathbf{P}$ le vecteur $(P_v : v \in V)$. Nous supposons que le premier et le dernier sommets dans l'indiciation de $\mathbf{M}\mathbf{M}^{\mathbf{t}}$, $\mathbf{N}$ et $\mathbf{P}$ sont x et y, respectivement. Alors

$$\mathbf{NP} = \begin{bmatrix} 0 \\ 0 \\ \cdot \\ \cdot \\ \cdot \\ 0 \\ 1 \end{bmatrix} \quad \text{avec} \quad \mathbf{N} = \begin{bmatrix} d(x) & * & \cdot & \cdot & \cdot & * & * \\ 0 & & & & & & * \\ \cdot & & & & & & \cdot \\ \cdot & & & \mathbf{L}\mathbf{L}^{\mathbf{t}} & & & \cdot \\ \cdot & & & & & & \cdot \\ 0 & & & & & & * \\ 0 & 0 & \cdot & \cdot & \cdot & 0 & 1 \end{bmatrix}$$

et $\mathbf{L} = \mathbf{M}_{xy}$ (les astérisques représentent des valeurs non-spécifiées). Par la Règle de Cramér,

$$P_x = \frac{(-1)^{n+1} \det \mathbf{N}_y^x}{\det \mathbf{N}}$$

avec $\mathbf{N}_y^x$ la matrice obtenue à partir de $\mathbf{N}$ en supprimant la première colonne (correspondant à x) et la dernière ligne (correspondant à y). Mais cette matrice est identique à la sous-matrice de $\mathbf{MM^t}$ obtenue en supprimant sa première colonne et sa dernière ligne. Par conséquent, $(-1)^{n+1}\det \mathbf{N}_y^x$ est un cofacteur de $\mathbf{MM^t}$ et donc est égal à $t(G) = \det \mathbf{KK^t}$ par le Corollaire 21.16. Comme $\det \mathbf{N} = d(x) \det \mathbf{LL^t}$, nous avons

$$P_x = \frac{\det \mathbf{KK^t}}{d(x) \det \mathbf{LL^t}} = \frac{1}{d(x)\, \mathsf{r}_{xy}} \qquad \square$$

Nous illustrons la preuve du Théorème 21.25 avec le graphe de la Figure 21.4. Ce graphe et sa matrice associée $\mathbf{N}$ sont représentés Figure 21.12.

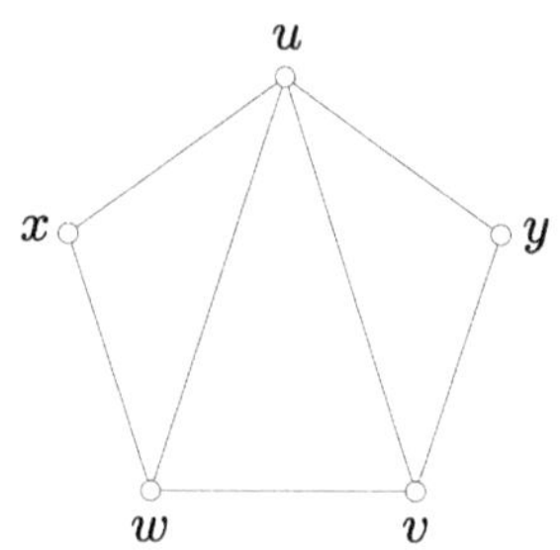

G

	x	u	v	w	y
x	2	−1	0	−1	0
u	0	4	−1	−1	−1
v	0	−1	3	−1	−1
w	0	−1	−1	3	0
y	0	0	0	0	1

$\mathbf{N}$

Fig. 21.12. Un graphe G et sa matrice associée $\mathbf{N}$

Le système d'équations correspondant est :

$$\begin{array}{rcrcrcrcl}
2P_x & - & P_u & & & - & P_w & & = 0 \\
 & & 4P_u & - & P_v & - & P_w & - P_y & = 0 \\
 & - & P_u & + & 3P_v & - & P_w & - P_y & = 0 \\
 & - & P_u & - & P_v & + & 3P_w & & = 0 \\
 & & & & & & & P_y & = 1
\end{array}$$

de solution $P_x = 7/16,\ P_u = 1/2,\ P_v = 5/8,\ P_w = 3/8,\ P_y = 1$. D'après un calcul précédent, $\mathsf{r}_{xy} = 8/7$. Comme $d(x) = 2$, cela confirme la formule $P_x = 1/(d(x)\, \mathsf{r}_{xy})$ du Théorème 21.25.

Un autre lien entre les marches aléatoires et les circuits électriques a été découvert par Nash-Williams (1959). Le *temps de passage* H_{xy} est l'espérance du nombre de pas d'une x-marche aléatoire avant de passer en un sommet y. Le *temps d'aller-retour* C_{xy} entre x et y est défini par

$$C_{xy} := H_{xy} + H_{yx} \tag{21.16}$$

(Notons qu'en général, $H_{xy} \neq H_{yx}$; voir Exercice 21.7.3.)

Théorème 21.26 *Soient x et y des sommets distincts d'un graphe simple connexe G. Le temps d'aller-retour entre x et y est donné par*

$$C_{xy} = 2m\mathsf{r}_{xy}$$

Démonstration Le temps de passage satisfait le système linéaire

$$H_{vy} = \sum_{w \in N(v)} \frac{1}{d(v)}(1 + H_{wy}), \quad v \in V \setminus \{y\} \tag{21.17}$$

Pour $z \in \{x, y\}$ et $v \in V \setminus \{z\}$, notons f_{vz} le courant dans G de v à z de valeur $d(v)$, et posons

$$f_z := \sum_{v \in V \setminus \{z\}} f_{vz}$$

Le flot net sortant de v dans f_{vy} est $d(v)$, alors que flot net sortant de v dans f_{uy}, pour $u \neq v$, vaut 0. Par conséquent, le flot net sortant de v dans f_y vaut $d(v)$, $v \in V \setminus \{y\}$, et le flot net entrant en y vaut $\sum_{v \in V \setminus \{y\}} d(v) = 2m - d(y)$. Notons V_{vy} la différence de potentiel de v à y dans f_y. L'intensité dans f_y entre des sommets adjacents v et w est égale à la différence de potentiel entre v et w, soit $V_{vy} - V_{wy}$, et la somme de ces quantités sur tous les voisins w de v est le flot net sortant de v, à savoir $d(v)$. Ainsi la différence de potentiel V_{vy}, $v \in V \setminus \{y\}$, satisfait le système linéaire

$$\sum_{w \in N(v)} (V_{vy} - V_{wy}) = d(v), \quad v \in V \setminus \{y\} \tag{21.18}$$

Le système (21.17) peut se réécrire

$$d(v)H_{vy} - \sum_{w} H_{wy} = d(v), \quad v \in V \setminus \{y\}$$

et le système (21.18)

$$d(v)V_{vy} - \sum_{w} V_{wy} = d(v), \quad v \in V \setminus \{y\}$$

les sommes étant prises sur tous les sommets w dans $N(v) \setminus \{y\}$. Ainsi les H_{vy} et les V_{vy} satisfont le même système d'équations. De plus, ce système a une unique solution, puisque la matrice $\mathbf{M}_y\mathbf{M}_y^t$ est inversible ($\mathbf{M}_y$ est une matrice de Kirchhoff, et donc est de rang $n - 1$). Il s'ensuit que $H_{vy} = V_{vy}$ pour tout $v \in V \setminus \{y\}$.

Considérons maintenant le courant $f_y - f_x$. Là, le flot net sortant de chaque sommet $v \in V \setminus \{x, y\}$ vaut $d(v) - d(v) = 0$, le flot net sortant de x vaut $2m$, et le flot net entrant en y vaut $2m$. Observons que la différence de potentiel entre x et y dans $-f_x$ est la même que la différence de potentiel entre y et x dans f_x, à savoir V_{yx}, donc la différence de potentiel entre x et y dans le courant $f_y - f_x$ vaut $V_{xy} + V_{yx}$. D'après la définition de résistance équivalente,

$$\mathsf{r}_{xy} = \frac{V_{xy} + V_{yx}}{2m}$$

et donc

$$C_{xy} = H_{xy} + H_{yx} = V_{xy} + V_{yx} = 2m\mathsf{r}_{xy}$$ □

Ces calculs sont illustrés Figure 21.13, où les fonctions f_y et f_x, et le courant $f_y - f_x$, sont donnés pour le graphe de la Figure 21.12. (Observons que la symétrie entre x et y dans cet exemple se reflète dans les fonctions f_x et f_y.) Nous avons :

$$H_{uy} = \frac{19}{3}, \quad H_{vy} = \frac{17}{3}, \quad H_{wy} = \frac{23}{3}, \quad H_{xy} = 8$$

$$H_{ux} = \frac{19}{3}, \quad H_{vx} = \frac{23}{3}, \quad H_{wx} = \frac{17}{3}, \quad H_{yx} = 8$$

Le temps d'aller-retour entre x et y est donc $C_{xy} = H_{xy} + H_{yx} = 8 + 8 = 16$. Puisque $m = 7$ et comme la résistance équivalente entre x et y, ainsi que nous l'avons précédemment calculée, vaut $\mathsf{r}_{xy} = 8/7$, le calcul ci-dessus est en accord avec la formule $C_{xy} = 2m\mathsf{r}_{xy}$ du Théorème 21.26.

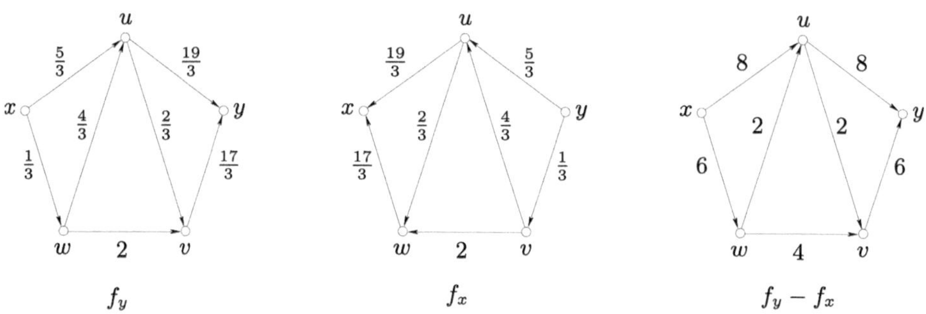

Fig. 21.13. Calcul du temps de passage : les fonctions f_y et f_x, et le courant $f_y - f_x$

Le *temps de couverture* de G est défini par $C := \max\{C_v : v \in V\}$, avec C_v l'espérance du nombre de pas d'une v-marche aléatoire de G pour passer par tous les sommets de G. Une borne supérieure sur le temps de couverture a été donnée par Aleliunas et al. (1979). Nous la déduisons ici des résultats précédents.

Corollaire 21.27 *Le temps de couverture C d'un graphe G vaut au plus $2m(n-1)$.*

Démonstration Soit T un arbre couvrant de G, et soit $(v = v_0, v_1, \ldots, v_{2n-2} = v)$ la suite des sommets rencontrés par une marche sur T (non aléatoire) qui part d'un sommet arbitraire v et traverse chaque arête de T une fois dans chaque sens.

Considérons maintenant une v-marche aléatoire sur G. D'après le Théorème 21.26 et le Corollaire 21.23, l'espérance du nombre de pas pour visiter les sommets $v_1, \ldots, v_{2n-2}$ dans cet ordre est

$$\begin{aligned}\sum_{i=1}^{2n-2} H_{v_{i-1}v_i} &= \sum_{xy \in E(T)} (H_{xy} + H_{yx}) \\ &= \sum_{xy \in E(T)} C_{xy} = 2m \sum_{xy \in E(T)} \mathsf{r}_{xy} = \frac{2m}{t(G)} \sum_{xy \in E(T)} t_{xy}(G)\end{aligned}$$

Ceci est clairement un majorant de C_v, et ne dépend pas de v. Il s'ensuit que

$$C \leq \frac{2m}{t(G)} \sum_{xy \in E(T)} t_{xy}(G) \leq 2m(n-1) \qquad \square$$

Exercices

21.7.1 Calculer les temps de passage et les temps d'aller-retour entre toutes les paires de sommets restantes de l'exemple de la Figure 21.12.

21.7.2 Déterminer une borne supérieure du temps de couverture d'un graphe arête-transitif G en fonction de n.

21.7.3 Soit $G = P \cup Q$, avec P un xy-chemin de longueur k et Q un graphe complet à $2k$ sommets tels que $P \cap Q = \{y\}$. Déterminer H_{xy}, H_{yx} et r_{xy}.

21.7.4

a) Prouver le Théorème 21.25 en utilisant la technique de la démonstration du Théorème 21.26 (c'est-à-dire, en construisant des flots appropriés).
b) Prouver le Théorème 21.26 en utilisant la technique de la démonstration du Théorème 21.25 (c'est-à-dire, en résolvant le système (21.17) pour H_{xy}).

21.8 En savoir plus

Marches aléatoires sur les graphes infinis

La notion de marche aléatoire introduite dans la Partie 21.7 s'applique aussi bien aux graphes localement finis connexes. Soit G un tel graphe. Un résultat fondamental de la théorie des chaînes de Markov implique que soit une x-marche aléatoire dans G retourne à son origine x avec probabilité 1, quel que soit le choix de x, auquel cas G est dit *récurrent*, soit la probabilité de retour est strictement inférieure à 1, auquel cas G est dit *transient* (voir Feller (1968)). Pólya (1921) a montré que la grille infinie $\mathbb{Z}^n$ est récurrente pour $n = 1, 2$, et transiente pour $n \geq 3$. (Le cas $n = 2$ est la Marche de l'Ivrogne mentionnée Partie 21.7.) Nash-Williams (1959) a très largement généralisé le résultat de Pólya en donnant une caractérisation des graphes localement finis récurrents. Intuitivement, son théorème dit qu'un graphe localement fini connexe qui 's'élargit' rapidement autour d'un sommet est transient, et qu'un graphe qui ne le fait pas est récurrent.

22

Flots entiers et Couvertures

Sommaire

22.1 Circulations et colorations

Au Chapitre 21, nous avons étudié les circulations et les tensions à valeurs dans des corps. Dans ce dernier chapitre, nous revenons sur les mêmes notions, mais vues cette fois comme des fonctions à valeurs dans des groupes abéliens. L'étude

J. Bondy et al., *Théorie des graphes*, Mathématiques et Applications 91,
https://doi.org/10.1007/978-1-4471-7621-3_22

dans ce cadre plus général mène à des applications intéressantes sur les colorations et les couvertures, et à certains des problèmes ouverts les plus intrigants en théorie des graphes.

Circulations nulle part zéro et tensions

Une fonction f sur l'ensemble d'arcs A d'un digraphe D est *nulle part zéro* si $f(a) \neq 0$ pour tout arc $a \in A$ (c'est-à-dire, si le support de f est l'ensemble d'arcs A en son entier). Nous nous intéressons ici aux circulations et tensions qui sont nulle part zéro. Comme les circulations prennent la valeur 0 sur les arêtes séparatrices et les tensions prennent la valeur 0 sur les boucles, tous les graphes et digraphes considérés dans ce chapitre sont 2-arête-connexes et sans boucle. Nous commençons par observer une correspondance simple entre les tensions nulle part zéro et les colorations des sommets.

Proposition 22.1 *Un digraphe D est k-sommet-colorable si et seulement s'il admet une tension nulle part zéro sur $\mathbb{Z}_k$.*

Démonstration D'abord, supposons que D ait une k-sommet-coloration propre $c : V \to \mathbb{Z}_k$. Considérons la tension $g : A \to \mathbb{Z}_k$ définie par $g(a) := c(u) - c(v)$ pour tout arc $a := (u, v)$. Cette tension est nulle part zéro parce que c est une coloration propre. Réciproquement, soit g une tension nulle part zéro dans D sur $\mathbb{Z}_k$. On obtient une coloration $c : V \to \mathbb{Z}_k$ récursivement par la procédure suivante.

- ▷ Choisir un sommet x quelconque et lui attribuer la couleur $c(x) := 0$.
- ▷ Ensuite, si un arc a relie un sommet coloré u et un sommet non-coloré v, attribuer à v la couleur

$$c(v) := \begin{cases} c(u) - g(a) & \text{si } a = (u, v) \\ c(u) + g(a) & \text{si } a = (v, u) \end{cases}$$

En utilisant le fait que g est une tension, on peut montrer que la coloration c ainsi obtenue est bien définie. (Exercice 22.1.1). En outre, cette coloration est propre parce que g est nulle part zéro. □

Dans le cas des digraphes plans, ainsi que Tutte (1954a) l'a observé, nous avons la version duale de la Proposition 22.1.

Théorème 22.2 *Un digraphe plan D est k-face-colorable si et seulement s'il admet une circulation nulle part zéro à valeurs dans $\mathbb{Z}_k$.*

Démonstration D'après l'analogue du Théorème 21.5 pour les circulations et les tensions à valeurs dans $\mathbb{Z}_k$, une fonction $f : A(D) \to \mathbb{Z}_k$ est une circulation dans D à valeurs dans $\mathbb{Z}_k$ si et seulement si la fonction correspondante $f^* : A(D^*) \to \mathbb{Z}_k$ est une tension dans D^*. Les colorations des faces de D correspondent aux colorations des sommets de D^* (et réciproquement). Le résultat en découle. □

La Figure 22.1a montre une face-coloration c d'un 3-prisme orienté avec les éléments de $\mathbb{Z}_4$, et la Figure 22.1b la circulation nulle part zéro f à valeurs dans

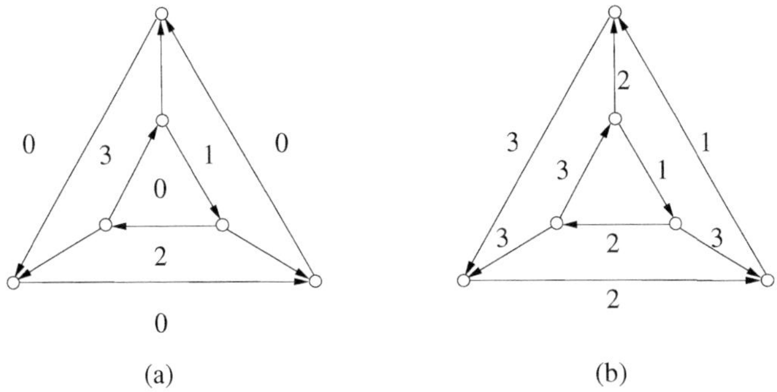

Fig. 22.1. (a) une 4-face-coloration du 3-prisme, et (b) la circulation nulle part zéro à valeurs dans $\mathbb{Z}_4$ qui en résulte

$\mathbb{Z}_4$ qui en résulte en posant $f(a) := c(l_a) - c(r_a)$ pour tout arc a (l_a et r_a étant les faces à gauche et à droite de a, respectivement).

Observons que le fait qu'un digraphe ait ou non une circulation nulle part zéro à valeurs dans un groupe additif abélien Γ dépend uniquement de son graphe sous-jacent (Exercice 22.1.4). Ainsi, on peut parler de circulations nulle part zéro dans les graphes non-dirigés sans faire référence à une orientation spécifique. De même, nous trouvons souvent pratique d'appeler les arcs 'arêtes'. Par exemple, en vertu du Théorème 22.2, le Théorème des Quatre Couleurs peut se reformuler : *tout graphe planaire admet une circulation nulle part zéro à valeurs dans* $\mathbb{Z}_4$.

Que peut-on dire sur les circulations dans les graphes qui ne sont pas planaires ? Certains graphes n'ont pas de circulation nulle part zéro à valeurs dans $\mathbb{Z}_4$. C'est le cas, par exemple, du graphe de Petersen ainsi que nous le montrons au Théorème 22.11. Ce graphe a cependant des circulations nulle part zéro à valeurs dans $\mathbb{Z}_5$, par exemple celles représentées Figure 22.2. Cela amène à se demander si tous les graphes admettent une circulation nulle part zéro à valeurs dans $\mathbb{Z}_k$ pour un certain k. Nous montrons que c'est le cas. En fait, tous les graphes ont des circulations nulle part zéro à valeurs dans $\mathbb{Z}_6$. Nous prouvons ce théorème en exploitant un rapport étroit entre les circulations et les couvertures de graphes, que nous présentons dans la prochaine partie.

Exercices

22.1.1 À l'aide de l'Exercice 21.2.5, montrer que la coloration c définie dans la démonstration de la Proposition 22.1 est bien définie.

22.1.2 Pour un digraphe D, montrer que le nombre de k-colorations propres de D vaut k fois le nombre de tensions nulle part zéro à valeurs dans $\mathbb{Z}_k$.

22.1.3 Pour chacun des cinq graphes platoniques, trouver une circulation nulle part zéro à valeurs dans $\mathbb{Z}_k$ avec k aussi petit que possible.

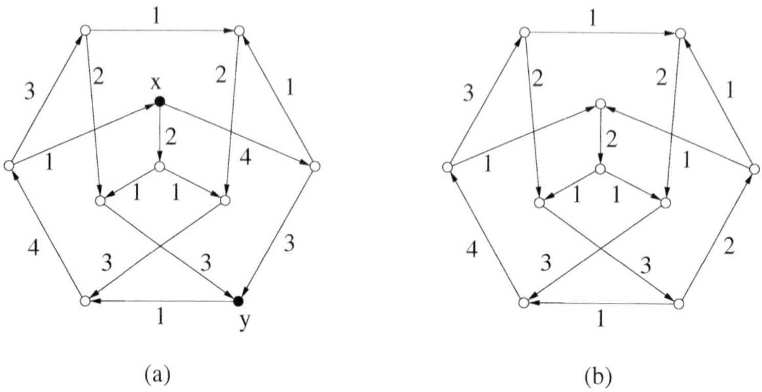

Fig. 22.2. Deux circulations nulle part zéro à valeurs dans $\mathbb{Z}_5$ dans le graphe de Petersen

⋆22.1.4

a) Soit D un digraphe, et soit D' le digraphe obtenu en inversant un arc a. Montrer que les circulations nulle part zéro à valeurs dans un groupe abélien additif Γ dans D sont en bijection avec celles dans D'.
b) En déduire, plus généralement, que si D et D' sont deux orientations d'un mêne graphe G, les circulations nulle part zéro à valeurs dans un groupe abélien additif Γ dans D sont en bijection avec celles dans D'.

22.1.5

a) Soit D un digraphe plongé sur une surface orientable. Montrer que si D est k-face-colorable, alors il admet une circulation nulle part zéro à valeurs dans $\mathbb{Z}_k$.
b) À l'aide du plongement du graphe de Petersen sur le tore représenté Figure 3.9b, trouver une circulation nulle part zéro à valeurs dans $\mathbb{Z}_5$ dans une orientation de ce graphe.
c) Donner un exemple montrant que la réciproque de l'énoncé du (a) n'est pas vraie en général. (Comparer au Théorème 22.2.)

22.1.6 Théorème de Minty
À l'aide du Théorème de Ghouila-Houri (21.10), montrer qu'un graphe G est k-colorable si et seulement s'il a une orientation D telle que $|C^-| \leq (k-1)|C^+|$ pour tout cycle C et tout sens de parcours de C. (G.H. Minty)

22.2 Flots

K-FLOTS

Observons que la circulation à valeurs dans $\mathbb{Z}_5$ représentée Figure 22.2b peut aussi se voir comme une circulation à valeurs dans $\mathbb{Z}$; autrement dit, le flot entrant en chaque sommet est égal au flot sortant de ce sommet, et pas seulement modulo 5. De plus, les valeurs prises par la circulation sont toutes comprises entre 1 et 4. Une telle circulation est appelée un 5-flot. Plus généralement, une circulation nulle part zéro f à valeurs dans $\mathbb{Z}$ dans un digraphe D est un *k-flot* si

$$-(k-1) \leq f(a) \leq k-1, \text{ pour tout } a \in A$$

(Dans ce contexte, le terme de 'flot' est communément utilisé, plutôt que celui de 'circulation' ; nous adoptons donc cette terminologie.)

Si un graphe a un k-flot, il a aussi clairement une circulation nulle part zéro à valeurs dans $\mathbb{Z}_k$; les valeurs du flot peuvent tout simplement être vues comme des éléments de $\mathbb{Z}_k$. Étonamment, l'inverse est vrai aussi, ainsi que Tutte (1954a) l'a montré. La démonstration que nous en donnons ici ressemble étroitement à la preuve constructive du Théorème de Circulation d'Hoffman (21.9) donnée Partie 21.3.

Théorème 22.3 *Un graphe admet une circulation nulle part zéro à valeurs dans $\mathbb{Z}_k$ si et seulement s'il admet un k-flot.*

Démonstration Comme observé précédemment, si un graphe a un k-flot, alors il a une circulation nulle part zéro à valeurs dans $\mathbb{Z}_k$. Il reste donc à prouver la réciproque.

Soit G un graphe qui a une circulation nulle part zéro à valeurs dans $\mathbb{Z}_k$. Considérons une orientation D de G, et soit f une circulation nulle part zéro dans D à valeurs dans $\mathbb{Z}_k$. Si nous regardons les éléments de $\mathbb{Z}_k$ comme des éléments de $\mathbb{Z}$, la fonction f, bien qu'elle ne soit pas nécessairement un flot, a les propriétés suivantes.

i) Pour tout $a \in A$, $f(a) \in \{1, 2, \ldots, k-1\}$.
ii) Pour tout $v \in V$, $f^+(v) - f^-(v) \equiv 0 \pmod{k}$,

avec $f^+(v) - f^-(v)$ le flot net sortant de v. Définissons un sommet v comme *positif*, *équilibré*, ou *négatif* selon que le flot net est strictement positif, nul, ou strictement négatif, respectivement. Comme $\sum_{v \in V}(f^+(v) - f^-(v)) = 0$ (Exercice 7.1.1a), ou bien tous les sommets sont équilibrés, auquel cas f est un k-flot, ou bien il y a à la fois des sommets positifs et des sommets négatifs.

Appelons la quantité $\sum_{v \in V} |f^+(v) - f^-(v)|$ l'*excès* de f. Si les sommets ne sont pas tous équilibrés, l'excès est strictement positif. Dans ce cas, nous allons montrer comment modifier f en une circulation nulle part zéro f' à valeurs dans $\mathbb{Z}_k$ d'excès strictement plus petit. En répétant cette procédure nous obtiendrons un k-flot.

Considérons un sommet positif x, et notons X l'ensemble de tous les sommets de D atteignables depuis x par des chemins dirigés. Alors $\partial^+(X) = \emptyset$, et donc

$$\sum_{v \in X} (f^+(v) - f^-(v)) = f^+(X) - f^-(X) \leq 0$$

ce qui implique l'existence d'un sommet négatif y dans X. D'après la définition de X, il y a un chemin dirigé xPy dans D. Soit D' le digraphe obtenu à partir de D en inversant la direction de tous les arcs de P, remplaçant ainsi chaque arc a de P par $\overleftarrow{a}$, et soit f' la fonction dérivée de f en posant $f'(\overleftarrow{a}) := k - f(a)$ si $a \in A(P)$, et $f'(a) := f(a)$ sinon. Alors f' satisfait elle aussi les propriétés (i) et (ii), et l'excès de f' est de $2k$ inférieur à l'excès de f. En itérant cette procédure, on obtient un k-flot dans G. □

La technique de modification d'une circulation f d'excès strictement positif en une circulation f' d'excès plus petit est illustrée Figure 22.2. Pour la circulation nulle part zéro à valeurs dans $\mathbb{Z}_5$ représentée Figure 22.2a, il y a un seul sommet positif, à savoir x, et un seul sommet négatif, à savoir y, les autres sommets étant équilibrés. L'excès de cette circulation vaut d10. En prenant pour P le (x, y)-chemin dirigé de longueur 2, nous obtenons le digraphe D' et le 5-flot f' représenté Figure 22.2b.

Indice de flot

Par définition, un k-flot dans un graphe est également un k'-flot pour tout $k' \geq k$. Tutte (1954a) a conjecturé qu'il y a un entier strictement positif k tel que tout graphe ait un k-flot. C'est vrai pour les graphes planaires parce que, en vertu du Théorème 22.3, le Théorème 22.2 affirme qu'un graphe plan 2-arête-connexe G a un k-flot si et seulement si son dual G^* est k-colorable, et que tout graphe planaire est 4-colorable par le Théorème des Quatre Couleurs. Jaeger (1976) et Kilpatrick (1975) ont prouvé la Conjecture de Tutte en montrant que tout graphe a un 8-flot. Peu de temps après, Seymour (1981b) améliora leur borne en montrant que tout graphe a un 6-flot. Les démonstrations de ces deux théorèmes sont données dans les Parties 22.4 et 22.6, respectivement.

L'*indice de flot* d'un graphe est défini comme le plus petit entier strictement positif k pour lequel il ait un k-flot. Ainsi l'indice de flot d'un graphe planaire (2-arête-connexe) vaut entre 2 et 4. Le graphe de Petersen a le 5-flot représenté Figure 22.2b, mais (ainsi que nous l'avons déjà mentionné) pas de 4-flot, donc son indice de flot est égal à 5.

Un k-flot f dans un digraphe D est *positif* si $f(a) > 0$, pour tout $a \in A$. Si un graphe a un k-flot, alors il a un k-flot positif (Exercice 22.2.1). En particulier, si G est un graphe pair et D est une orientation équilibrée de G, alors le flot f dans D tel que $f(a) = 1$ pour tout $a \in A$ est un 2-flot positif dans D. Inversement, un graphe qui a un 2-flot est nécessairement pair (Exercice 22.2.2). Nous avons donc :

Théorème 22.4 *Un graphe admet un 2-flot si et seulement s'il est pair.* □

Pour tout k, le problème de décider si un graphe G a un k-flot est clairement dans $\mathcal{NP}$. Pour $k = 3$, ce problème est en fait $\mathcal{NP}$-complet, même si G est planaire. Cela découle du Théorème 22.3 et du fait que le problème de décider si un graphe planaire donné est 3-sommet-colorable est $\mathcal{NP}$-complet. Le théorème qui suit caractérise les graphes cubiques qui ont des 3-flots.

Théorème 22.5 *Un graphe cubique 2-arête-connexe admet un 3-flot si et seulement s'il est biparti.*

Démonstration Soit $G := G[X, Y]$ un graphe cubique biparti. D'après le Théorème 18.2, G est 3-arête-colorable, donc il existe trois couplages parfaits disjoints M_1, M_2, et M_3 dans G tels que $E = M_1 \cup M_2 \cup M_3$. Orientons les arêtes de M_1 de X vers Y et les arêtes de $M_2 \cup M_3$ de Y vers X. La fonction $f : A \to \{1, 2\}$ définie par

$$f(a) := \begin{cases} 2 & \text{si } a \in M_1 \\ 1 & \text{si } a \in M_2 \cup M_3 \end{cases}$$

est un 3-flot dans G.

Réciproquement, soit G un graphe cubique ayant un 3-flot f. Quitte à inverser les orientations des arcs si nécessaire, nous pouvons supposer que f est un 3-flot positif. La condition de conservation implique alors qu'en tout sommet v, soit (i) il y a deux arcs entrants portant chacun un flot de 1, et un arc sortant portant un flot de 2, soit (ii) il y a un arc entrant portant un flot de 2, et deux arcs sortants portant chacun un flot de 1. Soit X l'ensemble des sommets où le flot est comme en (i), et soit Y son complémentaire. Alors (X, Y) est une bipartition de G. $\square$

Le polynôme de flot

Nous abordons maintenant une autre analogie frappante entre les colorations et les circulations nulle part zéro dans les graphes. Considérons un graphe G et un groupe additif fini abélien Γ quelconques. Soit $F(G, \Gamma)$ le nombre de circulations nulle part zéro dans G à valeurs dans Γ (c'est-à-dire, le nombre de circulations nulle part zéro à valeurs dans Γ dans une orientation fixée de G ; par l'Exercice 22.1.4, ce nombre est indépendant de cette orientation).

Pour tout lien e de G, chaque circulation f' dans G / e est la restriction à $E \setminus e$ d'une unique circulation f dans G. Par conséquent, $F(G / e, \Gamma)$ est le nombre de circulations f dans G qui prennent des valeurs non-nulles sur toutes les arêtes, exceptée possiblement e. D'autre part, chaque circulation f' dans $G \setminus e$ est la restriction à $E \setminus e$ d'une unique circulation f dans G telle que $f(e) = 0$, donc $F(G \setminus e, \Gamma)$ est le nombre de circulations f dans G qui prennent des valeurs non-nulles sur toutes les arêtes de $E \setminus \{e\}$, et la valeur 0 sur e. Par conéquent, ainsi que Tutte (1954a) l'a observé, la fonction $F(G, \Gamma)$ vérifie la formule de récurrence suivante, qui rappelle les formules de récurrence pour le nombre d'arbres couvrants (Proposition 4.9) et le polynôme chromatique (15.6).

Théorème 22.6 *Pour tout graphe G, tout lien e de G, et tout groupe fini additif abélien Γ,*

$$F(G, \Gamma) = F(G / e, \Gamma) - F(G \setminus e, \Gamma)$$ □

Avec une récurrence simple similaire à celle utilisée pour démontrer que le nombre de k-colorations est un polynôme en k, on peut déduire du Théorème 22.6 le résultat suivant (Exercice 22.2.4). Ce qui y est remarquable est que $F(G, \Gamma)$ ne dépende pas de la structure du groupe Γ, mais seulement de son ordre.

Théorème 22.7 *Pour un graphe G sans arête séparatrice, il existe un polynôme $Q(G, x)$ tel que $F(G, \Gamma) = Q(G, k)$ pour tout groupe additif abélien Γ d'ordre k. De plus, si G est simple et e une arête quelconque de G, alors $Q(G, x)$ satisfait la récurrence :*

$$Q(G, x) = Q(G / e, x) - Q(G \setminus e, x)$$ □

Le polynôme $Q(G, x)$ est appelé le *polynôme de flot* de G. Une expression explicite du polynôme de flot, analogue à la formule de Whitney pour le polynôme chromatique (voir Exercice 15.7.12), est donnée à l'Exercice 22.2.13.

Flots entiers et couvertures par des sous-graphes pairs

Un cas particulier intéressant du Théorème 22.7 est lorsque l'ordre du groupe Γ est un produit non-trivial $k_1 k_2$. Dans ce cas, le groupe Γ peut aussi bien être $\mathbb{Z}_{k_1 k_2}$ que $\mathbb{Z}_{k_1} \times \mathbb{Z}_{k_2}$, ce qui nous donne le corollaire suivant.

Corollaire 22.8 *Soit G un graphe, et soient k_1 et k_2 des entiers supérieurs ou égaux à 2. Alors le nombre de circulations nulle part zéro dans G à valeurs dans $\mathbb{Z}_{k_1 k_2}$ est égal au nombre de circulations nulle part zéro dans G à valeurs dans $\mathbb{Z}_{k_1} \times \mathbb{Z}_{k_2}$.* □

Couplé au Théorème 22.3, le Corollaire 22.8 fournit une relation importante entre flots et propriétés structurelles de graphes.

Théorème 22.9 *Soit G un graphe, et soient k_1 et k_2 des entiers supérieurs ou égaux à 2. Alors G admet un $k_1 k_2$-flot si et seulement si $G = G_1 \cup G_2$, et G_i admet un k_i-flot pour $i = 1, 2$.*

Démonstration Si G a un $k_1 k_2$-flot, alors il a une circulation nulle part zéro sur $\mathbb{Z}_{k_1 k_2}$, en vertu du Théorème 22.3. Par le Corollaire 22.8, ceci implique que G a une circulation nulle part zéro $f := (f_1, f_2)$ à valeurs dans $\mathbb{Z}_{k_1} \times \mathbb{Z}_{k_2}$. Soit $G_i := G[E_i]$ où E_i est le support de f_i, $i = 1, 2$. Alors $G = G_1 \cup G_2$, parce que f est nulle part zéro. De plus, f_i est une circulation nulle part zéro dans G_i à valeurs dans $\mathbb{Z}_{k_i}$, $i = 1, 2$. Une fois encore, grâce au Théorème 22.3, nous concluons que

$G = G_1 \cup G_2$ et que G_i a un k_i-flot, $i = 1, 2$. La réciproque se prouve en inversant ce raisonnement. □

La conséquence suivante du Théorème 22.9 est implicite dans les travaux de Jaeger (1976) et Kilpatrick (1975).

Corollaire 22.10 *Un graphe admet un 2^k-flot si et seulement s'il admet une couverture par k sous-graphes pairs.*

Démonstration Par application récursive du Théorème 22.9, avec $k_i = 2$, $1 \leq i \leq k$, et en utilisant le Théorème 22.4. □

Matthews (1978) a donné une preuve du Corollaire 22.10 décrivant une bijection entre les 2^k-flots et les couvertures par k-uplets de sous-graphes pairs.

Le Corollaire 22.10 implique, en particulier, qu'un graphe a un 4-flot si et seulement s'il a une couverture par deux sous-graphes pairs. Dans le cas des graphes cubiques, cette condition peut s'exprimer en termes d'arête-coloration car un graphe cubique a une couverture par deux sous-graphes pairs si et seulement s'il est 3-arête-colorable (Exercice 18.3.4a). Ainsi, comme conséquence du cas $k = 2$ du Corollaire 22.10, nous avons :

Théorème 22.11 *Un graphe cubique admet un 4-flot si et seulement s'il est 3-arête-colorable.* □

Le graphe de Petersen, étant cubique mais pas 3-arête-colorable, n'a par conséquent pas de 4-flot. Comme indiqué précédemment, cela implique que son indice de flot est égal à 5.

Les résultats précédents révèlent un rapport entre les couvertures par cycles et les flots entiers dans les graphes. Jaeger (1985) a trouvé une relation encore plus forte entre les couvertures doubles par cycles orientables et les flots entiers. Une couverture double par cycles d'un graphe est *orientable* si ses membres peuvent être orientés en cycle dirigés de telle sorte, qu'à eux tous, ils traversent chaque arête une fois dans chaque direction. Par exemple, la couverture double par cycles du cube donnée Figure 3.8 est orientable, comme montré sur la Figure 22.3. De la même façon, une couverture double par sous-graphes pairs est dite *orientable* si ses membres peuvent se décomposer pour former un couverture double par cycles orientables. Jaeger (1985) a prouvé le théorème suivant.

Théorème 22.12 *Tout graphe qui admet une couverture double orientable par k sous-graphes pairs admet un k-flot.*

Démonstration Soit $\{C_i : 1 \leq i \leq k\}$ une couverture double orientable de G par k sous-graphes pairs et soit f_i le 2-flot positif sur une orientation équilibrée D_i de C_i. Considérons maintenant une orientation fixée D de G et, pour $1 \leq i \leq k$, soit g_i la fonction sur $A(D)$ définie par

$$g_i(a) := \begin{cases} f_i(a), & \text{si } a \in A(D_i) \\ -f_i(a), & \text{si } \overleftarrow{a} \in A(D_i) \\ 0, & \text{sinon} \end{cases}$$

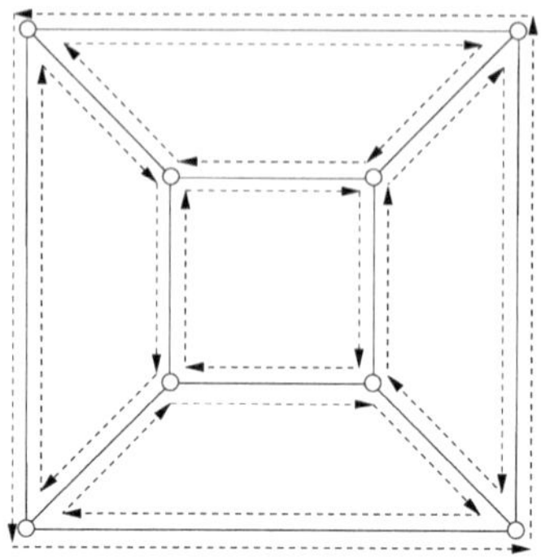

Fig. 22.3. Une orientation d'un couverture double par cycles du cube

où $\overleftarrow{a}$ est l'arc obtenu en renversant l'orientation de a. Alors $g := \sum_{i=1}^{k} i g_i$ est un k-flot de G. □

Exercices

⋆**22.2.1** Montrer que :

a) si un graphe G a un k-flot, alors une des orientations de G a un k-flot positif,
b) un digraphe connexe a un k-flot positif pour un certain $k \geq 1$ si et seulement s'il est fortement connexe.

⋆**22.2.2** Montrer que tout graphe qui admet un 2-flot est pair.

22.2.3 Soit G un graphe 2-arête-connexe, et e une arête de G. Si $G \setminus e$ a un k-flot, montrer que G a un $(k+1)$-flot. (C.Q. Zhang)

⋆**22.2.4** Déduire du Théorème 22.6 que, pour tout graphe G, la fonction $F(G, \Gamma)$ est un polynôme en l'ordre de Γ.

22.2.5 Montrer que tout graphe hamiltonien a un 4-flot.

22.2.6 Déterminer les polynômes de flot de :

a) la roue W_n, $n \geq 3$,
b) le graphe complet K_5.

⋆**22.2.7** Soit G un graphe et soient k_1 et k_2 des entiers tels que $k_i \geq 2$, $i = 1, 2$. Prouver que G a un $k_1 k_2$-flot si et seulement s'il y a un sous-graphe F de G tel que F a un k_1-flot et G / F a un k_2-flot.

22.2.8 À l'aide du Théorème de Circulation d'Hoffman (21.9), montrer qu'un graphe G admet un k-flot si et seulement s'il a une orientation D telle que $d^-(X) \leq (k-1)d^+(X)$ pour tous les sous-ensembles X de V.

22.2.9 Un graphe $(k+l)$-régulier est (k,l)-*orientable* s'il a une orientation pour laquelle chaque degré entrant (et chaque degré sortant) vaut ou k ou l.

a) On suppose que $k \geq l$. Montrer qu'un graphe $(k+l)$-régulier sans boucle G est (k,l)-orientable si et seulement s'il y a une partition (X,Y) de V telle que, pout tout sous-ensemble S de V,

$$d(S) \geq (k-l)(|S \cap X| - |S \cap Y|)$$

b) En déduire que tout graphe (k,l)-orientable, avec $k > l$, est également $(k-1, l+1)$-orientable.

22.2.10 Soit f un k-flot positif sur un digraphe D. On pose $S := \{a \in A : f(a) = k-1\}$.

a) i) Montrer qu'il y a un $(k-1)$-flot f' sur $D \backslash S$ tel que $f'(a) \equiv f(a) \pmod{k-1}$ pour tout $a \in A \setminus S$.
   ii) En déduire qu'il y a un 2-flot positif sur D dont le support contient S.

b) Déduire de (a) que f peut s'exprimer comme une somme de $k-1$ 2-flots positifs sur D. (C.H.C. Little, W.T. Tutte, et D.H. Younger)

22.2.11 a) Montrer que si G et H sont des graphes disjoints, alors $Q(G \cup H, x) = Q(G,x)Q(H,x)$.

b) En déduire que le polynôme de flot d'un graphe est égal au produit des polynômes de flot de ses composantes.

22.2.12

a) Soit D un digraphe, T une forêt maximale de D, et Γ un groupe abélien additif fini. Montrer que toute application de $A(D) \setminus A(T)$ dans Γ s'étend de manière unique en une circulation dans D à valeurs dans Γ.

b) En déduire que le nombre de circulations dans D à valeurs dans Γ est k^{m-n+c}, avec k l'ordre de Γ.

22.2.13

a) Soit a un arc d'un digraphe D. Montrer que :
   i) une fonction sur $A \setminus a$ est une circulation dans D/a si et seulement si c'est la restriction à $A \setminus a$ d'une circulation dans D,
   ii) si a est un lien de D et f' une circulation dans D/a, alors il y a une unique circulation f dans D telle que f' est la restriction de f à $A \setminus a$.

b) Soit G un graphe et soit Γ un groupe abélien additif d'ordre k. Pour un sous-ensemble S de E, soit $c(S)$ le nombre de composantes du sous-graphe couvrant de G d'ensemble d'arêtes S.
   i) Montrer que le nombre de circulations nulle part zéro dans G à valeurs dans Γ est égal à $\sum_{S \subseteq A} (-1)^{m-|S|} k^{|S|-n+c(S)}$.
   ii) Conclure que $Q(G,x) = \sum_{S \subseteq E} (-1)^{m-|S|} x^{|S|-n+c(S)}$. (W.T. Tutte)

22.3 Les conjectures de Tutte sur les flots

Tutte (1954a, 1966b, 1972) a proposé trois conjectures célèbre sur les flots entiers. Elles font partie des problèmes les plus importants de la théorie des graphes en son entier.

CONJECTURE DU 5-FLOT

Conjecture 22.13 *Tout graphe 2-arête-connexe admet un 5-flot.*

Si elle était vraie alors, d'après les Théoremes 22.2 et 22.3, cette conjecture serait une généralisation du Théorème des Cinq Couleurs (11.6). Il n'y a eu pratiquement aucune avancée sur ce problème. Le Théorème 22.12 suggère la conjecture suivante, formulée indépendamment par Archdeacon (1984) et Jaeger (1988), qui généralise à la fois la Conjecture du 5-Flot et la Conjecture de Couverture Double par des Cycles (3.9).

Conjecture 22.14 *Tout graphe 2-arête-connexe admet une couverture double orientable par cinq sous-graphes pairs.*

La deuxième des trois conjectures de Tutte cherche à généraliser la Conjecture des Quatre Couleurs.

CONJECTURE DU 4-FLOT

Conjecture 22.15 *Tout graphe 2-arête-connexe qui n'a pas le graphe de Petersen pour mineur admet un 4-flot.*

Pour les graphes cubiques, cette conjecture a été prouvée par K. Edwards, N. Robertson, D. Sanders, P. D. Seymour et R. Thomas[1], en utilisant une approche similaire à celle employée pour établir le Théorème des Quatre Couleurs (décrite Partie 16.2). Par le Théorème 22.11, ce cas particulier est équivalent à encore une autre conjecture de Tutte (1966b), à savoir que tout graphe cubique 2-arête-connexe qui n'a pas le graphe de Petersen pour mineur est 3-arête-colorable.

La troisième conjecture de Tutte, si elle s'avérait vraie, généraliserait le Théorème de Grötzsch (16.10).

---

[1] La preuve consiste en cinq articles par différents sous-ensembles de ces auteurs (Robertson et al. (1997b); Edwards et al. (2016); Robertson et al. (2019, 2014); Sanders et Thomas (in preparation)) dont certains ne sont pas encore parus.

CONJECTURE DU 3-FLOT

Conjecture 22.16 *Tout graphe 2-arête-connexe sans 3-coupe admet un 3-flot.*

Bien que les conjectures de flot de Tutte portent sur les graphes 2-arête-connexes, elles peuvent toutes se restreindre aux graphes 3-arête-connexes (Exercice 22.3.5). De plus, comme la Conjecture du 3-Flot concerne seulement les graphes sans 3-coupes, elle peut être reformulée en : *tout graphe 4-arête-connexe admet un 3-flot.* Kochol Kochol (2001) a montré qu'il suffisait en fait de montrer la conjecture pour les graphes 5-arête-connexes. Jaeger (1979) a émis la conjecture plus faible qu'il existe un entier k telle que tout graphe 4-arête-connexe admette un 3-flot. Celle-ci a été prouvée par Thomassen (2012) qui a établi que tout graphe 8-arête-connexe admet un 3-flot. Lovász et al. (2012) ont raffiné la méthode utilisée par Thomassen pour montrer que tout graphe 6-arête-connexe admet un 3-flot. Enfin, comme nous le prouvons Partie 22.5, tout graphe 4-arête-connexe a un 4-flot.

Exercices

22.3.1 Soit G un graphe et soit G' un graphe obtenu à partir de G par écartement de deux arêtes. Montrer que si G' admet un k-flot alors G aussi.

22.3.2

a) Soit G un graphe 2-arête-connexe sans 3-coupe, et soit v un sommet de G de degré différent de 5. Montrer qu'une paire d'arêtes incidentes à v peut être écartée de façon à obtenir un graphe 2-arête-connexe et sans 3-coupe.
b) En déduire que la Conjecture du 3-Flot (22.16) est équivalente à l'énoncé que tout graphe 5-régulier 4-arête-connexe a un 3-flot.

22.3.3 Montrer que tout graphe 2-arête-connexe sans $K_{3,3}$-mineur admet un 4-flot.

22.3.4 Soit G un graphe 2-arête-connexe et soit (X, Y) une partition non-triviale de V. Montrer que :

$$Q(G,x) = \frac{Q(G\,/\,X,x)\cdot Q(G\,/\,Y,x)}{x-1} \quad \text{si } d(X)=2$$
$$Q(G,x) = \frac{Q(G\,/\,X,x)\cdot Q(G\,/\,Y,x)}{(x-1)(x-2)} \quad \text{si } d(X)=3$$

(K. SEKINE ET C.-Q. ZHANG)

$\star$**22.3.5** Montrer que :

a) il suffit de prouver les Conjectures du 3-Flot, du 4-Flot, et du 5-Flot pour les graphes 3-arête-connexes,
b) pour $k \geq 6$, tout graphe 2-arête-connexe admet un k-flot si et seulement si tout graphe 3-arête-connexe admet un k-flot.

22.3.6 Soit k un entier strictement positif. Un digraphe D est dit *équilibré* $(mod\, k)$ si $d^-(v) \equiv d^+(v) \pmod{k}$ pour tout sommet v. Montrer que :

a) la Conjecture du 3-Flot est vraie si et seulement si tout graphe 4-arête-connexe admet une orientation équilibrée (mod 3),
b) la Conjecture du 5-Flot est vraie si et seulement si tout graphe 8-arête-connexe admet une orientation équilibrée (mod 5). (F. Jaeger)

22.4 Arbres couvrants arête-disjoints

Dans la partie précédente, nous avons vu qu'un graphe a un 2^k-flot si et seulement s'il a une couverture par k sous-graphes pairs (Corollaire 22.10). Cela amène à se demander quels graphes ont des couvertures avec peu de sous-graphes pairs. Par exemple, un graphe qui contient un cycle hamiltonien ou deux arbres couvrants arête-disjoints a une couverture par deux sous-graphes pairs (Exercices 4.3.9 et 4.3.10).

Motivés par cette dernière observation, nous considérons ici le problème de déterminer le nombre maximum d'arbres couvrants arête-disjoints dans un graphe. D'après le Théorème 4.6, un graphe a un arbre couvrant si et seulement s'il est connexe, c'est-à-dire, si et seulement si $\partial(X) \neq \emptyset$ pour tout sous-ensemble propre non-vide X de V. Ainsi un graphe a un arbre couvrant si et seulement si, pour toute partition de son ensemble de sommets en deux parties non-vides, il y a une arête avec une extrémité dans chaque partie. Généralisant ce résultat, nous donnons une condition nécessaire et suffisante pour qu'un graphe contienne k arbres couvrants arête-disjoints, où k est un entier strictement positif quelconque. Ce théorème structurel fondamental, trouvé indépendamment par Nash-Williams (1961) et Tutte (1961a), a un certain nombre d'applications importantes, en particulier aux flots. Ces dernières sont exposées dans la prochaine partie.

Le Théorème de Nash-Williams–Tutte

Rappelons que le graphe obtenu à partir d'un graphe G en contractant un sous-ensemble X de l'ensemble de sommets V de G est noté $G\,/\,X$. Nous pouvons étendre cette opération de contraction aux partitions de V comme suit : étant donnée une partition $\mathcal{P} = \{V_1, V_2, \ldots, V_p\}$ de V en parties non-vides, nous *contractons* $\mathcal{P}$ en contractant chaque ensemble V_i, $1 \leq i \leq p$, et nous désignons le graphe à p sommets obtenu par $G\,/\,\mathcal{P}$. Notons que $G\,/\,\mathcal{P}$ peut avoir des arêtes multiples, même si G est simple, mais n'a pas de boucle.

Supposons maintenant que G soit connexe, et considérons un arbre couvrant T de G et une partition $\mathcal{P}$ de V. Comme T est connexe, alors $T / \mathcal{P}$ l'est aussi. Par conséquent, $e(T / \mathcal{P}) \geq |\mathcal{P}| - 1$, avec $|\mathcal{P}|$ le nombre de parties de $\mathcal{P}$. De plus, si G a k arbres couvrants arête-disjoints, alors cette inégalité est valable pour chacun d'entre eux, et donc $e(G / \mathcal{P}) \geq k(|\mathcal{P}| - 1)$. En conséquence, une condition nécessaire pour qu'un graphe G ait k arbres couvrants arête-disjoints est que cette inégalité soit vérifiée pour toutes les partitions $\mathcal{P}$ de V. Nash-Williams et Tutte ont prouvé que cette condition est également suffisante. La preuve que nous donnons ici est due à Frank (1978).

Théorème 22.17 Théorème de Nash-Williams–Tutte
Un graphe G a k arbres couvrants arête-disjoints si et seulement si, pour toute partition $\mathcal{P}$ de V en parties non-vides,

$$e(G / \mathcal{P}) \geq k(|\mathcal{P}| - 1) \tag{22.1}$$

Démonstration Nous avons déjà montré que (22.1) est une condition nécessaire pour que G ait k arbres couvrants arête-disjoints. Il reste à montrer qu'elle est aussi suffisante. Nous le faisons en prouvant que si la condition (22.1) est vraie, alors une orientation de G a k branchements couvrants arc-disjoints enracinés en un sommet x. En vertu du Théorème 20.8, il suffit de montrer que G a une orientation D satisfaisant la condition (20.6). Par passage aux complémentaires, on peut formuler cette condition sous la forme équivalente :

$$d^-(X) \geq k, \quad \text{pour tout sous-ensemble non-vide } X \text{ de } V \setminus \{x\} \tag{22.2}$$

Comme aucune famille de k arbres couvrants arête-disjoints ne peut utiliser plus de k arêtes parallèles, nous pouvons supposer que chaque arête de G est de multiplicité au plus k.

Soit G un graphe qui vérifie (22.1) mais pas (22.2) pour tous les $x \in V$. Sous ces conditions, prenons son degré maximum Δ aussi grand que possible, et considérons un sommet x de degré Δ dans G. Notons que x est relié à un sommet y par moins de k arêtes, car si x était relié à tous les autres sommets par k arêtes, l'orientation existerait clairement. Nous ajoutons une nouvelle arête e à G reliant x et y, et posons $G' := G + e$.

Observons que G' satisfait (22.1). Par conséquent, du fait du choix de G, le graphe G' a une orientation D' telle que $d^-_{D'}(X) \geq k$ pour tout sous-ensemble non-vide X de $V \setminus \{x\}$. Nous pouvons supposer que x est une source de D', parce qu'aucun des arcs entrant en x ne peut être dans un x-branchement. Nous notons a l'arc de D' obtenu en orientant e, et par Y l'ensemble de tous les sommets atteignables depuis y par des chemins dirigés dans D'. Posant $\overline{Y} := V \setminus Y$, nous avons $x \in \overline{Y}$, car x est une source de D', et $y \in Y$.

Disons qu'un sous-ensemble non-vide X de $V \setminus \{x\}$ est *critique* si $d^-_{D'}(X) = k$. Nous affirmons que tout ensemble critique X qui intersecte Y est un sous-ensemble de Y. Supposons, au contraire, que $X \cap Y$ et $X \cap \overline{Y}$ soient tous deux non-vides (voir Figure 22.4).

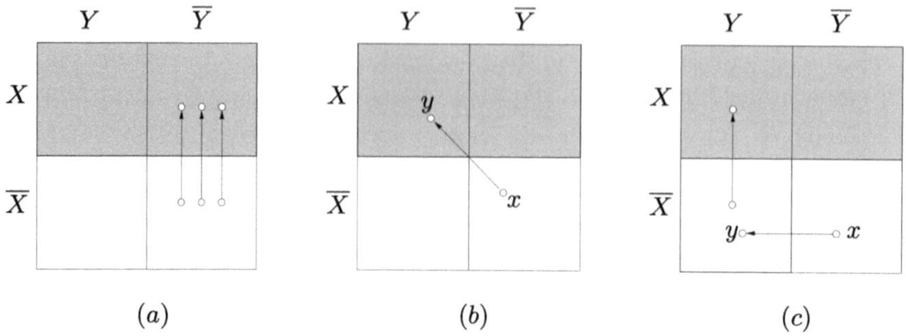

Fig. 22.4. (a) k arcs entrant en $X \cap \overline{Y}$, (b) le cas $y \in X \cap Y$, (c) le cas $y \in \overline{X} \cap Y$

Par définition de Y, tout arc qui entre en $X \cap \overline{Y}$ doit le faire depuis $\overline{X} \cap \overline{Y}$ (voir Figure 22.4a). Or il y a au moins k arcs de la sorte car $d^-_{D'}(X \cap \overline{Y}) \geq k$. Si $y \in X \cap Y$, alors l'arc $a = (x, y)$ est aussi dans $\partial^-_{D'}(X)$ (Figure 22.4b). Et si $y \in \overline{X} \cap Y$, au moins un arc entre dans l'ensemble non-vide $X \cap Y$ depuis $\overline{X} \cap Y$, par définition de Y (Figure 22.4(c)). Dans les deux cas, $d^-_{D'}(X) > k$, ce qui contredit l'hypothèse que X soit critique. Nous en concluons que $X \subseteq Y$.

La fin de la démonstration se divise en deux cas.

Cas 1 : Il existe un sommet z dans Y qui n'appartient à aucun ensemble critique. (Cela veut dire que $d^-_{D'}(X)) > k$ pour tout sous-ensemble X de $V \setminus \{x\}$ qui contient z.) Comme $y \in Y$, il existe un (y, z)-chemin dirigé P dans D'. Le digraphe D issu de D' en renversant les arcs de P et en supprimant l'arc a est une orientation de G qui remplit la condition (22.2) (Exercice 22.4.2).

Cas 2 : Tout sommet de Y est contenu dans un ensemble critique. Comme dans la démonstration du Théorème des Branchements d'Edmonds (20.8), on peut montrer que l'union de deux ensembles critiques qui s'intersectent est critique (Exercice 22.4.1). Comme chaque sommet de Y est contenu dans un ensemble critique, et que tout ensemble critique qui intersecte Y est un sous-ensemble de Y, les ensembles critiques maximaux contenus dans Y forment une partition $\{Y_1, Y_2, \ldots, Y_{p-1}\}$ de Y. Sans perte de généralité, nous pouvons supposer que $y \in Y_1$.

Maintenant posons $Y_p := \overline{Y}$, et considérons la partition $\mathcal{P} = \{Y_1, Y_2, \ldots, Y_p\}$ de V. Comme $Y_1, Y_2, \ldots, Y_{p-1}$ sont des ensembles critiques, $d^-_{D'}(Y_i) = k$ pour $1 \leq i \leq p-1$. Donc $d^-_D(Y_1) = k - 1$, et $d^-_D(Y_i) = k$ pour $2 \leq i \leq p-1$. Enfin, d'après la définition de Y, $d^-_D(Y_p) = 0$. Nous avons donc :

$$e(G \,/\, \mathcal{P}) = \sum_{i=1}^{p} d^-_D(Y_i) = k(p-1) - 1 < k(|\mathcal{P}| - 1)$$

ce qui contredit (22.1). □

Le corollaire suivant est dû à Polesskiĭ (1971).

Corollaire 22.18 *Tout graphe $2k$-arête-connexe contient k arbres couvrants arête-disjoints.*

Démonstration Soit G un graphe $2k$-arête-connexe et soit $\mathcal{P} := \{V_1, V_2, \ldots, V_p\}$ une partition de V. Le nombre d'arêtes entre V_i et les autres parties de $\mathcal{P}$ est $d(V_i)$ et, puisque G est $2k$-arête-connexe, $d(V_i) \geq 2k$, $1 \leq i \leq p$. Donc

$$e(G\,/\,\mathcal{P}) = \frac{1}{2}\sum_{i=1}^{p} d(V_i) \geq kp > k(|\mathcal{P}| - 1)$$

Par le Théorème 22.17, G a k arbres couvrants arête-disjoints. □

Exercices

⋆**22.4.1** Montrer que l'union de deux ensembles critiques qui s'intersectent est critique.

⋆**22.4.2** Dans le Cas 1 de la démonstration du Théorème 22.17, vérifier que l'orientation D de G remplit la condition (22.2).

22.4.3

a) Selon le Théorème 22.17, un graphe G a un arbre couvrant si et seulement si $e(G\,/\,\mathcal{P}) \geq |\mathcal{P}| - 1$ pour toute partition $\mathcal{P}$ de V en parties non-vides. Montrer que cette condition est remplie si et seulement si elle l'est pour toutes les partitions $\mathcal{P}$ de V en deux parties non-vides.
b) Pour un entier $k \geq 2$, donner un exemple de graphe G qui remplit la condition (22.1) pour toute partition $\mathcal{P}$ de V en deux parties non-vides, mais qui n'a pas k arbres couvrants arête-disjoints.

22.4.4 Décrire un algorithme polynomial qui prend en entrée un graphe G et renvoie soit une famille de k arbres couvrants arête-disjoints de G soit une partition $\mathcal{P}$ de G qui viole la condition (22.1). Déterminer la complexité de votre algorithme.

22.4.5

a) Soit $G = (V, E)$ un graphe, et soit $f : V \to \mathbb{N}$ une application sur ses sommets. Montrer que G admet une orientation D telle que $d^+(v) \leq f(v)$ pour tout $v \in V$ si et seulement si $e(F) \leq \sum_{v \in X} f(v)$ pour tout sous-graphe induit $F = G[X]$. (S.L. Hakimi)
b) En déduire que toute triangulation plane simple d'ordre au moins 4 admet une $K_{1,3}$-décomposition. (M. Dehn)

22.4.6 Arboricité
L'*arboricité* d'un graphe est le plus petit nombre de forêts en lesquelles il puisse se décomposer.

a) À l'aide des Exercices 20.3.4 et 22.4.5, montrer qu'un graphe G est d'arboricité au plus k si et seulement si $e(X) \leq k(|X|-1)$ pour tout sous-ensemble non-vide X de V. (C.St.J.A. Nash-Williams)
b) En déduire que tout graphe planaire simple peut se décomposer en trois forêts.

22.4.7 Soit G un graphe 4-arête-connexe.

a) Montrer que G a un sous-graphe eulérien couvrant. (C. Thomassen)
b) Déduire de (a) et de l'Exercice 3.3.8 que le graphe des lignes de G est hamiltonien.
c) Soient $m_1, m_2, \ldots, m_k$ des entiers strictement positifs dont la somme vaut m. Déduire de (b) que G admet une décomposition en k sous-graphes connexes, de tailles $m_1, m_2, \ldots, m_k$.

22.5 Les Théorèmes du 4-Flot et du 8-Flot

En exploitant la relation entre arbres couvrants et sous-graphes pairs décrite au Corollaire 4.12, et en appliquant les résultats de la partie précédente, Jaeger (1976) et Kilpatrick (1975) ont prouvé deux théorèmes fondamentaux sur les flots entiers, le *Théorème du 4-Flot* et le *Théorème du 8-Flot*. Afin d'avoir des notations simples, nous identifions les arbres avec leurs ensembles d'arêtes.

Théorème 22.19 *Tout graphe 4-arête-connexe admet une couverture par deux sous-graphes pairs.*

Démonstration Soit G un graphe 4-arête-connexe. Par le Corollaire 22.18, G a deux arbres couvrants arête-disjoints, et donc (Exercice 4.3.10) une couverture par deux sous-graphes pairs.

□

Le Corollaire 22.10 et le Théorème 22.19 impliquent alors :

Théorème 22.20 Théorème du 4-Flot
Tout graphe 4-arête-connexe admet un 4-flot. □

La démonstration du Théorème du 8-Flot procède de façon similaire, mais requiert un raisonnement plus subtil.

Théorème 22.21 *Tout graphe 2-arête-connexe admet une couverture par trois sous-graphes pairs.*

Démonstration Il suffit de prouver l'assertion pour les graphes 3-arête-connexes (Exercice 22.5.1). Considérons donc G un graphe 3-arête-connexe. Notons H le graphe obtenu en dupliquant toutes les arêtes de G. Étant 6-arête-connexe, H possède trois arbres couvrants arête-disjoints, d'après le Corollaire 22.18. Ces arbres correspondent à trois arbres couvrants de G, T_1, T_2, et T_3, tels que

$T_1 \cap T_2 \cap T_3 = \emptyset$. Par le Corollaire 4.12, il existe des sous-graphes pairs C_1, C_2, et C_3 tels que $C_i \supseteq E \setminus T_i$, $i = 1, 2, 3$. Donc

$$C_1 \cup C_2 \cup C_3 \supseteq (E \setminus T_1) \cup (E \setminus T_2) \cup (E \setminus T_3) = E \setminus (T_1 \cap T_2 \cap T_3) = E$$

Autrement dit, $\{C_1, C_2, C_3\}$ est une couverture de G. □

Le Théorème 22.21 combiné au Corollaire 22.10 donne :

Théorème 22.22 Théorème du 8-Flot
Tout graphe 2-arête-connexe admet un 8-flot. □

Couverture uniforme par sous-graphes pairs

Les Théorèmes 22.19 et 22.21 entraînent aussi des conditions pour l'existence de couvertures uniformes par sous-graphes pairs. Le lien entre couvertures et couvertures uniformes est donné par la proposition suivante.

Proposition 22.23 *Si un graphe admet une couverture par k sous-graphes pairs, alors il admet une 2^{k-1}-couverture par $2^k - 1$ sous-graphes pairs.*

Démonstration Soit $\{C_1, C_2 \ldots, C_k\}$ une couverture d'un graphe G par k sous-graphes pairs, et soit e une arête de G qui appartient à j de ces sous-graphes, disons $C_1, C_2, \ldots, C_j$. Alors e appartient à tous les sous-graphes pairs $\triangle\{C_i : i \in S\}$, tels que $S \subseteq \{1, 2, \ldots, k\}$ et $|S \cap \{1, 2, \ldots, j\}|$ est impair. Il y a 2^{k-1} tels sous-graphes. Par conséquent

$$\{\triangle\{C_i : i \in S\} : S \subseteq \{1, 2, \ldots, k\}, S \neq \emptyset\}$$

est une 2^{k-1}-couverture de G par $2^k - 1$ sous-graphes pairs. □

Le cas $k = 2$ de la Proposition 22.23 (ou l'Exercice 3.5.4a), couplé au Théorème 22.19, implique que la Conjecture de Couverture Double par des Cycles est vraie pour les graphes 4-arête-connexes.

Théorème 22.24 *Tout graphe 4-arête-connexe admet une couverture par trois sous-graphes pairs.* □

La même approche, utilisant le Théorème 22.21, donne le résultat suivant dû à Bermond et al. (1983) (voir aussi l'Exercice 3.5.4b).

Théorème 22.25 *Tout graphe 2-arête-connexe admet une couverture quadruple par sept sous-graphes pairs.* □

Exercices

$\star$**22.5.1** On suppose que tout graphe 3-arête-connexe a une couverture par trois sous-graphes pairs. Montrer que tout graphe 2-arête-connexe possède aussi une telle couverture.

22.5.2 Soit G un graphe 2-arête-connexe qui n'a pas de k-flot. Montrer qu'il existe un graphe cubique essentiellement 4-arête-connexe H tel que $v(H)+e(H) \leq v(G)+e(G)$ et qui n'a pas de k-flot.

22.5.3

a) Soit G un graphe cubique essentiellement 4-arête-connexe et soit C un 2-facteur de G qui n'est pas un cycle hamiltonien. Montrer que le graphe obtenu à partir de G en contractant les arêtes de C est 4-arête-connexe.
b) À l'aide du (a) et du résultat de l'Exercice 22.5.2, déduire le Théorème du 8-Flot (22.22) du Théorème du 4-Flot (22.20).

22.6 Le Théorème du 6-Flot

Nous présentons maintenant une preuve du Théorème du 6-Flot de Seymour (Seymour (1981b)), ainsi qu'une élégante application de celui-ci aux couvertures uniformes par sous-graphes pairs, due à Fan (1992). Par souci de clarté, nous identifions les sous-graphes pairs avec leurs ensembles d'arêtes.

Le Théorème du 6-Flot se montre en prouvant que tout graphe 3-arête-connexe G contient un sous-graphe pair C tel que le graphe $G\,/\,C$ a une circulation nulle part zéro à valeurs dans $\mathbb{Z}_3$; de manière équivalente, G a une circulation à valeurs dans $\mathbb{Z}_3$ dont le support comprend $E \setminus C$ (voir Exercice 22.2.7). La notion de 2-clôture d'un sous-graphe joue un rôle clé pour établir cette propriété.

Soit S un ensemble d'arêtes d'un graphe G. La *2-clôture* de S est l'(unique) sous-ensemble maximal de E obtenu à partir de S en ajoutant récursivement des arêtes, une ou deux à la fois, sous la condition que la ou les arêtes ajoutées à chaque étape forment un cycle avec des arêtes du sous-ensemble construit jusque-là. Par exemple, dans le graphe de Petersen, la 2-clôture d'un 5-cycle est simplement l'ensemble d'arêtes du cycle, alors que la 2-clôture d'un 9-cycle est l'ensemble d'arêtes tout entier.

Lemme 22.26 *Soit S un ensemble d'arêtes d'un graphe G dont la 2-clôture est l'ensemble E. Alors il existe une circulation dans G à valeurs dans $\mathbb{Z}_3$ dont le support comprend $E \setminus S$.*

Démonstration La preuve se fait par récurrence sur $|E \setminus S|$, le résultat étant trivial quand $S = E$. Supposons que S soit un sous-ensemble propre de E. Par hypothèse, il y a un cycle C dans G tel que $1 \leq |C \setminus S| \leq 2$. Posons $S' := S \cup C$. Alors $|E \setminus S'| < |E \setminus S|$ et la 2-clôture de S' est E. Soit $D = (V, A)$ une orientation de G dans laquelle C est un cycle dirigé. Par hypothèse de récurrence, il y a une circulation f dans D à valeurs dans $\mathbb{Z}_3$ dont le support comprend $A \setminus S'$. Soit f_C une circulation dans D à valeurs dans $\mathbb{Z}_3$ telle que $f_C(e) := 1$ si $e \in C$, et $f_C(e) := 0$ sinon. Alors l'une des fonctions f, $f + f_C$ et $f - f_C$ est une circulation dans G à valeurs dans $\mathbb{Z}_3$ dont le support comprend $E \setminus S$ (Exercice 22.6.3). $\square$

Lemme 22.27 *Tout graphe 3-arête-connexe G contient un sous-graphe pair C dont la 2-clôture est E.*

Démonstration Soit C un sous-graphe pair de G tel que :

i) le sous-graphe H de G induit par la 2-clôture de C est connexe,
ii) sous la condition (i), C est le plus grand possible.

Nous pouvons supposer que H n'est pas un sous-graphe couvrant de G. Sinon, d'après la définition de 2-clôture, $H = G$ et le résultat est vrai. Soit K une composante de $G - V(H)$. Observons qu'aucun sommet de K n'est adjacent à deux sommets de H (de nouveau d'après la définition de 2-clôture). Comme $\delta(G) \geq 3$, nous avons $\delta(K) \geq 2$, et donc les blocs terminaux de K sont 2-connexes.

Considérons un sous-graphe 2-arête-connexe maximal F de K contenant un des ces blocs terminaux. Puisque G est 3-arête-connexe, F est relié à H par deux arêtes (ou plus). Les extrémités de ces arêtes dans F sont distinctes parce qu'aucun sommet de K n'est adjacent à deux sommets de H, et ces extrémités sont connectées par deux chemins arête-disjoints dans F d'après la version arête du Théorème de Menger (7.17). Soit S l'union des ensembles d'arêtes de ces chemins. Alors $C \cup S$ contredit le choix de C. □

La démonstration ci-dessus du Lemme 22.27 de Seymour est due à Younger (1983).

Théorème 22.28 Théorème du 6-Flot
Tout graphe 2-arête-connexe admet un 6-flot.

Démonstration D'après l'Exercice 22.3.5b, il suffit de prouver le théorème pour les graphes 3-arête-connexes. Soit G un tel graphe. Par le Lemme 22.27, G contient un sous-graphe pair C dont la 2-clôture est E. Soit D une orientation de G, f_1 une circulation dans D à valeurs dans $\mathbb{Z}_2$ dont le support est C, et f_2 une circulation dans D à valeurs dans $\mathbb{Z}_3$ dont le support comprend $E \setminus C$; une telle circulation f_2 existe par le Lemme 22.26. Alors (f_1, f_2) est une circulation nulle part zéro dans D à valeurs dans $\mathbb{Z}_2 \times \mathbb{Z}_3$. Par le Corollaire 22.8 pour $k_1 = 2$ et $k_2 = 3$, G a une circulation nulle part zéro à valeurs dans $\mathbb{Z}_6$. Le Théorème 22.3 implique ensuite que G a un 6-flot.

□

Couvertures sextuples par sous-graphes pairs

Nous décrivons maintenant l'application donnée par Fan (1992) du Théorème du 6-Flot aux couvertures uniformes par sous-graphes pairs.

Théorème 22.29 *Tout graphe 2-arête-connexe admet une couverture sextuple par dix sous-graphes pairs.*

Démonstration Il suffit de prouver le théorème pour les graphes 3-arête-connexes (Exercice 22.6.4). Soit G un tel graphe. D'après le Lemme 22.27, G contient un sous-graphe pair C dont l'ensemble d'arêtes a E pour 2-clôture. Considérons une orientation D de G dont la restriction à C est paire, et soit f' la circulation dans D à valeurs dans $\mathbb{Z}_3$ définie par $f'(e) := 1$ si $e \in C$, et $f'(e) := 0$ si $e \in E \setminus C$. Par le Lemme 22.26, D a une circulation f à valeurs dans $\mathbb{Z}_3$ dont le support contient $E \setminus C$. Posons

$$S_i := \{e \in C : f(e) \equiv i \,(\mathrm{mod}\ 3)\}$$

Ainsi (S_0, S_1, S_2) est une partition de C et $f - if'$ est une circulation nulle part zéro dans $G_i := G \setminus S_i$ à valeurs dans $\mathbb{Z}_3$. Il y a donc un 3-flot f_i dans G_i, $i = 0, 1, 2$, par le Théorème 22.3. Notons que chaque arête de C est dans deux des trois sous-graphes G_i et que chaque arête de $E \setminus C$ est dans les trois. Nous pouvons considérer f_i comme un 4-flot dans G_i. Le Corollaire 22.10 et la Proposition 22.23 (ou l'Exercice 3.5.4) impliquent alors que G_i a une couverture double par trois sous-graphes pairs $\mathcal{C}_i := \{C_{i1}, C_{i2}, C_{i3}\}$. Ainsi $\mathcal{C} := \mathcal{C}_1 \cup \mathcal{C}_2 \cup \mathcal{C}_3$ est une collection de neuf sous-graphes pairs de G qui ensemble couvrent chaque arête de C quatre fois et chaque arête de $E \setminus C$ six fois. Il s'ensuit que $\mathcal{D} := \{C \triangle C' : C' \in \mathcal{C}\}$ est une collection de neuf sous-graphes pairs de G qui ensemble couvrent chaque arête de C cinq fois et chaque arête de $E \setminus C$ six fois. Maintenant $C \cup \mathcal{D}$ est une couverture sextuple de G par dix sous-graphes pairs. □

Le complémentaire d'un couplage parfait dans un graphe cubique est un sous-graphe pair. À l'aide de cette relation entre couplages parfaits et sous-graphes pairs, la Conjecture de Fulkerson (18.6) peut se reformuler en : *tout graphe cubique* 2*-arête-connexe a une couverture quadruple par six sous-graphes pairs.* Jaeger (1988) a observé que l'énoncé plus général suivant est équivalent à la Conjecture de Fulkerson (Exercice 22.6.5).

Conjecture de Jaeger

Conjecture 22.30 *Tout graphe 2-arête-connexe admet une couverture quadruple par six sous-graphes pairs.*

D'après le Théorème 22.25, cette assertion est vraie si six est remplacé par sept. En revanche, on ne sait pas s'il existe un entier k tel que tout graphe 2-arête-connexe ait une $2k$-couverture par $3k$ sous-graphes pairs. Un tel entier doit être pair, car le graphe de Petersen n'a pas de $2k$-couverture par $3k$ sous-graphes pairs lorsque k est impair (Exercice 22.6.6). En particulier, le graphe de Petersen n'a pas de couverture sextuple par neuf sous-graphes pairs. En ce sens, le Théorème 22.29 est le meilleur possible.

Exercices

$\star$**22.6.1** Montrer que la 2-clôture est bien définie.

22.6.2 Trouver un exemple de graphe 2-arête-connexe G qui ne contient pas de sous-graphe pair dont la 2-clôture soit E.

$\star$**22.6.3** Dans la démonstration du Lemme 22.26, montrer qu'une des fonctions f, $f + f_C$, $f - f_C$ est une circulation dans G à valeurs dans $\mathbb{Z}_3$ dont le support comprend $E \setminus S$.

$\star$**22.6.4** Soient k et l des entiers strictement positifs. On suppose que tout graphe 3-arête-connexe admet une l-couverture par k sous-graphes pairs. Montrer que tout graphe 2-arête-connexe admet une telle couverture.

22.6.5 Montrer que la Conjecture de Fulkerson (18.6) et la Conjecture de Jaeger (22.30) sont équivalentes.

22.6.6 Montrer que le graphe de Petersen n'a pas de $2k$-couverture par $3k$ sous-graphes pairs si k est impair.

22.7 Le polynôme de Tutte

Une fonction sur la classe de tous les graphes est appelée un *invariant de graphes* s'il prend la même valeur sur des graphes isomorphes. La connectivité et la stabilité sont des exemples d'invariants de graphes, de même que le polynôme chromatique et le polynôme de flot.

Tutte (1947c) a montré que plusieurs invariants de graphes importants obéissent à deux règles de récurrence à la fois simples et naturelles. Considérons, par exemple, le nombre de forêts couvrantes maximales d'un graphe G. Notons ce nombre $f(G)$. Maintenant, un sous-graphe d'un graphe G est une forêt couvrante maximale si et seulement si c'est une union d'arbres couvrants des composantes de G. Une conséquence de la formule de récurrence pour le nombre d'arbres couvrants d'un graphe (Proposition 4.9) est que f vérifie les identités suivantes.

$$f(G) = f(G \setminus e) + f(G / e) \quad \text{si } e \text{ est un lien de } G \tag{22.3}$$

$$f(G \cup H) = f(G)f(H) \quad \text{si } G \text{ et } H \text{ sont disjoints} \tag{22.4}$$

Le polynôme chromatique et le polynôme de flot vérifient aussi (22.4) (Exercices 15.7.7 et 22.2.11). De plus, bien qu'ils ne satisfassent pas (22.3), ils peuvent le faire par un simple ajustement de signes. En effet, les polynômes $(-1)^n P(G, x)$ et $(-1)^{m-n} Q(G, x)$ vérifient tous deux (22.3) et (22.4) (Exercice 22.7.1).

Tutte (1947c) a montré qu'il existe un polynôme à deux variables ayant la remarquable propriété que tout invariant qui vérifie (22.3) et (22.4), et des conditions initiales appropriées, est une évaluation de ce polynôme. Ce résultat fondamental a de nombreuses ramifications de grande portée, ainsi que des applications dans divers domaines des mathématiques.

Nous notons L_m le graphe formé d'un sommet et de m boucles incidentes à ce sommet ; ainsi $L_0 = K_1$ et L_1 est le graphe boucle. Tutte (1947c) a prouvé que tout invariant de graphes qui vérifie (22.3) et (22.4), et à valeurs dans un anneau commutatif, est déterminé par les valeurs qu'il prend sur les graphes L_m, $m \geq 0$. Comme exemple d'un tel invariant, il a introduit un polynôme à deux variables obtenu en combinant l'expression du polynôme chromatique due à Whitney (1932b) avec son analogue pour les flots nulle part zéro (voir Exercices 15.7.12 et 22.2.13). Ce polynôme diffère d'un facteur multiplicatif de $(-1)^{c(G)}$ d'un polynôme maintenant communément appelé le polynôme (du rang) de Whitney. Nous donnons ici une définition de ce dernier polynôme car il se prête plus facilement aux généralisations aux autres branches des mathématiques telles que la théorie des matroïdes.

Pour un graphe donné G, le *polynôme de Whitney* de G, noté $W(G; x, y)$, est défini par l'expression

$$W(G; x, y) := \sum_{S \subseteq E} x^{c(S)-c(G)} y^{|S|-v(G)+c(S)}$$

où $c(S)$ est le nombre de composantes du sous-graphe couvrant de G d'ensemble d'arêtes S.

En guise d'exemple, considérons la *m-attache* B_m, le graphe formé de deux sommets relié par m liens, $m \geq 1$; en particulier, $B_1 = K_2$ et B_2 est le 2-cycle. Le terme de $W(B_m; x, y)$ correspondant à $S = \emptyset$ est $x^{2-1}y^{0-2+2} = x$. Si S est un sous-ensemble de $E(B_m)$ de cardinal i, $1 \leq i \leq m$, le sous-graphe couvrant de B_m d'ensemble d'arêtes S est connexe, et donc le terme de $W(B_m; x, y)$ correspondant à S est $x^{1-1}y^{i-2+1} = y^{i-1}$. Donc le polynôme de Whitney de B_m vaut

$$W(B_m; x, y) = x + \sum_{i=1}^{m} \binom{m}{i} y^{i-1}$$

Tutte (1954a) a introduit un polynôme qui s'obtient du polynôme de Whitney par une simple modification. Il l'a appelé le *dichromate*. Ce polynôme, maintenant connu comme le *polynôme de Tutte* et noté $T(G; x, y)$, est défini par $T(G; x, y) := W(G; x-1, y-1)$. Ainsi

$$T(G; x, y) = \sum_{S \subseteq E} (x-1)^{c(S)-c(G)} (y-1)^{|S|-v(G)+c(S)}$$

Bien que ces deux polynômes $W(G; x, y)$ et $T(G; x, y)$ encodent la même information sur le graphe G, le polynôme de Tutte tend à avoir des coefficients plus petits. Par exemple, on peut vérifier (Exercice 22.7.2a) que

$$T(B_m; x, y) = y^{m-1} + y^{m-2} + \cdots + y^2 + x + y$$

Le théorème qui suit liste plusieurs propriétés fondamentales du polynôme de Tutte.

Théorème 22.31 *Le polynôme de Tutte $T(G;x,y)$ a les propriétés suivantes :*

- ▷ $T(L_0;x,y)=1, \quad T(B_1;x,y)=x, \quad T(L_1;x,y)=y.$
- ▷ *si e est une boucle de G,*

$$T(G;x,y)=y\cdot T(G\setminus e;x,y)$$

- ▷ *si e est une arête séparatrice de G,*

$$T(G;x,y)=x\cdot T(G\,/\,e;x,y)$$

- ▷ *si e n'est ni une boucle ni une arête séparatrice de G,*

$$T(G;x,y)=T(G\setminus e;x,y)+T(G\,/\,e;x,y)$$

- ▷ *si $G_1,G_2,\ldots,G_k$ sont les blocs de G,*

$$T(G;x,y)=\prod_{i=1}^{k}T(G_i;x,y)$$ □

Ce qui rend le polynôme de Tutte si extraordinaire est qu'il est un invariant universel au sens du théorème suivant, dû à Tutte (1948a) et redécouvert par Brylawski (1972).

Théorème 22.32 *Soit f un invariant de graphes à valeurs dans un anneau commutatif R, qui est multiplicatif sur les blocs du graphe, et qui vérifie $f(L_0)=1$, l'élément neutre multiplicatif de R. Supposons, en outre, que $f(B_1)=x$ et $f(L_1)=y$, et que :*

- ▷ $f(G)=y\cdot f(G\setminus e)$ *si e est une boucle de G,*
- ▷ $f(G)=x\cdot f(G\,/\,e)$ *si e est une arête séparatrice de G,*
- ▷ $f(G)=f(G\setminus e)+f(G\,/\,e)$ *sinon.*

Alors $f(G)=T(G;x,y)$. □

Nous laissons les démonstrations des Théorèmes 22.31 et 22.32 en exercice (22.7.6).

Des évaluations du polynôme de Tutte en certaines valeurs particulières de x et y sont données dans le tableau de la Figure 22.5. Par commodité, le graphe G est supposé connexe ; il y a des résultats analogues pour les graphes séparés.

La formule pour le nombre d'orientations acycliques est due à Winder (1966) et, indépendamment, Stanley (1973) ; la formule pour le nombre d'orientations fortement connexes est due à Las Vergnas (1977/78) ; la formule pour la dimension de l'intersection des espaces des cycles et des attaches est due à Rosenstiehl et Read (1978). Nous laissons la vérification de ces évaluations au lecteur (Exercice 22.7.5).

Comme mentionné précédemment, l'importance du polynôme de Tutte s'étend à beaucoup d'autres domaines des mathématiques. Par exemple, un polynôme très connu en théorie des nœuds, le *polynôme de Jones* , est étroitement lié au polynôme de Tutte. L'article par Brylawski et Oxley (1992) fournit une excellente synthèse des applications du polynôme de Tutte. Pour un aperçu des aspects calculatoires du polynôme de Tutte, nous dirigeons le lecteur vers Welsh (1993).

$T(G;1,1)$	nombre d'arbres couvrants
$T(G;1,2)$	nombre de sous-graphes couvrants connexes
$T(G;2,1)$	nombre de forêts couvrantes
$T(G;0,2)$	nombre d'orientations fortement connexes
$T(G;2,0)$	nombre d'orientations acycliques
$T(G;-1,-1)$	$(-1)^{n-1}(-2)^{\dim(\mathcal{B}\cap\mathcal{C})}$
$T(G;1-x,0)$	$(-1)^{n-1}P(G,x)$
$T(G;0,1-x)$	$(-1)^{m-n+1}Q(G,x)$

Fig. 22.5. Évaluations particulières du polynôme de Tutte d'un graphe connexe G

Exercices

22.7.1 Vérifier que $(-1)^n P(G,x)$ et $(-1)^{m-n}Q(G,x)$ satisfont (22.3) et (22.4).

22.7.2 Vérifier les résultats suivants.

a) Pour la m-attache B_m, $T(B_m;x,y) = y^{m-1} + y^{m-2} + \cdots + y^2 + x + y$.
b) Pour le n-cycle C_n, $T(C_n;x,y) = x^{n-1} + x^{n-2} + \cdots + x^2 + x + y$.
c) Pour un arbre G à n sommets, $T(G;x,y) = x^{n-1}$.

22.7.3 Montrer que, pour les deux graphes non-isomorphes G et H de la Figure 22.6, $T(G;x,y) = T(H;x,y)$.

22.7.4 Soit G un graphe plan, et soit G^* son dual. Montrer que $T(G;x,y) = T(G^*;y,x)$.

22.7.5 Vérifier les entrées du tableau de la Figure 22.5.

22.7.6 Donner des preuves des Théorèmes 22.31 et 22.32.

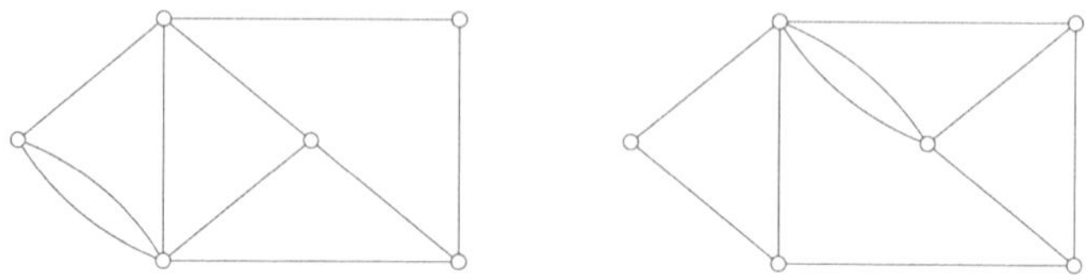

Fig. 22.6. Graphes non-isomorphes ayant le même polynôme de Tutte

22.7.7 Montrer que le polynôme de Tutte est reconstructible.

22.7.8 Soit f un invariant de graphes à valeurs dans un anneau commutatif R, qui est multiplicatif sur les blocs de ce graphe, et vérifie $f(K_1) = 1$, l'élément neutre multiplicatif de R. On suppose que $f(B_1) = x$ et $f(L_1) = y$, et qu'il existe des éléments non-nuls r et s de R tels que :

▷ $f(G) = y \cdot f(G \setminus e)$ si e est une boucle de G,
▷ $f(G) = x \cdot f(G \,/\, e)$ si e est une arête séparatrice de G,
▷ $f(G) = r \cdot f(G \setminus e) + s \cdot f(G \,/\, e)$ sinon.

Montrer que $f(G) = r^{m-n+1}s^{n-1}T(G; x/s, y/r)$. (J. Oxley et D.J.A. Welsh)

22.7.9 Le polynôme de fiabilité
Soit G un graphe connexe et soit G_p un sous-graphe couvrant aléatoire de G obtenu en gardant chaque arête indépendamment avec probabilité $p \in [0, 1[$ (ou en l'effaçant avec probabilité $q := 1 - p$). On note $R(G, p)$ la probabilité que G_p soit connexe. Montrer que $R(G, p) = p^{n-1}q^{m-n+1}T(G; 1, 1/q)$.
(Si G représente un réseau de communication et q désigne la probabilité de panne d'un lien, alors $R(G, p)$ est la probabilité que les communications restent possibles entre tous les centres. Pour cette raison, $R(G, p)$ est connu comme le *polynôme de fiabilité* de G.)

22.8 En savoir plus

Plusieurs concepts et théorèmes abordés dans ce chapitre se généralisent de manière naturelle aux matroïdes.

Paquets de bases dans les matroïdes

Edmonds (1965a) a montré qu'un matroïde M défini sur un ensemble E a k bases disjointes si et seulement si

$$k\,r(S) + |E \setminus S| \geq k\,r(E) \quad \text{pour tout } S \subseteq E$$

Si on applique ce théorème au matroïde des cycles d'un graphe, on obtient le Théorème de Nash-Williams–Tutte (22.17). Ce théorème d'Edmonds peut s'obtenir à partir de la généralisation de Rado du Théorème de Hall mentionnée Partie 17.6, mais la preuve d'Edmonds possède l'avantage de se traduire en un algorithme polynomial.

Le polynôme de Tutte pour les matroïdes

Crapo (1969) a observé qu'à tout matroïde on peut associer un polynôme à deux variables analogue au polynôme de Tutte pour les graphes. Comme pour les graphes, il est plus pratique de définir d'abord le *polynôme de Whitney* d'un matroïde M sur un ensemble E :

$$W(M; x, y) := \sum_{S \subseteq E} x^{r(E)-r(S)} y^{r^*(E)-r^*(E \setminus S)}$$

Le polynôme de Tutte de M s'obtient alors du polynôme de Whitney par changement de variables, comme dans le cas des graphes. Le polynôme de Tutte du matroïde des cycles d'un graphe est simplement le polynôme de Tutte du graphe. Pour une synthèse sur les applications du polynôme de Tutte de matroïdes, voir Brylawski et Oxley (1992).

Appendice A

Problèmes ouverts

Le premier livre *Graph Theory with Applications* de Bondy et Murty comprenait une liste de cinquante problèmes ouverts. University maintient un site web qui tient à jour le statut de ces cinquante problèmes.. Beaucoup ont été résolus depuis, notamment la Conjecture des Quatre Couleurs et celle des Graphes Parfaits. Mais beaucoup d'autres problèmes fondamentaux, tels que la Conjecture de la Reconstruction et la Conjecture du 5-Flot, restent ouverts.

Nous présentons ici une sélection de problèmes ouverts et conjectures intéressants ; les énoncés des conjectures sont écrits en italique. Un certain nombre apparaissent déjà dans ce livre. Dans ce cas, nous donnons un renvoi vers le problème ou la conjecture en question. Le cas échéant, nous indiquons des exercices ou théorèmes du livre qui y sont reliés. Une présentation plus détaillée des problèmes et conjectures listés ici se trouve sur la page web de la version anglaise du livre.

Prouver et conjecturer, comme aimait à le dire Paul Erdős, sont l'essence même de l'activité mathématique. Il fit beaucoup des deux dans sa vie ! L'article de Chung (1997) contient beaucoup des problèmes préférés d'Erdős. Une autre excellente source de problèmes ouverts est Jensen et Toft (1995). Enfin le site collaboratif web "Open Garden Problems" (http://www.openproblemgarden.org/) recense un nombre toujours plus grand de problèmes en théorie des graphes.

Depuis la parution de la version anglaise de ce livre, certaines conjectures ont été montrées ou infirmées.

- ▷ La conjecture de Kelly (voir Moon (1968)) qui affirme tout tournoi régulier peut se décomposer en cycles dirigés hamiltoniens. Elle a été montrée par Kühn et Osthus (2013) pour les tournois réguliers d'ordre suffisamment grand.
- ▷ Noel et al. (2012) ont montré que si $\chi \geq (n-1)/2$, alors $\chi_L = \chi$, prouvant ainsi la Conjecture d'Ohba (2002).
- ▷ La Conjecture d'Unimodularité de Read (1968) affirme que les valeurs absolues des coefficients du polynôme chromatique d'un graphe forment une suite unimodale. Elle a été établie par Huh (2012) qui a montré que cette suite est log-concave.

J. Bondy et al., *Théorie des graphes*, Mathématiques et Applications 91,
https://doi.org/10.1007/978-1-4471-7621-3

- ▷ Lovász et Plummer (1986) (p. 314) ont conjecturé qu'il y a une constante $c > 1$ telle que tout graphe G cubique 2-arête-connexe ait au moins c^n couplages parfaits. Cela a été prouvé par Esperet et al. (2011) pour $c = 2^{1/3656}$.
- ▷ Huang et Sudakov (2012) ont donné un contrexemple à la Conjecture d'Alon-Saks-Seymour (voir Kahn (1994)) qui affirme que tout graphe qui peut se décomposer en $k-1$ graphes bipartis complets est k-colorable.
- ▷ Cohen-Addad et al. (2017) ont donné un contrexemple à la Conjecture de Steinberg (1976) qui affirme que tout graphe planaire sans cycle de longueur 4 ou 5 est 3-colorable.
- ▷ Shitov (2019) a donné un contrexemple à la conjecture émise indépendamment par A. Kotzig et Hedetniemi (1966) qui affirme que le nombre chromatique du produit direct de deux graphes est égal aux plus de leurs deux nombres chromatiques : $\chi(G \times H) = \min\{\chi(G), \chi(H)\}$. [Exercice 15.1.18]

Afin de garder une liste de 100 problèmes ouverts, nous en avons donc ajouté sept, à savoir les conjectures 7, 10, 11, 46, 49, 77 et 100. En particulier, la Conjecture de Kelly est remplacée par celle d'Alspach, Mason et Pullman (Conjecture 10) qui implique celle de Kelly.

Reconstruction

1. (Conjecture 2.19)
Tout graphe simple d'ordre au moins trois est reconstructible.
KELLY (1942)

2. (Conjecture 2.23) *Tout graphe simple ayant au moins quatre arêtes est arête-reconstructible.* HARARY (1964)

3. *Si deux graphes infinis sont hypomorphes, alors chacun est isomorphe à un sous-graphe de l'autre.* [Exercice 4.2.10] HALIN (1970)

4. *Tout graphe simple d'ordre au moins cinq est reconstructible à partir de ses retournements.* [Exercice 2.7.19] STANLEY (1985)

Sous-graphes

5. *Tout graphe simple G ayant au moins $p\binom{n}{2}$ arêtes a au moins $cn^{v(F)}p^{e(F)}$ copies étiquetées de tout graphe biparti F, avec $c \sim 1$ (soit, au moins autant de copies que le graphe aléatoire avec le même nombre de sommets et d'arêtes que G.)*
[Exercice 13.2.6] SIDORENKO (1991)

6. Y a-t-il un entier d tel que les sommets de tout digraphe strict de degré sortant minimum d peut se partitionner en deux parties de telle sorte que le degré sortant minimum du sous-digraphe induit par chaque partie vale au moins 2 ?
ALON (1996)

7. *Pout tout* $\epsilon > 0$ *et tout entier strictement positif* k*, il existe* $r_0 = r_0(\epsilon, k)$ *tel que tout graphe simple* r*-régulier* G *avec* $r \geq r_0$ *ait un sous-graphe* k*-régulier* H *tel que* $|V(H)| \geq (1 - \epsilon)|V(G)|$. N. ALON ET D. MUBAYI, VOIR ALON (1996)

Couvertures, décompositions, et paquets

8. *Tout graphe simple connexe à* n *sommets peut se décomposer en au plus* $\frac{1}{2}(n+1)$ *chemins.* [Exercice 2.4.6b] T. GALLAI, VOIR LOVÁSZ (1968B)

9. *Tout graphe simple pair à* n *sommets peut se décomposer en au plus* $\frac{1}{2}(n-1)$ *cycles.* [Exercice 2.4.6a] G. HAJÓS, VOIR LOVÁSZ (1968B)

10. *Tout tournoi* D *d'ordre pair peut se décomposer en* $\sum_{v \in V} \max\{0, d^+(v) - d^-(v)\}$ *chemins dirigés.* ALSPACH ET AL. (1976)

11. *Pour tout arbre* T*, il existe un entier naturel* $k := k(T)$ *tel que tout tout graphe simple* k*-arête-connexe dont le nombre d'arêtes est divisible par* $e(T)$ *admette une décomposition en copies de* T. [Exercises 2.4.8,17.4.19]
BARÁT ET THOMASSEN (2006)

12. (Conjecture 3.9) *Tout graphe sans arête séparatrice a une couverture double par des cycles.*
FOLKLORE (ROBERTSON (2007)); SZEKERES (1973); SEYMOUR (1979B)

13. (Conjecture 3.11) *Tout graphe simple à* n *sommets sans arête séparatrice a une couverture double par au plus* $n-1$ *cycles.* BONDY (1990)

14. *Tout graphe 2-arête-connexe a une couverture double par au plus cinq sous-graphes pairs.* [Exercice 3.5.3] PREISSMANN (1981)

15. *Soit* G *un graphe pair sans boucle de degré minimum quatre, et soit* W *un tour eulérien de* G*. Alors* G *admet une décomposition en cycles dont aucun ne contient deux arêtes consécutives de* W. [Exercice 3.3.9]
G. SABIDUSSI 1975, VOIR FLEISCHNER (1990)

16. *Tout graphe simple* k*-régulier est d'arboricité linéaire* $\lceil (k+1)/2 \rceil$.
[Théorème 13.19] AKIYAMA ET AL. (1981), HILTON (1982)

17. *Soient* G *et* H *des graphes simples à* n *sommets tels que* $(\Delta(G)+1)(\Delta(H)+1) \leq n+1$*. Alors* K_n *contient des copies arête-disjointes de* G *et* H.
CATLIN (1974); BOLLOBÁS ET ELDRIDGE (1978)

18. Tout graphe cubique 3-connexe à $3k$ sommets admet-il une partition en k chemins de longueur 2 ? KELMANS (2005)

Complexité

19. (Conjecture 8.2) $\mathcal{P} \neq \mathcal{NP}$
J. Edmonds 1966, Cook (1971), Levin (1973)

20. (Conjecture 8.3) $\mathcal{P} = \mathcal{NP} \cap \text{co} - \mathcal{NP}$ Edmonds (1965c)

21. Le problème suivant est-il dans $\mathcal{P}$?

Étant donné : un graphe cubique G et un cycle hamiltonien dans G,
Trouver : un deuxième cycle hamiltonien dans G.
[Exercice 19.4.1] Chrobak et Poljak (1988)

22. Le problème suivant est-il dans co-$\mathcal{NP}$?

Étant donné : un graphe G et deux k-sous-ensembles X et Y de V,
Décider : y a-t-il k (X, Y)-chemins intérieurement disjoints de longueur impaire dans G ? Thomassen (1980)

Connectivité

23. *Il y a une fonction à valeurs entières f telle que, si G est un graphe $f(k)$-connexe et x et y deux sommets quelconques de G, alors il existe un xy-chemin induit P tel que $G - V(P)$ est k-connexe.*
L. Lovász, voir Kawarabayashi et al. (2007)

24. *Soit G un graphe et T un ensemble de sommets dans G dont deux sommets quelconques sont toujours connectés par $2k$ chemins arête-disjoints. Alors il y a k arbres arête-disjoints dans G contenant tous T.* [Corollaire 22.18]
Kriesell (2003)

25. *Tout graphe orienté $2k$-connexe contient un sous-graphe orienté simple k-connexe couvrant.* Thomassen (1989)

Plongements

26. (Conjecture 22.14) *Tout graphe* 2*-arête-connexe a une couverture double orientable par cinq sous-graphes pairs.* ARCHDEACON (1984), JAEGER (1988)

27. *Tout graphe simple planaire* G *a une forêt induite d'ordre au moins* $n/2$.
ALBERTSON ET BERMAN (1979)

28. *Tout graphe orienté simple planaire peut se partitionner en deux sous-graphes acycliques induits.*
NEUMANN-LARA (1985), R. ŠKREKOVSKI 2001, VOIR BOKAL ET AL. (2004)

29. *Tout graphe non-planaire* 5*-connexe contient une* K_5*-subdivision.*
[Exercice 10.5.14] P.D. SEYMOUR 1974, VOIR SEYMOUR (2007)
A.K. KELMANS 1979, VOIR KELMANS (1993)

30. *Tout graphe* 6*-connexe sans* K_6*-mineur a un sommet dont la suppression donne un graphe planaire.* JØRGENSEN (1994)

31. *Aucun graphe avec plus d'arêtes que de sommets n'a de plongement en manoque.*
[Exercice 10.1.11] J.H. CONWAY C.1968, VOIR WOODALL (1971)

32. *Tout graphe simple planaire admet un plongement rectilinéaire dans lequel toutes les arêtes sont de longueur entière.* KEMNITZ ET HARBORTH (2001)

Problèmes extrémaux

33. *Si* G *est simple et* $m > n(k-1)/2$*, alors* G *contient tous les arbres à* k *arêtes.*
[Exercice 4.1.9] P. ERDŐS ET V.T. SÓS 1963, VOIR ERDŐS (1964)

34. *Il existe une constante strictement positive* c *telle que* $\mathrm{ex}(n, C_{2k}) \geq cn^{1+1/k}$.
[Exercice 12.2.14] ERDŐS (1971)

35. *Si* G *a au plus* k *triangles arête-disjoints, alors il y a un ensemble de* $2k$ *arêtes dont la suppression détruit tous les triangles.*
ZS. TUZA 1981, VOIR TUZA (1990)

36. *Si* G *est un graphe simple sans triangle, alors il y a un ensemble d'au plus* $n^2/25$ *arêtes dont la suppression détruit tous les cycles impairs.*
ERDŐS ET AL. (1988)

Nombres de Ramsey

37. Donner une preuve constructive du fait que $r(k,k) \geq c^k$ pour un certain $c > 1$ et tout $k \geq 1$. [Théorème 12.12] ERDŐS (1969)

38. La limite $\lim_{k\to\infty}(r(k,k))^{1/k}$ existe-t-elle ? Si oui, déterminer sa valeur.
P. Erdős 1947, voir Erdős (1961b)

39. *Pour tout arbre T à n sommets, $r(T,T) \leq 2n-2$.* Burr et Erdős (1976)

40. *Pour tout graphe simple F, il y a une constante strictement positive $\epsilon := \epsilon(F)$ telle que tout graphe simple G qui ne contient pas de copie induite de F ait soit un stable soit une clique de cardinal n^ϵ.* Erdős et Hajnal (1989)

Coloration des sommets

41. (Conjecture 16.11) *Tout graphe k-chromatique a un K_k-mineur.*
Hadwiger (1943)

42. Un graphe k-chromatique contient-il nécessairement une K_k-subdivision quand $k=5$ et $k=6$? [Exercice 16.4.3] Catlin (1979)

43. *Tout digraphe $2k$-chromatique contient une copie de tout arbre orienté à $k+1$ sommets.* [Théorème 4.5] Burr (1980)

44. *Tout graphe qui peut se décomposer en k graphes complets à k sommets est k-colorable.* P. Erdős, V. Faber, et L. Lovász 1972, voir Erdős (1976)

45. *Soit G un graphe k-chromatique qui ne contient pas de k-clique, et soit k_1+k_2 une partition de $k+1$ telle que k_1, $k_2 \geq 2$. Alors il y a des sous-graphes disjoints G_1 et G_2 de G tels que G_i soit k_i-chromatique, $i=1,2$.* [Exercice 17.3.13]
L. Lovász 1968, voir Erdős (1968)

46. *Existe-t-il une fonction f telle que tout graphe de nombre chromatique au moins $f(r,k)$ contient soit une r-clique, soit un sous-graphe induit qui est l'union disjointe de deux graphes k-chromatiques.* El-Zahar et Erdös (1985)

47. *L'union d'un graphe 1-dégénéré (une forêt) et d'un graphe 2-dégénéré est 5-colorable.* M. Tarsi, voir Klein (1994)

48. *Pour tout graphe G, $\chi \leq \lceil(\omega+\Delta+1)/2\rceil$.* [Équation (15.2), Théorème 15.4, Exercice 15.1.14] Reed (1998)

49. *Pour tout arbre T, il existe une fonction f_T telle que $\chi(G) \leq f_T(\omega(G))$ pour tout graphe G n'ayant pas de sous-graphe induit isomorphe à T.*
A. Gyárfás 1975, D. P. Sumner 1981, voir Scott et Seymour (2020)

50. *Tout graphe sans triangle de nombre chromatique infini contient tout arbre fini comme sous-graphe induit.* Gyárfás (1975)

51. *Tout graphe non-vide sans cycle impair induit de longueur 5 ou plus admet une 2-coloration des sommets telle qu'aucune clique maximum ne soit monochromatique.* Hoàng et McDiarmid (2002)

52. *Il existe une constante c telle que la choisissabilité de tout graphe biparti G soit au plus* $c \log \Delta$. [Exercice 15.5.6] ALON (2000)

Coloration de graphes plongés dans les surfaces

53. *Tout graphe toroïdal a trois sommets dont la suppression rend le graphe 4colorable.* [Partie 16.5] ALBERTSON (1981)

54. Déterminer le nombre chromatique du graphe de distance unité.
[Exercice 15.1.20] E. NELSON 1950, VOIR JENSEN ET TOFT (1995), P.150

Couplages

55. (Conjecture 18.6) *Tout graphe cubique 2-arête-connexe admet une couverture double par six couplages parfaits.* FULKERSON (1971)

Arête-coloration

56. *Si G est un graphe sans boucle et* $\chi' > \Delta + 1$, *alors*

$$\chi' = \max\left\{\left\lceil \frac{2e(H)}{v(H)-1} \right\rceil : H \subseteq G,\ v(H) \text{ impair},\ v(H) \geq 3\right\}$$

[Exercice 18.2.2] GOLDBERG (1974), SEYMOUR (1979A)

57. *Tout graphe simple d-régulier à n sommets, avec n pair et* $d \geq n/2$, *est d-arête-colorable.* HILTON (1989)

58. (Conjecture 18.8) *Tout graphe simple k-arête-colorable est k-arête-choisissable.* [Théorème 18.10]
DIFFÉRENTS AUTEURS, VOIR HÄGGKVIST ET CHETWYND (1992)

59. *Tout graphe simple G a une coloration totale avec* $\Delta + 2$ *couleurs.*
VIZING (1964), BEHZAD (1965)

60. *Étant donné une arête-coloration propre d'un graphe G, on peut obtenir une arête-coloration propre de G avec* χ' *couleurs au moyen d'une suite d'échanges de couleur sur des chemins ou cycles alternants.* VIZING (1965)

61. *Tout graphe simple G admet une* $(\Delta + 2)$*-arête-coloration propre telle que l'union de deux classes de couleurs quelconques soit acyclique.* FIAMČÍK (1978)

Chemins et cycles dans les graphes

62. *Pour $k \geq 3$, il n'existe pas de graphe dans lequel toute paire de sommets est connectée par un unique chemin de longueur k.* [Théorème 3.1] KOTZIG (1979)

63. *Tout cycle de longueur maximal dans un graphe 3-connexe a une corde.*
C. THOMASSEN 1976, VOIR THOMASSEN (1997A)

64. *Dans un graphe k-connexe, pour $k \geq 2$, deux cycles de longueur maximale ont au moins k sommets en commun.* [Exercice 5.1.5]
S. SMITH, VOIR GRÖTSCHEL (1984)

65. *Tout graphe cubique 3-connexe cycliquement 4-arête-connexe à n sommets contient un cycle de longueur au moins cn, avec c une constante strictement positive.*
J.A. BONDY, VOIR FLEISCHNER ET JACKSON (1989)

66. *Tout graphe dans lequel deux cycles quelconques de longueur au moins k s'intersectent possède un ensemble de k sommets qui intersectent tous les cycles de la sorte.* BIRMELÉ (2003)

67. Est-ce que trois chemins de longueur maximale dans un graphe connexe ont toujours un sommet en commun ? [Exercice 2.2.13a] GALLAI (1968B)

Chemins et cycles dans les graphes orientés

Les digraphes ici sont supposés être *stricts*, c'est-à-dire, sans boucle ni arcs multiples.

68. *Tout graphe orienté simple de degré sortant minimum au moins k contient un chemin dirigé de longueur $2k$.* S. THOMASSÉ 2005, VOIR SULLIVAN (2006)

69. *Tout graphe orienté simple fortement connexe de degré entrant minimum et degré sortant minimum au moins k contient un cycle dirigé de longueur au moins $2k+1$.* JACKSON (1981)

70. *Tout digraphe fortement connexe D avec une valuation strictement positive w de ses arêtes telle que $w^-(v) \geq 1$ et $w^+(v) \geq 1$ pour tout $v \in V$ contient un cycle dirigé de coût au moins* 1. [Exercice 2.5.9] BOLLOBÁS ET SCOTT (1996)

71. *Tout digraphe de maille g et de degré sortant minimum au moins k a au moins $k(g-1)+1$ sommets.* [Exercice 2.2.22] CACCETTA ET HÄGGKVIST (1978)

72. *Tout digraphe de degré sortant minimum au moins k contient k cycles dirigés $C_1, \ldots, C_k$ tels que C_j intersecte $\cup_{i=1}^{j-1} C_i$ en au plus un sommet, $2 \leq j \leq k$.*
HOÀNG ET REED (1987)

73. *Tout digraphe de degré sortant minimum au moins $2k-1$ contient k cycles dirigés disjoints.* BERMOND ET THOMASSEN (1981)

74. *Tout digraphe ayant au moins un cycle dirigé a un arc dont l'inversion fait décroître le nombre de cycles dirigés.* ÁDÁM (1964)

75. *Tout digraphe a un stable qui intersecte tous les chemins de longueur maximale.* [Théorème 15.5, Exercice 12.1.13] LABORDE ET AL. (1983)

76. *Tout graphe orienté simple a un sommet ayant au moins autant de voisins sortants seconds que de voisins sortants (premiers).* [Exercice 4.1.18]
P.D. SEYMOUR 1995, VOIR BONDY (1997)

77. *Tout graphe orienté D sans triangle dirigé a un ensemble S de $\frac{1}{2}(\binom{n}{2} - m)$ arcs tel que $D \setminus S$ soit acyclique.* CHUDNOVSKY ET AL. (2008)

Chemins et cycles hamiltoniens dans les graphes

78. *Tout graphe planaire biparti cubique et 3-connexe est hamiltonien.* [Conjecture 19.3]
BARNETTE (1969), A. KELMANS ET M. LOMONOSOV 1975

79. *Tout graphe sans griffe 4-connexe est hamiltonien.* [Exercice 19.3.16]
MATTHEWS ET SUMNER (1984)

80. *Tout 4-polytope 4-régulier est hamiltonien.*
D.W. BARNETTE, VOIR GRÜNBAUM (1970), P.1145

81. *Si G est un graphe planaire 3-connexe , alors $G\Box K_2$ est hamiltonien.*
KAISER ET AL. (2007)

82. (Conjecture 19.14) *Tout graphe simple 4-régulier ayant un cycle hamiltonien a un second cycle hamiltonien.* SHEEHAN (1975)

83. (Conjecture 19.18) *Tout graphe 4-connexe ayant un cycle hamiltonien a un second cycle hamiltonien.* FLEISCHNER (2007)

84. *Si G et un graphe planaire cubique 3-connexe, alors $G\Box K_2$ admet une décomposition hamiltonienne.* ALSPACH ET ROSENFELD (1986)

85. *Tout graphe planaire cubique ayant exactement trois cycles hamiltoniens contient un triangle.* CANTONI (1950), VOIR AUSSI NINČÁK (1974), TUTTE (1976)

86. Est-ce que tout graphe sommet-transitif connexe a un chemin hamiltonien ?
LOVÁSZ (1970)

87. *Tout graphe de Cayley est hamiltonien.*
T.D. PARSONS, VOIR WITTE ET GALLIAN (1984)

88. *Excepté un nombre fini d'entre eux, tous les graphes sommet-transitifs connexes sont hamiltoniens.* [Exercice 19.1.12]
C. THOMASSEN 1976, VOIR BERMOND (1978)

89. *Il existe un entier strictement positif k tel que tout graphe k-endurant est hamiltonien.* [Exercice 19.1.22] Chvátal (1973)

90. Y a-t-il un graphe hypohamiltonien de degré minimum au moins 4 ? [Exercise 19.1.16] Thomassen (1978)

91. *Il n'y a pas de graphe biparti hypotraçable.* [Exercice 19.1.17]. Grötschel (1978)

Couvertures et paquets dans les graphes orientés

92. (Conjecture 15.6) *Soit D un digraphe et $\mathcal{P}$ une partition en chemins k-optimale de D. Alors il existe une k-coloration partielle de D orthogonale à $\mathcal{P}$.* Berge (1982)

93. (Conjecture 20.14) *Dans tout digraphe, le nombre maximum de transverses disjoints de coupes dirigées est égal à la taille minimum d'une coupe dirigée.* Woodall (1978)

Flots entiers

94. (Conjecture 22.13) *Tout graphe 2-arête-connexe a un 5-flot.* Tutte (1954a)

95. (Conjecture 22.15) *Tout graphe 2-arête-connexe qui n'admet pas le graphe de Petersen comme mineur a un 4-flot.* Tutte (1966b)

96. (Conjecture 22.16) *Tout graphe 2-arête-connexe sans 3-coupe a un 3-flot.* W.T. Tutte 1972, voir Bondy et Murty (1976), p.252

97. *Tout graphe $4k$-arête-connexe admet une orientation équilibrée* $\bmod (2k+1)$. [Exercice 22.3.6] Jaeger (1984)

Hypergraphes

98. *Tout hypergraphe 3-uniforme simple à $3n$ sommets qui ne contient pas d'hypergraphe 3-uniforme complet à quatre sommets a au plus $\frac{1}{2}n^2(5n-3)$ arêtes.* [Exercice 12.2.6] Turán (1941)

99. *Tout hypergraphe 3-uniforme simple à $2n$ sommets qui ne contient pas d'hypergraphe 3-uniforme complet à cinq sommets a au plus $n^2(n-1)$ arêtes.* [Exercice 12.2.6] Turán (1941)

100. *Si H est un hypergraphe r-uniforme r-parti, alors $\tau(H) \leq (r-1)\nu(H)$.* [Théorème 8.32] Ryser, voir Tuza (1983)

Littérature

ABBOTT H.L. et MOSER L. (1966). Sum-free sets of integers. *Acta Arith.* **11**, 393–396.

ABBOTT H.L. et ZHOU B. (1991). On small faces in 4-critical planar graphs. *Ars Combin.* **32**, 203–207.

ÁDÁM A. (1964). Problem 2. In *Theory of Graphs and its Applications* (M. Fiedler, ed.), 234. Publishing House of the Czechoslovak Academy of Sciences, Prague.

AGRAWAL M., KAYAL N. et SAXENA N. (2004). PRIMES is in P. *Ann. of Math. (2)* **160**, 781–793.

AHARONI R., HARTMAN I.B.A. et HOFFMAN A.J. (1985). Path partitions and packs of acyclic digraphs. *Pacific J. Math.* **118**, 249–259.

AHO A.V., HOPCROFT J.E. et ULLMAN J.D. (1975). *The Design and Analysis of Computer Algorithms.* Addison-Wesley Series in Computer Science and Information Processing, Addison-Wesley, Reading, MA. Second printing.

AHO A.V., HOPCROFT J.E. et ULLMAN J.D. (1983). *Data Structures and Algorithms.* Addison-Wesley Series in Computer Science and Information Processing, Addison-Wesley, Reading, MA.

AIGNER M. (1995). Turán's graph theorem. *Amer. Math. Monthly* **102**, 808–816.

AIGNER M. et ZIEGLER G.M. (2004). *Proofs from The Book.* Third édition. Springer, Berlin. Including illustrations by Karl H. Hofmann.

AJTAI M., KOMLÓS J. et SZEMERÉDI E. (1980). A note on Ramsey numbers. *J. Combin. Theory Ser. A* **29**, 354–360.

AJTAI M., CHVÁTAL V., NEWBORN M.M. et SZEMERÉDI E. (1982). Crossing-free subgraphs. In *Theory and Practice of Combinatorics*, 9–12. North-Holland Math. Stud., Vol. 60, North-Holland, Amsterdam.

AKIYAMA J., EXOO G. et HARARY F. (1981). Covering and packing in graphs. IV. Linear arboricity. *Networks* **11**, 69–72.

ALBERTSON M.O. (1981). Open Problem 2. In *The Theory and Applications of Graphs, Proceedings of the Fourth International Conference, Kalamazoo, Mich., 1980*, 609. Wiley, New York.

J. Bondy et al., *Théorie des graphes*, Mathématiques et Applications 91,
https://doi.org/10.1007/978-1-4471-7621-3

Albertson M.O. et Berman D.M. (1979). A conjecture on planar graphs. In *Graph Theory and Related Topics* (J.A. Bondy et U.S.R. Murty, eds.), 357. Academic Press, New York.

Albertson M.O. et Hutchinson J.P. (1978). On the independence ratio of a graph. *J. Graph Theory* **2**, 1–8.

Aleliunas R., Karp R.M., Lipton R.J., Lovász L. et Rackoff C. (1979). Random walks, universal traversal sequences, and the complexity of maze problems. In *20th Annual Symposium on Foundations of Computer Science (San Juan, Puerto Rico, 1979)*, 218–223. IEEE, New York.

Alon N. (1988). The linear arboricity of graphs. *Israel J. Math.* **62**, 311–325.

Alon N. (1996). Disjoint directed cycles. *J. Combin. Theory Ser. B* **68**, 167–178.

Alon N. (1999). Combinatorial Nullstellensatz. *Combin. Probab. Comput.* **8**, 7–29. Recent Trends in Combinatorics (Mátraháza, 1995).

Alon N. (2000). Degrees and choice numbers. *Random Structures Algorithms* **16**, 364–368.

Alon N. et Linial N. (1989). Cycles of length 0 modulo k in directed graphs. *J. Combin. Theory Ser. B* **47**, 114–119.

Alon N. et Shapira A. (2004). Testing subgraphs in directed graphs. *J. Comput. System Sci.* **69**, 353–382.

Alon N. et Spencer J.H. (2000). *The Probabilistic Method.* Second édition. Wiley-Interscience Series in Discrete Mathematics and Optimization, Wiley, New York. With an appendix on the life and work of Paul Erdős.

Alon N., Tuza Z. et Voigt M. (1997). Choosability and fractional chromatic numbers. *Discrete Math.* **165/166**, 31–38. Graphs and Combinatorics (Marseille, 1995).

Alspach B. et Rosenfeld M. (1986). On Hamilton decompositions of prisms over simple 3-polytopes. *Graphs Combin.* **2**, 1–8.

Alspach B., Mason D.W. et Pullman N.J. (1976). Path numbers of tournaments. *Journal of Combinatorial Theory, Series B* **20**, 222 – 228.

Alspach B., Goddyn L. et Zhang C.Q. (1994). Graphs with the circuit cover property. *Trans. Amer. Math. Soc.* **344**, 131–154.

Amini O., Mazoit F., Nisse N. et Thomassé S. (2007). Submodular partition functions. *Discrete Math.* In press.

Appel K. et Haken W. (1977a). Every planar map is four colorable. I. Discharging. *Illinois J. Math.* **21**, 429–490.

Appel K. et Haken W. (1977b). The solution of the four-color-map problem. *Sci. Amer.* **237**, 108–121, 152.

Appel K., Haken W. et Koch J. (1977). Every planar map is four colorable. II. Reducibility. *Illinois J. Math.* **21**, 491–567.

Applegate D., Bixby R., Chvátal V. et Cook W. (2007). *The Traveling Salesman Problem: A Computational Study.* Princeton Series in Applied Mathematics, Princeton University Press, Princeton, NJ.

Archdeacon D. (1984). Face colorings of embedded graphs. *J. Graph Theory* **8**, 387–398.

Arnborg S. et Proskurowski A. (1989). Linear time algorithms for NP-hard problems restricted to partial k-trees. *Discrete Appl. Math.* **23**, 11–24.

Arnborg S., Corneil D.G. et Proskurowski A. (1987). Complexity of finding embeddings in a k-tree. *SIAM J. Algebraic Discrete Methods* **8**, 277–284.

Artzy R. (1956). Self-dual configurations and their Levi graphs. *Proc. Amer. Math. Soc.* **7**, 299–303.

Babai L. (1995). Automorphism groups, isomorphism, reconstruction. In *Handbook of Combinatorics, Vol. 2*, 1447–1540. Elsevier, Amsterdam.

Babai L. (2015). Graph isomorphism in quasipolynomial time. *CoRR* **abs/1512.03547**.

Baer R. (1946). Polarities in finite projective planes. *Bull. Amer. Math. Soc.* **52**, 77–93.

Bang-Jensen J. et Gutin G. (2001). *Digraphs.* Springer Monographs in Mathematics, Springer, London.

Bárány I. (1978). A short proof of Kneser's conjecture. *J. Combin. Theory Ser. A* **25**, 325–326.

Barát J. et Thomassen C. (2006). Claw-decompositions and Tutte-orientations. *J. Graph Theory* **52**, 135–146.

Barnette D. (1969). Conjecture 5. In *Recent Progress in Combinatorics* (W.T. Tutte, ed.), 343. Academic Press, New York.

Battle J., Harary F. et Kodama Y. (1962). Every planar graph with nine points has a nonplanar complement. *Bull. Amer. Math. Soc.* **68**, 569–571.

Bauer D., Hakimi S.L. et Schmeichel E. (1990). Recognizing tough graphs is NP-hard. *Discrete Appl. Math.* **28**, 191–195.

Behzad M. (1965). *Graphs and their Chromatic Numbers.* Thèse de Doctorat, Michigan State University.

Behzad M., Chartrand G. et Wall C.E. (1970). On minimal regular digraphs with given girth. *Fund. Math.* **69**, 227–231.

Beineke L.W. et Harary F. (1965). The thickness of the complete graph. *Canad. J. Math.* **17**, 850–859.

Beineke L.W., Harary F. et Moon J.W. (1964). On the thickness of the complete bipartite graph. *Proc. Cambridge Philos. Soc.* **60**, 1–5.

Benson C.T. (1966). Minimal regular graphs of girths eight and twelve. *Canad. J. Math.* **18**, 1091–1094.

Berge C. (1957). Two theorems in graph theory. *Proc. Nat. Acad. Sci. U.S.A.* **43**, 842–844.

Berge C. (1958). Sur le couplage maximum d'un graphe. *C. R. Acad. Sci. Paris* **247**, 258–259.

Berge C. (1963). Some classes of perfect graphs. In *Six Papers in Graph Theory*, 1–21. Indian Statistical Institute, Calcutta.

Berge C. (1973). *Graphs and Hypergraphs.* North-Holland Mathematical Library, Vol. 6, North-Holland, Amsterdam. Translated by Edward Minieka.

Berge C. (1977). L'art subtil du hex. Unpublished manuscript.

Berge C. (1982). k-optimal partitions of a directed graph. *European J. Combin.* **3**, 97–101.

Berge C. (1985). *Graphs.* North-Holland Mathematical Library, Vol. 6, North-Holland, Amsterdam. Second revised edition of part 1 of the 1973 English version.

Berge C. (1995). *Who Killed the Duke of Densmore?* Bibliothèque Oulipienne, Vol. 67, OuLiPo, Paris.

Berge C. (1996). The history of the perfect graphs. *Southeast Asian Bull. Math.* **20**, 5–10.

Berge C. (1997). Motivations and history of some of my conjectures. *Discrete Math.* **165/166**, 61–70. Graphs and Combinatorics (Marseille, 1995).

Berger E. et Hartman I. (2008). Proof of Berge's strong path partition conjecture for $k = 2$. *European J. Combin.* **29**, 179–192.

Bermond J. (1978). Hamiltonian graphs. In *Selected Topics in Graph Theory* (L.W. Beineke et R.J. Wilson, eds.), xii+451. Academic Press, London.

Bermond J.C. et Thomassen C. (1981). Cycles in digraphs—a survey. *J. Graph Theory* **5**, 1–43.

Bermond J.C., Jackson B. et Jaeger F. (1983). Shortest coverings of graphs with cycles. *J. Combin. Theory Ser. B* **35**, 297–308.

Bernhart A. (1947). Six-rings in minimal five-color maps. *Amer. J. Math.* **69**, 391–412.

Bessy S. et Thomassé S. (2003). Every strong digraph has a spanning strong subgraph with at most $n + 2\alpha - 2$ arcs. *J. Combin. Theory Ser. B* **87**, 289–299.

Bessy S. et Thomassé S. (2004). Three min-max theorems concerning cyclic orders of strong digraphs. In *Integer Programming and Combinatorial Optimization*, 132–138. Lecture Notes in Comput. Sci., Vol. 3064, Springer, Berlin.

Bienstock D. et Dean N. (1993). Bounds for rectilinear crossing numbers. *J. Graph Theory* **17**, 333–348.

Bienstock D. et Langston M.A. (1995). Algorithmic implications of the graph minor theorem. In *Network Models*, 481–502. Handbooks Oper. Res. Management Sci., Vol. 7, North-Holland, Amsterdam.

Biggs N. (1993). *Algebraic graph theory.* Second édition. Cambridge Mathematical Library, Cambridge University Press, Cambridge.

Biggs N.L., Lloyd E.K. et Wilson R.J. (1986). *Graph Theory. 1736–1936.* Second édition. Clarendon Press, New York.

Birkhoff G.D. (1912/13). A determinant formula for the number of ways of coloring a map. *Ann. of Math. (2)* **14**, 42–46.

Birkhoff G.D. (1913). The reducibility of maps. *Amer. J. Math.* **35**, 115–128.

Birmelé E. (2003). *Largeur d'arborescence, q-cliques-mineurs et propriété d'Erdős-Pósa.* Thèse de Doctorat, Université Claude Bernard Lyon 1.

Blanuša D. (1946). Le problème des quatre couleurs. *Hrvatsko Prirodoslovno Društvo. Glasnik Mat.-Fiz. Astr. Ser. II.* **1**, 31–42.

Blum A. et Karger D. (1997). An $O(n^{3/14})$-coloring algorithm for 3-colorable graphs. *Inform. Process. Lett.* **61**, 49–53.

Bodlaender H.L. (2006). Treewidth: characterizations, applications, and computations. In *Graph-Theoretic Concepts in Computer Science*, 1–14. Lecture Notes in Comput. Sci., Vol. 4271, Springer, Berlin.

Bokal D., Fijavž G., Juvan M., Kayll P.M. et Mohar B. (2004). The circular chromatic number of a digraph. *J. Graph Theory* **46**, 227–240.

Bollobás B. (1978). *Extremal Graph Theory.* London Mathematical Society Monographs, Vol. 11, Academic Press, London.

Bollobás B. (1980). A probabilistic proof of an asymptotic formula for the number of labelled regular graphs. *European J. Combin.* **1**, 311–316.

Bollobás B. (2001). *Random Graphs.* Second édition. Cambridge Studies in Advanced Mathematics, Vol. 73, Cambridge University Press, Cambridge.

Bollobás B. et Eldridge S.E. (1978). Packings of graphs and applications to computational complexity. *J. Combin. Theory Ser. B* **25**, 105–124.

Bollobás B. et Erdős P. (1976). Cliques in random graphs. *Math. Proc. Cambridge Philos. Soc.* **80**, 419–427.

Bollobás B. et Harris A.J. (1985). List-colourings of graphs. *Graphs Combin.* **1**, 115–127.

Bollobás B. et Scott A.D. (1996). A proof of a conjecture of Bondy concerning paths in weighted digraphs. *J. Combin. Theory Ser. B* **66**, 283–292.

Bollobás B., Catlin P.A. et Erdős P. (1980). Hadwiger's conjecture is true for almost every graph. *European J. Combin.* **1**, 195–199.

Bondy J.A. (1978). Hamilton cycles in graphs and digraphs. In *Proceedings of the Ninth Southeastern Conference on Combinatorics, Graph Theory, and Computing*, volume 21, 3–28. Utilitas Math., Winnipeg.

Bondy J.A. (1990). Small cycle double covers of graphs. In *Cycles and Rays (Montreal, PQ, 1987)*, 21–40. NATO Adv. Sci. Inst. Ser. C Math. Phys. Sci., Vol. 301, Kluwer, Dordrecht.

Bondy J.A. (1991). A graph reconstructor's manual. In *Surveys in Combinatorics, 1991 (Guildford, 1991)*, 221–252. London Math. Soc. Lecture Note Ser., Vol. 166, Cambridge Univ. Press, Cambridge.

Bondy J.A. (1995a). Basic graph theory: paths and circuits. In *Handbook of Combinatorics, Vol. 1*, 3–110. Elsevier, Amsterdam.

Bondy J.A. (1995b). A short proof of the Chen-Manalastas theorem. *Discrete Math.* **146**, 289–292.

Bondy J.A. (1997). Counting subgraphs: a new approach to the Caccetta–Häggkvist conjecture. *Discrete Math.* **165/166**, 71–80. Graphs and Combinatorics (Marseille, 1995).

Bondy J.A. et Charbit P. (2004). Cyclic orders, circuit coverings and circular chromatic number. *Technical report*, Université Claude-Bernard, Lyon 1.

Bondy J.A. et Chvátal V. (1976). A method in graph theory. *Discrete Math.* **15**, 111–135.

Bondy J.A. et Hell P. (1990). A note on the star chromatic number. *J. Graph Theory* **14**, 479–482.

Bondy J.A. et Murty U.S.R. (1976). *Graph Theory with Applications.* American Elsevier, New York.

Bonnington C.P. et Little C.H.C. (1995). *The Foundations of Topological Graph Theory.* Springer, New York.

BORŮVKA O. (1926a). O jistém problému minimálním. *Práce Moravské Přírodovědecké Společnosti Brno* **3**, 37–58. Czech, with German summary; On a minimal problem.

BORŮVKA O. (1926b). Příspěvek k řešení otázky economické stavby elektrovodných sítí. *Elektrotechnický Obzor* **15:10**, 153–154.

BORODIN O.V., GLEBOV A.N., RASPAUD A. et SALAVATIPOUR M.R. (2005). Planar graphs without cycles of length from 4 to 7 are 3-colorable. *J. Combin. Theory Ser. B* **93**, 303–311.

BROERSMA H.J. (2002). On some intriguing problems in Hamiltonian graph theory—a survey. *Discrete Math.* **251**, 47–69. Cycles and Colourings (Stará Lesná, 1999).

BROERSMA H.J., VAN DEN HEUVEL J., JACKSON B. et VELDMAN H.J. (1996). Hamiltonicity of regular 2-connected graphs. *J. Graph Theory* **22**, 105–124.

BROOKS R.L. (1941). On colouring the nodes of a network. *Proc. Cambridge Philos. Soc.* **37**, 194–197.

BROOKS R.L., SMITH C.A.B., STONE A.H. et TUTTE W.T. (1940). The dissection of rectangles into squares. *Duke Math. J.* **7**, 312–340.

BROWNE C. (2000). *Hex Strategy: Making the Right Connections.* A. K. Peters, Natick, MA.

BRYLAWSKI T. et OXLEY J. (1992). The Tutte polynomial and its applications. In *Matroid Applications*, 123–225. Encyclopedia Math. Appl., Vol. 40, Cambridge Univ. Press, Cambridge.

BRYLAWSKI T.H. (1972). A decomposition for combinatorial geometries. *Trans. Amer. Math. Soc.* **171**, 235–282.

BUCZAK J. (1980). *Finite Group Theory.* Thèse de Doctorat, Oxford University.

BURR S.A. (1980). Subtrees of directed graphs and hypergraphs. In *Proceedings of the Eleventh Southeastern Conference on Combinatorics, Graph Theory and Computing*, volume 28, 227–239.

BURR S.A. et ERDŐS P. (1976). Extremal Ramsey theory for graphs. *Utilitas Math.* **9**, 247–258.

CACCETTA L. et HÄGGKVIST R. (1978). On minimal digraphs with given girth. In *Proceedings of the Ninth Southeastern Conference on Combinatorics, Graph Theory, and Computing*, volume 21, 181–187. Utilitas Math., Winnipeg.

CAMERON K. (1986). On k-optimum dipath partitions and partial k-colourings of acyclic digraphs. *European J. Combin.* **7**, 115–118.

CAMERON P.J. (1980). 6-transitive graphs. *J. Combin. Theory Ser. B* **28**, 168–179.

CAMERON P.J. (1983). Automorphism groups of graphs. In *Selected Topics in Graph Theory, 2* (L.W. Beineke et R.J. Wilson, eds.), 89–127. Academic Press, London.

CAMERON P.J. (1997). The random graph. In *The Mathematics of Paul Erdős, II*, 333–351. Algorithms Combin., Vol. 14, Springer, Berlin.

CAMERON P.J. (2001). The random graph revisited. In *European Congress of Mathematics, Vol. I (Barcelona, 2000)*, 267–274. Progr. Math., Vol. 201, Birkhäuser, Basel.

CAMION P. (1959). Chemins et circuits hamiltoniens des graphes complets. *C. R. Acad. Sci. Paris* **249**, 2151–2152.

CANTONI R. (1950). Conseguenze dell'ipotesi del circuito totale pari per le reti con vertici tripli. *Ist. Lombardo Sci. Lett. Rend. Cl. Sci. Mat. Nat. (3)* **14(83)**, 371–387.

CARVALHO M., LUCCHESI C. et MURTY U.S.R. (2002). Optimal ear decompositions of matching covered graphs and bases for the matching lattice. *J. Combin. Theory Ser. B* **85**, 59–93.

CATLIN P.A. (1974). Subgraphs of graphs. I. *Discrete Math.* **10**, 225–233.

CATLIN P.A. (1979). Hajós' graph-coloring conjecture: variations and counterexamples. *J. Combin. Theory Ser. B* **26**, 268–274.

CAYLEY A. (1889). A theorem on trees. *Quart. J. Math.* **23**, 376–378.

CHARBIT P. (2005). *Plongements de graphes et étude des circuits.* Thèse de Doctorat, Université Claude Bernard Lyon 1.

CHARTRAND G. et KRONK H.V. (1968). Randomly traceable graphs. *SIAM J. Appl. Math.* **16**, 696–700.

CHEN C.C. et MANALASTAS JR. P. (1983). Every finite strongly connected digraph of stability 2 has a Hamiltonian path. *Discrete Math.* **44**, 243–250.

CHEN G. et YU X. (2002). Long cycles in 3-connected graphs. *J. Combin. Theory Ser. B* **86**, 80–99.

CHRISTOFIDES N. (1976). Worst-case analysis of a new heuristic for the travelling salesman problem. *Management Sciences Research Report 388*, Graduate School of Industrial Administration, Carnegie-Mellon University, Pittsburgh, PA.

CHROBAK M. et POLJAK S. (1988). On common edges in optimal solutions to traveling salesman and other optimization problems. *Discrete Appl. Math.* **20**, 101–111.

CHUDNOVSKY M. et SEYMOUR P. (2005). The structure of claw-free graphs. In *Surveys in Combinatorics 2005.* London Math. Soc. Lecture Note Series, Vol. 327.

CHUDNOVSKY M., ROBERTSON N., SEYMOUR P. et THOMAS R. (2003). Progress on perfect graphs. *Math. Program.* **97**, 405–422. ISMP, 2003 (Copenhagen).

CHUDNOVSKY M., ROBERTSON N., SEYMOUR P. et THOMAS R. (2006). The strong perfect graph theorem. *Ann. of Math. (2)* **164**, 51–229.

CHUDNOVSKY M., SEYMOUR P. et SULLIVAN B. (2008). Cycles in dense digraphs. *Combinatorica* **28**, 1–18.

CHUNG F.R.K. (1997). Open problems of Paul Erdős in graph theory. *J. Graph Theory* **25**, 3–36.

CHVÁTAL V. (1972). On Hamilton's ideals. *J. Combin. Theory Ser. B* **12**, 163–168.

CHVÁTAL V. (1973). Tough graphs and Hamiltonian circuits. *Discrete Math.* **5**, 215–228.

CHVÁTAL V. (1983). *Linear Programming.* A Series of Books in the Mathematical Sciences, Freeman, New York.

CHVÁTAL V. et ERDŐS P. (1972). A note on Hamiltonian circuits. *Discrete Math.* **2**, 111–113.

Chvátal V. et Lovász L. (1974). Every directed graph has a semi-kernel. In *Hypergraph Seminar (Proc. First Working Sem., Columbus, Ohio, 1972; dedicated to Arnold Ross)*, 175. Lecture Notes in Math., Vol. 411, Springer, Berlin.

Chvátal V., Rödl V., Szemerédi E. et Trotter Jr. W.T. (1983). The Ramsey number of a graph with bounded maximum degree. *J. Combin. Theory Ser. B* **34**, 239–243.

Cohen-Addad V., Hebdige M., Kráľ D., Li Z. et Salgado E. (2017). Steinberg's conjecture is false. *Journal of Combinatorial Theory, Series B* **122**, 452–456.

Cook S.A. (1971). The complexity of theorem-proving procedures. In *Proceedings of the Third Annual ACM Symposium on Theory of Computing*, 151–158. ACM Press, New York.

Cormen T.H., Leiserson C.E., Rivest R.L. et Stein C. (2001). *Introduction to Algorithms.* Second édition. MIT Press, Cambridge, MA.

Corneil D.G. (2004). Lexicographic breadth first search—a survey. In *Graph-Theoretic Concepts in Computer Science*, 1–19. Lecture Notes in Comput. Sci., Vol. 3353, Springer, Berlin.

Coxeter H.S.M. (1950). Self-dual configurations and regular graphs. *Bull. Amer. Math. Soc.* **56**, 413–455.

Coxeter H.S.M. (1983). My graph. *Proc. London Math. Soc. (3)* **46**, 117–136.

Crapo H.H. (1969). The Tutte polynomial. *Aequationes Math.* **3**, 211–229.

Crossley M.D. (2005). *Essential Topology.* Springer Undergraduate Mathematics Series, Springer-Verlag London Ltd., London.

Cunningham W.H. et Edmonds J. (1980). A combinatorial decomposition theory. *Canad. J. Math.* **32**, 734–765.

Descartes B. (1948). Network-colourings. *Mat. Gaz.* **32**, 67–69.

Devillers A. (2002). *Classification of some Homogeneous and Ultrahomogeneous Structures.* Thèse de Doctorat, Université Libre de Bruxelles.

Diestel R. (2005). *Graph Theory.* Third édition. Graduate Texts in Mathematics, Vol. 173, Springer, Berlin.

Dijkstra E.W. (1959). A note on two problems in connexion with graphs. *Numer. Math.* **1**, 269–271.

Dilworth R.P. (1950). A decomposition theorem for partially ordered sets. *Ann. of Math. (2)* **51**, 161–166.

Dinic E.A. (1970). An algorithm for the solution of the problem of maximal flow in a network with power estimation. *Dokl. Akad. Nauk SSSR* **194**, 754–757.

Dirac G.A. (1951). Note on the colouring of graphs. *Math. Z.* **54**, 347–353.

Dirac G.A. (1952a). A property of 4-chromatic graphs and some remarks on critical graphs. *J. London Math. Soc.* **27**, 85–92.

Dirac G.A. (1952b). Some theorems on abstract graphs. *Proc. London Math. Soc. (3)* **2**, 69–81.

Dirac G.A. (1953). The structure of k-chromatic graphs. *Fund. Math.* **40**, 42–55.

Dirac G.A. (1957). A theorem of R. L. Brooks and a conjecture of H. Hadwiger. *Proc. London Math. Soc. (3)* **7**, 161–195.

DIRAC G.A. (1961). On rigid circuit graphs. *Abh. Math. Sem. Univ. Hamburg* **25**, 71–76.

DONALD A. (1980). An upper bound for the path number of a graph. *J. Graph Theory* **4**, 189–201.

DOUSSE O., FRANCESCHETTI M. et THIRAN P. (2006). On the throughput scaling of wireless relay networks. *IEEE Trans. Inform. Theory* **52**, 2756–2761.

DOYLE P.G. et SNELL J.L. (1984). *Random Walks and Electric Networks.* Carus Mathematical Monographs, Vol. 22, Mathematical Association of America, Washington, DC.

DUIJVESTIJN A.J.W. (1978). Simple perfect squared square of lowest order. *J. Combin. Theory Ser. B* **25**, 240–243.

EDMONDS J. (1965a). Lehman's switching game and a theorem of Tutte and Nash-Williams. *J. Res. Nat. Bur. Standards Sect. B* **69B**, 73–77.

EDMONDS J. (1965b). Maximum matching and a polyhedron with 0, 1-vertices. *J. Res. Nat. Bur. Standards Sect. B* **69B**, 125–130.

EDMONDS J. (1965c). Minimum partition of a matroid into independent subsets. *J. Res. Nat. Bur. Standards Sect. B* **69B**, 67–72.

EDMONDS J. (1965d). Paths, trees, and flowers. *Canad. J. Math.* **17**, 449–467.

EDMONDS J. (1973). Edge-disjoint branchings. In *Combinatorial Algorithms*, 91–96. Algorithmics Press, New York.

EDMONDS J. et FULKERSON D.R. (1965). Transversals and matroid partition. *J. Res. Nat. Bur. Standards Sect. B* **69B**, 147–153.

EDMONDS J. et KARP R.M. (1970). Theoretical improvements in algorithmic efficiency for network flow problems. In *Combinatorial Structures and their Applications*, 93–96. Gordon and Breach, New York.

EDWARDS K., SANDERS D.P., SEYMOUR P. et THOMAS R. (2016). Three-edge-colouring doublecross cubic graphs. *Journal of Combinatorial Theory, Series B* **119**, 66–95.

EGERVÁRY E. (1931). On combinatorial properties of matrices. *Mat. Lapok.* **38**, 16–28. Hungarian with German summary.

EL-ZAHAR M.M. et ERDÖS P. (1985). On the existence of two non-neighboring subgraphs in a graph. *Comb.* **5**, 295–300.

ELIAS P., FEINSTEIN A. et SHANNON C.E. (1956). A note on the maximum flow through a network. *IRE. Trans. Inf. Theory* **IT-2**, 117–119.

ELLINGHAM M.N. (1988). Recent progress in edge reconstruction. *Congr. Numer.* **62**, 3–20. Seventeenth Manitoba Conference on Numerical Mathematics and Computing.

ELLINGHAM M.N. (1996). Spanning paths, cycles, trees and walks for graphs on surfaces. *Congr. Numer.* **115**, 55–90. Surveys in Graph Theory.

ERDŐS P. (1947). Some remarks on the theory of graphs. *Bull. Amer. Math. Soc.* **53**, 292–294.

ERDŐS P. (1955). Problem 250. *Elemente der Math.* **10**, 114.

ERDŐS P. (1956). Solution to Problem 250 (H. Debrunner). *Elemente der Math.* **11**, 137.

Erdős P. (1959). Graph theory and probability. *Canadian Journal of Mathematics* **11**, 34–38.
Erdős P. (1961a). Graph theory and probability. II. *Canad. J. Math.* **13**, 346–352.
Erdős P. (1961b). Some unsolved problems. *Magyar Tud. Akad. Mat. Kutató Int. Közl.* **6**, 221–254.
Erdős P. (1964). Extremal problems in graph theory. In *Theory of Graphs and its Applications (Proc. Sympos. Smolenice, 1963)*, 29–36. Publ. House Czechoslovak Acad. Sci., Prague.
Erdős P. (1964/1965). On an extremal problem in graph theory. *Colloq. Math.* **13**, 251–254.
Erdős P. (1965). On some extremal problems in graph theory. *Israel J. Math.* **3**, 113–116.
Erdős P. (1968). Problem 2. In *Theory of Graphs (Proc. Colloq., Tihany, 1966)*, 361. Academic Press, New York.
Erdős P. (1969). Problems and results in chromatic graph theory. In *Proof Techniques in Graph Theory*, 27–35. Academic Press, New York.
Erdős P. (1971). Some unsolved problems in graph theory and combinatorial analysis. In *Combinatorial Mathematics and its Applications*, 97–109. Academic Press, London.
Erdős P. (1976). Problems and results in graph theory and combinatorial analysis. In *Proceedings of the Fifth British Combinatorial Conference*, volume 15, 169–192. Utilitas Math., Winnipeg.
Erdős P. et Fajtlowicz S. (1981). On the conjecture of Hajós. *Combinatorica* **1**, 141–143.
Erdős P. et Gallai T. (1960). Graphs with prescribed degrees of vertices. *Mat. Lapok* **11**, 264–274. Hungarian.
Erdős P. et Hajnal A. (1989). Ramsey-type theorems. *Discrete Appl. Math.* **25**, 37–52. Combinatorics and Complexity (Chicago, IL, 1987).
Erdős P. et Kelly P. (1967). The minimal regular graph containing a given graph. In *A Seminar on Graph Theory*, 65–69. Holt, Rinehart and Winston, New York.
Erdős P. et Lovász L. (1975). Problems and results on 3-chromatic hypergraphs and some related questions. In *Infinite and Finite Sets, Vol. II*, 609–627. Colloq. Math. Soc. János Bolyai, Vol. 10, North-Holland, Amsterdam.
Erdős P. et Pósa L. (1965). On independent circuits contained in a graph. *Canad. J. Math.* **17**, 347–352.
Erdős P. et Purdy G. (1995). Extremal problems in combinatorial geometry. In *Handbook of Combinatorics, Vol. 1*, 809–874. Elsevier, Amsterdam.
Erdős P. et Rényi A. (1959). On random graphs. I. *Publ. Math. Debrecen* **6**, 290–297.
Erdős P. et Rényi A. (1960). On the evolution of random graphs. *Magyar Tud. Akad. Mat. Kutató Int. Közl.* **5**, 17–61.
Erdős P. et Rényi A. (1962). On a problem in the theory of graphs. *Magyar Tud. Akad. Mat. Kutató Int. Közl.* **7**, 623–641 (1963).

Erdős P. et Rényi A. (1963). Asymmetric graphs. *Acta Math. Acad. Sci. Hungar* **14**, 295–315.

Erdős P. et Simonovits M. (1966). A limit theorem in graph theory. *Studia Sci. Math. Hungar* **1**, 51–57.

Erdős P. et Stone A.H. (1946). On the structure of linear graphs. *Bull. Amer. Math. Soc.* **52**, 1087–1091.

Erdős P. et Szekeres G. (1935). A combinatorial problem in geometry. *Compositio Math.* **2**, 463–470.

Erdős P., Ko C. et Rado R. (1961). Intersection theorems for systems of finite sets. *Quart. J. Math. Oxford Ser. (2)* **12**, 313–320.

Erdős P., Rényi A. et Sós V.T. (1966). On a problem of graph theory. *Studia Sci. Math. Hungar.* **1**, 215–235.

Erdős P., Meir A., Sós V.T. et Turán P. (1971). On some applications of graph theory. II. In *Studies in Pure Mathematics (Presented to Richard Rado)*, 89–99. Academic Press, London.

Erdős P., Meir A., Sós V.T. et Turán P. (1972a). On some applications of graph theory. I. *Discrete Math.* **2**, 207–228.

Erdős P., Meir A., Sós V.T. et Turán P. (1972b). On some applications of graph theory. III. *Canad. Math. Bull.* **15**, 27–32.

Erdős P., Faudree R., Pach J. et Spencer J. (1988). How to make a graph bipartite. *J. Combin. Theory Ser. B* **45**, 86–98.

Esperet L., Kardoš F., King A.D., Král' D. et Norine S. (2011). Exponentially many perfect matchings in cubic graphs. *Advances in Mathematics* **227**, 1646 – 1664.

Euler L. (1736). Solutio problematis ad geometriam situs pertinentis. *Comment. Academiae Sci. I. Petropolitanae* **8**, 128–140.

Euler L. (1752). Elementa doctrinae solidorum.— Demonstratio nonnullarum insignium proprietatum, quibus solida hedris planis inclusa sunt praedita. *Novi Comment. Acad. Sc. Imp. Petropol.* **4**, 109–140–160.

Fan G. (1992). Integer flows and cycle covers. *J. Combin. Theory Ser. B* **54**, 113–122.

Fan G. (2002). Subgraph coverings and edge switchings. *J. Combin. Theory Ser. B* **84**, 54–83.

Farkas J. (1902). Über die Theorie der einfachen Ungleichungen. *J. Reine Angewandte Math.* **124**, 1–27.

Feller W. (1968). *An Introduction to Probability Theory and its Applications. Vol. I.* Third édition. Wiley, New York.

Feofiloff P. et Younger D.H. (1987). Directed cut transversal packing for source-sink connected graphs. *Combinatorica* **7**, 255–263.

Fiamčík I. (1978). The acyclic chromatic class of a graph. *Math. Slovaca* **28**, 139–145.

Fisk S. (1978). The nonexistence of colorings. *J. Combin. Theory Ser. B* **24**, 247–248.

Fleischner H. (1974). The square of every two-connected graph is Hamiltonian. *J. Combin. Theory Ser. B* **16**, 29–34.

FLEISCHNER H. (1990). *Eulerian Graphs and Related Topics. Part 1. Vol. 1.* Annals of Discrete Mathematics, Vol. 45, North-Holland, Amsterdam.

FLEISCHNER H. (1991). *Eulerian Graphs and Related Topics. Part 1. Vol. 2.* Annals of Discrete Mathematics, Vol. 50, North-Holland, Amsterdam.

FLEISCHNER H. (1992). Spanning Eulerian subgraphs, the splitting lemma, and Petersen's theorem. *Discrete Math.* **101**, 33–37. Special volume to mark the centennial of Julius Petersen's "Die Theorie der regulären Graphs", Part II.

FLEISCHNER H. (1994). Uniqueness of maximal dominating cycles in 3-regular graphs and of Hamiltonian cycles in 4-regular graphs. *J. Graph Theory* **18**, 449–459.

FLEISCHNER H. (2007). Uniquely Hamiltonian graphs of minimum degree four. *J. Graph Theory.* To appear.

FLEISCHNER H. et JACKSON B. (1989). A note concerning some conjectures on cyclically 4-edge connected 3-regular graphs. In *Graph Theory in Memory of G. A. Dirac (Sandbjerg, 1985)*, 171–177. Ann. Discrete Math., Vol. 41, North-Holland, Amsterdam.

FLEISCHNER H. et STIEBITZ M. (1992). A solution to a colouring problem of P. Erdős. *Discrete Math.* **101**, 39–48. Special volume to mark the centennial of Julius Petersen's "Die Theorie der regulären Graphs", Part II.

FLEURY (1883). Deux problèmes de géométrie de situation. *Journal de Mathématiques Elémentaires,* 257–261.

FOLKMAN J. (1970). Graphs with monochromatic complete subgraphs in every edge coloring. *SIAM J. Appl. Math.* **18**, 19–24.

FORD JR. L.R. et FULKERSON D.R. (1956). Maximal flow through a network. *Canad. J. Math.* **8**, 399–404.

FORD JR. L.R. et FULKERSON D.R. (1962). *Flows in Networks.* Princeton University Press, Princeton, NJ.

FORTUNE S., HOPCROFT J. et WYLLIE J. (1980). The directed subgraph homeomorphism problem. *Theoret. Comput. Sci.* **10**, 111–121.

FOX J. et SUDAKOV B. (2009). Paths and stability number in digraphs. *Electron. J. Combin.* **16**, Note 23, 4 pp. (electronic).

FRANK A. (1978). On disjoint trees and arborescences. In *Algebraic Methods in Graph Theory, Colloquia Mathematica Soc. J. Bolyai*, volume 25, 159–169. North-Holland.

FRANK A. (1992). On a theorem of Mader. *Discrete Math.* **101**, 49–57. Special volume to mark the centennial of Julius Petersen's "Die Theorie der regulären Graphs", Part II.

FRANK A. (1995). Connectivity and network flows. In *Handbook of Combinatorics, Vol. 1*, 111–177. Elsevier, Amsterdam.

FRANKL P. et WILSON R.M. (1981). Intersection theorems with geometric consequences. *Combinatorica* **1**, 357–368.

FRANKLIN P. (1934). A six-color problem. *J. Math. Phys.* **13**, 363–369.

FRÉCHET M. et FAN K. (2003). *Invitation to Combinatorial Topology.* Dover, Mineola. Translated from the French, with notes, by Howard W. Eves, Reprint of the 1967 English translation.

FRUCHT R. (1938). Herstellung von Graphen mit vorgegebener abstrakter Gruppe. *Compositio Math.* **6**, 239–250.

FUJISHIGE S. (2005). *Submodular Functions and Optimization.* Second édition. Annals of Discrete Mathematics, Vol. 58, Elsevier, Amsterdam.

FULKERSON D.R. (1971). Blocking and anti-blocking pairs of polyhedra. *Math. Programming* **1**, 168–194.

FÜREDI Z. (1991). Turán type problems. In *Surveys in Combinatorics, 1991 (Guildford, 1991)*, 253–300. London Math. Soc. Lecture Note Ser., Vol. 166, Cambridge Univ. Press, Cambridge.

FÜREDI Z. (1996). On the number of edges of quadrilateral-free graphs. *J. Combin. Theory Ser. B* **68**, 1–6.

FÜREDI Z. et SIMONOVITS M. (2005). Triple systems not containing a Fano configuration. *Combin. Probab. Comput.* **14**, 467–484.

GALLAI T. (1959). Über extreme Punkt- und Kantenmengen. *Ann. Univ. Sci. Budapest. Eötvös Sect. Math.* **2**, 133–138.

GALLAI T. (1964a). Maximale Systeme unabhängiger Kanten. *Magyar Tud. Akad. Mat. Kutató Int. Közl.* **9**, 401–413 (1965).

GALLAI T. (1964b). Problem 15. In *Theory of Graphs and its Applications* (M. Fiedler, ed.), 161. Czech. Acad. Sci. Publ.

GALLAI T. (1968a). On directed paths and circuits. In *Theory of Graphs (Proc. Colloq., Tihany, 1966)*, 115–118. Academic Press, New York.

GALLAI T. (1968b). Problem 4. In *Theory of Graphs (Proc. Colloq., Tihany, 1966)*, 362. Academic Press, New York.

GALLAI T. (1968c). Problem 6. In *Theory of Graphs (Proc. Colloq., Tihany, 1966)*, 362. Academic Press, New York.

GALLAI T. et MILGRAM A.N. (1960). Verallgemeinerung eines graphentheoretischen Satzes von Rédei. *Acta Sci. Math. (Szeged)* **21**, 181–186.

GALVIN F. (1995). The list chromatic index of a bipartite multigraph. *J. Combin. Theory Ser. B* **63**, 153–158.

GARDINER A. (1976). Homogeneous graphs. *J. Combin. Theory Ser. B* **20**, 94–102.

GAREY M.R. et JOHNSON D.S. (1979). *Computers and Intractability: a Guide to the Theory of NP-completeness.* Freeman, San Francisco.

GASPARIAN G.S. (1996). Minimal imperfect graphs: a simple approach. *Combinatorica* **16**, 209–212.

GEORGES J.P. (1989). Non-Hamiltonian bicubic graphs. *J. Combin. Theory Ser. B* **46**, 121–124.

GHOUILA-HOURI A. (1960). Sur l'existence d'un flot ou d'une tension prenant ses valeurs dans un groupe abélien. *C. R. Acad. Sci. Paris* **250**, 3931–3933.

GODSIL C. et ROYLE G. (2001). *Algebraic Graph Theory.* Graduate Texts in Mathematics, Vol. 207, Springer, New York.

GOLDBERG M.K. (1974). A remark on the chromatic class of a multigraph. In *Numerical Mathematics and Computer Technology, No. V (Russian)*, 128–130, 168. Akad. Nauk Ukrain. SSR Fiz.-Tehn. Inst. Nizkih Temperatur, Kharkov.

GOLUMBIC M.C. (2004). *Algorithmic Graph Theory and Perfect Graphs.* Second édition. Annals of Discrete Mathematics, Vol. 57, Elsevier, Amsterdam. With a foreword by Claude Berge.

GOMORY R.E. et HU T.C. (1961). Multi-terminal network flows. *J. Soc. Indust. Appl. Math.* **9**, 551–570.

GÖRING F. (2000). Short proof of Menger's theorem. *Discrete Math.* **219**, 295–296.

GOULD R.J. (2003). Advances on the Hamiltonian problem—a survey. *Graphs Combin.* **19**, 7–52.

GOWERS W.T. (2006). Quasirandomness, counting and regularity for 3-uniform hypergraphs. *Combin. Probab. Comput.* **15**, 143–184.

GRAHAM R.L. et POLLAK H.O. (1971). On the addressing problem for loop switching. *Bell System Tech. J.* **50**, 2495–2519.

GRAHAM R.L., ROTHSCHILD B.L. et SPENCER J.H. (1990). *Ramsey Theory.* Second édition. Wiley-Interscience Series in Discrete Mathematics and Optimization, Wiley, New York.

GRAHAM R.L., GRÖTSCHEL M. et LOVÁSZ L., eds. (1995). *Handbook of Combinatorics. Vol. 1, 2.* Elsevier, Amsterdam.

GREENE J.E. (2002). A new short proof of Kneser's conjecture. *Amer. Math. Monthly* **109**, 918–920.

GREENWOOD R.E. et GLEASON A.M. (1955). Combinatorial relations and chromatic graphs. *Canad. J. Math.* **7**, 1–7.

GRINBERG È.J. (1968). Plane homogeneous graphs of degree three without Hamiltonian circuits. In *Latvian Math. Yearbook, 4 (Russian)*, 51–58. Izdat. "Zinatne", Riga.

GROSS J.L. et TUCKER T.W. (1987). *Topological Graph Theory.* Wiley-Interscience Series in Discrete Mathematics and Optimization, Wiley, New York.

GRÖTSCHEL M. (1978). Hypo-Hamiltonian facets of the symmetric travelling salesman polytype. *Z. Angew. Math. Mech.* **58**, T469–T471.

GRÖTSCHEL M. (1984). On intersections of longest cycles. In *Graph Theory and Combinatorics (Cambridge, 1983)*, 171–189. Academic Press, London.

GRÖTSCHEL M., LOVÁSZ L. et SCHRIJVER A. (1988). *Geometric Algorithms and Combinatorial Optimization.* Algorithms and Combinatorics: Study and Research Texts, Vol. 2, Springer, Berlin.

GRÖTZSCH H. (1958/1959). Zur Theorie der diskreten Gebilde. VII. Ein Dreifarbensatz für dreikreisfreie Netze auf der Kugel. *Wiss. Z. Martin-Luther-Univ. Halle-Wittenberg. Math.-Nat. Reihe* **8**, 109–120.

GRÜNBAUM B. (1970). Polytopes, graphs, and complexes. *Bull. Amer. Math. Soc.* **76**, 1131–1201.

GUPTA R.P. (1966). The chromatic index and the degree of a graph. *Notices Amer. Math. Soc.* **13**. Abstract 66T-429.

GYÁRFÁS A. (1975). On Ramsey covering-numbers. In *Infinite and Finite Sets, Vol. II*, 801–816. Colloq. Math. Soc. Janós Bolyai, Vol. 10, North-Holland, Amsterdam.

GYÁRFÁS A., JENSEN T. et STIEBITZ M. (2004). On graphs with strongly independent color-classes. *J. Graph Theory* **46**, 1–14.

HADWIGER H. (1943). Über eine Klassifikation der Streckenkomplexe. *Viertel-jschr. Naturforsch. Ges. Zürich* **88**, 133–142.

HÄGGKVIST R. et CHETWYND A. (1992). Some upper bounds on the total and list chromatic numbers of multigraphs. *J. Graph Theory* **16**, 503–516.

HÄGGKVIST R. et THOMASSEN C. (1982). Circuits through specified edges. *Discrete Math.* **41**, 29–34.

HAHN G. et JACKSON B. (1990). A note concerning paths and independence number in digraphs. *Discrete Math.* **82**, 327–329.

HAJNAL A. et SZEMERÉDI E. (1970). Proof of a conjecture of P. Erdős. In *Combinatorial Theory and its Applications, II (Proc. Colloq., Balatonfüred, 1969)*, 601–623. North-Holland, Amsterdam.

HALIN R. (1969). A theorem on n-connected graphs. *J. Combin. Theory* **7**, 150–154.

HALIN R. (1970). Unpublished.

HALL P. (1935). On representatives of subsets. *J. London Math. Soc.* **10**, 26–30.

HAMILTON W.R. (1931). Letter to John Graves on the Icosian, 17 oct., 1856. In *The Mathematical Papers of Sir William Rowan Hamilton*, volume 3 (H. Halberstam et R. Ingram, eds.), 612–625. Cambridge University Press, Cambridge.

HARARY F. (1964). On the reconstruction of a graph from a collection of subgraphs. In *Theory of Graphs and its Applications (Proc. Sympos. Smolenice, 1963)*, 47–52. Publ. House Czechoslovak Acad. Sci., Prague.

HARARY F., PLANTHOLT M. et STATMAN R. (1982). The graph isomorphism problem is polynomially equivalent to the legitimate deck problem for regular graphs. *Caribbean J. Math.* **1**, 15–23.

HARTMAN I.B.A. (2006). Berge's conjecture on path partitions — a survey. In *Creation and Recreation — A Volume in Memory of Claude Berge*, *Discrete Math.*, volume 306 (J.A. Bondy et V. Chvátal, eds.), 2498–2514. Elsevier, Amsterdam.

HARTSFIELD N. et RINGEL G. (1994). *Pearls in Graph Theory: A Comprehensive Introduction*. Academic Press, Boston. Revised reprint of the 1990 original.

HAVET F. et THOMASSÉ S. (2000). Median orders of tournaments: a tool for the second neighborhood problem and Sumner's conjecture. *J. Graph Theory* **35**, 244–256.

HAXELL P., SEAMONE B. et VERSTRAETE J. (2007). Independent dominating sets and Hamiltonian cycles. *J. Graph Theory* **54**, 233–244.

HEAWOOD P.J. (1890). Map-colour theorem. *Quart. J. Pure Appl. Math.* **24**, 332–338.

HEDETNIEMI S. (1966). Homomorphisms of graphs and automata. *Technical Report 03105-44-T*, University of Michigan.

HEESCH H. (1969). Untersuchungen zum Vierfarbenproblem. *B.I.-Hochschulskripten 810/810a/810b*, Bibliographisches Institut, Mannheim.

HELL P. et NEŠETŘIL J. (2004). *Graphs and Homomorphisms*. Oxford Lecture Series in Mathematics and its Applications, Vol. 28, Oxford University Press, Oxford.

HENLE F. et HENLE J. (2006). Squaring the plane. Unpublished manuscript.

HERSTEIN I.N. (1996). *Abstract Algebra.* Third édition. Prentice Hall, Upper Saddle River, NJ. With a preface by Barbara Cortzen and David J. Winter.

HILTON A.J.W. (1982). Canonical edge-colourings of locally finite graphs. *Combinatorica* **2**, 37–51.

HILTON A.J.W. (1989). Two conjectures on edge-colouring. *Discrete Math.* **74**, 61–64.

HOÀNG C.T. et MCDIARMID C. (2002). On the divisibility of graphs. *Discrete Math.* **242**, 145–156.

HOÀNG C.T. et REED B. (1987). A note on short cycles in digraphs. *Discrete Math.* **66**, 103–107.

HOFFMAN A.J. (1960). Some recent applications of the theory of linear inequalities to extremal combinatorial analysis. In *Proc. Sympos. Appl. Math., Vol. 10*, 113–127. American Mathematical Society, Providence, R.I.

HOFFMAN A.J. et SINGLETON R.R. (1960). On Moore graphs with diameters 2 and 3. *IBM J. Res. Develop.* **4**, 497–504.

HOLYER I. (1981). The NP-completeness of edge-coloring. *SIAM J. Comput.* **10**, 718–720.

HOPCROFT J. et TARJAN R. (1974). Efficient planarity testing. *J. Assoc. Comput. Mach.* **21**, 549–568.

HOPCROFT J.E. et WONG J.K. (1974). Linear time algorithm for isomorphism of planar graphs: preliminary report. In *Sixth Annual ACM Symposium on Theory of Computing (Seattle, Wash., 1974)*, 172–184. Assoc. Comput. Mach., New York.

HUANG H. et SUDAKOV B. (2012). A counterexample to the alon-saks-seymour conjecture and related problems. *Combinatorica* **32**, 205–219.

HUH J. (2012). Milnor numbers of projective hypersurfaces and the chromatic polynomial of graphs. *J. Amer. Math. Soc.* **25**, 907–927.

ISAACS R. (1975). Infinite families of nontrivial trivalent graphs which are not Tait colorable. *Amer. Math. Monthly* **82**, 221–239.

IWATA S. et MATSUDA T. (2007). Finding coherent cyclic orders in strong digraphs. *Technical report*, Graduate School of Information Sciences and Technology, University of Tokyo.

JACKSON B. (1980). Hamilton cycles in regular 2-connected graphs. *J. Combin. Theory Ser. B* **29**, 27–46.

JACKSON B. (1981). Long paths and cycles in oriented graphs. *J. Graph Theory* **5**, 145–157.

JACKSON B. (1986). Longest cycles in 3-connected cubic graphs. *J. Combin. Theory Ser. B* **41**, 17–26.

JACKSON B. (1993a). On circuit covers, circuit decompositions and Euler tours of graphs. In *Surveys in Combinatorics, 1993 (Keele)*, 191–210. London Math. Soc. Lecture Note Ser., Vol. 187, Cambridge Univ. Press, Cambridge.

JACKSON B. (1993b). A zero-free interval for chromatic polynomials of graphs. *Combin. Probab. Comput.* **2**, 325–336.

JACKSON B. et PARSONS T.D. (1982). A shortness exponent for r-regular r-connected graphs. *J. Graph Theory* **6**, 169–176.

JACKSON B. et WORMALD N.C. (1990). k-walks of graphs. *Australas. J. Combin.* **2**, 135–146. Combinatorial Mathematics and Combinatorial Computing, Vol. 2 (Brisbane, 1989).

JAEGER F. (1976). On nowhere-zero flows in multigraphs. In *Proceedings of the Fifth British Combinatorial Conference*, volume 15, 373–378. Utilitas Math., Winnipeg.

JAEGER F. (1979). Flows and generalized coloring theorems in graphs. *J. Combin. Theory Ser. B* **26**, 205–216.

JAEGER F. (1984). On circular flows in graphs. In *Finite and Infinite Sets, Vol. I, II (Eger, 1981)*, 391–402. Colloq. Math. Soc. János Bolyai, Vol. 37, North-Holland, Amsterdam.

JAEGER F. (1985). A survey of the cycle double cover conjecture. In *Cycles in Graphs (Burnaby, B.C., 1982)*, 1–12. North-Holland Math. Stud., Vol. 115, North-Holland, Amsterdam.

JAEGER F. (1988). Nowhere-zero flow problems. In *Selected Topics in Graph Theory, 3* (L.W. Beineke et R.J. Wilson, eds.), 71–95. Academic Press, San Diego.

JANSON S., ŁUCZAK T. et RUCINSKI A. (2000). *Random Graphs.* Wiley-Interscience Series in Discrete Mathematics and Optimization, Wiley, New York.

JARNÍK V. (1930). O jistém problému minimálním. *Práce Moravské Přírodovědecké Společnosti Brno* **6**, 57–63.

JENSEN T.R. et TOFT B. (1995). *Graph Coloring Problems.* Wiley-Interscience Series in Discrete Mathematics and Optimization, Wiley, New York.

JØRGENSEN L.K. (1994). Contractions to K_8. *J. Graph Theory* **18**, 431–448.

JÜNGER M., REINELT G. et RINALDI G. (1995). The traveling salesman problem. In *Network Models*, 225–330. Handbooks Oper. Res. Management Sci., Vol. 7, North-Holland, Amsterdam.

KAHN J. (1994). Recent results on some not-so-recent hypergraph matching and covering problems. In *Extremal Problems for Finite Sets (Visegrád, 1991)*, 305–353. Bolyai Soc. Math. Stud., Vol. 3, János Bolyai Math. Soc., Budapest.

KAISER T., KRÁL D., ROSENFELD M., RYJAČEK Z. et VOSS H.J. (2007). Hamilton cycles in prisms over graphs. *J. Graph Theory* .

KARP R.M. (1972). Reducibility among combinatorial problems. In *Complexity of Computer Computations (Proc. Sympos., IBM Thomas J. Watson Res. Center, Yorktown Heights, N.Y., 1972)*, 85–103. Plenum, New York.

KAUFFMAN L.H. (1990). Map coloring and the vector cross product. *J. Combin. Theory Ser. B* **48**, 145–154.

KAWARABAYASHI K. (2002). One or two disjoint circuits cover independent edges. Lovász-Woodall conjecture. *J. Combin. Theory Ser. B* **84**, 1–44.

KAWARABAYASHI K., LEE O., REED B. et WOLLAN P. (2007). Progress on Lovász' path removal conjecture. *Technical report*, McGill University.

KEEVASH P. et SUDAKOV B. (2005). The Turán number of the Fano plane. *Combinatorica* **25**, 561–574.

KELLY P.J. (1942). *On Isometric Transformations.* Thèse de Doctorat, University of Wisconsin.

KELLY P.J. (1957). A congruence theorem for trees. *Pacific J. Math.* **7**, 961–968.

KELMANS A.K. (1986). Constructions of cubic bipartite and 3-connected graphs without hamiltonian cycles. In *Analiz Zadach Formirovaniya i Vybora Alternativ, Vol. 10*, 64–72. VNIISI, Moscow.

KELMANS A.K. (1993). Graph planarity and related topics. In *Graph Structure Theory (Seattle, WA, 1991)*, 635–667. Contemp. Math., Vol. 147, Amer. Math. Soc., Providence, RI.

KELMANS A.K. (1994). Constructions of cubic bipartite 3-connected graphs without Hamiltonian cycles. In *Selected Topics in Discrete Mathematics (Moscow, 1972–1990)*, 127–140. Amer. Math. Soc. Transl. Ser. 2, Vol. 158, Amer. Math. Soc., Providence, RI.

KELMANS A.K. (2005). On λ-packings in 3-connected graphs. *RUTCOR Research Report 23–2005*, Rutgers University.

KELMANS A.K. et LOMONOSOV M. (1975). Moscow Discrete Mathematics Seminar. Personal communication, A.K. Kelmans, 1980.

KEMNITZ A. et HARBORTH H. (2001). Plane integral drawings of planar graphs. *Discrete Math.* **236**, 191–195. Graph theory (Kazimierz Dolny, 1997).

KEMPE A.B. (1879). On the geographical problem of the four colours. *Amer. J. Math.* **2**, 193–200.

KIERSTEAD H.A. et KOSTOCHKA A.V. (2008). A short proof of the Hajnal-Szemerédi theorem on equitable colouring. *Combin. Probab. Comput.* **17**, 265–270.

KILPATRICK P.A. (1975). *Tutte's First Colour-Cycle Conjecture.* Thèse de Doctorat, University of Cape Town.

KIM J.H. (1995). The Ramsey number $R(3,t)$ has order of magnitude $t^2/\log t$. *Random Structures Algorithms* **7**, 173–207.

KIRCHHOFF G. (1847). Über die Auflösung der Gleichungen, auf welche man bei der Untersuchung der linearen Verteilung galvanischer Ströme geführt wird. *Ann. Phys. Chem.* **72**, 497–508.

KIRKMAN T.P. (1881). Question 6610, solution by the proposer. *Math. Quest. Solut. Educ. Times* **35**, 112–116.

KLEIN R. (1994). On the colorability of m-composed graphs. *Discrete Math.* **133**, 181–190.

KNESER M. (1955). Aufgabe 300. *Jber. Deutsch. Math.-Verein.* **58**, 27.

KNUTH D.E. (1969). *The Art of Computer Programming. Vol. 1: Fundamental Algorithms.* Addison-Wesley, Reading, MA. Second printing.

KNUTH D.E. (1974). Wheels within wheels. *J. Combin. Theory Ser. B* **16**, 42–46.

KOCAY W.L. (1987). A family of nonreconstructible hypergraphs. *J. Combin. Theory Ser. B* **42**, 46–63.

KOCHOL M. (1996). Snarks without small cycles. *J. Combin. Theory Ser. B* **67**, 34–47.

KOCHOL M. (2001). An equivalent version of the 3-flow conjecture. *Journal of Combinatorial Theory, Series B* **83**, 258 – 261.

KOHAYAKAWA Y. et RÖDL V. (2003). Szemerédi's regularity lemma and quasi-randomness. In *Recent Advances in Algorithms and Combinatorics*, 289–351. CMS Books Math./Ouvrages Math. SMC, Vol. 11, Springer, New York.

KOMLÓS J. et SIMONOVITS M. (1996). Szemerédi's regularity lemma and its applications in graph theory. In *Combinatorics, Paul Erdős is Eighty, Vol. 2 (Keszthely, 1993)*, 295–352. Bolyai Soc. Math. Stud., Vol. 2, János Bolyai Math. Soc., Budapest.

KOMLÓS J., SHOKOUFANDEH A., SIMONOVITS M. et SZEMERÉDI E. (2002). The regularity lemma and its applications in graph theory. In *Theoretical Aspects of Computer Science (Tehran, 2000)*, 84–112. Lecture Notes in Comput. Sci., Vol. 2292, Springer, Berlin.

KÖNIG D. (1931). Graphs and matrices. *Mat. Fiz. Lapok* **38**, 116–119. Hungarian.

KÖNIG D. (1936). *Theorie der Endlichen und Unendlichen Graphen.* Akademische Verlagsgesellschaft, Leipzig.

KORTE B. et NEŠETŘIL J. (2001). Vojtěch Jarnik's work in combinatorial optimization. *Discrete Math.* **235**, 1–17. Combinatorics (Prague, 1998).

KOSTOCHKA A.V. (1982). A class of constructions for Turán's (3, 4)-problem. *Combinatorica* **2**, 187–192.

KOTZIG A. (1979). Selected open problems in graph theory. In *Graph Theory and Related Topics* (J.A. Bondy et U.S.R. Murty, eds.), xxxii+371. Academic Press, New York.

KOUIDER M. (1994). Cycles in graphs with prescribed stability number and connectivity. *J. Combin. Theory Ser. B* **60**, 315–318.

KRIESELL M. (2003). Edge-disjoint trees containing some given vertices in a graph. *J. Combin. Theory Ser. B* **88**, 53–65.

KŘÍŽ I. (1991). Permutation groups in Euclidean Ramsey theory. *Proc. Amer. Math. Soc.* **112**, 899–907.

KRUSKAL J.B. (1997). A reminiscence about shortest spanning subtrees. *Arch. Math. (Brno)* **33**, 13–14.

KRUSKAL JR. J.B. (1956). On the shortest spanning subtree of a graph and the traveling salesman problem. *Proc. Amer. Math. Soc.* **7**, 48–50.

KÜHN D. et OSTHUS D. (2012). A survey on Hamilton cycles in directed graphs. *European J. Combin.* **33**, 750–766.

KÜHN D. et OSTHUS D. (2013). Hamilton decompositions of regular expanders: A proof of kelly's conjecture for large tournaments. *Advances in Mathematics* **237**, 62 – 146.

KÜHN D., MYCROFT R. et OSTHUS D. (2011). A proof of Sumner's universal tournament conjecture for large tournaments. *Proc. Lond. Math. Soc. (3)* **102**, 731–766.

KUMAR R., RAGHAVAN P., RAJAGOPALAN S., SIVAKUMAR D., TOMKINS A. et UPFAL E. (2000). Stochastic models for the web graph. In *41st Annual Symposium on Foundations of Computer Science (Redondo Beach, CA, 2000)*, 57–65. IEEE Comput. Soc. Press, Los Alamitos, CA.

KÜNDGEN A. et RAMAMURTHI R. (2002). Coloring face-hypergraphs of graphs on surfaces. *J. Combin. Theory Ser. B* **85**, 307–337.

KURATOWSKI C. (1930). Sur le problème des courbes gauches en topologie. *Fund. Math.* **15**, 271–283.

LABORDE J.M., PAYAN C. et XUONG N.H. (1983). Independent sets and longest directed paths in digraphs. In *Graphs and other Combinatorial Topics (Prague, 1982)*, 173–177. Teubner-Texte Math., Vol. 59, Teubner, Leipzig.

LAS VERGNAS M. (1977/78). Acyclic and totally cyclic orientations of combinatorial geometries. *Discrete Math.* **20**, 51–61.

LAURI J. et SCAPELLATO R. (2003). *Topics in Graph Automorphisms and Reconstruction.* London Mathematical Society Student Texts, Vol. 54, Cambridge University Press, Cambridge.

LEIGHTON F.T. (1983). *Complexity Issues in VLSI: Optimal Layouts for the Shuffle-Exchange Graph and Other Networks.* MIT Press, Cambridge, MA.

LEONARDI S. (2004). *Algorithms and Models for the Web-Graph.* Springer, New York.

LEVEN D. et GALIL Z. (1983). NP completeness of finding the chromatic index of regular graphs. *J. Algorithms* **4**, 35–44.

LEVIN L.A. (1973). Universal search problems. *Problemy Peredači Informacii* **9**, 265–266.

LINIAL N. (1978). Covering digraphs by paths. *Discrete Math.* **23**, 257–272.

LINIAL N. (1981). Extending the Greene–Kleitman theorem to directed graphs. *J. Combin. Theory Ser. A* **30**, 331–334.

LOCKE S. (1995). Problem 10447. *Amer. Math. Monthly* **102**, 360.

LOVÁSZ L. (1968a). On chromatic number of finite set-systems. *Acta Math. Acad. Sci. Hungar.* **19**, 59–67.

LOVÁSZ L. (1968b). On covering of graphs. In *Theory of Graphs (Proc. Colloq., Tihany, 1966)*, 231–236. Academic Press, New York.

LOVÁSZ L. (1970). Problem 11. In *Combinatorial Structures and their Applications*, 497. Gordon and Breach, New York.

LOVÁSZ L. (1972a). A characterization of perfect graphs. *J. Combin. Theory Ser. B* **13**, 95–98.

LOVÁSZ L. (1972b). Normal hypergraphs and the perfect graph conjecture. *Discrete Math.* **2**, 253–267.

LOVÁSZ L. (1972c). A note on the line reconstruction problem. *J. Combin. Theory Ser. B* **13**, 309–310.

LOVÁSZ L. (1975a). 2-matchings and 2-covers of hypergraphs. *Acta Math. Acad. Sci. Hungar.* **26**, 433–444.

LOVÁSZ L. (1975b). Three short proofs in graph theory. *J. Combin. Theory Ser. B* **19**, 269–271.

LOVÁSZ L. (1976). On two minimax theorems in graph. *J. Combin. Theory Ser. B* **21**, 96–103.

LOVÁSZ L. (1978). Kneser's conjecture, chromatic number, and homotopy. *J. Combin. Theory Ser. A* **25**, 319–324.

LOVÁSZ L. (1979). On the Shannon capacity of a graph. *IEEE Trans. Inform. Theory* **25**, 1–7.

LOVÁSZ L. (1993). *Combinatorial Problems and Exercises.* Second édition. North-Holland, Amsterdam.

LOVÁSZ L. et PLUMMER M.D. (1986). *Matching Theory.* Annals of Discrete Mathematics, Vol. 29, North-Holland, Amsterdam.

LOVÁSZ L., C. T., WU Y. et C.-Q. Z. (2012). Nowhere-zero 3-flows and z_3-connectivity for 6-edge-connected graphs. Preprint.

LUCAS E. (1894). *Récréations Mathématiques, Vol. IV.* Gauthier-Villars et fils, Paris. Reprinted by Blanchard, Paris, 1960.

LUCCHESI C. (1976). *A Minimax Equality for Directed Graphs.* Thèse de Doctorat, University of Waterloo.

LUCCHESI C.L. et YOUNGER D.H. (1978). A minimax theorem for directed graphs. *J. London Math. Soc. (2)* **17**, 369–374.

LUKS E.M. (1982). Isomorphism of graphs of bounded valence can be tested in polynomial time. *J. Comput. System Sci.* **25**, 42–65.

MACLANE S. (1937). A combinatorial condition for planar graphs. *Fund. Math.* **28**, 22–32.

MADER W. (1967). Homomorphieeigenschaften und mittlere Kantendichte von Graphen. *Math. Ann.* **174**, 265–268.

MADER W. (1971a). Minimale n-fach kantenzusammenhängende Graphen. *Math. Ann.* **191**, 21–28.

MADER W. (1971b). Minimale n-fach zusammenhängende Graphen mit maximaler Kantenzahl. *J. Reine Angew. Math.* **249**, 201–207.

MADER W. (1978). A reduction method for edge-connectivity in graphs. In *Advances in Graph Theory*, volume 3, 145–164. North-Holland, Amsterdam.

MANSFIELD A. (1982). The relationship between the computational complexities of the legitimate deck and isomorphism problems. *Quart. J. Math. Oxford Ser. (2)* **33**, 345–347.

MATTHEWS K.R. (1978). On the Eulericity of a graph. *J. Graph Theory* **2**, 143–148.

MATTHEWS M.M. et SUMNER D.P. (1984). Hamiltonian results in $K_{1,3}$-free graphs. *J. Graph Theory* **8**, 139–146.

MATULA D. (1976). The largest clique size in a random graph. *Technical report*, Dept. Comp. Sci., Southern Methodist University, Dallas, Texas.

MCCUAIG W. (1993). Intercyclic digraphs. In *Graph Structure Theory (Seattle, WA, 1991)*, 203–245. Contemp. Math., Vol. 147, Amer. Math. Soc., Providence, RI.

MCCUAIG W. (2000). Even dicycles. *J. Graph Theory* **35**, 46–68.

MCKAY B.D. (1977). Computer reconstruction of small graphs. *J. Graph Theory* **1**, 281–283.

MENGER K. (1927). Zur allgemeinen Kurventheorie. *Fund. Math.* **10**, 96–115.

MINTY G.J. (1980). On maximal independent sets of vertices in claw-free graphs. *J. Combin. Theory Ser. B* **28**, 284–304.

MOHAR B. et THOMASSEN C. (2001). *Graphs on Surfaces.* Johns Hopkins Studies in the Mathematical Sciences, Johns Hopkins University Press, Baltimore.

MOLLOY M. et REED B. (1998). A bound on the total chromatic number. *Combinatorica* **18**, 241–280.

MOLLOY M. et REED B. (2002). *Graph Colouring and the Probabilistic Method.* Algorithms and Combinatorics, Vol. 23, Springer, Berlin.

MOON J.W. (1967). Various proofs of Cayley's formula for counting trees. In *A Seminar on Graph Theory*, 70–78. Holt, Rinehart and Winston, New York.

MOON J.W. (1968). *Topics on Tournaments.* Holt, Rinehart and Winston, New York.

MOON J.W. et MOSER L. (1963). Simple paths on polyhedra. *Pacific J. Math.* **13**, 629–631.

MORON Z. (1925). O rozkladach prostokatów na kwadraty. *Przeglad Matematyczno-Fizyczny* **3**, 152–153.

MÜLLER V. (1977). The edge reconstruction hypothesis is true for graphs with more than $n \cdot \log_2 n$ edges. *J. Combin. Theory Ser. B* **22**, 281–283.

MYCIELSKI J. (1955). Sur le coloriage des graphs. *Colloq. Math.* **3**, 161–162.

NAGAMOCHI H. et IBARAKI T. (1992). Computing edge-connectivity in multigraphs and capacitated graphs. *SIAM J. Discrete Math.* **5**, 54–66.

NASH-WILLIAMS C. (1978). The reconstruction problem. In *Selected Topics in Graph Theory* (L.W. Beineke et R.J. Wilson, eds.), 205–236. Academic Press, London.

NASH-WILLIAMS C.S.J.A. (1959). Random walk and electric currents in networks. *Proc. Cambridge Philos. Soc.* **55**, 181–194.

NASH-WILLIAMS C.S.J.A. (1960). On orientations, connectivity and odd-vertex-pairings in finite graphs. *Canad. J. Math.* **12**, 555–567.

NASH-WILLIAMS C.S.J.A. (1961). Edge-disjoint spanning trees of finite graphs. *J. London Math. Soc.* **36**, 445–450.

NEŠETŘIL J. et RÖDL V. (1975). Partitions of subgraphs. In *Recent Advances in Graph Theory*, 413–423. Academia, Prague.

NEŠETŘIL J. et RÖDL V. (1979). A short proof of the existence of highly chromatic hypergraphs without short cycles. *J. Combin. Theory Ser. B* **27**, 225–227.

NEŠETŘIL J., MILKOVÁ E. et NEŠETŘILOVÁ H. (2001). Otakar Borůvka on minimum spanning tree problem: translation of both the 1926 papers, comments, history. *Discrete Math.* **233**, 3–36. Graph Theory (Prague, 1998).

NEUMANN-LARA V. (1985). Vertex colourings in digraphs. some problems. *Technical report*, University of Waterloo.

NINČÁK J. (1974). Hamiltonian circuits in cubic graphs. *Comment. Math. Univ. Carolinae* **15**, 627–630.

NOEL J.A., REED B.A. et WU H. (2012). A Proof of a Conjecture of Ohba. *ArXiv e-prints* .

OHBA K. (2002). On chromatic-choosable graphs. *J. Graph Theory* **40**, 130–135.

OXLEY J.G. (1992). *Matroid Theory.* Oxford Science Publications, Clarendon Press, New York.

PADBERG M.W. et RAO M.R. (1982). Odd minimum cut-sets and b-matchings. *Math. Oper. Res.* **7**, 67–80.

PALMER E.M. (1985). *Graphical Evolution: An Introduction to the Theory of Random Graphs.* Wiley-Interscience Series in Discrete Mathematics, Wiley, Chichester.

PAPADIMITRIOU C.H. (1994). *Computational Complexity.* Addison-Wesley, Reading, MA.

PETERSEN J. (1891). Die Theorie der regulären Graphs. *Acta Math.* **15**, 193–220. English translation in: N.L. Biggs, E.K. Lloyd and R.J. Wilson, *Graph Theory 1736–1936.* Clarendon Press, Oxford, 1986, p. 190.

PITMAN J. (1999). Coalescent random forests. *J. Combin. Theory Ser. A* **85**, 165–193.

POLESSKIĬ V.P. (1971). A certain lower bound for the reliability of information networks. *Problemy Peredači Informacii* **7**, 88–96.

PÓLYA G. (1921). Über eine Aufgabe der Wahrscheinlichkeitsrechnung betreffend die Irrfahrt im Strassennetz. *Math. Ann.* **84**, 149–160.

PÓLYA G. (2004). *How to Solve It: A New Aspect of Mathematical Method.* Princeton Science Library, Princeton University Press, Princeton, NJ. Expanded version of the 1988 edition, with a new foreword by John H. Conway.

PÓSA L. (1976). Hamiltonian circuits in random graphs. *Discrete Math.* **14**, 359–364.

PREISSMANN M. (1981). *Sur les colorations des arêtes des graphes cubiques.* Thèse de Doctorat, Université de Grenoble.

PRIM R.C. (1957). Shortest connection networks and some generalizations. *Bell Sys. Tech. J.* **36**, 1389–1401.

RADO R. (1942). A theorem on independence relations. *Quart. J. Math., Oxford Ser.* **13**, 83–89.

RADO R. (1957). Note on independence functions. *Proc. London Math. Soc. (3)* **7**, 300–320.

RAMSEY F.P. (1930). On a problem of formal logic. *Proc. London Math. Soc.* **30**, 264–286.

RANDÍC M. (1981). Personal communication. (Letter, January 18, 1981).

RAZBOROV A. (2006). On the minimal density of triangles in graphs. *Technical report*, Mathematical Institute, Russian Academy of Sciences.

READ R.C. (1968). An introduction to chromatic polynomials. *J. Combin. Theory* **4**, 52–71.

READ R.C. et TUTTE W.T. (1988). Chromatic polynomials. In *Selected Topics in Graph Theory, 3* (L.W. Beineke et R.J. Wilson, eds.), 15–42. Academic Press, San Diego.

RÉDEI L. (1934). Ein kombinatorischer Satz. *Acta. Litt. Sci. Szeged* **7**, 39–43.

REED B. (1998). ω, Δ, and χ. *J. Graph Theory* **27**, 177–212.

REED B. et SEYMOUR P. (1998). Fractional colouring and Hadwiger's conjecture. *J. Combin. Theory Ser. B* **74**, 147–152.

REED B., ROBERTSON N., SEYMOUR P. et THOMAS R. (1996). Packing directed circuits. *Combinatorica* **16**, 535–554.

REED B.A. (2003). Algorithmic aspects of tree width. In *Recent Advances in Algorithms and Combinatorics*, 85–107. CMS Books Math./Ouvrages Math. SMC, Vol. 11, Springer, New York.

REIMAN I. (1958). Über ein Problem von K. Zarankiewicz. *Acta. Math. Acad. Sci. Hungar.* **9**, 269–273.

RICHARDSON M. (1953). Solutions of irreflexive relations. *Ann. of Math. (2)* **58**, 573–590; errata 60 (1954), 595.

ŘÍHA S. (1991). A new proof of the theorem by Fleischner. *J. Combin. Theory Ser. B* **52**, 117–123.

RINGEL G. (1974). *Map Color Theorem.* Springer, New York. Foundations of Mathematical Sciences, Vol. 209.

RINGEL G. et YOUNGS J.W.T. (1968). Solution of the Heawood map-coloring problem. *Proc. Nat. Acad. Sci. U.S.A.* **60**, 438–445.

RIZZI R. (1999). Indecomposable r-graphs and some other counterexamples. *J. Graph Theory* **32**, 1–15.

RIZZI R. (2001). On 4-connected graphs without even cycle decompositions. *Discrete Math.* **234**, 181–186.

ROBBINS H.E. (1939). A theorem on graphs, with an application to a problem of traffic control. *Amer. Math. Monthly* **46**, 281–283. Questions, Discussions, and Notes.

ROBERTSON N. (2007). Personal communication.

ROBERTSON N. et SEYMOUR P.D. (1986). Graph minors. II. Algorithmic aspects of tree-width. *J. Algorithms* **7**, 309–322.

ROBERTSON N. et SEYMOUR P.D. (1995). Graph minors. XIII. The disjoint paths problem. *J. Combin. Theory Ser. B* **63**, 65–110.

ROBERTSON N. et SEYMOUR P.D. (2004). Graph minors. XX. Wagner's conjecture. *J. Combin. Theory Ser. B* **92**, 325–357.

ROBERTSON N., SEYMOUR P. et THOMAS R. (1993). Hadwiger's conjecture for K_6-free graphs. *Combinatorica* **13**, 279–361.

ROBERTSON N., SANDERS D., SEYMOUR P. et THOMAS R. (1997a). The four-colour theorem. *J. Combin. Theory Ser. B* **70**, 2–44.

ROBERTSON N., SEYMOUR P. et THOMAS R. (1997b). Tutte's edge-colouring conjecture. *J. Combin. Theory Ser. B* **70**, 166–183.

ROBERTSON N., SEYMOUR P.D. et THOMAS R. (1999). Permanents, Pfaffian orientations, and even directed circuits. *Ann. of Math. (2)* **150**, 929–975.

ROBERTSON N., SEYMOUR P. et THOMAS R. (2014). Excluded minors in cubic graphs.

ROBERTSON N., SEYMOUR P. et THOMAS R. (2019). Excluded minors in cubic graphs. *Journal of Combinatorial Theory, Series B* **138**, 219–285.

RÖDL V., NAGLE B., SKOKAN J., SCHACHT M. et KOHAYAKAWA Y. (2005). The hypergraph regularity method and its applications. *Proc. Natl. Acad. Sci. USA* **102**, 8109–8113 (electronic).

ROSE D.J., TARJAN R.E. et LUEKER G.S. (1976). Algorithmic aspects of vertex elimination on graphs. *SIAM J. Comput.* **5**, 266–283.

ROSENFELD M. (1967). On a problem of C. E. Shannon in graph theory. *Proc. Amer. Math. Soc.* **18**, 315–319.

ROSENKRANTZ D.J., STEARNS R.E. et LEWIS P.M. (1974). Approximate algorithms for the traveling salesperson problem. In *15th Annual Symposium on Switching and Automata Theory (1974)*, 33–42. IEEE Comput. Soc., Long Beach, CA.

ROSENSTIEHL P. et READ R.C. (1978). On the principal edge tripartition of a graph. In *Advances in Graph Theory*, volume 3, 195–226. North-Holland, Amsterdam.

ROTA G.C. (1964). On the foundations of combinatorial theory. I. Theory of Möbius functions. *Z. Wahrscheinlichkeitstheorie und Verw. Gebiete* **2**, 340–368 (1964).

ROTHSCHILD B. et WHINSTON A. (1966). Feasiblity of two commodity network flows. *Operations Res.* **14**, 1121–1129.

ROY B. (1967). Nombre chromatique et plus longs chemins d'un graphe. *Rev. Française Informat. Recherche Opérationnelle* **1**, 129–132.

SAATY T.L. (1972). Thirteen colorful variations on Guthrie's four-color conjecture. *Amer. Math. Monthly* **79**, 2–43.

SABIDUSSI G. (1992). Correspondence between Sylvester, Petersen, Hilbert and Klein on invariants and the factorisation of graphs 1889–1891. *Discrete Math.* **100**, 99–155. Special volume to mark the centennial of Julius Petersen's "Die Theorie der regulären Graphs", Part I.

SACHS H. (1993). Elementary proof of the cycle-plus-triangles theorem. In *Combinatorics, Paul Erdős is Eighty, Vol. 1*, 347–359. Bolyai Soc. Math. Stud., János Bolyai Math. Soc., Budapest.

SALAVATIPOUR M. (2003). *Graph Colouring via the Discharging Method.* Thèse de Doctorat, University of Toronto.

SANDERS D. et THOMAS R. (in preparation). Edge three-coloring cubic apex graphs.

SANDERS D.P. (1997). On paths in planar graphs. *J. Graph Theory* **24**, 341–345.

SBIHI N. (1980). Algorithme de recherche d'un stable de cardinalité maximum dans un graphe sans étoile. *Discrete Math.* **29**, 53–76.

SCHEINERMAN E.R. et ULLMAN D.H. (1997). *Fractional Graph Theory: a Rational Approach to the Theory of Graphs.* Wiley-Interscience Series in Discrete Mathematics and Optimization, Wiley, New York. With a foreword by Claude Berge.

SCHLÄFLI L. (1858). An attempt to determine the twenty-seven lines upon a surface of the third order and to divide such surfaces into species in reference to the reality of the lines upon the surface. *Quart. J. Math.* **2**, 55–65, 110–121.

SCHRIJVER A. (1978). Vertex-critical subgraphs of Kneser graphs. *Nieuw Arch. Wisk. (3)* **26**, 454–461.

SCHRIJVER A. (1982). Min-max relations for directed graphs. In *Bonn Workshop on Combinatorial Optimization (Bonn, 1980)*, 261–280. Ann. Discrete Math., Vol. 16, North-Holland, Amsterdam.

SCHRIJVER A. (2003). *Combinatorial Optimization: Polyhedra and Efficiency.* Algorithms and Combinatorics, Vol. 24, Springer, Berlin.

SCHUR I. (1916). Über die Kongruenz $x^m + y^m = z^m \pmod{p}$. *Jber. Deutsch. Math.-Verein.* **25**, 114–117.

SCOTT A. et SEYMOUR P. (2020). A survey of χ-boundedness. *Journal of Graph Theory* **95**, 473–504.

SEBŐ A. (2007). Minmax relations for cyclically ordered digraphs. *J. Combin. Theory Ser. B* **97**, 518–552.

SEYMOUR P.D. (1979a). On multicolourings of cubic graphs, and conjectures of Fulkerson and Tutte. *Proc. London Math. Soc. (3)* **38**, 423–460.

SEYMOUR P.D. (1979b). Sums of circuits. In *Graph Theory and Related Topics* (J.A. Bondy et U.S.R. Murty, eds.), 341–355. Academic Press, New York.

SEYMOUR P.D. (1980). Disjoint paths in graphs. *Discrete Math.* **29**, 293–309.

SEYMOUR P.D. (1981a). Even circuits in planar graphs. *J. Combin. Theory Ser. B* **31**, 327–338.

SEYMOUR P.D. (1981b). Nowhere-zero 6-flows. *J. Combin. Theory Ser. B* **30**, 130–135.

SEYMOUR P.D. (1981c). On odd cuts and plane multicommodity flows. *Proc. London Math. Soc. (3)* **42**, 178–192.

SEYMOUR P.D. (2007). Personal communication.

SEYMOUR P.D. et THOMAS R. (1993). Graph searching and a min-max theorem for tree-width. *J. Combin. Theory Ser. B* **58**, 22–33.

SHANNON C.E. (1956). The zero error capacity of a noisy channel. *IRE Trans.Inf. Theory* **IT-2**, 8–19.

SHEEHAN J. (1975). The multiplicity of Hamiltonian circuits in a graph. In *Recent Advances in Graph Theory*, 477–480. Academia, Prague.

SHILOACH Y. (1980). A polynomial solution to the undirected two paths problem. *J. Assoc. Comput. Mach.* **27**, 445–456.

SHITOV Y. (2019). Counterexamples to Hedetniemi's conjecture. *Annals of Mathematics* **190**, 663–667.

SIDORENKO A. (1995). What we know and what we do not know about Turán numbers. *Graphs Combin.* **11**, 179–199.

SIDORENKO A.F. (1991). Inequalities for functionals generated by bipartite graphs. *Diskret. Mat.* **3**, 50–65.

SINGLETON R. (1966). On minimal graphs of maximum even girth. *J. Combin. Theory* **1**, 306–332.

SIPSER M. (2005). *Introduction to the Theory of Computation.* Second édition. Course Technology, Boston, MA.

SMITH C.A.B. et TUTTE W.T. (1950). A class of self-dual maps. *Canadian J. Math.* **2**, 179–196.

SÓS V.T. (1976). Remarks on the connection of graph theory, finite geometry and block designs. In *Colloquio Internazionale sulle Teorie Combinatorie (Roma, 1973), Tomo II*, 223–233. Atti dei Convegni Lincei, No. 17. Accad. Naz. Lincei, Rome.

SPENCER J. (1987). *Ten Lectures on the Probabilistic Method.* CBMS-NSF Regional Conference Series in Applied Mathematics, Vol. 52, Society for Industrial and Applied Mathematics (SIAM), Philadelphia.

SPENCER J., SZEMERÉDI E. et TROTTER JR. W. (1984). Unit distances in the Euclidean plane. In *Graph Theory and Combinatorics (Cambridge, 1983)*, 293–303. Academic Press, London.

SPRAGUE R. (1939). Beispiel einer Zerlegung des Quadrats in lauter verschiedene Quadrate. *Math. Z.* **45**, 607–608.

STANLEY R.P. (1973). Acyclic orientations of graphs. *Discrete Math.* **5**, 171–178.

STANLEY R.P. (1985). Reconstruction from vertex-switching. *J. Combin. Theory Ser. B* **38**, 132–138.

STEINBERG R. (1993). The state of the three color problem. In *Quo Vadis, Graph Theory?*, 211–248. Ann. Discrete Math., Vol. 55, North-Holland, Amsterdam.

STEINITZ E. (1922). Polyeder und Raumeinteilungen. In *Enzyklopädie der mathematischen Wissenschaften*, volume 3, 1–139. .

STOCKMEYER P.K. (1981). A census of nonreconstructible digraphs. I. Six related families. *J. Combin. Theory Ser. B* **31**, 232–239.

SULLIVAN B. (2006). A summary of results and problems related to the Caccetta-Häggkvist conjecture. *Technical report*, Princeton University.

SZÉKELY L.A. (1997). Crossing numbers and hard Erdős problems in discrete geometry. *Combin. Probab. Comput.* **6**, 353–358.

SZEKERES G. (1973). Polyhedral decompositions of cubic graphs. *Bull. Austral. Math. Soc.* **8**, 367–387.

SZEMERÉDI E. (1978). Regular partitions of graphs. In *Problèmes Combinatoires et Théorie des Graphes (Colloq. Internat. CNRS, Univ. Orsay, Orsay, 1976)*, 399–401. Colloq. Internat. CNRS, Vol. 260, CNRS, Paris.

SZEMERÉDI E. et TROTTER JR. W.T. (1983). Extremal problems in discrete geometry. *Combinatorica* **3**, 381–392.

TAIT P.G. (1880). Remarks on colouring of maps. *Proc. Royal Soc. Edinburgh Ser. A* **10**, 729.

TAO T. (2006). Szemerédi's regularity lemma revisited. *Contrib. Discrete Math.* **1**, 8–28 (electronic).

TAO T. et VU V. (2006). *Additive Combinatorics.* Cambridge Studies in Advanced Mathematics, Vol. 105, Cambridge University Press, Cambridge.

TARJAN R. (1972). Depth-first search and linear graph algorithms. *SIAM J. Comput.* **1**, 146–160.

TARJAN R.E. (1983). *Data Structures and Network Algorithms.* CBMS-NSF Regional Conference Series in Applied Mathematics, Vol. 44, Society for Industrial and Applied Mathematics (SIAM), Philadelphia.

TASHKINOV V.A. (1984). 3-regular subgraphs of 4-regular graphs. *Mat. Zametki* **36**, 239–259.

THOMAS R. (1998). An update on the four-color theorem. *Notices Amer. Math. Soc.* **45**, 848–859.

THOMAS R. et YU X. (1994). 4-connected projective-planar graphs are hamiltonian. *J. Combin. Theory Ser. B* **62**, 114–132.

Thomason A.G. (1978). Hamiltonian cycles and uniquely edge colourable graphs. In *Advances in Graph Theory*, volume 3, Exp. No. 13, 3. North-Holland, Amsterdam.

Thomassé S. (2001). Covering a strong digraph by $\alpha - 1$ disjoint paths: a proof of Las Vergnas' conjecture. *J. Combin. Theory Ser. B* **83**, 331–333.

Thomassen C. (1978). Hypohamiltonian graphs and digraphs. In *Theory and Applications of Graphs*, 557–571. Lecture Notes in Math., Vol. 642, Springer, Berlin.

Thomassen C. (1980). 2-linked graphs. *European J. Combin.* **1**, 371–378.

Thomassen C. (1981). Kuratowski's theorem. *J. Graph Theory* **5**, 225–241.

Thomassen C. (1983a). Infinite graphs. In *Selected Topics in Graph Theory, 2* (L.W. Beineke et R.J. Wilson, eds.), 129–160. Academic Press, London.

Thomassen C. (1983b). A theorem on paths in planar graphs. *J. Graph Theory* **7**, 169–176.

Thomassen C. (1989). Configurations in graphs of large minimum degree, connectivity, or chromatic number. In *Combinatorial Mathematics: Proceedings of the Third International Conference (New York, 1985)*, 402–412. Ann. New York Acad. Sci., Vol. 555, New York Acad. Sci., New York.

Thomassen C. (1990). Resistances and currents in infinite electrical networks. *J. Combin. Theory Ser. B* **49**, 87–102.

Thomassen C. (1994). Every planar graph is 5-choosable. *J. Combin. Theory Ser. B* **62**, 180–181.

Thomassen C. (1997a). Chords of longest cycles in cubic graphs. *J. Combin. Theory Ser. B* **71**, 211–214.

Thomassen C. (1997b). Color-critical graphs on a fixed surface. *J. Combin. Theory Ser. B* **70**, 67–100.

Thomassen C. (1997c). The zero-free intervals for chromatic polynomials of graphs. *Combin. Probab. Comput.* **6**, 497–506.

Thomassen C. (1998). Independent dominating sets and a second Hamiltonian cycle in regular graphs. *J. Combin. Theory Ser. B* **72**, 104–109.

Thomassen C. (2000). Chromatic roots and Hamiltonian paths. *J. Combin. Theory Ser. B* **80**, 218–224.

Thomassen C. (2005). Some remarks on Hajós' conjecture. *J. Combin. Theory Ser. B* **93**, 95–105.

Thomassen C. (2012). The weak 3-flow conjecture and the weak circular flow conjecture. *J. Comb. Theory, Ser. B* **102**, 521–529.

Turán P. (1941). Eine Extremalaufgabe aus der Graphentheorie. *Mat. Fiz. Lapok* **48**, 436–452.

Tutte W.T. (1946). On Hamiltonian circuits. *J. London Math. Soc.* **21**, 98–101.

Tutte W.T. (1947a). The factorization of linear graphs. *J. London Math. Soc.* **22**, 107–111.

Tutte W.T. (1947b). A family of cubical graphs. *Proc. Cambridge Philos. Soc.* **43**, 459–474.

Tutte W.T. (1947c). A ring in graph theory. *Proc. Cambridge Philos. Soc.* **43**, 26–40.

Tutte W.T. (1948a). *An Algebraic Theory of Graphs.* Thèse de Doctorat, Cambridge University.

Tutte W.T. (1948b). The dissection of equilateral triangles into equilateral triangles. *Proc. Cambridge Philos. Soc.* **44**, 463–482.

Tutte W.T. (1954a). A contribution to the theory of chromatic polynomials. *Canadian J. Math.* **6**, 80–91.

Tutte W.T. (1954b). A short proof of the factor theorem for finite graphs. *Canadian J. Math.* **6**, 347–352.

Tutte W.T. (1956). A theorem on planar graphs. *Trans. Amer. Math. Soc.* **82**, 99–116.

Tutte W.T. (1961a). On the problem of decomposing a graph into n connected factors. *J. London Math. Soc.* **36**, 221–230.

Tutte W.T. (1961b). A theory of 3-connected graphs. *Nederl. Akad. Wetensch. Proc. Ser. A 64* = *Indag. Math.* **23**, 441–455.

Tutte W.T. (1963). How to draw a graph. *Proc. London Math. Soc. (3)* **13**, 743–767.

Tutte W.T. (1965a). Lectures on matroids. *J. Res. Nat. Bur. Standards Sect. B* **69B**, 1–47.

Tutte W.T. (1965b). The quest of the perfect square. *Amer. Math. Monthly* **72**, 29–35.

Tutte W.T. (1966a). *Connectivity in Graphs.* Mathematical Expositions, Vol. 15, University of Toronto Press, Toronto.

Tutte W.T. (1966b). On the algebraic theory of graph colorings. *J. Combin. Theory* **1**, 15–50.

Tutte W.T. (1970). On chromatic polynomials and the golden ratio. *J. Combin. Theory* **9**, 289–296.

Tutte W.T. (1972). Unsolved Problem 48, in Bondy et Murty (1976).

Tutte W.T. (1976). Hamiltonian circuits. In *Colloquio Internazionale sulle Teorie Combinatorie (Rome, 1973), Tomo I*, 193–199. Atti dei Convegni Lincei, No. 17. Accad. Naz. Lincei, Rome.

Tutte W.T. (1998). *Graph Theory as I have Known It.* Oxford Lecture Series in Mathematics and its Applications, Vol. 11, Clarendon Press, New York. With a foreword by U. S. R. Murty.

Tuza Z. (1983). Ryser's conjecture on transversals of r-partite hypergraphs. *Ars Combin.* **16**, 201–209.

Tuza Z. (1990). A conjecture on triangles of graphs. *Graphs Combin.* **6**, 373–380.

Tverberg H. (1982). On the decomposition of K_n into complete bipartite graphs. *J. Graph Theory* **6**, 493–494.

Ulam S.M. (1960). *A Collection of Mathematical Problems.* Interscience Tracts in Pure and Applied Mathematics, Vol. 8, Interscience, New York–London.

Ungar P. et Descartes B. (1954). Advanced Problems and Solutions: Solutions: 4526. *Amer. Math. Monthly* **61**, 352–353.

Van der Waerden B. (1927). Beweis einer Baudetschen Vermutung. *Nieuw Arch. Wisk.* **15**, 212–216.

Vazirani V.V. (2001). *Approximation Algorithms.* Springer, Berlin.

Veblen O. (1912/13). An application of modular equations in analysis situs. *Ann. of Math. (2)* **14**, 86–94.

Vince A. (1988). Star chromatic number. *J. Graph Theory* **12**, 551–559.

Vizing V.G. (1964). On an estimate of the chromatic class of a p-graph. *Diskret. Analiz No.* **3**, 25–30.

Vizing V.G. (1965). The chromatic class of a multigraph. *Kibernetika (Kiev)* **1965**, 29–39.

Voigt M. (1993). List colourings of planar graphs. *Discrete Math.* **120**, 215–219.

Voigt M. (1995). A not 3-choosable planar graph without 3-cycles. *Discrete Math.* **146**, 325–328.

von Neumann J. (1928). Zur Theorie der Gesellschaftsspiele. *Math. Ann.* **100**, 295–320.

Wagner K. (1936). Bemerkungen zum Vierfarbenproblem. *Jber. Deutsch. Math.-Verein.* **46**, 26–32.

Wagner K. (1937). Über eine Eigenschaft der ebenen Komplexe. *Math. Ann.* **114**, 570–590.

Wagner K. (1964). Beweis einer Abschwächung der Hadwiger-Vermutung. *Math. Ann.* **153**, 139–141.

Watkins M.E. (1970). Connectivity of transitive graphs. *J. Combin. Theory* **8**, 23–29.

Welsh D.J.A. (1976). *Matroid Theory.* London Mathematical Society Monographs, Vol. 8, Academic Press, London.

Welsh D.J.A. (1993). *Complexity: Knots, Colourings and Counting.* London Mathematical Society Lecture Note Series, Vol. 186, Cambridge University Press, Cambridge.

Whitney H. (1932a). Congruent graphs and the connectivity of graphs. *Amer. J. Math.* **54**, 150–168.

Whitney H. (1932b). A logical expansion in mathematics. *Bull. Amer. Math. Soc.* **38**, 572–579.

Whitney H. (1932c). Non-separable and planar graphs. *Trans. Amer. Math. Soc.* **34**, 339–362.

Whitney H. (1933). 2-isomorphic graphs. *Amer. J. Math.* **55**, 245–254.

Whitney H. (1935). On the abstract properties of linear dependence. *Amer. J. Math.* **57**, 509–533.

Whitney H. (1992). *Collected Papers. Vol. I.* Contemporary Mathematicians, Birkhäuser, Boston. Edited and with a preface by James Eells and Domingo Toledo.

Williams J.W.J. (1964). Algorithm 232: Heapsort. *Commun. ACM* **7**, 347–348.

Wilson R. (2002). *Four Colors Suffice: How the Map Problem was Solved.* Princeton University Press, Princeton, NJ.

Winder R.O. (1966). Partitions of N-space by hyperplanes. *SIAM J. Appl. Math.* **14**, 811–818.

Witte D. et Gallian J.A. (1984). A survey: Hamiltonian cycles in Cayley graphs. *Discrete Math.* **51**, 293–304.

Wong P.K. (1982). Cages—a survey. *J. Graph Theory* **6**, 1–22.

WOODALL D.R. (1971). Thrackles and deadlock. In *Combinatorial Mathematics and its Applications*, 335–347. Academic Press, London.

WOODALL D.R. (1973). The binding number of a graph and its Anderson number. *J. Combin. Theory Ser. B* **15**, 225–255.

WOODALL D.R. (1978). Minimax theorems in graph theory. In *Selected Topics in Graph Theory* (L.W. Beineke et R.J. Wilson, eds.), 237–269. Academic Press, London.

WOODALL D.R. (2001). List colourings of graphs. In *Surveys in Combinatorics, 2001 (Sussex)*, 269–301. London Math. Soc. Lecture Note Ser., Vol. 288, Cambridge Univ. Press, Cambridge.

WOODALL D.R. et WILSON R.J. (1978). The Appel-Haken proof of the Four-Color Theorem. In *Selected Topics in Graph Theory* (L.W. Beineke et R.J. Wilson, eds.), 237–269. Academic Press, London.

WORMALD N.C. (1979). Classifying k-connected cubic graphs. In *Combinatorial Mathematics, VI*, 199–206. Lecture Notes in Math., Vol. 748, Springer, Berlin.

YOUNGER D.H. (1965). A conjectured minimax theorem for directed graphs. *Technical Report 42*, Digital Systems Laboratory, Department of Electrical Engineering, Princeton University.

YOUNGER D.H. (1973). Graphs with interlinked directed circuits. In *Proceedings of the Sixteenth Midwest Symposium on Circuit Theory*, volume II, XVI 2.1–XVI 2.7. IEEE, New York.

YOUNGER D.H. (1983). Integer flows. *J. Graph Theory* **7**, 349–357.

ZHANG C.Q. (1997). *Integer Flows and Cycle Covers of Graphs*. Monographs and Textbooks in Pure and Applied Mathematics, Vol. 205, Marcel Dekker, New York.

ZHAO Y. (2000). 3-coloring graphs embedded in surfaces. *J. Graph Theory* **33**, 140–143.

ZHU X. (2001). Circular chromatic number: a survey. *Discrete Math.* **229**, 371–410. Combinatorics, Graph Theory, Algorithms and Applications.

ZYKOV A.A. (1949). On some properties of linear complexes. *Mat. Sbornik N.S.* **24(66)**, 163–188.

Notation Générique en Mathématique

(Ω, P)	espace de probabilité	342
$C(X,Y)$	covariance d'une variable aléatoires	356
D_n	groupe dihédral à n éléments	17
$E(X)$	espérance de la variable aléatoire X	345
N_k	sphère à k cross-caps	294
$P(A)$	probabilité de lévénement A	342
$PG_{2,q}$	plan projectif d'ordre q	28
S_k	sphère à k anses	293
S_n	groupe symétrique à n éléments	17
$V(X)$	variance de la variable aléatoire X	355
X_A	variable aléatoire caractéritique de l'événement A	344
Ω	espace échantillon	342
$\log n$	logarithme naturel de n	349
$\neg f$	négation de la formule booléenne f	191
$\overline{x}$	négation de variable booléenne	192
$\mathbb{F}$	corps	28
$\mathbb{N}$	ensemble des entiers positifs	50
$\mathbb{R}$	corps des réels	24
$\mathbb{Q}$	corps des rationnels	38
$\mathbf{R}\|_S$	restriction de la matrice $\mathbf{R}$ aux colonnes de S	569
$\mathbb{Z}$	anneau des entiers	80
$\mathbb{Z}_n$	anneau des entiers modulo n	30
$f \equiv g$	les fomules f et g sont équivalentes	192
$f \gg g$	la fonction g croît asymptotiquement plus vite que la fonction g	348
$f \ll g$	la fonction f croît asymptotiquement moins vite que la fonction g	348
$f \sim g$	les fonctions f et g sont asymptotiquement équivalentes	348

J. Bondy et al., *Théorie des graphes*, Mathématiques et Applications 91,
https://doi.org/10.1007/978-1-4471-7621-3

$f \vee g$	disjonction des formules booléennes f et g	191
$f \wedge g$	conjonction des formules booléennes f et g	192
$x \circ y$	produit tensoriel de x et y	321
$x \prec y$	ordre partiel	45
$\mathbf{1}$	vecteur dont toutes les coordonnées valent 1	12
$\mathbf{I}$	matrice identité	12
$\mathbf{J}$	matrice dont toutes les entrées valent 1	12
$\mathbf{f}_X$	vecteur caractéristique de l'ensemble X	69
$\mathrm{tr}(\mathbf{A})$	trace de la matrice A	87

Paramètres de Graphes

La plupart des notations communes aux graphes et aux digraphes ne sont listées que pour les graphes

$A(G, \mathbf{x})$	polynôme d'adjacence du graphe G	411
$C(G, k)$	nombre de k-colorations du graphe G	417
$F(G, \Gamma)$	nombre de circulations du graphe G à valeurs dans le groupe Γ nulle-part-zéro	603
$P(G, x)$	polynôme chromatique du graphe G	418
$Q(G, x)$	polynôme de flot du graphe G	604
$T(G; x, y)$	polynôme de Tutte du graphe G	621
$W(G; x, y)$	polynôme de Whitney du graphe G	621
$\Delta(G)$	degré maximum du graphe G	7
$\Delta^+(D)$	degré sortant maximum du digraphe D	34
$\Delta^-(D)$	degré entrant maximum du digraphe D	34
$\Theta(G)$	capacité de Shannon du graphe G	313
$\alpha(D)$	stabilité du digraphe D	314
$\alpha(G)$	stabilité du graphe G	200
$\alpha^*(G)$	stabilité fractionnaire du graphe G	210
$\alpha^{**}(G)$	valeur optimale du LP avec les contraintes de clique	214
$\beta'(G)$	nombre minimum d'arêtes d'une couverture par arêtes du graphe G	209
$\beta(G)$	indice de couverture du graphe G	312
$\chi''(G)$	nombre chromatique total du graphe G	507
$\chi'(G)$	indice chromatique du graphe G	488
$\chi'^*(G)$	indice chromatique fractionnaire du graphe G	507
$\chi'_L(G)$	arête-choisissabilité du graphe G	503
$\chi(D)$	nombre chromatique du digraphe D	389
$\chi(G)$	nombre chromatique du graphe G	386

J. Bondy et al., *Théorie des graphes*, Mathématiques et Applications 91,
https://doi.org/10.1007/978-1-4471-7621-3

Opérations et Relations

J. Bondy et al., *Théorie des graphes*, Mathématiques et Applications 91, https://doi.org/10.1007/978-1-4471-7621-3

H^*	dual de l'hypergraphe H	26
$H^\perp$	bloqueur de l'hypergraphe H	546
$M\,/\,e$	contraction de l'élément e du matroïde M	301
$M \setminus e$	suppression de l'élément e du matroïde	301
M^*	dual du matroïde M	122
$P \preceq Q$	P est polynomialement réductible à Q	188
W^+	ensemble des arcs avant de la marche W	86
W^-	ensemble des arcs retour de la marche W	86
$\ell(v)$	niveau du sommet v dans un arbre enraciné	143
$\overline{D}$	complémentaire du digraphe strict D	57
$\overline{G}$	complémentaire du graphe simple G	11
$\overline{T}$	co-arbre de l'arbre couvrant T	117
$\overleftarrow{D}$	inverse du digraphe D	35
$\overleftarrow{W}$	marche inverse à W	84
$f(v)$	date d'incorporation du sommet v dans un arbre en profondeur	146
$f^+(X)$	somme des valeurs de f sur la coupe sortant de X	166
$f^-(X)$	somme des valeurs de f sur la coupe entrant en X	166
$l(v)$	date de la dernière visite au sommet v dans DFS	146
$p(v)$	prédecesseur du sommet v dans un arbre enraciné	143
$t(v)$	date d'incorporation du sommet v dans un arbre en largeur	143
v^+	successeur du sommet v sur un chemin ou un cycle	522
v^-	prédecesseur du sommet v sur un chemin ou un cycle	522

Familles de Graphes

BL_n	treillis booléen à n éléments	10
B_m	m-attache	621
C_n	cycle d'ordre n	15
F_n	éventail d'ordre n	114
G_π	graphe de polarité	328
$KG_{m,n}$	graphe de Kneser des m-sous-ensembles d'un n-ensemble	26
K_n	graphe complet d'ordre n	15
$K_n^{(k)}$	hypergraphe k-uniforme complet d'ordre n	326
$K_{m,n}$	graphe biparti complet à m et n sommets	15
L_m	graphe à un sommet et m boucles	621
P_n	chemin d'ordre n et de longueur $n-1$	15
$P_{k,n}$	graphe de Petersen généralisé	21
Q_n	n-cube	9
T_∞	arbre régulier de dégré infini dénombrable	115
$T_{k,n}$	graphe de Turán d'ordre n avec k parties	10
W_n	roues à n rayons	49
$\mathcal{G}_n^k$	ensemble des graphes de $\mathcal{G}_n$ ayant une k-clique	333
BG_n	digraphe de de Bruijn-Good	97
$\mathrm{CD}(\Gamma, S)$	digraphe de Cayley du groupe Γ suivant S	35
$\mathrm{CG}(\Gamma, S)$	graphe de Cayley du groupe Γ suivant S	29
$\mathrm{Ex}\,(n, F)$	graphe extrémal d'ordre n sans copie de F	322
PG_q	graphe de Paley d'ordre q	30
PT_q	tournoi de Paley d'ordre q	36
SG_n	graphe de décalage d'ordre $\binom{n}{2}$	403
$\mathrm{SG}_{m,n}$	graphe de Schrijver des m-sous-ensembles d'un n-ensemble	399
ST_n	tournoi de Stockmeyer d'ordre 2^n	36

J. Bondy et al., *Théorie des graphes*, Mathématiques et Applications 91,
https://doi.org/10.1007/978-1-4471-7621-3

Structures

$(E, \mathcal{B})$	matroïde d'ensemble d'éléments E et d'ensemble de bases $\mathcal{B}$	121
(G, w)	graphe valué	52
$(P, \mathcal{L})$	configuration géométrique d'ensemble de points P et d'ensemble de droites $\mathcal{L}$	22
$(T, \mathcal{T})$	arbre de décomposition	253
$(T, \mathcal{T})$	arbre de représentation d'un graphe cordal	251
(V, A)	digraphe d'ensemble de sommets V et d'ensemble d'arcs A	33
(V, E)	graphe d'ensemble de sommets V et d'ensemble d'arêtes E	2
$(V, \mathcal{F})$	hypergraphe d'ensemble de sommets V et d'ensemble d'arêtes $\mathcal{F}$	22
$(X, \prec)$	ensemble partiellement ordonné	45
$B(G)$	arbre des blocs du graphe G	127
$C(D)$	condensation du digraphe D	97
D	digraphe	33
$D(G)$	digraphe associé au graphe G	33
$D(P)$	digraphe de l'ensemble partiellement ordonné P	45
$D(x, y)$	digraphe D avec deux sommets distingués x et y	167
G	graphe	2
$G(D)$	graphe sous-jacent du digraphe D	33
$G(x)$	graphe G enraciné en x	143
$G(x, y)$	graphe G avec deux sommets distingués x et y	130, 179
$G[X, Y]$	graphe biparti de bipartition (X, Y)	4
$L(G)$	graphe des lignes du graphe G	24
$M(G)$	matroïde des cycles	122
$M(G)$	graphe médian du graphe plan G	274

J. Bondy et al., *Théorie des graphes*, Mathématiques et Applications 91,
https://doi.org/10.1007/978-1-4471-7621-3

Autres Notations

(X, Y)	bipartition	4
A	ensemble d'arcs (du digraphe D)	33
$A(D)$	ensemble d'arcs du digraphe D	33
$A(X)$	ensemble des arcs induits par l'ensemble de sommets X	66
$A(X, Y)$	ensemble des arcs de X vers Y	66
$B(T)$	sommets bleus de l'arbre T	472
B_e	attache fondamentale suivant l'arête e d'un arbre	119
B_e	coupe associée à l'arête e d'un arbre	245
C_e	cycle fondamental suivant l'arête e d'un co-arbre	117
C_{xy}	temps d'aller-retour d'une marche aléatoire entre x et y	592
E	ensemble d'arêtes (du graphe G)	3
$E(G)$	ensemble d'arêtes du graphe G	2
$E(X)$	ensemble d'arêtes induit par l'ensemble de sommets X	63
$E[X, Y]$	ensemble des arêtes entre X et Y	63
$F(G)$	ensemble des faces du graphe G (plongé dans une surface)	263
$G[X]$	sous-graphe de G induit par X	51
H_{xy}	temps de passage d'une x-marche aléatoire en y	592
$N_D^+(v)$	ensemble des voisins sortants du sommet v dans le digraphe D	33
$N_D^-(v)$	ensemble des voisins entrants du sommet v dans le digraphe D	33
$N_G(v)$	ensemble des voisins du sommet v dans le graphe G	3
$R(T)$	sommets rouges de l'arbre T	472
U	ensemble des sommets non-couverts	461

J. Bondy et al., *Théorie des graphes*, Mathématiques et Applications 91,
https://doi.org/10.1007/978-1-4471-7621-3

Index

J. Bondy et al., *Théorie des graphes*, Mathématiques et Applications 91,
https://doi.org/10.1007/978-1-4471-7621-3